中国风景园林学会 编

中国风景园林学会2022年会

论文集

美美与共的风景园林：人与天调 和谐共生

Landscape Architecture with Beauty of Diversity and Integration:
The Pursuit of Mankind Harmonious Coexistence with Nature

CHSLA 2022

中国建筑工业出版社

图书在版编目（CIP）数据

中国风景园林学会2022年会论文集 / 中国风景园林学会编. — 北京 ：中国建筑工业出版社，2022.10
ISBN 978-7-112-28022-3

Ⅰ. ①中… Ⅱ. ①中… Ⅲ. ①园林设计—中国—文集
Ⅳ. ①TU986.2-53

中国版本图书馆CIP数据核字(2022)第181440号

责任编辑：杜　洁　兰丽婷
责任校对：孙　莹

中国风景园林学会2022年会论文集
中国风景园林学会　编

*

中国建筑工业出版社出版、发行（北京海淀三里河路9号）
各地新华书店、建筑书店经销
北京红光制版公司制版
北京建筑工业印刷厂印刷

*

开本：880毫米×1230毫米　1/16　印张：37½　字数：996千字
2022年10月第一版　2022年10月第一次印刷
定价：**99.00**元
ISBN 978-7-112-28022-3
(40143)

中国风景园林学会 2022 年会
论文集

美美与共的风景园林：人与天调　和谐共生

Landscape Architecture with Beauty of Diversity and Integration:
The Pursuit of Mankind Harmonious Coexistence with Nature

CHSLA 2022

主　　编：孟兆祯　陈　重
编　　委：（按姓氏笔画排序）
王向荣　包志毅　刘　晖　刘滨谊　李　雄
沈守云　林广思　金荷仙　高　翅

目　录

风景园林理论与历史

风景园林学科发展

风景园林工程与技术

风景园林与城市生物多样性

风景园林与绿色低碳发展

风景园林与乡村振兴

生态基础设施

风景园林与绿色公平

风景名胜区与自然保护地

论文集

风景园林与高品质生活

基于 Deeplabv3+模型的绿视率对大学生健康效益研究

A Study on the Health Benefits of Visible Green Index for College Students based on Deeplabv3+ Model

索婉悦　杨定海*

摘　要：在当前健康中国的政策背景下，校园景观的健康效益逐渐被重视。本研究使用基于卷积神经网络模型的 deeplabv3+算法，以不同绿视率分类选取 15 张大学校园景观照片为研究对象，对图像进行语义分割技术。采用后退多元线性回归模型和逐步多元线性回归模型评估各视觉因子对于大学生健康效益的影响。数据分析发现：①在景观视觉因子中，绿视率对景观健康效益影响系数最大；②校园景观中植被类型丰富程度越高越有助于学生稳定情绪、恢复注意力；树群轮廓线越粗糙越有助于学生消除疲劳、集中注意力和稳定情绪。在未来的校园景观改造和建设中，可以根据各视觉因子对于大学生健康的效益系数进行优先性排序，以塑造更利于学生健康发展的校园景观。
关键词：风景园林；Deeplabv3+；健康效益评估；绿视率

Abstract: Under the current policy background of Healthy China, the health benefits of the campus landscape are gradually paid attention to. In this study, the convolutional neural network model-based deeplabv3+ algorithm was used to select 15 campus landscape photos with different green visual rate classifications as the research object and carry out semantic segmentation technology for the images. Regressive multiple linear regression model and stepwise multiple linear regression model were used to evaluate the effects of visual factors on the health benefits of college students. The data analysis shows that: (1) Among the landscape visual factors, the visible green index (VGI) has the greatest impact on landscape health benefits; (2) The richer the vegetation type in the campus landscape is, the more it helps students calm down and recover their attention. The rougher the tree contour is, the more it helps students to eliminate fatigue, concentrate and calm down. Therefore, in the reconstruction and construction of campus landscape in the future, we can prioritize according to the benefit coefficient of each visual factor for college students' health to shape the campus landscape more conducive to the healthy development of students.
Keywords: Landscape Architecture; Deeplabv3+; Health Benefit Assessment; Visible Green Index (VGI)

引言

随着社会的发展，大学生所承担的社会压力越来越大。高等教育的心理健康问题的发生率一直居高不下，在一项对普通大学生的调查中，15.6%的本科生和 13.0%的研究生在抑郁或焦虑障碍筛查中呈阳性[1]。校园是大学生生活学习的重要场所，其承载着大学生学习交流、放松娱乐的功能。因此，校园景观设计必须有着培育优秀品格、积极精神大学生的功能[2]，其合理安排关乎到学生能否有效地放松身心、缓解压力，以减少大学生患心理健康疾病的概率。

根据艾森克（Eysenck M. W.）的研究：人类 83%的信息量为视觉所获取的，11%由听觉获得，其余分别来自嗅觉、触觉和味觉[3]。由此可见视觉感知为人们评价景观美的主要途径。

绿化水平与景观视觉环境评价有着密切的关系[4]，而绿视率（VGI）是人们对于空间环境中绿色直观感受的评价标准，其最早由日本学者青木阳二提出，表示视野内所看到的绿色占总视野的百分比[5]。大量研究证实视觉环境中的绿色要素可以有效缓解人们的情绪压力、调节其负面情绪。例如：在 Hannah 等的研究结果中证明更多的绿色空间与较少的抑郁有关[6]。Tsune-tsugu 等在森林环境绿色植物密度的研究中认为高密度的植被更能激发人体的积极情绪[7]。肖扬等在对上海里弄的研究中也证明了绿视率视觉因素与居民的心理健康正向显著相关[8]。绿视率在城市发展中受到越来越多的重视，越来越多的学者关注到绿化水平与人心理感受的关系。基于此，本研究运用基于卷积神经网络的 deeplabv3+模型，以海南大学校园内景观为例，跨学科地分析景观绿视率及其他视觉因子对大学生健康效益评估的影响，希望为以后的校园景观建设规划提出有针对性的调整和参考。

1　研究方法

1.1　研究区概况

研究场地位于海南省海口市美兰区的海南大学海甸校区。海甸校区为海南大学主校区，占地 3000 余亩，其景观类型较为丰富，基本满足本次研究需求。

1.2　deeplabv3+模型

1.2.1　卷积神经网络

卷积神经网络作为模仿人脑计算领域的重要研究成果，已经被广泛运用到多个学科领域。卷积神经网络的局部连接、权值共享和池化等一系列特性可以显著降低神经网络的复杂程度，并且对平移、缩放和扭曲具备一定程度上的识别能力，大大提高了其容错能力[9]。

1.2.2 deeplabv3＋原理

Deeplabv3＋是基于卷积神经网络开发的语义分割模型，其采用编码器－解码器方式解译图像[10]（图1）。编码器利用深度学习后的卷积神经网络对照片特征进行提取，分别获得多次采样的较高层次有效特征层和低层次有效特征层。再通过不同膨胀率的膨胀卷积继续对高层次有效特征层进行特征提取。具有较高语义信息的特征层与较低语义信息的特征层在Concat进行融合。最终进行卷积操作后，经放大恢复至与原图大小相同的分辨率。

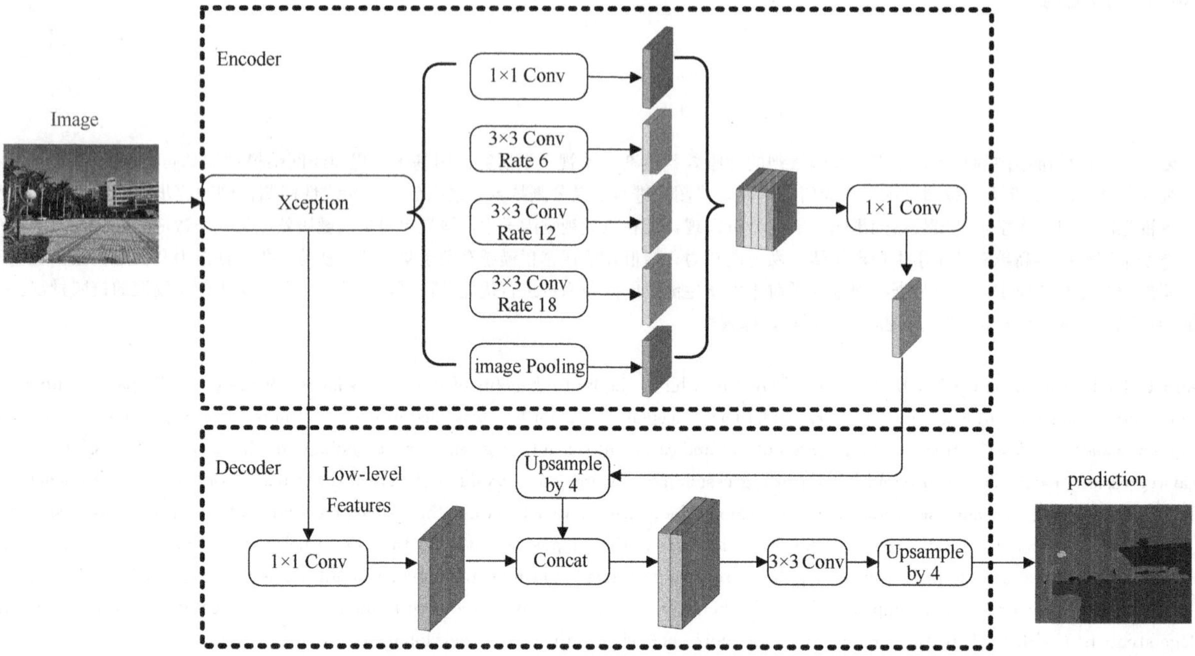

图1 deeplabv3＋原理图

另外，条件随机场（CRF）可以考虑像素邻近间的关系，高效区分不同类别的边缘[11]。本研究所使用的图像意义分割算法是基于将空洞卷积原理与CRF整合的进一步优化算法[12]。

1.2.3 城市景观数据集

本研究在算法方面选择了deeplabv3＋，在数据集方面选取了与街景相关数据包含道路、建筑、天空、植物等19个语义标签的城市景观数据集（cityscapes dataset），是目前为止具有较高质量且多样化的街景数据集[13]。用其训练深度卷积神经网络得到Xception71 _ dpc _ cityscapes _ trainval，作为研究所需要模型。

1.3 照片选择及评价方法

1.3.1 照片选择

研究者于2月22日～2月25日晴朗天气下共拍摄照片53张。选取校园内人群活动较为密集的地方，以活动广场、教学楼旁绿地以及学生宿舍公共空间为照片主要拍摄点。以“评价时所用照片能够排除不必要因素干扰”为原则，拍摄时间为每日上午9：00～10：00，拍摄过程中通过相机以固定人视角定点拍摄，保持光线基本一致、横向拍摄。分别以5％～20％、20％～35％、35％～50％、50％～65％、65％～80％绿视率分类照片。考虑到评价结果的有效性，排除极端情况下的16张照片，最终从37张照片中选取最具代表性的15张照片，每种范围分别采用3张照片作为评价对象。

1.3.2 评价方法

对于照片的视觉因子的评价主要分为两个部分。第一部分为基于卷积神经网络模型的deeplabv3＋算法对照片进行语义分割，分别得出各照片的绿视率、建筑占比、天空占比和硬质铺装占比（图2）。相较于传统利用Photoshop人工提取各像素点颜色，并计算各元素占比的方式更有效率。第二部分为图片信息的主观评价，选取13名风景园林专业的学生分别对15张照片进行色彩对比度、色彩丰富度、树群轮廓线粗糙程度以及植物类型丰富度4个方面进行评价，参考Acar等[14]、姚玉敏等[4]学者的研究制作变量定义及统计描述，如表1所示。

1.4 问卷设计

调查问卷为匿名收集，其主要分为两个部分。第一部分为健康效益评估量表，借鉴了Peshardt和刘群阅等的研究[15, 16]，以消除疲劳、稳定情绪、恢复活力、集中注意力4个题项构成健康效益评估量表。第二部分为各景观的主观绿化水平，学生通过个人主观感受分别对15张校园内景观绿化作出 1（非常不满意）～7（非常满意）分的评价。问卷中测量量表采用 7 分制李克特量表法，用 1（非常不同意）～7（非常同意）来表示。

图 2　照片的语义分割

变量定义及统计描述　　**表 1**

	变量	描述定义	观测数	最小值	最大值	均值	标准差
视觉因子	绿视率	观测图片内所看到的绿色所占总图片的百分比	15	0.096	0.807	0.411	0.223
	建筑占比	观测图片内所看到的建筑所占总图片的百分比	15	0.002	0.426	0.092	0.126
	天空占比	观测图片内所看到的天空所占总图片的百分比	15	0.023	0.364	0.161	0.111
	硬质铺装	观测图片内所看到的硬质铺装所占总图片的百分比	15	0.117	0.457	0.301	0.094
	景观色彩对比度	0～2 分：很弱的色彩对比；3～4 分：较清晰的色彩对比；4～6 分：强烈的色彩对比	13	3.360	4.800	4.210	0.337
	景观色彩丰富度	0～2 分：1～2 种；2～4 分：3～4 种；4～6 分：5 种及以上	13	3.340	4.560	3.836	0.385
	树群轮廓线粗糙程度	0～2 分：没有形成树群；3～4 分：轮廓线较平滑；4～6 分：轮廓线稍有不平；6～8：轮廓线粗糙不平	13	4.220	6.700	5.987	0.634
	植物类型丰富度	0～2 分：没有植被或不能确定；3～4 分：有草本植物或灌木；4～6 分：有灌木（草本）＋树；6～8 分：有树＋灌木＋草	13	2.860	6.200	5.045	0.915
健康效益评估	主观绿化水平评价	按照 1 分（非常不满意）～7 分（非常满意）评价	167	4.710	5.240	4.968	0.145
	观察图片可以消除疲劳	按照 1 分（非常不满意）～7 分（非常满意）评价	167	4.699	5.184	4.954	0.141
	观察图片可以恢复活力	按照 1 分（非常不满意）～7 分（非常满意）评价	167	4.757	5.320	4.999	0.149
	观察图片可以镇定情绪	按照 1 分（非常不满意）～7 分（非常满意）评价	167	4.680	5.175	4.896	0.155
	观察图片可以集中注意力	按照 1 分（非常不满意）～7 分（非常满意）评价	167	4.699	5.243	4.933	0.154

2　数据收集及数据处理

2.1　数据收集

于 2022 年 2 月 27 日～3 月 2 日在海南大学校园内采用问卷调查的方式收集数据。共收集问卷 193 份，去除 26 份无效问卷，剩余有效问卷 167 份。其中男生占比 50.49%，女生占比 49.51%，男女比例基本一致。将问卷数据导入 SPSS26.0 中对数据进行处理和运算。

2.2　数据处理

2.2.1　信度效度分析

采用 SPSS26.0 分别对 15 张照片的健康效益评估量表结果进行可信度分析，所得可靠性系数 Cronbach's α

介于0.811～0.925，大于最低信度要求0.600，说明健康效益量表有较高的内容信度。收敛效度分析主要用来判断同一维度间题项的相关性，一般情况下要求标准化因子负荷大于0.500，AVE值大于0.500，信度组合大于0.700。在对各个照片的问卷的效度分析中，数据也均达到最低标准。

各照片健康效益评估平均得分　　表2

图片序号	健康效益评估
1	5.178
2	5.110
3	5.110
4	5.030
5	5.028
6	4.998
7	4.985
8	4.943
9	4.918
10	4.875
11	4.875
12	4.868
13	4.798
14	4.790
15	4.558

2.2.2 相关性分析

用皮尔逊相关性分析法对数据进行分析，如表3所示。根据分析结果，绿视率、景观色彩对比度、景观色彩饱和度、树群轮廓线粗糙程度、植物类型丰富度以及主观绿化水平评价对于大学生健康效益评估均呈显著正向相关。而建筑占比和硬质占比与健康效益评估呈显著负相关关系。天空占比对于健康效益呈不显著负相关关系。PARK曾在研究中提到景观色彩是光作用于人眼所引起的除空间属性外的视觉特征，其对视觉神经的刺激比大小或者形状的刺激更为强烈[17,18]。在本次研究中证实了色彩丰富度和色彩对比度得分越高越有助于学生消除疲劳、恢复活力。归纳其原因，可能是景观色彩对比度和丰富度有助于凸显景观的活力，从而帮助大学生减轻生活中的疲惫、增加前进的动力。另外，根据数据结果，植物类型越丰富越有助于稳定情绪、集中注意力；树群轮廓线越粗糙越有助于消除疲劳、稳定情绪和注意力集中。

2.2.3 多元线性回归分析

选择健康效益评估为被解释变量，各视觉因子为解释变量。由于绿视率、天空占比、硬质铺装占比和建筑占比这4个视觉因子间相互干扰过于严重。因此剔除天空占比、硬质铺装占比和建筑占比这3个视觉因子进行多元线性回归分析。为保证研究结果更加全面、可信，故分别采用后退多元线性回归分析和逐步多元线性回归分析两种分析方法。一般认为，残差值小于0.2或方差膨胀因子(VIF)大于10，则说明数据存在多重共线性问题。本次研究综合两种回归分析可知，残差值最小为0.249，VIF最大值为4.016，均符合多重共线性诊断要求。

相关性分析　　表3

	绿视率	建筑占比	天空占比	硬质占比	景观色彩对比度	景观色彩饱和度	树群轮廓线粗糙程度	植物类型丰富度	主观绿化水平评价
可以消除疲劳	.786**	−.611*	−.221	−.633*	.744**	.704**	.565*	.499	.749**
可以恢复活力	.757**	−.609*	−.223	−.552*	.768**	.760**	.476	.384	.657**
可以稳定情绪	.763**	−.426	−.508	−.537*	.101	.492	.602*	.721**	.774**
可以集中注意力	.688**	−.822**	.039	−.303	.738**	.625*	.868**	.832**	.776**
健康效益评估	.885**	−.781**	−.220	−.564*	.712**	.767**	.808**	.782**	.899**

注：*表示在0.05级别(双尾)，相关性显著；**表示在0.01级别(双尾)，相关性显著。

后退多元线性回归分析如表4所示，逐步多元线性回归分析如表5所示。可以看出绿视率、景观色彩对比度、树群轮廓线粗糙程度以及主观绿化水平评价与健康效益评估呈显著正向影响，这与相关性分析所得出的结论基本一致。

在视觉因子中，绿视率的标准化回归系数最高，说明环境绿视率对大学生健康效益的影响系数最大。主观绿化水平评价的标准化回归系数为0.416，说明主观绿化水平评价每增加1分，景观的健康效益增加0.416分。由此可见，景观的植物营造要以人的主观感受为出发点，才能最大限度地提高景观的健康效益。

后退多元线性回归分析　　表4

景观要素	偏回归系数	标准化回归系数	t	显著性	共线性统计	
					残差值	*VIF*
(常量)	1.910	—	3.304	0.008	—	—
绿视率	0.197	0.287	2.602	0.026	0.288	3.467
景观色彩对比度	0.122	0.280	3.709	0.004	0.615	1.625
树群轮廓线粗糙程度	0.041	0.170	1.837	0.096	0.410	2.441
主观绿化水平评价	0.440	0.416	3.500	0.006	0.249	4.016

逐步多元线性回归分析 表 5

景观要素	偏回归系数	标准化回归系数	t	显著性	共线性统计	
					残差值	VIF
常数项	1.516	—	2.561	0.026	—	—
主观绿化水平评价	0.549	0.519	4.492	0.001	0.320	3.122
景观色彩对比度	0.146	0.334	4.342	0.001	0.723	1.383
绿视率	0.193	0.281	2.313	0.041	0.289	3.464

3 分析与结论

3.1 影响校园景观心理健康效益的重要视觉因子

在本次研究中，绿视率、景观色彩对比度、景观色彩饱和度、树群轮廓线粗糙程度以及植物类型丰富度5个层面均对大学生健康效益有正向影响。在实际建设和改造中，可以根据各视觉因子对于大学生健康效益的影响系数进行优先性排序。

为了构建更利于学生健康发展的校园景观，提出如下几点建议：

（1）充分利用垂直绿化，如灯柱、栏杆、建筑外墙等垂直立面发展立体绿化，提高视野中的绿色占比，以促进环境的恢复性效果，达到调节情绪的功能。

（2）在景观色彩设计搭配中，应当讲究主次分明，植物、建筑、铺装等景观要素间的色彩应各具特色、协调作用，体现出一定的节奏韵律，给学生们提供更有生机的校园景观。

（3）在营造校园植物空间时，应注意搭配不同高度、不同类型的植被，以形成起伏变化的树群轮廓线和丰富的植被类型。

（4）在重视绿视率、色彩及植物搭配一系列指标的同时，应当多鼓励学生们参与到校园建设中去，以此增加学生对于校园景观的满意程度和主观绿化水平，从而提高景观的健康效益水平。

3.2 结论

本研究对海南大学内15张景观照片的视觉因子进行了多角度评价，运用了较为创新的卷积神经网络模型计算绿视率、天空占比、建筑占比和硬质铺装占比，并分别对15张照片所产生的健康效益以问卷方式调研，最后使用多种数学模型分析数据。研究结果主要揭示两点：一是在视觉因子中，绿视率对景观健康效益的影响最为显著；二是景观植被类型丰富有助于学生镇定情绪、恢复注意力；树群轮廓线粗糙有助于学生消除疲劳、镇定情绪、集中注意力。由于试验条件的限制，本次研究评估景观健康效益的方法仅仅是问卷调查法，存在一些局限性。另外，影响人类对环境感知的因子不仅仅有视觉因子，还有听觉、嗅觉等因子。今后研究可以利用脑电仪等仪器更客观、更多维度地判断景观对人体的健康效益。

参考文献

[1] EISENBERG D, GOLLUST S E, GOLBERSTEIN E, et al. Prevalence and correlates of depression, anxiety, and suicidality among university students [J]. American journal of orthopsychiatry, 2007, 77(4): 534-42.

[2] LIN Q, WANG H. Research on the Geniusloci in Landscape Design of University Campus, F, 2018 [C].

[3] 艾克森，基恩．认知心理学 [Z]．上海：华东师范大学出版社，2009.

[4] 姚玉敏，朱晓东，徐迎碧，等．城市滨水景观的视觉环境质量评价——以合肥市为例 [J]．生态学报，2012，32(18)：5836-45.

[5] 青木陽二．視野の広がりと緑量感の関連 [J]．造園雑誌，1987，51(1)：1-10.

[6] COHEN-CLINE H, TURKHEIMER E, DUNCAN G E. Access to green space, physical activity and mental health: a twin study [J]. J Epidemiol Community Health, 2015, 69 (6): 523-9.

[7] TSUNETSUGU Y, PARK B-J, MIYAZAKI Y. Trends in research related to "Shinrin-yoku" (taking in the forest atmosphere or forest bathing) in Japan [J]. Environmental health and preventive medicine, 2010, 15(1): 27-37.

[8] 肖扬，张宇航，卢珊，等．基于多源数据的多维度居住环境主观绿化评价水平与心理健康研究——以上海市里弄为例 [J]．风景园林，2021，28(11)：108-13.

[9] 张顺，龚怡宏，王进军．深度卷积神经网络的发展及其在计算机视觉领域的应用 [J]．计算机学报，2019，42(03)：453-82.

[10] CHEN L-C, ZHU Y, PAPANDREOU G, et al. Encoder-decoder with atrous separable convolution for semantic image segmentation; proceedings of the Proceedings of the European conference on computer vision (ECCV), F, 2018 [C].

[11] OVSJANIKOV M, SUN J, GUIBAS L. Global intrinsic symmetries of shapes; proceedings of the Computer graphics forum, F, 2008 [C]. Wiley Online Library.

[12] 王俊强，李建胜，周华春，等．基于Deeplabv3＋与CRF的遥感影像典型要素提取方法 [J]．计算机工程，2019，45(10)：260-5＋71.

[13] CORDTS M, OMRAN M, RAMOS S, et al. The cityscapes dataset for semantic urban scene understanding; proceedings of the Proceedings of the IEEE conference on computer vision and pattern recognition, F, 2016 [C].

[14] ACAR C, SAKıCı Ç. Assessing landscape perception of urban rocky habitats [J]. Building and Environment, 2008, 43(6): 1153-70.

[15] PESCHARDT K K, STIGSDOTTER U K. Associations between park characteristics and perceived restorativeness of small public urban green spaces [J]. Landscape and urban planning, 2013, 112: 26-39.

[16] 刘群阅，陈烨，张薇，等．游憩者环境偏好、恢复性评价与健康效益评估关系研究——以福州国家森林公园为例 [J]．资源科学，2018，40(02)：381-91.

[17] 张喆，郄光发，王成，等．多尺度植物色彩表征及其与人体响应的关系 [J]．生态学报，2017，37(15)：5070-9.

[18] PARK S S-C. Handbook of Vitreo-Retinal Disorder Management: A Practical Reference Guide [M]. World Scientific, 2015.

作者简介

索婉悦，2001年生，女，汉族，河南周口人，海南大学风景园林专业本科在读，研究方向为风景园林。电子邮箱：wanyue-suo@163. com。

（通信作者）杨定海，1975年生，男，汉族，陕西宝鸡人，博士，海南大学林学院风景园林系，副教授、硕士生导师，研究方向为风景园林城市规划与设计。电子邮箱：dinghaiy2008@fox-mail. com。

日常生活导向下开放性历史街区的更新策略研究①

——基于空间功能融合的分析

Research on the Renewal Strategy of Open Historical Blocks under the Guidance of Daily Life

—Based on the Analysis of Spatial Function Fusion

蔡 萌 金云峰* 龙 琼

摘 要： 历史街区作为承载城市文脉的公共开放空间，同时也是居住交往、商业发展的重要场所。本文以日常生活为导向，分析商业与居住的空间融合与冲突，总结出集中型、主体型、混合型3种历史街区日常生活空间的典型功能融合模式，并选取厦门鼓浪屿历史街区、北京东四历史街区和苏州平江历史街区为例进一步分析，在风景园林视角下，提出分类治理、融合转型、复合共享的更新策略，对日常生活与商业功能融入历史街区空间发展有着积极意义。

关键词： 历史街区；日常生活；公共空间；城市更新；空间融合；风景园林

Abstract: As a public open space carrying the urban context, historical block is also an important place for living, socializing and business activities. Guided by daily life and through the induction of spatial patterns, this paper summarizes the typical function integration mode distribution patterns of daily living space in three historical blocks: centralized, main and mixed. Taking Gulangyu historical block in Xiamen, Dongsi historical block in Beijing and Pingjiang historical street in Suzhou as examples for further analysis, this paper puts forward Classified Governance, integration and transformation from the perspective of landscape architecture The renewal strategy of compound sharing is of positive significance to the integration of daily life and commercial functions into the spatial ,development of historical blocks.

Keywords: Historic Blocks; Daily Life; Public Space; Urban Renewal; Space Integration; Landscape Architecture

引言

历史街区在承载城市特色历史文脉的同时，也是激发城市空间活力、推动城市空间品质提升的重要场所。在存量规划阶段，历史街区的更新在城市发展中起到了关键的作用，如何从公共空间的视角切入街区更新过程是当前的研究重点[1]。目前针对历史街区的更新研究主要集中在街区的休闲运营模式[2]、历史文化保护[3]、社区空间营造[4]3个方面。研究认为，空间资源的利用方式对于活力的提升起到了关键性的作用[5]，历史街区内部居民的日常生活需求引导着空间使用方式的转变[6]，塑造了街区独特的历史文脉。近年来随着新型城镇化发展，以人为本的理念越来越受到重视，整合城市开放街区并统筹空间资源优化，进而提高人民生活品质成为当前的关键目标[7]。街区内部居民的生活需求与街区的休闲运营和文化保护方面的冲突日渐凸显[8]。因此在现阶段的更新中，需要增强对居民日常生活的回应，充分结合商业休闲和历史文化保护的需求，塑造可持续、人性化、宜居和健康的历史街区。

本文对历史街区的功能属性和日常生活的空间类型进行归纳，针对日常生活与商业休闲需求的协调与冲突，整理出3种典型的功能融合形态，并结合具体案例进行分析，旨在充分考虑街区在当前背景下的发展特征，以日常生活为导向，从风景园林视角推动历史街区的更新。

1 历史街区的更新背景

1.1 历史街区的功能属性

历史街区的主要功能涵盖商业休闲、文化保护和日常生活三方面。其中商业休闲功能或是从原有业态发展而来，或是由外部引入，以适应当代的市场需求；其中文化保护是决定街区核心价值及能否长远发展的必要因素，受政策的影响明显；日常生活是街区居民的主体需求，核心属性以公共服务和社区活动为主。公共服务属性针对的主要人群为市民，历史街区为其提供休闲游览的场所，作为城市文化的展示地，此属性下的商业功能包含文化消费等特殊的城市服务；社区活动属性针对的人群为街区居民，历史街区是其生活的场所，也是社区生活圈体系内的开放街区，商业服务以自发形成的小型业态为主。

以日常生活为导向的历史街区更新需要基于多属性

① 基金项目：国家自然科学基金项目“面向生活圈空间绩效的社区公共绿地公平性布局优化——以上海为例”（编号51978480）。

的叠加，一方面考虑街区文化价值带来的城市的公共服务需求，一方面要满足固有的居住社区属性，提供适宜的生活环境和交往空间。并合理协调商业活动带来的冲突，探索商业与生活共存的街区更新策略。

1.2 以日常生活为导向的更新意义

在当前背景下，城市建设越来越多地关注日常生活品质的提升，对于生活导向的公共空间治理正逐渐走向精细化、地方化、多元化，但目前仍存在空间异化、权责交叠、认同感缺失等一系列问题[9]。日常生活需求的满足是历史街区持续发展的基础，当下的居民生活水平、休闲娱乐活动、社区邻里交往等因素对历史街区品质的塑造作用越来越明显，从日常生活出发，可以从根本上提高街区的可持续发展能力[10]。

在居民层面，以日常生活为导向的更新能够为其提供高品质的生活环境，延续街区在历史进程中形成的生活痕迹和风俗习惯，保留街区的原真性，有利于文化的保护与传承；在片区层面，历史街区是社区生活圈的重要组成，特殊的历史价值使其大多具有较高的公共吸引力和服务能力，对外能够激活区域的商业休闲功能，进而提高片区的整体活力；在城市层面，街区的日常生活场景具有特殊的历史文化含义，是城市的文脉展示窗口，居住与商业的一体化发展，还能够带来直接的经济效益，提高城市的对外知名度。

2 日常生活导向下的转型需求

2.1 日常活动的功能融合模式

历史街区中的日常活动主要发生于居民的生活住所及交往场所附近，以此区分日常生活空间[11]。本文通过整理历史街区中日常生活场所的空间分布及其与商业休闲等功能空间的关系，归纳出3种典型分布模式（图1），并整理出每种空间中的典型行为（表1）。

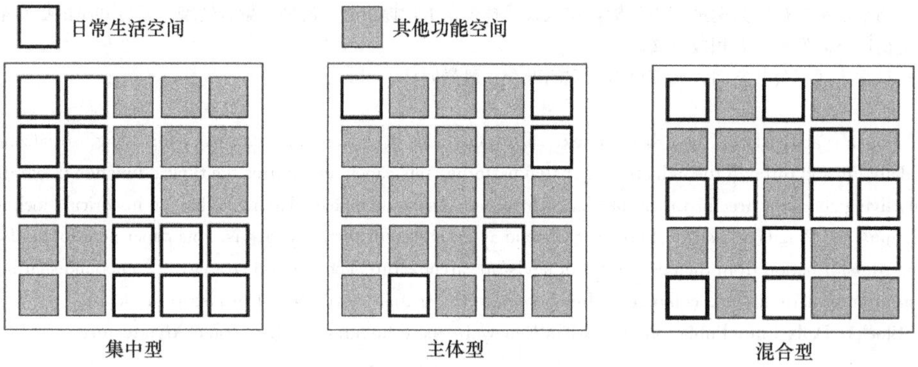

图1 典型分布模式

商业休闲与日常生活空间 表1

行业 \ 空间类型	多发生于居住空间	多发生于商业空间	多发生于融合空间	不受空间类型限制
日常生活行为	教育、社交	购物	娱乐	运动、通勤、医疗
商业休闲行为	参观、寻访	购物、娱乐	游览	交通

2.1.1 集中型——资源集聚

集中型街区的特征为相同类型的资源在空间上高度集聚，在空间形态上可分为三类，其中居民生活区与商业休闲区呈聚集性分布，融合区兼具居住与休闲功能。街区的使用者包含居民和游客，二者的活动空间在边界及融合区的重叠程度较高；主体功能上，生活区的空间内部资源充足、功能齐全、日常活动丰富，原住民生活痕迹保留较好，能够形成完整的独立社区，受外部活动的干扰较小；休闲区则以商业休闲或历史文化展示作为主要功能，商业资源聚集、休闲空间丰富；融合区涵盖的功能种类最多，空间形式复杂、是街区资源最为集中的区域。此类历史街区的公共服务属性强，日常生活场所的聚集有利于商业运营、参观休闲和重要文化资源的保护与开发，典型案例有厦门鼓浪屿、北京国子监等。

2.1.2 主体型——单一主导

主体性街区居民的日常生活场所占据了大部分的公共空间，构成了街区的主体，引导着街区的发展进程，其他功能空间占比小，影响弱。使用者主要是街区内部和周边居民，且原住民的比例较高，居民间交往活动较频繁。街区的主体功能为具有历史保护价值的居住社区，其生活空间多数是在历史发展中一直存留下来。此类型历史街区的社区活动属性占主导，商业休闲功能弱，生活场所原真性较强，与周边街区的社会联系也更为紧密。典型案例有北京东四历史街区、齐齐哈尔昂昂溪罗西亚历史街区、哈尔滨花园街历史街区等。

2.1.3 混合型——功能重叠

在空间形态上，此类型街区内的日常生活场所与其他公共空间的重叠程度高，兼具商业休闲、居住交往、历史保护等功能，平面结构上不存在明显的区域分隔。使用者中居民和游客的比例相差较小，二者活动轨迹的重合度高，居民的日常生活受商业休闲活动的影响较大。主体功能为综合服务性质的历史街区，以商业活动和观光休闲作为街区发展的驱动力。此类历史街区的各类属性需要根据具体情况进一步分析，大多数具备成熟的商业运营体系，如苏州平江历史街区、嘉兴月河历史街区、福州三坊七巷历史街区等。

2.1.4 融合模式的对比分析

对比以上模式可以得出，在3种典型分布模式中，日常生活空间形态、使用者结构、主体功能均存在差异，各因素间相互作用，共同使街区呈现出不同的发展状态。在日常生活功能下，主体型街区的使用者中内部居民占比最高，与外部社区的融合程度最高，商业休闲开发强度最低，因此公共服务功能最弱，社区活动属性最强；对于集中型与混合型街区而言，商业休闲与日常生活均具有重要意义，其中混合型街区的日常生活受到商业休闲活动的影响最大，不同功能的空间重叠程度最高，而集中型的空间类型相对混合型则更加鲜明，资源的高度聚集导致商业休闲与日常生活的需求得到了更好的兼顾（表2）。

三种融合模式的对比　　表2

分布模式	日常生活功能		商业休闲功能	冲突程度	居民中的原住民比例	空间特征
	公共服务	社区活动				
集中型	强	强	强	中	中	聚集
主体型	弱	强	弱	低	高	单一
混合型	强	弱	强	高	低	重叠

2.2 典型案例探讨

2.2.1 集中型——厦门鼓浪屿历史文化街区

厦门鼓浪屿历史文化街区的休闲空间高度聚集于龙头路商业区，日常生活空间聚集于内厝澳码头和龙头路区域，形成双中心结构，其中内厝澳片区居民数量更多且分布较均匀[12]，表现出典型的集中型模式（图2）。目前鼓浪屿街区存在的问题一方面是在融合区日常生活空间与商业休闲空间高度重合，较小的空间面积承载了数量较多的使用者，且存在大量针对游客营造的公共空间，难以兼顾居民的日常生活需求；另一方面是日常生活空间受到商业休闲功能的不断入侵，居民活动空间减少导致了常住人口的外迁和重要生活痕迹的消失，街区的原真性受到破坏。

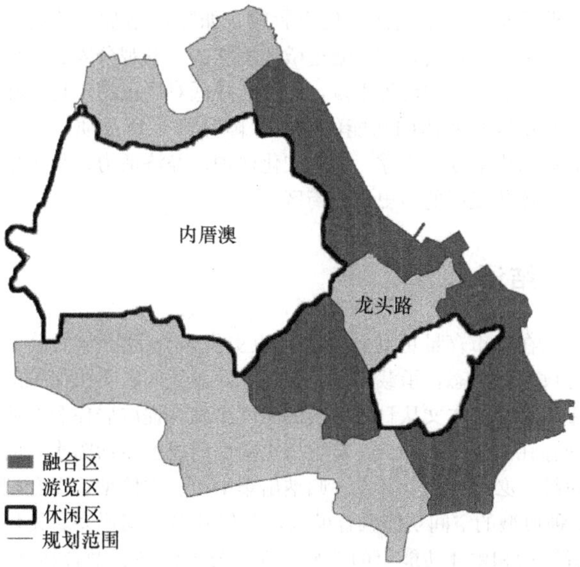

图2　鼓浪屿历史文化街区的空间分区示意

基于此，在规划中需要强调在保护历史风貌的前提下，兼顾居民生活与休闲发展的需要，对原有的日常生活环境进行延续和提升。对于日常生活空间要重点控制商业休闲的随意扩张，从集中型街区的空间特质出发，分区形成具有针对性的规划策略，因地制宜地进行场地的微环境改造。

2.2.2 主体型——北京东四历史文化街区

北京东四三条至八条历史文化街区是北京旧城的一部分，历史价值高，文化资源点丰富（图3），街区外部密集分布商业市政设施，内部有居住、商业、市政、办公、学校等，功能丰富而全面，主要服务于居民的日常生活[13]，表现出典型的主体型模式。目前街区存在的主要问题一方面是现代化的日常生活对街区历史肌理的破坏非常严重，街道环境较差，基础设施缺乏，同时人流量大，居住密度高但环境承载力低，导致整体街区品质差、不宜居；另一方面是产权与社会关系复杂，对历史文化资源保护的要求高，各利益方存在冲突，导致更新的实施十分困难，总体发展滞后。

基于此，在规划中需要重新思考如何调节现代生活方式与街区现状空间存在的冲突，在具体更新中要考虑各方的实际诉求，进行长期且有效的沟通协调，对于空间的设计以微更新为主，从日常生活环境治理出发，增加符合当代特质的公共活动空间，回应现代化生活需求。

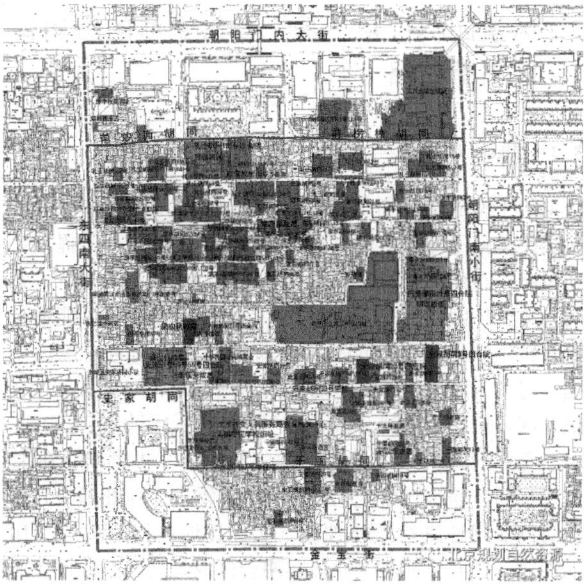

图3　东四历史街区文化资源点分布

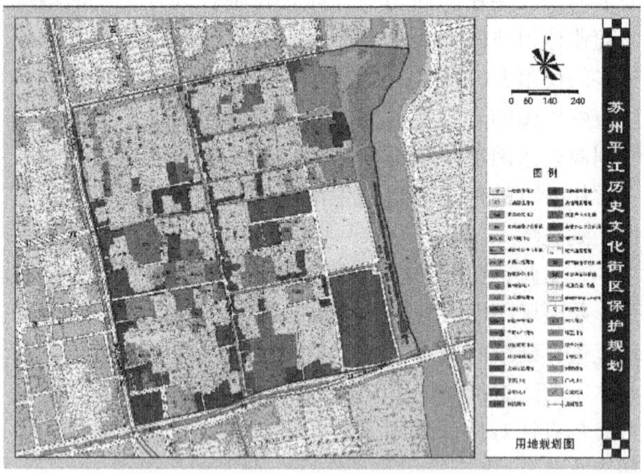

图4 平江历史街区用地规划示意

2.2.3 混合型——苏州平江历史文化街区

平江历史文化街区是具有苏州历史文化特色的集居住、商业、旅游为一体的综合街区[14]，居住空间占48%，商业以点状分布于主街，再渗透至两侧支巷。其中主路以商业为主，游客和居民均在此活动，支路晚上游客数量减少，以居住为主，整体街区中各类资源点丰富，活动轨迹融合度高[15]，表现出典型的混合型空间模式（图4）。商业休闲与居住功能的重叠提高了街区活力，丰富了公共空间的类型，但也一定程度上侵占了居民的日常生活空间，带来了噪声增多、垃圾处理不及时、交通拥堵等问题，使得原住民人口外流，社区凝聚力降低，最终导致了街区结构的改变。

基于此，需要制定多元化的保护更新策略，协调居民与商业、游客、经营者的关系，推动多方合作的社区共建。在具体设计中可以引入空间的分时立体使用方式，模糊居住空间与商业空间的界限，针对不同时段、不同区域的使用者结构和需求，打造复合功能的公共空间，推动混合型历史文化街区的多元发展。

3 风景园林视角下基于日常生活的历史街区更新策略

3.1 集中型模式——分类治理的更新策略

集中型的历史街区，针对其日常生活与商业休闲场所聚集性强的特点，对应不同的特征空间，需分类提出更新策略。在休闲区，应增加景点的吸引力，延长停留时间，减少休闲功能的向外扩散；在生活区，应尽可能地减少日常生活空间受到的外界干扰，限制商业向居民区蔓延，对内为居民提供充足的公共活动空间和配套服务；在融合区，应形成流线分离并引导流线方向至相应功能区，对于存在的冲突采取针对性的解决措施，提供灵活的复合型空间，兼顾日常生活与商业休闲需求。在规划中，需要对商业用地进行严格控制，居住用地不得随意改变用地性质，公共空间集中布局在融合区内，高度维持现状的空间布局。

3.2 主体型模式——融合转型的更新策略

主体型的历史街区，要促进历史留存的生活方式与现代化商业需求融合。此类街区中的各类资源多服务于日常生活，对于生活场所的原真性有较好的保留，但由于时代背景的变化，街区或是更新水平相对滞后，或是历史原真性破坏严重。对此，在街区的空间设计中需要从地域特征出发，对历史、文化元素进行解读，并融入时代需求[16]，保留日常习惯的同时，重点营造符合现代化转变的原真性生活空间，适度规划商业以激活居住空间的活力。

具体更新中，应充分考虑街区的未来发展方向，对于规划引入商业休闲功能的，要控制商业用地面积，保留足够的生活空间，对外加强公共活动属性，对内保留生活的原真性，并将生活元素融入商业开发中，使高占比的原住民最大限度地参与街区运营；未来不考虑商业化转型，仍定位在居住社区的历史街区，应使居民充分融入现代生活方式，改善居住环境，加强社区管理，提升交往活动的丰富度，同时也要重视文化资源的传承，减少因日常活动造成的物质破坏和非物质遗产流失，形成以历史文化传承为特色的现代化示范社区。

3.3 混合型模式——复合共享的更新策略

混合型的历史街区，以日常生活为导向的更新应将居民活动与商业休闲的复合关系作为出发点。对于居民自身参与商业经营的街区，可以推动生活与商业一体化，引导日常生活空间承担一部分商业服务功能，活化利用历史元素，激活非物质文化遗产，挖掘地方特色内涵，使日常生活的标志性元素在街区的休闲功能中得以呈现。在具体的空间设计中重点以丰富的微空间植入场地，对外提供交往空间，激活社区生活圈，形成居民、游客、商业经营者互惠共享的复合街区。

对于居民几乎不参与商业经营的，应加强商业活动对街区的正面影响，如公共空间的增加、城市活动的引入、休闲娱乐的提升、街区综合效益的增强等，同时降低商业活动对日常生活的负面影响，如噪声增加、冲突增多、卫生条件变差等，通过微环境塑造、景观分隔、流线区分、服务点增设等手段，尽可能降低对居民的干扰，在满足街区商业休闲功能的同时保障日常生活品质，使得商业与生活互为支撑，形成文化保护、经济活力、品质生活一体化发展的历史文化街区。

4 结语

在城市存量更新背景下，历史街区作为特殊的公共开放空间形态，承载着居住交往、商业休闲、文化保护的重要功能。本文从日常生活的角度出发，提取居住和商业间存在的协调和冲突，尊重历史街区居民的生活需求，同时维护必要的商业开发，归纳出集中型、主体型、混合型3种典型的空间功能融合模式，分析其在空间形态、使用者结构和主体功能上的差异，提出分类治理、融合转型、复合共享的改造策略，精细化引导街区规划与设计。对于新时代下的历史街区更新，不能仅追求单一效益的最大化，而是应该从街区的基础条件出发，面对商住功能融合的未来发展趋势，根据不同的模式采取差异化的发展策略，推动形成生活高品质、发展可持续、资源最优化的城市历史文化承载地。

参考文献

[1] 周晓霞，金云峰，邹可人．存量规划背景下基于城市更新的城市公共开放空间营造研究[J]．住宅科技，2020，40(11)：35-38.

[2] 李和平，薛威．历史街区商业化动力机制分析及规划引导[J]．城市规划学刊，2012(04)：105-112.

[3] 郑川．关于历史街区保护与更新的思考和设计实践[J]．浙江建筑，2021，38(03)：11-13+18.

[4] 金云峰，卢喆，吴钰宾．休闲游憩导向下社区公共开放空间营造策略研究[J]．广东园林，2019，41(02)：59-63.

[5] 金云峰，陈栋菲，王淳淳，等．公园城市思想下的城市公共开放空间内生活力营造途径探究——以上海徐汇滨水空间更新为例[J]．中国城市林业，2019，17(05)：52-56+62.

[6] 李雅琪，李瑞，汪原．基于日常生活视角的公共空间微更新研究——以武汉原俄租界为例[J]．风景园林，2018，25(04)：48-52.

[7] 马唯为，金云峰．城市休闲空间发展理念下公园绿地设计方法研究[J]．中国城市林业，2016，14(01)：70-73.

[8] 陆明，蔡籽焓．原住民空间融合下的历史文化街区活力提升策略[J]．规划师，2017，33(11)：17-23.

[9] 金云峰，周艳，吴钰宾．上海老旧社区公共空间微更新路径探究[J]．住宅科技，2019(06)：58-63.

[10] 殷洁，罗滢．历史街区共享社区化更新研究[J]．中国名城，2021，35(06)：46-50.

[11] 吴钰宾，金云峰，钱翀．健康效益下城市绿地品质与日常生活空间研究[M]//中国风景园林学会．中国风景园林学会2020年会论文集（上册）．北京：中国建筑工业出版社，2020.

[12] 李渊，谢嘉宬，王秋颖．旅游空间行为冲突评价与空间优化策略研究——以鼓浪屿为例[J]．地理与地理信息科学，2018，34(01)：92-97.

[13] 张振，刘婉如．日常生活视角下北京东四历史街区保护和更新[J]．工业建筑，2019，49(03)：63-70.

[14] 上海同济城市规划设计研究院，国家历史文化名城研究中心．苏州古城平江历史街区保护与整治规划[R]．2004.

[15] 方奕璇，张玲玲，徐佳楠．历史街区公共空间休闲行为研究——以苏州平江历史街区为例[J]．华中建筑，2020，38(10)：135-139.

[16] 金云峰，方凌波．基于景观原型的设计方法——探究上海松江方塔园地域原型与历史文化原型设计[J]．广东园林，2015，37(05)：29-31.

作者简介

蔡萌，1998年生，女，黑龙江大连人，同济大学建筑与城市规划学院景观学系硕士研究生在读，研究方向为风景园林规划设计方法与技术、景观更新与公共空间、绿地系统与公园城市、自然保护地与文化旅游规划、中外园林与现代景观。电子邮箱：mengocai@163.com。

（通信作者）金云峰，男，1961年生，上海人，硕士，同济大学建筑与城市规划学院景观学系、高密度人居环境生态与节能教育部重点实验室、生态化城市设计国际合作联合实验室、上海市城市更新及其空间优化技术重点实验室，教授、博士生导师，研究方向为风景园林规划设计方法与技术、景观更新与公共空间、绿地系统与公园城市、自然保护地与文化旅游规划、中外园林与现代景观。电子邮箱：jinyf79@163.com。

龙琼，1995年生，女，江西宜春人，同济大学建筑与城市规划学院硕士研究生在读，研究方向为风景园林规划设计方法与技术。

健康老龄化视角下的城市蓝色空间开发策略与建设路径①

Development Strategy and Planning Path of Urban Blue Space from the Perspective of Healthy Aging

何琪潇　和天娇

摘　要： 为积极应对健康老龄化，城市公共空间建设应着力构建老年友好型社会。城市蓝色空间是老年群体喜爱和活跃的公共活动场所，综合生态、游憩、文化和景观等功能特征，在维持老年群体健康水平方面发挥着潜在功效。本文从个体生理、社会互动和家庭结构三方面，分析了当前城市老年群体健康需求的转变；总结了城市蓝色空间生态服务功能、运动游憩功能和康复景观功能适应老年健康需求的行为特点，即，赖水以减少环境伤害、近水以激励活动频率、触水以促进精神疗愈；针对我国城市蓝色空间分布现状特征，提出响应老年健康目标的三级城市蓝色空间开发策略；以健康老龄化为导向，提炼国外前沿建设实践，提出老年运动安全导向下的亲水带建设路径和老年便捷出行导向下的滨水区建设路径。

关键词： 人居环境；风景园林；蓝色空间；人群健康；老年

Abstract: The rapid growth of the elderly population in China poses a more difficult challenge to the construction of urban public space. While bringing ecological and economic benefits into play, urban blue space is also a daily active social place for the elderly, which has a potential positive impact on their health and attracts the attention of urban planning neighborhoods. This paper analyzes the changes in the health needs of the elderly in urban areas from three aspects: individual physiology, family structure and social interaction. The positive benefits of the urban blue space matching the health needs of the elderly in terms of the spatial behaviors such as water proximity, water observation and water affinity are summarized, that is, reducing environmental damage, promoting energy recovery and stimulating activity frequency; Based on the land use composition and present situation of urban blue space in China, the spatial planning path of urban blue space to promote the health of the elderly is proposed. According to the spatial distribution and use characteristics of blue color in coastal and inland cities, different spatial optimization strategies are proposed.

Keywords: Human Settlement Environment; Spatial Planning; Blue Space; Population Health; Elderly

引言

城市建设和发展一直致力于关注和维护老年群体的权益。2005 年，世界卫生组织提出《阳光老年计划》，倡导全球城市以老年友好型为目标，推动了全球近 20 个国家开展老年友好城市建设[1]。中国于 2009 年在全国开始老年友好城市和老年宜居社区建设试点，进一步推动我国老年友好城市建设向国际先进队伍迈进。与此同时，人口老龄化进程加快导致与年龄密切相关的疾病负担在逐步攀升。预测 2030 年，中国人口快速老龄化将导致慢性非传染病的疾病负担至少增加 40%[2]。为了遏制该趋势蔓延，《健康中国行动（2019～2030 年）》重点明确了对老年重点群体健康的服务建设，北京最近提出在“十四五”时期建成首都特色老年友好型城市，重点强调了“建设老年友好的健康之城”。综上，实现健康老龄化将是未来以及更长远期间城市规划和设计的奋斗目标。

过去 30 年，城市居民的日常生活都在直接或间接地与城市水域接触，海洋、河流、湖泊、湿地等蓝色空间及其毗邻区域，成为越来越重要的生活和娱乐场所，引起城市规划和景观设计等邻域的重视[3]。蓝色空间具有生态、社会、文化和经济的综合功能，在近期国外流行病学领域里，这些综合功能对公众健康和幸福感潜在的积极作用被大量研究证实。例如，沿海生活或有过沿海生活经验的人群目前健康状态更优[4]；新西兰一项调查表明，居住地靠近蓝色空间对当地老年人在场所体验、老年生活和幸福感方面的重要性[5]；老年健康与蓝色空间的暴露程度有显著关系[6]。最近在上海的一项研究也发现，城市老年人和绿色空间与蓝色空间的接近程度，与较好的自我健康评价相关[7]。由此可见，城市蓝色空间的合理开发和建设将影响老年健康水平，这意味着以蓝色空间为载体的城市规划和风景园林理论、方法和实践，势必会成为建设适宜和促进老年健康城市的新契机。国内城市规划和风景园林目前已有研究着重于滨水地区的保护与开发，在景观设计手段[8]、空间规划管控[9]和土地利用模式[10]等方面积累了丰硕的成果；围绕蓝色空间的研究，主要从景观使用[11]、局部气候优化[12]等生态服务方面延展，较少涉及面向老年健康目标的构想与思考。当然，源于蓝色空间层级多变的空间特征、场域宽广的空间范围以及策略差别的空间策略，针对健康老龄化的蓝色空间开发策略

① 基金项目：重庆交通大学科研启动经费项目（F1210033）：城市公园促进人群身心健康的恢复性机制研究。

和规划路径也是目前亟须现实回应和理论探索的突破口。因此，本文从我国当前老年群体健康需求转变的态势，归纳出蓝色空间对老年健康需求的积极效益，围绕我国规划体系特点分析促进老年健康的蓝色空间开发策略，提炼国外发达城市已有建设实践总结规划路径，为建设实践参考借鉴。

1 城市老年群体健康需求的转变

1.1 个体生理变化：愈加重视环境质量

伴随着年龄的增大，身体机能退化，老年群体对外部生存环境显得更加敏感。尤其是新陈代谢变慢，不能及时排出体内的有害物质，造成老年呼吸系统、心血管系统等慢性疾病。根据对我国 22 省市 15973 名老年人 4 年的跟踪调查显示，空气污染显著增加了老年人日常生活自理残障、认知功能差与累计健康亏损指数上升的可能性[13]。同时，可以注意到，在城市污染问题大量社会报道出现后，当前许多老年人开始偏向愿意到生态环境更好的地方和城市定居生活，例如，“候鸟式”老人的出现，向南方生态环境更加优越的沿海地区迁移现象突出。

1.2 社会互动变化：热衷就近户外活动

广场舞的流行，既有传统民俗文化的背景，也从侧面反映出城市老年群体热衷户外活动以维持身心机能健康的述求。一方面，缺乏运动、无兴趣爱好、独居是退休老年人抑郁症状的危险因素[14]。而开展快走、跳舞、陪伴儿童游戏等形式的中等强度体力活动，已成为老年人日常至公园、广场等的主要目的，从而减少抑郁症状发生。另一方面，随着退休后社会角色的转变，老年人闲暇时光陡然增多，但人际交往和社会参与的机会减少。大多老年人愿意借助居家社区公共资源，持续投入丰富多彩的兴趣爱好以拓展社交关系，如社区的园艺活动。研究发现，长期性的园艺活动促进老人身心健康与社交健康[15]。实现这些活动的地点往往选择在家附近的公共空间，其个人出行更容易受到户外环境等因素的制约。

1.3 家庭结构变化：亟待消除精神障碍

我国传统的多代际大家庭结构，对老年长者的基本生活有着完善的保障，且非常重视他们的社会角色功能。然而，当前的社会发展和人口流动改变了这种结构。家庭结构越来越单薄，大部分老年人不再与子女一起生活，独居老人现象普遍化。缺乏子女的照顾和支持，特别是情感交流，导致独居老人容易出现焦虑、抑郁以及孤独感等心理障碍。研究表明，中国城市老年人抑郁情绪问题检出率为 39.86%，而且随着年龄增长，老年（80 岁及以上）较之其他组的抑郁情绪更严重[16]。虽然一定的精神障碍并不会影响正常生活，但长期下去会造成自杀、反社会等偏激的行为。为了避免负面情感的积累，老年群体也更加倾向于通过行为活动的调节消除孤独感。

2 蓝色空间功能适应老年健康需求的行为特点

蓝色空间，广义上的理解是指户外环境中以水为显著特征的自然流域或人造水域。城市蓝色空间，泛指以水域为核心的人类依水生活和生产的活动范围。在城市中，常见的蓝色空间类型有海洋、江河、湖泊、湿地、池塘等。国内外已有研究成果发现，蓝色空间对老年群体的行为活动有着积极的引导和干预作用，这种积极作用影响着老年人的健康水平。聚焦对应老年健康需求的三类转变方向，蓝色空间主要通过生态功能、游憩功能和景观功能诱发赖水、近水和触水三方面老年行为，产生潜在的健康效益（图 1）。

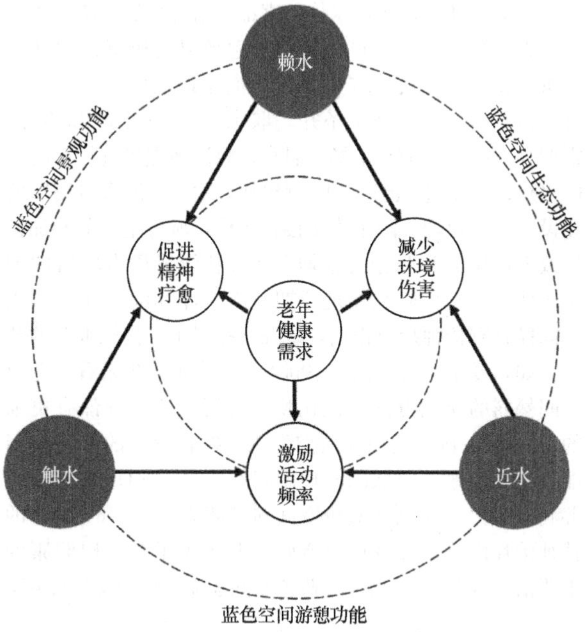

图 1 蓝色空间功能适宜老年健康需求的积极作用

2.1 生态服务功能产生的赖水行为

“赖水”反映出蓝色空间特有的生态服务功能。老年群体对生存环境要求更加敏感，依赖蓝色空间能够减少外部环境的伤害。蓝色空间能够疏导空气顺畅地流入与流出，加速城市内部的空气交换，对改善城市空间质量有着显著作用。如，中国老年人热衷选择沿海城市定居或度假，掀起一股“候鸟式”老年人现象，主要源于沿海城市空气污染程度较低、气温适宜，海水发挥着重要的调节区域温度、吸尘降噪、净化空气的生态服务功能。另外，相比以植被为主的绿色空间，水体为主的蓝色空间比热容较高，更有助于缓解局部城市热环境，发挥城市冷岛的功能效益[17]。泰国曼谷、新加坡等地将水系网络建设作为调节地区热岛效应的重点地方战略。

2.2 运动游憩功能聚集的近水行为

亲近水域的场所是老年群体喜爱的活动地点，目前不少研究发现在蓝色空间附近进行各项户外运动，能显著提升体育锻炼效果。澳大利亚早期研究就发现，与非沿海地区的居民相比，沿海地区的居民每周平均多步行30分钟进行锻炼[18]。随着研究深入，英国近期一项调查发现，沿海生活对体力活动有激励作用，主要由于参与陆上的户外活动，特别是步行[19]。在一项自2002年开始为期11年的纵向观测发现，接触蓝色空间对老年人的身体技能产生益处，接近自然环境（绿色和蓝色空间结合）与步行速度和握力下降较慢有关[20]。另外，蓝色空间更有利于老年人的社会互动。与年轻人相比，海岸附近的蓝色空间是当地老年人建立和增加社会互动的场所[21]。另一项研究也证实，英国的蓝色空间是家庭和亲友开展积极社交活动的首选之地[22]。

2.3 康复景观功能激活的触水行为

环境心理学领域，水体一直都是培育积极情绪、集中注意力和缓解压力等产生精神疗愈效果的康复景观环境的重要元素。历史上许多著名的治疗景观均坐落水源附近。古希腊人会虔诚至圣井“取水”，寻求宁静和治疗；古罗马人战后会前往浴场、温泉、海浴地点等进行长时间的水疗；在18世纪末和19世纪初，欧洲“海水浴场”的建设达到了顶峰。除了直接接触水体，城市生活节奏加快导致人群压力和紧张感倍增，在寻找缓解压力场所的现实驱使下，不少研究发现长期观看海洋和沿海环境对人体同样具有精神疗愈作用，该发现拓展了“接触水”的范畴。如，爱尔兰海岸蓝色空间可见度实证结果来看，蓝色空间暴露的视觉方法可能比物理接近与治疗抑郁有更强的关联[23]；新西兰一项研究发现，拥有较高的蓝色空间能见度与当地人较低的心理困扰相关[24]；而加拿大学者芬利等对比了绿色和蓝色空间对老年人（65～86岁）的精神治疗影响，发现蓝色空间尤其体现了对心理健康的重要治疗效果[25]。另外，蓝色空间能掩盖城市交通噪声，缓解对老年人听力下降的二次伤害。该功能也被大量康复性景观设计所运用，喷泉、小溪等水景观元素产生的流水声，可减少噪声产生使人平静安宁的感觉（表1）。

蓝色空间功能与老年健康需求的影响关系　表1

蓝色空间功能	行为特点	适应老年健康的需求	潜在降低的老年疾病类型
生态服务功能	赖水：依赖水循环的生存行为	减少环境伤害。加强空间流通，减少大气污染；降温保湿，冷岛效应	空间污染引发的呼吸道疾病、老年糖尿病、老年痴呆、中风等
运动游憩功能	近水：临近水域的运动和社交活动	激励活动频率。增强步行等户外体力活动；加强人际交往、社会联系	老年机体功能下降、缺乏运动引发的慢性病；缺乏社会交往的孤僻感
康复景观功能	触水：触碰、观赏和聆听水体	促进精神疗愈。集中注意力、阻断消极情绪，缓解心理疲劳和压力	过度压力导致的抑郁、孤独等精神障碍

3 响应老年健康目标的城市蓝色空间开发策略

积极应对人口老龄化，把健康老龄化理念融入城市蓝色空间的开发策略中。依据蓝色空间功能并考虑适应老年健康需求的3类行为特点，研究聚焦老年健康重点目标，分别为：如何实现适老赖水生存的高效、适老近水运动的安全、适老出行触水的便捷。目前我国蓝色空间分布特征表现为核心水域、亲水带和滨水区（图2），结合区域特征进行分类开发策略的制定，匹配国土空间规划体系下制定的综合开发工具，实现不同层面的老年健康目标（图3）。

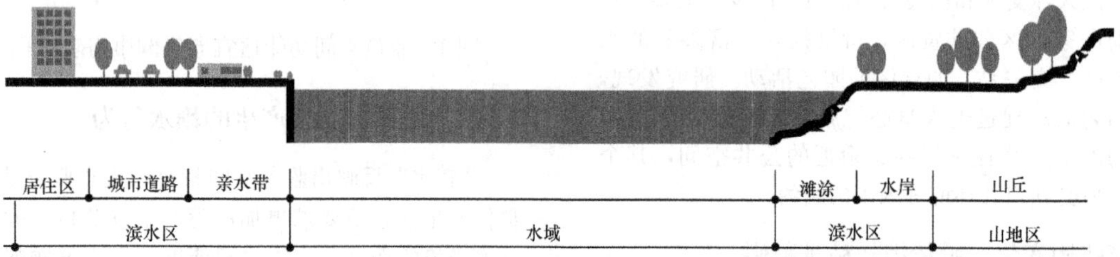

图2　我国蓝色空间开发现状特征的区域划分示意

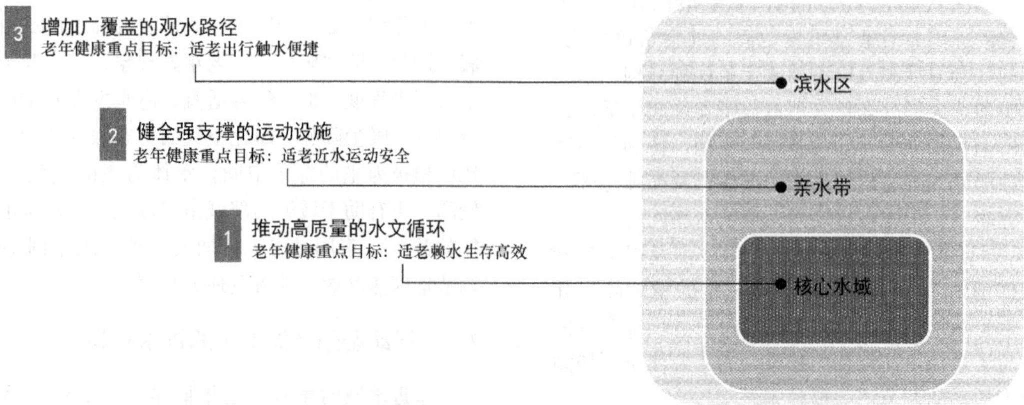

图3　实现老年健康重点目标的城市蓝色空间三级开发策略构想

3.1 适老赖水生存高效：核心水域推动高质量的水文循环

依赖于高效的水循环和完善的水域结构，蓝色空间能显著发挥调蓄干湿、通风、除尘的能力。因此核心水域的开发和利用模式，直接决定了老年群体赖水生存的环境优劣。尤其是承担着地球主要水循环功能的海洋、江河等大型蓝色空间，对环境影响有着决定性作用。如，沿海地区不适当的发展会损害海洋和沿海生态系统，尤其是沿海住宅和商业开发可能影响对极端气候（飓风）相关威胁的抵御能力[26]；海岸带是人类工业、商业、居住、旅游、军事、渔业和运输等活动的密集地区，这些活动的高度集聚引发了海洋生态退化、环境污染、资源枯竭及灾害频发等诸多问题[27]。

我国坚持生态优先、绿色发展的理念，十分重视对大型流域的保护开发。黄河流域生态保护和高质量发展、“共抓大保护、不搞大开发”战略导向下的长江经济带高质量发展都上升为国家重大战略。在当前国土空间规划体系逐步完善和指导下，中国开始走向“山水林田湖草海”全域全要素一致性管控的新时期。对水域的国土整治和生态修复成为国土空间规划的先行条件和重点内容。如，2020 年珠海市印发的《珠海市国土空间生态修复规划（2020—2035 年）》，就以海岸带、蓝色海湾和海岛整治修复为重点，统筹城市人居环境整治。可以预见，随着水域整治和修复工作的深入，逐步将适宜老年群体生活的宜居环境目标作为更高的标准，建立高质量的水域开发体系。

3.2 适老近水运动安全：亲水带健全强支撑的运动设施

亲水带是水域和陆域的交接之处，也是城市蓝色空间开发的主要区域。对海岸带、湖岸、河岸以及滨江带的整体景观打造既可以展现一座城市的魅力，也吸引着不少城市居民的聚集。老年群体喜爱在亲水带开展散步、慢跑、太极、广场舞等不同形式的运动锻炼，对于这类非正式的体育场地，如何构建适老运动的安全环境是该区域的主要开发策略。

城市亲水带开发往往与城市绿地的规划建设并行，如湿地公园、滨水公园、亲水广场的整体布局和设计。推广无障碍公园、无障碍广场，铺设缘石坡道、轮椅坡道和无障碍垂直电梯等便于老年群体无障碍的出入，是保障老年群体安全活动的基础设施。同时，为满足老年群体户外运动的更高要求，应围绕适宜可行的运动方式，健全支撑专业运动的辅助设施类型。开发工具可借助城市绿地系统对亲水区整体的功能、用地和设施部署，重点区域结合滨水区城市设计对运动空间特征的导控，健全无障碍的滨水运动设施。对于社区级别的亲水景观，可结合社区微更新着力改造无障碍的社区公园。

3.3 适老出行触水便捷：滨水区增加广覆盖的观赏路径

滨水区范围包含水域和亲水带，同时也存在大量城市住宅、商业和道路。严格来讲，从可步行至水域的居住区为界，之间的区域都可称为城市的滨水区。对于不少高龄老人而言，受到身体机能影响的限制，在亲水平台上站立眺望、依水休憩是更常见的一种“触水方式”。如何保障滨水区内住宅与亲水平台之间的适老便捷出行，是这个区域开发的重点。

老年群体出行方式以步行为主，可结合城市慢行系统，从城市步行网络体系的层面重点打通水域与临近居住区之间的捷径，结合街道城市设计引导机动车交通的威胁和干扰，有效增加老年人有限步行范围内的最大化距离，提高路径行走的趣味性和观赏性。另外，从最大化观赏水域的角度，可结合城市景观风貌规划和城市设计限制滨水区的建筑高度、建筑密度和打造连续的景观视线廊道和天际线。

4 健康老龄化导向下的城市蓝色空间建设路径

可以预见，在国土空间规划的刚性管控与城市设计的弹性指引下，未来可以有效保障城市蓝色空间开发迈向健康老龄化目标的实现。当然也必须认识到，我国不少地区对蓝色空间与老龄健康作用影响的理论认识还不全面，在现阶段城市公共空间开发与建设中，并未着重聚焦到老年群体在蓝色空间的行为特点。相比之下，国外澳大利亚、日本、新加坡等海滨城市对如何实现老龄健康化的空间建设进行了不少探索，尤其是适老运动安全导向下的亲水带和适老便捷出行导向下的滨水区建设，形成可参考借鉴的建设路径。

4.1 老年运动安全导向下的亲水带建设路径

4.1.1 专供海滩无障碍出入设施

建设路径围绕海岸带打造支持性环境，保障老年人在能力损失的情况下也能从事基本的户外活动。在注重海岸线保护与利用管理的同时，适度建设沙滩浴场、海洋公园等公共活动区域，提供老年群体安全的定点活动场地；增加专用车位、行人通道、海滩人行道和经过改造的卫生间设施等无障碍设施。

澳大利亚四面环海，拥有优质的滨海景色，常年吸引全球数百万旅客前往。在海滩建设和管理方面，人性化的同时满足各类弱势群体观水亲水的需求。在昆士兰州的黄金海岸（Gold Coast），政府旨在与许多当地的冲浪救生俱乐部和社区组织合作，打造适宜老年群体及残障群体的无障碍海滩，使得海岸更加便捷和包容。包括在已有海滩设置浮动浮桥和人行道、永久的沙滩铺设（旨在抵御潮汐，并为依赖车轮运输的人提供安全、平坦的路线，使坐轮椅的人在自己的力量下到达水中变得容易）、无障碍更衣室和厕所（高度可调的更换长凳以及长凳、扶手、衣钩、宽门和充足的流通空间，可容纳沙滩轮椅）、另外配备了可触水的海滩轮椅供免费使用（图 4、图 5）。

(*a*) 浮动浮桥　　(*b*) 特殊步道

图 4　Southport Broadwater Parklands 的无障碍设施

（图片来源：图 4～图 6 引自美国西雅图政府网站 https：//waterfrontseattle. org/library/materials-presentations）

图 5　Burleigh Beach 的海滩轮椅和铺设

与此同时，政府在《黄金海岸道路安全计划 2015－2020》专门提出两项保障当地老年人安全无障碍出行至海滩的倡议。免费公共汽车旅行倡议（The Free Bus Travel Initiative），符合条件的黄金海岸老年人可以在周一至周五（包括公共假日）上午 8：30 至下午 3：30 以及周末全天免费乘坐黄金海岸冲浪巴士；市政出租车服务（The Council Cab Service），60 岁以上的黄金海岸居民可以使用市议会出租车服务获得方便的、门到门的共享出租车交通，确保老年居民能够获得负担得起的安全交通工具(图 6)。

4.1.2　增设滨水公园运动辅助设施

临近水域的滨水公园或拥有水体景观的社区公园都是老年群体喜爱户外活动的亲水带区域。众多活动中，体育健身对空间支撑要求最高，由于老年群体在户外运动过程中容易发生跌倒等意外伤害，建设路径应完善运动全过程所需的必备设施。热身阶段，配备扭腰器、滚筒等常规的运动器械；运动阶段，采用防滑、鲜明标志的铺地材质；恢复阶段，提供桌椅长凳和净化饮水器等供休憩的设备。

日本是当今世界老龄化程度最高、最快的国家之一，同时也是适老化设计最成熟和完善的地区之一。在早期重视住宅适老化改造之后，如今对公共服务设施和居住户外环境的适老化设计也加大了力度。《护理保险法》倡议下，为了消除老年人对运动损伤的焦虑、熟悉科学运动方式，日本健身指导协会在全国各地滨水公园和社区公园等就近活动场地开办了“Yenye 教室”（うんどう教室）。通过安装户外健康促进设备，定期举办护理预防课程，招募专业的社区指导员为老年人培养锻炼习惯、制定“锻炼计划”，增强老年群体的健康生活方式（图 7）。

4.2　老年便捷出行导向下的滨水区建设路径

4.2.1　重塑连通海滨的观海走廊

观海是滨海区老年日常出行的主要目的。基于幅员辽阔的海洋面积，可以从不同建设路径增强老年群体观海的途径。绿地系统规划层面，打造山体景观平台或城市景观廊道等老年人的观光点，增加观看滨海景观的渠道；城市设计层面，控制街巷空间，保证老年群体进入滨海岸线的走廊顺畅，住宅多以“V”形与“L”形为主，有利于扩大建筑的观海视线，便于居屋老人尽可能地拥有良好的观海视线。

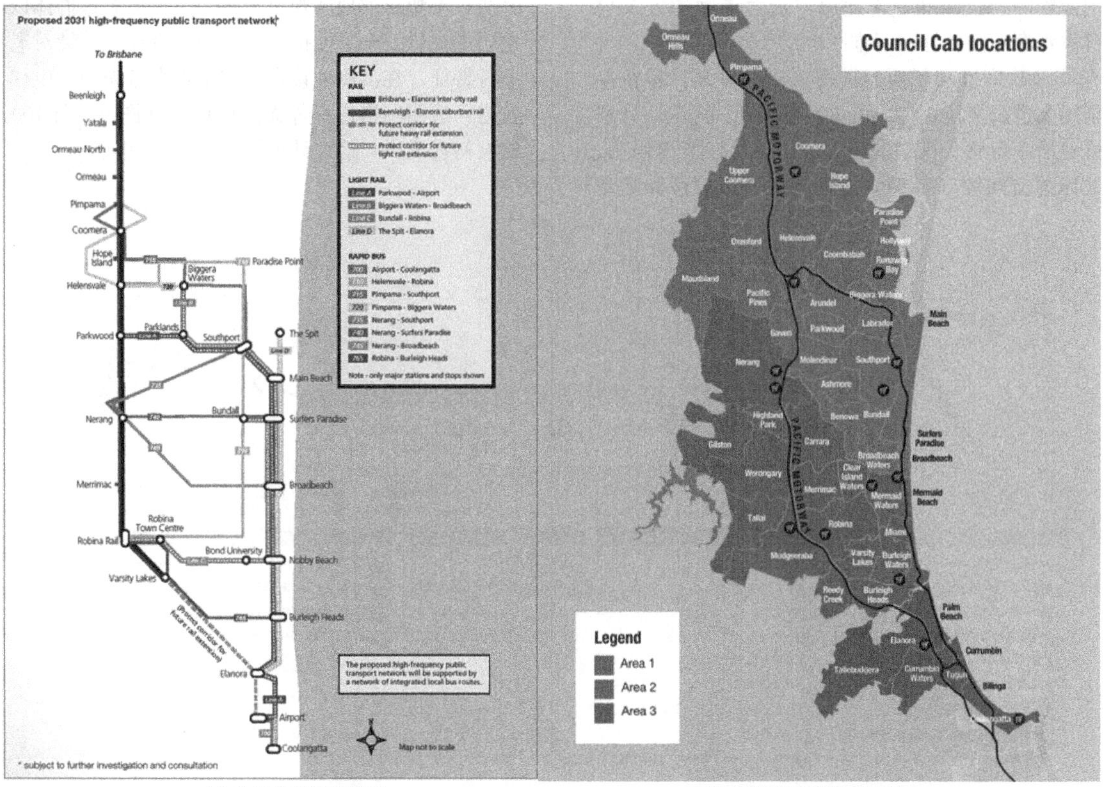

(*a*) 公共汽车服务线路　　(*b*) 出租车服务覆盖区域

图 6　黄金海岸提供 60 岁以上群体的无障碍出行倡议

东京都多摩市丰丘南公园

①腿脚训练
目的：缓解脚疲劳

②稳定性训练
目的：使下半身牢固

东京都狛江市谷户桥南广场

③平衡训练
目的：改善腰部酸痛

④全身伸展训练
目的：缓解全身疲劳

图 7　日本社区绿地定期举办针对老年安全运动的护理预防班

（图片来源：图 7～图 9 引自澳洲黄金海岸市政府网站 https：//www. goldcoast. qld. gov. au/）

美国西雅图通过重塑、连通海滨观海走廊的方式提升老年群体观海的便捷性。西雅图市位于太平洋沿岸，自2010年起当地政府推动了西雅图海滨改造计划，旨在拆除阿拉斯加大道高架桥，将城市重新连接到其海滨。计划还包括修建沿海走廊、重塑滨海连接道、重建滨海码头、完善公共休憩空间等（图8）。运用局部城市设计和景观改造，重塑海滨地区观海走廊，为包括老年群体以内的当地居民提供安全、便捷和舒适的观海环境。针对老年群体出行特征，在滨海连接道设计中重点考虑辅助电梯、人行坡道、透明网格栏杆等无障碍设施（图9、图10）。目前建设初现成果，追加计划持续到2024年。

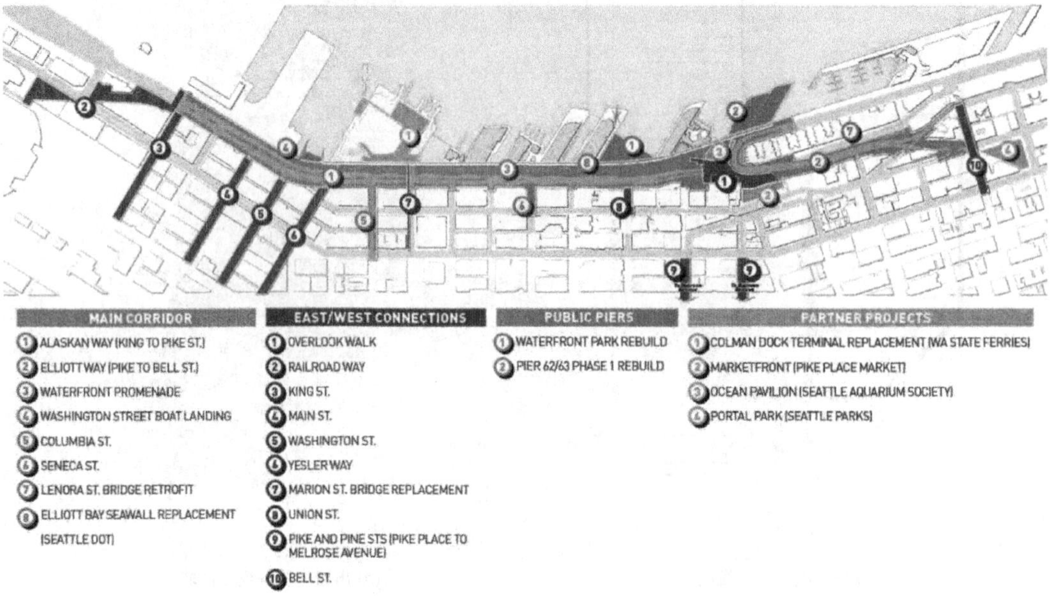

图8　西雅图海滨改造计划4类项目内容示意

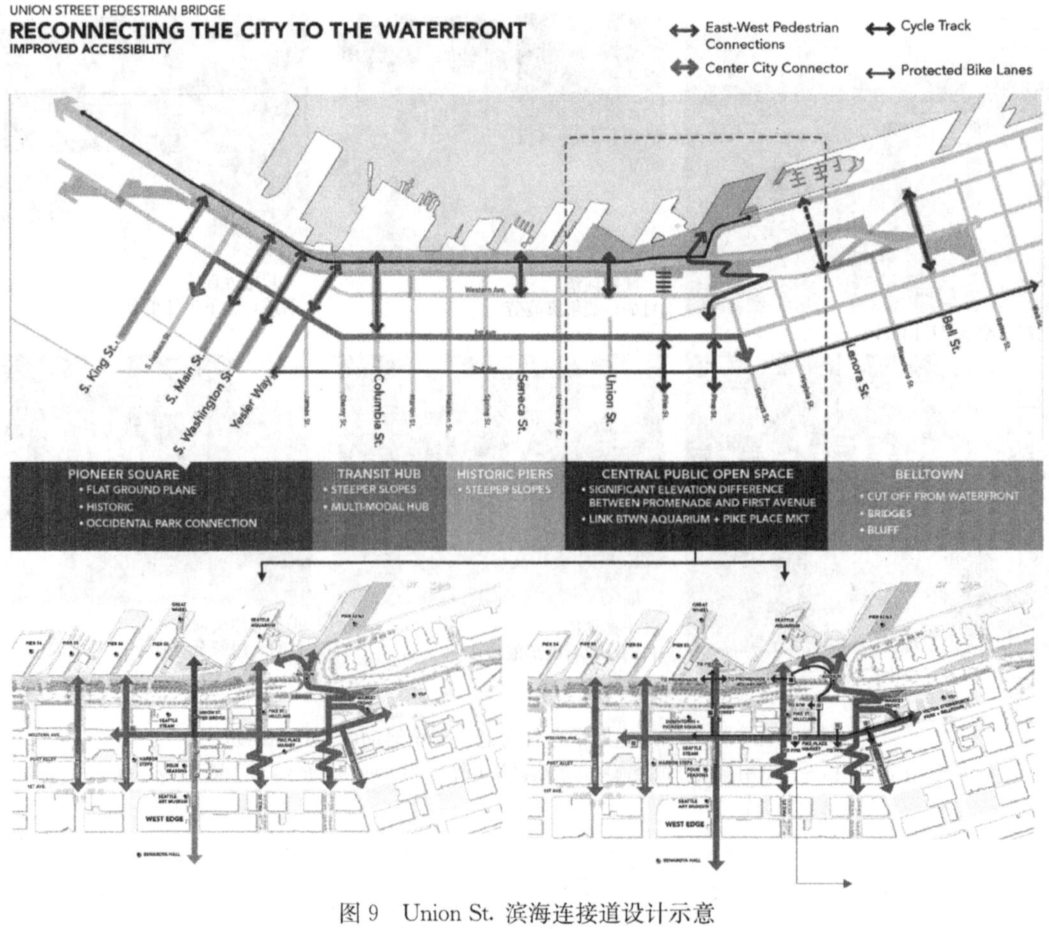

图9　Union St. 滨海连接道设计示意

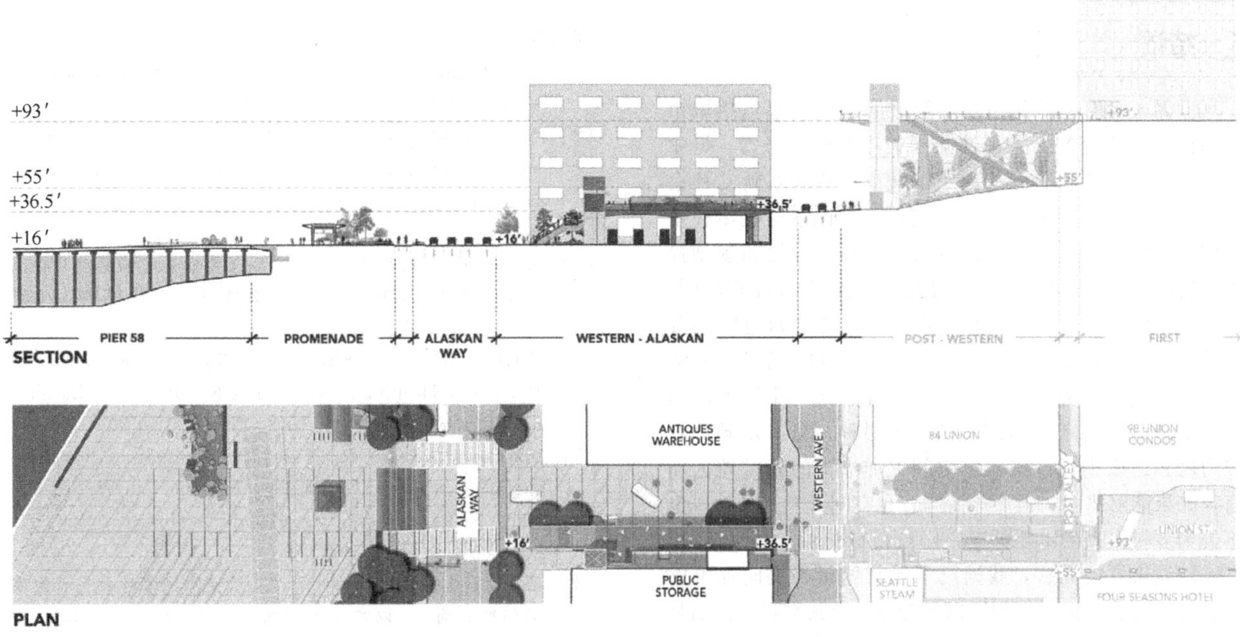

图 10　Union St. 竖向设计考虑老年群体出行特征

（图片来源：新加坡国家公园局政府网站 https：//www. nparks. gov. sg/）

4. 2. 2　完善网络化环水步行通道

步行与公共交通是老年群体主要的出行方式，对于水系发达的区域，应充分加强老年步行通道与水系网络之间的互通互联。在城市绿地系统和滨水地区的城市设计方面，引导环水步道与城市步行道、自行车道以及绿道的衔接；在公共空间景观风貌设计方面，应从宏观层面考虑其在整体水系网络之间的位置以及作为步行网络的重要节点。

新加坡内部水系和运河发达，结合绿地布局和规划，使其有着“公园城市”的美称。在宏观层面，通过建立自然公园网络（Nature Park Network）作为缓冲区来保护 4 个自然保护区和核心生物多样性区域。该网络本身也为自然保护区的动植物提供生态相互依赖的生境，这也是全岛正在建立的步行连通系统的组成部分。中观层面，通过公园连接器互联网络（Park Connector Network），将河流、运河与主要公园连接起来，使用群体更便捷地接近水面、瞭望亭和湿地。同时，不同的循环路径也为骑自行车、滑冰、慢跑和徒步旅行等不同出行方式的群体提供连贯便捷通道。微观层面，在每一条路径布置轻轨站（LRT）、捷运站（MRT）、公交站、自行车租赁站、停车场等交通转换点，以及健身角、垂钓甲板、遮阴处、游戏区、食品和饮料售卖等公共服务站。如，东部沿海线路，为包括老年群体的出行、锻炼、游憩等方式提供了更加多样化的选择，如图 11 所示。

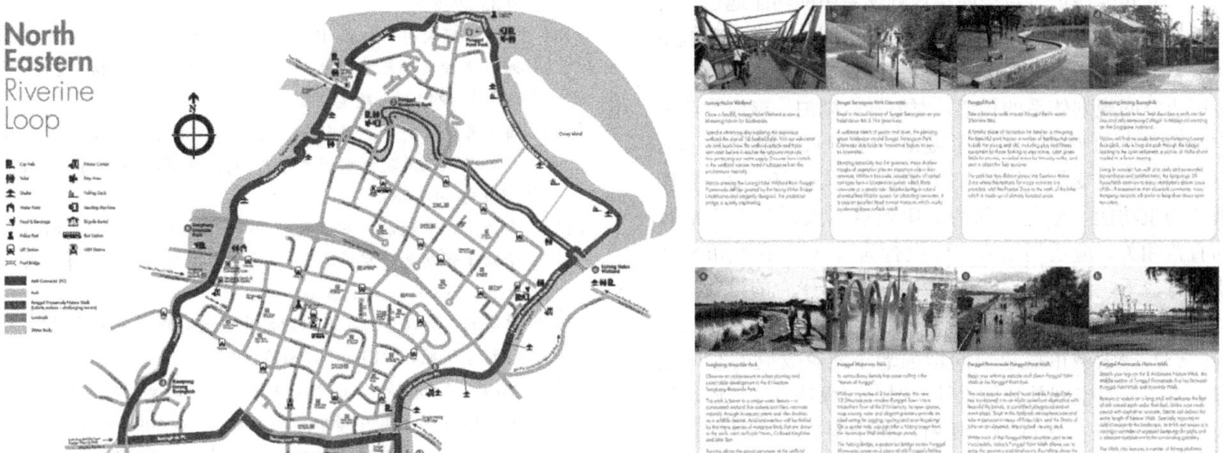

图 11　东部沿海环路场交通转换点和公共服务站的密集布点

（图片来源：日本健身协会官方网站 http：//www. tairyoku. or. jp/exercise-classroom/）

5 结语

世界人口由老龄化引发的健康问题正引起包括城市规划行业的社会各界人士的共同关注和携手努力。毋庸置疑，健康老龄化的诉求赋予了城市蓝色空间新的社会职责，一方面能为全球倡导的老年友好城市建设填补新的内容，另一方面为我国已有蓝色空间的开发和规划提供新的路径。本研究仅为初步构想，也存在着许多局限。如，跨区域蓝色空间管控权属以及乡村地区蓝色空间开发等。就跨区域蓝色空间管控权属而言，可能需要以省级国土空间规划作为综合协调平台，针对同一流域不同地区与城市特征制定因地制宜的发展目标，提出差异化管控力度和约束指标。就蓝色空间更加丰富的乡村地区而言，如果能够将乡村健康旅游与蓝色空间开发相结合，也不失为乡村振兴的重要补充。

就城市发展而言，我国已开始从增量发展向存量发展转变，发展目标更加围绕以人为本。公共空间，特别是开放空间，不仅应满足服务功能上的合理布局，还需要评价其对于人群生活方式的潜在影响和作用。对于明显存在积极健康影响的蓝色空间，需要制定针对性的发展战略。在吸取国外领先实践经验的同时，在现有规划框架内制定可行有效的开发和改造计划。笔者认为主要的努力方向为以下 3 个方面：

（1）重视城市蓝色空间对人群生活行为的健康促进效益。回顾过去几十年的滨水开发历程，虽然取得了一定程度的经济效应，但也留下了海洋污染、水系干涸的生态问题。在经济速度放缓，更注重人类生活质量的今天，应该重新思考蓝色空间与我们之间的关系。逐水而居、依水而活是人类与大自然的生存准则，也更应该成为现代人美好的生活状态。赖水、观水、近水等行为能为老年群体带来一定程度的健康效应，激发了我们在蓝色空间的开发和利用基础上，更加关注其在健康生活方式上的引领作用。

（2）转变城市蓝色空间在规划体系中的功能地位与管控手段。滨水空间一直作为城市公共空间，凸显其在城市风貌营造、生态服务功能以及商业开发中的重要地位。随着国土空间规划体系的构架，对海洋、湖泊、湿地等蓝色空间全要素的吸纳，丰富了城市规划对水资源开发的内容，同时也改变了以往的工作惯性。不同于仅作为非建用地的约束功能，蓝色空间的健康效益与人群日常生活行为直接相关，应适当纳入“建设行为”。如，在城市整体景观打造下，浮桥、步行桥以及临时亲水平台的设置，也能丰富观水、近水的健康生活方式。

（3）探索城市蓝色空间增强老年健康效应的空间路径。除了滨水空间的建设以外，对公园绿地、滨水广场以及城市绿道的合理布局与规划，同样能显著提高老年群体观水和近水的便捷性。运用重点地段城市设计、社区微更新、景观设计等空间调控手段，应对不同层面蓝色空间特征制定综合的行动方案，使得空间健康效率更加高效。同时，随着建设实践的深入，也会积累更多丰富的实践手法，如澳大利亚黄金海岸与社会组织的海岸管控办法等。

参考文献

[1] 世界卫生组织．全球老年友好城市建设指南[R]. 日内瓦：世界卫生组织，2007.

[2] Wang S，Marquez P，Langenbrunner J. Toward a healthy and harmonious life in China：stemming the rising tide of non-communicable diseases [R] . Washington：World Bank，2011.

[3] 西蒙·贝尔，陈奕言，陈筝．公众健康和幸福感考量的城市蓝色空间：城市景观研究新领域[J]. 风景园林，2019，26(9)：119-131.

[4] WHITE M P，ALCOCK I，WHEELE B W，et al. Coastal Proximity，Health and Well-being：Results from a Longitudinal Panel Survey[J]. Health & Place，2013，23：97-103.

[5] Coleman T，Kearns R．The role of bluespaces in experiencing place，aging and wellbeing：Insights from Waiheke Island，New Zealand [J] . Health & Place，2015，35：206-217.

[6] 陈玉洁，袁媛，周钰荃，等．蓝绿空间暴露对老年人健康的邻里影响——以广州市为例[J]. 地理科学，2020，40(10)：1679-1687.

[7] Huang B，Liu Y，Feng Z，et al. Residential exposure to natural outdoor environments and general health among older adults in Shanghai，China[J]. International Journal for Equity in Health，2019，18(1).

[8] 杨俊宴，陈宇．滨水景观区总体城市设计的理论与方法研究探索——西湖案例[J]. 城市规划，2017，41(07)：54-61.

[9] 干靓，邓雪湲，郭光普．高密度城区滨水生态空间规划管控与建设指引研究——以上海市黄浦江和苏州河沿岸地区为例[J]. 城市规划学刊，2018(05)：63-70.

[10] 林小如，吕一平，王绍森．基于时空弹性与陆海统筹的海岸带土地利用模式——以厦门市翔安区为例[J]. 城市发展研究，2020，27(05)：10-17.

[11] 武静，李婧雯，马悦．基于多源数据的武汉市滨湖蓝空间价值潜力研究[J]. 中国园林，2019，35(10)：35-39.

[12] 成雅田，吴昌广．基于局地气候优化的城市蓝绿空间规划途径研究进展[J]. 应用生态学报，2020，31(11)：3935-3945.

[13] 曾毅，顾大男，Jama Purser，等．社会、经济与环境因素对老年健康和死亡的影响——基于中国 22 省份的抽样调查[J]. 中国卫生政策研究，2014，7(06)：53-62.

[14] 黄海蓉，陈晓峰，孙仕强，等. 360 名深圳市退休老年人的抑郁状况及其影响因素分析[J]. 中国疗养医学，2016，25(7)：684-686.

[15] 李树华，黄秋韵．基于老人身心健康指标定量测量的园艺活动干预功效研究综述[J]. 西北大学学报(自然科学版)，2020，50(06)：852-866.

[16] 韩布新，李娟．老年人心理健康促进的理论与方法[J]. 老龄科学研究，2013，000(004)：8-17.

[17] Yu Z，Yang G，Zuo S，et al. Critical review on the cooling effect of urban blue-green space：A threshold-size perspective[J]. Urban Forestry & Urban Greening，2020.

[18] Humpel N，Owen N，Iverson D，et al. Perceived environment attributes，residential location，and walking for particular purposes[J]. American Journal of Preventive Medicine，2004，26(2)：119-125.

[19] Pasanen T P，White M P，Wheeler B W，et al. Neighbour-

hood blue space, health and wellbeing: The mediating role of different types of physical activity[J]. Environment international, 2019, 1313: 105016.

[20] Keijzer C D , Tonne C , Séverine Sabia, et al. Green and blue spaces and physical functioning in older adults: Longitudinal analyses of the Whitehall II study[J]. Environment International, 2019, 122: 346-356.

[21] Siân de Bella, Grahamb H , Jarvisb S , et al. The importance of nature in mediating social and psychological benefits associated with visits to freshwater blue space[J]. Landscape & Urban Planning, 2017, 167: 118-127.

[22] Ashbullby K J , Pahl S , Webley P , et al. The beach as a setting for families' health promotion: A qualitative study with parents and children living in coastal regions in Southwest England[J]. Health & Place, 2013, 23: 138-147.

[23] Finlay J , Franke T , Mckay H , et al. Therapeutic landscapes and wellbeing in later life: Impacts of blue and green spaces for older adults[J]. Health & Place, 2015, 34: 97-106.

[24] Dempsey S , Devine M T , Gillespie T , et al. Coastal blue space and depression in older adults[J]. Health & Place, 2018, 54: 110-117.

[25] Nutsford D , Pearson A L , Kingham S , et al. Residential exposure to visible blue space (but not green space) associated with lower psychological distress in a capital city[J]. Health & Place, 2016, 39: 70-78.

[26] Oven, K. , Curtis, S. , Reaney, S. et al. Climate Change and Human Health: Defining Future Hazard, Vulnerability and Risk for Infrastructure Systems Supporting Older People's Health Care in England. Journal of Applied Geography, 2012, 33: 16-24.

[27] 王东宇，刘泉，王忠杰，等．国际海岸带规划管制研究与山东半岛的实践[J]. 城市规划，2005(12)：33-39+103.

作者简介

何琪潇，1989年生，男，汉族，重庆人，博士，重庆交通大学建筑与城市规划学院，讲师，研究方向为风景园林与人群健康。电子邮箱：hqx623@cqjtu.edu.cn/。

和天娇，1989年生，女，纳西族，重庆人，硕士，重庆市规划设计研究院，工程师，研究方向为滨水地区保护规划与城市设计。

基于康养效益的植物景观空间结构体系构建研究
——以竹林康养空间为例

Research on the Construction of Plant Landscape Spatial Structure System Based on the Health Benefits: A Case Study of Bamboo Forest Therapy Space

林 葳 曾程程 包志毅 陈其兵*

摘 要：康养效益是植物景观空间承载的重要功能之一。本研究以竹林康养空间为例，梳理空间结构体系构建的基础理论，针对人体感知尺度下的竹林空间，通过实地研究掌握空间现状，从3个方面、6个维度展开空间结构指标体系构建。研究成果有望为竹林康养实证研究提供指标研究框架，为系统性机制的阐释提供基础。本研究方法可应用于其他植物景观空间结构体系的构建。

关键词：植物景观；空间结构；体系构建；竹林康养

Abstract: Health benefit is one of the important spatial functions of plant landscape. It is the basis of systematic research on health landscape to sort out the basic theories of spatial structure system construction and construct the system. This study takes bamboo forest therapy space as an example. Based on relevant theoretical basis, aiming at the bamboo forest space at the scale of human perception, it masters the space status through field research and constructs the spatial structure index system from three aspects and six dimensions. The research results are expected to provide an index research framework for the empirical study on bamboo forest therapy and provide a basis for the explanation of systematic mechanism. The research method can be applied to the construction of other plant landscape spatial structure system.

Keywords: Plant Landscape; Spatial Structure; System Construction; Bamboo Forest Therapy

1 研究背景

1.1 植物景观空间与康养效益

1.1.1 空间与感知

空间（space），既是物理学、天文学领域描述物质广延性的词语，同样也是哲学中描述物质的基本形式。空间是描述自然界中事物的基本形式，同时对具体事物来说，具有可以量度的特点。正是由于空间具有可观察、可量度、可描述、可体验的特征，在建筑学领域以及户外空间研究领域产生了大量关于空间的观点理论以及研究成果。对于空间的探讨也成为风景园林学的基本命题。空间问题的研究重点，一方面为“组成空间的事物”，即“空间元素”问题，另一方面为“构成空间的形式”，即“空间结构”问题。

英国学者布莱恩·劳森认为感知与感觉是两个概念，感觉等同于综合感知[1]。布莱恩·劳森的一个重要观点在于提出“人不擅长绝对感知，擅长相对感知”。他认为人需要依靠有比较的情况下，更能做出判断性的感知。正是由于这种相对感知的重要存在，使人与空间形成互动，对当中的尺度、距离、色彩等进行感受。把风景园林空间的尺度范围定义为宏观和微观两级，则可在两极之间对“感知性”进行规律性描述（图1）。其中，视觉、听觉、嗅觉、触觉是与风景园林专业相关的主要感知途径。根据不同的目的和对象，可进一步拓展出中观、中微观、中宏观等层次。

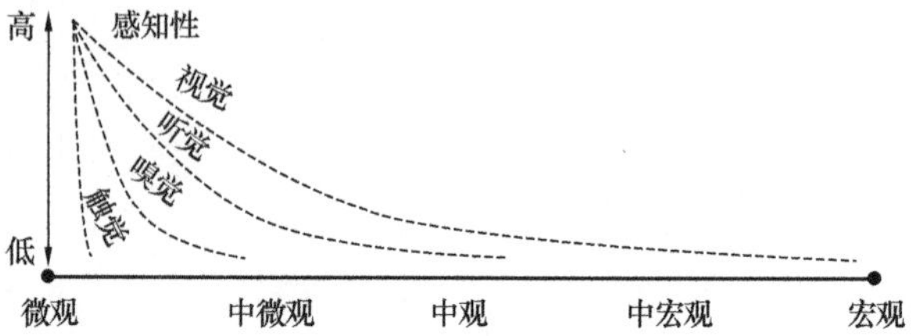

图1 人体感知性与风景园林空间尺度关系
（注：本图只呈现相对趋势）

1.1.2 植物景观空间与康养效益

北京林业大学李雄教授[2]在其博士论文中强调植物景观的空间意识，认为植物空间具有以下特征，即“空间构成的材料是有生命的有机体；空间的形态类型多样且复杂；空间形态根据有机体的变化，处于变化和运动之中；空间的尺度跨度大。”

在过去大量的实证研究中已经证实，人类通过接触自然可以获得健康效益。Hartig[3]通过对已有的自然与健康研究进行回顾，总结出“自然与健康之间的途径”包括4个方面：空气质量、体育活动、社会凝聚力和减压。结合Hartig总结的4个途径，植物景观空间的康养效益可来自于“文化美学”“气候环境”和“活动场所”3个方面。首先，“文化美学”的载体即景观，泛指植物所有能引起文化和美学共鸣的景观实体或意向，可以从视觉、听觉、嗅觉、触觉等多感官为人体提供身心愉悦的健康感受；其次，植物空间对于局地气候以及空气含量具有的调节作用，可以为人体提供更为健康的“气候环境”；最后，植物景观空间是一个具有游憩功能的自然“活动场所”，以区别于城市活动空间的独有条件，承载各种类型的健康活动和行为。

1.2 竹林康养价值

森林康养于20世纪80年代引入中国，越来越受到国家重视和国民认同。在国家林业和草原局最新制定的《林草产业发展规划（2021—2025年）》中，“竹产业”及“森林康养”均作为发展的重点领域，“优化森林康养生态环境”被明确提出。竹林是集文化、旅游、经济、生态等效益为一体的森林资源，分布在我国16个省（浙江、福建、四川等），面积约占全国森林总面积3%，约为全球竹林面积的25%[4]。我国竹林广泛分布，竹文化深入人心，竹林旅游盛行已久。竹林康养可增加竹产业中第三产业占比，提升竹林生态价值和环保效益，是传统竹产业转型的优质方向，是构建生态文明的重要板块。竹林康养这一我国特色康养产业，已成为国家产业布局下满足国民康养需求的重要类型。为更好地优化竹林康养环境，进行科学的康养空间营造日益迫切。

综上所述，植物景观具有极佳的康养潜力，但要以空间意识进一步科学合理地发挥其康养效益，首先需要构建空间结构体系。目前植物景观空间的营造依然以美学为主导，生态学为辅助，尚缺乏康养理论支撑和科学的规划管理，其主要原因就在于系统性的空间结构体系缺失，导致各类实证研究分散，难以阐释其系统机制并形成理论。竹林多为纯林，空间结构易于量化，且竹林康养应用价值广泛，以其为蓝本开展研究意义重大。

2 体系构建的理论基础

2.1 植物景观空间结构

2.1.1 户外空间结构经典理论

植物景观空间属于户外空间研究范畴，户外空间经典理论是体系构建的重要依据。首先是空间尺度感，尺度感不是静止不变的，因为人不是静止的，因此在实际应用中，更多是以运动思维来思考空间尺度。布莱恩·劳森在《空间的语言》中提出空间尺度感是一种人类的共识，来源于人性与社会性[1]。劳森认为人类即需要“自己的空间”，又需要“保持联系”。“保持联系”也被称作“社会距离”。其次是D/H理论，日本学者芦原义信在《外部空间设计》中阐述了该理论，将人体的复杂知觉“距离”转换成实际的空间尺度比例。理论根源是德国建筑师麦尔登斯关于人眼视觉范围的论述，其认为人眼以60°圆锥形作为前视线范围。此外，还有人际空间距离，爱德华·霍尔在《无声的语言》曾提出人与人之间有4种空间距离，被后世研究者认可，并被大量引用和实践[5]。人际空间距离与D/H理论的区别在于，人不单作为感知的主体，还作为被感知的客体。

2.1.2 植物景观空间尺度与形态

植物是风景园林空间的重要组成元素，是区别于其他学科的内核之一，植物常作为风景园林空间的主体组成部分，因此对于这类空间的研究形成了一个专类。国内较有代表性的研究是北京林业大学李雄[2]关于植物景观空间意象与结构的研究。他的创新点在于强调植物景观的空间意识，即要以空间观看待植物景观，注重植物空间的形态类型和构成方式，把园林植物作为构筑空间的结构性因素（structural elements）。同时结合户外空间理论，从水平要素、垂直要素和顶要素三方面解读了园林植物空间的形态要素，将单一空间划分为6种小模式，并提出了6种组合方式。他提倡的植物景观的空间意识在后来的其他植物空间研究中得到延续和拓展。郑树景[6]、叶敏[7]、李伟强[8]、乔洪粤[9]、陈敏捷[10]、Kwak[11]等人均针对植物空间的形态进行了定性分类和，对结构进行了解析。孟凡玉[12]、刘惠锋[13]、郭慎远[14]、成志军[15]等人对植物空间尺度和形态进行量化研究。

总体上，前人关于植物景观空间结构的研究探讨了共性指标，并对部分指标进行了量化，可作为本研究的指标选取依据。该部分相关理论架构如图2所示。

2.2 植物景观与人体适应性

2.2.1 视觉适应性

人体对景观具有五感，但感官大部分来自于视觉，一方面是因为视觉相对其他感官所能感知的距离更远以及辨识度更高，另一方面是大部分人工或自然景观通常基于视觉逻辑，长时间积累，视觉刺激便成为景观评价中的重要途径。植物景观空间结构的感官研究更多集中在视觉适应性研究。首先是基于视觉的主观评价，这些方法中，AHP法、SBE法、BIB－LCJ法均适用于评价多维度、多层次、多因素的复杂问题。其次，是基于视觉刺激下的研究，研究者使用了植物景观空间的照片进行视觉模拟刺激[16,17]，为了使照片更真实，一些研究使用了更大的屏幕或3D眼镜[18]。另一些研究直接安排受试者进入实际环境的条件，如城市绿地[19]、城市广场[20]、城市街道[21]。此外，对于植物景观空间结构的视觉偏好研究也是视觉适应性的重要体现之一。

2.2.2 热适应性

我国自古讲究“人与天调”，即在强调气候对人体的重要。植物景观空间并被视为调节气候的重要资源，更大的树冠、覆盖面积更广的城市森林、更多的绿色屋顶等空间形式，用于缓解城市气候炎热等问题[22]。热舒适是人体对于所有气候参数的综合感受，与此同时，各个气候参数之间还存在复杂的相互影响[23]，Fanger[24]在其著作《热舒适》中提出了6方面描述热环境的参数，分别是空气温度、气压、空气速度、太阳和热辐射、代谢热和服装隔热性。植物景观空间结构通过影响热环境，进而影响人

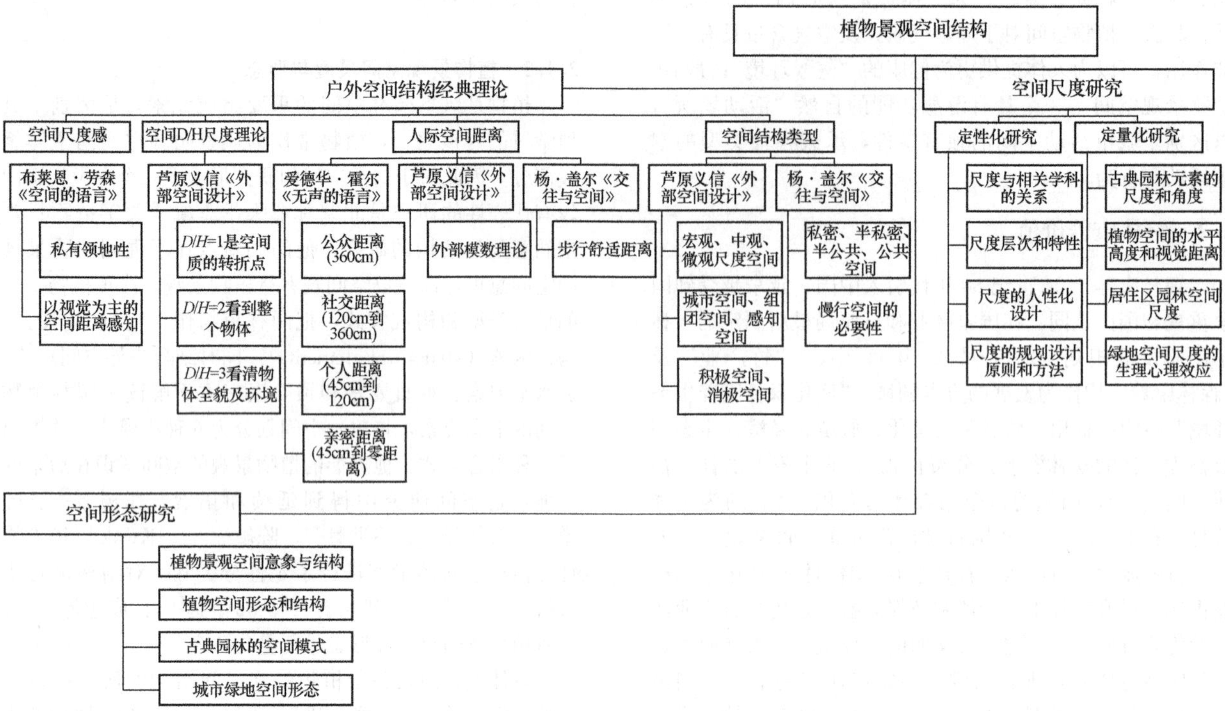

图 2 植物景观空间结构理论架构图

体热舒适性，当中的热适应关系仍然是值得探索的问题。目前的研究表明，植物景观空间的顶面和底面结构、垂直结构、冠层结构、密度和间距等指标，都在一定程度上影响着空间的小气候[25-27]。

2.2.3 行为适应性

植物景观空间的结构和分布分别影响着绿地行为和人均面积。行为和人均面积分别通过影响感知过程和空间距离来进一步影响人体身心反应和健康。扬·盖尔[28]等人在其社会交往空间理论中提出，步行、静坐等自发的人类活动是社会活动的前提和基础。目前的研究多集中在行为过程引起的人体效应方面[29]，部分研究对不同行为的差异进行了对比[30]。

2.2.4 生理心理效应

生理心理效应分别从主观和客观两方面评价植物景观空间与人体适应性之间的关系。目前植物景观的康养效益研究主要关注点集中在减压、提高注意力、增加积极情绪、减少消极情绪等相关的心理生理指标。注意力、情绪状态、压力、偏好等通常是通过问卷或测试来测量的。生理指标，包括血压、指尖血氧饱和度（SpO2）、脉搏和脑电图[31,32]，通常是用仪器测量的。在注意力和压力的研究中，注意力恢复理论（Attention Restoration Theory，ART）[33-35]和压力减轻理论（Stress Reduction Theory，SRT）[36]是两个重要的理论。

总体而言，基于康养效益的植物景观与人体适应性研究主要在视觉为主的五感、热环境、行为等方面展开。该部分相关理论架构如图 3 所示。

2.3 竹林康养

2.3.1 森林康养

森林作为三大生态系统中的“地球之肺”，是承载大量物种共生、丰富资源共存、各类物质循环的宏大空间，它分为天然林和人工林，具有调节气候、涵养水源、水土保持等方面的功能。相对其他生态系统，人类对森林的营造和管理更容易，意识也更普遍。森林疗法被认为是自然疗法的一种形式，人类的亲生物假说成为萌发和支持自然疗法的基础。亲生物假说认为人类从心理和生理两方面都渴望回到人类开始的地方——自然，因此人类的观念中认为身处或观赏森林、植物、绿地、天然材料能带来积极的效益，从而获得放松、惬意、抚慰等效果[37,38]。

国内关于森林康养的概念尚不统一，根据吴后建[39]梳理的国内学者或地方提出的森林康养概念不少于 5 种。国外关于森林康养的研究发展水平较高且涵盖全面，可以分为生理心理效应研究、专类人群效应研究、专类病恢复研究、基地建设与认证研究、政策法规研究等方面。在最近十年间，国外部分学者开始引入新技术，并开始关注森林空间、康养行为、康养效益之间的互作关系。我国于 20 世纪 80 年代最早报道森林康养，国内的研究起步较晚，在国际研究的基础上结合国内情况进行了一系列的基础构建工作，但存在研究层次不够深入、研究手段过于局限、研究内容过于单一的问题。在森林康养领域的研究中，各国研究者或将继续进行各方面康养效益研究，这是国内研究者需要结合本国各地森林特质进行补全的方面。

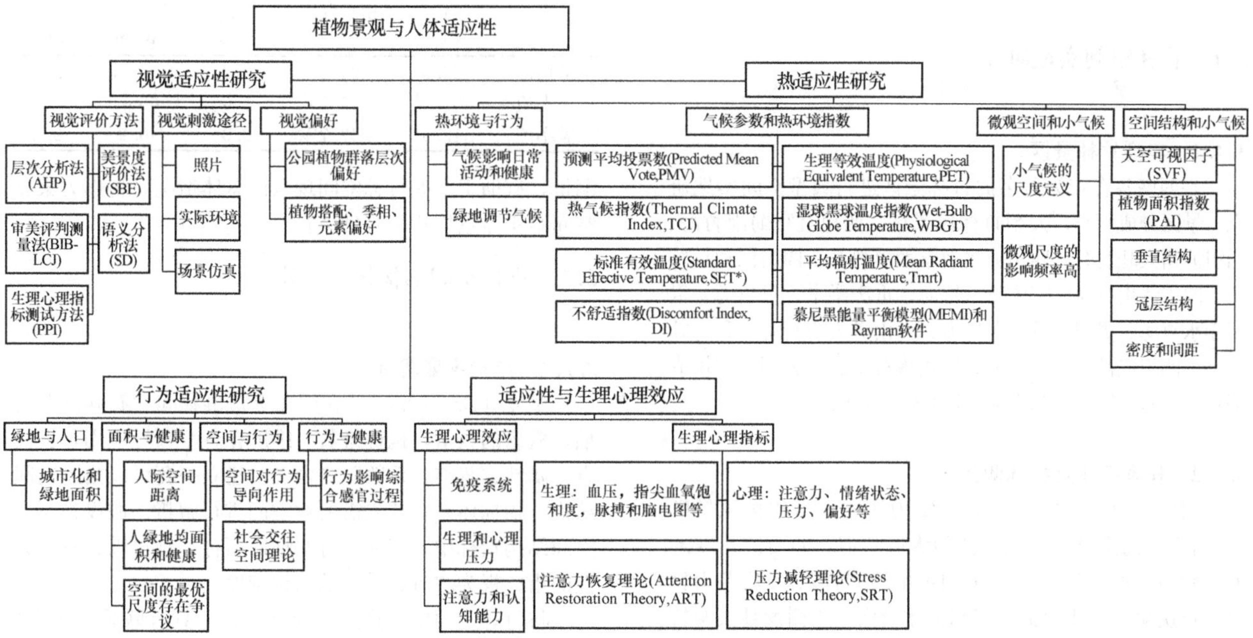

图 3　植物景观与人体适应性理论架构图

同时，进一步整合成果和技术，融合人群、人体行为、植物搭配、空间结构、气候环境等方面的精细化研究将成为趋势，国内研究需要立足特点，紧跟趋势，完善研究体系。

2.3.2　竹林康养

竹林康养是一种专类森林康养，全国范围内已有部分竹林获批国家级森林康养基地试点，比如四川宜宾七洞沟森林康养基地、贵州盘州大洞竹海森林康养基地等。按照国家计划，到 2022 年建设国家森林康养基地 300 处，到 2035 年建设 1200 处，因此竹林康养基地的潜质尚待挖掘，在建设过程中尚有很多科学问题有待研究。目前的竹林康养研究数量不多，可以分为竹林小气候和空气环境研究、竹林康养效益研究、竹林空间景观与人体关系研究 3 个方面。“小气候和空气环境”研究属于以竹林空气环境为对象的研究，“康养效益”研究属于借助人体反应的实证研究，“竹林空间景观与人体关系”研究属于康养机制研究。

总体而言，由于已经有大量的森林康养研究成果可以借鉴，因此竹林康养研究在三个层面均有进行，这也造成了现阶段的竹林康养研究成果在各方面均有涉及但案例不多的现状。该部分相关理论架构如图 4 所示。

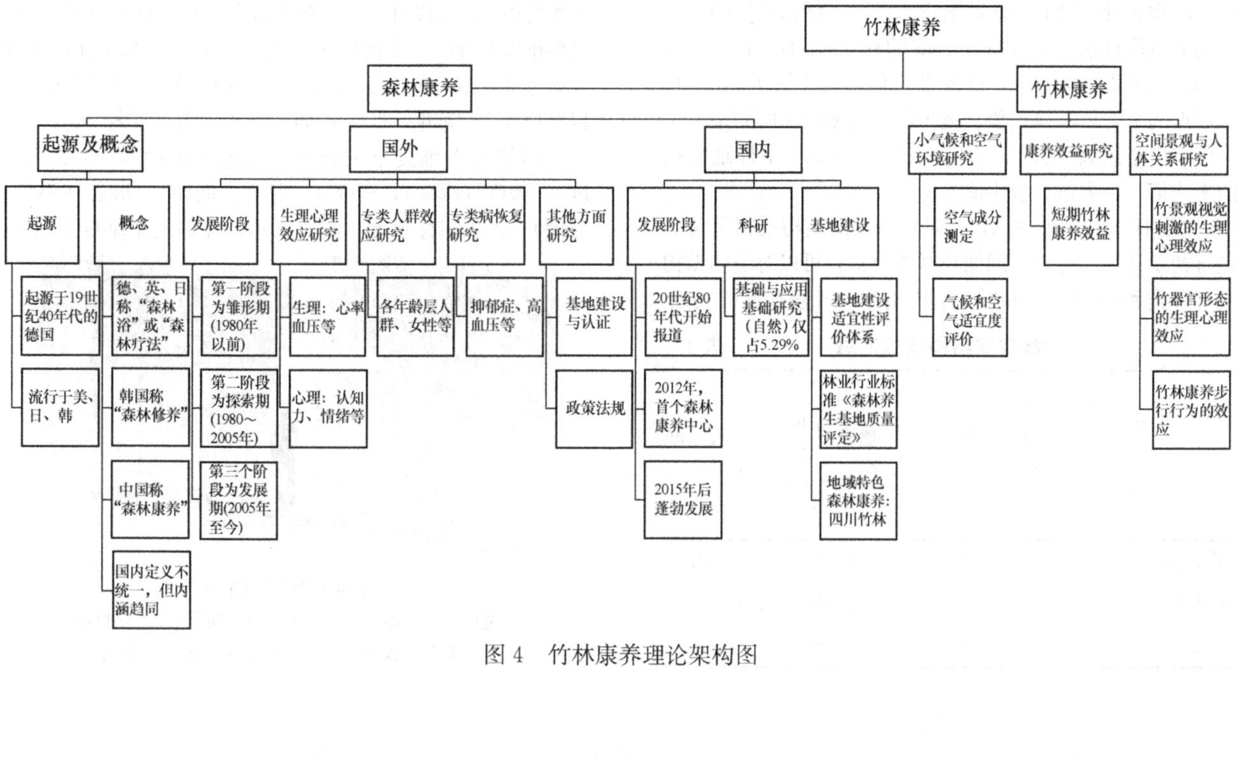

图 4　竹林康养理论架构图

3 竹林康养空间结构体系构建

3.1 竹林空间实地研究

3.1.1 典型竹林景区

在西南各省较为著名的竹林景区进行典型空间实地研究。景区分成两类，大型竹林风景区（四川宜宾蜀南竹海、四川泸州大旺竹海、四川泸州叙永西溪竹海、四川仁和百竹海、四川沐川竹海、重庆茶山竹海、重庆梁平百里竹海、贵州赤水竹海、贵州盘县大洞竹海、云南彝人谷竹海）和竹林公园（四川成都望江楼公园、四川成都浣花溪公园、四川成都杜甫草堂、四川成都大熊猫繁育研究基地）。

3.1.2 样本采集及指标测量

时间为2018年7～8月，实地研究大型竹林风景区（四川宜宾蜀南竹海、四川泸州大旺竹海、四川泸州叙永西溪竹海、四川仁和百竹海、四川沐川竹海、重庆茶山竹海、重庆梁平百里竹海、贵州赤水竹海、贵州盘县大洞竹海、云南彝人谷竹海）；2019年4～5月，实地研究竹林公园（四川成都望江楼公园、四川成都浣花溪公园、四川成都杜甫草堂、四川成都大熊猫繁育研究基地）。收集典型竹林空间的图片样本、结构指标以及气候指标。根据每个景区规模和景点分布，设置若干个样地，15个景区共设置50个样地。每个样地沿主要游览路线设置若干样点（30m×30m），针对结构指标和气候指标，样点平均值记为样地值（共50组）。

要求采集的图片样本能够准确地反应竹林空间的真实情况，为了提供统一的评价条件，采集工作设定了一定的规范：拍摄时段选择在相同时段（9：00～11：00和14：00～16：00），选择光线充足的条件，并不使用闪光灯；统一采用CANON-500D进行拍摄，采取约同人眼高度（1.6m）的横向画面拍摄，统一焦距；拍摄过程避免人、动物、设备等非空间因素进入画面。结构指标的测量采用五点取样法，在30m×30m的样点中划定样方（3m×3m），测量各项指标，再取平均值，表1展示50个样地数据的平均值、极大值、极小值。气候指标的测量方法为样点中心读数3次取平均值，表2展示50个样地数据的平均值、极大值、极小值。

3种样本的采集和测量，对竹林空间结构及相关情况进行初步认知。通过空间图片样本分析，可以对空间结构进行分类和结构指标解析。结构指标和气候指标的实地测量，有助于掌握竹林空间现状的总体情况，将作为康养空间结构体系构建的基础资料。

竹林空间结构指标汇总 表1

	地被高度（m）	地被覆盖度（%）	立竹度（株/单位面积）	高度（m）	枝下高（m）	胸径（cm）	节间长（cm）	冠幅（m）	倾斜度（°）
平均值	1.8	41.0	67.6	13.3	6.7	6.9	30.4	4.0	81.6
极大值	40.0	100.0	310.0	22.0	12.4	12.8	60.7	17.7	89.3
极小值	0.0	0.0	4.7	2.6	0.3	0.9	6.3	0.4	65.6

竹林空间气候指标汇总 表2

	温度（℃）	相对湿度（%）	风速（m/s）	太阳辐射（W/m²）	PET（℃）
平均值	23.5	74.3	0.2	44.5	20.9
极大值	35.2	95.7	1.0	665.6	40.0
极小值	12.6	47.7	0.0	0.9	9.3

3.2 竹林空间结构体系构建

3.2.1 结构维度解析

维度（Dimension），在广义上是事物间"有联系"的抽象概念的数量，也称维数。维度在各个领域应用，也具有"属性、范围、系数"等含义。建立一套可以描述空间结构的指标体系，首先需要对空间进行解析。假设在所有空间结构指标中，存在具有共性的指标，则可以将具有共性的指标视为"有联系"的结构维度。

将竹林空间中"描述空间结构，且具有联系的概念"视为同一维度。维度之间具有性质上的独立性。按照人与空间的包围关系，可以分为人在空间内部感知以及人在空间外部感知。此外，植株本身的形态也是影响空间结构的重要部分。因此，本研究首先从"内部关系""外部关系""植株关系"3个方面对空间进行解析，再在每个关系下形成若干维度。

内部关系的维度：宽度、高度、深度、密度、形态。

外部关系的维度：宽度、高度、深度、密度、坐标、形态。

植株关系的维度：形态。

3.2.2 结构指标解析

竹林康养空间结构指标应该以风景园林学的专业特征为出发点，以林学的林分指标和竹形态学指标为参考。在每一个维度中，均可以进一步分解出若干具有共性的结构指标，某些维度本身即一个指标（如宽度、高度）。基于此，本研究参考林分指标和形态学指标，以及前人关于风景园林植物以及户外空间理论，提出了竹林康养空间结构指标。

内部关系维度下的指标：宽度（宽度），高度（高度），深度（深度），密度（立竹度、间距），形态（SVF、坡度），各项指标示意如图5所示；外部关系维度下的指

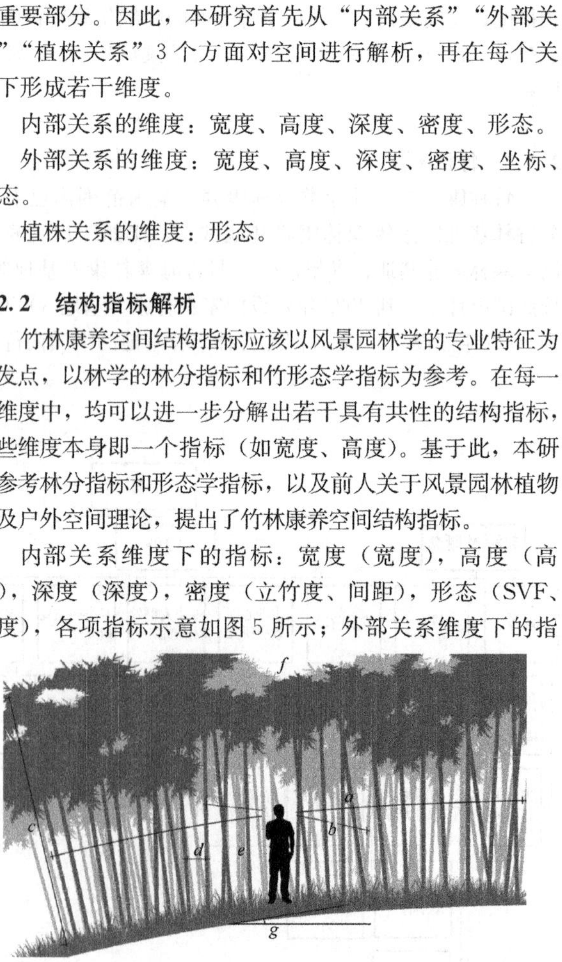

图5 内部关系中的结构指标

a—宽度；*b*—深度；*c*—高度；*d*—间距；*e*—立竹度；*f*—天空可视因子；*g*—英文缩写SVF；坡度

标：宽度（宽度），高度（高度），深度（深度），密度（立竹度），坐标（经纬度、海拔），形态（坡度、坡向），各项指标示意如图 6 所示；植株关系的维度下的指标：形态（胸径、冠幅、节间长、枝下高、倾斜度、地被高度、地被覆盖度），各项指标如图 7 所示 。

从 3 个方面的维度分解结果来看，某些指标在 3 个方面均存在，这些重复的指标将在指标体系中整合（图 8、表 3）。结构指标体系便于更精准的描述空间的结构特征，在研究中可以将结构特征相近的空间归为一类。

图 6　外部关系中的结构指标

a—宽度；*b*—深度；*c*—高度；*d*—经纬度、海拔；*e*—立竹度；*f*—坡向；*g*—坡度

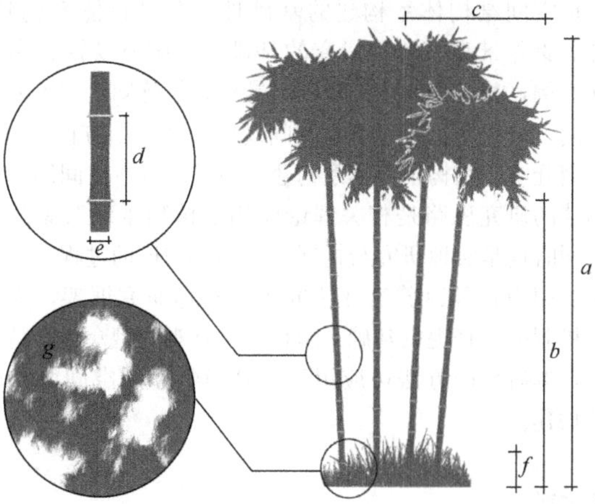

图 7　植株关系中的结构指标

a—高度；*b*—枝下高；*c*—冠幅；*d*—节间长；*e*—胸径；*f*—地被高度；*g*—地被覆盖度

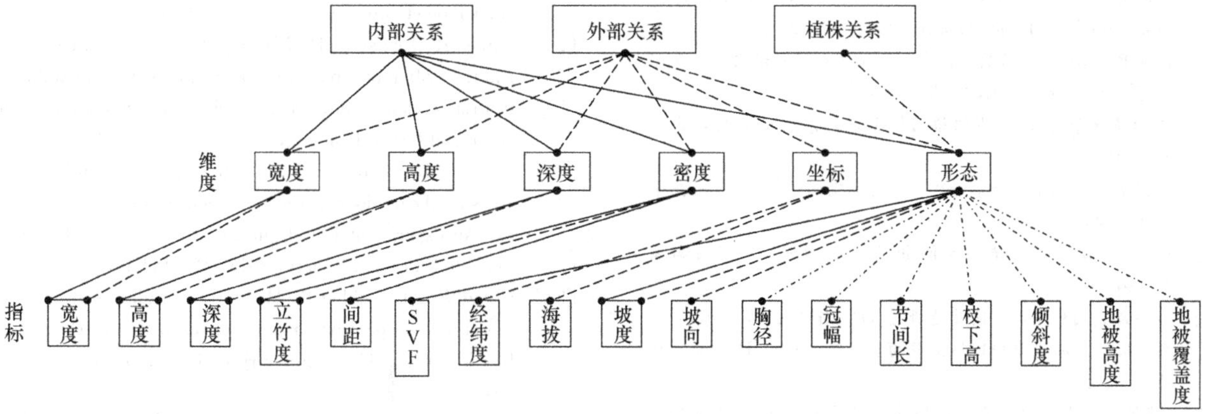

图 8　竹林康养空间结构指标体系

竹林康养空间结构指标含义　　**表 3**

空间结构指标	单位	维度	描述
宽度（*W*，width of the space）	m	宽度	横向自然边界或人体感知边界
深度（*D*，depth of the space）	m	深度	纵向自然边界或人体感知边界
高度（*H*，height of the space）	m	高度	垂直方向植株（竹）或空间自然高度
立竹度（*DB*，density of bamboo forest）	株/单位面积	密度	单位面积内的植株（竹）数
间距（*SP*，spacing）	m	密度	空间内植株间距（散生竹取株间距，丛生竹取丛间距）
天空可视因子（*SVF*，sky view factor）	%	形态	空间内测量点位的天空可视面积占总面积的比例
枝下高（*CH*，clum height）	m	形态	树冠底端到地面的主干高度
胸径（*DBH*，diameter at breast height）	cm	形态	离地高度 1.3m 处的主干直径
节间长（*IL*，internodal length）	cm	形态	离地高度 1.3m 处的主干节长度
冠幅（*CDW*，canopy diameter width）	m	形态	树冠最宽处直径
倾斜度（*ST*，slope of the trunk）	°	形态	主干与地面夹角度数
地被高度（*CPH*，cover plant height）	m	形态	地被植物高度
地被覆盖度（*CPR*，cover plant ratio）	%	形态	地被植物投影面积占总面积比例
坡度（*S*，slope）	°	形态/坐标	空间主坡面与水平面夹角度数
坡向（*A*，aspect）	°	坐标	空间主坡面法线在水平面上投影的方向
海拔（*E*，elevation）	m	坐标	绝对海拔高度
经纬度（*C*，coordinates）	°	坐标	经度、纬度

4 总结与展望

康养效益是植物景观空间承载的重要功能之一，通过梳理空间结构体系构建的基础理论并进行体系构建，是开展康养景观系统性研究的基础。本研究以竹林康养空间为例，基于相关理论基础，针对人体感知尺度下的竹林空间，通过实地研究掌握空间现状，从 3 个方面、6 个维度展开空间结构指标体系构建。总的来说，空间结构体系构建的研究思路是相关理论应用于植物景观对象的过程，同时也是实地研究与指标解析相互印证的过程。研究成果有望为竹林康养实证研究提供指标研究框架，为系统性机制的阐释提供基础。园林植物景观类型众多，特色鲜明，本研究的方法可应用于其他植物景观空间结构体系的构建。

参考文献

[1] 布莱恩·劳森．空间的语言[M]. 北京：中国建筑工业出版社，2003.

[2] 李雄．园林植物景观的空间意象与结构解析研究[D]. 北京林业大学，2006.

[3] Hartig T, Mitchell R, De Vries S, et al. Nature and health [J]. Annu Rev Public Health, 2014, 35: 207—228.

[4] 陈其兵，江明艳，吕兵洋，等．竹林康养研究现状及发展趋势[J]. 世界竹藤通讯，2019, 17(5): 8.

[5] 爱德华·霍尔．无声的语言[M]. 北京：北京大学出版社，2010.

[6] 郑树景．园林植物造景研究——外部空间论[D]. 华南热带农业大学，2007.

[7] 叶敏．园林绿地植物空间营造方法初探[D]. 西南大学，2010.

[8] 李伟强．园林植物空间营造研究[D]. 浙江大学，2007.

[9] 乔洪粤．种植设计中园林景观的空间建构研究[D]. 北京林业大学，2006.

[10] 陈敏捷．中国古典园林植物景观空间构成[D]. 北京林业大学，2005.

[11] Kwak J-I, Han B-H, Noh T-H, et al. A study on the structure style of street green spaces on port island, kobe, japan[J]. Journal of the Korean Institute of Landscape Architecture, 2015, 43(4): 62-74.

[12] 孟凡玉．江南私家园林整体性空间模式研究[D]. 北京林业大学，2007.

[13] 刘惠锋．江南私家园林空间量化分析[D]. 上海交通大学，2009.

[14] 郭慎远．苏州古典园林空间分析及其现代空间表现[D]. 天津大学，2009.

[15] 成志军．"流动空间"在江南古典园林中的运用[D]. 中外建筑，2003, (04): 49-50.

[16] Kacha L, Matsumoto N, Mansouri A. Electrophysiological evaluation of perceived complexity in streetscapes[J]. Journal of Asian Architecture and Building Engineering, 2015, 14: 585-592.

[17] Chang C-Y, Hammitt W E, Chen P-K, et al. Psychophysiological responses and restorative values of natural environments in taiwan[J]. Landscape and Urban Planning, 2008, 85(2): 79-84.

[18] Chiang Y-C, Li D, Jane H-A. Wild or tended nature? The effects of landscape location and vegetation density on physiological and psychological responses[J]. Landscape and Urban Planning, 2017, 167: 72-83.

[19] Qin J, Zhou X, Sun C, et al. Influence of green spaces on environmental satisfaction and physiological status of urban residents[J]. Urban Forestry & Urban Greening, 2013, 12 (4): 490-497.

[20] San Juan C, Subiza-Perez M, Vozmediano L. Restoration and the city: The role of public urban squares[J]. Front Psychol, 2017, 8: 2093.

[21] Aspinall P, Mavros P, Coyne R, et al. The urban brain: Analysing outdoor physical activity with mobile eeg[J]. British Journal of Sports Medicine, 2015, 49(4): 272-276.

[22] Jamei E, Rajagopalan P. Urban development and pedestrian thermal comfort in melbourne[J]. Solar Energy, 2017, 144: 681-698.

[23] Höppe P. The physiological equivalent temperature - a universal index for the biometeorological assessment of the thermal environment[J]. International Journal of Biometeorology, 1999, 43(2): 71-75.

[24] Vanos J K, Warland J S, Gillespie T J, et al. Review of the physiology of human thermal comfort while exercising in urban landscapes and implications for bioclimatic design[J]. Int J Biometeorol, 2010, 54(4): 319-334.

[25] Sanusi R, Johnstone D, May P, et al. Microclimate benefits that different street tree species provide to sidewalk pedestrians relate to differences in plant area index[J]. Landscape and Urban Planning, 2017, 157: 502-511.

[26] Zheng S L, Guldmann J M, Liu Z X, et al. Influence of trees on the outdoor thermal environment in subtropical areas: An experimental study in guangzhou, china[J]. Sustainable Cities and Society, 2018, 42: 482-497.

[27] Chow W T L, Akbar S, Heng S L, et al. Assessment of measured and perceived microclimates within a tropical urban forest[J]. Urban Forestry & Urban Greening, 2016, 16: 62-75.

[28] 扬·盖尔．交往与空间[M]. 北京：中国建筑工业出版社，2002.

[29] Goto S, Park B-J, Tsunetsugu Y, et al. The effect of garden designs on mood and heart output in older adults residing in an assisted living facility[J]. Herd: Health Environments Research & Design Journal, 2013, 6: 27-42.

[30] Hartig T, Evans G W, Jamner L D, et al. Tracking restoration in natural and urban field settings[J]. Journal of Environmental Psychology, 2003, 23(2): 109-123.

[31] Chen H-T, Yu C-P, Lee H-Y. The effects of forest bathing on stress recovery: Evidence from middle-aged females oftaiwan[J]. Forests, 2018, 9(7).

[32] Chiang Y-C, Li D, Jane H-A. Wild or tended nature? The effects of landscape location and vegetation density on physiological and psychological responses[J]. Landscape and Urban Planning, 2017, 167: 72-83.

[33] Kaplan S. The restorative benefits of nature: Toward an integrative framework[J]. Journal of Environmental Psychology, 1995, 15: 169-182.

[34] Kaplan R, Kaplan S, Ryan R L. With people in mind[M]. Washington: Island Press, 1998.

[35] Kaplan R. The nature of the view from home: Psychological benefits[J]. Environment and Behavior, 2016, 33(4):

507-542.

[36] Ulrich R S, Simons R F, Losito B D, et al. Stress recovery during exposure to natural and urban environments[J]. Journal of Environmental Psychology, 1991, 11: 201-230.

[37] Olsson A, Lampic C, Skovdahl K, et al. Persons with early-stage dementia reflect on being outdoors: A repeated interview study[J]. Aging & Mental Health, 2013, 17(7): 793-800.

[38] Song C, Ikei H, Kobayashi M, et al. Effects of viewing forest landscape on middle-aged hypertensive men[J]. Urban Forestry & Urban Greening, 2017, 21: 247-252.

[39] 吴后建，但新球，刘世好，等．森林康养：概念内涵、产品类型和发展路径[J]. 生态学杂志，2018，(07)：2159-2169.

作者简介

林葳，1990 年生，男，汉族，四川峨眉山人，博士，浙江农林大学风景园林与建筑学院，讲师，研究方向为竹林康养、风景园林微气候、风景园林空间与人体健康。电子邮箱：Landscape1990@163. com。

曾程程，1991 年生，女，汉族，四川德阳人，博士，浙江农林大学风景园林与建筑学院，讲师，研究方向为国家公园规划设计、步道景观与健康效益、森林康养理论。电子邮箱：zccLandscape@zafu. edu. cn。

包志毅，1964 年生，男，汉族，浙江东阳人，博士，浙江农林大学风景园林与建筑学院，名誉院长、教授，研究方向为植物景观规划设计等。电子邮箱：bao99928@188. com。

（通信作者）陈其兵，1963 年生，男，汉族，四川万源人，博士，四川农业大学风景园林学院，教授，研究方向为风景园林规划设计、森林康养、竹林资源与定向培育等。电子邮箱：cqb@sicau. edu. cn。

基于场所依恋的城市老旧公园景观提升改造研究①

——以南昌八一公园为例

The Study on Landscape Upgrading and Transformation of Old Urban Parks Based on Place Attachment：A Case Study of Bayi Park，Nanchang

彭　博　古新仁　谭慧敏　曾嘉伟　李宝勇*

摘　要：随着城市更新的深入推进，老旧公园的改造提升开始受到社会关注。目前国内老旧公园改造提升多着眼于“拆旧建新”的传统思路，缺少从人对公园情感依恋出发的规划策略。本文在梳理场所依恋相关理论的基础上，通过分析场所依恋的相关理论，总结出场所依恋水平的评估方法以及影响场所依恋的因素，以此提出基于场所依恋的老旧公园提升改造规划框架。结合南昌市八一公园景观提升改造项目，解读基于场所依恋的老旧公园改造提升规划设计过程，阐释基于场所依恋的城市老旧公园景观提升改造的方法，以期为城市更新提供新的思路和途径。

关键词：城市老旧公园；场所依恋；景观提升改造；八一公园

Abstract: With the further research of urban renewal, the renovation of the old park began to attract much attention. In particular, the traditional renovation of old parks in China mainly focus on" demolition and reconstruction ", which lacks of planning strategies based on people's emotional attachment to the park. On the basis of combing the theory of place attachment, this paper summarizes the evaluation method of place attachment level and the factors affecting place attachment by analyzing the theory of place attachment, and then proposes the planning framework of promotion and reconstruction of old parks based on place attachment. Finally this article takes the example of the renovation of Bayi Park with combing the theory of place attachment, explores the planning method and implementation path of renewal strategy for old city park based on place attachment. In order to provides new thoughts and methods for the renovation of the old park.

Keywords: Old City Parks; Landscape Architecture; Place Attachment; Reconstruction and Renovation

引言

目前，我国城市化进程已由“增量时代”转变为“存量时代”。城市老旧公园是城市意象的重要组成部分，承载着人们记忆和乡愁。目前，我国不少老旧公园由于使用年限较长濒于衰败，传统提升往往偏重对环境的装饰性美化和拆旧建新，忽视了人们对场地的情感因素，导致老旧公园常常被改造为新面孔，造成市民与环境的疏离。作为人和场所、环境之间的情感联结[1]，“场所依恋”的形成有助于个体实现自我情绪调节[2]，进而促进社会稳定，反之，缺失则会引发“城市病”等诸多社会问题[3]。2015年召开的中央城市工作会议中提出城市改造和更新应留住人们的乡愁记忆，有效化解各类“城市病”。因此，将场所依恋理论引入老旧公园的提升改造具有重要的理论和实践意义。

1　城市老旧公园的改造与提升研究进展

我国的老旧公园多坐落于城市中重要地段，占据得天独厚的地理位置和环境资源，承载着几代人的记忆[4,5]，如何延续场地记忆、满足城市发展中对公园新的功能要求是改造更新须考虑的重要因素。相关更新理论中[6,7]人本主义理论研究较为丰富：董春从老年人的感性需求考虑，进行老旧公园人性化设计研究[8]；刘明将人文关怀理念引入老旧公园设计之中，充分尊重不同使用人群的行为习惯和心理需求[9]；马奕芳运用人居环境科学理论以及“有机更新”的设计理念，提出针对老旧公园的改造原则和策略[10]。在场所和文脉理论研究上，路毅在尊重场地特征的前提下，总结了公园改造要点[11]；邱冰围绕延续城市记忆理念，探讨老旧公园改造的思路[12]。可见，这些研究多侧重于研究场所的社会功能要求以及城市历史文脉延续，对人与场地间情感因素考虑不多。

2　场所依恋理论及其研究进展

2.1　场所依恋的内涵

“场所”属地理范畴，最初是相对于空间所提出[13]。除包括地理位置之外，场所还包含着物质形式和价值意义[14]，是被赋予了个人及社会价值意义的空间[15]。场所

①　基金项目：国家自然科学基金项目“基于眼动分析的环鄱阳湖区传统村落景观视觉质量评价研究（32001366）”资助；江西省社会科学规划项目“老龄化社会背景下南昌市城市绿地休闲空间优化设计研究”（编号 18YS07）资助。

依恋最早起源于段义孚所提出的“恋地情结”概念，即“场所与人之间存在着的一种特殊的依赖关系”[1]，后由Williams和Roggenbuck于1989年正式提出，用以描述人与场所之间基于情感、认知和实践的联系，其中，感情因素是第一位的[16]。

Williams和Roggenbuck于1989年最早提出了场所依恋的经典二维结构，认为场所依恋包括场所依靠（place dependence）和场所认同（place identity）。“场所依靠”是指功能上的依恋，依附于场所内的资源及设施。“场所认同”是指精神上的依恋，是人在场所内不经意间流露出对场所的情感依附和归属感[16,17]。虽然后来Scannell、Hammitt和Stewart等人又从人、心理过程和场所、熟悉感、归属感、认同感、依赖感到根深蒂固感等方面提出了三维和五维框架结构[18,19]，但二维结构因形式简明、因子可靠而在相关研究中被广泛使用[20-23]。

2.2 场所依恋水平的评价方法

目前场所依恋的评价有定性和定量两种方法[23]。定量分析通过量表法研究人与场所之间的依恋强度和地方意义的个体差异[21,22]；定性研究则主要通过访谈或问卷[24]来探究场所意义。定性法相对于定量法，在实践操作中更为简便易行，更能完整测量场所依恋的整体性意义[25]，多通过实地调研，采用深入访谈法、问卷调查法对场所的整体依恋水平进行评价。

2.3 公园场所依恋的影响因素

场所性质不同，场所依恋的影响因素也具有差异。针对居住地和游览地类型研究发现，影响居住地场所依恋的三大因素为人口学变量、物理环境变量和社会变量[26,27]。而游憩地场所依恋影响因素可分为物质特征因素和情感因素。在场所物质特征因素方面，游憩环境体验和服务质量体验对场所依恋均呈显著正向影响[28]。当场所的物质环境质量提高，环境资源具有不可替代性时，场所依恋的程度会加深[21,22]。研究表明，使用程度及依恋水平较高的公园场所均具有“临水”“有供休息的设施”“观景视野开阔”等环境特征[22]。文化语境建设程度也会影响场所依恋[22]，居住地分布的远近影响着居民对公园的场所依恋程度[20]；在情感因素方面，人们对场所自然和文化历史的了解程度、社会交往参与、情感体验、私密性、自然和健身活动等都和场所依恋的形成有关[29,30]，深度休闲、游憩专门化、社会性活动与场所依恋的形成关系最为紧密[31]，而由功能性依恋转化形成的习惯，是精神性依恋产生的必要条件[24]。

以此为基础，公园整体场所依恋分为功能性依恋和精神性依恋[30]（表1）。精神性依恋的影响因素包括深度休闲水平、游憩专门化水平、自然景观认同感、历史文化认同感、标志性设施感知、社会性活动参与情况；功能性依恋的影响因素包括景观资源的不可替代性、空间可达性、游憩环境质量、历史文化语境建设情况、服务设施建设水平、管理水平。

公园场所依恋二维影响因素表　　表1

类别	序号	影响要素
精神性依恋	1	深度休闲水平
	2	游憩专门化水平
	3	公园自然景观认同感
	4	公园历史文化认同感
	5	标志性设施感知
	6	社会性活动参与情况
功能性依恋	1	景观资源的不可替代性
	2	公园空间可达性
	3	公园游憩环境质量
	4	历史文化语境建设情况
	5	服务设施建设水平
	6	公园管理水平

可见，目前有关城市公园的场地依恋研究多为理论总结，对实践方法和路径的研究尚不多见。具体的实证研究将有助于理解公园使用者与场所物质、社会、文化属性之间的内在关联，对完善老旧公园的规划、建设和管理、提高使用者的活动体验有着积极的理论和实践意义[21]。本文在梳理场所依恋相关理论的基础上，总结出城市老旧公园的场所依恋影响要素及评估方法和提升改造规划框架；结合南昌八一公园景观提升改造项目，阐释基于场所依恋的老旧公园改造提升规划设计流程，以期为城市更新提供新的思路和途径（图1）。

3 基于场所依恋的老旧公园改造提升方法

3.1 规划思路

有别于拆旧建新的传统规划理念，基于场所依恋理论，强调场地的功能性和精神性依恋，通过不同要素的联系和协同，营造整体公园空间环境是老旧公园改造提升的重要途径。

首先是基于场所依恋的场所要素的识别和评价，即场所空间的整体认知和评判。通过对公园场所依恋中的物质环境特征方面和情感因素方面的影响因素进行调查研究，确定公园内物质环境特征、游客游憩活动、公园文化认同的现状，为深入分析和规划提供依据。在此基础上这针对场所依恋影响要素进行文化梳理、建筑评估、功能分区、景区组织、活动策划、安全保障等方面规划设计，通过对前期评价结果进行研判，提出功能、交通、景观对策。最后，构建基于场所依恋的公园要素协同整体，从全局角度整合前阶段规划思路，形成基于场所依恋评价框架的规划设计全策略。

3.2 基于场所依恋的场所要素的识别和评价

前期实地调研，采用深入访谈法、问卷调查法等定性分析对老旧公园的整体依恋水平进行评价，同时征集民众诉求，为公园发展提出参考意见。根据公园场所依恋影

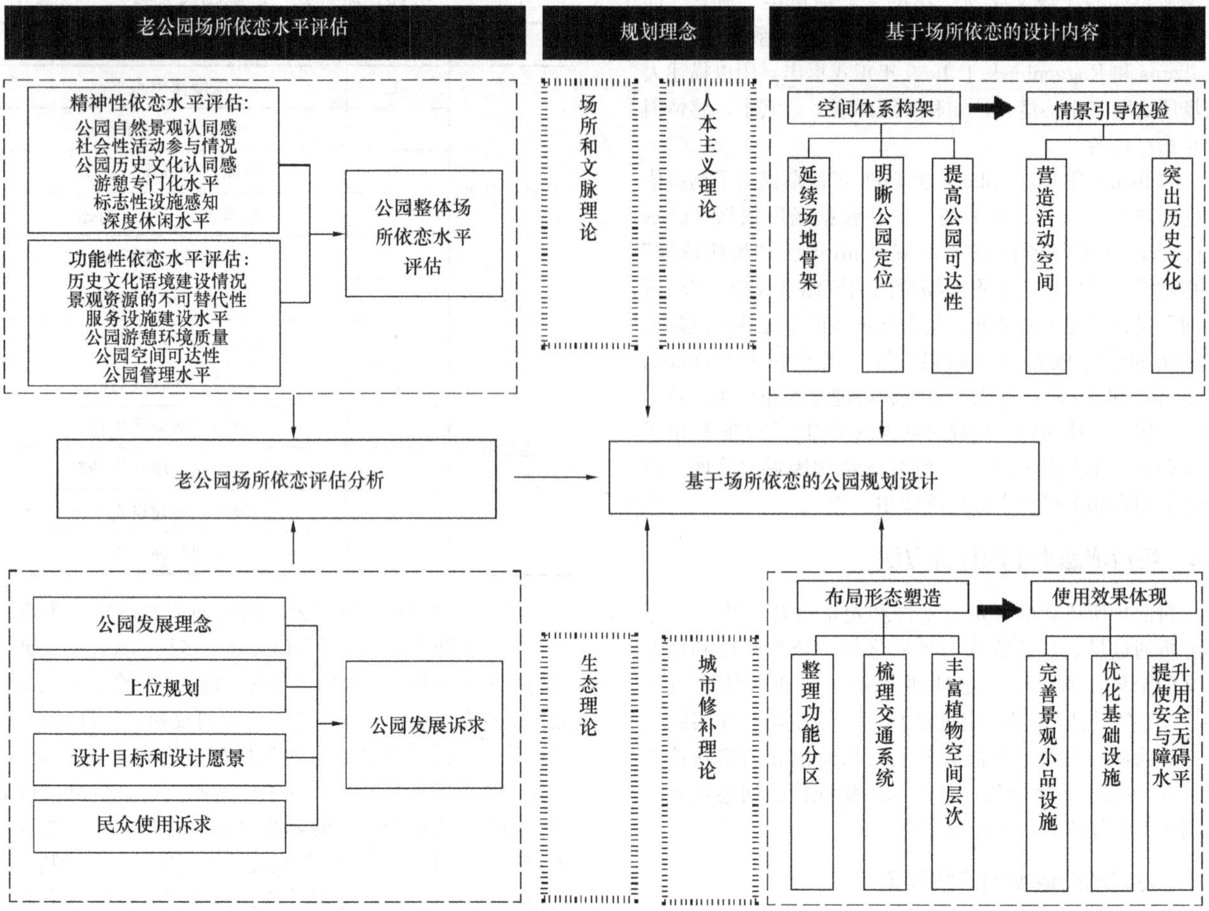

图1 基于场所依恋的规划设计流程

响因素表（表1）对公园场所依恋中的物质环境特征方面和情感因素方面的评价因子进行调查研究，可以确定公园内物质环境特征、游客游憩活动、公园文化认同的现状。梳理公园场所依恋内优势资源，为提升公园场所依恋劣势提供依据。

3.3 基于场所依恋的规划内容

在对现状景观资源分类评价的基础上，将人文情景体验引入空间规划中，按由宏观向微观递进、经外围向内核延展、自上层至下层叠加的步骤完成公园布局形态塑造(图1)，实现老旧公园“延续记忆、情境交融”的改造目标。

3.3.1 空间体系构建

公园空间布局影响着居民使用热情，从而影响居民对公园的场所依恋水平[20]。①明晰公园定位。将场所赋予功能将有效提升场所依恋感。②延续场地骨架。“五要素”[32]组成的场地骨架是形成景观意象的核心要素。应在保留的公园基本骨架基础上，对公园进行修补和完善。③提高公园可达性。公园可达性与居民使用意愿成反比[20]，应提升公园开放程度和可达性，拓展公园的服务半径。

3.3.2 情景引导体验

游客情感体验质量与场所依恋水平成正比[28]。因此，公园建设应立足于场所特征和场所文脉，通过触景生情的文化景观营造，营造具有美学价值的点题意境和场景氛围。①突出历史文化。挖掘场所内具有不可替代性的历史文化资源，营造公园特有历史文化语境。②营造活动空间。社交性活动可促进场所认同的形成[21]。通过营造丰富的文化体验场地和空间，提升游客深度休闲水平。

3.3.3 布局形态塑造

应以人为本，通过梳理交通系统、整理功能分区、丰富绿化空间层次，考虑不同群体的活动需求，提升场所的深度休闲和游憩专门化水平。①梳理交通系统。通过增强与城市路网的联系、合理规划内部交通体系和流线，提升公园内部各场所间的可达性和互动性。②科学功能分区。深度休闲和游憩专门化水平与公园场所依恋联系紧密[31]。③丰富植物空间层次。场地绿化水平的提升可有效提高公众休闲意愿[24]。应对老旧公园内密度过大、杂乱的植物群落进行清理修整，丰富绿化景观层次和天际线。

3.3.4 使用效果体现

场所依恋的情感体验会受到休闲场所服务质量、景观质量、安全性和设施配备的影响[20]。①优化基础服务设施。完善的休闲服务设施，可有效提高居民的场地滞留时间[20]。②完善景观小品设施。强调人与环境中景观小品体验性互动。③完善无障碍设施。公园的管理水平与居民场所依恋密切[20]。应重视弱势人群需求，完善无障碍坡道、座椅、紧急呼救等无障碍设施，提升设施管理水平，营造人性化空间。下文以南昌八一公园改造提升规划作为实证案例阐述基于场所依恋理论的改造规划内容。

4 基于场所依恋的八一公园改造提升规划实证

4.1 案例概况

始建于1929年的八一公园位于南昌老城区核心腹地，园内的百花洲自古为江南名胜，南昌八景即有两景居其中，是市民重要的休闲活动场所。公园见证了英雄城的沧桑，也承载着一代又一代南昌市民的记忆和乡愁。由于年久失修，公园已无法满足市民的需求。为此，当地政府2017年开始对八一公园进行全面整治和改造提升，打造为面向未来城市需求的公园绿地。

4.2 基于场所依恋的场所要素的识别和评价

规划前期，针对八一公园进行走访调查，结合公园场所依恋评价问卷进行调研发现，精神依恋影响因素方面，“游憩专门化水平”和“深度休闲水平”较低，其主要原因是八一公园内部功能、动静分区不明确，空间交混使用严重；“自然景观认同感”一般，公园虽拥有良好的植物自然景观资源，但植物缺乏季相景观和空间的层次营造，在一定程度上影响游客对自然景观的认知；“社会性活动参与情况”良好，周边居民多结伴而来，在园内进行休闲娱乐、观赏景观和锻炼身体等活动。物质依恋方面，“公园空间可达性”一般，围墙在一定程度上影响了可达性和使用性，场地交通系统体系和分级也较为混乱。“历史文化语境建设情况”“服务设施建设水平”和“管理水平”一般，园内虽有水木清华馆、碑亭等传统建筑，但年久失修，部分设施陈旧或设计缺乏人性化，设施维护不佳，卫生条件较差，滨水设施也存在安全隐患，导致一些场地使用率较低（图2）。

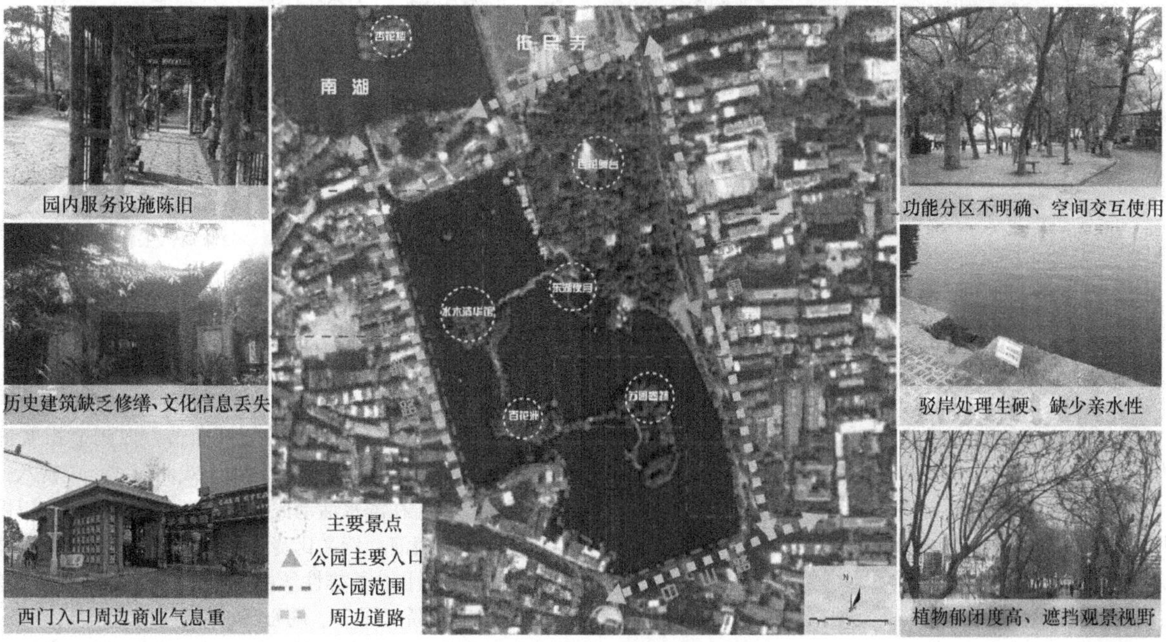

图2　八一公园区位及影响场所依恋感的部分问题

4.3 改造提升策略

改造以“拆墙透绿、情境共生”为主题，构建基于场所依恋的公园要素协同整体，从全局角度整合前阶段规划思路，按照宏观向微观递进、经外围向内核延展、自上层至下层叠加的步骤形成基于场所依恋评价框架的规划设计策略。

4.3.1 空间体系构架

（1）提升外部可达性，梳理内部交通系统。拆除公园原有围墙，打通公园边界（图3），增加公园湖区入口数量，提高八一公园的可达性。梳理园内交通系统，增加、完善健身线性慢行系统，局部地段采用林下空间的木栈道形式，增强游园趣味性，丰富游园体验。

图3　拆除原有围墙，将公园与城市融为一体

（2）尊重原有公园骨架，强化民众场所记忆。延续八一公园的原有格局（图 4）。对原有的植物、水体空间景观格局进行保留，整体划分为休闲活动区（东部主园区）和历史文化体验区（三岛、长堤及水面），延续游客对公园的记忆。

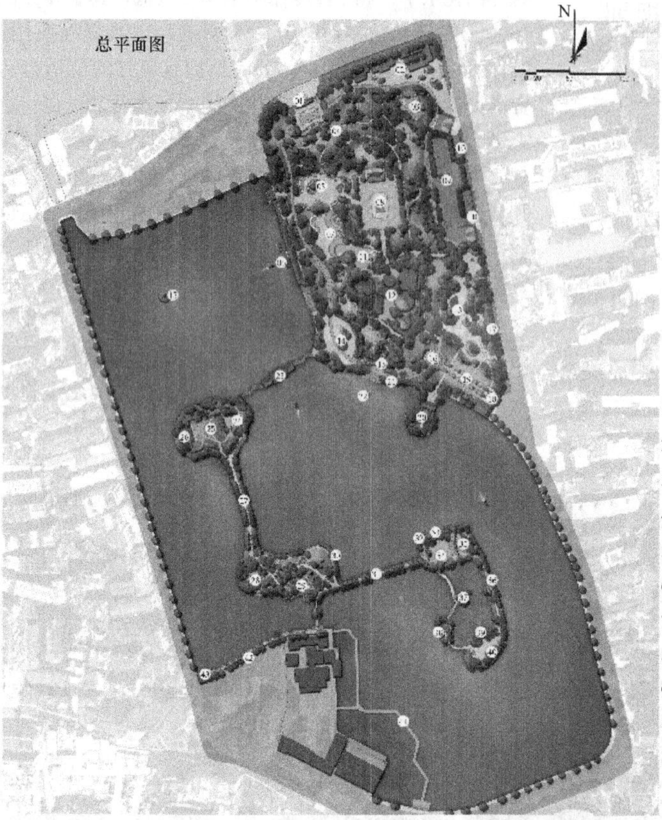

图 4　八一公园提升改造设计总平面图（图片来源：项目组绘制）

（3）提高公园定位，凸显文化的特色性。明确公园主体特色，以文化为尚，延续历史文脉，打造地标性文化景观。依托公园遗井打造贡院登科广场（图 5），梳理整合历史体验游线和水上线路，串联园内文咏景点，提升人园互动，唤醒文脉记忆。

4.3.2　情景引导体验

（1）营造活动氛围，丰富文化体验。开展园内特色文化活动，提升场地文化魅力，加深游人对公园的场所依恋。如基于百花洲大舞台策划戏曲节，以汤显祖戏曲文化、江西采茶戏、赣戏等江西本土戏曲形式，丰富八一公园人文景观。在滨水活动区策划东湖中秋赏月节，以歌舞杂技、民乐表演、诗文比赛等形式，彰显豫章古韵文化。

（2）提升园内标志性景观，强化景观意象。对九曲廊桥（图 6）、百花桥（图 7）、湖心亭、品字亭、百花洲碑亭、中山亭、南昌行营（图 8）等传统建筑和构筑保留、修缮和提升，强化人们的公园记忆。公园大门在改造上旨在尊重大门原有构成要素的基础上对部分构件进行提升细化。

图 5　打造后的贡院登科广场

图 6　整修后的九曲廊桥

图 7　修缮提升后的百花桥

图 9　通过健身步道串联各功能区

图 8　南昌行营传统建筑群的保护和修缮

图 10　调整郁闭度过高的空间，
增加园林建筑，开阔景观视野

4.3.3　布局形态的塑造

（1）整合功能分区，提高深度休闲水平。通过对老旧公园较为混乱的功能区进行梳理整合，将公园划分为管理服务区、中心文化活动区、科普教育区、老人及儿童活动区、亲水休闲区等区域，通过环形健身步道进行串联（图 9）。同时，通过策划文化活动体验，满足不同人群的活动需求，提升场所深度休闲和游憩专门化水平。

（2）营造特色绿化，凸显环境特色。尊重园内原场地自然要素，从生态化、植物季相入手，做好植物空间加减法，开阔景观视野（图 10），丰富植物层次，突出四季景观变化，打造特色植物景观空间。

（3）改造滨水景观，加强驳岸亲水。针对原有水岸安全隐患问题进行改造处理以提升安全性（图 12）。在主要游线水域架设 3m 宽架空栈道，增强亲水游览体验和人水互动（图 11、图 12）。

图 11　邻水界面设计标志性景观，
增强亲水体验和景观意象

4.3.4　使用效果体现

（1）优化服务设施，突出人性化设计。针对园内老旧设施进行重新改造设计，新增特色景观家具、解说标识系统、环卫设施、健身游乐设施。通过老照片与公园实景转换科技装置，引导游客回溯公园时空记忆，凸显公园的历史厚重感，丰富情感体验。

（2）重视无障碍设计，提升游览舒适性。引入景观安全性科学性评估方法[33,34]，针对性进行设施安全提升（图 13）。改造后的八一公园场所活力显著提高，重现了往日活力，取得了良好的社会反响[35]。

图12 八一公园改造后部分节点现状

图13 百花洲路滨水栈道拓宽改造后提升了安全性和舒适性

5 结语与展望

本文基于场所依恋理论，提出城市老旧公园景观的改造提升设计策略及方法，并应用于八一公园的提升改造实践。实践证明，该方法具有较好的可行性和应用价值。

城市老旧公园的改造更新任重道远，在老旧公园改造中充分考虑人对场地的感情依恋，有利于人与城市之间情感的延续以及城市记忆的传承，但本研究与实践仍存在一些尚待完善和解决不足，如场所依恋水平评估方式的进一步精细化、针对不同使用人群的场所依恋水平进行差异化分析及设计等，需要在今后的研究中进一步改进。

参考文献

[1] Tuan Y F . Topophilia ：A Study of Environmental Perception，Attitudes and Values[M]. Englewood Cliffs NJ：Prentice-Hall Inc. , 1974：260.

[2] Korpla K M，Harting T，Kaiser F G，et al. Restorative experience and self-regulation in favorite places[J]. Environment and Behavior，2001，33(4)：572-589.

[3] Salamon S. From hometown to nontown：Rural community effects of suburbanization[J]. Rural Sociology，2003，68(1)：1-24.

[4] 陶敏．中小型城市传统公园的适时更新——以江苏省泰州市泰山公园改造设计为例[J]．小城镇建设，2004(04)：34-37.

[5] 胡玎，王越．上海，是否应放慢改造老旧公园的脚步[J]．园林，2008(06)：32-33.

[6] 袁鸿菲．中国综合公园的改造与更新研究[D]．北京林业大学，2009.

[7] 周成玲．城市旧公园改造设计研究[D]．南京林业大学，2008.

[8] 董春，陈祖建，王列．城市老旧公园改造老年人活动空间规划设计[J]．沈阳农业大学学报(社会科学版)，2014，16(01)：105-108.

[9] 刘明．人文关怀在老旧公园改造中的体现——以枫溪公园景观改造项目为例[J]．中国园艺文摘，2014，30(06)：111-113.

[10] 马奕芳．人居环境科学理论指导下城市传统公园的"有机更新"——以福州西湖公园改造更新为例[J]．福建建筑，2014(03)：65-67+64.

[11] 路毅，张佳佳．尊重场地特征的城市公园改造规划研究[J]．山西建筑，2012，38(31)：9-11.

[12] 邱冰，张帆．老旧公园改造——寻回和延续城市的记忆[J]．林业科技开发，2010，24(02)：121-125.

[13] Tuan Y F. Place：An Experiential Perspective[J]. Geographical Review，1975，65(2)：151-165.

[14] Gustafson P . Place，place attachment and mobility：three

sociological studies [D] . PhD degree thesis. Sweden: Göteborg University , 2002.
[15] Low S M , Altman I . Place attachment: A conceptual inquiry. [J]. Place Attachment, 1992.
[16] Williams D R, Roggenbuck J W. Measuring place attachment: Some preliminary results[M]//Gramann J. Proceedings of the Third Symposium on Social Science in Resource Management . College Station: Texas A & M University, 1989: 70-72.
[17] Stokols D, Shumaker S A. People and places: a transactional view of settings[C] //In Harvey J. Cognition , Social Behavior and the Environment . Hillsdale , NJ: Erlbaum, 1981. 441-488.
[18] Scannell L. , Gifford R. Defining place attachment: Atripartite organizing framework[J]. Journal of Environmental Psychology, 2010, 30(1): 1-10.
[19] Hammitt W E, Stewart W P. Sense of place: A call for construct clarity and management: the Sixth International Symposiumon Society and Resource Management [Z]. 1996: 23-35.
[20] 柳红波，谢继忠，郭英之．绿洲城市居民休闲场所依恋与环境责任行为关系研究——以张掖国家湿地公园为例[J]. 资源开发与市场，2017，33(01)：49-53.
[21] 吴安格，林广思．城市公园使用者的场所依恋影响因素探索——以广州市流花湖公园与珠江公园为例[J]. 中国园林，2018，34(06)：88-93.
[22] 吴欣，崔鹏．历史遗址公园场所依恋特征分析——以西安曲江池遗址公园为例[J]. 西北大学学报(自然科学版)，2016，46(04)：606-610.
[23] 林广思，吴安格，蔡珂依．场所依恋研究：概念、进展和趋势[J]. 中国园林，2019，35(10)：63-66.
[24] 黄向，温晓珊．基于 VEP 方法的旅游地地方依恋要素维度分析——以白云山为例[J]. 人文地理，2012，27(06)：103-109.
[25] Williams D R. "Beyond the commodity metaphor" revisited: Some methodological reflections on place attachment research[M]//Lynne C. Place attachment: Advances in theory, methods, and applications. London: Routledge, 2014: 89-99.
[26] Lewicka M. Place attachment: How far have we come in the last 40 years? [J]. Journal of Environmental Psychology, 2011, 31(3): 207-230.
[27] 杨昀．地方依恋的国内外研究进展述评[J]. 中山大学研究生学刊(自然科学．医学版)，2011，32(02)：26-37.
[28] 王婧．旅游文化创意园区游憩体验、满意度与场所依恋关系研究[D]. 西南财经大学，2016.
[29] Kyle G T, Mowen A J, Tarrant M. Linking place preferences with place meaning: An examination of the relationship between place motivation and place attachment [J]. Journal of Environmental Psychology , 2004, 24 (4): 439-454.
[30] 杜法成，李文勇，戚兴宇．旅游本真性、情感体验与地方依恋的关系研究[J]. 资源开发与市场，2018，34(06)：878-883.
[31] 汤澍，汤淏，陈玲玲．深度休闲、游憩专门化与地方依恋的关系研究——以紫金山登山游憩者为例[J]. 生态经济，2014，30(12)：96-103.
[32] 凯文·林奇著．方益萍等译．城市意象[M]. 华夏出版社，2001.
[33] 李宝勇，温媛清，古新仁．国外城市户外景观休闲设施安全性研究综述[J]. 中国园林，2018，34(11)：91-96.
[34] 李宝勇，杨梅，刘华斌，等．城市户外景观设施安全性评价研究[J]. 中国园林，2019，35(05)：69-73.
[35] 江西日报．这里拆墙透绿不简单——关于南昌八一公园提升改造的思考[EB/OL]. http: //epaper. jxwmw. cn/html/201903/05/content _ 162542 _ 968042. htm.

作者简介

彭博，1997 年生，男，江西赣州人，江西农业大学园林与艺术学院风景园林研究生在读，研究方向为园林设计与大地景观规划。

古新仁，1963 年生，男，江西寻乌人，学士，江西农业大学园林与艺术学院，教授、博士生导师，研究方向为风景园林规划设计。

谭慧敏，1997 年生，女，江西南昌人，江西农业大学园林与艺术学院风景园林学研究生在读，研究方向为园林设计与大地景观规划。

曾嘉伟，1999 年生，男，江西宜春人，江西农业大学园林与艺术学院硕士研究生在读，研究方向为风景园林历史与理论。

（通信作者）李宝勇，1987 年生，男，山东东明人，博士，江西农业大学园林与艺术学院，讲师，研究方向为国土空间规划、景观生态、乡村景观。电子邮箱：313452259@qq. com。

黄河流域中游河渠系统的地域景观格局研究

——以太原盆地为例

Study on the Regional Landscape Pattern of the River and Canal System in the Yellow River Basin

—Take Taiyuan Basin as an Example

曹旭卿　王向荣*

摘　要：从奴隶社会起黄河流域中游地区就出现了农业耕作，河渠系统作为重要的水利工程设施，深刻影响区域人居环境和生活方式。本文将从地域景观格局的视角以太原盆地河渠系统为研究对象，分析河渠系统对太原盆地的人居环境与地域景观的支撑作用；有助于深入挖掘黄河流域地域景观的价值；为今后地域景观格局的研究提供参考。

关键词：太原盆地；河渠系统；地域景观格局

Abstract: The Yellow River Basin is the cradle of Chinese civilization, and the river and canal system, as an important water conservancy facility in the Yellow River Basin, has profoundly influenced the regional habitat and lifestyle. This paper will analyze the role of the river and canal system in supporting the construction of towns in the Taiyuan Basin and promoting the formation and evolution of the regional landscape from the perspective of regional landscape pattern.

Keywords: Taiyuan Basin; River and Canal System; Regional Landscape Pattern

引言

山西地处黄河流域中游地区，历史上曾是政治、经济、文化中心。山西东西两侧为的吕梁山脉和太行山脉，太原盆地为两山之间规模最大的盆地。太原盆地北起太原以北的石岭关，南至灵石县的韩侯岭，东西分别以太谷、交城断层与山地相连，地势北高南低。盆地被黄河第二大支流汾河由南向北贯穿，在河流的堆积作用下形成了广阔的冲积平原。汾河支流众多，为太原盆地提供了充足的水资源。早在奴隶社会就出现了原始水利工程，《尚书·禹贡·冀州章》和《史记·夏本纪》记载大禹治水“既载壶口，治梁及岐，既修太原，至于岳阳”。水利工程目的在于提升农业生产效率，是古代先民结合自然对土地进行的人工改造，与区域自然基底共同构成了独特的地域景观[1]。

本文研究对象为太原盆地的河渠系统，其形成距今已有2500年，历史上水利灌溉事业极为发达。据地方志资料不完全统计，自春秋到清末，山西历代共修水利工程389项，其中汉代4项、隋唐35项、北宋25项、元代29项、明清两代共253项[2]。当前对太原盆地水利设施的研究成果众多，吴朋飞[3]从历史水文地理学视角分析盆地内水利工程的建设，对区域水资源环境进行探讨；张慧芝[4]以明清时期汾河流域为研究对象，梳理汾河中游盆地水利工程的发展，涉及对于生产发展与自然环境关系的思考，但主要侧重于流域环境变迁对社会经济发展的影响。综上所述，目前的研究较少关注到这一系统下所形成的地域景观。本文从风景园林学视角对太原盆地河渠系统进行研究，从河渠系统变迁、河渠系统的构建、城市营建3个方面，归纳太原盆地地域景观特征，利用历史地图与史料记载，理解古代人居环境的营建智慧，剖析河渠系统对于地域景观形成的重要推动作用，以期为研究黄河流域地域景观提供线索。

1　太原盆地河渠系统发展变迁

太原盆地内汾河的主要支流西部有磁窑河、文峪河等；东部有潇河（古名涧涡水）、乌马河、昌源河、龙凤河等（图1）。从春秋以来太原盆地就有引渠灌溉的记载，分为引泉、引河、引洪、井灌4种灌溉方式。春秋时期的智伯渠引晋泉灌溉，《水经注·晋水》曰：“难老、善利二泉，大旱不涸，隆冬不冻，灌田百余顷”。引河灌溉工程的最早记载在东汉时期，至唐宋年间汾河众多支流已经多处开渠灌溉，明清时期太原盆地的引河灌溉工程到达最发达的时期，河渠系统的发展极大提升生产效率，促进地区农业发展，据不完全统计，清光绪时期，引汾河水灌溉的共有128渠，灌溉277村，灌田面积494.85hm²[3]。

除汾河及其支流外，历史上太原盆地曾湖泊广布，早在《周礼·职方》中就有对太原盆地湖泊“昭余祁薮”的记载；《汉书·地理志》中说“九泽在北，是为昭余祁、并州薮”。直至唐宋时期，仅存邬泽与文湖，宋代赵瞻的

《文湖渔唱》记载了文湖"湖光潋滟泛莲荷，欸乃渔郎惯此过。笛韵吹残红蓼岸，橹声摇出锦鳞窝"的风景。至明万历四年（1576年）史料记载"泄文湖为田"[6]，太原盆地的湖泊完全消失。

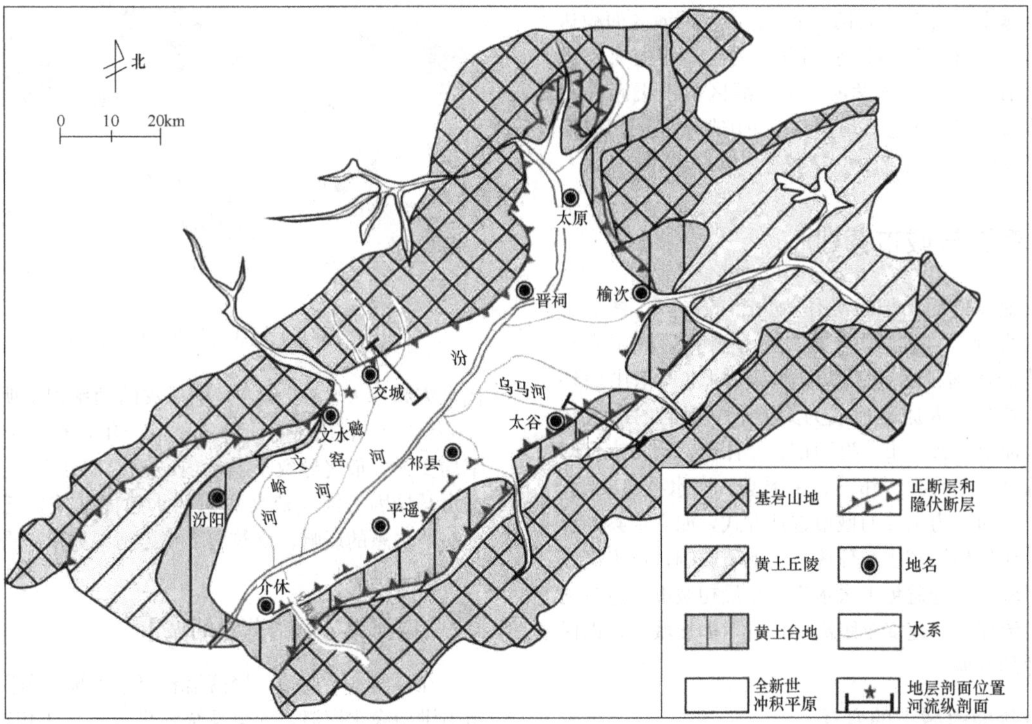

图1　太原盆地构造与地貌图[5]

2　河渠系统的构建

2.1　河渠系统的组织结构

太原盆地河渠系统的水利单元可分为供水单元、滞水单元、引水单元、蓄水单元4个部分。供水单元包括汾河、泉水、洪水、井水4种灌溉水源类型，即引河、引泉、引洪、井水4种灌溉方式。滞水单元多为堰坝、堤坝等水利设施，由于太原盆地特殊的地理条件，因此部分地区修筑堰坝抬高汾河水位，便于引水灌溉，其中以"汾河八大冬埝"最为著名。

引水单元即沟渠工程，由总渠、干渠、支渠、毛渠组成，总渠将汾河水源引至干渠中，多条支渠和毛渠与干渠相接，将河水输送至村中与水田内。蓄水单元基于自然洼地进行疏浚形成，洪期存蓄消纳洪水，旱时可以作为临时水源供周边村庄使用，盆地内文水县的映奎湖、交城县的却波湖、清源县的东湖都是以防洪为主要建造目的蓄水单元。

2.2　河渠系统灌区分布

河渠系统为太原盆地内的城市提供了灌溉便利，推动了农业的发展。明清时期太原盆地依据汾河的干支流体系可以划分为4个灌区（图2）：汾河—晋祠泉灌区、洞涡水灌区、汾河—孝河—义河灌区、汾河—昌源河—洪山泉灌区，4个灌区灌溉方式复合，通常以引河和引泉为

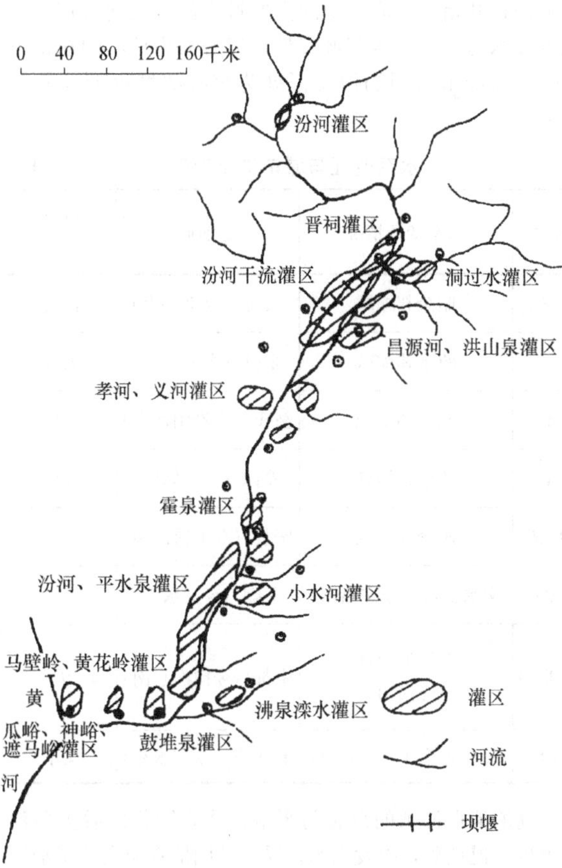

图2　明清时期汾河流域主要灌区示意图[7]

主，其中洞涡水灌区具有引河、引泉、井灌3种方式，汾河—昌源河—洪山泉灌区4种方式并存。汾河－晋祠泉灌区的主要水源为晋祠泉水和汾河，包括阳曲县和大部分太原市，据《太原府志》记载，至清乾隆年间灌区面积达1355.58hm²，大面积区域以水稻种植为主，晋祠大米成为清代上贡佳品。汾河—孝河—义河灌区由于文湖的消亡，农业收益下降，生态环境遭到严重破坏，是明清时期水旱灾害频发的主要区域。

3 河渠系统与城市营建

太原盆地周边的山地丘陵作为天然的屏障，减少了外界战争的影响，与盆地内丰富的水系共同形成了有利于城市营建的优越自然基底。符合传统风水理论中山环水绕的理想格局。太原盆地成为人类最早聚居的区域之一，包括太原市、晋中市、汾阳市、介休市、孝义市、阳曲县、清徐县、太谷县、祁县、平遥县、文水县等11个县市，以背山面水为主要的城市选址方式，如文水县，形成了良好的居住环境和生产环境。受地质影响，黄土高原水体含沙量较大，为避免洪水水患，在最初城市建造时通常挑选与河流保持一定安全距离的位置，如交城县，以保证城市农业的发展。

3.1 太原盆地内城市的变迁

先秦时期的古城和聚落遗址主要围绕大湖“昭余祁”分布，沿太原盆地周边“依山面水”建造；至明代湖泊消亡开始，太原盆地的主要城市沿南北向发展，构成以文水为核心的西部城市带、以汾河为核心的东部城市带、以汾水与洞涡河交汇处为核心的城市带（表1、图3）。

水系变迁与城市选址变迁　　表1

年代	水系变迁情况	变迁前城址	变迁后城址
秦	昭余祁缩减	大陵（今交城南）	古交
秦	昭余祁缩减	阳邑（今太谷东）	太谷
秦	昭余祁缩减	兹氏（今汾阳西南）	汾阳
秦	昭余祁缩减	界休（今介休南）	介休
西汉	昭余祁缩减	邬县（今平遥西南）	无
东汉	文水变迁（今文峪河）	平陶（今文水南）	无
南北朝	洞涡河变迁（今潇河）	中都（今榆次东南）	无
唐	文水变迁（今文峪河）	旧城庄（今文水东）	文水

湖泊消亡带来的危害与影响巨大，明代之后多条河流出现改道现象，引发洪水，受灾范围恰在昭余祁湖泊原先位置。据统计，清代的水灾频率是0.11次/年，高于明

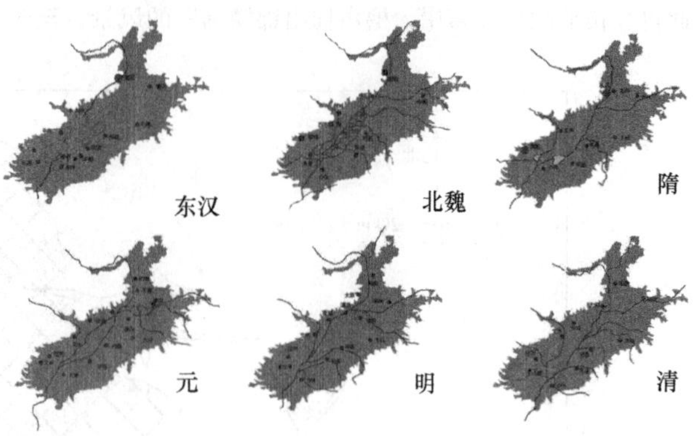

图3　太原盆地城市分布图[8]

代水灾频率0.1次/年，发生旱灾的频率则从明清之前的0.004次/年上升到明代的0.03次/年，水旱灾害发生频率均变大，最终导致了盆地内城镇的变迁[4]。交城县城、文水县城因汾河支流文峪河的水患而迁城，迁城之后为了缓解水患的影响，修筑题堤坝、河渠排洪，开挖湖泊以蓄积消纳洪水。

3.2 以河渠为脉络营建的城市

在自然水系周边，聚落沿着河渠系统分布发展，介休市引洪山泉水灌溉，河渠系统将泉水与村庄相连（图4），满足村庄的用水需求，随着村庄规模逐步扩大，人口数量增多，村庄逐步向盆地中心河谷带汇集，最终聚集为城市，为城市的发展提供劳动力，城市则兴修水利，乡村与城市协同发展[9]。

较大规模的城市内通常具备蓄洪调蓄措施，作为蓄水单元调节城市水系统。以交城为例，交城地处晋中要道，为春秋时期晋国的平陵县治。隋天授二年（691年）由于水患频发，交城县南移。直至明代交城仍遭到严重水患侵害。为避开水患，交城西门朝南，北门朝东，城外有东、南、北三关，从而在城墙处为圆角，以防止洪水灌入城内（图5）。

清康熙七年（1668年）重新修筑瓦窑河东岸卧虹堤，保持沿堤植柳的传统，也起到拦截洪水的作用；清康熙十一年（1672年）在交城县东南角开挖却波湖（也称月波湖），成为城内重要的防洪调蓄措施[12]支撑城市的生产生活。

4 地域景观格局

4.1 “八景”中的河渠系统

河渠系统在改造自然的过程中，也逐步融入自然，成为第二自然，形成具有文化属性的城市风景，塑造了地域景观格局。“八景”系统反映了古人对地域城市人居环境的归纳与总结。河渠系统在促进农业生产、优化地域水系统、推动城市建设的同时，也被赋予了人文精神与内涵，成为地域“八景”体系重要组成部分。明清时期太原盆地内八景中与河渠系统相关的共23处（表2）。

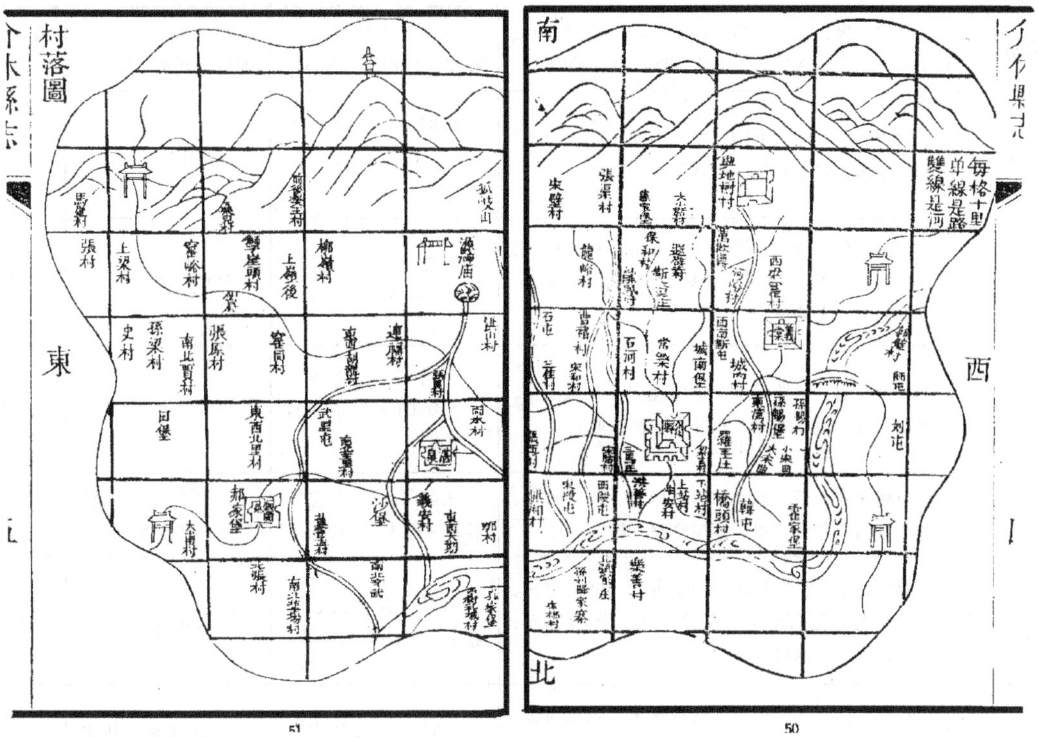

图 4　介休村庄沿河渠系统分布[10]

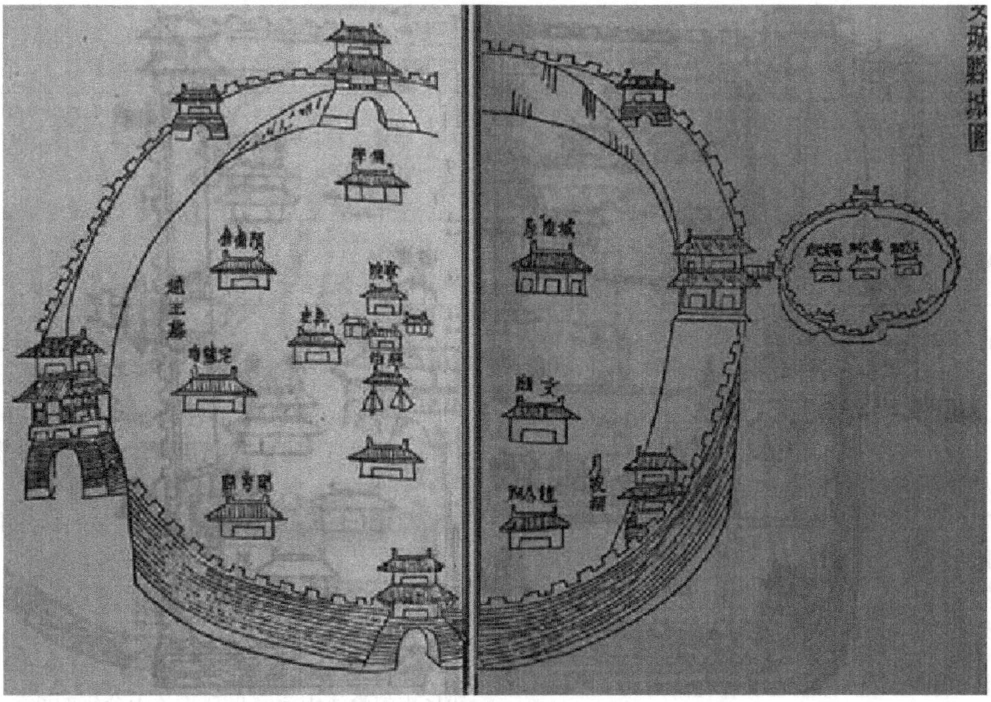

图 5　交城县城图[11]

太原盆地各县市八景 **表 2**

县城	八景	景点	文献来源	河渠系统八景	河渠名
太原市	太原八景	烈石寒泉、天门积雪、崛围红叶、汾河晚渡、土堂怪柏、双塔凌霄、巽水烟波、西山叠翠	道光《太原县志·卷二·山川》，488 页	烈石寒泉、汾河晚渡、巽水烟波	冽石泉、汾河、文瀛湖
榆次县	榆次八景	罕山时雨、涂水洪涛、龙门晚照、源池荷花、榆城烟柳、井峪寒泉、神林积雪、蔺郊无霜	同治《榆次县志·卷十四·艺文下》，507 页	涂水洪涛	涂水
太谷县	太谷十景	凤山春色、象水秋波、龙冈烟雨、马陵积雪、古城芳草、吴塚斜阳、松岭晴岚、酎泉春水、磨瓮云树、雪峰夕照	乾隆《太古县志·卷一·图考》，23 页	象水秋波	嵰峪河
祁县	祁县八景	麓台龙洞、昌源春水、帻山晚照、龙州夜月、高山积雪、故县龙槐、双井古柏、沙城断碑	光绪《祁县志·卷一·舆图·八景图》，289 页	昌源春水	昌源河
平遥县	平遥八景	市楼金井、贺兰仙桥、凤鸟栖台、河桥野望、源池泉涌、麓台叠翠、瀴溪晚照、超山晓月	光绪《平遥县志·卷首·图考》，32 页	河桥野望、源池泉涌、瀴溪晚照	瀴涧河
介休市	介休十景	绵山叠翠、汾曲秋风、回銮香刹、虹桥望月、胜水春膏、抱腹慈云、牛泓应雨、狮岭霞光、兔引仙桥、乳滴蜂房	乾隆《介休县志·卷十三·诗》，238 页	胜水春膏	绵山山泉
孝义市	孝义十景	玄都春色、柏山烟雨、双桥秋水、魏冢寒云、薛颉晚照、龙隐晓钟、六壁斜阳、胜水清波、上殿晴岚、神坟暮雪	乾隆《孝义县志·卷四·艺文》，603 页	双桥秋水、胜水清波	—
汾阳市	汾州八景	卜山书院、汾水行宫、马刨神泉、鹤鸣古洞、烟笼贤阁、雨渍仙碑、文湖渔唱、彪岭樵歌	光绪《汾阳县志·卷首·图》，34 页	马跑神泉、文湖渔唱	文湖、峪道河
文水县	文水八景	商山叠翠、石门浪雪、悬崖瀑布、平陵晚照、谷口秋风、隐泉春水、寿宁怪柏、甘泉寺书怀	康熙《文水县志·卷二·山川》，28 页	悬崖瀑布、隐泉春水、石门浪雪	子夏山泉水、清泉
交城县	交城十景	锦屏春色、石壁秋容、王山宝塔、卦岳爻峰、汾阳晚照、定慧晨钟、北祠灵井、西社龙门、却月晴波、卧虹烟柳	光绪《交城县志·卷十·艺文》，422 页	北祠灵井、西社龙门、却月晴波、卧虹烟柳	龙门渠、灵井、却月湖、卧虹堤
清源县	清源八景	陶唐古迹、汾河晚渡、东湖夜月、西岭香岩、平泉流碧、中隐环青、青堆烟草、白石云松	光绪《清源乡志·卷首·八景》，423 页	东湖夜月、平泉流碧	东湖、平泉（不老泉）

交城县的河渠系统八景中，包含前文中所提的卧虹堤和却波湖，即“却月晴波”与“卧虹烟柳”（图 6）。交城县志记载“八月十五，仲秋节，月波湖泛舟赏月，为一时之胜云”，中秋在却波湖泛舟赏月成为当地的风俗[13]，也留下了诗人的咏叹“红楼窗里调鹦鹉，白紵箫中口鹧鸪。父老儿童随岸赏，欢传此景自来无。大雨时行大暑初，画船风细纳凉疏”。由此可见，河渠系统具有丰富的人文内涵，交城县的城—湖交融是当地地域景观的重要表现，也体现了传统人居环境中河渠系统的营建智慧。

4.2 山—水—渠—田—城的地域景观格局

老子曰：“上善若水，水善利万物而不争，处众人之所恶，故几于道。”人水关系的处理自古就是社会发展的重要议题。太原盆地河渠系统是古代先民改造自然的成功案例，协调区域水资源，以供水单元、滞水单元、引水单元、蓄水单元 4 个水利功能单元为核心形成了河渠灌溉系统，缓解水旱灾害，满足了生产生活的需求。以山地为基础，各类水源和河渠系统为骨架，支撑区域内农业经济的发展，从而推动城市的营建，形成了山—水—渠—田—城为一体的地域景观格局。在城市的营建中，顺应自然发展产业，保护人居环境，形成了“八景”的风景体系，可以说“八景”正是山—水—渠—田—城交织相融的重要体现。

近代以来，由于工业与矿业的快速发展，太原盆地水资源被大量的污染与浪费，生态环境遭到严重损害。据不完全统计，表 2 中八景景观，现存不足半数，相关的 18 个河泉水系许多都干涸消失，甚至从 1996 年开始，太原市区内的汾河干流都出现长达十余年的断流。城市建设的加快让太原盆地遗失了传统地域景观，大部分城镇千城一面，掩盖了黄河流域文明深厚的文化底蕴。本文从地域景观的视角出发，以河渠系统为研究对象，深入挖掘太原盆地的传统地域景观特征，以期为未来太原盆地的城市人居环境建设提供新的研究视角。

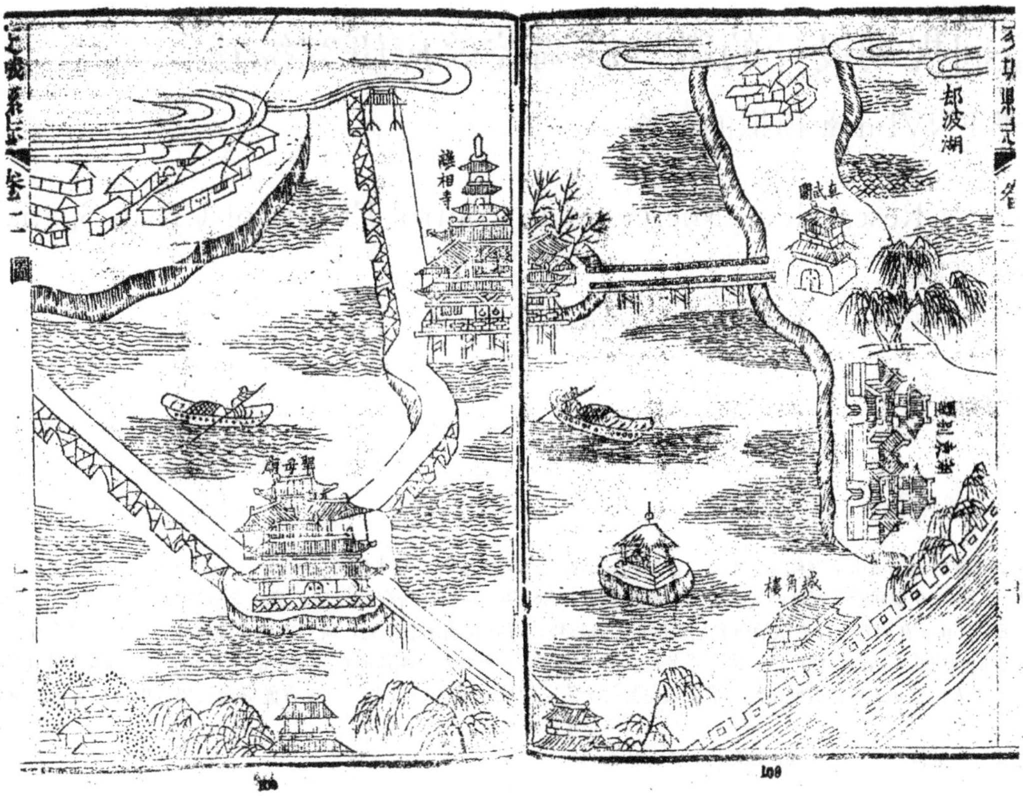

图 6　交城八景图“却月晴波”[8]

参考文献

[1]　林箐，王向荣．地域特征与景观形式[J]．中国园林，2005(06)：16-24.

[2]　张宇辉，苏红珠．历史时期的汾河水利及其水文变迁[J]．山西水利，2001(05)：44-45.

[3]　吴朋飞．山西汾涑流域历史水文地理研究[D]．陕西师范大学，2008.

[4]　张慧芝．明清时期汾河流域经济发展与环境变迁研究[D]．山西师范大学，2014.

[5]　姜佳奇，莫多闻，吕建晴，等．山西太原盆地全新世地貌演化及其对古人类聚落分布的影响[J]．古地理学报，2016，18(05)：895-904.

[6]　(清乾隆)孔天胤碑记；汾州府志・卷 4・山川.

[7]　山西历史地图集．明清时期水利工程．

[8]　张妍．晋中盆地历史城市变迁研究[D]．东南大学，2020.

[9]　王长悦．太原盆地传统地域景观研究[D]．北京林业大学.

[10]　(清嘉庆)介休县志．

[11]　(清光绪)交城县志．

[12]　(清)夏肇庸纂修．交城县志・华北地区・第 398 号[M]．清光绪八年刊本．台北：成文出版社，1976(民国 65 年).

[13]　(清康熙)交城县志・卷 9・风俗.

作者简介

曹旭卿，1999 年生，女，汉族，山西太原人，北京林业大学硕士研究生在读，研究方向风景园林学。电子邮箱：577316825@qq.com。

(通信作者) 王向荣，1963 年生，男，北京林业大学园林学院，教授、博士生导师，多义景观规划设计研究中心主持设计师，德国景观设计博士。

城市空间规划设计的微气候调控效应研究综述[①]

——基于 ENVI-met 模拟的视角

A Review of Research on Microclimate Control Effects of Urban Spatial Planning and Design

—From the Perspective of ENVI-met Simulation

戴　菲　王佳峰

摘　要： 当前，世界各地的城市微气候频繁变动，极端气候事件发生频次逐增。本文利用 CiteSpace，以 WOS 和 CNKI 为基础构建了微气候模拟软件 ENVI-met 在规划设计领域的文献图谱，重点介绍了 ENVI-met 相关研究的发展趋势、学科领域、研究合作网络和研究热点。结果表明：①ENVI-met 在规划设计领域的研究呈现逐年上升趋势，研究领域逐渐拓宽，研究方向不断深化；②跨学科合作明显，国外相关研究形成紧密的网络状，国内合作度低，成果零散；③研究热点集中于形态学视角的热环境模拟、下垫面类型与城市微气候、空气污染监测与调控、基于人体感知的热舒适性研究。最后从完善科学研究领域和推进技术平台对接方面提出展望，以期指导可持续地微小气候营造。

关键词： 规划设计；数值模拟；微气候；热环境；热舒适性

Abstract: At present, the microclimate changes frequently in cities all over the world, and the frequency of extreme weather events is increasing. This paper uses CiteSpace to construct the literature map of ENVI-met in the field of planning and design based on WOS and CNKI, and focuses on the research development trend, research journal articles, research cooperation network and research hotspots of the microclimate simulation software ENVI-met. The results show that: (1) the research of ENVI-met in the field of planning and design is increasing year by year, the research field is gradually broadened and the research direction is deepening; (2) the interdisciplinary cooperation is obvious, the foreign related research forms a close network, the degree of domestic cooperation is low, and the achievements are scattered; (3) the research hotspots focus on the thermal environment simulation from the morphological perspective, underlying surface and urban microclimate, air pollution monitoring and regulation, and thermal comfort research based on human perception. Finally, the paper puts forward the prospect from the aspects of improving the field of scientific research and promoting the docking of the technology platform, in order to guide the construction of sustainable microclimate.

Keywords: Planning and Design; Numerical Simulation; Microclimate; Thermal Environment; Thermal Comfort

引言

据联合国人口司预测，至 2030 年，全球城镇化率将达到 60.4%，发达国家的城镇化率高达 80.4%[1]，城镇已经成为多数人的生活空间，城市环境质量至关重要，直接关系到人居环境水平和居民健康状况，而随着全球变暖和热岛效应加剧，人们居住生活的微气候发生着深刻的改变。

风景园林、城乡规划等学科致力于人居环境改善，技术手段辅助规划设计可以提供更客观合理的策略，已成为学科发展的一种趋势。数值模拟方法因为其经济性、省时性和不限于少数测量点等优势，广受研究者们的青睐。其中，ENVI-met 是微气候模拟运用最为广泛的模型之一，能动态展现城市地表、植被和大气相互作用、空气污染物扩散模拟、三维风和湍流计算等[2]。该软件于 1998 年首次用于规划设计领域的研究，经过 20 多年的发展，国内外学术界积累了丰富的成果。为了更准确地了解其研究方向与指导规划设计，建设气候友好型的可持续性城市，有必要系统性总结其研究应用。但当前缺乏相关研究综述且侧重于软件操作及存在问题研究[3]，不足以展现该模型在规划设计领域的实际应用状况。

本文基于 CiteSpace，对国内外规划设计领域运用 ENVI-met 研究的文献进行系统性分析，从规划设计视角探讨 ENVI-met 运用的整体特征、研究热点，以期为 ENVI-met 在规划设计领域的应用提供进一步的空间，从而为人居环境质量的改善提供借鉴。

1　研究方法

1.1　文献检索

首先，以 WOS 的核心数据集和 CNKI 数据集上收录

① 基金项目：国家自然科学基金面上项目“消减颗粒物空气污染的城市绿色基础设施多尺度模拟与实测研究”（51778254）。

的期刊、学位论文和会议论文为信息统计源，搜索主题设置为ENVI-met，搜索时间设置为1998年1月至2020年7月。由于ENVI-met主要用于城市微气候的模拟，因此检索出来的文章主要为城市微气候研究。其次，这些文章也普遍与规划设计相关，仅少数关联度不大。最后，剔除与规划设计无关的论文，分别得到英文397篇和中文140篇作为文献数据库。

1.2 基于CiteSpace的知识图谱分析

CiteSpace是由陈超美教授基于Java语言开发的一款可视化分析软件，利用共引分析理论和寻径网络算法等对特定领域文献进行计量[4]，是当今发展最为蓬勃迅速的科学知识图谱之一。本文通过合作网络、共现和聚类分析直观展现出节点在网络中的相对位置，揭示知识结构组成、演化和热点。

2 ENVI-met在国内外规划设计领域的研究特征分析

2.1 研究发展趋势

对比ENVI-met在国内外研究发文量年变化图（图1），研究的总体趋势可以分为3个阶段，分别是潜伏发展期（1998～2009年）、快速增长期（2010～2015年）和平稳增长期（2016～2020年）。1998年，该软件的创始人Michael教授撰写了第一篇研究论文，介绍了城市结构内部表面—植物—空气相互作用的模拟情况，揭开了ENVI-met研究的序幕。1999～2005年的文献数量为0，2006～2009年出现的文献数量少且波动大，2010～2015年，有关ENVI-met的研究快速增长，2016年后，增速平稳且文献数量多，国内有关ENVI-met的文献也大量出现，从侧面反映出城市微气候环境的日渐严峻，出现了大量以改善现实环境需求为目的的针对性研究。

将文献用CiteSpace按照关键词做时区聚类图，并结合软件突发检测功能分析，发现国外文献在早期主要研究城市设计与户外气温的关系，中期更加关注户外人体热舒适度，并出现了一些评价指标，生理等效温度（PET）、平均辐射温度（MRT）等，近期侧重于运用绿色基础设施缓解气候问题并提出策略（图2）。在突发词表中（图3），Environment、Canyon和Energy出现了一个较长时间的增加，表明有关该主题的研究持续被研究者讨论，在较长时间内成为ENVI-met应用研究的热点，但2016年后被引突发词减少，表明ENVI-met研究呈现综合、多样化但无明显热点的发展态势。中国有关ENVI-met的研究起步晚，初期主要关注于居住区和公共空间的绿地对于人体舒适度的改善作用（图4），随后，研究领域不断拓宽，突发词接续出现，学科呈现蓬勃发展态势，探讨大城市下垫面及地表能量平衡成为近期热点（图5）。

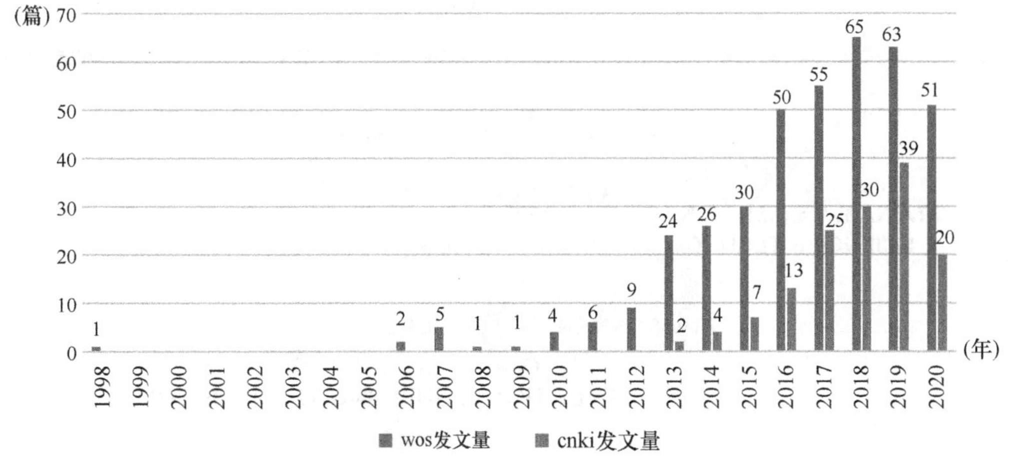

图1 国内外ENVI-met研究文献数量的年变化

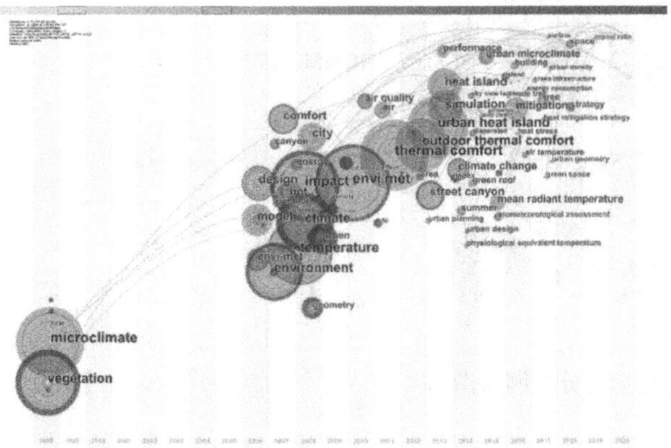

图2 国外ENVI-met应用研究关键词共现时区演化图

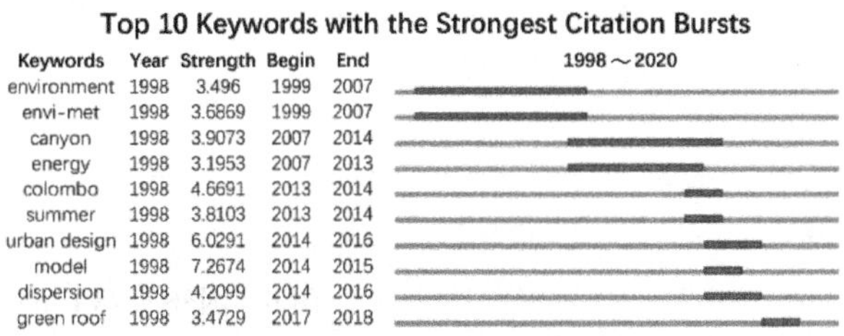
Top 10 Keywords with the Strongest Citation Bursts
Keywords Year Strength Begin End 1998～2020
environment 1998 3.496 1999 2007
envi-met 1998 3.6869 1999 2007
canyon 1998 3.9073 2007 2014
energy 1998 3.1953 2007 2013
colombo 1998 4.6691 2013 2014
summer 1998 3.8103 2013 2014
urban design 1998 6.0291 2014 2016
model 1998 7.2674 2014 2015
dispersion 1998 4.2099 2014 2016
green roof 1998 3.4729 2017 2018

图3 国外ENVI-met应用研究关键词突变时间序列图

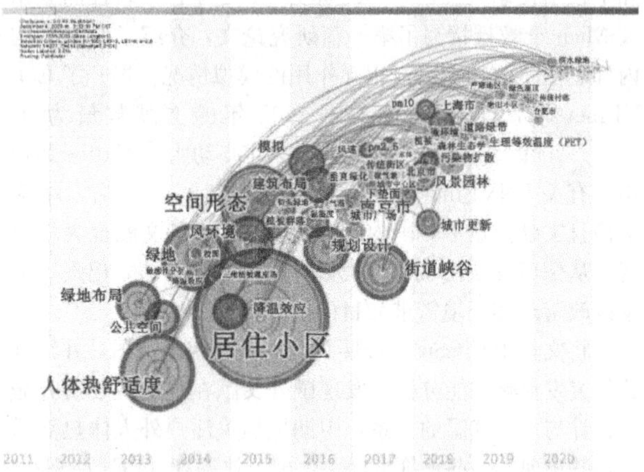

图 4　国内 ENVI-met 应用研究关键词共现时区演化图

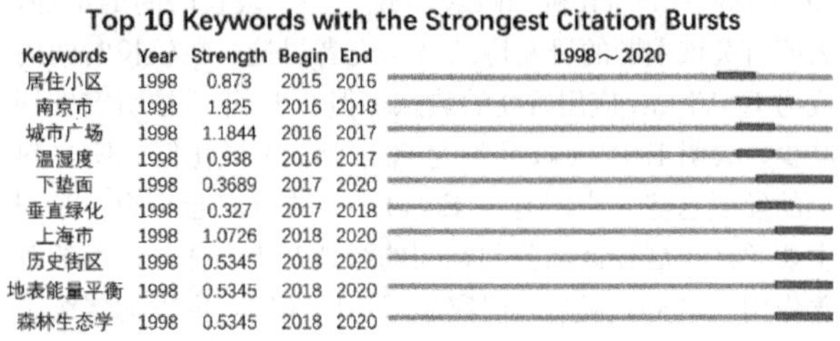
Top 10 Keywords with the Strongest Citation Bursts
Keywords Year Strength Begin End 1998～2020
居住小区 1998 0.873 2015 2016
南京市 1998 1.825 2016 2018
城市广场 1998 1.1844 2016 2017
温湿度 1998 0.938 2016 2017
下垫面 1998 0.3689 2017 2020
垂直绿化 1998 0.327 2017 2018
上海市 1998 1.0726 2018 2020
历史街区 1998 0.5345 2018 2020
地表能量平衡 1998 0.5345 2018 2020
森林生态学 1998 0.5345 2018 2020

图 5　国内 ENVI-met 应用研究关键词突变时间序列图

2.2　研究论文刊文

对文献分布进行研究，可了解有关 ENVI-met 研究的知识传播途径与学科构成。利用中国知网在线分析工具分析研究领域，结果显示工程科技Ⅱ辑文献占比最大，达到 83.57%，基础科学其次，农业科技最少；通过 CiteSpace 的学科结构图谱，发现国外研究涉及环境科学、生态学、工程学、自然地理学、城市规划、计算机科学和植物科学等多学科（图 6）。ENVI-met 研究主要出现在期刊上（表 1），其中，在 *Sustainable Cities and Society* 和 *Building and Environment* 上出现频次远远高于其他平台，成为了解该软件应用的核心来源，相比之下，ENVI-met 在国内出现的频次比较低，这与国内 ENVI-met 的研究起步晚、刊发文献数量少、系统的知识结构体系还未建立的现实情况息息相关。

2.3　研究合作网络

国内外作者—机构合作度差异大。国内作者合作度较低，合作网络零散，表现为多个研究小组，其中，校企合作、跨专业合作较突出（图 7）。相比之下，国外 ENVI-met 研究的图谱则呈紧密联系的网络状，其中，Tobi Eniolu Morakinyo、Riccardo Buccolieri、香港中文大学、亚利桑那州立大学、柏林工业大学、香港城市大学在作者—机构合作网络中具备重要地位，是网络图谱中的纽带（图 8）。

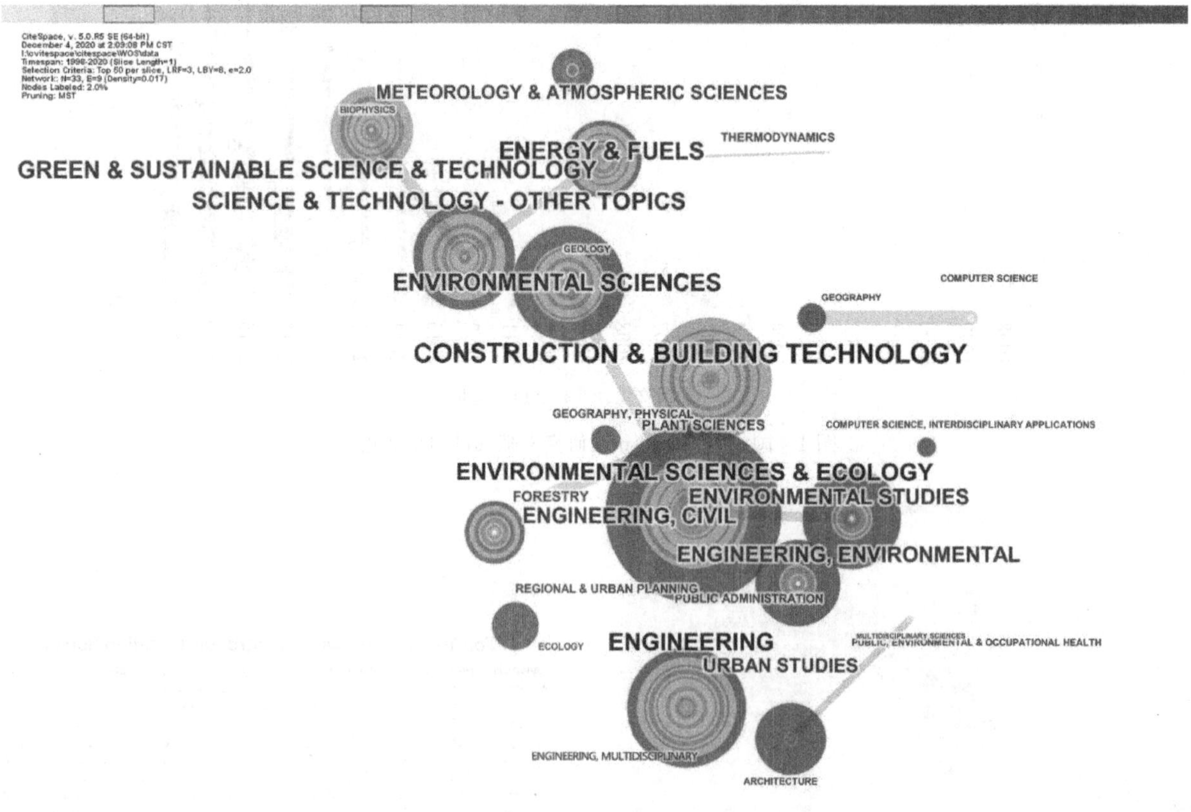

图 6　国外 ENVI-met 应用研究学科分布网络图谱

ENVI-met 在国内外规划设计领域的高频次研究论文 **表 1**

期刊（频次）		学位论文（频次）	会议论文（频次）
Sustainable Cities and Society（41）	*Building and Environment*（39）	南京大学（7）	中国城市规划学会年会论文集（4）
Sustainability（29）	*Energy and Buildings*（23）	华东师范大学（6）	国际绿色建筑与建筑节能大会（3）
Urban Forestry & Urban Greening（17）	*Landscape and Urban Planning*（9）	华南理工大学（5）	中国风景园林学会年会论文集（3）
International Journal of Biometeorology（9）	城市建筑（9）	华中科技大学（3）	
Theoretical and Applied Climatology（8）	*Urban Climate*（7）		

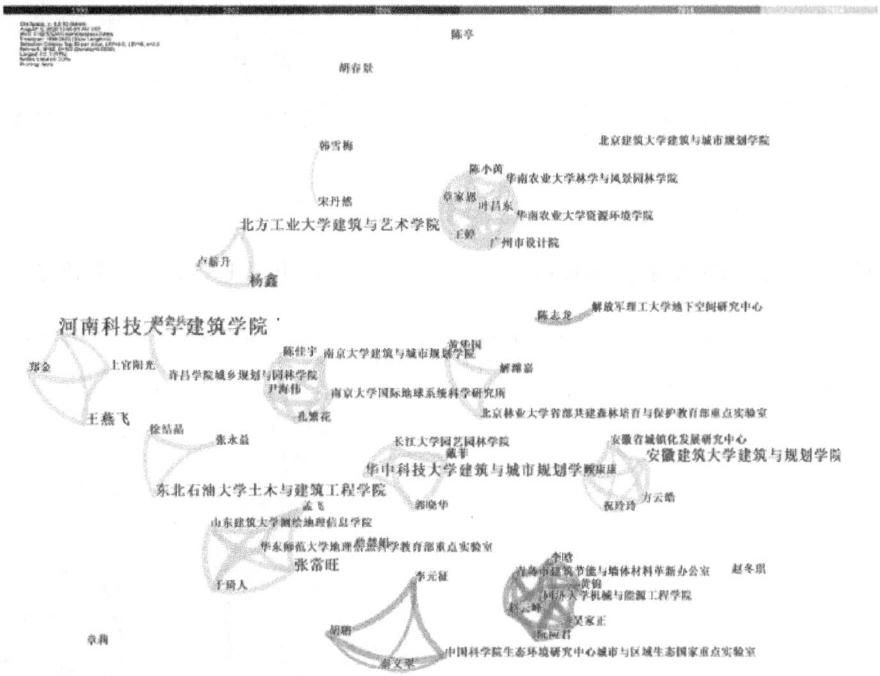

图 7　国内作者—机构合作网络图

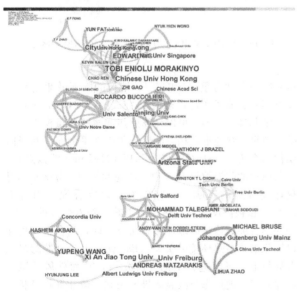

图 8　国外作者—机构合作网络图

3　ENVI-met 在国内外规划设计领域的研究热点

关键词是文章内容的概括总结和高度浓缩，能反应文章的大体思想，利用 CiteSpace 对文章以关键词为依据绘制图谱，发现国外文献中，城市热岛、温度、植被等词的出现频次最高（图 9），国内以热环境、数值模拟、居住小区等词频最高（图 10），运用 CiteSpace 对关键词聚类分析，英文和中文分别得到 10 个和 14 个聚类标签（图 11、图 12），并结合对这些代表聚类的关键文献的阅读，进一步提炼出 ENVI-met 在规划设计领域的研究热点，继而考虑将中介中心性大于 0.1 和频次前 10 的关键词进行聚类统计（表 2），对照后最终得出 4 个热点：形态学视角的热环境模拟、下垫面类型与城市微气候、空气污染监测与调控、基于人体感知的热舒适性研究。

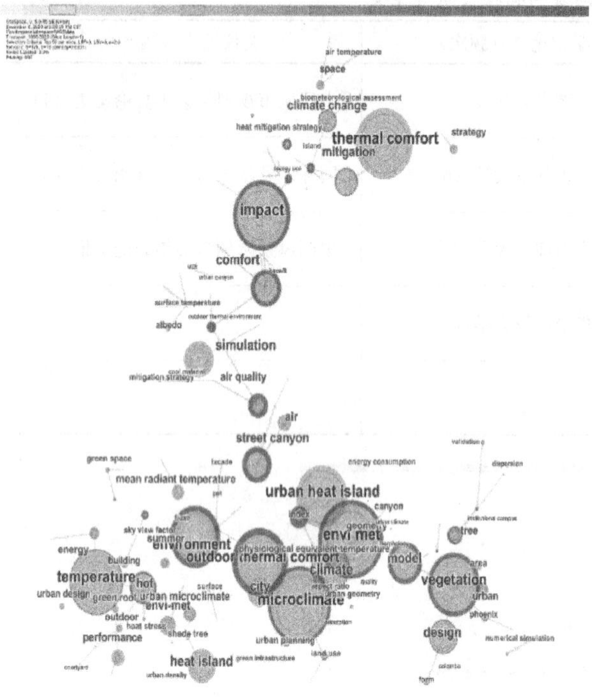

图 9　国外 ENVI-met 应用研究关键词共现图谱

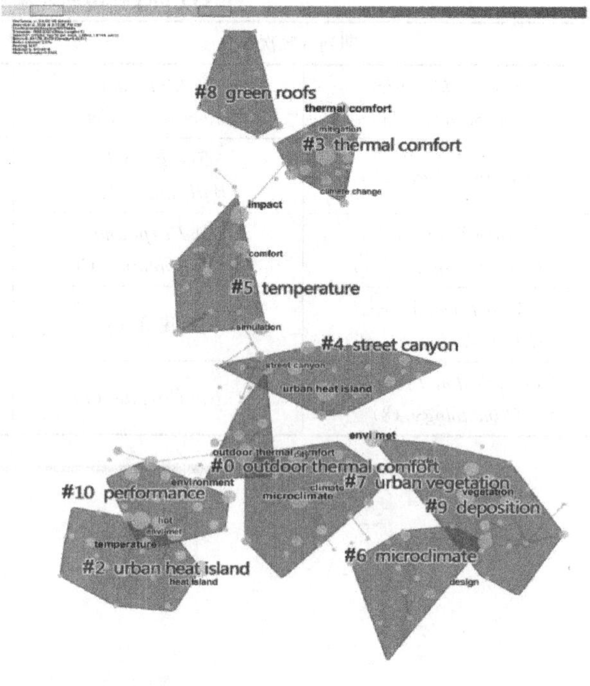

图 11　国外 ENVI-met 应用研究关键词聚类图谱

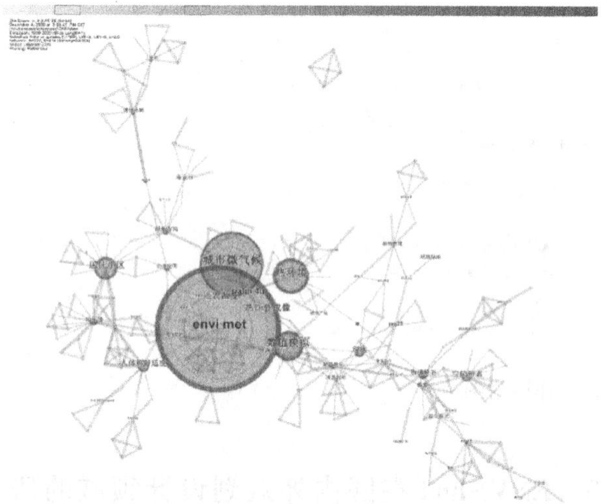

图 10　国内 ENVI-met 应用研究关键词共现图谱

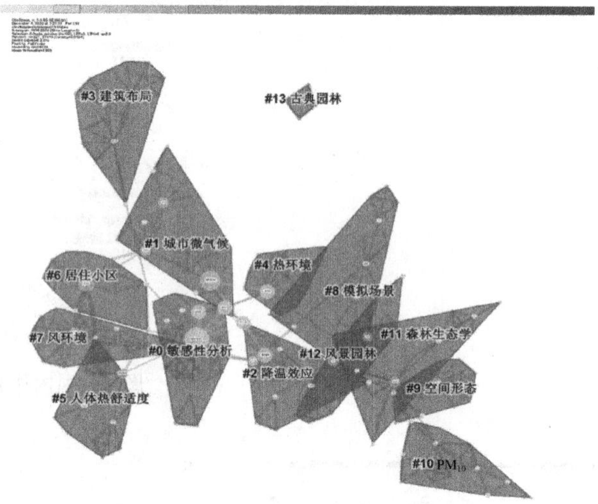

图 12　国内 ENVI-met 应用研究关键词聚类图谱

3.1　形态学视角的热环境模拟

20 世纪以来，城市化进程加速发展，高强度的开发和密集式的人类活动给城市景观格局特别是城市热环境带来了严重干预[5]，极端天气变化频次增加，严重地影响着居民的身体健康和生活品质。为了量化城市的几何特征，研判出哪些特征对城市热环境的影响大，国内外众多学者将形态学的观点与热环境研究相结合，从绿地形态、街区形态、建筑形态三方面探讨热环境与城市形态之间的定量关系。

3.1.1　绿地形态

大量研究证明，绿化可以降低周围环境温度和增加空气湿度，形成公园冷岛效应[6,7]，其中，绿地空间构型对冷岛强度有重要影响[8,9]。植被的降温效果主要是通过蒸腾、通风和提供遮阴[10]完成的，ENVI-met 是一款三维非静态模型，可以计算感热和蒸腾通量模拟植被降温效果。绿地形态相关的研究集中在平面布局和竖向结构两个方向，平面领域多利用 ENVI-met 模拟点状、带状绿地的降温效果[11]，以及绿地的集中、分散布局对热环境缓解的影响[12]；竖向方面研究乔灌草组合搭配[13]、植被高度变动对热量的消减。随着研究的深入，一些学者突破传统的绿地形态研究方向，从多个视角探讨绿化形式与热环境的关系，Bau 就集中与分散的绿地布局与上下风向进行了耦合研究[11]，从而就风环境层面建立了绿地形态与减温效果的关联。戴菲等将带状道路绿地与道路断面结构相关联，利用模型 LEONARDO

模块将模拟计算结果图像化，可查看温度湿度参数与道路绿化断面形式的机理关联[14]。吴昌广根据现场调查将植物模型分为3层，对每层的叶面积密度进行定义，从而实现精确模拟湿热地区乔木、草地和水体三类街头绿地的微气候效应[15]。

总体来说，绿地形态与热环境研究的文献较多，近年来，研究视角也有所创新深化，但绿色空间形态的量化一般是通过生态学视角的景观度量进行的[16]，包括表示斑块形状复杂性的陆地形状指数以及表示绿色斑块碎裂的斑块密度和边缘密度[17]，利用ENVI－met模拟热环境与这些绿地形态指数关系的文献较少，是未来学者们研究拓展的一个方向。

3.1.2 街区形态

国内外学者在街区形态与热环境方面的研究主要关注街道高宽比、街道朝向与天空可视因子（SVF）。随着研究的深入，有关街道层面的形态学研究更加精细，街道形态学指标划分更为详细，如街道长径比、开闭比、平滑比、对称比、弧线比等[18,19]。相关研究多针对特定地区街道形式和炎热干燥环境进行的，Sharmin等利用ENVI-met对达卡传统居住区的高宽比、SVF对城市环境的影响进行模拟[20]，殷施等以我国华南地带特有的骑楼街道为原型建立老街模型，以行人的热舒适性为感官标准，模拟了骑楼街道的方位与高宽比的协同效应[19]。

ENVI-met在国内外规划设计领域研究的高频关键词聚类信息表　　表2

热点	WOS关键词	频次	中心性	CNKI关键词	频次	中心性
形态学视角的热环境模拟	degree of compactness	1	1.09	热环境	53	0.47
	geometry	19	0.99	绿地布局	7	0.26
	environment	86	0.51	建筑布局	5	0.25
	island	7	0.25	空间形态	14	0.14
	emission	1	0.19			
	temperature	103	0.15			
	sky view factor	7	0.11			
	urban heat island	102	0.02			
下垫面类型与城市微气候	urban	27	1.26	城市微气候	88	0.38
	climate	75	1.11	降温效应	5	0.35
	vegetation	87	0.99	绿地	11	0.33
	urban climatology	1	0.33	风环境	8	0.27
	LAD	1	0.11	垂直绿化	3	0.18
	microclimate	112	0.04	植物群落	5	0.11
空气污染监测与调控	flow	3	0.33	街道峡谷	9	0.37
	street canyon	43	0.27	PM_{10}	3	0.17
	air quality	29	0.19	$PM_{2.5}$	7	0.1
	canyon	19	0.17	风速	2	0.1
	dispersion	9	0.11			
	air pollution	5	0.11			
基于人体感知的热舒适性研究	index	10	0.36	公共空间	5	0.32
	comfort	49	0.15	人体热舒适度	13	0.28
	biometeorological assessment	10	0.11	居住小区	25	0.25
	thermal comfort	113	0.06			
	outdoor thermal comfort	89	0.02			

3.1.3 建筑形态

城市热环境的影响因素众多，其中，建筑形态的主要影响在于改变了短波吸收、长波辐射以及两者在近地面之间的热交换模式[21]。相关研究集中在建筑高度、密度、闭合性及建筑群体形态方面。早期的研究多利用ENVI-met单一化地探讨建筑形式、高度和方位布局，Beta等利用ENVI-met BETA5以北九州的两组具有不同方位的建筑群为研究对象，探讨了方位与空气温度和平均辐射温度的关系[22]。后期的研究集中于系统性地论述建筑形态各要素的关联。Tong等最近总结出了南京当地最常见的9种建筑形态，在软件中输入初始条件和边界条件后，利用1.5m处行人高度的结果计算建筑密度、高度、平面开度与微气候的5个要素之间的分布差异[23]。胡春景等在

ENVI-met中建模以及输入气候参数后，从板式和塔式的建筑形态与并列式、错列式和斜列式的建筑组合视角模拟了天津市的居住区微气候环境[24]。

3.2 下垫面类型与城市微气候

城市下垫面是大气底部与地表的接触面，在此范围内，不同地表与大气进行着辐射、能量、水汽等双向交换过程，深刻地影响着街区微环境，而ENVI-met作为一款模拟地表、植物、空气相互作用的辅助规划的工具，能动态地清晰展现不同下垫面与大气间的交换过程。

绿地植被是下垫面类型之一，也是风景园林专业借此打造美好人居环境的重点方式，相关研究集中于探讨不同绿地类型、数量与温度湿度的关联。Manat等利用实测和模拟方法对日本佐贺大学进行了调查，得出当树木数量增加20%时，夏季校园平均最高温度下降达到2.27℃的结论[25]。Edward对香港不同高度的绿色屋顶进行了模拟，认为乔木比草地更能降低空气温度[26]。材质与反射率是ENVI-met在下垫面方面研究的另一个重点，一些研究对城市常见的铺装材料，如沥青、混凝土、水泥地、瓷砖、大理石、花岗岩与温湿度进行了研究[27-29]，通过数值模拟展现出不同材料在不同高度下的温度差异。

虽然ENVI-met研究在下垫面与微气候方面取得丰硕成果，但是下垫面一般指的是城市建筑屋顶、水泥道路、透水砖广场、绿地、水体、林地等直接与大气进行交换的表面。根据目前的研究情况来看，针对水体以及有复杂地形起伏的山地及林地所造成的热辐射差异的研究过少。

3.3 空气污染监测与调控

城市环境中的颗粒物主要来自于汽车尾气排放、锅炉燃烧、废弃物焚烧等[30]，因此，利用ENVI-met模拟污染物沉积与扩散的研究多在城市道路、街道峡谷和停车场进行。国内利用ENVI-met进行空气质量模拟的起步时间晚，侧重于道路和居住区绿地植被配置对大气颗粒物的扩散影响的模拟[31]；国外利用ENVI-met模拟大气质量的研究起步早，前期研究关注城市肌理形态对空气质量的影响[32,33]，2016年开始涌现了大量有关绿色基础设施对颗粒物消减的性能评价，如采用综合弥散沉积方法评价绿色基础设施类型和尺度对近地面道路空气质量的影响[34]、树冠特性对PM_{10}局部分布的模拟[35]。从利用ENVI-met模拟颗粒物与灰色基础设施的关联到绿色基础设施的转变是风景园林专业对接时代前沿热点研究的体现，也是ENVI-met研究领域在新时代的拓展。

3.4 基于人体感知的热舒适性研究

当前，城市建设活动的增加和城市结构的过度分散导致热岛效应频发，失调的公共开放空间规划设计加剧了热应激状况，严重影响居民的身心健康[36]。

3.4.1 热舒适性指标

热舒适性通常被定义为人体对热环境感到满意的心理状态，身体感觉太热或太冷都能引起主观心理上的不适。随着热应激频发，利用ENVI-met研究热舒适性的文献也大量涌现，主要针对地中海沿岸和东亚、南亚的湿热和干热环境进行的，研究场地包括居住区、校园、街道、公园等场所。早期的户外热舒适性沿用室内热舒适的标准，但室外的人体热感受不同于室内。在室外，人与周围环境的热交换更频繁更复杂，因此，产生了一些针对室外热舒适评价的通用指标，如PET、MRT、预测平均投票数（PMV）和通用热气候指数（UTCI），以上指标中，使用频率最高的是PET，多数有关ENVI-met的热舒适性研究采用通用指标中的两个。

3.4.2 热舒适性营造

影响室外热舒适性的关键因子是辐射温度、气温、风速、相对湿度[37]，但目前利用ENVI-met的研究多为热应激状况，因此，热舒适性的营造在于降温、引风和增加湿度。ENVI-met拥有大气模型和热舒适性计算器Biomet，能根据气候指标模拟人体热感受，多领域学者通过模拟得出热舒适性的营造策略。降温方面，充分利用建筑檐篷、拱廊、拱门结构来减少阳光暴晒[38]，提高街道高宽比[39]，倡导使用高反射率材料[40]以及集中式、形态复杂的绿地布置方式[41]均能实现降温。引风方面，加大建筑楼栋间距，形成疏朗式布局，增加孔隙，促进通风和空气流动[42]，街道方向和树木种植也可以适当地平行于风向设计，从而形成风廊[43]。相对湿度方面，在热暴露地区采用水池和喷水能明显增加湿度[29]，动态水体热舒适性指数大于静态水体，水体布置在树荫下和迎风面位置增湿效果更强[44]。提高绿化覆盖率、减少城市硬质化率[39]的策略通过植被蒸腾作用同样能增加空气湿度。

4 结语

（1）随着学科发展，国内外相关研究总数持续增加，研究领域逐渐拓宽，研究方向不断深化。国外研究由早期关注城市设计与城市微气候到人体热舒适度研究，再到如今强调利用绿色基础设计缓解气候问题并提出策略，关键词时区和突发词图谱显示国外ENVI-met研究呈现综合，多样化且无明显中心的趋势，已经形成完整的研究网络体系；国内研究起步晚，但起点高，一开始就致力于利用各类绿地改善人体舒适度，近期研究侧重于大城市下垫面与地表能量平衡。

（2）跨学科趋势明显，环境科学、生态学、工程学、自然地理学、城市规划学者均对ENVI-met进行了深入研究。国内的作者—机构合作网络零散，联系少、成果稀少；国外研究呈现密集的网络状，其中，Tobi和Riccardo教授、香港中文大学、亚利桑那州立大学等在合作网络中具备重要地位，是图谱中的纽带。*Sustainable Cities and Society*和*Building and Environment*期刊是了解该软件应用的核心来源。

（3）国内外学者将形态学观点与热环境模拟相结合，形态学视角的热环境模拟成为ENVI-met研究的重点方向，其下又包括绿地形态、街区形态和建筑形态；下垫面类型与城市微气候方面的研究利用了ENVI-met材质库，探讨了城市建筑屋顶、城市不同材质道路及绿地与微环境的关联，但与水体、山地关系的研究较少；空气污染检测与调控方面的国外研究起步早，随着生态文明建设和绿色基础设施概念的提出，利用ENVI-met研究从早期关注灰色基础设施与空气质量转变为绿色基础设施与空气质量的关系；基于人体感知的热舒适性研究是以人体感受为对象的评价系统，ENVI-met具备人体舒适性计算器Biomet及大气模型，常利用PET、MRT、PMV等指标进行表达，热舒适性营造的关键在于降温、通风与增加空气湿度。

5 研究展望

关键词共现时区图中最右侧的词反映着近期的关注焦点，而突变时间序列反映着短期内变化较大的变量，中介中心性高但频次低的关键词说明该词在知识图谱中起重要连接和转折作用但相关研究较少，根据以上三项并结合未来多学科协同发展趋势，未来研究可从以下方向突破：

5.1 完善科学研究领域，构建舒适性微小气候环境

ENVI-met提供多种模型，目前研究集中于热缓解、热舒适性和污染物沉积扩散方面，与土壤相关的水循环和气体交换、与植被相关的叶面积指数和密度的研究较少，但该类词在网络中起重要连接转折作用，对该方向的研究有所欠缺，扩大并完善ENVI-met研究内容以多方面可持续管理城市微小气候。

5.2 推进技术平台的对接，促使学科创新性深化发展

当今，学科交叉环境下，需加强ENVI-met与其他信息平台之间的对接。①资料收集与数据共享：气象参数除来源于气象站和实测外，还可以通过建立与遥感之间数据处理链，根据机载光谱数据和高程数据自动生成区域输入文件[45]。此外，模型也可以与其他软件耦合提高模拟精度及创新研究方向，如与瞬态系统仿真程序相结合能弥补ENVI-met在简化结构方面带来的误差[46]；与建筑能源模拟工具相结合能将仿真结果精确地转换到EnergyPlus中。②结果表达与准确性：在实操过程中，将ENVI-met与RAYMAN等其他模拟软件、实测等多种方法相结合以相互佐证保证模拟的准确性。

参考文献

[1] 联合国经济和社会事务部. Annual Percentage of Population at Mid-Year Residing in Urban Areas by Region, Subregion, Country and Area, 1950-2050 [EB/OL]. (2018-01-21) [2020-09-01]. https://population.un.org/wup/Download/Files/WUP2018-F21-Proportion_Urban_Annual.xls.

[2] ENVI-met. 产品特点[EB/OL]. [2020-09-01]. https://www.envi-met.com/zh-hans/%e4%ba%a7%e5%93%81%e7%89%b9%e7%82%b9/.

[3] 杨玉锦，蓝洪宁. 数值模拟工具在城市微气候研究领域的应用情况综述——以ENVI-met软件为例[C]. 2019国际绿色建筑与建筑节能论文集，深圳，2019：697-701.

[4] 陈悦，陈超美，刘则渊，等. CiteSpace知识图谱的方法论功能[J]. 科学学研究，2015，33(2)：242-253.

[5] Lambin E F, Turner B I, Geist H J. The causes of land-use and land-cover change: moving beyond the myths[J]. Global Environment Change, 2001, 11: 261-269.

[6] Bowler D, Buyung-ali L, Knight T, et al. Urban greening to cool towns and cities: a systematic review of the empirical evidence[J]. Landscape and Urban Planning, 2010, 97 (3): 147-155.

[7] Cao X, Onishi A, Chen J, et al. Quantifying the cool island intensity of urban parks using ASTER and IKONOS data [J]. Landscape and Urban Planning, 2010, 96 (4): 224-231.

[8] Patton D R. A diversity index for quantifying habitat "edge" [J]. Wildlife Society Bulletin, 1975, 3 (4): 171-173.

[9] Boukhabl M, Alkam D. Impact of vegetation on thermal conditions outside, thermal modeling of urban microclimate, case study: the street of the Republic Biskra[J]. Energy Procedia, 2012, 18: 73-84.

[10] Bau-showlin, Ciao-tinglin. Preliminary study of the influence of the spatial arrangement of urban parks on local temperature reduction[J]. Urban Forestry & Urban Greening, 2016, 20(1): 348-357.

[11] 宋培豪. 两种绿地布局方式的微气候特征及其模拟[D]. 河南：河南农业大学，2013.

[12] 张伟. 居住小区绿地布局对微气候影响的模拟研究[D]. 南京：南京大学，2015.

[13] 戴菲，毕世波，郭晓华. 基于ENVI-met的道路绿地微气候效应模拟与分析研究[J]. 城市建筑，2018(33)，63-68.

[14] 吴昌广，房雅萍，林姚宇，等. 湿热地区街头绿地微气候效应数值模拟分析[J]. 气象与环境学报，2016，32(05)，99-106.

[15] Connors J P, Galletti C S, Chow W T. Landscape configuration and urban heat island effects: assessing the relationship between landscape characteristics and land surface temperature in Phoenix[J]. Ariz. Landsc. Ecol, 2013, 28 (2): 271-283.

[16] Zhang X, Zhong T, FengX, et al. Estimation of the relationship between vegetation patches and urban land surface temperature with remote sensing[J]. International Journal of Remote Sensing, 2009, 30 (8) : 2105-2118.

[17] Guo C, Buccolieri R, Gao Z. Characterizing the morphology of real street models and modeling its effect on thermal environment[J]. Energy and Buildings, 2019, 203.

[18] Shi Y, Werner L, Xiao Y Q, et al. Correlative Impact of Shading Strategies and Configurations Design on Pedestrian-Level Thermal Comfort in Traditional Shophouse Neighbourhoods Southern China [J]. Sustainability, 2019, 11 (5).

[19] Tania S, Steemers K, Matzarakis A. Microclimatic modelling in assessing the impact of urban geometry on urban thermal environment [J]. Sustainable Cities and Society, 2017, 34: 293-308.

[20] Jamei E, RajagopalanP, Seyedmahmoudian M, et al. Review on the impact of urban geometry and pedestrian level greening on outdoor thermal comfort [J]. Renewable and Sustainable Energy Reviews, 2016, (54).

[21] Paramita B, Fukuda H. Study on the Affect of Aspect

Building Form and Layout Case Study: Honjo Nishi Danchi, Yahatanishi, Kitakyushu-Fukuoka[J]. Procedia Environmental Sciences, 2013, 17: 767-774.

[22] Tong L, Riccardo B, Zhi G. A Numerical Study on the Correlation between Sky View Factor and Summer Microclimate of Local Climate Zones[J]. Atmosphere, 2019, 10(8): 438.

[23] 胡春景，逯富伟，王雪丽. 建筑形态与布局对居住区微环境影响的模拟研究[J]. 节能，2017，(5)：42-47.

[24] Srivanit M, Hokao K. Evaluating the cooling effects of greening for improving the outdoor thermal environment at an institutional campus in the summer[J]. Building and Environment, 2013, 66: 158-172.

[25] Ng E, Chen L, Wang Y N, et al. A study on the cooling effects of greening in a high-density city: an experience from Hong Kong[J]. Building and Environment, 2012, 47: 256-271.

[26] Yang X S, Zhao L H, Bruse M, et al. Evaluation of a microclimate model for predicting the thermal behavior of different ground surfaces[J]. Building and Environment, 2013, 60: 93-104.

[27] Herath H M P I K, Halwatura R U, Jayasinghe G Y. Evaluation of green infrastructure effects on tropical Sri Lankan urban context as an urban heat island adaptation strategy[J]. Urban Forestry & Urban Greening, 2018, 29: 212-222.

[28] Taleghani M, Berardi U. The effect of pavement characteristics on pedestrians' thermal comfort in Toronto[J]. Urban Climate, 2018, 24: 449-459.

[29] 杨新兴，冯丽华，尉鹏. 大气颗粒物$PM_{2.5}$及其危害[J]，前言科技，2012，6(21)：22-31.

[30] 王佳，吕春东，牛利伟，等. 道路植被结构对大气可吸入颗粒物扩散影响的模拟与验证[J]，农业工程学报，2018，34(20)：225-232.

[31] Kruger E, Minella F O, Rasia F. Impact of urban geometry on outdoor thermal comfort and air quality from field measurements in Curitiba, Brazil[J]. Building and Environment, 2011, 46 (3): 621-634.

[32] Irina N, Stijn J, Peter V. Dispersion modelling of traffic induced ultrafine particles in a street canyon in Antwerp, Belgium and comparison with observations[J]. Science of the Total Environment, 2011, 12(412): 336-343.

[33] Eniolu M T, Fat L Y, Song H. Evaluating the role of green infrastructures on near-road pollutant dispersion and removal: Modelling and measurement[J]. Journal of Environmental Management, 2016, 11(182): 595-605.

[34] Jelle H, Harm B, Stijn J, et al. Influence of tree crown characteristics on the local PM_{10} distribution inside an urban street canyon in Antwerp (Belgium): A model and experimental approach[J]. Urban Forestry & Urban Greening, 2016, 12(20): 265-276.

[35] Salata F, Golasi I, Vollaro R D L, et al. Urban microclimate and outdoor thermal comfort. A proper procedure to fit ENVI-met simulation outputs to experimental data[J]. Sustainable Cities and Society, 2016, (26): 318-343.

[36] Jendritzky G, Dear R D, Havenith G. UTCI—why another thermal index? [J]. International Journal of Biometeorology, 2012, 56.

[37] Ramyar R, Zarghami E, Bryant M. Spatio-temporal planning of urban neighborhoods in the context of global climate change: Lessons for urban form design in Tehran, Iran[J]. Sustainable Cities and Society, 2019, 51.

[38] Ma X, Fukuda H, Zhou D, et al. Study on outdoor thermal comfort of the commercial pedestrian block in hot-summer and cold-winter region of southern China-a case study of The Taizhou Old Block[J]. Tourism Management, 2019, 75: 186-205.

[39] Ma X, Fukuda H, Zhou D, et al. The study on outdoor pedestrian thermal comfort in blocks: A case study of the Dao He Old Block in hot-summer and cold-winter area of southern China[J]. Solar Energy, 2019, 179: 210-225.

[40] Sodoudi S, Zhang H W, Chi X L, et al. The influence of spatial configuration of green areas on microclimate and thermal comfort[J]. Urban Forestry & Urban Greening, 2018, 34: 85-96.

[41] Oualia K, Harrouni K E, Abidi M L, et al. Analysis of Open Urban Design as a tool for pedestrian thermal comfort enhancement in Moroccan climate[J]. Journal of Building Engineering, 2020, 28.

[42] Qaida A, Lamita H B, Ossen D R. Urban heat island and thermal comfort conditions at micro-climate scale in a tropical planned city[J]. Energy and Buildings, 2016, 133(1): 577-595.

[43] 王可睿. 景观水体对居住小区室外热环境影响研究[D]. 广州：华南理工大学，2016.

[44] Wieke H, Heidena U, Esch T. Integration of remote sensing based surface information into a three-dimensional microclimate model[J]. ISPRS Journal of Photogrammetry and Remote Sensing, 2017, 125: 106-124.

[45] Tania S, KoenS, Andreas M. Microclimatic modelling in assessing the impact of urban geometry on urban thermal environment[J]. Sustainable Cities and Society, 2017, 34: 293-308.

[46] Yang X S, Zhao L H, Bruse M, et al. An integrated simulation method for building energy performance assessment in urban environments[J]. Energy and Buildings, 2012, 54: 243-251.

作者简介

戴菲，1974年生，女，汉族，湖北武汉人，博士，华中科技大学建筑与城市规划学院景观学系，教授，研究方向为城市绿色基础设施、绿地系统规划。电子邮箱：58801365@qq.com。

王佳峰，1996年生，男，汉族，湖北宜昌人，华中科技大学建筑与城市规划学院风景园林专业硕士研究生在读。

论文集

风景园林管理及智慧化

欧盟生态系统及其服务制图与评估（MAES）行动的经验与启示

Experiences and Insights from EU Mapping and Assessment of Ecosystems and their Service Action

曹雅蓉　吴隽宇*

摘　要：生态系统服务是人类赖以生存发展的重要自然资本。在当前全球生态系统及其服务持续退化的背景下，欧盟自 2011 年起持续推进生态系统及其服务评估与制图（MAES）行动，为欧盟生物多样性战略提供生态系统恢复与保护知识基础。本文对 MAES 行动的政策背景、行动架构、评估方式等进行梳理，并从评估框架、分类体系、政策衔接 3 个方面分析生态系统服务评估经验，以期为我国风景园林学科探索生态系统科学管理提供参考。

关键词：生态系统服务；生态系统保护与管理；生态系统服务制图与评估；MAES 行动

Abstract: Ecosystem services are important natural capital for human survival and development. In the current context of global ecosystems and their services continued degradation, the EU has been promoting the Mapping and Assessment of Ecosystems and their Services (MAES) action since 2011, which provides the knowledge base for ecosystem restoration and conservation in the EU Biodiversity Strategy. This paper reviews the policy background, action structure and assessment methods of the MAES Action, and analyses its experience from three aspects: assessment framework, classification system and policy interface, in order to provide reference and inspiration for exploring scientific ecosystem management in Chinese landscape architecture subject area.

Keywords: Ecosystem Services; Ecosystem Conservation and Management; Mapping and Assessment of Ecosystem Services; MAES Action

引言

生态系统服务作为连接生态系统与人类社会的“桥梁”，是人类从生态系统中直接或间接获得的惠益[1]。这意味着人类强烈依赖于生态系统及其服务，同时功能完善的生态系统也是生态系统服务流持续不断地从自然流动到人类社会的基础[2]。生态系统服务评估一般通过物质量评估和价值量评估等方法[3]展示生态系统提供多重惠益的价值以及人类对这些惠益的具体需求；而生态系统服务制图则是将生态系统服务评估结果投入到空间应用的工具，有效地传达复杂的空间信息，进而明确自然生态系统与人类社会系统的空间关系，最终指导景观规划、环境资源管理以及土地利用优化等生态管理策略，从而实现社会可持续发展[4]。

自千年生态系统评估项目（Millennium Ecosystem Assessment，MA）以来，生态系统服务的概念已受广泛认可。近年来国际上逐步探索出基于生态系统服务评估的生态系统保护与管理途径，如联合国生态系统与生物多样性经济学研究（The Economics of Ecosystems and Biodiversity，TEEB）等项目[5]，均取得了良好的效果。众多项目实践表明，目前全球生态系统服务评估仍存在着各地区评估框架的不一致性、评估结果与决策相背离等问题[1]。对此，2011 年启动的欧盟生态系统及其服务制图与评估（Mapping and Assessment of Ecosystems and their Service，MAES）行动，成功将生态系统服务评估纳入欧盟生态系统保护管理与相关规划决策中，并奠定了从生态系统服务评估向生态核算方向发展的重要基础。目前我国各地生态保护管理工作中的生态系统服务评估在评估框架、指标等方面存在差异，同时也较难开展大尺度的综合评估工作，生态系统服务评估与政府决策衔接需要国际相关的经验提供与借鉴[6，7]。因此，本研究聚焦欧盟 MAES 行动的生态系统服务评估与制图工作，对其政策背景、行动架构、评估实施等进行梳理，从评估框架、分类体系、决策衔接 3 个方面分析其评估特点与经验，以期为我国生态系统服务评估理论研究和实践应用提供参考。

1　2020 生物多样性战略与 MAES 行动

20 世纪 70～80 年代，研究者开始通过生态系统服务的概念强调社会对自然生态系统的依赖，并提高公众对生物多样性保护的兴趣[8]。2010 年 TEEB 项目报告指出了全球生物多样性持续下降的趋势将直接影响为人类福祉提供关键服务的生态系统功能，是紧迫的环境威胁[9]。同年，联合国 2011—2020 年生物多样性战略（the Strategic Plan for Biodiversity 2011－2020）在《生物多样性公约》第十次缔约方会议上通过，其中提出的爱知生物多样性目标明确应“增强生物多样性和生态系统服务”[10]。

2011 年欧盟响应联合国生物多样性战略，提出 2020

生物多样性战略（the EU Biodiversity Strategy to 2020），其中目标2将维护和恢复生态系统服务以提高人类福祉作为重点[11]。有效管理生态系统达成生物多样性战略目标的必要条件是需充分了解生态系统及其务状况和所面临的问题[12]。因此，为评估欧盟范围内的生物多样性、生态系统及其服务状况与监测其变化，以及评估成员国在执行欧盟环境立法和生态政策以增强生态系统服务方面的表现，同年9月欧盟启动MAES行动，旨在提供人们对生态系统服务的认识，并有助于其在日常决策中发挥更大的作用[13]。此行动要求欧盟28个成员国在2014年前完成本国的生态系统及其服务制图和评估并在2020年前将生态系统及其服务的经济价值纳入欧盟和国家层面的核算和报告系统（图1）[14]。

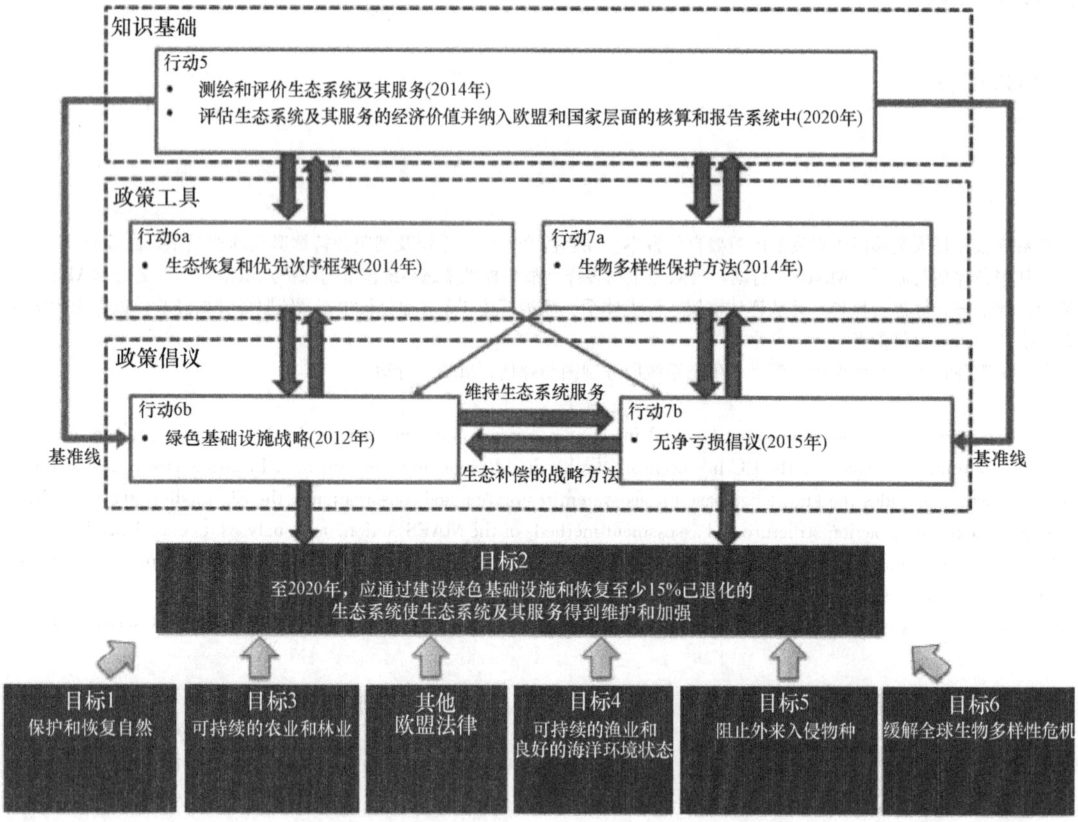

图1 欧盟生物多样性战略第二项目标与MAES行动
（图片来源：MAES Final Report，2020[15]）

MAES通过欧盟陆地及海洋区域的生态系统及其服务的量化评估与空间制图，为制定生态系统恢复工作和绿色基础设施布局建设的优先次序提供指导；并通过综合说明和在线开放网站平台等形式，解读生态系统对人类福祉的贡献与供需关系以及明确亟须解决的生态系统问题，将复杂的研究成果转化为决策者及公众可理解的信息，为生态系统管理与相关政策提供科学支持。

2 欧盟MAES行动内容

2.1 行动架构

MEAS行动由欧盟委员会指导与督促28个成员国共同推进。因生物多样性战略不具强制执行的法律效力，2012年6月欧盟委员会成立MAES工作组以统一指导及协调各成员国进度[16]。行动范围覆盖欧盟28国（包括英国）领土及东北大西洋、波罗的海、地中海和黑海4片领海[17]。

在评估的理论基础方面，MAES工作组根据驱动力—压力—状况—影响—响应（DPSIR）概念模型[18]、TEEB项目框架[19]和Haines-Young提出的生态系统服务级联模型[20]等理论研究和欧盟各成员国提出的政策问题，建立起MAES生态系统概念框架（图2）[17]。此框架通过生态系统服务和人类产生的变化驱动因素将生态系统和生物多样性与人类社会—经济系统联系起来，构建了压力、生态系统状况及其服务是如何相互关联的假设模型。

MAES评估的内容框架包括以下四部分（图3）：①专题评估；②横向评估；③综合评估；④针对关键政策问题的综合说明，此框架描述了MAES评估从生态系统空间制图，到评估生态系统状况和生态系统服务以及结合经济—社会系统因素综合评估的整体过程。其中，专题评估提供一套完整的指标以评估欧盟各类生态系统的状况、压力与变化趋势；横向评估基于欧盟景观尺度的生态系统空间分布模式，并综合考虑外来入侵物种和气候变化等关键压力的影响，分析各类生态系统状况及评估各类生态系统服务；综合评估则基于MAES生态系统概念框架和专题、横向评估结果，分析影响生态系统的关键压力、生态系统状况和生态系统服务三者间的关系，并根据评估结果为生态系统恢复与保护和绿色基础设施建设设定目标和优先次序；而综合说明则解释如何使用已有分析与评估结果支持政策实施[21]。生态系统服务评估是MASE行动横向评估的核心内容，为后续分析生态系统与经济一社会系统关系提供可用数据。下文将进一步介绍MAES的生态系统服务评估工作。

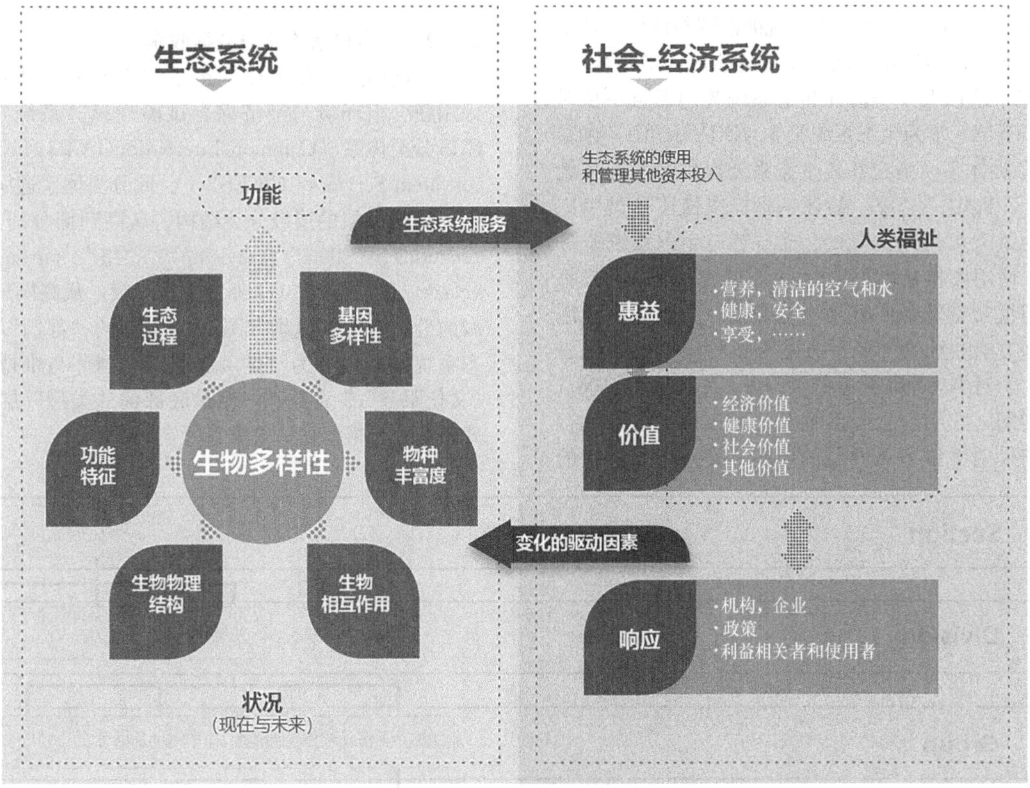

图2 欧盟MAES生态系统概念框架

（图片来源：MAES Final Report，2020[15]）

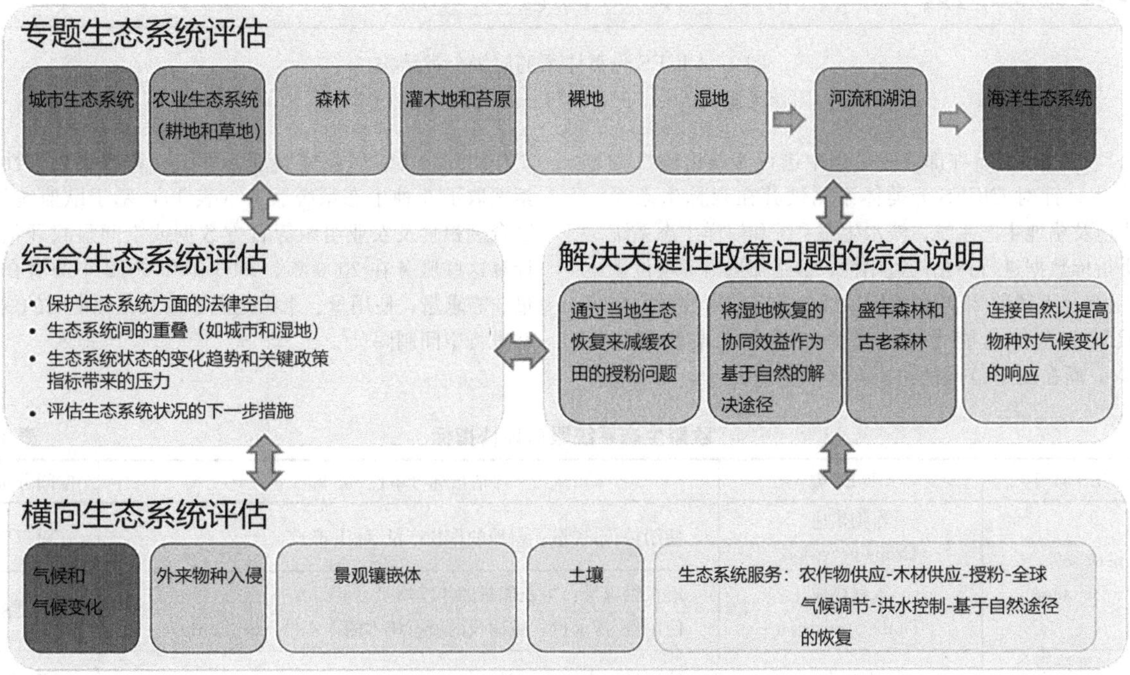

图3 欧盟MAES评估的内容框架

（图片来源：MAES Final Report，2020[15]）

2.2 生态系统服务评估

2.2.1 评估实施步骤

MAES共分为9个实施步骤。第一步为确定关键政策问题，第二步和第三步为生态系统的制图与评估，基于CORINE土地覆盖分类体系确定了7类陆地生态系统、1类淡水生态系统以及4类海洋生态系统为制图与评估对象。第四步至第八步为生态系统服务的评估与制图：①基于CICES分类体系，确定各类生态系统提供的生态系统服务类型；②确定一套统一的评估指标以描述各类生态系统服务的最大可持续供应量、受益者对生态系统服务的需求量、使用量和未满足需求量；③根据现有数据推算或根据空间模型估算各类评估指标数值，通过综合使用生物—物理方法和社会—经济方法得出各项生态系统服务价值量；④对生态系统服务的供应量、使用量和需求量进行空间制图；⑤结合生态系统及其服务评估结果进行综合评估与针对关键政策问题的说明。第九步为成果的传播和交流[22]。此种以具体政策问题为导向的线性评估步骤对不同背景的成员国而言易于理解，也有助于欧盟自上而下收集整理28个成员国庞杂的数据结果并推进各国进度。

2.2.2 分类体系构建与数据收集

当前国际存在多种生态系统服务分类体系，MAES采用联合国环境与经济综合试验性核算系统发布的CICES分类体系（Common International Classification of Ecosystem Services，CICES）[23]。此分类体系遵循分类学原则，呈现5层的层级分类结构，从高到低分别为“部门”(section)、“组群”(division)、“组”(group)、“类”(class) 和“类型”(class type) 层级，从高层到低层各层级的分类精确度递增（图4）。最高的“部门”层级将生态系统服务划分为“供应服务”“调节与维持服务”和“文化服务”3大类别，而最底部的“类型”层级为开放式系统，可根据评估需求自行定制内容[24, 25]。

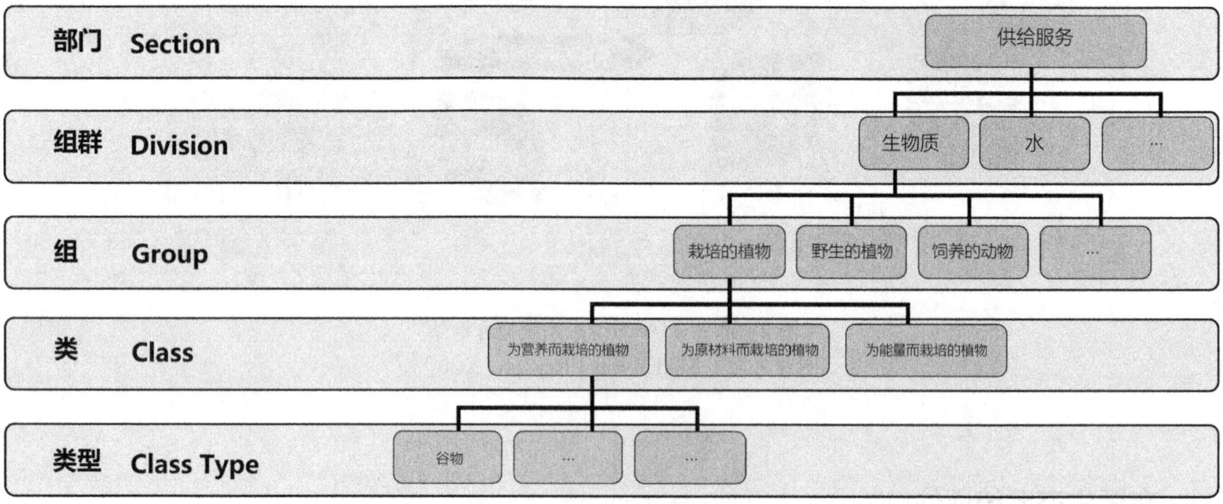

图4 CICES分类体系的层级分类结构

（图片来源：Potschin and Haines-Young，2016[26]）

2013年，MAES在部分成员国中进行4项试验性专题评估[22]，针对CICES分类体系测试其在森林生态系统、耕地及草地生态系统、淡水生态系统和海洋生态系统中收集指标数据进行评估的适用性，最终筛选出7项位于“组”层级及下属的22项“类”层级的具有较高数据可信度和政策信息传达能力的生态系统服务类型及可用指[27, 18]。而在欧盟范围的生态系统服务评估中，MAES工作组综合考虑数据完整度、可信度和政策相关性等因素选取了6种生态系统服务（表1），基于欧盟统计局、联合国粮食及农业组织等官方数据或空间显式评估模型计算这些服务在2000年、2006年和2012年的潜在供应量、需求量、使用量、未满足需求量及在此期间的变化量并进行空间制图[21]。

欧盟生态系统服务评估指标 **表1**

CICES部门	CICES类	评估指标（单位/每年）	空间分辨率
供应服务 Provisioning	作物供应 Crops provision	使用量/需求量：耕地的作物产量（t/hm^2）	NUTS0
	木材供应 Timber provision	潜在供应量：生长储量的年净增量（m^3/hm^2） 使用量/需求量：被砍伐的所有树木的立木量（m^3/hm^2）	NUTS0
调节与维持服务 Regulation & Maintenance	碳封存 Carbon sequestration	使用量：生态系统对二氧化碳的净封存（t） 需求量：大气中的二氧化碳浓度（ppm）	NUTS0 GOBAL

续表

CICES 部门	CICES 类	评估指标（单位/每年）	空间分辨率
调节与维持服务 Regulation & Maintenance	洪水控制 Flood control	潜在供应量：潜在径流的滞留能力（无量纲） 需求量：位于 500 年一遇洪泛区域的人工地表面积（km^2） 使用量：受上游生态系统保护的需求（人工地表）面积（km^2） 未满足需求量：未受上游生态系统保护的需求（人工地表）面积（km^2）	100m×100m
	作物授粉 Crop pollination	潜在供应量：生态系统维持昆虫授粉者活动的适宜性（无量纲） 需求量：依赖授粉者的作物范围（km^2） 使用量：高授粉潜力（适宜性>0.2）和需求重叠的区域（km^2） 未满足需求量：未被高授粉潜力覆盖的依赖授粉者的作物范围（km^2）	1km×1km
文化服务 Cultural	基于自然的休闲娱乐 Nature-based reereation	潜在供应量：适合休闲娱乐的自然区域范围（km^2） 需求量：居民数量 使用量：适合休闲娱乐的自然区域范围的潜在访问次数 未满足需求量：居住在离适合休闲娱乐的自然区域 4km 以外的居民数量	1km×1km

资料来源：MAES Final Report，2020[15]。

2.2.3 评估结果

评估结果显示，目前欧盟的生态系统服务供应量等于或低于 2010 年基准线，并且在城市扩张和人口增加等因素影响下生态系统服务的需求量大幅增加，即经济一社会系统对生态系统的依赖程度提高，然而有 54%的生态系统服务需求量未得到满足，未来存在生态系统退化和生物多样性下降的潜在风险[21]。特别是调节与维持服务和文化系统服务的需求同生态系统的供应量之间存在巨大差距，欧盟未来将重点关注需求未得到满足地区的生态系统恢复和保护以缩小此差距。

然而 MAES 在欧盟范围的评估限制在 6 类生态系统服务的供给与需求情况，结果存在不确定性，并且生态系统状况与生态系统服务间的联系也有待明晰。相关研究者建议未来欧盟生态系统评估应重点关注提升与评估年份和空间分辨率匹配的数据可用性[28]、优化调节与维持服务的空间评估模型评估方法和货币估值[29]、考虑更广泛的生态系统服务以及选择更能反映与生态系统服务关系生态系统状况指标[30]等方面，以提供更精确全面的决策信息。

2.3 行动成果

至 2015 年，德国、法国、荷兰等 8 个成员国完成了国家生态系统评估工作目标，反馈表明 MAES 在评估框架、指标和数据收集等方面的协调使欧洲层面可更好地基于国家评估结果制定政策[31]。至 2020 年，MAES 完成了欧盟区域首次生态系统及其服务评估并构建起系统的生态系统数据库，为欧盟自然资本和生态系统服务核算集成系统（Integrated System for Natural Capital and Ecosystem Services Accounting，INCA）和泛欧盟绿色基础设施网络 Ten-G提供了空间一致性数据支撑[32, 33]，并为欧盟 2030 生物多样性战略（the EU Biodiversity Strategy for 2030）优化陆地和海洋保护区的自然恢复计划奠定工作基础[34]。

此外，MAES 还鉴于城市环境的复杂性在 2015～2016 年针对城市生态系统进行专题研究。基于来自欧盟各国的 10 个城市案例，建立了一套城市生态系统及其服务制图与评估指标集（表 2），可用于分析城市生态系统服务的供需关系以辅助城市生态恢复区识别和空间规划决策，在意大利 Trento 市的棕地再开发规划[35]、芬兰 Järvenpää 市的绿色基础设施优化规划[36]等研究案例均有应用。并且 MAES 建立了在线网站平台 ESMERALDA MAES Explorer（http：//www.maes-explorer.eu/），其中收纳整理了生态系统服务评估方法指南、评估指标和数据集、相关案例集等成果，指导各国在不同治理层级的生态系统管理与规划决策中运用生态系统服务评估以及供公众查阅参考。

欧盟城市生态系统服务评估指标 **表 2**

CICES 部门	CICES 类	CICES 类型	评估指标（单位）
供应服务 Provisioning	栽培的作物 Cultivated crops	在城市区域产出的作物 Vegetables urban allotments and in and the commuting zone	供应量：作物产量[t/(hm² · 年)] 社区农田或私有农田的面积（km^2）
	地表饮用水 Surface water for drinking	—	供应量：饮用水供应量[m³/(hm² · 年)] 需求量：饮用水消耗量[m³/(hm² · 年)]
	地下饮用水 Ground water for drinking	—	
	地表非饮用水 Surface water for non-drinking purposes	—	供应量：水供应量[m³/(hm² · 年)] 需求量：每个生产部门的水消耗量[m³/(hm² · 年)]
	地下非饮用水 Ground water for non-drinking purposes	—	

续表

CICES 部门	CICES 类	CICES 类型	评估指标(单位)
调节与维持服务 Regulation & Maintenance	生态系统的过滤/隔离/储存/积累作用 Filtration/sequestration/storage/accumulation by ecosystems	城市树木与森林的空气质量调节作用 Reuglation of air quality by urban trees and forests	供应量：植被清除的污染物[(kg/(hm^2·年)] 供应量：干沉降速度(mm/s) 需求量：暴露于高浓度污染的人口比例(%)
	减少温室气体浓度以调节全球气候 Global climate regulation by reduction of greenhouse gas concentrations	减少 CO_2 产生的气候调节作用 Climate regulation by reduction of CO_2	供应量：土壤的碳储存量(t/hm^2) 碳封存量[t/(hm^2·年)]
	调节微气候及区域气候 Micro and regional climate regulation	城市温度调节 Urban temperature regulation	供应量：叶面积指数 树木荫蔽下的温度下降(℃/m^2) 需求量：暴露在高温下的人口比例(%)
	对气味/噪音/视觉影响的调节作用 Mediation of smell/noise/visual impacts	城市植物的噪音调节作用 Noise mitigation by urban vegetation	供应量：叶面积指数和离道路的距离(m) 城市绿色基础设施缓冲区内的植被降噪率[dB(A)]
	水循环和水流维持 Hydrological cycle and water flow maintenance	水流调节和径流削减 Water flow regulation and run off mitigation	供应量：土壤储水量(mm) 土壤的水渗入深度(cm) 植被及土壤的水截流能力(t/km^2) 拦截的降雨量(m^3/年)
	洪水防护 Flood protection	—	供应量：洪水高风险区的绿化面积比例(%) 需求量：受洪水威胁的人口比例(%) 洪灾地区面积(hm^2)
	授粉和种子传播 Polilination and seed dispersal	—	需求量：生态系统维持昆虫授粉者活动的能力（无量纲）相对丰度
文化服务 Cultural	在不同环境中使用陆地或海洋景观 Physical use of land/seascapes in different environmental settings	基于自然的休闲娱乐 Nature based recreation	供应量：公共绿地和开放场所的可达性 城市绿色基础设施提供的加权娱乐机会 绿色基础设施与旅行路线的距离(km) 需求量：提供给居民与绿色有关的社会服务(无量纲)
	科研价值 Scientific	基于自然的休闲娱乐 Nature based recreation	供应量：从学校到公园的可达性(距离学校一定距离内的公园的数量)
	教育价值 Educational	—	供应量：从学校到公园的可达性(距离学校一定距离内的公园的数量)
	遗产和文化价值 Heritage，cultural	—	供应量：文化和自然遗产地数量

资料来源：MAES Urban ecosystems 4th Report，2016[37]。

3 经验与启示

MEAS行动在以往研究基础上探索了欧盟多尺度的生态系统及其服务评估途径以及科学研究与政策衔接的方法，为欧盟生物多样性战略提供明晰生态系统与社会-经济系统间复杂关系的渠道，有助于生态恢复与保护的目标量化与进展监测，实现循证科学的生态系统管理。可总结得出以下几点经验：

3.1 建立统一评估框架，关注自然与经济-社会耦合关系

欧盟不同成员国之间具有较大的自然地理和经济社会环境差异，需协调各国妥善处理评估框架、指标等问题，以确保结果一致性。而MAES为各成员国提供了从生态系统服务的角度理解生物多样性、自然生态系统和社会一经济系统三者关系的概念、框架和清晰的评估实施步骤，并且基于试验性评估结果制定适应欧盟多元化背景的具有可靠来源的评估指标集，高效指导28个成员国完成多种生态系统及其服务的统一数据采集与评估工作。

并且，MAES对供应、调节与维持和文化生态系统服务进行全面评估及供需分析，以充分了解生态系统服务与人类活动的联系与变化趋势。而与MAES同期展开的中国生态环境十年变化(2000～2010年)遥感调查与评估项目局限于自然系统状况，仅关注调节服务及其供应量[38]。未来，我国生态系统服务评估应充分考虑自然系统与社会系统的耦合关系，整合生态保护与社会一经济需求并权衡各方利益关系，以提供切实可行的政策建议。

3.2 优化生态系统服务分类体系，拓展评估适用范畴

CICES分类体系建立在MA、TEEB等主流分类体系的研究基础上，但其结构逻辑和结果精度仍存在一定差异(表3)。MAES首次测试了CICES分类体系在国家和国际层面建立评估生态系统服务的指标框架的适用性，实践表明CICES分类体系解决了主流分类体系的缺陷，具有较高的灵活性和个性化定制程度，可用于现实复杂的应用情境[23]。

MA分类体系将生态系统服务按功能类型划分为4个一级类别和23个二级类别[39]。但未能明确区分生态系统的过程和功能，如授粉等能提供多重生态系统服务的生态过程被简单概括为某种生态系统服务，导致多次重复评估[40]。TEEB分类体系在MA分类体系的基础上有所修改，但仍未解决重复评估问题[41]。而CICES分类体系基于生态系统服务级联模型，以多层级结构清晰地表现出生态系统服务是被人类直接使用的终端服务，生态过程则是被人类间接使用的中间服务，从而避免重复评估提高结果精度[42]。并且CICES分类体系考虑到现实中由于复杂的生态、经济一社会背景和不同的评估目的会产生多样化的生态系统服务，因此允许使用者可根据研究需求选择评估的生态系统服务层级和自定义特定的服务类型[43]，适用于城市等背景复杂且精度要求高的评估研究情境。并且CICES分类体系能与国家经济核算系统衔接，为生态系统科学精细管理奠定数据基础[44]。

尽管MAES证明CICES分类体系具有适用于不同生态系统类型和不同规模的生态系统服务评估、易于与其他框架或报告制定的指标整合、有利于生态系统服务纳入管理和决策中等优点，然而也发现其存在不足，如在海洋或淡水生态系统中的许多服务类别与实际情况不相关、使用者难以区分生态系统服务的供给和需求、分类体系中的概念界定不清晰等问题[45]。我国生态系统服务评估目前主要使用主流分类体系，对CICES分类体系仍较为陌生。未来相关研究可借鉴其层级结构和严谨分类等特点，并完善前述不足之处，以拓展评估研究的适用范围。

CICES V4.3与MA分类体系和TEEB分类体系对比　　表3

CICES V4.3类(classs)		MA	TEEB
1 供应服务 Provisioning	1.1.1.1 栽培的植物 Cultivated crops	食物 Food	食物 Food
	1.1.1.2 饲养的动物及其产出 Reared animals and their outputs		
	1.1.1.3 野生的植物、藻类及其产出 Wild plants, algae and their outputs		
	1.1.1.4 野生的动物及其产出 Wild animals and their outputs		
	1.1.1.5 水产养殖的植物和藻类 Plants and algae from in-situ aquaculture		
	1.1.1.6 水产养殖的动物 Animals from in-situ aquaculture		
	1.1.2.1 地表饮用水 Surface water for drinking 1.1.2.2 地下饮用水 Ground water for drinking	水 Water	水 Water
	1.2.1.1 来自植物、藻类和动物中的用于直接使用或加工的纤维和其他材料 Fibres and other materials from plants, algae and animals for direct use or processing	纤维、木材、观赏性资源、生物化学资源 Fiber, Timber, Ornamental, Biochemical	原材料、药材资源 Raw materials, medicinal resources
	1.2.1.2 来自植物、藻类和动物的用于农业养殖的原料 Materials from plants, algae and animals for agricultural use		
	1.2.1.3 来自所有生物群的遗传物质 Genetic materials from all biota	遗传物质 Genetic materials	遗传物质 Genetic materials
	1.2.2.1 地表非饮用水 Surface water for non-drinking purposes	水 Water	水 Water
	1.2.2.2 地下非饮用水 Ground water for non-drinking purposes		
	1.3.1.1 植物资源 Plant-based resources 1.3.1.2 动物资源 Animal-based resources 1.3.2.1 动物能源 Animal-based energy	纤维 Fiber	燃料和纤维 Fuels and fibres

续表

CICES V4.3 类（classs）			MA	TEEB
2 调节与维持服务（CICES） Regulation & Maintenance 调节服务及支持服务（MA） 调节服务（TEEB）	2.1.1.1	微生物、藻类、植物和动物的生物修复作用 Bio-remediation by micro-organisms，algae，plants，and animals	水净化和水处理，空气质量调节 Water purification and water treatment，air quality regulation	废物处理 Waste treatment
	2.1.1.2	微尘物、藻类、植物和动物的过滤/隔离/储存/积累作用 Filtration/sequestration/storage/accumulation by micro-organisms，algae，plants，and animals		
	2.1.2.1	生态系统的过滤/隔离/储存/积累作用 Filtration/sequestration/storage/accumulation by ecosystems		
	2.1.2.2	大气、淡水和海洋生态系统的稀释作用 Dilution by atmosphere，freshwater and marine ecosystems		
	2.1.2.3	对气味/噪声/视觉影响的调节作用 Mediation of smell/noise/visual impacts		
	2.2.1.1	物质稳定和侵蚀速率控制 Mass stabilisation and control of erosion rates	侵蚀控制 Erosion regulation	侵蚀防护 Erosion prevention
	2.2.1.2	物质流的缓冲和衰减 Buffering and attenuation of mass flows		
	2.2.2.1	水循环和水流维持 Hydrological cycle and water flow maintenance	水份调节 Water regulation	水流调节、极端灾害事件调节 Regulation of water flows，regulation of extreme events
	2.2.2.2	洪水防护 Flood protection	自然灾害调节 Natural hazard regulation	
	2.2.3.1	风暴防护 Storm protection		
	2.2.3.2	通风和蒸腾作用 Ventilation and transpiration	空气质量调节 Air quality regulation	空气质量调节 Air quality regulation
	2.3.1.1	授粉和种子传播 Pollination and seed dispersal	授粉 Pollination	授粉 Pollination
	2.3.1.2	维持种群和生境 Maintaining nursery populations and habitats		
	2.3.2.1	虫害防治 Pest control	虫害调节 Pest regulation	生物防治 Biological control
	2.3.2.2	疾病防止 Disease control	疾病调节 Disease regulation	
	2.3.3.1	风化过程 Weatering processes	土壤形成 Soil formation	维持土壤肥力 Maintenance of soil fertility
	2.3.3.2	分解过程 Decomposition and fixing processes		
	2.3.4.1	维持淡水 Chemical condition of freshwaters		
	2.3.4.2	维持咸水 Chemical condtion of salt waters	水份调节 Water regulation	水 Water
	2.3.5.1	通过减少温室气体浓度来调节全球气候 Global climate regulation by reduction of greenhouse gas concentrations	大气调节 Atmospheric regulation	气候调节 Climate regulation
	2.3.5.2	调节微气候及区域气候 Micro and regional climate regulation	空气质量调节 Air quality regulation	空气质量调节 Air quality regulation
3 文化服务 Cultural	3.1.1.1	在不同环境中欣赏植物、动物和陆地或海洋景观 Experiential use of plants，animals and land-/seascapes in different environmental settings	娱乐和生态旅游 Recreation and ecotourism	娱乐和旅游 Recreation and tourism
	3.1.1.2	在不同环境中使用陆地或海洋景观 Physical use of land-/seascapes in different environmental settings		

续表

CICES V4.3 类（classs）		MA	TEEB
3 文化服务 Cultural	3.1.2.1 科研价值 Scientific 3.1.2.2 教育价值 Educational 3.1.2.3 遗产和文化价值 Heritage，cultural 3.1.2.4 娱乐价值 Entertainment 3.1.2.5 美学价值 Aesthetic	知识体系和教育价值、文化多样性、美学价值 Knowledge systems and educational values，clutural di versity，aesthetic values	文化、艺术和设计的灵感 Inspiration for culture，art and design，aesthetic information
	3.2.1.1 象征价值 Symbolic 3.2.1.2 宗教价值 Sacred and/or religious	精神和宗教价值 Spiritual and reguligious values	认知发展 Information and cognitives development
	3.2.2.1 存在价值 Existence 3.2.2.2 代际遗赠价值 Bequest		

资料来源：Potschin and Haines-Young，2018[46]。

3.3 构建开放指导网站平台，加强科学研究与决策衔接

自2011年启动以来，MAES除了每年定期发布项目专题报告向政府和公众汇报最新进展和未来工作重点外，还与欧盟研究和创新协调与支持行动ESMERALDA（Enhancing ecoSysteM sERvices mApping for poLicy and Decision mAking，为政策与决策增强生态系统服务空间制图）合作，构建的在线工具网站ESMERALDA MAES Explorer，为对生态系统服务评估感兴趣或对评估实施有疑问的决策者和公众等提供指导。此网站以政策问题为导向分步骤指导使用者了解适用的评估方法、具体操作方式和应用场景，并推荐的欧盟相关实践案例报告、相关研究项目成果等可用资源以供参考，制定适合使用者需求的生态系统服务评估实施流程。此类指导平台可推动生态系统服务评估经验的交流与传播，从而推进研究成果与现实决策衔接。目前我国在此方面有自主开发的IUEMS城市生态智慧管理系统，可在线进行一键式生态系统服务评估，然而仍缺乏有关评估与政策实践流程对接的地图式指导工具。未来我国推进相关项目可借鉴欧盟在线指导工具网站的经验，搭建生态系统及其服务开放共享知识平台。

4 结语

MAES的最终目的是将生态系统服务评估通过空间制图的方式纳入地区或区域生态环境保护决策的制定，辅助决策者更好地进行生态保护规划与管理，从而促进社会可持续发展。生物多样性作为关键的自然资本，决定了生态系统自我调节能力以及生态系统本身所能提供的给人类福祉的服务与产品。MAES是欧盟将生态过程与生态系统服务联系以将其理论应用于实践的有力工具，是实现生态系统服务评估与决策衔接的关键环节，并为欧盟生态系统服务核算奠定基础。在生态文明的时代背景下，未来中国将更加重视生态系统服务评估研究的深度与广度，通过对MAES的经验总结与思考为中国的生态系统服务评估与制图工作提供一定的借鉴与启示，并通过学习不断探索适合中国国情的生态系统服务评估与制图工具，完善我国生态系统核算框架，最终实现生态系统可持续管理与高质量发展。

参考文献

[1] Costanza R，de Groot R，Braat L，et al. Twenty years of ecosystem services：How far have we come and how far do we still need to go? [J]. Ecosystem services，2017，28：1-16.

[2] Burkhard B，Maes J. Mapping Ecosystem Services[M]. Bulgaria：Pensoft Pub，2017.

[3] Daily G C. Nature's Services：Societal Dependence on Natural Ecosystems[M]. Washington，DC.：Island Press，1997.

[4] Wood S L R，Jones S K，Johnson J A，et al. Distilling the role of ecosystem services in the Sustainable Development Goals[J]. Ecosystem services，2018，29：70-82.

[5] TEEB. The Economics of Ecosystems and Biodiversity：Mainstreaming the Economics of Nature：A Synthesis of the Approach[C]. 2010.

[6] 韩宝龙，欧阳志云．城市生态智慧管理系统的生态系统服务评估功能与应用[J]. 生态学报，2021，41(22)：8697-8708.

[7] 傅伯杰，于丹丹，吕楠．中国生物多样性与生态系统服务评估指标体系[J]. 生态学报，2017，37(02)：341-348.

[8] Braat L C，de Groot R. The ecosystem services agenda：bridging the worlds of natural science and economics，conservation and development，and public and private policy[J]. Ecosystem services，2012，1(1)：4-15.

[9] Kumar P. The Economics of Ecosystems and Biodiversity Ecological and Economic Foundations[M]. London and Washington：Earthscan，2010.

[10] UNEP. The strategic plan for biodiversity 2011-2020，the aichi biodiversity targets and NBSAPs[M]//Sourcebook of Opportunities for Enhancing Cooperation among the Biodiversity-Related Conventions at National and Regional Levels. United Nations，2016.

[11] Commission E. Our life insurance，our natural capital：an EU biodiversity strategy to 2020，244[R]. Brussels：EUROPEAN COMMISSION，2011.

[12] Maes J, Teller A, Erhard M, et al. Mapping and Assessment of Ecosystems and their Services. An analytical framework for ecosystem assessments under action 5 of the EU biodiversity strategy to 2020 1st report[Z]. Luxembourg: Publications office of the European Union, 2013.

[13] Commission E. Our life insurance, our natural capital: an EU biodiversity strategy to 2020, 244[R]. Brussels: EUROPEAN COMMISSION, 2011.

[14] Joachim Maes A T M E, Bruna, Grizzetti, et al. Mapping and Assessment of Ecosystems and their Services Indicators for ecosystem assessments under Action 5 of the EU Biodiversity Strategy to 2020: 2nd Report - Final[Z]. Luxembourg: Publications Office of the European Union, 2014.

[15] Maes J, Teller A, Erhard M, et al. Mapping and Assessment of Ecosystems and their Services: An EU ecosystem assessment[Z]. Luxembourg: Publications Office of the European Union, 2020.

[16] Jepson P. Interview with Anne Teller, chair of the EC Working Group on Mapping and Assessment of Ecosystems and their Services (MAES)[EB/OL]. [09/23]. https://freshwaterblog.net/2013/09/23/interview-with-anne-teller-chair-of-the-ec-working-group-on-mapping-and-assessment-of-ecosystems-and-their-services-maes/.

[17] Maes J T A E M, Keune H W H H J, Barredo JI P H S A, et al. Mapping and Assessment of Ecosystems and their Services. An analytical framework for ecosystem assessments under action 5 of the EU biodiversity strategy to 2020 1st report[Z]. Luxembourg: Publications office of the European Union, 2013.

[18] Kandziora M, Burkhard B, Müller F. Interactions of ecosystem properties, ecosystem integrity and ecosystem service indicators—A theoretical matrix exercise[J]. Ecological Indicators, 2013, 28: 54-78.

[19] de Groot R S, Alkemade R, Braat L, et al. Challenges in integrating the concept of ecosystem services and values in landscape planning, management and decision making[J]. Ecological Complexity, 2010, 7(3): 260-272.

[20] Haines-Young R, Potschin M. The links between biodiversity, ecosystem services and human well-being[J]. Ecosystem Ecology: a new synthesis, 2010, 1: 110-139.

[21] Maes J T A E, Addamo A M G B, Pisoni E C A D, et al. Mapping and Assessment of Ecosystems and their Services: An EU ecosystem assessment[Z]. Luxembourg: Publications Office of the European Union, 2020.

[22] Burkhard B, Santos-Martin F, Nedkov S, et al. An operational framework for integrated Mapping and Assessment of Ecosystems and their Services (MAES)[J]. One Ecosystem, 2018.

[23] Roy H, Marion P, Bálint C. Report on the use of CICES to identify and characterise the biophysical, social and monetary dimensions of ES assessments[R]. EU Horizon 2020 ESMERALDA Project, 2018.

[24] Haines-Young R A M B, Potschin. Common International Classification of Ecosystem Services (CICES) V5.1 and Guidance on the Application of the Revised Structure[J]. Available from www.cices.eu, 2018.

[25] 石薇，程开明，汪劲松．基于核算目的的生态系统服务估价方法研究进展[J]. 应用生态学报，2021：1-14.

[26] Potschin M, Haines-Young R. Defining and measuring ecosystem services[J]. Routledge handbook of ecosystem services, 2016: 25-44.

[27] Joachim Maes A T M E, Bruna, Grizzetti, et al. Mapping and Assessment of Ecosystems and their Services Indicators for ecosystem assessments under Action 5 of the EU Biodiversity Strategy to 2020: 2nd Report - Final[Z]. Luxembourg: Publications Office of the European Union, 2014.

[28] Vallecillo S, La Notte A, Ferrini S, et al. How ecosystem services are changing: an accounting application at the EU level[J]. Ecosystem Services, 2019, 40: 101044.

[29] Capriolo A, Boschetto R G, Mascolo R A, et al. Biophysical and economic assessment of four ecosystem services for natural capital accounting in Italy[J]. Ecosystem Services, 2020, 46: 101207.

[30] Laporta L, Domingos T, Marta-Pedroso C. Mapping and Assessment of Ecosystems Services under the Proposed MAES European Common Framework: Methodological Challenges and Opportunities: Land[Z]. 2021: 10.

[31] Schröter M, Albert C, Marques A, et al. National Ecosystem Assessments in Europe: A Review[J]. BioScience, 2016, 66(10): 813-828.

[32] Directorate-General For Environment European Commission. Natural Capital Accounting: Overview and Progress in the European Union[R]. Luxembourg: 2019.

[33] Vallecillo S, Polce C, Barbosa A, et al. Spatial alternatives for Green Infrastructure planning across the EU: An ecosystem service perspective[J]. Landscape and Urban Planning, 2018, 174: 41-54.

[34] Commission E. EU Biodiversity Strategy for 2030 Bringing nature back into our lives[Z]. Luxembourg: Publications Office of the European Union, 2021.

[35] Davide Geneletti C C L Z. ES mapping and assessment for urban planning in Trento[R]. ESMERALDA, 2018.

[36] Viinikka A, Kopperoinen L. Green infrastructure and urban planning in the City of Järvenpää[R]. 2018.

[37] EuropeanUnion. Mapping and Assessment of Ecosystems and their Services Urban ecosystems 4th Report, Technical Report - 2016 - 102[R]. Luxembourg, 2016.

[38] 欧阳志云，王桥，郑华，等．全国生态环境十年变化(2000—2010年)遥感调查评估[J]. 中国科学院院刊，2014，29(04)：462-466.

[39] Millennium Ecosystem Assessment. Ecosystems-and-health: A Framework for Assessment[M]. Washington, DC: Island Press, 2005.

[40] Wallace K J. Classification of ecosystem services: Problems and solutions[J]. Biological Conservation, 2007, 139(3): 235-246.

[41] Finisdore J, Rhodes C, Haines-Young R, et al. The 18 benefits of using ecosystem services classification systems[J]. Ecosystem Services, 2020, 45: 101160.

[42] La Notte A, D Amato D, Mäkinen H, et al. Ecosystem services classification: A systems ecology perspective of the cascade framework[J]. Ecological Indicators, 2017, 74: 392-402.

[43] Czúcz B, Arany I, Potschin-Young M, et al. Where concepts meet the real world: A systematic review of ecosystem service indicators and their classification using CICES[J]. Ecosystem Services, 2018, 29: 145-157.

[44] Environment K, Community. Knowledge innovation project

(KIP) on Accounting for natural capital and ecosystem services - scoping paper[R]. 2015.

[45] Maes J, Liquete C, Teller A, et al. An indicator framework for assessing ecosystem services in support of the EU Biodiversity Strategy to 2020 [J]. Ecosystem Services, 2016, 17: 14-23.

[46] Haines-Young R P M C. Report on the use of CICES to identify and characterise the biophysical, social and monetary dimensions of ES assessments[R]. 2018.

作者简介

曹雅蓉，1999年生，女，汉族，广东广州人，华南理工大学建筑学院风景园林系硕士研究生在读，研究方向为绿道建成环境规划与评估、生态系统服务价值评估。电子邮箱：202120105274@mail. scut. edu. cn。

（通信作者）吴隽宇，1975年生，女，汉族，广东广州人，博士，亚热带建筑科学国家重点实验室、广州市景观建筑重点实验室、华南理工大学建筑学院，副教授，研究方向为绿道建成环境规划与评估、生态系统服务价值评估。电子邮箱：wujuanyu@scut. edu. cn。

多线程信息与多部门职责的扁平归一[①]

——疫情防控背景下的公共绿地管控信号影响研究

Research on the Influence of Public Green Space Management and Control Signals in the Context of Epidemic Prevention and Control

王淳淳　金云峰*　徐　森

摘　要：公共绿地具有促进居民身心健康和保障日常生活稳定的作用，尤其是在当前新冠肺炎疫情仍然不断反复的情况下，如何科学保障公共绿地的日常稳定使用，是精细化治理追求下的内容之一。目前快速的全媒体平台下，正向的治理信息由于各种原因常常带来负面舆论影响，甚至造成公众恐慌以及损害政府公信力的结果。因此公共绿地治理的深化也需要探索信号释放的影响作用，促进更高效的治理过程。

关键词：公共绿地；精细化治理；公共治理；公共事务；疫情防控

Abstract：Public green space plays a role in promoting the physical and mental health of residents and ensuring the stability of daily life. Especially in the current situation where the covid-19 epidemic is still repeated，how to scientifically ensure the daily and stable use of public green space is one of the contents of the pursuit of refined governance. Under the current fast all-media platform，positive governance information often brings negative public opinion due to various reasons，and even causes public panic and damages the government's credibility. Therefore，the deepening of public green space governance also needs to explore the influence of signal release to promote a more efficient governance process.

Keywords：Public Green Space；Refined Governance；Public Governance；Public Affairs；Epidemic Prevention and Control

引言

公共绿地即在空间准入和公共常识上属于平等开放的绿地空间，在用地类型上主要包括公园绿地、广场绿地等和一些附属绿地[1-3]。公共绿地能够改善包括温湿度、噪声、空气质量等在内的城市环境问题，也能够通过空间要素和场地载体促进社会互动和个体活动，增强人类福祉与个体主观幸福感[4-8]，在新冠肺炎疫情流行期间，人们虽然普遍降低了生活水平预期，但是能够接触绿地的个体拥有更高的主观幸福水平[9]，公共绿地也具有疫情期间活动支撑和防控辅助的功能[10]。在新冠肺炎疫情暴发至今，学界也有许多关于公共绿地与疫情、健康之间的研究，包括突发灾害和公共卫生事件下的公共绿地的作用、公平格局、布局优化与设计策略、基于民众身心健康的邻里绿地空间设计提升、公共绿地管理中的疫情防控等[9,11-16]。

新冠肺炎疫情不仅造成健康上的影响，也会引起包括恐慌、不信任等在内的群体性负面心理[17]，进而产生地域歧视、情感割裂和公信力损失[18]，甚至动摇政府开展疫情防控治理的根基。在新冠肺炎疫情防控过程中，包括公共绿地在内的一系列公共基础设施常常在第一时间发布管控要求，这种信号释放所产生的结果由于疫情下的复杂信息流，常常受到各种因素的影响。因此本研究立足于常态疫情防控下的公共绿地管控中的信号发布与反应，了解管控信号释放的影响，有助于更好地开展疫情常态化防控下的公共绿地治理。

1　公共绿地的疫情防控与日常复苏

在新冠肺炎疫情的大背景下，公共绿地多方位地为民众日常和整体防疫提供支持，包括个体心理压力疏解、基础户外活动支持以及临时或应急场所提供[10]。因此，疫情期间的公共绿地管控需要根据其性质和功能针对性布局，避免出现过度或松懈的防范以及管理的疏忽或僵化[11]。新冠肺炎疫情暴发以来，国家和各地市都发布了针对交通、教育、公共服务、文旅、节庆等各方面具体而细微的防控管理要求，在公共场所部分强调了易发生聚集的室内空间管控[19]，针对A级旅游景区要求严格落实限量接待、实名预约、错峰和避免聚集[20]。

除去风景区以外，城市中的公共绿地作为开放户外空间，2020年2月中国风景园林学会发布《城市公园绿地应对新冠肺炎疫情运行管理指南》团体标准[21]，2021年2月住房和城乡建设部发布《重大疫情期间城市公园运行管理指南（试行）》[22]，各地市具体管控要求可以在此基础上根据地方特征自行制定。依据平战结合的公共卫生防控救治能力建设要求[23]，公共绿地在疫情背景下的管控要求可以分为疫情防控和日常复苏两个部分。

① 基金项目：国家自然科学基金项目（编号51978480）资助。

在疫情防控部分，通常包括入口防控、内部组织、实时监控3个方面。对于体量较大、具有明确边界和出入口的大型公共绿地，在入口测温、健康码检查的基础上，部分已经完成智慧公园建设的公共绿地还拥有线上实名预约，扫码入园的条件；在内部组织上，通过游线组织、人员巡逻等方式避免人群聚集的情况发生，并针对各类建筑物、构筑物、停留设施进行消毒；在实时监控上通常结合大数据等技术，对游园人数总量进行控制和监测，在防控过程中这些数字化功能也能够帮助管理和信息发布，使得民众更方便快捷地了解防疫政策，更好地安排安全的出行计划。

在疫情防控的基础上，进一步考虑的就是日常复苏部分，主要指的是疫情防控常态化下，逐步恢复居民日常活动需求的方式。由于疫情期间居民可选的活动内容减少，并且隔离要求进一步增长人们的户外活动向往程度，使得公共绿地的作用更加无法取代[24]，在平战结合的要求下，如何有序进行日常复苏工作对于居民的身心健康也尤为重要。就公共绿地而言，日常复苏主要包括针对性恢复开放场地和场馆、设定合理的使用制度、制定人员管理和消杀程序、动态监测人群进入和聚集情况等。

2 疫情防控背景下的信号释放影响

2.1 疫情防控下人群心理状态变化

在疫情防控下，人群心理状态存在两个方面的变化。

其一是非灾区居民比灾区居民对灾情严重程度更高的估计，这种高估或出于大量相关信息的堆叠，或出于对自身影响的心理保护。在2019年新冠肺炎疫情暴发至今，疫情防控工作中保障信息公开、减少恐慌情绪、增强心理服务也是重要内容。在《新型冠状病毒肺炎防控方案（第八版）》[19]中要求“消除恐慌心理，科学精准落实各项防控措施”，并附《新冠肺炎疫情心理健康服务技术指南》，在学术界也有许多研究注意到政府管控信号与公众心理情绪二者之间的关系，在面对天灾人祸的时候，常常会出现心理台风眼效应，即非灾区居民比灾区居民对于灾情严重程度的担忧和估计常常会更高，在2019年年末武汉发生的新冠肺炎疫情中就出现了类似的情况[25]。

其二是疫情防控阶段下人们对于生活秩序要求和判断的心理变化。从2019年年末的运动式抗疫[26]到2020年的常态化防控[27]，新冠肺炎疫情在我国已经经历了两个阶段的变化，无论是个体需求还是整体环境，都与疫情伊始时大相径庭，在经过了2020年下半年至2021年上半年全国相对平稳的秩序复苏之后，当前2022年深圳、上海、吉林等地的疫情再度呈现复苏的局势。由于奥密克戎毒株高传染、低重症的特征以及疫苗的普遍接种，人们的恐慌对象也大多从身体秩序和卫生医疗秩序转向了社会关系秩序、生活秩序和经济秩序[28]。

2.2 信号释放与网络舆情

平战结合和日常复苏的防控背景具有两个方面的特征，其一是为保障社会经济秩序稳定运转的要求下越划越细的风险区、流调与封控区，使得应对正常生活需求的治理信号与应对疫情防控需求的治理信号常常同时出现；其二是由于新型冠状病毒自身的特殊性，信息化技术在近两年间得到了更大范围的应用，除健康码、行程码以外，许多公共设施的准入批准和信息发布都转移到网络平台，公众集群在网络平台上的特征也更加明显。

作为社会中相当数量的人对于特定话题所表达的观点、态度、信念的集合体，舆论尤其是具有强社会导向性的网络舆论[29]，在疫情防控的背景下正在越来越多地影响到政府治理和政府信任。多线程信息流通过网络平台扁平化地呈现在公众面前，在全媒体平台的新型话语权体系下，一旦其中出现异常情况，由于公众和媒体对于政府负面舆情具有更强的偏好[30]，这些负面舆论信息经由媒体平台的情绪型传播，很容易发生群体感染而形成集体情绪，在公众对政府的整体性认知下产生对政府治理能力的不信任感[28,30,31]，甚至是对已有治理成果的推翻，而治理不信任也会造成对于当地人民的连带污名[32]，带来情感割裂。

对于网络舆情与政府治理的议题，在传媒学、新闻学和管理学领域已有许多的讨论，但是对于传统非宣传口部门而言，在智慧城市建设与全媒体平台时代下，正在面临更大的挑战。因此，政府部门在释放管控信号的时候，一方面需要注意发布方式与内容，另一方面也需要加强舆情风险应对能力，公共绿地管理部门作为传统的非宣传口部门同样在面对这样的压力和问题。

3 “新闻搭车”：2021年7月29～30日的南京玄武湖开闭事件

在公共绿地管控信号影响作用分析中，此处以2021年7月南京—张家界双中心疫情中，玄武湖开园舆论事件为例。在此次疫情中，原本作为公共绿地精细化治理的信息发布，在多链条扁平化拼接和情绪型传播的共同作用下，成为公众发泄不满的靶子，被打为政府管控的负面行为，在经济和社会秩序上都产生了消极结果。对南京玄武湖开园信号前后的信息进行汇总，整理如图1所示。

可以看出，2021年7月29日南京市玄武湖官方新浪微博账号发布的开园公告，对应的是2021年7月26日发布的因台风“烟花”过境而发布的临时闭园公告，并且在开园公告内容中也明确做出了针对当时疫情形势的要求，包括限时开放、室内展馆闭馆、实名制预约登记入园、入口口罩体温健康码检查、人员密度监测，禁止扎堆和聚集行为等，完全落实了公园绿地疫情防控管理需求。

但是此时南京禄口机场导致的疫情已经外溢至大连、扬州、张家界等多地，正值暑假时期，导致大量出行计划的混乱或取消，网民从旁观者身份转换为当事人立场[31]，这条开园公告开始受到舆论针对。虽然玄武湖官方微博马上发布了当时的玄武湖入口、园内、防疫检查情况和实时人数，但却成为二次发酵的开始，其下评论里充斥着管控不力的指责。最终2021年7月31日，玄武湖官方微博发布了暂停开放的通知。

新闻线程	新冠肺炎疫情	台风“烟花”	南京市玄武湖官方微博	公众线程	信息流
2021年7月20日	禄口机场检出阳性			2021年7月20日	禄口机场检出阳性
2021年7月26日	大连市通报3例途径禄口机场阳性		临时闭园公告	2021年7月26日	南京禄口机场疫情影响至大连市
2021年7月27日		“烟花”开始对南京市造成影响		2021年7月27日	
2021年7月28日	疫情防控发布会，153例，江宁区			2021年7月28日	南京出现153例疫情
2021年7月29日	张家界发布《关于暂不要来张家界市旅游的提示》	“烟花”影响减弱	开园公告以及一系列园内情况发布	2021年7月29日	张家界发布《关于暂不要来张家界旅游的提示》 南京玄武湖景区发布开园公告 南京玄武湖景区发布园内实时情况
2021年7月30日	扬州新增10例 南京江宁区毛某棋牌室事件 张家界宣布关闭所有景区景点	“烟花”影响基本结束		2021年7月30日	南京禄口机场疫情影响至扬州市 南京阳性人员流动至扬州 张家界宣布关闭所有景区景点
2021年7月31日	疫情防控发布会，191例，江宁区+溧水区		宣布暂停开放	2021年7月31日	南京出现191例疫情 南京玄武湖景区宣布暂停开放

图 1　2021 年 7 月末南京玄武湖开闭网络舆论事件中的新闻线程与公众线程

此次玄武湖公园开闭事件全程正是一次“新闻搭车”事件[18]，即疫情热点进入公共视野获得大量关注，而玄武湖公园恰恰在此时发布了针对之前台风“烟花”暂闭的开园公告，即便落实了针对周边居民使用其综合公园性能的防疫要求，但由于同期因暑期疫情受影响的张家界各大景区关闭新闻和禄口机场疫情情况，从而成为了话题的中心，形成了“南京市由于机场管理失当造成疫情外泄，自己却还在开放景区”的舆论情况，并进一步通过全媒体平台的情绪化爆发，直接影响地方治理措施的改变，在此次事件中，值得公共性事务管理部门思考的是，为何在完全落实了疫情防控需求，并且充分考虑未受疫情影响地区休闲需求的情况下，最终所呈现的结果却并不尽如人意。

4　从玄武湖公园开闭始末看公共绿地管控信号释放

纵观玄武湖公园开闭舆论事件，其在疫情防控和日常复苏上都落实了工作，并且这些工作都需要一定的前期准备，但是由于开园信号释放过于简短的失当，以及短时间内未能做出明确、全面的回复，导致了舆论的进一步恶化，最终产生负面管控结果。在舆论热潮退去之后，只剩下被间接耗散的前期管控准备的人物力工作，对于使用其进行日常活动、在精细化网格治理下的周边居民而言，也因此失去了休闲健身空间。

笔者认为这次事件并不应当被定义成一次简单的“网民监督的懒政行为”，而应当是一次“失当信号释放下的治理失效”。从此次事件中，公共绿地管理部门应当思考的是，在精细化治理深化过程中信号释放的时机、内容与方式，这也体现出信息技术飞速发展的全媒体时代下，密集信息流对于传统管控发布模式的冲击，尤其是对于在过去管控中就弱宣传、强管理的职责部门。

4.1　信号释放的完整性

各地复杂的情况、庞杂的新增和求助信息通过各类媒体平台扩散，当这些信息与公众的道德判断发生偏差之时，人们很容易产生信任危机[28]。而在网络舆论上，在热点问题下官方媒体发布信息如果存在不具体、语焉不详的情况，很可能导致政府与民间舆论场各说各话、信息对立的情况，并对政府的公共治理造成巨大压力[29]。因此，在信号释放的过程中，既要注意内容上的完整性，也要注意形式上的完整性。

从内容完整性上来说，管控信号的释放不能只是简单的内容发布，还需要注意当下舆论环境以及同期时势热点，结合特定的舆论环境，针对管控信号的内容做出具体科学的完整解释，从“宣布型”信号转向“阐释型”信号，将信号释放从“结果与要求”转向“要求—原因—结果”，如对于南京疫情分布情况与玄武湖公园所承担的综合公园职能等内容做出具体的解释。

从形式完整性上来说，由于媒介的显要性叙述方式也会影响到公众的负面情感评判[33]，因此管控信号的释放，尤其是在网络平台上，需要结合更多样的信息形式，基于人们在网络上获取信息的惯性模式，将图文或视频与文字结合起来，通过简短的文字传递尽可能全面的信息，而不应当吝惜口舌，仅以单薄的标题或图片信息作为发布模式。

在负面舆情已经出现的情况下，后续回应的不及时与舆情热度下降会对政府话语权和可信度造成进一步影响，同时由于沉默螺旋效应和情绪化表达的群体极化效应，主流舆论场在整个负面舆情的处理中很容易处于孤军奋战的境遇[29,30,33]。因此，在信号释放已经出现失当的情况下，应该及时进行回应[34]。相比于信号释放，在负面舆情回应中，更加追求对于内容和形式上做到周全、完整而清晰的解释，避免舆论对立的进一步发展。

4.2　网络舆情与政府治理

疫情防控是需要多部门联动配合的工作，各地市都成立了专门的新冠肺炎疫情联合防控办公室或工作组，这些多线程的信息流经过互联网和媒体平台的扁平归一之后呈现在公众面前，而多部门的职责也被扁平归一为单一的政府形象[30]，使得在新冠肺炎疫情背景的敏感神经下，由于职责部门信号生成与公众信号接收线程的不匹配，任一部门的不当信号发布都会被指责为整个地方政府的不作为或懒政行为，陷入“塔西陀陷阱”[18]。如果没有得到及时有效的解释，在信息发酵下很容易带来整体工作的推翻，包括对过去运动式成功抗疫结果的粗暴批判和对当下精细化网格治理的彻底推翻，导致舆论对于治理工作的绑架，使得后续工作难以开展，也会带来地方群众之间的矛盾和信任割裂。

因此，在智慧城市积极建设的当下，对于包括绿地管理在内的传统非宣传口职责部门而言，需要更加积极地认识信号释放、网络舆情与政府治理三者之间的关系。在当下的新冠肺炎疫情防控工作中，广大民众具有包括生命安全、工作保障、家庭保障、就医需求、休闲需求等多方面的紧迫需求，网络舆情也具有更强的变动、情绪化和不稳定性，而网络舆情的稳定健康对于精细化治理工作的顺利落实具有一定的基石作用。同时，由于近期的新冠肺炎疫情多以地方性暴发为主，而由于我国政府公信力的差序化格局[18]，以及疫情的地方性差距和地方管理差异，在这之中，任何一个部门的掉队都容易给地方政府公信力和形象带来难以估量的影响。

5 结语

在全媒体平台时代，精细化治理不仅需要各项措施的情况划分和具体落实，同样也包含了信号释放与外部宣传，使其不仅能够保障疫情期间非风险区居民的日常生活和经济秩序，也能够带来政府形象的正面提升。全媒体平台与互联网时代对于宣传工作提出更高的要求，非传统宣传口的部门也应该做出调整，作为公共基础设施的公共绿地同样在面临这样的情况。在疫情时代下，一举一动容易被过多解读，如果不能全面完整地进行信号释放，则很有可能使得政府治理被舆论所绑架，在损害公信力的同时，造成包括地区形象损失、社会经济秩序失常等后果。另一方面，在当下的信号发布工作中，不仅应当看到网络平台带来的挑战，也应该看到网络平台带来的机遇，公开、快捷地面对大量受众发布实时有效的管控信息，收获最高效的信息反馈和治理效果，建立公众与政府之间透明互信的双向信号氛围。

参考文献

[1] 金云峰，张悦文．“绿地”与“城市绿地系统规划”[J]．上海城市规划，2013(05)：88-92.

[2] TAYLOR L, HOCHULI D F. Defining greenspace：multiple uses across multiple disciplines[J]. Landscape and Urban Planning，2017，158：25-38.

[3] 金云峰，钱翀，吴钰宾，等．高密度城市建设下基于国标《城市绿地规划标准》的附属绿地优化[J]．中国城市林业，2020，18(01)：20-25.

[4] DE VRIES S. Contributions of natural elements and areas in residential environments to human health and well－being[M/OL]. HASSINK J, VAN DIJK M. FARMING FOR HEALTH. Dordrecht：Springer Netherlands，2006：21-30. https：//doi. org/10. 1007/1-4020-4541-7 _ 2.

[5] CATTELL V, DINES N, GESLER W, et al. Mingling，observing，and lingering：everyday public spaces and their implications for well-being and social relations[J]. Health & Place，2008，14(3)：544-561.

[6] MANSOR M, SAID I, MOHAMAD I. Experiential contacts with green infrastructure's diversity and well-being of urban community[J]. Proceedings of the 1st National Conference on Environment-Behaviour Studies，2009，2012，49：257-267.

[7] 李志明，樊荣甜．国外开放空间研究演进与前沿热点的可视化分析[J]．国际城市规划，2017，32(06)：34-41＋53.

[8] 董玉萍，刘合林，齐君．城市绿地与居民健康关系研究进展[J]．国际城市规划，2020，35(05)：70-79.

[9] LEHBERGER M, KLEIH A-K, SPARKE K. Self-reported well-being and the importance of green spaces@ a comparison of garden owners and non-garden owners in times of covid-19[J]. Landscape and Urban Planning，2021，212：104108.

[10] 李倞，杨璐．后疫情时代风景园林聚焦公共健康的热点议题探讨[J]．风景园林，2020，27(09)：10-16.

[11] 付彦荣，贾建中，王洪成，等．新冠肺炎疫情期间城市公园绿地运行管理研究[J]．中国园林，2020，36(07)：32-36.

[12] 张育新．从风险管理的角度探讨公园绿地管理及对策[J]．现代园艺，2021，44(13)：174-176.

[13] 王志鹏，王薇．新冠肺炎(COVID-19)疫情下居住区绿地对居民心理健康影响的实证研究[J]．景观设计学，2020，8(06)：46-59.

[14] 蔡丽敏．后疫情时代绿地及开敞空间拓展功能研究[J]．园林，2021，38(05)：90-93.

[15] 胡诗雨，肖国增．疫情背景下的城市绿地系统设计策略探究[J]．现代园艺，2021，44(22)：171-173.

[16] 彭紫珊．新冠疫情背景下的环境正义研究——以英国伦敦社区为例[J]．建筑与文化，2022(01)：95-96.

[17] 庆文，王义保，贾小杰，等．危机事件中公众恐慌情绪影响因素及消解策略研究——基于新冠肺炎疫情初期网络调查数据的实证分析[J]．中国应急管理科学，2021(11)：65-76.

[18] 赵姗姗．规避“塔西佗陷阱”：新冠肺炎疫情下地方政府公信力的构建[J]．行政科学论坛，2021，8(05)：27-30＋55.

[19] 卫生健康委网站．关于印发新型冠状病毒肺炎防控方案(第八版)的通知[EB/OL](2021-05-14)[2022-03-17]. http：//www. gov. cn/xinwen/2021-05/14/content _ 5606469. htm.

[20] 文化和旅游部办公厅．文化和旅游部办公厅关于全面加强当前疫情防控工作的紧急通知[EB/OL]．(2021-08-03)[2022-03-17]. http：//www. gov. cn/zhengce/zhengceku/2021-08/03/content _ 5629258. htm.

[21] 中国风景园林学会．关于发布《城市公园绿地应对新冠肺炎疫情运行管理指南》团体标准的公告[EB/OL]．(2020-02-21)[2022-03-17]. http：//www. chsla. org. cn/Column/Detail? Id=4808271538607104& _ MID=1100022.

[22] 住房和城乡建设部．住房和城乡建设部印发《重大疫情期间城市公园运行管理指南(试行)》[EB/OL]．(2021-08)[2022-03-17]. http：//www. jxfz. gov. cn/art/2021/3/8/art _ 13 _ 3659255. html.

[23] 卫生健康委网站．关于印发公共卫生防控救治能力建设方案的通知(发改社会[2020]735号)[EB/OL]．(2020-05-09)[2022-03-17]. http：//www. gov. cn/zhengce/zhengceku/2020-05/21/content _ 5513538. htm.

[24] 章俊华．“SARS”期间北京市公园利用状况的调查研究[J]．中国园林，2004(01)：74-76.

[25] 杨舒雯，许明星，匡仪，等．武汉市新冠肺炎疫情的客观危险与主观恐慌：全球范围内的“心理台风眼效应”[J]．应用心理学，2020，26(04)：291-297.

[26] 陈勇．国家治理现代化框架下的新冠疫情应对策略分析[J]．中国卫生法制，2021，29(04)：25-30.

[27] 新华社．国务院联防联控机制印发《关于做好新冠肺炎疫情常态化防控工作的指导意见》[EB/OL]．(2020-05-08)[2022-03-17]. http：//www. gov. cn/xinwen/2020-05/08/content _ 5509965. htm.

[28] 韩玉祥．“风险恐慌”及其现代化治理——以新冠肺炎疫情期间的恐慌情绪为例[J]．中国应急管理科学，2020(07)：8-16.

[29] 张勤．网络舆情的生态治理与政府信任重塑[J]．中国行政管理，2014(04)：40-44.

[30] 刘红波，高新珉．负面舆情、政府回应与话语权重构——基于1711个社交媒体案例的分析[J]．中国行政管理，2021(5).

[31] 安璐，吴林．融合主题与情感特征的突发事件微博舆情演化分析[J]．图书情报工作，2017，61(15)：120-129.

[32] 苗大雷，夏铭蔚．风险社会中的污名现象研究——基于新冠肺炎疫情时期"湖北人"污名的分析[J]．中国农业大学学报(社会科学版)，2021，38(02)：41-51.

[33] 党明辉．公共舆论中负面情绪化表达的框架效应——基于在线新闻跟帖评论的计算机辅助内容分析[J]．新闻与传播研究，2017，24(04)：41-63+127.

[34] 李诗悦，李晚莲．公共危机网络舆情演变机理：路径及动因——以动物疫情危机为例[J]．中国行政管理，2019(02)：116-121.

作者简介

王淳淳，女，1995年生，福建莆田人，同济大学建筑与城市规划学院博士研究生在读，研究方向为城乡绿地规划、城市治理与社会公平。电子邮箱：cielsumi@outlook.com。

（通信作者）金云峰，男，1961年生，上海人，硕士，同济大学建筑与城市规划学院景观学系、高密度人居环境生态与节能教育部重点实验室、生态化城市设计国际合作联合实验室、上海市城市更新及其空间优化技术重点实验室，教授、博士生导师，研究方向为风景园林规划设计方法与技术、景观更新与公共空间、绿地系统与公园城市、自然保护地与文化旅游规划、中外园林与现代景观。电子邮箱：jinyf79@163.com。

徐森，男，1992年生，河南平顶山人，硕士，汉嘉设计集团股份有限公司江苏分公司规划中心，主任，研究方向为程式设计、城市规划历史与理论。

国内眺望景观保护相关研究进展与应用方向探究[①]

Research Status of The Progress of View Protection and Its Application in Planning Practice in China

宋 元 张 安*

摘 要：眺望权在现代城市景观风貌规划中至关重要，近年来国内逐渐探索结合建筑高度控制等手段的眺望景观保护方法。总结国内眺望景观保护研究现状，通过关键词聚类分析等方法对眺望景观保护相关研究展开述评，厘清相关概念、对近年来的眺望景观保护理论及实践应用成果予以探究，针对建筑高度控制、天际线管控、视觉风景资源管理和城市景观形象评价 4 个主要研究方向总结城内眺望景观管理与评价的具体方法。提出利用网格分析和分形维数评价等方法可定量化、智慧化管控城市风貌。

关键词：风景园林；眺望景观；研究进展；实践应用；定量化管控

Abstract: The right of viewing is very important in the planning of modern urban landscape features. In recent years, China has gradually explored methods to protect view by combining with building height control and other means. We summarize the current situation of domestic research on view protection, review the research on overlook landscape protection through keyword cluster analysis and other methods, clarify the relevant concepts, explore the theoretical and practical application results of view protection in recent years, and summarize the management and evaluation of view in the city in four main research directions: building height control, skyline management and control, visual landscape resource management and urban landscape image evaluation. It is proposed that the use of grid analysis and fractal dimension evaluation methods can quantitatively and intelligently control the urban landscape.

Keywords: Landscape Architecture; View; Research Development; Practice Application; Quantitative Control

引言

眺望在现代城市景观风貌规划中发挥着重要作用，以构建视线走廊的形式形成城市眺望系统，是在城市景观风貌管理过程中的重要导控手段[1]。近年来国内逐渐开始探索结合建筑高度控制手段的眺望景观保护方法。长沙市作为国内眺望景观保护的先驱城市，政府层面也比较重视建筑高度控制规划的编制[2]。同时长沙市区又存在着岳麓山这一大型城市山岳型风景名胜区，因此围绕着该风景名胜区展开了建筑控高技术和策略的讨论[3,4]。除此之外，昆明市的临山临水景观保护[5]，南京市的自然山体显现景观保护等[6,7]，体现着眺望视角下建筑高度控制与山城景观风貌保护的结合。

本文旨在从理论研究现状和规划实务应用两个层面梳理我国在眺望景观研究过程当中存在的问题并做出回应，首先依托 CNKI 中国知网数据库利用文献数量趋势和关键词聚类分析等方法对国内理论研究现状进行归纳总结，之后从概念界定的角度对眺望景观相关定义进行系统梳理，同时整理我国的实务应用现状。接着从 4 个重要的研究方向结合相关规划实务应用进行方法分析，最后总结其发展规律，并提出有助于眺望景观保护与发展的对策和建议。

1 研究方法

截至 2022 年 3 月 21 日，在中国知网就“眺望景观”为主题词进行搜索，仅得有效文献 136 篇，从研究发展趋势的角度分析，发现近十年每年发表文献都在 20 篇以下，说明从文献数量的角度来看，国内学者对于眺望景观的关注度以及研究热度都不高，而通过线性趋势可以看出国内眺望景观研究热度在逐渐上升（图 1）。

在以上文献中，期刊文献共 70 篇，硕博论文共 66 篇。结合国内眺望景观总体文献数量较少的特点，接下来的研究将从文献的关键词着手，以可视化的形式提取出重要研究方向，之后结合文献内容进行概念梳理与方法总结。

2 眺望景观研究进展

采集在中国知网以“眺望景观”为关键词进行检索得到的 136 篇文献，并利用 VOSviewer 软件对这些文献中的关键词进行聚类分析，得到 107 个具有聚类关联性的关键词。由关键词聚类分析图（图 2）可以看出，眺望景观与“城市景观”，“建筑高度控制”三者共同组成了中心最主要的关键词聚类，而外围次级聚类当中比较显著的有“城市风貌”“历史城区”“视觉分析”“景观保护”等概

① 基金项目：教育部人文社会科学研究项目（编号 20YJC760139）。

念，此外还有一些具体的数字化方法如“天际线分析”“仿真建模”“ArcGIS”“视觉景观评价”也都是眺望景观体系下非常重要的关键词。眺望景观与城市设计在概念和方法上的诸多层面都有着广泛的联系。

结合文献关键词的软件分析，再与文献具体内容相结合，结合每篇文献的主要内容，将其分为“建筑高度控制”“天际线管控”“视觉风景资源管理”“城市景观形象评价”4个大方向，各方向的期刊文献数目较均匀，硕博论文侧重管理策略研究。

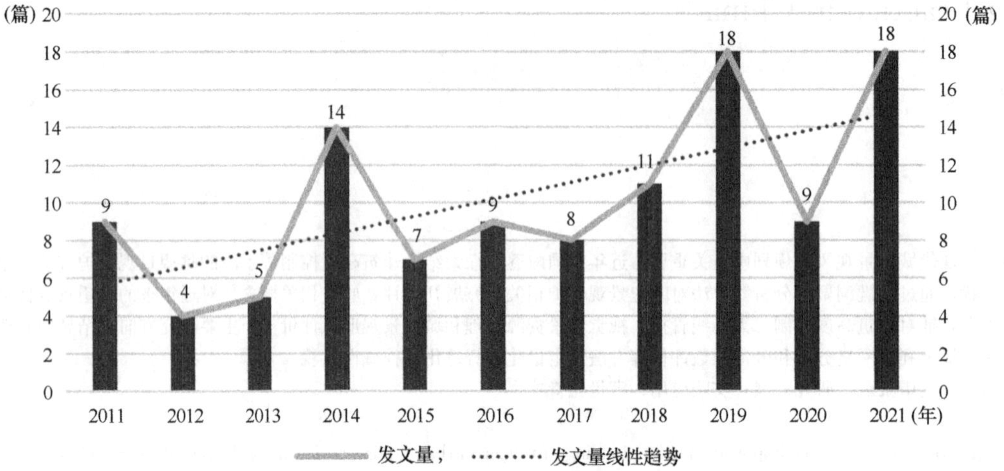

图1 近10年中国知网数据库眺望景观研究文献数量分布及线性趋势

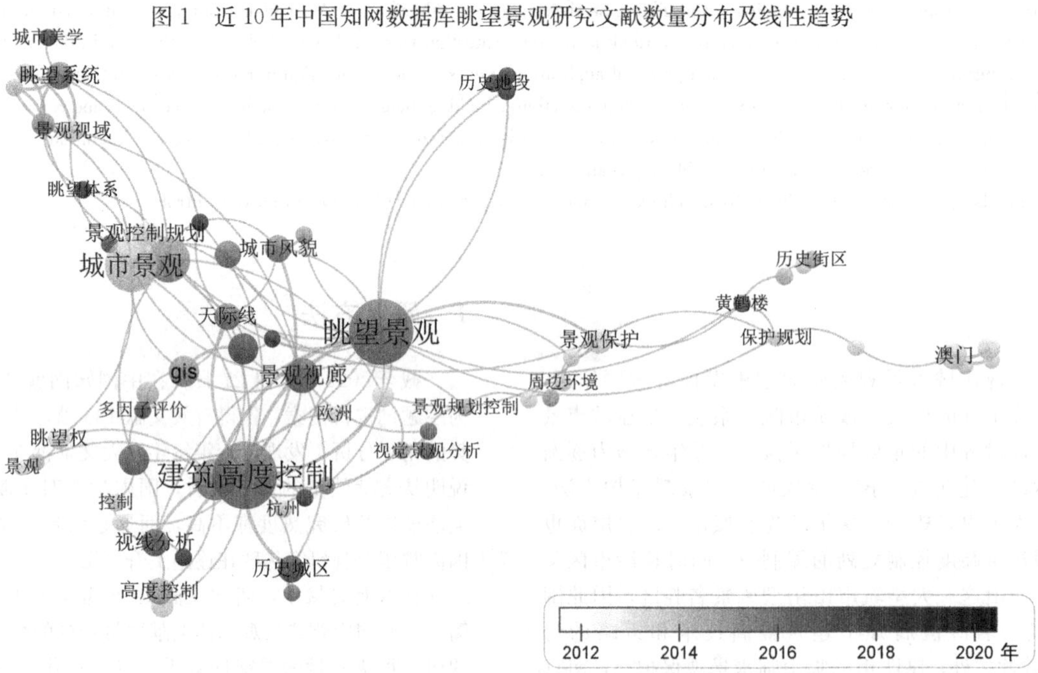

图2 国内眺望景观研究关键词时间聚类图谱

由此可见，眺望景观的几个重要研究方向与城市设计领域联系比较紧密，本文从概念界定的角度对近年的研究成果进行梳理介绍，并进行规划实务应用层面的讨论，从而为下一步眺望景观的深入精细探索，尤其是定量化管控提供可行的思路。

3 眺望景观基本概念界定

3.1 眺望点与眺望对象

关于眺望点的定义，国内有学者提出了不同的见解。可以发现，无论从哪种角度出发，“能看到美景”都是眺望点选取的必然要素。基于此，有很多学者提出了眺望点的筛选与分类原则。眺望对象，是与眺望点相辅相成的一对概念。从概念自身的含义出发，眺望点所观之美景即是眺望对象，眺望对象反过来也造就了眺望点。从以人为本的设计本源角度出发，舒适的眺望点，优美的眺望对象二者皆可吸引人们前来停留观赏。

在实务研究当中城市规划师们结合当地实际，提出了不同的眺望点遴选与分类方式。武夷山市利用田野调查的方法遴选眺望点，沿两条城市道路初步筛选出18个眺望点，之后又通过多因子评估法最终选出2处山体景观眺望核心视点[8]。重庆市万州区依据地理位置、海拔高度、眺望视距和眺望对象的不同将城市眺望点分为9处外部眺望点和13处内部眺望点，每一类眺望点还可以再分为片区级和城市级两个级别[9]。

3.2 眺望视觉廊道

当眺望行为的视线出发点由单一的景点扩展到一条游线的时候，就形成了眺望视觉廊道。城市当中的江河水道、滨水岸线等自然式线性空间，或交通通道、特色街道等人工线性空间，都可以成为良好的视觉廊道、依据眺望视觉廊道与所眺望景观之间的关系又可分为平行与垂直两种[10]。更进一步的，把眺望视线结束点包括在内，把重要的眺望对象与眺望点相串联，便形成了眺望景观视线廊道[11]。

实务研究方面，澳门为解决超越高度限度的楼宇阻挡了宝贵的观山望海通道的问题，依托古炮台、灯塔和山体等标志性景观与历史性景观，提议构建标志性景观望海、望山视线通廊[12]与历史性传统防御系统的眺望视廊[13]等设想。武夷山市借助GIS平台优化了山顶眺望视廊的遴选与建构方法[8]。

3.3 眺望控制分区

眺望控制分区的一个很重要的部分是关于眺望空间保护区的确定，这主要涉及对眺望角度的控制：杨箐丛等（2015）分析了日本京都古都城市建筑高度控制方法，令眺望点到眺望对象的两端所形成的视线的夹角为α，将其向两侧均匀扩展形成角度2α即为眺望空间保护区域[14]。眺望控制分区另一个重要组成部分是控制半径的划定，划定控制半径的目的是对近、中、远景眺望区域进行有针对性的保护：刘泉等（2019）解读相关景观规划并比较了日本各类型山海眺望景观的近、中、远景划分标准，最后提取出普遍性的规律为近景500m以内，中景500m至1～2km，远景1～2km以上[15]。

岳麓山在城市规划实务中通过对视线通廊的叠加分析划定眺望控制分区的管控级别，级别越高控制力度越强[4]。西安市在帝王陵寝类遗址景观的眺望控制当中借鉴英国经验将眺望景观划分为眺望点与地标之间的连接区域“景观视廊区”，目的是优化更宽阔视野范围内遥望遗址的“视线协调区”和为了防止大遗址后方建筑群显露而设定的“背景控制区”等3个分区[16]。

4 相关理论研究

以下针对眺望景观与城市设计领域联系比较紧密的几个重要方向，对近年来的研究成果进行梳理介绍，并进行研究方法层面的讨论，以求为下一步眺望景观的深入精细探索，尤其是定量化管控提供可行的思路。

4.1 建筑高度控制

眺望控制法是建筑高度控制的重要方法之一，作为一种有效的城市设计层面的空间分析方法具有宝贵价值[17]。为了保护地标建筑圣保罗大教堂的眺望景观，英国伦敦市早在20世纪30年代便出台了《圣保罗大教堂高度控制》，成为眺望景观保护发展历史上的里程碑[18]。法国巴黎的眺望景观保护起源于20世纪60年代，其方法被称为“纺锤形控制”[17]。国内的建筑限高条例还没有与眺望控制法相结合，但是不少学者已经针对不同类型的对象地，如“历史街区”[2]“地标景观背景区”[19]“风景区边缘区”[3]等对眺望控制法的应用进行了因地制宜式的创新性探索。归结起来有以下两种数学方法：

一是相似三角形法。相似三角形的性质作为一种基础的数学方法，往往应用到单座拟建建筑的高度控制当中（图3）。相似三角形法有诸多扩展和引申概念，如定“开蔽系数”为1/2，即确定眺望对象上半部分不被遮蔽而设置的视线廊道高度控制方法[20]，以及令建筑与山体的最大高度比系数为0.4而设置的“竖控线”分析方法等[19]。

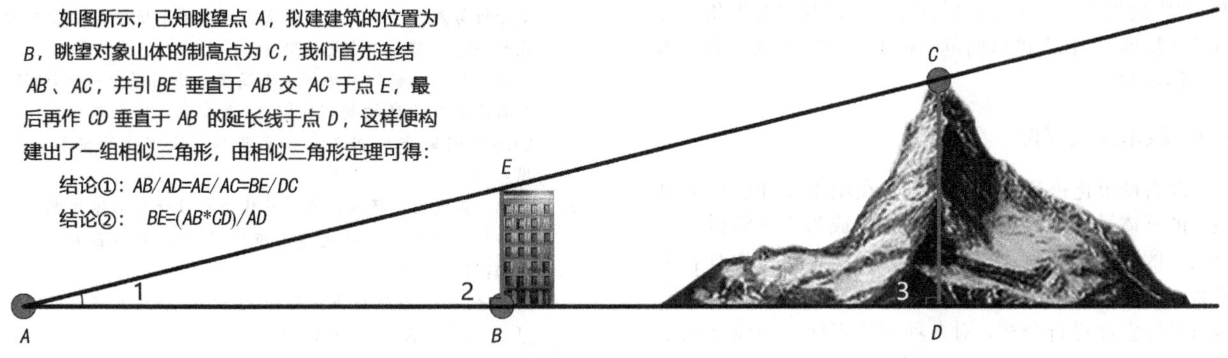
如图所示，已知眺望点 A，拟建建筑的位置为 B，眺望对象山体的制高点为 C，我们首先连结 AB、AC，并引 BE 垂直于 AB 交 AC 于点 E，最后再作 CD 垂直于 AB 的延长线于点 D，这样便构建出了一组相似三角形，由相似三角形定理可得：
结论①：AB/AD=AE/AC=BE/DC
结论②：BE=(AB*CD)/AD
C
E
1
2
3
A
B
D

图3 山体周边建筑控高基本模型

二是平面格网法。平面格网法也是对建筑进行高度控制的重要方法。最基本的平面格网形式是“方格网”式，起源于英国《圣保罗大教堂高度控制》，提出于1937年。该方案在控制区域范围内建立了边长50英尺的正方形网格系统，每个正方形网格的标高是网格中心处各眺望视线围合而成的“视锥平面”的最低点[18]。

近年来有不少国内学者在建筑控高的过程当中引入平面格网的控制方法，并改变为因地制宜的形式（图4）。如胡峰等在广东金融高新技术服务区的观景视线廊道规划当中，划分了等距同心圆式的平面格网，以简化的数学公式模型建立了每个小区域内的高度控制计算方法[20]，石峰等在青岛市政府东西两侧的整合改造项目中，依照对周边道路11个视点的分析计算所得结果综合绘制了区域建筑限高结论图[17]。

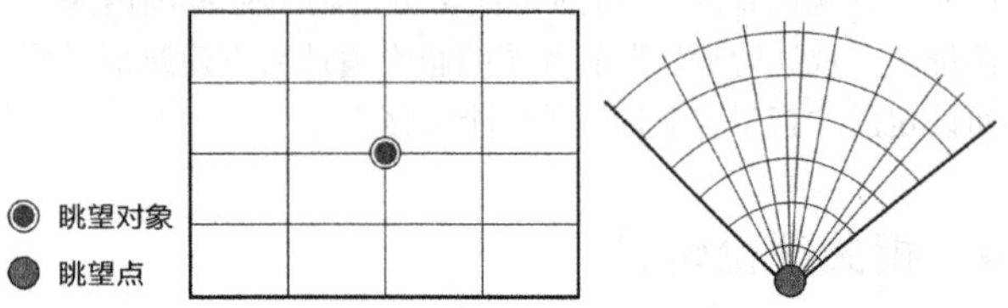

图4　两种平面格网的基本形式

4.2　天际线管控

天际线感知是人们在城市当中视觉体验的重要组成部分，良好的城市天际线对于表达和展示城市特色具有重要意义。殷铭等以山地城市武夷山市为例，针对山体景观的眺望将滨山天际线管控与优化落实至眺望体系之中，从"山抱城"和"城包山"二元对立统一的角度探索了眺望天际线评估体系的构建与眺望视线廊道的规划[8]。钮心毅等以滨水城市为例，用以折线线型曲折程度为标准构建的天际线轮廓曲折度，和以建筑物对视线的遮挡距离不同而构建的天际线层次感两组指标，对上海黄浦江畔北外滩地区可眺望城市天际线进行了现状评价和优化探索[21]。

4.3　视觉风景资源管理

视觉行为具有较强的主观性，因此对于视觉审美体验的科学客观描述具有较大难度。而美国农业部林务局根据专家经验法在20世纪70年代建立的视觉管理体系(Visual Management System，VMS)，开辟了一条系统完整的视觉定量评价技术路线[22]。在其中"风景景色质量"评价从"地形、岩石、植被、水体"等因子入手，以形式美的原则为判定标准对环境视觉质量进行了等级划分，这为眺望对象的评价提供了参考。而在"风景敏感水平"评价当中，其中的许多指标如"视高"的高中低划分标准、"距离带"的近中远景划分标准，以及"视夹角"的"正""较偏""偏"的区间范围标准，可以为眺望点的选取提供借鉴。

4.4　城市景观评价

随着城市化进程的不断推进，在城市设计层面上对城市的整体景观形象进行评价与把控成为当下学科交叉背景下的热点话题。这一课题与人们的眺望行为有着比较紧密的联系。杨俊宴等利用眺望体系下可以观望到的城市整体立面进行分析，对九项评价指标一一建立数学公式模型，并通过香港与世界其他6座城市比较分析做出综合性的比较评价和延伸性的讨论[23]。王建国等从"景—观"互动的规划理论出发，在西湖湖面划分格网并拍照分析，之后再进行打分，进而建立城市整体景观风貌评估体系[24]。

5　结语

总体上来看，我国目前关于眺望景观的研究现状已经有了一定的积累和成果。国内许多学者翻译整理并引进了英国、日本、欧美等地眺望景观保护的经验和方法。与此同时，很多学者对于眺望景观基本概念，如眺望点、眺望对象、眺望视廊、眺望分区等都因地制宜地作出自己的理解。眺望景观这一概念与城市设计的诸多层面，如建筑控高、天际线管控、视觉风景资源管理，城市景观形象评价都存在着紧密的联系。

由此可见，在理论研究方面我国目前对于眺望景观的关注度还不够高，在相关城市规划条款的制定上面也是以定性的描述为主，缺乏定量化的控制方法，同时在发表文献的数量和质量上都有待提高。在实务应用层面我国总体上尚处于起步阶段，与国外先进水平存在一定的差距。我国在接下来的眺望景观研究中有必要结合我国国情与土地利用现状，因地制宜地建立起眺望景观概念体系，同时还要开发出系统化的评价体系与保护方法，在更多城市和城市内部的更多区域开展眺望景观保护实务应用探究。眺望作为市民欣赏城市景观重要的视觉感知行为，如何使其在城市设计层面发挥更大的作用将成为未来的重要课题。

参考文献

[1] 张继刚．城市景观风貌的研究对象、体系结构与方法浅谈——兼谈城市风貌特色[J]．规划师，2007(08)：14-18.

[2] 陈煊，魏小春，熊斌．从"眺望"到"环望"：街市型历史街区及周边建筑高度控制策略研究[C]．城乡治理与规划改革——2014中国城市规划年会论文集（10　风景环境规划），2014.

[3] 胡一可，胡鸿睿，邵迪．基于互动式眺望模型的风景区边缘区建筑高度控制研究[J]．中国园林，2014，30(06)：22-27.

[4] 吴颖．基于眺望控制法的景区周边高度控制方法研究——以长沙岳麓山为例[C]．中国城市规划学会，2011.

[5] 苏艳妮．城市设计中基于空间整合设计理念下的建筑高度控制方法研究[D]．昆明理工大学，2018.

[6] 翟明彦，刘华，宋亚程，等．基于自然山体景观显现的视觉分析与高度控制——以南京浦口求雨山地段高度管制研究为例[J]．建筑与文化，2014(04)：40-45.

[7] 王力．利用参数化对协调城山高度方法的探索——南京江北新区城市高度控制研究[C]．新常态：传承与变革——2015中国城市规划年会论文集(04 城市规划新技术应用)，2015.

[8] 殷铭，周俊汝，薛杰，等．总体城市设计中山体景观眺望体系构建研究——以武夷山市为例[J]．风景园林，2017(12)：101-106.

[9] 郑成秋．城市眺望点选取研究——以重庆市万州区为例[J]．建材与装饰，2019(01)：126-127.

[10] 杨俊宴，孙欣，潘奕巍，等．景与观：城市眺望体系的空间解析与建构途径[J]．城市规划，2020，44(12)：103-112.

[11] 牟婷婷，刘祎绯．山地公园眺望景观视线组织研究——以凤凰山国家森林公园为例[J]．中国园林，2017，33(12)：91-94.

[12] 张松，镇雪锋．澳门历史性城市景观保护策略探讨[J]．城市规划，2014，38(S1)：91-96.

[13] 魏钢，朱子瑜．浅析澳门半岛公共空间的改善策略[J]．城市规划，2014，38(S1)：64-69.

［14］ 杨箐丛，薛里莹．日本古都保护的高度控制方法——以京都为例[J]．华中建筑，2015，33(12)：45-50.
［15］ 刘泉，潘仪，赖亚妮．滨海城市山海眺望景观规划控制的日本经验[J]．国际城市规划，2019，34(04)：92-101.
［16］ 吕琳，余虹颉．西安陵寝类大遗址周边视觉景观保护与控制初探[J]．建筑与文化，2015(05)：38-40.
［17］ 石峰，裴根，曲文静．基于眺望景观保护的城市设计探索与实践[J]．规划师，2011，27(08)：41-45.
［18］ 贺鼎，胡萍．历史城市眺望景观保护管理体系研究——以英国伦敦为例[J]．风景园林，2020，27(08)：97-102.
［19］ 刘卫东，林观众．眺望控制法在地标背景建筑高度控制中的运用初探——以温州江心屿双塔背景建筑高度控制规划研究为例[J]．华中建筑，2009，27(03)：85-88.
［20］ 胡峰，林本岳．基于量化景观视域的眺望系统在城市景观风貌规划中的应用[C]．2014（第九届）城市发展与规划大会论文集——S08智慧城市，数字城市建设的战略思考，技术手段，评价体系，2014.
［21］ 钮心毅，李凯克．基于视觉影响的城市天际线定量分析方法[J]．城市规划学刊，2013(03)：99-105.
［22］ 王晓俊．美国风景资源管理系统及其方法[J]．自然资源学报，1993(04)：371-380.
［23］ 杨俊宴，潘奕巍，史北祥．基于眺望评价模型的城市整体景观形象研究——以香港为例[J]．城市规划学刊，2013(05)：106-112.
［24］ 王建国，杨俊宴，陈宇，等．西湖城市“景—观”互动的规划理论与技术探索[J]．城市规划，2013(10)：14-19+70.

作者简介：

宋元，1998年生，男，汉族，山东菏泽人，青岛理工大学建筑与城乡规划学院硕士研究生在读，研究方向为风景园林历史与理论。电子邮箱：13563897269@163.com。

（通信作者）张安，1975年生，男，汉族，山东青岛人，博士，青岛理工大学城乡与建筑规划学院，副教授、硕士生导师，研究方向为风景园林理论历史与遗产保护、滨海山地域开放空间规划设计原理及空间治理。电子邮箱：zhangan@qut.edu.cn。

论文集

风景园林规划设计

基于动态景观视角的铁路沿线景观视觉评价研究

Research on Visual Evaluation of Landscape along Railway Line based on Dynamic Landscape Perspective

罗　伟

摘　要：中国铁路网建设逐渐完善，从国内向国际延伸拓展；铁路建设往往忽略沿线环境品质，而城际间的铁路沿线景观恰是城市地域特色和形象魅力的重要展示窗口，是乘客对区域的城市“初印象”。因此，亟须要一种适用于铁路沿线大尺度的动态视觉景观的空间视觉分析方法，客观合理地解析铁路沿线的景观视觉特征。本文基于视知觉原理对铁路沿线的动态景观进行空间视觉量化分析，并选取沪宁城际铁路—宁镇段为研究实例，构建景观视觉可见程度、可辨识度、视觉暴露度的评价框架，量化评价铁路沿线景观的空间视觉特征。分析可见，基于 ArcGIS 软件构建的铁路沿线动态景观视觉评价方法能够对铁路沿线景观进行科学客观的量化分析，并对铁路沿线景观的规划控制提供参考依据，相关研究方法与结论对建立全要素的国土空间规划城市设计具有技术与理论意义。
关键词：景观视觉；动态景观；铁路沿线景观；空间分析

Abstract: The construction of China's railway network is gradually improving, extending from domestic to international; railway construction often ignores the environmental quality along the line, and the scenery along the inter-city railway line is just an important display window for the regional characteristics and image charm of the city, and it is the passenger's awareness of the region's city " first impressions". Therefore, there is an urgent need for a spatial visual analysis method suitable for large-scale dynamic visual landscape along the railway line, which can objectively and reasonably analyze the visual characteristics of the landscape along the railway line. Based on the principle of visual perception, this paper conducts a spatial visual quantitative analysis of the dynamic landscape along the railway, and selects the Shanghai-Nanjing Intercity Railway-NingZhen section as a research example to construct an evaluation framework for the visual visibility, recognizability and visual exposure of the landscape. Quantitatively evaluate the spatial visual characteristics of the landscape along the railway line. The analysis shows that the visual evaluation method of dynamic landscape along the railway based on ArcGIS software can carry out scientific and objective quantitative analysis of the landscape along the railway, and provide a reference for the planning and control of the landscape along the railway. Spatial planning and urban design have technical and theoretical significance.
Keywords: Landscape Vision; Dynamic Landscape; Landscape along the Railway; Spatial Analysis

引言

中国“一带一路”倡议实施加快了铁路建设，并向国际拓展延伸。铁路的兴建时有忽略保护周边环境的问题，标准化建设同样造成铁路沿线的景观同质化，使场地散失地域性和文化特征。铁路沿线景观科学地视觉环境分析能为大尺度的国土空间规划城市设计提供前期支撑，合理规划控制既能提升沿线景观视觉体验，彰显城市特色，又能带动城市发展。随着国家铁路发展战略的推进和铁路技术的进步，关于铁路景观的研究成果有所增加，但研究内容大都关注铁路线型和路基等工程，或聚焦沿线生态环境评估、绿化环境整治和废弃铁路的更新设计等方面，缺乏对铁路沿线景观的视觉分析研究，尤其缺少基于乘客动视觉体验的铁路沿线的景观视觉空间方面的研究。

1　背景

1.1　铁路沿线景观

高铁作为一种跨域较大的线性交通廊道空间，途径城、镇、乡村等风貌不同的区域，跨越山、海、林、田、湖、草、沙等尺度多变的地理景观单元。因此，铁路沿线景观具有长距离、大尺度、多层次景深和多类型景观的环境特征。

1.2　视知觉与动态景观

视知觉理论研究发现人类从外界环境获取的信息87%以上归功于视觉作用，视觉感知环境中的形状、体量、色彩、面积等信息主要是由视觉主导。格式塔心理学认为人对客观环境的感知是由于心理认知和环境客观事物共同产生的。

高铁匀速行驶时，乘客所看见的窗外景物与静止或步行状态时的感受不同。“视知觉”[1]的相关研究表明，视觉感知在高速状态下时，注意力焦点、视觉习惯和视觉反应[2]等方面会发生变化，形成动态视觉特性[3]。因此，对于铁路沿线的动态景观，高铁乘客有“5 秒反应时间”[4]，会倾向关注远距离的大尺度景观，而近距离景物则形成“瞬间”和“视觉残影”，此时会忽略景物的细节。视距对视觉清晰度也会产生影响[3]，铁路沿线的动态景观可分为 0.4km 的近景带，0.4～2km 的中景带，2～5km 的远景带（图 1）。

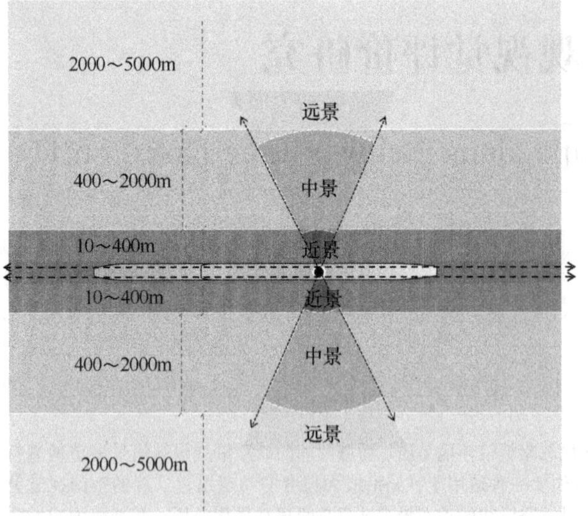

图 1 景观距离带

1.3 景观视觉评价方法

西方国家的景观视觉分析与控制研究形成较为系统的视觉分析和视觉管理系统[5]。20 世纪中期，英美国家的专家与感知[6,7]并行的方法长期处于主导地位，并应用于环境管理决策[8]。20 世纪 70 年代 Kaplan R. 提出视觉大多数属于物质空间中的一种体验；美国林务局在视觉管理系统中融入生态思想，而后形成三大风景资源管理系统。

1.4 景观视域分析方法

早期的视域研究聚焦较为单一的空间环境，应用视域（isovist）和视域边界探讨建筑室内外空间、城市建成环境和自然环境。建成环境的视域研究中，Davis 和 Benedikt 运用严谨的数学公式研究 isovist 的形成和位置[9]，提出视点 x 的位置和环境 E 决定视域 V_x 的观点，量化研究建筑化环境的视觉空间特征，此后该方法一直沿用。自然环境的可视域研究更为深入，考虑到移动的视点和高程数据会影响物体的可视情况，因此，提出模糊视域的概念[10]，即计算某个点的位置模糊集。M. Llobera 提出感知因素与空间信息相结合，形成新的地理信息系统研究路径[11]。伴随计算机的发展，GIS 和 3D 可视化技术也逐渐应用于景观视觉，形成视域[12]、可视性[11]、视域集[9]等分析理论，并引入可视多边形、可视域、可视图以及可视域体等概念，可视性分析理论逐渐从二维到三维分析发展，关注的不仅是抽象的空间形态和空间结构，还包含更多的视觉信息和数据[13]。基于 GIS 的可视域研究方法广泛采用“非 1 即 0”的通视性计算，即观测点可见的被视点为“1”，不可见则为“0”，该方法以“一刀切”的方式回答可视与否的问题，却不能精确视点的可视情况，也不能精准查询视点信息。而后考古研究领域学者 Wheatley 提出累计可视域（CVA）概念[14]，被应用于自然景观环境的视觉空间，结合 Marcos Llobera（2002）基于地理信息系统提出新的视域分析参数和向量场（vector field）的数据结构，通过描述地形的视觉暴露（visual exposure）情况，更准确地描述观测视点所形成的视觉结构或者视觉特征。

1.5 累计可视域优化

传统的累计可视域是叠加计算目标控制点的可视域图，累计可视时间（visibitime）[15]是对累计可视域图进行时间单位转换。累计可视时间是结合视觉辨识的“5 秒成像”特点，基于 GIS 的累计可视域算法将铁路观测点对铁路沿线两侧的目标控制点的累计可视域图赋予时间单位，用以描述视觉可视程度、可辨识度和暴露度等方面的景观视觉特征。

2 基于 GIS 的动态景观视觉评价方法简述

以可视域作为基础概念，累计可视域是利用地理信息系统（GIS）对可视域图进行计算和制度的技术方法，优化后的累计可视域可以得出目标控制点的可视情况及其分布空间位置、景观属性，对进一步分析景观环境的可视时间、可辨识度、视觉暴露度具有十分重要的意义。

2.1 研究对象

沪宁城际铁路宁镇段连接南京市和镇江市，全长约为 67.1km，途经高强度城市建设区域，建筑楼宇密集，同时又经过城郊，因而沿线用地类型多样，景观风貌复杂，因此选取该段铁路作为铁路沿线景观作为实例研究，具有综合性、典型性和代表性（图 2）。

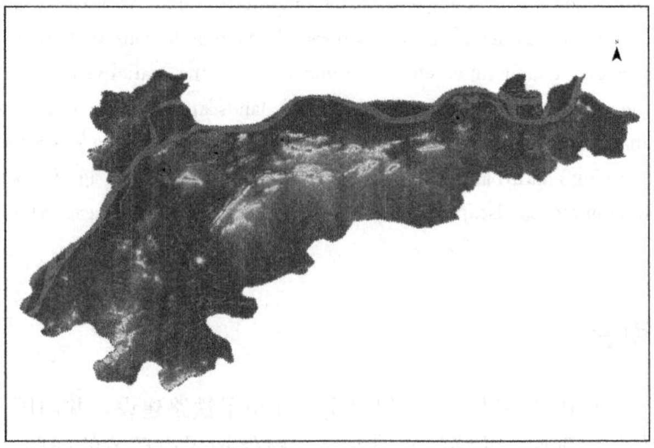

图 2 研究范围

2.2 数字模型与参数设置

2.2.1 模型构建

基于可视化技术的景观信息模型构建与应用研究成为风景园林规划设计的趋势，而建立数字高程模型是可视化分析的基础。本文的数字模型采用栅格数据类型，以地形地貌数据、开源数据为主要建模数据，辅以卫星图、现状建筑等原始数据资料构建真实的自然环境和建成环境。本文采用 5m 精度的高程栅格数据以保证高精度的数字模型，还原呈现沪宁城际铁路宁镇段沿线的坡度、坡向等地形地貌特征。地形模型和建筑模型拼合应注意将地形的地平高程面与地形表面贴合，同时保证精度统一为 5m×5m 的栅格单元（图 3）。

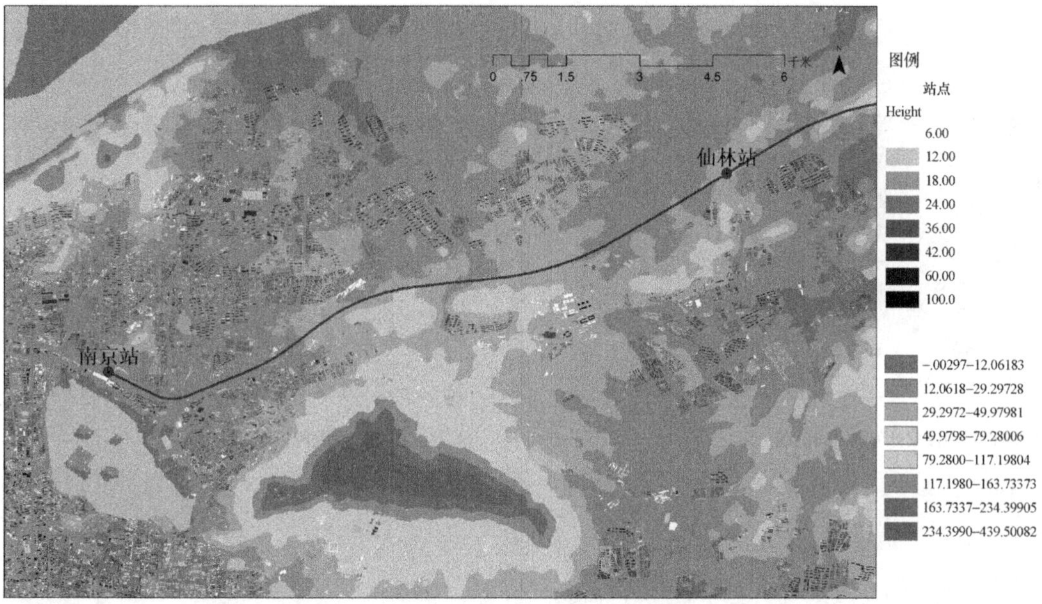

图 3　场地建筑与高程拼合模型

2.2.2　可视性参数

计算“观测点”对“目标控制点”的可视情况是本文景观视觉分析的核心。相比常规的可视域面分析，计算可视“点”比计算可视域“面”具更高的计算效率高，能获取更准确的空间、属性等具体空间信息。

高铁以某一特定速度通过一段景观时，沿线的景观被赋予空间和时间属性。当铁路时速为 200～350km/h，结合视觉辨识的“5 秒成像”原理和人眼视觉疲劳时间，以“5 秒”作为时间间隔设置观测点，空间距离为 250m（图 4）。

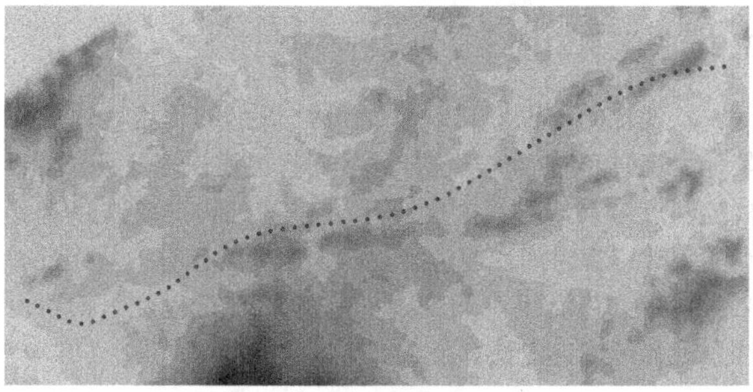

图 4　铁路观测点设置
（间隔时长为 5 秒，距离为 250m）

目标控制点的本质是模拟景观表面，“点”承载了栅格数据地理信息，通过计算可视点实现对环境的空间分析。基于人的视知觉原理、视觉习惯，结合景观距离带的尺度特征，对近、中、远景观带分别设置 20m × 20m、15m×15m、10m×10m 的混合点阵密度（图 5）。

3　沪宁城际铁路宁镇段沿线景观视觉评价

铁路沿线根据景观类型划分为 L1 城市景观段、L2 城郊景观段、L3 林田景观段、L4 乡镇景观段，景观视觉评价从景观视觉可视度、视觉辨识度和视觉暴露度 3 个层面，针对铁路沿线可视范围的多层次景观距离带进行视觉结构和景观视觉特性信息分析。

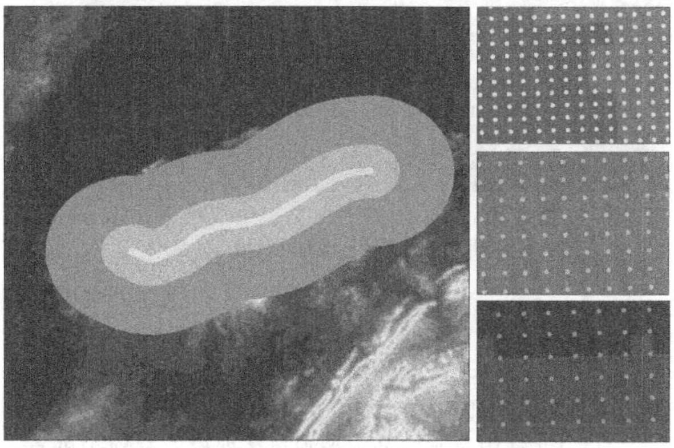

图 5　景观带混合点阵密度（自上而下分别为 10m×10m、15m×15m、20m×20m）

3.1　视觉可视度

铁路沿线的景观可视程度是分析视域范围内可视与被观测的视觉情况，将可视域和可视范围内的可视时间作为可视分析的基础数据，本文进一步优化 Wheatley 提出累计可视域概念，通过将视域范围内多个观测点的累计可视时间叠加计算分析景观视觉可视度。

累计可视时间原理是计算模拟铁路沿线景观的目标控制点的可视频数，每个控制点被观测点识别的最短时间“5 秒”作为 1 次频数，通过叠加可视频数获得累计可视时间色谱。铁路沿线景观的累计可视时间色谱采用红色到蓝色的渐变表示铁路观测点对目标控制点的累计可视程度，颜色越接近蓝色代表视觉可视程度越高，可视时间越长（图 6）。

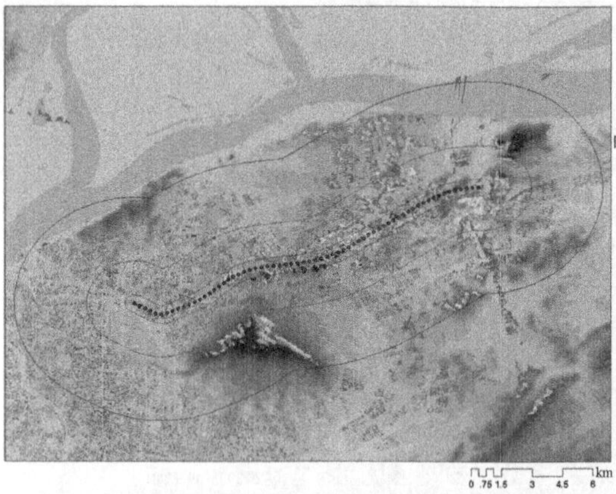

L1城市景观段累计可视时间色谱

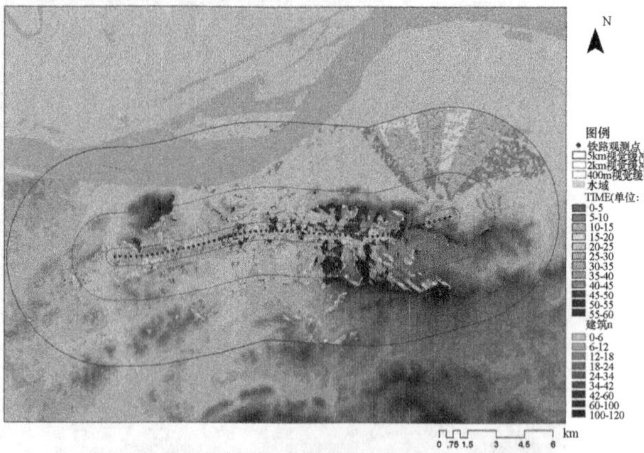

L2城郊景观段累计可视时间色谱

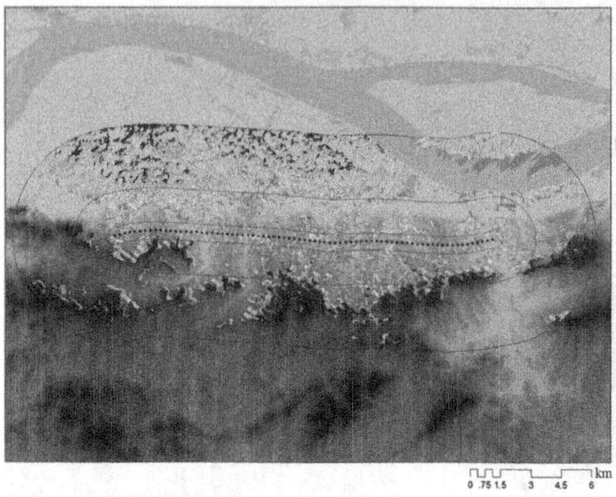

L3林田景观段累计可视时间色谱

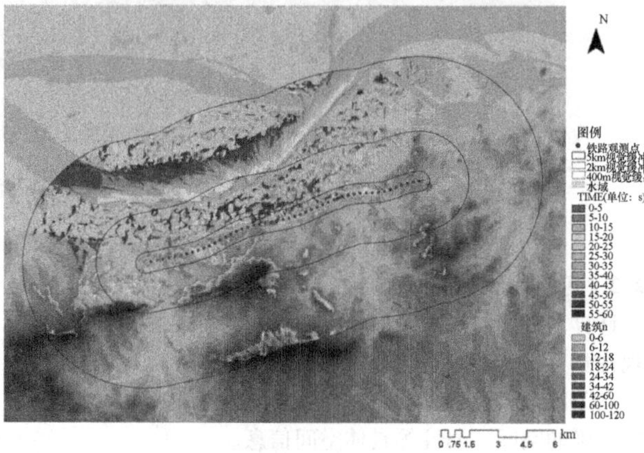

L4乡镇景观段累计可视时间色谱

图6　宁镇城际铁路视觉可视度色谱

对近67km长的铁路沿线景观累计可视时间进行数据统计和分析，可得到以下结论。

（1）L3林田景观段的视觉观景条件好，可视程度高，可视域面积大，具有较好的观景条件；L1城市景观段的可视程度低，可视条件较差，可视性的范围有限，观景体验一般；L2城郊景观段和L4乡镇景观段的可视条件相似，有着比L1更具有优势的观景条件，可视域和可视程度较高。

（2）山体、建筑的高度会影响可视程度，但并非是决定因素。沿线的山体和建筑的高度对可视性程度的影响很大。例如，城市景观段沿线的高层建筑密集，成为该段主要遮挡视线的屏障，造成可视域集中分布在近景带，可视域面积小，累计可视时间短；但紫金山山体的海拔高度高，铁路观测点依然能够观测到远景带的紫金山。高海拔区域的可视程度提高了城市景观段的总体可视程度，高度影响可视性程度，但非决定性因素。

（3）铁路与山体地形的空间关系是可视程度和累计可视时间的重要影响因素。铁路与山体地形的空间关系包括空间距离与空间位置关系。铁路沿线的山体、地形与铁路线处于相对平行的空间位置，设想在地形高度海拔保持不变的情况下，山体地形的空间距离发生变化会对可视性程度造成重要影响。例如，L1城市景观段的近景带形成小型的山丘，形成狭长的可视域，导致中景带和远景带的可视域缺失，累计可视时间短；而L2和L4景观段的山体分布在中景带，L3的山体分布在远景带，观测点到山体之间形成较好的可视域，累计可视时间长。因此，近景带的景物空间关系对中景和远景的可视情况影响大。

3.2　视觉辨识度

景观视觉辨识度反映景观可被识别的程度，通过对累计可视时间进行时长统计，从而将可辨识度分级。将目标控制点的累计可视时间作为数据基础，提取铁路观测点的累计可视时间，通过视觉辨识度公式计算，从而反映乘客对于铁路沿线两侧景观的感知和辨识程度。铁路沿线景观的可辨识度计算公式如下。

$$视觉可辨识度=\frac{目标控制点的累计可视时间}{铁路观测点的累计可视时间}\times 100\%$$

铁路观测点对目标控制点的可视时间越长则沿线景观越容易被辨识，景观视觉可辨识度用罗马数字Ⅰ～Ⅶ标识由低到高分级，可辨识度色谱用蓝色到红色的渐变表示景观可被乘客辨识的高低情况，可辨识度越高则越接近红色。

宁镇段铁路沿线景观的视觉可辨识度具有以下特征：一是整体可辨识度等级分布在Ⅲ、Ⅳ、Ⅶ三级，L3林田景观段全段的视觉辨识程度高，观赏性较好，能够观赏到大面积的景观环境，是研究的铁路区段中最佳的景观观赏路段。二是累计可视时间、铁路观测点数量对景观可辨

宁镇城际铁路景观可辨识度分级表　　表 1

景观段	可辨识度等级	视觉可辨识度	累计时间区间（s）	目标控制点被视频数（个）	累计可视时间（s）	实际辨识度
L1 城市景观段	Ⅲ	12.78%	40～50	9666	455355	5.97%
			50～60	8538	494820	6.49%
			30～40	17647	656470	8.61%
			20～30	38458	1033510	13.55%
			>60	15894	1271520	16.67%
			0～10	269988	1844755	24.19%
			10～20	110513	1869430	24.51%
L2 城郊景观段	Ⅵ	27.64%	40～50	17028	801540	4.86%
			50～60	16963	988745	5.99%
			30～40	30040	1119130	6.78%
			20～30	70917	1875500	11.37%
			>60	42244	3379520	20.49%
			0～10	489718	3476265	21.07%
			10～20	247352	4856550	29.44%
L3 林田景观段	Ⅶ	55.60%	40～50	50248	2372080	7.15%
			50～60	47456	2756940	8.31%
			30～40	83714	3110300	9.37%
			0～10	446839	3247415	9.78%
			20～30	142864	3883405	11.70%
			>60	105897	8471760	25.53%
			10～20	288203	9347520	28.16%
L4 乡镇景观段	Ⅲ	10.87%	50～60	14092	437110	6.74%
			0～10	110832	700745	10.80%
			20～30	26365	719275	11.09%
			30～40	19376	723720	11.16%
			10～20	42438	734545	11.32%
			40～50	16651	790595	12.19%
			>60	29752	2380160	36.70%

识度均产生重要的影响。如 L1 城市景观段的可视目标观测点主要集中在近景带的范围内，且可视点在总数中的占比仅仅为 12%，可视域面积小，相应会造成可视点数量少，累计可视时间短。因此，L1 段总体的视觉可辨识度为全线最低Ⅲ级。

3.3　视觉暴露度

视觉暴露度是从客观环境出发，反映观测点对视野范围内景观类型的重要程度及总体景观特征，用于描述乘客对沿线景观的感知情况。通过对近、中、远不同景观距离带进行视觉暴露度计算，反映不同景源类型的在视野范围中的占比情况。

分析景观视觉暴露度之前须要对沿线景观进行用地整理和景观分类，利用沿线土地利用分类、遥感影像图和实地调研的影像资料，结合将沿线景观分为乡野、山林、草地、水域和城镇及裸露 6 个一级景观类型和 12 个二级景观类型，并进行编号（图 7）。

观测点以人类的视觉疲劳时间 20 秒为采样间隔时间，根据高铁时速 250km 进行换算，最终选取以 1km 为间距为视觉暴露度的观测点，对铁路沿线的目标控制点进行累计可视时间分析。由于数据庞大，本文的视觉暴露度采用 Sata 数据处理软件完成视觉暴露度统计及可视图表的表达（图 8）。

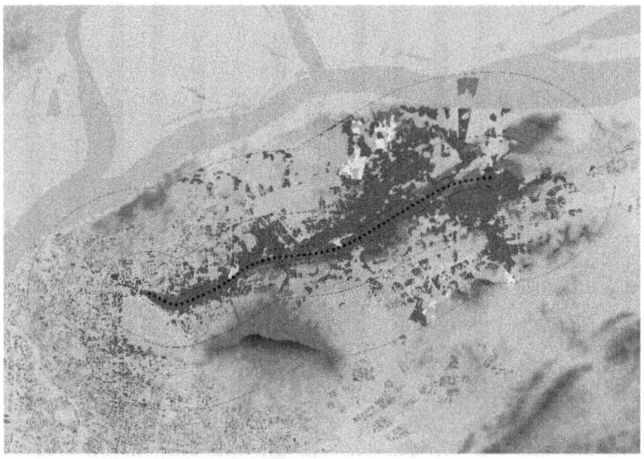

L1城市景观段视觉暴露度分析图

L2城郊景观段暴露度分析图

L3林田景观段暴露度分析图

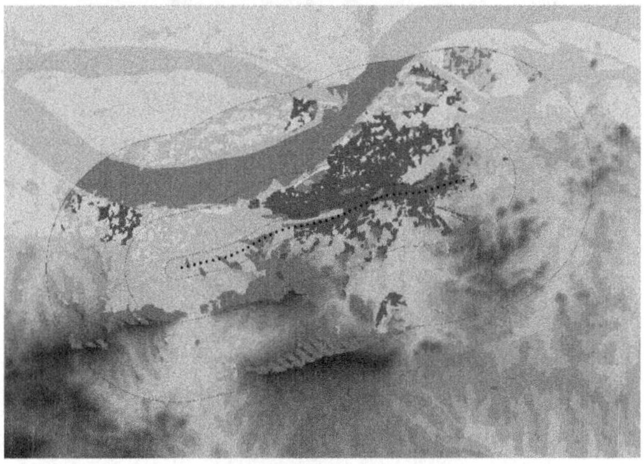

L4乡镇景观段暴露度分析图

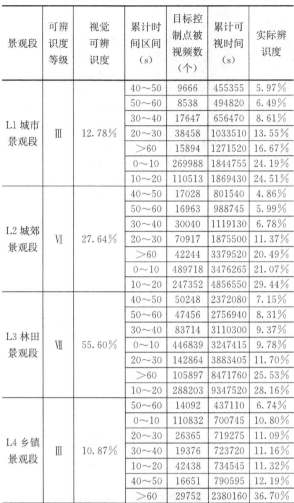

图 7　宁镇城际铁路视觉暴露度分析图

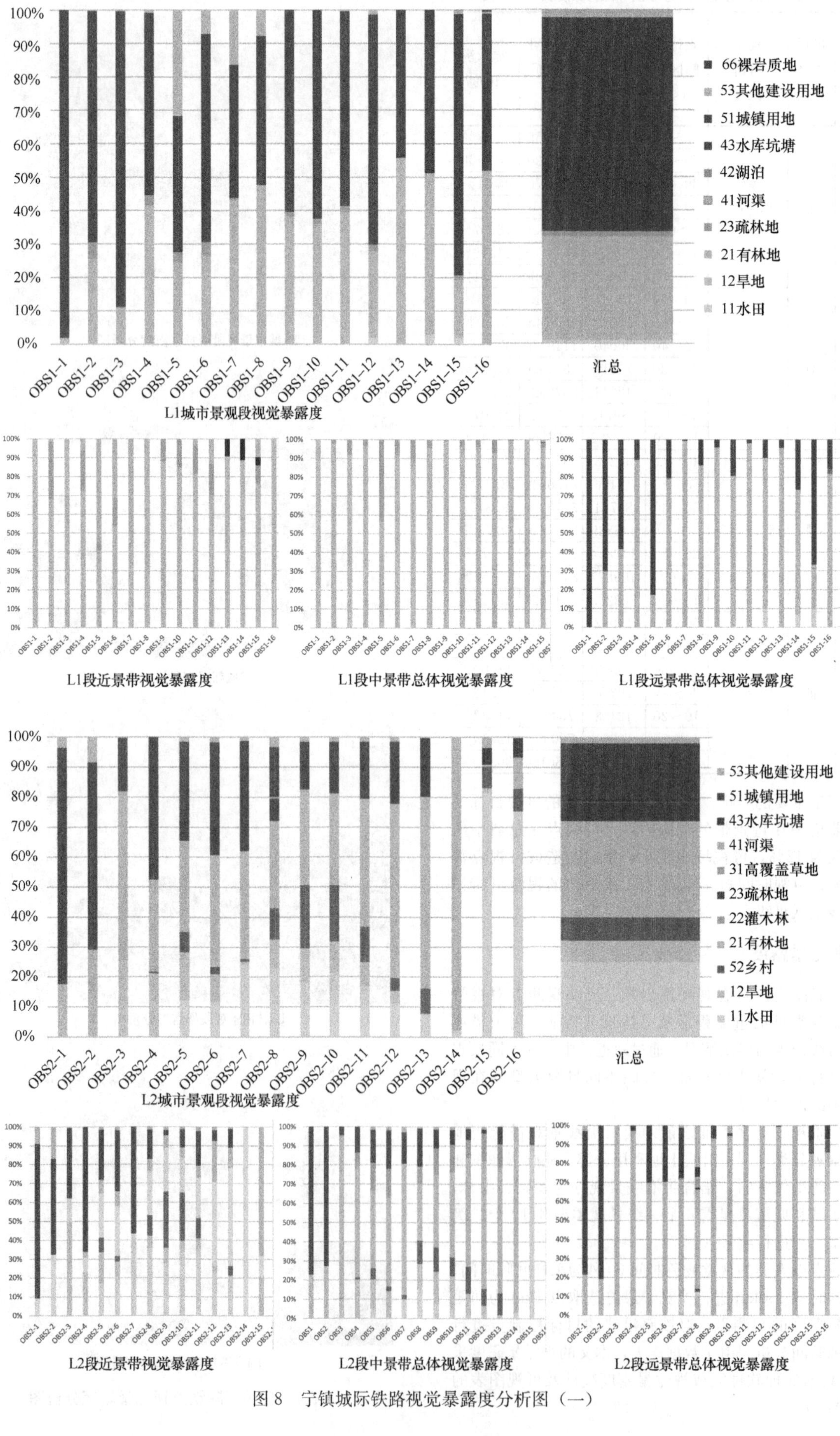

图 8　宁镇城际铁路视觉暴露度分析图（一）

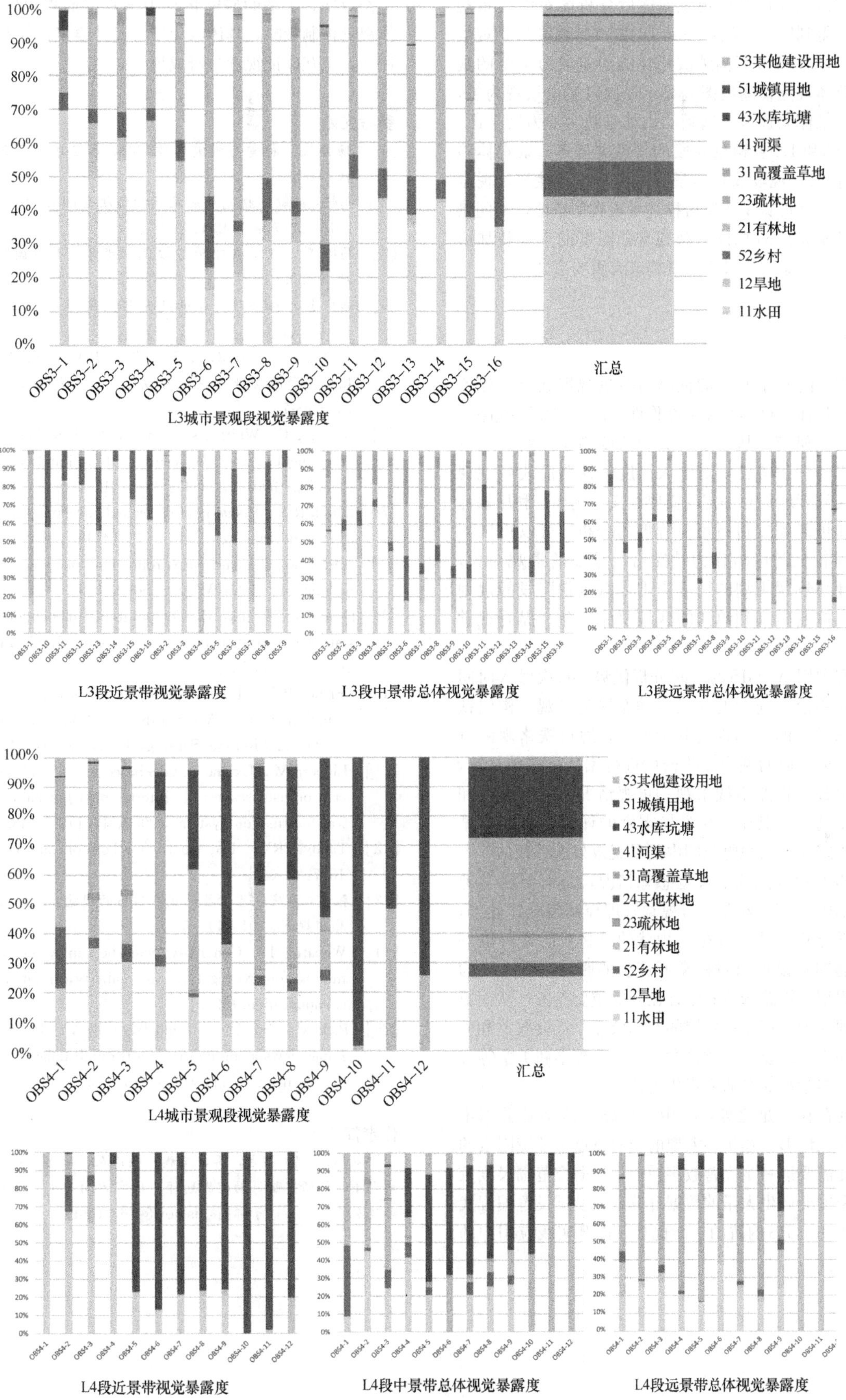

图8　宁镇城际铁路视觉暴露度分析图（二）

通过宁镇城际铁路的视觉暴露度分析图对沿线景观进行分析可得到以下结论：一是 L1 城市景观段的景观景源类型单一，主城市两侧鳞次栉比的建筑成为主要的观景对象，总体视觉暴露度图表显示景源以城市景观为主，并且城市观景体验连续，远景的山林景观主要为紫金山。二是 L2 城郊和 L4 乡镇景观段的景源类型多，景观体验丰富，L3 林田景观段以自然景观为主，连续性强，视觉印象深刻。三是视觉暴露度可描述景观类型特征，不同景观带的视觉暴露度对总体景观视觉暴露度的产生叠加影响，近、中、远景对于分析景观构成有重要意义。

4 结语

本文构建的基于 GIS 的铁路沿线景观视觉影响评价方法具有客观性、科学性和可操作性，以沪宁城际铁路宁镇段作为实例研究，从动态视觉的角度构建铁路沿线景观视觉分析与评价方法，对于大尺度的铁路沿线景观视觉分析与视觉管理具有一定的借鉴意义。例如，利用累计可视时间和可辨识度进行可见程度的分析，可以得出累计可视时间较长的区域作为铁路沿线重要的景观对象，在城市设计与景观规划的尺度中进行重点铁路段的规划或者保护，打造南京到镇江的区域整体印象，提升视觉体验。

本研究利用 ArcGIS 的空间分析优势，首次融入时间概念分析铁路沿线连续的大尺度动态视觉景观，构建铁路沿线动态景观的空间视觉分析框架，通过铁路观测点对近一中一远形成的混合点阵密度进行累计可视域计算，从乘客视角分析铁路沿线景观的可视情况、可辨识度和视觉暴露度情况。其中，视觉暴露度的评价是主客观结合，将人所感知到的视野范围内的景观效果进行评估，可以考量观测点和观测线的视觉感知情况，从而更科学地对视觉展示段提出规划保护与视觉管理控制措施。此外，本文的视觉分析方法不仅是对现状的分析，同样可以评估近期或远期建设项目对视觉所产生的影响，亦可成为国土空间规划、铁路选线和设计创新的重要参考，从而更科学、更理性地挖掘城市发展的空间效益、社会效益和美学价值，并为城市设计、建筑学、环境心理学和美学等多目标规划和多学科交叉研究提供可能。

研究尚存在不足之处：①由于铁路沿线基础数据不全，可能存在地形、建筑、大型的交通节点等环境因素的疏漏，因此需要进一步完善数字模型；②研究范围尺度较大，点阵密度会产生大量的数据计算，应尝试设置编程代码充分利用 ArcGIS 内置的功能优势，提升实践应用中的工作效率。未来的研究将从中微观层面提出铁路沿线总体视觉控制策略，具体深化城市设计要素，并对设计进行评估，相互印证视觉分析成果。

参考文献

[1] 杨公侠．视觉与视觉环境[M]．第 2 版．同济大学出版社，2002.

[2] 高忆，鲍敏．视觉适应及其神经机制[J]．心理科学进展，2015，23(7)：1142-1150.

[3] 马铁丁．环境心理学与心理环境学[M]．国防工业出版社，1996.

[4] 熊广忠．论公路美学的研究与应用[J]．中国公路学报，1994，7(1)：7.

[5] 王晓俊，NANJING AGRICULTURAL UNIVERSITY. 美国风景资源管理系统及方法[J]．世界林业研究，1993，(5)：68-76.

[6] Daniel T C . Whither scenic beauty? Visual landscape quality assessment in the 21st century[J]. Landscape & Urban Planning，2001，54(1-4)：267-281.

[7] Ulrich R S . Visual landscapes and psychological well-being. [J]. Landscape Research，1979，4(1).

[8] Ortolano，Leonard. Environmental planning and decision making[M]. John Wiley & Sons，1984.

[9] Davis L，Benedikt M. Computational models of space：Isovists and isovist fields[J]. Comput Graph Image Proc，1979，11：49-72.

[10] Fisher P F . First Experiments inViewshed Uncertainty：Simulating Fuzzy Viewsheds[J]. Photogrammetric Engineering and Remote Sensing，1992，58(3)：345-352.

[11] Llobera M . Extending GIS-based visual analysis：the concept of visualscapes[J]. International Journal of Geographical Information Systems，2003，17(1)：25-48.

[12] Tandy CRV. The isovist method of landscape survey. 1697：9-10.

[13] 张霞，朱庆．基于数码城市 GIS 的视觉分析方法[J]．国际城市规划，2010(1)：5.

[14] Wheatley D . Cumulative viewshed analysis：A GIS-based method for investigating intervisibility，and its archaeological application. 1995.

[15] Piek M , Sorel N , Middelkoop M V . Preserving panoramic views along motorways through policy[J]. Research in Urbanism，2011，2(1)：261-275.

作者简介

罗伟，1994 年生，男，汉族，福建人，硕士，广州市城市规划勘测设计研究院，助理规划师，研究方向为风景园林学、数字景观及其技术。电子邮箱：isluow@163. com。

基于蓝绿空间规划下线性文化遗产的利用保护研究

——以浙东运河绍兴段为例

Utilization and Protection of Linear Cultural Heritage Based on Blue-green Spatial Planning

—A Case Study of Shaoxing Section of East Zhejiang Canal

倪超琦　陈楚文

摘　要：本文从蓝绿空间规划的角度出发，以浙东运河绍兴段线性文化遗产现存的问题为基础，结合本文提出的蓝绿空间规划与线性文化遗产的耦合框架，在此机制上，建立了与蓝绿空间规划相对应的多尺度线性文化遗产的利用保护途径：宏观上构建以自然资源为主的安全保护格局，中观上打造以生态为主的生态网络体系，微观上营建适宜活动游憩空间。本研究以期为国内其他地区探索线性文化遗产相关的研究工作、构建城市蓝绿空间规划体系中建立文化遗产保护工作提供借鉴。

关键词：蓝绿空间；线性文化遗产；浙东运河；利用保护；绍兴

Abstract: From the perspective of blue-green spatial planning, based on the existing problems of linear cultural heritage in Shaoxing section of East Zhejiang Canal, and combined with the coupling framework of blue-green spatial planning and linear cultural heritage proposed in this paper, the utilization and protection approaches of multi-scale linear cultural heritage corresponding to blue-green spatial planning are established on this mechanism: On the macro level, we will build a natural resource-oriented protection pattern, on the medium level, we will build an ecological network system, and on the micro level, we will build suitable recreational space. Finally, the paper aims to provide reference for other areas in China to explore linear cultural heritage-related research and to establish cultural heritage protection in the construction of urban blue-green spatial planning system.

Keywords: Blue-green Space; Linear Cultural Heritage; East Zhejiang Canal; Utilization Protection; Shaoxing

引言

我国具有丰富的文化遗产资源，且随着对文化遗产保护的理念日益发展，其保护工作已从单一个体的视角转变到区域线性的链接[1,2]。这一转变意味着，线性文化遗产以“文化线路”为框架，将保护对象从“点”向“线”进行转变，同时结合周边自然环境与人文环境形成独特的整体[3]。这一整体要求线性文化遗产的保护，不仅包含其自身地域界限范围，同时结合其周边蓝绿空间的价值，实现联合保护。当前有学者研究发现，线性文化遗产与交通线、河流、山脉等蓝绿空间存在依托关系[4,5]，同时结合物质和非物质文化资源，再现某一时期人类活动的历史[6]，是保护协调人与蓝、人与绿、蓝与绿的历史产物。因此，线性文化遗产的利用保护，是实现文化自然融合、蓝绿空间融合的基础，在蓝绿空间规划的相关研究中具有重要意义。

目前，有关线性文化遗产的研究，国外多侧重于其实践案例[7,8]、文化旅游[9,10]、管理评估[11,12]等方面；国内研究主要是通过借鉴国外文化线路、风景道、遗产廊道等概念，对其本土化研究[13]，同时围绕线性文化遗产对国家文化公园建设进行探索[14]，也是线性文化遗产研究的一个方面。在线性文化遗产相关的利用保护上，针对线性文化遗产中文化活化、文化传承中也开展了一定的研究[15]。在“十四五”规划中，首次提出提高国家文化软实力的发展目标，在对遗产文化保护利用的同时，增强公民的精神认同[16]。当前在线性文化遗产的利用保护中，其跨区域的遗产保护策略与方法是蓝绿空间规划中重要的关联部分，其研究一方面以国土空间规划的角度进行[17]，另一方面则是集中于“斑块—廊道—基质”的生态格局构建[18]。综上可知，线性文化遗产的保护利用与蓝绿空间规划具有一定的耦合机制，但目前对于其二者之间的系统性讨论较少。

因此，本文以浙东运河绍兴段为例，对其保护利用的现有问题进行梳理，继而结合蓝绿空间规划与线性文化遗产之间的耦合机制，提出多视角下针对性策略，以期为国内其他地区探索线性文化遗产相关的研究工作、构建城市蓝绿空间规划体系中建立文化遗产保护工作提供借鉴。

1　蓝绿空间规划与线性文化遗产耦合效应

1.1　蓝绿空间规划

从字面上理解，蓝绿空间规划即为蓝色空间与绿色空间的规划。蓝绿空间规划是由水域、湿地等组成的蓝色空间与绿地空间构建而成城市生态网络[19]。在生态文明建设的大背景下，蓝绿空间作为国土空间规划体系中重要的分支，其规划保障了城乡生态系统安全、提升了人类活动空间品质，是实施生态优先战略的重要举措。传统的蓝绿空间规划往往以绿色空间为主，蓝色空间往往趋于弱势的状态，被依附在绿色空间中表达[20]。目前，我国对蓝绿空间规划的研究多侧重于其格局与地位[21,22]、游憩功能[23,24]、生态效益[25-27]等方面，因此，较少涉及蓝绿空间规划与线性廊道之间的耦合关系。

1.2 蓝绿空间规划与线性文化遗产的耦合机制及效应

线性文化遗产是对文化资源的线性整合，并赋予其人文意义和内涵[28]，它与自然环境相互依存，同时与文化相互协调。而理想的蓝绿空间是在蓝色空间与绿色空间有机融合的基础上，实现其规划的环境，在自然、人文和社会多方面的和谐统一[29]。综上可知，蓝绿空间规划下与线性文化遗产的耦合，是在蓝绿空间规划的视角下，以蓝色空间和绿色空间内部生态耦合为基础，与线性文化遗产的文化空间形成高度耦合的有机整体。而其耦合效应，对于线性文化遗产保护利用而言，超越了单一蓝色空间或绿色空间的保护模式叠加，给予了更多的文化效益以及经济效益（图1）。

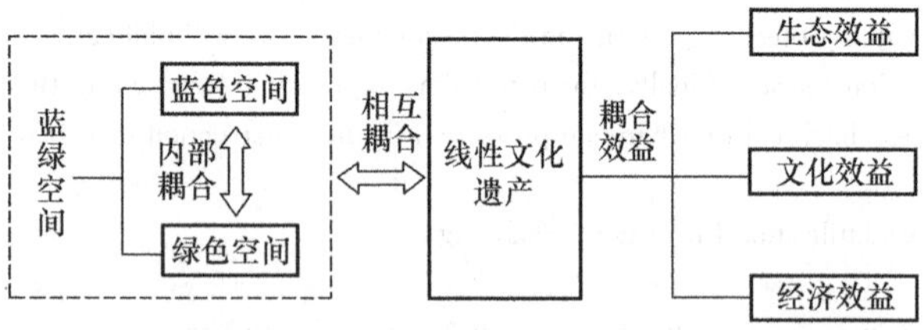

图1　蓝绿空间规划与线性文化遗产耦合模式及效应图

2 线性文化遗产概况及其构成

2.1 研究区域概况

绍兴，历经2500余个春秋，一座因水而生、因水知名的历史古城，因水形成了独特的历史发展脉络，具有鲜明的地域特色。绍兴境内湖沼纵横、水系密布，素有水乡泽国的美称。水是绍兴城市建设的基础，使之成为江南水乡建设的集大成者，构建起人、水、城友好和谐的环境[30]。同时，绍兴悠久的历史，使得其拥有丰富的文化遗产。截至2021年末，绍兴全市共有各级文物保护单位共418处，其中国家级32处、省级73处、县（市）级33处，包括大运河、古遗址、古建筑、古墓葬等类型。在趋于同质化的城市建设中，文化遗产是凸显地域特色，凝聚绍兴特色文化精神的纽带。而线性文化遗产作为文化遗产的一种特殊形式，具有分布广、数量多、价值大的特征，对绍兴的发展和发展具有重要意义。

本文研究的浙东运河绍兴段狭义上是指绍兴地区内以及周边区域相连接的运河交通遗迹。浙东运河绍兴段位于中国大运河的最南端，西自钱清，流经柯桥、越城、上虞三区，东至宁波余姚，现长约77.6km。由于古时运河的建设变迁，各书对其长度记载不尽相同（表1）。

各书中记载浙东运河绍兴段长度　表1

记载书目	山阴段（钱清—都泗门）	会稽段（都泗门—上虞）	上虞段（上虞—余姚）
嘉泰会稽志	53里100步	93里	70里
宝庆会稽续志	45里		
读史方舆纪要	55里	100里	40里
古今图书集成			30里
水道提纲		90余里	30里
浙程备览	55里		

注：山阴段和会稽段现多合并多称为杭州萧山—绍兴段，上虞段为上虞—余姚段。

浙东运河前身最早可追溯到春秋时期，约公元前490年，越王勾践修建了一条东西向贯穿的山阴故水道（现绍兴境内）[31]，并结合小江连接吴国以及海上航线。在《越绝书》中记载道："山阴古故陆道，出东郭，随直渎阳春亭。山阴故水道，出东郭，从郡阳春亭，去县五十里"。后至西晋末年，贺循主持开凿，将原有的河道进行疏浚连接，构建成一条西起西陵、东至会稽郡城的河道，同时结合山阴故水道和自然河道直至明州。在《嘉泰会稽志》中记载道："运河在府西一里，属山阴县，自会稽东来经县界五十余里入萧山县，《旧经》云：晋司徒贺循临郡，凿此以溉田"。说明在此时期，浙东运河整体规模已经基本形成。宋代，随着政治经济形势的改变，浙东运河成为地区间沟通首都及海外的交通要道，进入了全盛时期（图2）。自南宋后，浙东运河的通航条件不断发展，其水利整治得到了不断改善，因此在运河中修建了较多的堰坝和水利设施。

2.2 浙东运河绍兴段的遗产构成

浙东运河绍兴段于2013年被列为全国重点文物保护单位，2014年被纳入世界文化遗产名录。浙东运河绍兴段多分为浙江萧山—绍兴段和上虞—余姚段两部分，包含西兴运河、绍兴环城河、绍兴城内运河、山阴故水道以及上虞境内自然水系整理后形成的河道。它是线性文化遗产的典型代表，是自然与人文、物质与非物质要素结合的有机整体。本文选取绍兴段作为范例研究，并对其遗产构成要素进行分类（表2）。

浙东运河绍兴段除了自身运河遗址外，其沿线自然要素及其文化要素凝结发展后，还分布着多重类型的遗址（图3）。其中，文化要素中可细分为物质文化遗产和非物质文化遗产。物质文化遗产包含浙东运河绍兴段本体以及与其相关的历史遗存、历史事件和民俗文化。如因运河而建造八字桥、八字桥历史文化街区以及古纤道已被列入世界遗产保护的范围。非物质文化遗产中，运河作为水上动脉，荟萃了各个时期的人文故事，同时也是唐诗之路的重要组成部分。在自然要素中，与鉴湖相互融合影响，基本确定了绍兴的水系格局，保证绍兴城的繁荣与安全；此外东湖石宕作为运河水系工程中重要的材料来源，其留下的残山剩水经人工雕琢，形成了风景秀丽的东湖风景区。

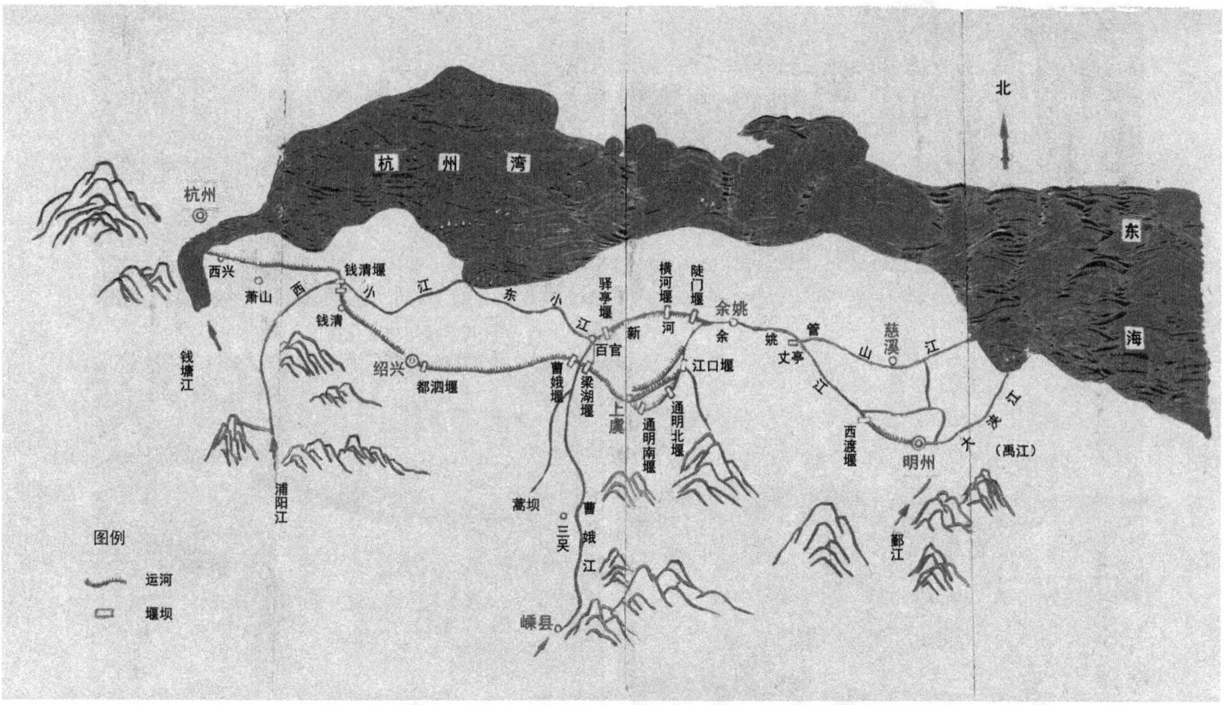

图 2　宋代浙东运河图

浙东运河绍兴段遗产构成　　**表 2**

大类	中类		小类
文化要素	物质文化遗产	不可移动文物	浙东运河绍兴段本体 主要遗址及遗迹：古纤道（渔后桥段、皋埠段、上虞段）、曹娥江两岸堰坝遗址（梁湖堰坝遗址、拖船弄闸口遗址、老坝底堰坝）、虞余运河水利航运设施（五夫长坝、升船机、驿亭坝等）、古桥群（八字桥、广宁桥等）、都泗堰闸遗址、王家泾石码头遗址、东湖石宕遗址 历史街区：永丰桥河沿历史街区、东浦历史文化街区、稽山街历史文化街区、新河弄历史文化街区、西小河历史文化街区、八字桥历史文化街区周边相关文化遗产：清水亭、大王庙、古柯亭、马臻墓、泾口村关帝庙
		可移动文物	代表性实物：运河园中古桥遗存（含整桥移建、组合古桥、部件展示）、古石构建、运河事迹碑
	非物质文化遗产	历史事件及民俗文化	勾践山阴故水道、贺循疏凿、孟简开塘、蔡邕椽笛、阮籍酤酒、唐诗之路、鉴真东渡、乾隆游越、逸仙视绍、恩来回乡
自然要素	自然生态环境		鉴湖、东湖风景区、运河园周边环境

2.3　浙东运河绍兴段保护现状及问题

浙东运河绍兴段虽保留着较好的历史风貌，但仍存在一些问题，主要体现在以下几个方面（图 4）：

（1）自然和人为因素对运河的破坏。浙东运河绍兴段线性文化遗产其主要的破坏来自于自然和人为的因素。自然因素包括河流的动态变化、风蚀、雨淋等变化，对其造成不可避免的破坏。人为因素包括人们生产生活对运河造成的影响、城市的建设对运河的破坏等。

（2）缺乏线性整体性，各区段间相对独立。在其整体的利用中，缺少整体性的美感，各个区段间相对独立，没有形成独特线性的文化特色。如运河园中古桥遗存作为重要的节点，陈列形式单一，缺少美感与联系。

（3）部分水系已消失，存在用地交叉重叠。随着城镇的发展，部分水系已经消失，成为城镇用地，且现存的运河中存在用地交叉重叠的问题，没有预留空间给潜在的文化空间。

八字桥

八字桥历史文化街区

古纤道

运河园古桥遗存

图 3　浙东运河绍兴段遗址

人为因素的破坏

古桥遗址缺乏整体性

图 4　浙东运河绍兴段现存问题

3　蓝绿空间规划下线性文化遗产保护与利用

蓝绿空间规划具有多尺度的特征，不同尺度下蓝绿空间规划的侧重有所不同。在宏观尺度上蓝绿空间侧重保护格局的构建，中观尺度上蓝绿空间侧重网络体系的构架，微观尺度上蓝绿空间侧重活动的开发与游憩。因此，本文基于蓝绿空间规划的多尺度视角，结合线性文化遗产的实际情况，以其构成特征以及现状为基础，对线性文化遗产的利用保护提出科学、完整、合理、有效的策略（表 3）。

线性文化遗产保护利用策略要点　　表 3

尺度	保护利用策略	策略要点
宏观	构建安全保护格局	以保护区为核心，缓冲区为过渡，文化展示区为基底的保护格局
中观	打造生态网络体系	提高运河蓝色空间的韧性，提升运河绿色空间的弹性，加强运河的蓝绿空间与人文的融合
微观	营建活动游憩空间	以线性文化遗产为主线，结合周边丰富的遗产资源，形成以核心遗产文化为中心、多个子文化共同展示的体系

3.1 宏观尺度：构建线性文化遗产的安全保护格局

宏观尺度下，线性文化遗产的保护利用对应蓝绿空间的自然资源保护体系。因此，在构建线性文化遗产的安全保护格局前，首先应梳理线性文化遗产沿线中的遗址资源、自然资源与其他的非物质文化资源。在此基础上，对其要素进行衡量并重建元素空间之间的关系[33]，形成以保护区为核心、缓冲区为过渡、文化展示区为基底的保护格局（图5）。

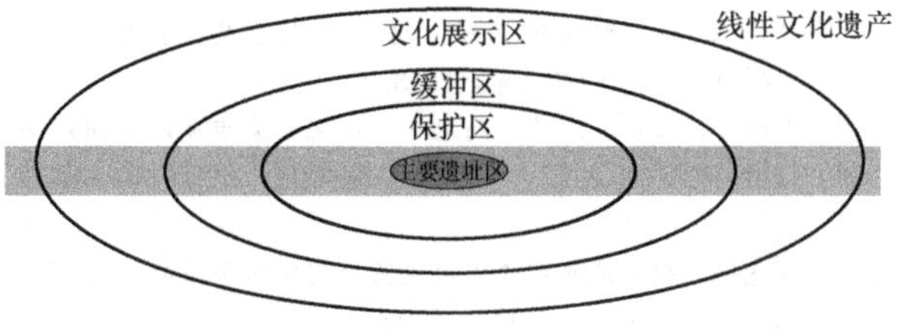

图5　线性文化遗产的保护格局示意图

保护区是线性文化遗产的核心地带，包含线性遗址本身和相关的重要遗址。在管控上，实行最严格的保护控制，保障线性文化遗址的完整性和原生性。同时，有学者建议在遗址及其管控建设的区域，向外延伸至少50～100m的距离，作为其核心保护地带[17]。但由于线性文化遗产的构成要素较为复杂，其情况不能一概而论，应视其具体情况而定，形成以遗址保护为核心的闭合保护区。

缓冲区是保护区外的缓冲地带，形成良好的生态区域。其建设需要将景观与遗址的氛围进行过渡，起到承上启下的作用，同时结合蓝绿空间，构建完整的生态网络体系，以发挥其生态效益以及面对突发状况时的韧性作用。

文化展示区是线性文化遗产的展示和宣传地带，是现代与历史连接的桥梁。其建设需要可视化地体现遗址的历史脉络、影响力等要素，同时结合周边环境形成可赏可游的文化景观廊道。

对于浙东运河绍兴段的保护应建立上述的保护格局，在空间上落实核心保护区，减少人为对于运河的破坏；在生态上加强对缓冲区的管控，加强其生态效益，保证运河的生态韧性；在游憩展示上体现绍兴文化特色，展现运河独特魅力。

3.2 中观尺度：打造线性文化遗产的生态网络体系

中观尺度下，线性文化遗产的保护利用对应蓝绿空间的生态安全格局，作为宏观尺度下的衔接。因此在线性文化遗产的生态网络体系构建中，需要加强人文与自然之间的联系，突出生态的主导地位。浙东运河绍兴段运河属于城市蓝色空间，但是城镇对于蓝色空间的保护和管控具有一定的局限性，导致运河在一定程度遭到破坏和填埋。在蓝绿空间规划的视角下，构建其生态网络体系具有以下几个方面：

（1）提高运河蓝色空间的韧性，使其在面对城市水灾时具有防护作用。充分考虑其季节的水位变化以及极端天气带来的不确定因素，对其水系进行汇水模拟，根据周边地形环境推断出汇水面积和径流道路，与周边低等级河流进行贯穿，形成密布水网，并结合景观设计，沿水系规划弹性的绿色空间。

（2）提升运河绿色空间的弹性，保障滨水绿地的多样化，提升生态韧性。运用多样化的绿地空间，一方面能净化运河的水体，另一方面还能扩大运河水的承载能力。

（3）加强运河的蓝绿空间与人文的融合。挖掘运河的历史文脉，其文化要素包括两部分，一部分是以运河本身及其相关的遗址为主的物质文化遗产，另一部分是与运河生活的过程中产生的非物质文化遗产。结合运河的历史文脉，适当恢复已经消失的历史性水系[34]，同时结合运河水文化，运用弹性设施构建城市文化带。

3.3 微观尺度：营建线性文化遗产的活动游憩空间

微观尺度下，线性文化遗产的保护利用对应蓝绿空间的形态空间营造。以线性文化遗产为主线，结合周边丰富的遗产资源，形成以核心遗产文化为中心、多个子文化共同展示的体系，并在此基础上，构建活动游憩的公共空间，增强其游赏性。在浙东运河绍兴段的利用保护中，结合运河的动态趋势对其水岸性进行调整，加强其对洪水的弹性应对能力；对于已经渠化的水体，采取弹性设施对其水流进行疏导，结合绿色空间，创造活动游憩场所，展示运河历史文化，平衡人与自然的关系。在运河河道中，结合水生植物的种植，打造步移景异的效果，同时满足人们动态观赏的需求，适当地设计打造运河水上线路。

4 结语

线性文化遗产作为文化遗产的重要组成部分，对有效落实城市区域协同发展、蓝绿空间融合、“一带一路”建设等，具有重要意义。本文以浙东运河绍兴段为例，研究蓝绿空间规划与线性文化遗产之间的耦合机制，提出多视角下的解决策略，以期为国内其他地区探索线性文化遗产相关的研究工作、构建城市蓝绿空间规划体系中建立文化遗产保护工作提供借鉴。

参考文献

[1] 邱扶东，马怡冰．传统村落文化遗产保护研究综述与启示[J]．中国名城，2016(08)：89-96.

[2] 王林生，金元浦．线性文化理念：城市文化遗产保护利用的实践走向与结构变革——以北京“三条文化带”为对象[J]．北京联合大学学报(人文社会科学版)，2021，19(04)：16-24+48.

[3] 丁援．国际古迹遗址理事会(ICOMOS)文化线路宪章[J]．中国名城，2009(05)：51-56.

[4] 王丽萍．滇藏茶马古道线形遗产区域保护研究[J]．地理与地理信息科学，2012，28(03)：101-105.

[5] Kuiper E，Bryn A．Forest regrowth and cultural heritage sites in Norway and along the Norwegian St Olav pilgrim routes[J]．International Journal of Biodiversity Science，Ecosystem Services& Management，2013，9(1)：54-64.

[6] 张书颖，刘家明，朱鹤，等．线性文化遗产的特征及其对旅游利用模式的影响——基于《世界遗产名录》的统计分析[J]．中国生态旅游，2021，11(02)：203-216.

[7] Yonca Kösebay Erkan. Railway Heritage of Istanbul and the Marmaray Project[J]. International Journal of Architectural Heritage, 2012, 6(1): 86-99.

[8] Holly M. Donohoe. Sustainable heritage tourism marketing and Canada's Rideau Canal world heritage site[J]. Journal of Sustainable Tourism, 2012, 20(1): 121-142.

[9] Ana ISPAS and Cristinel Petrişor CONSTANTIN and Adina Nicoleta CANDREA. An Examination of Visitors' Interest in Tourist Cards and Cultural Routes in the Case of a Romanian Destination[J]. Transylvanian Review of Administrative Sciences, 2015, 11(46): 107-125.

[10] Sanja Božić, Nemanja Tomic. Developing the Cultural Route Evaluation Model (CREM) and its application on the Trail of Roman Emperors, Serbia[J]. Tourism Management Perspectives, 2016, 17: 26-35.

[11] Daniel N. Laven. From Partnerships to Networks: New Approaches for Measuring U. S. National Heritage Area Effectiveness[J]. Evaluation Review, 2010, 34(4): 271-298.

[12] Laven Daniel, et al. Evaluating U. S. National Heritage Areas: theory, methods, and application. [J]. Environmental management, 2010, 46(2): 195-212.

[13] 王影雪，王锦，陈春旭，等. 国内外线性遗产研究动态[J]. 西南林业大学学报(社会科学)，2022，6(01)：8-15.

[14] 李飞，邹统钎. 论国家文化公园：逻辑、源流、意蕴[J]. 旅游学刊，2021，36(01)：14-26.

[15] 龚蔚霞，周剑云. 历史文化传承视角下的线性遗产空间保护与再利用策略研究——以梅州市古驿道活化利用为例[J]. 现代城市研究，2020(01)：17-21+29.

[16] 何疏悦，张蕊，赵新宇，等. 探寻大型线性遗产空间的保护与发展策略——基于美国加州国家历史游径的规划和管理研究[J]. 装饰，2021(08)：92-97.

[17] 刘军民，张清源，巩岳，等. 国土空间规划中线性文化遗产的保护利用研究——以咸阳市为例[J]. 城市发展研究，2021，28(03)：7-13.

[18] 储金龙，李瑶，李久林. 基于"斑块—廊道—基质"的线性文化遗产现状特征及其保护路径——以徽州古道为例[J]. 小城镇建设，2019，37(12)：46-52+60.

[19] 吴岩，贺旭生，杨玲. 国土空间规划体系背景下市县级蓝绿空间系统专项规划的编制构想[J]. 风景园林，2020，27(01)：30-34.

[20] 戴伟，孙一民，韩•迈耶，等. 基于系统韧性的三角洲空间规划方法[J]. 城市发展研究，2019，26(01)：21-29.

[21] 张琪. 绿色发展理念视角下城市"蓝绿"空间营造策略研究——以武汉为例[C]//活力城乡 美好人居——2019 中国城市规划年会论文集(08 城市生态规划)，2019：1078-1090.

[22] 雷芸. 水绿相融，水绿相映——构建以"蓝绿"结合为核心的北京生态网络[C]//2012 国际风景园林师联合会(IFLA)亚太区会议暨中国风景园林学会 2012 年会论文集(上册)，2012：303-306.

[23] 邹泉，胡艳芳，田国行. 河流与开放空间耦合的城市绿地生态网络构建[J]. 西南林业大学学报，2014，34(02)：84-88.

[24] 张坤. 欧洲城市河流与开放空间耦合关系研究——以英国伦敦、德国埃姆舍地区公园为例[J]. 城市规划，2013，37(06)：76-80.

[25] 杜红玉. 特大型城市"蓝绿空间"冷岛效应及其影响因素研究[D]. 华东师范大学，2018.

[26] 成雅田，吴昌广. 基于局地气候优化的城市蓝绿空间规划途径研究进展[J]. 应用生态学报，2020，31(11)：3935-3945.

[27] 陈竞姝. 韧性城市理论下河流蓝绿空间融合策略研究[J]. 规划师，2020，36(14)：5-10.

[28] 单霁翔. 大型线性文化遗产保护初论：突破与压力[J]. 南方文物，2006(03)：2-5.

[29] 黄铎，易芳蓉，汪思哲，等. 国土空间规划中蓝绿空间模式与指标体系研究[J]. 城市规划，2022，46(01)：18-31.

[30] 郭建列，胡亚芳，陈珍，等. 水城融合的"3-3-3"规划策略探讨——以绍兴市河道(湖泊)岸线保护与利用规划为例[J]. 规划师，2018，34(12)：147-154.

[31] 冯建荣. 浙东运河的历史地位[C]//2013 年中国水利学会水利史研究会学术年会暨中国大运河水利遗产保护与利用战略论坛论文集，2013：76-87.

[32] 吴鉴萍，邱志荣. 唐代浙东运河对中日佛教文化传播交流的作用和影响——以绍兴峰山(丰山)道场为例[J]. 西泠艺丛，2020，(10)：54-62.

[33] 李伟，俞孔坚，李迪华. 遗产廊道与大运河整体保护的理论框架[J]. 城市问题，2004(01)：28-31+54.

[34] 王功. 北京河道遗产廊道构研究[D]. 北京林业大学，2012.

作者简介

倪超琦，1998 年生，女，汉族，浙江绍兴人，浙江农林大学风景园林与建筑学院硕士研究生在读，研究方向为风景园林规划与设计。电子邮箱：934220225@qq. com。

陈楚文，1972 年生，男，汉族，浙江义乌人，浙江农林大学风景园林与建筑学院，副教授，浙江农林大学园林设计院院长，研究方向为风景园林规划与设计、历史理论与遗产保护。电子邮箱：ccwen@zafu. edu. cn。

基于环境设计预防犯罪理论的城市公园开放式边界空间安全设计对策初探

Preliminary Study on Security Design Countermeasures of Open Boundary Space of Urban Park Based on the Theory of Crime Prevention Through Environmental Design

徐 琦 谢 纯 刘明欣* 甄碧莹

摘 要： 城市公园品质化更新中科学化和精细化需求凸显，公园边界从围合转向开放可以提升公园的可用性和易达性，如何科学高效地开展安全管理、保障游客安全成为各方关注的焦点。在北美，环境设计预防犯罪理论（CPTED）已发展成熟且有着广泛的应用，目前该理论已被引入中国，有别于管理部门侧重事后治理，强调通过空间设计预防和减少犯罪。本研究在引介 CPTED 的基础上，借鉴其基本策略和运用方式对广州两处典型案例开展安全风险评估，分析和梳理现状空间规划设计中的存在问题及原因，进而初步提出融合 CPTED 的公园开放式边界空间安全设计对策，以期为公园开放式边界空间设计提供安全视角的技术支撑。
关键词： 城市公园；开放式边界；环境设计预防犯罪；安全风险行为

Abstract: Scientific and refined requirements are highlighted in the quality renewal of urban parks. The park boundary has changed from enclosed to open to improve the availability and accessibility of parks. How to carry out scientific and efficient safety management and ensure the safety of tourists has become the focus of attention of all parties. In North America, the theory of Crime Prevention Through Environmental Design (CPTED) has been developed and widely used. At present, this theory has been introduced into China, which is different from the management department which focuses on post-governance and emphasizes the prevention and reduction of crime through space design. On the basis of the introduction of CPTED, this study uses its basic strategies and application methods for reference to carry out security risk assessment on two typical cases in Guangzhou, analyze and sort out the existing problems and causes in the current spatial planning and design, and then preliminarily put forward the security design countermeasures of park open boundary space integrated with CPTED. In order to provide security perspective for the open boundary space design of the park.
Keywords: Urban Park; Open Boundary; Crime Prevention through Environmental Design; Safety Risk Behavior

引言

城市公园的品质化建设随城市发展广受关注，对传统城市公园而言，实施边界改造开放是提升公园品质的方式之一。城市公园边界紧邻城市界面，边界开放后，增强了城市与公园间的联系（图 1），然而，城市公园边界开放后面对内外部环境的复杂性变化，给传统管理模式带来极大的挑战。目前，城市公园边界开放后常见提升安全性的方式是增设监控设施与安保人员，这种方式需要花费大量的人力、物力且难以长期有效地维护城市公园的安全。本文基于环境设计预防犯罪理论及其策略，以期运用环境设计为管理方审视设计方案和后期更高效地进行低成本安全管理提供建议，为设计师建设开放式的城市公园提供安全方面的技术支持。

在西方，围绕着"犯罪的成因和先决条件"而展开的传统犯罪学理论无法有效解决日益严重的犯罪现象，学界开始认为"犯罪行为是由物质环境的某种特征引发的，而不仅取决于社会环境"，形成了环境犯罪学的思想流派。该流派提出了"从建筑学角度，围绕硬件设施预防犯罪"

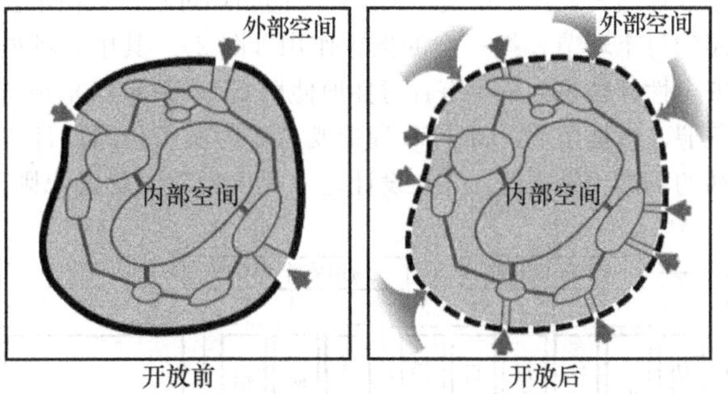

图 1 城市公园边界开放变化示意图

的可防卫空间理论、"保守的、管理式的预防犯罪策略"的情境犯罪预防理论以及"从多学科角度，强调外部环境的物理属性与社会属性"的环境设计预防犯罪理论。环境设计预防犯罪（Crime Prevention Through Environmental Design，CPTED）汲取多项理论的内容，作为一种弹性的预防犯罪方法，包含从犯罪的发生原因到如何预防犯罪的具体做法，与实践相结合，对多种公共空间类型具有较强的可操作性能有效预防与解决城市公园开放式边界空间的安全问题，对我国城市公园开放式边界空间建设具有一定的借鉴意义。

1 CPTED理论的内容与运用方法

1.1 理论概述

CPTED理论主张“在限定环境内，通过利用与环境密切相关的条件变量减少环境中容易导致犯罪的因素，对某些犯罪活动进行防控，降低其发生的可能性，从而打造一个安全的环境空间”。该理论于20世纪70年代正式提出，至今已发展50余年，其研究体系较为成熟完善。目前，CPTED理论最为通用的六大策略为：区域强化、监控、访问控制、景象维护、活动支持和目标强化（表1）。

CPTED基本策略 **表1**

要素		内容	影响因子
访问控制	组织性	通过判断外来侵入者有无潜在犯罪可能，在管理时拒绝具犯罪可能的风险行为者进入公园环境，降低该空间发生犯罪的概率	保安、警察
	机械性		锁、门禁
	自然性		围蔽的树木、绿篱
监控	组织性	保持已进入环境的风险行为者的监控，通过快速观察其行为举动，以达到预防犯罪的效果	警卫与保安巡逻
	机械性		闭路电视、传感器系统、灯光照明
	自然性		低矮的植物、栅栏
区域强化		明确空间区域的使用功能与归属权，那么公众或管理人员就会对可能出现的犯罪行为作出反应	结构、颜色、表面材料等边界标识
景象维护		如果某个环境呈现出衰败、混乱的景象，该环境中发生犯罪的概率就会大大增加，故维持良好有序的环境能有效防止犯罪的发生	环境要素
活动支持		人为地增加场地的活动服务设施，促进人流量增加以强化自然监控效果，防止衰败混乱景象的出现，实现对犯罪预防的支持	服务设施、活动空间
目标强化		对特定区域（管理处、小卖铺等）加强其保护措施	加装钢丝网、防护栏、防盗窗

1.2 运用方法

CPTED理论有着短期和长期目标，是一个“场地安全性评估—设计—反检—再设计”的循环过程，对城市公园的每个环节发挥一定的指导作用（图2）。其中，场地安全性评估是为了更有针对性地使用CPTED策略来预防犯罪。该框架下，CPTED理论既可作为城市公园设计之初的场地预先评估，并在设计之中提出相应的建设原则，又可用于管理方进行设计工作的评判以及后期管理工作的实施，是一种人们合理利用环境预防犯罪的简单途径。下文将运用此框架对研究对象展开分析，并提出相关的环境设计对策。

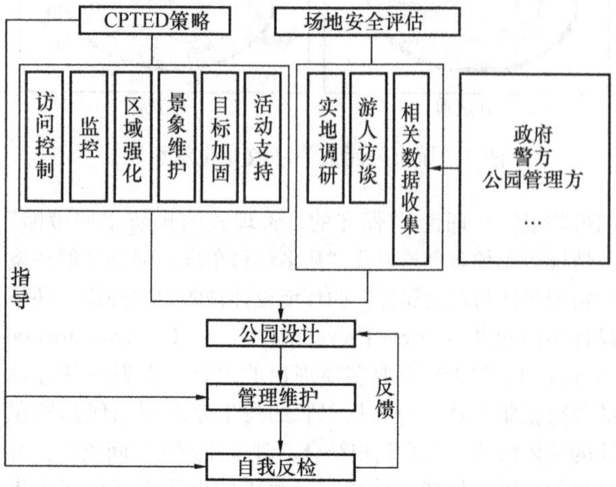

图2 基于CPTED理论的开放式城市公园设计框架

2 基于CPTED的城市公园开放式边界空间安全风险分析

城市公园开放式边界空间与城市外部环境紧密相连，是受到周边相邻异质空间边界效应影响的边缘交接地带，空间形式上表现为围绕公园内部环境的带状空间。每个公园边界空间因受影响程度不同而宽度不同，需根据现状进行界定。

2.1 研究对象

天河公园（图3a）位于广州市天河区中山大道西，占地70hm²；黄埔公园（图3b）位于广州市黄埔区黄埔东路68号，占地10.1hm²。二者属于广州市城市公园开放式边界改造的先行试点，已开放运营一段时间；边界开放程度较高，开放长度占总长度的60%，且其形态规模不同，周边用地类型涵盖了大多数城市公园周边用地类型，因此二者开放式边界空间的具有一定的代表性。

本文研究的边界空间范围如图3所示，其中天河公园的边界空间范围为公园红线到健康跑道的区域，宽度15～40m；黄埔公园为公园红线到公园主园路的区域，宽度15～25m。两公园开放式边界的绿地形式以疏林草地为主，作为出入口、功能空间之间的过渡区，并通过新增路径衔接各个出入口、功能空间和内部园路系统。

此外，两公园的出入口形式又有所区别：黄埔公园面积较小，新增出入口皆为带状汀步（图4）；而天河公园新增出入口形式多样，包括带状汀步、大面积入口广场（图5）和小型面状出入口，部分小型面状出入口以台阶的形式出现（图6）。

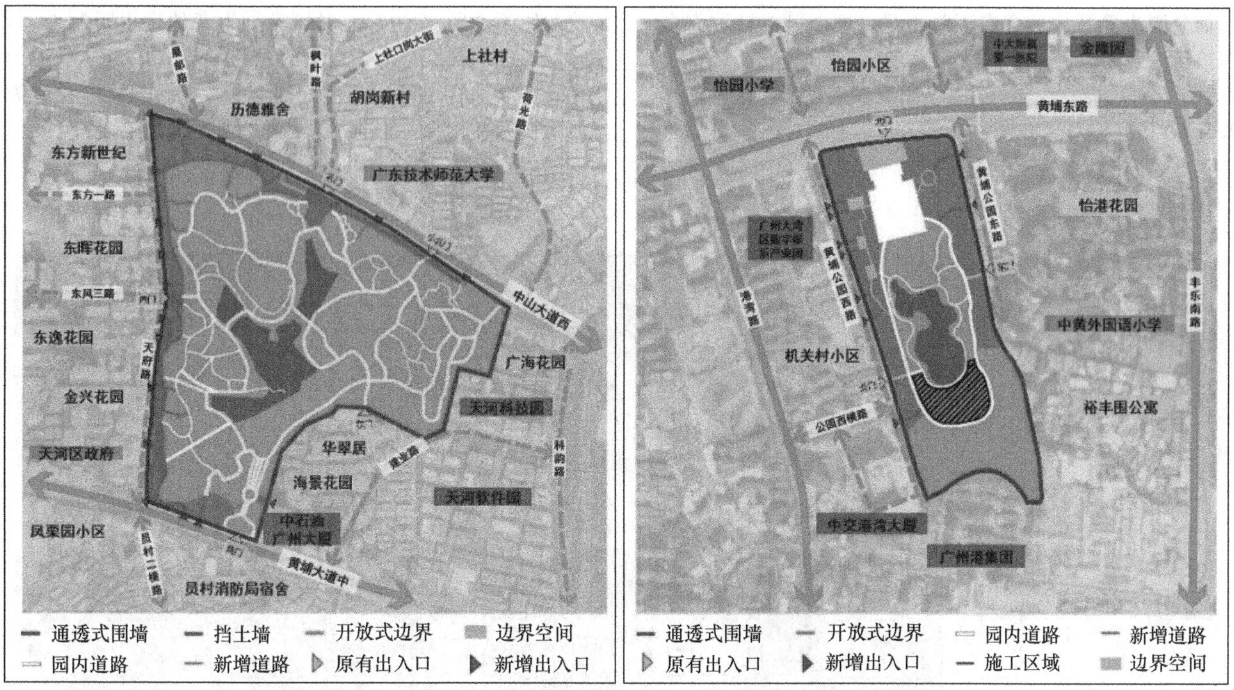

图3　研究对象平面分析图

(*a*) 天河公园；(*b*) 黄埔公园

图4　带状汀步式出入口

图5　大面积入口广场

图6　面状台阶式出入口

2.2　安全风险行为概述

本文主要研究危害程度高的犯罪行为、程度较轻的违规以及不道德行为，以上统称为安全风险行为。

笔者利用多方数据对空间安全进行评估，但公安部门相关犯罪数据属于保密内容，因此更多的信息来源是通过访谈公园管理方、片区民警与游人。将信息整理后可知城市公园边界空间的安全风险行为主要有以下几类：①发生频率较低但情节较严重的偷窃（如卫生间设备被偷窃）和破坏公共财产等违法犯罪活动。②偶发性的因不同活动人群对活动空间使用问题的争吵事件。③发生频率较高的违反公园管理规定行为，如搭建临时帐篷、放飞风筝或无人机、遛狗、儿童随地大小便、露宿和电动车为躲避处罚违规驶入等。这些行为发生者认为这些行为并不会造成多么严重的后果，因此有意识地选择“合适”的空间以方便自身的行为或达到躲避惩罚的目的。④其他较常发生的意外事件——儿童走失，是造成儿童被拐带案件发生率提高的重要影响因素之一。

2.3 安全风险行为分析

城市公园的空间要素繁多，由于与犯罪相关的影响因素较为复杂，故发生安全风险行为的空间类型难以界限。下面将基于 CPTED 理论策略，具体分析天河公园与黄埔公园边界开放后存在哪些不足，进而可能导致安全风险行为发生。

2.3.1 访问控制

黄埔公园及天河公园边界开放后，出入口分别新增 9 处与 17 处（图 3）。边角处的出入口容易发生安全风险行为，如携带宠物入园、行为异常者和非机动车驶入园内等，具有安全风险的人员随意进入公园。归纳其原因在于：①多个出入口可能由一位安保人员监管，无法及时有效地管控各个出入口的人员出入；②出入口的地面铺装普遍便于通行（图 7），对风险行为者的进出限制性弱，降低了进入难度；③开放边界的绿地形式以疏林草地为主，地形平坦（图 8），对人的行为控制性弱，容易成为风险行为者和游人的进入通道和逃逸通道。

图 7　出入口现状图

图 8　绿地现状图

总的来说，出入口的设置以及开放边界的形式一方面需结合公众实际需求，另一方面需加强安全需求的考虑。

2.3.2 监控

在公园边界开放后增设了大量监控设备，天河公园增设106只，黄埔公园增设16只。两处对比来看，黄埔公园摄像头（图9a）高度较为适宜，能有效监控周边环境；而天河公园摄像头（图9b）高度过高，被茂密的树冠所遮挡，以至于使得监控能力减弱。其次，受到环境要素遮挡会形成隐蔽、幽暗的空间（图10），致使公众难以注意到周边环境中他人的行为，引发其不安感，增加了安全风险行为发生的可能性。

监控设备的不合理设置以及边角区域的环境要素遮挡，导致城市公园边界开放后产生监控死角，风险行为者可以从这些死角进入，进行偷窃、破坏行为和骑行等而不被他人发现。

(a) 黄埔公园摄像头设置情况　　(b) 天河公园摄像头设置情况

图9　机械监控现状图

图10　自然监控现状图

2.3.3 区域强化

天河公园与黄埔公园围墙拆除后，其开放边界的铺装与城市用地铺装高度相似（图11），边界模糊使得本应发生在城市用地的活动开始“入侵”公园用地，如非机动车的驶入与停放，导致其边界处的交通流线变得混乱，增加了安全风险。绿地边界以平坦的疏林草地为主(图11)，缺乏疏密有致的乔-灌-草搭配以及高低错落的地形塑造，导致空间围合感不足，无法令公众或管理人员产生领域感。

整体上两个公园的开放边界环境要素与周边用地相似，缺乏明显边界区域的标识，导致了空间权属关系不明，公众的领域感降低，当安全风险行为发生时，游人与管理者并不会去主动制止，使风险行为发生概率增高。

2.3.4 景象维护

天河公园与黄埔公园作为城市公园品质化建设的先行试点，在设计建造过程中设计师与管理方注重城市综合环境景观整治，在边界开放改造的过程中进行了景观提升工程，同时在公园改造完成后增强了卫生保洁、绿化养护和设施维护力量，减少了衰败混乱的景象出现，有利于提升城市公园的安全性。

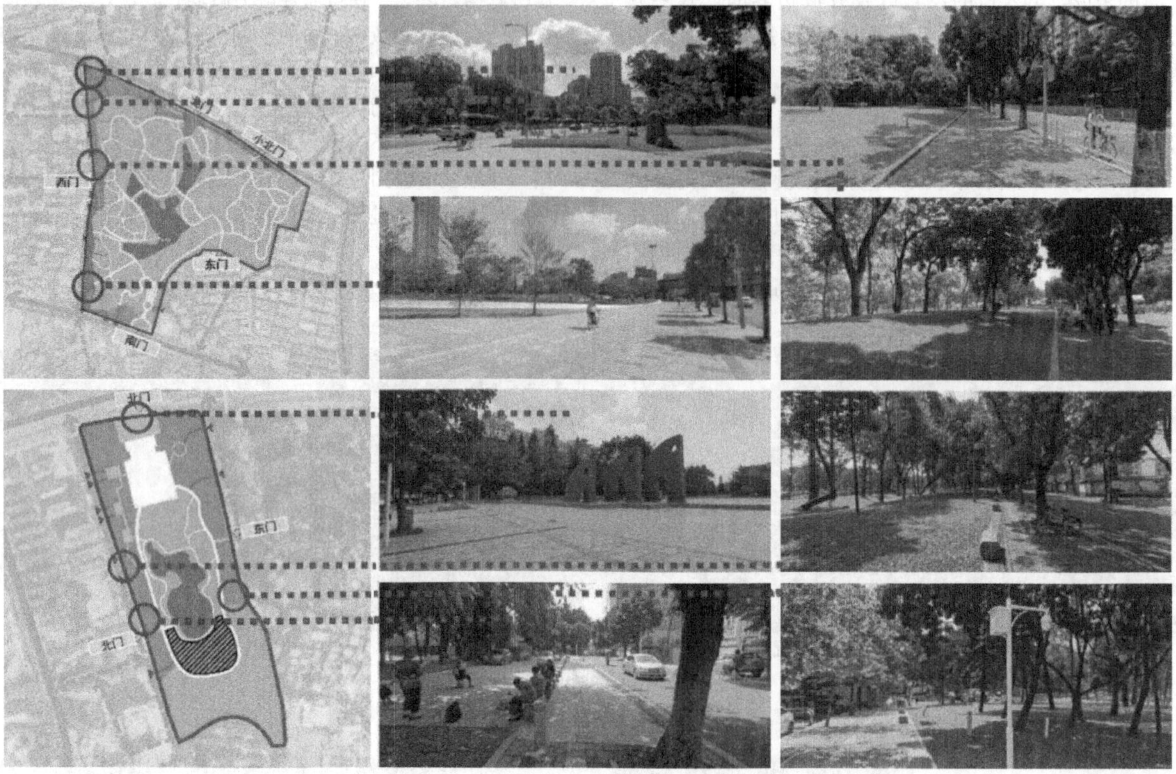

图 11　区域强化现状图

2.3.5　活动支持

城市公园边界开放后，一部分活动区域较小的空间，无法承载游人活动，人流量较少，使得自然监控减弱。另一部分活动区域较大的空间逐渐聚集了更多人群活动，然而其提供的活动空间始终有限，导致由于空间侵占而发生的争吵事件。甚至部分活动迁移到人行道（图 12），以至于公众本身处于安全风险之中。

图 12　边界空间活动现状图

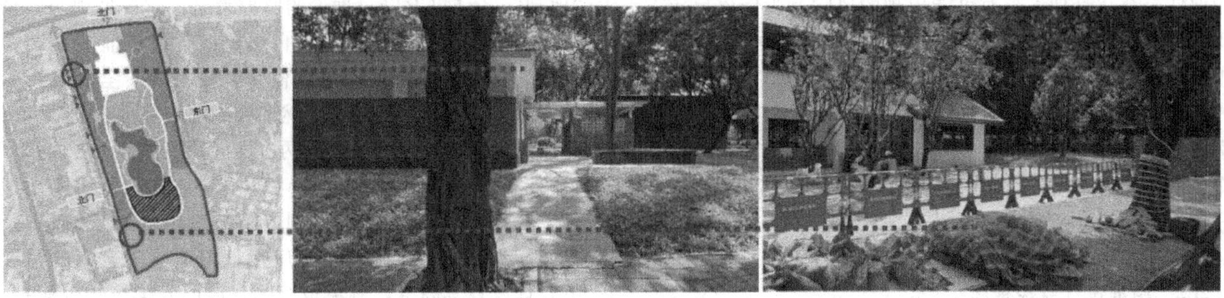

图 13　目标强化现状分析

2.3.6　目标强化

黄埔公园公共卫生间常发生设备被偷窃现象，且其管理处临近酒吧等场所，夜晚常有醉酒者进入破坏公共设备。究其原因，由于公园边界开放，提供了便捷的进入与逃逸通道，而这些场所又缺乏目标强化的手段。从现状图（图 13）能看到公园管理处后期增设了活动防护栏以阻碍危险行为的发生。

3　基于 CPTED 的城市公园开放式边界空间安全设计对策

上述分析表明，城市公园边界空间从过去边缘化、郁闭化的状态转变为疏朗宜人的状态，开始承载部分游人活动，虽增强了城市与公园的联系，但也增强了城市公园安全管理难度，且后期调整提升的安全管理方式无法从根本上抑制犯罪事件的发生。在这样的状况下，CPTED 理论通过环境设计提升空间安全性对城市公园开放式边界空间的安全提升有一定的指导作用。因此，下文基于 CPTED 理论，从规划与设计的角度提出以下几点建议。

3.1　规划层面——优化空间布局

从规划层面应考虑外部行为与要素对城市公园开放式边界空间的影响，其着力点在于对出入口与活动空间的规划，以呼应复杂的外部环境。

3.1.1　审慎规划公园出入口

出入口是公园连接城市的主要通道，由于出入口数量多、分布广，难以得到及时有效的管控，常发生不明外来人员入侵和交通流线混乱等安全风险行为。依据 CPTED 理论的访问控制和监控策略，在规划出入口时应综合考虑公园游客访问需求和公园周边的土地利用、交通、环境品质等因素，审慎规划公园出入口（图 14）：定位上，应考虑周边土地利用下的人流量大小，人流量越大出入口的等级越高；选址上，应避免选择周边环境品质差难管控区域、周边交通流线冲突的位置设置出入口；数量上，应与后期的管控能力相匹配。在审慎规划公园出入口的基础上合理配置安保人员与监控设施，对具有安全风险的人员的出入进行审核或限制，以便高效管理。

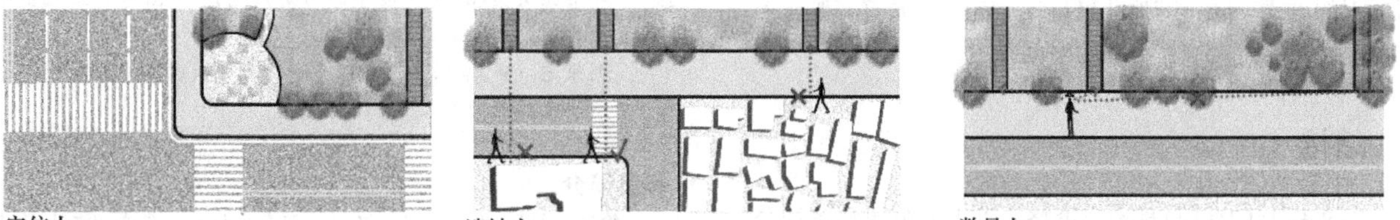

定位上：依据人流量大小确定出入口等级

选址上：匹配外部交通流线，秩序混乱区域不开设出入口

数量上：后期管理能力不足，难监管区域不设置出入口

图 14　出入口位置选址

3.1.2　合理规划活动空间

临近城市公园边界空间的活动空间，一定程度上会影响其开放式边界空间的安全性。CPTED 理论的活动支持策略提出，丰富的活动能为空间带来大量的人群流量，这部分人群流量能增加对周边环境的自然监控，另一方面能防止空间呈现出衰败混乱的景象。因此，城市公园边界的活动空间的设置，应与公园内部功能空间的使用情况和边界空间安全需求相结合。在活动需求较大的边界区域，设置充足的活动空间减少由于空间侵占或活动迁移而发生的安全风险行为；在人流量较小的偏僻区域，提供服务设施增加游人的停留时长，加强自然监控。

3.2　设计层面——设计安全的景观环境

从设计层面应考虑城市公园内部的空间布局以及要素设置对开放式边界空间的影响，其着力点在于对公园边界线、监控视廊、景观要素的设计，以提升内部的安全性。

3.2.1　精确设计公园边界线

城市公园边界开放后促进了公园与城市的融合，传统的边界线即围墙被拆除，以至于公园边界线模糊，公园空间权属关系不清晰，导致公众的领域感缺失以及园方的管理权责不清。CPTED 理论中，区域强化认为边界线能促使公众和管理人员对可能出现的风险行为作出反应。明晰的开放式边界线有多种形式：硬质空间，可采用区别于周边空间的不同色彩、材质及样式的铺装，以明确场地的差异性；绿化空间，通过地形设计、垂直绿化结构或区别于周边空间植物的植物色彩，对空间起到一定的界定作用。从而清晰划分空间区域，明确不同空间的功能，更好地引导公众参与管理与使用。

3.2.2 精准设计监控视廊

城市公园空间内环境要素复杂多样，可能会导致一定的视线遮挡，从而形成郁闭空间，为安全风险行为提供"地利"。依据CPTED理论的监控策略，监控是预防安全风险行为发生的重要手段，自然监控与机械监控相结合能持续有效对周边空间进行监督，并发现安全风险行为的发生。确保机械监控和自然监控的高效精准，创造利于监控的视线环境，可从如下两方面展开工作：一方面，草本与灌木植物其高度应低于0.7m，乔木树冠下缘距离地面1.8m，保证视廊空间范围内不被遮挡（图15）；另一方面，机械监控设施的布置应保证覆盖范围全面的情况下合理设置其高度，避免被植物、地形或构筑物等遮挡，造成监控死角。

灌木高度影响自然监督，形成封闭性
植物高度提供自然监督通道，形成开敞性

图15　植物高度设计图示

3.2.3 精细设计景观要素

精细设计景观要素能够引导公众规范使用行为，保障城市公园开放式边界空间的有序使用，确保公园设施维持高品质，以营造有序的环境景象，从而提升公众使用空间的安全感，也是CPTED理论中访问控制、自然监控与景象维护的要求。出入口可利用高差设置台阶或技术手段（如S形通行装置等），防止非机动车驶入。优化休息设施的设计，促使延长公众停留时间，加强自然监控。强化公园的公共卫生管理，通过安排人员巡逻或设置清晰标识的方式，防止随地乱扔垃圾、乱涂乱画等等脏乱差的环境现象发生，维持有序的空间环境。

4 结语

本文基于CPTED理论与策略，以天河公园和黄埔公园为代表，分析城市公园开放式边界空间中存在的安全风险行为以及问题，最后从规划层面提出了以出入口与活动空间的优化对策，从设计层面提出了精确设计公园边界线、精准设计监控视廊与精细设计景观要素的优化对策。旨在强调城市公园边界的开放改造过程中，还应考虑环境设计对后期安全管理的辅助作用，以提升城市公园开放式边界空间的自我安全防控能力，推动城市公园的品质化建设。

参考文献

[1] 朱小雷．建成环境主观评价方法研究[M]．南京：东南大学出版社，2005.

[2] Newman O．Defensible Space[J]．People & Design in the Violent，1972(93)：69-70.

[3] 崔海英．情境犯罪预防理论评析[C]// 犯罪学论坛(第三卷)，2016.

[4] 赵秉志，金翼翔．CPTED理论的历史梳理及中外对比[J]．青少年犯罪问题，2012(3)：8.

[5] Timothy D. Crowe．环境设计预防犯罪[M]．中国人民公安大学出版社，2015.

[6] 林冬阳，田宝江．犯罪被害恐惧与城市空间环境关系的研究综述[M]//城乡治理与规划改革——2014中国城市规划年会论文集(01城市安全与防灾规划)．中国建筑工业出版社，2014：366-378.

[7] 赵秉志，金翼翔．CPTED理论的历史梳理及中外对比[J]．青少年犯罪问题，2012(3)：8.

作者简介

徐琦，1996年生，男，汉族，湖南益阳人，华南理工大学建筑学院风景园林系硕士研究生在读，研究方向为风景园林规划设计及其理论。电子邮箱：649383026@qq.com。

谢纯，1962年生，男，汉族，北京人，硕士，华南理工大学建筑学院风景园林系，副教授，研究方向为人居环境景观规划与设计。电子邮箱：cxie@scut.edu.cn。

（通信作者）刘明欣，1980年生，女，汉族，广东开平人，博士，华南理工大学建筑学院风景园林系，讲师，研究方向为城乡绿色空间规划。电子邮箱：mxliu@scut.edu.cn。

甄碧莹，1998年生，女，汉族，广东广州人，华南理工大学建筑学院风景园林系硕士研究生在读，研究方向为风景园林规划设计及其理论。电子邮箱：471425111@qq.com。

港口文化影响下的万州老城城市形态：回溯、解构与重组

Urban Morphology of Wanzhou Old City under the Influence of Port Culture: Retrospection, Deconstruction and Reorganization

陈忆湄　郭　巍*

摘　要：本文以万州老城历史时期的城市形态为分析对象，探讨了万州港口发展与城市建设的紧密联系，回溯了港口建设作用下城市形态与结构的变化及其演变机制，提炼出六种典型的城市肌理，从物质空间与社会生活两个层面解构了历史时期万州的独特城市肌理。最后，提取老城肌理中的公共空间形态应用于江岸消落带的景观设计。本文希望通过解析万州这座库区城镇历史时期的城市形态，引起大众对三峡库区城镇被淹没的城市遗产与城市特色的再思考。

关键词：港口文化；城市形态；物质空间；社会生活；景观再现

Abstract: This paper takes Wanzhou's urban morphology of historical period as analysis object, discusses port development is closely linked with urban construction, look back urban morphology, structure change and evolution mechanism under the effect of port construction, and extracts six kinds of typical urban morphology. Then this paper deconstructs the unique texture of Wanzhou old city morphology from two aspects of physical space and social life. Finally, public space form of the old city morphology is extracted and applied to the landscape design of the riparian fluctuation zone along the Yangtze River bank. This paper hopes that by analyzing the urban morphology of Wanzhou, the public can rethink the submerged urban heritage and urban characteristics of towns in Three Gorges Reservoir area.

Keywords: Port Culture; Urban Morphology; Material Space; Social Life; Landscape Reproduction

1　源起：三峡工程建设与万州集体记忆的湮灭

万州是典型的长江沿岸港口城市，位于三峡库区腹地，乃“川东门户”，有着上千年的建制沿革，其港口的发展历史可追溯至后魏[1]，自古万州港形成以来，万州的城市空间形态、社会经济和历史文化的发展便与港口的兴衰紧密联系起来。万州作为库区第一移民城市，三峡工程的建设几乎重塑了万州，库区蓄水至175m后，江水淹没了老城2/3的区域[2]，而老城则是承载万州城市空间形态、文化精神与社会生活等集体记忆的重要载体，是重要的城市遗产，体现了港口文化、自然山水等多重因素影响下的万州城市特色，这些被尘封于江水之下的老城肌理，被湮没于175m之下的城市记忆仍待挖掘。

然而，目前在以三峡库区城镇为研究对象的相关研究中，关注库区城市历史时期城市形态的研究较少，已有的研究主要集中于形态类型的识别与特征解析[3,4]、城市历史形态的形成演变[5,6]以及从城市文化角度解读城市历史形态[7]，而鲜有文章探讨影响城市形态演变的机制[8]，而库区城镇因其独特的地理位置，沿长江形成的大小港口是城市形态发生、变化与扩张的决定性因素。除此以外，现有的研究中对于社会维度的关注也十分欠缺，大量库区城市形态的研究往往着重强调其物质空间特性，从而忽视了港口文化、自然山水等因素影响下的空间形态特色与居民社会生活之间的内在联系。在研究成果应用方面，现有的研究主要探讨了库区城市历史形态在城市更新中的应用[9]。本文以历史时期的万州老城为研究对象，梳理了港口文化影响下的万州老城形态的演变机制、深入解剖了其城市形态的空间与社会特征，并进一步探索景观设计再现历史城市形态与集体记忆的可能。

2　回溯：港口建设影响下的万州城市形态与变迁

2.1　万州港的起源与历史变迁

万州在东汉年间便有正式建置，古称羊渠县[10]，县名羊渠，是因其地近井盐的缘故，由此可见当时万州的制盐业尤其发达。古万州港的发展起源虽无明确的文献记载，但522年（后魏），县治从长江南岸迁往北岸，而万州境内的长江北岸分布有天然深水坨，是港口码头形成极为有利的自然条件，综上所述，县级建制、盐业渔业的发展以及发展航运的条件，足以间接说明万州古港的起源[1]。

经历唐代、两宋时期的长足发展，到了明清时期万州的港埠已初具规模，明代，万县经济地位的提升与港口的发展，城垣的修筑也得到了地方官员的重视。清代，万州已成为“人稠气聚，客帆估舶，云合翔集，为蜀巨镇”[10]的川东水运重镇，水运与商业的勃兴进一步促进了万州港与万州城的发展。

2.2　万州港开埠前后城市形态的演变

城市形态和结构反映了物质、社会、政治等条件的变化，并且直接关系到城市的功能[11]，万州在开埠前，港

口的发展一直处于平稳增长的态势，城市的结构与形态也一直遵循中国古代城镇的范式，而开埠推动了城市经济的快速增长，并促使城市迅速扩张，为了满足商埠与航运发展的需求，城市的结构与形态也随之改变（图 1）。

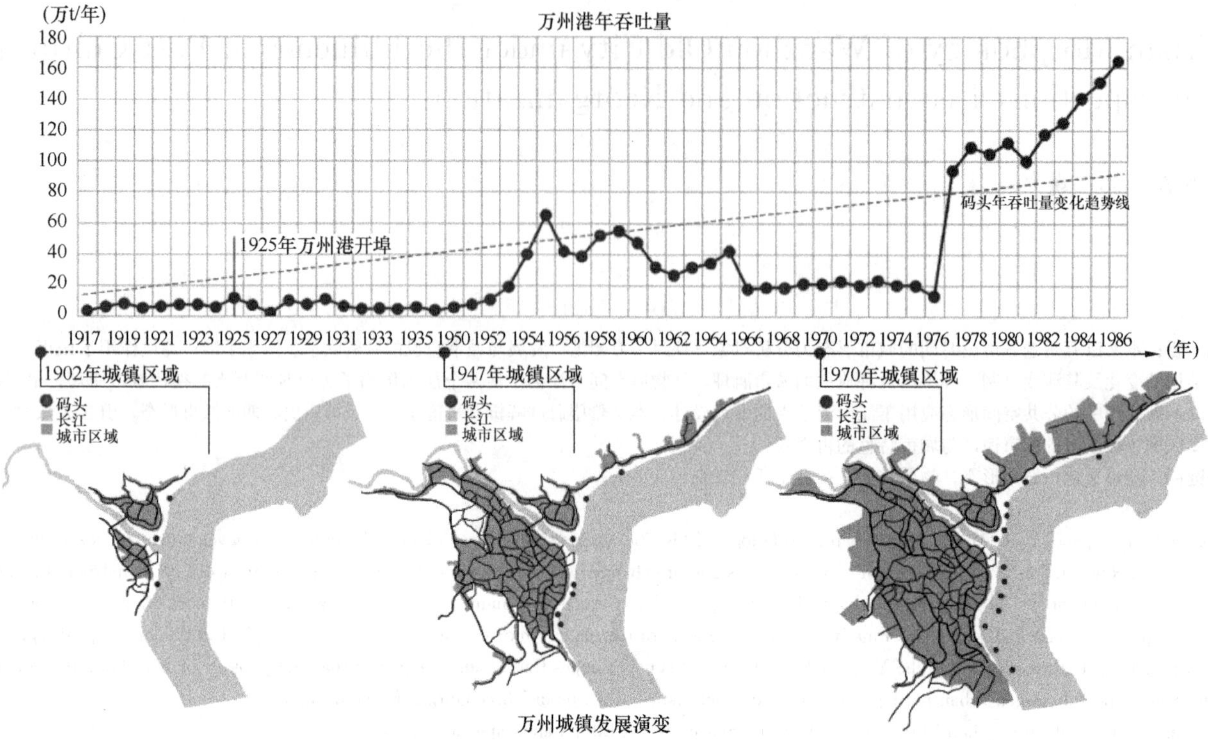

图 1　万州港口与城市的发展演变

万州古县城位于苎溪河与长江的交汇口，通过 1865 年（清同治四年）的万县城池图（图 2）[10] 可以分析当时的城市形态结构，城内有一环路、两纵路，城镇与码头的联系主要体现在东南侧城门直接连接城外码头，码头中船只仍以较为原始的木船形式呈现。万州古城此时还未展现出向外扩张之势，虽然全图对于码头港口的着墨并不多，但是通过文献中的叙述，万州港的兴盛仍可窥一斑。

1898 年，英商货轮驶入万州港，从此打破了港口千年来的平静，清光绪二十八年（1902 年）万州被辟为通商口岸，此时万州的城市结构已发生剧烈转变，清光绪年间的《万州县城图》（图 3）记录了这一变化，此时城市已向苎溪河南岸扩张，图中着重表达了苎溪河南岸的码头，由此可见万州的城市扩张伴随着港口码头的新建，航运的发展对万州的空间结构有着显著影响。

1922 年美孚油行在聚渔沱修建了万州第一座近代码头，1925 年万州正式开埠，开埠后确定的商埠区域为：东至聚渔沱街尾，西至明镜街尾，南沿翠屏山麓，北至沙河子街尾及平桥。为了适应港口商贸和航运的蓬勃发展，万州开始兴修桥梁与马路，加快港埠建设步伐。1926 年动工修建了一马路、二马路、三马路等 12 条马路，万安

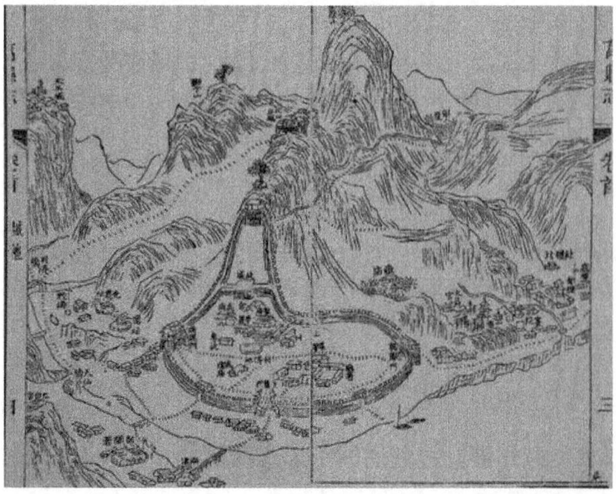

图 2　同治《万县城池图》

（图片来源：《同治整修万县志》）

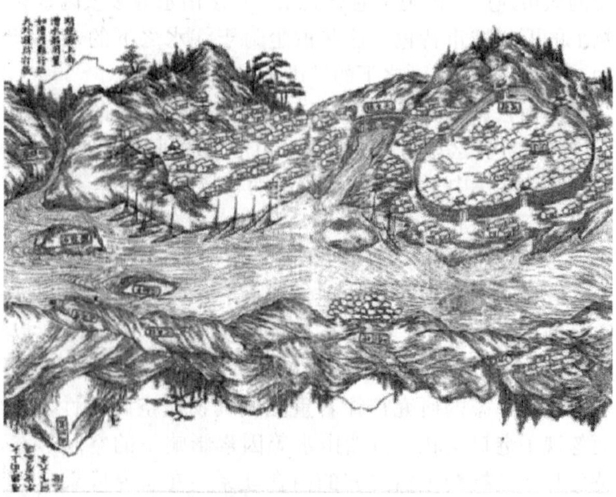

图 3　光绪《万州县城图》

（图片来源：万县志《民国本》）

桥的修建更是将12条马路更加紧密地联系起来，城内的马车、汽车可方便的行驶至江岸各个码头，1947年的《万县城厢图》记录了万州开埠后城市的变化，可以看到此时苎溪河南岸已经成为新的城市中心（图4）[1]。

图4 1947年《万县城厢图》(图片来源：网络)

万州是沿着长江和苎溪河建设的山地带状港口城市，因此道路系统、航运系统的建设不仅对于城市形态具有一定影响，对于城市空间结构和功能分区也具有决定性作用。其对城市形态与结构的影响机制为：商埠发展催化了航运码头的建设扩张，为了满足货物转运、交易等相关港口附加功能需求的增长，推动了城市交通、商业、工业等相关系统的建设，商业的发展持续促进人口增长，进一步推动城市居住配套系统的建设。而由于万州依山傍水的独特自然地理环境，万州商埠建设所产生的城市形态扩张，不仅体现在二维空间层面，也体现在三维空间层面，即码头分布在长江沿岸，商业、工业、陆路运输系统因其会与码头航运产生密集的物质交换，因此靠近码头并沿长江呈带状形式扩张，居住系统则远离江岸，建设在山腰，随山地地形自然起伏、自由生长。综上所述，临水兴业、依山而居的城市建设机制共同作用造就了万州的城市形态（图5），而这种伴随港口发展而形成的城市遗产，在三峡工程蓄水后几乎消失殆尽。

万州的城市功能分区同样受到港口航运的影响，沿江的二马路、胜利路、南津街一带依靠码头发展商业，形成临江的带状商业中心，杂货铺、酒肆、铜器铺各行各业的商店无所不有，更有银行数十家以及各类批发经营[12]。苎溪河北岸的一马路则依靠航运发展为为万州的工业聚

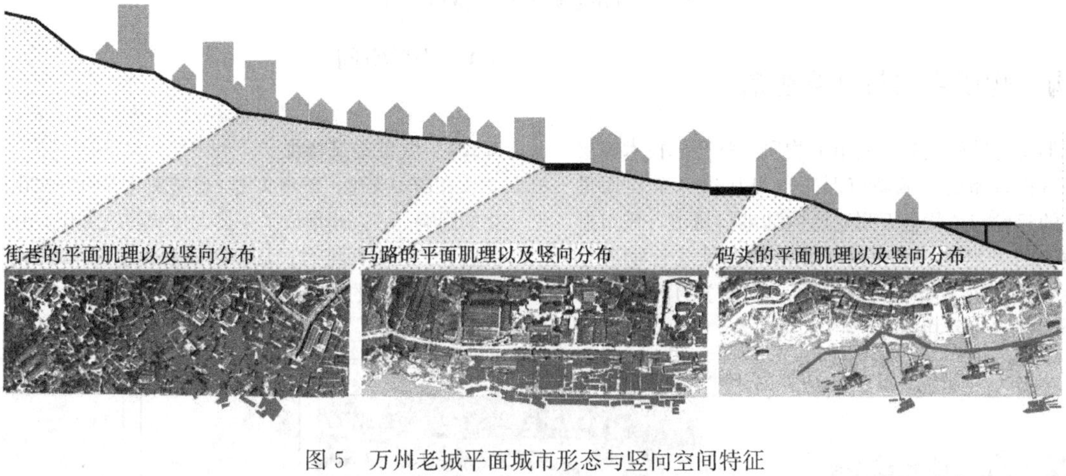

图5 万州老城平面城市形态与竖向空间特征

集地，到1990年时沿线有罐头厂、石油站、电池厂等20家工厂企业。三马路临苎溪河是连接码头与川北的咽喉要道，也是连接万州古县城与新城的重要枢纽。苎溪河则是万州重要的蓝绿开放空间，将城市连接起来，万州古城内的环城路则是重要的政治文化中心，历代县衙以及新中国成立后的法院、公安局等国家机关均设在此路[13]。万州的城市结构可以概括为，依托交通要道和码头发展起来的江岸商业与工业聚集带，依托古城发展的政治中心，三马路、万安桥为连接水陆交通与新老城市的交通枢纽（图6）。

2.3 港口建设影响下典型的城市形态

万州老城的城市形态受港口建设的影响在开埠（1925年）前后经历了剧烈变化，通过对城市形态变迁的梳理以及变化机制的探析，归纳总结出6种典型的形态肌理：

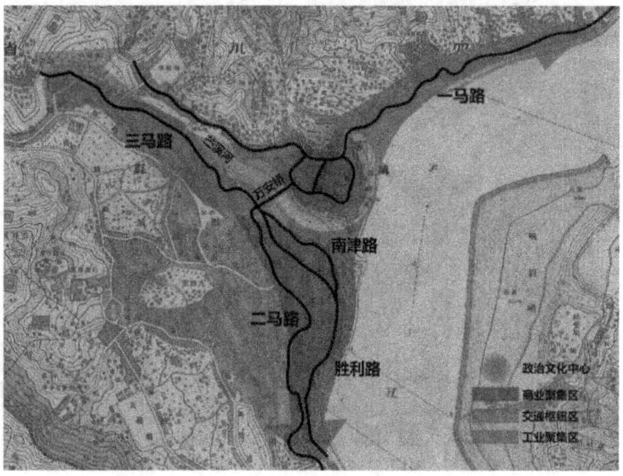

图6 1947年万州县城城市结构解析示意

①带状商业区城市肌理；②沿等高线生长的传统城市肌理；③码头建设形成的城市肌理；④受西方城市规划影响形成的城市肌理；⑤正交网格状的工业区肌理；⑥自由生长的传统城市肌理。每种城市肌理都包括了特定时期的建筑、街道和公共空间类型，反映了万州的社会、历史和地方特征（图 7）[14]。

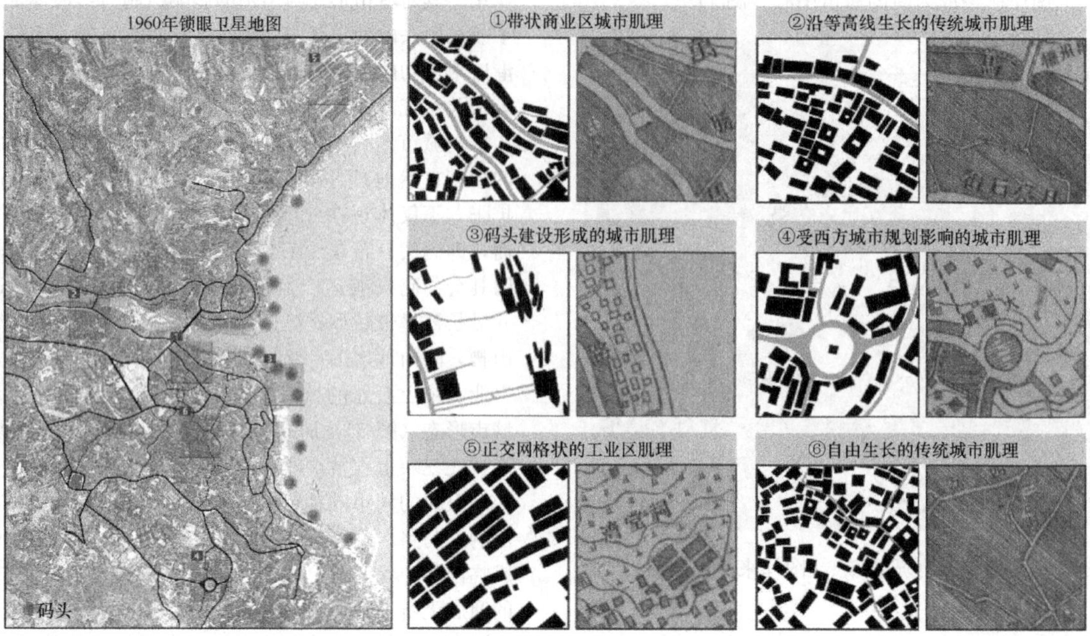

图 7　万州老城的典型城市肌理

3　解构：物质空间与社会生活

城市形态与结构反映了城市的物质、社会、技术等层面特征，解构万州的老城城市形态也可从这 3 个层面进行，码头的建设与迭代是万州这座内陆港口城市，城市形态发展演变的决定性技术条件，城市形态承载着物质空间与社会生活，而物质空间根据城市形态学的图底关系又可划分为建筑与公共空间。

3.1　物质空间

3.1.1　城市建筑特征

在商埠文化、堡寨文化、巴楚文化、西方文化等多元文化的影响下，万州形成了 4 类大传统建筑类型，分别是传统民居建筑、中西结合民居、西式公共建筑、码头工厂建筑，这些独具特色的地方建筑与城市形态密切相关(图 8)。

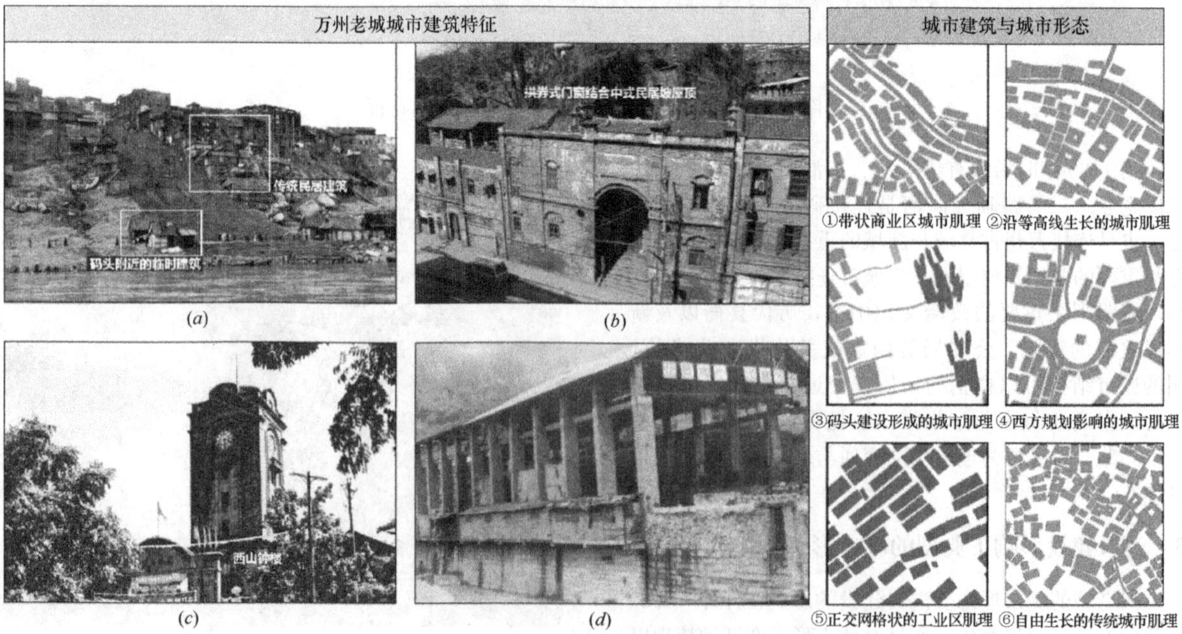

图 8　城市肌理与城市建筑

(*a*) 传统民居建筑；(*b*) 中西结合式居民；(*c*) 西式公共建筑；(*d*) 码头工厂建筑

（1）传统民居建筑

万州在辟为通商口岸前，城市建筑类型主要为西南地区常见的传统民居，大体上属于天井式四合院体系，分布在城市各处[15]。在这些传统建筑中，万州码头周边的临时性建筑十分具有地方特色，因长江的水文波动以及当时建筑技术的限制，无法修建能够抵御长江洪水冲刷的永久性建筑，因此当地人常使用临时性的材料搭建这些服务于码头的附属建筑，洪水季节便任其被冲走，见图 8*a*。

（2）中西结合式民居

万州开埠后，受西方建筑思想的影响，万州的民居建筑在局部上也展现出了一些西方建筑的特征，例如拱券式门窗、装饰性壁柱等，主要分布在开埠后城市的扩张区域以及新建的马路两侧，见图 8*b*。

（3）西式公共建筑

主要分布于城市规划明显受西方规划思想影响的区域，例如位于城南的西山钟楼，见图 8*c*。

（4）码头工厂建筑

主要是指开埠后万州城内修建的各式近代码头，以及沿一马路分布各类工厂，其特征是建筑体量大、平面布局规则，见图 8*d*。

3.1.2 公共空间形态

万州是山地沿江城市，土地的利用十分紧凑，因此大多数公共空间具有多重属性，结合城市形态肌理可以将公共空间类型归纳为 3 类：街巷公共空间、马路公共空间、码头公共空间。

（1）街巷公共空间

万州的街巷具有人文尺度和自然地理的特色，传统的民居与街巷勾勒出自由且充满变化的肌理，万州的街巷适合日常生活也具有空间探索的魅力，因为万州是山地城市，所以街巷遍布台阶、坡道，街巷空间的内聚性使得街巷的交叉口成为居民进行日常社交、娱乐活动的重要节点，一个院坝、一棵大树，就会成为聚集的中心图 9（*a*）。

（2）马路公共空间

相较于街巷的崎岖，万州马路公共空间的开敞性高于街巷空间，万州马路大都沿等高线修建，是城市重要的线性开放空间，十分适合步行，同时为沿街的商业提供了良好的展示空间，见图 9*b*。

图 9　城市肌理、公共空间与社会生活

（*a*）街巷空间与街巷生活；（*b*）马路空间与马路生活；（*c*）码头空间与码头生活

（3）码头公共空间

码头无疑是万州这座港口城镇最为繁忙的公共空间，往来船只，穿梭如织；人潮涌动，车水马龙，阶梯式码头与长堤式码头在长江沿岸交替出现，宽阔开敞的江岸使得码头公共空间不仅承载城市的交通运输功能也能承载城市的娱乐与商业活动。码头一带逗留的商人、工人较多，唱戏、批发、摆摊等活动也在这里发生，见图 9*c*。

3.2 居民社会生活

不同的开放空间承载着居民不同的社会生活，街巷空间承载了半共享式公共生活，从老照片中我们可以看到，街巷中不仅有居民休闲、交往的场景，也有私人日常生活的影子（如烹饪、学习、洗衣等），街巷空间的存在一定程度上缓解了当时住房空间的不足，同时增进了居民间的社会交往与互动，见图 9*a*。马路公共空间承载了餐馆、零售等公共服务功能，为当地居民、流动人口提供生活便利，也为整个城市的经济活动提供场所，见图 9*b*。码头公共空间的是万州最开放且最包容的公共空间，这里能容纳城市的交通运输功能，也能承载乡土娱乐、集市贩卖等多样的城市活动，在这里能看赶路的人、叫卖的人、唱戏的人、江边嬉戏的孩童等，充满城市活力景象在这里随处可见，见图 9*c*。

这些公共空间所承载的城市记忆，在三峡蓄水后大部分都已消失，仅有小部分保留的下的老城街区可能还存有些许残存的老万州记忆。码头虽然一直是万州人民生活的一部分，但如今的码头早已不似从前，随着码头与万州居民日常生活的断联以及三峡水库运行造成的 30m 水位落差，使得人们日渐远离江岸，如今的码头仅仅是促进城市经济的城市功能性空间，不再有从前那般的活力景象（图 10）。

4 重组：万州老城城市形态的景观再现

三峡库区城镇的江岸因三峡水库的运行大都具有 30m 的巨大水位落差，因此形成的消落带削弱了库区城市滨水空间的亲水性，而近些年消落带的治理一直是库区城镇建设的热点。通过前文的分析，能够深刻的意识到消落带不仅是生态层面的问题，更有历史层面的内涵，30m 的高差承载着城市的历史记忆，这些记忆渗透进了城市的物质空间与社会生活，需要被城市居民铭记。因此本文在分析万州老城形态的基础上，探讨了其组成部分之一的公共空间形态如何与消落带的景观设计结合。

图 10 万州现今的码头（图片来源：网络）

前文中已将万州公共空间形态划分为三类：街巷、马路、码头，通过对万州老城形态变迁机制的分析，可以知道这三类空间不仅平面形态和空间开放度有明显差异，其在竖向空间上的分布也具有山地城镇的特色，即街巷、马路、码头随着与长江的距离越来越近，其高程是逐渐降低的，因此在万州消落带的景观设计方案中，提炼了这一竖向空间逻辑并结合平面形态的抽象特征（图 8），以景观的形式再现了万州老城的公共空间形态（图 11）。

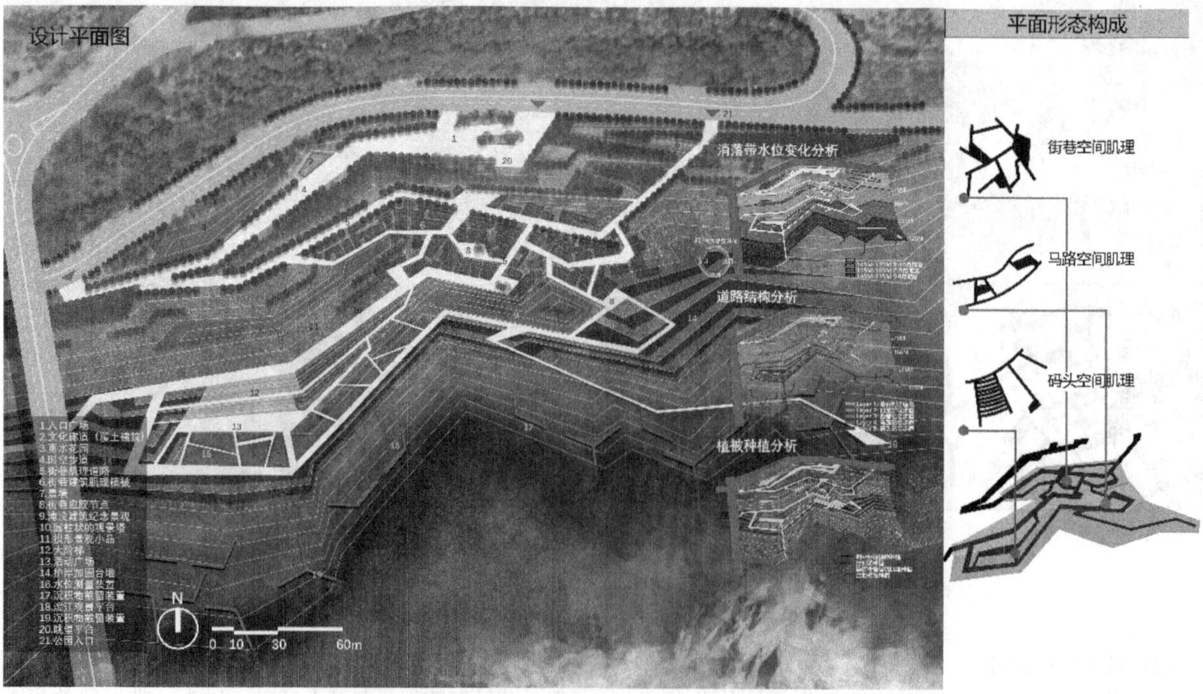

图 11 万州老城肌理在消落带景观设计中的应用

5 结语

万州老城的城市形态是几千年来港口发展与城市建设的有机结合体，在三峡建设与快速城镇化的双重影响下已经消失殆尽，随之消失的不仅有物质空间，还有传统城镇形态承载的意识形态、社会文化与生活方式等非物质层面的城市遗产，未来如何向公众展示万州被淹没的城市遗产得进一步探讨，这也是三峡库区城镇共同面临的问题。

参考文献

[1] 徐廉明．万县港史[M]. 武汉：武汉出版社，1990.

[2] 罗融融，罗丹，肖竞．后三峡时期库区城镇沿江风景变迁类型与特征略析——以万州、巫山、云阳为例．小城镇建设，2020，38(09)：5-11+43.

[3] 陈代俊．重庆历史城区空间形态类型特征与基因解析[D]. 重庆：重庆大学，2019.

[4] 杨星莹．形态类型学视野下的重庆"慈云老街"历史文化街区保护与更新研究[D]. 重庆：重庆大学，2019.

[5] 李旭，陈代俊，裴宇轩，等．从意象演变看城市形态地域特征的形成与发展——以重庆历史城区为例．城市建筑，2017(30)：122-126.

[6] 綦晓萌．重庆渝中半岛城市形态及其演变[D]. 重庆：重庆大学，2015.

[7] 王纪武．地域文化视野的城市空间形态研究[D]. 重庆：重庆大学，2005.

[8] 杨金凤．抗战时期重庆交通发展与城市形态影响研究[D]. 重庆：重庆交通大学，2015.

[9] 刘宇．基于类型学中"集体记忆"的旧城更新研究[D]. 重庆：重庆大学，2017.

[10] 佚名．万县志[M]. 台北：成文出版社有限公司，1976.

[11] Yousefi Z, Dadashpoor H, Hanley R E. How Do ICTs Affect Urban Spatial Structure? A Systematic Literature Review[J]. Journal of Urban Technology, 2020, 27(1): 47-65.

[12] 魏光孕，杨必河．解放前万县城区市场概况[M]//万县市委员会文史资料委员会．万县文史资料选辑．北京：中国文史出版社，1989：183.

[13] 吴名国．万州下半城淹没记[M]//万县市委员会文史资料委员会．万县文史资料选辑．北京：中国文史出版社，1989：94.

[14] Lisaia D, Zhang C. Morphological and physical characteristics of the historic urban fabric and traditional streets of Xiguan in Guangzhou[J]. Journal of Urban Design, 2022: 1-18.

[15] 李欢．万州四方井近代历史街区及建筑特色研究[D]. 重庆：重庆大学，2009.

作者简介

陈忆湄，1997 年生，女，汉族，四川凉山人，北京林业大学园林学院研究生在读，研究方向为风景园林规划与设计方向。电子邮箱：1010546657@qq. com。

（通信作者）郭巍，1976 年生，男，汉族，浙江人，博士，北京林业大学园林学院，教授，研究方向为水文驱动下的传统人居环境、乡土景观。电子邮箱：gwei1024@126. com。

论文集

风景园林与国土空间优化

星载激光雷达开放数据集在国土空间规划中的应用前景[①]

Application Prospects of Open Dataset of Spaceborne Lidar in Homeland Spatial Planning

李文娇　曾玉桐　张　炜*

摘　要： 随着全球遥感数据的开放与公众化发展，为国土空间规划提供新的数据基础。星载激光雷达是一种通过测量脉冲传播时间来确定距离的新兴遥感技术，可以精确获取地面或大气的三维空间信息。美国全球生态系统动力学调查项目（GEDI）始于2018年底，通过对地球表面的3D结构进行高分辨率激光测距观测，并面向公众提供描述地表3D特征的网络化数据集。本文对其基本原理、所提供的服务工具和数据资源进行了概述，并基于我国东北长白山混交林生态区的林地体积监测和整合GEDI与Landsat数据绘制全球森林冠层高度实践案例，对其实践应用进行了探讨。最后，在我国“碳达峰、碳中和”的发展目标下，星载激光雷达数据产品将在城市森林结构和碳平衡、城市3D空间及土地监测模拟等方面应用，作为国土空间规划的数据支撑，为城乡生态屏障的规划建设提供参考依据。

关键词： 星载激光雷达；遥感；GEDI；森林垂直结构；碳汇

Abstract: With the development of open and public access to global remote sensing data, it provides a new data base for territorial spatial planning. Satellite-based LiDAR is an emerging remote sensing technology that determines distances by measuring pulse propagation times, allowing precise access to three-dimensional spatial information of the ground or atmosphere. The U. S. Global Ecosystem Dynamics Investigation (GEDI) project began in late 2018 by conducting high-resolution laser ranging observations of 3D structures on the Earth's surface and providing networked datasets describing 3D features of the surface for the public. This paper provides an overview of its fundamentals, the service tools and data resources provided, and discusses its practical application through a practical case of forest volume monitoring and integration of GEDI and Landsat data for global forest canopy height mapping in the Changbai Mountain mixed forest ecological zone in northeast China. Finally, under the development goal of "carbon peak-carbon neutral" in China, the satellite-based LiDAR data products will be applied in urban forest structure and carbon balance, urban 3D space and land monitoring simulation, as data support for territorial spatial planning, and provide reference basis for the planning and construction of urban and rural ecological barriers.

Keywords: Spaceborne Lidar; Remote Sensing; GEDI; Forest Vertical Structure; Carbon Sink

引言

国土空间规划作为国家可持续发展的蓝图，是城市结构和生态资源等领域的直接影响因素，国土空间规划的编制与实施，具有多面协调应对气候变化的机制优势。我国“十四五”规划中提出将在2030年前实现碳达峰，2060年前实现碳中和的重要城市发展目标[1]。双碳目标的实现，需要在能源、土地、基础设施等方面快速转型。据研究表明，碳排放总量随着城市化的逐年加剧急剧增高，城市碳排放量占全球总排放量的78%以上，如何有效的统筹空间规划和布局是避免高碳模式的关键[2]。遥感数据具有覆盖范围广、信息量大、可连续观测的特点，在城市生态质量的监测与评估、城市规划、生态建设和可持续发展中发挥重要作用。森林作为陆地生态系统的主体，是吸收、固定及储存碳最主要的生态系统，城市森林在减少二氧化碳方面具有多重环境效益，其碳汇能力远高于草坪等其他植被类型。结合遥感数据对城市碳汇能力进行研究，实现对城市生态质量的多维度监测与评估。

1　全球遥感数据的开放与公众化的发展历程

在过去10年中，随着人们对遥感数据访问量的大幅增加，公众能够免费获得的数据范围逐渐全球化，同时为了提升图像精度，获取途径从单个卫星获取单个图像逐步转化为从不同类型的卫星中获取数据，如美国Landsat卫星系列。Landsat陆地卫星于1972年首次发射，目前正在运行Landsat 8[3]。在2008年末美国金融危机期间，美国地质调查局将所有Landsat图像在世界范围内面向公众提供免费的访问并下载[4]。遥感动态监测广泛应用于土地利用变化分析，Nicholas博士与加拿大林务局的Mike Walter、Joanne White和Sherman合作，以30m像素为单位的栅格图像，从1984年起每16天改变一次以获得Landsat TM记录图像，并将这些不同的图像合并在一起，制作完成世界范围的高质量地表图像，实现在景观层面观察世界的动态变化过程。

① 项目基金：国家重点研发计划“乡村生态景观资源特征指标体系研究”（编号：2019YFD1100401）；国家自然科学基金“城市绿色雨水基础设施生态系统服务效能监测和评价研究”（编号：51808245）；中央高校基本科研业务费专项资金资助项目“基于乡村振兴战略的乡镇级国土空间规划编制体系、技术方法与实践应用研究”（项目批准号：2662021JC009）资助。

此外，在遥感方面正在兴起的另一个数据集是星载激光雷达 LiDAR，通过从飞机或卫星上发射激光脉冲，可以建立森林表面的三维信息，包括森林高度、垂直结构变化以及森林覆盖度变化的 3D 森林结构信息。

星载激光测高作为主动遥感探测技术之一，能够高效大面积地获取探测三维空间信息及目标测高数据。星载激光测高技术发展可归纳为 3 个阶段（表 1），同时，其功能从观测地形或者极地冰川等单一用途，逐步向诸如森林参数提取、林业碳汇估算及气溶胶厚度反演等林业及生态学科拓展[5]。

星载激光测高发展的 3 个阶段　　表 1

发展阶段	萌芽期			发展期				
测高系统 / 参数指标	SLA-01 SLA-02	MOLA	NLR	GLAS	MLA	LALT	LAM	LLRI
发射国家	美国 NASA	美国 NASA	美国 NASA	美国 NASA	美国	日本	中国	印度
运载任务	航天飞机	MGS	NEAR	ICESat	Messen-ger	SELENE	CE-1	Chandrayaan-1
观测对象	地球	火星	Eros	地球	水星	月球	月球	月球
应用领域	地形测量	火星地貌和重力场	表面特征	冰盖监测，海冰厚度，生物量估计	水星表面地形图	精准月球全球地形图	三维信息获取，高分辨率月球地形图	月球地形，摄像仪和超光谱成像仪数据补充
发射时间（年）	1996	1996	1996	2003	2006	2007	2007	2008
寿命（年）	10 天	3	1	3	1	1	1	2
发展阶段	发展期			繁荣期				
测高系统 参数指标	LOLA	MOLA	NLR	BELA	ATLAS		GEDI 系统	
发射国家	美国 NASA	中国	中国	欧空局 ESA	美国 NASA	中国	美国 NASA	中国
运载任务	LRO	CE-2	CE-3	MPO	ICESat-2	高分七号	GEDI	资源三号 03 星
观测对象	月球	月球	月球	水星	地球	地球	地球	地球
应用领域	月球形状，确定着陆场，月球参考系统	地形地貌	地形测量	水星参考表面及其表面特征	测量地表高程，气候监测，生物量估计	国土监测	森林生物保护，碳监测，火灾监测	获取高分辨立体影像和多光谱数据
发射时间	2009 年	2010 年	2013 年	2016 年	2017 年	2019 年 11 月 3 日	2018 年 12 月 5 日	2020 年 7 月 1 日
寿命（年）	1	1.3	1	6	5	8	2	4

星载激光测高仪在不破坏植被结构的前提下，能够获得不同时间和空间尺度下的植被信息，与传统的人工测量相比更为高效便捷。迄今为止，国内外已经建立了多种星载激光雷达设备用于林业遥感监测。美国国家航空航天局（NASA）和其他国际空间机构协作研究与地球碳水循环、气候、栖息地适宜性以及其他生态系统服务状态相关的科学和政策问题，如搭载在 ICESat-1（Ice, Cloud and Elevation Satellite）卫星上的 GLAS（Geosciences Laser Altimeter System）系统、搭载在 ICESat-2 卫星上的 ATLAS（Advanced Topographic Laser Altimeter System）系统、部署在国际空间站（International space station, ISS）上的 GEDI（The Global Ecosystem Dynamics Investigation）系统、日本的 MOLI（Multi-footprint Observation Lidar and Imager）系统也即将发射并部署在 ISS[6]。GEDI 作为第一个专门优化仪器进行空间测量的项目，通过测量植被结构获得数据集。2014 年美国国家航空航天局（NASA）使用该项目执行地球风险投资工具（EVI）任务，在 2 年任务周期内进行约 100 亿次无云观测[7]。

2　星载激光雷达数据开放产品类型

2.1　技术原理

星载激光雷达通过发射激光脉冲，接受激光脉冲到达森林后返回的能量以获得森林的垂直结构信息，包括线性全波形和光子两种探测体制。以 GEDI 为例，其仪器由 3 个相同的近红外激光器构成，包括两个全功率激光器和另外一个被分成两光束的激光器，通过向地面发射短脉冲击光（14ns），可获取 51.6°N 至 51.6°S 之间的激光雷达波形[8]。图 1 左侧是 GEDI 激光雷达形成的波形示意

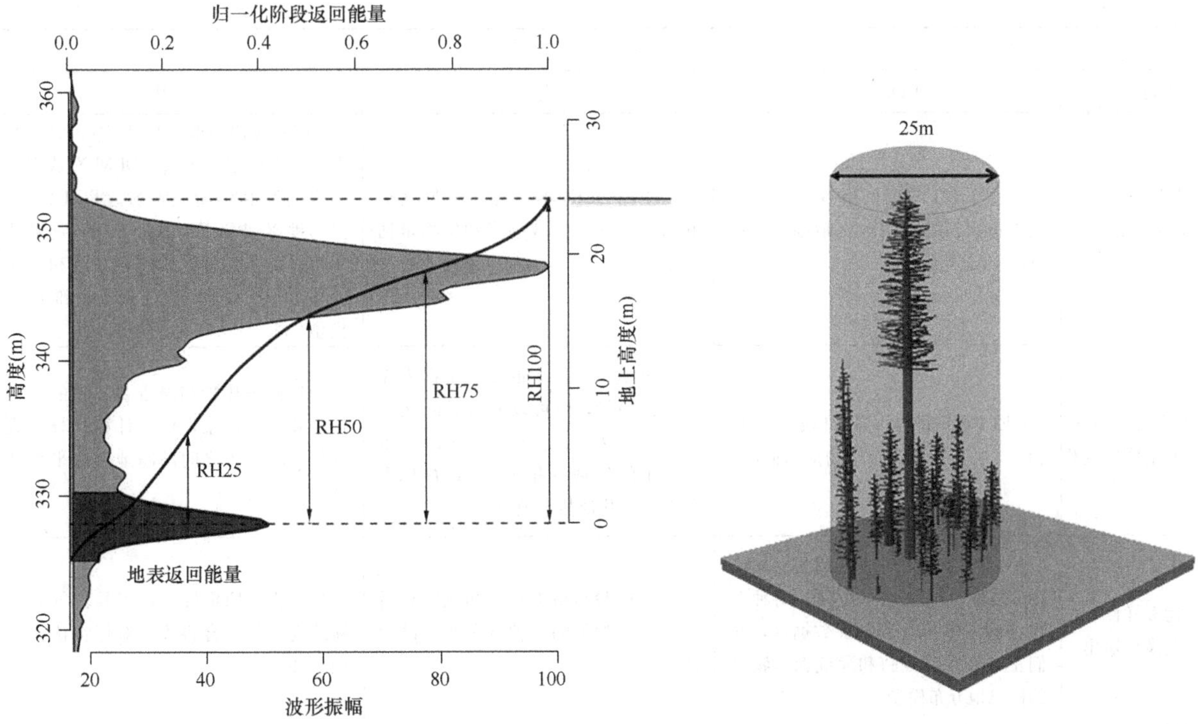

图 1　波形及其光斑对应区域树的分布图[8]

图，右侧图为波形图对应的植被结构分布。从 GEDI 波形中可以得到四种类型的结构信息，即地貌、冠层高度、冠层覆盖面积和垂直结构。通过对信息加以优化，可对全球热带和温带的森林垂直结构进行测量[9]。

2.2　数据级别及产品

星载激光雷达产品能够完整地记录目标垂直方向各位置与激光发射脉冲作用后返回的能量以提供森林空间离散的垂直结构信息，在实际应用中一般与可见光联合实现连续的森林观测，或与多种数据融合进行分析。

GEDI 数据产品提供了描述地球三维特征的格网数据集。根据数据处理阶段的不同，GEDI 数据划分为 4 个等级。1 级产品为定位波形；2 级产品为足迹级冠层高度和剖面度量；3 级产品为格网冠层高度及其变化；4A 与 4B 级产品为足迹以及格网地上的碳估计[10]。GEDI 数据能够推导并预测生成其他类型的产品，其中与生物质变化、生态系统建模、生物多样性及生境相关的数据产品尤为重要[11]（表 2）。

GEDI 数据级别和示范产品　　　　**表 2**

数据级别			
产品级别	产品名称	产品内容	分辨率
L1A-2A	波形发射与接收机制以及 L1A 与 L2A 产品的生成	1A：原始波形，2A：地面高程、冠层顶高、相对高程	直径 25m
L1B	波形定位	定位波形	直径 25m
L2B	冠层覆盖面积与垂直剖面度量	冠层覆盖及其剖面、叶面积指数及其剖面	直径 25m
L3	地面格网度量	二级格网指标	直径 25m
L4A	地上生物量	地上生物量	直径 25m
L4B	格网生物量产品	格网地上生物量密度	1km 格网
示范产品			
产品名称	GEDI 功能	优势	应用
生态系统建模	初始化高度结构生态系统人口模型（ED）	根据替代土地使用和气候变化情景对当代碳库存、碳通量和未来碳封存潜力进行估算	应用世界上重要地区的 GEDI 数据中采用机载数据开创的模型数据框架，以说明空间激光雷达在大规模碳模型应用中的潜力

续表

示范产品			
产品名称	GEDI 功能	优势	应用
使用 TanDEM-X 增强高度和生物质映射	将 GEDI 生成的网格数据与其他遥感数据相结合实现更精细、更连续的空间分辨率	产生比 GEDI 本身的 1km 网络更精确的分辨率生成高度和生物量估计值	GEDI 与德国航空航天中心（DLR）合作，专注于使用 TanDEM-X 数据来增强高度和生物质映射。TanDEM-X 是一种 X 波段干涉测量 SAR，能够使用辐射转移模型生成树冠高度和结构的估计值。GEDI 数据用于校准这些模型
使用与 Landsat 融合的生物质变化	GEDI 数据将与许多森林砍伐斑块相交，并提供对当今生物量的估计	森林砍伐时发生的生物量损失无法直接测量，但可以通过时间换空间替代方法进行估算。使用激光雷达衍生的生物量和 Landsat 森林干扰图来量化泛热带地上碳损失	通过检查热带和温带森林中的森林损失和增加像素，可以计算森林损失和随后的再生之间的净地上碳平衡估计值
生物多样性和习性模型输出	使用 GEDI 植被结构测量、MODIS 派生的植被动态指标、物种存在/缺失观察和物种特征数据库，我们正在开发受威胁和濒危森林物种的栖息地分布模型	提高检验与植被高度和冠层异质性等因素相关的物种分布的假设的能力	预计将 GEDI 与一系列其他气候和遥感变量相结合将改善对保护优先事项的评估

资源来源：作者依据资料自绘。

3　基于星载激光雷达开放数据的研究与实践

星载激光雷达具有覆盖全球的探测能力，能够在极地地区冰层和海洋冰川变化、植被分布状况、云层和气溶胶的垂直分布等方面发挥重要作用。其数据产品可以在国土空间规划中为森林资源管理，碳平衡的相关研究提供数据支撑。

3.1　森林碳储量监测

将森林视为由单独树木或群组的植被并建立相应模型，通过获取森林的冠层高度、树冠形态、叶面积指数、生物量及其他反应植被特征的信息以达到提高模型预测准确性的目的，比如监测异质景观中的碳通量。生态系统模型可以通过量化再生热带森林的气候减缓效益，以了解不同森林经砍伐后的碳变化，或估计森林火灾发生后对碳储存的影响。在植被模型中，树冠的高度和结构是重要组成成分，GEDI 的密集间隔观测模式有助于增强模型的整体准确性和空间细节[12]，提高模型在规划研究中的实用性。

3.2　森林生长动态评估

GEDI 通过将全球、多时相和全波形激光数据整合到业务林业中、扩展了森林监测的前沿，改变了森林生产力的时空评估模式、为森林的管理运营提供数据支持。同时，将森林结构的高质量 ALS 激光扫描数据作为基准线，可减少定位、地面探测器和冠层结构产生的误差[13]。林地体积是反映生产力和碳储存的重要指标，同时也是生物量的估算依据。因此对林地体积进行评估，对于量化和监测碳排放、森林退化及生态安全至关重要。

由世界自然基金会（WWF）定义的 CMMFE 范围内（WWF ID：PA0414）开展的中国东北长白山混交林生态区的林地体积监测项目中，基于 GEDI 对区域林地体积进行研究。传统的林地体积通过基于物种敏感度、采伐树木的冠层高度和直径的测量值进行估算，这种方法不仅成本高昂且空间有限[14]。该案例中研究者以点-线-多边形作为整体建模框架，结合现场样本，采用 GEDI 的 LiDAR 数据将场地的 Sentinel-1 SAR、Sentinel-2 多光谱仪器（MSI）和高级陆地观测卫星（ALOS）数字地表模型（DSM）图像联合进行评估，同时将 LiDAR 变量作为线性桥梁，把场地与全覆盖的多传感器图像联系起来绘制林地体积图（图 2）。

3.3　森林垂直结构和生物量研究

区域尺度下的森林高度监测对于估算与森林相关的碳排放、分析森林退化和量化森林植被修复的有效性至关重要。星载激光雷达凭借在森林冠层垂直结构调查方面的优势，可对大面积的森林资源进行探测并模拟三维场景。首先 GEDI 沿样带或轨道采集数据，通过与其他数据集结合（如 TanDEM-X）填补轨道之间的空缺数据以提高数据分辨率[15]，并基于地面的国家森林清单（NFI）生成森林地图对区域范围内的生物量进行估算[16]。该案例中研究者 Potapov Peter 整合 GEDI 和 Landsat 数据绘制 2019 年 30 m 高空分辨率的全球森林冠层高度图（图 3）以清楚区分不同区域的冠层结构变化[17]，之后对 GEDI 波形进行再处理和算法优化用于校准基于 Landsat 的森林冠层高度模型并用于历史 Landsat 图像，从而绘制从 1980 年代至今的森林结构分析，为森林退化和恢复监测提供有效工具。

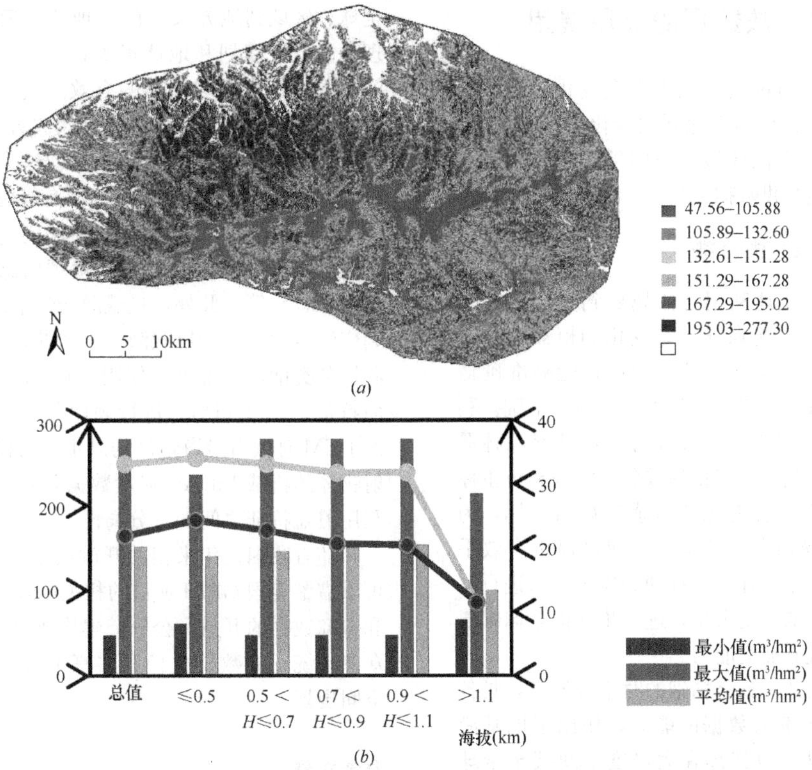

图 2 根据 GEDI LiDAR 数据、ALOS 和 Sentinel 系列图像得出的点线多边形框架估计的森林 SV 的地图（*a*）和单独的不同高度水平（*b*）的值[4]

（注：SD 和 CV 分别表示标准偏差和变异系数）

（*a*）通过点-线-多边形框架映射森林 SV（m-hm^2）；（*b*）预计值 SV

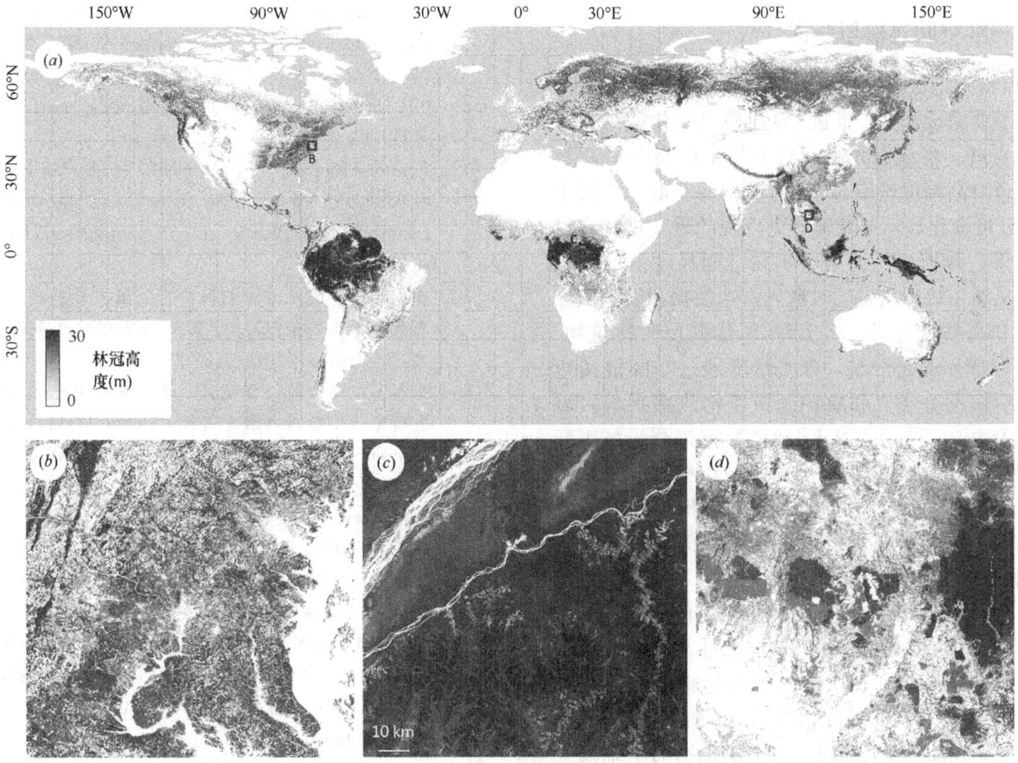

图 3 整合 GEDI 数据（2019 年 4 月至 10 月）和源自 Landsat GLAD ARD 的多时间指标生成的 2019 年全球森林覆盖高度图[17]

（*a*）30m 高空分辨率下的森林高度概览；（*b*）区分高蓝岭山森林和马里兰州皮埃蒙特高原的低冠层森林；

（*c*）刚果民主共和国淹没较矮的沼泽森林和较高的土地森林；

（*d*）柬埔寨较矮的干燥落叶低地森林和较高的原始山地常绿林

4 星载激光雷达开放数据的应用展望

星载激光雷达数据通过监测地表垂直变化，用于森林遥感、城市三维空间建模与土地利用变化的监测模拟，使研究人员及时获取大范围区域的空间地理信息，为国土空间规划的决策制定提供数据支撑。

4.1 森林生长与碳氧平衡监测

从城市总体规划与土地利用总体规划到如今的国土空间规划均提出以科学监测森林动态变化和植被碳储量为优化生态空间的目标导向，星载激光雷达能够准确估计森林结构参数，为进一步研究提供可靠的数据基础。利用遥感数据重新划分空间范围以及分析热带潮湿森林退化的时间演变，能够确定遥感测量的成分、结构和再生标准并用于检测热带潮湿森林退化的遥感指数和指标，为可持续森林管理的气候稳定和低碳城市建设提供有效手段。同时，使用遥感技术对森林的扰动和恢复能力进行系统研究，能够推动森林的恢复再生，进一步保护全球碳通量，增强城市生态系统碳捕捉能力。

此外，星载激光雷达还具有精细的时空分辨率，具备高探测精度和实时快速获取数据的能力，相比于地基激光雷达，星载激光雷达可以持续在大尺度空间甚至全球范围内获取植被的垂直结构信息，推导出与冠层高度、密度和分层相关的垂直结构信息，反映宏观尺度下生物的栖息地质量和生物多样性模式，满足国土空间研究区域生物量测绘要求[18]。

4.2 城市三维空间建模与分析

城市3D模型是城市设计分析以及能源和交通系统等城市系统的重要组成部分，推进3D建模自动化能够促进智慧城市的发展。星载激光雷达技术提供的高分辨率数据源非常适合对高精度城市3D几何模型的获取。相较于2D地图，3D可视化展示更准确、更直观的现实视角。目前星载激光雷达数据已经被用于不同空间尺度下的案例研究。比如从城市尺度出发，对激光雷达数据和航拍图像进行预处理和高精度分类，将LiDAR数据按照建筑物、植被和水体等特征进行分组，分类精度通过空间混淆矩阵评估，之后根据分类点和航拍图快速构建感兴趣区域的城市3D模型[19]；使用波形LiDAR数据来测量城市绿地的3D特性，可视化从树梢到地面的城市植被的复杂空间和体积结构，描述城市植被3D分布的体积模型[20]。从街区尺度出发，LiDAR技术可以快速且经济高效地捕获地表物体的高分辨率3D数据，基于移动LiDAR点云数据的体素化、视线视域的构建、三维可视空间的构建和体积指数计算绘制城市街道级别的3D可见性，以促进城市设计评估、城市绿地规划和城市景观视觉特征设计等方面的研究[21]。从公共空间尺度出发，对星载激光雷达数据和2D建筑物轮廓进行预处理，生成建筑物的基础模型和相应的半空间，之后对半空间进行分析并用3D布尔运算来塑造最终的3D建筑模型[22]。

4.3 土地利用变化监测模拟

土地覆盖的分布对气候和环境有重大影响，绘制从全球、区域到地方尺度的土地覆盖模式有助于决策者处理公共政策规划和地球资源管理。卫星遥感作为在太空间范围内获取地球地形的有效工具，用于生成数字地形模型（DTM），地形测绘和自然灾害评估等方面。目前，许多国家和国际机构已经成功创建了全国范围的土地覆盖分类系统和土地覆盖图，如美国地质调查局（USGS）的全球覆盖特征数据库、欧洲环境署（EEA）的环境信息协调（CORINE）、加拿大地理信息和自然资源委员会（GeoBase）等。此外，星载激光技术已经在城市环境中得到广泛运用，比如星载激光雷达获取3D地形数据为土地利用分类增加新维度，使用LiDAR数据分离地面与非地面特征，结合nDSM进行表面分类并利用激光雷达衍生的DEM对城市沿海地区的洪水进行模拟预测；依据被照射物体的机载LiDAR强度数据差异，增强城市不同土地利用覆盖特征之间的可分离性[23]。

随着我国近年来相关开放数据项目建设的不断推进，可以借鉴美国GEDI项目的相关成果经验，促进行业信息和研究数据的开放和公开，建构政府决策、科学研究和公众参与统一的数据交换和共享平台，更好地应用于国土空间规划。

参考文献

[1] 借力国土空间规划，建设"碳中和"城市．光明网[EB/OL].(2021-04-01)[2021-08-19]. https://m.gmw.cn/baijia/2021-04/01/34733637.html.

[2] 赵国龙，殷晨曦．碳达峰碳中和目标背景下大气污染内生治理模式[J/OL]. 企业经济，2021(08)：25-35[2021-08-19]. https://doi.org/10.13529/j.cnki.enterprise.economy.2021.08.003.

[3] News Release-News：Home：NSF[EB/OL].(2007)[2022-03-02]. https://www.nsf.gov/news/news_summ.jsp?cntn_id=110742.

[4] Forster，Richard R，Selkowitz，et al. Automated mapping of persistent ice and snow cover across the western US with Landsat[J]. ISPRS journal of photogrammetry and remote sensing，2016.

[5] 崔成玲，李国元，黄朝围，等．国内外星载激光测高系统发展现状及趋势[C]. 中国测绘地理信息年会优秀青年论文，江西南昌，2015：288-295.

[6] 岳春宇，郑永超，邢艳秋，等．星载激光遥感林业应用发展研究[J]. 红外与激光工程，2020，49(11)：105-114.

[7] Mission Overview - GEDI：GEDI：NASA[EB/OL].(2021)[2021-08-03]. https://gedi.umd.edu/mission/mission-overview/.

[8] INSTRUMENT OVERVIEW - GEDI：GEDI：NASA[EB/OL].(2021)[2021-08-03]. https://gedi.umd.edu/instrument/instrument-overview/.

[9] TECHNOLOGY - GEDI：GEDI：NASA[EB/OL].(2021)[2021-08-03]. https://gedi.umd.edu/mission/technology/.

[10] PRODUCTS - GEDI：GEDI：NASA[EB/OL].(2021)[2021-08-03]. https://gedi.umd.edu/data/products/.

[11] 谢栋平，李国元，赵严铭，等．美国GEDI天基激光测高系统及其应用[J]. 国际太空，2018(12)：39-44.

[12] 汪自军，张扬，刘东，等．新型多波束陆海激光雷达探测卫星技术发展研究[J]. 红外与激光工程，2021，50(07)：158-168.

[13] Juan Guerra-Hernández，Adrián Pascual. Using GEDI lidar

data and airborne laser scanning to assess height growth dynamics in fast-growing species: a showcase in Spain[J]. Forest Ecosystems, 2021, 8(01): 182-198.

[14] Chen Lin, Ren Chunying, Zhang Bai, et al. Improved estimation of forest stand volume by the integration of GEDI LiDAR data and multi-sensor imagery in the Changbai Mountains Mixed forests Ecoregion (CMMFE), northeast China[J]. International Journal of Applied Earth Observations and Geoinformation, 2021.

[15] Wenlu Qi, Ralph O. Dubayah. Combining Tandem-X InSAR and simulated GEDI lidar observations for forest structure mapping[J]. Remote Sensing of Environment, 2016.

[16] Fabian D Schneider, Schneider Fabian D, Ferraz António, et al. Towards mapping the diversity of canopy structure from space with GEDI[J]. Environmental Research Letters, 2020, 15(11).

[17] Potapov Peter, Li Xinyuan, Hernandez-Serna Andres, et al. Mapping global forest canopy height through integration of GEDI and Landsat data[J]. Remote Sensing of Environment, 2021, 253.

[18] Dupuis C, Lejeune P, Michez A, et al. How Can Remote Sensing Help Monitor Tropical Moist Forest Degradation? —A Systematic Review. Remote Sensing[J]. 2020; 12(7): 1087.

[19] Liu C, Wu H, Zhang Y. Extraction of Urban 3D Features from Lidar Data Fused with Aerial Images Using an Improved Mean Shift Algorithm[J]. Survey Review, 2013, 43(322): 402-414.

[20] Ka A, Sh B, Sc A, et al. Visualising the urban green volume: Exploring LiDAR voxels with tangible technologies and virtual models[J]. Landscape and Urban Planning, 2018, 178: 248-260.

[21] Zhao Y, Wu B, Wu J, et al. Mapping 3D visibility in an urban street environment from mobile LiDAR point clouds[J]. GIScience & Remote Sensing, 2020(1): 1-16.

[22] Luka N. Parameter-Free Half-Spaces Based 3D Building Reconstruction Using Ground and Segmented Building Points from Airborne LiDAR Data with 2D Outlines[J]. Remote Sensing, 2021, 13.

[23] Yan W Y, Shaker A, El-Ashmawy N. Urban land cover classification using airborne LiDAR data: A review[J]. Remote Sensing of Environment, 2015, 158: 295-310.

作者简介

李文娇，1999年生，女，汉族，甘肃天水人，华中农业大学园艺林学学院硕士研究生在读，研究方向为风景园林数字技术与参数化设计。电子邮箱：1278327883@qq.com。

曾玉桐，1997年生，女，汉族，安徽桐城人，华中农业大学园艺林学学院硕士研究生在读，研究方向为风景园林数字技术与参数化设计。电子邮箱：2954750362@qq.com。

（通信作者）张炜，1988年生，男，汉族，河北衡水人，博士，华中农业大学园艺林学学院、农业农村部华中地区都市农业重点实验室，副教授，研究方向为风景园林数字技术与参数化设计。电子邮箱：zhang28163@mail.hzau.edu.cn。

人民城市建设下上海市中心城区社区公共绿地供需匹配与优化研究①

——以虹口区为例

Study on Matching and Optimization of Supply and Demand of Community Public Green Space in Downtown Shanghai under the People's City Construction: A Case Study of Hongkou District

丛楷昕　金云峰*　邹可人

摘　要：伴随快速城市的进程，在有限空间资源的制约下，为满足中国城市建设空间资源的优化配置和人民生活品质提升需求，城市规划领域提出构建“社区生活圈”作为居民日常生活的基本空间单元，将常见的城市公共绿地空间分配不均的问题落实到社区层面。为进一步推进构建社区生活圈层面下的公共绿地服务体系，实现绿地空间配置的均等性、公平性和差异性，延续以人为本，落实人民城市人民建理念。本文以解决实际问题为导向，以空间正义为基础理论，从城市居民的实际需求出发，依据社区公共绿地影响生活质量的多种可达性测度方法和人口信息建立综合性供需评价指标体系，通过耦合协调发展指数构建社区公共绿地供需关系评价模型，在生活圈视角下探索社区公共绿地空间布局关系。以虹口区为例，通过耦合协调发展模型计算得出虹口区各居住小区社区公共绿地的供需匹配情况，进而得出虹口区公共绿地整体呈现供给水平偏低、供需空间分布不平衡、协调发展水平较低的基本特征。最后针对供给和需求差异大的空间单元进行研究，寻求评价体系中促进供给满足需求的影响动力因子，从而解决社区公共绿地的空间服务供给与居民生活需求不平衡的问题。

关键词：人民城市；社区公共绿地；生活圈；景观更新；供需匹配；上海虹口区

Abstract: With the rapid process of the city, under the restriction of limited space resources, in order to meet China's urban construction space resource optimal allocation and people's quality of life needs, the urban planning area "community life circle" is proposed as the basic spatial unit of residents'daily life, the common problem of the unequal distribution of urban public green space to the community level. In order to further promote the construction of public green space service system under the level of community living circle, realize the equality, fairness and difference of green space configuration, continue the people-oriented concept, speed up the construction of a beautiful and livable park city. In this paper, in order to solve practical problems as the guidance, space based on justice theory, starting from the actual demand of urban residents, on the basis of community public green space influence the quality of life of a variety of accessibility measure and population information to establish a comprehensive evaluation index system of supply and demand, through the coupling coordination development index building the appraisal model of community, public green land supply and demand, Explore the spatial layout of community public green space from the perspective of life circle. Taking Hongkou District as an example, the matching situation of supply and demand of community public green space of each residential community in Hongkou district was calculated by coupling coordinated development model, and then the basic characteristics of the overall public green space in Hongkou District were low supply level, imbalance of supply and demand spatial distribution, and low level of coordinated development. Finally, the paper studies the spatial units with large difference between supply and demand, and seeks for the influential dynamic factors that promote supply to meet demand in the evaluation system, so as to solve the imbalance between the spatial service supply of community public green space and the living demand of residents.

Keywords: People's City; Community Public Green Space; Life Circle; Landscape Renewal; Supply and Demand Matching; Hongkou District, Shanghai

引言

公共绿地作为社区生活圈公共服务的重要组成部分，是融合日常游憩、社会交流、健康运动的公共场所。其中，社区级公共绿地占地面积小、数量多，最贴近居民日常生活，其空间布局与公众健康、居民福祉、社会公平等诉求息息相关[1]。相比于城市和区域层级下的公园绿地，社区公共绿地的合理配置能更好地满足城市精细化治理的要求，保障了人居环境的可持续发展，对提高生活品质、提升居民福祉、实现人民城市建设目标具有重要意义[2]。

在城市建设中，社区公共绿地大多是由政府采用集中供给方式进行配置，常采用绿地率、绿化覆盖率、人均

① 基金项目：国家自然科学基金项目（编号 51978480）资助。

绿地面积等数量指标来反映绿地的服务水平，在总体上保证了绿地建设总量，用千人指标表征居民绿地享有量。受快速城市化进程影响，公共绿地在空间分布的数量、规模、可达性、城市不同空间居民对其使用机会和结果上存在明显差异，进而形成居住空间分异与隔离、弱势群体边缘化等现象。在存量规划背景下，社区公共绿地虽然与居民需求联系更为密切，但在城市建设中往往置于次要位置，规划和建设存在滞后性，社区公共绿地的服务供给能力不足与城市居民需求增长之间的矛盾日益凸显，传统数量指标无法反应绿地利用率低、可达性差和与居民实际人口不匹配等供需矛盾。以上海市为例，黄浦区、静安区、虹口区 3 个中心城区的人均公共绿地面积远低于外围新城区，且社区公共绿地使用人群的构成具有显著的差异性和社会分异，社区公共绿地空间配置总体呈现不均衡不充分的态势。

作为连接城市绿地与居民需求的重要概念，供需关系是城市绿地研究和规划决策的重要内容。学界对绿地供需关系已有大量研究：①依托地理信息系统（GIS）平台的可达性研究。综合考虑绿地数量、质量、空间距离、时间、费用等多方面因素，基于居民居住用地与绿地之间的可达性来分析绿地空间供需匹配程度，但可达性测度在满足每个居民需求和可达机会的同时，忽略了居民自身属性产生的游憩需求差异，缺乏对真实的“社会人”的考虑；②针对城市绿地使用主体差异的研究。将居民这一使用主体纳入城市绿地的需求考量，探究其年龄、收入水平、住房性质、社会阶层等差异性，考察社会经济特征是否影响绿地配置公平，关注社会弱势群体的绿地供给[3]。研究常用经济发展中的数量线性关系来解释和测度供给和需求间的复杂作用关系，强调绿地布局的空间公平和空间正义[4]。社区生活圈规划也在一定程度上推动了公共绿地供需评价，提出立足于真实服务水平的社区公共绿地服务半径和步行覆盖率等指标。有学者还提出各层级生活圈下的公共服务设施设置为非包含关系，社区公共绿地的供需应独立于其他城市公园类型[5]。在以居民需求为导向推动社区发展的背景下，为解决社区公共绿地服务供给与居民增长需求之间的矛盾，本文综合考虑上述影响因素，提出构建社区生活圈空间单元下的综合性供需评价指标体系，通过供需关系评价研究为社区公共绿地的建设和布局提供优化和改进策略。

1　研究方法与路径

1.1　研究对象与数据采集

社区公共绿地是指以社区生活圈为基本空间单元下的公共绿地[6]。本文以上海市中心城区为研究对象，因此结合《上海市城市总体规划（2015—2040）纲要》《上海市城市总体规划（2017—2035）》《15 分钟社区生活圈规划导则》等上海市规划文件中公共绿地的分级分类标准，将社区公共绿地的规模和可达距离（时间）门槛设为两级，面积为 400～3000m^2、服务半径为步行 300m（5 分钟）和面积为 0.3～4hm^2、服务半径为步行 500m（10 分钟），同时也得到了人均社区公共绿地面积和步行可达覆盖率的要求参考。

由于虹口区位于上海市中心城区，受上海人口调控政策和区情的影响，人口总体呈导出状态，人口老龄化结构问题突出。其城市建设已进入城市更新的周期，受旧里改造、土地出让开放和行政区划变迁的影响，下辖街道类型呈现出多样化、异质性特征，是上海市极具代表性的中心城区[7]。所以本文选定虹口区为研究对象，结合 15 分钟社区生活圈空间规模、街道边界、主要城市道路，对个别行政面积超过 3km^2，常住人口超过 10 万人的街道进行重新划分，将虹口区划分成 13 个空间单元。从天地图 API 接口和水经注下载器提取虹口区道路路网、河流水系、社区公共绿地和居住小区等信息，再通过安居客网站得到虹口区居住小区的相关信息，在此基础上结合谷歌地图、百度街景等进行人工判读和修改，最终整理成 ArcGIS 可识别的点面状矢量数据，结合第七次人口普查数据，计算得出各空间单元人口信息（图 1、图 2）。

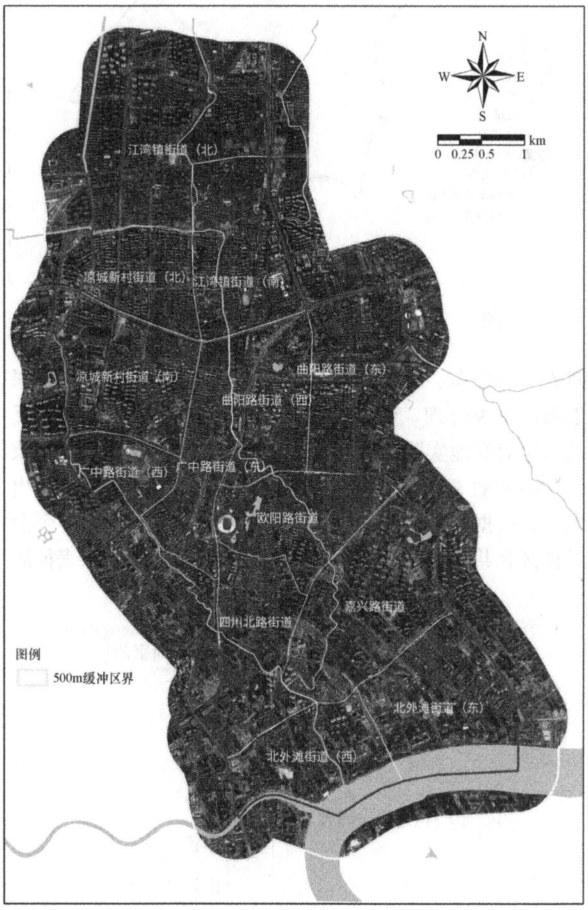

图 1　研究范围及空间单元划分

1.2　研究路径

绿地供需关系本质上是一种人地关系，即绿地资源与人需求的关系，进而是绿地服务供给与居民需求之间的关系。本研究着眼于生活圈尺度，考虑了居民人口是否均匀分布的，采用居民的居住空间与社区公共绿地的空间关联特征，来反映居民实际获取绿地服务的能力[8]。同

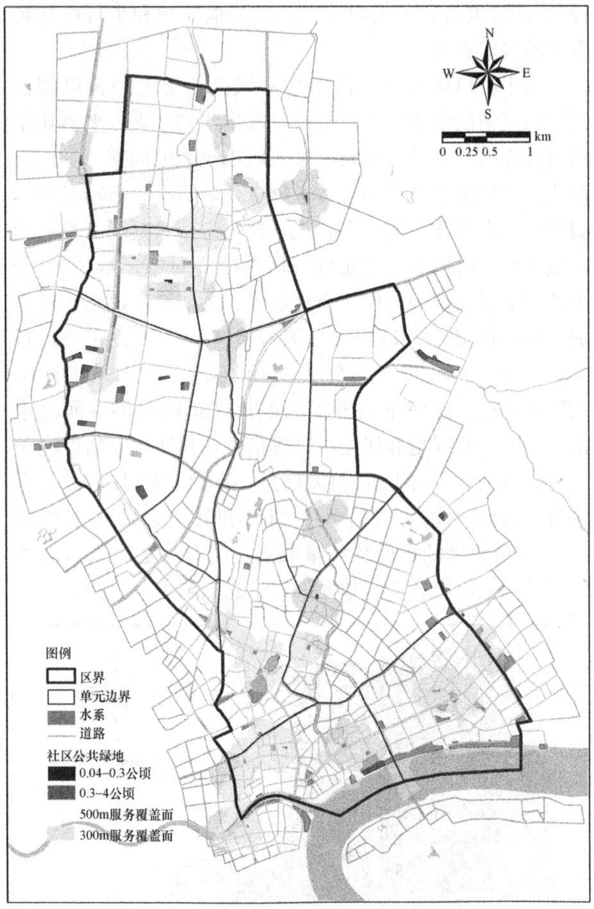

图 2 社区公共绿地分级及其服务覆盖面

时人口的分布、群体属性和使用需求也反作用于判断绿地布局是否合理，所以采用人口密度和人口结构属性反映居民对绿地实际需求水平。从生活圈“以人为本”“兼顾公平和效率”“协调居民差异化需求”的价值取向出发[9]，根据社区公共绿地及其使用人群的特征选取 6 个衡量社区公共绿地服务供给能力的供给侧指标和 4 个表征居民对绿地服务需求水平的需求侧指标。然后，采用专家打分法和 AHP 层次分析法对各项指标进行赋权，得到供需关系评价指标体系权重结果。最后，引入耦合协调发展指数，构建社区公共绿地供需关系评价模型（图 3）。

1.2.1 供给侧指标识别与计算

本研究从居住小区的角度出发，借助城市道路路网模拟居民实际出行情况，选择社区公共绿地服务半径 300m 和 500m 范围内的累计机会、拥挤程度和邻近距离，计算居民实际可达的绿地数量、面积、人均面积和到达最邻近绿地的距离。其中，数量规模结合 300m 和 500m 两个距离阈值，以及“上海 2035”提出的 5 分钟步行覆盖率要求，分别计算以居住小区为中心的 300m 范围内的 0.04～4hm^{2}社区公共绿地数量（包含两级绿地）和面积，以及 500m 范围内的 0.3～4hm^{2}社区公共绿地数量和面积；拥挤程度是评价各居住小区的人均实际享有面积，由于某小区可达范围内的社区公共绿地可能服务多个小区，因此参照两步移动搜索法的计算方法，分别计算社区公共绿地潜在人均面积和居住小区在其搜索半径范围内可达的所有社区公共绿地的潜在人均面积之和；邻近距离表征居民到距离所在居住小区最近的社区公共绿地所花费的空间距离，此处不考虑绿地本身的服务半径限制，以步行 15 分钟距离 900m 为临界点。一般情况下，累计机会指标和拥挤程度指标的值越大，认为居民实际享有的绿地数量面积越多，绿地供给水平就越高；反之，邻近距离指标的值越大，反映的绿地供给能力越差。

1.2.2 需求指标识别与计算

笔者通过实地调研和上海市对社区公共绿地消费群体的社会属性相关调查发现，社区公共绿地使用人群的构成具有显著的差异性和社会分异。从到访结果来看，每天到访的人群以中老年人、儿童与看护儿童的家长及中低收入群体为主，其到访数量与年龄成正比，与收入成反

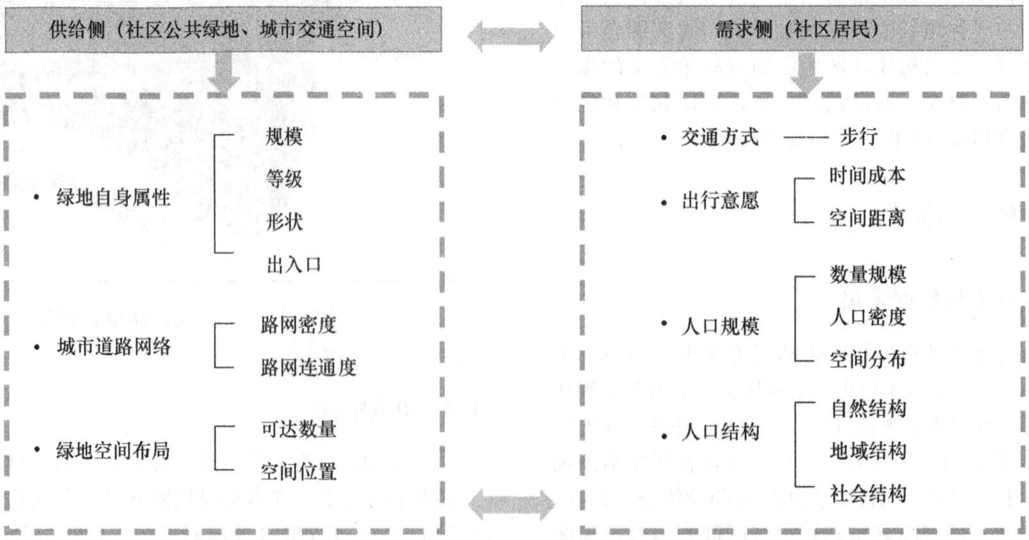

图 3 社区公共绿地供需匹配评价影响因素

比。从年龄来看，老龄人群占比最大，儿童占比次之，这两类人群都有大量闲暇时间在社区公共绿地进行锻炼和休闲交往活动[10]。从收入来看，低收入人群由于倾向步行和骑行的廉价交通方式，所以相比高收入人群更倾向于到访社区公共绿地[11]。在生活圈视角下，综合考虑居民群体之间的需求，适当向老人、儿童、低收入等高需求群体倾斜。综合考虑以上因素，基于居民自身的社会属性和经济属性，选取人口密度、60岁以上老年人口密度、0～14岁青少年儿童人口密度和低收入群体人口密度指标来表征研究区域内的居民需求。对于小区居民来说，人口密度直接涉及居住空间的舒适度，一般情况而言，人口密度越高，代表着小区人均游憩空间会越少，居民只能选择小区外社区公共绿地进行日常游憩活动，对社区公共绿地服务的总需求越大[12]。

1.2.3 供需匹配指标评价体系与模型构建

指标权重计算是计算绿地服务供给能力和居民需求水平的重点，权重值的分配对评价结果有直接影响。因此本文采用专家打分法和AHP层次分析法来确定指标的权重值，同时考虑人的主观判断与数值分布的特征，将影响结果的因素分解成目标、要素和指标层次。由于本次分析涉及供需双系统层，且利用的层次相对简单，所以仅在指标层赋权重值，要素层不设权重，以此构建社区公共绿地供需评价指标体系。

社区公共绿地供需评价指标权重　　表1

系统层	要素层	指标层	指标性质	分值
社区公共绿地服务供给能力评价A1	累计机会	居住小区300m范围内0.04～4hm^{2}的社区公共绿地数量B1	正向	0.153
		居住小区300m范围内0.04～4hm^{2}的社区公共绿地总面积B2	正向	0.153
		居住小区500m范围内0.3～4hm^{2}的社区公共绿地数量B3	正向	0.243
		居住小区500m范围内0.3～4hm^{2}的社区公共绿地总面积B4	正向	0.257
	拥挤程度	居住小区人均享有社区公共绿地面积B5	正向	0.112
	邻近距离	居住小区最邻近社区公共绿地距离B6	负向	0.082
社区公共绿地居民需求水平评价A2	需求指数	总人口密度B7	正向	0.466
		60岁以上人口密度B8	正向	0.277
		0～14岁人口密度B9	正向	0.096
		低收入群体人口密度B10	正向	0.161

由于上述评价体系中的指标数值、单位各不相同，且不同系统中的参数功效存在正负性的差异，如居住小区与社区公共绿地的邻近距离指标，距离越大意味着社区公共绿地的供给服务能力越小。因此，为达到供需系统可比的目的，需要对各项指标原始数值进行标准化处理，以消除量纲影响。本文采用的标准化公式为：

正向指标：$T_i=(t_i-t_{\min})/(t_{\max}-t_{\min})$

负向指标：$T_i=(t_{\max}-t_i)/(t_{\max}-t_{\min})$

式中，T_i为标准化后的结果，t_i为各指标原有数值，$t_{\max}$与$t_{\min}$代表同一指标序列中的最大值与最小值。

为进一步揭示社区公共绿地供需系统之间的联系，本研究引用了耦合协调发展模型来分析供需系统之间相互影响的复杂作用关系[13]。其中，耦合协调发展模型包括3个部分，即耦合指数（*CI*）和整体效应（*DI*）和耦合协调发展指数（*CDI*）。与传统的耦合指数（*CI*）不同，耦合协调发展指数（*CDI*）将整体效应（*DI*）纳入考量，既能反映相互作用程度，又能反映整体效应的综合指数。指数计算过程表示为：

$$CI=\left\{f(x)\cdot g(y)\cdot\left[\frac{f(x)+g(y)}{2}\right]^{-2}\right\}^{\rho}(\rho\geqslant 2)$$

$$DI=\alpha f(x)+\beta g(y)$$

$$CDI=\sqrt{CI\cdot DI}$$

式中，$f(x)$、$g(y)$分别表示为社区公共绿地的供给水平和需求水平具体的值，*CI*为耦合指数，其数值范围为[0，1]，其数值越靠近1则表明该片区各指标的耦合效应越好，反之越差；ρ为调节系数，本研究取值为2。*DI*代表社区公共绿地供需水平的综合评价指数；α、β是待定系数，且$\alpha+\beta=1$，由于本研究认为社区公共绿地供给与需求同等重要，故α与β取值为1/2。

由此可通过上述的计算得出协调发展度（*CDI*）的数值，从而为社区公共绿地供需测度进行整体分析、分项分析和关联分析提供基础。对供需关系进行测度既能直接反映社区公共绿地供给的空间布局是否合理以及空间分配是否公平公正，也能够反映供需系统之间作用的强弱程度，为进一步揭示促进需求满足供给的动力机制提供基础。

2 上海市虹口区社区公共绿地供需关系评价与分析

根据上述研究路径，本文以居住小区几个质心到路径的最近点作为居住小区的出入口，认为绿地服务范围覆盖小区出入口即视为可达，不考虑居民从居住建筑达到小区出入口的成本消耗；选用社区公共绿地实际出入口到道路的最近点为出入口，不考虑居民实际出行路程中过马路、等红绿灯等时间成本消耗。借助ArcGIS地理信息系统平台的网络分析工具建立OD成本矩阵，作为居住小区层级下指标分析的数据基础。由于居住小区层级指标结果仅作为进一步精准识别生活圈内部特征的途径，而在实际优化策略的定制上，更多的还是以各社区生活圈的实际问题为着眼点进行精准施策。所以本文将居住小区指标转换为生活圈尺度时，引入中位数的概念，用指标在各社区生活圈的中值作为中心趋势指数，之所以用中位数作为举出而不是论平均值的情况，是兼顾空间单元的中位以下水平。

2.1 供需指标体系评价

2.1.1 供给侧和需求侧分指标评价

社区公共绿地服务供给指标统计了以居住小区为中心的生活圈可达的社区公共绿地数量、面积和距离指标，表达了各个社区生活圈内部微观层面的绿地供给情况，重点关注居民有效绿地享有水平的均等性。从图 4 的评价结果空间分布可以发现：①300m 步行范围内可达社区公共绿地数量和面积明显低于 500m 步行范围内的数量和面积指标，小型社区绿地服务范围仅覆盖 15.05%的居住小区，与上海市 2025 年近期规划中提到的社区级公共开放空间 5 分钟步行可达覆盖率 82%的要求存在着较大的差距；②曲阳路街道（西）、欧阳路街道和嘉兴路街道的社区公共绿地资源非常紧缺，虽然研究单元内的设有大型城市公园，但同单元内越远离城市公园的居住小区指标表现结果越差，可见社区公共绿地建设在拥有大型公园的生活圈内并没有得到足够的重视；③滨江滨河的居住小区指标结果明显高于其他居住小区，由于区域内有俞泾浦、走马塘等河流流经，沿河建设了带状或小型绿地，社区公共绿地配置水平较高，但流经欧阳路街道和嘉兴路街道的沙泾港自然资源没有被公众所共享，一定程度上导致了居民居住分异形成空间聚集的特征。

社区公共绿地居民需求水平指标统计了各社区生活圈内的人口密度和特殊群体人口密度，表达了各生活圈内居民对社区公共绿地的需求水平，重点关注住区环境和个体群体需求的差异化。由于无法进一步获取居住小区各群体份额指数，所以采用第七次人口普查中的老年人、青少年儿童占比信息和《2020 年虹口区统计公报发布稿》中受政府一次性补贴的低保等对象，结合小区房价

(*a*) (*b*) (*c*) (*d*) (*e*) (*f*)

图 4 社区公共绿地供给侧指标评价结果

(*a*) B1；(*b*) B2；(*c*) B3；(*d*) B4；(*e*) B5；(*f*) B6

表征老年、青少年儿童和低收入群体人口密度，并补充了更微观的区位熵研究高需求人群的匹配关系。从图5可以发现：①虹口区除了凉城新村街道（南）和四川北路街道外都属于高密度地区，特别是广中路街道（东），大多数为2000年之前建成的老旧住区，绿化率低、容积率高、居住环境较差、城市更新过程困难、社区公共绿地建设水平低下；曲阳路街道（西），由于社区生活圈内其他公共服务设施众多，教育单位和医疗机构等公共服务单位众多且大型居住区较多，导致人口高度密集；北外滩街道（东），由于高成本与高地价等因素导致新建住区开发强度与人口密度较高，使社区生活圈人口密度高。②北外滩街道（东）（西）和凉城新村（北）3个单元的人均绿地服务水平远高于其他单元，使得有8个单元的人均享有绿地区位熵小于1，说明大部分居民享有更少的绿地服务，可见社区公共绿地资源分布呈现出明显的不均衡性；基于老年人口、青少年儿童人口和低收入群体的人均绿地服务区位熵极值均大于人均区位熵极值，说明绿地资源在老年、青少年儿童、低收入群体间的分布更不均衡，整体上极高和一般偏下地区的绿地服务水平略向老年人口倾斜但不向青少年儿童倾斜，且优势微弱，不能说明虹口区社区公共绿地布局体现了空间正义；半数以下单元的低收入人群人均绿地服务区位熵小于1，说明社区公共绿地空间布局已经向低收入群体发生了倾斜，在一定程度上体现了空间布局的公平性。

2.1.2 供需水平的空间分布

经过居住小区指标的单元转换和指标权重结果，加权得到各社区生活圈公共绿地服务供给能力和居民需求水平的量化结果。采用自然断点分级法对评价结果进行分级，得到虹口区社区公共绿地的服务供给能力和居民

图5　社区公共绿地需求侧指标和区位熵评价结果（一）

(a) B7；(b) B8；(c) B9；(d) B10；(e) 人均绿地服务区位熵；(f) 老年人均绿地服务区位熵；

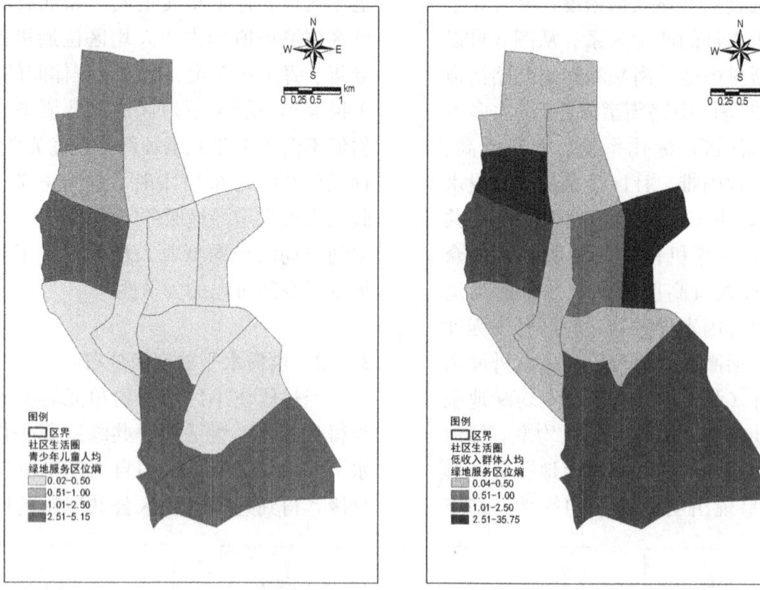

(*g*) (*h*)

图 5　社区公共绿地需求侧指标和区位熵评价结果（二）

（*g*）青少年儿童人均绿地服务区位熵；（*h*）低收入群体人均服务区位熵

需求水平空间分布。

由图 6 可以看出虹口区社区公共绿地供需水平空间分异明显，呈现“供给南北高中心低，需求中心高滨水高”的特点。具体来说，区内供给水平最高的是北面的凉城新村街道（北）（南）和南面的北外滩街道（东），这是由于北面的公共绿地可达数量、面积等指标相对较高，而南面的人均公共绿地面积指标较好。可见中部老城区各街道的社区公共绿地含量极低，面临严重供不应求问题；区内需求水平空间分布呈中心高滨水高的状态，是由于其中几个中心老城区街道由于发展较早，建设程度更高，总人口密度和 60 岁以上老年人口数量多， 对社区公共绿地的使用需求高，值得一提的是北外滩街道（东），位于该街道的居住小区虽不乏绿地率高达 40%～50%的商品房小区，但多为高层小区，容积率大，也不乏环境一般的老旧里弄住宅，居住小区人口密度也在一定程度上反映了绿地在该街道住区内是非常稀缺的资源。

2.2　供需关系的评价

根据耦合协调发展模型计算公式，可得出虹口区社区公共绿地耦合指数（*CI*）、发展指数（*DI*）和协调发展指数（*CDI*）的计算结果，如表 2 所示。

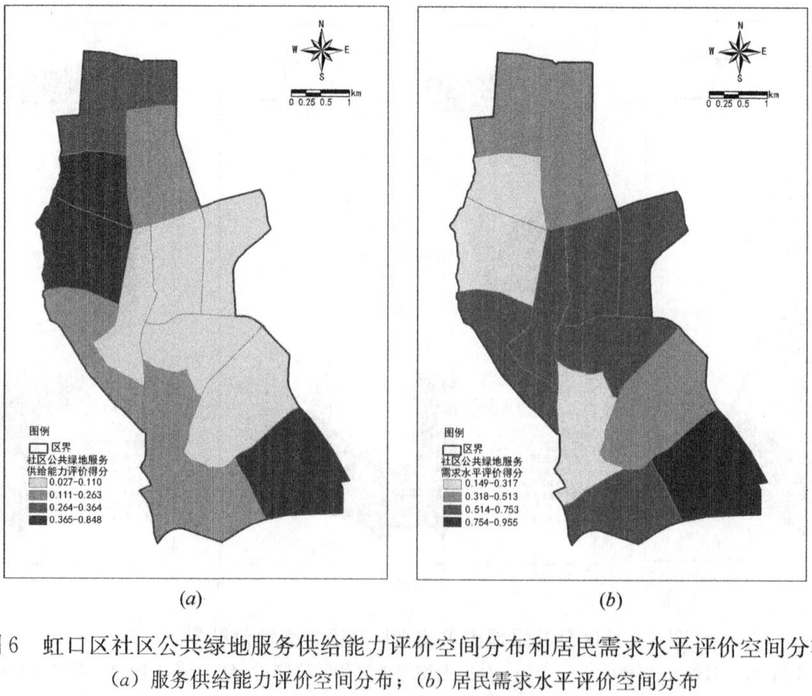

(*a*) (*b*)

图 6　虹口区社区公共绿地服务供给能力评价空间分布和居民需求水平评价空间分布

（*a*）服务供给能力评价空间分布；（*b*）居民需求水平评价空间分布

虹口区社区公共绿地耦合协调发展模型计算结果　　表 2

研究单元	耦合指数（*CI*）	发展指数（*DI*）	耦合协调发展指数（*CDI*）
江湾镇街道（北）	0.97	0.827	0.897
江湾镇街道（南）	0.52	0.673	0.591
凉城新村街道（北）	0.71	0.849	0.778
凉城新村街道（南）	0.44	0.717	0.559
广中路街道（东）	0.02	0.781	0.120
广中路街道（西）	0.61	0.790	0.696
曲阳路街道（东）	0.31	0.660	0.453
曲阳路街道（西）	0.15	0.744	0.335
欧阳路街道	0.14	0.724	0.315
四川北路街道	0.70	0.452	0.561
嘉兴路街道	0.06	0.417	0.162
北外滩街道（东）	0.99	1.804	1.338
北外滩街道（西）	0.71	0.782	0.743

通过 *CDI* 和 *CI*、*DI* 的比较得出，虹口区整体耦合度和耦合协调度发展比较接近。为进一步研究各空间单元耦合协调发展指数数值背后的含义，在参考刘艳艳等学者[14]关于耦合协调发展指数后期类型划分研究的基础上，将协调发展类型划分为 4 种类型，当 $0<CDI\leqslant 0.40$ 时，供需系统将走向无序发展，处于失调发展阶段；当 $0.40<CDI\leqslant 0.60$ 时，系统进入拮抗期，处于勉强协调发展阶段；当 $0.60<CDI\leqslant 0.80$ 时，系统进入磨合阶段，处于一般协调发展阶段；当 $0.80\leqslant CDI$ 时，系统处于优秀协调发展阶段。

从图 7 可以看出，耦合协调发展程度（*CDI*）最高的片区为北外滩街道（东），最低的为广中路街道（东）街道，其数值分别为 1.338 和 0.120，差了约 10 倍。从空间分布来看，得分高的片区位于外围新城区，其中几个片区发展较晚，大部分为 2000 年后新建的居住小区，拥有良好的绿化覆盖率。得分低的片区集中于中心老城区，这几个片区的建筑物以老式住宅小区为主，人口密度大，小区及附属绿地的分布少，同时建设强度高，未分布社区及公共绿地。还可以发现以老城区中央地带为圆心，越远离该圆心的片区的耦合协调发展指数得分越高，说明未来的绿地建设仍然以中心城区中央地带为核心建设区。

2.3　供需匹配的分析

同时为了判定耦合协调发展度和供需之间的作用关系，本文对供给和需求水平进行了聚类分析，基于供需平衡（供给需求同步型）、供给>需求（需求滞后型）、供给<需求（供给滞后型）这 3 种供需关系，反映各研究单元耦合协调发展类型下的供需匹配关系。

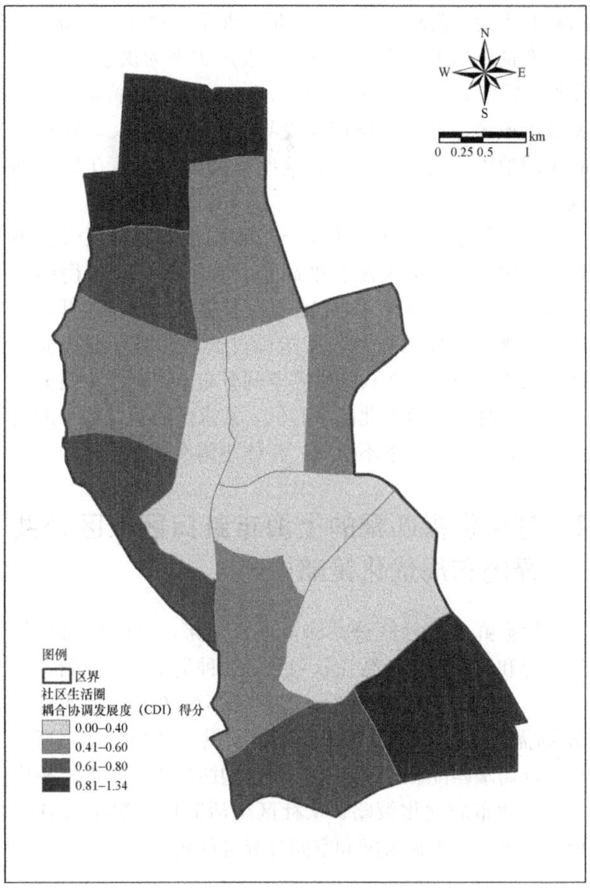

图 7　虹口区社区公共绿地耦合协调发展指数评价空间分布

虹口区社区公共绿地供需关系匹配评价结果　　表 3

耦合协调发展指数（*CDI*）	协调发展类型	供需关系类型	滞后类型	研究单元
≥0.80	优秀协调发展	供给>需求	需求滞后性	江湾镇街道（北）
		供给=需求	供给需求同步型	北外滩街道（东）
		供给<需求	供给滞后型	
0.61～0.80	一般协调发展	供给>需求	需求滞后性	凉城新村街道（北）
		供给=需求	供给需求同步型	广中路街道（西）、北外滩街道（西）
		供给<需求	供给滞后型	
0.41～0.60	勉强协调发展	供给>需求	需求滞后性	江湾镇街道（南）、凉城新村街道（南）
		供给=需求	供给需求同步型	四川北路街道
		供给<需求	供给滞后型	曲阳路街道（东）
0.00～0.40	失调发展	供给>需求	需求滞后性	
		供给=需求	供给需求同步型	嘉兴路街道
		供给<需求	供给滞后型	广中路街道（东）、曲阳路街道（西）欧阳路街道

可以发现协调发展的供需匹配结果大多数为供给>

需求和供给＝需求，表明供给是需求发展的前提，需求对供给有良好的推动作用；而失调发展类型为供给＝需求、供给＜需求，且多为供给滞后类型，研究发现特别是在高密度老城区，过度的城市建设导致的高密度人口聚集导致了绿地供给的严重滞后，这些研究单元应该在后期的规划中得到重点关注。

综上所述，虹口区社区公共绿地整体上呈现供需不匹配不协调，整体失配程度高且存在空间分布失衡的基本特征。具体体现在3个方面：①整体供给水平偏低，供给数量规模指标和拥挤程度指标过低，大部分地块面临严重的供不应求问题；②供需空间分布不平衡，空间分异明显，呈现“供给南北高中心低，需求中心高北低”的基本特征；③供需关系不协调，整体协调发展水平较低。

3 基于供需匹配的上海市虹口区社区公共绿地布局优化策略

根据虹口区社区公共绿地匹配结果，可以将绿地供给能力和居民需求指数比较划分为3种类型：①供给赤字单元，低供给-高需求匹配；②供需匹配单元，包括高供给-高需求、低供给-低需求匹配；③供给盈余单元，高供给一低需求匹配。针对3种不同类型匹配单元，提出相应的适应性布局优化策略，从社区生活圈层级解决公共绿地供给不足、供需失配和空间分异等问题。

3.1 针对供给赤字单元的供给侧结构性改革策略

针对供给赤字的广中路街道（东）、曲阳路街道（东）（西）和欧阳路街道，可以发现该类型社区生活圈人口密度高，老旧和老龄化住区较多，人口密度的增加促进了周边地区建设强度的提高，但同时社区公共绿地被其他服务业态挤占，导致绿量缩小、破碎甚至消失。在土地资源紧缺的情况下，更应该重视存量规划，可以结合旧区改造或城市微更新项目等方式来增加微小绿地储备[15]；同时关注老年群体需求，通过合理布置交通服务设施和构建符合老年人步行特征的道路网络来提升社区公共绿地的可达性和交通便捷程度[16]；对于建设程度较高，短时间内增绿困难等问题，建议将其纳入中远期规划范围，可以鼓励企业和学校向公众开放附属绿地或广场，或采取容积率奖励等措施来增加社区公共绿的储备[17]。

3.2 针对供需匹配单元的适应性空间布局优化策略

针对供需匹配的北外滩街道（东）（西）、广中路街道（西）、四川北路街道、嘉兴路街道，可以发现该类社区生活圈的绿地供给能力与居民人口密度的匹配度较高。在高供给一高需求匹配的单元，供需协调发展指数较高，居民需求可以推动住区周边公共绿地，亲水空间和开敞空间的增加，进而增加居民的使用体验，因此要注重社区公共绿地使用效率的提升，增加城市路网密度或交通便捷程度，提供良好的游憩环境和精准化供应的服务以提升绿地自身的吸引力；而在低供给一低需求单元，社区公共绿地无法满足特定群体的使用需求，且随着城市人口经济的发展，绿地供给与居民人口在无序作用下会导致社会空间进一步分异，为了避免均质化配置造成的绿地资源浪费问题，应在人口集聚区配置绿地，并预测人口集聚趋势积极应对人口老龄化和住房价格导致的空间分异现象。

3.3 针对供给盈余单元的城市更新可持续发展策略

针对供给盈余的江湾镇街道（北）（南）、凉城新村街道（北）（南），可以发现该社区生活圈人口密度较低，且居住用地较为分散，城市开发建设时间较短，目前社区公共绿地总量相对充足且分布合理，并能临近分散的居住区。因此，这些地块暂不存在增加绿量的问题，但是为了使社区公共绿地资源能得到合理的利用并实现均衡化发展，可通过优化城市空间布局，引导未来城市发展方向，适当提高北部地块的人口密度和建设发展水平[18]，使其承担老城区人口向外转移的功能，增强城市规划韧性，完善城市布局空间结构。

4 结论与展望

本研究着眼于生活圈尺度，从居民的居住空间尺度下构建供需评价指标体系，关注社区生活圈单元内部公共绿地布局的差异性，综合考虑不同居民群体之间存在的年龄、收入等差异性需求，使研究逐步精细化，并能应对未来城市人口和经济的未来发展趋势。通过上海市中心城区案例探索，评价了虹口区社区公共绿地服务供给与居民需求之间的供需关系，反映其空间布局的合理性及空间分配是否满足了不同群体的需求，从而为社区公共绿地的失配问题提出更具体、更有针对性的空间布局优化策略。城市规划者可以此为依据更加精确规划社区公共绿地空间布局，使社会资源公平分配，保证社会发展的和谐稳定，推动城市可持续发展。

然而，本文在实证研究中依然存在许多不足：一是在供需评价指标体系的构建中，各影响因子和权重、耦合协调发展度的调节系数和等级划分上存在一定的主观性，随着社会经济发展不断调整变化，供需关系评价模型需进一步研究和深化；二是居民需求指标中由于未能获取居住小区级的老年、青少年儿童和低收入群体人口数据，无法判断社区生活圈内部不同群体是否存在空间聚类特征，需进一步识别社区生活圈内部微观上的差异性；三是本文基于到访社区公共绿地的居民社会分异现状反映居民需求，并未考虑除到访居民外的真实出行意愿，其中涉及的绿地质量如舒适度、安全性以及艺术价值、居民行为和满意度等问题都可能会影响居民实际需求水平。因此，在今后的研究中应根据社区公共绿地空间布局水平和居民真实出行意愿等要素确定更加合理的指标和评价标准，同时，社区公共绿地空间资源配置需结合不同时期的供给和需求特点及城市发展变化来适应和调整。

参考文献

[1] 金云峰，万亿，周向频，等．“人民城市”理念的大都市社区生活圈公共绿地多维度精明规划[J]．风景园林，2021，28(04)：10-14.

[2] 金云峰，陈丽花，陶楠，等. 社区公共绿地研究视角分析及展望[J]. 住宅科技，2021，41(12)：42-47. DOI：10.
[3] 周聪惠. 公园绿地规划的"公平性"内涵及衡量标准演进研究[J]. 中国园林，2020，36(12)：52-56.
[4] 金云峰，钱翀，崔钰晗，等. 基于社会正义的社区公共绿地管控[J]. 中国城市林业，2021，19(06)：1-7.
[5] 于一凡. 从传统居住区规划到社区生活圈规划[J]. 城市规划，2019，43(05)：17-22.
[6] 杜伊. 面向生活圈空间绩效的社区公共绿地布局优化——基于上海中心城区的实证研究[J]. 中国园林，2021，37(03)：67-71.
[7] 程蓉. 以提品质促实施为导向的上海15分钟社区生活圈的规划和实践[J]. 上海城市规划，2018(02)：84-88.
[8] 周晓艳，李霄雯，侯美玲. 居住小区视角下武汉市公共绿地可达性和公平性研究[J]. 地理信息世界，2020，27(02)：124-129.
[9] 黄明华，吕仁玮，王奕松，等. "生活圈"之辩——基于"以人为本"理念的生活圈设施配置探讨[J]. 规划师，2020，36(22)：79-85.
[10] 金云峰，卢喆，吴钰宾. 休闲游憩导向下社区公共开放空间营造策略研究[J]. 广东园林，2019，41(02)：59-63.
[11] 夏良驹，骆天庆. 上海社区公园使用群体构成及到访特征的社会分异研究[C]//中国风景园林学会2015年会论文集，2015：260-265.
[12] 彭建，杨旸，谢盼，等. 基于生态系统服务供需的广东省绿地生态网络建设分区[J]. 生态学报，2017，37(13)：4562-4572.
[13] 邢忠，朱嘉伊. 基于耦合协调发展理论的绿地公平绩效评估[J]. 城市规划，2017，41(11)：89-96.
[14] 刘艳艳，王泽宏，李钰君. 供需视角下的城市公园耦合协调发展度研究——以广州中心城区为例[J]. 上海城市管理，2018，27(02)：71-76.
[15] 金云峰，周艳，吴钰宾. 上海老旧社区公共空间微更新路径探究[J]. 住宅科技，2019，39(06)：58-63.
[16] 柯嘉，金云峰. 适宜老年人需求的城市社区公园规划设计研究——以上海为例[J]. 广东园林，2017，39(05)：62-66.
[17] 刘昕. 深圳城市更新中的政府角色与作为——从利益共享走向责任共担[J]. 国际城市规划，2011，26(01)：41-45.
[18] 王忙忙，王云才. 基于地块尺度的公园绿地供需测度与优化——以上海市杨浦区为例[J]. 风景园林，2021，28(02)：22-27.

作者简介

丛楷昕，1997年生，女，汉族，上海人，同济大学建筑与城市规划学院硕士研究生在读，电子邮箱454150576@qq.com。

（通信作者）金云峰，男，1961年生，上海人，硕士，同济大学建筑与城市规划学院景观学系、高密度人居环境生态与节能教育部重点实验室、生态化城市设计国际合作联合实验室、上海市城市更新及其空间优化技术重点实验室，教授、博士生导师，研究方向为风景园林规划设计方法与技术、景观更新与公共空间、绿地系统与公园城市、自然保护地与文化旅游规划、中外园林与现代景观。电子邮箱：jinyf79@163.com。

邹可人，1997年生，女，汉族，江苏人，同济大学建筑与城市规划学院硕士研究生在读。电子邮箱：384349219@qq.com。

基于 MSPA 模型的市域生态网络构建①

——以武汉市为例

Study on the Urban Agricultural Form and Spatial Distribution Characteristics from the Perspective of the Difference of Urban Zoning Development: A Case Study of Tokyo's Allotment Garden

李姝颖　戴　菲　苏　畅*

摘　要： 城镇化率的不断提高导致区域生境斑块破碎化和孤岛化问题加剧，而构建一个兼顾生态保护和经济发展的生态网络对恢复和维持城市生态系统的连通、促进城市可持续发展具有重要意义。本文以武汉市为研究区域，利用 MSPA 法进行生态源地识别及景观连通性评价，并基于最小阻力模型进行阻力面构建从而提取潜在生态廊道，构建市域生态网络并结合实际地理要素提出优化策略。

关键词： 风景园林；形态学空间格局分析（MSPA）；生态网络；武汉市

Abstract: The continuous improvement of urbanization rate leads to the fragmentation and isolation of regional habitat patches. It is of great significance for the construction of an ecological network with both ecological protection and economic development to restore and maintain the connectivity of urban ecosystem and promote the sustainable urban development. In this paper, taking Wuhan city as the research area, the MSPA method is used to conduct ecological source identification and landscape connectivity evaluation, and constructs the resistance surface based on the minimum resistance model to extract the potential ecological corridor, construct the urban ecological network, and propose the optimization strategy based on the actual geographical elements.

Keywords: Urban Agriculture; Allotment Garden; Tokyo; Regional Development's Difference; Spatial Framework

引言

随着城市经济的快速发展，耕地破坏、林草地损毁、湿地退化等生态环境问题愈发严重，重要生态源地逐渐退化或消失所带来的区域生态系统不平衡的问题短期内难以解决[1,2]。基于党和国家近年来的号召，我国国土空间规划与管理愈发强调生态空间的重要性，充分识别城市生态空间并构建生态网络成为划定生态保护红线、确定城市开发边界和空间管制等政策实施的迫切需求[3,4]。

生态空间网络是指在特定尺度空间内用于识别线性生态廊道特征、能有效联系各类生态斑块、并反映空间要素组合规律及结构功能特征的空间组织体系[5,6]。生态网络研究在国外的相关研究主要 20 世纪 70 年代开始，针对模型构建、种群与群落的网络分析、生物多样性保护、景观规划与生态环境保护等方面展开了系列研究和探索。在生态源地的识别方面，一些学者利用相关上位规划选取重要生态斑块作为生态源地，但主观性较强[7]，另有学者通过 InVEST 模型对生境质量进行评估，以确定生态源地[8]，但相关数据参数设置复杂。形态学空间格局分析（Morphological Spatial Pattern Analysis，MSPA）方法是一种能够更精确识别景观类型与结构的基于图像处理方法，其结合栅格运算方式可在像元级尺度识别生态源地[9,10]，由于其具有需求数据量小、实践性强等优势，成为近年来相关研究的热点，已有较多学者将这一方法应用于景观生态相关领域[11,12]，但少数对研究方法进行系统性归纳并将研究结果与实际地理要素进行对应，因此实践性较弱。本文以湖北省武汉市为研究区域，利用遥感图像获取土地利用情况，通过 MSPA 分析方法识别研究区域的景观要素，然后通过选取可能连通性（Probability of Connectivity，PC）这一景观指数，量化斑块的重要性以实现不同等级的生态源地提取，然后采构建最小累积阻力模型以提取研究区域潜在生态廊道并构建生态网络，在此基础上总结生态网络格局并与实际地理要素进行对应，提出区域生态保护管理的相关建议，以利于今后进一步实践，从而为武汉市国土空间规划、生态空间构建和生态保护红线管控提供有效支撑，也为相似的市域生态空间网络研究提供一定参考。

1　研究区概况与数据来源

1.1　研究区概况

武汉市是湖北省省会城市，我国中部特大城市，同时

①　基金项目：中央高校基本科研业务费（HUST 编号 2020kfyXJJS022）资助。

也是重要的交通枢纽，全市包含13个行政区，辖区总面积约8569.52km^2[13]。武汉具有“湖泊纵横”的特殊地理环境，长江、汉江贯穿城市中部，湖泊等水资源十分丰富。但是，武汉市长期城市发展使得生态环境严重割裂，给动物栖息地和自然资源的保护都带来较大困难，生态格局遭到破坏。因此，以天然的城市山水格局为依托，通过合理的空间规划引导进行生态网络的构建与完善对武汉来说尤其重要且必要。

本研究利用2020年武汉市地区的Landsat 8遥感数据获取武汉市土地利用现状并对其进行分析并发现以下特点：①湖泊纵横，且主要集中在南部，北部湖泊较少，呈现湖田交织的景象；②林地资源主要集中在北部与西部，数量较少，其余零散分布较为破碎；③城市中部以建设用地为主，湖泊镶嵌分布，自然本地受到严重的人类活动干扰，人工耕地面积大。

1.2 数据来源

本研究主要采用Landsat8 OLI卫星数字产品2020年8月30m分辨率的遥感影像、30m分辨率数字高程数据和2020年武汉市行政边界数据。其中影像数据和高程数据来源于地理空间数据云网站，行政边界数据来源于武汉市自然资源和规划局。

2 生态源地的识别与评价

2.1 基于MSPA景观格局分析

本研究根据实际需要，通过解译后的2020年武汉市土地利用数据（像元大小30m），以水域、林地、草地作为前景数据，以耕地、建设用地和其他用地作为背景数据，将两类数据进行二值化栅格处理，在Guidos Toolbox分析软件采用八邻域图像细化分析方法[14]，快速准确地提取像素目标和矢量化跟踪，最后得到7种互不相交的景观类型，分别为核心区、桥接区、岛状斑块、支线、边缘区、环道区和孔隙（图1）。最后对分析结果进行面积等统计（表1），提取核心区斑块作为连通性分析的生态源地。

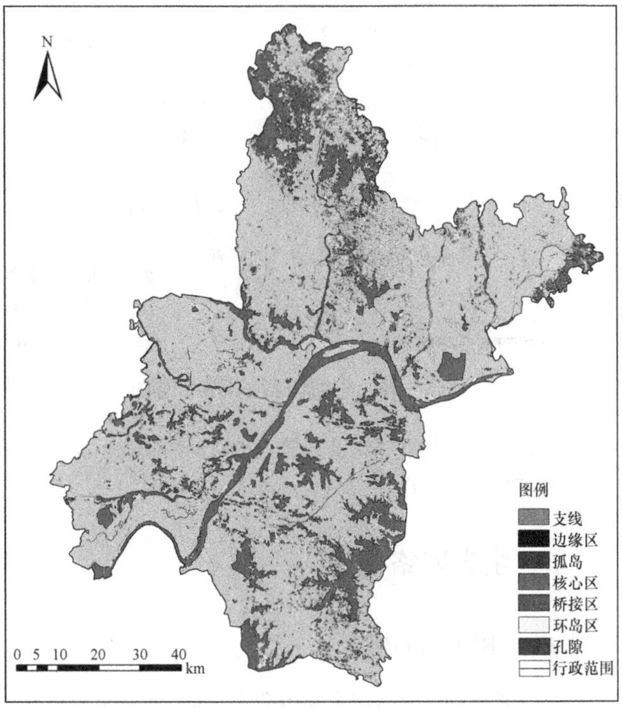

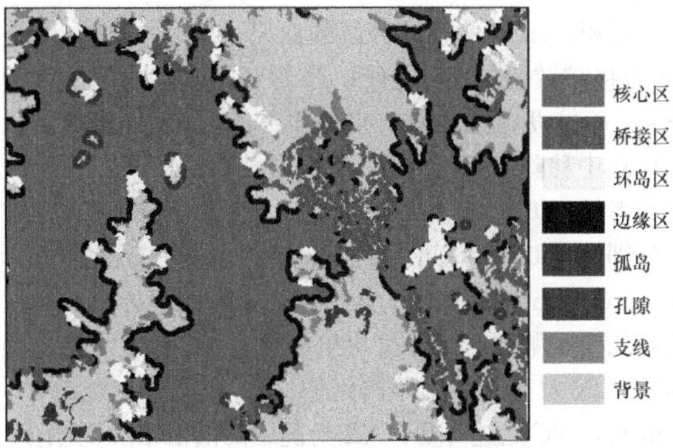

MPSA景观要素类型及含义	
景观名称	含义
核心区	前景数据像元中较大的生境斑块，可以为物种提供较大的栖息地，对生物多样性的保护具有重要意义，是生态网络中的生态源地。
岛屿	彼此不相连的孤立、破碎的小斑块，斑块之间的连接度比较低，内部物质、能量交流和传递可能性较小。
孔隙	核心区和非绿色景观斑块之间的过渡区域，即内部斑块边缘（边缘效应）。
边缘区	核心区和主要非绿色景观区域之间的过渡区域。
环道区	连接同一核心区的廊道，是同一核心区内物种迁移的捷径。
桥接区	连通核心区的狭长区域，代表生态网络中斑块连接的廊道，对生物迁移和景观连接具有重要意义。
支线	只有一端与边缘区、桥接区、环道区或者孔隙相连的区域。

图1 基于MSPA的景观分类及含义示意图

不同阻力因子赋值　　表1

阻力层	阻力因子	阻力赋值
景观组分	核心生态源地	1
	重要生态源地	5
	一般生态源地	10
土地利用类型	林地	20
	草地	30
	水体	50
	耕地	100
	建设用地	1000
道路设施	铁路、高速	700
	国道、省道	500

经过统计，核心区占所有景观组分中的51.64%，但其中规模小于10hm^{2}的核心区达核心区总体面积的85%，这一结果说明武汉市存在半数以上的生态用地可作为市域生态网络的核心区，但空间上呈破碎化。桥接区主要围绕核心区呈现聚集化，在所有景观组分中占比仅有10.84%，说明整体连通性较弱。

2.2 基于Conefor软件的生态源地识别与评价

生态源地的选取是构成生态网络最为重要的空间骨架，通过MSPA方法识别出的核心区为可供选择的研究区域生态源地合集，提取其中面积大小前30位核心斑块用于生态源地的提取和分级。

景观连通性是指景观要素在空间单元之间的相互连续性，能够定量化表征某要素在生态源地之间物质扩散和迁移的难易程度[15]，是衡量生态过程相联系程度的重要指标，通过景观连通性指数识别重要生态源地构建生态空间网络具有一定的生态学意义。本文通过ArcGIS中的Conefor2.6插件能够对核心区的景观连通进行评价与计算以筛选合理的生态源地。综合考虑物种迁移能力和物种扩散概率和斑块的重要性，选用可能连通性指数（*PC*）与可能连通性指数变化量（*dPC*）两项指标来判断斑块的重要程度[16]。当*dPC*值越大时，斑块i越重要（详见公式1～3），并以此作为进一步生态源地筛选的依据。

$$PC=\frac{\sum_{i=1}^{n}\sum_{j=1}^{n}a_i\cdot a_j\cdot P_{ij}^{*}}{A_L^2} \tag{1}$$

$$P_{ij}^{*}=e^{-kd_{ij}^{*}} \tag{2}$$

$$dPC=\frac{PC-PC_{\text{remove}}}{PC}\times 100\% \tag{3}$$

式中，n为生态斑块总数；a_i和a_j分别为斑块i和斑块j的面积；A_L为整个研究区的面积；P_{ij}^{*}为物种在斑块i和j直接扩散的最大可能性；d_{ij}^{*}为斑块i、j之间的欧氏距离；k通过设定距离阈值来确定；P_{remove}为将斑块i从生态斑块中移除后景观的*PC*指标值。

参考杜志博[17]等人对于景观连接度距离阈值研究方法，分别以100m、500m、1000m、1500m、2000m、2500m、5000m、6000m和8000m为距离阈值进行阈值分析，通过斑块间的链接数（*NL*）、斑块组分数（*NC*）及可能连通性指数（*PC*）找寻最优距离阈值（图2），当k为100～1500m时，*NC*迅速降低，*NL*易随距离阈值增加而增多，景观连接度并不稳定；当k为1500～2500m时，*NL*和*NC*变化幅度缓慢，且*NL*仍在降低，景观连接度较稳定，适合作为阈值区间进行分析；当k为2500～8000m时，*NC*虽然仍在降低，但*NL*变化率大，景观连接度不稳定，因此不适合。在1500～2500m阈值范围内，选取*NC*值最小，*NL*最高的距离阈值，最终确定k=2500时，连通概率设为0.5，计算*dPC*值。根据相关学者研究[18,19]，当*dPC*>1时说明斑块连通性较强、斑块比较重要，因此从30个核心板块中提取*dPC*>1的核心区斑块共13块作为本研究的核心生态源地；*dPC*<1的核心斑块共17块，作为重要生态源地；其余核心区斑块共2023块，作为一般生态源地，全部核心区斑块共2053块。

不同等级的生态源地在市域生态网络中根据自身特性具备不同的生态功能：核心生态源地包括最北侧山体村落及风景区集群、长江汉江及涨渡湖、斧头湖东北部、梁子湖及牛山湖西部等5个巨型斑块，它们是与周边生态斑块连接的重要枢纽；重要生态源地17个，包括武湖、东湖、严东湖、青菱湖与黄家湖及汤逊湖构成的湖群、鲁湖、张家大湖及沉湖、后官湖与知音湖、后湖、木兰故古门风景区、道观河水库，以上生态源地比核心生态源地景观连通性更弱，然而仍是维护地方生态安全的重要源地；一般生态源地主要有湖泊周边农田及林地、城市小型湿地及湖泊以及城市建成区外围的城市绿地，共计2320个

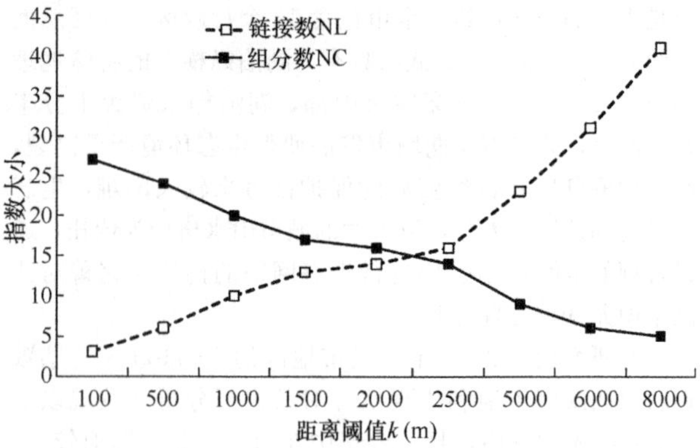

图2　*NL*、*NC*随阈值变化图

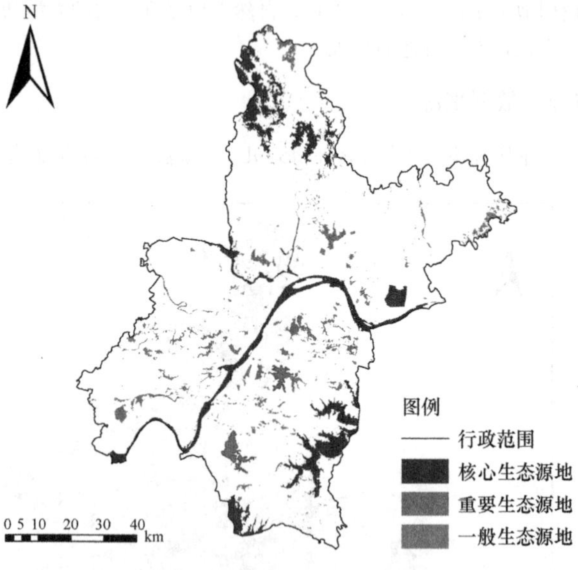

图3　生态源地分级示意图

斑块，由于其破碎化及易受人类活动的干扰，需要进行修复并增强连通性。

3　生态网络构建

3.1　阻力面的建立

首先确定阻力层主要包括3方面：景观组分、土地利用类型、道路设施。对于三类阻力层受人为干扰强度赋以权重（表1），其中景观组分的阻力值通常最小，建设用地及城市道路的阻力值最大。基于此构建景观阻力模型（图4），阻力模型可模拟核心生态源地与重要生态源地之间的最佳路径，即潜在的水平生态廊道，该廊道将有助于增强武汉市重要与核心生态斑块之间的有效连通，以提升区域整体生态安全。

3.2　生态廊道提取

计算生态斑块间欧氏距离和成本加权距离确定生态源地间最小路径，并对冗余路径进行剔除，构成分析的潜在生态廊道[20]（图5）。总体来看，市域南部的生态廊道密度较高，东西部较为均衡。

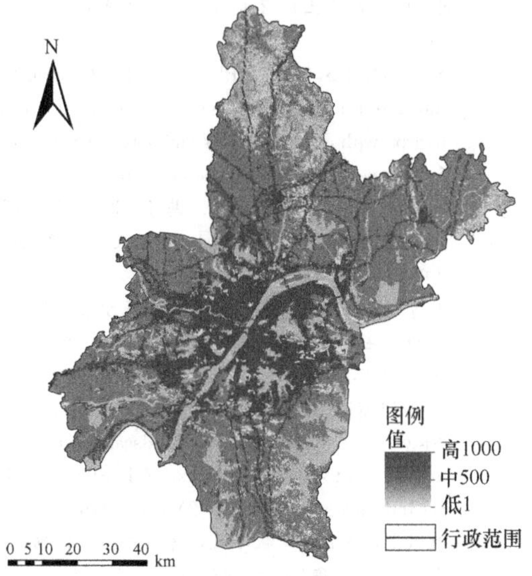

图4 阻力面构建示意图

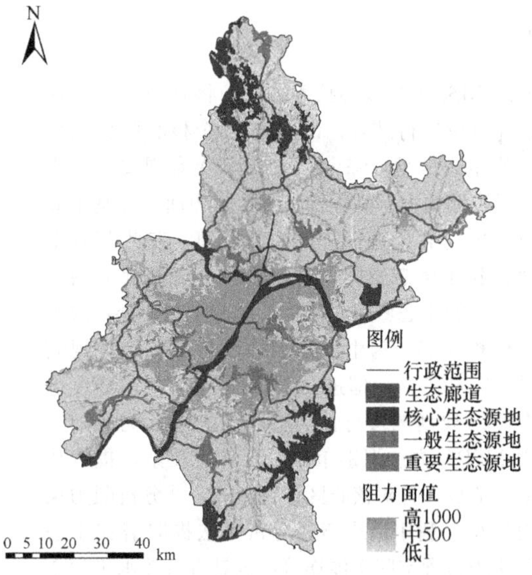

图5 潜在生态廊道提取示意图

3.3 市域生态网络构建

基于MSPA对生态斑块的识别与提取，并参考最短路径分析得到的生态廊道，综合考虑核心区重要性等级，提出武汉市“两纵四横一带，一核十一环”的基本生态网络结构（图6）。将网络结构与遥感影像进行对应，以提出针对具体地理要素的意见。

从空间布局来看，“一带”为南北向沿长江流域承载重要生态、文化景观的市域滨江带，主要包含一系列已建成江滩公园，然而目前没有形成完整的线性空间，存在断裂区域，在下一步规划建设中应当对进行修复以尽量构建完整的滨江线性廊道，以利于动物迁徙和景观完整性。市域中心包含东湖、后湖、武湖的湖泊湿地群及两江交汇处作为整个区域绿色基础设施结构中的“一核”，是保护的重点区域，同时其作为城市中心与城市活动关系及其密切，以对湖泊湿地群环境进行密切监测和人工保护为基础，同时采用景观与生态结合的手段以兼顾城市居民活动需求与生态保护要求。围绕市域湿地群有系列的核心点互相连通形成“十一点”，北部的山体资源较多，南部以湿地资源为主，根据生态源地的重要性等级划分为5个一级点与6个次级点。一级点包括西北部山体村落及木兰风景区集群，中部包括府河流域及涨渡湖，南部包括梁子湖及斧头湖。次级点包括东北将军山森林公园及道观河风景旅游区，中部包括后官湖、严东湖、汤逊湖，南部包括沉湖、鲁湖。在进行生态源地保护与修复时，应当分级进行，优先一级点的保护。

“十一点”在区域生态网络中发挥着平衡区域生态环境、缓冲城市扩张压力的作用，而“两纵四横一带”的生态廊道将“一核”“十一点”进行串联，构成了既具有空间连接特征同时又具备景观生态功能的市域生态网络格局。

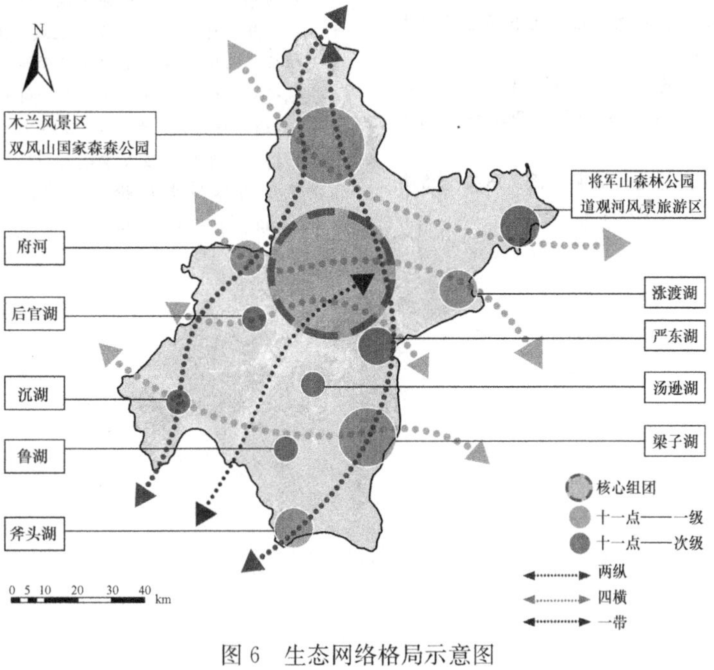

图6 生态网络格局示意图

4 结语

本研究以 MSPA 为核心技术方法，将其与景观连通性、最短路径分析进行结合，识别出 30 个核心区斑块作为核心和重要生态源地，综合考虑 MSPA 景观要素、土地利用类型、道路情况、高程构建综合阻力面，并基于此搭建市域范围内适宜生态保护的生态廊道，在此基础上较为精确地构建了生态空间网络，这在一定程度上约束了市域周边环境的生态威胁，保障了区域生态安全，改善了区域生态保护路径，为生态网络构建与生态保护规划的制定提供思路和方法，即进一步验证了利用 MSPA 进行市域生态网络规划的可行性。整体方法可系统地归纳为：①利用 MSPA 方法识别市域景观各类要素，提取核心区、廊道、节点，并对核心区进行分级；②分析阻力层并构建阻力模型，利用最小路径分析方法提取潜在生态廊道；③构建既包含空间实体连接，也具有有效水平生态过程的市域生态网络；④将生态网络格局与实体地理要素进行对应，针对其提出具体建议。

参考文献

[1] LIN Q，MAO J，WU J，et al. Ecological security pattern analysis based on InVEST and least-cost path model：a case study of Dongguan Water Village[J]. Sustainability，2016，8(2)：172.

[2] 刘歆，角媛梅，王梅，等. 基于图论的哈尼梯田区河渠网络关键节点和廊道评价[J]. 生态学杂志，2018，37(01)：287-294.

[3] 熊宇斐，董起广. 中国农村土地整治生态景观建设策略[J]. 农业技术与装备，2020(03)：71-72.

[4] 匡文慧，刘纪远，陆灯盛. 京津唐城市群不透水地表增长格局以及水环境效应[J]. 地理学报，2011，66(11)：1486-1496.

[5] 苏凯，于强，YANG Di，等. 基于多场景模型的沙漠-绿洲交错带林草生态网络模拟[J]. 农业机械学报，2019，50(09)：243-253.

[6] 王戈，于强，YANG Di，等. 包头市层级生态网络构建方法研究[J]. 农业机械学报，2019，50(09)：235-242+207.

[7] 汉瑞英，赵志平，肖能文. 生物多样性保护优先区生态网络构建与优化——以太行山片区为例[J]. 西北林学院学报，2021，36(02)：61-67.

[8] 郑群明，申明智，钟林生. 普达措国家公园生态安全格局构建[J]. 生态学报，2021，41(03)：874-885.

[9] 胡振琪. 再论土地复垦学[J]. 中国土地科学，2019，33(05)：1-8.

[10] SANTIAGOS，LUC APH. A new habitat availability index to integrate connectivity in landscape conservation planning：comparison with existing indices and application to a case stud[J]. Landscape and Urban Planning，2007，83(2) ：91-103.

[11] 张晴，郭志威，齐开，等. 基于 MSPA 和 MCR 模型的襄阳市生态网络变化研究[J]. 湖北大学学报(自然科学版)，2022，44(02)：162-170.

[12] 马才学，杨蓉萱，柯新利，等. 基于生态压力视角的长三角地区生态安全格局构建与优化[J]. 长江流域资源与环境，2022，31(01)：135-147.

[13] SANTIAGO S，CHRISTINE E，CORALIE M，et al. Network analysis to assess landscape connectivity trends：application to European forests (1990-2000) [J]. Ecological Indicators，2010，11(2) ：407-416.

[14] 崔凤奎，王晓强，张丰收，等. 二值图像细化算法的比较与改进[J]. 洛阳工学院学报，1997，18(4).

[15] Soille P，Vogt P. Morphological Segmentation of Binary Patterns[J]. Pattern Recognition Letters，2009，30(4)：456-459.

[16] 潘雷. 基于生态网络分析的武汉市生态安全格局构建[D]. 武汉科技大学，2019.

[17] 杜志博，李洪远，孟伟庆. 天津滨海新区湿地景观连接度距离阈值研究[J]. 生态学报，2019，39(17)：6534-6544.

[18] 刘常富，周彬，何兴元，等. 沈阳城市森林景观连接度距离阈值选择[J]. 应用生态学报，2010，21(10)：2508-2516.

[19] 亚平，尹海伟，孔繁花，等. 南京市绿色基础设施网络格局与连通性分析的尺度效应[J]. 应用生态学报，2016，27(07)：2119-2127.

[20] 朱凤，杨宝丹，杨永均，等. 华东传统矿业城市生态网络重构研究[J]. 生态与农村环境学报，2020，36(01)：26-33.

作者简介

李姝颖，1998 年生，女，汉族，河北邢台人，华中科技大学建筑与城市规划学院景观学系硕士研究生在读，研究方向为风景园林规划设计、绿色基础设施。电子邮箱：476631920@qq. com。

戴菲，1974 年生，女，汉族，湖北武汉人，博士，华中科技大学建筑与城市规划学院景观学系，教授，研究方向为城市绿色基础设施、绿地系统规划。电子邮箱：58801365@qq. com。

（通信作者）苏畅，1990 年生，男，汉族，内蒙古呼和浩特人，博士，华中科技大学建筑与城市规划学院，讲师，研究方向为风景园林历史理论、风景园林规划与设计。电子邮箱：suchang _ la@hust. edu. cn。

基于 CA-Markov 模型的景观生态格局分析与预测
——以临汾市为例

Analysis and Prediction of Landscape Ecological Pattern based on Ca-Markov Model: Take Lin fen as an Example

赵瑞喆　王博娅　刘志成

摘　要：随着国土空间规划体系的逐步构建，“双评价”在国土空间规划中的重要地位已基本形成。针对国土空间规划“双评价”中生态保护重要性对城镇开发建设的综合约束效果及生境改善效果，本文提出应用 CA-Markov 模型预测临汾市在现行及评估后生境条件下 2025 年土地利用类型分布及生境质量情况，计算并分析景观生态格局指标结果，为优化临汾市国土空间体系及国土空间规划的有效编制实施提供借鉴。
关键词：国土空间规划；“双评价”；CA-Markov 模型；景观生态格局

Abstract: With the gradual construction of land spatial planning system, the important position of "double evaluation" in land spatial planning has been basically formed. In view of the comprehensive restraint effect of the importance of ecological protection on urban development and construction and the effect of habitat improvement in the "double evaluation" of land spatial planning, this paper proposes to apply CA Markov model to predict the distribution of land use types and habitat quality in Lin fen in 2025 under the current and evaluated habitat conditions, and calculate and analyze the index results of landscape ecological pattern, It provides a reference for optimizing the land space system of Lin fen and the effective preparation and implementation of land space planning.
Keywords: Land Spatial Planning; "Double Evaluation"; CA Markov Model; Landscape Pattern Evaluation Index

引言

党的十八大以来，优化国土空间格局，加快构建以国土空间规划“双评价”为重要基础的“三生”空间已成为当前生态文明建设的工作重点[1-4]。国土空间作为城市发展重要的基础[5]，直接关系到自然资源生态功能质量及可持续发展[6]，近年来相关学者从多方面进行探索[7]。贾克敬、周鹏等人论证了基于“双评价”的国土空间格局优化总体理论框架及实施路径[8-10]，田清、陈泽胤等人提出应用CA模型研究国土空间用地变化[11,12]，雷雅凯、何舸等人分析了景观格局对国土空间生态保护重要性的影响[13,14]，徐影、闫凤英等人探究了“双碳”目标背景下国土空间规划优化途径[15-17]，但如何应用多角度科学评价技术方法[18,19]，如何优化国土空间格局[20-22]等热点问题仍需进一步深化研究。

生态保护重要性评价作为国土空间规划“双评价”的重要组成部分，在促进人口-资源-环境相均衡、经济-社会-生态效益相统一等方面发挥了重要作用[6]。2021 年颁布的《黄河流域生态保护和高质量发展规划纲要》强调要加快构建以汾河为主的重点河湖水污染防治区等来推进黄河流域高质量发展[23]，2022 年颁布的《山西省汾河保护条例》强调统筹推进汾河流域生态环境修复工作[24]，可见汾河流域生态环境的修复与改善，已成为强化全流域协同的战略需要[22]。

本此研究以“双评价”技术指南为基准进行临汾市生态保护重要性评估，并应用 CA-Markov 模型模拟临汾市现行及优化后不同生境下土地利用时空演变情况，通过景观生态格局推演，分析生境优化效果，为国土空间优化与生态文明建设提供参考依据。

1　研究区概况与数据来源

1.1　研究区概况

临汾市位于山西省西南部，总面积约 20312km^2，其地处温带大陆性气候区，汾河纵贯全境中部，水土流失等生态环境问题较为突出。同时，临汾作为以煤炭为主的能源城市，近年来虽对汾河流域实施多阶段污染治理工作，但环境情况未得到根本性改变，污染治理与环境生态保护相关工作亟待落实[25]。

1.2　数据来源

本文相关数据中净初级生产力（NPP）、多年平均气温、地形起伏度、植被覆盖率等数据集来源中国科学院资源环境科学与数据中心，临汾市 2015 年、2020 年卫星影像则通过地理空间规划云获取。

2 研究方法

2.1 生态保护重要性指标评估

生态保护重要性评估主要包括生态系统服务功能性评估以及生态环境敏感性评估两部分[26]。其中生态系统服务功能性评估采用《生态保护红线划定指南》中NPP定量指标评估方法计算[18,27]，生态环境敏感性评估则采用国家环保总局发布的《生态功能区划暂行规程》中相关评估模型方程进行计算[28]，相关指标及说明如表1所示。

本次研究参照上述指南选取多因素作为评估因子，并利用ARCGIS将各评估因子映射到0～1取值范围内，根据相关公式得出临汾市评估结果。将评价结果划分为5个等级，并赋值权重得到生态保护重要性评价等级。

生态保护重要性指标评估公式及说明 表1

维度	评价指标	计算公式	评价指标说明
生态系统服务功能性评估	水源涵养功能重要性评估	$WR = NPP_{mean} \times F_{sic} \times F_{pre} \times (1 - F_{slo})$	水源涵养主要体现在缓和地表径流、补充地下水、滞洪补枯、保证水质等方面
	水土保持功能重要性评估	$S_{pro} = NPP_{mean} \times (1 - K) \times (1 - F_{slo})$	水土保持减少水流侵蚀所导致的土壤侵蚀的作用，与气候、土壤、地形及植被有关
	防风固沙功能重要性评估	$S_{WS} = NPP_{mean} \times K \times F_q \times D$	防风固沙减少风蚀所导致的土壤侵蚀作用，主要与风速、降雨、地形和植被等因素相关
	生物多样性维护功能重要性评估	$S_{bio} = NPP_{mean} \times F_{pre} \times F_{tem} \times (1 - F_{alt})$	生物多样性维护功能是维持基因、物种、生态系统多样性，与动植物的分布丰富程度密切相关
生态环境敏感性评估	水土流失敏感性评估	$SS_i = \sqrt[4]{R_i \times K_i \times LS_i \times C_i}$	水土流失敏感性评估以水动力为主的水土流失敏感性进行评估，应用水土流失方程计算
	土地沙化敏感性评估	$D = \sqrt[4]{I_i \times W_i \times K_i \times C_i}$	土地沙化敏感性评估取干燥度指数、起沙风天数、土壤质地、植被覆盖度等指标计算
	土地石漠化敏感性评估	$S_i = \sqrt[3]{D_i \times P_i \times C_i}$	土地石漠化敏感性评估根据石漠化形成机理构建石漠化敏感性评估指标体系

2.2 构建CA-Markov土地利用变化预测模型

以临汾市2015年、2020年Landsat TM遥感影像解译的土地利用数据为分析基础，借助IDRISI软件得出土地利用转移概率矩阵，再运用生态保护重要性评估生成的土地利用适宜性图集，预测2025年土地利用类型变化趋势。该模型综合了元胞自动机模型在空间上模拟复杂系统的优势以及Markov模型在时间上的数据分析特点，因此既能够高精度预测分析土地利用类型变化趋势，又可以准确模拟国土空间利用类型变化[11,12]。

2.3 景观生态格局指标评估

景观生态格局，即大小、形状、属性不一的景观空间单元或斑块在空间维度上的分布方式与组合规律，用来探索研究景观中潜在秩序或规律[12]。本文选取5维度9方面的景观生态格局指标，揭示土地利用分布方式及规律，如表2所示。

景观生态格局评估指标 表2

类别	名称	英文缩写	生态学意义
密度大小及差异性指标	斑块数量	NP	反映景观异质性
	斑块密度	PD	反映单位面积斑块数
面积指标	最大斑块面积比例	LPI	反映某一斑块中最大斑块占比
形状指标	景观形状	LSI	反映斑块形状复杂程度
聚散性指标	蔓延度	CONTAG	反映不同斑块的团聚程度或延展趋势
	散布与并列	IJI	反映斑块受自然条件制约情况
	斑块聚合度	AI	反映相似邻接斑块数量
多样性指标	景观丰度	PR	反映所有斑块类型总数
	香农多样性指数	SHDI	反映景观异质性

3 结果与分析

3.1 生态保护重要性指标评估结果分析

如图1所示，可得生态系统服务功能性评估以及生态环境敏感性评估相关指标，加权可得生态保护重要性评估，共划分为不重要、一般重要、较重要、重要、极重要1～5等级。

3.1.1 生态系统服务功能性评估结果分析

如图2及表3、表4所示，在水源涵养功能重要性评估方面，市域重要、极重要区域面积分别为2524.37km²、1704.92km²，主要分布在研究区东部，与梨峰山及塔儿山地区高植被覆盖度及良好水热条件相关联[29]。在水土保持功能重要性方面，市域极重要区域面积为1111.22km²，沿河成带状分布；在生物多样性维护功能重要性方面，临汾市重要、极重要区域面积分别为1994.39km²、1094.22km²，占全市总面积9.82%、5.39%，主要分布在市域西北侧吕梁山等地区，成带状或块状分布；在防风固沙重要性方面，临汾市极重要区域面积为3521.69km²，占全市总面积17.34%，主要沿汾河成带状分布，与沿汾河两岸耕地及城镇建设用地面积、水土保持状况等相关联，亟需改善提升。

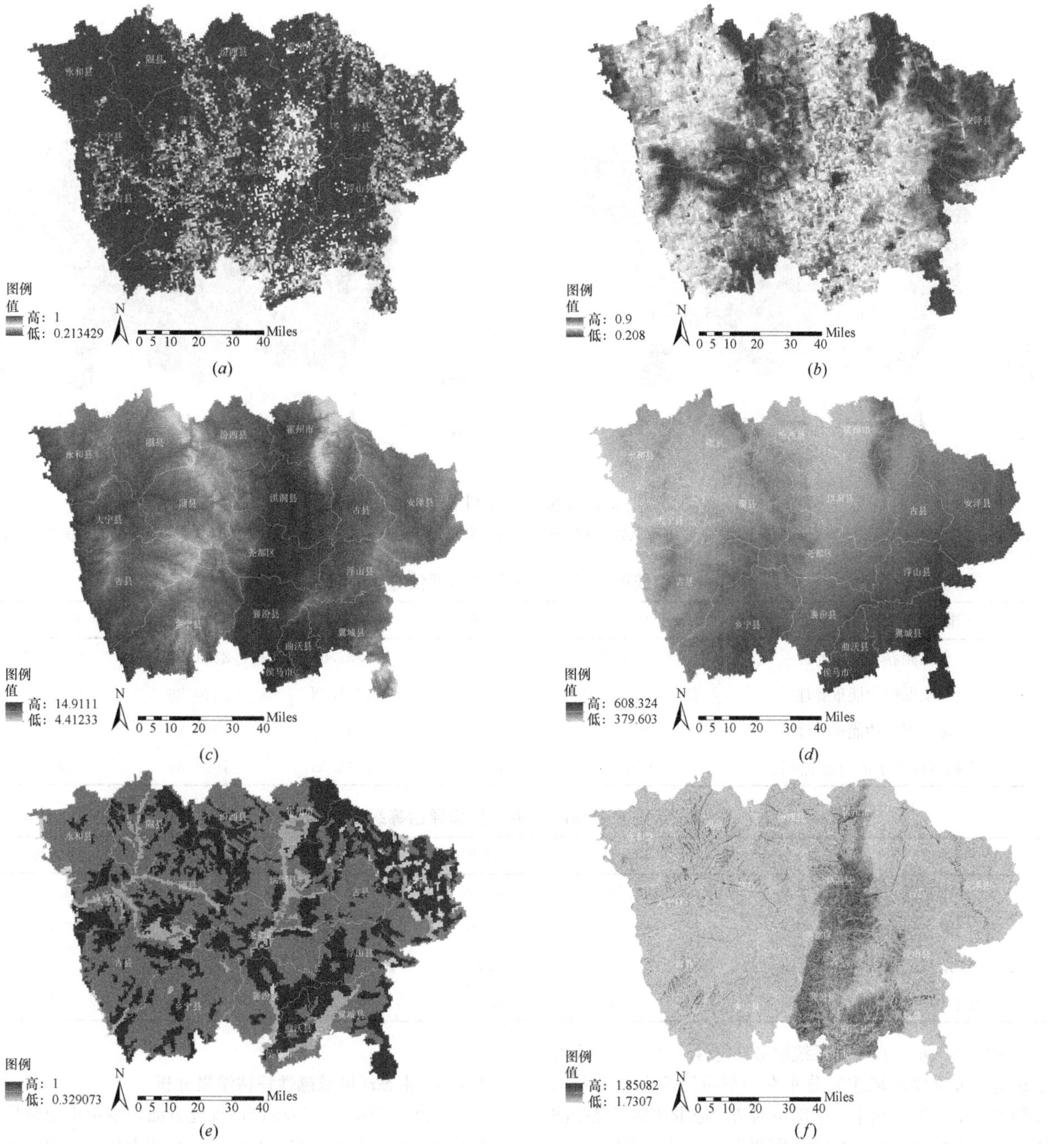

图1 生态保护重要性评估相关因子

(a) 净初级生产力 NPP 标准化值；(b) 植被覆盖率因子标准化值；(c) 多年平均气温值；(d) 多年平均年降雨量值；(e) 土壤 K 值标准化值；(f) 坡度因子标准化值

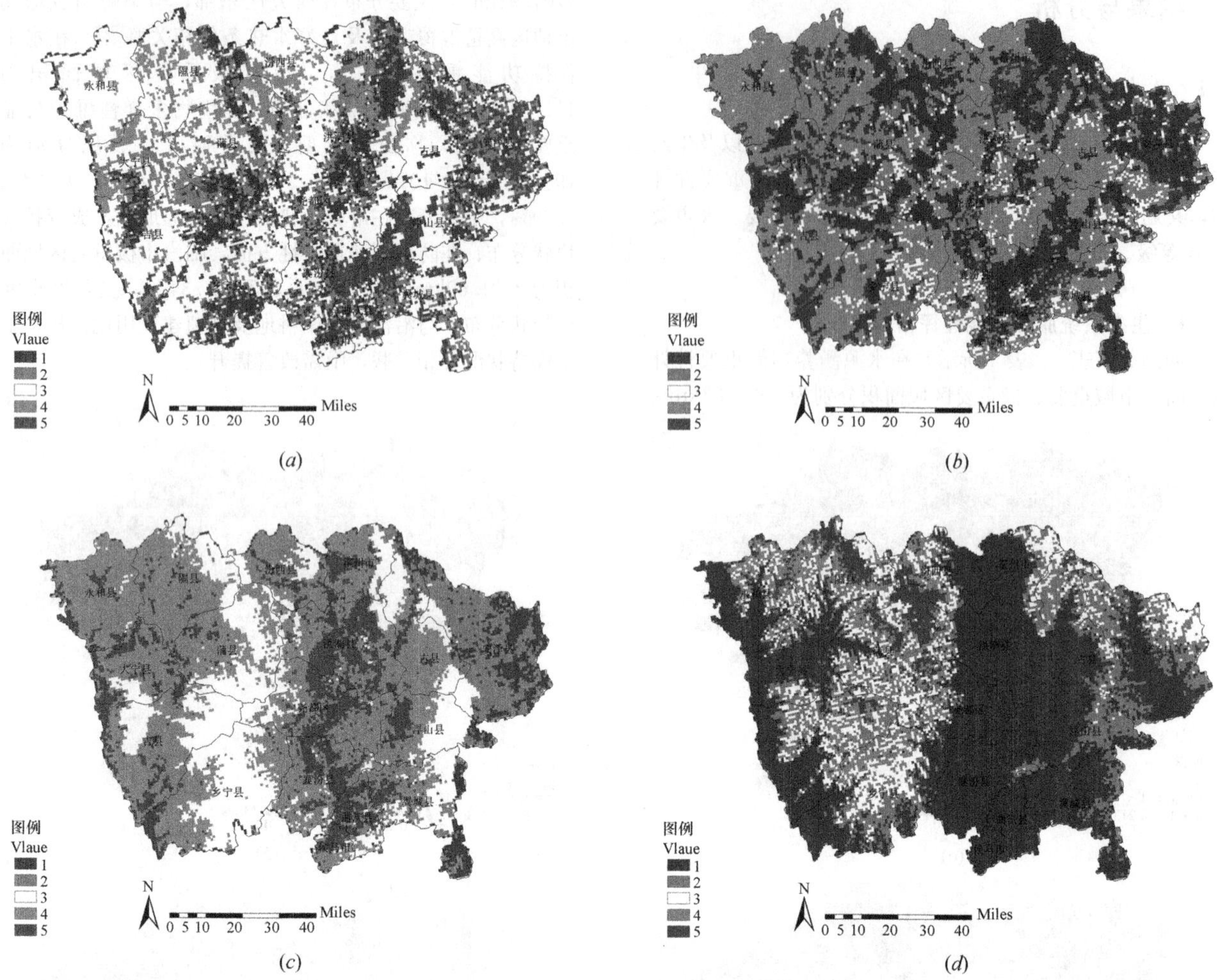

图 2　生态系统服务功能性相关指标评估

(a) 水源涵养功能重要性评估；(b) 水土保持功能重要性评估；(c) 防风固沙功能重要性评估；(d) 生物多样性维护功能重要性评估

生态系统服务功能性相关指标评估等级面积　　**表 3**

维度/等级面积（km^2）	不重要	一般重要	较重要	重要	极重要
水源涵养功能重要性	3485.89	3239.75	9357.07	2524.37	1704.92
水土保持功能重要性	6796.34	1562.31	1411.28	9430.86	1111.22
防风固沙功能重要性	919.18	1572.31	4835.95	9462.86	3521.69
生物多样性维护功能重要性	11013.17	3494.69	2715.53	1994.39	1094.22

生态系统服务功能性相关指标评估等级占比　　**表 4**

维度/等级占比（%）	不重要	一般重要	较重要	重要	极重要
水源涵养功能重要性	17.16	15.95	46.07	12.43	8.39
水土保持功能重要性	33.46	7.69	6.95	46.43	5.47
防风固沙功能重要性	4.53	7.74	23.81	46.59	17.34
生物多样性维护功能重要性	54.22	17.21	13.37	9.82	5.39

如图 3 所示，在生态系统服务功能性评估方面，临汾市重要、极重要区域主要分布在中部汾河两岸地带及西北侧吕梁山一带。其中，中部汾河两岸地带评估等级受防风固沙重要性评估影响较大，需采取相应措施实施保护；西北侧韩信岭位于生态保护地带，人为干预少，具备多种生态保护功能，仍需进一步加强保护。

3.1.2　生态环境敏感性评估结果分析

如图 4 所示，在三项评估维度方面，临汾市敏感性等级重要、极重要区域均主要分布在东部太岳山、中条山及西部吕梁山等山地丘陵一带，与地形地势及土壤质地等因子相关。因此，生态环境敏感性评估结果方面也大体相似。

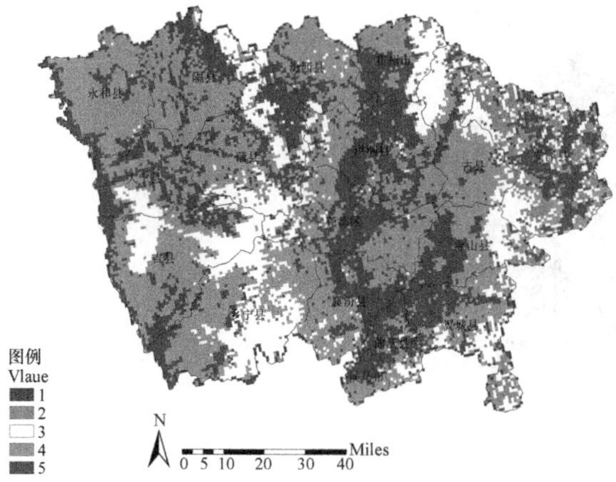

图 3　生态系统服务功能性评估

3.1.3　生态保护重要性评估结果分析

如图 5、表 5 所示，研究区生态保护不重要、一般重要区域主要分布在临汾市城镇建设区域；较重要区域主要分布在临汾市中部耕地区域及西北部一带；重要、极重要区域总面积分别为 6000.65km²、6905.94km²，占全市面积的 29.54%、34.00%，主要分布在中部沿汾河两岸区域及东部太岳山、中条山及西部吕梁山等山地丘陵一带，是生态保护的重要源地，在开发建设时需严格管控。

生态保护重要性评估等级面积及占比　表 5

维度/等级	不重要	一般重要	较重要	重要	极重要
面积（km²）	234.63	1268.81	5901.97	6000.65	6905.94
占比（%）	1.16	6.25	29.06	29.54	34.00

3.2　CA-Markov 土地利用变化预测模型结果分析

如图 6 可知，在现行生境条件下，西部地区部分城镇用地、耕地与林地、草地之间成相互交错的态势，生态效益较低。生境条件优化后，生态保护重要性的约束效果开始显现，调整出相互矛盾的土地用地类型，给城镇用地的扩张发展提供充足空间，林地及草地则更加集中于西部山区地带，能够更好地发挥生态系统的整体功能和效益。

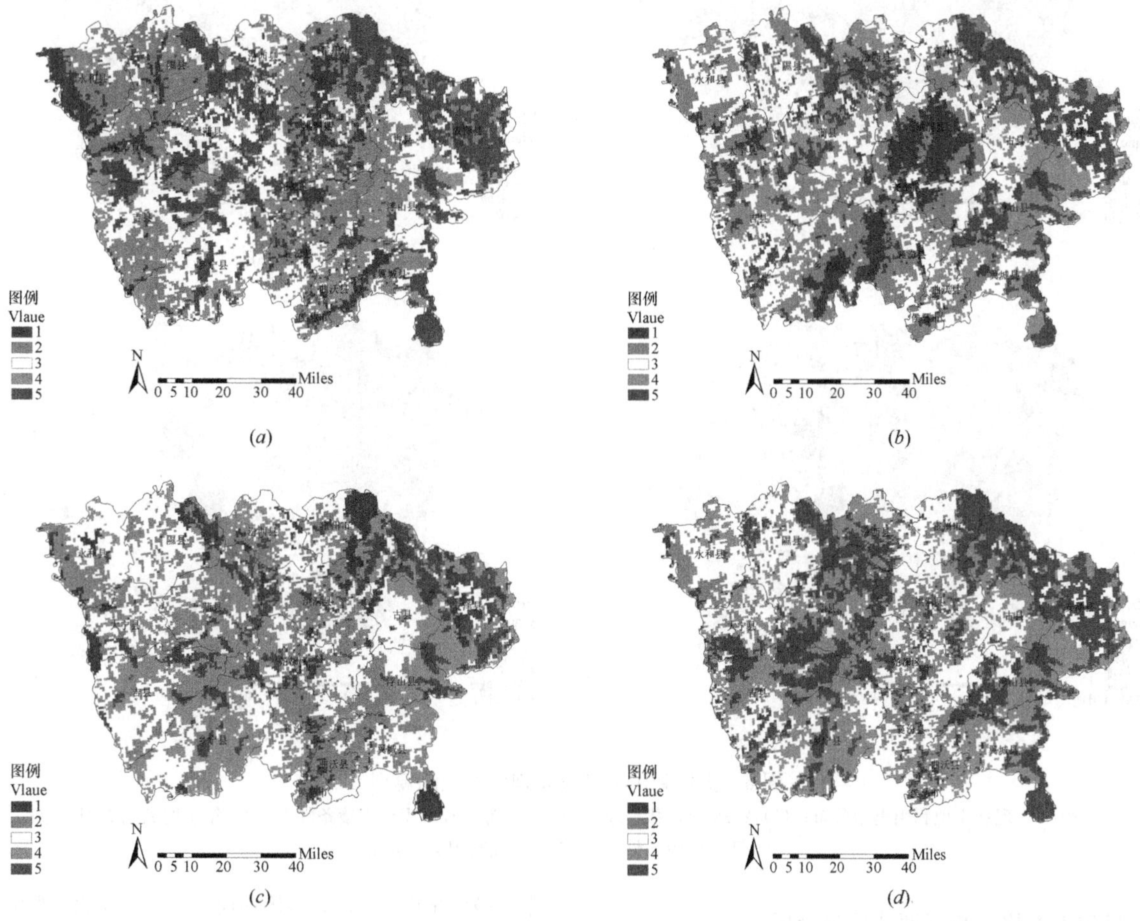

图 4　生态环境敏感性指标评估

（a）水土流失敏感性评估；（b）土地沙化敏感性评估；（c）土地石漠化敏感性评估；（d）生态环境敏感性评估

图 5　生态保护重要性评估

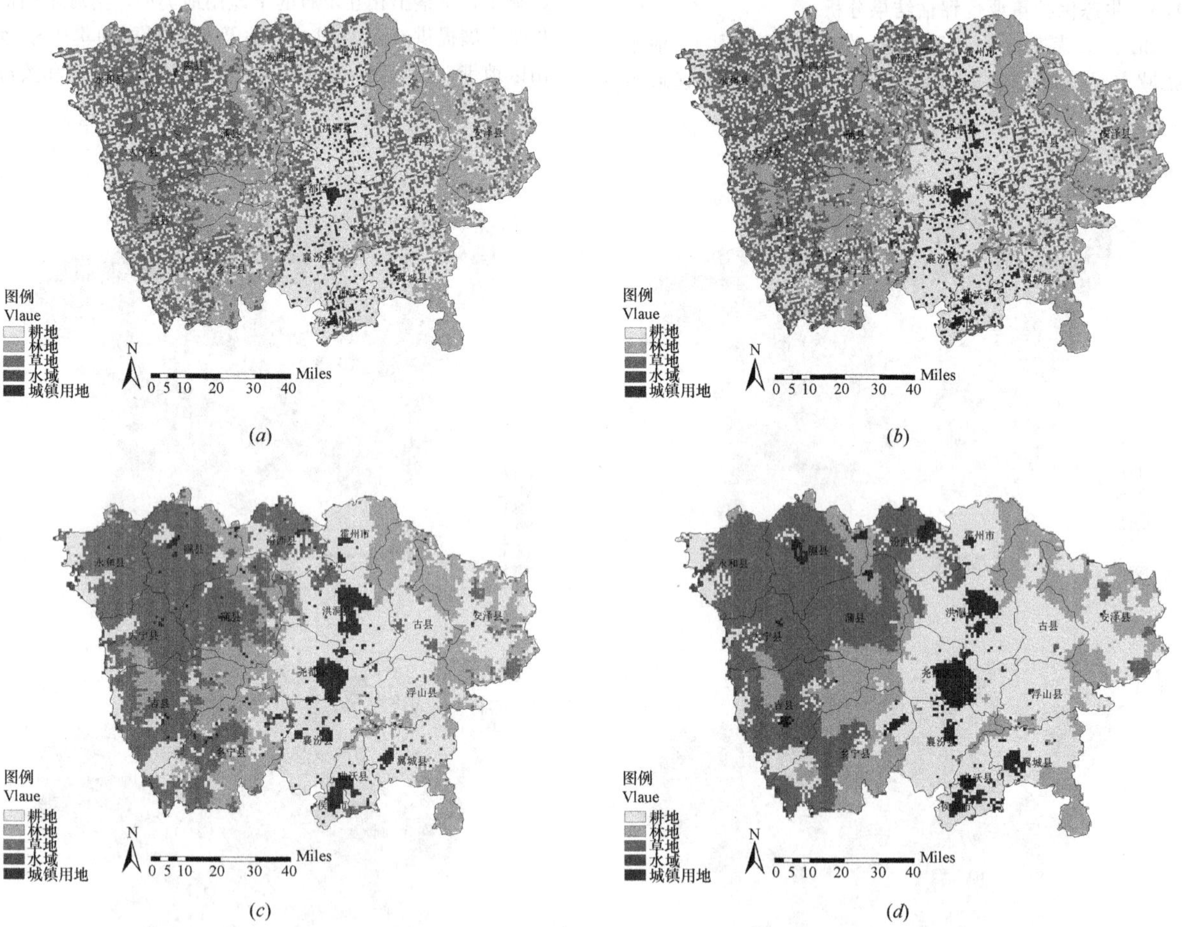

图 6　土地利用类型分布现状及预测模型

(*a*) 2015 年现状土地利用类型分布；(*b*) 2020 年现状土地利用类型分布；(*c*) 现行生境条件下 2025 年土地利用类型分布；(*d*) 评估生境条件下 2025 年土地利用类型分布

3.3　景观生态格局指标评估结果分析

由表 6 对比可知，在 2025 年生境条件下，LPI、CONTAG、AI 指标均高于现行生境条件结果，而在 NP 指标上则低于现行结果，其他数值无明显变化[18]。整体来看，在现行生境条件下，临汾市景观斑块形状较为复杂、破碎化程度较高，整体连通性较差，因此景观生态系统不稳定，不利于维持现行生境质量及景观空间格局。而在优化后的生境条件下，临汾市景观斑块更为简约，景观破碎化程度得以降低，连续性较好，生境质量也得以改善和提升，能够更好地发挥生态系统的整体效益，更好的落实国土空间规划政策。

景观生态格局评估指标结果　　表 6

景观生态格局指标	NP	PD	LPI	LSI	CONTAG	IJI	AI	PR	SHDI
现行生境条件	510	0.022	31.169	13.481	40.311	72.068	80.619	5	1.251
评估生境条件	242	0.010	33.714	10.118	44.353	74.946	86.277	5	1.266

4　结论与讨论

本文以国土空间规划“双评价”生态保护重要性为基础，通过 CA-Markov 模型预测临汾市现行及评估后生境条件下 2025 年土地利用类型分布情况，结合景观生态格局指标对生境质量效果进行综合分析。结果表明，在评估后生境条件下，临汾市生境质量总体提升，且向良好方向发展，生态功能效益得以明显改善，有效保障了城市合理发展格局，对优化国土空间规划格局具有重要意义[17,21]。

此外，本文在构建 CA-Markov 土地利用变化预测模型时，由于数据及方法限制，仅从景观生态角度考虑问题，未结合经济、社会、文化等因素对土地利用变化的影响和限制，结果具有一定的相对性和片面性。并且从整体预测方法来看，仅利用研究数据推测临汾市 2025 年土地利用类型分布及生境质量效果，未从长远角度进行对比分析，有待进一步讨论研究。

参考文献

[1] 关于建立国土空间规划体系并监督实施的若干意见. 中共中央，国务院. 2019.

[2] 省级空间规划试点方案. 中共中央，国务院. 2017.

[3] 念沛豪，蔡玉梅，马世发，等. 国土空间综合分区研究综述. 中国土地科学，2014，28(01)：20-25.

[4] 资源环境承载能力和国土空间开发适宜性评价技术指南(试行). 自然资源部. 2019.

[5] 郭良栋. 新时期土地资源管理与土地利用综合规划浅析. 华北自然资源，2022，(01)：136-138.

[6] 仝卫玲. 基于“双评价”的县域三生功能空间优化调控路径研究[D]. 天津：天津工业大学，2021.

[7] 罗彦，蒋国翔，陈少杰，等. 基于“双评价”和主体功能区优化的国土空间规划探索[J]. 城市规划，2022，46(01)：7-17+52.

[8] 贾克敬，何鸿飞，张辉等. 基于“双评价”的国土空间格局优化[J]. 中国土地科学，2020(5)：43-51.

[9] 周鹏. 太行山区国土空间格局优化与功能提升路径研究[D]. 中国科学院大学(中国科学院水利部成都山地灾害与环境研究所)，2020.

[10] 罗彦，蒋国翔，陈少杰，等. 基于“双评价”和主体功能区优化的国土空间规划探索[J]. 城市规划，2022，46(01)：7-17+52.

[11] 田清，詹晨宇，冯佳欣，等. 基于 ANN-CA 模型的国土空间规划双评价情景分析[J]. 农村经济与科技，2021，32(19)：39-41.

[12] 陈泽胤，刘政，李思颖，等. 耦合“双评价”与元胞自动机模型的城镇开发边界划定思路与实践. 规划师，2021，37(14)：20-26.

[13] 雷雅凯，张心语，董娜琳，等. 城市生态系统服务功能对于景观格局特征的响应研究进展[J]. 园林，2022，39(03)：13-20.

[14] 何舸. 基于生态敏感性评价的烟台市东部海洋经济新区起步区生态规划研究[J]. 生态科学，2015，34(06)：163-169.

[15] 徐影，郭楠，茹凯丽，等. 碳中和视角下福建省国土空间分区特征与优化策略. 应用生态学报，2022，33(02)：500-508.

[16] 王伟，邹伟，张国彪，等. “双碳”目标下的城市群国土空间规划路径与治理机制. 环境保护，2022，50(Z1)：64-69.

[17] 闫凤英. “碳中和”与城乡规划研究[J]. 西部人居环境学刊，2021，36(06)：4.

[18] 曾一笑. 基于 CA-Markov 模型和景观格局的生态保护红线评估效果分析[J]. 测绘通报. 2021：244-249.

[19] 蔡卓，丁美辰. 基于多角度的陆域生态保护红线评估调整研究——以福建省漳州市为例[J]. 规划师，2021：28-33.

[20] 倪永薇. 基于生态系统服务评估的北京昌平区绿色空间格局优化研究[D]. 北京：北京林业大学，2020.

[21] 洪丹，陈晓东. 国土空间生态修复背景下区域生态安全格局构建及优化——以四川省龙门山地区为例[J]. 园林，2021，38(11)：92-99.

[22] 闫聪微. 县级国土空间总体格局优化思路与建议——以潼关县为例[J]. 黑龙江粮食，2021，(07)：78-79.

[23] 黄河流域生态保护和高质量发展规划纲要. 中共中央，国务院. 2021.

[24] 山西省汾河保护条例. 山西省人大常委会. 2022.

[25] 张淑丽. 汾河临汾段水质现状及水环境治理研究[J]. 海河水利，2018，(04)：20-21+33.

[26] 资源环境承载能力和国土空间开发适宜性评价技术指南(试行). 自然资源部. 2019.

[27] 生态保护红线划定指南. 环境保护部，国家发展改革委. 2017.

[28] 生态功能区划技术暂行规程. 国家环境保护总局. 2002.

[29] 张颖，刘平辉，朱传民，等. 基于 NPP 的抚州市生态系统服务功能重要性评价[J]. 贵州农业科学，2022，50(02)：133-140.

作者简介

赵瑞喆，1998 年生，男，汉族，河北人，北京林业大学硕士研究生在读，研究方向为风景园林规划设计。电子邮箱：2534171575@qq.com。

王博娅，女，1990 年生，汉族，河人，博士，北京林业大学园林学院，讲师，研究方向为城乡生态网络构建、风景园林规划与设计。电子邮箱：739487083@qq.com。

刘志成，1964 年生，男，汉族，北京林业大学园林学院，教授、博士生导师，园林学院园林设计教研室主任、园林学院工会主席，美国明尼苏达大学访问学者，研究方向为风景园林规划与设计、风景园林历史与理论、景观规划与生态修复。电子邮箱：780256337@qq.com。

国土空间规划背景下齐齐哈尔市生态修复规划策略[①]

The Planning Strategy of Ecological Restoration in Qiqihar City under the Background of Land Spatial Planning

胡秋月　朱　逊　张远景*

摘　要：在国土空间生态修复的重要项目建设中，如何构建符合区域发展和公众需要的规划策略已成为相关领域的重要课题。本文以齐齐哈尔市为例，首先综合诊断市域“山水林田湖草沙冰”存在的主要问题矛盾，形成“生态问题一张图”；接着测算市域生态修复指数，明晰区域生态修复必要性等级；最后将市域划分为7大生态修复分区，制定重大修复项目21个。通过构建“问题诊断—修复必要分级—分区划定—工程落实”为主线的市域国土空间生态修复规划思路，以期为其他同类型地区的生态修复规划提供参考。
关键词：生态修复规划；齐齐哈尔市；生态问题；修复指数；市域国土空间规划

Abstract: In the construction of important projects of land and space ecological restoration, how to build a municipal planning strategy in line with regional development and public needs has become an important topic in related fields. Taking Qiqihar City as an example, this paper first comprehensively diagnoses the main problems and contradictions existing in the city's " mountains-rivers-forests-farmlands-lakes-grasslands-sand-ice", and forms a "picture of ecological problems"; Then calculate the city ecological restoration index and clarify the necessary level of regional ecological restoration; Finally, the city is divided into seven ecological restoration zones and 21 major restoration projects are formulated. By constructing the urban land space ecological restoration planning idea with the mainline of "problem diagnosis-necessary classification of Restoration-zoning-project implementation", to provide a reference for the ecological restoration planning of other similar areas.
Keywords: Ecological Restoration Zoning; Qiqihar City; Ecological Problems; Repair Index; Urban Land Spatial Planning

引言

国土空间生态修复是新时代深化生态文明建设的一项创新性举措，体现“山水林田湖草沙冰”生命共同体的原则[1]。以往的生态修复实践往往针对单一的土地类型、生态功能进行治理恢复，而当今国土空间更强调一体化统筹管理，生态修复目标也趋于多元化[2]。如何科学构建国土空间生态修复的总体思路和系统视角，明晰规划方法路径，成为有效推进城市生态修复工作的重要前提[3]。

当前国土空间生态修复的研究集中在概念辨析和分区研究。相关学者主要探讨了生态修复转变为国土空间生态修复的原因和过程，并探索国土空间生态修复的概念理论与技术实践。分区研究是进行生态修复的基础，当前有以“三生”空间、生态系统服务功能、生态系统退化/供给/修复能力为切入角度进行生态修复分区研究，但相关研究处于探索阶段，现有分区研究方法较零散且不系统。生态问题是生态修复实践的首要解决对象，本文从问题导向出发，统筹市域“山水林田湖草沙冰”存在的主要问题矛盾，并引入测算生态修复指数的方法，明晰市域生态修复必要性等级，从而对市域空间进行科学性的修复分区划定与施策。

齐齐哈尔市是黑龙江省乃至全国的重要工业基地和商品粮基地。市域用地类型在近几十年的发展中发生了剧烈的演变，尤其是哈大齐工业走廊建设以来，经济的快速发展严重破坏市域绿地生态系统：林草退化严重、湿地收缩明显、农田被蚕食侵吞、土壤肥力骤降、水环境严重污染[4]。迫切需要开展生态保护修复实践，协调齐齐哈尔市经济发展与环境保护的突出矛盾。本研究探索基于问题导向和系统整治的市域生态修复规划方法，提出“问题诊断—修复必要分级—分区划定—工程落实”的规划思路（图1），推动齐齐哈尔市可持续、高质量发展。

1　研究区概况

齐齐哈尔是我国重要的国家装备制造业基地、绿色食品产业基地，还是国家物流与交通中心，黑、吉、蒙三省交界处综合服务中心。齐齐哈尔地貌类型主要为冲积平原和低山丘陵，主干河流嫩江横纵贯穿全市，支流讷谟尔河、乌裕尔河和雅鲁河等河流串联市域东西部，统称“一江十河”；小兴安岭和碾子山为市域东北与西北部的生态屏障。齐齐哈尔市属于多林省份的贫林地区，大兴安岭中部、南部地区森林植被退化严重；市域内水域面积广阔，地表水丰富；耕地资源总量丰富，面积广阔；湿地生态系统斑块完整，是保护物种丹顶鹤重要迁徙廊道；市域西北沙化严重区的草原资源退化严重。

① 基金项目：国土空间规划领域通专融合课程及教材体系建设，教育部首批新工科研究与实践项目（E-ZYJG20200215）；黑龙江省教育科学十三五规划2020年度重点课题“大类培养模式下国土空间规划课群体系建设研究”（GJB1320074）。

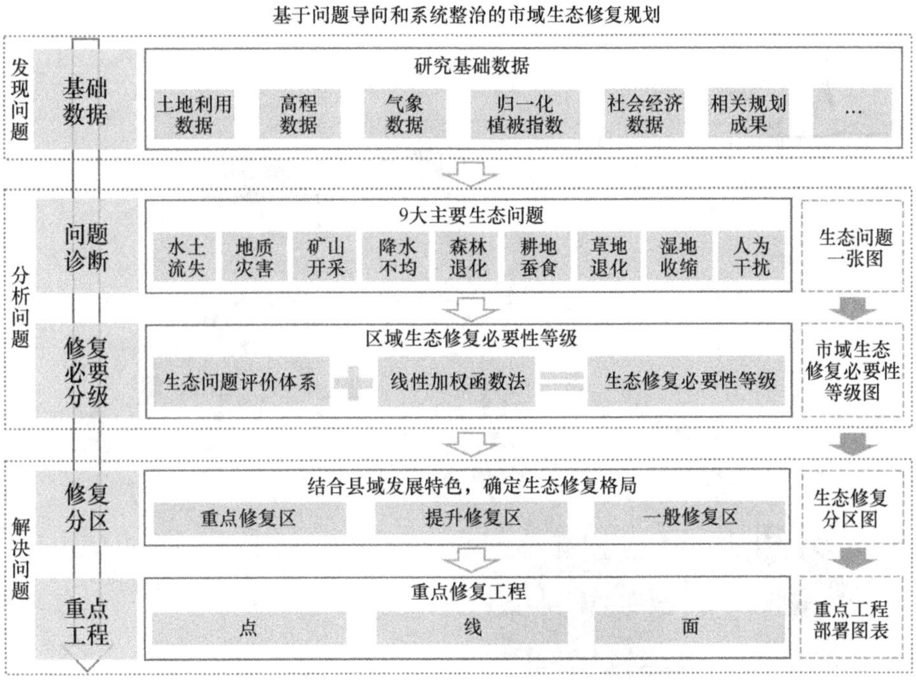

图 1　生态修复规划技术体系框架

2　问题识别与修复指数测算

2.1　综合诊断生态问题

规划以问题为导向，选取水土流失、地质灾害、矿山开采、降水分布不均、林分质量差、耕地质量低、草地退化、湿地退化和人为干扰等指标全面诊断齐齐哈尔市域存在的生态问题和突出矛盾，将这九大生态问题进行叠加，形成市域“生态问题一张图”。

水土流失：根据对市域土壤侵蚀度的分析，发现市域东侧和西侧水土流失较严重，土壤侵蚀的类型主要为面蚀和沟蚀，其引发的地质灾害逐年加剧，导致区域土地生产力大大下降。

地质灾害：分析市域内崩塌、泥石流、滑坡以及不稳定边坡等地质灾害分布情况，结果表明东、西两侧大、小兴安岭余脉地质灾害风险较高，其次是南部的泰来县。东侧区域地质灾害主要为崩塌，西侧区域则为崩塌和泥石流。

矿山开采：采矿用地集中分布在碾子山区、龙江县、讷河市、富裕县以及市区范围，其中碾子山区、龙江县西部以及市区因矿山开采造成的生态环境问题较严重，长期采矿造成的地面塌陷破坏耕地、林地和道路，破坏含水层。

降水不均：市域年均降水在 433～543mm 范围内，从东往西呈逐步减少趋势，其中市域北部嫩江流域附近降水最多，年均降水量为 518～543mm；市区范围的建华区和龙沙区以及西南部泰来县年均降水量较低，范围在 433～461mm。

林分退化：市域林地资源总面积 427640hm^2，但整体质量不高，以三级保护林地为主。一级、二级保护林地主要分布在市域东北部的讷河市、克山县和克东县以及西部区域龙江县和碾子山区，但退化严重。

耕地蚕食：市域耕地总面积 297 万 hm^2，是黑龙江省耕地面积较大的地市。其中旱地面积最大（占比 78%），水田主要分布在嫩江、讷谟尔河和乌裕尔河等流域，但近年来城市开发侵占大量耕地。

草地退化：依据牧草可利用率计算草地的载畜力，发现富裕县、甘南县、泰来县中部以及市中心的铁锋区和昂昂溪区的草地载畜力较高，而龙江县、讷河市、克东县、拜泉县以及市中心的梅里斯区草地退化严重。

湿地收缩：扎龙湿地核心区以及沿江湿地中心地带的生物多样性最高，雅鲁河湿地、尼尔基自然保护区和讷谟尔河自然保护区湿地生物多样性次之。近年扎龙湿地周边区域人为干扰严重，边缘区湿地退化收缩明显。

人为干扰：从人口密度、道路路网密度以及污染源分布密度 3 大要素进行人为干扰分析，市中心区人为干扰最严重，其次为碾子山区、泰来县、富裕县西部和龙江县东部。另外，重工业集中分布在市中心区以及龙江县东部。

综上，绘制齐齐哈尔市“生态问题一张图”（图 2）。

2.2　测算生态修复指数

经过系统性诊断市域主要生态问题，构建生态问题评价体系测算生态修复指数[5]，明晰市域生态修复必要性，以进行科学分区与针对施策。主要步骤为：①对生态问题指标（正负）进行无量纲化和同趋势化处理；②将生态问题评价指标赋予权重，先采用德尔斐法得到各项指标初步权重，接着借鉴宋伟等[5]计算生态评价指标权重方式，将各项指标权重进行修正（表 1）；③以 5km 格网为单位，采用线性加权函数法[5]测算市域生态修复指数。

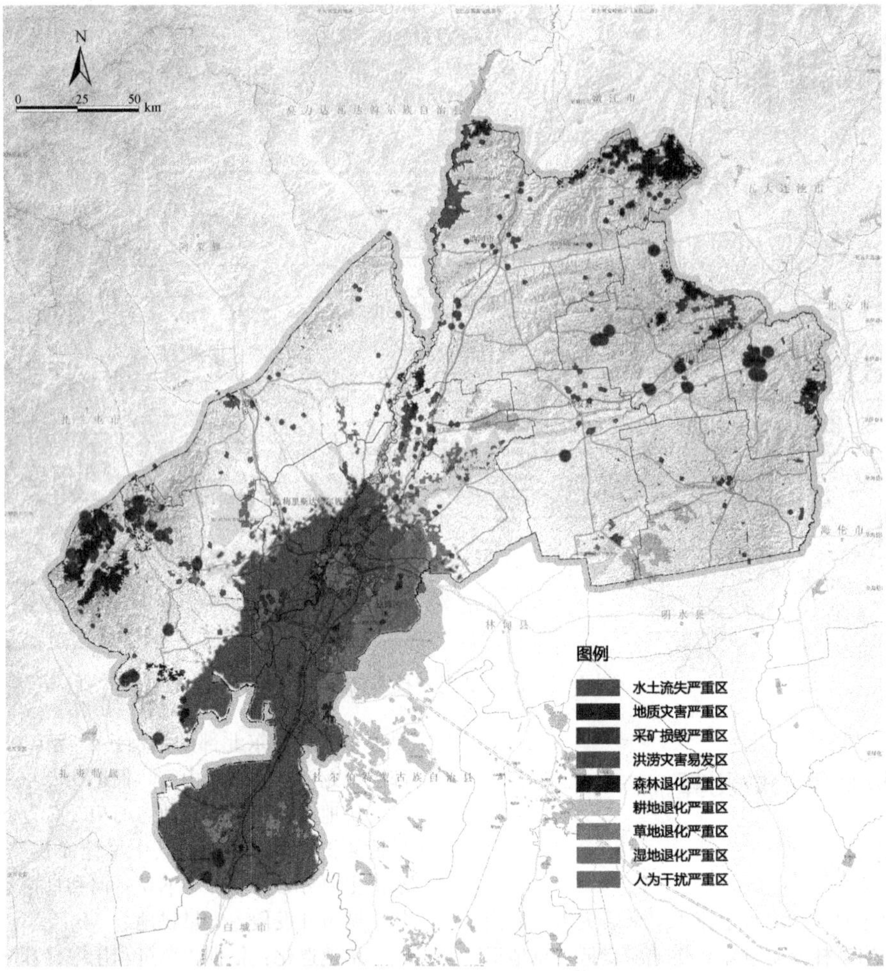

图 2 “生态问题一张图”示意

山水林田湖草生态问题诊断指标体系 **表 1**

类型	生态问题	指标名称	指标方向	德尔菲法指标权重	修正指标权重
山	水土流失	土壤侵蚀度	—	0.13	0.21
	地质灾害	地质灾害分布密度	—	0.10	0.10
	矿山开采	矿山分布密度	—	0.10	0.10
水	降水分布不均	年均降水量	+	0.08	0.05
林	林分质量差	林地保护等级	+	0.13	0.12
田	耕地质量低	耕地等级	+	0.10	0.10
草	草地退化	载畜力	+	0.08	0.05
湿	湿地退化	湿地生物多样性	+	0.13	0.12
人	人为干扰度	人口密度	—	0.05	0.05
		道路路网密度	—	0.05	0.05
		污染源分布密度	—	0.05	0.05

基于生态问题指标体系，采用线性加权函数法进行生态修复指数测算。公式如下：

$$A = \sum_{i=1}^{n} w_i \times E_i \quad (i = 1,2,3,\cdots\cdots,11)$$

式中，A 为生态修复指数，E_i 为第 i 项生态问题指标的值；w_i 为第 i 项生态问题指标的权重。

结果表明，齐齐哈尔市生态修复指数平均值较低（0.34），市域生态修复指数为 0.16～0.65。根据数据结果将市域生态修复必要性等级划分为 5 级，级别越低表明该区域生态保护修复必要性越高。从图 3 可以看出，市域中南部地区生态修复必要性等级主要为一级、二级，修复必要性高；东部与西南部生态修复必要性等级主要为三

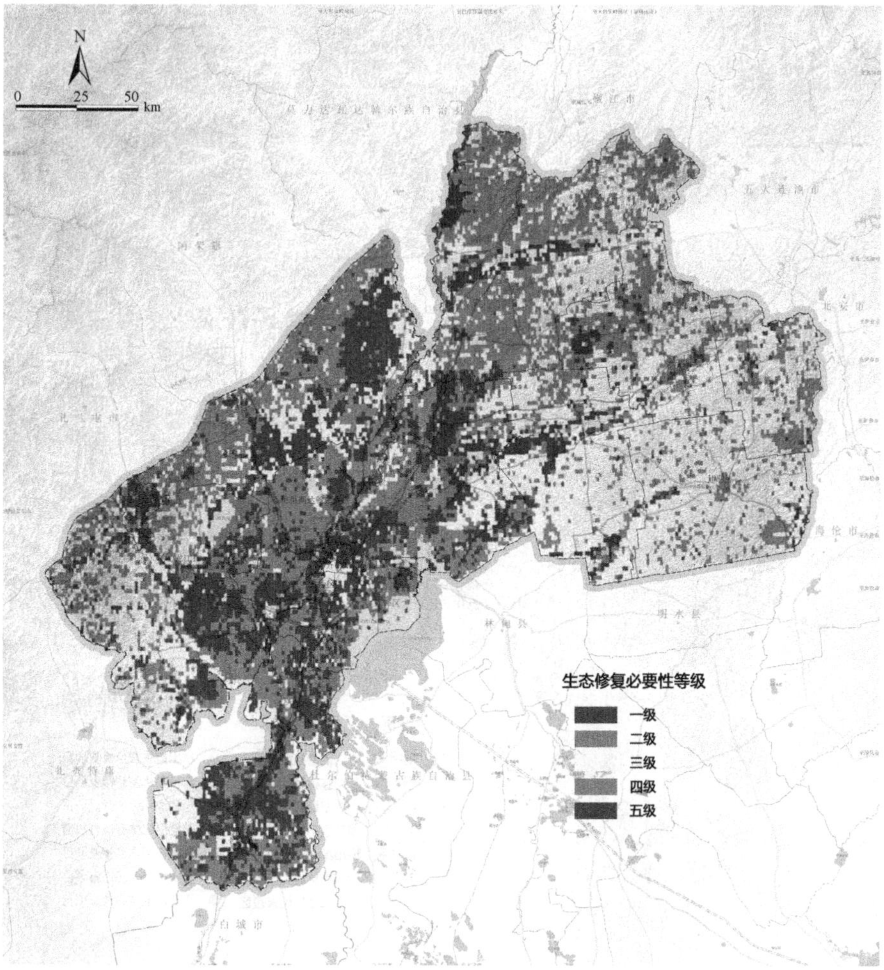

图 3　市域生态修复必要性分级示意

级、四级，修复必要性相对较低。

3　修复分区及重大工程落实

3.1　划定生态修复分区

综合“生态问题一张图”、市域生态修复必要性分级及县域发展特色，规划齐齐哈尔市生态修复格局，将其划分为 7 大生态修复分区（图 4）。对生态修复分区划分为“重点修复、提升修复和一般修复分区”3 个等级，并制定针对性修复策略。

“城市综合治理修复区”和“南部草地矿山修复区”的生态修复指数最低，生态环境问题较严重，为重点修复区。齐齐哈尔市工矿业和城镇集中分布在此区域，主要涉及市区、富裕县、龙江县和泰来县。该区生态环境问题主要包括工业污染、矿山地质问题以及湿地退化，增加地表植被覆盖、加强工矿土地生态环境整治和修复则是该区主要的修复策略。

“嫩江上游植被修复区”“中部湿地农田修复区”和“碾子山矿地质修复区”的生态修复指数一般，为提升修复区。这些区位于大小兴安岭余脉及嫩江上游，主导生态系统服务功能是水源涵养和水土保持，是齐齐哈尔市生态安全的重要屏障，主要涉及讷河市、克山县、甘南县和富裕县。水土流失、林草地退化和荒漠化是该区域的主要生态问题，因此，保护、修复和增加植被，提高水源涵养能力、控制水土流失是该区生态修复的主要策略。

“东部林田地质修复区”和“西部森林地质修复区”生态修复指数较高，生态环境较好，为一般修复区，分别位于市域的东部和西部。该区是齐齐哈尔市农林产品主产区，主导生态系统服务功能为粮食生产和水土保持，主要涉及克山县、克东县、拜泉县、依安县和龙江县。区域主要存在地质灾害和林草植被退化生态问题，增加地表植被覆盖，同时提高预防自然灾害水平是该区主要的生态修复策略。

3.2　部署重点工程项目

基于齐齐哈尔市生态环境保护目标要求及各分区修复方向，制定“点、线、面”生态修复系列项目共 21 个，其中水土流失重点修复项目 4 个、森林退化重点修复项目 4 个、草地退化重点修复项目 2 个、湿地退化重点修复项目 2 个、水环境水生态重点修复项目 3 个、农田整治重点修复项目 2 个和采矿用地重点修复项目 4 个（图 4、图 5），纳入全市国土空间要素保障三年行动计划和年度项目实施规划[6]。

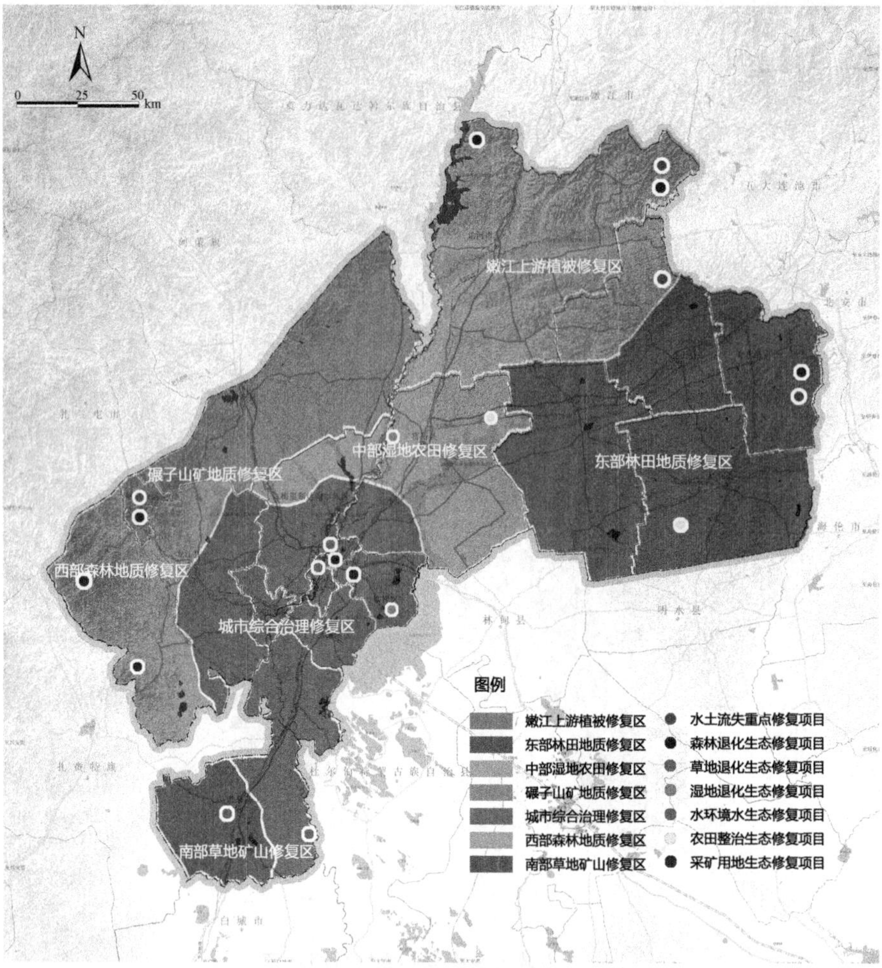

图 4　生态修复分区及重大工程分布示意图

项目类别	项目名称	修复内容与措施
水土流失重点修复项目（4个）	讷河市东北部水土流失工程	防治水土流失面积 120km²，400 条侵蚀沟治理，治理侵蚀沟面积 12km²。建设总长度贯穿市域内的安全管道
	克山—克东水土流失工程	300 条侵蚀沟治理，水土流失治理面积 14km²。将被侵蚀沟切割的支离破碎的土地连接起来，对近河流的下游河床采取工程防范措施
	克东县东部水土流失治理工程	防治水土流失面积 250km²，全面治理县域内侵蚀沟
	碾子山区水土流失治理工程	控制保护效益面积 0.2km²。建设稳定的植物缓冲垫，对坡度大于 15°的地面退耕还林，做好坡面截水，排蓄措施
森林退化生态修复项目（4个）	嫩江源头森林保育工程	从养护森林与涵养水源出发，严禁进林开采，禁止在保护区内开展可能导致生态环境破坏的采矿、采石、采砂活动。森林保育面积达 30km²
	讷河市东北森林保育工程	从该区域森林现状出发，严禁采伐，加强对讷河东北部森林生态功能的保护，加强人工监督力度。森林保育面积达 55km²
	克东县东部森林保育工程	完善天然林保护制度，全面停止天然林商业性采伐。森林保育面积达 30km²
	龙江县西部森林保育工程	加强天保工程，拯救林中濒危动植物，同时治理土壤冻融导致的水土流失。森林保育面积达 25km²，治理林地水土流失 8.9km²
草地退化生态修复项目（2个）	甘南县草原生态修复重点区	退化草场修复 27km²。推动重点区域荒漠化、沙化土地和黑土滩型等退化草原治理
	泰来县草原生态修复重点区	退化草场修复 16km²。针对当地游牧业、草业制定方针，该区域草原资源优良，应加强草原综合治理，全面推行草畜平衡、草原禁牧休牧轮牧

图 5　齐齐哈尔市生态修复重点工程部署（一）

项目类别	项目名称	修复内容与措施
湿地退化生态修复项目（2个）	嫩江流域湿地生态修复重点区	湿地修复项目面积1.6万亩（10.67km^2）。嫩江两岸岸坡裸露，易被侵蚀。开展河道清淤、河流岸坡整治与防护、保护性基础设施项目建设，定期清理河道内生活垃圾与淤泥
	扎龙湿地生态修复重点区	湿地修复项目面积2.2万亩（14.67km^2）。扎龙保护区是国家湿地重要区，必须加强原始沼泽湿地保护
水环境水生态修复项目（3个）	浏园水源地防治工程	浏园水源地化学污染水源中的污染物定期监测。加强对肆意排放污水企业的监管惩罚力度
	劳动湖生态环境整治工程	劳动湖水治理河道综合治理20km，湿地修复1处1900亩（1.27km^2）
	白沙滩断面水质提升工程	嫩江干流白沙滩生物多样性恢复与监测。开展河道清淤、河流岸坡整治与防护、保护性基础设施项目建设，定期清理河道内生活垃圾与淤泥
农田整治生态修复项目（2个）	富裕县农田整治工程	拜泉县推广“三减”面积250万hm^2
	拜泉县农田整治工程	富裕县推广“三减”面积280万hm^2
采矿用地生态修复项目（4个）	碾子山废弃矿山生态修复工程	通过科学的加固措施提高地基稳定性，区政府加强扶持力度对此区域进行市政用地再利用。 定期对已修复的2km^2采煤沉陷区地基情况检查，采取必要的工程手段加固地基
	建华区矿山地质环境修复项目	治理由于爆破、自然崩落等开采引起的粉尘污染与有毒气体的排放问题。治理铁峰区市区内1处5个矿点，恢复建设用地、恢复林地、恢复鱼塘、恢复耕地、恢复草地14.84hm^2
	铁锋区矿山地质环境修复项目	对治理完成的矿山土壤透水性、有机物成分、风化程度进行监测。治理铁峰区市区内1处16个矿点，恢复建设用地、恢复林地、恢复鱼塘、恢复耕地、恢复园地20.03hm^2
	龙江县矿山地质环境治理工程	清除固体废弃物积存量12456266m^3，厘清对已废弃矿山应负责的企业，加强对这些企业的督促监管。治理废弃矿山1座，恢复受损的林地、草地、其他用地共46.82hm^2

图5　齐齐哈尔市生态修复重点工程部署（二）

4　结语

国土空间生态修复规划实践是有效促进生态系统稳定、空间格局优化和功能提升的重要措施。本文以齐齐哈尔市为例进行探索实践，基于问题导向和系统整治的战略思想，构建“问题诊断—修复指数测算—分区划定—工程落实”为主线的市域生态修复规划思路。研究中选取的生态问题指标有效统筹人与自然环境的各项要素，建立的生态问题评价体系对各指标赋予权重，加强前期生态空间问题分析的科学严谨性，引入生态修复指数的测算更为市域生态修复分区的分级划等奠定强有力基础。本文提出的规划思路与方法仍需扩大案例实践研究，并通过实践反馈进行修正调整。

参考文献

[1]　方创琳，周成虎，顾朝林，等. 特大城市群地区城镇化与生态环境交互耦合效应解析的理论框架及技术路径[J]. 地理学报，2016，71(4)：531-550.

[2]　刘涛，赵明，公云龙. 市级国土空间总体规划中生态修复规划路径探讨——以徐州市为例[J]. 规划师，2021，37(15)：30-35.

[3]　宫清华，张虹鸥，叶玉瑶，等. 人地系统耦合框架下国土空间生态修复规划策略——以粤港澳大湾区为例[J]. 地理研究，2020，39(09)：2176-2188.

[4]　赵烨荣. 基于ESV的齐齐哈尔市土地生态可持续研究[D]. 东北农业大学，2018.

[5]　宋伟，韩赜，刘琳. 山水林田湖草生态问题系统诊断与保护修复综合分区研究——以陕西省为例[J]. 生态学报，2019，39(23)：8975-8989.

[6]　杨兆平，高吉喜，杨孟，等. 区域生态恢复规划及其关键问题[J]. 生态学报，2016(17)：5298-5306.

作者简介

胡秋月，1996年生，女，汉族，广西人，哈尔滨工业大学建筑学院风景园林专业硕士研究生在读，研究方向为风景园林规划设计及理论。电子邮箱：1968759650@qq.com。

朱逊，1979年生，女，满族，黑龙江人，博士，哈尔滨工业大学建筑学院，寒地城乡人居环境科学与技术工业和信息化部重点实验室，教授、博士生导师，研究方向为风景园林规划设计及其理论。电子邮箱：zhuxun@hit.edu.cn。

（通信作者）张远景，1981年生，男，汉族，浙江杭州人，博士，黑龙江省城市规划勘测设计研究院院长，正高级城市规划师，研究方向为生态城市规划。电子邮箱：56858118@qq.com。

国土空间规划背景下城市景观生态网络构建及优化研究
——以四川省犍为县为例

Research on the Construction and Optimization of Urban Landscape Ecological Network under the Background of Territorial Space Planning
—Taking Qianwei County, Sichuan Province as an example

韦妮园　王　尊

摘　要：本文基于国土空间规划的背景下，明确景观生态网络的内涵，并提出适宜性的构建方法：综合规划实勘、景观格局及景观结构的源地识别，通过最小阻力模型（MCR）识别潜在生态廊道并结合重力模型提取重要廊道空间。以四川省犍为县为例，通过生态红线保护区、三类景观格局指数及MSPA提取的核心区进行生态源地筛选。以地形地貌、土地类型及自然灾害三大影响因素构建生态阻力面。确定12处生态源地、3个生态维育区、6条重要生态廊道、20条次要生态廊道以及1条岷江主干河流生态保护廊道，共同构成犍为县景观生态网络格局，为进一步国土空间开发保护格局的划定提供有力的支撑。

关键词：景观生态网络；国土空间规划；形态空间格局分析；最小阻力模型

Abstract: Based on the background of territorial space planning, this paper clarifies the connotation of the landscape ecological network, and proposes the construction method of suitability: comprehensive planning and field survey, the source identification of landscape pattern and landscape structure, and the identification of potential ecological corridors through the least resistance model (MCR). and combined with gravity model to extract important corridor space. Taking Qianwei County in Sichuan Province as an example, the ecological source areas were screened through the ecological red line protection zone, three types of landscape pattern indices and core areas extracted by MSPA. The ecological resistance surface is constructed based on the three influencing factors of topography, land type and natural disasters. 12 ecological source sites, 3 ecological maintenance areas, 6 important ecological corridors, 20 secondary ecological corridors and an ecological protection corridor of the main river of the Minjiang River have been identified, which together constitute the landscape ecological network pattern of Qianwei, which is the basis for further development of national land space. The delineation of the development and protection pattern provides strong support.

Keywords: Landscape Ecological Network; Land Spatial Planning; Morphological Spatial Pattern Analysis; Minimum Resistance Model

引言

新时代背景与新空间规划体系下，城市品质提升是城市的主旋律，以保护促发展，先定生态本底，再寻发展道路，优化空间品质，确保生态安全是城市发展与规划的基调。《中华人民共和国国民经济和社会发展第十四个五年规划和2035年远景目标纲要》明确指出，生态文明建设实现新进步，生态环境持续改善，筑牢生态安全屏障[1]。生态文明建设是城市发展的重中之重，而景观生态网络的识别和构建有助于国土空间开发保护格局的确立，保护和优化城市关键性的生态空间。生态空间体系构建是以生态空间体系保护与管控为核心的国土空间协调规划[2]，能够为当前国土空间规划提供有力的支撑。

当前国土空间规划过程中，通过双评价对城市“三生空间”的基底认识有了显著的提升，但在国土空间规划评估体系及国土空间开发保护格局的划定中相对缺乏对国土景观生态本底的认知[3]，对生态网络中重要源地与廊道空间的识别与保护不足。因此，新空间规划体系背景下，应加强对生态空间保护的认识，将双评价生态空间认知与景观生态网络紧密结合，进一步优化与支撑国土空间开发保护格局的划定。

1　景观生态网络内涵及其构建方法

1.1　景观生态网络内涵

景观生态网络源于景观生态学，不同的学者对其定义略有差异，但其核心要义均为强调对维持区域生物多样性、生态空间品质、景观完整度起到重要支持作用的网络体系[4]，保障区域内物质信息传输、交换等重要生态过程的空间体系[5]。

当前国土空间规划过程中，以双评价为测度方法识别重要的保护空间缺乏对生态水平过程认知，其识别的重要生态空间是维持生态品质的重要屏障区域，对生态过程的衡量和保护不足。因此识别和保护景观生态网络的空间特征尤为重要，明晰支撑区域生态服务与过程的网络空间就需要识别重要的生态源地空间以及生态信息传输与流动的廊道空间。

1.2 景观生态网络构建方法

1.2.1 生态源地与廊道识别方法概述

生态源地的确定与识别的途径与方法众多，发展至今主要分为实勘或经验、综合指标评价、景观指数评价及图论四类方法（表1），各类方法对生态源地的侧重不同，其识别结果也有较大的差异。通过实勘或规划确定的源地空间一般可直接作为生态源地，综合指标的评价方法需要确立对生态空间有明显影响作用的指标因子及影响大小，主要对生态空间的敏感性和生态活动胁迫性的影响，景观格局指数是景观生态学重要的定量分析方法，用以建构景观格局的与生态过程的关系[6]，图论方法则是从空间的整体性与系统性两方面，将景观单元进行形态学分析，确定维持生态空间的重要性、结构性源地空间。

生态源地识别方法及计算模型　　表1

方法类别	识别重点	识别/计算模型
实勘或规划	空间重要性	实勘/重点保护区……
综合指标评价	生境质量	因子评价/InVEST……
景观格局指数	景观格局	Fragstats……
图论	景观结构	Guidos Toolbox/Conefor……

当前对生态廊道的识别主要分为主观经验的识别和模型模拟两类方法，传统的生态廊道规划过程中，通常以重要生态保护地为源，以河流或绿廊等线性蓝绿空间为经验性判断，识别生态廊道，此类方法主观意图过强，对生态机制认知不足。第二类主要通过梳理生态空间流动的阻力要素构建最小阻力模型（MCR），识别源地间低阻力通道作为生态廊道，或对区域生态空间的进行结构性分析，识别重要的结构性通道作为生态廊道。

1.2.2 景观生态网络构建路径

如上所述，生态源地及生态廊道的识别方法众多，其针对性与适用性不尽相同。生态源地的识别是廊道及其网络构建的基础，而国土空间规划也强调应保尽保，因此生态源地的识别应当综合各类方法，尽可能降低各类模型适用的差异性，建立实勘、格局及结构三类综合识别的生态源地空间的方法（表2），将生态保护红线及重点保护区内空间、景观格局指数优质空间以及MSPA识别核心区空间共同作为生态源地。

生态源地综合识别方法　　表2

识别类型	识别重点	识别方法
实勘或规划	生态空间品质	生态红线/重点保护区
景观格局评价	景观格局	Fragstats
景观结构评价	景观结构	MSPA

资料来源：作者自绘

国土空间规划中生态保护红线是底线空间，可将红线保护空间及重点自然保护区及风景名胜地等高生态价值空间直接识别为生态源地。景观格局的评价借助Fragstats进行景观指数计算，指数包含面积、密度、边缘、多样性及聚散性等指标类型，生态源地应具备较大空间范围的完整斑块，连通性与蔓延度较高且多样性丰富，因此选取面积指数（LPI）、连通性指数（CONTAG）与聚合度指数（AI）三个指标综合识别重要生态源地。LPI表示最大斑块面积的占比，能够反映景观优势度；CONTA描述景观斑块的蔓延度，反映了优势景观的连通性，是能够反映生态特征的重要格局指数；而AI指数描述的聚合度则有较强的适用性，可以适用于相同或不同景观类别以及不同分辨率下的比较[7]。

Metzger和Muller最早将形态学分析方法引入景观生态学，其后Riitters等人通过图论方法界定森林不同的景观类型进而对破碎度进行评价，Vogt等人形态学数学算法提出了形态学空间格局分析方法（MSPA）[8]，MSPA作为一种形态学测度的模型软件近年来已被广泛应用于生态网络空间分析之中，通过界定前景与背景两类景观单元类型，即可测算出区域内分析景观的核心区、斑块、孔隙、边缘区、桥接区、环岛区等重要的生态空间分布格局特征。核心区是完整度高，适宜性高，生境空间完整的空间单元，可以通过进一步的筛选作为生态源地的空间类型。

而生态廊道各类方法均遵循最优通道的准则，因此生态廊道通过合理构建MCR模型识别即可。MCR模型公式如下：

$$MCR = f\min\sum_{j=n}^{i=m} D_{ij} \times R_i$$

式中，MCR为最小阻力的累积值；f为最小累积值与生态过程的正相关关系；D_{ij}为物种从源地j到景观单元i的空间距离；R_i为景观单元对物种运动的阻力系数[9]。

2 犍为县生态网络构建及优化策略

2.1 研究区概况

犍为县隶属四川省乐山市，成绵乐城市群南向的重要节点城市。生态资源丰富，地处川中平原的褶皱区，穹窿地貌的西南延伸带，县域内形成东临浅丘、南接深丘、西倚高山的地貌特征，岷江干流穿城而过，森林资源较丰富，主要分布于岷江西侧。

2.2 犍为县重要生态源地遴选

综合识别犍为县生态保护红线内区域、三类景观指数高值区域以及MSPA识别的核心区作为犍为县重要的生态源地空间。生态红线保护区域共计1处，面积2.68km²。

基于三调土地利用数据，将犍为县划分为城乡建设用地、农用地、道路、林草地及水域五类景观类型（图1），通过Fragstats景观格局计算最大斑块占比LPI、蔓

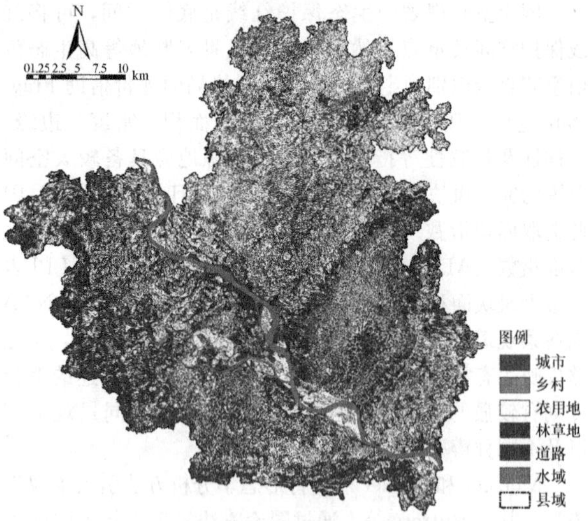

图 1　城市景观类型分布示意

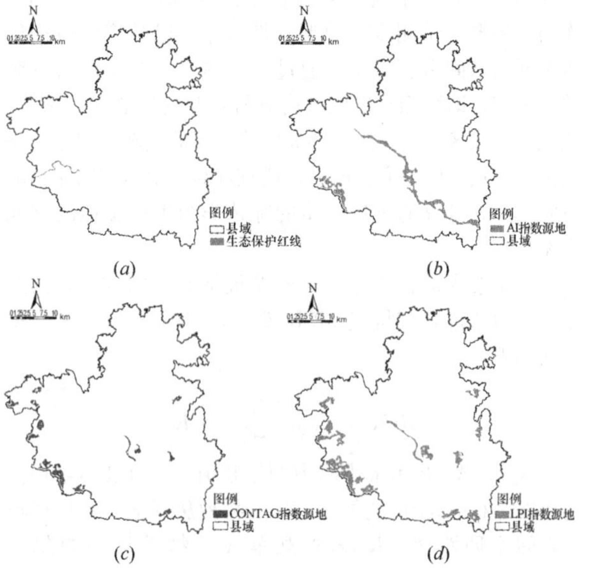

图 2　四类重要生态源地识别

（*a*）生态保护红线区；（*b*）AI 指数源地；（*c*）CONTAG 指数源地；（*d*）LPI 指数源地

延度指数 CONTAG 及聚合度 AI，以自然间断点分级法划分 5 级，提取三类指标最大值区域作为潜在的生态源地区域，同样以自然间断点法将其斑块面积划分为 5 级，选取最大两级斑块作为最终遴选的重要生态源地，三类景观指数分析下所得生态源地如图 2 所示，三类指数分析所得区域大体相似，LPI 指数源地 11 处，共计 59.22km²，CONTAG 指数源地 12 处，共计 26.89km²，AI 指数源地 2 处，共计 42.55km²。

基于 MSPA 分析方法，将景观单元制为二值图，上述景观类型中林草地域水域作为生态空间设置为前景值，其余各类景观类型作为后景值进行计算，得到犍为县景观类型分布（图 3）及面积占比，如表 3 所示。犍为县现状生态条件良好，具有承载重要生态功能，提供生物栖息地的大型核心区斑块占比最高，将核心区面积分为 5 类，选取面积最高的一级斑块作为犍为县重要的生态源地，得到 12 处生态源地，共计 36.39km²。

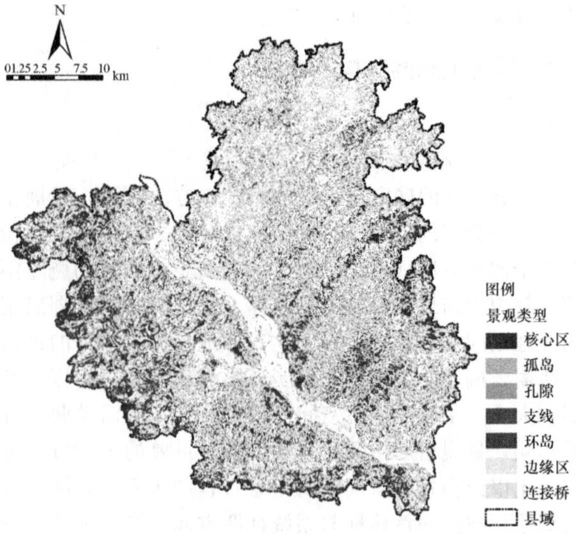

图 3　MSPA 景观类型分布示意

MSPA 景观类型统计表　　　　表 3

景观类型	斑块数量（个）	面积占比（%）
核心区	10462	42.41
孤岛	19526	9.11
边缘区	34542	29.39
孔隙	950	1.25
连接桥	36	0.04
环岛	5609	1.84
支线	48921	15.97

通过上述分析，将生态红线保护区、经过筛选后的三类景观格局优质区以及 MSPA 提取的核心区作为犍为县的重要生态源地，通过各类生态源地的链接合并，得到 12 个生态源地，共计 112.05km²（图 4），通过三类方法识别的 5 类生态源地空间包容性更广泛，从而更大限度识别和保护重要的生态空间。

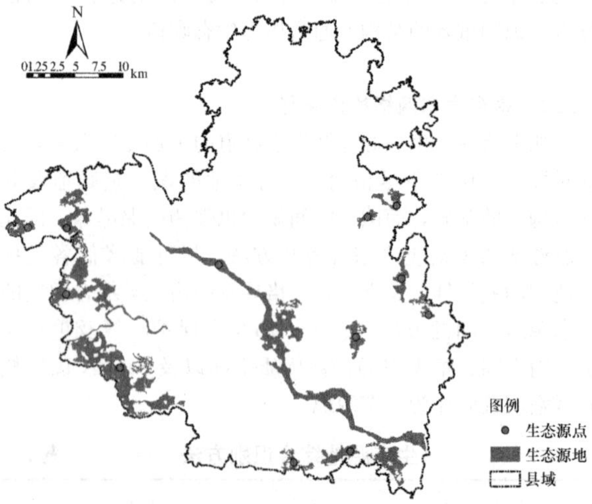

图 4　生态源地分布示意

2.3　犍为县生态廊道识别

综合考量地形地貌、土地类型及自然灾害三大影响因素构建生态阻力面，地形地貌主要由坡度及高程影响，土地利用类型分为城乡建设、农用地、道路、水域、林草地 5 级，自然灾害结合国土空间规划双评价结果，重点考虑地质灾害和极端气候对生态过程的影响。通过 AHP 层次分析法确立各阻力因子的权重比例（表 4），借助 arcgis 平台加权叠加后得到犍为县综合生态阻力面如图 5。

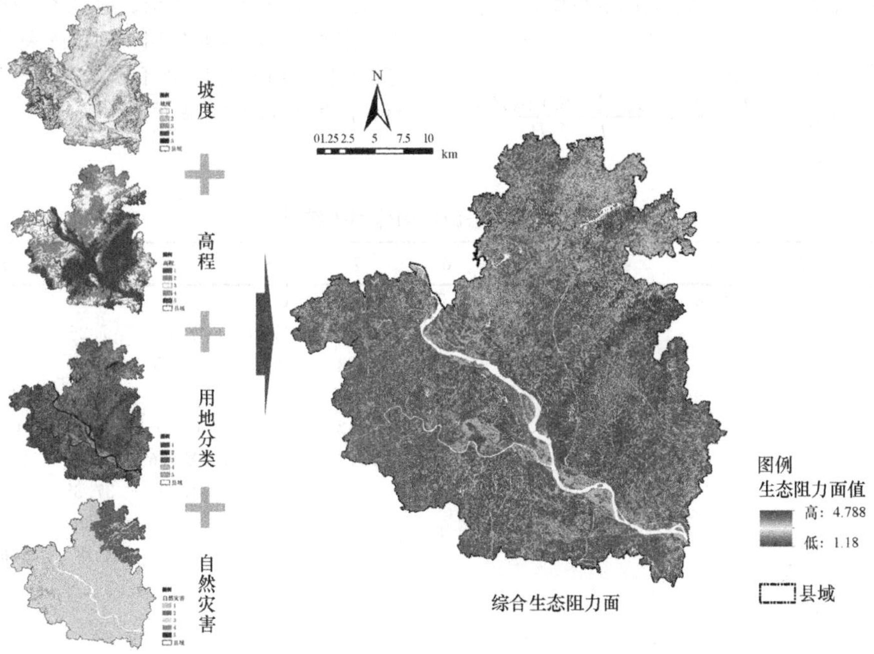

图 5　综合生态阻力面

生态阻力面评价体系表　　　　表 4

阻力类型	阻力因子		阻力值	权重	
地形地貌	坡度	0～10	1	0.075	0.113
		10～15	2		
		15～20	3		
		20～25	4		
		>25	5		
	高程	226～375	1	0.038	
		375～443	2		
		443～530	3		
		530～689	4		
		689～1049	5		
土地类型	城乡建设用地		5		0.709
	农用地		4		
	道路		3		
	水域		2		
	林草地		1		
自然灾害	地质灾害		1	0.134	0.179
			2		
			3		
			4		
			5		
	极端气候		1	0.045	
			2		
			3		
			4		
			5		

县域南侧生态阻力整体较小，岷江中段是城市集中建成区，生态阻力值最大，中部至东北部存在几条生态阻力值较低的通道，分布情况于穹窿地貌延伸带相吻合。计算 12 个生态源地几何中心作为生态源点，基于上述阻力面计算每个生态源点间的最小成本路径，得到共计 74 条潜在的生态廊道空间，对各源地间重复廊道筛除后，得到犍为县域内共计 26 条潜在的生态廊道（图 6）。

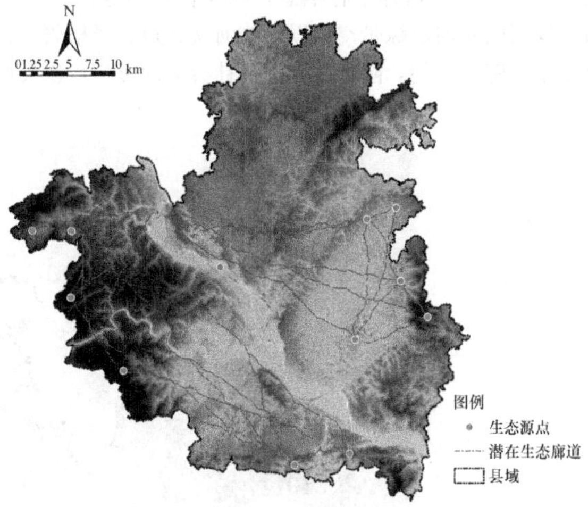

图 6　潜在生态廊道分布示意图

2.4　犍为县生态网络构建及优化

犍为县生态网络应当包含重点保护的面状源地空间、重要的生态廊道以及引导维育的腹地空间，形成点线面结合的生态网络。上述提取的重点生态源地空间就是生态网络中重点保护的面状空间，此外结合县域地域特性及城市发展策略确定县域中部岷江重点生态发展带以及东北部与西南部的重要山地生态屏障空间一同作为重点生态维育空间予以引导保护。

线性的生态廊道维育和保护是区域生态品保障的关键，通过 MCR 提取的潜在生态廊道共计 26 条，需要进一步确定其中最为重要的廊道空间最为重点保护通道。

重力模型常用以分析空间的相互作用关系强弱，生态空间中可用以分析各源地间相互作用力强弱，明晰有显著作用关系的生态源地空间，从而明确重要的生态廊道，重力模型公式如下[10]：

$$G_{ij}=\frac{N_iN_j}{D_{ij}^2}=\frac{\left(\frac{\ln(S_i)}{P_i}\right)\times\left(\frac{\ln(S_j)}{P_j}\right)}{\left(\frac{L_{ij}}{L_{\max}}\right)^2}=\frac{{L_{\max}}^2\ln(S_i)\ln(P_i)}{{L_{ij}}^2P_iP_j}$$

式中，G_{ij} 为斑块间的相互作用力大小；$L_{\max}$ 为生态源地间阻力最大值；S_i 与 S_j 为斑块 i 与 j 的面积值；P_i 与 P_j 为 i 与 j 斑块的阻力值。通过重力模型计算，构建 12 个生态源地之间相互作用力的矩阵表（表 5），筛选各生态源地间作用力大于 100 的共 6 条廊道空间作为犍为县重点保护和恢复的生态廊道。

重力模型下生态源地间作用力统计表 **表 5**

	1	2	3	4	5	6	7	8	9	10	11	12
1		**269.29**	2.98	24.50	2.56	2.70	11.56	0.00	3.58	7.08	3.16	8.26
2			3.35	18.82	2.91	3.05	10.41	0.00	4.03	7.25	3.57	8.25
3				2.74	98.37	**113.02**	3.83	0.00	47.45	4.25	38.93	4.85
4					3.45	3.76	93.36	0.00	5.16	22.40	4.44	33.33
5						3.06	2.52	0.00	48.37	2.79	43.96	3.08
6							2.77	0.00	**120.56**	3.07	**105.78**	3.45
7								0.00	4.09	37.35	3.45	85.49
8									0.00	0.00	0.00	0.00
9										2.42	**546.08**	2.78
10											2.84	**204.90**
11												2.46
12												0.00

犍为县生态网络以重要生态源地为核心保护区，维育源地空间所处的重要生态腹地，主要包括西南侧山地屏障、东北部穹窿地貌延伸的浅丘地带。此外县域内重要的河道空间也是物种生存栖息，物质信息传递的重要通道，规划两侧河流绿带空间以保护河流廊道。严格管控的重要生态廊道空间，降低城乡经济社会活动影响，次要的潜在生态廊道空间重视连通性，维持其自然特性。基于以上生态要素规划确定 12 处生态源地、3 个生态维育区、6 条重要生态廊道、20 条次要生态廊道以及 1 条岷江主干河流生态保护廊道，共同构成犍为县生态网络格局（图 7），为进一步国土空间开发保护格局的划定提供有力的支撑。

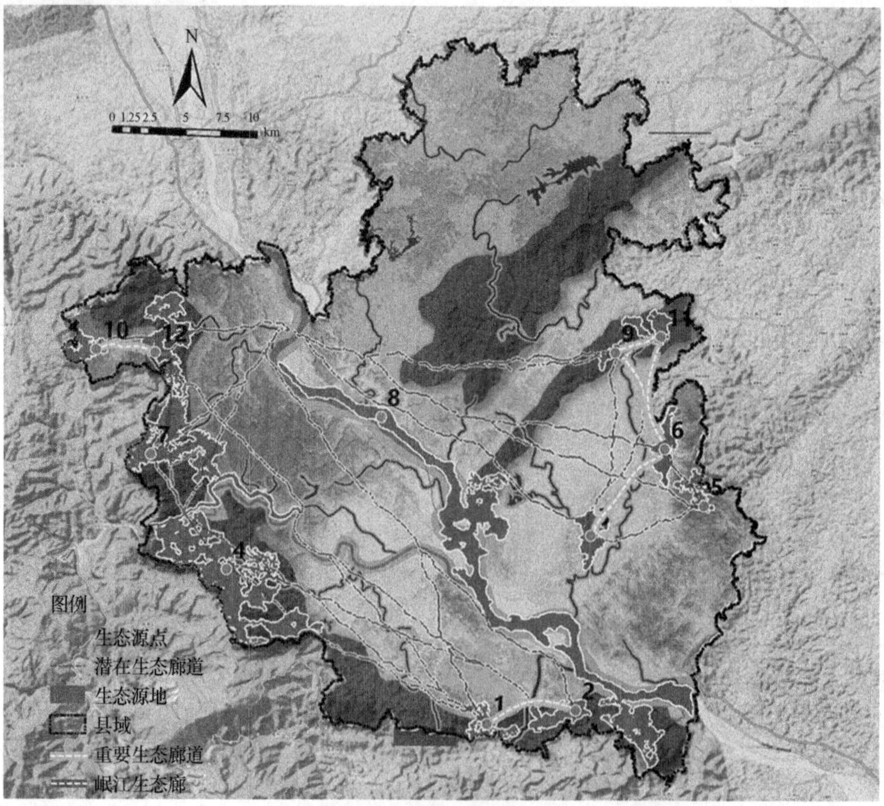

图 7 生态网络规划图

3 结语

空间规划体系改革与时代发展重心的双重变局下，生态文明建设已然成为空间规划的核心导向，生态格局的认知与构建是支撑国土安全、提升城市品质的关键一环。本文于此背景下，提出了契合时势要求，识别与构建城市景观生态网络的方法体系。在生态源地的识别上，从生态空间的实勘、景观格局和形态结构 3 个方面进行考虑，对重要源地应保尽保。将地形地貌、土地利用与双评价结果相结合构建最小生态阻力面，通过重力模型筛选重要生态廊道空间，从而与源地组成城市景观生态网络，为进一步国土空间开发保护规划提供有效的参考与支撑。

参考文献

[1] 中共中央关于制定国民经济和社会发展第十四个五年规划和二〇三五年远景目标的建议[N]. 人民日报，2020-11-04.

[2] 申佳可，王云才. 景观生态网络规划：由空间结构优先转向生态系统服务提升的生态空间体系构建[J]. 风景园林，2020，27(10)：37-42.

[3] 王云才，马玥莹，申佳可. 景观性格评价在国土空间规划和管控中的应用[J]. 风景园林，2020，27(01)：35-40.

[4] 刘世梁，侯笑云，尹艺洁，等. 景观生态网络研究进展[J]. 生态学报，2017，37(12)：3947-3956.

[5] 肖华斌，张慧莹，郭妍馨，等. 服务高效导向下泰山区域山水林田湖草生命共同体生态网络构建研究[J]. 中国园林，2021，37(08)：103-108.

[6] 陈文波，肖笃宁，李秀珍. 景观指数分类、应用及构建研究[J]. 应用生态学报，2002(01)：121-125.

[7] Hong S H，Barry E D，David J M. An aggregation index (AI) to quantify spatial patterns of landscapes[J]. Landscape Ecology，2000，15(7).

[8] 曹翊坤. 深圳市绿色景观连通性时空动态研究[D]. 中国地质大学，2012.

[9] 蒙吉军，王雅，王晓东，等. 基于最小累积阻力模型的贵阳市景观生态安全格局构建[J]. 长江流域资源与环境，2016，25(07)：1052-1061.

[10] 孔繁花，尹海伟. 济南城市绿地生态网络构建[J]. 生态学报，2008(04)：1711-1719.

作者简介

韦妮园，1995 年生，女，壮族，广西南宁人，重庆大学硕士研究生在读，研究方向为城乡规划理论与设计方法。电子邮箱：1140691831@qq.com。

王尊，1995 年生，男，满族，河北承德人，重庆大学硕士研究生在读，研究方向为城乡生态规划。电子邮箱：774165703@qq.com。

国土生态空间碳储存能力及其空间分布特点探究①

——以湖北省襄阳市为例

Study on the Spatial Carbon Storage Capacity and Spatial Distribution Characteristics of Land Ecology

—A Case Study of Xiangyang City，Hubei Province

万明暄　罗诗戈　韩依纹*

摘　要：生态空间是生态文明建设和国土空间规划的重点，可提供诸多生态系统服务，提升其碳储存能力是“双碳”目标导向下城市可持续发展的重要应对措施。本文以襄阳市为例，基于 2010 年和 2020 年土地利用数据，提取并分析生态空间要素变化，运用 InVEST-Carbon 模型估算碳储量，同时通过热点分析（Getis-Ord Gi*）探究碳储量高低值聚类的分布。结果表明：①2010～2020 年襄阳市生态空间面积略微下降，主要集中在襄州区、襄城区和枣阳市；②生态空间碳储量从 1.4415×10^8t 下降为 1.4403×10^8t，西部和东部的核心林地固碳能力较强；③碳热点分布呈现“冷聚热散”特征，热点面积下降 1%。本研究可为建立完善的低碳功能评价体系、制定生态空间保护和管理策略提供借鉴。

关键词：生态空间；碳储存；MSPA；InVEST 模型；热点

Abstract: Ecological space is the focus of ecological civilization construction and territorial spatial planning, and can provide many ecosystem services. Enhancing its carbon storage function is an important response to the sustainable development of cities under the "carbon peaking and carbon neutrality goals". Taking Xiangyang City as an example, based on land use data from 2010 and 2020, we extracted and analyzed changes in ecological space elements, and used the InVEST-Carbon model to estimate carbon storage, while using hotspot analysis (Getis-Ord Gi*) to explore the distribution of high and low carbon storage clusters. The results show that: 1) the ecological space area of Xiangyang City slightly decreases from 2010 to 2020, mainly in Xiangzhou, Xiangcheng and Zaoyang districts; 2) the ecological space carbon storage decreases from 1.4415×10^8t to 1.4403×10^8t. The core forestry in the west and east have a stronger carbon sequestration capacity; 3) the distribution of hotspots in Xiangyang shows a characteristic of "cold aggregation and hot dispersion", with the area of hotspots decreasing by 1%. This study can provide reference for the establishment of a comprehensive low carbon function evaluation system, the formulation of ecological space protection and management strategies.

Keywords: Ecological Space; Carbon Storage; MSPA; InVEST Model; Hotspots

引言

生态空间是城市中提供生态系统服务功能的水体及地表植被等蓝绿空间[1,2]，界定和维系生态空间是推进生态文明领域国家治理体系和治理能力现代化的要求。2017 年国土资源部出台《自然生态空间用途管制办法（试行)》，首次明确自然生态空间的内涵：指除农业空间、城镇空间之外的所有国土空间，有效整合和界定了国土空间生态要素，为细化生态空间的研究奠定了基础。自然生态空间具有缓解热岛效应、改善大气碳循环等功能[3]，及时有效地分析评估生态空间碳储量时空变化对于维系生态系统稳定和落实生态文明体制改革理念具有重要意义[4]。

碳储量的估算方法具有尺度差异性，主要有实地调查[5]、遥感反演[6]和模型模拟[7]等方式。土壤剖面调查、样方调查等传统碳储量调查方法精度较高但工作量大、周期长，不适用于较大区域研究[8]。随着 3S 技术的发展，较大尺度的碳储量估算通常基于遥感平台并结合模型模拟[9]，如 CASA（Carnegie-Ames-Stanford Approach）模型和 InVEST（Integrated Valuation of Ecosystem Services and Tradeoffs）模型。相较于只能计算植被碳储量的 CASA 模型，InVEST 模型中的 Carbon 模块可以量化评估区域整体碳储量及其变化趋势，包括地上、地下、土壤中和死亡有机碳 4 个碳库，已被广泛应用于不同目的的模拟研究[10]。

InVEST 模型由美国斯坦福大学、大自然保护协会（The Nature Conservancy，TNC）与世界自然基金会（World Wide Fund for Nature，WWF）共同开发，在土地利用类型基础上估算碳储量。例如，官冬杰等将土地利用类型分为有林地、灌木林、草地等，运用 InVEST 模型评估重庆市生态保护红线内的碳储量历史变化[11]；吴隽宇等亦基于土地利用数据并运用 InVEST 模型模拟粤港澳大湾区生态系统碳储量时空演变[12]；荣月静等通过 InVEST

① 基金项目：国家自然科学基金青年项目“基于生态系统服务‘梯度权衡’的郊野公园生境格局优化研究：以武汉为例”（52008180）资助。

模型研究证明太湖流域土地利用变化与碳储存能力相关[13]。由于“三生空间”相关政策和研究正在摸索中，针对生态空间的固碳专项研究仍然较少，相关案例研究需继续开展。

本研究旨在探索生态空间碳储量时空变化及其高低值聚类情况，以湖北省襄阳市为例，基于2010年和2020年土地利用数据，通过遥感工具、InVEST-Carbon模型和局部自相关进行分析，以期为国土生态空间碳储量评估提供借鉴。包括以下3个部分：①2010～2020年襄阳市生态空间要素变化；②生态空间碳储量及相关变化；③碳储量热点的空间分布特征。

1 数据与方法

1.1 研究区域

湖北省襄阳市（东经110°45′～113°06′，北纬31°13′～32°37′）地处中国中部地区，总面积$1.97\times10^4km^2$，属亚热带季风气候，雨热同期，四季分明，除高山以外，年平均气温为15～16℃。襄阳地形西高东低，分为西部山地、中部岗地平原及东部低山丘陵3个地形区，森林覆盖率达46%，境内河网密布，湿地总面积为67.72km^2。受惠于气候和地形的复杂多样性，境内生态资源种类多样，动植物种类繁多，共有维管束植物1698种，陆生脊椎野生动物268种，为社会发展和生态保护创造了良好的自然条件。各地对生态空间的划分依据当地生态本底特点，具有一定灵活性，因此本次研究范围参考自然资源部、深圳、上海和武汉等已发布规划，基于《襄阳市国土空间总体规划（2020—2035）》（过程版），依托《襄阳市生态空间专项规划（2020—2035）》（过程版）项目实践工作，将林地、园地、水域等对襄阳市生态系统有重要影响的要素确定为生态空间研究对象。

1.2 数据收集与处理

（1）襄阳市行政边界数据源自当地政府平台。

（2）2010年和2020年襄阳市土地利用数据（30m×30m）。此数据基于Landsat 30m遥感影像，在专家参与下，根据影像光谱特征，结合野外实测资料，参照有关地理图件，对地物的几何形状、颜色特征、纹理特征和空间分布情况进行分析，将土地利用类型归结为耕地、林地、草地、水域、建设用地和未利用地等6个一级类型和25个二级类型，通过ArcGIS 10.2平台进行数据处理。

（3）模型模拟所用的碳密度数据通过参考相关文献及InVEST手册提供的参考表确定[14]。

1.3 方法

1.3.1 基于InVEST的碳储存空间叙述模型

InVEST用来权衡生态系统服务与土地利用的关系，目前已发展为包括生境质量评估、碳储存等模块在内的集多种生态系统服务评估功能为一体的重要模型[15]。其中，碳储存模型可用来计算生态系统碳库，分为①储存在地上生物量中的碳，指地表以上所有存活的植物材料（如树皮、树干、树枝和树叶）单位面积上碳储量的平均值；②储存在地下生物量中的碳，指地表以下植物活根系统单位面积上碳储量的平均值；③储存在土壤中的碳，指矿质土壤和有机土壤单位面积上碳储量的平均值[16]；④储存在死亡有机物中的碳，指凋落物和已死亡的地面留存树木等单位面积上碳储量的平均值。模型计算公式为：

$$C_i = C_{i,\text{above}} + C_{i,\text{below}} + C_{i,\text{soil}} + C_{i,\text{dead}}$$

$$C_{\text{total}} = \sum_{i=1}^{n} C_i \times S_i$$

式中，i为第i种土地利用类型；C_i为土地利用类型i的土壤及生物量总碳密度，Mg/hm^2；$C_{i,\text{above}}$为土地利用类型i的地上生物量碳密度，Mg/hm^2；$C_{i,\text{below}}$为土地利用类型i的地下生物量碳密度，Mg/hm^2；$C_{i,\text{soil}}$为土地利用类型i的0～30cm深土壤有机质碳密度，Mg/hm^2；$C_{i,\text{dead}}$为土地利用类型i的枯落物有机质碳密度，Mg/hm^2；C_{total}为总碳储量，mg；S_i为土地利用类型i总面积，hm^2；n为土地利用类型数。

1.3.2 局部自相关分析方法——热点分析

热点分析用于探究各项服务特征值分布的聚集程度，如果一个区域中某一要素值为高值且被同样高值的要素包围，则该位置可以认为是统计学上的显著性热点，反之低值聚集则为冷点区域[17]。在空间统计中，通常采用基于距离全矩阵的局部空间自相关指标Getis-Ord G_i^*探查各项生态系统服务高值或者低值在空间上发生聚类的位置[18]。Getis-Ord G_i^*计算公式为：

$$G_i^* = \frac{\sum_j^n w_{ij} x_j}{\sum_j^n x_j}$$

G_i^*的统计意义可以通过一个标准化的Z值来检验，对G_i^*进行标准化处理得到Z（G_i^*）：

$$Z(G_i^*) = \frac{G_j^* - E(G_j^*)}{\sqrt{VAR(G_j^*)}} = \frac{\sum_j^n w_{ij} x_j - \bar{x}\sum_j^n w_{ij}}{s\sqrt{\frac{n\sum_j^n w_{ij}^2 - (\sum_j^n w_{ij})^2}{n-1}}}$$

$$\overline{X} = \frac{\sum_j^n x_j}{n}$$

$$S = \sqrt{\frac{\sum_j^n x_j^2}{n} - (\overline{X})^2}$$

式中，w_{ij}为斑块i与斑块j之间的空间权重矩阵；x_j为斑块j的属性值；$\overline{X}$为所有属性值的平均值；n为样本点总数，S为标准差。

2 研究结果

2.1 2010～2020年襄阳市生态要素变化

2010～2020年襄阳市域生态空间总体面积从10648.1km^2下降为10575.5km^2，但各生态要素面积增减具有差异性。其中，有林地、其他林地和湖泊面积增加，河渠、滩地、草地、疏林地、灌木林地、湿地面积下降，这些要素多处在边缘区，受人类活动影响较大，易被侵占[19]。襄阳市的森林资源分布极不均衡，主要集中南漳、保康、谷城等山区并持续增长，襄州区、襄城区、枣阳市林地覆盖面积下降，不均衡情况加剧（图 1）。

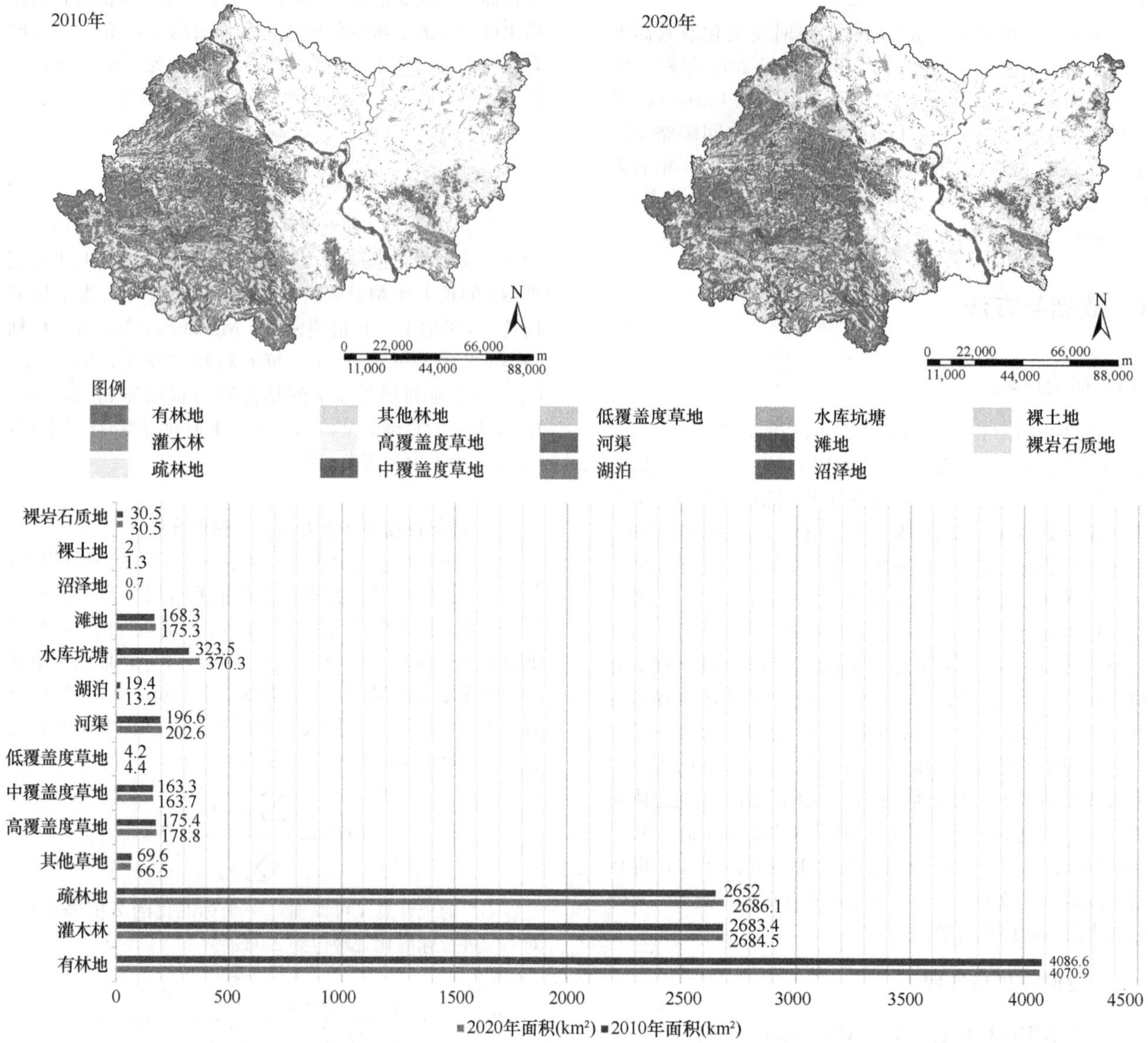

图 1　2010～2020 年襄阳市生态空间历史变化示意

2.2　2010～2020 年襄阳市生态空间碳储量变化

由襄阳市土地利用数据和碳密度数值通过 InVEST 模型得到 2010 年和 2020 年的碳储量空间分布（图 2）。10 年间，碳储量从 1.4415×10^8 t 下降到 1.4403×10^8 t，总体分布状况为西部谷城县、保康县和南漳县三地较高，其次集中在枣阳市东部、南部以及宜城市东部，中部地区较低但零星散布一些孤岛状高值区域。两个年份的栅格单元（30m×30m）碳储量最大值约为 18.47t，主要集中在襄阳市海拔较高的山地林区；低值主要集中在林地斑块边缘，该区域靠近城镇区和农业种植区，较易受到人类活动干扰而改变用地性质。人口较为密集的中心城区东北部及汉江—唐白河交汇处生态要素碳储量显著降低，在城市扩张过程中人工景观代替原始林地，虽然可以部分弥补自然生境的丧失，但与原始自然林地相比其碳储存能力有所下降。

2.3　生态空间碳储量热点分布特征

碳储量高低值的聚集特征可以通过热点分布展示。由图 3 可知，2010 年和 2020 年襄阳市生态空间碳储量热点分布总体格局较为稳定。热点区域主要分布在西部五道峡国家级自然保护区、南河国家级自然保护区，中部岘山国家森林自然公园、鹿门寺国家寺林自然公园、汉江流域和东部桐柏山脉区域，这些区域自然生态条件良好，植被覆盖度高；冷点区域主要集中在老河口市、南漳县、樊城区和襄州区北部，这些区域受到人类活动影响较大，生境质量整体较低。10 年间碳储量热点区域占比减少了 1%，其中强热点面积减少 2.3%，主要在汉江流域、枣阳白竹园寺国家森林自然公园、鹿门山—长北山区域以及保康县西部林地，但南漳县南部强热点显著增加，中强热点和弱热点面积有所扩张，分别增加了 0.7%和 0.6%

(表 1)。总体呈现热点较为分散，冷点较为集中的现象，热点区域可以视为碳储量的重点保护区域，而冷点区域的群落空间配置及群落结构有待修复和优化[9]。

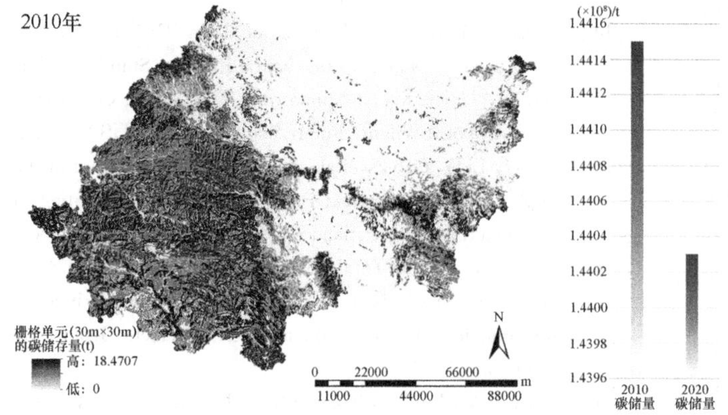

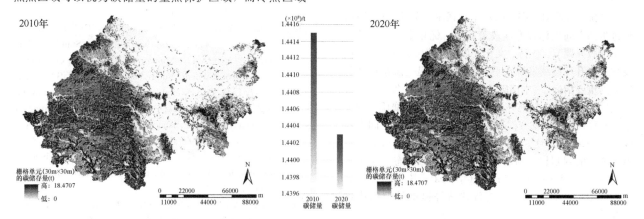

图 2　2010～2020 年间襄阳市生态空间碳储量变化示意

2010 年和 2020 年襄阳市生态空间碳储量空间分布热点面积及占比　　表 1

级别	2010		2020	
	面积（km^2）	占市域比例（%）	面积（km^2）	占市域比例（%）
弱热点（置信度 90%）	237.8	1.2	357.1	1.8
中强热点（置信度 95%）	805.3	4.0	928.4	4.7
强热点（置信度 99%）	1698.0	8.6	1241.6	6.3
总计	2741.1	13.8	2527.1	12.8

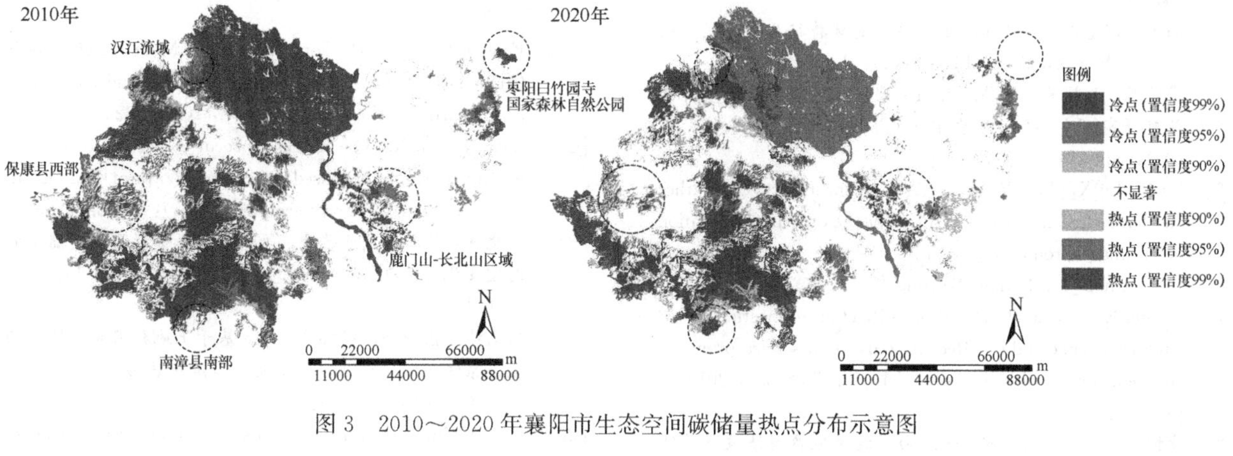

图 3　2010～2020 年襄阳市生态空间碳储量热点分布示意图

3　结论与讨论

碳储存作为生态系统调节服务，是影响全球气候变化的重要因素，土地利用的变化能够直接影响碳储量[20,21]。本研究以湖北省襄阳市为例，基于土地利用数据对比分析了 2010 年和 2020 年生态空间碳储量空间分布变化。主要发现包括：①2010～2020 年襄阳市生态空间面积下降，主要集中在襄州区、襄城区和枣阳市；②碳储量减少，从 1.4415×10^8t 下降为 1.4403×10^8t，碳储量较大的地区分布在西部和东部的核心林地中；③碳热点分布呈现“冷聚热散”的特点，热点面积下降 1%。根据本研究结果，笔者提出以下建议：

首先，优化空间格局，加强重点区域、重点要素的保护措施。植被面积变化会造成碳储量的明显增加或损失[22]，本研究结果显示碳储量高值集聚于高质量林地中，说明其对碳储存的综合贡献值较高，增强森林质量和建设有益于促进碳储存。目前襄阳市正处于社会经济新常态发展阶段，建设用地占用与生态用地保护依然矛盾突出，高效合理的生态空间规划和管理策略可作为减缓气候变化、节约环保成本的有效方法之一[23]。为满足当地经济发展与生态环境保护并重的需求，在规划中应以低碳导向的土地利用结构优化方式为主[24]。保护热点分析识别出的服务簇高值区域和碳密度高的重点区域，对保持用地碳储存能力稳定及减弱碳储量损失的影响有重要作用[25,26]。

其次，提高对生态空间和生态系统服务功能的重视，促进生态空间碳储存专项政策指引。优化生态空间的生态系统服务调节、支持、文化、供给功能可有效应对气候变化和提升可持续发展水平[27]。碳储存是生态系统调节服务的重要指标，《中国碳达峰碳中和进展报告（2021）》指出需加强政策、标准等的制定[28]。目前，《襄阳市国土空间总体规划（2020—2035）》和《襄阳市生态空间专项规划（2020—2035）》正在编制中，碳储量估算可为其中低碳方面的规划提供新思路，也可为地方生态系统生产总值（Gross Ecosystem Product，GEP）核算的评估方案，自然资源评估、生态效益评估等提供科学的决策支撑[29]。

本研究可为划定襄阳市生态系统服务碳储存保护重点区域提供参考，可为市域范围内的碳储存研究及国土空间生态专项规划提供借鉴。然而，现实情况中碳密度空间异质性还很复杂，今后应综合多方法、新技术开展更为精细化的碳储量评估。

参考文献

[1] 王甫园，王开泳，陈田，等. 城市生态空间研究进展与展望[J]. 地理科学进展，2017，36(02)：207-218.

[2] 李广东，方创琳. 城市生态—生产—生活空间功能定量识别与分析[J]. 地理学报，2016，71(01)：49-65.

[3] 王世豪，黄麟，徐新良，等. 特大城市群生态空间及其生态承载状态的时空分异[J]. 地理学报，2022，77(01)：164-181.

[4] 高扬，何念鹏，汪亚峰. 生态系统固碳特征及其研究进展[J]. 自然资源学报，2013，28(07)：1264-1274.

[5] 荣培君，秦耀辰，王伟. 河南省城镇化发展演变与碳排放效应研究[J]. 河南大学学报(自然科学版)，2016，46(05)：514-521.

[6] Fu Y, Lu X, Zhao Y, et al. Assessment impacts of weather and land use/land cover (LULC) change on urban vegetation net primary productivity (NPP): A case study in Guangzhou, China[J]. Remote Sensing, 2013, 5(8): 4125-4144.

[7] Nelson E, Sander H, Hawthorne P, et al. Projecting global land-use change and its effect on ecosystem service provision and biodiversity with simple models[J]. PloS one, 2010, 5(12): e14327.

[8] 李博，刘存歧，王军霞，等. 白洋淀湿地典型植被芦苇储碳固碳功能研究[J]. 农业环境科学学报，2009，28(12)：2603-2607.

[9] 韩依纹，张舒，殷利华. 大都市区绿地碳储存能力及其空间分布特点探究：以韩国首尔市为例[J]. 景观设计学，2019，7(02)：55-65.

[10] He C, Zhang D, Huang Q, et al. Assessing the potential impacts of urban expansion on regional carbon storage by linking the LUSD-urban and InVEST models[J]. Environmental Modelling & Software, 2016, 75: 44-58.

[11] 官冬杰，黄大楠，殷博灵. 重庆市生态保护红线内的生态系统服务动态变化评估[J]. 重庆交通大学学报(自然科学版)，2021，40(09)：68-77.

[12] 吴隽宇，张一蕾，江伟康. 粤港澳大湾区生态系统碳储量时空演变[J]. 风景园林，2020，27(10)：57-63.

[13] 荣月静，张慧，赵显富. 基于InVEST模型近10年太湖流域土地利用变化下碳储量功能[J]. 江苏农业科学，2016，44(06)：447-451.

[14] Sharp R, Douglass J, Wolny S, et al. InVEST 3.8.7. User's Guide[J]. The Natural Capital Project, Standford University, University of Minnesota, The Nature Conservancy, and World Wildlife Fund: Standford, CA, USA, 2020.

[15] Hu W, Li G, Gao Z, et al. Assessment of the impact of the Poplar Ecological Retreat Project on water conservation in the Dongting Lake wetland region using the InVEST model[J]. Science of the Total Environment, 2020, 733: 139423.

[16] Wang S Q. Analysis on spatial distribution characteristics of soil organic carbon reservoir in China[J]. Acta Geogr Sin, 2000, 55: 533-544.

[17] Yang X M, Dai X J, Tian S Q, et al. Hot spot analysis and spatial heterogeneity of skipjack tuna (Katsuwonus pelamis) purse seine resources in the western and central Pacific Ocean[J]. Acta Ecologica Sinica, 2014, 34(13): 3771-3778.

[18] 钟亮，林媚珍，周汝波. 基于InVEST模型的佛山市生态系统服务空间格局分析[J]. 生态科学，2020，39(05)：16-25.

[19] 赵翔. 襄阳市生态环境质量现状及对策探讨[J]. 绿色科技，2013(12)：167-169.

[20] Pongratz J, Reick C, Raddatz T, et al. A reconstruction of global agricultural areas and land cover for the last millennium[J]. Global Biogeochemical Cycles, 2008, 22(3).

[21] John B, Yamashita T, Ludwig B, et al. Storage of organic carbon in aggregate and density fractions of silty soils under different types of land use[J]. Geoderma, 2005, 128(1-2): 63-79.

[22] Feng Y J, Chen S R, Tong X H, et al. Modeling changes in China's 2000-2030 carbon stock caused by land use change[J]. Journal of Cleaner Production, 2020, 252.

[23] Tian T, Tu X. The ecological security pattern of China's energy consumption based on carbon footprint[J]. Landscape Architecture Frontiers, 2016, 4(5): 10-18.

[24] 赫晓慧，徐雅婷，范学峰，等. 中原城市群区域碳储量的时空变化和预测研究[J/OL]. 中国环境科学：1-14[2022-03-10].

[25] 朱文博，张静静，崔耀平，等. 基于土地利用变化情景的生态系统碳储量评估——以太行山淇河流域为例[J]. 地理学报，2019，74(03)：446-459.

[26] Jo H K. Impacts of urban greenspace on offsetting carbon emissions for middle Korea[J]. Journal of environmental management, 2002, 64(2): 115-126.

[27] 刘长松. 气候变化背景下风景园林的功能定位及应对策略[J]. 风景园林，2020，27(12)：75-79.

[28] 张涵.《中国碳达峰碳中和进展报告(2021)》在京发布[J]. 中国国情国力，2022(01)：79.

[29] 邓娇娇，常璐，张月，等. 福州市生态系统生产总值核算[J]. 应用生态学报，2021，32(11)：3835-3844.

作者简介

万明暄，1999年生，女，汉族，山东济南人，硕士，华中科技大学建筑与城市规划学院硕士研究生在读，湖北省城镇化工程技术研究中心，研究方向为城市生物多样性与生态系统服务评估、风景园林规划设计等。电子邮箱：wanmx99@163.com。

罗诗戈，1999年生，女，汉族，湖南衡阳人，华中科技大学建筑与城市规划学院本科在读，湖北省城镇化工程技术研究中心，研究方向为农业文化遗产景观、城市生态系统服务等。电子邮箱：2450507009@qq.com。

（通信作者）韩依纹，1987年生，女，汉族，河南郑州人，博士，华中科技大学建筑与城市规划学院，副教授，湖北省城镇化工程技术研究中心，研究方向城市绿地生物多样性与生态系统服务、国土空间生态修复、风景园林规划设计等。电子邮箱：hanyiwen@hust.edu.cn。

论文集

风景园林与城市更新

基于网络打卡笔记分析的历史街道意象构成探析[①]

——以上海北外滩舟山路为例

The Image Constitution of Historical Street Based on the Analysis of Network Geotagged Data

—A Case Study of Zhoushan Road in the North Bond of Shanghai

龙 琼 金云峰* 蔡 萌

摘 要：如何兼顾发展和历史记忆保留之间的关系是存量更新时代的重要研究课题，随着上海北外滩面向顶级世界商务区发展的更新进程，舟山路作为北外滩历史文化片区的核心历史街道，厘清其街道意象构成有助于在城市更新中构建具有强烈辨识度的街道空间。本文基于城市意象构成的客观和主观两个方面，采用北外滩舟山路相关网络打卡笔记为研究数据，对北外滩舟山路街道空间意象进行识别，同时对主、客两个层面关联分析，发现老式民居、历史建筑和犹太文化构建了舟山路极具特色感的街道风貌，街道老式民居、街道商业和居民休闲生活形成了舟山路极具烟火气的街道氛围，而历史建筑与北外滩片区的高楼大厦对比形成了舟山路极具奇幻感的街道体验。
关键词：网络打卡笔记；历史街道；城市意象；舟山路；城市更新

Abstract: How to balance the relationship between development and historical memory retention is an important research topic in the era of stock renewal. Zhoushan road is the core historical street in the historical and cultural area of the North Bund, with the renewal process of the North Bund towards the top world business district, identifying its composition of street image is helpful to build a street space with strong identifiability in urban renewal. Based on the objective and subjective aspects of city image, this paper identify the street image of Zhoushan Road and analyzes the correlation between the two levels of subject and object by using the network geotagged data related to it, and found that Zhoushan road presents three subjective images: a style with specific character (was formed by objective images of old-fashioned dwellings, historic buildings and Jewish culture), a atmosphere humming with life (was formed by objective images of old-fashioned residences, street commerce and residents' leisure life), a fantastic street tour experience (was formed by the objective image of the historical buildings are in contrast to tall modern buildings).
Keywords: Network Geotagged Data; Historical Street; City Image; Zhoushan Road; Urban Renewal

引言

空间资源紧张和高品质生活需求促使我国城市建设进入存量更新时代，随着上海北外滩更新如火如荼地进行，舟山路也陆续开始动迁更新，未来北外滩将会成为国际顶级商务区，而舟山路作为北外滩历史文化片区的核心历史街道，是展示北外滩历史风貌片区景观形象重要的窗口和舞台，未来也会是上海面向世界的一张重要名片。所以，舟山路的建设更新面临3个重要问题：一是风貌保护问题，即在城市更新中保护好什么样的街道原始风貌；二是形象传播问题，即舟山路未来要以什么样的品牌认知形象面向全球；三是空间再塑问题，即在新旧融合过程中如何塑造具有强辨识、可阅读、地方性的城市空间。而解决这三大问题的核心所在是要理解舟山路的街道特色所在。

1 历史街道意象与网络打卡笔记

1.1 历史街道意象

城市意象是指人对城市客观环境的直接或间接经验认识，即人们通过感官捕捉城市特征，以此获取某一空间的信息，然后将其进行联系记忆、存储及表达，所以城市意象是人们在城市生活中的经验写照和情感概括。作为城市客观存在与个体感知相互作用的产物，城市意象在城市规划学、景观规划学学科中被广泛地作为探究城市风貌和城市特色的重要理论基础。

城市意象的构成最早被凯文·林奇分为路径、边界、区域、节点和标志物，随着对城市意象的研究深入，许多学者提出凯文·林奇的城市意象仅局限在物质形态要素。顾朝林对城市意象认为城市意象不仅包括人们对城市基本要素进行认识解构后形成的结构性城市意象，还包括诺克斯提出人们对城市综合评判的评估性城市意象；王

① 基金项目：国家自然科学基金项目（编号51978480）资助。

德等基于语义差别法探究了游客对上海街道三维形态、空间特征、街道环境、街道氛围等方面的主观评价；龙瀛等人基于网络照片从物质要素（公共空间、标志建筑、自然景观）与非物质要素（市民生活）两大类城市意象探究了中国 24 个城市意象。总体来看，城市意象的研究经历了从物质形态要素到非物质形态要素、从客观环境认识到主体主观认识的拓展，城市意象是人们对城市环境信息各方面的综合体现，既包含了对客观环境要素的感知如建筑、风物、绿化以及文化、活动等，同时也包含了主体抽象的环境感受，例如环境氛围感受、街道空间感受等，通过组合构成了人记忆中的城市形象。

1.2 网络打卡笔记

打卡，原来指上下班用考勤卡记录自己到达和离开工作岗位，后演化为通过移动媒介，实时拍摄、记录并分享自己在某时某地体验的行为，这些拍摄照片和文字感受被分享到网络平台形成打卡笔记，包含了时间、地理位置、图元信息、文本内容等信息。传统的城市意象研究主要采用认知地图法、访谈法、问卷调查法，但这些方法过程繁琐、时间跨度大，在实施过程中受研究者主观性影响引导，使得研究成果出现一定偏差。而网络打卡笔记是人们在网络中更易流露的自身真实感受，且信息翔实，既包括对于城市街道要素的视觉传达，又包括对于城市客观描述和主观感受表达，多维度的信息能全方面地刻画城市的整体意象。

2 研究方法与数据来源

2.1 研究区域概况

舟山路位于北外滩提篮桥历史风貌片区，南北走向，南起霍山路，北至周家嘴路，全长 1043m，是提篮历史风貌片区的核心街道（图 1）。舟山路于 1907 年修筑，距今已有 114 年历史，曾被叫作“小维也纳”，亦是犹太人心中的“诺亚方舟”，也是老上海中下层市民聚居生活的商住混合街道，具有浓厚的生活气息。作为上海著名的历史人文街道，现存有布鲁门塞尔旧居、白马咖啡馆、犹太难民纪念馆、霍山公园等著名景点，独特的建筑风貌、人文气息以及里弄氛围吸引了大批游客、居民打卡拍照。

2.2 样本选取与数据处理

网络信息时代，大众点评、马蜂窝、微博、小红书等是常见的旅游分享、生活打卡打卡笔记分享平台，但彼此内容又有所区别。大众点评和马蜂窝偏向建成景点景区的旅游分享，而微博、小红书更侧重于日常生活休闲分享。当前舟山路随有部分景点开发，但整体街道处于更新动迁早期，所以本文采用微博、小红书平台的打卡笔记为研究数据，能够更真实地反映到访者、居住者对舟山路的街道认知感受。

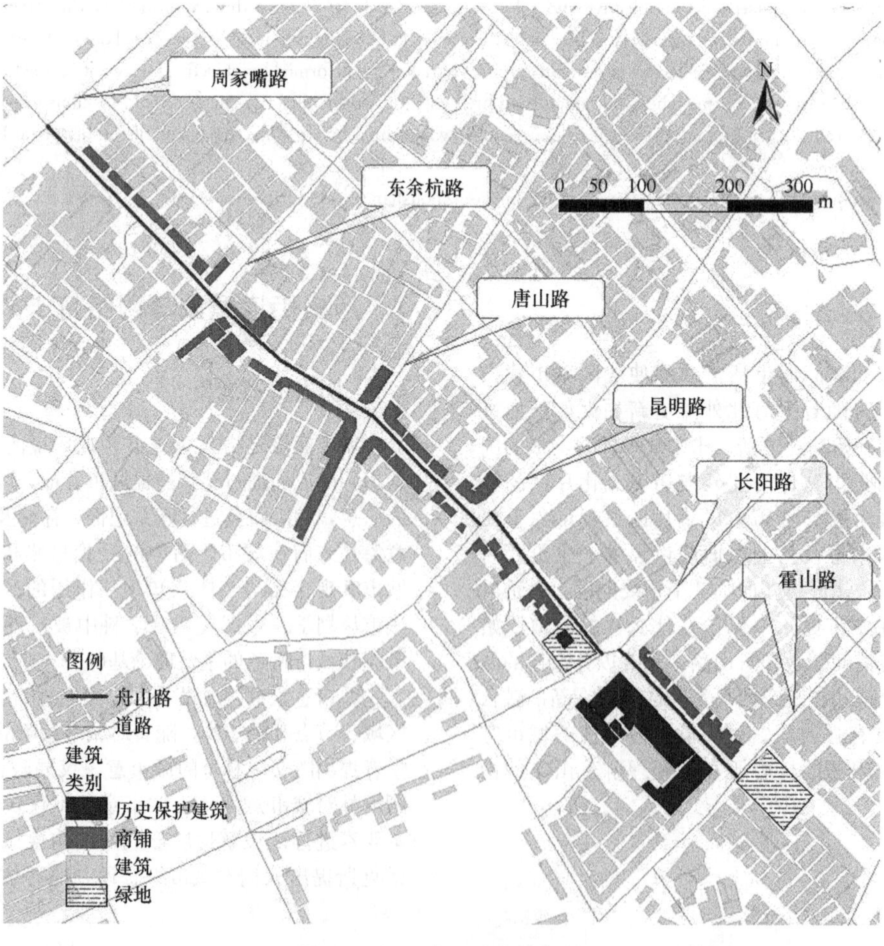

图 1　虹口区舟山路现状概况

由于两个平台信息不同，只获取的每条笔记具体内容包括：文本内容、照片内容。分别以“上海舟山路”“北外滩舟山路”“提篮桥舟山路”为关键词，通过Python抓取小红书、微博两打卡笔记常见分享平台关于舟山路打卡笔记数据共643条，经过清洗筛选，得到关于北外滩舟山路的笔记187条，共计照片488张，文本17999字。笔记筛选清洗遵循以下原则：①笔记与研究对象虹口北外滩舟山路相关；②同时必须具备图片内容和文本内容；③文本内容为对舟山路及游览感受的相关描述；④图片内容必须与舟山路相关，删除每篇笔记中拍摄对象相似的图片。

2.3 分析方法

2.3.1 文本内容分析方法

首先对获取的文本进行预处理，逐字阅读每篇笔记，结合笔记对其中表达不一致、不完善、不规范的词汇进行统一，如将“犹太纪念馆”“上海犹太难民纪念馆”统一为“犹太难民纪念馆”，将“美国前财务部长旧居”“卡特政府财政部长的旧居”“麦可·布卢门撒尔旧居”“布罗门塞”等统一为“布鲁门塞尔旧居”，将“葱花饼”“上海传统葱油饼”统一为“葱油饼”；“犹太难民”“犹太人”统一为“犹太人”，并将“提篮桥一带”“虹口舟山路一带”统一为“舟山路一带”。其次根据文本建立自定义词表和自定义过滤词表，纳入“布鲁门塞尔旧居”“烟火气”“犹太难民纪念馆”等词汇提高精确度，同时过滤掉“然后”等连词、“这个”等无明确指代词、“哈哈”等语气词以及“位于”“对面”等无关词语。最后通过Rost Content Mining 6对所选样本进行分词、词频统计、网络语义分析。

2.3.2 照片内容分析方法

采用人工判读的方法，逐一查阅所获取的所有照片，参考表1分类，记录照片拍摄主体对象，对各类别照片出现的次数进行统计分析，并总结要素的共性特征。

照片分类说明　　表1

分析内容	照片类别	分类参考
拍摄对象	建筑	以建筑为主体的照片，包括历史保护建筑、沿街商住老建筑、中层居民住宅、远景高楼
	动植物	照片的主要焦点为动物或者植物，不包括大面积植被
	人物活动	包括业态、居民休闲、行人等
	风物	主要聚焦对象为食物、交通工具、老物件、标语等的特写照片
	公共空间	包括街旁绿地、公园绿地、里弄空间、道路空间等

3 数据分析

3.1 文本内容分析

3.1.1 词频分析

通过Rost Content Mining 6对所选样本进行分词和词频统计，提取词频排名前70的词语（表2），可发现“犹太人”“历史”“建筑”“犹太难民纪念馆”“风格”出现频率排名靠前，其中“犹太人”的频数为149，而“历史”“建筑”“犹太难民纪念馆”也与犹太人高度相关，可以发现，在舟山路与犹太文化关联性极高。另外“热闹”“老上海”“市井”“生活气息”“烟火气”等描述街道感受的词频也比较高，在功能感知方面，主要包括“参观”“聚居”“聚会”“扫街”“商业”等，说明舟山路主要的活动意象为旅游参观、散步拍照、商业休闲。

舟山路网络打卡笔记文本高频词汇统计表　表2

排名	单词	频数	频率
1	舟山路	166	14.98%
2	犹太人	149	13.45%
3	历史	49	4.42%
4	建筑	45	4.06%
5	犹太难民纪念馆	38	3.43%
6	风格	36	3.25%
7	拆迁	29	2.62%
8	葱油饼	28	2.53%
9	聚居区	28	2.53%
10	记忆	26	2.35%
11	白马咖啡馆	23	2.08%
12	小维也纳	18	1.62%
13	方舟	18	1.62%
14	烟火气	16	1.44%
15	弄堂	16	1.44%
16	居住	15	1.35%
17	故事	15	1.35%
18	红砖	15	1.35%
19	老建筑	14	1.26%
20	马路	14	1.26%
21	霍山公园	13	1.17%
22	参观	13	1.17%
23	纪念馆	13	1.17%
24	居民	13	1.17%
25	布鲁门塞尔	12	1.08%
26	热闹	12	1.08%
27	老上海	11	0.99%

续表

排名	单词	频数	频率
28	老街	11	0.99%
29	市井	11	0.99%
30	逝去	10	0.90%
31	隔都	10	0.90%
32	聚会	9	0.81%
33	生活气息	9	0.81%
34	日常	8	0.72%
35	摩西会堂	8	0.72%
36	面包	7	0.63%
37	高楼	7	0.63%
38	公园	7	0.63%
39	文化	7	0.63%
40	保留	7	0.63%
41	商业	7	0.63%
42	商铺	7	0.63%
43	理发	6	0.54%
44	生意	6	0.54%
45	洋房	6	0.54%
46	发展	6	0.54%
47	繁华	6	0.54%
48	扫街	6	0.54%
49	聚居	6	0.54%
50	回忆	6	0.54%
51	情怀	6	0.54%
52	布鲁门塞尔旧居	5	0.45%

续表

排名	单词	频数	频率
53	犹太难民	5	0.45%
54	老城	5	0.45%
55	提篮桥监狱	5	0.45%
56	时间	5	0.45%
57	欧洲	5	0.45%
58	改造	5	0.45%
59	过去	5	0.45%
60	永好理发店	5	0.45%
61	感动	4	0.36%
62	不一样	4	0.36%
63	重新	4	0.36%
64	康乐球	4	0.36%
65	可惜	4	0.36%
66	民居	4	0.36%
67	非凡	4	0.36%
68	风味	4	0.36%
69	复古	4	0.36%
70	矮小	3	0.27%

3.1.2 网络语义分析

网络语义分析能够观察各单词之间的相互关系，节点越大代表其点度中心越大。根据对预处理的文本在 Rost Content Mining 6 进行网络语义分析得出以舟山路和犹太人为双中心节点的语义网络图（图 2）。由图 2 可见，“舟山路”和“犹太人”所占节点最大，为一级核心词，说明所选打卡笔记主要是围绕舟山路街道及犹太人历史的相关内容。“犹太难民纪念馆”“白马咖啡馆”“风格”

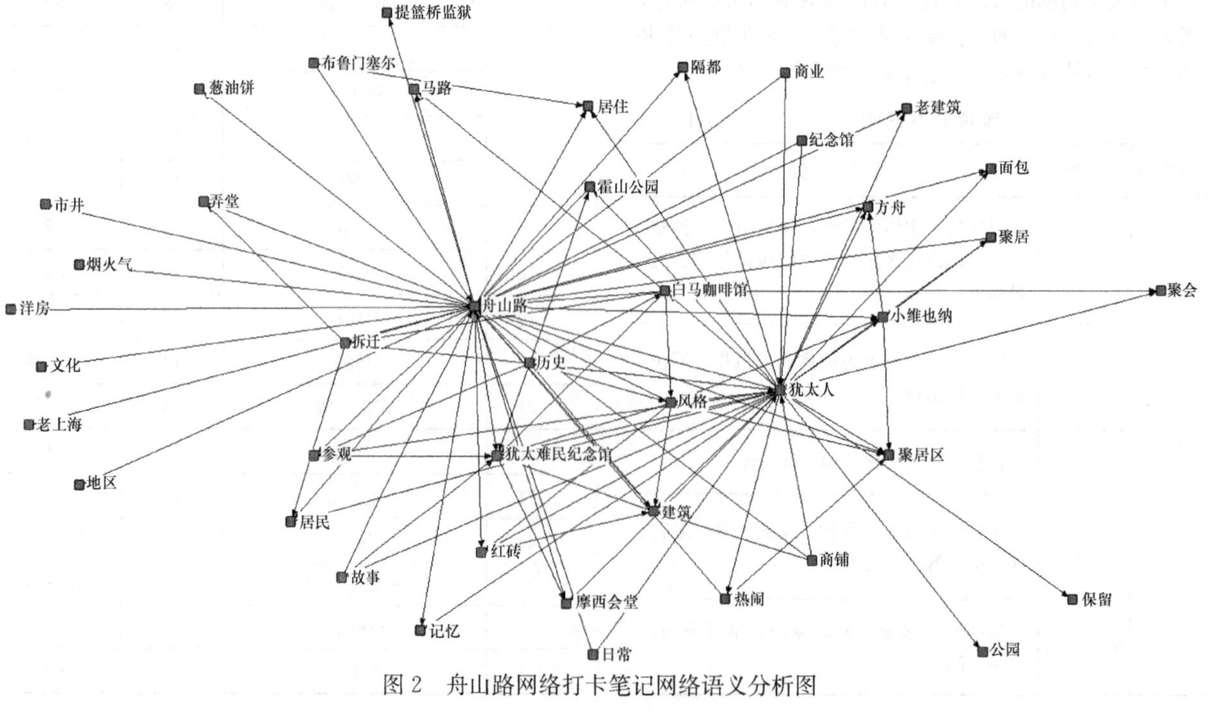

图 2 舟山路网络打卡笔记网络语义分析图

"建筑""聚居区"等均与其他词多个词频存在相关性，这些词被归纳为二级词汇。"市井""洋房""烟火气"等只与一个词频存在关联性，被归为关联词汇。从图中可发现，二级词汇大多数与景点、景观、建筑、区域等有关名词，而关联词汇多为打卡者对街道氛围感受和功能识别相关的词汇。

根据网络语义分析图中的一级核心词、二级核心词、三级核心词，可发现舟山路可被感知到的意象分为"历史上的舟山路"和"现在的舟山路"两个层面（表3），两个层面上的意象呈现出比较相似的主题特征，可以归纳为极具特色感的街道风貌、极具烟火气的街道氛围、极具奇幻感的街道体验3类主观环境感受。

舟山路街道意象感知统计表　　表3

意象分类	主节点	类别	关联词
现在的舟山路	"舟山路"	要素构成	弄堂、葱油饼、洋房、红砖、老建筑、犹太难民纪念馆、商铺、面包、霍山公园、提篮桥监狱、高楼
		功能感知	居住、聚居、商业、参观、扫街
		风格特征	老上海、小维也纳、文化、历史、风格
		主观感受	烟火气、市井、生活气息、热闹、日常、不一样、非凡
历史上的舟山路	"犹太人"	要素构成	摩西会堂、公园、商铺、白马咖啡馆、面包、建筑
		功能感知	聚会、商业、聚居、隔都
		风格特征	风格、红砖、小维也纳
		主观感受	热闹、日常

3.1.3　语境分析

在所获取的文本中检索相关的主题词汇进行上下文语境分析，发现谈到"极具特色感的街道风貌"这一类主题词时，往往涉及街道的建筑风格、历史建筑、老式民居；当谈到"极具烟火气的街道氛围"这一类主题词时，往往涉及街道的老式民居、居民休闲生活、商业业态等；当谈到"极具奇幻感的街道体验"时，往往涉及老旧建筑与高楼大厦的对比、周边地块发展与舟山路破旧的反差。

3.2　照片内容分析

3.2.1　拍摄对象分析

从拍摄对象整体来看，在游览者感知的街道客观要素构成中，排名前三的分别是建筑、人物活动和风物（表4）。其中建筑照片数量最多为165，占总照片数的33.8%；其次是人物活动要素，频数为30.1%；另外风物和公共空间也占有较大比重。说明在舟山路中，建筑、人物活动是人们认为最特别，是最容易代表舟山路意象的客观要素。

照片拍摄对象统计　　表4

分析内容	照片类型	数量	频数	二级分类	数量	频数
拍摄对象	建筑	165	33.8%	历史保护建筑	102	20.9%
				沿街老建筑	40	8.2%
				中高层居民住宅	10	2.0%
				远景高楼	13	2.7%
	动植物	22	4.5%	动物	15	3.1%
				植物	7	1.4%
	人物活动	147	30.1%	居民休闲	52	10.7%
				行人	27	5.5%
				业态	68	13.9%
	风物	77	15.8%	食物	17	3.5%
				交通工具	10	2.0%
				老物件	26	5.3%
				标语	24	4.9%
	公共空间	77	15.8%	霍山公园	8	1.6%
				里弄	21	4.3%
				街头绿地	9	1.8%
				道路空间	39	8.0%

3.2.2　对象特征分析

从不同照片类型的拍摄内容来看，在建筑类照片中，除了犹太难民纪念馆、布鲁门塞尔旧居、白马咖啡馆、提篮桥监狱职工宿舍这几个重要的历史保护建筑占比最高，沿街老建筑也是最常出现的拍摄对象，这类建筑具有老上海民居特点，是以坡屋顶为主、层高在二三层、功能为商住混合、沿街布置，另外在老建筑映衬下的远景高楼也常被作为拍摄对象。在动植物要素中，植物要素占比较少，主要以垂直绿化和居民盆栽为主，动物以猫为主。在人物活动中居民休闲生活和业态是主要的感知对象，休闲生活主要包括康乐球、聊天等社交生活，业态主要以商业为主。从风物来看，葱油饼是食物中占比最大的；交通工具以老爷车为主要拍摄对象；老物件主要包括建筑的门窗、楼梯等细节；标语主要包括各类商业标牌和旧改标语。在公共空间中，道路和里弄空间是主要的拍摄对象，且道路空间拍摄位置主要集中在东余杭路到唐山路段。

3.3　舟山路街道意象构成

通过对文本内容和照片内容进行总结分析得到舟山路意象构成及其主客观意象关联表（表5），舟山路要素构成主要包括弄堂、老建筑、红砖、商铺及犹太难民纪念馆等景点，功能感知主要包括居住、聚居、商业、参观、扫街，风格特征呈现为具有历史文化、独特欧洲风格或维也纳风格、老上风貌的小马路，表现为充满烟火气、生活气息、热闹的、市井的日常生活型街道，整体给人以极具特色感的街道风貌、极具烟火气的街道氛围、极具奇幻感的街道体验3类主观环境感受。其中老上海式民居、独特的维也纳风格历史建筑及犹太文化构建了舟山路极具特色感的街道风貌，街道老式民居、街道商业和居民休闲生活形成了舟山路极具烟火气的街道氛围，而历史建筑与北外滩片区的高楼大厦对比形成了舟山路极具奇幻感的街道体验。

舟山路街道主观感受意象与客观要素构成关联表　　表 5

主观环境感受	关键词	文本例句	关联客观环境要素
极具特色感的街道风貌	年代感、老旧、老上海	“舟山路上不仅保存着犹太人生活的影子，犹太难民纪念馆、白马咖啡馆，还保留着上海典型的老城厢建筑，成片的旧城区和石库门，老式的住宅，小洋房，交错的弄宅。这里完完全全一副老上海的真实写照，是记忆中上海的模样”。 “虹口区这块地方非常有历史气息，舟山路两边的建筑很有维也纳的风格”	① 要素构成：老房子、洋房、历史建筑、维也纳风格建筑、犹太历史 ② 风格特征：老上海、红砖、维也纳风格
极具烟火气的街道氛围	生活气息、接地气、热闹	“两边都是老上海的旧式洋楼，这里有烟火气息。” “如今的舟山路就是一条烟火气十足的小马路，随处可见喝茶、打康乐球的爷叔，安逸又平静”	① 要素构成：老洋楼、民居 ② 功能感知：商业活动、居民休闲生活 ③ 风格特征：老上海
极具奇幻感的街道体验	非凡、新旧对比、恍若隔世	“高楼映衬下的老上海感觉有点魔幻现实主义”。 “林立的高楼渐渐取代了低矮的旧楼，而遗留下来的老街、老建筑依然充斥着新旧交替的美”	① 要素构成：外围高楼与低矮老建筑对比

4　总结展望

舟山在历史的沉淀下，老式建筑和犹太文化相关的建筑是其意象感知的重要客观来源，结合街道的商业、休闲活动，整体呈现为“特色感”“烟火气”“奇幻感”的主观感受意象，未来舟山路把握发展的同时应该兼顾街道意象的保留传承，创造具有地方特质的历史文化街道。根据本文所研究得出的街道意象及其主客关联分析，对舟山路改造提出以下几点建议：①整体品牌宣传发挥“虹口方舟”“小维也纳”“犹太人”等文化形象；②除原有保存的历史建筑，对原有的沿街老建筑、里弄进行风貌、高度控制，保证其在改造后具有原来的历史风貌感；③街道功能建议以商住混合为主，提供居民休闲的公共空间，打造面包房、煎饼滩、茶馆、夜市等休闲商业；④除去自身的街道特色，街道视野范围内的高楼建筑依然对舟山路街道意象的形成具有重要影响，未来的舟山路规划设计跳出舟山路甚至是提篮桥片区空间范围，做好视觉管控，保证在舟山路街道的步行视野中，保证远景高楼在视野要素中的合适占比。

参考文献

[1] 周月平. 空间认知视角下的历史文化名城保护分析与设计研究[D]. 南京大学，2016.

[2] 黄开栋. 城市意象批判与城市图景建构——雷蒙·威廉斯城市文化思想探析[J]. 江汉论坛，2019(12)：135-139.

[3] 郑屹. 基于街景大数据的城市意象形成模式研究[D]. 东南大学，2021.

[4] 沈益人. 对城市意象五元素的思考[J]. 上海城市规划，2004(04)：8-10.

[5] 顾朝林，宋国臣. 城市意象研究及其在城市规划中的应用[J]. 城市规划，2001(03)：70-73+77.

[6] 王德，张昀. 基于语义差别法的上海街道空间感知研究[J]. 同济大学学报（自然科学版），2011，39(07)：1000-1006.

[7] 曹越皓，龙瀛，杨培峰. 基于网络照片数据的城市意象研究——以中国24个主要城市为例[J]. 规划师，2017，33(02)：61-67.

[8] 覃若琰. 网红城市青年打卡实践与数字地方感研究——以抖音为例[J]. 当代传播，2021(05)：97-101.

[9] 高峻，韩冬. 基于内容分析法的城市历史街区意象研究——以上海衡山路-复兴路历史街区为例[J]. 旅游科学，2014，28(06)：1-12.

[10] 王子晴，薛建红. 基于网络文本分析的旅游目的地形象符号解读——以厦门鼓浪屿为例[J]. 内江师范学院学报，2019，34(10)：81-87.

作者简介

龙琮，1995年生，女，汉族，江西宜春人，同济大学建筑与城市规划学院硕士研究生在读，研究方向为风景园林规划设计方法与技术。电子邮箱：867882718@qq.com。

（通信作者）金云峰，男，1961年生，上海人，硕士，同济大学建筑与城市规划学院景观学系、高密度人居环境生态与节能教育部重点实验室、生态化城市设计国际合作联合实验室、上海市城市更新及其空间优化技术重点实验室，教授、博士生导师，研究方向为风景园林规划设计方法与技术、景观更新与公共空间、绿地系统与公园城市、自然保护地与文化旅游规划、中外园林与现代景观。电子邮箱：jinyf79@163.com。

蔡萌，1998年生，女，汉族，黑龙江大连人，同济大学建筑与城市规划学院景观学系研究生在读，研究方向为风景园林规划设计方法与技术、景观更新与公共空间、绿地系统与公园城市、自然保护地与文化旅游规划、中外园林与现代景观。电子邮箱：mengocai@163.com。

城市生活遗产视角下上海里弄街区数字化保护策略研究
——以提篮桥历史文化风貌区为例

Research on the Digital Conservation Strategy of Lilong Block in Shanghai from the Perspective of Urban Living Heritage
—A Case of Tilanqiao Historic and Cultural Area

王志茹　杨　晨*

摘　要：上海里弄街区作为典型的活态遗产，其物质与非物质层面的整体性保护方法是遗产保护领域的难点问题。文章从城市生活遗产切入，借助数字遗产前沿技术，以上海提篮桥历史文化风貌区为例，探索上海里弄街区保护的创新策略和方法。先构建了生活遗产视角下的里弄街区解读框架，并剖析了遗产的多维度特征和价值。基于实地调研、图档分析、口述史研究等方法，识别了生活习俗、商业活动、娱乐休闲、文化艺术、历史关联等5个大类、23个小类的生活遗产要素，建构了生活遗产与里弄空间载体之间的耦合关系。基于此，提出设立生活遗产数字化清单、构建公众地理信息平台、提供数字遗产信息服务和开展生活遗产虚拟利用等数字化保护策略，并深入探讨了里弄街区遗产信息集成平台的设计和应用。研究成果对城市更新中上海里弄街区的活态保护和可持续发展具有重要借鉴意义。
关键词：城市生活遗产；非物质要素；耦合关系；数字化遗产保护；提篮桥

Abstract: Shanghai Lilong District is a typical living heritage. The integrated conservation approach of its tangible and intangible features is a tough topic in the field of heritage conservation. Starting with urban living heritage and using cutting-edge digital heritage technology, this study investigates creative strategies and approaches for the conservation of Shanghai Lilong district, using Shanghai Tilanqiao historic and cultural area as an example. The research develops a framework for interpreting Lilong blocks from the standpoint of living heritage and examines its multi-dimensional characteristics and value. Five categories and 23 subcategories of living heritage elements, including living customs, commercial activities, entertainment and leisure, culture and art, and historical associations, were identified based on field research, document analysis, oral history research, and other methods, and the coupling relationship between heritage fabric and living heritage was constructed. The paper suggests digital conservation strategies such as creating a digital inventory of living heritage, creating a public geographic information platform, offering digital heritage information services, and virtualizing living heritage. The findings of the study have significant implications for the conservation of living heritage and the sustainable development of Shanghai's Lilong heritage.
Keywords: Urban Living Heritage; Intangible Elements; Coupling Relationship; Digital Heritage Conservation; Tilanqiao

引言

里弄街区是上海重要的城市遗产，具有丰富的历史价值、文化价值和社会价值。但城市更新过程中里弄街区面临着严峻挑战，尤其是非精英的、与市民生活相关联的价值并未得到充分关注，相关保护政策主要面向物质遗产层面[1,2]，对非物质层面关注不足，也缺乏有效的保护方法和技术手段。里弄街区具有明显的复杂性、活态性和民间性特征，其非物质遗产要素与遗产价值和市民生活密不可分。国际文化遗产保护理论认为，传统、技术和管理体制、语言和其他形式的非物质遗产、精神和感觉等非物质要素需要纳入遗产真实性评估，而活态遗产中体现其显著特征的种种关系和能动机制是遗产完整性的重要构成[3]。因此，探索里弄遗产物质和非物质要素整体性保护方法具有重要的理论和实践意义。

数字化技术为全面保护和展示文化遗产带来了机遇[4]，其灵活性、便捷性、交互性等特征有望应对里弄街区遗产的复杂性、动态性等特征，并推动建立创新性的保护方法[5]。数字技术在遗产保护领域发挥了重要作用，例如遗产建筑信息模型（HBIM）能更好地储存、传播遗产信息与价值，在记录遗产的时空演进方面具有无可代替的优势；公众参与地理信息系统（PPGIS）为公众参与非遗保护提供了更加便利的工具[6]。对于里弄街区等活态遗产来说，数字技术更新使得非物质文化遗产能以一种崭新形式重新与社会民众关联并得以传承。

本研究以提篮桥历史文化风貌区及周边里弄街区为案例，探索上海市里弄历史街区数字化保护策略。首先建立城市生活遗产视角下上海里弄历史街区遗产的解读框架，解析里弄街区遗产要素，并识别非物质要素与物质空间两者的耦合关系。在此基础上，论文提出针对提篮桥里弄历史街区的数字化保护策略与遗产地理信息平台方案设计（图1）。

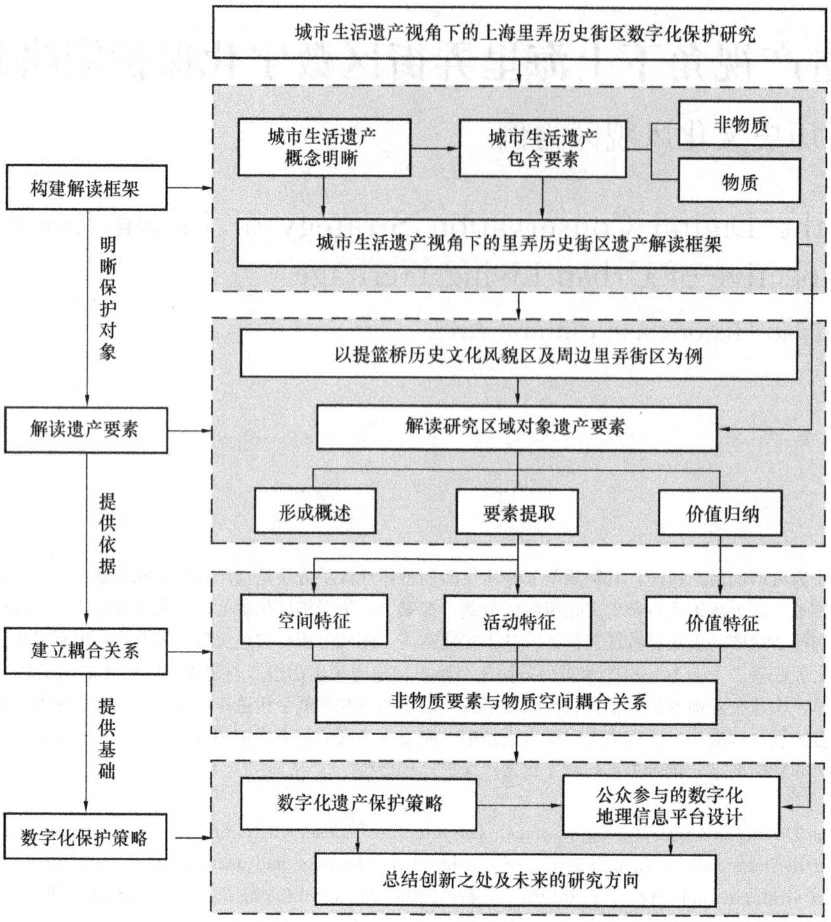

图1 城市生活遗产视角下的上海里弄历史街区数字化保护研究技术路线

1 城市生活遗产视角下的里弄历史街区解读框架

"生活遗产"（living heritage）是指由市民所建造、与市民生活、社会密切相关的建成环境，重点关注非物质的文化遗产要素，包括地方文化记忆、生活习俗等，更具有活态性与延续性[7]。上海里弄历史街区，尤其是非精英区域的里弄历史街区，是典型的城市生活遗产，也是孕育上海城市独特的生活方式与文化的重要载体，它们构成了大量具有鲜明上海市民文化色彩的文化习俗事象，以及与此相应的充满市民生活风情的文化、生活空间形态。

里弄街区保护对象包含物质与非物质要素，其中非物质要素主要指发生在里弄街区的居民典型生活、娱乐、商业、文化等习俗活动；依托里弄特有的空间等级结构产生的邻里关系与集体记忆，以及特殊的历史文化事件、人物、精神品格、经验智慧等[8]。物质要素包括建筑布局及其结构、道路、空间组织、场所节点、工具机器、艺术作品、构筑物、特定场所等等[6]。

本研究通过实地调研与访谈、图片影像资料收集、口述史与文献查阅等方式对现有里弄历史街区保护对象进行归纳，重点补充相对匮乏的非物质要素部分。调查发现，上海里弄街区遗产保护对象包括生活习俗、商业活动、娱乐休闲、文化艺术、历史关联五个大类，每个大类包含多样化的物质要素与非物质要素，共同构成了里弄街区的遗产整体（表1）[9,10]。同时梳理了里弄历史街区的多维度的价值：内在价值包括作为集体记忆、身份见证的历史价值、上海多元城市文化代表之一的文化价值、传统生活模式与经验智慧代表的实用价值等；现时价值包括经济价值、社会价值、环境价值等；延伸价值则包含其作为市民社会复合体而具有的精神价值、象征价值、制度及借鉴价值等等。价值解读为进一步解析提篮桥历史文化风貌区案例提供了指导[11]。

城市生活遗产视角下的上海里弄历史街区保护框架与价值归纳　　表1

大类	子类别		价值归纳
	非物质要素	物质要素	
生活习俗	饮食习俗、居住方式、弄堂特定的个人或集体活动、邻里关系、世俗俚语	民居建筑、生活空间组织、道路设计、旧工具、机器、特定场所等	逼仄的空间里人性化尺度的街道空间，构成了丰富多彩而又生机盎然的市民文化空间，孕育出上海城市文化和市民群体性格

续表

大类	子类别		价值归纳
	非物质要素	物质要素	
商业活动	弄堂叫卖、弄堂摊贩	商业建筑、店面菜市场、集会场所等 弄堂工厂、作坊弄堂托儿所、学堂、公共食堂	是典型的城市商贩经济的产物，具有 20 世纪城市商业经营的模式特点
娱乐休闲	弄堂游戏、弄堂曲艺	人工修建的自然景点、娱乐建筑、旧游戏、娱乐工具等	是上海石库门空间中产生的独特娱乐休闲方式，集中反映了 20 世纪上海市民文娱的主要形式
文化艺术	名人轶事、文学创作、精神品格、与地区传统相关的建筑样式与建筑风格	艺术作品、名人故居、文化建筑等	见证了众多名人轶事，丰富的人物画像与复杂的社会关系为文学与艺术创作提供了素材与灵感
历史关联	与特殊的历史事件相关	与特殊历史事件相关或地区标识性建筑、构筑、道路、场所等	体现了上海多元文化的重要组成部分，呈现出提篮桥历史街区的原生形态与人居环境空间的多样性，是中犹政治文化交流的环境载体
	与地区发展大环境相关		

2 提篮桥历史文化风貌区遗产要素解析

2.1 遗产概况

提篮桥位于上海市虹口区，19 世纪中期以前属上海县高昌乡，后被划定为美租界，同年与英租界合并为公共租界，开始了城市化进程。由于距上海老城厢与英法租界核心遥远，而且紧邻码头、造船厂集聚的河港，大量外来谋生人群和普通劳动者居住在此，提篮桥周边区域的发展远落后于中心地区，成为城市的“下只角”。除了鲜明的市井生活气息，提篮桥的区域特色与提篮桥监狱和大量来此避难的犹太人密切相关。前者对地区集体记忆的形成有重要作用，后者则对研究区域内的建筑样式、室内装饰等物质要素以及历史记忆、生活方式等方面有着独特的影响。两者共同作用形成了提篮桥片区独特的城市生活遗产[12]。

研究范围包括提篮桥历史文化风貌区及周边里弄街区，面积约 $40hm^2$，是虹口区里弄历史街区分布较为密集的地区，拥有丰富的文化资源和深厚的历史积淀（图 2）。2020 年，该地区发布了《北外滩地区控制性详细规划》，推动了老旧里弄街区陆续拆迁，超高层建筑拔地而起，暂

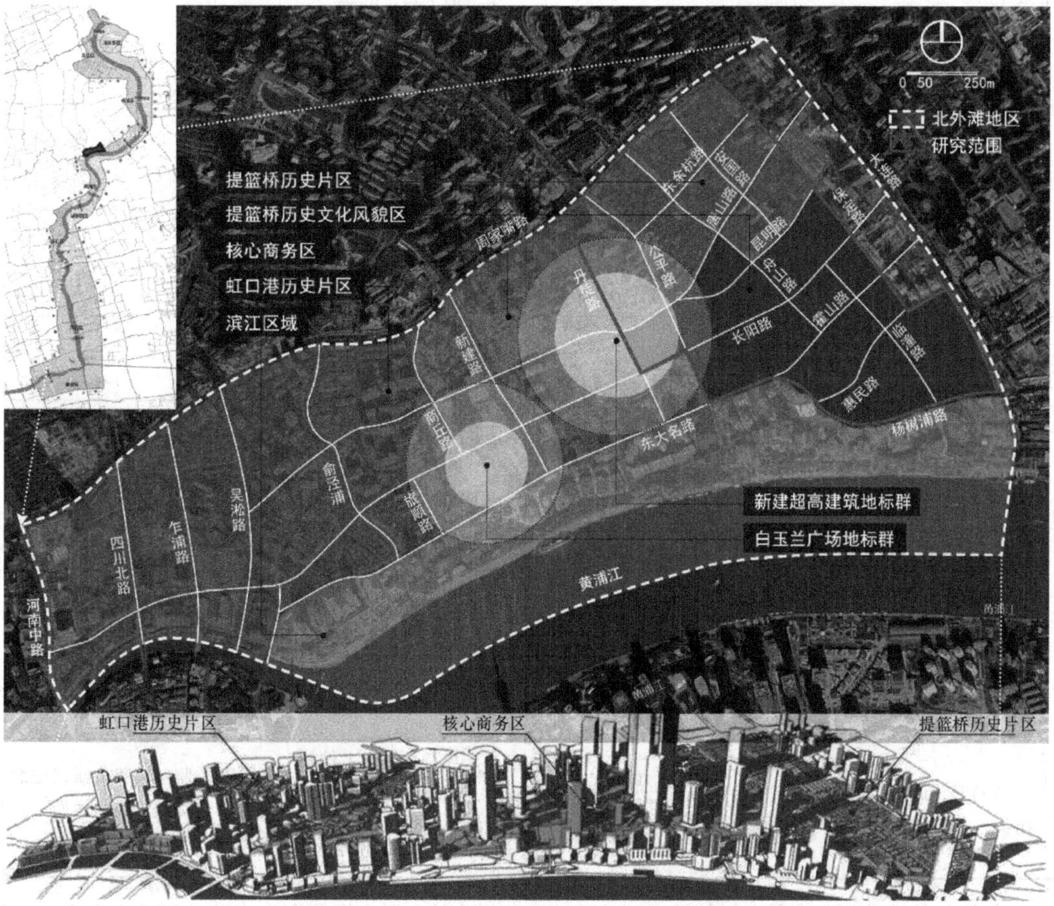

图 2 紧邻北外滩商务核心区的历史片区——新与旧的割裂与矛盾（图片来源：《黄浦江沿岸地区建设规划 2018—2035》《虹口区北外滩地区控制性详细规划 2020》，图片由作者整合绘制）

存的城市生活遗产被现代化的商业居住建筑分割的支离破碎，遗产保护与城市发展之间的割裂与矛盾显著，探索具有针对性的保护策略迫在眉睫（图 3）。

图 3　新与旧的割裂与矛盾

2.2　构建数字化遗产清单

基于上述城市生活遗产视角下的里弄街区保护框架，对研究区域内遗产要素进行归纳（表 2）。提篮桥里弄历史街区同时具有上海弄堂普遍的特征和自身的特异性。普遍性体现在生活、商贸、娱乐习俗等方面：里弄公共空间等级分明的活动层级系统，产生了不同类型的社交机会，进而衍生出里弄街区独有的邻里关系；在剧增的人口压力下诞生了许多空间利用智慧与实践。居住空间的狭窄与交融形成了里弄公共空间的繁荣，以及对街道安全性起着重要作用的“街道眼”等[13]。弄堂叫卖与摊贩是典型的城市商贩经济产物，为里弄居民提供了丰富便利的服务。对家庭来说，里弄是家和工作场所的结合体，生活和经商的融合也极为普遍，例如家庭妇女成立的里弄生产组，而弄堂托儿所、公共食堂则作为相应的配套服务设施[14-16]。

城市生活遗产视角下提篮桥地区里弄历史街区遗产要素归纳　　表 2

大类	子类别	典型非物质要素案例	子类别	典型物质要素案例
生活习俗	饮食习俗	弄堂小吃：粥、檀香橄榄、火腿、粽子、茶叶蛋、芝麻糊、酒酿等	民居建筑	石库门建筑的空间格局：灶披间、亭子间、晒台、阁楼、天井、客堂、老虎窗
	居住方式	建筑空间利用智慧	生活空间组织	等级分明的街道组织
	弄堂特定的个人或集体活动	等级分明的活动层级系统	旧工具、机器	老虎灶、传呼电话、三五牌台钟、金钱牌热水瓶、“上海牌”手表等
	邻里关系	互相照应，抱成一团		
	世俗俚语	沪语歇后语、俗语	特定场所	新岸礼堂
商业活动	弄堂叫卖	“大饼油条——脆麻花” “栀子花——白兰花” “笃笃笃——卖糖粥”	商业建筑、店面公共食堂	裁缝店、剃头店、老虎灶、烟杂店、粮油店、铅皮匠、豆腐店、银楼等
	弄堂摊贩	提供各种修修补补的服务的匠人：修阳伞、补碗、破布换糖等；走街串巷的弄堂小商贩	弄堂工厂、作坊	马镫仓库旧址
娱乐休闲	弄堂游戏	打弹子、滚轮子、掼结子、顶核子、抽坨子、造房子、跳皮筋、套圈子、刮香烟牌子、钉橄榄核等	人工修建的自然景点	霍山公园
			娱乐建筑	百老汇大戏院旧址
			旧游戏、娱乐工具等	香烟牌子、橄榄核等
文化艺术	名人轶事	画家关紫兰	名人故居	严裕棠旧宅
	文学创作	亭子间文学	艺术作品	《上海屋檐下》等
	精神品格	兼容并蓄、趋新善变、精明求实的市民性格	文化建筑、场所等	上海澄衷学堂旧址
	地区传统文化	下海庙祈福		下海庙
历史关联	与特殊历史事件相关	提篮桥监狱相关记忆、犹太难民相关历史事件	与特殊历史事件相关或地区标识性建筑、构筑、道路、场所等	提篮桥监狱、犹太难民纪念馆、白马咖啡馆、犹太难民收容所、远东反战大会旧址、丹徒路

由于地区传统与特殊的历史背景，提篮桥又具有自身的特点。下海庙是地区传统文化传统的典型代表，靠海谋生的人们出海前会先来此地祈求出海平安，数年来下海庙修缮无数却仍然完整的被保留下来。提篮桥监狱文

化和犹太难民记忆都与特殊的历史事件及地区发展大环境相关，对片区集体记忆和建筑风格、生活习俗、环境风貌等方面有重要影响。

2.3 非物质要素与物质空间的耦合关系

对非物质要素的探索有助于理解“历史场所感的产生缘由”“遗产景观区别与其他的独特价值”和“场所空间形成利用与构法智慧”。探究遗产非物质要素与物质空间耦合的关系有利于形成带有鲜明文化记忆特色的场所认知系统，同时构建遗产数字化信息集成平台需要明确非物质要素对应的物质载体。因此，耦合关系能够为平台的建设提供基础。

里弄街区的街道公共空间存在等级的区分，根据《老上海百业指南》与口述史等相关文献资料并通过比较区域内各个里弄街区组团，可以看出各类型的里弄非物质文化遗产要素在不同的里弄中具有相对固定的空间分布，并且承载里弄街区典型的生活、娱乐、商业类非物质要素的遗产景观空间主要分布于里弄社区组团内部，依托“外街—主弄—支弄—建筑入口”等级空间结构展开（图4）。

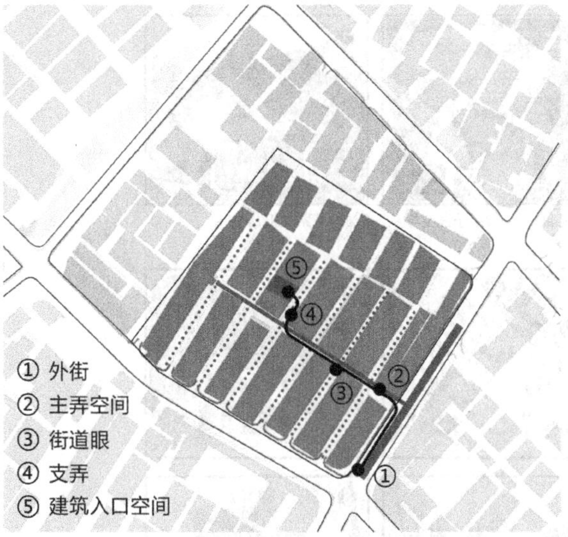

图4　里弄公共空间等级结构示意图

图5　“街道眼”

承载各类型非物质遗产要素的典型景观空间如图所示：弄堂入口所在的外街是集体性社交活动与交易活动的高频率发生地；主弄是人流较大的区域，会引发一些内部居民自发的交易、娱乐活动；主弄与支弄交叉口为“街道眼”的存在提供了有力的区位空间条件。作为传统街坊独具的有一种自我防卫的机制，“街道眼”维护着街道的安全、活力和趣味（图5）。支弄是儿童嬉戏的场地，邻里关系也最为密切。商业习俗类的承载空间由固定到非固定可以分为三级：第一级位于主街具有店铺的商贩，例如舟山路、东余杭路；第二级位于里弄外街或主弄空间具有固定摊位的商贩，例如经营老虎灶的店铺；走街串巷或在特定的节日时间售卖的小商贩等，以及一些特定的遗产景观空间，例如弄堂工厂、作坊等为第三级商业空间。文化类的典型遗产空间则主要与下海庙、名人故居、文学艺术诞生地相关，例如亭子间文学等。承载历史事件类的遗产景观多与特定的历史建筑相关，建筑本身对地区集体记忆的辐射作用大于空间本身的影响。例如摩西会堂旧址、白马咖啡厅、犹太难民收容所、远东反战大会旧址、霍山公园及提篮桥监狱等，对它们历史背景与价值的解说十分重要（图6）。

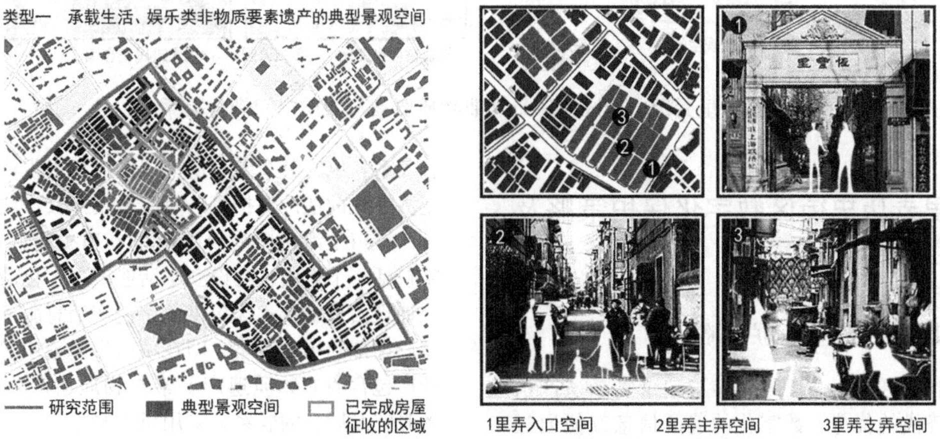

图6　提篮桥里弄历史街区遗产景观非物质要素与物质空间耦合关系（一）

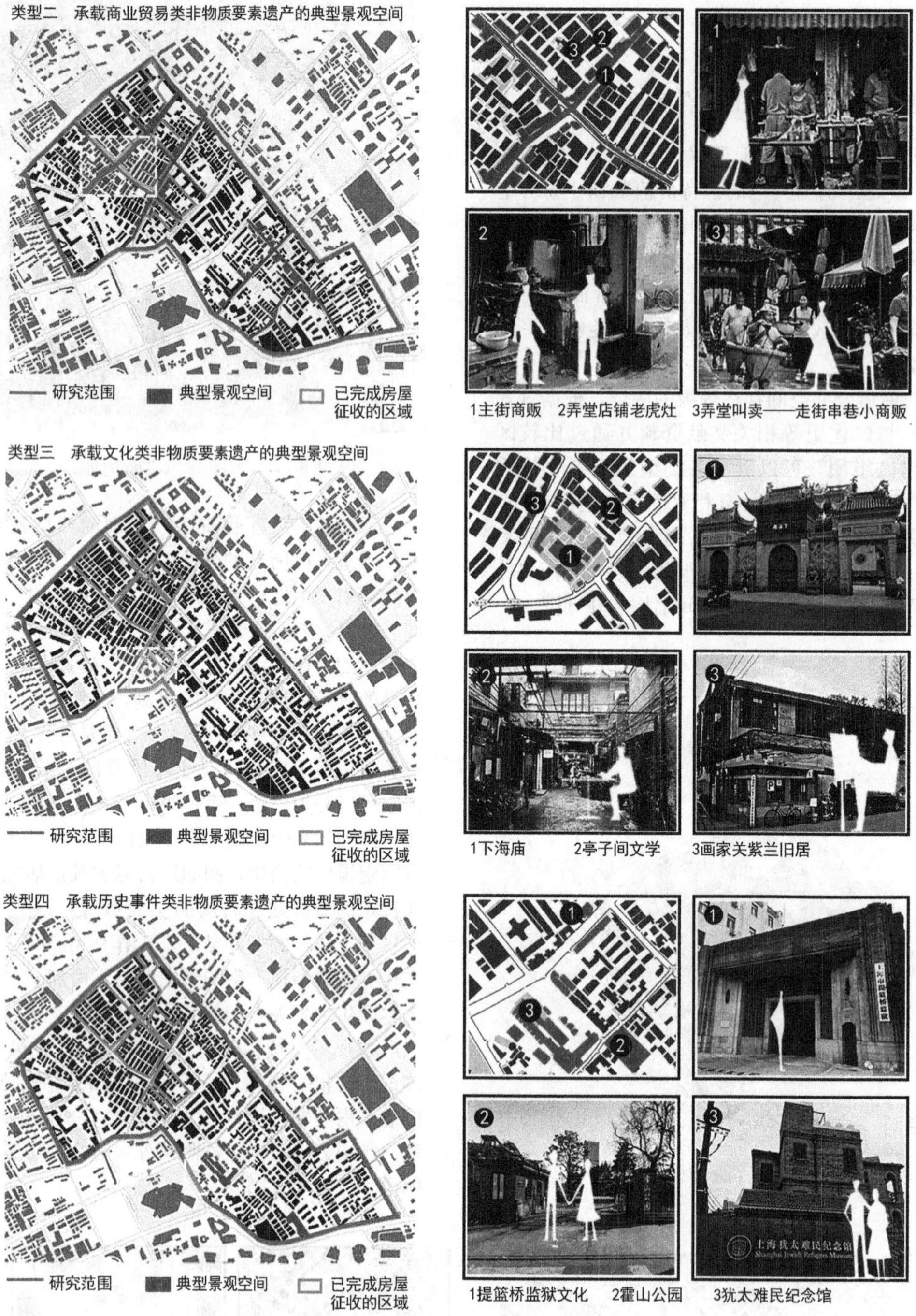

图6　提篮桥里弄历史街区遗产景观非物质要素与物质空间耦合关系（二）

3　提篮桥里弄历史街区数字化保护策略及遗产信息平台设计

3.1　里弄历史街区数字化保护策略

数字化技术在更全面、长久储存与记录复杂遗产信息上具有无可替代的优势。数字化的遗产信息方便通过现代化的移动设备、媒体网络进行传播，符合当前社会信息传播途径发展需求。建立数字化的遗产地理信息平台能够更好地整合与呈现非物质要素与物质空间之间的耦合关系，也为公众参与遗产保护过程提供机会。因此，制定数字化的遗产保护策略具有重要意义（图7）。

城市生活遗产视角下的里弄历史街区数字化保护策略包括4个方面：①设立生活遗产数字化清单；②构建公众地理信息平台；③提供数字遗产信息服务；④开展生活遗产虚拟利用。策略1即在城市生活遗产解读框架下鉴别遗产包含的非物质遗产要素与物质遗产要素，并总结两者时空发展上的联系，采用摄影测量、激光扫描、音频影像储存等数字化途径为建立遗产信息集成平台提供数据支撑。策略2为建立遗产信息模型，结合在线地理信息平台形成信息集成平台，并与网站、移动端对接，实现信息

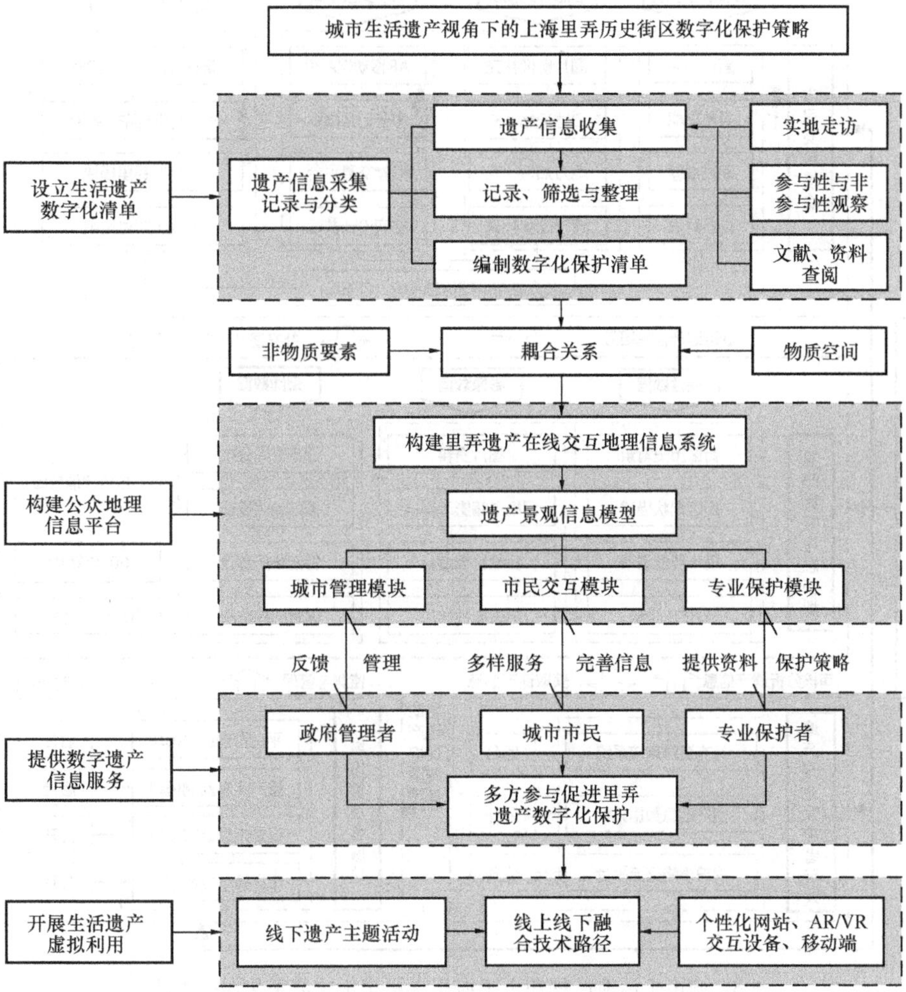

图 7　城市生活遗产视角下上海里弄历史街区数字化保护策略

共享与共同编辑。策略 3 依托信息平台，针对不同人群提供遗产信息服务，并在使用过程中对平台进行补充完善。策略 4 通过线上与线下的遗产保护主题活动的策划，使得越来越多的人了解并加入遗产信息集成平台的建设与完善过程当中，进而促进遗产可持续发展。

3.2　公众参与的遗产信息集成平台设计

公众参与遗产信息集成平台是里弄街区遗产数字化保护策略的核心。平台分为 4 个板块。遗产景观信息模型储存着现有的遗产历史及现状、遗产要素清单与档案数据，为遗产信息的可视化展示提供数据资料基础。市民交互板块可以通过网页操作、移动端 APP 进行操作，包含遗产信息获取与遗产记忆补充、数字设备交互和市民交流与创作等模块和功能。城市管理模块支撑管理者通过该模块监测、管理遗产并公开最新的遗产保护措施，并对市民提出的建议进行反馈。遗产保护专业工作者模块对新增遗产信息进行审核分析，以及提出遗产专业保护策略并进行展示（图 8）。

3.3　线上线下融合的遗产主题活动策划

基于遗产信息集成平台开展线下活动，能够使市民、游客形成更鲜明的里弄遗产时空认知，切身体会场所情感。例如开展“城市弄堂徒步走”“弄堂艺术展”激活弄堂活力的重要举措是吸引更多具有创造力的活动进入里弄街区，城市摄影、艺术家、文学爱好者对里弄的关注将带动公众的目光聚集里弄；“寻找曾经的邻里”活动旨在为随着老旧里弄陆续动迁而与邻里失去联系的原住民提供找寻服务，并组织线下邻里聚会，重建友好的邻里关系网络；举办“弄堂美食节”活动，重现弄堂街巷的小吃、美食，例如桂花赤豆粥、糯米热白果、酒酿等等；设置“弄堂写作间”，为现时的城市文学创作者提供氛围感较强的写作、交流、创办文学沙龙的场所等。同时利用线下活动可以将数字互动设备与信息集成平台中的数字交互模块相联系，使得数字遗产保护项目融入聚焦数字生活空间的“元宇宙”“物联网”计划当中，成为未来市民生活不可或缺的一部分（图 9）。

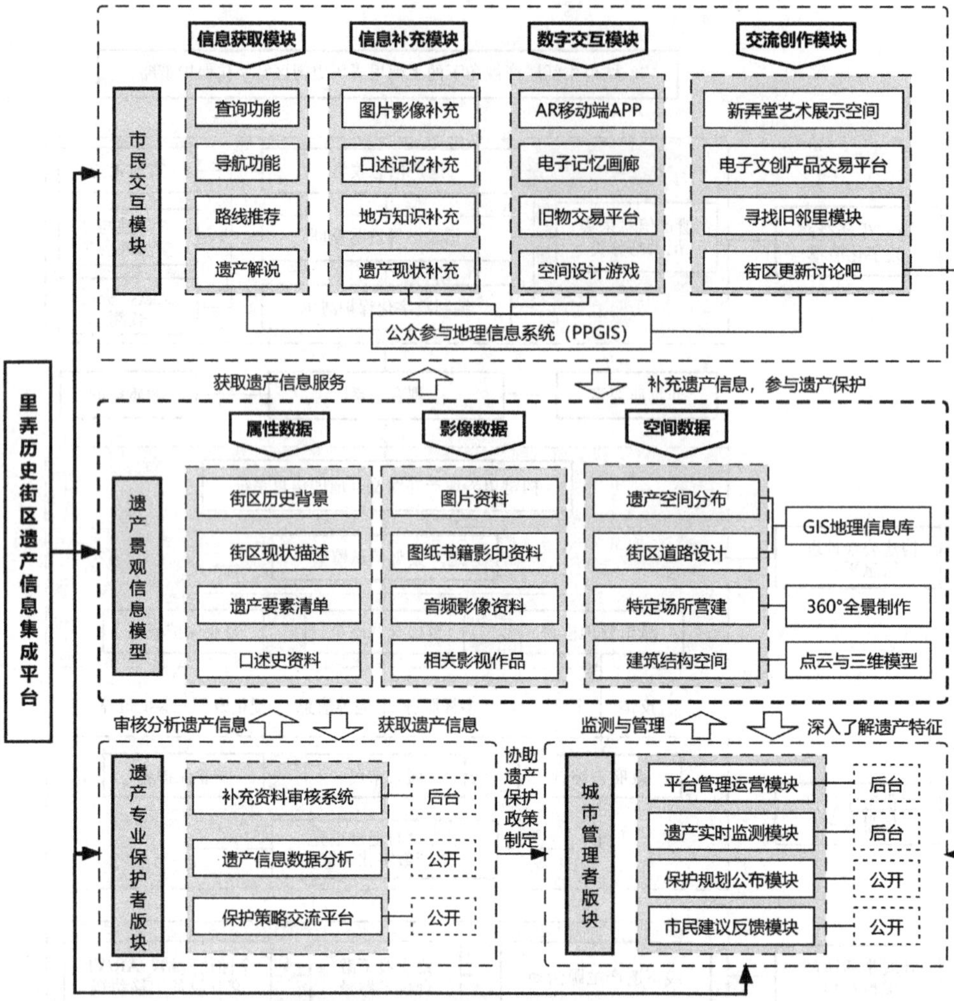

图 8　城市生活遗产视角下上海里弄历史街区数字化保护策略

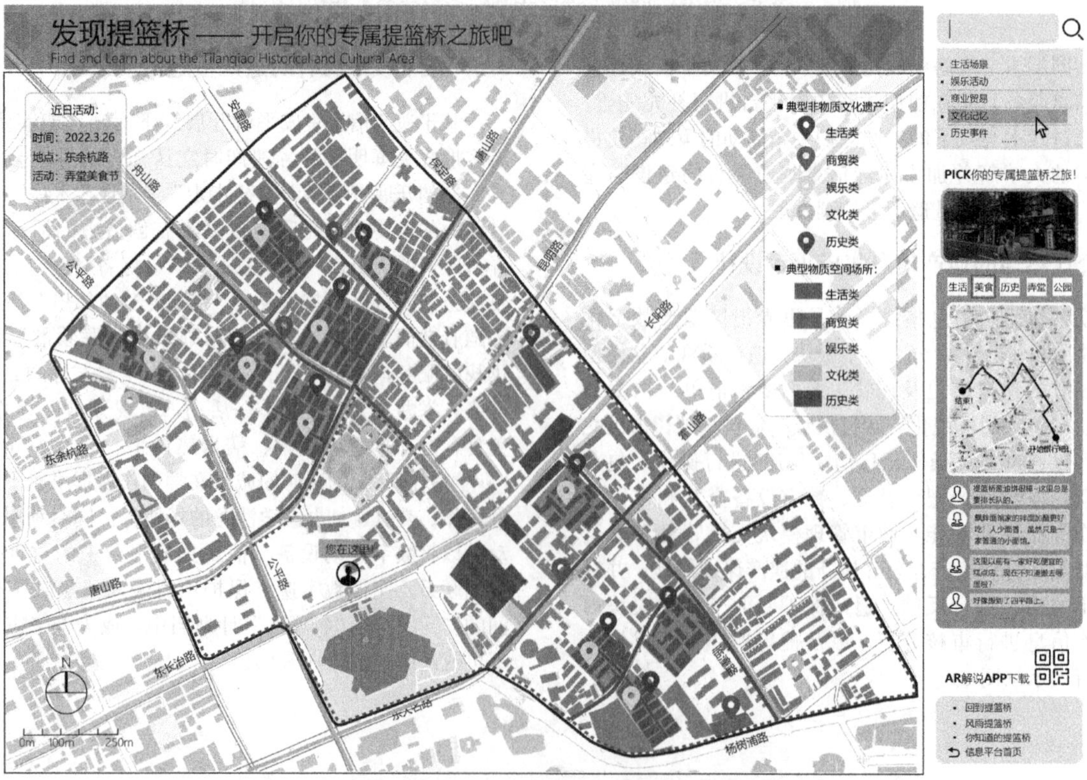

图 9　遗产信息集成平台市民交互模块信息获取页面设计

4 结语

本研究开展了城市生活遗产视角下的里弄历史街区遗产要素解读与数字化保护策略研究，构建了城市生活遗产视角下的里弄历史街区要素解读框架，并以提篮桥地区为例识别非物质遗产要素与物质空间的耦合关系。论文提出了里弄历史街区遗产数字化保护策略，并设计公众参与式的遗产信息集成平台，旨在能够将遗产信息资源、数字化技术路径、数字媒体以及线上线下的保护活动加以整合，对解决城市生活遗产的真实性与完整性保护问题具有重要意义。

研究发现，里弄街区具有多个层次的非物质遗产，对这类遗产的信息采集、数字化储存和互动展示是未来研究的重要方向，能够引领遗产保护领域相关技术探索。同时，如何将城市生活遗产数字化保护项目融入市民生活，也需要更多的理论研究和实践。

参考文献

[1] 上海市人民代表大会常务委员会．上海市历史文化风貌区和优秀历史建筑保护条例［EB/OL］．［2022-01-15］．https：//law. sfj. sh. gov. cn/yidianApi/resources/pdf? id＝60068e6e0d72da1dbb3cfd73.

[2] 上海市人民代表大会常务委员会．上海市城市更新条例［EB/OL］．［2022-01-15］．http：//www. spcsc. sh. cn/n8347/n8481/n9073/index. html.

[3] The United Nations Educational，Scientific and Cultural Organization. The operational guidelines for the implementation of the World Heritage Convention［EB /OL］．［2019-07-10］．http：//whc. unesco. org/en/guidelines/.

[4] 马晓娜，图拉，徐迎庆．非物质文化遗产数字化发展现状［J］．中国科学：信息科学，2019，49(02)：121-142.

[5] 贾秀清，王珏．数字化手段在我国文化遗产传承与创新领域中的应用［J］．现代传播（中国传媒大学学报），2012，34(02)：112-115.

[6] 杨晨．遗产景观信息模型初探［M］//中国风景园林学会．中国风景园林学会2016年会论文集，2016：428-432.

[7] 张松．城市生活遗产保护传承机制建设的理念及路径——上海历史风貌保护实践的经验与挑战［J］．城市规划学刊，2021(06)：100-108.

[8] Halbwachs M. On Collective Memory［M］. Coser L A，译．America：University Of Chicago Press，1992.

[9] 阮仪三，张晨杰．上海里弄的世界文化遗产价值研究［J］．上海城市规划，2015(05)：13-17.

[10] 上海市非物质文化遗产网［EB/OL］．http：//www. ichshanghai. cn/ich/n557/n563/n564/n574/u1ai10294. html.

[11] 李彦伯．上海里弄街区的价值［M］．上海：同济大学出版社，2014.

[12] 吴文治．近代上海提篮桥地区人居环境研究(1843-1949)［D］．上海大学，2018.

[13] Jacobs J. The Death and Life of Great American Cities［M］. New York：Vintage Books，1993.

[14] 承载，吴健熙，张剑明．老上海百业指南——道路机构厂商住宅分布图［M］．上海：上海社会科学院出版社，2004.

[15] 冯绍霆．石库门：上海特色民居与弄堂风情［M］．上海：上海人民出版社，2010.

[16] 陆健，赵亦农．虹口石库门生活口述［M］．上海：同济大学出版社，2015.

作者简介

王志茹，1999年生，女，汉族，河南人，东北林业大学风景园林学士，同济大学建筑与城市规划学院硕士研究生在读，研究方向为数字化遗产景观。电子邮箱：wzrxpy@tongji. edu. cn。

（通信作者）杨晨，1985年生，男，汉族，江苏人，澳大利亚昆士兰理工大学景观建筑学博士，同济大学建筑与城市规划学院，副教授、硕士生导师，同济大学建筑与城市规划学院高密度人居环境生态与节能教育部重点实验室，研究方向为文化景观、数字化遗产、地理信息系统数据库设计。电子邮箱：chen. yang@tongji. edu. cn。

安全感视角下生活性街道环境要素与设计策略研究

Research on Environmental Elements of Living Street and Related Design Strategy from the Perspective of Perceived Safety

寇瑞文　余　洋*　叶　超

摘　要：安全感是社会发展评价体系的重要指标，是城市建设的重点工作内容。在精细化的街道设计中，生活性街道急需从安全感的视角进行日常居住场所的设计。本文以生活性街道的环境要素为研究对象，从犯罪、社交、交通、活动、隐私的安全感维度，通过实地观测、图片识别、现场评估和问卷调查的方法，量化分析街道环境要素和使用者的安全感知，解析影响机制和影响路径，提出强化自然监视、提升控制感、降低安全风险的街道设计策略，为街道更新提供实证支撑和设计指导。

关键词：生活性街道；安全感；自然监视；控制感；安全风险

Abstract: Perceived safety is not only an important indicator of social development evaluation system, but also a key work content of urban construction. In the elaborate street design, living street, as daily living places, urgently need to be designed from the perspective of perceived safety. Taking the environmental elements of living streets as research objects, this message makes quantitative analysis of environmental elements of street and perceived safety of users through field observation, pictorial identification, field evaluation, questionnaire survey and mathematical analysis methods from the dimensions of crime, social, transportation, activity and privacy; then analyzes influencing mechanism and path; finally puts forward strategies about strengthening natural surveillance, enhancing sense of control and weakening security risk, so as to provide empirical support and design guideline for improving street.

Keywords: Living Street; Perceived Safety; Natural Surveillance; Sense of Control; Security Risk

引言

随着我国城市化进程不断加快，粗放的空间设计导致人车矛盾、街道犯罪、步行质量下降等诸多街道安全问题，对公共安全感发出挑战。行人安全感下降会激发更多的城市安全问题，促发恶性循环。随着国家统计局将安全感纳入社会发展评价体系[1]，标志着安全感成为城市建设重点工作内容。生活性街道作为高频使用的公共空间受到广泛关注，街道安全感成为街道精细化设计的重点内容。

公共空间安全感指使用者对客观环境的主观安全认知和情绪反应，研究视角集中于犯罪恐惧感、步行安全感、人身伤害预判和交通事故预判等。基于现有研究，公共空间安全感可划分成犯罪、社交、交通、活动、隐私5个维度，如交通维度关注客观通行风险和主观风险预判的差异性[2]；活动和社交维度研究常将安全感作为中介变量，探究建成环境对体力活动[3]、社会交往[4]的影响路径；在隐私维度中有学者认为在人身安全得到基本保障后，对于安全的关注会转向隐私层面。由于公共空间的环境要素在不同维度的影响路径存在差异，因此多维安全感视角的系统性分析有助于对街道环境要素的影响程度和影响路径进行深入探讨。

基于以上研究背景，本文聚焦生活性街道，以街道环境要素和行人安全感为研究变量，探究以下问题：①街道环境要素对行人安全感的影响程度；②街道环境要素影响行人安全感的具体路径；③行人安全感的街道环境设计策略。

1　研究对象和数据获取

1.1　样本街道

本文以覆盖多种居住环境，特征差异明显、公共开放的生活性街道为原则，选择哈尔滨市巴山街、安平街、旭升街为研究样本（表1）。为保证环境要素的差异性，结合行人视线能力范围，将样本街道以100m左右长度进行分段（图1）。

样本街道基本特征　　表1

街道名称	行政区划	车道特征	居住环境	使用人群
巴山街	南岗区	单向单车道，无非机动车道	老旧小区	小区居民为主，部分商业街外来人群
安平街	道里区	单向单车道，有非机动车道	老旧小区	小区居民为主
旭升街	香坊区	双向双车道，无非机动车道	新建小区、老旧小区	小区居民为主

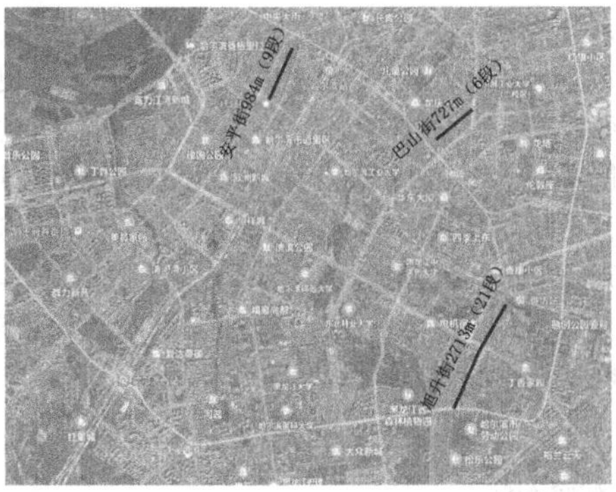

图 1　样本街道区位示意图

1.2　指标选取

梳理国内外文献，依据环境特征类别，可将影响安全感的街道环境要素划分为空间界面（街谷特征[5]、植物界面[6]、顶界面、侧界面[7]、底界面[8]）、交通环境（车辆、交叉口[9]、公交站[10]）、业态功能（沿街店铺[11]、微商业）、街道设施（环卫[12]、休憩[13]、标识、照明[14,15]）、管理维护（卫生管理、整修维护），结合我国街道环境特点，细分为 26 个要素指标（表 2）。

街道环境指标及测度方法　　表 2

环境特征	要素指标	测度方式
空间界面	街谷宽高比、小区出入口密度、界面透明度	实地观测
	天空开敞度、绿视率、围栏视率、车行道视率、人行道视率	图像识别
交通环境	机动车干扰度、非机动车干扰度	图像识别
	交叉口密度、公交站密度	实地观测
业态功能	店铺密度、餐饮业密度、购物业密度、服务业密度、休闲娱乐业密度、摊贩密度	实地观测
街道设施	环卫设施密度、休憩设施密度、标识设施密度、照明线密度	实地观测
社会管控	铺装破损度、无障碍设施完善度、建筑立面破损度、街道清洁度	现场评估

1.3　行人安全感采集与量化

选择气候较舒适的初秋开展调研，于 2021 年 8 月 25 日～9 月 10 日发放安全感问卷。问卷内容包括个人基本情况和安全感。采用里克特量表，通过 20 个问题衡量犯罪、社交、交通、活动、隐私 5 个维度的行人安全感。筛除活动时间少于 20 分钟和首次通过该街道的行人问卷以预防偶然性，最终获得 360 份问卷。

2　数据结果与分析

被调查者性别构成较平均，男性占 48.33%，女性占 51.67%。年龄构成以壮年和中年为主，壮年占 32.78%，中年占 22.50%，老年群体较少。时间覆盖全天，11：00～14：00 时段数量最多，占比 31.11%，7：00～9：00 时段最少，占比 3.33%。被调查者性别比例均匀，涵盖各年龄层次和全天候时间，具较强普适性。

2.1　街道环境特征

分析各街段的环境要素指标（图 2），形成整体街道环境特征认知，为后续开展环境要素对安全感的影响机制和路径研究奠定基础。

空间界面特征包括街谷特征、植物界面、顶界面、侧界面、底界面。宽高比分布于 0.69～4.61，大部分街段

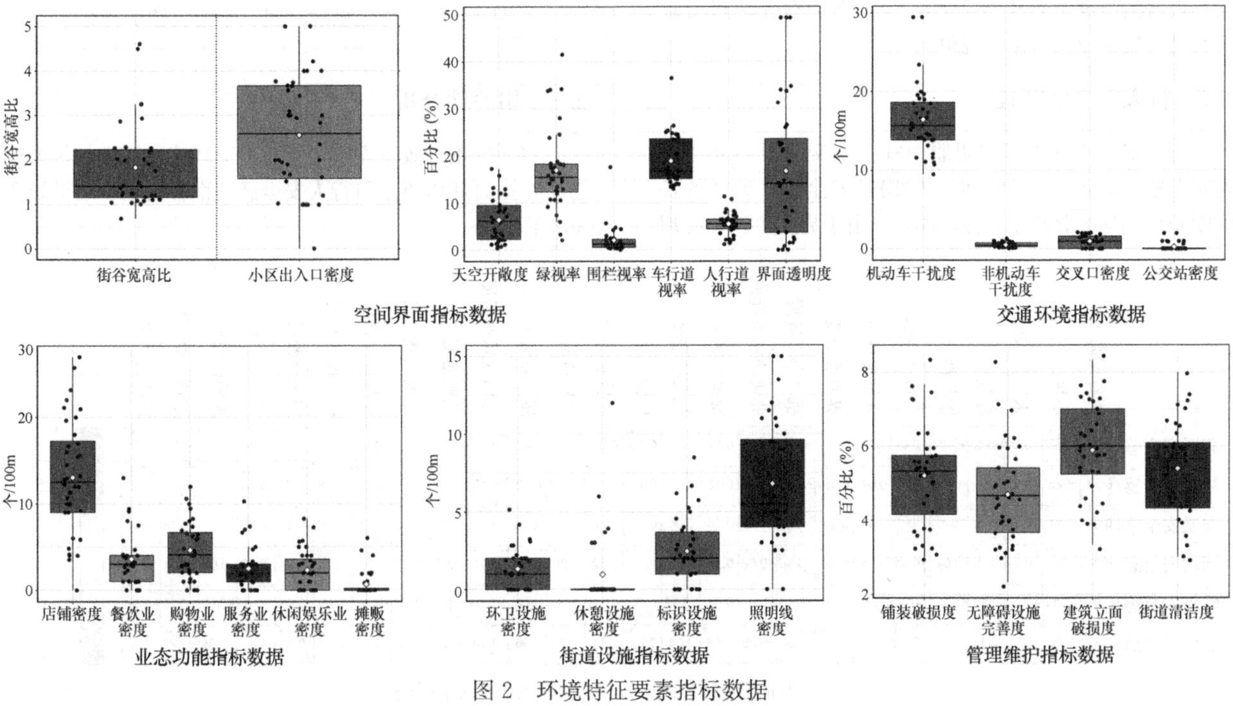

图 2　环境特征要素指标数据

尺度较舒适。多数街段小区出入口数量较少，部分街段由于封闭施工仅有 1 个出入口。天空开敞度均值为 6.48%，旭升街显著高于巴山街和安平街。绿视率均值为 16.97%，除安平街部分街段绿视率显著较高，整体分布较均匀。围栏视率均值 2.09%，多数街道围合度较低。车行道视率平均为 18.92%，旭升街高于巴山街和安平街。人行道视率均值为 5.56%，最高为 11.37%。界面透明度分布较分散，均值为 16.75%。

交通环境特征包括机动车、非机动车、交叉口、公交站要素。机动车干扰度均值为 16.40%，所有街段均有不同程度停车占道。非机动车干扰度分布于 0.05%～1.33%。交叉口分布较为均匀，多数街段有 1～2 个交叉口。所有样本中只有 8 个街段设有公交站台。

业态功能特征包括商业店铺、各类业态和微商业。旭升街整体店铺密度较大但分布不均，最多可达 27 个/100m，最少街段无店铺。仅 9 个街段中存在街道摊贩，最大可达 6 个/100m。通过比较 4 类细分业态，发现餐饮业、购物业、服务业、休闲娱乐业店铺占比分别最高可达 83.30%、100%、75%、50%。

街道设施特征包括环卫、休憩、标识和照明设施要素。环卫设施密度均值为 1.32 个/100m，巴山街和安平街多数街段沿街设有垃圾箱，旭升街仅在公交车站旁设有垃圾箱。仅有少数街段结合公交车站设有休憩座椅。标识设施多分布于交叉口区域，均值为 2.45 个/100m。照明方面，3 条街均未出现路灯破损，3 条街道照明线密度依次为旭升街＞巴山街＞安平街。

街道管理特征包括铺装和建筑立面破损度、无障碍设施完善度和清洁度。多数街段的铺装和建筑立面存在不同程度的老化破损，部分街段存在局部地表塌陷。虽然多数街道进行了立面修缮，但未采用相同材料样式衔接，美观性较差。除旭升街北侧街段，其他街段均设有连续无障碍设施，但不同程度的机动车占道导致盲道连续性降低。街段清洁度平均得分 5.40，少量街段存在垃圾处理不及时，餐饮业污水泼洒现象。

2.2　行人安全感特征

行人安全感基本呈现犯罪＞社交＞交通＞活动＞隐私安全感（图 3）。性别方面，除隐私安全感，男性的各维度安全感均显著高于女性，体现出由于男女生理和心理差异，以及因基于男性需求进行的街道设计给女性群体带来不便，导致女性群体受到不安全因素的影响更严重。年龄方面，安全感总体表现为中年＞壮年＞青年＞少年＞老年（图 4）。反映出街道设计缺乏对不同性别、年龄群体差异性的敏感认识，需要关注弱势群体感知，打造平等包容的街道空间。时间方面，夜间安全感明显较低，明显的昼夜差异说明夜间存在更严峻的安全问题，是重点关注的时间区段。

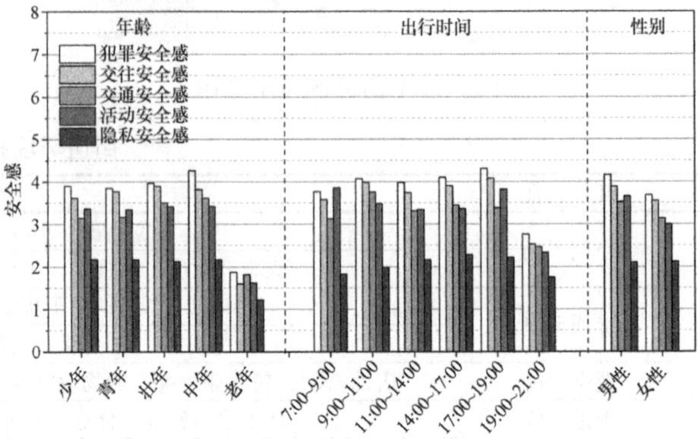

图 3　各维度安全感的时间、年龄、性别分布

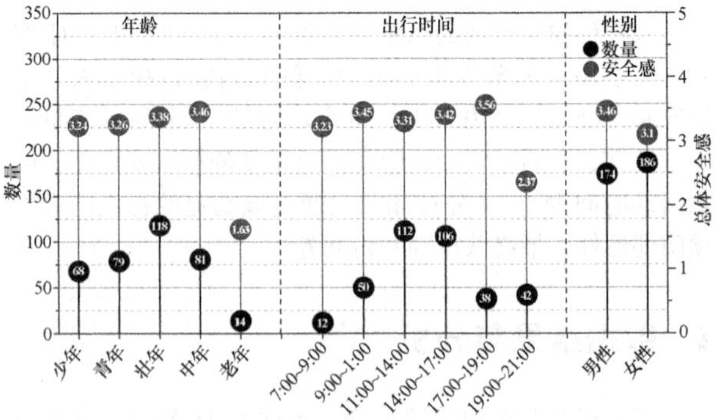

图 4　总体安全感的时间、年龄、性别分布

2.3　相关性分析

将 360 条有效行人安全感与街道环境数据进行相关性分析，探讨环境要素与行人安全感的耦合关系，结果如图 5 所示。

	街谷宽高比	小区出入口密度	天空开敞度	绿视率	围栏视率	车行道视率	人行道视率	界面透明度	机动车干扰度	非机动车干扰度	交叉口密度	公交站密度	店铺密度	餐饮业密度	购物业密度	服务业密度	休闲娱乐业密度	摊贩密度	环卫设施密度	休憩设施密度	标识设施密度	照明线密度	铺装平整度	无障碍设施完善度	建筑立面破损度	道路清洁度
犯罪安全感	0.23**	0.27**	−0.09	−0.13*	−0.07	−0.09	0.1	0.2**	−0.17**	−0.11*	0.02	0.03	0.16**	0.08	−0.12*	0.05	0.22**	0.13*	0.03	0.09	0.02	0.16**	0	−0.08	−0.25**	0.11**
社交安全感	0.24**	0.22**	−0.22**	0.05	−0.03	−0.15**	0.04	0.19**	−0.17**	−0.11*	0.16**	0.03	0.14**	0.06	−0.13*	0.07	0.15**	0.11*	0.05	0.13*	0.08	0.14**	0.14**	−0.05	−0.16**	0.22**
交通安全感	0.26**	0.21**	−0.18**	0.22**	0.1	−0.3**	0.02	0.04	−0.3**	0.02	0.14**	0.06	0.12*	0.08	−0.07	−0.05	0.15**	0.1	0.05	0.06	0.1*	0.33**	0.06	0	−0.18**	0.06
活动安全感	−0.13*	0.21**	−0.22**	0.15**	0.04	−0.11*	0.05	0.22**	−0.36**	−0.08	0.18**	0.02	0.2**	0.12*	0.06	0.04	0.04	0.06	0.05	0.13*	0.13*	0.31**	0.22**	0.05	−0.11*	0.3**
隐私安全感	0.09	−0.11*	−0.09	0.13*	−0.05	0	0.2**	0.16**	−0.15**	0.05	0.03	−0.02	0.17**	−0.03	0.1	0.06	−0.03	−0.3**	0.1	−0.08	0.02	0.05	−0.01	−0.08	−0.12*	−0.06
总体安全感	0.22**	0.28**	−0.27**	0.13*	0	−0.22**	0.13*	0.28**	−0.4**	−0.09	0.18**	0.04	0.27**	0.11*	−0.06	0.06	0.19**	0.05	0.09	0.12*	0.12*	0.34**	0.14**	−0.05	−0.28**	0.22**

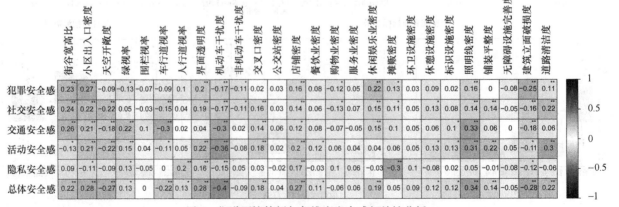

图 5　街道环境特征与各维度安全感相关性分析

犯罪安全感与小区出入口密度、街谷宽高比、休闲娱乐业密度、界面透明度、照明线密度、店铺密度、摊贩密度以及道路清洁度呈显著正相关，与建筑立面破损度、机动车干扰度、绿视率、购物业密度、非机动车干扰度呈显著负相关。

社交安全感与街谷宽高比、街道清洁度、小区出入口密度、界面透明度、交叉口密度、休闲娱乐业密度、照明线密度、铺装破损度、店铺密度、休憩设施密度、摊贩密度呈显著正相关，与天空开敞度、机动车干扰度、建筑立面破损度、车行道视率、购物业密度、非机动车干扰度呈显著负相关。

交通安全感与照明线密度、街谷宽高比、绿视率、小区出入口密度、休闲娱乐业密度、交叉口密度、店铺密度、标识设施密度呈显著正相关，与机动车干扰度、车行道视率、天空开敞度、建筑立面破损度呈显著负相关。

活动安全感与照明线密度、街道清洁度、界面透明度、铺装破损度、小区出入口密度、店铺密度、交叉口密度、绿视率、标识设施密度、休憩设施密度、餐饮业密度呈显著正相关，与机动车干扰度、天空开敞度、街谷宽高比、车行道视率、建筑立面破损度呈显著负相关。

隐私安全感与人行道视率、店铺密度、界面透明度、绿视率呈显著正相关，与摊贩密度、机动车干扰度、建筑立面破损度、小区出入口密度呈显著负相关。

总体安全感与照明线密度、小区出入口密度、界面透明度、店铺密度、街谷宽高比、街道清洁度、休闲娱乐业密度、交叉口密度、铺装破损度、绿视率、人行道视率、标识设施密度、休憩设施密度、餐饮业密度呈显著正相关，与机动车干扰度、建筑立面破损度、天空开敞度、车行道视率呈显著负相关。

2.4 回归分析

将与各维度和总体安全感显著相关的环境要素作为自变量，分别与各层次和总体安全感进行多元线性回归分析（图6），探究哪些街道环境要素对某些特定层次安全感存在影响。

犯罪安全感的要素影响强度排序依次为：建筑立面破损度＞机动车干扰度＞街谷宽高比＞购物业密度＞店铺密度＞绿视率＞小区出入口密度。其他条件不变时，以上指标分别增加一个单位，犯罪安全感平均变化－0.284、－0.253、0.241、－0.229、0.22、－0.171、0.166个单位。

社交安全感的要素影响强度排序依次为：街谷宽高比＞购物业密度＞店铺密度＞天空开敞度＞道路清洁度＞界面透明度＞小区出入口密度＞照明线密度＞建筑立面破损度＞车行道视率＞铺装平整度＞交叉口密度＞休憩设施密度＞非机动车干扰度。其他条件不变时，以上指标分别增加一个单位，社交安全感平均变化0.297、－0.279、0.273、－0.225、0.201、0.19、0.172、－0.167、－0.165、－0.15、－0.129、0.124、0.117、－0.11个单位。

交通安全感的要素影响强度排序依次为：小区出入口密度＞车行道视率＞绿视率＞交叉口密度＞天空开敞度＞机动车干扰度＞街谷宽高比＞照明线密度＞建筑立面破损度。其他条件不变时，以上指标分别增加一个单位，交通安全感平均变化0.362、－0.327、0.229、0.165、0.15、－0.149、0.136、0.132、－0.11个单位。

活动安全感的要素影响强度排序依次为：街谷宽高比＞店铺密度＞机动车干扰度＞天空开敞度＞绿视率＞小区出入口密度＞建筑立面破损度＞交叉口密度＞车行道视率＞照明线密度。其他条件不变时，以上指标分别增加一个单位，活动安全感平均变化－0.336、0.31、－0.299、0.297、0.263、0.231、－0.194、0.15、－0.135、0.116个单位。

隐私安全感的要素影响强度排序依次为：界面透明度＞摊贩密度＞小区出入口密度＞人行道视率＞建筑立面破损度。其他条件不变时，以上指标分别增加一个单位，隐私安全感平均变化0.261、－0.26、－0.13、0.121、－0.118个单位。

总体安全感的要素影响强度排序依次为小区出入口密度＞店铺密度＞建筑立面破损度＞机动车干扰度＞车行道视率＞界面透明度＞街谷宽高比＞交叉口密度＞道路清洁度＞休憩设施密度＞绿视率＞人行道视率。其他条件不变时，以上指标分别增加一个单位，总体安全感平均变化0.324、0.317、－0.293、－0.246、－0.224、0.188、0.178、0.178、0.176、0.142、0.124、0.113个单位。

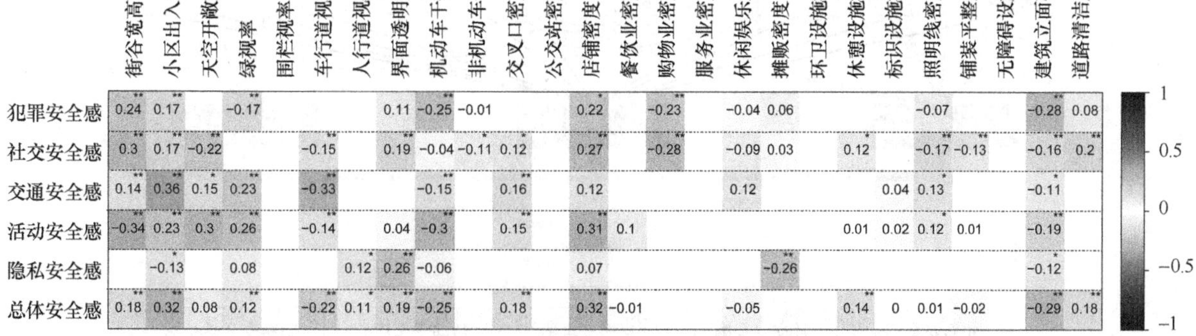

图6 街道环境特征与各维度安全感的回归分析

3　影响路径和设计策略

分析街道环境要素的影响机制，提出自然监视、控制感、安全风险是影响安全感的主要路径（图 7），要素通过单一路径或者路径叠加影响行人安全感，产生不同维度的行人安全感影响差异。

3.1　强化自然监视

自然监视可明确空间权属并预防犯罪行为，辅助行人判定空间安全性，人群数量和停留时间会影响自然监视。街道环境要素可作为触媒元素激发局部街道活力，进而提升自然监视。商业店铺、摊贩、小区出入口、休憩设施是重要的触媒元素。其中，店铺和摊贩的商业属性可吸引人流量，小区出入口是日常出行必经之地和活动聚集区，休憩设施周边易触发社交活动。此外，街道环境特征还可通过改变活动舒适性，加强行人出行意愿，并延长停留时间。街谷宽高比、天空开阔度和植物可影响物理环境舒适。其中，街谷宽高比与热环境[16]、风环境[17]、地面细颗粒物浓度分布[18,19]显著相关；天空开阔度会影响地表温度，改变日间城市热岛效应；植物可调节微气候、降低噪声。此外，需要注意自然监视过高时会降低行人的私密感。

在空间界面、业态功能、街道设施方面，可通过增加局部触媒点和提高物理舒适性，加强自然监视，提升行人安全感。增加触媒点方面，宜合理选择和布置空间触媒元素，激发触媒效应，提升空间吸引力。具体措施包括：①打造积极复合的商业界面，增加商业外摆，激发街道活力；②结合行人社交活动偏好的时间和地点，增设街道坐憩设施，激发社交活力点。提升物理舒适方面的措施有：①塑造人性化的街墙尺度与宽高比，两侧建筑过高时按照 1.5∶1 高退比设置退台；②采用行道树、围墙垂直绿化、街头绿地、隔离绿化等多种方式精细化增加绿量；③通过设计建筑遮阳构造，增大两侧行道树密度，适度降低天空开阔度。

3.2　提升控制感

控制感是个体对于空间的风险预判和可控性判断。街道整体形象会影响风险预判，逃避路径数量和领域感会影响可控性判断。铺装、建筑立面和清洁度是判定街道整体形象最直观的要素，影响行人犯罪风险预判。小区出入口通过提供危险时的逃避路径，影响可控性判断。增加观察视点数量、提高空间可视化程度和明确活动领域可提升领域感。照明设施和店铺橱窗透光性影响夜间感知视野；界面透明度和灌木影响视线通透性；人行道可明确行人活动领域；休憩设施可提供空间观察点。

在空间界面、街道设施、管理维护方面，通过提升景观形象，增加逃避路径、强化领域感加强控制感，提升行人安全感。提高景观形象方面，须由政府牵头，联合多个部门，建立完善管理维护机制，做到日常养护、定期检查、及时修复，保持整洁和维护良好的步行环境。增加逃避路径方面，可增强街区开放性，合理设置密集连续的小区出入口。强化领域感的具体措施包括：①宜采用双侧路灯保证基础照明，注意灵活调整路灯高度以减少灯光遮挡，鼓励采用发光橱窗、建筑物或围墙壁灯、树木照明等丰富的照明方式；②保持沿街建筑底层虚实协调关系，鼓励店铺设置展示橱窗；③选用高分枝点的灌木材料，定期修剪避免造成视线遮挡；④人行活动空间设计应兼具领域性和私密感，一方面要集约化整合人行道空间，消除杂物堆放，释放活动空间，另一方面要通过空间设计表达领域所有权，平衡协调公共、半私密和私密空间。

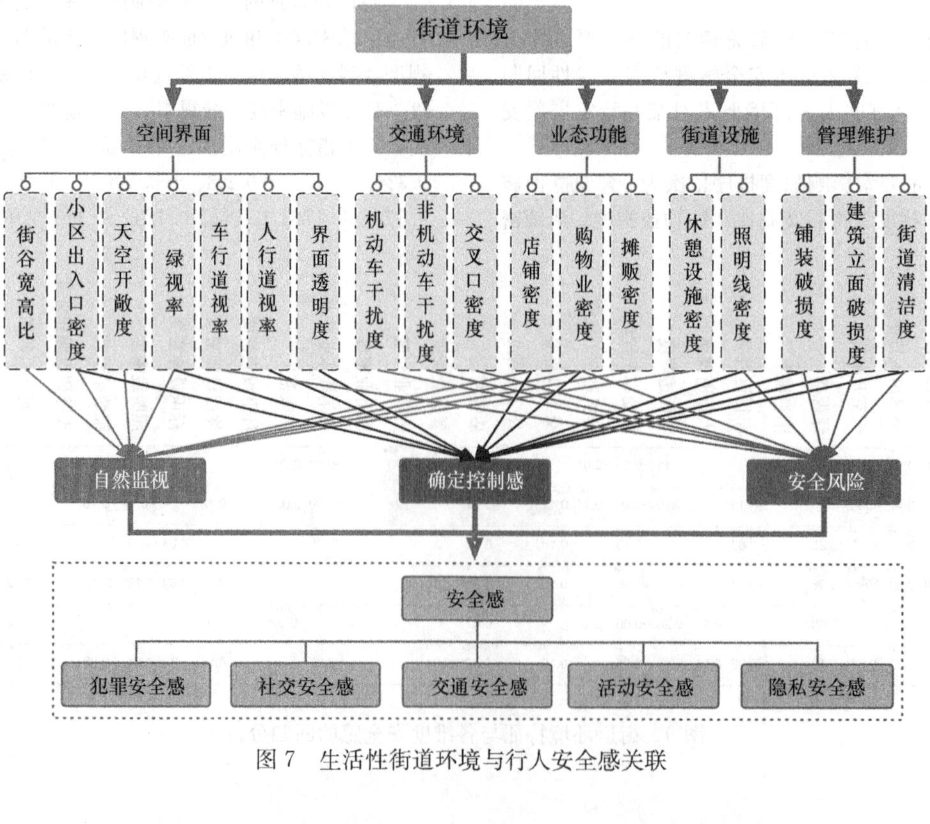

图 7　生活性街道环境与行人安全感关联

3.3 降低安全风险

街道客观安全风险会影响主观安全认知，包括通行和活动两方面。通行安全方面，交通和设施特征要素起到关键作用。车行道和机动车要素会加大交通事故发生的频率和严重程度；交叉口可提升驾驶者安全意识进而降低碰撞频率和严重程度；非机动车在多数生活性街道中无车道约束的通行特征加剧了交通紊乱[20]；照明是减少人车碰撞频率的关键要素。活动安全方面主要受到业态功能和管理维护特征影响，购物业周边财产犯罪率显著较高；铺装和建筑立面受损、卫生不佳的街道环境会鼓励犯罪行为。

在空间界面、交通环境、功能业态和管理维护方面，通过降低事故发生率，加强物理保护降低街道安全风险，提升行人安全感。降低事故发生率方面的重点在于降低机动车和非机动车对行人的干扰，具体措施包括：①控制机动车道规模，降低车道数量和宽度；②协调周边地块集约化提供停车场地，避免车辆违规停放；③通过整合街道设施，划分出明确设施带，打造人车缓冲区；④统筹布局交叉口范围内的空间、功能、设施，合理组织停留、过街等行为。加强物理保护方面：①通过报警柱、监控设备等机械设施加强机械安全；②通过增设安保人员，联合周边商家提供保护空间加强组织安全。

4 结语

本文以提高行人安全感为导向，系统性探究生活性街道环境要素与犯罪、社交、交通、活动、隐私5个维度安全感的关联。结果表明街道环境特征与不同维度的安全感存在显著相关性与影响差异性。基于影响机制和路径分析，提出强化自然监视、提升控制感、降低安全风险的街道设计策略，为街道更新提供实证支撑和设计指导。

本研究存在以下不足：第一，老年人群体和早高峰时段问卷数量较少。后续应进一步扩充老年群体和早高峰被调查者的样本量，通过对比数据分析，进行不同主体和时间的安全感差异研究。第二，研究基于问卷的截面数据。后续将从时间维度进行纵向动态数据分析，进一步优化生活性街道环境对行人安全感影响机制的框架体系。未来研究应继续探索高效便捷的安全感数据收集方法，如开发小程序实时报告安全感、穿戴设备实时监控生理数据、提高VR虚拟场景技术加强环境模拟真实感等。

参考文献

[1] 国家统计局. 中国统计年鉴[M]. 北京：中国统计出版社，2021.

[2] Rankavat S，Tiwari G. Influence of actual and perceived risks in selecting crossing facilities by pedestrians[J]. Travel Behav Soc，2020，21(3)：1-9.

[3] 张延吉，邓伟涛，赵立珍，等. 城市建成环境如何影响居民生理健康？——中介机制与实证检验[J]. 地理研究，2020，39(04)：822-835.

[4] 胡玉婷，于一凡，张庆来. 绿色开放空间对老年人社会交往的影响及其环境特征研究——基于上海市杨浦区公房社区的调查[J]. 上海城市规划，2021，31(02)：96-103.

[5] Harvey C，Aultman-Hall L，Hurley S E，et al. Effects of skeletal streetscape design on perceived safety[J]. Landscape Urban Plan，2015，142(10)：18-28.

[6] 徐磊青，江文津，陈筝. 公共空间安全感研究：以上海城市街景感知为例[J]. 风景园林，2018，25(07)：23-29.

[7] 江文津，徐磊青，陈筝. 城市安全感知与文化差异——以两个美国城市街景图片的实验为例[J]. 住区，2018，9(06)：23-30.

[8] 张昭希，陈泳. 基于老龄人的人行道步行安全感知分析[C]//中国科学技术协会，交通运输部，中国工程院. 2018世界交通运输大会，2018.

[9] 谌丽，许婧雪，张文忠，等. 居民城市公共安全感知与社区环境——基于北京大规模调查问卷的分析[J]. 地理学报，2021，76(08)：1939-1950.

[10] Foster S，Hooper P，Knuiman M，et al. Are liveable neighbourhoods safer neighbourhoods? Testing the rhetoric on new urbanism and safety from crime in Perth，Western Australia[J]. Soc Sci Med，2016，164：150-157.

[11] Bowes D R. A two-stage model of the simultaneous relationship between retail development and crime[J]. Econ Dev Q，2007，21(1)：79-90.

[12] 黄邓楷，赖文波，薛蕊. 基于CPTED理论的大学校园环境安全评价研究——以华南理工大学五山校区为例[J]. 风景园林，2018，25(07)：36-41.

[13] 施錡. 城市街道设计中的安全伦理意识研究——以上海若干城市区域为例[J]. 同济大学学报(社会科学版)，2014，25(02)：61-67.

[14] Rahm J，Sternudd C，Johansson M. "In the evening，I don't walk in the park"：The interplay between street lighting and greenery in perceived safety[J]. Urban Des Int，2021，26(1)：42-52.

[15] Boomsma C，Steg L. Feeling safe in the dark：Examining the effect of entrapment，lighting levels，and gender on feelings of safety and lighting policy acceptability[J]. Environ Behav，2014，46(2)：193-212.

[16] 张宇峰. 能量平衡与街谷微气候[J]. 建筑科学，2016，32(10)：96-104.

[17] 金雨蒙，颜廷凯，金虹. 严寒地区围合住区街道风环境模拟研究[J]. 城市建筑，2017(26)：9-12.

[18] 刘建峰，王宝庆，牛宏宏，等. 计算流体力学模拟街道峡谷特征和风向对细颗粒物污染扩散的影响[J]. 环境污染与防治，2017，39(04)：367-374.

[19] Miao C，Yu S，Hu Y，et al. How the morphology of urban street canyons affects suspended particulate matter concentration at the pedestrian level：An in-situ investigation[J]. Sustain Cities Soc，2020，55：1-7.

[20] 向红艳，张清泉，范文博. 基于蒙特卡洛模拟的无信号行人过街安全度模型[J]. 交通运输系统工程与信息，2016，16(04)：171-177.

作者简介

寇瑞文，1997年生，女，汉族，黑龙江人，硕士，哈尔滨工业大学建筑学院风景园林学专业，寒地城乡人居环境科学与技术工业和信息化部重点实验室。电子邮箱：1907598592@qq.com。

（通信作者）余洋，1976年生，女，汉族，黑龙江人，博士，哈尔滨工业大学建筑学院，寒地城乡人居环境科学与技术工业和信息化部重点实验室，副教授，博士生导师，研究方向为风景园林规划与设计、环境与健康、街道景观。电子邮箱：yuyang-hit@163. com。

叶超，1985 年生，男，汉族，北京，学士，哈尔滨工业大学建筑学院，易兰（北京）规划设计院，高级工程师，SRC 街景研究中心理事，研究方向为城市更新、街景实践、滨水景观。电子邮箱：470580529@qq. com。

在地文化导向下的社区景观微更新研究

Study on Micro Renewal of Community Landscape under the Guidance of Local Culture

高一航

摘　要："增量扩张"到"存量更新"的城市发展转型时期，社区微更新成为研究和实践热点，社区景观需要为居民提供更具品质与活力的空间。通过解读在地文化的内涵与矛盾，指出盘活在地文化是社区微更新的起点和终点，是内生动力也是发展目的。阐释"景观都市主义"到"景观社区主义"的转变，强调回归在地文化、生态与人的角度进行城市更新和社区发展，并指出在社区更新背景下，以人为本中的"人"也应从"城市人"向"社区人"转变。结合切身实践和优秀案例提出梳理文化资产地图、甄选微空间触媒点、根植在地文化转译设计语汇、基于居民真实需求而设计、建构微更新主体与可持续运营机制五项策略，避免文化资本的商品属性过分侵占社区家园的生活属性，进而创造具有高度认同感和归属感的社区生活景观，期待对我国城市更新中的生态与人本路径提供借鉴意义和应用价值。
关键词：在地文化；景观社区主义；社区微更新；景观设计

Abstract: in the transformation period of urban development from "incremental expansion" to "stock renewal", community micro renewal has become a research and practice hotspot. The community landscape needs to provide residents with more quality and vitality. By interpreting the connotation and contradiction of local culture, it is pointed out that revitalizing local culture is the starting point and endpoint of community micro renewal, the endogenous driving force and the purpose of development. This paper explains the transformation from "Landscape Urbanism" to "landscape communitarianism", emphasizes the return to the perspective of local culture, ecology, and people for urban renewal and community development, and points out that under the background of community renewal, the "people" in people-oriented should also change from "urban people" to "community people". Combined with personal practice and excellent cases, this paper puts forward five strategies: combing the map of cultural assets, selecting micro space catalyst points, rooted in the design vocabulary of local cultural translation, designing and constructing micro renewal subject and sustainable operation mechanism based on the real needs of residents, so as to avoid the commodity attribute of cultural capital occupying the life attribute of community home too much, and then create a community life landscape with a high sense of identity and belonging, It is expected to provide reference and application value for the ecological and humanistic path in urban renewal.
Keywords: Local Culture; Landscape Communalism; Community Micro Renewal; Landscape Design

1　在地文化

1.1　在地文化的内涵与特征

"在地文化"在学术脉络上主要承袭舒尔茨的"场所精神"与段义孚的"恋地情结"。诺伯格·舒尔茨将场所精神理解为一个人所栖居的真实空间，旨在营造一个具有意义的日常生活场所，其核心是认同，即认定自己属于某一地方，而这个地方是由自然的和文化的一切现象所构成[1]。地方的概念最早由地理学者怀特在1947年提出，认为地方是承载主观性的区域。而段义孚进一步指出，空间被赋予文化意义的过程就是空间变为地方的过程。空间通过人们在其中生活，赋予功能、情感的意义后则成为一个地方，主观性和日常生活的体验是建构地方最为重要的特征[2]。

"在地文化"一般被理解为：人们在一定地域内生活所形成的社会组织与行为、历史故事与精神、建筑与街区风貌，并基于此相关联的潜在意识形态与价值观念等[3]。在地文化是一个饱含人文主义精神的观念，因其源于人们在场所中的生活与不断积累，是一个开放、融合、发展的体系，但在一定时间内具有相对稳定的特质。其核心特征是地域性、日常性、主观性和时间性。强调在地文化，不仅在于目前中国城市更新研究多从制度优化、空间模式、多元参与等进行探讨，而从文化尤其是"在地文化"视角出发的研究相对较少[3]，更在于文化本身的整体性价值和地方独特的景观、符号、文本、感知和意义，可以缓解现代社会经历超速和超尺度发展后构筑出的巨大认同危机，抵抗人的"异化"。

1.2　"在地文化"困境与出路

目前纷纷涌现的文创街区和网红城市等现象，其核心逻辑是通过将文化建构和扮演为一种景观化的符号，以满足消费者的猎奇心理与对某种生活方式的认同和想象[4]，甚至这一想象本身并不属于消费者自己，也不属于居民，而是资本在他们脑海中的投影。在这一过程中，城市文化逐渐从一种精神品质向"城市文化资本"转变，文化成为一种商品，文化体验成为一种生产与消费活动，文化认同面临着被吞噬与消解的局面。

在这个全世界都在经历着标准化、同质化、粗放化进程的时代，在地文化正遭受向着同质化、舞台化和怀旧化演变的危机[5]，如果我们仍希望城市能够提供有魅力的场所，那么设计师不应一味去满足资本对于文化产品的需求和口味，而是回到在地文化中寻找可能的答案，调节城市的复杂性与危险性，正如P. 里柯在《历史与真理》中所言——“成为现代，必须回到源泉”。

在地文化不是墨守成规，而是在延续历史的前提下关心与尊重当下，而非扭曲当下和冒充历史，它将经济增长的线性系统，拓展为尊重城市日常生活社会价值的整体系统。即便是经历了快速城镇化的当下，我们身边仍不缺少在地文化，缺少的是真正珍视生活的决心、坦诚和智慧，设计师需要不断拷问自己所从事的是虚伪还是真实的？是破坏性还是建设性的？是无休止追逐利益还是让人尽可能更加幸福与自由？

2 社区景观微更新

2.1 从“景观都市主义”到“景观社区主义”

景观都市主义将生态过程和绿色基础设施而非人工构筑物与建筑理解为城市的核心结构，并对城市资源和利益分配的社会过程进行反思[6]。笔者提出“景观社区主义”来探讨从城市更新到社区更新，景观设计的思考与实践方式的不同。景观社区主义不仅意味着将景观都市主义的观点和策略从城市尺度应用到更加精细化和落地性更强的社区尺度，也试图回应目前中国城市规划理论与实践正发生着的“社区转向”。

城市规划在承担城市物质发展的筹划、设计及管理的同时，应自觉介入社会发展，以社区为指向，为城乡社区的永续与和谐发展作出贡献[7]。社区是一定地域范围内的社会生活共同体，山崎亮在《社区设计》中指出：“比设计空间更重要的，是连接人与人之间的关系。”社区的核心是人，以人为本也是城市规划的核心原则之一，但“城市人”不同于“社区人”，“城市人”是理性、抽象、承担功能的人，而“社区人”是感性、具体、创造意义的人，从城市人到社区人，完成了宏大叙事的构建到日常生活的落脚，同时契合在地文化的内涵。

正如景观都市主义的提出是面对城市被全球资本市场与权力驱动带来的种种“城市病”，认为城市设计不应该再以建筑这一资本载体为单元，而应该回归生态（urban ecosystem）＋人的角度（human-scale）来进行城市规划和建设。景观社区主义便是顺应社区更新研究与实践的趋势，关注社区尺度的生态与社会过程。社区发展固然不能只依靠景观，社区是一个需要各类基础与公共服务设施的完整生活圈，但是需要一个易触发和启动的契机，国内外众多社区花园（community garden）等社区景观建设对于激活社区的成功案例[8]，也提醒着我们对景观社区主义进行理论化思考与切身实践的必要。

2.2 社区景观微更新的内涵

微更新理念发轫于简·雅各布斯在《美国大城市的死与生》中所提出的“渐进式的小规模改建”，大规模拆建缺乏弹性和选择性，对城市多样性会造成巨大破坏，并认为城市的活力来自高密度、混合使用和多样性的街区[9]，因此她提倡自下而上的渐进式城市更新模式。克里斯托弗·亚历山大也在《城市并非树形》中提出人类行为、心理和精神层面的相互交织构成了城市的多样性和复杂性，而大规模改建会造成城市功能分裂，从而否定城市的文化价值[10]。并主张以小规模、多样性的渐进式更新来实现人、自然和城市的和谐统一。

社区景观微更新在微更新理念的基础上，首先认为社区景观不仅指社区的建筑与自然景观，也囊括社区文化景观，不仅强调景观的生态与美学功能，也注重景观的社会价值。其内涵在于将社区同样视为一个自然-社会-文化生态系统，将绿色、柔性与低成本的景观作为社区更新的方法和触摸，强调景观设计介入的“轻”，创造适应周边环境、自身可持续发展的景观空间。同时，社区景观微更新也强调关注建成环境背后的社会生活历史、居民认同与归属感，避免居民生活习惯受到强硬的介入和改动，而是将公众放到主体位置并形成自主更新机制，设计师则配合居民工作并提供专业建议，政府实施管控以维护公众权利[11]，以挖掘所属区域的在地文化，创造可感知、有品质、有温度的社区生活场所，将构建日常生活中的富有情感和意义的自然与文化景观作为社区发展的核心。

3 在地文化导向下的社区景观微更新再生路径

3.1 梳理文化资产地图

梳理出真实而详尽的文化资产地图是挖掘社区在地文化的首要任务，也是盘活社区在地文化的重要手段[12]。在笔者曾经对西安纺织城四棉社区更新的设计研究中，从社区文化潜力发展点入手，通过对厚重质朴的苏式街区与水塔等纪念性建筑等物质空间要素、单位制集体记忆与温情邻里生活等记忆空间、当地居民生活事件浓厚与集中发生的人文空间、居民良性自发营建行为空间、社区中历史久远的记忆老店等产业空间等包含着工业记忆与居民生活文化的众多文化空间表征点进行梳理，得出四棉社区的文化资产地图，在此基础上进行空间设计与活动策划，从而盘活在地文化资源。

3.2 甄选微空间触媒点

不同地域所具备的微空间条件与面临的主要矛盾并不相同，需要实事求是地评估在地文化资产地图和提出因地制宜的改进措施，但差异性特征中也具备着共性，在地文化的空间表征往往是社区公共空间，其微小改善往往即可对整个区域有很好的带动作用，成为社区景观微更新的关键。例如上海长宁区番禺路222弄街道更新改造计划中，设计师选择街道这一承载着交通和生活的公共空间进行更新，称之为“步行实验室”，针对人车混行、商业界面混乱、非机动车停车失序、儿童娱乐空间缺失等问题，进行“步行优化”与“儿童友好”的更新设计，融

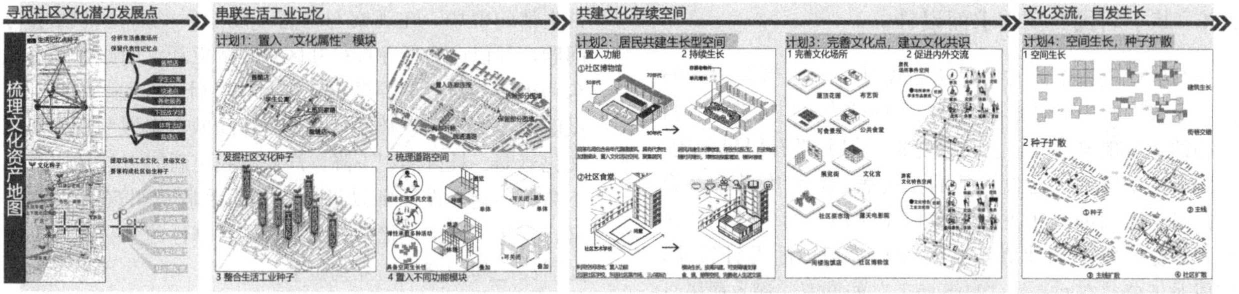

图 1　西安纺织城四棉社区文化资产梳理与盘活

入乐活的游戏与动画文化，使得曾经混乱的道路成为生动的社区生活空间。

3.3　根植在地文化转译设计语汇

“泛文化”现象时常出现在城市更新实践中，它无视在地文化而进行文化上的移花接木与失去逻辑的拼贴，这不仅是一个文化语汇转译为设计语汇过程中的手法失真的技术问题，更是文化与价值观念的混乱与错位。设计师必须挖掘在地文化的特质，用“原生态”的在地文化设计语汇，构建所在特定地域人居环境的空间文本。例如美国加州格伦代尔的国际象棋公园，设计师基于深入研究国际象棋竞赛的历史与当地浓厚的社区象棋文化，将其规则和战术作为社区公园设计的理念，把曾经单调的商业通行空间改造成一个以社区服务为导向的地标性口袋公园。

图 2　上海长宁区番禺路 222 弄街道更新改造计划

（图片来源：workshop XZ 直线建筑事务所）

图 3　加州格伦代尔国际象棋公园

（图片来源：Rios Clementi Hale Studios）

3.4 基于居民真实需求而设计

社区微更新中的常用手法是设计一个小型装置与空间，希冀以此为触媒带动周边空间的活力，但实践中常常面临的尴尬现象是——空间被建造，但并没有居民使用。原因多在于空间仅是设计师的主观表达，没有精准契合居民日常生活的真实需求与在地文化的延续传承。社区景观微更新需要构建具备真实性与效用性的设计策略，完成对于公共空间系统“自下而上”的勘察，深入居民日常生活的现场，在观察与沟通互动中发觉居民的需求与问题，并以此为指导进行社区景观微更新。例如上海南京东路街道贵州西里弄微更新项目中，针对生活空间狭小、设施陈旧等空间衰败现象，同时伴随城市剧烈变迁，社区文化衰弱、社区共识下降，居民自我更新能力与合作意愿不高等问题。设计师以最小干预的手段重组现有资源要素，营造了一个记忆性、在地性、共享性的公共客厅，增加居民之间的交流与互动机会。

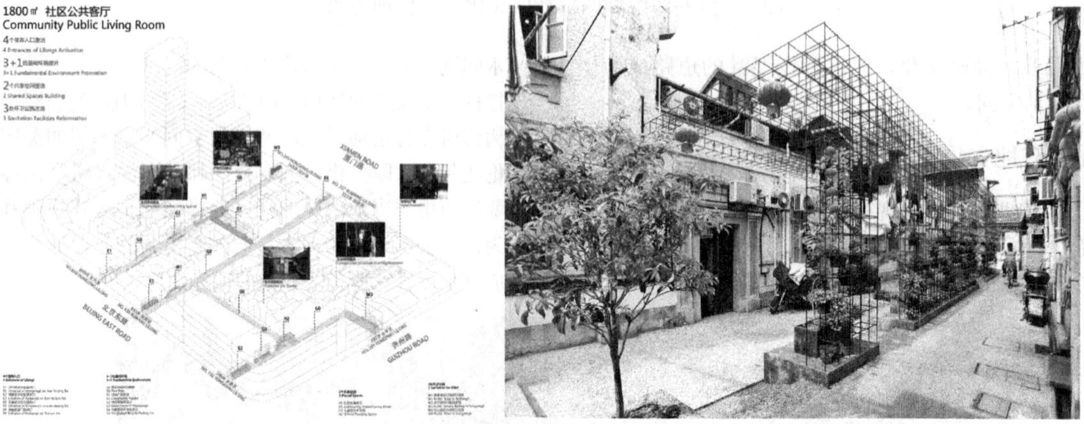

图 4　上海南京东路街道贵州西里弄微更新项目
（图片来源：梓耘斋建筑）

3.5 建构微更新主体与可持续运营机制

空间背后的社会运作过程往往比空间本身更为重要，没有人的持续培力，空间也会逐渐衰败。中国社区更新目前呈现出政策复杂、沟通不畅、主体单一、利益冲突等问题，社区更新中的居民参与多为动员式、自愿参与度低。在笔者参与的重庆社区空间艺术节马蹄街“渝州花开三千年”项目中，搭建了一个多元主体沟通协调的公共参与平台，试图以居民自治组织为主体，政府发起项目和引导，专业团队担纲设计，地方志愿团体等社会组织进行协作，把人联系在一起并提升彼此的生活质量。社区规划师与居民多次线下共同进行参与式设计，居民得以集体协商决定自己的生活空间，有利于形成社区共同体发挥城市更新中的社区主人翁意识，并与设计师、志愿者一起完成了马蹄街的社区景观微更新，让社区畸零空间变得更生态、温暖和美好的同时，也让人与人之间疏离的关系变得友善亲近，成为具有高度认同感的社区情感场域。

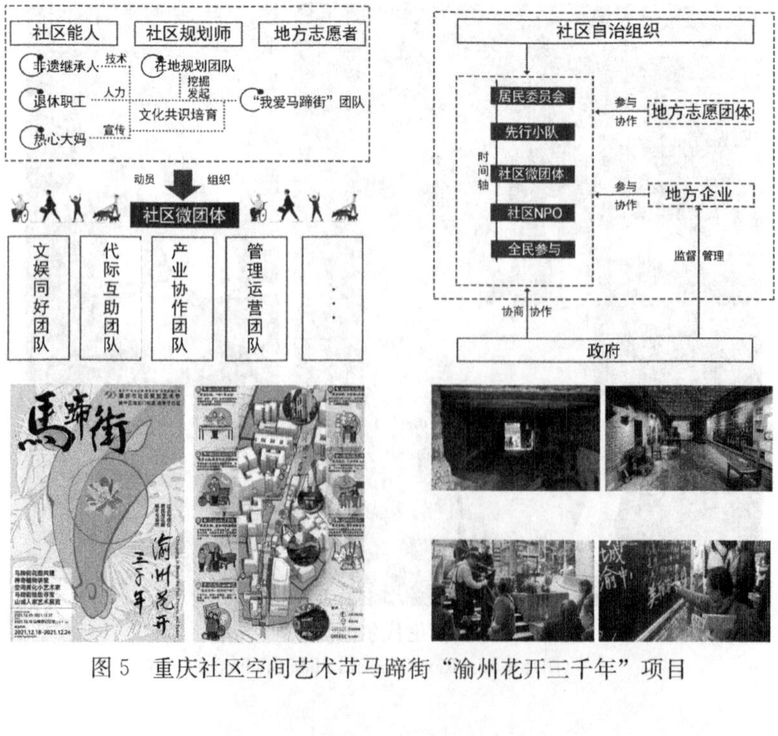

图 5　重庆社区空间艺术节马蹄街“渝州花开三千年”项目

4 结语

目前我国正值增量空间扩张向存量空间优化与重构的城市转型发展时期，社区作为居民日常生活和城市基层治理的地域单元，社区景观作为城市更新“四两拨千斤”的有效途径，是进行城市更新思考与实践的绝佳载体。本文从“在地文化”视角出发，明晰社区景观微更新的内涵，创新性提出“景观社区主义”，结合亲身实践与优秀案例研究，探讨在地文化导向下的社区景观微更新有效路径与积极意义。

在地文化导向下的社区景观微更新试图构建一种充满人文关怀的渐进式、小尺度、多元化的城市更新路径，重视社区尺度的生态与社会过程，盘活在地文化资源、驱动地方创造力，链接多元主体共建一个具有凝聚力的美好社区家园，激活社区并达成可持续运作，创造可感知、有品质、有活力、有温度并富有情感意义的社区自然与文化景观，可以为新时代下的城市更新治理长效机制探索和良性社区共同体培育模式产生有益启示。

参考文献

[1] 俞孔坚. 追求场所性：景观设计的几个途径及比较研究[J]. 建筑学报，2000(2)：4.

[2] Tuan Y. Humanistic Geography—A Personal View[J]. Progress in Geography，2006，25(2)：1-7.

[3] 叶原源，刘玉亭，黄幸. “在地文化”导向下的社区多元与自主微更新[J]. 规划师，2018，34(2)：6.

[4] 张鸿雁. 城市形象与“城市文化资本”论——从经营城市，行销城市到“城市文化资本”运作[J]. 南京社会科学，2002，000(012)：24-31.

[5] 高宇. 纽约城市空间的“原真性再造”——读佐金《裸城：原真性城市场所的生与死》[J]. 中国图书评论，2020(4)：118-126.

[6] 杨锐. 景观都市主义的理论与实践探讨[J]. 中国园林，2009(10)：4.

[7] 赵民. “社区营造”与城市规划的“社区指向”研究[J]. 规划师，2013，29(9)：6.

[8] 刘悦来，尹科娈，魏闽，等. 高密度城市社区花园实施机制探索——以上海创智农园为例[J]. 上海城市规划，2017(2)：5.

[9] 宋云峰.《美国大城市的死与生》及其对我国旧城区复兴的启示[J]. 规划师，2007，23(4)：4.

[10] 肖彦，孙晖. 如果城市并非树形——亚历山大与萨林加罗斯的城市设计复杂性理论研究[J]. 建筑师，2013(6)：8.

[11] 林辰芳，杜雁，岳隽等. 多元主体协同合作的城市更新机制研究——以深圳为例[J]. 城市规划学刊，2019(6)：56-62.

[12] 黄瓴，周萌. 文化复兴背景下的城市社区更新策略研究[J]. 西部人居环境学刊，2018，33(4)：7.

作者简介

高一航，1999年生，男，苗族，重庆彭水人，重庆大学建筑城规学院城市规划专业在读，研究方向为社区营造、城市更新、乡村振兴。电子邮箱：1971924971@qq.com。

天津市马场道街巷空间景观语汇构成研究[①]

Research on the Landscape Vocabulary Analyze of Space Landscape in the Streets and Lanes of Machang Road in Tianjin

董佳丽　李鹏波　张龙浩

摘　要：历史文化街区是多种鲜明特色景观要素的综合体，是城市公共开放空间中满足居民需求、体现文化的场所，通过自然因素与社会因素的共同影响构成景观。本文以天津市五大道历史文化街区马场道为例，通过实地调研、查找文献等研究方法，从马场道街巷空间的植物群落、建筑、社会文化3方面研究历史文化街区的景观语汇范式，剖析历史文化街区的风貌特色和空间格局，并提出五大道历史文化街区马场道的保护与微更新策略。旨在深入了解历史文化街区景观语汇构成基础上保留街道独有的性格特征，为历史文化街区的保护、传承与发展提供借鉴。

关键词：历史文化街区；马场道；景观语汇构成；街巷空间

Abstract: Historical and cultural block is a complex of various distinctive landscape elements. It is a place to meet the needs of residents and reflect culture in urban public open space. It forms the landscape through the joint influence of natural factors and social factors. Taking the Machang Road in The Five Major Avenues Historical and Cultural Block in Tianjin as an example, this paper studies the landscape vocabulary paradigm of the historical and cultural block from the three aspects of the plant community, architecture and social culture of the Machang Road street space, analyzes the style, characteristics and spatial pattern of the historical and cultural block, and puts forward the protection and micro renewal strategy of the Machang Road in The Five Major Avenues Historical and Cultural Block. The purpose is to retain the unique character characteristics of the street on the basis of in-depth understanding of the composition of the landscape vocabulary of the historical and cultural blocks, and to provide reference for the protection, inheritance and development of the historical and cultural blocks.

Keywords: Historical and Cultural Blocks; Machang Road; Landscape Vocabulary Composition; Street Space

引言

现今我国城市建由过渡阶段转向高质量发展阶段，深入挖掘中华优秀传统文化，保护和传承城市的历史文脉，堪称推动城市高质量发展的重要生产力[1]。在城市历史文化保护中“原真性”是评估和监控文化遗产的一项基本因素[2]。2015年天津五大道地区确定为历史文化街区后，为保持街区的“原真性”，目前对五大道街区的建筑及一些重要构筑物进行了保护性的更新和利用，但对街区环境景观缺少针对性的规划设计措施，其景观环境随时代的变化而变化，出现同质化与丢失原有景观特色等问题，街区景观已经基本丢失其“原真性”。近些年来关于历史文化街区和景观语汇的研究不断涌现：孙津等阐述了江南水乡、西南山地、华北平原地区的历史文化街区构成要素[3]。韩旭鹏等对五大道历史文化街区外部环境以及空间现状进行梳理并提出相应的发展策略[4]。陈松等将韩礼德的系统功能语言学与Kress and van Leeuwen的图像语法理论相结合，试图从全新的、更为全面的角度来解读语言景观[5]。王云才等通过研究说明景观语言理论的有机构成是“图示语言”[6]。李明等从人文历史的角度对传统景观语汇的形成、创新与继承方面进行了探讨[7]。本文将景观构成要素与语言学分析方法相结合，通过实地调研和文献总结的研究方法，从马场道街巷空间的植物群落、建筑、社会文化三方面研究历史文化街区的景观语汇范式，以此深入了解街巷空间现状，在保护与微更新过程中风貌整体性提高的情况下降低同质化，为未来历史文化街区保护与微更新提供一定依据。

1　景观语汇范式

1.1　景观构成

将中国古典园林中的四大要素：地形、水系、植物与建筑作为分类的标准，探究各个要素的景观组成元素分类及物质构成来作为构成景观的基本要素（图1）。它们是整个城市景观体系的组成部分，各个要素之间相互联系整合在一起，控制着城市景观的整体风貌和特点。

1.2　语汇构成

语汇在语言学范畴是个集合概念，不能指个别词语；其是词和语的总汇，即语言符号的聚合体，是构成文章的基本单位。语言符号包括语素、词和固定短语（图2），通过语法的基本规律构成语素-词-固定短语-句子-段落的

① 基金项目：天津市艺术科学规划项目：天津五大道历史文化街区景观语汇流变研究（编号E20007）。

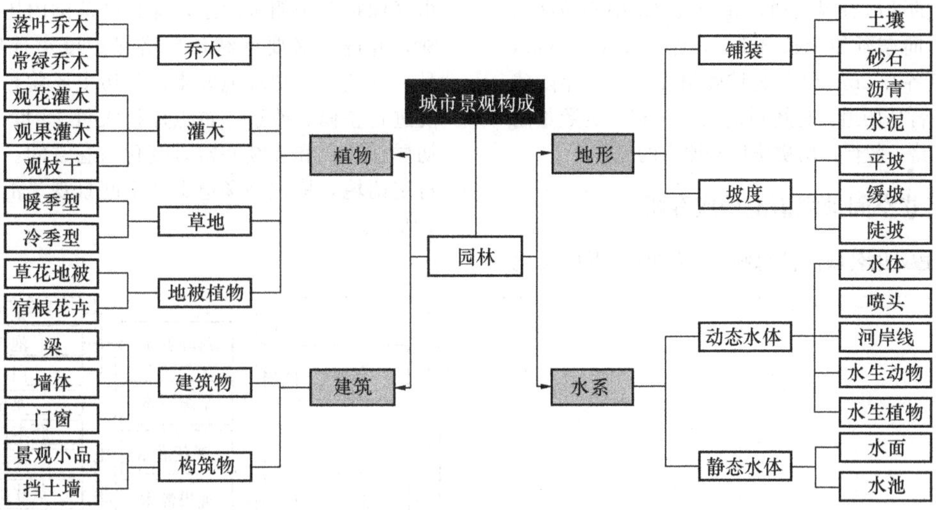

图 1　景观构成要素

结构，最后组合成一篇合乎逻辑的文章。

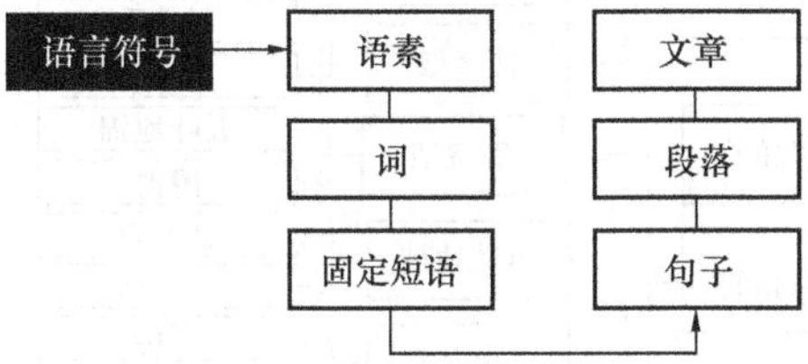

图 2　语言符号

1.3　景观语汇

景观语汇理解为在研究景观设计构成要素的基础上与语言学分析方法结合，这是一个针对研究内容把语汇外化为可视性景观要素的过程。在景观语汇中，词是景观中可以独立运用且具有定型结构的景观元素，其特点在于不能单独形成景观而是景观构成的一部分。因其具有定型结构进而保证了该景观元素的基本形式与功能。以建筑外立面为例，不论它的材料是铁艺栏杆还是水泥墙，它的功能结构是一定的，是用于保护隔离院子的一种设施。景观语言包括语境、语法和语汇 3 部分。语境是影响景观设计语言的非物质条件，语法即为组织景观语汇的方法，而语汇则是对景观元素构成的总结归纳，是组成景观的最小单位，所以探究景观语汇的构成是研究景观设计语言的基础与前提。

2　历史文化街区景观语汇

2.1　历史文化街区

在城市孕育发展的过程中，历史文化街区作为城市发展历程的记忆载体是城市特色和城市文脉的集成表征，对历史文化街区的保护变的愈发重要。历史文化街区其特有的属性有两点：首先，作为城市发展变迁历史过程的具象化产物，历史文化街区对未来的城市发展有着重要的影响作用。其次，历史文化街区又有着城市街巷的属性，城市街巷是人类与城市本身重要且唯一的交会场所，是公共活动的集中地和大众参与的重要载体，其发展往往决定着一座城市的城市脉络，重要程度不言而喻。在历史文化街区的保护与微更新的过程中，对于历史文化街区原有街巷景观特征归纳不够深化，在微更新的过程中丢失其整体性特征，景观破碎程度提高。

2.2　历史文化街区景观设计语言

历史文化街区中的各个结构都有自己独特的内涵与风格，在景观语汇研究中将历史文化街区视为一篇文章，其中每一条街巷则为文章中的段落，而景观元素则是段落中最基本的语句。以民风习俗、历史底蕴和保护政策为特定语境，区别于城市一般景观构成，从植物群落构成、建筑和社会文化 3 方面的景观语汇分析构建历史文化街区景观设计语言框架（图 3）。将历史文化街区与景观设计语言结合起来进行全方位的分析与研究，可以更好地剖析历史文化街区的形态与内涵，在保护与微更新的过程中运用这些语汇填充，使其依旧保持历史文化街区的风貌特点，有利于街区保护更新的完整性与系统性。

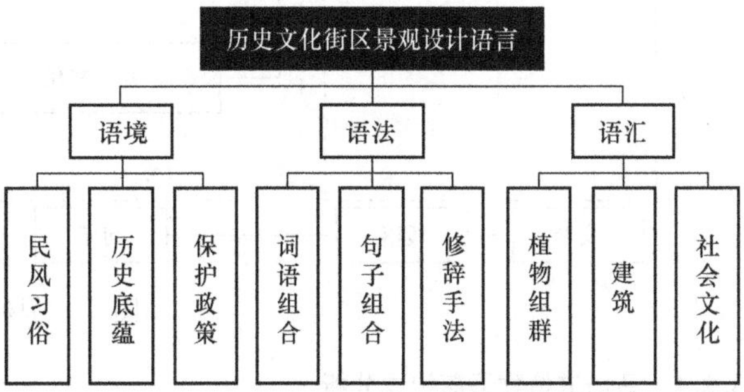

图 3　历史文化街区景观设计语言

3　天津市五大道历史文化街区马场道街巷空间景观语汇分析

3.1　马场道景观现状概述

马场道位于五大道历史文化街区内最南侧，是天津市和平区与河西区的两区分界街道，处于天津市中心城区的核心位置。自西向东延伸全长3216m，路幅宽18～50m，其中两侧人行道各宽2m。原系英扩展租界，1901年随建赛马场而建，故名马场道。马场道沿线分布有一定数量的保护性建筑，道路一般保持历史宽度和原有的尺度[8]。

3.2 马场道街巷空间景观语汇构成分析

《天津市历史文化名城保护总则》"第四章 历史文化街区保护"中明确规定，保护区范围内历史建筑不得拆除，并进行必要修缮。严格保护该类地区内绿化、小品、铺装等历史环境要素，与历史风貌相冲突环境要素要进行整修、改造。重点保护大量19世纪末～20世纪初居住建筑和连续并富有变化街巷空间。本研究以此为特定语境，梳理马场道街巷空间景观语汇构成框架如图4所示。

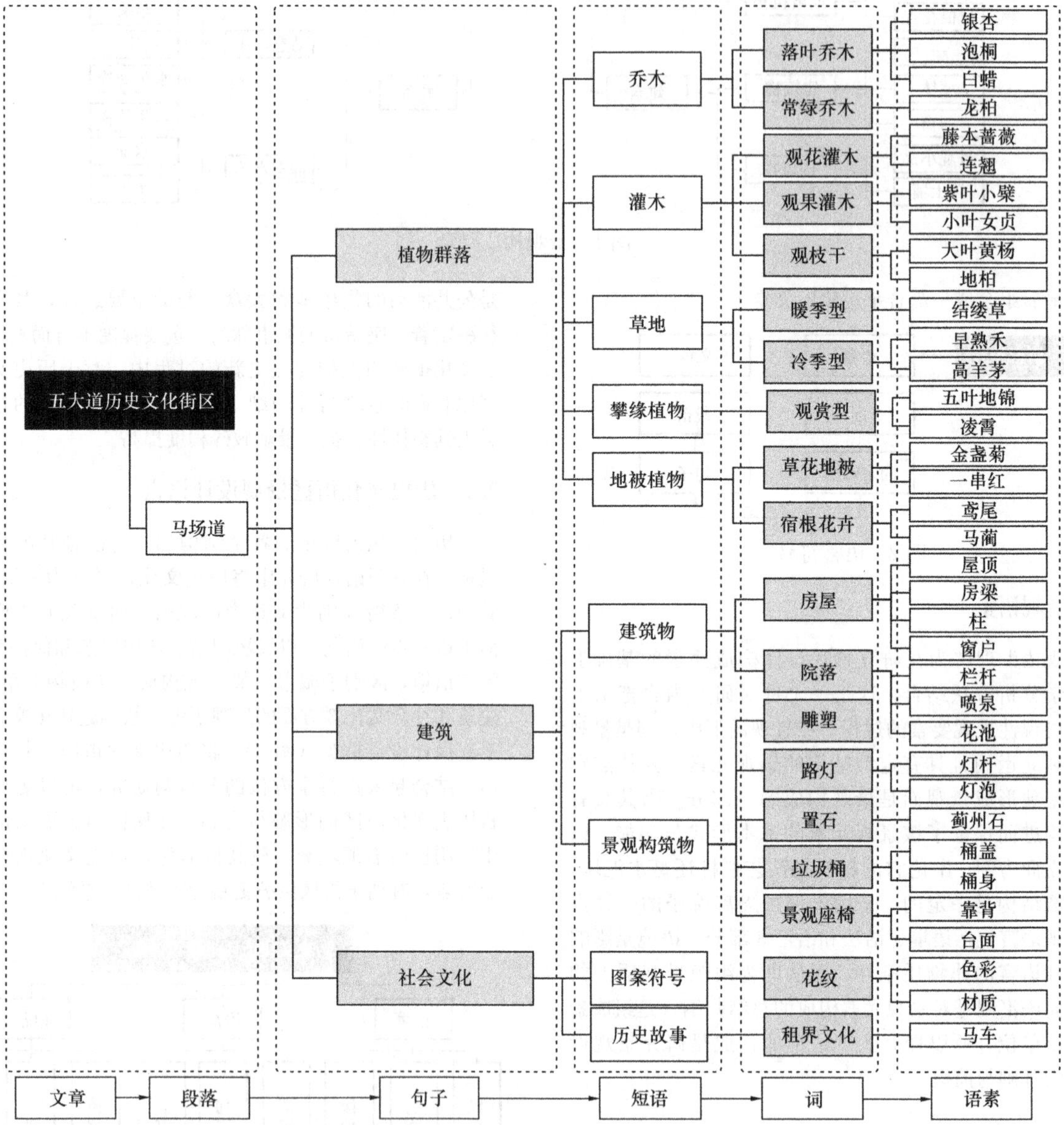

图4 马场道景观语汇构成

3.2.1 马场道植物群落构成分析

五大道历史文化街区植物种植种类与数量繁多，植物群落语素为银杏、白蜡、雪松、龙柏、藤本蔷薇、连翘、大叶黄杨、凌霄等。获取冬季街景图片计算马场道绿视率结果为10.99%，相比一般道路绿视率较高。马场道街道两侧行道树为银杏，平均间距约7m，种植形式为树池式，树池池盖与路面同高。在街道的纵向构成上，树冠彼此搭接在一起，树木能够标示出一条目的明确的线路，引导人们前进。

在人行道路与院落中间往往设置路侧绿带，为防止植物遮挡视线，植物多采用灌木与垂直绿化丰富外立面，灌木多选用大叶黄杨、紫叶小檗、金叶女贞、小叶黄杨等，藤本植物选择五叶地锦、凌霄和藤本蔷薇等适宜天津生长的本土树种，当路侧绿道较宽时，须丰富灌木层次，景观语汇构成为"灌木-攀缘植物"形式（图5、图6）。

马场道街巷空间形式变化多样，一些路段会设置街边小游园，内设小型公共休息设施。此处植物组群丰富多样，构成形式为"乔木-灌木-草地-地被植物"（图7）。

图 5　灌木-攀缘植物构成形式 1

图 6　灌木-攀缘植物构成形式 2

图 7　乔木-灌木-草地-地被植物构成形式

3.2.2　马场道建筑构成分析

建筑物与构筑物组成完整的五大道建筑景观，建筑物内部空间的主要功能是供人们生活或进行其他活动，包括房屋和院落两类。构筑物则没有内部空间，一般为某种使用目的的建造，例如路灯、垃圾桶、休息座椅等。

马场道内建筑物多为独栋庭院式高级住宅，建筑高度 2～3 层，具体有红墙、砖木混合结构、西式栏杆、拱形门窗、双坡屋顶等景观语素。其建筑退线靠后，所有建筑都面向街道具有向街性，建筑与道路通过院落围墙阻隔，建筑和围墙之间分隔形成的院落空间开辟了许多与商业景观相结合的小空间。为加强与道路中的行人联系，街道外立面形式多为半通透式围墙与栏杆，形成了独特的街巷景观风格。马场道围墙形式十分丰富，例如铁艺栏杆、铁艺栏杆与水泥墙结合、和砖墙堆砌等不同材质与方法。不同院落的围墙不拘泥于统一的形式，但在高度、韵

图 8　道路-绿带-围墙-庭院-建筑构成形式

图 9　道路-绿带-建筑构成形式

律及材质选择方面保持着一致性。这些不同形式的围墙、栏杆，形成了通透、半通透的渗透空间，使人走在街道中不会视觉乏味，丰富了街道的整体氛围。此处景观语汇为“道路-绿带-围墙-庭院-建筑”构成形式（图 8）。当建筑物使用性质为居民楼时，需用多元化的植物种植形式加宽路侧绿带来代替庭院空间，形成“道路-绿带-建筑”景观语汇构成（图 9）。

构筑物包括具有信息提示功能的导视牌、公交车站牌、标牌，服务行人使用的垃圾箱、路灯、公共座椅和具有艺术价值的置石、雕塑 3 大类。公交站周边的语汇构成为“公交站牌-休息座椅-路灯-垃圾桶”模式，这些语汇构成了街边公交站点这一情景（图 10、图 11）。在调研中发现，马场道街巷空间构筑物语汇特征性不明确，垃圾桶、座椅和公交站牌与城市其他街道设施无太大差异。

图 10　公交站侧立面

图 11　公交站正立面

3.2.3　马场道社会文化构成分析

五大道历史文化街区是历史的产物，其构成基础是现存的建筑遗产和历史人文活动，此地原位英租界，租界中的外来文化打破了天津本土文化圈，同时又在近几十年的发展中融入了天津现代化发展的痕迹，这里的每一寸土地及其上面的地表覆盖物都凝练了这种文化的延续和本土文化的融合，如植物景观、地面铺装、景观小品、景观空间甚至一些人文活动等。马场道中有一些具有辨识度和地域文化特色的语汇，例如图案纹样、色彩、材质等符号形式在景观构筑物中展现出来。马场道中栏杆花纹为欧式卷曲纹，地面铺装与建筑外立面色彩多为中彩度的红棕、红褐、灰白色。庭院路灯多有英式路灯样式，花纹纹样一致为白绿色，展现出马场道独特气质和精神面貌（图 12）。基于马场道的历史文化背景，街道中有用来观光的马车，这些都是具有历史文化信息的景观语素。

图 12　路灯样式

4　五大道历史文化街区马场道保护与微更新策略

4.1　保护语汇表征，留存风貌特点

从保护与文化视角出发，加强对现有街道语素的保护，有利于保持原有街道性格。延续沿街界面中灌木-攀缘植物的植物群落结构特色，在植物选择时考虑季相变化，运用现存数量较多且长势较好树种，大规模种植形成季节性街道景观风貌。建筑方面应该根据其建筑风格与不同的功能要求，保护相应的材料与建筑语汇，例如西式栏杆、拱形门窗、双坡屋顶等体现马场道建筑群特色。

4.2　提取文化语汇，延续历史氛围

随着时代的发展，历史文化街区许多物质环境已经丢失本来样貌，延续历史文化街区的文脉是传承与唤醒城市记忆的主要手段。对图案图腾社会文化语汇进一步收集整理与视觉符号提取，在更新街道两侧的标识、导视牌和其他基础设施时，运用这些语素使其与历史街区的风格相统一，更多体现马场道的历史文化在时空中的延续。

5　结语

历史文化街区的景观语汇是城市的软文化，通过景观要素的排列搭建，将历史文脉进行展示，它彰显着厚重的人文历史底蕴和时代特征。将景观语汇与历史文化街区保护与微更新相结合，深入分析马场道街巷空间景观语汇构成结构与要素对研究其他历史文化街区的语汇构成有一定借鉴意义。本研究旨在景观设计语言中的语汇研究，为未来城市更新提供新的思路与方法。

参考文献

[1]　宋争辉. 培育城市高质量发展新动力[J]. 红旗文稿，2020(24)：24-26.

[2]　阮仪三，林林. 文化遗产保护的原真性原则[J]. 同济大学学报(社会科学版)，2003(02)：1-5.

[3]　孙津. 历史文化街区景观构成研究[J]. 中国园林，2018，34(04)：139-144.

[4]　韩旭鹏. 天津五大道历史街区外部空间更新研究[D]. 天津：天津大学，2014.

[5]　陈松. 多模态视域下北京市核心区语言景观研究[D]. 北京：北京第二外国语学院，2017.

[6]　王云才，孟晓东，邹琴. 传统村落公共开放空间图式语言及应用[J]. 中国园林，2016，32(11)：44-49.

[7]　李明. 传统景观语汇与城市特色意象塑造研究初探[D]. 南京：南京农业大学，2006.

[8]　朱雪梅. 中国·天津·五大道——历史街区保护与更新规划研究[M]. 南京：江苏科学技术出版社，2013.

作者简介

董佳丽，1996 年生，女，汉族，河北秦皇岛人，天津城建大学建筑学院硕士研究生在读，研究方向为风景园林与景观设计。电子邮箱：13472996286@163. com。

李鹏波，1969 年生，男，汉族，山东青岛人，博士，天津城建大学建筑学院，教授，研究方向为风景园林规划与设计。电子邮箱：554070722@qq. com。

张龙浩，1997 年生，男，朝鲜族，黑龙江哈尔滨人，天津城建大学建筑学院硕士研究生在读，研究方向为风景园林规划与设计。电子邮箱：muteisdope@163. com。

景观基因视角下重庆宁厂古镇保护与更新研究①

Research on the Protection and Renewal of Tradiational Ancient Towns in Ningchang Ancient Town in Chongqing from the Perspective of Landscape Gene Theory

刘玉枝　左　力*

摘　要：宁厂古镇是国家级历史文化名镇，蕴含着丰富的历史遗产信息与文化景观。为了使古镇遗产价值在时代发展中得到延续，本文基于景观基因理论的基因识别方法对宁厂古镇的显性与隐性基因进行梳理和提取，将山水环境基因、簇群肌理基因以及地标建筑基因转译为空间类型学语汇，将历史文化基因与生产生活基因转译为文化符号学语汇，构建宁厂古镇的历史遗产基因图谱。结合古镇保护现状问题梳理，以问题为导向，综合运用古镇历史遗产基因图谱，形成景观格局重塑、历史场景再现、风貌建筑再生等古镇保护更新策略，为古镇的保护与更新发展提供思路借鉴。

关键词：景观基因；宁厂古镇；遗产价值；保护更新

Abstract: Ningchang Ancient Town is one of a national historical and cultural towns, it contains rich historical heritage information and cultural landscape. In order to make the values of the ancient town heritage have been continued in the development of the times, this paper is sorted and extracted the dominant and recessive genes by identification methods based on landscape gene theory, the landscape environment, cluster texture and building genes are translated into spatial typology vocabulary while the historical cultural and production and life genes into cultural semiotics vocabulary, construct the genetic map of historical heritage of Ningchang ancient town. Then combing with existing problems of ancient towns to generate policies, such as landscape pattern reconstruction, historical scene reenactment, featured buildings regenerate and so on, be aimed at providing reference for the protection and renewal development of ancient towns.

Keywords: Landscape Gene; Ningchang Ancient Town; Heritage Value; Protection and Renewal

引言

古镇保护属于历史城镇保护的范畴，总体而言，国内外对历史城镇的保护经历了由静态到保护与发展相结合、由单体建筑保护到群体保护、由物质保护到与非物质保护相结合的转变过程。历史文化遗产不仅是对历史文化的记载和传承，更是民族文化特色的重要载体，同时反映着古镇的发展规律和历史发展脉络。古镇的保护正是建立在历史文化遗产价值的基础之上。

我国人文地理学者刘沛林首先将生物学中的基因概念引入到传统聚落的保护与传承中，提出景观基因理论，为聚落景观特征分析、文化挖掘提供了新思路。景观基因作为某一区域内景观所特有的"遗传"特征的基本单位，对地区的景观形成具有决定性作用[1]，能够在价值理论基础上识别要素，构建景观基因图谱并重构表达。目前，基于景观基因理论形成的文化基因视角下的地方认同构建[2-4]；景观基因的识别与提取[5-9]、分类原理与方法[10-13]；景观基因信息图谱的构建[14-18]与表达[19-21]已广泛运用在我国传统聚落的保护更新中。本文通过应用景观基因理论科学识别宁厂古镇历史文化遗产价值基因要素，并进行重构与再表达，为古镇遗产价值传承理论体系进一步完善和保护更新提供了科学指导。

1　宁厂古镇概况

1.1　地理环境概况

宁厂古镇位于重庆市巫溪县，大巴山东段南麓，豫陕鄂三省交界处，大宁河支流后溪河畔。后溪河将古镇分为了南北两部分，古镇内高山绵延，峡谷穿越其中，于2010年评为国家级历史文化名镇（图1）。

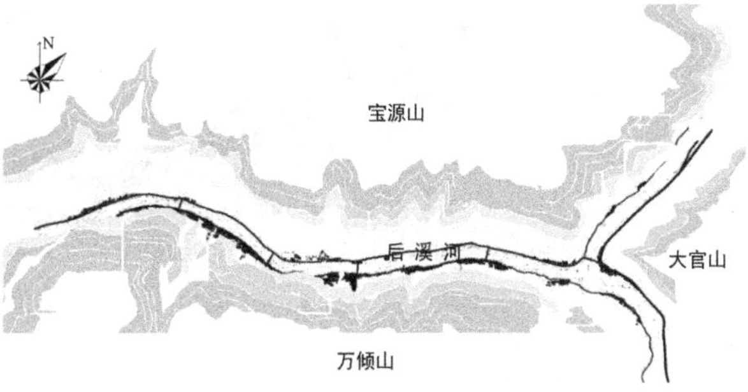

图1　宁厂古镇山水格局图

① 基金项目：国家自然科学基金面上项目"基于层积规律分析的西南山地城镇历史景观适应性保护方法"（编号5177082412）。

1.2 历史文化遗存与遗产价值

宁厂古镇历史文化遗存众多，种类丰富。镇域范围内共 14 处不可移动文物，其中全国重点文物保护单位 1 处，县级文物保护单位 3 处，未定级不可移动文物 10 处、历史建筑 2 处（图 2、表 1）。

古镇历史文化遗产一览表　　**表 1**

<table>
<tr><th>序号</th><th colspan="3">保护内容分类</th><th>具体保护对象</th><th>批准情况</th><th>保存及利用情况</th><th>占地面积、长度等</th></tr>
<tr><td>1</td><td rowspan="22">不可移动文物（14 处）</td><td rowspan="9">全国重点文物保护单位（1 处）</td><td rowspan="9">大宁盐场遗址（9 点）</td><td>龙君庙遗址</td><td rowspan="9">第八批全国重点文物保护单位（国发〔2019〕22 号）</td><td>保存一般，部分展示</td><td>1250m²</td></tr>
<tr><td>2</td><td>一车间制盐遗址</td><td>保存较差，无人使用</td><td>4270m²</td></tr>
<tr><td>3</td><td>二车间制盐遗址</td><td>保存较差，无人使用</td><td>2120m²</td></tr>
<tr><td>4</td><td>三车间制盐遗址</td><td>保存一般，部分展示</td><td>7400m²</td></tr>
<tr><td>5</td><td>秦家老屋</td><td>保存较好，当地居民使用</td><td>232m²</td></tr>
<tr><td>6</td><td>盐大使署遗址</td><td>保存较差，无人使用</td><td>1140m²</td></tr>
<tr><td>7</td><td>吴王庙遗址</td><td>保存较差，无人使用</td><td>1620m²</td></tr>
<tr><td>8</td><td>桥头溪码头遗址</td><td>保存一般，无人使用</td><td>160m²</td></tr>
<tr><td>9</td><td>大宁河古盐道（宁厂段）</td><td>保存一般，其他用途</td><td>长约 2.5km</td></tr>
<tr><td>10</td><td colspan="2" rowspan="3">县级文物保护单位（3 处）</td><td>方家老屋</td><td>—</td><td>保存一般，当地居民使用</td><td>168m²</td></tr>
<tr><td>11</td><td>女王寨遗址</td><td>巫溪府发［1988］84 号</td><td>保存一般，其他用途</td><td>—</td></tr>
<tr><td>12</td><td>宁厂古镇生产街过街楼</td><td>—</td><td>灭失文物保护单位</td><td>135m²</td></tr>
<tr><td>13</td><td colspan="2" rowspan="10">未定级不可移动文物（10 处）</td><td>供销社旧址</td><td>—</td><td>保存较好，当地居民使用</td><td>683m²</td></tr>
<tr><td>14</td><td>盐工俱乐部旧址</td><td>—</td><td>保存较差，无人使用</td><td>410m²</td></tr>
<tr><td>15</td><td>观音阁石窟</td><td>—</td><td>保存较差，无人使用</td><td>—</td></tr>
<tr><td>16</td><td>观音阁石刻</td><td>—</td><td>保存较好，无人使用</td><td>—</td></tr>
<tr><td>17</td><td>象鼻石岩墓</td><td>—</td><td>保存一般，无人使用</td><td>—</td></tr>
<tr><td>18</td><td>宁厂镇吊脚楼</td><td>—</td><td>保存较好，当地居民使用</td><td>107m²</td></tr>
<tr><td>19</td><td>狮子包墓群</td><td>—</td><td>保存较差，其他用途</td><td>—</td></tr>
<tr><td>20</td><td>风洞子题刻</td><td>—</td><td>保存一般，无人使用</td><td>—</td></tr>
<tr><td>21</td><td>风洞子运盐道</td><td>—</td><td>保存较好，无人使用</td><td>长约 4km</td></tr>
<tr><td>22</td><td>得禄坝岩墓群</td><td>—</td><td>保存一般，无人使用</td><td>约 100m²</td></tr>
<tr><td>23</td><td colspan="3" rowspan="2">历史建筑（2 处）</td><td>宁厂镇供销社</td><td>第一批历史建筑</td><td>保存一般</td><td>683m²</td></tr>
<tr><td>24</td><td>宁厂镇大河运输社大楼</td><td>第二批历史建筑</td><td>保存一般</td><td>约 200m²</td></tr>
</table>

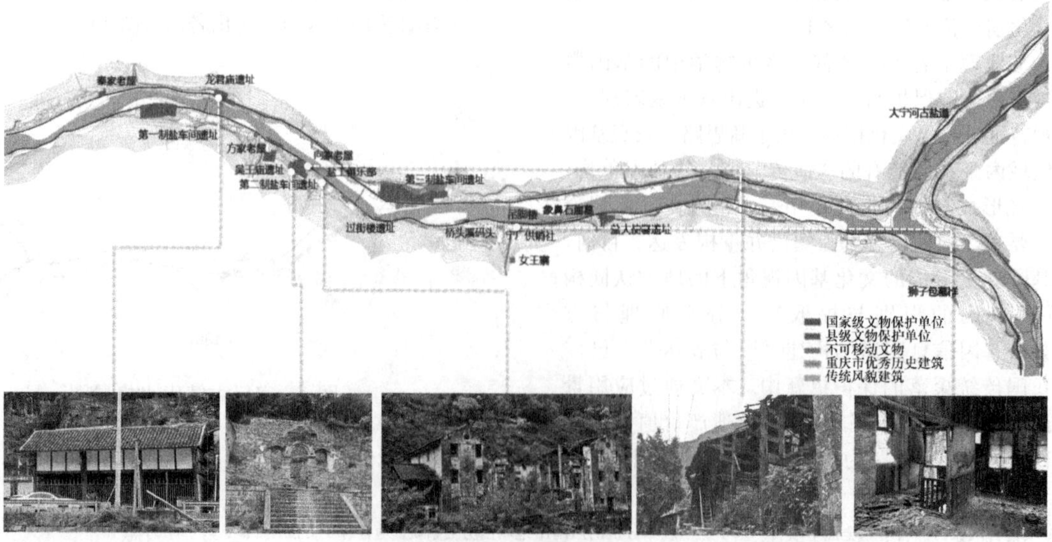

图 2　古镇历史文化遗产分布图

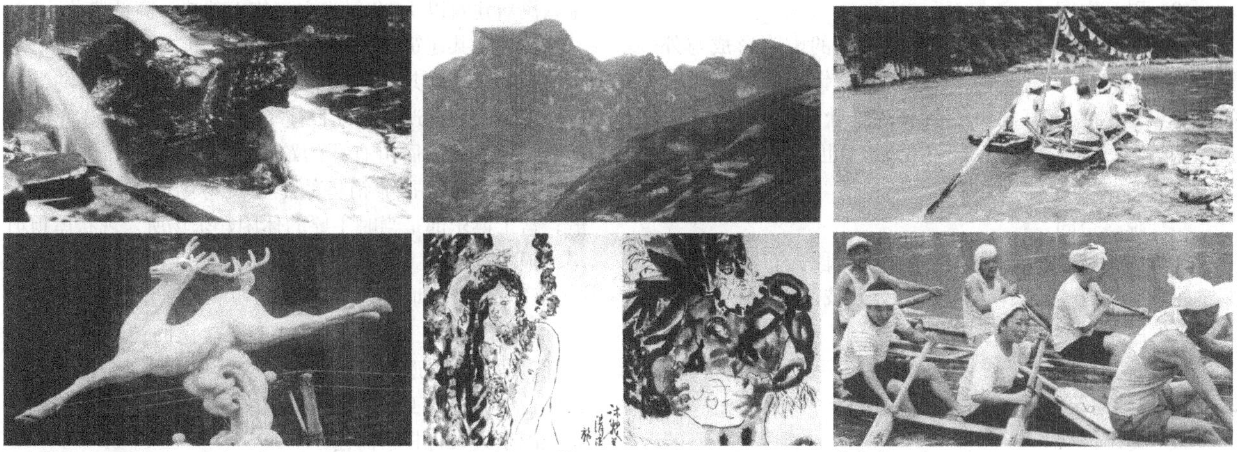

汉代传下的盐泉龙头、白鹿盐泉　　宁厂宝源山、巫神　　赛龙舟

图 3　古镇遗产价值示意图（图片来源：网络）

宁厂古镇遗存价值数量众多，传统文化传承度较好。已批准公布的非物质文化遗产有五句子山歌，同时还有巫溪孝文、火神会、财神会、绞蒺节、大宁河巫舞、柳叶舟制作技艺等众多非物质文化要素。主要以传统节日习俗、曲艺表演、手工技艺等类别为主；古镇汇集盐文化、巫文化、码头文化等价值遗存，展现出多元文化内涵，是多元文化层级的重要样本（图 3、表 2）。

古镇遗产价值一览表　　　　表 2

价值	内　容
盐文化	宁厂古镇是川东地区人类历史的发源地和文化摇篮，川东井盐开发之前，整个川陕鄂地区皆仰食得天独厚的巫溪盐泉，从而形成了宁厂独特的盐文化
巫文化	经考证，今巫溪宁厂古镇宝源山不仅因有宝源山盐泉可供古人类直接取食，而且古代这里还盛产“神仙不死之药”丹砂。因此，宝源山就是以巫咸为首的上古“十巫”“所从上下”升降采药、采卤制盐的灵山，也就是真正意义的巫山
商贸文化	宁厂作为盐业重镇，曾吸引着以湖北黄州、兴国州、蒲圻以及江西、湖南、陕西为主体的外省人进入大宁场从事盐业贸易，形成陕西帮、黄州帮、蒲圻帮、湖北兴国州帮等多样而包容的社会结构和独特的集同乡会馆与祖籍地神庙于一体的商贸文化
宗教文化	宁厂地区宗教信仰文化构成丰富，巫文化信仰、佛教信仰文化、道教信仰文化都曾在宁厂地区兴盛传播，并留下丰富的文化遗存

2　景观基因的识别与提取

目前对古镇景观基因的识别遵循的原则有内在唯一性原则、外在唯一性原则、局部唯一性原则和总体优势性原则[10]。根据此原则对古镇基因进行识别与划分，可分为显性基因与隐性基因两类。其中显性基因包含山水环境、簇群肌理、场所建筑因子，隐性基因包含生产生活、历史文化因子（图 4）。

2.1　显性基因识别与提取

2.1.1　山水环境基因

宁厂古镇位于重庆市巫溪县北，大宁河的支流后溪河畔，豫陕鄂三省交界处。古镇内高山绵延数公里，峡谷从其中穿越，后溪河则将古镇分为南、北两部分。宝源山、万灵山与大宁河和后溪河形成的峡谷自然风光构成了古镇独特的山水环境。

2.1.2　簇群肌理基因

（1）街巷空间

宁厂古镇位于峡谷区，受地理位置的制约，道路只有 2～3m 宽度，整体呈线性布置。沿街建筑的檐口高度 4～8m，街巷高宽比大于 2∶1。由于地形逼仄，三面板壁一面岩，人称“七里半边街”[22]。

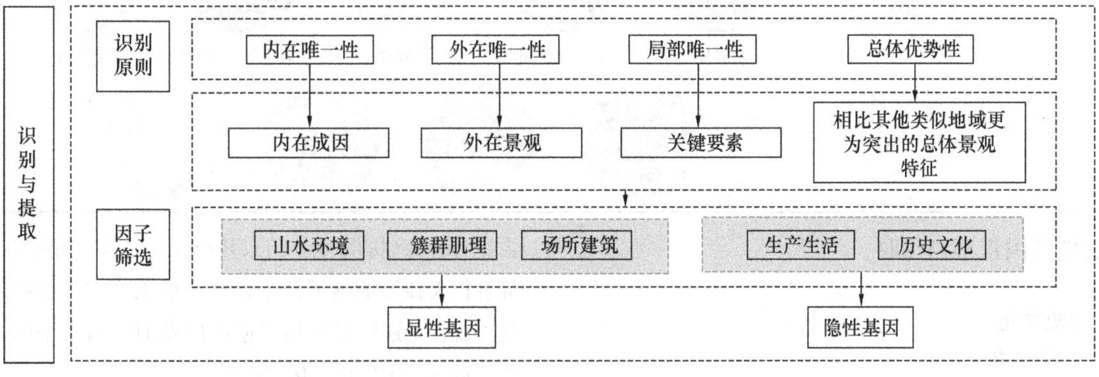

图 4　古镇景观基因识别与提取图

（2）码头空间

古镇凭借大宁河的水运及峭壁凿出的山路形成与外界的联系，形成了沿岸多个码头，是古镇内外信息交流的重要渠道。在衡家涧中心街有一处盐运码头，此外，张家涧灶区、王家滩灶区、沙湾灶区也有自己的煤运码头。

（3）院落空间

古镇因其特殊的地理位置、带状分段式布局使得公共空间较为缺乏。现状院落空间较为残破，原历史遗址遗留下来的院落空间也已荒废。

2.1.3　地标建筑基因

（1）传统民居

古镇内建筑多为木石结构，木架脚柱多为“吊脚楼”形式，结构为穿斗或井干式。建筑平面多为矩形或L型，屋顶多为坡屋顶上铺小青瓦。现存民居建筑大都建于20世纪50～70年代，建筑材料以木、砖、石等传统材质为主，民居建筑以1～2层为主，依山就势，高低错落。

（2）公共建筑

现存重要公共建筑有龙君庙、盐工俱乐部、供销社等。龙君庙现存遗址有几根柱子，泉水从山洞口跌落至龙池，从地下流出后由有孔的踏板均分而出[22]；供销社原为近代宁厂古镇盐业销售的主要贸易场所，保存现状一般；盐工俱乐部是当时主要的休闲娱乐场所，现状屋顶坍塌，损坏严重。

（3）生产遗址

现存重要的生产遗址有第二制盐车间遗址、吴王庙遗址、盐大使署遗址等。其中制盐车间遗址是全国重点文物保护单位；吴王庙遗址为县级文物保护单位，相传为纪念三国东吴大将甘宁而建。

（4）吊桥景观

吊桥既是两岸居民来往的重要交通要道，也是生成古镇重要空间节点的促进要素，亦是古镇主要的观景点和独特的景观。

显性基因提取表　　**表3**

基因提取	具体要素	示例
山水环境基因		
簇群肌理基因	街巷空间	 半边街　半边街与内街　内街　过街楼　车行道
	院落空间 码头空间	 古码头　残破院落　院落空间
地标建筑基因	传统民居	 秦家老屋　方家老屋　向家老屋　过街楼　砖混建筑
	公共建筑 生产遗址	 龙君庙　盐工俱乐部　吊脚楼　第二制盐车间　吴王庙
	吊桥景观	

2.2　隐性基因识别与提取

2.2.1　历史文化

（1）巴盐文化

宁厂古镇拥有着流淌五千年的盐泉，盐文化对宁厂古镇有着深刻的影响。川东井盐开发之前，川陕鄂地区皆仰食得天独厚的巫溪盐泉，从而形成了宁厂独特的盐文化。现在也还保留有很多遗迹以及旧日留下来的风俗习惯，促进了宁厂盐文化的产生。

(2) 巫文化

宁厂古镇与盐文化相随的便是巫文化，远古巫文化反映了早期人类对世界的认识，是最早的精神文明体现[23]。据考证，上古时期的“灵山十巫”、宁厂古镇的宝源山盐泉，都存在与占卜术或占星术有关的巫文化特色遗存。

(3) 码头文化

宁厂古镇作为盐业重镇，凭其舟楫之利，商业兴盛，运输繁忙。曾吸引着众多外省人进入大宁场从事盐业贸易，通过水运进行商贸往来。码头因货运的兴旺带动了经济繁荣，形成多样而包容的社会结构、和独特的码头文化。

2.2.2 生产生活

(1) 传统节庆

宁厂古镇作为盐业古镇，众多节庆都是与盐业有关的，如绞虹节、龙君会、财神会、火神会、猎神会、端午节等。每年龙君会、火神会都是大办酒席，场面热闹。端午节也是宁厂最有凝聚力的节日之一，五月初五、十五、二十五日，各户门前插蒲艾、吃粽子、喝雄黄酒。县城和宁厂的船民在大宁河划水龙船，龙舟竞渡，观者盈岸。

(2) 生产技艺

古镇民间生产技艺也围绕盐业而生，富有地方特色。如熬盐时“踩碳”“扯卤”“过滤”“照火”等工艺，以及为解决扩充造盐的建设环境而采取的“过虹引卤”等盐卤过河的方法，另外还有一些熬盐的工具如生铁、土陶等。

(3) 文学作品

过去几千年里宁厂古镇创造了独特的盐文化，也形成了大量的与盐有关的文学作品。如《楚辞》中“咸池”、《离骚》中“饮余马于咸池兮”，此外还有盐务官员留下的大量文学作品。古镇还流行传唱着五句子歌，最直接地表达了巫溪民众的生活逻辑[24]。传唱这些五句子歌的人，不仅是当年盐业生产的经历者，也是巫盐文化的传承人。

隐性基因提取表 **表 4**

基因提取	具体要素	示例
历史文化基因	巴盐文化	 盐泉龙头  白鹿盐泉  白鹿盐泉
	巫文化	 宝源山  巫神  巫神
生产生活基因	传统节庆	 火神会  财神会  赛龙舟  赛龙舟  龙君会
	生产技艺	 分卤板  制盐工序  柴灶熬盐  引卤工艺  盐厂
	文学作品	 五句子歌  文学作品  诗词歌赋  诗词歌赋

3 景观基因的转译与重构

古镇传承与转译的方式主要分为“形”与“境”两方面。“形”表现为物质形态，包含构成造型、比例尺度等外在表现形式。本文通过借鉴古镇中要素构成、肌理尺度、材料色彩，运用类型学方法对古镇外在形态进行提炼，将古镇显性基因即山水环境基因、簇群肌理基因、地标建筑基因转译为空间类型学语汇（表 5），通过抽象过程结合功能、技术与艺术对古镇进行再演绎，达到“形的模仿”；“境”表达的是空间的形态，与“形”在空间表达上是一对互补的概念。本文通过梳理古镇非物质层面遗产价值，将隐性基因即历史文化基因与生产生活基因转译为文化符号学语汇（表 6），通过对单体要素的提炼与转换，原型场所的演化，营造出丰富的外部空间，表达古镇文化遗产价值特征，赋予其更为深层次的内涵。

显性基因转译表　　　　　　　　　　表 5

层次		类型与抽象图示			
生产生活		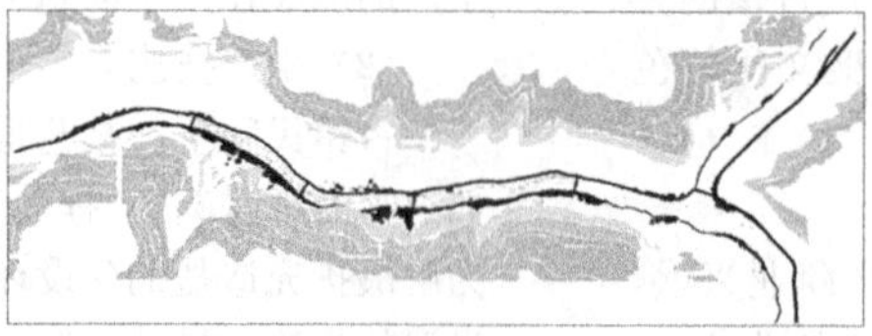			
历史文化		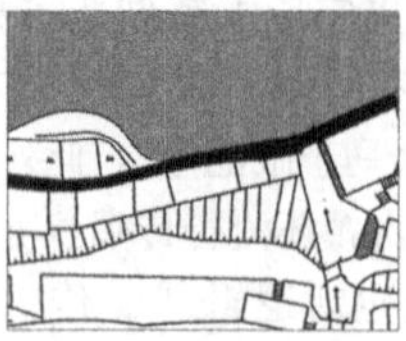 半边街	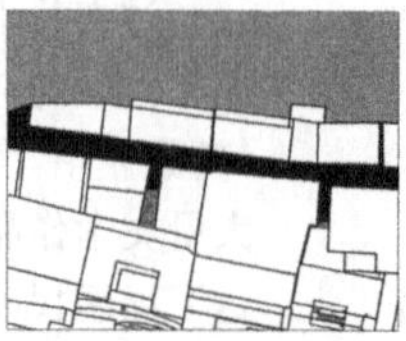 双街子	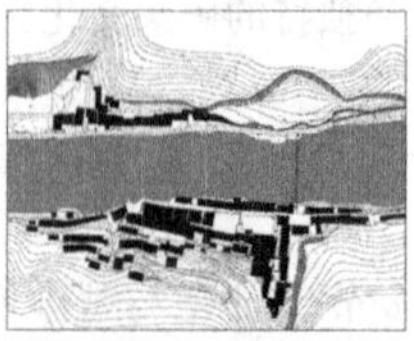 衡家洞	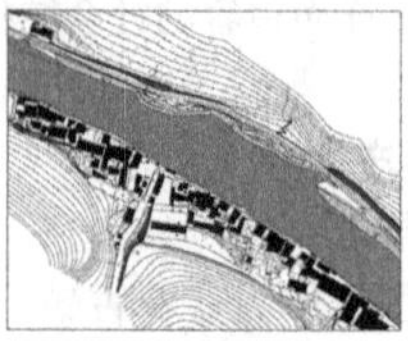 张家洞
场所建筑	平面布局	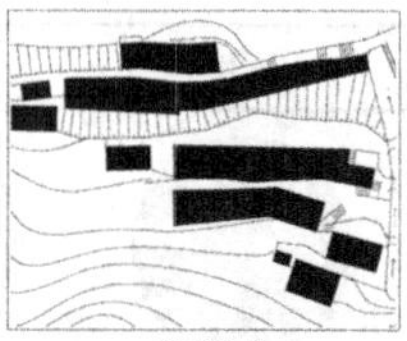 行列式	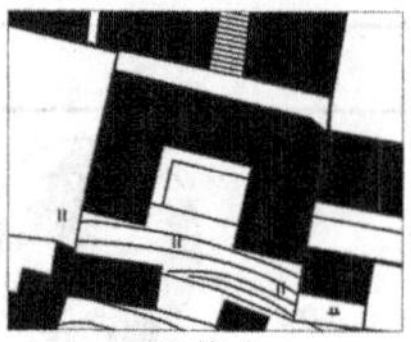 院落式	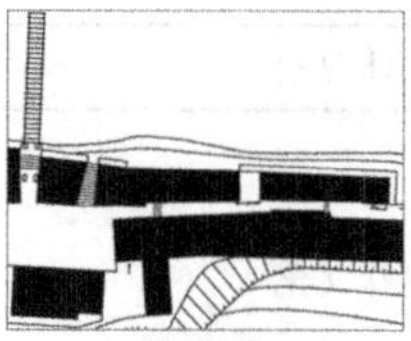 沿街式	
	剖面形式	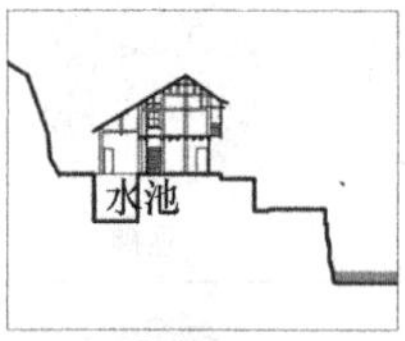 秦家老屋	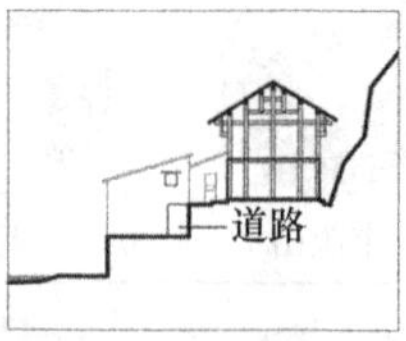 盐源街	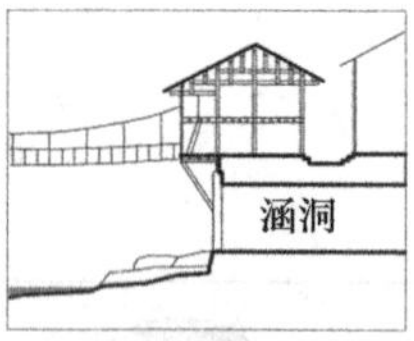 吊脚楼	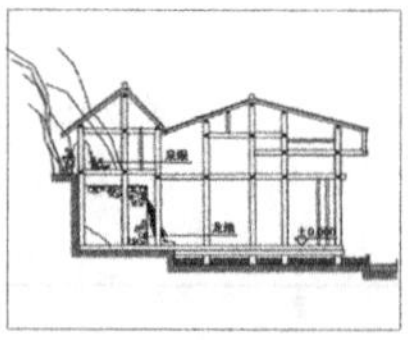 龙君庙

隐性基因转译表　　　　　　　　　　表 6

层次	类型与抽象图示			
生产生活	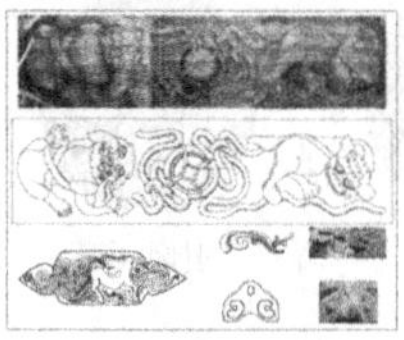 石刻	 窗	 镶花	 盐卤技艺
历史文化	 雕塑	 遗址壁画	 老照片	 文化墙

古镇现存山水环境、簇群肌理与场所建筑等显性景观基因与生产生活、历史文化等隐性景观基因具有不同的属性，在一定条件下可以进行转换与重构。这就为古镇更新过程中非物质文化的传承与表达提供了一定的途径。本文将提取出的隐性基因语汇以显性基因为载体完成转录与翻译过程，具体策略为将山水环境、簇群肌理与场所建筑分成下属的 7 个具体场所，与生产生活、历史文化下分的 6 个小类相对应，生成具体设计思路。山水环境层

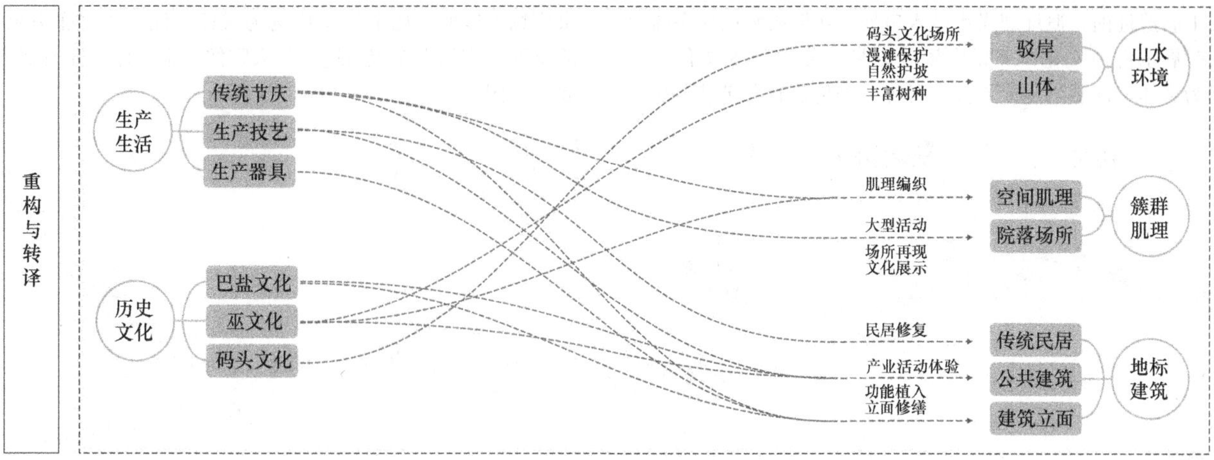

图 5　古镇景观基因重构与转译

面，通过漫滩、自然护坡、丰富树种等措施达到山体背景与自然岸线的保护；簇群肌理层面，通过编织街巷肌理，组织外部公共空间达到历史场景再现；场所建筑层面，通过功能植入、立面修复、建筑分类整治等手段实现建筑风貌保护与更新。

4　景观基因的应用与表达

4.1　景观格局重塑

4.1.1　山体保护

宁厂古镇的山系是自然山水风貌的重要组成部分，包括宝源山、万倾山等，属于典型峡江“高山深谷”地形特征。保证不破坏作为古镇背景的山体，以及各山头之间完整的视线通廊；山腰、山脚不宜高切坡、大挖方，采取坡面处理、边坡支护、抗滑挡土墙等方式对地质环境综合治理，保障古镇、居民和游客安全。对于现状单一的植物结构，采用补植抚育，选择抗逆性强、生长稳定的乡土树种，且根据不同林地功能，选择适宜植物，保证物种多样、结构丰富。

4.1.2　驳岸保护

驳岸保护重点在自然岸线以及沿河风貌保护。古镇地形高差大、暴雨多，保护冲沟靠河道区域，设置自然护坡，必要时加固挡土墙，减少水土流失与环境进一步破坏；古镇峡谷河流、坡陡流急，漫滩以粒径均匀的卵石为主，塑造自然的漫滩形态，利用泥质漫滩营建栖息多样性，恢复生态功能。冬季水位下降，保护河漫滩不被挖掘；结合绿地规划，增加滨河绿化带；采用生态挂网和种植攀爬类植物的方式对垂直挡墙进行遮挡，弱化垂直墙体带来的视觉冲击，改善挡墙硬质界面的景观效果；增加多层次景观阳台，满足滨水观光需求，丰富直立挡墙的层次，塑造良好的滨水景观。

4.2　历史场景再现

4.2.1　空间肌理编织

在保留原有的串珠状空间格局的基础上，梳理空间格局，增设遗址观光线路，打通原有“断头路”以及连接断点，形成完整的街巷空间布局。

半边街的保护应严格控制其原有格局。保护沿河半边街与河流形成良好的亲和关系，街道转折、开敞空间交替间隔。半边街线性空间与过街建筑节点的灰空间形成流动空间感；利用沿街建筑的线性景观带展示沿河街巷景观等。

双街子的保护应延续古镇街区的浓厚生活气息，开敞空间为人群提供更多的聚集场所，生活和社会功能较强；狭窄的街巷空间保证了较和的私密性。建筑间形成的转角空间为双街子提供了点、线、面的结合。

4.2.2　院落场所空间

入口广场处凸显古镇标志，展示古镇文化。场地位于

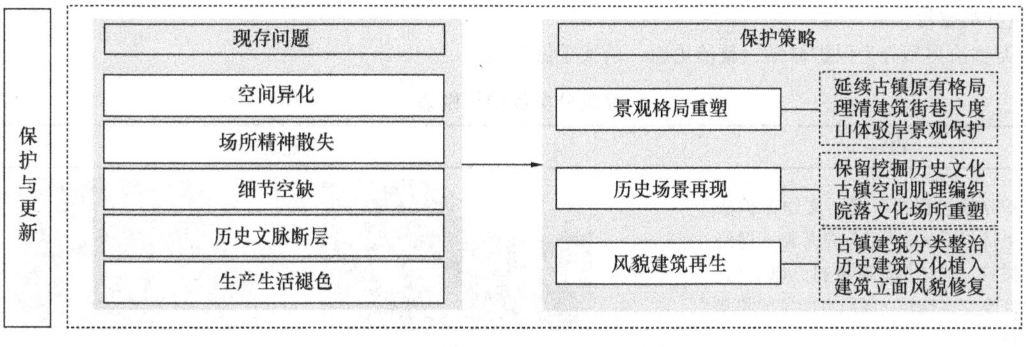

图 6　古镇景观基因应用与表达

吴王庙遗址前，遗址观光步道入口处，在形成游览秩序的同时展示古镇文化；文化广场处以吴王庙遗址等文化广场为载体，恢复当地火神会、财神会等传统特色节庆；盐泉广场处以龙君庙前盐泉广场为载体，注入“白鹿引泉”的要素，广场上布置白鹿、猎人雕像，也可作为龙舟赛的起点（图 7）。

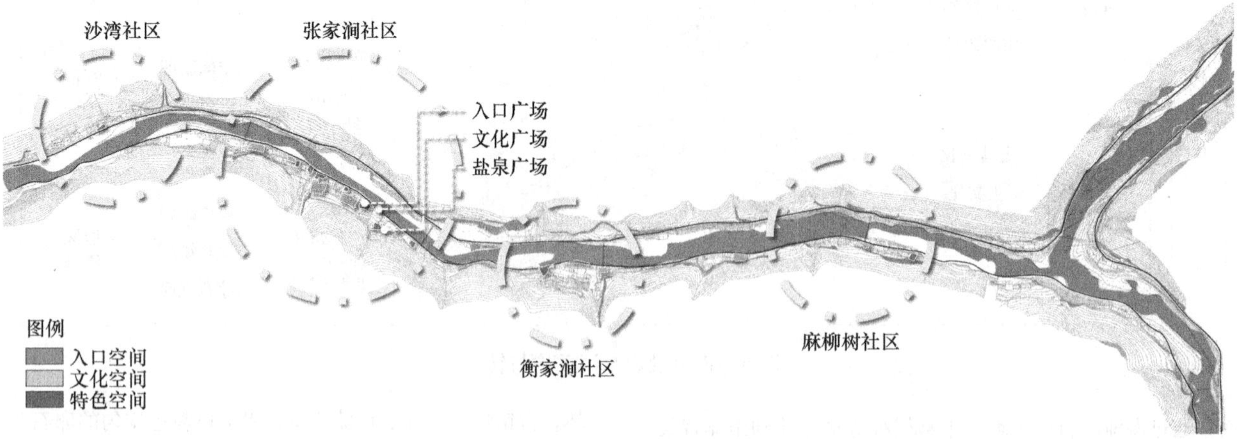

图 7　院落场所空间设计示意图

院落场所空间设计列表　　**表 7**

名称	现状照片	节点平面与效果图		
入口广场		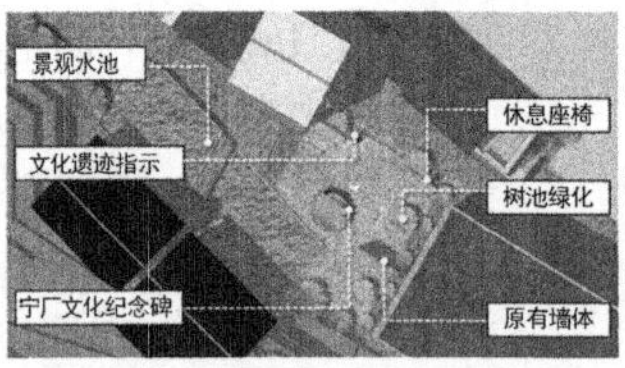		广场标识牌 增设文化墙 文化纪念碑 布置环卫设施 设置休闲座椅
文化广场		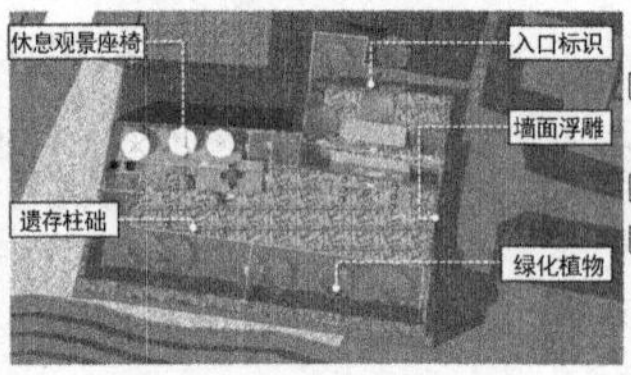		巫文化展示 保留现状墙面 增设休息平台 保留遗存柱础 遗址壁画展示 增设景观小品
盐泉广场		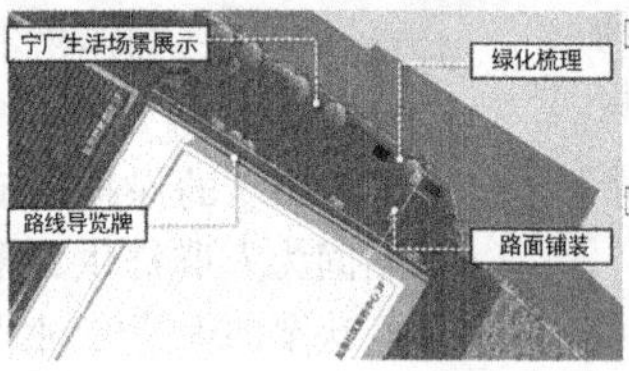		增加标识空间 文化设施小品 增加环卫设施 配建路线导航 宁厂老照片

4.3　风貌建筑再生

4.3.1　建筑分类整治

建筑分类整治类型分为保护修缮、整治更新、落架重修三类。

建筑分类保护导则表　　**表 8**

类型	内容	示范建筑	
保护修缮	保护修缮过程严格按照文物保护法规，坚持“不改变原状”的原则，保持其原样式、原结构、原材料、原工艺。不允许改变建筑外立面原有的特征和基本材料	 建筑现状	 整治效果

续表

类型	内容	示范建筑	
整治更新	更新类建筑在不允许改变建筑外立面原有的特征和基本材料的基础上，参照原有特征，使用相同或类似材料进行更新	 建筑现状	 整治效果
落架重修	以维护整体传统风貌为前提，对破损的建筑立面和屋顶进行整治，对损坏的构件进行更新，重修过程中严禁开挖爆破、开矿采石、挖沙取土等破坏地形、地貌和自然山水环境的活动	 建筑现状	 整治效果

4.3.2 文化功能植入

盐文化博物馆：随着古镇盐文化影响的逐渐减弱，为了更好地对其进行传承，将已废弃的向家老屋建筑立面及内部空间进行修复，改造成盐文化博物馆。通过照片展示、语音讲解等手段，向人们介绍盐业与古镇发展的历史、制盐工艺流程、盐制品的销售路线及与之有关的交通、卤盐分配制度的历史；陈列制盐工具等与盐文化有关的生产工具，使人们更直观地了解盐文化；修缮现存的熬盐炉址，增设体验区，使人们亲身体验制盐的过程。

盐场遗址与盐泉餐厅：结合保留民居如方家老屋、向家老屋打造滨河餐厅，近距离观赏古镇景观，感受古镇文化；并结合室外现存的历史遗址空间、老盐池等，保留其原貌作为历史遗迹供人参观，以获得独特的文化与情感体验；以宁厂盐泉灵气等元素在龙君庙、女王寨等地打造祈福仪式、再现传统文化节庆活动。

盐泉民宿与观光步道：将现有建筑经过在现有建筑立面风格的基础上对立面进行维护和修缮，对残留的屋顶进行维护，打造为民宿功能。对现状遗址场地进行梳理，将吴王庙、第二制盐车间打造成遗址公园，保留加工平整的条石砌筑墙体，感受重庆地区清代建筑的砌筑工艺和加工水平。

文化功能植入意向表　　表 9

类型	设计意向			类型	设计意向		
历史展览				盐泉餐厅			
盐场体验				盐泉民宿			

4.3.3 重要界面控制

古镇老街具有鲜明的空间特色，主要以保持古镇街巷景观廊道—景观视轴线—节点空间—开放空间的方式，在保护现存街巷空间肌理的同时，应着力延续古镇老街风貌与有特色的节点空间。统一控制沿街沿河建筑立面，形成富有古镇特色的沿江街巷景观。

重要界面控制表　　表 10

界面类型	图示
现状滨河界面	

续表

界面类型	图示
现状滨河立面测绘	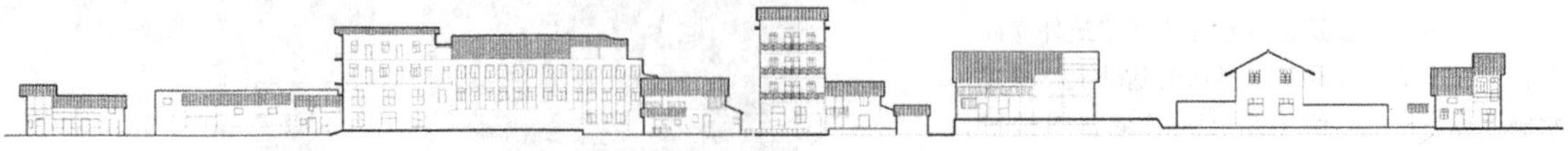
更新滨河立面	
现状滨河界面	
现状滨河立面测绘	
更新滨河立面	

5 结语

宁厂古镇因盐而兴，形成了深厚的盐文化历史积淀，随着川东、川南其他盐场的崛起，它逐步走向衰落，并最终因技术落后而全面停产，代表了盐史上一个时代的结束，留下了丰厚的与盐业相关的文化遗产。本文从景观基因的视角对宁厂古镇的历史遗产价值进行梳理，对显性与隐性基因进行提取并构建遗产价值景观基因图谱，并结合现状问题，形成景观格局重塑、历史场景再现、风貌建筑再生等古镇保护更新策略，为古镇的保护传承提出相应的更新路径和方法，对古镇深厚文化底蕴的保护提供借鉴。

参考文献

[1] 王南希，陆琦．基于景观基因视角的中国传统乡村保护与发展研究[J]．南方建筑，2017(03)：58-63.

[2] 张超．传统村落非物质文化景观对地方认同建构的影响分析——以湘西德夯古村为例[D]．金华：浙江师范大学，2016：1-58.

[3] 景强，杨立国，喻媚，等．基于结构方程模型的景观基因对地方认同的建构作用——以芋头侗寨为例[J]．衡阳师范学院学报，2015，36(6)：173-176.

[4] 杨立国，刘沛林，林琳．传统村落景观基因在地方认同建构中的作用效应——以侗族村寨为例[J]．地理科学，2015，35(5)：593-598.

[5] 申秀英，刘沛林，邓运员．景观"基因图谱"视角的聚落文化景观区系研究[J]．人文地理，2006，21(4)：109-112.

[6] 胡最，刘沛林，邓运员，等．传统聚落景观基因的识别与提取方法研究[J]．地理科学，2015，35(12)：1518-1524.

[7] 刘沛林，刘春腊，邓运员，等．客家传统聚落景观基因识别及其地学视角的解析[J]．人文地理，2009，24(6)：40-43.

[8] 杨晓俊，方传珊，王益益．传统村落景观基因信息链与自动识别模型构建——以陕西省为例[J]．地理研究，2019，38(6)：1378-1388.

[9] 胡最，闵庆文，刘沛林．农业文化遗产的文化景观特征识别探索——以紫鹊界、上堡和联合梯田系统为例[J]．经济地理，2018，38(2)：180-187.

[10] 刘沛林．古村落文化景观的基因表达与景观识别[J]．衡阳师范学院学报(社会科学)，2003，24(4)：1-8.

[11] 刘沛林，刘春腊，邓运员，等．基于景观基因完整性理念的传统聚落保护与开发[J]．经济地理，2009，29(10)：1731-1736.

[12] 刘沛林．"景观信息链"理论及其在文化旅游地规划中的运用[J]．经济地理，2008，28(6)：1035-1039.

[13] 杨晓俊，方传珊，王益益．传统村落景观基因信息链与自动识别模型构建——以陕西省为例[J]．地理研究，2019，38(6)：1378-1388.

[14] 胡最，刘沛林，陈影．传统聚落景观基因信息图谱单元研究[J]．地理与地理信息科学，2009，25(5)：79-83.

[15] 胡最，刘沛林，申秀英，等．传统聚落景观基因信息单元表达机制[J]．地理与地理信息科学，2010，26(6)：96-101.

[16] 邓运员，代侦勇，刘沛林．基于GIS的中国南方传统聚落景观保护管理信息系统初步研究[J]．测绘科学，2006，31

(4)：74-77.
[17] 胡最，刘沛林．基于GIS的南方传统聚落景观基因信息图谱的探索[J]．人文地理，2008，23(6)：13-16.
[18] 胡最，刘沛林，申秀英，等．古村落景观基因图谱的平台系统设计[J]．地球信息科学学报，2010，12(1)：83-88.
[19] 刘沛林．中国传统聚落景观基因图谱的构建与应用研究[D]．北京：北京大学，2011：1-254.
[20] 聂聆．徽州古村落景观基因识别及图谱构建[D]．合肥：安徽农业大学，2015：1-81.
[21] 刘沛林，刘春腊，邓运员，等．我国古城镇景观基因“胞—链—形”的图示表达与区域差异研究[J]．人文地理，2011，26(1)：94-99.
[22] 赵万民．宁厂古镇[M]．南京：东南大学出版社，2009.
[23] 刘素英．因盐而变：巫溪宁厂古镇调查研究[D]．重庆三峡学院，2021.
[24] 傅国群，李虎．生活歌唱与地方社会生活逻辑——以重庆巫溪县五句子歌为中心的考察[J]．重庆三峡学院学报，2020，36(06)：17-24.

作者简介

刘玉枝，1997年生，女，陕西咸阳人，重庆大学建筑城规学院硕士研究生在读，研究方向为城市更新、村镇聚落更新。电子邮箱：1206734252@qq.com。

（通信作者）左力，1976年生，男，重庆人，研究生，重庆大学建筑城规学院，副教授，山地城镇建设与新技术教育部重点实验室，研究方向为城市更新、村镇聚落更新。电子邮箱：zuoli@cqu.edu.cn。

基于绿视率与NDVI的城市绿色空间分布及优化策略研究

Spatial Distribution and Optimization Strategy of Urban Green Landscape Based on GVI and NDVI

李霁越　吴　军*　李鹏波

摘　要：城市绿色景观空间对居民健康和生态环境的可持续发展具有重要影响，人们越来越意识到城市中的“绿色”对提高生活质量的重要性。既往研究中常以归一化植被指数（Normalized Difference Vegetation Index，NDVI）和绿视率（Green View Index，GVI）来分别代表二维和三维的绿色指标，但对二者在城市中空间分布的深入研究较少。本文以天津市和平区为例，在250m×250m的网格尺度上利用图像语义分割计算街道GVI，利用地理空间数据云平台的遥感数据计算NDVI，探讨了二者的空间分布特点和相关性。研究发现：①天津市和平区绿视率分布呈“东南高，西北低”的片状特征。②研究区的GVI与NDVI在空间分布上不完全一致，植被覆盖率普遍存在“街道低，集中绿地高”的特点。③通过对比GVI与NDVI空间分布揭示城市绿色空间分布现状，对进一步在城市更新中进行精细化优化和养护提出策略。

关键词：绿视率；植被覆盖率；空间特征；机器学习；遥感反演

Abstract: Urban green landscape space has an important impact on residents' health and sustainable development of ecological environment, and people are increasingly aware of the importance of "green" in the city to improve the quality of life. In previous studies, Normalized Difference Vegetation Index (NDVI) and Green View Index (GVI) were used to represent two-dimensional and three-dimensional Green indexes respectively. However, there are few in-depth studies on their spatial distribution in cities. Taking Heping District of Tianjin as an example, this paper uses image semantic segmentation to calculate street GVI on the grid scale of 250m×250m, and uses remote sensing data of geospatial data cloud platform to calculate NDVI, and discusses their spatial distribution characteristics and correlation. The results show that: (1) The distribution of green visual acuity in Tianjin Peace District shows a patchy characteristic of "high in southeast and low in northwest". (2) The spatial distribution of GVI and NDVI in the study area is not completely consistent, and the vegetation coverage is generally characterized by " low street, high concentrated green space". (3) By comparing the spatial distribution of GVI and NDVI to reveal the current status of urban green spatial distribution, and put forward strategies for further refinement optimization and maintenance in urban renewal.

Keywords: Green View Index; Vegetation Coverage Rate; Spatial Characteristics; Machine Learning; Remote Sensing Inversion

1　研究背景

随着我国城市化建设步伐的进一步加速，城市住宅建设用地与绿色资源的合理配置间的问题越显突出，在这一背景下合理的绿色空间布局就显得尤为重要。城市绿色空间是指在城市区域范围内已被绿化植物覆盖的并具有相应的生态和服务功能价值的空间，较一般城市绿地更能凸显出其三维空间特性[1]。城市绿色空间是直接的影响广大市民生活品质的主要因素之一，对城市居民的身体健康及美学服务具有突出价值。如何科学度量城市绿色空间以及如何从空间角度研究城市中的“绿色”已成为解决诸多城市环境问题的迫切需求。

以往通过遥感图像来获取绿色植被指标在研究中是极常见的，如利用遥感图像捕捉植被冠层的叶绿素含量来量化植被冠层数量的归一化差异植被指数（NDVI）[2]。遥感图像具有包括高成本效益、标准化的数据处理、覆盖范围大且具有不同空间和光谱分辨率的传感器的可用性等优势，虽已被广泛应用，但自上而下角度只能捕捉到植物的顶部，这种从遥感图上俯瞰的方法无法完全代表街道层面人们对植被的感知。而街道层面的城市绿化大多还是依靠基于人工调研的低效方法[3]。

随着能够识别街景图片的语义分割技术的发展与成熟，遥感图像在识别城市绿化方面的不足在一定程度上得到了弥补。有许多平台提供城市街景图像，如谷歌街景及中国的百度街景和腾讯街景[4,5]。人工智能技术使得利用街景图像自动计算街道绿视率（Green View Index，GVI），提取街景绿化成为可能。Ratti等人[6]提出了基于谷歌街景（GSV）的GVI来研究街道上的植被和树荫分布。Richards和Edwards[7]绘制了行道树生态系统服务的提供地图，识别出遮阴较差的街道或街区，来确定优先种植的区域。与遥感数据中的植被指标不同，基于城市街景的图像分割方法从人视角度量化了街道绿化，更好地代表了人类感知到的植被分布。

街景数据与其他带有地理坐标的数据如遥感图像数据对照使用，起到补充数据集的作用，弥补了遥感图像俯视视角的缺陷。Helbich等人[8]发现基于街景和遥感的蓝绿空间测量代表了自然环境的不同方面。Larkin和Hystad[9]指出，基于街景的绿地测量与使用遥感图像的其他测量方法相关性较小，这表明街景图像捕获了有关绿色景观的独特信息。Chen[10]研究发现，人视所能感知到的“绿色”与俯视绿地的数量或密度不完全一致，遥感数据可以结合不同的形式的观测数据，综合评价城市绿地的价值。Wang[11]讨论得出人眼视角的GVI与鸟瞰视角的NDVI数值之间存在正相关关系，但在研究过程中忽视了地理空间因素对统计过程的影响。陈钺等[12]计算道路绿视率与缓冲区内绿化覆盖率的相关性，并对二者的关系作出了分析，提出可重点加强不同道路类型两侧40～50m范围内的绿化以提高绿视率。李苗裔等[13]测量并比较了街道GVI和NDVI的空间分布差异，进一步分析影响GVI的因素，从街道剖面的角度提出了提高街道绿化质量的具体设计策略。

目前国内对于绿视率的研究多是从街道层级的道路绿化结构、植物种类和丰富度等方面展开优化策略。为促进城市绿色景观的综合评价，城市绿色植被由二维向三维立体化发展，需要开展涉及街道绿视率与NDVI为代表的植被覆盖率在街区层级的空间分布研究，为城市规划、园林绿化和城市精细化管理提供数据支撑和策略依据。

2 数据及方法

2.1 研究区域

研究选取天津市和平区范围（9.98km²）为对象。天津具有我国华北地区城市的特征，市区的中心城市空间形态密度极高且水资源丰富，冬冷夏热气候四季分明，属典型的温带大陆性季风型气候。和平区地处天津的市区中心，海河的干流的西岸，位于北纬39°06′～39°08′10″，东经117°10′16″～117°12′53″之间，下辖6个街道。和平区具有优越独特的历史人文环境条件与深厚的民族文化底蕴，历史遗留下来的租界区域对和平区的城市和街道形态布局产生了较大影响。

2.2 研究数据

2.2.1 全景街景图像

通过HTTP URL调用API接口，获取2020年8月百度街景地图中和平区街道6400个观测点的360°全景街景图片，用以计算街道绿视率。平均每两处观测点间隔约50m，覆盖整个和平区。通过输入垂直方向的角度和实现水平角度以及视点的地理位置坐标，来获取每个观测点于人视角相一致的全景街景图片，其中每张街景图片都包含了视线角度、地理坐标等信息。

2.2.2 卫星遥感图像

利用地理空间数据云平台（http：//www.gscloud.cn/）获得天津市和平区2020年8月12日条带号为122、行编号为33少云的Landsat 8 OLI _ TIRS卫星遥感影像，数据精度单位30m，将该遥感影像作为原始数据输入ENVI 5.5做辐射定标、大气校正、几何校正等预处理。

2.3 计算及分析方法

2.3.1 GVI计算

把获得的百度全景街景图像输入深度学习基于ADE_20K数据集训练的深度学习全卷积网络（FCN）语义识别模型，以识别出其中不同要素的占比情况，如天空、植物、建筑、道路等。提取每个观测点采集的街景图片中绿色植物的占比，作为该点的绿视率的值，全区街道GVI计算结果如图1。

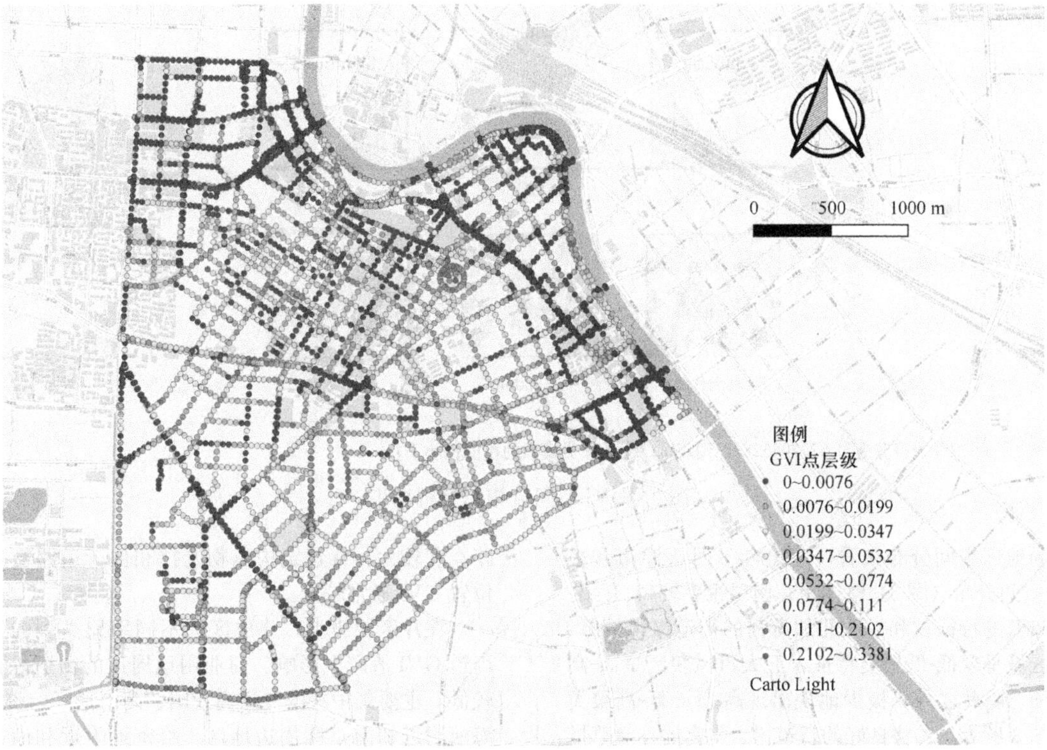

图1 和平区GVI分布示意

2.3.2 NDVI 计算

归一化植被指数（NDVI）是一个标准化指数，该指数对多光谱栅格数据集中两个波段的特征进行对比，即红色波段中叶绿素的色素吸收率和近红外（NIR）波段中植物体的高反射率。

NDVI 的默认方程为：

$$NDVI=[(NIR-RED)/(NIR+RED)]$$

式中，*NIR* 为近红外波段的像素值。

NDVI 的输出值介于［−1，1］之间用于表示植被覆盖密度。负值主要根据云、水和雪生成；接近零的值则主要代表裸露岩土或被雪覆盖的贫瘠区域；值为正且数值越大，植被覆盖率越高、地表植物覆盖越茂盛。将原始数据输入 ENVI 5.5 做一系列预处理后，导入 ARCGIS PRO 2.5 裁剪后用波段计算出 NDVI 以表征植被覆盖率。

2.3.3 GVI 与 NDVI 的统计分析

选定 GVI 空间分布数据以及与其对应的 NDVI 空间分布数据，在 ArcGIS Pro 2.5 中创建渔网，以网格为研究基本单位分析天津和平区内的主要街道绿视率、植被覆盖率之间的空间的分布关系。取各个单位网格中的每个观测点的 GVI 平均值作为单位网格 GVI 的数值，以网格裁剪的 NDVI 数据作为它的 NDVI 值。得出各单元网格的 GVI 值和 NDVI 值后，在 250m×250m 尺度上进行空间属性的叠加。

其中，网格尺度是根据已有研究[13]指出的人视线所能看到的最远距离而确定的，250m×250m 的单位尺度范围大概与街区尺度相一致。然后在 ENVI 5.5 中对区段进行划分、导出为 SHP 文件后，在 ArcGIS Pro 2.5 中进行矢量转栅格、重分类等。

3 结果与分析

3.1 绿视率的空间分布特征

绿视率的全局空间自相关分析是在 ArcGIS PRO 2.5 中利用 Global Moran's I 工具进行的。和平区绿视率具有正的空间自相关性且空间呈现明显的集聚特征，其中 Moran I 指数为 0.46，*Z* 得分为 9.94，$P<0.01$（图 2）。通过对绿视率的局部空间自相关分析发现，绿视率在研究区呈现较为明显的高-高集聚、低-低集聚特征，局部小范围出现的高-低、低-高空间差异特征。

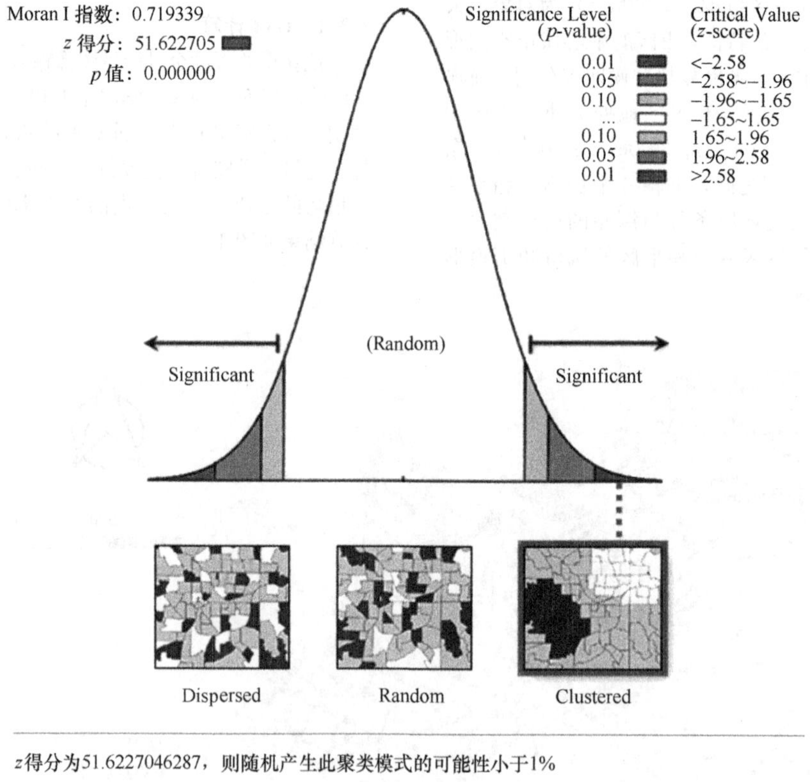

图 2　GVI 空间自相关分析结果

从全局地理空间分布来看，2020 年 8 月天津市和平区 GVI 的空间分布（图 3）整体呈东南绿视率较高、西北部绿视率较低的特征。和平区北邻海河的街道绿视较差，东北西北区域呈现低-低聚类特征，五大道风貌区呈高-高聚类的特征。除此之外，极少地块出现高-低、低-高聚类特征，如图 3 所示。长势良好的行道树、丰富的乔灌草搭配和街旁小游园的布置对 GVI 的值产生积极影响，在道路宽度较大、有建筑构筑物遮挡和位于道路交叉路口等位置 GVI 通常较低。

在片区层级上，建成区的不同用地类型的差异会对街道 GVI 值产生影响。商业用地周边的街道绿视率普遍较低，主要集中在滨江道商业圈、南市地区、解放北路沿海河附近和南京路周边地区。哈密道附近和南市中部是老旧住宅集中区域，建筑密度较大、街道绿化水平参差不

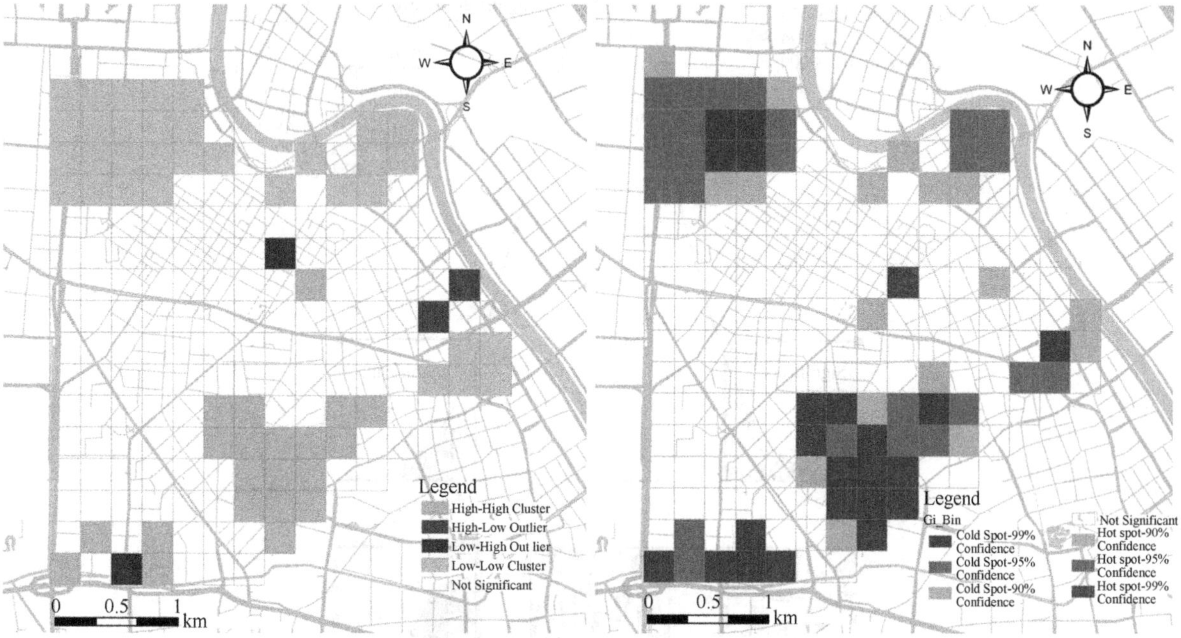

图 3　GVI 局部空间聚集特征

齐、绿视率分布不均。西康路和卫津路附近是该区域新住宅区，街道环境及品质较好，街道绿视率相对较高。五大道地区受历史文化街区保护的影响，街道绿植占比相对较高，街道绿视率最高。

在街道层级，当城市街道宽度大于 24m 时绿视率数值有明显下降，在研究区内达到该宽度的道路绿视率数值大多小于 10%。在以大沽北路、西康路、卫津路为代表的主要交通干道及南京路、营口道为代表的快速路周围，道路绿化不足，且道路交汇口处绿视率较低绿化分布不够连续。如泰安道和赤峰道等次级城市道路绿化连续性较强，符合人本绿色空间尺度要求形成了林荫道；分布在滨江道和解放北路周边的道路景观要素丰富且尺度宜人，景观优美街道品质较高。

3.2　NDVI 的空间分布特征

通过全局空间自相关分析发现，NDVI 的 Global Moran's I 指数为 0.46，$p<0.01$，Z 得分达到 10.23 远大于 2.58。以上指数说明研究区的绿化覆盖率在具有明显正相关全局空间特性的同时，空间聚集特征明显，如图 4 所示。NDVI 普遍存在“街道低，集中绿地高”的现象，且在绿化覆盖较高的集中绿地区域呈现自中心向外围递减的趋势。通过 ArcGIS PRO 2.5 的局部空间自相关分析发现，研究区呈现较明显的高-高集聚和低-低集聚特征且未发现明显的高-低、低-高空间差异特征。

整体的绿化覆盖没有形成系统网络且集中绿地较少。集聚空间整体呈现南北分布的特点，高-高集聚空间主要分布在靠南的新兴里、朝阳里等居住生活区，低-低集聚空间主要分布在沿海河金融中心商务区。具体来说睦南花园、法式中心花园和津门地区沿河绿带，此外还有海河之滨的带状绿地和海河西岸的滨河公园联合构成了区内主要的集中绿地，但在上述集中绿地周围并未出现极端植被覆盖度高低空间异常聚集现象。许多支路凭借茂密的树冠形成良好的林荫路网，但也有不少新建道路缺失植被覆盖。区内 NDVI 的值统计如图 5、图 6 所示。

3.3　基于 GVI 与 NDVI 空间分布的城市绿色景观优化策略

总体上和平区绿地面积不足土地总量的 1%，绿地系统结构不够完善。区内集中绿地规模小，缺乏能够承载更多人流和活动的城市级的绿地，区级绿地较少，居住区级绿地缺失。从 GVI 与 NDVI 的空间分布来看，哈密道是和平区的重要绿轴，北起海河河畔的津门南至繁华的南京路，形成了具有区域特色的主要城市绿色街道界面，可作为城市区域街道的典型代表。南市新兴商住区、滨江道中心商业区、金融中心商务区以及南京路商务商贸经济带的街道绿视率普遍低于 10%，而且植被覆盖率不高，以上区域用地性质相对较复杂且多为高密度建筑用地，街道周围增加低矮的道路绿化可以明显提高绿视率。在如营口道地铁站东南角的建筑集中连片的区域，考虑设计综合建筑与场地的多层次绿化体系，包括屋顶绿化、垂直绿化、公共空间绿化、慢行步道绿化等，最大限度增加绿化覆盖面，增加区域内的碳汇效应。在立体种植的层面扩展屋顶和墙面绿化，增加立体和垂直绿化面积，让植物充分发挥其固碳能力。

在西南角的科技文化发展区、五大道风貌保护区，考虑通过增加一些小的中心绿化、街头绿地和局部道路绿化，提升生态绿化水平打造宜居环境。贵州道以西部分及南市的老城区，绿地的生活可用性较低且建筑密度较大，缺少系统规划的居住区级的绿地。在城市绿色开放空间缺失的建成区进行城市更新，如南京路、大沽路

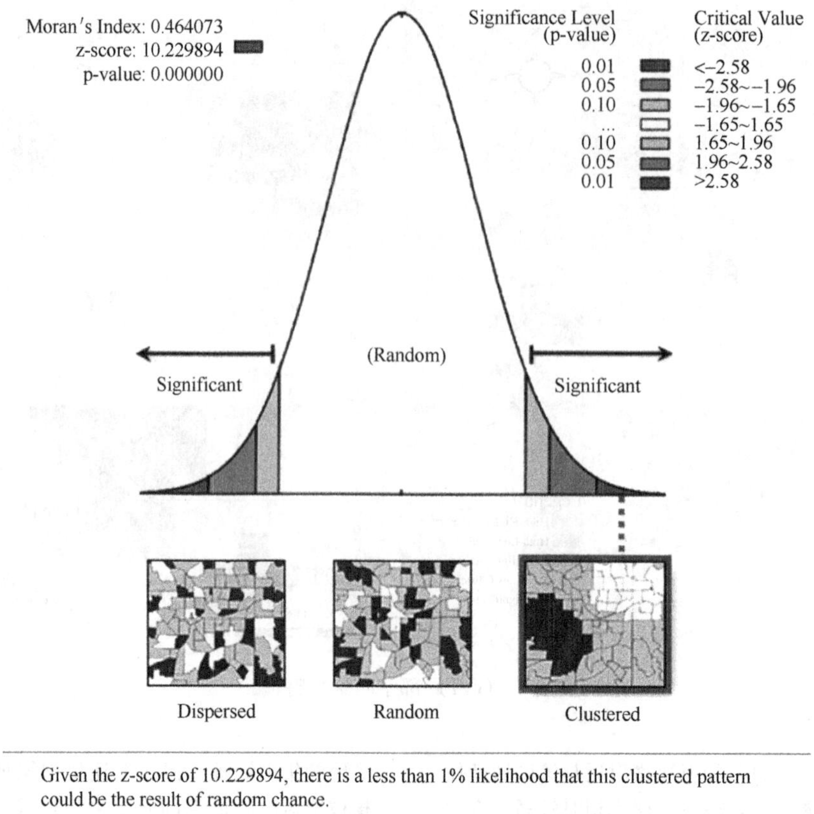

图 4　NDVI 空间自相关分析结果

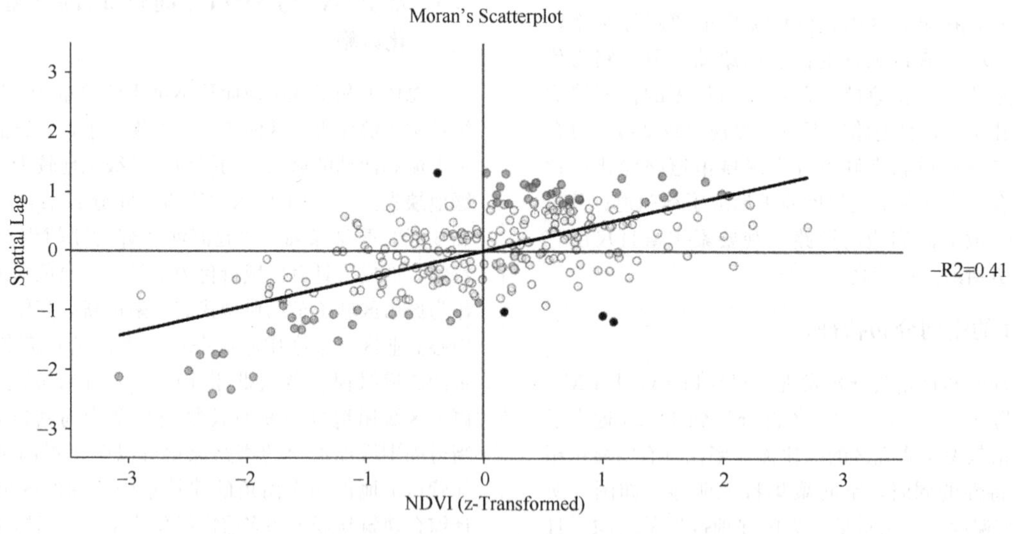

图 5　NDVI 全局莫兰散点图

沿线建议采用增设口袋公园和居住区级绿色景观，改善居民居住环境。改造时采用固碳能力强的植物种类，有序营造植物搭配组合，将乔木、灌木、地被植物有机结合，提高街道绿视率，为夏季遮阴、冬季取暖提供有利条件。

空间有限的窄巷街区可以采用“见缝插绿”的模式，使用如立体绿化、屋顶绿化等在有限的环境里充分利用空间。通过结合地理坐标回溯街景图像，发现有些地区的绿地比例很低，但其 GVI 依旧较高，大多是拥有长势良好行道树的小街巷，如锦州道、四平东道和多伦道。在窄巷中使用立体绿化见缝插绿，根据种植位置选择攀爬、悬挂和点缀的绿植，增加绿视率提升街区整体的景观风貌。在已有绿化街道的基础上连绿成片，通过增加道路林荫道及小区绿地提高绿化覆盖率。另外鼓励居民在划定范围内合理利用消极空间进行绿化种植，提高城市绿化更新的公众参与度。

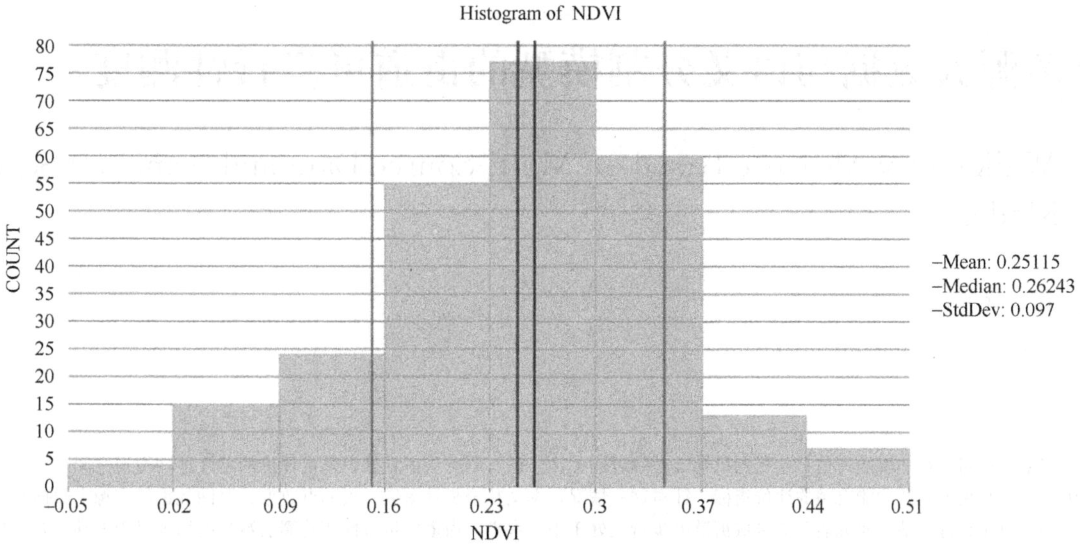

图 6　NDVI 分布柱状图

4　结语及展望

本文主要以代表街道的绿视质量的 GVI 与代表植被覆盖率的 NDVI 在总量和空间规律上进行了分析研究。通过以 GVI 为代表的垂直绿化指标与遥感反演土地利用类型相结合，运用空间统计方法对 GVI 与 NDVI 的相关规律进行了分析，发现二者各自的空间分布特点。便于快速确定规划中需要优先种植的区域和针对覆被和绿视方面改善的区域。

研究的不足之处在于，作为 GVI 与 NDVI 全局空间分布研究在风景园林领域的初步尝试，在过程中没有考虑不同单位尺度渔网范围的影响，且选择在单一时间段进行分析。除丰富基础数据、扩大研究范围之外，后续研究可以从以下两大方面进行：一方面，对街道 GVI 和 NDVI 的识别精度做进一步的提升；另一方面，可对绿化覆盖率、叶面积指数、人均绿地率和人均公园面积等二维指标与绿视率之间的空间相关性规律进一步开展研究，判断其关系是否受到时空因素的影响。

参考文献

[1] 韩依纹，戴菲. 城市绿色空间的生态系统服务功能研究进展：指标、方法与评估框架[J]. 中国园林，2018，34(10)：6.

[2] Marco，Helbich. Spatiotemporal Contextual Uncertainties in Green Space Exposure Measures：Exploring a Time Series of the Normalized Difference Vegetation Indices. [J]. International journal of environmental research and public health，2019.

[3] Li X，Ratti C，Seiferling I. Quantifying the shade provision of street trees in urban landscape：A case study in Boston，USA，using Google Street View[J]. Landscape & Planning，2018.

[4] Assessing street-level urban greenery using Google Street View and a modified green view index[J]. Urban Forestry & Urban Greening，2015，14(3)：675-685.

[5] LeCun，Yann，Bengio，et al. Deep learning [J]. Nature，2015.

[6] XJ，Ratti，Seiferling. Quantifying the shade provision of street trees in urban landscape：A case study in Boston，USA，using Google Street View[J]. LANDSCAPE URBAN PLAN，2018.

[7] Richards D R，Edwards P J. Quantifying street tree regulating ecosystem services using Google Street View[J]. Ecological Indicators，2017，77：31-40.

[8] Marco，Helbich，Yao，et al. Using deep learning to examine street view green and blue spaces and their associations with geriatric depression in Beijing，China. [J]. Environment international，2019.

[9] Larkin A，Hystad P. Evaluating street view exposure measures of visible green space for health research[J]. J Expo Sci Environ Epidemiol，2018，29(4)：1.

[10] Chen J，Zhou C，Li F. Quantifying the green view indicator for assessing urban greening quality：An analysis based on Internet-crawling street view data[J]. Ecological Indicators，2020，113.

[11] Wang R，Helbich M，Yao Y，et al. Urban greenery and mental wellbeing in adults：Cross-sectional mediation analyses on multiple pathways across different greenery measures [J]. Environmental Research，2019.

[12] 陈钺，钱冠杰. 城市道路绿视率特点及其与绿化覆盖率关系——以深圳南山区为例[J]. 特区经济，2020(2)：59-63.

[13] 李苗裔，杨忠豪，薛峰. 基于多源数据的城市街道绿化品质测度与规划设计提升策略——以福州主城区为例[J]. 风景园林，2021，28(2)：62-68.

作者简介

李霁越，1998 年生，女，汉族，河北石家庄人，天津城建大学建筑学院硕士研究生在读，研究方向为风景园林规划设计。电子邮箱：lijiyue0622@foxmail. com。

（通信作者）吴军，1970 年生，女，汉族，山东泰安人，硕士，天津城建大学建筑学院，副教授，研究方向为风景园林规划设计。电子邮箱：312934384@qq. com。

李鹏波，1969 年生，男，汉族，山东青岛人，博士，天津城建大学建筑学院，教授，研究方向为风景园林规划设计及其理论、矿山生态景观修复规划与设计。电子邮箱：554070722@qq. com。

基于多源大数据与语义分割模型的街道可步行性测度

Street Walkability Measure Based on Multi-Source Data and Semantic Segmentation Model

刘玲君　郑　曦*

摘　要： 近年来，针对步行环境的评估日益受到风景园林学者的关注。已有研究从视觉景观质量评价的角度评估街道空间步行适宜性，在分析框架中未纳入与街道承载功能有关的评价指标。针对这一情况，本文整合街景图像、兴趣点数据、路网数据等多源大数据开展北京二环内城区的街道可步行性评估，研究表明该区域街道可步行性处于中等水平，街道可步行性随着圈层数量的增加呈现波动上升趋势。
关键词： 风景园林；城市更新；街道可步行性；大数据；语义分割

Abstract: In recent years, the assessment of the walking environment by needles has attracted increasing attention from landscape architects. Studies have been conducted to assess the walkability of street space from the perspective of visual landscape quality evaluation, and evaluation indicators related to street bearing function have not been included in the analysis framework. Aiming at this situation, this paper integrates multi-source big data such as streetscape images, point of interest data, and road network data to carry out street space walkability assessment in the inner urban area of the second ring road of Beijing, and the results show that the street walkability in this area is at a medium level, and the street walkability fluctuates with the increase of the number of circle layers uptrend.
Keywords: Landscape Architecture; Urban Renewal; Street Walkability; Big Data; Semantic Segmentation

引言

随着我国城市建设进入转型时期，步行环境的研究正日益受到风景园林学者的关注，在以机动车通行为导向建立起来的现代城市中，街道尺度失衡、步行空间品质下降、人车路权矛盾突出等问题不断出现，如何推动步行友好城市建设成为城市更新的重点关注内容。

针对街道可步行性，目前学界尚没有一致的定义[1,2]。相关研究将步行性描述为空间对行人步行引导能力的空间属性[3]。2007 年，国外学者用基于日常设施分布规律的步行指数（walk score）来描述街道可步行性[4]，但其中部分权重并不完全适用于国内城市。在国内学者的相关研究中，邓浩将城市平面肌理应用于步行空间的研究中[5]，对其基本特征展开了形态学分析。郭炼镠等结合田野调查数据，对上海曹杨新村开展了步行舒适度研究[6]，房佳萱基于 POI 数据对深圳市南山区的步行可达性进行了测度[7]。此类研究往往基于手工拍摄的街景或是单维大数据来评估街道空间可步行性。

近年来，得益于风景园林数字化技术的快速发展，部分学者尝试运用语义分割算法来定量地测度街道空间中的各类要素[8]，对绿色基础设施与街道空间品质之间的关系开展了研究。如郝新华等基于街景对成都一圈层、二圈层内的街道绿视率进行了研究[9]，提出将街道绿化作为可步行性的评价指标。叶宇等抓取了上海中心城区的街景数据，结合路网数据对上海中心城区的街景绿化进行了评价[10]。唐婧娴等通过街景图像的客观要素构成分析和步行者主观评价，对北京和上海的街道舒适度展开了研究[11]。

总体来看，相关研究尝试利用街景数据针对街道空间品质下降的问题进行了一定的讨论，但其往往着眼于街景客观要素分析，与街道可步行性的连接较少。同时，多数研究仅仅将平面路网作为研究基面，忽略了街道三维空间品质及街道承载的各项城市功能。本文将街景图像、路网数据以及 POI 数据三者结合，共同构建街道步行空间的测度体系。从而较为准确地评估街道步行环境品质，为后续风景园林学科建设步行友好城市提供科学理性的数据支撑。

1　研究设计

1.1　研究区域与分析框架

研究范围为北京二环线以内的城区，面积约为 64.4km^2（图 1），该片区的街道空间丰富多元、街景数据质量较高，便于开展相关研究。本研究的分析框架主要包括数据采集、指标计算、品质评分、街道可步行性评价 4 个步骤（图 2）。

1.2　研究数据

研究中所使用的数据包括 POI 数据、路网数据以及街景图像数据。路网数据通过 QGIS 平台下载，以 50m 为间距在路网数据上生成采样点（图 3），将其发送至百度地图开放平台用于采集垂直于道路方向前、后的街景数据，最终下载并处理 7786 张图像用于语义分割及相关指标计算。抓取 2021 年的高德地图 POI 数据共 39380 条，根据研究需要分为餐饮购物、公共设施、体育休闲、生活服

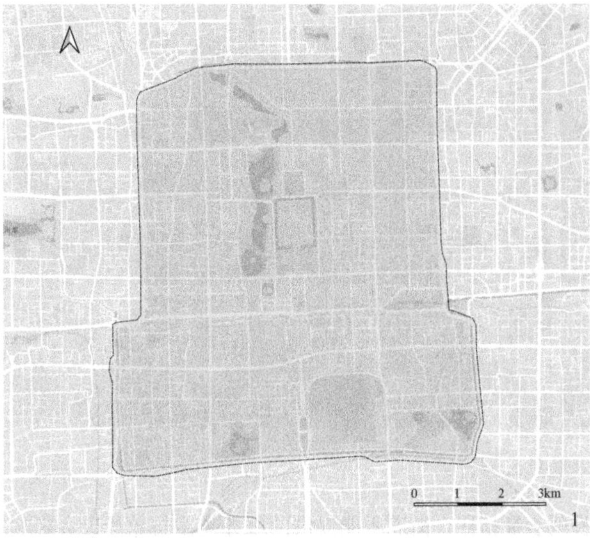

图 1　研究区域

务、交通设施、医疗保健 6 类。

本文采用 PSPNet 这一语义分割算法[9]对街景图像进行分割，该算法经过 Cityscapes 数据集的预训练。经由不同训练集训练的语义分割模型对于图片具有不同的识别效果与类目。经验证，Cityscapes 数据集更适合用来进行街景图像的语义分割，该数据集对于街景图片中不同季节的树木有较好的识别效果（图 4）。

1.3　评价体系构建

街道的可步行性受到多方面影响，环境设计预防犯罪理论指出监视性（surveillance）是影响街道治安的核心要素之一[12]，街道的行人容纳量直接影响了街道空间的环境监视度。同时，街道空间机动化程度以及人行道占比会影响到人的视觉感知性安全。因此，本文选择环境监视度、机动化程度以及人行道指数作为衡量街道步行空间安全性的三个指标。

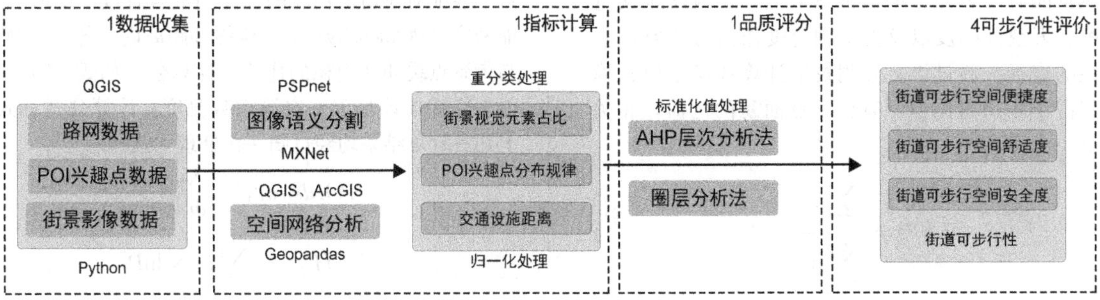

图 2　分析框架

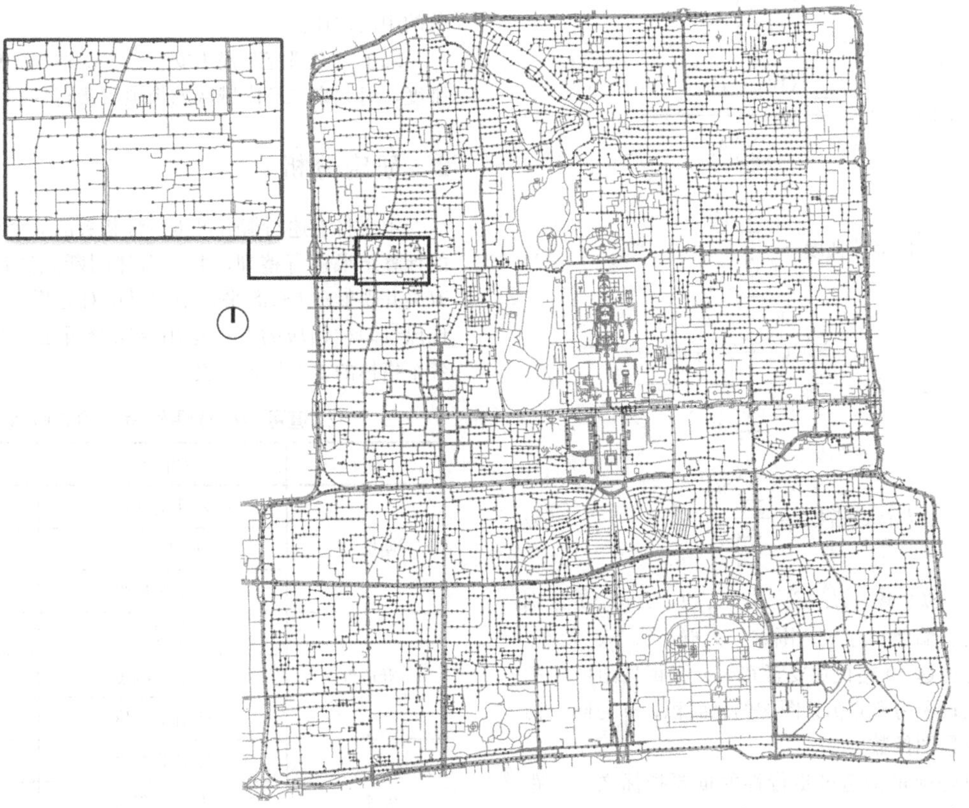

图 3　街景图像采样点示意

图 4 语义分割结果对比

城市街道空间的景观视觉特征在步行者对周围街道环境的感知中起到了核心的作用[12-14]。美丽宜居的城市建设是风景园林学科重要的实践领域之一，因此本文选取绿视率、天空开阔度以及街道围合度作为街道空间步行舒适性的表征。通过语义分割技术计算各视觉要素像素点面积占单张街景图像所有像素点面积的比值，相关公式如下：

$$\text{绿视率}=\frac{\sum_{i=1}^{m}G_n}{\sum_{i=1}^{m}A_n} \tag{1}$$

$$\text{天空开阔度}=\frac{\sum_{i=1}^{m}Sk_n}{\sum_{i=1}^{m}A_n} \tag{2}$$

$$\text{街道围合度}=\frac{\sum_{i=1}^{m}(W_n+B_n+F_n)}{\sum_{i=1}^{m}A_n} \tag{3}$$

$$\text{环境监视度}=\frac{\sum_{i=1}^{m}P_n}{\sum_{i=1}^{m}A_n} \tag{4}$$

$$\text{机动化程度}=\frac{\sum_{i=1}^{m}(C_n+T_n+Bu_n)}{\sum_{i=1}^{m}A_n} \tag{5}$$

$$\text{人行道指数}=\frac{\sum_{i=1}^{m}Si_n}{\sum_{i=1}^{m}A_n} \tag{6}$$

式中，G、Sk、W、B、F、P、C、T、Bu、Si 分别为树木、天空、墙体、建筑、围栏、人群、汽车、货车、公交车、人行道这 10 类视觉要素在第 n 张街景图像中的像素点面积比；A 为整张街景图像的总面积；m 为同一街景点爬取的街景图像数。

便捷性也是衡量街道可步行性的重要指标之一。距离公共交通的距离越近，人们便会倾向于选择步行出行。本文引入街景点与公共交通之间的距离作为街道空间便捷性的表征指标。街道所能提供的服务类型与数量也会影响街道的步行体验，故本文采用 POI 密度以及 POI 多样性指数来表征对应街道功能的密度与混合程度。街道空间的功能密度（POIdensity）为一定缓冲距离内，各类型 POI 数量与街景点缓冲区面积的比值，计算公式如式（7），街道功能多样性指数基于香农熵指数测度，计算公式如式（8）。上述各计算结果均经过归一化处理［式（9）］。

$$POIdensity=\frac{Number_{\mathrm{POI}}}{area(\mathrm{hm}^2)} \tag{7}$$

$$H'=-\sum_{i=1}^{s}P_i\times\ln P_i \tag{8}$$

$$Normalization=\frac{X-Min}{Max-Min} \tag{9}$$

式中，S 为总的设施数目；P_i 为该类设施在设施总数的中的占比。

综上，本研究基提出安全性、舒适性、便捷性这 3 个维度，对北京二环内城区的街道可步行性展开研究。

2 研究分析

本文将上述与街道可步行性相关的 3 个维度 9 个指标的计算结果进行整理，并用自然间断点法将其数值分为五类并映射在 QGIS 平台中加以比对分析。同时，邀请数位风景园林领域的专家运用层次分析法展开比选，确定各个指标的要素权重（表 1）。

街道可步行性评价指标的影响权重　　表 1

维度	评价指标	权重
便捷性	距公共交通距离	0.1164
	功能密度	0.0315
	功能多样性	0.0498
舒适性	绿视率	0.1975
	天空开阔度	0.0331
	街道围合度	0.0813
安全性	环境监视度	0.2888
	机动化程度	0.0781
	人行道指数	0.1235

2.1 街道空间步行安全性

街道空间步行安全性计算结果如图5所示。研究案例范围内的人行道占比数值偏低，没有明显的分布规律。靠近诸如什刹海公园、北海公园等山水要素的区域附近出现人行道指数的高值分布区域。

机动化程度可以表征城市街道空间机动车交通的发达程度，更可以侧面反映出不同城市空间机动车侵占道路等现象。将计算结果进行空间映射可以发现：研究案例区域部分主干道区域呈现出高值分布的特征，这些地区交通流量大，机动车拥有道路的主导权，导致非机动车同行者的步行安全感较差。

研究范围内整体的环境监视度呈现出与街道等级关联较大的情况，环境监视度高值区域普遍分布在东城区、前门西大街与珠市口西大街之间道路等级较低的街道。南锣鼓巷、白塔寺、北京坊等区域行人游客较多，因此有较高的环境监视度。各类主干道为机动车要道，步行者在街景图像中的占比较小，环境监视度较小。

2.2 街道空间步行舒适性

日本学者青木阳二指出当绿视率高于25%时，人会产生绿化条件较好的感受。通过计算，研究区域绿视率平均值为15.24%，反映出一般程度的绿化水平。将街道空间步行舒适性计算结果映射到GIS平台中（图6），发现整体绿视率的空间分布呈现交错特征，未形成集中的高绿视率街道区域。

街道空间天空开阔度反映了天空受遮挡的程度。相较于绿视率在空间分布上呈现的交错特征，天空开阔度与街道围合度均呈现出与道路等级较为密切的分布规律。道路等级越高，天空开阔度越高，街道围合度较低。位于珠市口大街以北的部分倾斜街道的呈现为街道围合度高值集中区域，此处同时也是低绿视率街道分布较广的地区。

2.3 街道空间步行便捷性

街道空间步行便捷性如图7所示。街景点距公共交通的距离通过网络分析计算得到，可以发现，距离公共交通较远的区域主要分布在城区各大景点以及胡同区域，而绝大部分主干道距离公共交通距离较小。

将街道功能密度的计算结果映射至空间中可以发现，具有较高功能密度的区域主要有西单北大街、东直门内大街、鼓楼东大街、王府井大街、崇文门外大街等商业中心。这些区域聚集了较多的城市功能。同时，这些区域也具有较高的街道功能多样性。而什刹海公园以及天安门广场一带由于交通管制等原因，街道功能多样性较低。

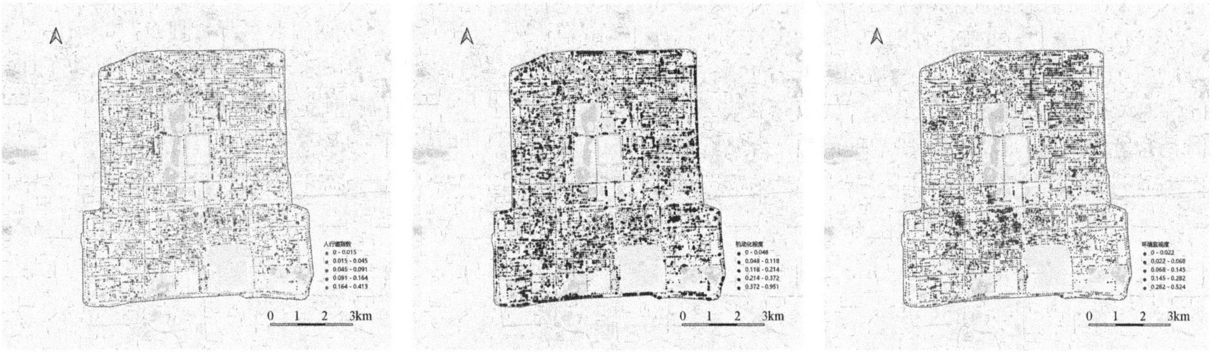

图5　街道空间步行安全性示意

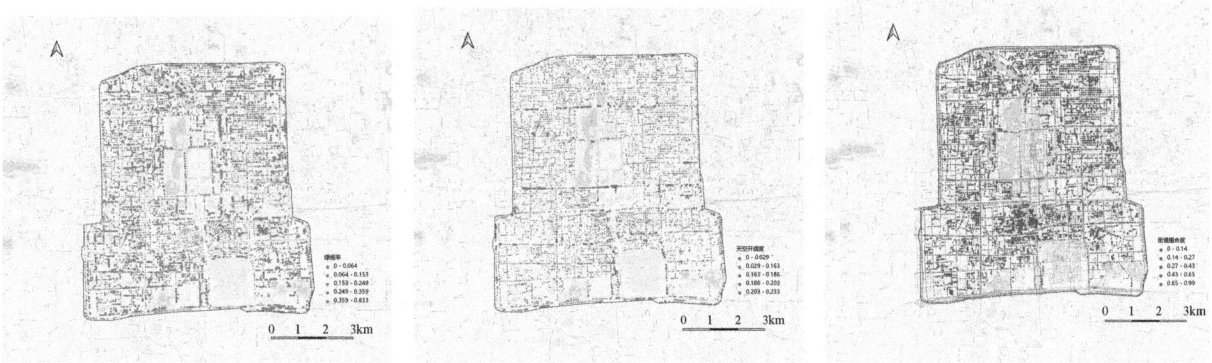

图6　街道空间步行舒适性示意

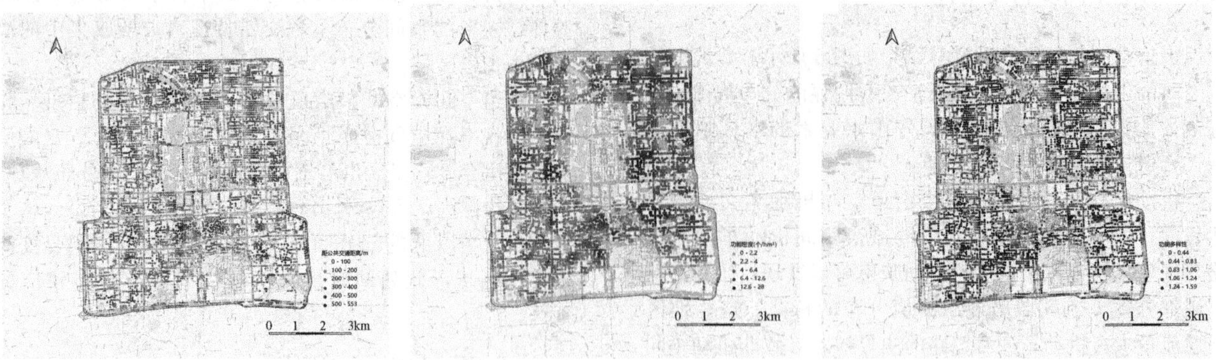

图 7　街道空间步行便捷性示意

2.4　街道可步行性评价

对上述 9 个指标的数值进行标准化处理后，映射到数值 1～5 的区间，根据上述层次分析法确定的权重进行要素汇总：

$$街道可步行性 = \sum_{i=1}^{9} S_i \times X_i \tag{10}$$

式中，S_i 为前述表 1 中各类街道空间可步行性的评价指标；X_i 为各指标对应权重。

在此基础上得出各街景点的街道可步行性，采用自然间断点法将街道可步行性分为五级并映射至空间进行呈现。为了便于结果分析，将研究区域划分为间隔 500m 的 12 个圈层（图 8），并统计各圈层范围内街道可步行性指数（图 9）。发现随着圈层属的增加，街道可步行性呈现出“减少—增大—减小”的趋势，但总体上来说，可步行性还是呈现了先上升后归于平稳的趋势。研究区域街道可步行性均值为 2.94，属于中级水平。高可步行性街道主要集中在东四北大街到东直门南大街之间的东西向的胡同区域以及太平桥大街与西单南大街之间的区域。此部分街道绿视率以及设施丰富度和多样性普遍较好。低可步行性街道集中分布在长安街一带，这些区域的街道尺度较大，不利于行人使用。除上述区域外，研究区域整体的可步行性空间分布规律较为散乱。

为进一步分析街道可步行性的影响因素，本文统计各圈层语义分割结果的要素占比（图 10），同时绘制了 POI 兴趣点热力图（图 11）。随着圈层数的增大，大部分景观视觉要素的变化平稳。城区外围的 POI 密度普遍比城区中心的 POI 密度要高，故可步行性指数受到了一定的影响。在视觉要素方面引起可步行性指数波动的主要是建筑要素的下降、绿色植被要素的上升与机动车视觉要素的上升，其中前两种视觉要素的街景占比更大，对街道可步行性的影响更为显著。

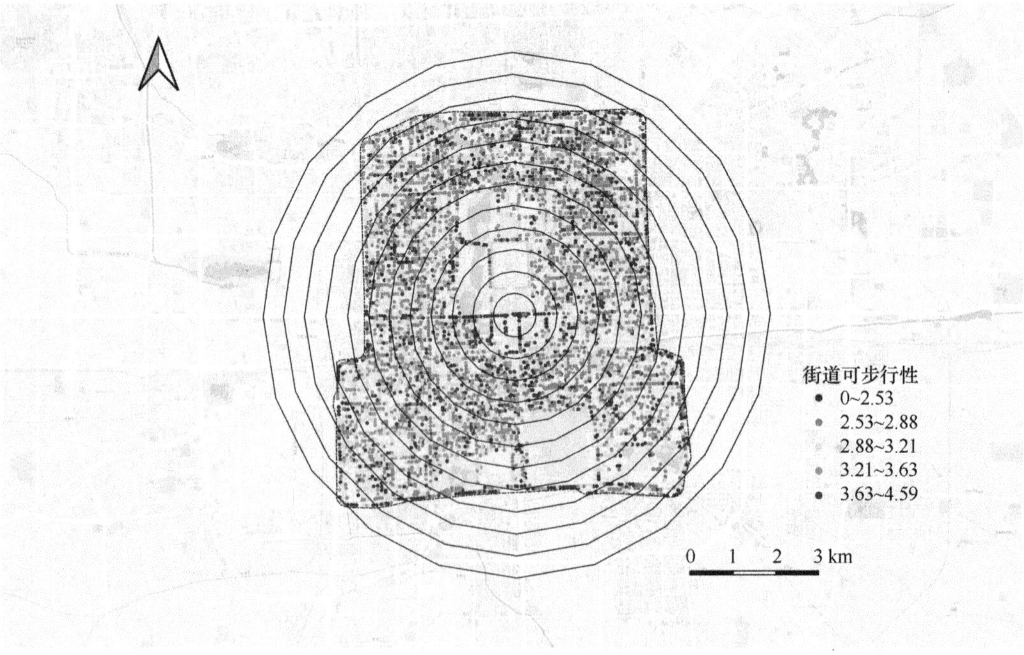

图 8　街道空间可步行性测度

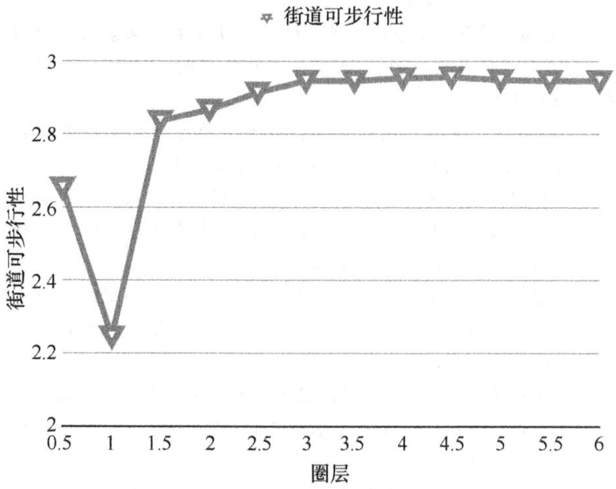

图 9　各圈层范围内的街道可步行性指数

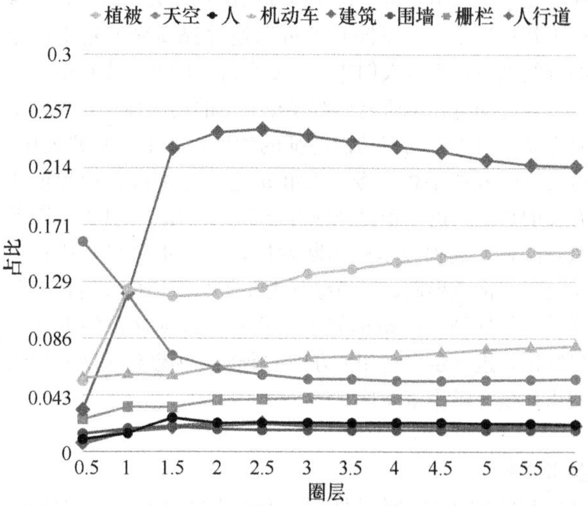

图 10　各圈层语义分割结果的要素占比

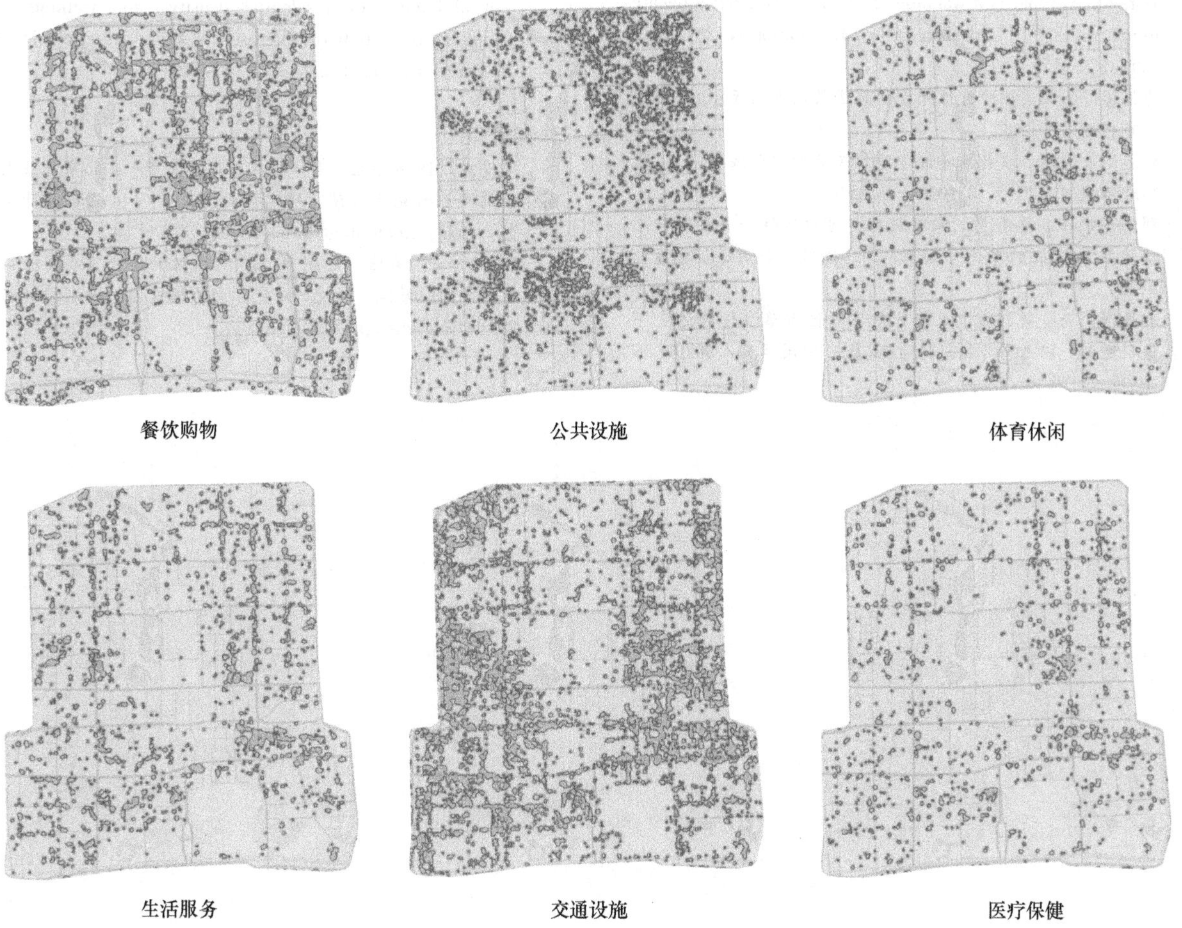

图 11　POI 兴趣点热力图

3　讨论与总结

本文将街景数据与 POI 数据结合，在考虑了景观视觉要素与街道可步行性关联的同时，兼顾了街道所承载的各项城市功能对街道可步行性指数的影响。本研究采用圈层法描述计算结果，能更为直观地描述行人从城区外部往中心城区移动的可步行性感受。研究结果表明：步行者视觉上的舒适度与安全度越高、越接近各类设施便捷的区域，街道可步行性越高。建筑视觉要素与绿色植被视觉要素对于街道可步行性指标的影响较大。因此，在城市更新过程中，风景园林师可以通过提高绿色基础设施的空间品质，为行人创造一个安全舒适的城市步行空间。

与此同时，本研究仍然存在一定的局限性，首先，本研究缺乏对街道动态功能特征的测度，在下一步研究中，将尝试引入如手机信令、人群轨迹等与步行者行为模式有关的数据，进一步提升分析结果的准确性。其次，随着风景园林大数据技术的不断发展，下一步研究有望将道路材质、街道界面、街道绿化类型等与街道可步行性有关联的大数据纳入分析框架中，并采用数据众包的形式收集数据，进一步推动相关方向的研究，为创建美丽宜居的城市环境提供决策支持。

参考文献

[1] FRANK L D，SALLIS J F，SAELENS B E，et al. The development of a walkability index：application to the neighborhood quality of life study[J]. British journal of sports medicine，2010，44(13)：924-933.

[2] Forsyth A. What is a walkable place The walkability debate in urban design[J]. Urban Design International，2015，20(4)：274-292.

[3] 卢银桃，王德美国步行性测度研究进展及其启示[J]. 国际城市规划，2012. 2.

[4] 刘涟涟，尉闻．步行性评价方法与工具的国际经验[J]. 国际城市规划，2018，33(04)：103-110.

[5] 邓浩，宋峰，蔡海英．城市肌理与可步行性——城市步行空间基本特征的形态学解读[J]. 建筑学报，2013(06)：8-13.

[6] 郭炼镠，汤晓敏．城市双修背景下社区道路步行舒适度评价研究——以上海曹杨新村为例[J]. 中国园林，2020，36(05)：70-75.

[7] 房佳萱．基于POI的深圳市南山区步行可达性评价研究[D]. 哈尔滨工业大学，2017.

[8] 赵晶，陈然，郝慧超，等. 机器学习技术在风景园林中的应用进展与展望[J]. 北京林业大学学报，2021，43(11)：137-156.

[9] 郝新华，龙瀛．街道绿化：一个新的可步行性评价指标[J]. 上海城市规划，2017(01)：32-36+49.

[10] 叶宇，张灵珠，颜文涛，等. 街道绿化品质的人本视角测度框架——基于百度街景数据和机器学习的大规模分析[J]. 风景园林，2018，25(08)：24-29.

[11] 唐婧娴，龙瀛．特大城市中心区街道空间品质的测度——以北京二三环和上海内环为例[J]. 规划师，2017，33(02)：68-73.

[12] 王科奇，赵天宇．基于防卫安全理论的长春市商住混合区街道环境设计分析[J]. 长春工程学院学报(自然科学版)，2015，16(01)：53-55.

[13] 张丽英，裴韬，陈宜金，等. 基于街景图像的城市环境评价研究综述[J]. 地球信息科学学报，2019，21(01)：46-58.

[14] RODRIGUEZ A D，EVENSON R K，DIEZROUX VA，et al. Land use，residential density，and walking：the multi- ethnic study of atherosclerosis[J]. American journal of preventive medicine，2007(7)：397-404.

作者简介

刘玲君，1998年生，女，壮族，广西南宁人，北京林业大学园林学院硕士研究生在读，研究方向为风景园林规划设计与理论。电子邮箱：lingjunliu@bifu. edu. cn。

（通信作者）郑曦，1978年生，男，汉族，北京，博士，北京林业大学园林学院，教授，研究方向为风景园林规划设计与理论。电子邮箱：zhengxi@bifu. edu. cn。

后疫情时代校园户外公共空间韧性设计策略研究

——以重庆大学 B 区校园为例

Research on Resilient Design Strategies of Outdoor Public Spaces on Campus in Post-epidemic Era：A Case Study of the Campus of District B of Chongqing University

黄佳月　古大炜　陈秋旭

摘　要：随着我国疫情防控进入常态化阶段，人员密集的公共空间使用安全问题得到了社会各界的广泛关注。本研究聚焦大学校园户外公共空间，以重庆大学 B 区校园为研究对象，通过构建校园公共空间活力度和适宜度的评价指标，筛选出校园中更新需求较高且具有潜在安全风险的公共空间样本展开研究。基于疫情防疫的相关政策和文献梳理，结合公共空间样本的调研分析，研究提出了“提升活力，保障防疫”的校园户外公共空间韧性目标，从空间组织、功能布局、道路系统以及景观设施等 4 个方面建立了校园户外空间的韧性设计导则。

关键词：疫情防控；校园户外公共空间；韧性；设计导则

Abstract：As our country's epidemic prevention and control has entered a stage of normalization，the use of densely populated public spaces has attracted widespread attention from all walks of life. This research focuses on the outdoor public spaces of university campuses，taking the campus in District B of Chongqing University as the research object，and by constructing the evaluation indicators of the vitality and suitability of the campus public space，the public space samples with high renewal demand and potential safety risks in the campus are screened out for research. Based on relevant policies and literature review of epidemic prevention and control，combined with the research and analysis of public space samples，the study puts forward the resilience goal of campus outdoor public space to "enhance vitality and ensure epidemic prevention". This aspect establishes guidelines for resilient design of campus outdoor spaces.

Keywords：Epidemic Prevention and Control；Campus Outdoor Public Space；Resilience；Design Guidelines

1　研究背景

从 2020 年初新型冠状病毒的出现开始，“韧性城市”一词逐渐成为研究的热点话题。随着我国逐渐进入后疫情时代，常态化的疫情防控成为城市治理的重要组成部分，在未来的城市发展中，公共空间的“韧性”构建是决定着城市韧性能力的关键[1]。在众多公共空间的韧性构建中，大学校园户外公共空间的韧性提升策略是城市韧性构建的重要内容之一。大学校园户外公共空间人群混杂、人员密集、公共安全风险性高、空间灾害抵抗力弱。因此带来的不确定性风险，亟待探索提升大学校园户外公共空间韧性的有效办法。

在校园户外公共空间研究方面，黄聪等从空间活力的角度对校园户外公共空间活力的特征因素进行阐述及活力营造策略研究[2]。在韧性设计策略研究方面，许慧等从城市公共空间韧性影响因素的角度利用层次分析等方法对公共空间的韧性设计策略进行理论和实践研究[3]，吴志强等从灾难对城市冲击过程的角度对城市公共空间的韧性设计策略进行理论和实践研究[4]。已有大学校园户外公共空间活力和安全的研究已起到了相当积极的作用，但是对于后疫情时代背景下带来的新问题针对性研究不足。对于大学校园户外公共空间活力评价或使用评价的研究较为深入，缺乏对于韧性设计策略层面的研究。

为了客观地获得具有针对性的韧性设计策略，本研究对重庆大学 B 区校园户外公共空间进行筛选，选出更新需求较高且有潜在安全风险的 5 个校园户外公共空间，并通过进一步研究提出有针对性的韧性设计导则。

2　疫情对校园户外公共空间的影响

2.1　应急性影响

疫情的突发，使得公共空间需要临时变更用途成为检测场所。高彩霞等聚焦高校校园中人口聚集和流动性大的高密集空间，研究高校校园密集场所的应急空间防控设计对策[5]。高玥等从智慧校园的角度提出未来学校应对公共卫生事件的应急策略[6]。2022 年 3 月，重庆市大学城、三峡广场等场所出现新冠确诊病例，以重庆大学为代表的各高校临时变更公共空间如风雨操场、户外篮球场等作为核酸检测场所（图 1）。

2.2　常态化影响

疫情常态化将在未来一段时期内持续[7]。疫情的长期存在，使得公共空间不仅需要考虑效率、活力等问题，还需要认识到公共卫生的安全性问题。国务院及国家卫

图1　重庆大学B区操场核酸检测现场照片

生健康委要求把疫情防控意识和措施融入日常生活中，要注意戴口罩、勤洗手、少聚集、保持安全社交距离等良好卫生习惯。重庆市、吉林市、上海市等城市进一步加强涉疫学校的日常监测，实行封闭管理，同时进一步加强非涉疫学校常态化疫情防控，采取体温监测、健康码和行程码查验等疫情防控措施。教育部学校规划建设发展中心对校园内需要防控的户外运动场所、校内广场区、校园道路、校园景观等4大户外场所提出使用与防控的建议[8]。

3　研究过程

3.1　研究样本选择

重庆大学B区作为老校区之一，占地约50hm²，常住人口包括学生、教职工、社区居民等约1.8万人；校园规划具有开放式校园的典型特征，且在后疫情背景下仍然保持一定的开放。因此，本研究以重庆大学B区中的11个户外公共空间作为初步研究样本，并通过进一步的筛选得出重点研究样本，以便得出针对性的韧性设计策略。

3.1.1　筛选方法

本研究采用文献收集及专家打分确定一级指标、二级指标及其权重，并建立研究对象筛选方法（表1）。通过行为观察、现场访谈、问卷调查等环境行为学研究方法[9]，于2021年9～11月份每周随机选取2～4天对11个样本空间进行数据采集与整理。数据采集共分为两个部分，第一部分空间适宜度，通过问卷调查、现场访谈获取其得分情况；第二部分为空间活力度，通过行为观测、实地测绘对人群密度、行为类型、停留时间3个层面进行观测。其中，通过将观测时间8：00～20：00分为12段，每一小时为一段，通过录制样本空间3个随机时段1小时的活动视频，结果按每30秒计算一次人群密度，抽取20组不同人群记录停留时间及行为类型进行数据整理，采用赋值的方式进行数据处理。通过调研，共收集专家问卷7份、学生问卷96份以及11个样本空间800余小时的活动视频。最后通过层次分析法对收集数据进行计算统计，确定重点研究样本。

筛选指标及权重确定　　表1

一级指标	二级指标	二级指标权重	量化方法
空间活力度	人群密度	0.1976	通过多个时段拍照计数公共空间使用人数，计算其平均值，并测量该空间占地面积，计算人群密度
	行为多样性	0.3119	通过多个时段拍照记录公共空间人群行为活动，归纳并计数人群行为类型，计算其平均值
	停留时间	0.4905	通过多个时段摄影记录公共空间人群使用情况，计算每个人的停留时间，计算其平均值
空间适宜度	空间尺度	0.327	通过对公共空间使用人群进行问卷访谈，对该空间尺度由不亲近到亲近进行打分，计算其平均值
	空间形态	0.4111	通过对公共空间使用人群进行问卷访谈，对该空间形态由不适宜到适宜进行打分，计算其平均值
	空间可达性	0.2611	通过对公共空间使用人群进行问卷访谈，对该空间可达性由差到强进行打分，计算其平均值

3.1.2　空间使用状况

对11个样本空间的调研数据进行整理与分析（表2）。由于用地条件特殊、功能不完善等原因，部分户外公共空间不具备研究代表性，为获得典型性的研究结果，最终选出5个样本空间作为韧性设计策略研究对象，并对其现状空间使用状况进行整理（图2）。

空间或力度与空间适宜度统计　　表2

一级指标	二级指标	二级指标权重	量化方法
空间活力度	人群密度	0.1976	通过多个时段拍照计数公共空间使用人数，计算其平均值，并测量该空间占地面积，计算人群密度
	行为多样性	0.3119	通过多个时段拍照记录公共空间人群行为活动，归纳并计数人群行为类型，计算其平均值
	停留时间	0.4905	通过多个时段摄影记录公共空间人群使用情况，计算每个人的停留时间，计算其平均值

续表

一级指标	二级指标	二级指标权重	量化方法
空间适宜度	空间尺度	0.327	通过对公共空间使用人群进行问卷访谈，对该空间尺度由不亲近到亲近进行打分，计算其平均值
	空间形态	0.4111	通过对公共空间使用人群进行问卷访谈，对该空间形态由不适宜到适宜进行打分，计算其平均值
	空间可达性	0.2611	通过对公共空间使用人群进行问卷访谈，对该空间可达性由差到强进行打分，计算其平均值

3.2 公共空间韧性研究

3.2.1 公共空间韧性目标

目前国内外对于后疫情背景下户外公共空间的研究多集中于控制社交距离层面，缺乏对于人群聚集、防疫能力等层面的研究。在社交距离层面，Honey-Roses 等提出需要采取加大路径宽度以控制安全社交距离等措施改变公园的设计以满足新冠病毒流行期间的使用需求[10]，Mehta V 提出以六英尺社交距离作为基准设计新型社交空间的思路并分析了空间结构对空间安全性的影响[11]，强调了控制社交距离对于户外公共空间的重要性；在人群聚集层面，Frumkin H 等提出通过空间设计手法的转变带动行为模式的改变以减少人群聚集及密切接触的发生[12]；在防疫能力层面，陆绍凯等对社区公共空间针对性地强化重点医疗设施的配置做出了相应的分析[13]，但对于校园户外公共空间防疫能力的相关研究较少，缺乏对于设计策略的研究和总结。

图 2 重点研究样本分布及统计

基于以上文献研究，明确了后疫情背景下校园户外公共空间韧性设计目的为“提升活力，保障防疫”，通过空间分析、问卷调查等环境行为学的研究方法，对所选取的 5 个样本从空间组织、功能布局、道路系统和景观设施 4 个层面进行研究（图 3）。

3.2.2 空间组织

在空间组织层面，串联式空间结构及开放式边界易造成人群的聚集。空间结构包含放射式、串联式、并联式等，空间边界类型分为围合、半围合、开放。统计结果显示，放射式、串联式空间结构人群主要集中于空间中心或沿道路分布，并联式空间结构人群分布较分散，开放式边界空间人群分布较多，围合式边界人群分布较少。

统计结果显示（图 4），放射式与串联式空间结构易造成流线的交叉，从而导致人群的聚集。目前校园户外公共空间边界多为开放式边界，开放式边界空间易发生聚集并难以控制安全社交距离；围合式边界设计多为刚性边界，视线和行走均会受到阻断进而导致场地内流线混乱从而发生人群非自觉性聚集。

3.2.3 功能布局

在功能布局层面，功能类型及数量的增多有益于提升空间活力度。统计结果显示，受访者主要以运动与休憩为主（运动占比 91%，休憩占比 67%），在户外公共空间活动频率较高（一天一次及以上占比 29%，2～3 天一次占比 41%,），停留时间相对较长（10～30min 占比 62%，30min～1h 占比 24%）。

空间中功能类型与人群使用频率有关，即功能类型与数量越多，人群使用频率越高，有利于提升空间活力度。空间中各功能区数量与人群聚集程度有关，即同一功能类型的区域越少，越容造成人群聚集。

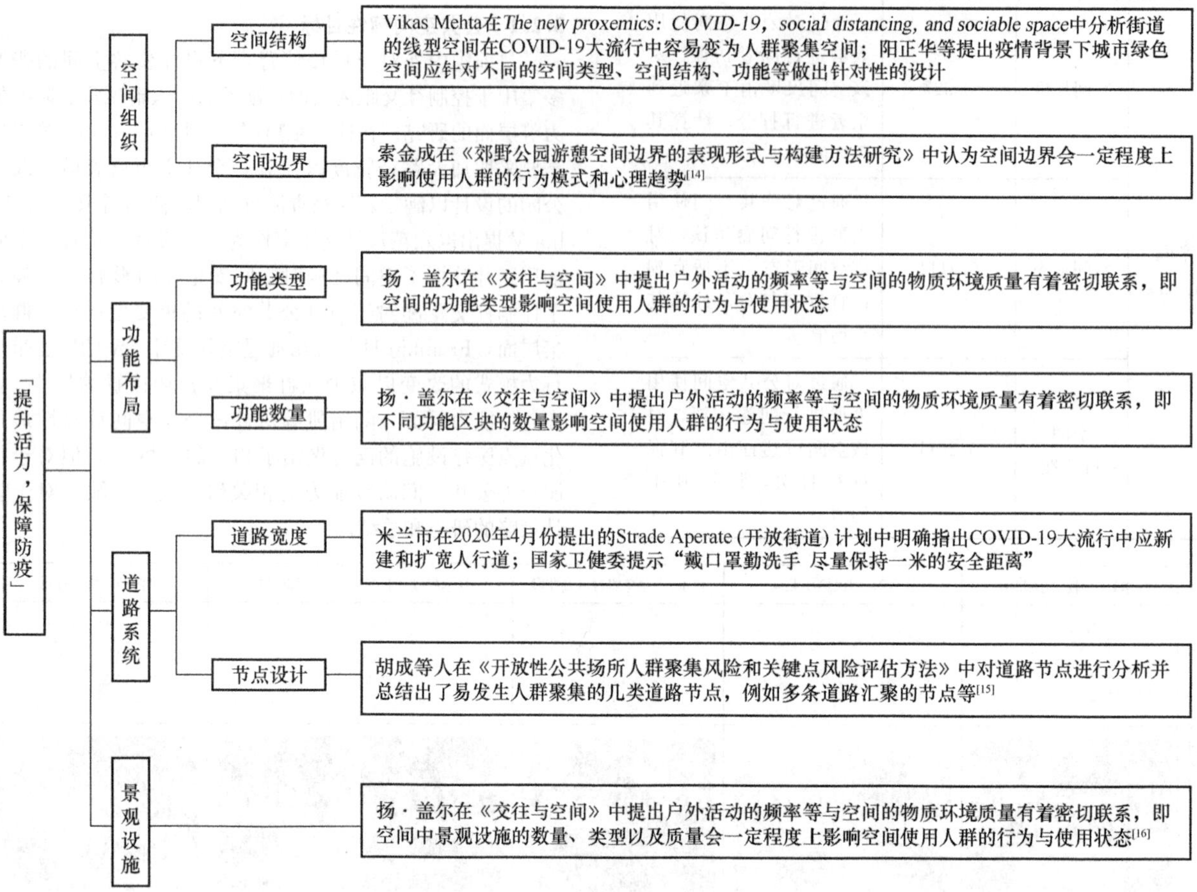

图 3　设计导则层面梳理

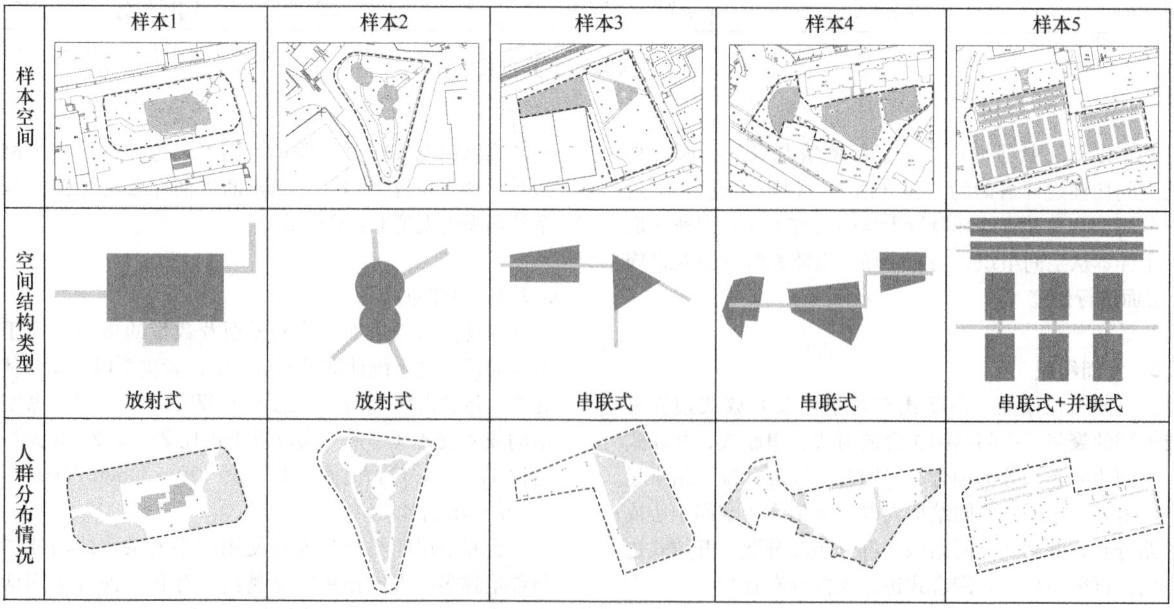

图 4　空间组织调研统计（一）

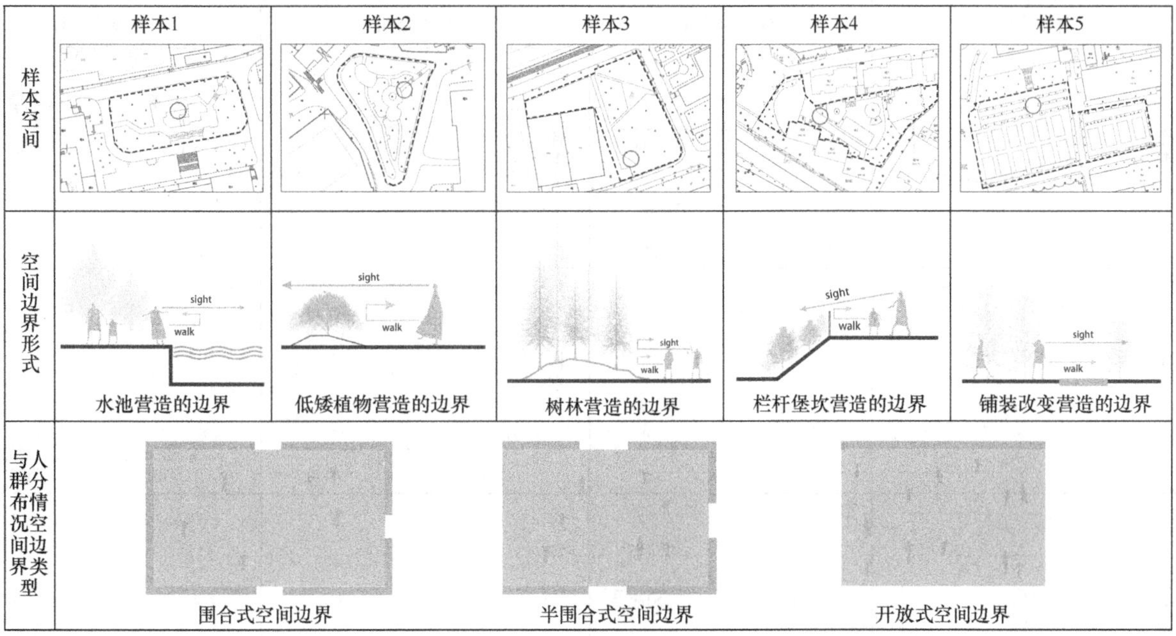

图4　空间组织调研统计（二）

3.2.4　道路系统

在道路系统层面，串联式道路系统易造成人群聚集，且校园内主要道路宽度较窄，无法满足安全社交距离（图5）。统计结果显示，串联式交通组织易造成人流穿越主要空间，影响其使用；同时易形成单向流线或尽端式道路，从而造成流线重合、人群无意识聚集。校园内主要步行路径宽度尚未考虑安全社交距离≥1.0m的需求，场地内交通压力较大，易造成人群行走受阻、无意识聚集。

3.2.5　景观设施

在景观设施层面，校园户外公共空间中设施类型单一，绿化多以面状为主（图6）。统计结果显示，不同类型设施之间缺少一定的联系造成部分户外公共空间消极待用；设施数量及分配不合理，活力度高的场地存在设施不足的问题，活力度低的场地存在大量设施闲置的现象；校园户外公共空间景观及绿化占比较大，但景观与人群行为间缺少整体性考虑，场地内景观节点较少，无用的绿地较多，导致人群在有限的景观节点处聚集。

4　校园户外公共空间韧性优化策略

4.1　案例现状简介

本研究选取5个重点研究样本之一的羽毛球场作为案例进行设计实作。重庆大学B区羽毛球场在具有一定特殊性和代表性：其功能类型复合，包含校园内较常见且使用频率较高的功能，如运动区、休憩区等；相比传统运动场所，其产生的行为活动更具丰富性。

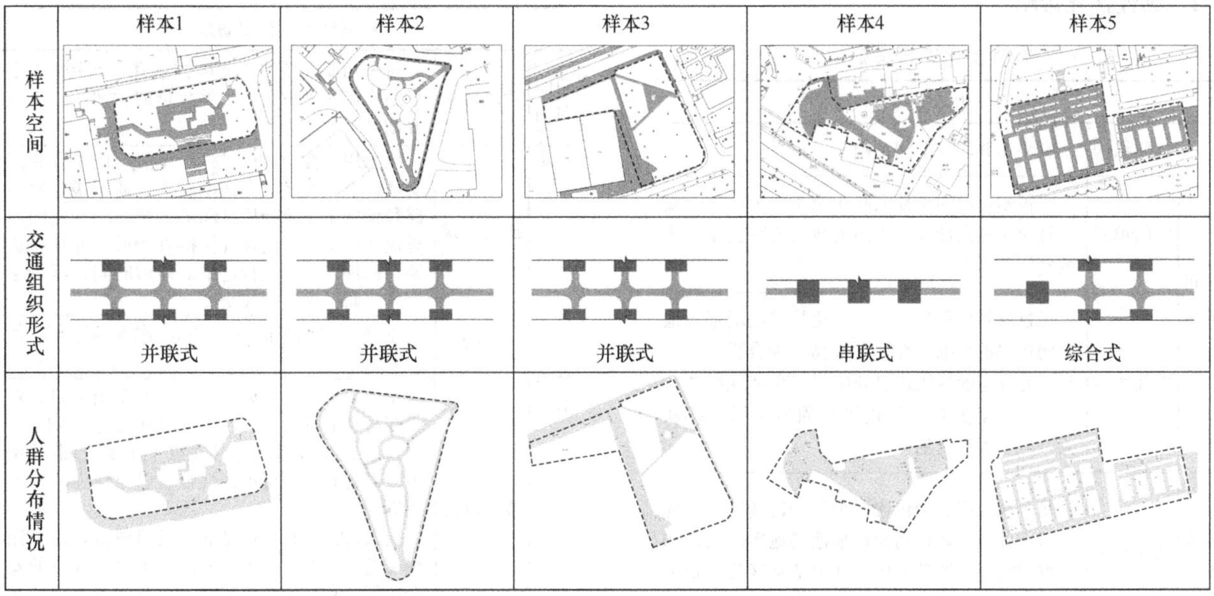

图5　道路系统调研统计（一）

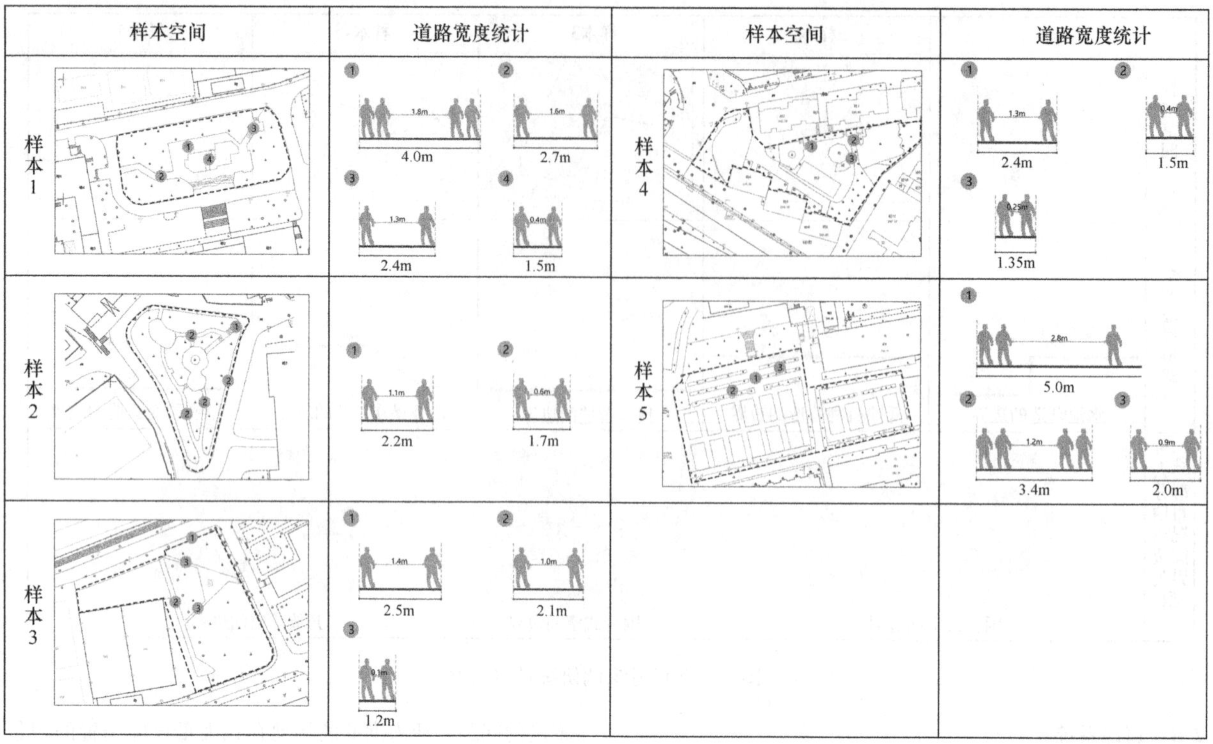

图 5　道路系统调研统计（二）

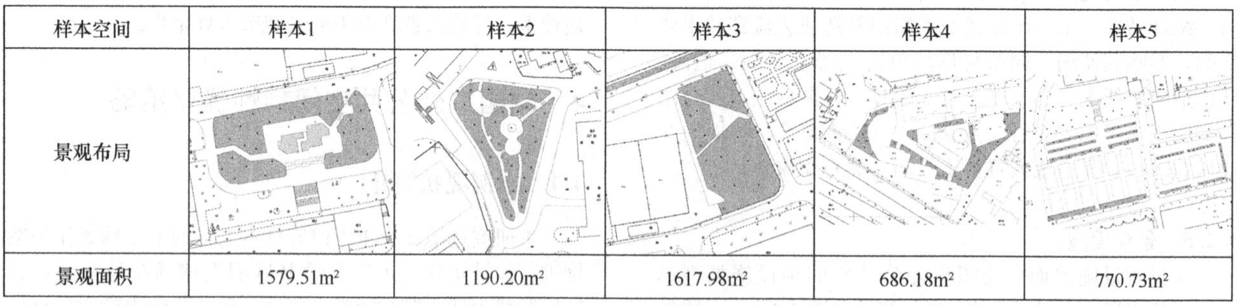
样本空间
样本1
样本2
样本3
样本4
样本5
景观布局
景观面积
1579.51m²
1190.20m²
1617.98m²
686.18m²
770.73m²

图 6　道路系统层面调研统计

4.2　韧性优化策略

韧性优化设计导则　　表 3

提升活力，保障防疫		
空间组织	空间结构	宜采用并联式空间结构
	空间单元	以霍尔提出的 4 种人际距离为参考，结合安全社交距离设计满足不同人数及人际关系使用的空间单元
	空间边界	通过材料色彩替换、立体化等措施增强场地空间边界的可感知性，并提高其围合程度；步行不能穿越的封闭边界处应尽量保证视线的可达；地应至少有两处边界与周边空间直接联系，减少人群聚集
功能布局	功能类型	每个场地应至少包含两种类型的功能，宜优先考虑休憩、运动功能；根据场地实际条件和人群需求可布置学习区、社团活动区等；每个场地应尽可能做到功能多样、功能复合
	功能数量	每种功能类型的功能区数量宜≥2 个；每个场地应优先考虑布置足够数量的休憩区、交流互动区
交通组织	连接方式	应采用线性交通模式并尽可能地使用并联式交通组织。若必须存在串联式交通组织，应使路径偏置于主要使用空间的一侧，减少空间内外流线的交叉；路径宜保持直线形式并加强道路指向性，减少在行走中的停留时间；减少尽端式道路，避免流线交叉
	路径宽度	主要步行路径≥3.2m，次要步行路径≥2.2m
	节点设计	出入口：每个场地应至少有两个出入口；对于复合功能场地，各功能区应有独立出入口。 应预留出宽度大于主要步行道路的集散用地。形态宜采用可识别性强、引导性强的几何图形。 交叉口：应减少道路的交叉口数量，避免流线交叉。宽度应适当增加以满足更多人流的安全通行。宜采用变换铺装、设置景观设施等方法辅助人群分流

续表

提升活力，保障防疫		
景观设施	景观	通行道路两旁宜多采用景观绿植进行行为引导，保持视线通畅；空间边界处宜采用景观绿植进行柔性过渡，限定活动范围；各类景观应分散布置，避免人群无意识聚集；应注重不同高度、不同层次景观的相互搭配以改善风环境
	设施	在重要节点处宜设置消毒、清洁设备；在重要节点处应设置明显易懂的安全标识和安全距离的提示；在运动区、休憩区应根据实际需求合理设置照明设施；应严格控制各设施之间的距离，满足安全防护的需要；定期做好消毒工作

4.2.1　并联组织，划定边界

校园户外公共空间宜采用并联式空间结构。将场地内空间进行灵活的模块化（modular）和分散式（decentralized）设计以形成空间单元，采用并联的方式组织空间单元，从而尽可能地减少穿越空间单元的人流，避免人群聚集。

将羽毛球场休憩区原有的串联式空间结构转变为以空间单元为母题的并联式空间结构，并以霍尔提出的四种人际距离为参考结合安全社交距离设计满足不同人数及人际关系使用的空间单元[17]；将两个球场为一组形成运动单元，控制单元数量，使人群合理地分布于场地中（图7）。

在空间边界的处理上应遵循以下3点：①通过材料色彩替换、立体化等措施增强场地空间边界的可感知性和围合程度，使场地使用者感受到更好私密性；②步行不能穿越的封闭边界处应尽量保证视线的可达；③场地应至少有两处边界与周边空间直接联系从而保证交通组织的顺畅。

由于羽毛球场空间对边界处理较为极端，在优化升级中应以控制活动流线、减少聚集为目的对可能发生社交行为的空间进行围合、分隔等操作。例如将休憩区硬质铺地局部转换为草坪、水池从而分隔不同的游憩休闲单元以及交通空间。

4.2.2　复合功能，化整为零

校园户外公共空间在功能类型层面应根据需求将场地内功能类型进行多样化及复合化设计，以保证场地活力；在功能数量层面应适当增加单一功能区的数量以便于控制每个功能区内人群密度、减少人群聚集。

在保留羽毛球场原有运动、休憩功能的前提下增加图书阅读区、社团活动等新功能类型；适当减少运动区的数量以增加休憩区的数量并为其他新增功能区留出足够的空间。

4.2.3　线性交通，减少交叉

校园户外公共空间应采用线性交通模式并尽可能地使用并联式交通组织，若必须存在串联式交通组织时应使路径偏置于主要使用空间的一侧，减少空间内外流线的交叉。空间内路径应参照以下方法进行设计：路径应尽量保持直线形式并加强道路指向性，减少在行走中的停留时间；减少尽端式道路，避免流线交叉；调整路径宽度以满足通行必要的安全距离，每股人流按0.55～0.65m计，根据防疫规范将人流间的安全距离设定为1m（图8）。空间内的交通节点的设计应为设置防疫措施、控制安全距离等提供条件，在数量、尺度、形态、标识四个层面进行特殊设计。

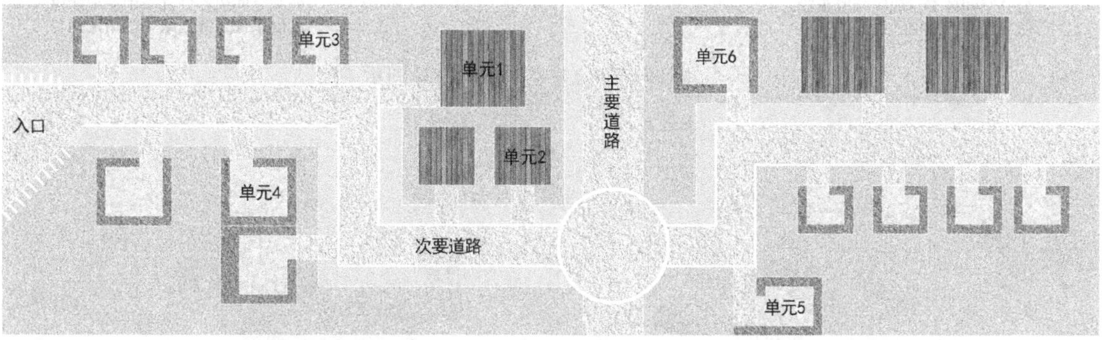

图7　以空间单元为母题的并联式空间结构

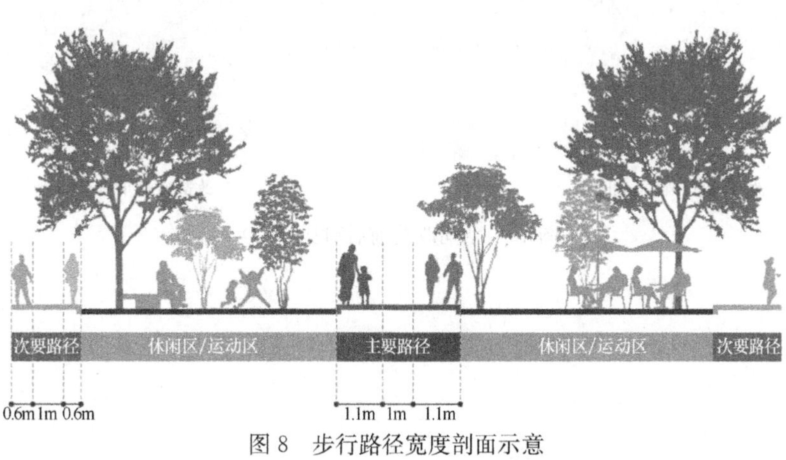

图8　步行路径宽度剖面示意

将羽毛球场中原有的无组织的交通形式转化为并联式交通，避免因串联交通所造成的流线交叉现象；道路宽度分别满足 2.2m 与 3.2m 的尺度要求。

4.2.4 增加标识，强化限定

校园户外空间应合理配置景观，将其作为标识以及限定空间的工具以起到引导流线、避免人群无意识聚集并兼有改善户外公共空间风环境的作用（图 9）；安全与休闲设施应以防疫标识的设置和定期高质量消毒为重点。

增加羽毛球场地内绿色植物类型并增加水景、雕塑等以提升景观丰富度；重新梳理座椅，棋桌等休憩设施的布局，在控制设施之间安全距离的前提下以空间单元为主要载体置入桌椅、木亭、花廊等更高质量的设施；在场地重要节点空间增设消毒清洁设施。

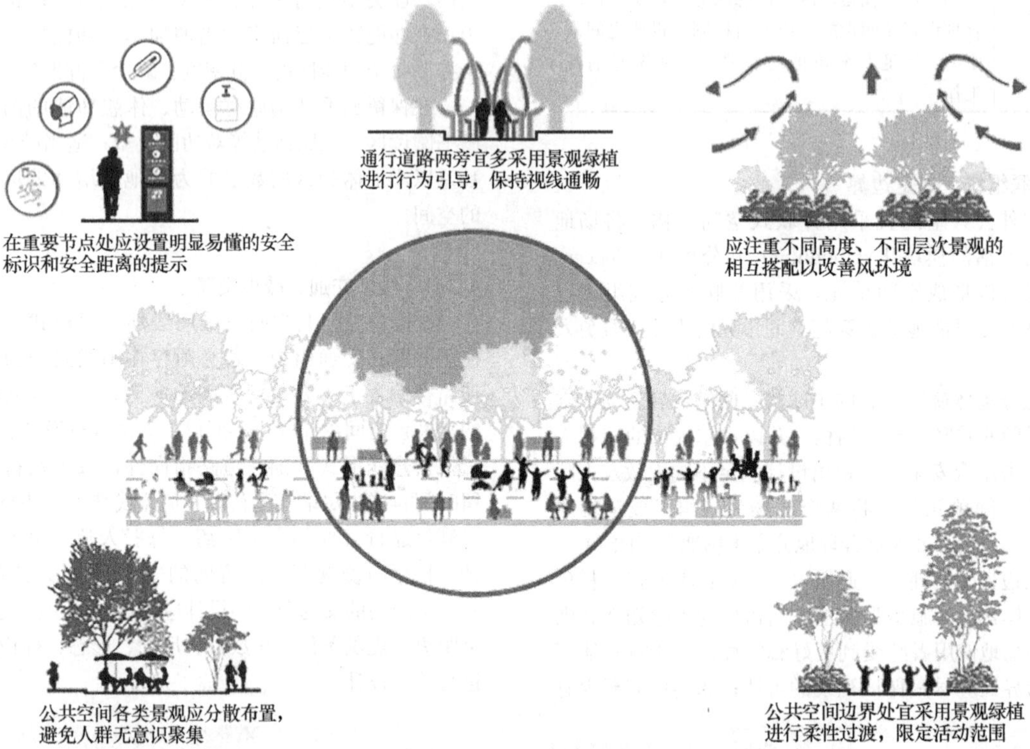
在重要节点处应设置明显易懂的安全标识和安全距离的提示
通行道路两旁宜多采用景观绿植进行行为引导，保持视线通畅
应注重不同高度、不同层次景观的相互搭配以改善风环境
公共空间各类景观应分散布置，避免人群无意识聚集
公共空间边界处宜采用景观绿植进行柔性过渡，限定活动范围

图 9　校园户外公共空间景观设计图示

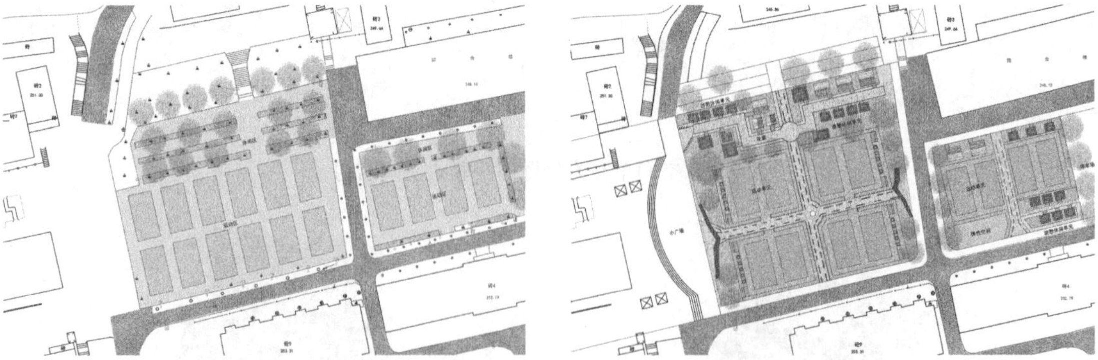

改造前总平面示意图　　　改造后总平面示意图

图 10　空间改造前后对比（一）

图 10　空间改造前后对比（二）

5　结语

本研究基于后疫情背景下对校园户外公共空间韧性策略进行研究，通过文献研究和环境行为学方法明确了“提升活力，保障防疫”的校园户外公共空间韧性目标，从空间组织、功能布局、道路系统和景观设施 4 个层面建立韧性设计导则。由于校园环境、空间等的差异性，韧性设计导则对于其他校园户外公共空间的普适性仍需进一步的研究和探讨。

参考文献

[1]　王世福，黎子铭．疫情启示的新常态：空间韧性与规划应对[J]．西部人居环境学刊，2020，35(05)：18-24.

[2]　黄聪．校园公共活力空间的特征与表达——以重庆大学 B 区校园空间为例[J]．建筑与文化，2016(12)：144-145.

[3]　许慧，岳靖川，杜茂康，等．基于 ISM-AHP 的城市复杂公共空间韧性影响因素评价研究[J]．风险灾害危机研究，2019(02)：57-82.

[4]　吴志强，冯凡，鲁斐栋，等．城市韧性空间设计[J]．时代建筑，2020(04)：84-89.

[5]　高彩霞，陆海，郭强．高校校园密集场所的建筑学应急空间防控设计策略[J]．城市建筑，2020，17(16)：73-75.

[6]　高玥，张宇，唐吉祯．未来学校视域下中小学校应对突发卫生事件的应急策略及设计思考[J]．建筑与文化，2020(11)：201-202.

[7]　中华人民共和国国务院新闻办公室．抗击新冠肺炎疫情的中国行动[N]．人民日报，2020-06-08(010).

[8]　教育部学校规划建设发展中心，同济大学建筑设计研究院有限公司．校园建筑与环境防控手册[M]．北京：中国建筑工业出版社，2020.

[9]　许芗斌，夏义民，杜春兰．“环境行为学”课程实践环节教学研究[J]．室内设计，2012，27(04)：18-22.

[10]　Honey-Rosés J，Anguelovski I，Chireh V K，et al. The impact of COVID-19 on public space：an early review of the emerging questions - design，perceptions and inequities[J]. Cities & health，2020：1-17.

[11]　Mehta V. The new proxemics：COVID-19，social distancing，and sociable space[J]. Journal of urban design，2020，25(6)：669-674.

[12]　Frumkin H. COVID-19，the built environment，and health[J]. Environmental health perspectives，2021，129(7)：075001.

[13]　陆绍凯，曾月．疫情封闭式管理视角下社区公共空间配置的防疫能力评估——以成都为例[J]．现代城市研究，2021(02)：86-91.

[14]　索金成．郊野公园游憩空间边界的表现形式与构建方法研究[D]．西北大学，2018.

[15]　胡成，郭婧婷，李强，等．开放性公共场所人群聚集风险和关键点评估方法[J]．中国安全科学学报，2015，25(12)：164-169.

[16]　扬·盖尔．交往与空间．何人可译[M]．第 1 版．北京：中国建筑工业出版社，2002.

[17]　Edward T. Hall. The Hidden Dimension[M]. New York City：ANCHOR BOOKS，1990.

作者简介

黄佳月，2000 年生，女，汉族，湖北孝感人，重庆大学建筑城规学院本科在读，研究方向为建筑学。电子邮箱：995258482@qq.com。

古大炜，2000 年生，男，回族，山东日照人，重庆大学建筑城规学院本科在读，研究方向为建筑学。

陈秋旭，1999 年生，男，汉族，四川宜宾人，重庆大学建筑城规学院本科在读，研究方向为建筑学。

芬兰实践经验对中国“儿童友好型城市”建设的启示①

Implications of Finland's Practical Experience for the Construction of " Child-Friendly Cities" in China

胡宇欣　王沛永*

摘　要：芬兰有44个城市参与了CFCI，目前共有15个城市被认定为儿童友好型城市。本文总结了芬兰对“儿童友好型城市”的部分实践经验，针对中国缺乏“儿童友好型城市”整体性与系统性建设规划的情况，提出以儿童高频使用的校园空间为“点”，以城市交通系统与公园交通系统联结的整体为“线”，以城市公园和自然风景区为“面”，以“点—线—面”作为儿童友好型城市结构骨架的建设方向，为我国未来5年将要建设的100座儿童友好型城市提出城市规划设计方面的启示。

关键词：儿童友好型城市；城市规划；策略

Abstract: There are 44 cities in Finland participating in CFCI, and 15 cities have been recognized as child-friendly cities. This paper summarizes some of Finland's practical experiences of "child-friendly cities" and, in view of the lack of a holistic and systematic construction plan for "child-friendly cities" in China, proposes to take the school space used by children in high frequency as The "point", the "line", the "surface", the "park" and the "natural scenic area" are the "points". The "point-line surface" is the construction direction of the skeleton of the child-friendly city structure, and provides inspiration for the urban planning and design of the 100 child-friendly cities to be built in China in the next five years.

Keywords: Child-friendly City; Urban Planning; Strategy

1　研究背景

我国“十四五”规划纲要首次明确提出建设“儿童友好型城市”，并指出未来5年要在100个城市示范推进儿童友好城市建设[1]。“儿童友好型城市行动”倡议（Child-Friendly City，简称CFC）是1996年联合国第二届人类居住会议上提出的概念，目的是帮助任何城市在治理环境和服务市民的各个方面对儿童更加友好，会议明确提出衡量人类生活环境的健康程度和政府管理水平的最终标准是少年儿童的健康程度[2]。2019年联合国儿童基金会发布了《儿童友好型城市规划手册：为孩子营造美好城市》，手册提出了9项儿童友好型城市指导原则（表1）。

“儿童友好型城市”为儿童提供的9项指导原则　　表1

1	不歧视	尊重所有儿童的权利，不因儿童或其父母或法定监护人的种族、肤色、性别、语言、宗教、政治或其他见解、民族或社会出身而受到任何形式的歧视、财产、残疾、出生或其他身份
2	儿童利益的最大化	儿童的最大利益是可能影响决策的首要考虑因素，政府确保为他们的福祉提供必要的照顾和保护
3	保证儿童的生命权、生存权和发展权	儿童享有生命权，政府承诺最大限度地保障儿童的生存权和健康发展权
4	尊重儿童的意见	儿童有权在做出影响他们的决定时发表自己的意见，并应当被决策者考虑在内
5	公平和包容	儿童友好型城市旨在为所有儿童创造平等享受城市环境与设施的机会
6	问责制和透明度	建设儿童友好型城市需要明确确定谁负责实施的各个方面并追究他们的责任。透明度要求决策过程的明确性和开放性
7	公众参与	建设儿童友好型城市需要有一个系统来促进公众参与决策，以促进地方对儿童权利的问责
8	有效性和响应能力	建设儿童友好型城市需要政府采取一切适当的立法、行政和其他措施，响应儿童及家庭的要求
9	适应性和可持续性	能够预测和应对不断变化的环境，并随着时间的推移保持可持续性

目前全球有400多个城市被联合国儿童基金会认证为“国际儿童友好城市”，联合国对“儿童友好城市”的认定没有可量化的统一的国际标准与评价体系，而是基于各个国家与城市不同的经济基础、社会环境、人文条件等因素综合评定，并且认定针对的是“儿童友好型城市”建设的6个阶段而非仅以结果为导向，这6个阶段分别是：签署谅解备忘录；开展城市中儿童权利现状分析；制定儿童

①　基金项目：“城乡生态环境北京实验室”，北京市共建项目专项资助。

友好型城市倡议行动计划；政府和民间组织按照计划付诸行动；对计划实施全过程实施监测与评估；获得儿童友好型城市认证。根据中国的经济、文化、人口、城市现状等因素，决定了在儿童友好型城市行动中必然要探索中国特色的建设路线，由于自2000年起43个国家已前后响应行动号召开始理论与实践的探索，而中国的儿童友好型城市建设起步较晚，2016年深圳市才正式成为首个儿童友好型城市试点，目前国内尚未有城市获得儿童友好型城市的联合国认证，需要在儿童友好型城市建设的过程中，分析其他先行实践的国家与城市的经验，探索中国式儿童友好型城市的建设途径。

2 芬兰“儿童友好型城市”倡议（CFCI）

芬兰的儿童友好城市倡议自2012年开始实施，并作为为期两年的试点项目而创建，期间要解决的核心问题是“改变儿童生活的最有效策略是什么”，试点主要有3个目标，一是评估CFCI是否以及如何使芬兰市政当局受益，二是国家委员会如何在市政一级落实保障儿童权利，三是将联合国儿童基金会提出的达成“儿童友好型城市”的9项标准与芬兰现实相结合，探索芬兰式“儿童友好型城市”的模板。截至2021年10月，芬兰有44个城市参与了该倡议，其中15个城市被认定为儿童友好城市，并且通过各项实践的开展，在囊括了9条保障的基础上总结了适用于芬兰城市的10项“儿童友好型城市”基本构建模块（表2），芬兰在9条保障中做出删减的原因是很多内容早已包含在立法当中。如今CFCI成果已惠及芬兰近50%的儿童。

芬兰儿童友好城市的10个基本构建模块　表2

序号	内容	目的
1	宣传儿童权利	呼吁社会各层级共同构建儿童友好型城市，提升人民对儿童友好型城市的认知水平
2	平等和非歧视	呼吁创建平等和非歧视城市环境
3	儿童参与城市的规划、城市环境现状的评估、城市的开发	重视城市规划设计过程中的儿童参与
4	儿童参与公共空间的规划与开发	
5	儿童参与CFC建设的议程设置，并有权利影响决策	
6	儿童参与民间社会活动	
7	在建设过程中考虑儿童之间与儿童和成年人之间的关系	
8	重视儿童的童年	
9	拥有系统的战略规划、合理的多方人员和机构的协调机制，并对于能对儿童造成的影响进行评估	指导跨部门工作
10	对城市广泛详尽的调查作为一切政策的基础	

3 芬兰“儿童友好型城市”实践

3.1 “点”的实践：Saunalahti校园空间规划方法

Saunalahti综合学校是校园环境改建的试点之一，它设有日托中心、学前班、提供休闲活动的青年之家以及一所兼具公共和学校图书馆功能的小型图书馆，不同年龄层次的孩子在Saunalahti综合学校中学习、社交、互动、协作，在这所学校的景观设计中可以看到“未来学校”的可能面貌。建筑事务所VERSTAS Architects对Saunalahti的设计初衷是他们认为教育活动将越来越多地发生在传统课堂之外，对每个年龄段的儿童群体都应当表达出恰当的关注，建筑应当创造各种规模和氛围的互动场所来满足学生的使用并且支持老师的教学想法，每个开放的设计空间都应当服务于尽可能多的区域，也就是说校园内户外空间的使用权利不仅仅专属于教师和学生，还要成为服务城市人群的重要部分。

VERSTAS Architects将学校建筑的一侧与街道相接，另一侧设置与将要建设的住宅区共用的活动广场，广场以及所配备的活动设施不仅服务于学生，在晚上和周末时也服务于周边的居民区，青年之家和图书馆则成为不同运营商组织俱乐部和活动的地方。为了同时满足多年龄段人群使用功能，建筑室内划分为0～6岁儿童的主要活动空间，6岁以上认知能力和行动能力稍强的孩子则主要使用校园广场及户外运动设施。

在教学区域内部，Saunalahti颠覆了常规的校园空间组织方法，一组功能各异的教室（如艺术教室、烹饪教室、纺织课程教室等）围绕着一个宽敞开放的公共空间，成为学生表演、讨论、聚餐的场所，它由透明度高的建筑材料围合而成，比如大面积的玻璃或多扇小窗，儿童在这里实现社交和休闲的同时，也能够与室外景观有直接的视线联系。

在校园的走廊和中心的大公共空间中，放置着许多可移动的软椅、沙发、墙壁和隔板，儿童亲自动手用这些质量轻盈的家具来定义空间功能，如芬兰教育部首席建筑师莱诺·塔帕尼宁（Reino Tapaninen）所说：“这些设计防止了空间过于紧凑和喧闹，他们可以把自己隐藏在这些设施后面进行私人讨论”，这些家具减少了固定用途的空间量，解决了大空间使用效率较低的问题，并且增强了儿童对空间设计的参与感。

3.2 “线”的实践：“Schools on the move”活动与“我们的道路（Mei jän polku）”倡议

2010～2012年，芬兰开展了名为“流动中的学校（Schools on the Move）”的试点活动，此活动以校园为基础向儿童生活的其他方向延展，旨在减少学生久坐时间，增加儿童的户外运动时长，并且在户外开展数学与科学的课堂，促使儿童在与自然的接触中学习生活常识，有45个试点学校首先参与了活动，之后总结出了成熟的经验推广至芬兰全国并开展至今。迄今芬兰全国有超过90%的学校参与计划，并且有数据表明在2010～2018年，

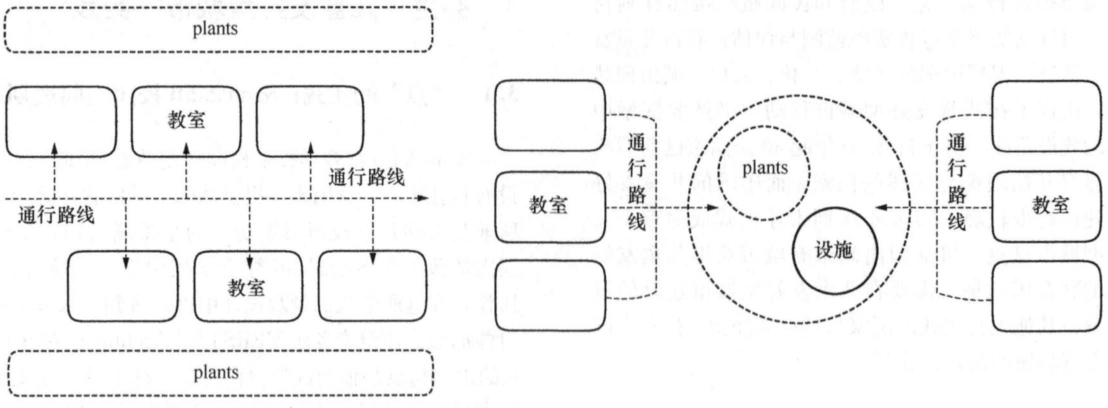

图 1　传统形式与 Saunalahti 校园空间形式的对比

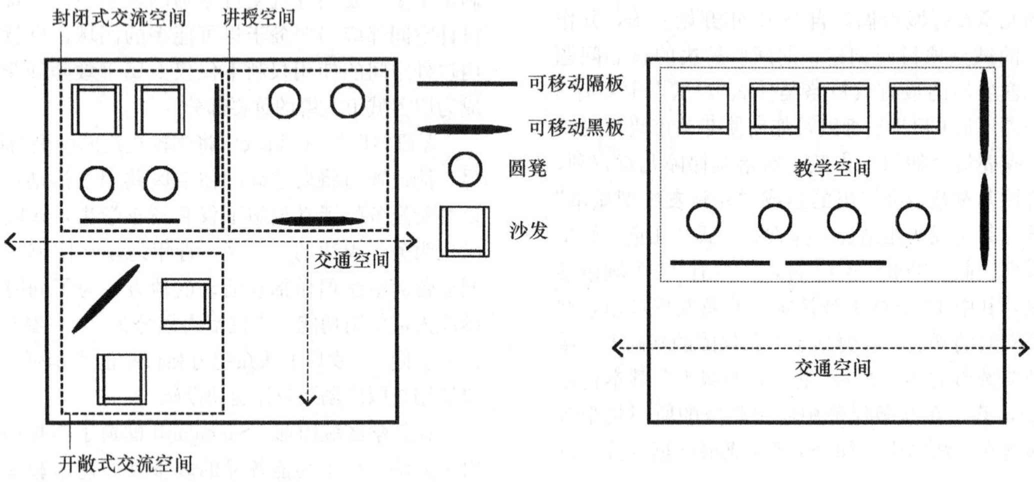

图 2　中心公共区域里由可移动的 4 张沙发、4 张圆凳、2 块隔板、2 块黑板所围合成的空间

符合体育锻炼建议的儿童比例在男孩中增加了 5%，在女孩中增加了 11%。

该活动提出了为儿童增加户外运动时长的 5 项计划：①提倡户外活动与教学活动相结合减少久坐在教室中的时间；②开展课后兴趣培养型俱乐部；③丰富体育课的活动内容；④发起活动或者制定主题日等促进儿童运动发展；⑤提倡骑自行车或步行上下学的积极通勤方式。在 2010～2020 年中芬兰的教育和文化部资助了与学生通勤相关的项目，值得注意的是，芬兰的冬季漫长而寒冷，全国 1/3 的土地在北极圈内，北部地区的冰雪天气从 10 月中旬到 5 月初持续达 200 天，并存在永久积雪，但这并不影响芬兰对儿童积极出行的倡导，芬兰为冬季骑行做出了城市基础设施上的改善，芬兰东部举办了冬季自行车大会的约恩苏市（Joensuu）拥有自己完整的独立车道系统，一些仅用于自行车，另一些则作为宽人行道的一部分，赫尔辛基市政府则针对冬季冰雪天气准备了一系列除雪清冰措施，并告知市民除雪的时间段和目标路段，呼吁市民监督。目前，在芬兰大多数上学路程不到 5km 的学生都实现了骑车或步行上下学。

芬兰的森林覆盖率在 80%左右，拥有大约 168000 个面积大于 500m² 的湖泊和 179000 个岛屿，被誉为“千湖之国”[3]，具有优越的自然条件，但是存在大量的老人、孩童、残疾人等没有汽车或者不具备亲自开车条件的人群，他们无法便捷游览大自然。“我们的道路（Mei jän polku）”是一项开展在芬兰中部的为期 30 年的倡议，目的是促进人们进行体育运动提高健康水平，鼓励市民在邻近居住区的森林中锻炼身体，倡议包含 4 个主题，分别是体育活动、休息、自然、社区，在此倡议的框架下开展了“自然站（Nature Stops）”活动，此项目首先在芬兰中部城市韦斯屈莱市启动，将自然景点内部的交通与当地的公交系统联通，在每个自然景点处设置站点，并利用当地的公交系统与移动交通应用程序“Linkki”实现实时监控公交车流量，市民可以通过“Linkki”看到每条公交路线上的自然休闲区和森林小径，自行选择参观某处风景，无障碍地亲近大自然。

3.3　“面”的实践：城市公园的利用——“MY 2050”行动

芬兰的“MY 2050”是一个关于气候变化和未来的学习游戏。它的创设起源于 2015 年巴黎国际气候峰会期间的决议，共计 195 个国家认可全球平均气温的上升必须保持在 2℃以下，并决定继续努力将其限制在 1.5℃。为了实现这一目标，欧盟表示在 2050 之前工业化国家应比 1990 年的水平减少 80%～95%的温室气体排放。为达成目标，英国、比利时、芬兰等多国开展“MY 2050”活动，各国选择的活动方式与内容不同，从增加太阳能到减少能源使用，或者关闭供暖系统等，但共识是儿童的意识和参与是至关重要的。

芬兰拥有41个国家公园，利用优越的自然条件，开展了以森林徒步路线为基础的“MY 2050”。此项活动参与人群被建议为12周岁以上的青少年儿童，但是也不限制年龄更小的儿童和成年人同行，活动地点为城市里的建筑，城市公园与自然风景区等，活动方式为2～3人组成队伍在城市里进行“逃生室”和“寻宝探索”，可以与同龄人之间组队，也可以与家庭成员组队，每支队伍用手机或平板在Google商店下载的X-routes应用程序和GPS来组队和记录行程，并为队伍起名，之后就可以选择自己感兴趣的路线进行自然探索，以埃斯波为例，路线将中心议会大厦前的Espoonkatu作为起点，儿童将依靠自己的徒步行动在限时60分钟内尽可能地去收集地点。

凯文林奇在《城市意象》一书中认为环境意象是观察者与所处环境双向作用的结果，儿童会通过参与有趣的活动与环境产生交往[4]。在芬兰的“MY 2050”活动中借助网络达到了儿童与自然亲近交往的目的，在X-routes的页面上，他们的位置显示为紫色小球，它被放起始网格上，屏幕上需要到达的“检查站”会随着游戏的进行而出现，要想知道下一站的内容是什么，则必须靠近地图上站点的位置，然后点击屏幕上的站点图示。在探索的过程中，收集的站点数量、解决的任务越多，队伍的积分和成就越高。此项活动大大推进了低碳概念在儿童中的普及，提升了儿童的户外运动兴趣，已经在赫尔辛基市、埃斯波市、万塔市、坦佩雷市开展，并且将在2022年推广至图尔库市与拉伊西奥市。

4　芬兰实践经验对中国“儿童友好型城市”建设的启示

联合国儿童基金会2018年5月发表的《儿童友好型城市规划手册》中，对于如何规划儿童友好型城市提出了自上而下的规划思路，即通过优先考虑儿童的需要，先调整和加强现有的城市规划和政策，鼓励儿童和其他利益相关方参与共同建设，利用地理空间等城市数据平台，多尺度地规划空间。但是目前中国对系统性和整体性的“儿童友好型城市”规划仍不成熟，各项建设偏向于自下而上式，通过多个开发和改造的项目构成儿童友好型城市的整体建设。中国儿童中心事业发展部负责人宗丽娜认为，两种规划方法适用的情境不同，没有优劣之分，不过是分别对应不同的城市发展状况。在新城开发中适合使用自上而下式的城市规划方法，而中国走目前的道路也是结合国情所制定的合理方法，随着我国城镇化率突破50%，城市存量提升逐步代替增量发展，成为我国城市空间发展的主要形式[5]，这就要求城市发展需要尽可能地开发已有场地，对现存空间进行更加合理的分配。

自2016年深圳率先提出建设“儿童友好型城市”并成为首个国内试点城市以来，南京、上海、重庆、长沙等城市也积极比照联合国儿童基金会《建设儿童友好型城市：一个行动框架》[6]，展开了对建设“儿童友好型城市”的实践探索。目前我国儿童友好建设实践集中于3大领域，即儿童友好社区建设、儿童友好街道建设、儿童友好开放空间建设[7]。

在儿童友好型社区建设中，长沙万科地产响应政府号召，在充分听取了儿童的意见后建设了长沙市首个儿童友好社区，在活动场地的设计上将儿童活动空间按照不同年龄段分隔开来，同时将住宅楼间的空间打造成邻里交往和活动的场所，并配置相应活动设施。在儿童友好型街道建设中，出于儿童安全性研究的角度借鉴英国的“步行巴士”计划[8]，并在深圳市宝安区福海街道实践，结合盲道和自行车道进行功能整合，并设置符合儿童认知的视觉识别系统[6]；上海浦东新区的洋泾街道中则将道路上的斑马线、路边的花池树木等物件上涂饰了色彩丰富的卡通图案。在“儿童友好型”城市开放空间的建设中，上海浦东新区以“15分钟生活圈”为基础，合理调整居住区周边的设施如健身器械、停车场、学校等，减少交通压力，力求达成每个15分钟活动圈内都有自己的公共绿地，儿童在出行安全得到保证的情况下能够就近享受自然空间。这些实践促进了我国“儿童友好型城市”建设的发展，但客观来看，大部分设计没有跳出“就儿童论儿童”“就街道论街道”的思维局限，在设计中对周边城市环境的考虑较少，由于缺乏成区域性的规划因此不能够达成较大区域范围内的优化。

总结来说，针对我国儿童友好型城市建设芬兰实践有4点启示：

（1）提供“儿童友好型城市”的建设思路。

以日常儿童高频使用的校园、社区作为“点”，以城市交通系统和公园中的交通系统串联成为连接“点”和“面”的“线”，城市以“点—线—面”结构为骨架，结合“小微更新”和“存量提升”的思路，利用政府和民间发起的各种活动使儿童了解并参与，形成儿童友好的风气塑造，建成一个完整的儿童友好型城市系统。

（2）利用已有的城市空间进行深入开发，并尽可能地服务于更多的儿童。

以花费较小代价的路径设计代替部分公园中的专用儿童场地建设，用线上活动吸引儿童参加从而推动儿童森林徒步的发展，不仅有效提高了儿童户外运动的时长，激发了儿童社交与运动的兴趣，还保证了儿童公平享有城市环境和运动自由的权利。中国为儿童的运动发展重视已久，采取了多种手段，如增加体育课程的时长，丰富体育活动内容等。2021年7月24日中共中央办公厅　国务院办公厅印发《关于进一步减轻义务教育阶段学生作业负担和校外培训负担的意见》（下称“双减政策”），决定减轻义务教育阶段学生过重作业负担和校外培训负担，双减政策实施的同时，教育部明确表示2022年要全面施行“美育”中考，逐步提高中考中体育科目的分值，增加素质教育的分量。但是在课后时间增多，体育分数比重增高后，有报道反映双减后家长为激发儿童对运动的兴趣，并保持孩子社交的兴趣，在孩子的体育兴趣班方面开销上涨。如南京菲尔德击剑俱乐部在双减政策实施后的两个月内，新报名加入的40～50名成员中，6～8岁的孩子占了7成[9]。诸如此类的击剑、马术、游泳等课后体育兴趣班层出不穷，成为家长们新的负担。我国的自然生育率在放开“二胎”与“三孩”政策后几无波动，甚至出现了下滑趋势，经济负担成为阻碍生育率上涨的因素之一，城市设施有必要在能承受的范围内解决儿童公平享受运动的权利。

（3）儿童场所的社会化利用。

将校园内的运动场作为城市开放空间的呼声早已有之，2017年发布的《关于推进学校体育场馆对公众开放的实施意见》中便明确提出了学校体育场馆应在放假期间以及课余时间对所有学生开放，并且推行定时定段和预约相结合的管理方式向校外人员开放，但是由于涉及校园安全问题、设施与场地的维护、人员责任分担等问题，行动推行并不顺利。芬兰实践中提出了一种模式，即学校与周边社区相结合，形成一处开放场所服务一校一区的结构，不仅仅将“儿童友好型”场所作为服务于儿童的专属场所，而是以“儿童友好型”作为指标来提升社区环境品质，服务所有的人群[10]。

（4）重视校园空间的规划设计。

校园是儿童日常高频使用的场所，理应作为“儿童友好型城市”建设的重点，但我国的儿童友好中小学校园更多地聚焦在通过设置监视摄像头提升安全这样的机械策略和设置家长委员会监督学校运作这样的制度策略上[11]，对于从空间角度提升校园的儿童友好程度少有设计师考虑，实践方面较为薄弱。

5 结语与展望

我国存在“儿童友好型城市”建设的有利条件，比如“15分钟生活圈”的建设减轻了交通压力，使儿童的独立出行有了更大可能实现，正在建设中的分布均衡的公园体系使居民出行逐步实现“300米见绿，500米见园”的目标，使城市与自然联系更加紧密，共享单车的投放策略逐步完善，渐渐实现居民能够便捷出行，并达成减碳排放的目标。这些正在进行中的活动都是建设儿童友好型城市空间网络的有利基础。但是在摸索儿童友好型城市系统性规划如何适应我国具体城市情况的过程中，必定还将遇到不少困难与挑战，仍需不懈学习其他国家和城市相关方面的优点，并在实践中逐步实现中国式的“儿童友好型城市”。

参考文献

[1] 刘磊，石楠，等．儿童友好城市建设实践[J]．城市规划，2022，46(01)：44-52.

[2] 沈瑶．走向儿童友好的住区空间——中国城市化语境下儿童友好社区空间设计理论解析[J]．城市建筑，2018，(34)，40-43.

[3] 中国外交部．芬兰国家概况[EB/OL]．2021-07. https：//www.fmprc.gov.cn/web/gjhdq _ 676201/gj _ 676203/oz _ 678770/1206 _ 679210/1206x0 _ 679212/.

[4] 林奇．城市的印象[M]．北京：中国建筑工业出版社，1990.

[5] 朱正威．科学认识城市更新的内涵、功能与目标[J]国家治理，2021，12(3)：23-29.

[6] 张渡也．儿童友好型社区公共空间设计研究[D]．深圳大学，2019.

[7] 施雯，黄春晓．国内儿童友好空间研究及实践评述[J]．上海城市规划，2021，(05)：129-136.

[8] 李圆圆，吴珺珺．通过幼儿步行巴士提高社区儿童友好度的研究[J]．西南大学学报(自然科学版)，2018，40(09)：171-180.

[9] 杨昉，蒋明睿，付奇．“双减”后孩子们的空闲时间多起来了——“运动周末”，让孩子真正“动起来”[N]．中国江苏网．2021-10-14.

[10] Gill T. Can I play out? -Lessons from London Play's home zones project[J]．Highway Design，2007.

[11] 华乃斯．儿童友好视角下中小学校园空间设计策略研究[D]．哈尔滨工业大学，2020.

作者简介

胡宇欣，1998年生，女，汉族，吉林人，北京林业大学风景园林学研究生在读。电子邮箱：bmly7300@163.com。

（通信作者）王沛永，1972年生，男，汉族，河北定州人，博士，北京林业大学，副教授、硕士生导师，研究方向风景园林规划与设计。

空间基因视角下传统商业街区人居环境更新策略研究
——以大栅栏地区为例

Research on the Renewal Strategy of Human Settlements in Traditional Commercial Districts from the Perspective of Spatial Gene: A Case Study of Dashilan Area

王　阳　田　林

摘　要：传统商业街区的独特空间基因承载着区域历史与文化，主导着街区传承与更新。本文依据空间基因理论中“城市空间—自然环境—社会人文”的空间构成模式，通过“空间要素分类—当代需求驱动—要素筛选转译”的重构路径，从宏观、中观、微观3个层面解决大栅栏地区商业、生活、休憩的人居空间矛盾，提出“历史传承—秩序重构—景观重塑”的更新策略，为传统商业区的人居环境提升与可持续发展提供理论支撑和实践启示。

关键词：空间基因；传统商业街区；要素转译；人居环境；更新策略

Abstract: The unique spatial gene of traditional commercial district carries regional history and culture, and dominates the inheritance and renewal of district. Based on the spatial composition model of "urban space-natural environment-social humanities" in the spatial gene theory, and through the restructure path of " Spatial element classification-Contemporary demand driving force-Element sift and translation ", the author solves various contradictions of the human settlements in the traditional commercial district of Dashilan area, such as commercial, living and leisure space from the macro, intermediate and micro perspective. This paper puts forward the renewal strategy of "historical inheritance-order reconstruction-landscape reconstruction", so as to provide theoretical support and practical enlightenment for the improvement and sustainable development of the human settlements in the traditional commercial districts.

Keywords: Spatial Gene; Traditional Commercial Blocks; Element Translation; Human Settlements; Renewal Strategy

引言

传统商业街区是城市文脉延续的重要基础，也是城市更新的重要区域。街区内人居环境的改善涉及城市规划、园林景观、建筑遗产保护、社会学等多视角的研究范畴，如何在街区商业、生活、休憩等空间的更新中传承历史文化、改善人居环境、提供发展动力成为重要议题。

目前，传统商业街区人居环境的研究聚焦于以下3方面：①更新模式比较，如渐进式更新[1]、胡同绿色微更新[2]、文脉传承引导更新[3]等。②更新内容分析，如景观要素关注度[4]、环境可识别要素[5]等。③更新方法探索，如综合诊断方法[6]、园艺活动影响评估[7]等，以上研究从不同方面开展了街区肌理重塑、活力提升、设施改善等内容的有力分析。

然而，相关研究也有所不足。首先，由于传统商业街区是活态传承利用，而非静态保护展示，所以人居环境更新不应只注重空间形式革新的表象，更应关注空间需求与驱动力的变化。其次，商业街区更新的研究对象往往以商业空间为主体，而目前商业街区中同样存在较大比例的生活、休憩空间，因此应重新审视物质空间视角，尝试从人居环境整体出发，更广泛覆盖区域内的其他主体。此外，传统商业街区中城市空间—自然环境—社会人文的结构占比出现变化需要进行适当调整。基于以上问题，本文引入空间基因理论，将传统与现代需求进行比较分析，从宏观、中观、微观3个层面探索空间要素的当代转译，以期从矛盾根源解决现存问题，提出传统商业街区人居环境的更新策略。

1　相关理论基础

1.1　空间基因理论

“空间基因”是指在城市空间与自然环境、历史文化的互动中，形成的一些独特的、相对稳定的空间组合模式[8]。空间基因主要代表了城市发展系统和演进过程中城市空间、自然环境、社会人文三者关系的主导信息。有别于生物基因之处在于虽然其物质构成均为具象因素，如街巷、建筑、景观、水系、设施等，但其内涵模式是抽象的，不同空间层级的要素是相异的，因此其具有自组织性、层级性、开放性的特征[9]。该理论主要应用于空间传承、演变、革新的关系与路径研究中，能够有效指导当代城市空间实践。

1.2　理论指导人居环境更新

近年来，商业街区同质化改造使得“千街一面”现象频繁出现，街区多样性受到严重威胁，在改造过程中追求风貌一致、视觉冲击使得街区本身蕴含的独特历史文化和自然环境易被忽视。而空间基因理论则是以历史发展的视角观察区域特征，更多关注发展规律和内生动力，同时通过总结、提取、转译空间要素，有效解释特殊空间现象、阐释地域性规律，在继承历史信息的情况下满足当代需求，促进街区人居环境的适宜性发展。因此，通过空间基因理论的指导，能够有效传承历史文化、提升街区活力、改善人居环境质量。

1.3 更新逻辑

本文以空间基因理论为基础，以问题需求为导向，通过最低限度的干预策略实现人居环境的更新，主要过程分为5个步骤：①空间基因的特征因子归纳。②特征因子指导传统商业街巷中街区空间、自然景观、社会人文要素的梳理筛选。③分析当代需求，制定更新目标。④根据区域现状进行空间要素重构与转译。⑤从宏观、中观、微观探索适宜性空间更新策略（图1）。

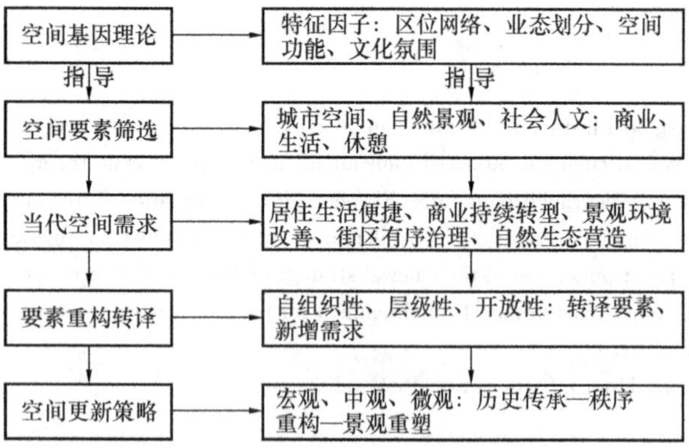

图1 更新逻辑示意图

2 人居环境更新问题

2.1 区域概况

大栅栏地区位于北京前门大街西侧，北部连通前门与天安门广场地区，南部接壤珠市口、虎坊桥地区，西部经南新华街分割东西琉璃厂，区内下辖114条胡同，形态多样且空间尺度不一。清末以降的区域空间格局整体未变，在经历了煤市街开通、前门大街整治、北京坊建设等过程后，街区空间发展呈现出新趋势，空间基因的特征因子也发生更迭，其主要构成包括区位网络、业态划分、空间功能和文化氛围（图2）。

2.2 现存问题与矛盾

区域内人居环境的问题主要分为宏观、中观、微观3个方面：

（1）宏观层面主要包括区域面状空间。问题聚焦于区域内生态环境宜居性不足；空间活力不均，业态同质程度高；各区域发展割裂，分化明显。

（2）中观层面主要包括街巷线性空间。问题表现为部分街巷空间中交通、交流、休憩、商业等空间失序；街巷关系“碎化”现象明显，相互关联不足；人与空间互动性减弱。

（3）微观层面主要包括建筑、院落点状空间。问题呈现为景观绿化形式单一；文化传承欠缺、价值阐释粗浅；基础设施与功能设备便捷性不足。

2.3 原因分析

在人居环境更新过程中，问题矛盾主要体现出空间要素转译与更新策略选取未能满足人居需求，可以从以下3方面进行分析：

（1）从宏观层面分析，大栅栏区域的整体功能需求由城市内主要的商业交易区域转变为城市圈乃至全国的著名历史街区、旅游景点，原有空间运行模式难以匹配受众数量激增与社会偏好。其次，商业集中化发展导致传统商业空间需求降低，而文化传播、旅游体验、人文宣教等新空间承载需求愈加强烈。

（2）从中观层面分析，区域参与者拓展为常住居民、游客、商人、消费者、体验者等多元群体，商业秩序不再是街巷主体。其次，街巷业态发展不均导致活力差异显著，使得各街巷连通需求降低。此外，游览、休憩、交流等需求提升与城市存量、减量发展导致人与空间互动度下降。

（3）从微观层面分析，随着生活方式向现代化、舒适化转变，院落、街角、门前等空间中的植物水文、艺术小品、娱乐设施、健身设备、适童适老等功能需求也随之增加。此外，注重历史人文传承与追求人居品质提升，导致对场所与建筑的历史文化溯源和价值阐释更为重视，因此空间格局保护与区域精神重塑的需求也随之增加。

3 人居空间基因的转译

3.1 转译目标

由此可见，传统商业区人居环境的更新需求主要集中于城市空间、自然环境、社会人文3方面。同时，不同于新建商业区的是传统商业街区不能脱离原有空间而再造，因此引入空间基因理论能够指导空间要素的有序转译，较好适应社会需求，主要包括3方面内容：

（1）人文历史的传承。将街区内物质与非物质文化遗存与当代商业、生活相结合，通过新技术、新模式开展人文历史与精神象征的阐释与传播。

（2）空间秩序的重构。根据需求转变制定相应策略，将区域内部分较为混乱、割裂的人居空间进行适宜性更新，整合人的需求与空间供给，形成新的空间秩序。

（3）生态景观的重塑。着力解决居住生活、休憩赏游、商业消费过程中的绿色生态需求，开展生态织补，实现生态城市与活力人居的协同发展。

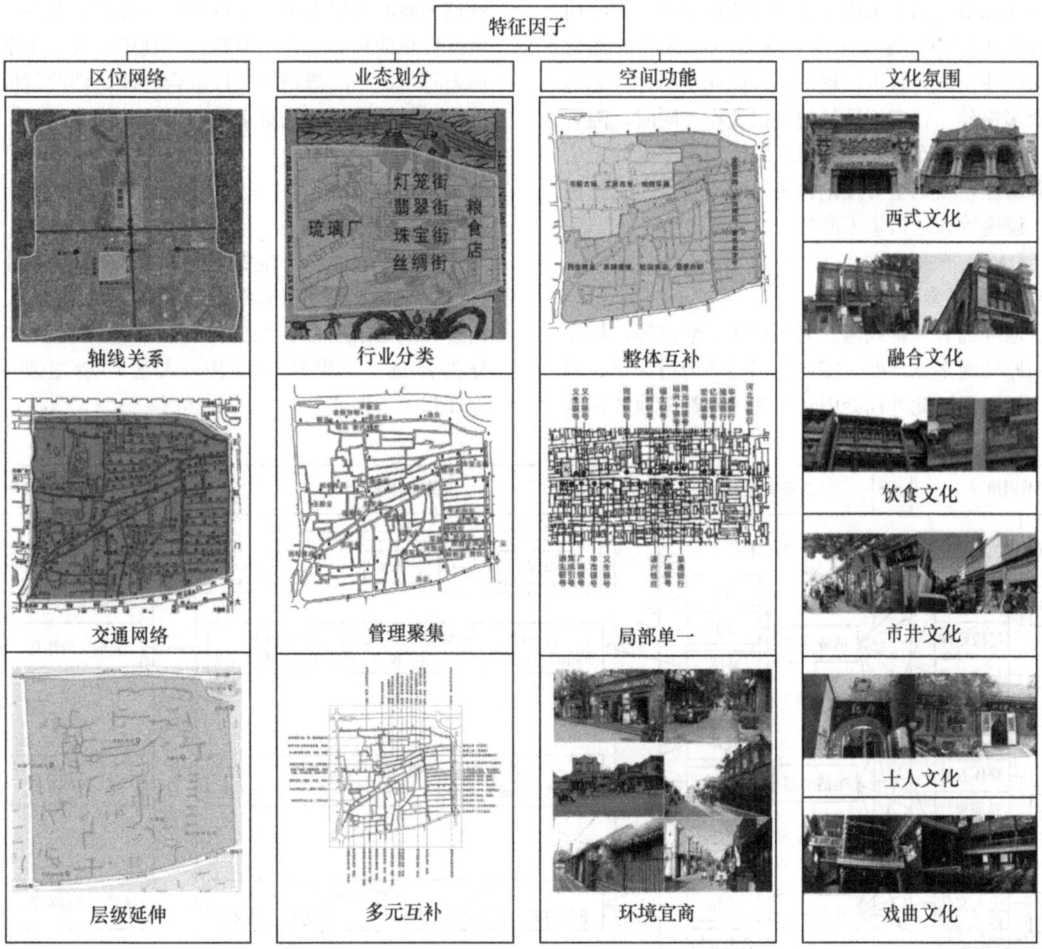

图 2　空间基因主要特征因子示意图

3.2　转译要素

大栅栏商业街区的空间要素丰富，近代以来区域经历了几次发展，需求增减不一，商业空间、生活空间、游憩空间均发生不同程度的更迭，所以需要分类进行分析（表 1）。

主要转译要素示例　　表 1

空间类别	要素类别	社会人文	自然环境
商业空间	原有要素	行业街市、街内商贩、商业集市、门面装饰等	水文河流等
	转译要素	综合商街、仪式性活动、传统商业风貌、新型夜市等	喷泉景观、水池等
	新增需求	旅游打卡、体验交互等	墙体瀑布、喷雾等
生活空间	原有要素	商业仓库、商业院落等	宅邸园林等
	转译要素	交通街巷、管理机构、广场等	口袋公园、绿带等
	新增需求	健身、停车、老少设施等	室外景观、排污设施等
游憩空间	原有要素	戏园、名人故居、会馆等	古树、灌木等
	转译要素	博物馆、剧场等	生态景观、雕塑小品、灯光场地等
	新增需求	创意展览、宣教基地等	街头运动、休闲赏玩等

3.2.1　商业空间要素

区域历史上存在众多专有行业街市例如粮食店街、珠宝市街、灯笼街等，这些商业空间随着业态更迭而衰亡，需要根据需求进行转译，例如店铺特色装饰可转译为门面设计来源；流动摊贩（行商）可以转译为非遗业态展示；特色集市可以转译为夜市等。同时，还可根据需求增加拍照打卡空间、业态体验互动空间等。此外，区域内原有的商业运输河道、水文等自然环境早已不存，部分区域转译为商业装饰空间中的水池喷泉、墙体瀑布、水体喷雾等。

3.2.2　生活空间要素

大栅栏地区传统生活空间大多采用“前店后坊”“上宅下店”等模式，居住、生活、加工、售卖空间往往集中于单一店铺或院落。随着工业化生产和地价上涨，核心商业街巷的居住生活空间逐渐消失，远离商业核心的部分建筑转变为居住空间，且占比逐渐超过商业空间，例如施家胡同的众多银号、钱市胡同的炉房银钱库。同时，随着经济发展，出现了停车、健身等新的生活需求。此外，宅邸园林随着房屋密度的上升逐渐消失，而口袋公园、景观绿带、公共设施等人居需求不断提升。

3.2.3 游憩空间要素

大栅栏地区拥有众多戏园、名人故居、会馆等，如今这些空间的原功能多已改变，需要适当转译为博物馆、剧场、纪念馆等空间，此外社会中还出现了宣教基地、社区管理等新的人居需求。在自然环境方面，众多古树植物是生态传承的核心要素，但其原有利用方式过于单一，可与标志景观、小品雕刻等进行融合转译，创造新价值。同时街头运动、休闲赏玩对于场地平整、生态绿植、灯光效果也提出新要求。

3.3 转译路径

空间要素的转译需要适宜、科学的路径才能实现，在过程中需要考虑空间品质提升、共享共治覆盖、供需关系调整、最低限度影响等因素，可分为空间基因指导—要素分类筛选—要素转译重构—人居环境更新策略 4 部分(图 3)。

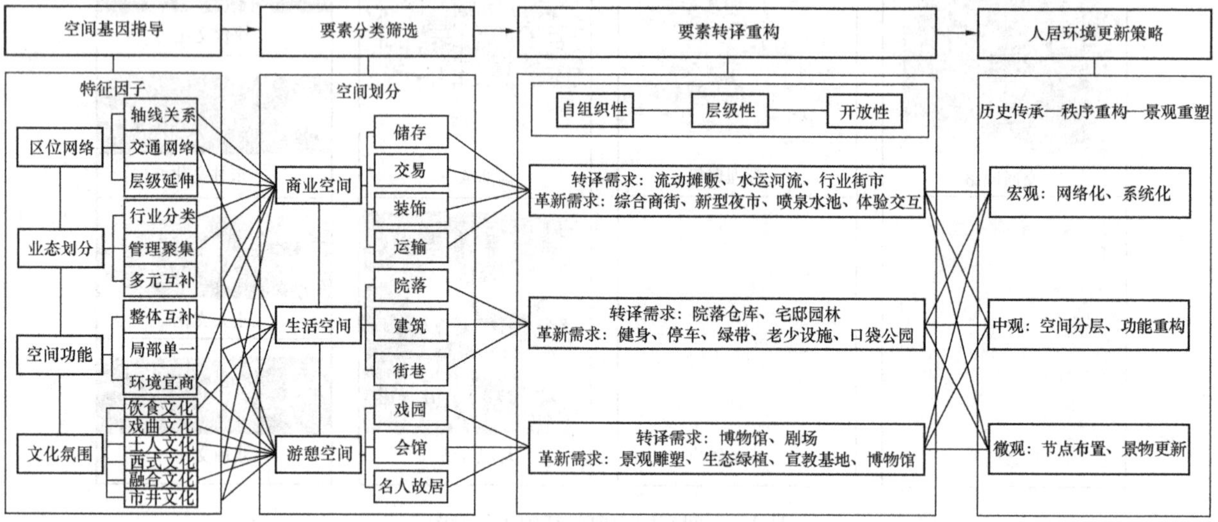

图 3 转译路径示意图

4 人居环境更新策略

4.1 宏观区域：空间创新传承，改善整体环境

4.1.1 空间网络化

空间网络化是指区域主要功能出现显著变化后，应结合历史发展与当代需求消除空间孤岛，通过资源共享改善整体环境。主要方式分为 3 方面：①筛选新型商业体验区、老字号消费商业区等 9 个区域，继承原有历史空间的整体叙事，通过空间再利用突出区域特色，并组成空间网络。②依托共享改造理念，利用交汇广场、人行通廊、交通要道等区域打造各区域交流交往空间，以满足资源共享需求。③特色风貌重塑，通过建筑、街巷立面的个体修缮，改善部分区域风貌破败、杂乱的现象，实现整体环境提升（图 4）。

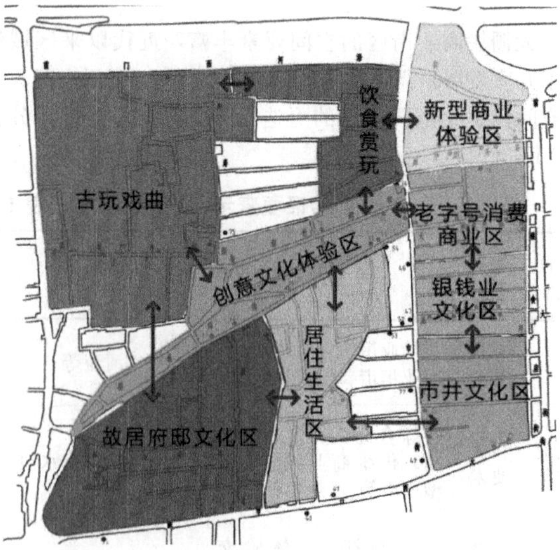

图 4 特色区域网络划分与资源共享示意图

4.1.2 空间系统化

空间系统化是将域内特色空间与资源组成空间系统，实现区域差异的再平衡，主要通过以下 3 方面实现：①设置过渡区，使得生活、商业、休憩空间通过过渡区有效连接，利用空间交流聚集效应，实现动态与静态活力的再平衡。②引导设置主次互补的交通网络线路，提升连接成效，使得整体发展高效有序。③将商业繁华区基础设施引入居住生活区实现系统连通，弥补基础设施区域差异(图 5)。

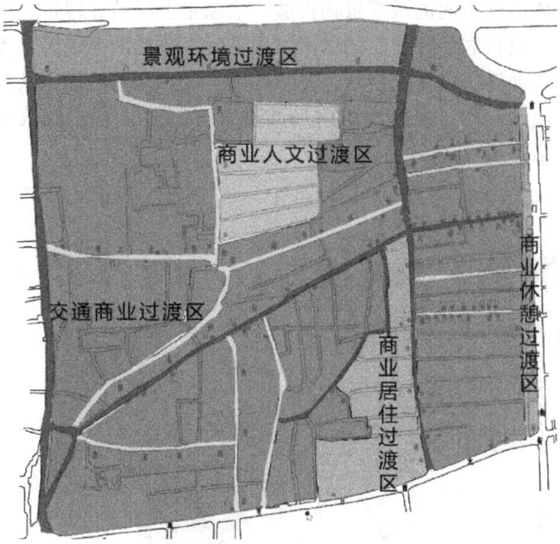

图 5　过渡区设置及系统化连通示意图

空间分层示意图　　表 2

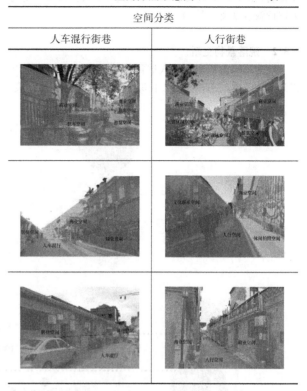

空间分类	
人车混行街巷	人行街巷

4.2　中观街巷：强化秩序互补，匹配功能需求

4.2.1　空间分层

街巷空间分层是指商业发展、交通便捷、格局传承等方面按需分级，主要包括以下 3 点：①商业业态布局划分，重点考量旅游—民生—商务等各层级商业结构、老字号与新业态互补等内容以满足经济发展需求。②交通层级划分，将车行街巷、混行街巷、步行街巷进行层级划分，改善人行、停车、交通、消防等方面的不足，提升连通便捷性。③历史格局明晰层级，主要包括展现街巷布局特色与改善环境条件，街巷整治修缮应着重展现街巷布局，同时通过有序腾退、改善环境卫生条件等措施梳理杂乱无序的空间层级，重现历史脉络（表 2）。

4.2.2　功能重构

功能重构是将人居需求与空间功能进行重新匹配，主要分为以下 3 方面：①扩充街巷功能，在适宜的街巷中将原住民日常需求如下棋、散步、晒太阳、儿童游戏等内容进行有效植入，提升公共区域的利用效率，满足居民生活方式。②增加传统文化传播效率，将街巷空间与集市、民俗活动等结合，实现人与空间的有效互动。③利用人文景观提升街巷活力，将原住民文化、人际交流交往等人文景观充分融入到街巷、公园等公共空间之中，补充因商业消费缺乏导致的活力不足（图 6）。

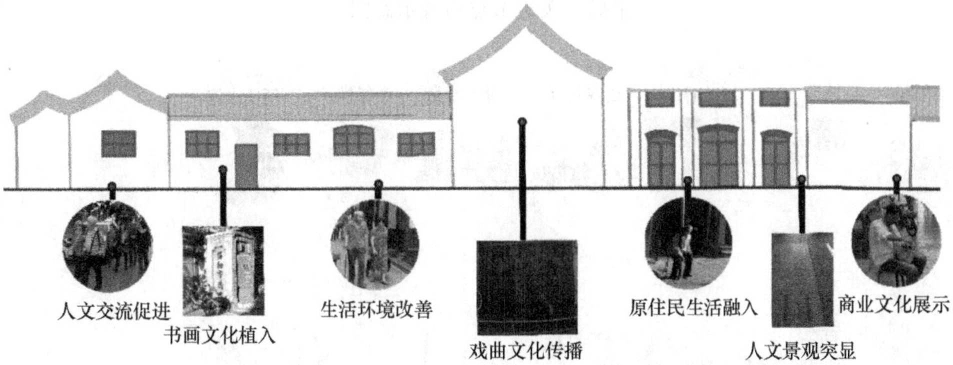

图 6　需求与功能重构示意图

4.3　微观院落：展示核心特点，实现景观重塑

4.3.1　关键节点布置

微观层面主要通过细节提升改善人居环境，具体策略包括：①重要建筑展示，通过灯光、布景、衬托等方式对院落与建筑的立面、造型、文字等重点区域进行展示，凸显历史文化的深厚底蕴。②在区域出入口等核心节点设置景观或构筑物展现关键特征，如琉璃厂“文房书画”、青云阁“近代商店”等特色。③将地面、栏杆、标识与文

化传播相结合，通过文字、图像雕刻等形式在院落或建筑旁进行叙事复现（图7）。

4.3.2 院落景物更新

院落景物更新主要将人居需求与景观再造相结合以提升整体品质，主要包括以下3点：①建筑外墙、走廊等院落内外空间的微观景物再造，增添生态绿植、绿带、灌木等改善居住环境。②增添民生设施，包括助老器械、无障碍通道等以便捷生活、整洁环境。③在院落内设置共生厅或活动室，恢复院落格局并进行空间共享利用以改善生活品质（图8）。

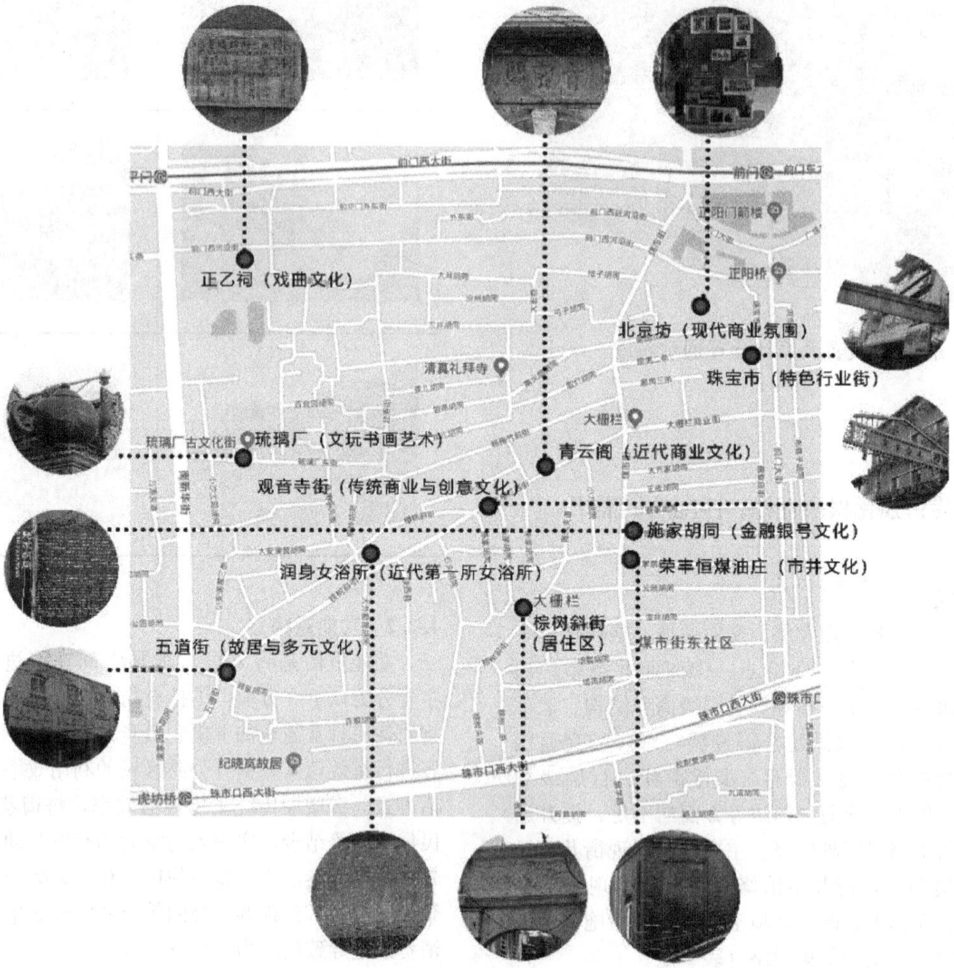

图7　关键节点布置示意图

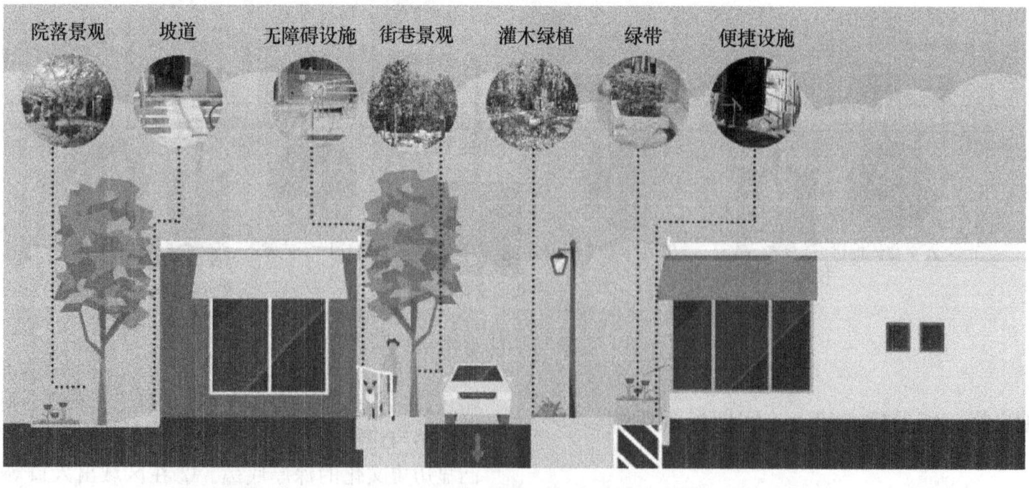

图8　景观设施更新示意图

5 结语

本文以人居环境需求转变为突破口，通过空间基因理论指导空间要素转译，提出“历史传承—秩序重构—景观重塑”的更新策略，从宏观区域、中观街巷、微观院落3个层面将商业、生活、休憩空间与当代需求进行匹配重构，解决了传统商业街区无序更新的困境，提升了人与人、人与空间、人与社会的互动关系，促进街区活力提升和人居环境可持续发展。

参考文献

[1] 高富丽，王成芳．不同更新模式下的传统商业街更新对比研究——以前门地区两条典型商业街为例[J]．住区，2021(01)：18-26.

[2] 李颖，闫思彤，康文儒，等．北京大栅栏历史街区：基于社区自组织途径的胡同绿色微更新模式探索[J]．北京规划建设，2021(04)：108-111.

[3] 陈东田，于彩云，胡瑞祎．探寻传统商业街改造的历史文脉——以济南宽厚里商业街为例[J]．华中建筑，2016，34(11)：149-152.

[4] 詹芳芷，刘昊天，王成康．景观要素对南京传统商业街魅力度的影响[J]．园林，2020(04)：63-68.

[5] 来朝旭．传统商业街空间环境的可识别性要素[J]．中华建设，2012(03)：88-89.

[6] 王晨溪，赵超，楼吉昊，解扬．历史文化街区的综合诊断方法研究——以北京大栅栏街区诊断为例[C]//面向高质量发展的空间治理——2020中国城市规划年会论文集(02城市更新)，2021：432-441.

[7] 杨璐，张龄允，李倞．北京老城区居民自发园艺活动特征及其健康影响研究——以大栅栏为例[C]//中国风景园林学会2020年会论文集(上册)，2020：502-509.

[8] 段进，邵润青，兰文龙，等．空间基因[J]．城市规划，2019，43(02)：14-21.

[9] 段进，姜莹，李伊格，兰文龙．空间基因的内涵与作用机制[J/OL]．城市规划：1-9[2022-03-14]．https：//kns.cnki.net/kcms/detail/11.2378.TU.20220301.1400.002.html.

作者简介

王阳，1992年生，男，汉族，北京人，博士，北京建筑大学建筑与城市规划学院，研究方向为人居环境更新、历史街区保护规划、城乡建筑遗产保护。电子邮箱：wangyang_bjjd@163.com。

田林，1968年生，男，汉族，河北石家庄人，博士，中国艺术研究院建筑与公共艺术研究所，所长、教授、博导，研究方向为国家文化公园规划建设、历史街区保护更新、绿色基础设施。电子邮箱：994570277@qq.com。

论文集

风景园林植物

基于自然特征的三峡水库江心岛消落带植物景观设计

Planting Design in the Water-level Fluctuation Zone of an Island in the Three Gorges Reservoir Based on Natural Characteristics

何 亮

摘 要：以三峡水库江心岛——广阳岛的消落带为研究对象，分析研究该区域的水文、土壤、植物、动物等自然特征并总结概括这些自然要素存在的问题。从风景园林学的视角出发，以恢复消落带植物景观为切入点，在兼顾生态功能与景观功能的前提下，提出基于植物景观设计的生态修复策略和途径。在此基础上，选取问题较为典型和突出的小尺度空间，将植物景观设计策略付诸实施。意在以植物景观的恢复推动消落带生态系统的修复，为特征相似区域的植物景观设计和生态系统修复提供借鉴。
关键词：三峡水库；消落带；植物景观设计

Abstract: Taking the water-level fluctuation zone of Guangyang Island, an island in the Three Gorges Reservoir, as the research object, this paper firstly analyzes the natural characteristics and summarizes the problems in view of hydrology, edaphology, phytology and zoology. And then, from the perspective of landscape architecture, taking the restoration of vegetative landscape in the target region as the starting point, and taking into account the ecological and landscape functions, this research proposes the ecological restoration strategies and approaches based on planting design. On this basis, this research selects several small-scale space with typical and obvious problems, and puts the strategies mentioned above into practice in these zones. The goal of this research is to promote the remediation of the ecosystem in water-level fluctuation zone with the restoration of the vegetative landscape, and provide reference for the planting design and ecosystem restoration in areas with similar characteristics.
Keywords: Three Gorges Reservoir; Water-level Fluctuation Zone; Planting Design

引言

消落带亦称“消落区”“消涨带”，国外最早称之为“河岸带”（riparian zone），是长时间受到淡水影响的过渡性半陆地半水生区域，其生境拥有高度多样化的动植物群落，群落结构会随着水位升降不断变化。消落带的形成主要受自然变化和人类活动的影响。自然变化主要指河流水位的季节性自然升降，人类活动以水利工程的周期性蓄水、放水为主，前者主导形成的消落带为自然消落带，后者影响形成的消落带为人工消落带。

国外对消落带的研究始于20世纪60年代中后期，研究内容涉及退化生态系统恢复、水环境污染、水文因子模型、植被多样性提升、土地利用变化、动植物组成变化等方面。国内对消落带的研究与三峡水库等大型水利工程的建设和运行有很大关系，因此研究对象以人工消落带为主，研究内容主要包括消落带功能研究、消落带生态环境问题、消落带管理与开发利用以及消落带生境恢复等4个方面。

自2006年三峡水库水位提升至156m后，重庆共有22个区县形成了总面积约291km^{2}的消落带。此后，生态学、水文学、水力学等学科开始对三峡水库消落带进行深入研究并提出了相关理论和治理模式。其中，生态学研究的重点方向之一是三峡水库消落带生态系统的修复与重建，主要内容有减缓和阻止自然植被退化、恢复和重建退化的生态系统，代表性研究成果包括消落带生态修复适生植物筛选、应用基塘和小微湿地减少水位变化对消落带生态系统的影响、营造林泽形成生态缓冲带减少水生系统对陆生系统的干扰等。

综上所述，不难看出消落带植被的重建是消落带基本生态功能恢复的关键，因此，本文以广阳岛消落带为研究对象，以重建消落带植物景观为主要目标，基于风景园林学视角下的植物景观设计实践，探索适用于三峡水库岛屿消落带的植物景观设计模式。

1 消落带自然特征概述

广阳岛位于重庆市南岸区与江北区之间，总面积约10km^2。严格意义上的广阳岛消落带是指岛上157.00～174.20m（吴淞高程，下同）高程间的岸坡区域，总面积约4.1km^2，但考虑到消落带生态系统的结构完整性和空间连续性，本次研究将三峡水库10年一遇洪水位（182.7m）以下的区域全部纳入研究和设计范围。因此，本文所述的广阳岛消落带泛指岛上157～182.7m高程间的区域，总面积约4.5km^2。

1.1 水文特征

广阳岛消落带属亚热带季风性湿润气候，年平均降水量约1108mm，5～9月降水集中期的总降水量约767.4mm，占全年总降水量的70%（1981～2010年统计数据）。每年7～9月，消落带的水位会在短期内迅速变化，且涨落幅度较大。9月末、10月初，三峡水库开始蓄水，最晚在翌年1月前，消落带水位就会达到174.2m，水位涨幅较最低水位超过17m。

通常，消落带174.2m以上的区域全年露出水面，但在大洪水过境的情况下也会被淹没。例如，2020年8月，长江第5号洪水通过三峡水库时，寸滩水文站的洪峰水位突破191.4m，远超消落带百年一遇洪水位（189.1m）。174.2m以下不同高程的区域淹没时间则大相径庭。161.56m（消落带枯水位）的区域淹没天数约300天，174.2m水位的区域淹没天数约110天（表1）。

广阳岛消落带不同高程淹没时间统计　　表1

高程（m）	淹没天数（天）	出露天数（天）
＜157	365	0
157～161.56	300～365	0～65
161.56～174.2	110～300	65～225
＞174.2	0～110	225～365

注：表中高程为吴淞高程。

长江在广阳岛处分汊为主航道和广阳湾，前者江宽流急，后者湾窄水缓，导致消落带不同区域的水力冲刷状况各不相同。西南端的西岛头为顶冲段，冲刷和流速最大；北侧的兔儿坪紧邻主航道，为冲刷段；南侧的广阳湾段流速最小，冲刷最弱，为内河淤积岸；东北端的东岛尾受江水回流的影响，形成淤积岸（图1）。

图1　消落带主要区域

1.2　土壤特征

消落带全线不同高程的区域岩土质地分层特征明显。157～161.56m有大量的岩石、块石和砾石，仅有少部分区域为冲积河沙（图2）。161.56～174.2m的区域以冲积河沙为主，土层较薄，土壤质地为沙土，且高程越低土壤含沙量越高，兼有少量的紫色土和黄壤，土壤整体呈疏松多孔的性状，透气性好，土壤黏度低。174.2m以上的区域以紫色土为主，土层较厚，土质更肥沃。

图2　消落带典型岩土质地

1.3　植被特征

消落带共有植物198种，优势生活型为草本植物，共56种，占总数的28.3%。禾本科植物种类最多，占41.7%，其次是菊科植物，占19.1%（表2）。

消落带主要优势植物及分布区域　　表2

序号	植物名称	拉丁学名	科	分布高程		
				157～161m	161～175m	175～183m
1	狗牙根	*Cynodon dactylon*	禾本科	☆☆☆	☆☆	☆
2	扁穗牛鞭草	*Hemarthria compressa*	禾本科	☆☆	☆☆☆	☆☆☆
3	野青茅	*Deyeuxia pyramidalis*	禾本科	☆	☆☆☆	☆☆
4	甜根子草	*Saccharum spontaneum*	禾本科		☆☆	☆☆
5	白茅	*Imperata cylindrica*	禾本科		☆	☆☆
6	芒	*Miscanthus sinensis*	禾本科		☆	☆
7	卡开芦	*Phragmites karka*	禾本科	☆	☆☆☆	☆☆☆
8	芦苇	*Phragmites australis*	禾本科		☆☆☆	☆☆☆
9	芦竹	*Arundo donax*	禾本科		☆	☆☆
10	斑茅	*Saccharum arundinaceum*	禾本科		☆☆☆	☆☆
11	慈竹	*Bambusa emeiensis*	禾本科			☆
12	小蓬草	*Erigeron canadensis*	菊科		☆	☆☆
13	一年蓬	*Erigeron annuus*	菊科		☆	☆☆
14	鬼针草	*Bidens pilosa*	菊科		☆	☆☆

续表

序号	植物名称	拉丁学名	科	分布高程		
				157～161m	161～175m	175～183m
15	藿香蓟	*Ageratum conyzoides*	菊科		☆	☆☆
16	五月艾	*Artemisia indica*	菊科		☆	☆☆
17	秋华柳	*Salix variegata*	杨柳科			☆
18	南川柳	*Salix rosthornii*	杨柳科		☆	☆
19	桑	*Morus alba*	桑科		☆	☆
20	枫杨	*Pterocarya stenoptera*	胡桃科		☆☆	☆
21	构树	*Broussonetia papyrifera*	桑科		☆	☆☆
22	刺桐	*Erythrina variegata*	豆科		☆	☆☆

注：表中高程为吴淞高程。

消落带全线174.2m以下植物群落以灌草丛为主，且高程越低植物种类越少，群落结构越单一，这与岩土质地的分层分布特征相吻合。其中，161.56m以下以低矮的狗牙根为主，兼有喜旱莲子草、酸模叶蓼等；161.56～174.2m的区域植物种类逐渐增多，开始出现芦苇、卡开芦、甜根子草等高草，偶见枫杨；174.2m以上的植物群落具有明显的乔一草分层结构，物种丰富度更高，构树、枫杨等乔木开始大量出现（表3）。

消落带不同高程主要植物　　表3

高程	土壤质地	群落主要植物
157～161.56m	沙土	狗牙根＋酸模叶蓼＋喜旱莲子草—扁穗牛鞭草
	沙土＋砾石	狗牙根＋喜旱莲子草—扁穗牛鞭草
	沙土＋块石	狗牙根—扁穗牛鞭草
	沙土＋岩石	狗牙根
161.56～174.2m	沙土＋紫色土	狗牙根—扁穗牛鞭草＋芦苇＋斑茅＋卡开芦＋甜根子草＋野青茅
	沙土	狗牙根—扁穗牛鞭草＋芦苇
174.2～182.7m	紫色土	枫杨＋构树—芦苇＋卡开芦＋五节芒＋扁穗牛鞭草＋野青茅—甜根子草＋一年蓬＋藿香蓟—狗牙根

注：表中高程为吴淞高程。

1.4 动物特征

消落带鸟类的分布与水文和植被特征密切相关。西岛头和兔儿坪因具有丰富的滨水生境，鸟类主要有鸭科的游禽和鹭科的涉禽；东岛尾水面开阔，水流变缓，䴙䴘科游禽居多，广阳湾水道狭窄，坡面平直，雉类较为常见。消落带附近鱼类以鲤科、鳅科、鲇科鱼为主，两栖类以蟾蜍科、姬蛙科、蛙科动物为主；爬行类以蜥蜴科、游蛇科、蝰科动物为主，物种多样性较高。

1.5 主要问题总结

通过对自然特征的分析，不难发现水文变化是引发消落带生态问题的根源，其主要问题有3个，分别是植物群落退化、土壤侵蚀加剧、鸟类栖息地减少。

（1）植物群落退化。消落带面临的首要问题是水位涨落引发的局部区域植物群落退化。其原因是水位在短时间内的剧烈涨落影响了群落的次生演替——大部分植物因无法适应这种变化而逐渐消失，只留下少数能够适应环境变化的植物，如狗牙根、喜旱莲子草等，最终导致这一区域植物种类稀少、植被层次单一、群落结构简单。

（2）土壤侵蚀加剧。水位涨落与植被退化引发了消落带的第二个问题——局部区域出现土壤侵蚀甚至地表裸露的现象。其原因是植被覆盖率低的区域难以抵抗长期的水力冲刷，导致土壤侵蚀加剧，最终使土壤完全裸露，这一现象在174.2m以下的部分区域较明显。

（3）鸟类栖息地减少。植物群落退化带来的另一个问题是鸟类栖息环境的持续减少。研究表明，鹭鸟一般会选择远离人工干扰或距人工干扰较近但植被遮蔽度高的区域觅食。消落带植被退化会导致供鸟类隐蔽觅食的高草逐渐消失，只留下低矮的狗牙根和喜旱莲子草等植物，这些植物无法为鹭科涉禽提供安全的觅食环境，最终可能会导致大型涉禽不再出现。

2 植物景观设计策略

通过前文分析，不难看出恢复消落带生态系统的策略应当聚焦于消落带植物的提升。根据现状问题和功能需求，本次设计共提出4条策略。

2.1 广泛应用消落带原生植物

消落带植被退化的本质是水位的周期性涨落减缓了次生演替，植物景观设计则是以人工辅助的方式加快建立稳定的次生群落。以生态系统恢复为目标的植物景观设计更强调植物对环境的适应，因此，已适应消落带环境变化的乡土植物无疑是最佳选择。通过文献研究和现场调研，本次设计共选定35种主要植物（表4），其中74%

是消落带原生植物，优势种有12种。

消落带植物景观设计主要植物　　表4

序号	生活型	植物种类	科名	拉丁学名
1	乔木	黄葛树	桑科	*Ficus virens* var. *sublanceolata*
2		枫杨	胡桃科	*Pterocarya stenoptera*
3		中山杉	柏科	*Taxodium* 'Zhongshanshan'
4		乌桕	大戟科	*Triadica sebifera*
5		红枫	槭树科	*Acer palmatum* 'Atropurpureum'
6	竹类	黄竹	禾本科	*Dendrocalamus membranaceus*
7		慈竹	禾本科	*Bambusa emeiensis*
8	灌木	火棘	蔷薇科	*Pyracantha fortuneana*
9		山茶	山茶科	*Camellia japonica*
10		秋华柳	杨柳科	*Salix variegata*
11	草本	芭蕉	芭蕉科	*Musa basjoo*
12		荻	禾本科	*Miscanthus sacchariflorus*
13		五节芒	禾本科	*Miscanthus floridulus*
14		白茅	禾本科	*Imperata cylindrica*
15		白三叶	豆科	*Trifolium repens*
16		矮蒲苇	禾本科	*Cortaderia selloana* 'Pumila'
17		扁穗牛鞭草	禾本科	*Hemarthria compressa*
18		火炭母	蓼科	*Polygonum chinense*
19		卡开芦	禾本科	*Phragmites karka*
20		柳叶马鞭草	马鞭草科	*Verbena bonariensis*
21		芦苇	禾本科	*Phragmites australis*
22		木贼	木贼科	*Equisetum hyemale*
23		蒲苇	禾本科	*Cortaderia selloana*
24		千屈菜	千屈菜科	*Lythrum salicaria*
25		肾蕨	肾蕨科	*Nephrolepis auriculata*
26		双穗雀稗	禾本科	*Paspalum distichum*
27		水蓼	蓼科	*Polygonum hydropiper*
28		高节薹草	莎草科	*Carex thomsonii*
29		甜根子草	禾本科	*Saccharum spontaneum*
30		问荆	木贼科	*Equisetum arvense*
31		香根草	禾本科	*Vetiveria zizanioides*
32		野青茅	禾本科	*Deyeuxia pyramidalis*
33		地果	桑科	*Ficus tikoua*
34		细叶芒	禾本科	*Miscanthus sinensis* 'Gracillimus'
35		狗牙根	禾本科	*Cynodon dactylon*

2.2　依据高程确定植物配置

鉴于消落带不同高程的淹没季节和时长差异巨大，因此，要在各高程选择耐淹程度不同的植物。例如，狗牙根、双穗雀稗在25m水深淹没216天后仍保持很高的存活率，香根草和秋华柳在10m水深淹没160多天仍有100%的存活率，均适合在161.56m以上的区域大量使用。

由于161.56m区域几乎全年被淹，170m区域在7～9月植物生长旺季时的水位波动明显，因此，本次设计对161.56～170m的区域不进行人工干预，对170～174.2m的区域仅做适当干预，重点设计范围为174.2～182.7m的区域，选用植物以草本植物为主（表5）。中山杉、乌桕等乔木虽然也对深水淹没表现出良好的适应性，但出于不影响库容的原因，仅在174.2～182.7m的区域少量种植。

不同高程植物景观设计主要植物种类　　表5

高程	群落主要配置植物
170～174.2m	狗牙根、双穗雀稗、扁穗牛鞭草
174.2～176m	草本：芦苇、卡开芦、荻、甜根子草、千屈菜、野青茅 灌木：秋华柳 乔木：中山杉、枫杨
176～182.7m	草本：问荆、木贼、白茅、五节芒、芭蕉、高节薹草、蒲苇、柳叶马鞭草、细叶芒 灌木：秋华柳、火棘、山茶 竹藤：慈竹 乔木：乌桕、中山杉、枫杨、黄葛树

注：表中高程为吴淞高程。

2.3　因时因地选择种植方式

鉴于消落带不同高程的问题和种植设计所用植物各不相同，因此，有必要根据区域特点采取有针对性的种植措施。170～174.2m的范围，植物生长季的淹没时间为0天，局部区域土壤侵蚀明显，为了减少人工干预、维持群落原本样貌，仅采用在春季大量撒播草籽的种植方式，以便在蓄水前使土壤复绿，减缓土壤的退化（图3）。

图3　水位上涨前撒播狗牙根生长状况

174.2～176m基本全年露出水面，可选用的植物种类较多，可在植被退化的区域清除长势差的植物，补植草本植物成苗，在短时间内丰富植物种类、改善群落结构。176～182.7m的范围人类活动较多，局部区域有岸体加固的土方措施，因此产生了部分裸土，为了在短时间内使表土稳固，应首先撒播发芽快的白三叶、黑麦草等植物，并在其稳定生长一段时间后，继续补植草本植物成苗，以便能够快速提高群落生物多样性。除此之外的其他区域采取与174.2～176m范围相同的种植方式。

2.4 兼顾生态功能与景观效果

上述3项策略是基于恢复消落带生态功能提出的，但由于消落带全线沿182.7m高程附近有一条由原有堤防步道改造而来的用于市民游览和健身的环形步道，因此，设计对步道两侧近身空间的植物群落进行了景观效果的提升改造，主要包括在重要节点增加主景树，在道路两侧种植观赏花卉，增加小乔木和灌木丰富植物层次和季相等。

主景树主要有黄葛树、乌桕、小叶榕等乡土乔木，观赏花卉主要选择花期长、适应性强的植物，如美女樱、山桃草、细叶萼距花等。小乔木和灌木包括以观叶为主的红枫，以观花为主的桂花、山茶和以观果为主的柠檬、柚子（表6）。

主要观赏花卉和果树　　表6

序号	生活型	种名	拉丁学名	备注
1	草本植物	美女樱	*Glandularia*×*hybrida*	
2		山桃草	*Gaura lindheimeri*	
3		美丽月见草	*Oenothera speciosa*	
4		小兔子狼尾草	*Pennisetum alopecuroides* 'Little Bunny'	
5	灌木	细叶萼距花	*Cuphea hyssopifolia*	
6		茉莉花	*Jasminum sambac*	
7		栀子	*Gardenia jasminoides*	
8		叶子花	*Bougainvillea spectabilis*	
9	乔木	梨	*Pyrus* spp.	
10		沙田柚	*Citrus maxima* 'Shatian Yu'	
11		桃	*Prunus persica*	水蜜桃
12		李	*Prunus salicina*	巫山脆李
13		柠檬	*Citrus*×*limon*	
14		龙眼	*Dimocarpus longan*	

3 典型区域植物景观设计

本节选取具有代表性的2处小尺度空间，对其植物景观设计进行详细介绍。这两处空间分别位于西岛头和广阳湾，前者以恢复生态功能为主要目标，后者重点突出近身尺度的景观效果。

3.1 区域1植物景观设计

该区域174.2m以下在蓄水期形成浅水滩涂和湿地，是鹭科涉禽重要的觅食地。其主要问题有3项：①176～182.7m坡度较陡，径流冲刷严重；②174.2m附近土壤侵蚀严重，出现裸土；③植物群落退化明显，缺少使鸟类隐蔽的植被。

针对问题一，通过填挖方结合的削坡方式，在就地平衡土方的前提下减小坡度，平整土方后撒播草籽，草籽为1∶1比例混合的白三叶和狗牙根，使用标准为$5g/m^2$，以上措施在3～4月完成，2～3个月后在草籽萌发不良的区域补栽白茅等乡土草本植物。针对问题二，首先在裸土区施用复合肥并通过翻土与原土壤均匀混合，翻土深度为15cm，然后以36株/m^2的密度栽植香根草。在此基础上，在裸土周边数米范围内清除长势差的植被并补植香根草。针对问题三，首先在174.2～182.7m范围栽植胸径8～10cm的中山杉林团，林团内苗木数量不小于10株，林团间距10～15m；林团间隙组团式种植五节芒，3～5丛为1个小组团，3～10个小组团成1个大组团（图4）。

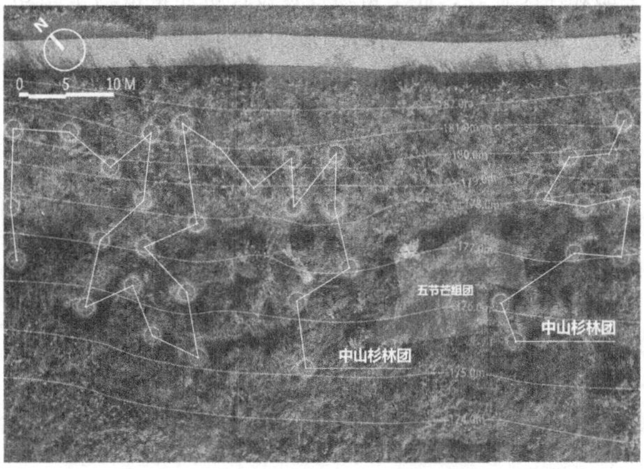

图4　区域1设计后平面图

3.2 区域2植物景观设计

该区域是市政路进入环形步道的入口之一，二者通过平台和梯步相连。作为交通转换口，其植物景观设计应当与步道沿线有所区别。同时，此处地势高燥，视野开阔，是步道沿线为数不多的观景点之一，基于以上原因，景观设计在此处设置了观景平台和木亭。同时，此处182.7m以下原为陡坎，水土流失严重，具有一定的生态和安全隐患。

设计首先对 182.7m 以下的区域通过填挖结合的方式进行削坡，并采用先撒草籽、后补成苗的方式进行植被恢复。在此基础上，在道路两侧呈品字形种植慈竹数丛，将其作为基调植物，突出与其他区域的区别。同时，在步道两侧、梯步入口、平台入口花境式种植柳叶马鞭草、美女樱、山桃草、细叶芒等草本植物，使植物景观与空间尺度相匹配，并在道路北侧的缓坡上鳞次种植桃树，丰富季相和植物层次。最后，在观景平台两侧种植大冠幅的黄葛树，起到遮阴和补足近景的作用（图 5）。

图 5　区域 2 设计后平面图

4　结语

本文是对消落带植物景观设计实践的梳理和总结，是基于风景园林视角的生态修复的一部分。相比于城市公园和住区景观，此类植物景观设计更注重植物生态功能的发挥，这对景观设计师无疑是新的挑战，也是风景园林学不断拓展专业内涵的一种积极尝试。本文以广阳岛消落带为例，由宏观到微观阐述了岛屿消落带植物景观设计的大致思路和过程，以期对相似的设计实践提供些许参考。

参考文献

[1]　Robert J. Naiman, HenriDécamps, et al. Encyclopedia of Biodiversity[M]. 2nd Edition. Salt Lake City: Academic Press, 2013. 461-468.

[2]　翟文雅，伊若辰，黎子豪，等．基于水位梯度变化的消落带城市段植被景观修复策略——以重庆市南岸区为例[J]. 园林，2020，(08)：56-60.

[3]　王勇，刘义飞，刘松柏，等．三峡库区消涨带植被重建[J]. 植物学通报，2005，(05)：3-12.

[4]　张淑娟．三峡水库消落带土壤结构变化及抗剪强度的响应机理[D]. 中国科学院大学，2020.

[5]　程瑞梅，王晓荣，肖文发，等．消落带研究进展[J]. 林业科学，2010，46(4)：111-119.

[6]　肖凤娟，邹锦．遵循水文过程的消落带湿地植物景观设计研究——以重庆汉丰湖景观设计方案为例[J]. 西部人居环境学刊，2013，(03)：69-76.

[7]　涂建军，陈治谏，陈国阶，等．三峡库区消落带土地整理利用：以重庆市开县为例[J]. 山地学报，2002，20(6)：712-717.

[8]　袁辉，王里奥，黄川，等．三峡库区消落带保护利用模式及生态健康评价[J]. 中国软科学，2006，(5)：120-127.

[9]　吕明权，吴胜军，陈春娣，等．三峡消落带生态系统研究文献计量分析[J]. 生态学报，2015，35(11)：3504-3518.

[10]　袁兴中，杜春兰，袁嘉．适应水位变化的多功能基塘系统：塘生态智慧在三峡水库消落带生态恢复中的运用[J]. 景观设计学，2017，5(01)：8-21.

[11]　袁兴中，杜春兰，袁嘉，等．自然与人的协同共生之舞——三峡库区汉丰湖消落带生态系统设计与生态实践[J]. 国际城市规划，2019，34(03)：37-44.

[12]　袁兴中，熊森，李波，等．三峡水库消落带湿地生态友好型利用探讨[J]. 重庆师范大学学报(自然科学版)，2011，28(04)：23-25，93.

[13]　新华社．寸滩水文站洪水位突破 191.41 米，长江重庆段迎最大洪峰[N/OL]．新华网，2020-8-20. http://www.xinhuanet.com/local/2020—08/20/c_1126389807.htm.

[14]　白亚东，秦坤蓉，王海洋．重庆市广阳岛植物群落结构与物种多样性研究[J]. 林业调查规划，2020，45(02)：58-65，102.

[15]　黄天丽，郑钰旦，崔凤娇，等．临安青山湖景区白鹭栖息地选择探析[J]. 浙江林业技，2019，39(05)：54-59.

[16]　樊大勇，熊高明，张爱英，等．三峡库区水位调度对消落带生态修复中物种筛选实践的影响[J]. 植物生态学报，2015，39(04)：416-432.

[17]　袁兴中．三峡库区澎溪河消落带生态系统修复实践探索[J]. 长江科学院院报，2022，39(01)：1-9.

作者简介

何亮，1993 年生，男，汉族，内蒙古包头人，硕士，中国建筑设计研究院有限公司，工程师，研究方向为风景园林规划设计。

基于参数化日照分析的校园绿地植物品种选取
——以华中科技大学雨韵园为例

Planting Design of Campus Green Space Based on Parametric Daylight Analysis

黄　婧　胡诗琪　刘梦馨　万　敏*

摘　要：日照分析的研究与应用，在规划和建筑领域中已趋于成熟，但在风景园林领域仍存在研究空白。日照作为植物生长的重要因子之一，亟需在风景园林学科背景下展开相应的系统性研究和实践。本文借助参数化软件，将目标校园绿地作为研究对象，进行日照模拟和分析，并将获得的数据结果与植物设计相结合，基于植物不同的光照需求特征对场地可用植物品种进行科学合理的选择、配置，以期为今后的场地植物种植设计提供积极、有参考性和科学性的依据和线索。

关键词：参数化；日照分析；校园绿地；植物种植

Abstract: The research and application of insolation analysis has been relatively mature and well established in the planning and architectural design industries, but not much relevant research has been conducted in the professional field of landscape architecture. In fact, sunlight, as one of the important factors for plant growth, deserves further systematic research and practice in the context of landscape architecture discipline. In this paper, with the help of parametric software, the sunshine of selected target sites is simulated and analyzed as a research object. The results of the data obtained are combined with plant design aspects to make a scientific and reasonable selection of available plant species for the site based on the different light demand characteristics of plants. It is hoped that this will provide positive and informative ideas and clues for future planting design of the site.

Keywords: Parameterization; Sunlight Analysis; Campus Green Space; Planting

引言

在居住区规划和建筑设计领域，日照分析是极为重要的检验环节。其通过条件模拟以满足国家和地区制定的规范条例要求，进而保障使用者的“日照权”。而风景园林领域的日照分析[1]多集中在场地前期调研阶段，且据笔者对以往已建成项目及竞赛作品的了解，其形式感多大于实用性，对真正的设计工作辅助甚微。实质上，日照作为植物生长的重要因素之一，其作用不可小视。违反其生长规律的植物配置不仅会影响设计效果，亦会波及经济效益，与当今所提倡的生态、绿色理念背道而驰。因此，本文借助参数化技术，基于场地日照信息的定量化分析以进行植物品种的科学选择与配置，以期为未来该场地景观提升的植物种植设计提供参考依据。

1　研究背景

1.1　参数化设计

参数化设计作为建模和分析工具被运用于风景园林领域。参数化作为数字化设计领域的一种方式，最早运用在工业设计行业[2]。其核心运行理念是指“参变量控制或表明设计结果的某种重要性质，改变参变量的值会改变设计结果[3]”。简单来说，参数化软件、程序相较于以前常用的软件（sketch up、3Dmax 等）它拥有自己的运行逻辑，更为科学和便捷。可以人为添加信息、更改设定进行运算和处理，同时它就像数学计算一样，会保留其“运算”的过程，随时可以对附加设定进行修改和调整。参数化设计除了实时更新、便于调整这些优势外，相较于传统的分析软件——需要重复操作，参数化设计是可以将已调整好的公式保存导出，轻松复制到其他需要“运算”或者处理的模型上，运算结果会联动发生变化。参数化设计除了上述的科学性和便捷性外，同时具备可视性，能够不借助其他软件进行二次图像处理，直观展示运算的结果。

1.2　日照分析

日照分析的基本原理是：选定一处观测点，通过计算特定时节的太阳高度角、方位角，利用投影关系和几何运算，分析此点的日照情况[4]。国内外针对日照分析、日照标准的研究都大致类似，是站在建筑和规划角度上对空间环境提出优化建议[5]。大都针对室内外采光时长有相应的时间要求，只是依据自然地理条件的不同设定了不同的标准日。比如欧洲，大部分国家将日照采光标准日设定在 3 月 1 日，俄罗斯则根据经纬度，将国家划分不同的区域，制定区域内使用的日照标准日和规范，美国的标准日选择和我国一样，选用大寒日、冬至日作为标准日设定最低日照时数。

现阶段，对于日照标准与室外环境、绿地的研究较少[5]，就目前掌握的资料，主要有杨艺红、郭思远、徐子涵将日照分析与庭院设计相结合[4]，创新性地阐述了日照分析对庭院设计的作用，并借助“天正”对选定的庭院进行日照分析，最终得到场地在大寒日（标准日）的日照时长，以此作为他们方案设计的依据；汪丽、吴迪以日照分析作为行道树品种选取的主要因素，对海口市、郑州市的部分街道进行计算机模拟，从而提出优化方案[6,7]。但较为不足的是，前辈多使用 su 作为日照分析基础软件，对于结果的统计和运算需要人工进行记录，这也存在一定的错误风险与工作量。

2 场地日照分析

2.1 场地选择

雨韵园是华中科技大学西校区建筑与城市规划学院前门的一处为满足师生科普与游赏需求的雨水花园与校园游园（图 1）。场地最初的植物组团与群落本是“乔木-灌木-草本”配置丰富（表 1），但现因历时经久和管护不当等原因，植被长势杂乱，且早期种下的植物因为生境环境的不适宜而逐渐被淘汰，现在难寻其踪迹。

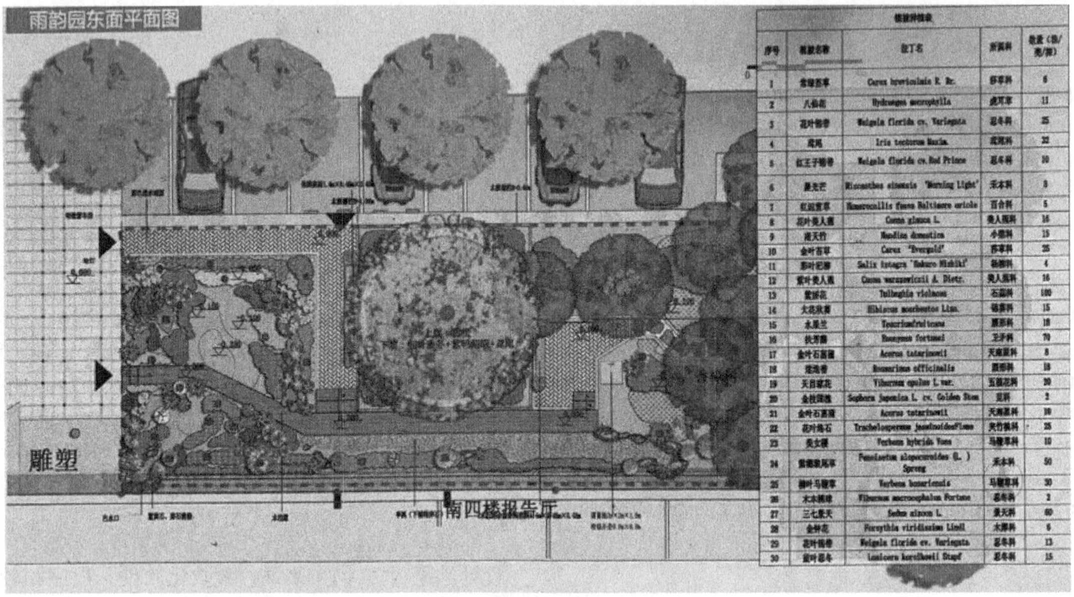

图 1 场地内原设计植物配置一览表

场地内现有植物一览表 **表 1**

序号	植物种	拉丁名	科名	属名
乔木	樟树	*Cinnamomum camphora*	樟科	樟属
	雪松	*Cedrus deodara*	松科	雪松属
	金枝国槐	*Styphnolobium japonicum* ‘Golden Stem’	豆科	槐属
	琼花	*Viburnum macrocephalum*	五福花科	荚蒾属
灌木	锦带花	*Weigela florida*	忍冬科	锦带花属
	南天竹	*Nandina domestica*	小檗科	南天竹属
	金钟花	*Forsythia viridissima*	木犀科	连翘属
	绣线菊	*Spiraea salicifolia*	蔷薇科	绣线菊属
	八仙花（现无）	*Hydrangeamacrophylla*	虎耳草科	绣球属
	花叶美人蕉（现无）	*Cannaceae generalis* cv. Striatus	美人蕉科	美人蕉属
	紫叶美人蕉（现无）	*Canna warszewiczii*	美人蕉科	美人蕉属
	彩叶杞柳（现无）	*Salix integra* ‘Hakuro Nishiki’	杨柳科	柳属
	迷迭香（现无）	*Rosmarinus officinalis*	唇形科	迷迭香属
草本	萱草	*Hemerocallis fulva*	百合科	萱草属
	扶芳藤	*Euonymus fortunei*	卫矛科	卫矛属
	麦冬	*Ophiopogon japonicus*	天门冬科	沿阶草属

续表

序号	植物种	拉丁名	科名	属名
草本	黄菖蒲	*Iris pseudacorus*	鸢尾科	鸢尾属
	紫竹梅（紫鸭跖草）	*Tradescantia pallida*	鸭跖草科	紫露草属
	紫叶酢浆草	*Oxalis triangularis* 'Urpurea'	酢浆草科	酢浆草属
	酢浆草	*Oxalis corniculata*	酢浆草科	酢浆草属
	鸢尾	*Iris tectorum*	鸢尾科	鸢尾属
	金丝薹草	*Carex oshimensis* 'Evergold'	莎草科	薹草属
	紫娇花（现无）	*Tulbaghia violacea*	石蒜科	紫娇花属
	大花秋葵（现无）	*Hibiscus grandiflorus*	锦葵科	木槿属
	美女樱（现无）	*Verbena hybrida*	马鞭草科	美女樱属
	柳叶马鞭草（现无）	*Verbena bonariensis*	马鞭草科	马鞭草属
	费菜（现无）	*Sedum aizoon*	景天科	景天属
	蓝叶忍冬（现无）	*Lonicera korolkowii*	忍冬科	忍冬属
	水果兰（现无）	*Teucrium fruticans*	唇形科	香科科属
	晨光芒（现无）	*Miscanthus sinensis* 'Morning Light'	禾本科	芒属

2.2 参数化模拟计算相关设置

2.2.1 参数化计算模拟

计算机日照分析软件相比于系数公式计算法更为精确、便捷，故运用计算机软件，对场地进行光因子的模拟分析。

传统的日照分析方法，虽然也是运用计算机模拟，一般是通过 su 对目标场地及其周边环境进行简要的重现，通过手动调整 su 的“日期”“时间”选项得到周边环境（建筑物或者其他遮挡物）投影到场地的阴影，能够得到大致的阴影范围，但是关于一天内场地的日照时数、场地同区域的日照情况等都没有办法得到量化数据，结果的可视性也不够直观。于是本次日照分析将借助 Rhino 的 grasshopper 插件 sunflower 进行模拟数据运算。相较于之前多使用的 ecotect，sunflower、天正和众智，此插件组包含经国家认可的日照运算数据，同时其运算结果更具有直观性和，故而选用 rhino 的 sunflower 进行数据模拟分析。

2.2.2 分析日选取

在一年之中，夏至日的正午太阳高度达到一年中的最大值，因此夏至日是一年之中太阳日照时数最长的一天，而冬至日则反之[8]。因此，在常规日照分析选取大寒日或者冬至日作为标准日，目的是测出全年最短日照时数，即极端值。但植物的生长、发育、花果季多为春、夏、秋三季，因此为了更好地匹配植物的生长需求，针对景观设计的日照分析不应该仅仅局限于大寒日这样的最小日照时数，而且应该关注全年日照时数，特别是植物生长时期的日照时长。

太阳高度角在冬至日到夏至日这段时间，会逐渐增加，夏至日到冬至日太阳高度角则逐渐降低。春分日、秋分日标志着昼夜平分的时间节点。春分、夏至、秋分、冬至 4 个节气，反映着四季，同时也是一年太阳高度变化的转折点。因此本文选定上述 4 日作为数据研究的节点。

2.3 计算机模拟日照分析流程

Grasshopper 参数化运算插件中，如上文所说，选用日照分析插件 sunflower。需要根据电池要求输入基础数据。基本运算所需条件如下：①时间序列：输入选定的年、月、日以及当天的太阳日出日落时间；②地理位置：填入场地的经纬度，确定场地的位置；③遮挡网格：选择场地周边遮挡物的模型；④3D 点集：选取场地所在平面，并根据自身需求将场地分割成为等大的小格，以便后期的分析和数据展示。

以春分为例，展示日照分析的参数化公式编写过程如下：

第一步：输入 2020 年春分日的确切日期和太阳的起落时间。参考便民查询网（www.bmcx.com）武汉市 2020 年日出日落时间表确定上述目标计算日的日出日落时间（6：26～18：34）。其他选取的分析日太阳起落时间：夏至（5：21～19：28）、秋分（6：21～18：19）、冬至（7：16～17：26）

第二步：输入场地的经纬度坐标：北纬：35.5°、东经 114.5°（通过百度地图的智能捕捉功能获得数据）。

第三步：通过 MESH 读取场地内遮挡物体的模型数据，通过 RECTANGLE 读取场地所在平面信息，通过 divide surface 将读取的场地平面划分成为等大的网格（2m×2m），使用 toggle 作为预算的开关。运算输入步骤演示如图 2 所示。

遮挡物：除了选取场地周围的建筑外，场地内原有的高大乔木也将包含进遮挡物。在今后的景观提升中，高大乔木移植的可能性较低，且也会对阳光造成遮挡。目前无法得到场地内乔木的精确模型，由目测推算植物高 10m，冠幅在 4～6m，进行了简单模拟。乔木布点参考场地原有设计的平面图。

第四步：点击 toggle，待运算结束后，通过 Display 指令将日照分析结果进行可视化展示（图 3）。

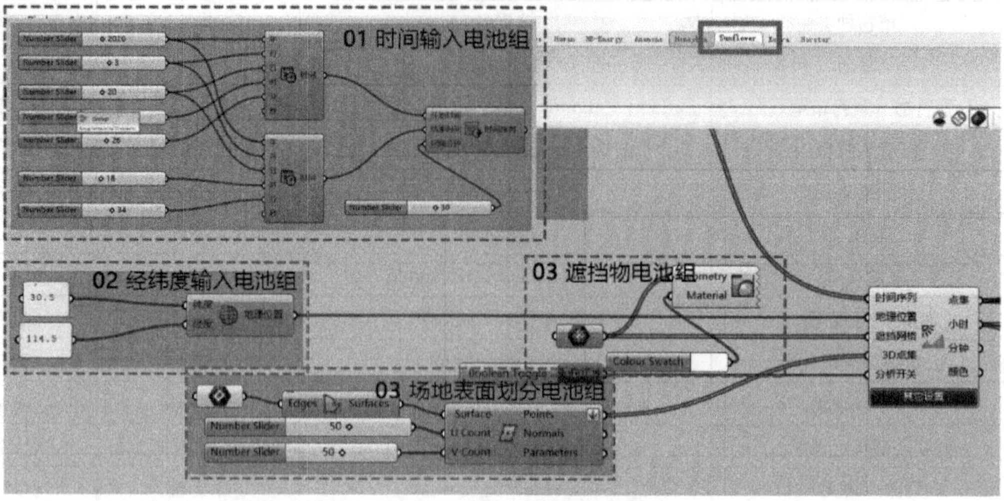

图 2　参数化公式输入步骤讲解

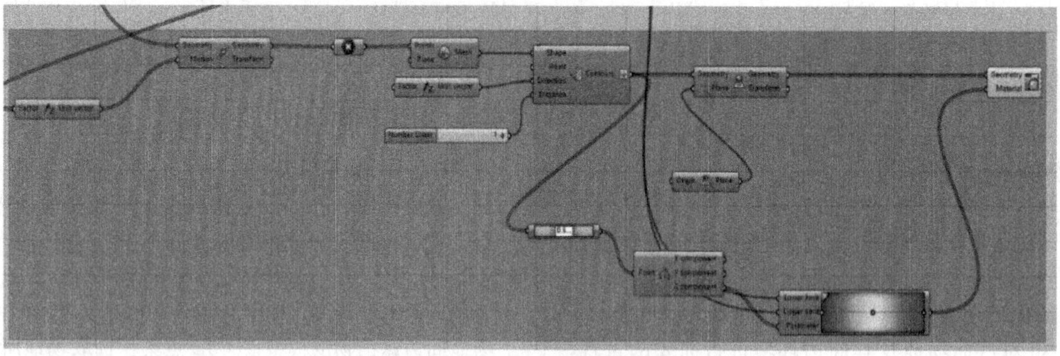

图 3　场地等日照时数结果展示公式图

2.4　日照分析结果

2.4.1　光照条件分析（本次模拟采用 2020 年的气象数据）

利用 sunflower 模拟雨韵园（武汉市）春分、夏至、秋分、冬至一天的太阳运行轨迹（图 4），可看出武汉地区太阳运行轨迹总体偏南，夏至日太阳高度角最大，冬至日太阳高度角最小，春、秋分两日的太阳高度角基本相同。冬至日的产生的阴影范围最大，因此可以从图上看出，冬至日场地内日照时数不足 1 小时的范围（蓝色点）相较于其他模拟时段面积最大。

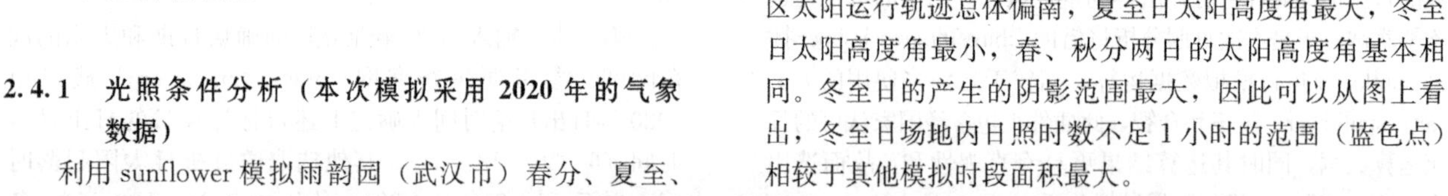

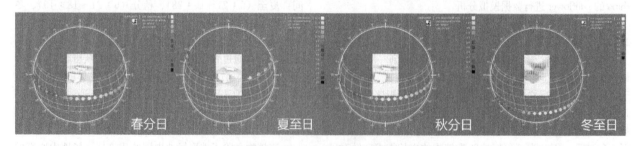

图 4　武汉市（雨韵园）选取日太阳运行轨迹图

2.4.2　等日照时数分析

由日照分析结果可知，冬至日场地日照条件较差，日照时长最高值也仅为 5～6.5 小时，场地内绝大部分场地在冬至日全天都无法接受到阳光直射。通过数据运算可以看出春分日场地内的日照条件较于冬季明显好转，夏至日达到光照强度与光照时数的最大值。总体来看，在植物生长季节，雨韵苑场地内的日照可以满足绝大部分植物生长的需求。

分别选取 2020 年 3 月 20 日、6 月 22 日、9 月 22 日、

12月22日的雨韵园日照时长进行分析，以1小时为时间间隔进行绘图，发现一天中场地内最长日照时数分别为10～11小时、13～14小时、10～11小时、4～5小时，场地内日照时数最短的区域日照时长分别为3～4小时、3～4小时、3～4小时、0小时。综合4个节气日的日照时数分析图，场地内的东北侧和西北侧日照条件明显好于场地内靠近建筑的一侧（图5）。

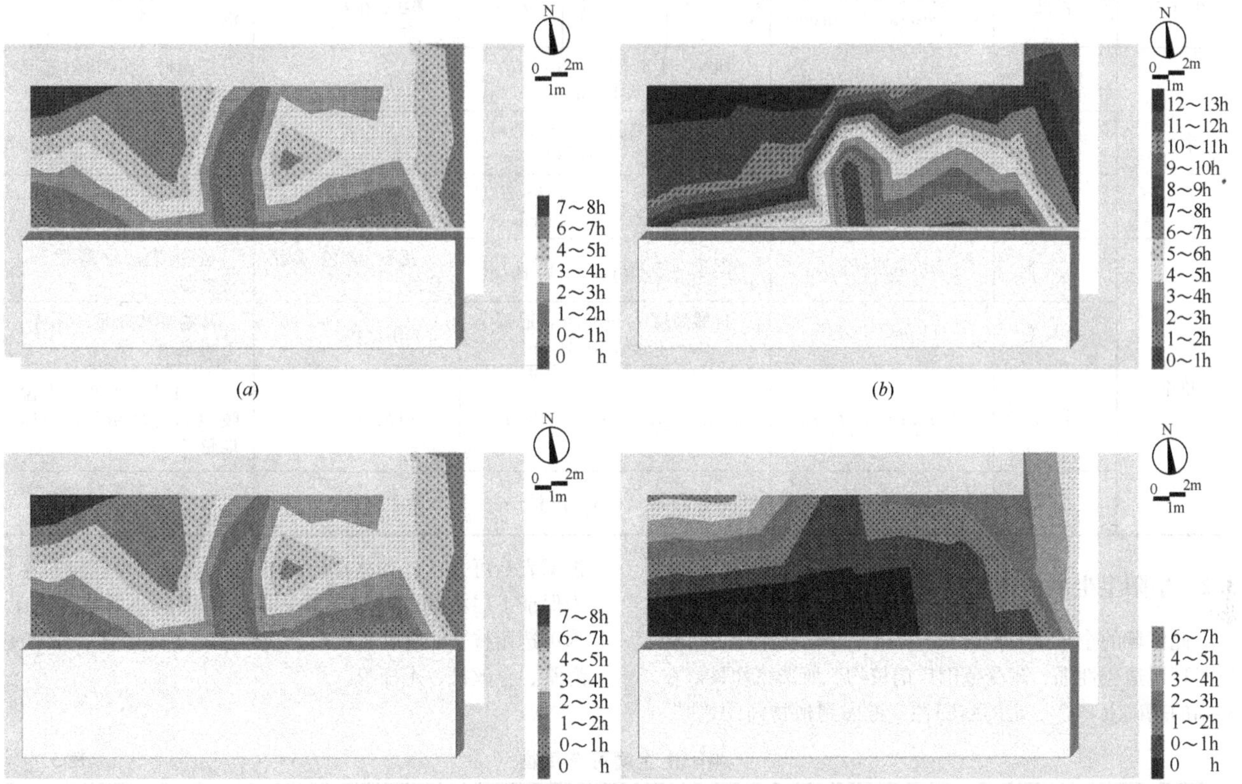

(*a*) (*b*) (*c*) (*d*)

图5　2020年武汉市（雨韵园）选定日期等日照时数

（*a*）2020年春分日等日照时数分析图；（*b*）2020年夏至日等日照时数分析图；

（*c*）2020年秋分日等日照时数分析图；（*d*）2020年冬至日等日照时数分析图

3　基于日照分析结果的植物配置

以武汉市2021年第一季度苗木表（数据来源：武汉市城乡建设局官网）作为本次植物品种选择蓝本。根据国外权威园艺网的种植经验和Hansen G、Alvarez E等学者的研究论文[9]，日照影响下场地可划分为全阳生、半阳生、半阴生和全阴生区域。其中，全阳生区需每天6～8小时的日照，半阳生区需4～6小时日照，半阴生区需2～4小时日照，全阴生区需0～2小时日照。

根据Rhino分析得到的结果，发现本地块的日照关键性节点时数为0h、4h、6h。因此可将本地块得日照生境类型划分为阳生生境（6小时及以上）、半阳生生境（4～6小时）、阴生生境（0～4小时）。健康可持续的生境营造，其实离不开各要素间的和谐。植物的配置需要综合考虑各种因素，如植物间的距离、植物特性以及植物间的遮挡影响等。

3.1　阳生生境植物配置

此区域全年受日照时间较长在6h以上，在植物品种的选取上可相对自由，共同构成美观的植物组团。场地原本在阳生生境区域内仅种植有麦冬和少量黄菖蒲，可在此基础上丰富植物层次。除了第一层较矮小的地被植物——可选用千屈菜、狗牙根、细叶芒、菖蒲等；第二层稍高点的小乔或者灌木层次在原有的南天竹外可选用红继木、紫薇、茶梅等，营造具有丰富色彩季向变化的景致。

阳生生境可选植物　　　　**表2**

可选乔灌草	品种名	拉丁名	规格（参考购买网页，下为常见规格）			色彩（花色）	习性
			高度（m）	冠幅（m）	胸径（cm）		
小乔木	金银忍冬	*Lonicera maackii*	6	2.5～3	10	绿色（叶），白色（花）	在微潮偏干的环境中生长良好
	石榴	*Punica granatum*	0.5～4	1～2	8～9	红色（花），绿色（叶）	性喜光植物

续表

可选乔灌草	品种名	拉丁名	规格(参考购买网页，下为常见规格)			色彩(花色)	习性
小乔木	碧桃	*Amygdalus persica* var. *persica* f. *duplex*	3～4	2～2.5	7～8	粉色(花)	喜阳光，耐旱，不耐潮湿
灌木	紫玉兰	*Magnolia liliflora*	地径：3/4/5/6/7/8/9/10/11/12cm			紫红色	喜温暖湿润和阳光充足环境
	金钟花	*Forsythia viridissima*	3～4分枝/5～7分枝/9以上(无规格)			黄色	喜光，略耐阴
	紫薇	*Lagerstroemia indica*	100～130/131～160/161～200/201～250/251～300cm			紫色、粉色、白色	喜暖湿气候，喜光，略耐阴
草本	千屈菜	*Lythrum salicaria*	高15～20cm；12～16株/m^2			花红紫色或淡紫色	喜强光，耐寒性强，喜水湿
	美人蕉	*Canna indica*	自然高度70～80cm，冠幅30～40cm；10株/m^2			大多红色	喜温暖和充足的阳光，不耐寒
	蒲苇	*Cortaderia selloana*	高120～180cm；2～3丛/m^2			花序银白色	性强健，耐寒，喜温暖湿润管理粗放，可露地越冬
	香蒲	*Typha orientalis*	高1.3～2m；36～49株/m^2			种子褐色	喜高温多湿气候，对土壤要求不严

3.2 半阳生生境植物配置

此区域的全年受日照时数介于4～6h，此区域内可种植对环境适应性强、耐受范围广的植物。所选植物最好在喜阳的基础上，有一定的耐阴性。考虑到植物间的遮挡，根据表3可选用：香菇草、斑叶芒、雀稗作为底层草本；为保证下层植物的日照不受影响，中层的小乔木或者灌木可选用枝条、树叶密度较低或体量轻盈的植物，如贴梗海棠、金丝桃、木槿等。

半阳生生境可选植物 **表3**

可选乔灌草	品种名	拉丁名	规格(参考购买网页，下为常见规格)			色彩(花色)	习性
草本	黄菖蒲	*Iris pseudacorus*	高60～70cm			花淡黄色	喜温暖水湿环境，喜肥沃泥土，耐寒性强
	雀稗	*Paspalum thunbergii*	高50～100cm			绿色	耐涝；中国南亚热带地区可四季常青
	斑叶芒	*Miscanthus sinensis* 'Zebrinus'	茎高1cm			叶片浅绿色，花黄色	喜光，耐半阴，较耐寒，耐旱，也耐涝
	狗牙根	*Cynodon dactylon*	高可达30cm			绿色、紫色小花	喜光，稍能耐半阴，耐践踏，喜排水良好的肥沃土壤
	细叶芒	*Miscanthus sinensis* 'Gracillimus'	株高1～2m			花序粉红色变银白色	喜光，耐半阴，耐旱，也耐涝
小乔木	贴梗海棠	*Chaenomeles speciosa*	高度(m)	冠幅(m)	胸径(cm)	红色(花)	喜光又稍耐阴，喜排水良好的肥沃土
			1.5～2	2～2.5	7～8		
	女贞	*Ligustrum lucidum*	0.7～1.5	0.8～1.5	—	绿色(叶)，白色(花)	喜光耐阴，耐水湿
	紫叶矮樱	*Prunus×cistena*	1～2.5	1～2.5	7～8	红色(叶)，白色(花)	喜光耐阴，喜湿润环境
	珊瑚树	*Viburnum odoratissimum* var. *awabuki*	0.8～1.5	0.6～1	—	绿色(叶)，白色(花)	稍耐阴，在潮湿、肥沃的中性土壤中生长迅速旺盛
	鸡爪槭	*Acer palmatum*	1.8～2.5	1.5～2.5	8～9	红色(叶)	较耐阴，在高大树木庇荫下长势良好

续表

可选乔灌草	品种名	拉丁名	规格(参考购买网页，下为常见规格)	色彩(花色)	习性
灌木	山茶	*Camellia japonica*	50～60/61～70/71～80/81～90/91～100/101～120/121～140/141～160/161～180/181～200cm	红色、白色、粉色	喜温暖、湿润和半阴环境。怕高温，忌烈日
	南天竹	*Nandina domestica*	25～40/41～50/51～80/81～100/101～120cm	白色	喜温暖湿润的环境，较为耐阴也可耐湿耐旱
	金丝桃	*Hypericum monogynum*	30～40/41～50/51～60/61～70/71～80/81～100/101～120cm	黄色	喜湿润半阴之地
	枸骨	*Ilex cornuta*	30～40/41～50/51～60/61～70/71～80/81～90/91～100/101～120/121～140/141～160cm	白色	喜阳光，也耐阴，夏季阴湿环境生长
	夹竹桃	*Nerium oleander*	80～100/101～130/131～160/161～200cm	粉色、白色	喜阳光，也耐阴
	蜡梅	*Chimonanthus praecox*	80～100/101～130/131～160/161～200cm	黄色、白色	喜阳光，能耐阴、耐寒、耐旱，忌渍水
	连翘	*Forsythia suspensa*	3～4 分枝/5～7 分枝/8 分枝以上	黄色	喜光，有一定程度的耐阴
	红花继木	*Loropetalum chinense* var. *rubrum*	30～35/36～40/41～45/46～50/51～55/56～60/61～80/81～100/101～120cm	紫红色	喜光，稍耐阴
	金边黄杨	*Euonymus japonicus* ‘Aureomarginatus’	10～15/16～20/21～25/26～30/31～40/41～50/51～60/61～70/71～80/81～100/101～120cm	白色	喜光，稍耐阴，适应性强，耐旱，耐寒冷
	小叶女贞	*Ligustrum obtusifolium*	20～30/31～40/41～50/51～60/61～70/71～80/81～90/91～100/101～130cm	白色	喜光照，稍耐阴，较耐寒
	野迎春	*Jasminum mesnyi*	1 年生/3 年生/多年生(无规格)	明黄色	喜温暖湿润和充足阳光，怕严寒和积水，稍耐阴
	木槿	*Hibiscus syriacus*	60～80/81～100/101～130/131～160/161～200/201～240cm	纯白、淡粉红色、淡紫色、紫红色	稍耐阴，喜温暖、湿润气候，好水湿且耐旱
	六月雪	*Serissa japonica*	20～30/31～40cm	白色	畏强光；喜温暖气候，也稍能耐寒、耐旱
	茶梅	*Camellia sasanqua*	20～30/31～40/41～50/51～60/61～70/71～80/81～100/101～120/121～140/141～160cm	红色、白色、粉色	性喜温暖湿润；喜光而稍耐阴，忌强光，属半阴性植物
	雀舌栀子	*Gardenia jasminoides* ‘Prostrata’	20～25/26～30/31～35cm	白色	喜湿润半阴之地

3.3 阴生生境植物配置

此区域对于植物的选择需要小心且谨慎，因为阴生生境的全年日照时数都在 0～4 小时内，部分区域由于周边建筑和大乔木的遮挡，在 1 小时内。适合在阴生生境种植的植物有：草本类可选用酢浆草、马蹄金、场地中阴生生境区域 3 月 1 日至 10 月 31 日平均每日累计接受到的光合有效辐射指数最小，平均每日受日照时间小于 2h，适合种植阴生植物。适宜在阴生区种植的草本植物有玉簪、红花酢浆草、条穗苔草等。此区域内慎选小乔木或者灌木等中上层植物，植被的遮挡会使得本就光照不充足的区域，更长时间处在无阳光状态。

阴生生境可选植物 **表 4**

可选择的乔灌草	品种名	拉丁名	规格(参考购买网页 下为常见规格)			色彩(花色)	习性
			高度(m)	冠幅(m)	胸径(cm)		
小乔木	罗汉松	*Podocarpus macrophyllus*	1.5～1	0.8～0	8～8	绿色(叶)	耐阴性强，喜排水良好湿润的沙质壤土
灌木	八角金盘	*Fatsia japonica*	0.5～1.2	1～1.5	—	叶亮绿色；花黄白色	八角金盘喜温暖湿润气候，忌酷热
	结香	*Edgeworthia chrysantha*	30/40/60/80/100/120cm			黄色	喜生于阴湿肥沃地
	绣球	*Hydrangea macrophylla*	60～80/81～100cm/101～130cm/131～160cm/161～200cm/201～240cm			蓝色、紫色、粉色、白色等	喜温暖、湿润和半阴环境
	熊掌木	*Fatshedera lizei*	25～30/31～40/41～50cm			淡绿色	喜温暖凉爽的半阴环境，阳光直射时叶片会黄化，耐阴能力强
	狭叶十大功劳	*Mahonia fortunei*	30～40/41～50/51～60/61～80/81～100cm			黄色	喜温暖湿润的气候，性强健、耐阴，忌烈日曝晒
	含笑	*Michelia figo*	30～40/41～50/51～60/61～70/71～80/81～100/100～120cm			白色	性喜半阴，在弱阴下最利生长
	迎红杜鹃	*Rhododendron mucronulatm*	20～25/26～30/31～35/36～40/41～50/51～60/61～70/71～80/81～90/91～100/101～110/111～120cm			红色、黄色、白色、紫色、粉红色	不喜光，喜凉爽、湿润、通风的半阴环境
	‘洒金’珊瑚	*Aucuba japonica* ‘Variegata’	30～40/41～50/51～70cm			紫红、暗红色	极耐阴，夏日阳光暴晒时会引起灼伤而焦叶
	海桐	*Pittosporum tobira*	20～30/31～41/41～45/46～60/61～80/81～100/101～120/121～140/141～160/161～180/181～200cm			白色	半阴地最佳，喜阴凉处
草本	条穗苔草	*Carex nemostachys*	高约 20～90cm			叶草绿	耐阴，喜湿，多生长在沼泽地、小溪旁以及林下阴湿处
	风车草	*Cyperus involucratus*	高约 30～150cm			草绿色；花苍白色；	性喜温暖、阴湿及通风良好的环境，适应性强，不耐寒冷
	马蹄金	*Dichondra micrantha*	高约 30cm			叶翠绿色	易繁殖、易管理、耐荫蔽、耐高温耐轻度践踏

注：1. 植物选取自武汉市苗木参考价格表，http：//cjw. wuhan. gov. cn/hygl/zjgl/。
2. 植物拉丁名截取自《风景园林专业综合实习指导书 —— 园林树木识别与应用篇》以及自然标本馆：https：//www. cfh. ac. cn/default. html。

4 总结与展望

4.1 创新点

(1)借鉴建筑与规划领域的日照分析手法，引申到景观设计中对场地进行分析，目前现有的相关研究较少。

(2)通过参数化软件的运用，将模拟运算结果量化和可视化，相较以往的日照分析更为直观和科学，后续对于设计的指导性更强。

(3)参数化运算能保留运算的步骤和过程，并且便于修改。

4.2 不足

(1)本次研究仅为一个小面积的校园游园，不具备普遍性。

(2)光照受周边环境影响较大，但本次的模拟的现状模型还比较粗糙，建筑的相关数据还不够精确。场地现状的大树也仅进行抽象体块话模拟，有待细化。

(3)植物的光照需求来自于可获得的定性文献资料，且并未考虑土壤、水、空气等多个因素。

参考文献

[1] 益霖露．风景园林小气候设计的气候分析方法初探[D]．西安建筑科技大学，2019.

[2] 袁旸洋．基于耦合原理的参数化风景园林规划设计机制研究[D]．东南大学，2016.

[3] 徐卫国，徐丰，城市建筑编辑部．参数化设计在中国的建筑创作与思考——清华大学建筑学院徐卫国教授、徐丰先生访谈[J]．城市建筑，2010(06)：108-113.

[4] 关乐禾．基于日照分析的建筑中庭植物种植设计：中国风景园林学会2020年会，中国四川成都[C]. 2020.

[5] 李苗．基于光照需求的居住区植物选择与配置研究[D]．成都理工大学，2018.

[6] 吴迪．基于日照分析的郑州市行道树配置模式研究[D]．河南农业大学，2018.

[7] 汪丽．基于日照分析的海口市道路行道树绿带树种选择策略[D]．海南大学，2019.

[8] 冯嘉星．基于软件模拟的日照因子生境分区研究[D]．西安建筑科技大学，2017.

[9] 李加志．基于空间句法与数值模拟的居住区室外公共空间环境性能优化设计研究[D]．华中科技大学，2017.

作者简介

黄婧，1996年生，女，汉族，湖北武汉人，华中科技大学建筑与城市规划学院景观学系硕士研究生在读，研究方向为风景园林规划设计。电子邮箱：1165525341@qq.com。

胡诗琪，1998年生，女，汉族，广东珠海人，华中科技大学建筑与城市规划学院景观学系硕士研究生在读，研究方向为风景园林规划设计。电子邮箱：916739601@qq.com。

刘梦馨，1996年生，女，汉族，福建福州人，华中科技大学建筑与城市规划学院景观学系硕士研究生在读，研究方向为文化景观。电子邮箱：mmmengxins@163.com。

(通信作者)万敏，1964年生，男，汉族，江西景德镇人，华中科技大学建筑与城市规划学院景观学系，教授、博导，风景园林学科带头人。研究方向为园林建筑设计、文化景观。电子邮箱：wanming1@sian.com。

市民使用app识别的植物多样性及景观偏好研究①

Research on Plant Diversity Identified by Citizens Using App and the Landscape Preference

李晓鹏　冯　黎　吴　然*

摘　要：随着信息技术的进步，植物识别app日益增多。为探究市民识别植物的多样性及植物景观特征与市民偏好，本研究以成都浣花溪为例，针对市民在公园中使用“形色app”识别植物的情况进行了深入分析。结果表明：截至2021年5月2日，市民共鉴定植物4119次，正确率78.22%，共涉及450种植物，原产我国的乡土植物297种。市民在4月识别的次数最多，共计848次，涉及201个物种；不同生活型中，乔木被识别的次数最多，为1322次，涉及123种；被识别次数最多的植物是梅（*Prunus mume*）和杜鹃（*Rhododendron simsii*）。草本植物的花色最丰富，成为吸引市民的重要特征之一。植物显现的颜色、生活型和不同观赏部位之间的识别表现出正相关性，物种来源与观赏特征之间也具有显著规律。本研究结果反映了浣花溪公园的植物景观营建特点，为公园植物景观营建提供了新思路。

关键词：植物景观；植物识别；物种组成；相关性；市民感知

Abstract: With the rapid improvement of information technology, plant identification apps have also been highly developed. In order to explore the diversity of plants identified by citizens, landscape features and citizens' preferences, this study took Huanhuaxi Park in Chengdu as an example, and made an in-depth analysis on plants identified using Xingse app. The results showed that 4119 plant identification searches were made by citizens totally before 2nd May 2021, with a correct rate of 78.22%, involving 450 species. Among them, 297 species were native plants originated in China. The identification time in April ranked first, with a total of 848 times and 201 species; among different life forms, trees were the most, 1322 times and 123 species; the most frequently identified plants were *Prunus mume* and *Rhododendron simsii* were with the most diverse colour, which attracted many citizens. Furthermore, there were many positive correlations between plant colours, life forms and different ornamental organs, and significant relationship was found between species origin and identified characteristics. These findings reflect the features of planting design in Huanhuaxi Park and this study provide a new perspective for planting landscape in parks.

Keywords: Landscape Planting; Plant Identification; Species Composition; Correlation; Citizens' Perception

植物不仅是为我们提供氧气的不可缺少的绿色生命体，也是城市自然、风景园林的重要组成部分。近年来气候变化和新冠病毒的暴发表明，迫切需要重新平衡我们与地球的关系，建立一个健康的社会[1]。植物是生态系统的重要组成，也是文化载体。植物以其美观性、功能性等因素吸引了许多爱好者。早期识别不认识的植物，需要借助专业的植物志或者植物图鉴，费时费力。智能手机的高度普及和人工智能技术的进步也促成了一系列植物识别app的出现。图像识别技术、基于移动位置服务（Location Based Service，LBS）和卷积神经网络（Convolutional Neural Network，CNN）的应用，使得自动识别技术取得了长足的进步[2,3]，“拍照识花”辨识产品应运而生[4]。目前，国内外识别植物的主流app见图1。

迄今为止，人工智能在生物多样性中的应用主要集中在主动采样上，即专门为记录野生生物而采集的图像[5]。例如，美国的Future Green Studio利用Instagram收集纽约市民拍的自生植物照片，以专题活动形式研究其多样性[6]。Yang等人通过微信和网站建立公民科学项目，监测中国城市木本植物多样性，并评估项目绩效。目前社交网络图片已成为生物多样性探索研究的新途径[7]。August等人利用英国城市和农村地区60000幅花卉地理定位图像，评估在线社交图片作为生物多样性观测数据集的可靠性[8]。在国内通过分析用户识别信息进行的研究，大多采取新浪微博获取关键字的方式展开。从市民利用app识别植物的角度进行的风景园林植物景观设计探讨在国内外均未见报道。公园中游人对植物的识别情况不仅直接反映了比较受欢迎的植物种类，也间接反映了植物景观的营建模式。基于以上背景，本研究以历史文化与现代结合的名园浣花溪为例，分析游人使用app识别植物这一行为的特点，探寻浣花溪公园植物景观特征，为公园城市建设提供参考。

1　研究地与研究方法

1.1　研究地概况

浣花溪公园位于成都市西南方的一环路与二环路之间，北接杜甫草堂，东邻四川省博物馆，占地32.32hm²，

①　基金项目：成都市风景园林规划设计院公园城市项目（编号R114620H01038）；中央高校基本科研业务费专项资金资助（编号2682021CX095）；国家自然科学基金青年基金项目（编号52108065）。

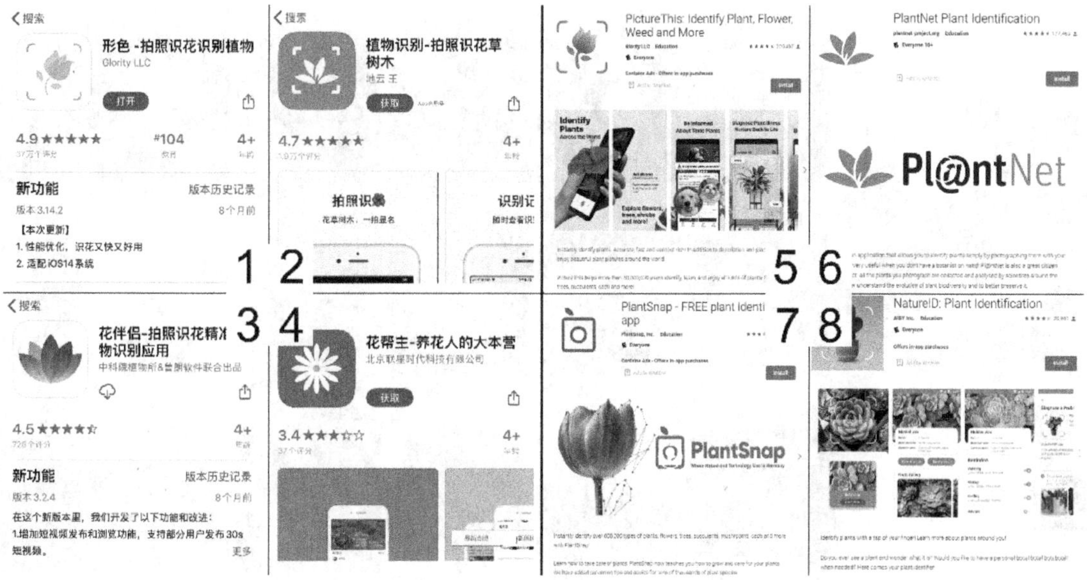

(*a*) (*b*)

图 1　国内外较火爆的识别植物 app

(*a*) 中国地区；(*b*) 国外

1—形色 app；2—植物识别 app；3—花伴侣 app；4—花帮主 app；

5—PictureThis app；6—Pl@ntNet app；7—PlantSnap app；8—NatureID app

于 2003 年建成，被评为成都市五星级公园。浣花溪公园由万树园、梅园、白鹭园三园组成。成都市属于亚热带湿润季风气候类型，雨热同期、雨量充沛，气候适合公园内乔木、灌木、花灌木、地被、水生植物的生长[9]。浣花溪公园以杜甫草堂的历史文化内涵为背景，是一座将自然景观和城市景观、古典园林和现代建筑艺术有机结合的城市公园[10]（图 2）。

图 2　浣花溪公园研究范围

1.2　研究方法

研究中的基础数据来源于形色 app（V3.14.2）公开的信息和用户所拍摄的植物照片，界面如图 3 所示。使用形色 app 的"地图"版块，定位到成都浣花溪公园，将界面最大化，逐一点击和记录由市民拍摄并识别过的植物，包括物种名、月份、识别的部位、颜色、生活型、是否为自生植物（部分用户照片见图 3）。整个记录过程始于 2021 年 4 月 24 日，终于 2021 年 5 月 2 日，以当时显示的数据为依据，共持续 9 天，平均 1 小时记录所识别的植物约 80 个（包括核实识别结果是否正确的时间在内）。

数据处理与分析运用 Excel 2019 以及 R 4.0.5 进行。对于基础统计及柱状图、折线图的绘制在 Excel 中进行，对于物种观赏性状的联合相关性分析采取 R 语言的 vcd 包[11]以及马赛克图（mosaic plot）[12]表示，统计图由 Excel 2019 和 ggplot 2 绘制。

2　研究结果

2.1　市民使用形色识别植物的总体概况

据统计，2021 年 5 月 2 日之前市民在浣花溪公园使用形色 app 共鉴定植物 4119 次，所识别出的物种、变种和品种总计 551 种，隶属于 146 科 413 属。其中，确定无疑鉴定错误的植物共计 424 次，被识别出 181 种。由于照片拍摄不清晰、拍照部位不全面等问题，暂时无法确定正误的共计 66 次，54 种。保守估计物种正确率达到 78.22%［正确的物种总数（431）/所有物种总数（551）×100%；如鉴定错误的植物物种中，多半次数识别的是正确的，视为正确］。识别频次正确率达到 88.10%［识别正确的次数（3629）/所有次数（4119）×100%］。由于 app 系统植物命名不准确或者两个物种源于同一属且极其相似的问题，致使识别错误的植物共有11种，累计133

图 3　“形色 app”界面及部分用户照片（图片来源：下载自形色 app）

次，例如木瓜 *Carica papaya*（实为贴梗海棠 *Chaenomeles speciosa*，54 次）。在 4119 次识别中，3889 次（94.42%）均为园林观赏植物，公园中自发生长的自生植物共被识别了 190 次，占所有识别次数的 4.61%。此外，还有 36 次识别的是盆栽植物，3 种为鲜切花，共识别了 3 次；1 种为盘子中的食物，被识别了 1 次。更正植物种名并剔除无法确定的植物识别条目之后（包括确定错误但尚无法判断真正物种的植物），市民在浣花溪公园识别植物共计 4011 次，涉及 450 种，隶属于 126 科 340 属，植物种类颇为丰富。以下分析中涉及物种和种数时，将基于这一更正后的数据库。

450 种植物中，原产我国的乡土植物 297 种，被识别了 2996 次；外来植物达 153 种，占 34%，被识别了 1015 次。不同月份中，市民在 4 月识别的次数位居第一，共 848 次，涉及 201 个物种（图 4*a*）。不同生活型中，乔木被识别的最多，1322 次，123 种；其次是草本植物被识别了 1125 次，共 183 种；灌木 1079 次，77 种，物种数要明显少于乔木和草本植物（图 4*b*）。识别的植物部位中，叶片和枝叶共计 1623 次；其次是花、花序和花枝，1533 次。关注植物整体的有 552 次（图 4*c*）。为避免颜色过多引起混乱，花叶同在的颜色采用花的颜色来分析，植物整体的颜色如有花则为花色，如有果则为果色，否则为叶色。所有颜色共可分为 13 种色系，绿 & 黄绿色以 1825 次的高频位居第一，大多数是叶子，来自于 315 种植物；其次是紫红色，385 次，主要是不同植物的花朵颜色，包含 59 个物种（图 4*d*）。

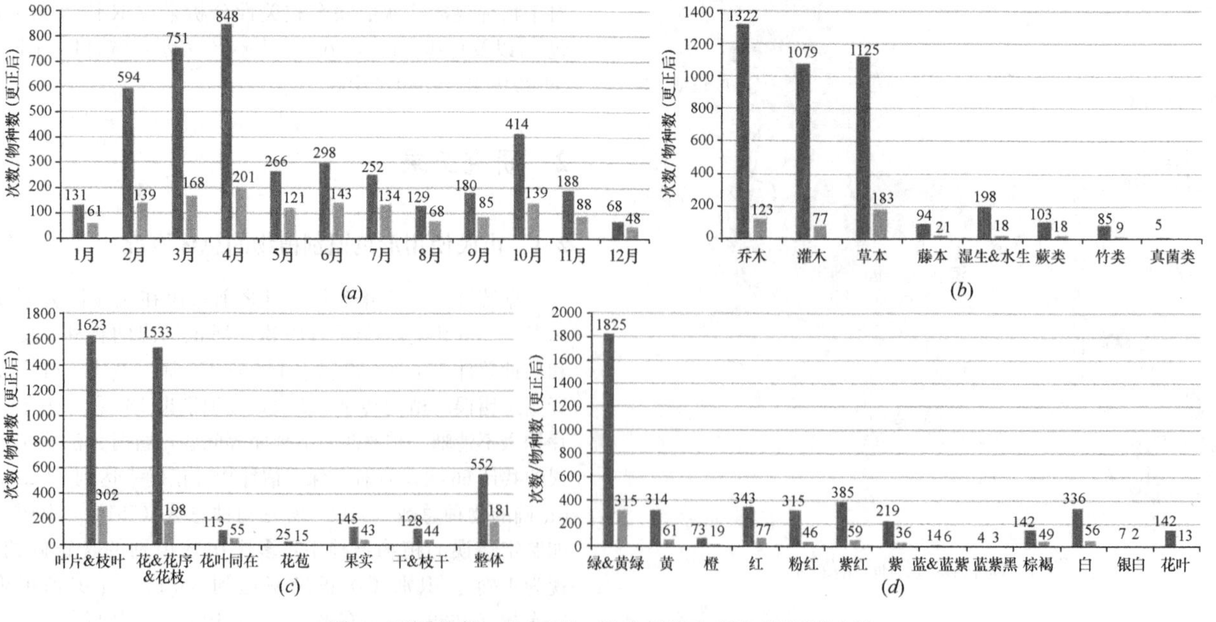

图 4　不同月份、生活型、植物部位和颜色的识别次数

（*a*）月份；（*b*）生活型；（*c*）识别部位；（*d*）颜色

2.2 市民所识别植物的频次及分布格局

市民使用形色 app 识别次数在 20 次以上的有 56 种植物（图 5），次数达到 100 以上的只有梅（*Prunus mume*）和杜鹃（*Rhododendron simsii*）2 种。识别次数最高的植物是梅，共计 185 次，其中，101 次是花朵和花枝、49 次是叶片和枝叶、15 次是果实。在识别频次的物种数分布上，频次≥100 次的植物有 2 种，50～100 次的植物有 13 种。下文物种识别频次的特点分析中，被识别 50 次以上的合并为高频种（共 15 种植物），10～50 次的合并为中频种（88 种植物），10 次以下的为低频种（347 种植物）。对高频种的识别在一年中（1～12 月）的时间变化如图 6 所示。整体上，市民在春季识别高频植物的次数显著高于夏、秋、冬季，也反映出高频种的最佳观赏期集中在春季，色彩也十分丰富。

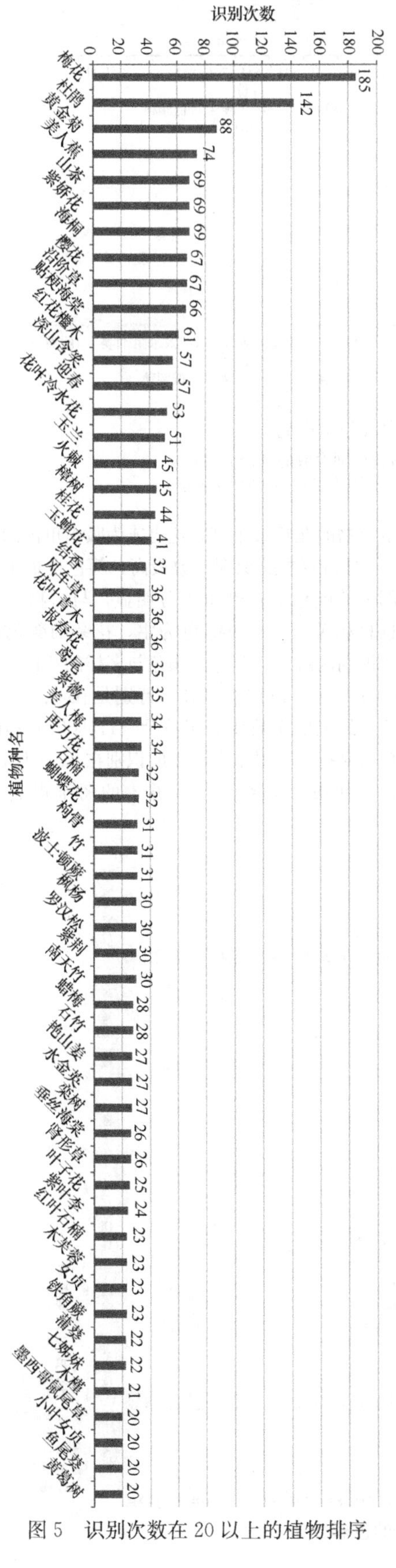

图 5 识别次数在 20 以上的植物排序

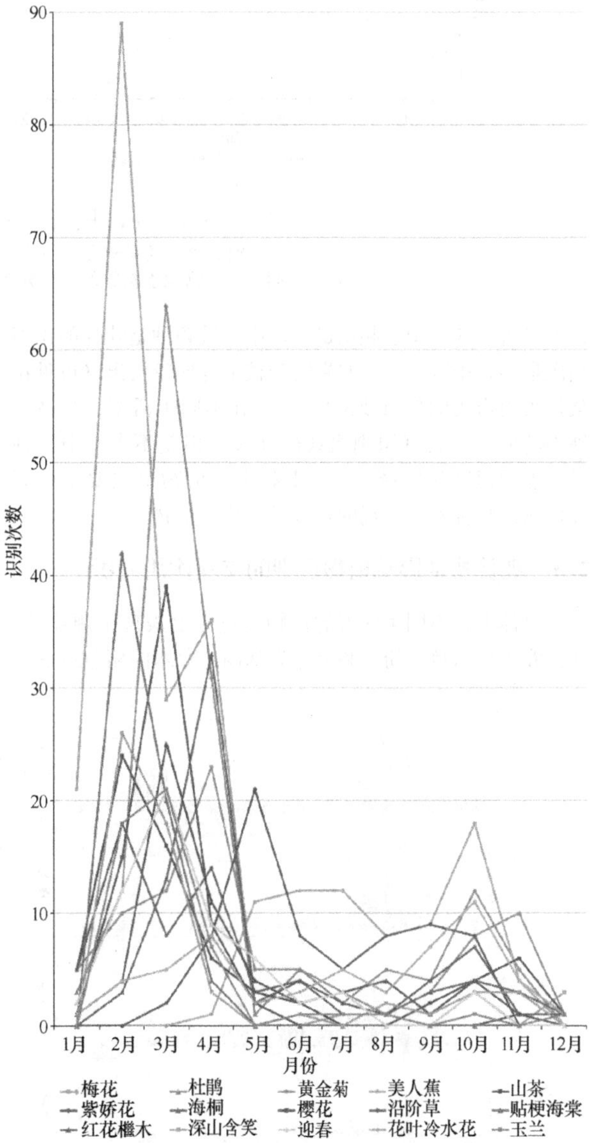

图 6 高频种（次数大于 50）的时间分布

从高、中、低频度的植物识别次数分布格局（图 7）中可以看出，识别次数在 5 次以上时，市民所识别的物种数基本呈线性递增；识别次数在 5 次以下时，植物种数陡然增多，从 72 种增加到了 275 种。不同频度的植物识别次数的月分布上，高频种明显在 2 月和 3 月份时识别次数最多，中频种是 4 月和 10 月有两个识别高峰，低频种是春、夏、秋 3 个小高峰比较平稳。识别部位的区别上，高

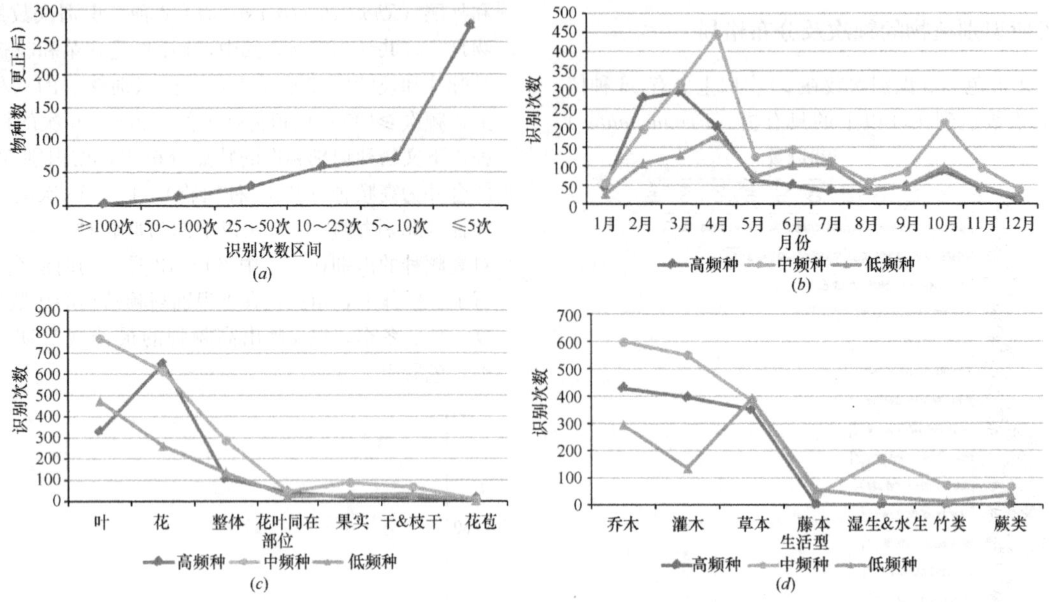

图7　高、中、低频度的植物识别次数分布格局

（a）识别次数各区间所含物种数；（b）不同频度植物识别次数的月份分布；
（c）不同频度植物识别次数的部位分布；（d）不同频度植物识别次数的生活型分布

频种显著是花的识别频次最多，中、低频种是叶片的识别频次最多，中频种有一些果实和枝干也比较突出（可见花朵是吸引市民的最重要的部位）。在不同生活型中，高频种中的乔、灌、草识别次数微递减，相差不大；中频种乔、灌的识别频次最多，湿生和水生植物也主要是中频种，而低频种不容忽视的是多样的草本植物。

2.3　观赏特征影响植物识别的交互作用分析

总体上，不同生活型的植物在色彩上表现出规律性，即：乔木以白色、粉色和绿色为基调，灌木的颜色更加丰富，草本植物的花色最丰富，这也成为吸引市民的重要特征之一。4月份草本的识别次数最高，颜色也最丰富。植物不同部位的颜色规律性也十分明显，与植物自身固有的特点息息相关。叶片以绿色为主，花朵的颜色最为丰富，但在识别次数上，叶片的颜色与多样的花色一样可以引起市民打开app识别的兴趣，特别是在6、7和10月份，对叶片的识别次数要高于花朵。11月份多彩的果实识别次数明显提升。对干和枝干的识别在2、3月和10月份较多，一些市民对香樟等大乔木的树干提起了兴趣（图8）。

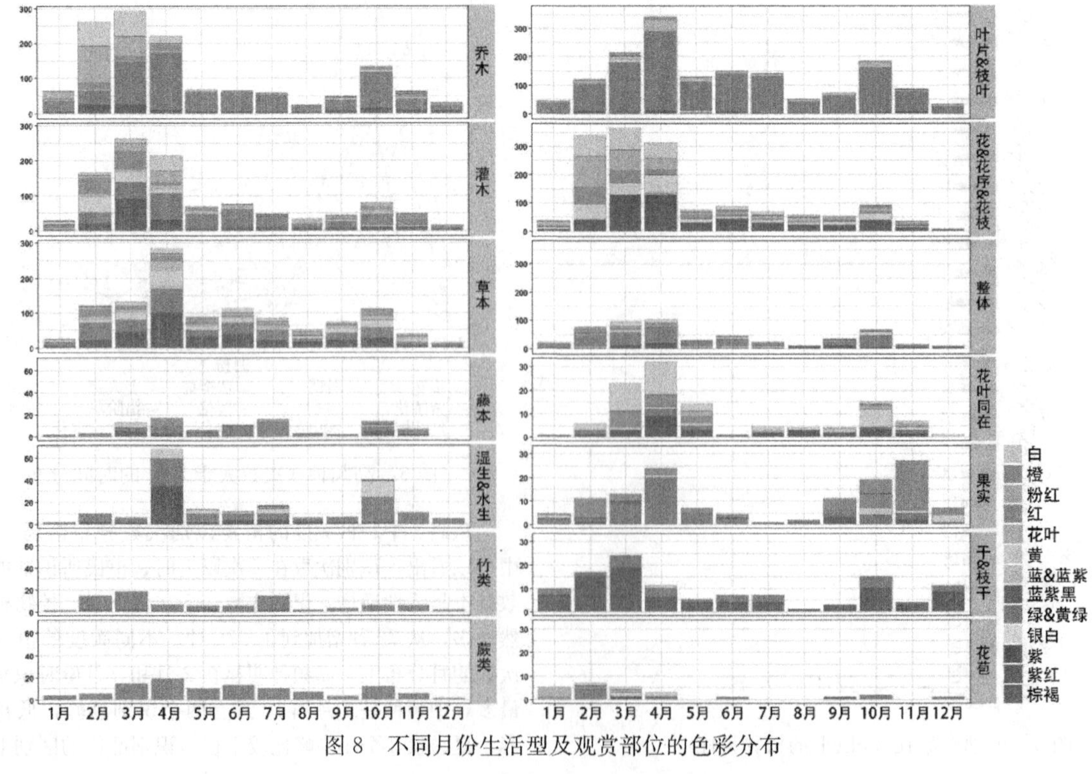

图8　不同月份生活型及观赏部位的色彩分布

不同植物特性之间的关联度分析表明，市民进行的4006次植物识别中，在不同月份植物显现的颜色、生活型和不同观赏部位之间表现出很多正向相关性（蓝色的方块）。2月份，白色、粉色和红色的花朵显著正相关，对11月的果实和12月树干的识别也显著比预期高。在生活型与植物识别部位的关联中，乔木比预期更显著被识别的是果实和树干，灌木和草本被识别的部位显著是花朵，湿生和水生植物是植株整体和花叶，竹类是干和枝干，蕨类是叶片，这些部位成为各自区别于其他生活型的独有特点（图9）。2、3月份我国本土植物带给市民的吸引力极显著地多过外来植物，而5、8～10月份则是外来植物被识别的次数极显著多于本土植物；整体上外来植物的花朵识别次数显著地多于本土植物，但本土植物的果实更引人注目。在色彩上，本土植物的白色、绿色和棕色比外来植物显著突出，相较之下外来植物的橙色、红色、紫色和花叶植物更显著地多于本土植物。此外，乔木、灌木和竹类植物中本土物种更多地被市民识别，而外来的草本、湿生和水生植物被识别的次数显著更高（图9）。

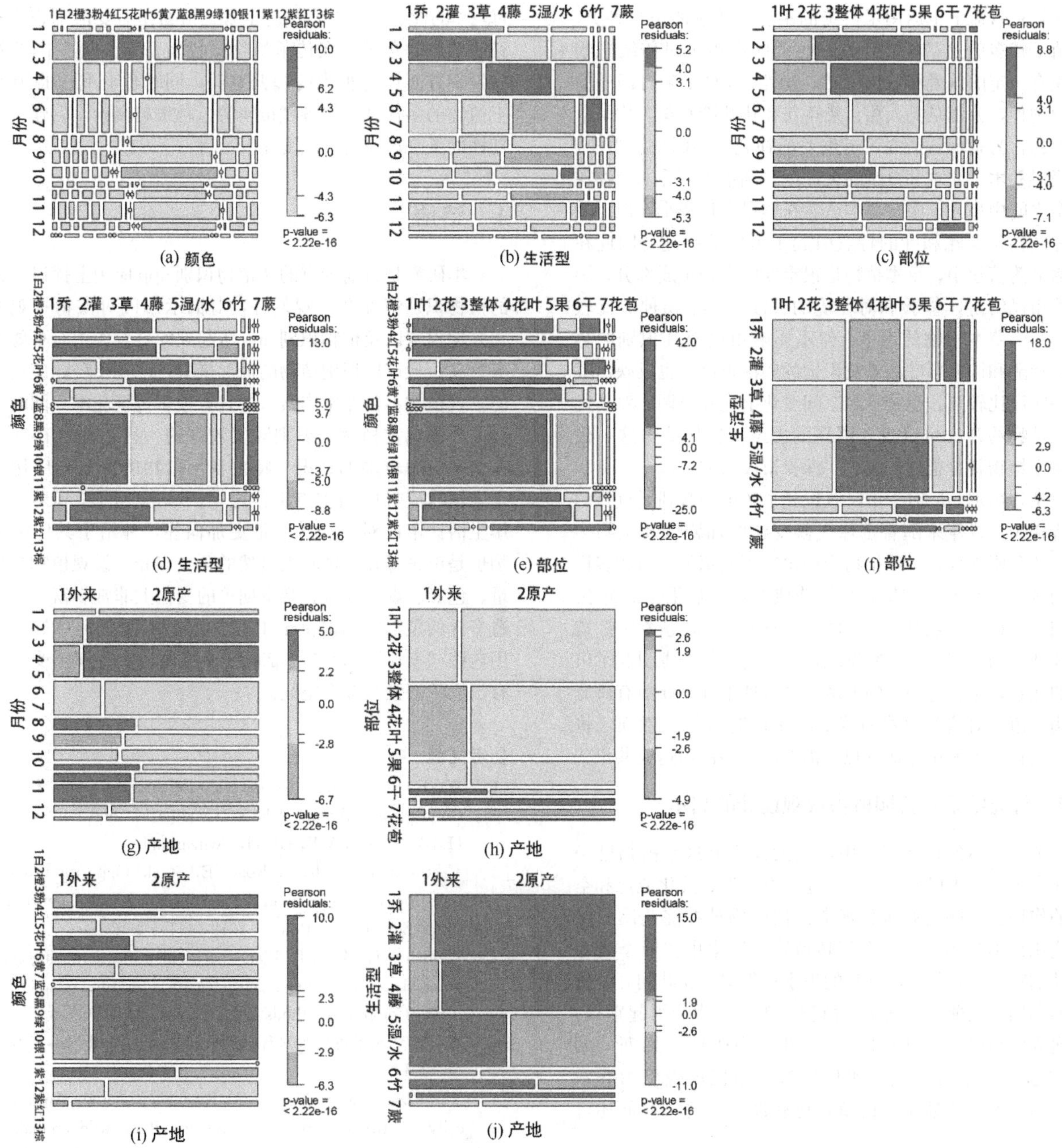

图9　被识别植物不同特性之间的关联度分析

3 讨论

3.1 市民识别植物的特点及植物识别 app 的科普作用

传统上，园林植物的景观内涵体现在观赏效果、季相变化等，月份也体现了天气条件对市民进行游园活动的影响，其也与植物的观赏期紧密相关。浣花溪公园中早春的开花乔木给游人带来了视觉上的愉悦，这些植物的文化内涵也很突出。高频种中，梅、山茶、贴梗海棠、玉兰等均是原产我国、在园林种拥有悠长栽培历史的传统植物和名花。其一是浣花溪公园作为历史较悠久的公园，在植物景观营造上也运用了传统的手法和传统的植物种类，栽植了较多的这类植物，其二也反映出市民对传统植物景观有一定的偏爱和文化情结。此外，3 种是来自国外的奇异物种，分别是美人蕉、紫娇花和花叶冷水花，均是草本植物，为景观营造提供了重要的补充。不同生活型中，市民对乔木、灌木和草本的关注度差别不大，乔木植物在整个空间中最为显眼，草本虽然在体量上比较小，但因其多样的物种及花和叶的特点引起了市民的兴趣，因此在植物群落营建中，草本植物是很重要的设计组成部分，影响着市民的游园体验和对环境的关注。灌木物种数比较少，不及草本植物的一半，但不影响市民对其识别的热情，杜鹃和许多彩叶灌木被识别的频次很高，也反映出其应用频度比较高，植物景观空间变化上比较单调。对新优灌木植物的开发可以投入更高的力度，比如结香这一优良乡土植物就是很好的例子，深受市民欢迎。

植物识别 app 对于市民认识和了解植物起到了重要的科普作用。近年来随着全球气候变化的加剧以及生物多样性的急剧下降，一些植物物种也在不断消失。植物多样性的减少将对人类和生态系统造成严重的后果[13]。市民利用手机识别植物所获得的信息也间接地促进了保护植物和环境的意识。本研究发现，一些自生植物也引起了市民的注意，尽管它们中的大多数观赏性不强。此前有研究表明，市民对这类植物的接受度比预期高[14]。然而，将自生植物融入城市绿地景观中仍然需要多部门达成共识。

3.2 研究结果对公园植物景观设计的启示

关注整体的植物识别中，很大程度上这些植物已经形成景观，对市民所处的小场地具有营造、美化或违和空间的作用。一些具有多种观赏价值的物种在浣花溪公园中应用得不是很多，许多高频植物识别集中在春季先花后叶的花朵上，但绿色叶片的识别也很多，花叶同开的植物的利用比较薄弱，在未来植物景观营建中应引起重视。本研究中市民识别出的湿生和水生植物达到了 18 种，共 198 次，且多是中频种，水体景观对市民的吸引力非常大，但乔木层和灌木层的植物比较缺乏，这一方面还可改进。

随着城市化进程的推进，国内外许多学者均指出园艺式景观的发展使得城市植物的同质化问题越来越严重，造成了各城市地域特色的缺失和生物多样性的下降[15,16]。研究发现中国不同城市的木本植物已呈现出严重的同质化格局。我国 11 个城市有相同的 91 种木本植物被应用在绿化中[17]。本研究在被市民识别的 200 种木本植物中，有 69 种都在 91 种的名单中。虽然浣花溪公园种植的植物在本土化和外来化的分配上更注重乡土的特色，但像营造春季景观常用的一些物种，如梅、杜鹃、山茶、玉兰等也是被中国南方地区广泛应用的景观植物。此外，153 种外来植物中也有一些种类被大量应用，如悬铃木（原产欧洲、印度及美洲）、马缨丹和细叶美女樱（原产美洲热带）、美人蕉（原产印度），尤其夏、秋季外来植物被识别的次数极显著多于本土植物，并且外来植物的花朵带给市民的吸引力显著地多于本土植物（图 9）。四川乡土植物资源丰富，如何突出地域特色、发挥中国“世界园林之母”[18]的优势，充分发掘野生乡土植物还需要苗木企业和科研单位的重视；在传承植物文化及营造传统氛围的植物景观方面还有很大的提升空间，同时也有利于提升乡土植物的多样性，使各城市间特色越来越突出，营建更加韧性的景观以应对气候变化。

4 结语

本研究是目前少有的从植物识别 app 应用上探讨市民的植物识别情况及景观偏好，对揭示市民对植物景观的感兴趣程度以及植物识别 app 所起到的科普作用有重要参考意义。从市民识别植物的情况来看，浣花溪公园应用到的景观植物不仅非常丰富，并且有很多传统花木，同时结合了外来观赏植物。识别频度较高的一些植物也存在着在全国应用较多的情况，特色乡土植物的挖掘与应用是未来植物造景中的重点工作之一。城市化的快节奏和高压生活让市民对公园等绿地更加向往，种植于其中的植物也是市民感知、体验大自然的重要媒介。景观植物在体量、色彩、观赏部位、观赏期等的变化上非常丰富，为营造多样的植物空间提供了丰富的“素材”。如何更好地应用这些“素材”，为市民带来更佳的观赏体验和感受，还有很大的探索和提升空间。

参考文献

[1] WWF. Living Planet Report 2020-Bending the curve of biodiversity loss. Almond R E A, Grooten M. and Petersen T. (Eds). 2020. WWF, Gland, Switzerland.

[2] Ceccaroni L, Bibby J, Roger E, et al. Opportunities and risks for citizen science in the age of artificial intelligence[J]. Citiz. Sci. Theor. Pract., 2019, 4(1): 1-14.

[3] Wäldchen J, Mäder P. Plant species identification using computer vision techniques: A systematic literature review[J]. Arch. Comput. Methods Eng., 2018, (25): 507-543.

[4] 林心怡．我国植物辨识科普发展研究[J]．西北农林科技大学，2017.

[5] Norouzzadeh M S, Nguyen A, Kosmala M, et al. Automatically identifying, counting, and describing wild animals in camera-trap images with deep learning[J]. Proc. Natl. Acad. Sci. U S A, 2018, (115): E5716-E5725.

[6] Seiter D & Future Green Studio. Spontaneous Urban Plants: Weeds in NYC[M]. USA: Archer, 2016: 21-30.

[7] Yang J, Xing D Q, Luo X Y. Assessing the performance of a

citizen science project for monitoring urban woody plant species diversity in China[J]. Urban Urban For. Urban Green. 2021, (59): 127001.

[8] August T A, Pescott O L, Joly A. AI Naturalists Might Hold the Key to Unlocking Biodiversity Data in Social Media Imagery[J]. Patterns, 2020, (1): 100116.

[9] 颜科，刘瑞．基于游客需求的浣花溪公园智慧化建设[J]. 四川林业科技，2020，41(3)：99-103.

[10] 龙鹏飞，潘远智，佘欢，等．成都浣花溪湿地公园景观生态设计探究[J]. 安徽农业科学，2010，27(38)：15218-15220.

[11] Friendly M. Working with categorical data with R and the vcd and vcdExtra packages. 2021. http: //mirrors. ucr. ac. cr/CRAN/web/packages/vcdExtra/vignettes/vcd-tutorial. pdf.

[12] Zeileis A, Meyer D., Hornik K. Residual-based shadings for visualizing (conditional) independence[J]. Journal of Computational and Graphical Statistics, 2007, 16 (3): 507-525.

[13] Canuti P. Monitoring, Geomorphological Evolution and Slope Stability of Inca Citadel of Machu Picchu: Results from Italian INTERFRASI projec. In: Landslides-Disaster Risk Reduction, 72, Springer Ebooks, 2009: 401-433.

[14] Li X P, Fan S X, Kühn N, et al. Residents' ecological and aesthetical perceptions toward spontaneous vegetation in urban parks in China. Urban For[J]. Urban Green, 2019, (44): 126397.

[15] Ignatieva M. Plant material for urban landscapes in the era of globalisation: Roots, challenges, and innovative solutions. In M. Richter, & U. Weiland (Eds.). Applied urban ecology: A global framework. Hoboken-Blackwell Publishing, 2011: 139-161.

[16] Wang G M, Zuo J C, Li X R, et al. Low Plant Diversity and Floristic Homogenization in Fast-Urbanizing Towns in Shandong Peninsular, China: Effects of Urban Greening at Regional Scale for Ecological Engineering[J]. Ecological Engineering, 2014, 64: 179-185.

[17] Qian S, Qi M, Huang L, et al. Biotic homogenization of China's urban greening: a meta-analysis on woody species [J]. Urban For. Urban Green. 2016, (18): 25-33.

[18] Wilson E H. China: mother of gardens[M]. Boston, Massachusetts, Stratford Company, 1929.

作者简介

李晓鹏，1990年生，女，汉族，北京人，博士。西南交通大学建筑学院风景园林系，讲师，研究方向为园林生态、植物景观规划设计。电子邮箱：penguinlee26@126. com。

冯黎，1989年生，女，汉族，四川人，硕士，成都市公园城市建设发展研究院风景园林二所，所长，研究方向为风景园林规划设计、风景园林生态。电子邮箱：328268238@qq. com。

（通信作者）吴然，1988年生，男，汉族，湖北人，博士，西南交通大学建筑学院风景园林系，讲师，研究方向为风景园林规划设计与理论、乡村景观。电子邮箱：99600268@qq. com。

论文集

风景园林理论与历史

江汉平原清代城市八景文化赋存与时态特征①

Cultural Assignment and Temporal Characteristics of the Eight Scenes in the Qing Dynasty Cities of the Jianghan Plain

王之羿　黄　婧　万　敏*

摘　要：江汉平原古泽伸展、群山环绕，历史城市的八景文化根植于地域文脉积累深厚，反映出我国湖河平原区域的传统风景营建智慧和文化景观价值。本文厘清江汉平原现存行政区划所对应的清代城市八景，梳理被古籍记载的江汉平原城市272处八景景目的文化赋存情况，通过计量分析八景赋存的时态要素类型与组合规律，图示化赋存八景时态的风景营建模式与意境，得到以时态为风景特色的传统城市风景内涵与特色，以期为我国传统城市风景保护与传承提供借鉴。

关键词：区域风景；八景文化；江汉平原；时态特征

Abstract: Surrounded by mountains in the Jianghan Plain, the eight scenic views of historical cities are rooted in the region's cultural heritage and reflect the traditional landscape wisdom and cultural landscape values of the Lake and River Plain region of China. This paper clarifies the eight scenes of the Qing dynasty in the existing administrative divisions of the Jianghan Plain, compares the cultural assignment of the eight scenes in the 272 cities of the Jianghan Plain recorded in ancient texts, analyses the types of temporal elements and combination patterns of the eight scenes, illustrates the landscape construction patterns and contexts of the eight scenes, and obtains the connotation and characteristics of the traditional urban landscape featuring the temporal patterns, with a view to providing reference for the protection and inheritance of the traditional urban landscape in China. This is to provide reference for the protection and inheritance of traditional urban landscapes in China.

Keywords: Regional Landscape; Eight Scenic Scenes Culture; Jianghan Plain; Temporal Characteristics

引言

江汉平原是人文的集聚地，其城市风景历史悠久，八景在城市历史发展长河中经过长时间的考验，反映出我国传统风景特色的共时凝结[1]。明代以来，我国地方志的编年史已经形成了半世纪修撰一次的编写体制。因此，上述庞大的官方修撰团队迭代更新，每次修订都根据以往的地方志进行补充和删除。作为地方志编写体例的城市八景也经历了同样的历程，反映出上下贯通且凝聚地方公共风景游憩传统的风景智慧。目前，理论界主要从景观组织关系[2]、国土空间规划与设计[3]、景观治理[4]与生态系统服务[5]等角度分析风景中自然环境特征，尚未从时间的视角揭示古代八景文化蕴含的风景特色。

1　江汉平原地区的八景赋存

1.1　江汉平原研究范畴

江汉平原位于湖北省的中南部，是由长江和汉江共同作用而形成的冲积平原。关于江汉平原的范围界定有多种[6-8]，笔者鉴于城镇八景文化与自然山水密切相关，故而采纳的是以湖北境内的长江、汉江流域内50m等高线为界限所包罗的范围，在此基础上再外扩至该范围所涉及的当代行政区划（图1）。此范围内涉及湖北省内的28个区、11个县级市、12个县、3个省直管市。通过

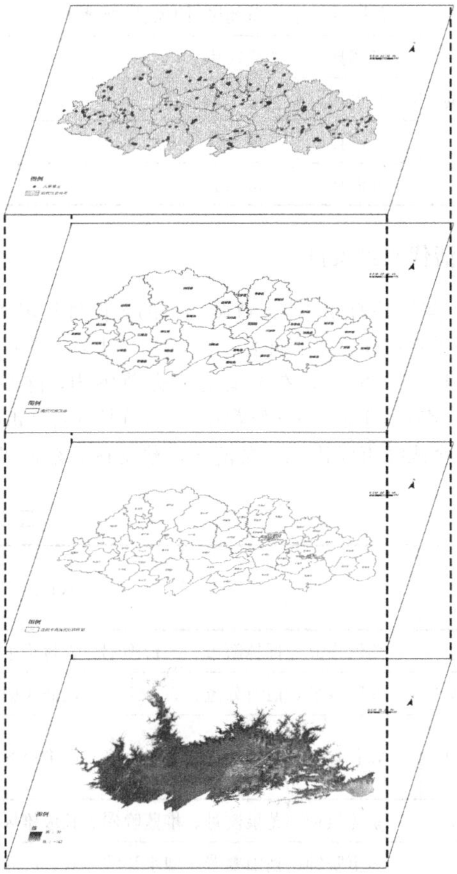

图1　江汉平原范围图

对文献的梳理及古籍资料的查询，发现江汉平原范围内的区、县、市八景的翔实记录多集中在明清两代，因此参考明清时期的州府县志对上述城镇区县的八景进行收集整理，形成明清时期江汉平原的八景集合。

1.2 江汉平原清代城市

江汉地区的清城市八景几乎都被清代府志记载，少数如：钟祥县（今荆门市的钟祥市、京山市地区）、景陵县（今天门市）、沔阳县（今仙桃市）、孝感县（今孝感市孝南区、孝昌县）、汉阳县（今武汉市汉阳区、汉南区、黄陂区、硚口区）、江夏县（今武汉市武昌区、青山区、洪山区、江夏区）、蒲圻县（今赤壁市）虽为明代县志所记录，但后多有沿用。对于古今行政区划对应情况来看，多数古今行政区可一一对应，但由于古代行政区划分不如现代细化，有多个城市或者区县在古代同属一州县情况，也意味着它们共同使用同一八景系统。如表格中的：当阳县、钟祥县、沔阳县、孝感县、汉阳县、黄陂县、江夏县、大冶县、武昌县和黄冈县（表1）。

江汉平原内城镇古今名称对应一览表　　表1

州府	清地名	现地名	州府	清地名	现地名
德安府	应城县	应城市	安陆府	京山县	京山市
	云梦县	云梦县		钟祥县	钟祥市/掇刀区
荆门州	荆门县	东宝区/沙洋县		景陵县	天门市
	当阳县	当阳市		潜江县	潜江市
武昌府	江夏县	武昌区/青山区/洪山区/江夏区	荆州府	枝江县	枝江市
	嘉鱼县	嘉鱼县		宜都县	宜都市
	蒲圻县	赤壁市		松滋县	松滋市
	咸宁县	咸安区		石首县	石首市
	大冶县	大冶市/西塞山区/下陆区/铁山区/黄石港区		江陵县	荆州区/沙市区/江陵县
	兴国州	阳新县		公安县	公安县
	武昌县	鄂城区/梁子湖区/华容区		监利县	监利县
黄州府	黄冈县	黄州区/团风县/新洲区	汉阳府	沔阳州	仙桃市/洪湖市
	广济县	武穴市		汉川县	汉川市
	蕲水县	浠水县		孝感县	孝南区/孝昌县
	蕲州县	蕲春县		汉阳县	汉阳区/汉南区/蔡甸区/东西湖区
	黄梅县	黄梅县		黄陂县	江汉区/江岸区/黄陂区/硚口区

1.3 清代八景景目

“八景”是通过时空、诗画韵律的对位将其定型为地方性的景观集称，如“四景”“八景”“十景”“十二景”等，通称“八景”[1]。在本文的研究范围内，除景陵县（今天门市）、宜都县（今宜都市）、石首县（石首市）、汉阳县（今武汉市汉阳区、汉南区、蔡甸区、东西湖区）、黄陂县（今江汉区、江岸区、黄陂区、硚口区）黄梅县（今黄冈市黄梅县）为十景，其他区县均为八景。“八景”是一种景观集称，通过集称文化对各地风景名胜归纳、提炼[9]。“八景”题名规则多为“两字一意”[10]，即［（①②＋③④）×8（或10、12）］格式。“八景”题名注重“情景合一、虚实相伴”，①②常指代景象发生的场所和地点，③④常指代景象的名称和特征[11]（表2）。

江汉平原八景一览表[12-24]　　表2

清朝区县名	八景/十景景点名目	资料来源
应城县	西河古渡、栎林新市、三台渔唱、五岭樵歌、玉女温泉、龙港印月、崎山烟雨、妙高晚钟	［光绪］《应城志》
云梦县	罗陂春蛙、白河分流、石羊千阜、隔蒲风帆、碧潭秋月、典湖晓雪、河堤烟柳、高岗梧雨	［康熙］《云梦县志》
荆门县	霖苍甘雨、老莱山庄、龙泉十亭、西宝昙光、唐安古柏、南桥塔影、带河金虾、长春丹井	［同治］《荆门直隶州志》
当阳县	紫盖晨钟、龙泉夜月、堆蓝晚翠、长坂雄风、鹊岸渔歌、锦山牧篷、玉桥秋雨、金岭朝烟	［乾隆］《当阳县志》
京山县	多宝晓钟、凫山叠翠、溾水潆波、观音瀑布、仙女藏云、白谷烟树、芭蕉夜雨、虎爪积雪	［光绪］《京山县志》
钟祥县	阳春烟树、白雪晴岚、石城春雨、兰台午风、莫愁古渡、汉皋别意、龙山晓钟、仙桥夜月	［同治］《钟祥县志》

续表

清朝区县名	八景/十景景点名目	资料来源
景陵县	道院迎仙、书堂出相、凤竹晴烟、龙池春涨、梦野秋蟾、天门夕照、三澨渔歌、五华樵唱、梵刹晨钟、笑城暮雨	[道光]《天门县志》
潜江县	东城烟树、南浦荷香、僧寺晓钟、蚌湖秋月、蒿口仙桥、芦洑佛塔、清溪山色、白洑波光	[康熙]《潜江县志》
枝江县	紫山冬翠、白水晓渡、三洲烟浪、山市夕阳、弥勒梵钟、石簰渔网、花溪牧笛、蓬莱仙境	[同治]《枝江县志》
宜都县	陆城乔木、孔庙双莲、龙窝春水、虎嶂朝云、合江古渡、洪汜滚钟、宋山神井、湾市人家、苍茫异石、石板甘泉	[康熙]《宜都县志》
松滋县	月岭残阳、江亭晚钓、莱州霁月、灵济晓钟、剑隆丹鼎、楼云龙窟、苦竹甘泉、一柱蓬莱	[康熙]《松滋县志》
石首县	郎浦晓渡、影桥清鉴、八仙棋局、绣林晚照、望夫石笋、万石钓艇、锦幛绮霞、马鞍夕翠、笼盖朝岚、调弦夜月	[康熙]《石首县志》
江陵县	虎渡春涛、龙山夕照、金堤烟柳、石马云帆、绛帐书声、东湖草色、清宫夜月、沙市晴烟	[康熙]《江陵县志》
公安县	黄山晓黛、石州侍月、竹林晚翠、仙池席云、斗湖钓雪、禾田麦浪、柳浪含烟、龙岗夕照	[同治]《公安县志》
监利县	章台晓霁、锦水晴澜、轩井流霞、璇台涌月、鹤泽观渔、离湖读骚、泮宫翠柏、南郭古梅	[康熙]《监利县志》
沔阳县	五峰山色、三澨波光、沧浪渔唱、柳口樵歌、丙穴钓秋、荆楼玩月、东泽红莲、西城古柏	[光绪]《沔阳州志》
汉川县	阳台晚钟、涢水秋波、梅城返照、赤壁朝霞、松湖晚唱、鸡鸣天晓、小别晴岚、南河古渡	[同治]《汉川县志》
孝感县	程台夜月、董墓春云、泮泽荷香、琴堂槐荫、西湖酒馆、北泾渔歌、峻岭横屏、双峰瀑布	[光绪]《孝感县志》
汉阳县	大别晚翠、江汉朝宗、禹祠古柏、官湖月夜、金沙落雁、凤山秋兴、晴川夕照、鹦鹉渔歌、鹤楼晴眺、平塘古渡	[同治]《汉阳县志》
黄陂县	西寺晓钟、板桥人迹、木兰耸翠、甘露呈祥、武湖烟涨、滠水冬温、双凤来仪、花柳前川、鲁台望道、雨后望江	[同治]《黄陂县志》
江夏县	黄鹄朝霞、鹤楼晚照、凤山春晓、南浦秋涛、金沙夜月、武昌仙境、鹦鹉渔歌、铁佛珠林	[嘉靖]《湖广图经志书》
嘉鱼县	南山拥翠、东港拖蓝、黄冈鱼鸟、茭塘隐泉、赤壁烟霞、金鸡牧唱、铜磬渔歌、人豪遗迹	[乾隆]《重修嘉鱼县志》
蒲圻县	萧堆春涨、叠翠晚钟、丰财夕照、洼樽怀古、北河晚渡、莼塘夜月、荆泉灵覗、石笋凌风	[同治]《蒲圻县志》
咸宁县	书台月色、黉泮金莲、福刹晓钟、西河渔火、东高樵唱、北郊堤柳、长湖烟雨、相岭闲云	[光绪]《咸宁县志》
大冶县	金湖湛月、铜海飞烟、鹿头夕照、龙角朝暾、太和云雾、雷岭石林、沼山叠翠、虬泾钟灵	[同治]《大冶县志》
兴国州	沧浪烟雨、恩波夜月、黉序秋香、谢墩夕照、仙观晴霞、杨林晚渡、宋山樵唱、南市渔歌	[光绪]《兴国州志》
武昌县	凤台烟树、樊岭晴岚、吴王古庙、苏子遗亭、龙蟠晓渡、报恩夜钟、西山积萃、南湖映月	[康熙]《武昌县志》
黄冈县	黄冈晓霁、赤壁春辉、柯邱葱倩、柳港联芳、宝山石泉、洗墨云生、吴公义井、孟倅清泉、柳公琴台、芦洲春草	[光绪]《黄冈县志》
广济县	东卫晴岚、横冈霁雪、七石星联、独山云声、石洞灵泉、灵山怪石、凤港春涛、龙湫时雨	[弘治]《黄州府志》
蕲水县	空明水石、川上流光、沉浮纲集、清泉梵响、三角云开、浠流峻岭、三泉异味、仙台药茂	[光绪]《蕲水县志》
蕲州县	麟阜江山、鸿州烟雨、凤麓晓钟、龙矶夕照、龟鹤梅花、太清夜月、金沙夜泛、城北荷池、浮玉晴沙、鱼湖渔舫	[光绪]《蕲州志》
黄梅县	东山白莲、西山碧玉、南山古洞、北山乔木、紫云霁雪、清江烟雨、濯港晚渡、西池夜月、多云樵唱、太白渔歌	[光绪]《黄梅县志》
共32地、32处八景（24处为八景，8处为十景）、272个八景		

2 江汉平原八景赋存空间与要素

2.1 江汉清代古城镇八景布局

基于江汉平原八景景点数据的核密度分析图（图2）可以看出，平原内的八景景点呈现为多核心分布，大都以古城为中心。古江夏县、古黄冈县、古汉阳县和古武昌县的八景保持极高的聚集密度，次一级较高密度城镇为：古钟祥县、古宜都县、古兴国州、古沔阳县、古石首县等。在前期对平原范围内八景点位poi资料收集的过程中也发现，上述节点城镇的八景大多位于古城池周围不远处，呈现以城为中心的高度聚拢式布局。而其他节点城镇没有呈现高聚集密度，较为松散，多以古城镇为中心，外向扩张式布局。

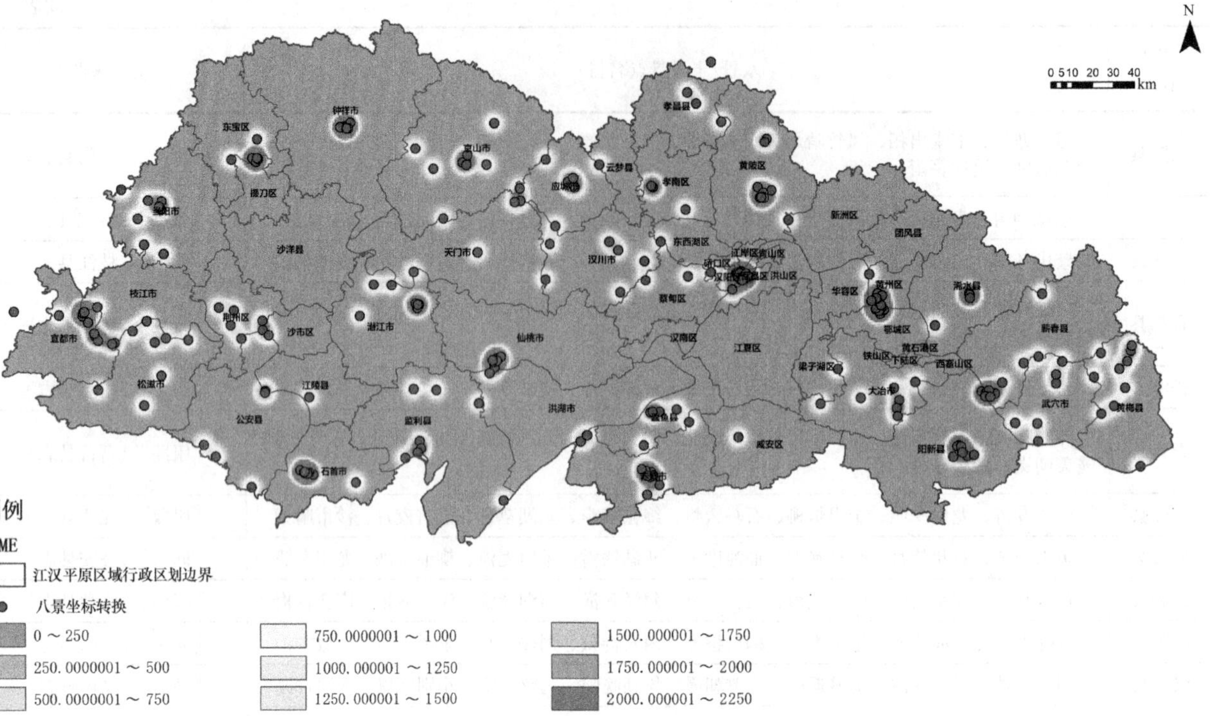

图 2　江汉平原八景景点数据的核密度分析

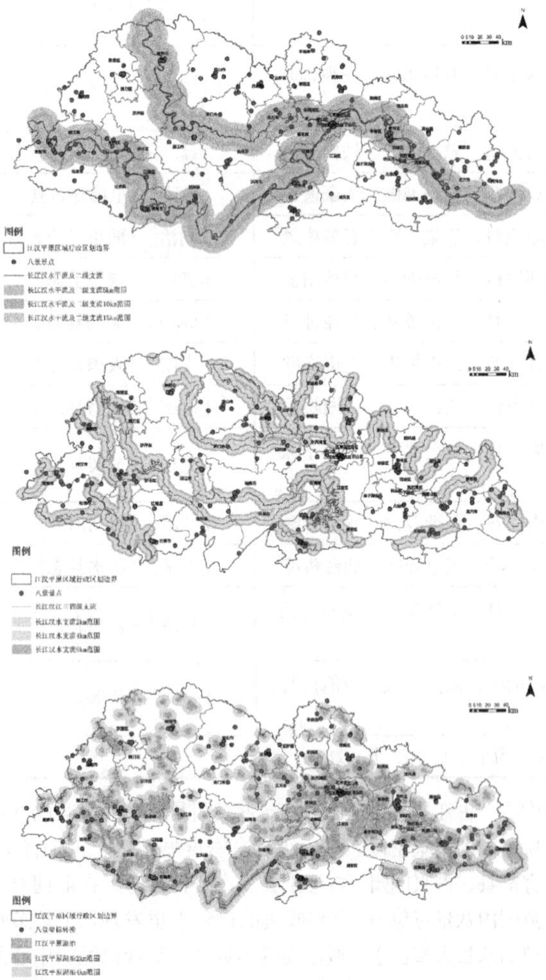

图 3　缓冲区分析图（一级分类缓冲区、二级分类缓冲区、三级分类缓冲区）

ArcGis 的缓冲区分析可以帮助统计缓冲区范围内的八景景点数量以及所占八景景点总量的百分比，以此可分析八景景点与长江汉水的联系[12]。笔者将江汉平原内水系分为三类，①长江及其最长支流汉江；②长江及汉水的其他二、三级支流；③江汉平原内众湖泊。考虑到整体流域面积以及支流干流覆盖面积、长度及流量的差异，因此长江及汉江设置 5km、10km 和 15km 缓冲区，二、三级支流和平原内众湖泊则设置 2km、4km 和 6km 缓冲区。借助 ArcGis 缓冲区分析工具，将城镇八景景点与其一一进行叠加分析，结果较为一致的都是处在沿江、沿湖内缓冲区的八景数量最多，因此可见八景景点的布局呈现较高的"亲水性"。此外，剔除 3 处缓冲区包含的重复景点，共计 216 处景点处于江汉平原水系缓冲区内，占整体八景景点的 89.6%。究其原因江汉平原河湖网络密布，城镇居民的生活、生活与水密不可分，浩渺江水湖泊奠定了整体平原的风貌，故而八景景点的选取大都与水相关或距离水不远处。

2.2　八景赋存的自然时态要素

江汉平原范围内的任意古城镇风景都离不开风景时态，在全部 272 处景目中，季候明确、气象独特、天色适应、时机罕见、经久不衰的八景景目占大多数高达 61%。绝大多数传统城镇选取代表性风景时，将时态特征视为体现地域风景特色的决定性因素，据同治时期《汉川县志》记载，汉川八景每一经典景目都具有风景时态与得景地、景象的组聚特性。根据自然时态要素与人文时态要素中的整合。

自然类八景是指该八景的得景地多为山水等自然风光，展现节点城镇的美好自然风光。按照时态要素进行分类可大致分为 5 类：季候型、气象型、日候型、历时型和

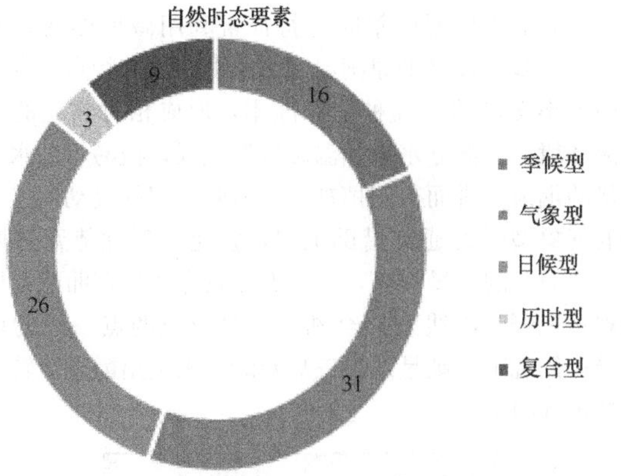

图 4　自然时态要素统计图

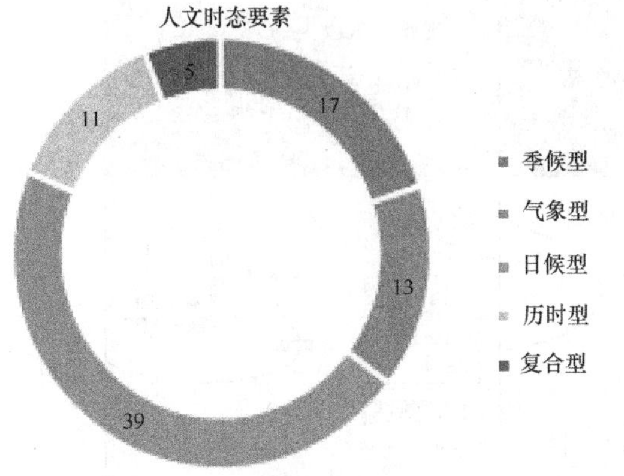

图 5　人文时态要素统计图

复合型。气季候型是指在该八景景点展现的是四季景致。在统计中发现这类八景共有 16 处，景色的描写多在“春”“秋”两季展开，其中关于春日景色的描写的景点最多，共有 7 处。第二类为气象时态要素的八景，主要是指八景中着重展现气象变化例如：烟、雨、风、云等，共计 31 处，在这类景点中以“烟”景数量最为之多分别是 11 处，次级要素为“雨”后景色选取，共有 9 处。第三类为日候型要素，此要素为 5 类要素中数量最多的，共有 39 处。此类时态要素主要围绕着一天之后的时间变化而展开，其中“夜”“月”等描述晚间景色的八景数量最为之多，共有 21 处。除此之外，兴许是因为“一日之计在于晨”，晨间景色占比数量也很大，共有 14 处。五种时态要素八景中，数量最少的就是历时型和复合型，历时型共有 3 处。复合型八景则可分为两小类：一类是包含气象要素和日候要素的景点，一类则是兼有季候要素与气象要素。

2.3　八景赋存的人文时态要素

基于人文类得景地、景致的八景，按照时态要素可分为 5 类，分别是：季候型、气象型、日候型、历时型和复合型。季候类时态要素的八景共有 17 处，与自然型季候时态要素类似的是，春季仍然为此分类中数量最多的八景景致，多于河堤结合构成八景景点。气象型时态要素共有 13 处，在此分类中仍然以“烟雨”作为主要景点。日候型共有 39 处景点，其中以夜晚景色描写居多，其中“月”更是主角，多达 10 处。历时型和复合型时态要素则占比较少，分别为 1 处和 5 处。由于江汉平原的河湖网络密度，湖泊江河的渡口类建筑是本区域内的特色，因此在历时型时态要素下的江汉平原八景，“渡口”成为了主要景点。

3　江汉平原风景的时态特征

3.1　季候型风景时态

季候型风景景目占比接近八景总景目数量的 1/8，季候风景是城镇地域特色不可或缺的风景时态类型。河堤烟柳是春色最早的迎接者，是平坦开阔地势上极佳的季候看点，在竖向上起到风景标识的作用。荷香是重要的季候特征，“泮泽荷香、南浦荷香、玉壶荷香”等荷香组聚城镇八景中教化景观出现频率较高，教化风景建筑往往临水建设或前庭建造人工莲池。秋钓是江汉平原季候时态下的风景习俗，渔猎蟾、鱼、虾、龟等特色水产，是湖河地区特有的季节性行为，爽朗愉悦的风景意境在季候型风景活动中得以彰显。

季候型风景特色强调群体季相的风景意境营建，根据八景图景观氛围呈现出“春动夏荷秋木”时态特色。春季风景在于游览动线的设计，依托河流沿线营建主次有别的风景观赏点，设计亭、桥、池、墩等观景节点，串联城外的风景结点。荷花被用作营建夏季风景的主要途径，莲池北侧为整体风景的竖向背板，可以是人工构筑的风景建筑物、突起地形或高大的乔木，莲池通常被长堤划分为一大一小两个水面，莲花密集的种植于滨水建筑的正视面。秋季的风景时态特征通常以阵列的季相树种体现，以建筑物、道路为中心，两侧对称列植金色叶乔木，此季候风景色彩明艳规整，营造视线深远的风景通廊（图 6）。

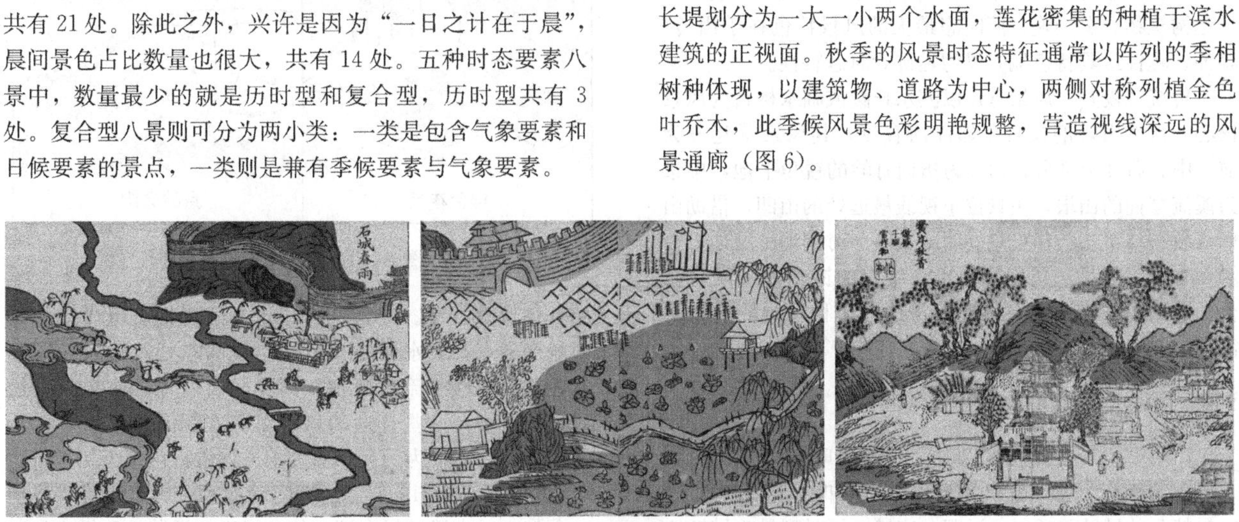

图 6　季候型八景景点

3.2 气象型风景时态

江汉平原区域80%古城镇会将独立气象型时态特征纳入八景，1/3以上的城镇选取2处气象型时态作为地方风景特色，整体风景以烟雾缭绕、仙气飘飘的气象型时态特征最为突出，与雾气相伴而生的最主要的气象特征就是雨，多地以地方烟雨的气象时态为代表性风景景目。得天独厚的“云”则必然是历史命名的气象原型，这就奠定了大泽湿地以“云”为基础的风景时态特征。与之相应的“雪”“霞”则是出现较少的江汉区域气象型时态特征。

中观的气象型风景时态特征常利用微地形变化营造小环境，基于江汉平原湖河网络众多的地域特点，利用水面中大小交错的绿洲种植乔灌木，形成相对独立的空气对流环境，三洲立水叠加温暖湿润气候，极易看到水面中起伏的烟浪，进而得到植被层叠若隐若现的灵动风景。宏观的气象型时态通常借助地势，强化地形优势营造匹配“云”“霞”的赏景契机，董暮春云景点通过弯曲的堤岸增加观景视野，岸线延伸至湖中半岛形成两点一线的风景格局；仙观晴霞则是通过三岛对峙，来突出霞光流转的风景特色（图7）。

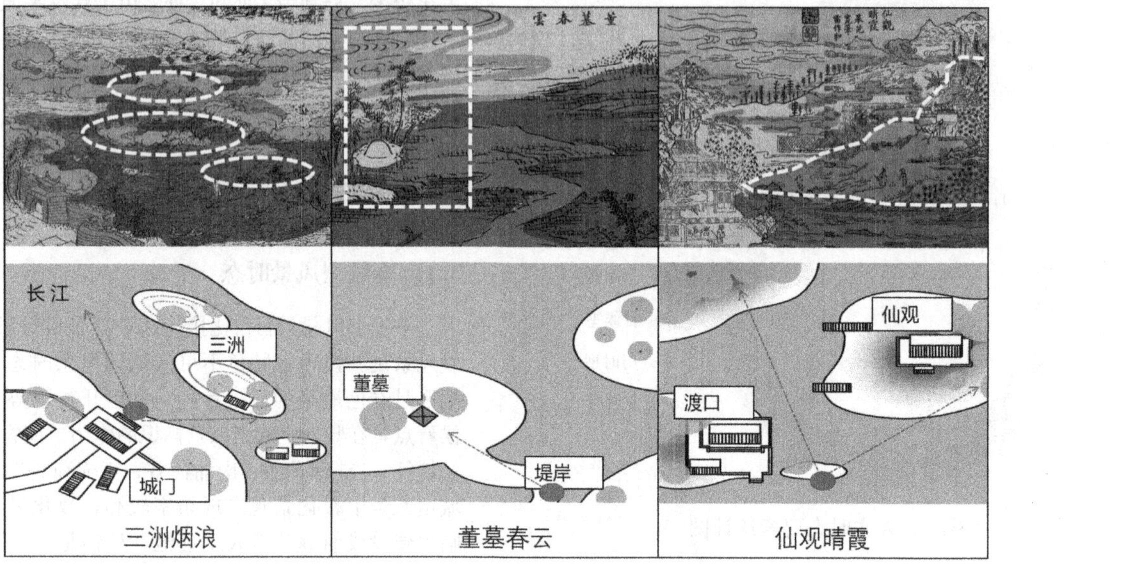

图7 气象型八景分析图

3.3 日候型风景时态

日候型时态特征是江汉最显著的气象时态特征，所有古城镇基本都具备日候型时态风景，统计江汉平原全部272处景目的时态特征，平均每4景便有1处是日候型时态风景，江汉风景主要的日候时态按频次降序排列，分别是夜月、夕（晚）照、晨钟晚钟、晓渡晚渡、晚翠等；代表江汉月色时态的风景，“台”作为夜月最具特色的风景建构筑物；夕（晚）照时态最大的风景特色在于山岭；晨钟、晚钟最具特色地方风物是佛寺时态特性。

传统“夜月”风景营建以滨水丘陵或临水楼台为风景核心。自然山岭的夜月毗邻江河直流，其风景营建分为前、中、后3个部分，前景为指向月岭的锐角平地，中景为溪流穿插的山垠，主景位于视线最远处的山凹，借助山形舒缓阙口悠长凸显夜景的明暗关系。对湖泊、湿地等大水面来说，则是选择岸线向水面突出的钝角建造滨水楼台，以湖堤作为游线引导月景与楼台交相呼应的时态特征（图8）。

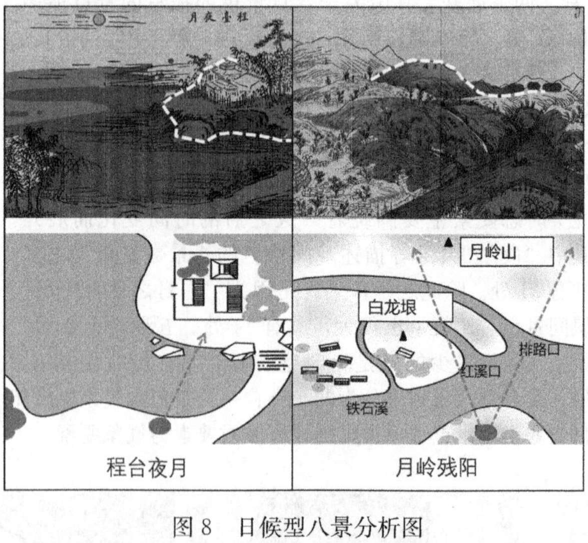

图8 日候型八景分析图

3.4 历时型风景时态

历时型风景指其特性以时间长久而闻名或长久以往未出现的流行事物，江汉平原城镇以历时型时态为主要风景特色的城镇是武昌、汉阳、应城。历时型景观城镇八景中可遇不可求，占比低为5%，历时型时态的主要风景特征体现为古渡。渡口是承载了时间变化与历代传承的风景交融点，大水面童女行在岸线凹陷处营建人工风景构筑物，线性河流水道则在两岸凸出位置营建一组对景风景建筑物，这些普通的风景以名人题词的方式被传送与记载，逐渐成为历久弥新的地方风景特色。正如清同治《汉川县志·卷21》记载：“南河流水杳微茫，问涉曾须一苇航……十里江村夕照，傍分堠客如星散，乱行吟犹记步斜阳”，印证了南河古渡的风景历时特征。

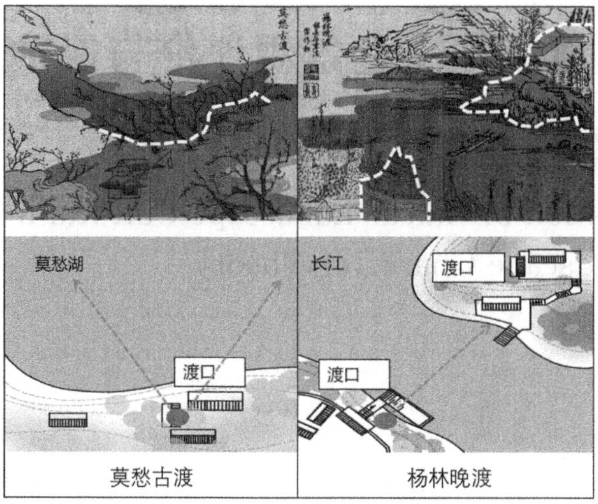

图9 历时型八景分析图

4 结语

八景文化在我国传统地方风景中是一座极为丰富的宝库，江汉平原作为古云梦泽演化的湖盆地貌，以海拔50m高度界定其清城市八景的研究范畴，拓展了解读江汉地区传统城市风景特征的研究维度。在厘清江汉平原方志八景在“舆图”“形胜”“地理”“古迹”或“艺文”5个部类中的景目数量、要素、方位、情境的基础上，从第四维的时间计量和解析由自然、人文交织而成的传统地方风景智慧，为区域风景的时态特征保护、时态构成机制与传承提供借鉴。本文受到资料、篇幅限制，全域景目时态特性的方位推断、风景营造规律等仍待更多视角的考证与扩充。

参考文献

[1] 李畅，杜春兰．明清巴渝“八景”的现象学解读[J]．中国园林，2014，30(04)：96-99.

[2] 吴然．四川盆地山水城市营造的文化传统与景观理法研究[D]．北京林业大学，2016.

[3] 郑有旭．江汉平原乡村聚落形态类型及空间结构特征研究[D]．华中科技大学，2019.

[4] 逯羽欣．中国古代文人士大夫对太湖流域基于水环境治理的风景营建思想与实践研究[D]．北京林业大学，2019.

[5] 林俏．浙江金华市传统村落的理水生态智慧研究[D]．北京林业大学，2020.

[6] 汪民．江汉平原水网地区农村聚落空间演变机理及其调控策略研究[D]．华中科技大学，2016.

[7] 邓宏兵．江汉湖群演化与湖区可持续发展研究[D]．华东师范大学，2004.

[8] 邓先瑞，徐东文，邓巍．关于江汉平原城市群的若干问题[J]．经济地理，1997(04)：82-86.

[9] 陆瑾．传统“八景”的景观题名审美探究[J]．汉字文化，2021(04)：171-172.

[10] 李正春．论唐代景观组诗对宋代八景诗定型化的影响[J]．苏州大学学报（哲学社会科学版），2015，36(06)：167-172.

[11] 彭孟宏，唐孝祥．古今广州风景园林品题系列的审美意蕴转向[J]．中国园林，2017，33(02)：124-128.

[12] 孙福海等纂修．(同治)钟祥县志[M]．清同治八年(1869)增刻本．

[13] 胡翼等纂修．(乾隆)天门县志[M]．民国十一年(1922)石印本．

[14] 周承弼等纂修．(同治)公安县志[M]．清同治十三年(1874)刻本．

[15] 钟传益等纂修．(同治)重修嘉鱼县志[M]．清同治五年(1865)刻本．

[16] 顾际熙等纂修．(同治)蒲圻县志[M]．清同治五年(1866)刻本．

[17] 黄式度等纂修．(同治)续辑汉阳县志[M]．清同治七年(1868)刻本．

[18] 薛刚纂修，吴廷举续修．(嘉靖)湖广图经志书[M]．书目文献出版社，1991.

[19] 熊登等纂修．(康熙)武昌县志[M]．清康熙十三年(1674)刻本．

[20] 陈光亨等纂修．(光绪)兴国州志[M]．清光绪十五年(1889)刻本．

[21] 刘显功等纂修．(康熙)宜都县志[M]．清康熙三十六年(1697)刻本．

[22] 胡复初等纂修．(同治)大冶县志[M].

[23] 刘嗣孔等纂修．(乾隆)汉阳县志[M]．清乾隆十三年(1748)])刻本．

[24] 戴昌言等纂修．(光绪)黄冈县志[M]．清光绪八年(1882)刻本．

作者简介

王之羿，1995年生，女，汉族，内蒙古包头人，博士，华中科技大学建筑与城市规划学院，研究方向为风景园林规划与设计、文化景观。电子邮箱：1214105430@qq. com。

黄婧，1996年生，女，汉族，湖北武汉人，硕士，华中科技大学建筑与城市规划学院，研究方向为风景园林规划与设计、文化景观。电子邮箱：1165525341@qq. com。

（通信作者）万敏，1964年生，男，汉族，江西景德镇人，硕士，华中科技大学建筑与城市规划学院，教授、博士生导师，系教授委员会主任，中国高等学校建筑类教指委风景园林学专业分教育指导委员会委员，中国科技进步奖评审专家，中国自然科学基金评委，研究方向为景观规划与设计、工程景观学、文化景观。电子邮箱：wanming1@sina. com。

基于景观特征理论的扬州城区运河线性文化景观评价与保护研究

Research on the Assessment and Conservation of Linear Landscape Cultural in the Canal of Yangzhou City Based on Landscape Character Theory

张 龙

摘 要：本文以线性文化景观的视角，对扬州城区运河展开研究。通过引入景观特征理论的相关评估体系，以现场调研和历史信息研究为基础，从景观要素、要素的组合关系以及形成的景观特征入手，系统地、分层次地理解城区运河的历史文化内涵，划定景观特征类型及空间分区，并在此基础上提出合理的保护和更新策略。

关键词：扬州城区运河；线性文化景观；景观特征理论；保护研究

Abstract: From the perspective of linear landscape cultural, the research on the Yangzhou city canal. By introducing the relevant evaluation s·ystem of landscape character theory, based on on-site investigation and study of historical information, starting from landscape elements, the combination of elements and the landscape characters formed, the historical and cultural connotations of Yangzhou city canal was comprehended systematically and hierarchically, and draw the maps of the landscape character types and areas, then on the basis of which, reasonable protection and renewal strategies were proposed.

Keywords: Yangzhou City Canal; Liner Landscape Cultural; Landscape Character Theory; Conservation Research

1 扬州城区运河线性文化景观的判定

1.1 线性文化景观及其相关概念

1.1.1 文化景观

为填补自然与文化之间研究的空白，1992 年世界遗产委员会第 16 次会议上，文化景观被正式写入（实施《保护世界文化与自然遗产公约》操作指南）（简称《操作指南》）。它被定义为文化遗产中具有“人与自然共同作用的作品”属性的一类特殊的文化遗产。主要包括由人类有意设计和创造的景观、有机进化的景观、关联性景观 3 个类型[1]。

1.1.2 线性文化景观

1994 年版《操作指南》明确指出：“不排除申报能代表具有重要文化意义的交通和交流网络的狭长、线性形态区域的可能性”[2]。因此，线性形态的一类重要的文化景观被确定，从此对其识别和保护的相关研究便在各国学者中展开。

1.1.3 遗产运河

“遗产运河”于 1994 年 9 月在加拿大召开的专家会议上被提出。会议报告定义：“运河是一种人工水道。就历史和技术角度而言，都具有突出普遍价值，是作为此类文化财产的特殊代表。它是一项不朽的作品、文物古迹，用来定义线性文化景观的特征，或作为复杂文化景观不可分割的组成部分”[3]。

1.2 扬州城区运河线性文化景观解读

本文研究的扬州城区运河，包括扬州古运河、瓜州运河以及古邗沟故道，是大运河文化遗产淮扬运河扬州段的重要组成部分。整段运河全长约 29.3km，南起瓜洲古渡，北抵茱萸湾 ，途径高旻寺、三湾公园、文峰寺、南门码头、钞关、大水湾公园、便益门桥、大王庙等运河节点，沿途历史遗迹众多。

（1）古代建城一直遵循因地制宜、天人合一的营建思想，就本文研究的运河段而言，历史上的数次改道必然是因地理环境变化，参考古代风水水法而合理进行的水利工程活动，是符合“人与自然共同创作的作品”。

（2）城区运河满足大运河文化遗产突出普遍价值的第 3、第 4、第 5、第 6 的标准，即水工设施和技术的创新是罕见且超越国家界限的，并具有代表地区非物质文化遗产的典型性。

（3）城区运河的开凿和数次变迁是人类与其所处自然地理环境不断适应的过程，是一种不断演进的共生关系。同时与扬州城帝王、军事城防、水利、官商、市井、水利、园林、宗教等文化的形成和兴盛产生了多点的关联。因此它既是有机演进的可持续文化景观，也是关联性文化景观的典型代表。

（4）城区运河作为大运河人工水道不可分割的一段，就历史和技术等方面所展现的突出普遍价值，符合《操作指南》中遗产运河的相关定义。

因此无论是线性形态的空间分布，还是与文化景观的定义、突出普遍价值的判定以及遗产运河相关内容的契合度而言，以线性文化景观的视角对城区运河进行研究都是合理的。

2 景观特征理论的特点和适用性

2.1 景观特征理论的相关概念及特点

2.1.1 景观特征评估体系（LCA）

20世纪90年代中期在英国出现的景观特征评估体系（Landscape Character Assessment Guidence for England and Scotland，LCA）是以“特征”（Character）来解读景观，它只表示一个地方的景观区别于其他地方，所形成的“场所性”并无优劣之分，摒弃了以价值为导向的分类方式。

LCA研究过程遵循：①“价值中立”原则；②面对不同的尺度等级（国土一地方一本地）具有灵活多样的评估标注和方法；③在关注客观现状的同时，关注主观感受及审美情趣；④执行“特征识别”和“评价决策”分离的研究要求[4]。

景观特征提取和评估流程表　　表1

阶段	步骤	具体内容
特征识别阶段	（1）划定范围	明确研究目的、空间尺度、时间序列和相关资源配置
	（2）案头研究	背景研究和资料整理汇总，初步认识区域景观特征
	（3）田野调查	现场调研，完善研究内容，关注美学、感知等要素
	（4）分类与描述	总结成果，绘制地图成果（景观特征类型和区域）
评价决策阶段	（5）确定决策方法	从整体和全面的视角进行方法、标准的制定
	（6）做出决策	透过现象提炼本质，提出合理化的保护和发展建议

2.1.2 历史景观特征（HLC）

历史景观特征（Historic Landscape Characterisation，HLC）是从LCA演化而来，成型于20世纪末。它关注人类历史变迁过程中的系列行为活动是如何造就今天的环境，即景观的历史维度和属性，是对半自然半人工环境当下存在的认识和理解。

HLC的基本原则[5]：①研究的是当下的景观，重点属性是时间深度（time-depth），即过往的景观及其变化都在当下的景观中；②是对整个地理空间的调研和认识；③关注景观的整体性，而不是个别要素；④有人工痕迹的（林地、植被、树篱等）跟古遗迹一样也是人文景观和生物多样性融合的文化现象；⑤不是单纯的客观事实，而是一种认知和理解的再加工；⑥公众视角是重点，专家观点仅是辅助；⑦景观是动态发展的，管理其变化才是目的；⑧评估过程要客观透明；⑨成果（图示、文本）要易于理解。

2.2 LCA与HLC的相互关系

两者都是基于对“景观特征”的共同认识，HLC的出现为LCA提供了有价值的补充，辅助定义、理解和描述LCA景观类型和区域，为LCA提供多面翔实的景观策略。

但两者之间也有区别，LCA是以现状调研为基础而展开的景观特征评估，关注不同地域空间所呈现的空间“场所感”，有对未来发展的预判，而HLC是从历史的维度和属性来描述景观特征[6]。

通过HLC历史信息的补充，使LCA能更加科学合理的判定景观特征类型和划定景观特征区域，成果更具实用性。可以说HLC是被证实整合在LCA中的一种有用工具。

2.3 对扬州城区运河线性文化景观的指导性

运河作为不断演进且相关联的文化景观，是一种具备历史维度和时间序列的存在，因此研究要在对现状调研分析的基础上增加历史属性的相关分析。通过分析主要的历史成因及其发展脉络（河道、水工、植被、聚落、农田、非物质文化等），结合现场调研，总结提取景观要素并分析各要素及彼此之间组合模式的现状，识别景观特征，最终划分出不同的景观特征类型和区域。

3 城区运河线性文化景观的景观特征研究

3.1 城区运河景观现状调研

通过卫星、航拍、现场拍照的形式对运河文化遗产周边的地形地貌、植被景观、古城以及历史街巷风貌保护、城市建设（用地性性质、建设强度）等现状进行梳理，并根据运河走向、与古城的关系，分5段进行各区域景观要素现状描述（图1）。

3.2 城区运河景观要素及特征研究

3.2.1 景观要素归纳

通过现状调研，最终判别出与运河遗产相关的景观要素为自然地貌与水纹、河道本体、水工附属设施、植被、聚落空间（城池、村镇）、农田。其中运道是关键要素，水工附属设施包括水闸、堤岸、船埠、码头、渡口等。

3.2.2 各景观要素及其组合关系研究

以实地调研为基础，结合历史资料的查阅，从历史维度上梳理出各要素及其组合关系的发展脉络，辅助完善对各景观要素及其关系所呈现的景观特征的研究。

（1）水系的历史变迁，是基于对现状自然地形地貌不断变化的认知而进行的合理改造工程，是“人与自然共同创作的作品”。

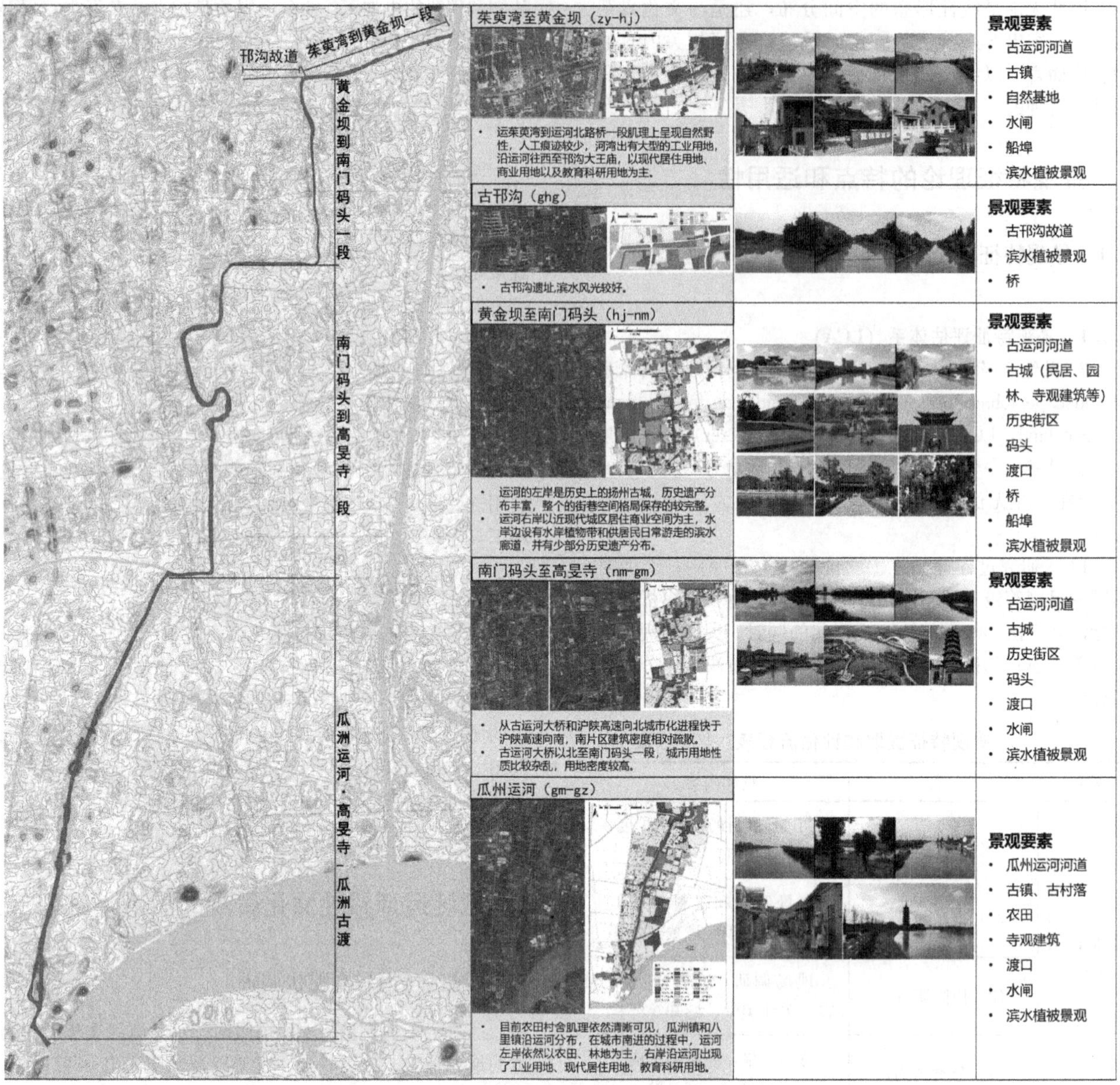

图1　现状调研及文本结构描述图

（2）城区运河的水工附属设施主要包括埭、斗门、渡口、码头等，其目的是为了协调好通航、防汛、灌溉、商贸等功能之间的平衡。

（3）独特的城市格局、重大历史事件的发生以及运河商贸聚集的枢纽地位，使得运河沿线的植被景观空间非常重要，特别是乾隆时期出现的以游船为主的水上园林的游览模式，更加体现了滨水景观的历史人文价值。整段运河呈现景观化、人文情趣化、自然野趣化的多元融合的历史景观特征。

（4）以史料的查阅为前提，梳理出运河与扬州城池变迁的空间关系，以及变迁过程中形成的水文化、盐运商贸文化、宗教文化、园林艺术等独特的文化景观特征。

（5）依托沟渠等系列工程措施所形成的田地与运河整体和谐的景观空间格局，在文人墨客的笔下被赋予了一定的精神意志。

（6）作为持续演进、活态的文化遗产，新生景观要素必然会出现，例如沿岸的景观构筑物等，因此要甄别它们对运河本体这一关键要素的真实性和完整性是否构成威胁。

3.3　城区运河景观特征类型及分区

3.3.1　景观特征分析

扬州城区运河历经千年变迁，最终形成了军事城防、商贾水运、水岸街市、特色文化建筑、水利、河田等景观。这些景观类型体现出了多样的景观特征：①满足抗旱排涝、水运交通、农业灌溉等需求形成的具有超高技术的水工设施。②人工水利与自然地形巧妙结合所呈现的生态宜人、人文气息浓郁的滨水风光。③水岸商贸和水岸市井街市所勾画的“与水为邻”的特色生活方式。

3.3.2　景观特征类型及其分区

通过对运河景观特征的识别，最终形成了16类景观特征类型和12类景观特征区域（表2、图2）。

景观特征区域及类型描述 **表 2**

景观特征区域	景观特征类型	分布区域
城市混合滨水景观区	滨水绿地、传统中式宅园街巷、现代公园以及现代城市综合住区景观	竹西路一带、运河西路附近、江阳东路附近以及开发西路附近
现代城市滨水居住景观区	现代居住和滨水绿地景观	东城壕的运河东面，杉湾大桥以南到高旻寺的运河沿线以及瓜洲运河段的部分地区
城市历史文脉保护区	现代居住、传统中式宅园街巷、现代公园、行政机构、公共服务机构以及滨水绿地景观	历史上唐朝的扬州城范围（唐罗城和唐子城）
古城历史风貌区（明清古城）	历史文化街区、古城街巷、仿古商业街区、公共服务机构、行政机构以及滨水绿地景观	北护城河以南，二道河以北，黄金坝到南门码头的范围内
近现代滨水居民区	滨水绿地、传统中式宅园街巷、行政机构以及公共服务机构景观	黄金坝到康山文化园一段以东，康山文化园到南门码头以南，塔湾以西的区域
工业厂区	污染性工业、公共服务机构景观	塔湾到三湾湿地一带
河湾滨水绿地景观区	滨水绿地、现代公园以及滩涂湿地景观	运河沿线连通弯曲河道而形成的独特景观空间
现代滨水新兴工业及服务业景观区	公共服务机构、现代生态性工业和服务业、行政机构以及滨水绿地景观	三湾湿地以南的部分用地空间
教育科研景观区	现代文化教育机构和滨水绿地景观	在瓜洲运河段的部分地区
生产性农田区	生产性农田和郊野村舍景观	大面积分布于瓜洲运河段
滨水城镇综合居住区	滨水绿地景观和现代城市综合住区	瓜洲运河段的八里镇和瓜洲镇
沿江湿地滩涂景观区	滩涂湿地景观	分布在运河瓜州段与长江的交汇处

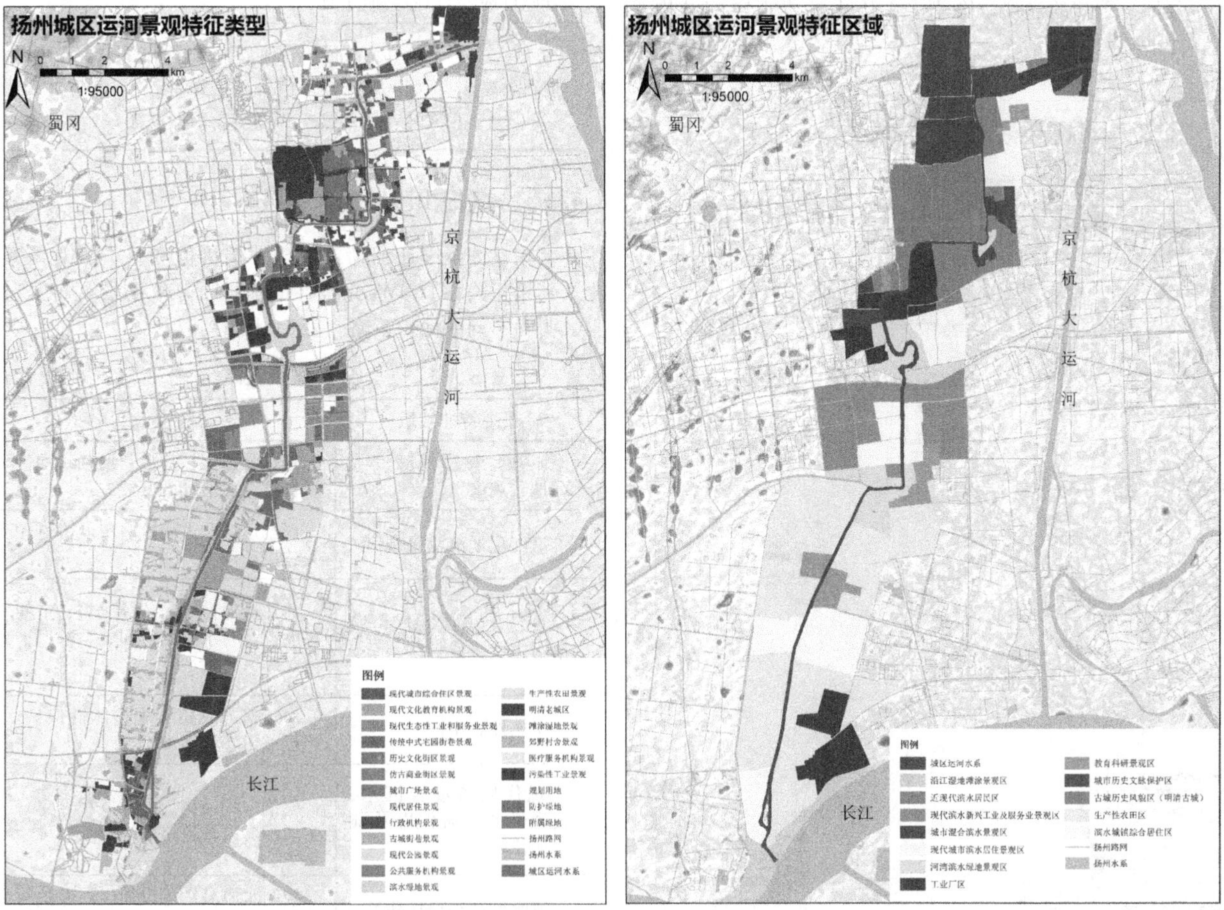

图 2　扬州城区运河景观特征类型及分区

4 城区运河线性文化景观保护策略

上述研究对景观特征进行了判定，并绘制了景观特征类型和区域图，为保护策略的科学化提出提供了一系列依据。

4.1 明确不同景观要素的保护类别

依据现状以及与水系文化脉络的关联关系，将景观要素分成持续演进的景观、衰退的景观和新生的景观3大类型，并提出更新、恢复、增强、保持以及综合的保护和发展策略（表3）。

各景观要素保护类别 **表3**

现状分类	具体内容	保护类型	保护与发展
持续演进的景观	河道、寺观、园林、农田等是景观特征形成的重要组成部分	保持景观	维持好与关键要素的关系，严控破坏性发展行为的发生等
		增强景观	修复与关键要素之间的关系，进行建设及相关活动的风险评估
衰退的景观	关联景观特征历史文化价值的景观要素	恢复景观	以完善景观要素之间关系的真实性完整性为主要目的
新生的景观	场所感不存或服务现代滨水活动的一类景观要素	更新景观	保留与历史文化有一定关联的景观要素，并增强文化内涵
			无关联的进行价值评估，实行拆改等措施

4.2 建立水系历史景观空间结构

面对要素内涵表达不足以及重要文化节点不连续等问题，要通过梳理文化脉络，以消除历史文化信息断层为目的，明确各类重要文化场所空间存在的问题，提出保护、复原、重塑的建议，构建水系历史的景观空间结构（表4、图3）。

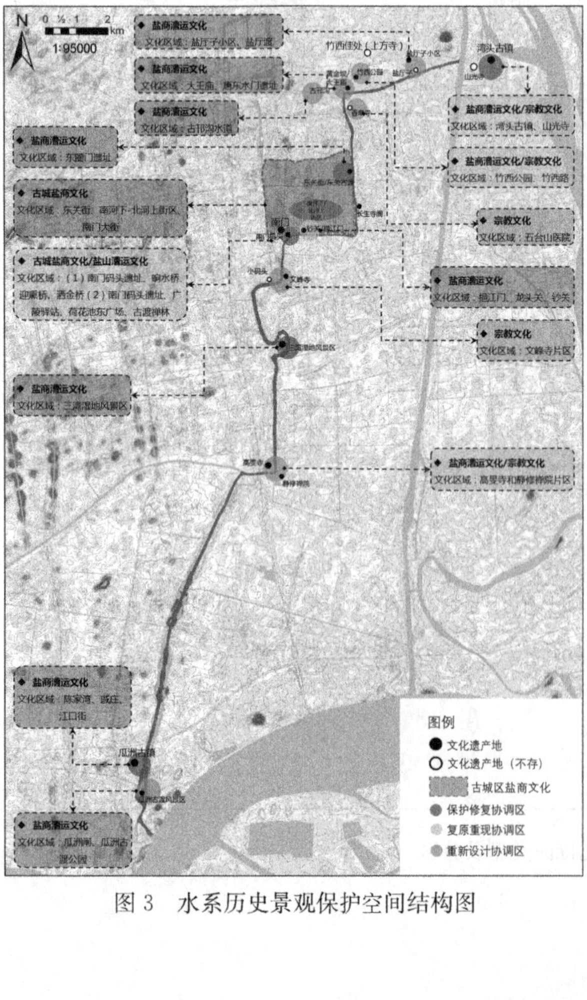

图3 水系历史景观保护空间结构图

重要历史景观区域分类实施建议 **表4**

实施建议	具体历史景观区域
保护修复	东关街/东关古渡、南河下/北河上街、南门码头遗址、三湾湿地以及湾头古镇和瓜洲古镇
复原重现	钞关挹江门
重新设计	古邗沟故道、竹西公园（竹西文化）、邗沟大王庙区域、五台山医院（香阜寺）、南门街区、文峰寺/小码头、高旻寺、瓜洲古渡

4.3 分区提出不同的保护策略

在整体延续运河遗产突出普遍价值和各类景观要素及其相互关系真实性完整性的前提下，依据景观特征分区明确不同的保护策略（表5、图4）。

分区保护策略 **表5**

景观特征区域	保护建议
工业厂区、河湾滨水绿地景观区	划定河道保护边界，增强缓冲区域植被绿化活动的开展
沿江湿地滩涂景观区	严禁填埋和占用这些区域进行相关建设活动
古城历史风貌区、城市历史文脉保护区	关注城池格局、传统风貌、空间尺度以及与水系的空间关系的保护与延续
生产性农田区	对运河与农田实施整体性保护，严控城市建设强度
现代城市混合滨水、近现代滨水居住以及滨水居住区	整治空间结构、引导风貌、完善生活配套以及道路系统等
滨水城镇综合居住区	控制水岸城镇建设强度，保护村镇的历史人文和景观格局
服务业、教育科研以及现代滨水新兴工业区	严控水源污染、对建筑高度和规模进行引导，优化滨水绿地

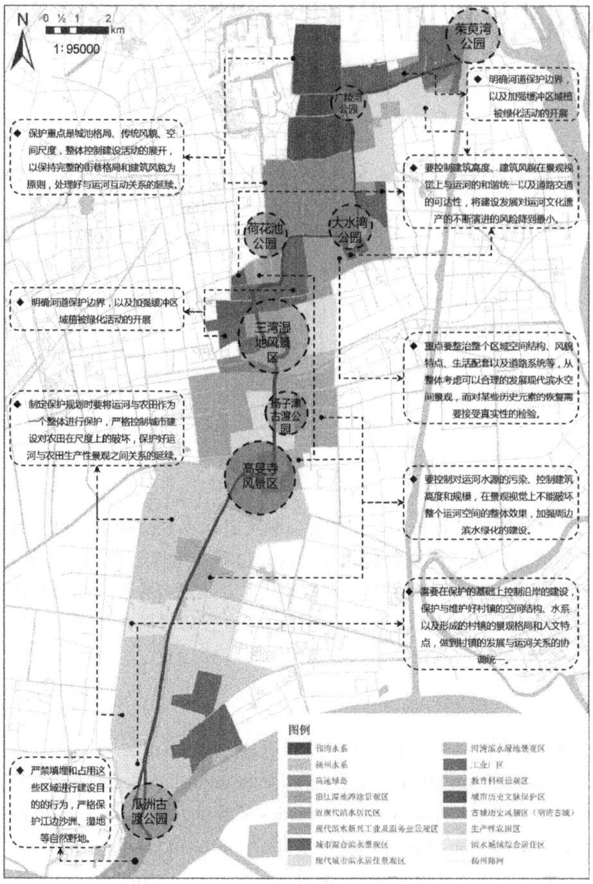

图4 分区保护策略图

5 结语

景观特征理论基于现状翔实的调研，辅以历史属性的相关分析而判别出景观特征的研究框架，是解读作为线性文化景观的扬州城区运河真实性完整性的一种有效方法。虽然在国内的运用存在一些问题和缺陷，但它提供的研究流程，关注的研究视角，为运河文化遗产的保护发展提供了一种新思路。

参考文献

[1] 张龙，严国泰．世界遗产文化景观"天人合一"的路径探究——以红河哈尼梯田为例[C]// 中国风景园林学会 2016 年会，2016.

[2] Operational Guidelines for the Implementation of the World Heritage Convention (1994). http://whc.unesco.org/archive/opguide94.pdf, 40, Para 14.

[3] Report on the Expert Meeting on Heritage Canals(WHC.94/CONF.003.INF10).

[4] 林轶南．线性文化景观的保护与研究——基于景观性格理论[D]. 上海：同济大学，2016.

[5] 李和平，杨宁．城市历史景观的管理工具——城镇历史景观特征评估方法研究[J]. 中国园林，2019，35(5)：5.

[6] 汪伦，张斌．景观特征评估——LCA 体系与 HLC 体系比较研究与启示[J]. 风景园林，2018，25(5)：6.

作者简介

张龙，1989 年生，男，汉族，江苏扬州人，硕士，上海同济城市规划设计研究院有限公司，工程师，研究方向为遗产保护与旅游规划。电子邮箱：905495061@qq.com。

公共性视角下民国时期重庆城郊风景名胜营建实践特征研究（1912～1937年）

A Study on the Practical Characteristics of Chongqing Suburban Scenic Spots Construction in the Republic of China from the Perspective of Publicity (1912-1937)

胡静怡　彭　琳*

摘　要：民国时期随着社会观念开始由“统治型”转向“公共性”，城郊风景名胜的公共性价值得以突显。研究首次系统梳理重庆民国时期（1912～1937年）的城郊风景名胜实践总体情况，并从与城市的公共交通联系、服务配套设施建设、营建过程及运作管理3个方面，对南泉旅游风景区、缙云山嘉陵江温泉公园2处城郊风景名胜的公共性特征开展研究。研究发现这一时期重庆城郊风景名胜营建的公共性体现在：①发展了与城市之间便利可达的公共交通；②建设了图书馆、体育设施等公共服务设施；③建设过程由公众募捐并共同参与建设。研究拓展了对公共性影响下重庆民国时期（1912-1937年）城郊风景名胜营建特征的认识。
关键词：公共性；城郊风景名胜；营建特征

Abstract: In the Republic of China, as the social concept began to shift from "dominant" to "public", the public value of suburban scenic spots was highlighted. For the first time, the research systematically sorts out the overall situation of the practice of suburban scenic spots in Chongqing during the period of the Republic of China (1912-1937). Conduct research on the public characteristics of two suburban scenic spots in Jialing River Hot Spring Park. The study found that the public nature of the construction of scenic spots in the suburbs of Chongqing during this period was reflected in: (1) the development of convenient and accessible public transportation with the city; (2) the construction of public service facilities such as libraries and sports facilities; (3) The construction process was funded by the public and participated in the construction together. The research expands the understanding of the construction characteristics of the suburban scenic spots in Chongqing during the period of the Republic of China (1912～1937) under the influence of publicity.
Keywords: Publicity; Suburban Scenic Spots; Construction Features

引言

城郊风景名胜位于城市山水资源最富集、风景营造最频繁的城郊圈层[1]，具有靠近城市、交通便利的独特区位条件，其形成发展历来和城市高度关联，互为因果，传统上形成互利的“共生”关系[2]。随着城市扩张、旅游活动等带来的冲击和挑战，城郊风景名胜作为一种独特的遗产类型开始受到关注，学者们通过梳理古籍方志，从营建历程[3]、遗产价值[4]等不同角度对城郊风景名胜开展研究，认识到城郊风景名胜演变的动态程度高，层积特征明显。尤其自民国时期随着社会观念开始由“统治型”转向“公共性”，市民公共利益受到关注，城郊风景名胜的公共性价值得以突显，且复合性更高。因此，研究公共性的影响和体现是认识民国时期城郊风景名胜实践的关键，有助于厘清民国时期风景实践思想上的拓展。目前已有一些学者从公共游览转型、地域性视角、风格勃兴与转型等视角，对民国时期风景名胜营建实践开展研究，案例涉及杭州西湖[5]、重庆北碚[6]、宁波月湖、日湖[7]等，但总体对于民国时期城郊风景名胜的关注仍然不足。

本研究以民国时期筹备提案、计划纲要等档案资料为主，民国志、重庆园林绿化志、文史资料汇编为辅，首次系统梳理重庆民国时期（1912～1937年）的城郊风景名胜实践总体情况，并对南泉旅游风景区、缙云山嘉陵江温泉公园2处城郊风景名胜的公共性特征开展研究。研究分析遵循历史发展与公共性并重的视角，通过分析风景区与城市的公共交通联系、服务配套设施建设、营建过程及运作管理，解译公共性的影响与体现。

重庆在民国时期经历了建市、拓展城区、抗日战争、战时首都等事件，城市建设发展迅速，公共性程度高。研究时间段选取1912～1937年，主要考虑此阶段发生的风景名胜实践活动较多，相比于抗日战争全面爆发时期以防灾避险为前提的风景建设，能较好反映出公共性。

1　重庆城郊范围界定

重庆作为江河多、山地多的典型代表，居住、生活用地有限，1912年的城区范围以传统的“九开八闭”的古城格局为中心，1926年酝酿建市后稍有延伸，经两年建设形成了在旧城区基础上增加的临江门到曾家岩、南纪门到菜园坝的新城区，1937年国民政府西迁后进一步拓展（图1）。本文参考《陪都十年建设计划草案》中对1929年重庆城范围的描述（见表1中城市发展阶段第4期），界定城区范围。城郊则指位于城区以外、市民交通方便可达的地区。

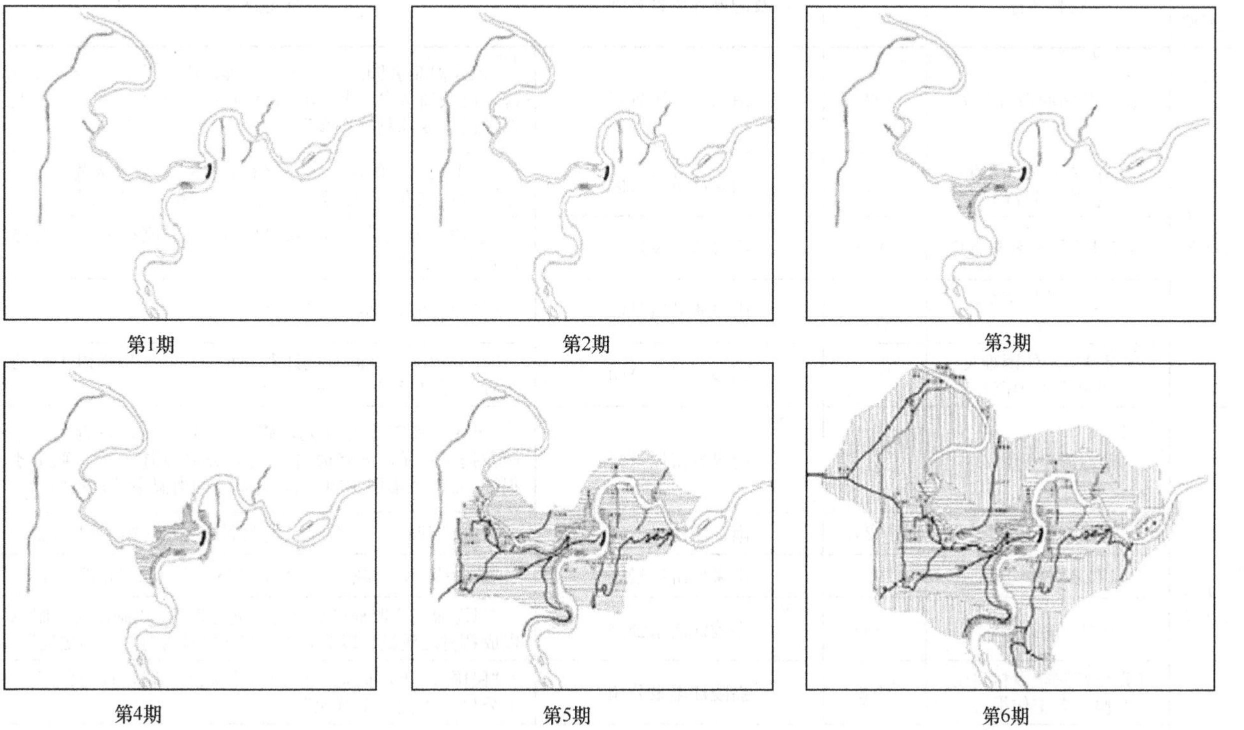

图1　重庆城区拓展示意[8]

重庆城市发展阶段　　表1

阶段	城区范围
第1期	陪都核心，由两汉迄今，均在两江汇流处，最初时期，城市中心偏居今日陕西街，林森路一带，以其接近江边，有航运及取水之便利
第4期	民国18年（1929年），市政府正式成立，民国22年重划市区，以巴县城郊、江北附郭及南岸五塘，划归市政府管辖；以巴县城郊及南岸五塘，划归市政府管辖。计巴县自红岩嘴起，经姚公场、山岩洞，至扬子江边；南岸自千金岩沟起，经南坪、海棠溪、龙门浩、弹子石，至苦竹林，大河边止。江北自溉澜溪，德棠庙起，经县城、刘家台、廖家台、简家台，至香国寺，嘉陵江边止。合计水陆面积为93.5km^2
第5期	民国26年（1937年）国府西迁，复于民国29年（1940年）将市区扩大，计面积约300km^2，此为发展之第五期

资料来源：根据参考文献［9］整理。

2　重庆民国时期（1912～1937年）城郊风景名胜营建实践活动及动因分析

本研究通过对相关的筹备提案、计划纲要、游览指南等档案资料，以及《巴县志》、重庆各区园林绿化志和文史资料汇编书籍为研究资料（表2），对民国时期（1912～1937年）重庆城郊风景名胜实践活动进行了系统梳理，可分为筹备提案、实践活动、建设情况总结等类型。

研究资料一览　　表2

资料类型	资料名称	资料年代	涉及的城郊风景名胜名称	原文摘录
筹备提案	《我介绍之温泉》	1921	南泉旅游风景区	“场前方，有一大溪流（花溪）环之，穿境直通大江。深逾丈。而广有数丈或数十丈，稍有穿凿即可行舟。两岸多竹，尚可添种杨柳，以增风景”
	《建修嘉陵江温泉峡温泉公园募捐启》	1927	嘉陵江温泉公园	“湘等或游屐偶经，或谈令偶及，每以为宜有汤池供人沐浴，宜作公园供人憩息。胡君南先，卢君作孚，先后长峡局，倡议醵金兴工，窃深赞许，决为募助，期成盛举”

续表

资料类型	资料名称	资料年代	涉及的城郊风景名胜名称	原文摘录
筹备提案	《温泉公园商埠督办文》	1927	南泉旅游风景区	“倡建温泉公园之议，出其言善，应以千里，今乡人口碑，已载道久矣。督办已于渝中完成中央公园，不主偏厚城民，复欲具之吾乡”
	《渝南温泉公园董事会发起致辞》	1928	南泉旅游风景区	“是由最幽曲的溪流入手之初，从智、德、体做去，将来不难达到真、善、美的境界，这，我可以断言”
	《温泉补修桥堤募捐款启》	1928	南泉旅游风景区	“乞望各界达雅，随喜捐助，惠予玉成……，尽力募捐，期奠全功”
	《南温泉计划草案附录起》	1928	南泉旅游风景区	“筹建公园，必有长足之进展”
	《建设中国的困难及其必循的道路》	1934	嘉陵江温泉公园	“在那山间、水间有这许多自然的美，如果加以人为的布置，可以形成一个游览区域”
实践活动	《初修温泉结算表》	19 世纪 20 年代	南泉旅游风景区	“吴锡三拨军币 600 元，修禊会捐 80 元，石青阳、王雨龙捐 400 元，吴修梅捐 70 元，吴象痴捐 50 元，燕子才捐 30 元，共集资 1230 元，这是开创南温泉的首批资金”
	《温泉新洞发现记》	1929	南泉旅游风景区	“四次探洞，亟口称奇，谓此洞可与江南第一洞名之”
	《温泉踩桥记盛》	1927	南泉旅游风景区	“群贤毕至，千载一时，自有斯桥以来，未有此盛举也”
	《峡区事业纪要》	1935	嘉陵江温泉公园	“以温泉为主眼而辅以文化运动之设备、以湖山为主眼以促成新村之建设、以避暑为主眼使之成为避暑疗养之地”
	《嘉陵江三峡乡村建设实验区署工作报告》	1936	嘉陵江温泉公园	“民国 20 年，拟筑北碚到青木关之公路，计全线长三十公里，需款二十万元”
	《巴县志》	1939	南泉旅游风景区	“修建提坎沿溪筑堤，自虎啸口至同心堤可八里，堤右筑驰道，汽车来往直抵海棠溪”
建设情况总结	《南泉之游》	1934	南泉旅游风景区	“附近风景幽美，首推南泉，盖南泉位于群山之中，而有溪流经其下，山环水折，胜趣幽然，诚名境也”
	《南泉导游》	1937	南泉旅游风景区	“青年会寄宿舍：西式立体建筑，陈设简朴，有图书馆、贩卖部、中餐堂、游艺室”
	《南泉与北碚》	1938	嘉陵江温泉公园、南泉旅游风景区	“最近公路当局为便利游客，把公路延修两公里，直达温泉场，各项工程，已次第完成”
	《北碚游览指南》	1945	嘉陵江温泉公园	“由水程直抵北泉时，可向该园之中国旅行社北碚招待所，接洽食宿事宜，略事休息，即可如浴，或游览公园”
	《三峡游览指南》	1938	嘉陵江温泉公园	“今改建餐堂于后殿右方，有新式桌椅及餐具之设备”
	《南泉纪又名南泉导游》	1949	南泉旅游风景区	“迄民国 8 年由杨令席芝及周先生倡导培修，仍复旧观，并命名为南泉浴室”
	《重庆市园林绿化志》	1993	南泉旅游风景区、嘉陵江温泉公园、今南山风景区（黄山、汪山、袁山、蒋山、岱山）[a]	“1933 年汪山成立“生百世”俱乐部，建松庐、桂庐、梅岭和“生百世”会址，修网球场、篮球场、游泳池、跑马道、日光浴场等设施”

a. 黄山、汪山、袁山、蒋山、岱山于 1959 年统一划为南山风景区，现代资料中多见于南山风景区大类，故将其归为一处讨论。

从动因上看，1912～1937 年，市民游览需求与场所拓展是当时城郊风景名胜实践最重要的动力。据《巴县志》记载，1921 年前的重庆城内原无公园，“市廛栉比，街巷迫窄”“无隙地以种花木，空气之恶，亦遂为全川最[10]”，生态环境十分恶劣。1929 年建市后陆续在市区内开辟了中央公园、江北公园等公园或部分供人游览的私家园林，但公园面积不足。城区市民仍然没有足够的绿地和游览场所。为满足市民逐渐增长的游览需求，拥有一定绿化基础的郊区被赋予了提供游憩空间的社会使命。除此之外，北碚的乡村建设运动也推动了该地区的城郊风景名胜实践。卢作孚①认为：中国发展的根本办法是建设一个成功的现代化国家，由此与社会公共生活紧密相关的风景成为乡村建设在物质和精神上重要显性因子[6]、“调和人的活动”[11] 的物质空间载体，提高使用主体公共意识的重要途径。

从地点上看，这一时期重庆城郊风景名胜营建主要集中 3 处：南泉旅游风景区、嘉陵江温泉公园、南山风景区。其中，南温泉由周文钦②主导开发，以建堤坎、改善

① 卢作孚：近代著名爱国实业家、教育家、社会活动家。

② 周文钦：记者、教育家、巴县教育会会长。

内部交通为首要目的，由市民共同出资参与建设，1935年堤坎建成后沿岸多辟为胜景，提出建“南泉旅游风景区”。嘉陵江温泉公园由1927年卢作孚接任峡防团务局局长后倡导建设，统筹规划性质较强，在自然景观的基础上注重道路、交通、绿化等配套设施的建设，由市民共同参与营建。南山风景区实践活动以圈地、修建别墅花园、建设配套设施为主，服务于达官贵人，公众游览受到限制。综上，除了南山风景区公共性较弱，南泉旅游风景区、嘉陵江温泉公园均有不同程度的公共性的体现。

3 公共性影响下的重庆民国时期（1912～1937年）城郊风景名胜营建特征分析

3.1 南泉旅游风景区

南泉旅游风景区位于今重庆市南郊九龙坡区境内，历史悠久，自明清开始建设寺庙、开发温塘沐浴，民国时期（1912～1937年）在古代胜景的基础上继续发展，并达到鼎盛。

3.1.1 与城市的公共交通联系

南泉旅游风景区交通建设方面的公共性主要体现在：①注重市民公共交通便利可达；②在疏导交通的同时开辟沿途风景点，具有风景资源利用意识。

在南温泉往返需经水陆两程的特殊交通条件下，首先需要解决的是改善市民泡温泉“山路崎岖，石路嶙峋，一日不能遄返”的问题，加强内部交通。周文钦提出修建堤坎［“今拟就桥址下，两山峡锁口处（即现同心堤），奠基下石，筑一厚二丈高一丈之石堤”[12]］，穿凿了上自虎啸口、下至同心堤，长达8华里的花溪河，并开辟了沿途的风景点，逐渐形成南泉十二景①（图2、图3）。同心堤成为联系风景区与城市交通的节点，带动了风景区与城市交通的发展。从城区到南泉的交通形式丰富，公共交通最受市民青睐（表3、表4）。

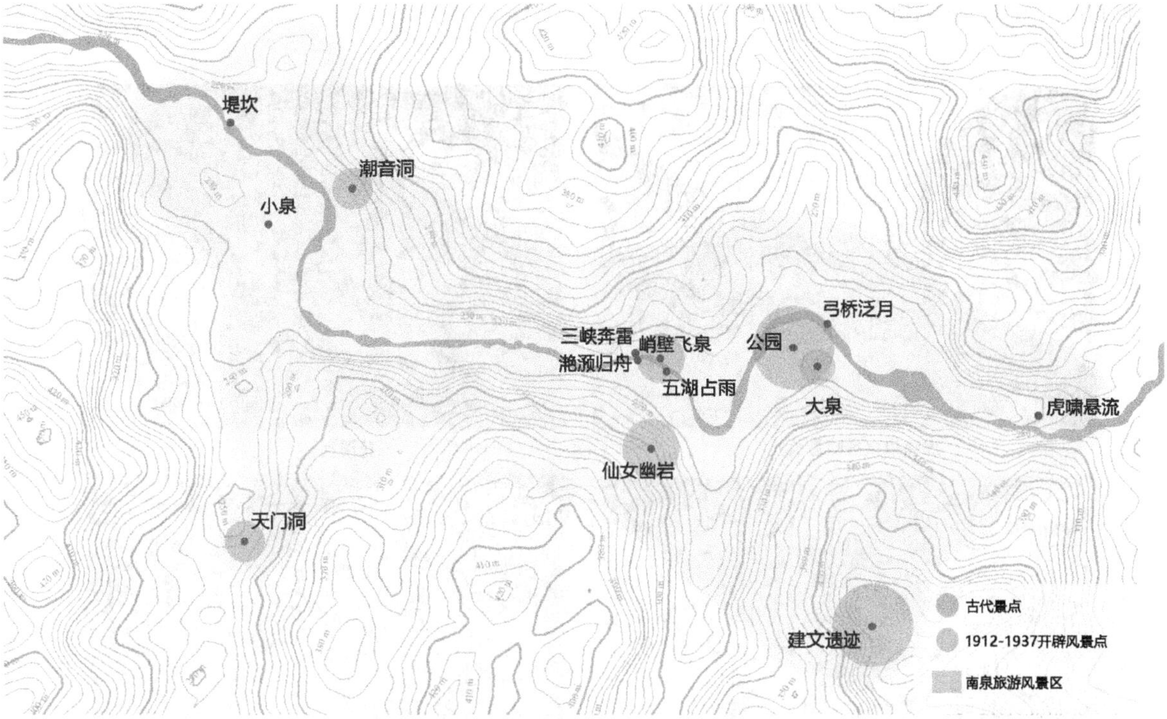

图2 南泉旅游风景区（1935年）风景资源概况

城区—南泉旅游风景区交通方式对比[14] 表3

出发点	距离	目的地	路线	交通工具	时间	评价
储奇门码头	20km	温塘（大泉）	渡江	轮船	每晨6时开航，下午7时止停航，不限班次	较快
				木船	—	较轮渡慢，且水大时易遇险

① 南泉十二景为：南塘温泳、虎啸悬流、弓桥泛月、五湖占雨、滟滪归舟、峭壁飞泉、三峡奔雷、仙女幽岩、小塘水滑、建文遗迹、花溪垂钓、石洞探奇。

续表

出发点	距离	目的地	路线	交通工具		时间	评价
海棠溪[a]	15km	自海棠溪起至距温泉场约五里的同心堤止	川黔公路海温支线	汽车	公共汽车	逢星期一、二、三、四、五，5天，每日上下各3次，星期六和星期日增开2次	以汽车的速度最快，除汽车外，人力车、轿子等都要在途中休息，不能一直到达
					小包车	不限次数，不定时间	
				人力车		大都停集于海棠溪车站一带，专拉到温泉去的游客	每次需时2～3小时，时间上既不经济，价又较汽车为高，且途中有几处山坡的斜度极陡，下坡时偶或不慎，便有倾覆之虞
			寻常便道	轿子		—	时间上比人力车又要慢些，每次约须3～4小时
				滑竿		—	
				骑马		—	速度比轿子滑竿快，价则较高

a 位于储奇门对岸，民国时期作为交通节点。

虎啸口（虎啸悬流）

花溪河

小三峡（三峡奔雷）

堤坎（同心堤）

图3 南泉旅游风景区（1935年）风景点[13]

公共交通时刻表[14] **表4**

上行车							下行车					
区间班车					时间	站名	时间	区间班车				
10次	8次	6次	4次	2次				1次	3次	5次	7次	9次
5.10	3.40	2.01	11.25	9.25	到	海棠溪	开	8.00	10.00	1.00	2.30	4.00
4.45	3.15	1.45	11.00	9.00	开	温塘	到	8.25	10.25	1.25	2.55	4.25

3.1.2 服务配套设施建设

在配套设施上，风景区内部区别于古代风景游赏的亭台楼阁等设施，强调文化性、教化性程度高的配套设施建设。

配套设施集温泉浴室、旅馆、饭店于一体，为市民提供了服务场所。温泉浴室充分考虑了不同类型使用人群的需求，内有浴室、特别间、家庭间、西室楼、室内游泳池等。餐旅馆的设备齐全（表5），除基础住宿餐食外，配有图书馆、游艺室、网球场、游泳池等，以体育健身、文化教育及养身休憩为主，建筑风貌既有中式、也有半西式和西式建筑，考虑到了市民不同的功能需求。

3.1.3 营建过程及运作管理

在风景区的营建过程中，南泉旅游风景区通过公众募捐进行建设，很好地体现了公共性。

风景区内的堤坎及温泉公园都通过公共募捐而成。周文钦先后发表《渝南温泉修禊会序》《我介绍之温泉》《初修温泉结算表》《南温泉计划草案附录起》等，得到市民广泛支持。堤成后，因感谢社会各界人士同心协力而成，故名“同心堤”。创建温泉公园于1927年同心堤第一次落成典礼上①提出：“……督办已于渝中完成中央公园，不主偏厚城民，复欲具之吾乡……”，体现了城乡公共服务的一体化与公平性。同时为完善公园管理机制，周陆续作《温泉公园商埠督办文》《请拨款建南温泉公园二次呈文》《南温泉计划草案附录起》《渝南温泉公园董事会发起致辞》等，成立温塘公园事务所，管理公园事务。

南泉旅游风景区餐旅馆一览[13]　　表5

名称	青年会寄宿舍	南泉	温泉	小桃园	清华	小汤山	小温泉
地点	公园路	迪惠路	公园路	汤山路	公园路	汤山路	小温泉
房间	20间	13间	8间	16间	20间	12间	10间
设备	西式立体建筑，陈设简朴，有图书馆、贩卖部、中餐堂、游艺室	中式建筑，室内现代陈设、户外近傍网球场，房舍宽敞	中式，室内完全木床，简单清雅	中式，室内完全木床，风景极佳	半西式，室内完全木床，面对温泉就浴较便	中式，室内分铁床，内有亭园，外有青坪，为修养佳地	中式，有游泳池、澡堂、画舫、书报，地临花溪，景颇幽致

3.2 嘉陵江温泉公园

嘉陵江温泉公园位于今重庆市北碚区嘉陵江温塘峡西岸，在民国时期（1912～1937年）经建设基本形成了包括浴室、泳池、餐厅、商店、旅馆、花园、池潭、盆景等分区完善，设施齐全的城郊风景区[6]。

3.2.1 与城市的公共交通联系

嘉陵江温泉公园对外交通的公共性主要体现在：在水上交通的基础上开辟陆路交通，为市民提供多样的公共交通方式。

由于公园距城区较远，对外交通主要解决的是缩短市民的出行时间。在与城区的联系上，最早通过水路交通。从前由城区到北碚，只有渝合线的轮船可乘，自温泉公园开始建设后游人渐多，增加了重庆直接行驶北碚的专轮。在陆路公共交通建设上，1930年峡防局商议修筑北碚到青木关的公路来衔接成渝公路②，方便了市民的游玩程度。

城区—嘉陵江温泉公园公共交通方式[14]　　表6

方式	起点	目的地	路线	距离	时间	评价
水程	重庆千厮门纸码头	合川（途经北碚）	渝合线短航轮	70km	6～7小时	大抵每晨5时即自重庆开出，住在城内的人，在这样早的时候去赶船，多有不便
	重庆千厮门纸码头	北碚	民生公司专轮行驶	70km	6～7小时	水流湍急时，上下很不便利
陆程		北碚	成渝公路青北支线	79.5km（重庆到青木关55.7km，青木关到北泉23.8km）	2小时	比水程快得多，通车之后，交通方面能与到南温泉一般便利

① 后两次被冲毁，1935年建成。

② 1924年，四川开始倡议修建成都至重庆的公路，1930年成渝公路成简段修建完成。

3.2.2 服务配套设施建设

在配套设施上，公共性主要体现在引入了图书馆、网球场、篮球场等现代设施，建构了用于公众聚会、体育健身、现代游艺的公共场所，同时兼容了多元审美。

配套设施建设计划完善，按功能分为游浴、食宿、游观、健康、游艺、研究、聚会7大类（表7）。在古代游观设备的基础上，考虑公众需求，进一步发展了用于公众聚会、体育健身、文娱休闲、现代游艺等设施，为市民提供了多样化活动；在风貌上也与现代化发展方向相契合：既有延续巴蜀传统园林“文、秀、清、幽”意境的益寿楼（图4）、濂溪小榭等；也有折中式建筑数帆楼、磬室等和适应时代新风格的网球场、篮球场、射圃、驰道，呈现出多元审美。

温泉公园已有设备和筹备设备[15]　　表7

备游浴之用者	现已设备者	浴室浴塘游泳池
	筹备实现者	大泅水池（长百码宽二十码）、嘉陵江中之端艇、黛湖中之画舫
备食宿之用者	现已设备者	数帆楼、花好楼、益数楼、农庄、磬室、琴庐、嘉陵饭店
	筹备实现者	别墅十余院、温泉大饭店（房舍百余间、饭厅三四所）
备游观之用者	原来所有者	宋代造像十余尊、铁瓦殿、大佛殿、接引殿、塔院、明清间碑刻浮雕
	现已设备者	听泉亭、飞来阁、菱亭、待船亭、竹林深处、乳花洞、浅草坪、唱晚亭
	筹备实现者	荷花池、濂溪小榭、千佛岩、大佛龕、观音阁、梵王庵、华严塔、亭舍十余处
备健康之用者	现已设备者	网球场、篮球场
	筹备实现者	运动场、图书馆、疗养院、射圃、驰道、地球、儿童运动场
备游艺之用者	筹备实现者	摄影社、书画社、音乐室、戏剧台、棋社
备研究之用者	筹备实现者	图书馆、博物馆、水族馆
备聚会之用者	筹备实现者	大礼堂、钟亭

3.2.3 营建过程及运作管理

温泉公园营建过程的公共性主要体现在：①由不同阶层、不同群体共同参与场所建构，并满足了不同使用人群的多样化需求；②具有资源意识，对风景资源进行整合利用，以统筹规划的方式开辟风景区。

温泉公园的建设处处均有计划，并由公众充分参与。1927年卢作孚以军政首脑和社会贤达的名义，亲自草拟了《建修嘉陵江温泉峡温泉公园募捐启》，分为风景、古迹、出产、交通、设备、经费6个部分，邀请各界人士募捐。公园整体建设集合了地方军阀、官员、乡绅的资金和创意，并通过鼓励军士、学生、乡民共同参与场所建构，并满足了不同群体的多样化需求，提供多元游憩选择，使公民掌握了风景空间的活动支配权。

图4　益寿楼[12]

建修嘉陵江温泉峡温泉公园募捐启[16]　　表8

章节	具体内容
风景	……寺左有深邃之间颇可游，沿右多为岩泉所积……到绍隆寺，景亦清幽，有古松数株，大可两围，高十丈……登缙云，凡九峰，峰各异态。有寺在狮子峰前，藏深密古树中……更由寺穿林，越登狮子峰，有古寨门掩荆棘中……游目四瞩，可达数百里外，向之岗峦起，俯者皆成平原，远近市村数点，江流如带，颇有更上一重，小视天下之概
古迹	温泉寺中，明清两代名人题刊之迹，未漫灭者尚多，时有游人拓玩
出产	山产甜产，色情味甘，香沁心脾，较之峨茶尤美……面用水力磨成，细润适口……
交通	于江滨新辟码头，并与各汽船公司交涉，在温泉寺停车，接客送客……
设备	就内左侧已圮房廊，添购精舍若干间，住宿游客（可携眷属）。其下辟球场二所，以供运动。食品则寺内有甜茶、清泉以供饮，有精美之腌菜、香菌、嫩笋、细面以佐食。并筑温泉浴室男女异处，以供沐浴
经费	寺内精舍，寺外浴室、浴池，岩间游息之所，及其他亭榭、房廊，培修建造，更筑球场两所，约共需洋八千元。培平林数区，地景树幅，筑路六七百丈，及购备草木。花本，约需洋三千元。全数约需万元左右，乃能初具规模。 ……将来经营有绪，学生可到此旅行；病人可到此调摄；文学家可到此涵养性灵；美术家可到此即景写生；园艺家可到此讲求林圃；实业家可到此经营工厂，开拓矿产；生物学者可到此采集标本；地质学者可到此考查岩石；硕士宿儒可到此勒石题名；军政绅商，都市生活之余，可到此消除烦虑……

在功能区划上，卢作孚突破传统思维对潜在资源进行整合利用，以统筹规划的思想开辟温泉公园。1935 年 3 月峡防局发布给公众的《峡区事业纪要》记载，其计划把整个公园分成温泉区、黛湖区、缙云区 3 个部分[15]，由团务掌管，计划“以温泉为主眼而辅以文化运动之设备，以湖山为主眼以促成新村之建设，以避暑为主眼使之成为避暑疗养之地”。

4 重庆民国时期（1912～1937 年）城郊风景名胜营建实践的公共性归纳

综上，重庆民国时期（1912～1937 年）城郊风景名胜营建实践的公共性主要体现在：①建设完成的风景区可供市民游览；②发展了便利可达的公共交通，缩短了市民的出行时间；③引入了用于公众聚会、体育健身、文娱休闲、现代游艺的配套设施，向现代风景区转型；④由不同阶层、不同群体共同参与风景建设。

5 结论与讨论

重庆民国时期城郊风景名胜的基本特征在于：①已逐渐形成由风景点、寺庙、历史名园、甚至城市公园等共同组成的综合体；②城郊风景名胜在发展衍化过程中与城市相互影响，并在与城市发展交互影响的过程中产生公共意义[17]，其实践在继承传统的基础上开始进一步拓展转型，可以作为记录公共性的实际载体。

参考文献

[1] 王树声．重拾中国城市规划的风景营造传统[J]. 中国园林，2018，34(01)：28-34.

[2] 杨红伟，罗仁朝．走向有序的城郊风景名胜区管理——以南京钟山风景名胜区为例[J]. 中国园林，2004(03)：77-79.

[3] 姚舒然．无锡近郊“天下第二泉”名胜的形成[J]. 中国园林，2018，34(06)：25-29.

[4] 傅凡，姜佳莉，李春青．文化景观的共时性与历时性——对香山遗产价值构成多维度认知[J]. 中国园林，2020，36(10)：18-22.

[5] 都铭，张云．游览转型背景下的“有机演进”：近代杭州西湖的空间塑造与场所整合[J]. 装饰，2021，(03)：104-107.

[6] 毛华松，陈心怡．地域视野下的近代北碚风景园林实践研究[J]. 西部人居环境学刊，2014，29(06).

[7] 陈枫，周向频．西风东渐和政治异化下的宁波近代园林勃兴与转型[J]. 中国园林，2013，29(10)：110-116.

[8] 谢璇．1937～1949 年重庆城市建设与规划研究[D]. 华南理工大学，2011.

[9] 陪都建设计划委员会．陪都十年建设计划草案[M]. 1946.

[10] 王尔鉴．民国巴县志[M]. 1939.

[11] 卢作孚．我们的要求和训练[M]//卢作孚．卢作孚文集．北京大学出版社，1999.

[12] 周文钦．我介绍之温泉[M]//巴南区委员会文史资料委员会．巴南区文史资料第十二辑．1995.

[13] 南泉青年会．南泉导游．1937.

[14] 杜若之．南泉与北碚[M]. 巴渝出版社，1938.

[15] 峡防团务局．峡区事业纪要．1935.

[16] 卢作孚．建修嘉陵江温泉峡温泉公园募捐启[M]//卢作孚．卢作孚文集．北京大学出版社，1999.

[17] 肖竞，马春叶，曹珂．公共文化视角下城市历史公园景观演变、层积分析与遗产价值识别——以重庆市沙坪公园为例[J]. 当代建筑，2021(11)：39-42.

作者简介

胡静怡，1998 年生，女，汉族，福建三明人，重庆大学建筑城规学院硕士研究生在读，研究方向为风景遗产保护、风景园林历史与理论。电子邮箱：1204855391@qq.com。

（通信作者）彭琳，1987 年生，女，汉族，重庆綦江人，博士，重庆大学建筑城规学院风景园林系，副教授，研究方向为风景遗产保护、风景名胜区规划与保护管理。电子邮箱：317302723@qq.com。

左宗棠生态绿化思想溯源及其实践研究

Research on the Origin of Zuo Zongtang's Ecological Greening thought and Its Practice

王佳峰　戴　菲*

摘　要： 左宗棠是中国近代著名的军事家、政治家和社会活动家，与此同时，也是一名生态主义的理论者和践行者。在相关研究的基础上，本文通过全面梳理文献资料，分析其对西北的生态改善、绿化建设、大地复绿做出的突出贡献，剖析其实践中所体现的略具现代化的生态绿化思想，以期深化了解我国边陲园林和绿化思想的初始脉络及实践演进，同时也为西北地区的近代园林绿化研究提供前辈经验的参考与回顾。

关键词： 左宗棠；生态绿化；绿化实践；边陲园林

Abstract: Zuo Zongtang was a famous strategist, politician and social activist in modern China. At the same time, he was also a theorist and practitioner of ecologism. On the basis of related research, this article, through comprehensive combing literature, analysis of the ecological improvement in northwest, green construction, contribution to the earth after the green, analyzes its practice embodies the outline of modern ecological greening ideas, in order to deepen understanding the frontier evolution of landscape and greening of the initial context and practical, At the same time, it also provides the reference and review of predecessors' experience for the research of modern landscape greening in northwest China.

Keywords: Zuo Zongtang; Ecological Greening; Greening Practice; Border Garden

左宗棠（1812～1885年）是晚清军事家、政治家、湘军著名将领，洋务派代表人物之一，与曾国藩、李鸿章、张之洞并称“晚清中兴四大名臣”[1]。在其从政期间，凭借着强大的领导能力与个人才华，在多个领域做出了显著的功勋[2]，许多学者对其进行过深入研究，目前有关左宗棠的研究主要集中在军事政治[3,5]、舆论史事[6,7]、人物评价[8,9]上面，相关多从政治军事角度来研究，但是从生态绿化建设者的角度去研究他的相关论述较少，深度较浅，也不完整。生态环境是发展之基，文化强国和西部大开发的国家战略使西部生态环境处于一个重要的地位，对西部边陲生态绿化的研究是实现西部文化繁盛和经济繁荣的基础。

本文通过解读左宗棠在西北边陲地带园林绿化建设思想及实践，深入了解其略具现代化的绿化思想和过去的西北绿化建设情况，并从中去认识西北地区的园林发展历史，以更好地指导西北地区当今的园林绿化建设，也促使我们以多学科交叉的新角度去重新认识这位历史人物。

1　造园理念溯源与实践基础

1.1　园林理念的溯源

关于左宗棠的园林理念与实践，即其对于园林的热衷，溯源于其家族家风。根据史料记载，左氏是中国典型的传统家族，耕读传家。其祖上左大明在宋朝就是进士，明朝时左天眷做过知县，其父左观澜也是一位秀才，靠教书维持生计。左宗棠祖先三代都是秀才[10]，家庭氛围良好，在良好的家风熏陶下，左宗棠从《三字经》《千家诗》接受启蒙，到子试府试中名列前茅，再到接受传统儒学教育，成为一个有远大政治理想的儒士[11]，培养出本农重农和注重诗书礼教的性格，满腹诗书结合本人的倥偬经历，使其将内心的情感倾注于造园实践。他曾自撰说：“身无半亩，心忧天下；读破万卷，神交古人。”[12]表现的是传统儒家正统思想的影响，从修身到齐家，再到治国与平天下的远大理想抱负，早期的家族教育对其成长产生重大影响，是园林绿化思想与实践的最初本源。

1.2　造园的物质基础

左宗棠早年仕途坎坷，但后来功成名就，出将入相，官至军机大臣和大学士，但仍保持着俭朴的生活习惯。左宗棠在任陕甘总督时，俸禄廉银虽已高达每年两万多两，却依然过着艰苦朴素的生活。由于长年伏案研究军情、书写奏章、办理公务，衣袖经常磨破，但是他仍然只在破衣上缝补，勤俭节约的习惯积累了大量财富，这笔钱成为他后来造园活动的主要经济来源，造园垦荒及大地复绿活动主要是为了服务百姓或赈灾，在某种意义上说他的这种活动带有社会意义和政治意义[13]。

2　略具现代化的生态绿化理念

“绿化”一词于1952年由苏联引入我国，其一般含义可从“造林绿化”“荒山绿化”和“园林绿化”两方面来理解，前者属于林业系统的任务，后者是城市建设的任务[14]。左宗棠戎马一生，在西北边疆地带带兵时间多，其造园绿化思想主要体现在西北军旅实践中，虽活动于清末，但是其思想却在当时的旧时代展现出现代绿化的广义内涵，将植树造林、乡村绿化、大地园林化、绿地功用纳入“绿化”的范畴，不限于单一的园林造景活动，表现出的是思想的多维度性与相关性，在当时的环境背景下体现出超前性与创新性。

2.1 重视行道树的栽植

中国种植行道树有4000多年的历史，《国语》中有“列数以表道”的记载，这是我国种植行道树的最早记录。在1871～1881年，左宗棠一直提倡植树并带动部下践行，十年的时间形成了一条以陕西潼关为起点，途中经过长武县、会宁县、固原州，一直延绵到甘肃嘉峪关的绿色长廊（图1），长度足足3000余里。据民国时期秦翰才对左宗棠栽植的解释：一是巩固路基，二是限戎马之足，三是供给夏时行旅的荫蔽[13]，主要是出于军事的目的、保障道路的畅通与使用寿命，以为远途调兵提供通道。

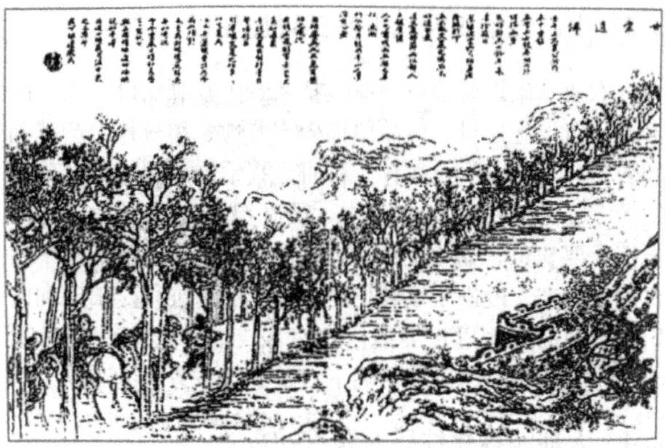

图1　西北“绿色长城”（图片来源：《中国近代园林史》）

根据相关文献，统计行道树的种类、习性及用途等，可发现：行道树均为乡土树种，针对西北气候条件恶劣，多风沙天气，土地盐碱化沙化严重，选用的树种也均为耐旱不耐涝、耐贫瘠、深根性植物，就地取材的方式保证了成活率。此外选用的树种均有多种价值所在，如作为中药、板材、饲料等，而非单一的防护林（表1）。

西北行道树所种植树种　　**表1**

序号	树名	科属	产地	根系	特性	用途
1	旱柳	杨柳科	西北　黄土高原，西至甘肃、青海，南至淮河流域	深根性，根茎发达	耐干旱、水湿、寒冷，萌生能力强	药用价值、经济林、薪柴
2	榆树	榆科	生于海拔1000～2500m以下山坡山谷、川地丘陵及沙岗等处	根系发达，抗风力、保土力强	喜光，耐旱，耐寒，耐瘠薄，不择土壤，适应性很强	药用价值、防护林、用材林
3	小叶杨	杨柳科	垂直分布多生在华北2000m以下，最高可达2500m地区	根系发达，抗风力、保土力强	具耐寒、耐旱、耐盐碱，抗病虫害，生长快	药用价值、防护林、用材林
4	新疆杨	杨柳科	主要分布在中国新疆	深根性树种	抗大气干旱，抗风，抗烟尘，抗柳毒蛾，抗寒性较差	防护林、经济林
5	桑树	桑科	中国东北至西南各省区，西北直至新疆均有栽培	垂直深根性植物	耐旱，不耐涝，耐瘠薄。对土壤的适应性强。	造纸、造酒、药用价值
6	柞树	壳斗科	分布在中国东北、华北、西北各地	根系发达，有很强的萌蘖性	耐盐碱、耐瘠薄，不耐水湿	园林价值、饲用价值、药用价值
7	椿树	苦木科	产于中国东北部、中部和台湾	深根性	耐寒，耐旱，不耐水湿，生长迅猛，寿命短	药用价值、环保价值、经济价值
8	槲树	壳斗科	主产中国北部地区，以河南河北、山东山西等省山地多见	根系发达，抗风性较强	深根性树种，萌芽、萌蘖能力强，寿命长	药用价值、板材树种

2.2 以园圃为导向的园林源头溯源

中国园林在生成期注重园林的生产性和功用性，左宗棠在西北屯兵期间，利用战争闲余时间让士兵开垦拓荒、种植粮食，体现出园林的源头特征。与之相适应的奖励与惩罚制度[15]使得士兵的生产积极性被调动起来，军粮无需从关中及内地购买并长距离的运输过来，自身的生产能满足军队的需要。左宗棠在给朋友的信件中写道：“弟入关之处，满目荒芜…幸经营数载，于剿贼余暇，忧辑难民，督耕债赈，无牛耕种，制备耕具，乃获有秋，故近日采粮，尚不遗难”，要想达到采粮尚不遗难，能满足军粮和口粮，种植量和收获量应该都不小，拓荒种粮的形式，体现出园林的源头特征，利用土地进行农业性经济性生产，对于西北地区生态改善和开发有重要作用。

2.3 生产性景观模式下基础设施建设

农业基础设施建设一般包括：农田水利建设、农产品流通重点设施建设、商品粮棉生产基地、用材林生产基础和防护林建设，农业教育、科研、技术推广和气象基础设施等[16]。在左宗棠的思想中，园林绿化的基础设施建设占据重要地位，如注重水利设施的建设、在新疆地区采用机器化生产、改进土壤碱化的技术方法、推行代田法和区田法。他的这些思想突破传统已经突破了传统的园林范畴，是在西学东渐思想影响下对传统耕作方法的革新。

2.4 大地园林化性质的农景融合

左宗棠在思想方面是将园林绿化与产业经济紧密结合起来的，通过农、工、商三产业发挥出土地的综合效益。

以绿带农：甘肃地区农业种植结构一直局限于大小麦、黄白粟、糜子、油麻和苞谷等，这些作物颗粒小，产量单一，长期的辛勤劳作人不能换来丰衣足食，于是，左宗棠率先尝试在西北地区种植水稻，并根据具体情况去选择不同生长周期的水稻以提高产量。

以绿促工：自鸦片从西方传入中国来了之后，内地自种鸦片量远远高于人们的预想，鸦片种植侵占农田导致作物产量降低，不能满足内地的自身需求，为了杜绝鸦片侵损国民健康，营造一个具有健康体魄的社会环境，严厉打击铲除鸦片种植行为[17]。甘肃交通落后，丝绵从内地运送过来价格昂贵，于此左宗棠便看重了这种机遇，将鸦片种植替代为桑棉种植，西部光照充足日照长的特点正好满足桑绵的生长，并出版多部书籍来布告和引导种植，于是，在改变甘肃桑蚕落后的局面下，也使得路旁堤畔，尽成为树桑的粮畴，为西北地区的绿化作出巨大的贡献。

以绿兴商：左宗棠对茶业种植做出整顿，制定了《变通茶务试办四条》，这些规定促进了西北地区的茶业种植与生产，在1907年，8家茶号承领茶票3203张，计茶12800担[15]，这些均说明西北地区的茶业贸易兴盛，反推其背后的种植，茶业种植比例也很高，对于西北地区的增绿起到很大作用。

2.5 以相地为核心的土地开发与利用

左宗棠的园林建设活动主要在西北地区，西北地区自然条件恶劣，他根据当地的自然条件来制定相应的对策，如根据西北地区的霜冻期来选择生长期不同的水稻，将种植成功后水稻种植扩大到陕甘等地；西北高寒地区不适宜种植水稻，于是适宜地发展畜牧业，强调发展畜牧业的重要意义；生产活动需要水源，他选择在适宜的场所打竖井，从而避免了土地盐碱化和草原退化。

2.6 用法律政律引导绿化规范化发展

封建社会的运行由礼法控制，左宗棠作为都督统帅，注重军令如山，法律至上。面对亲手种植树木被毁，他制定《楚军营制》规定：各类后勤人员等不得在外砍柴，包括屋边、庙边、祠堂边、坟边、园内竹林及果树，概不准砍，对于马匹践食百姓庄稼、啃树皮的情况，也列出各种赔偿原则，在一定程度上保护了树木；在开垦拓荒方面，左宗棠制定了一份《甘肃善后垦荒章程》，针对不同上中下等荒地收取相应不同的税收，在激励百姓垦荒种植作物及维护社会公平方面均产生积极影响；法律不仅针对平民百姓，左宗棠也颁布了专门针对官员的《蚕桑简编》，要求官员对老百姓进行详细教导，对于百姓的产出定好公平的价格以便政府收购，这种法律的颁布很大程度上刺激了百姓种桑养蚕的积极性。

3 园林经营与绿化实践

3.1 兴建早期“绿道”——绿色长城

1871～1881年，左宗棠在西北的十年间修筑了一座自陕西潼关西延至新疆迪化长达三四千里的绿色长城，横跨三省。杨昌浚路过西域曾有诗云：“新栽杨柳三千里，引得春风度玉关”，其行为打破了唐代王之涣所描写的边塞景象“羌笛何须怨杨柳，春风不度玉门关”的悲凉。据史料记载：道路宽度有明确的规定，可供两辆大车通行，并在其旁配置有“马拨”“步拨”及官站，道路两旁的树木少至一行，多至五行[18]，如此详细的规定和完善的配置，以今人的眼光来看待，与当今“绿道”内涵一脉相承。

“绿色长城”紧邻长城的南边，北边为少数民族所辖地，修筑在长城南边，环境更为安全。另外这条选线也与中国古代丝绸之路基本一致，在河西走廊路段高度一致，绿化目的在很大程度上是为保障道路安全，避免风沙肆虐，选址在古丝绸之路原址上修建，经费花销少，路况相对明确。

回看这段历史，如何能在如此艰苦的条件下修建好这座“绿色长城”？经过相关史料分析，得出以下几点，其一：因地制宜地选树种树。所选择的树种均是乡土树种，能应对西北地区干旱少雨，土地贫瘠盐碱化的情况。其二：行道树与道路唇亡齿寒的关系。行道树在约束戎马、防止风沙、保护路基等方面发挥着重要作用，因此，能将行道树提升到与道路同等重要的地位。其三：制定相应的法律法规，并配有严格的惩罚措施，法律为行道树的成长保驾护航。

3.2 修葺历史园林——节园

左宗棠直接参与的两处园林是节园和酒泉湖，参与形式主要是修建而不是创造。

酒泉公园位于酒泉市肃州区城东（图2），占地面积27万m^2，酒泉公园源于西汉，在1879年由左宗棠进行改造，在园内修建亭阁，种植花草，并向公众开放，据历史考证，这是近代中国第一个公园。公园分为历史文化区、山湖风景区、休憩娱乐区，建成景点多与西汉史事有关，如盛世丝路、酒泉胜迹等。总体结构以湖山为主体，表现出传统园林的山水相依格局，水中布置岛屿与亭桥，是一处融合江南园林风格的古典园林。

节园是明代肃庄王朱楧创建的王府后花园，左宗棠擅长理水，在园中挖水池做景观模拟，并对各处新建的亭阁题名，园内有槐、椿、桑等大乔木、成片的翠竹及园林

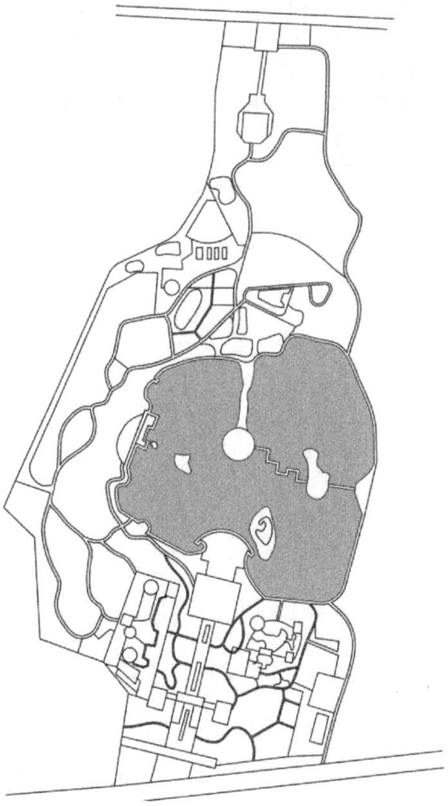

图 2 甘肃酒泉公园平面图

花卉，对于经营了六年的节园，左宗棠曾书写下了《节署园池记》，浓浓的诗意氛围结合翠竹乔木的自然环境，使节园成为兰州少有的园林名胜[18]。

根据历史文献的描述，可以对两处公园做如下的描述总结：

（1）仍继承中国古典园林的传统，用缩移摹写的方式表现出当地大江大河形胜，其模拟对象主要是北方的黄河和理想中的神仙境界。

（2）注重植物搭配成景，在两个园林中均种植槐、柳、桑、椿等地方乔木，以及传统的牡丹、荷花等花卉，自然成分比较大。

（3）园中均建造亭台楼阁，并且注重利用景联匾额题词来做诗情画意的表达，将自己的宦海沉浮也通过诗词表达出来，大量的诗词描写使园林蕴含浓浓的文人气息。

（4）节园开放供市民自由入内游览，并提供茶水脚歇，酒泉湖也曾达到“携伴载酒往来堤干，恣其游览，连日络绎”盛况，园林向市民打开免费参观，体现出“公园”的开放与公共性质。这种性质与左宗棠建造园林的目的是分不开的，即旨为平民可游可憩。

4 生态绿化思想实践意义

4.1 绿化建设体现爱国爱民情怀

“绿色长城”为当地的生态环境改善作出巨大贡献，如防风固沙、防晒遮阴、改善小气候，更是保证内陆与西北边陲地方的连接，提供了安全的通道走廊；旧园的修葺也是基于造福百姓为目的。早期儒学正统教育使左宗棠形成了报效祖国、为国奉献的精神，他在西北的园林建设始终是出于服务百姓的目的，体现出爱国爱民情怀。

4.2 抵御外敌、平定战乱、阻遏侵占

沙俄于同治十年（1871 年）入侵我国伊犁地区，与此同时，阿古柏在新疆地区作乱，左宗棠于同治十二年（1873 年）制定平乱收地的方针，而左宗棠从陕西到平凉，转移进驻静宁，以至于派“安远军”接防吐鲁番[17]，均需要经过这段“绿色长城”，他在西北创造出兵农结合的新方法，保证了军粮供应，从这些层面上理解，他的绿化思想与实践在军事方面发挥出重要作用。

4.3 开西北荒漠化种树先河

经过左宗棠的荒地开垦、将经济生产与绿化建设相结合、荒漠化种树养树，西北地区绿化状况大为改善，使得唐朝时候的“春风不度玉门关”变成了清末诗人萧熊的“应同笛里边亭柳，齐唱春风度玉关”。民国无锡诗人侯鸿鉴也有诗云：“杨柳丝丝绿到西，辟榛伟迹孰能齐”，他的实践使得在西北这片恶劣的土地上种树成为可能，并产生出巨大的经济效益、环境效益和社会效益。

参考论文

[1] 左宗棠. https://baike.sogou.com/v130057.htm? fromTitle=%E5%B7%A6%E5%AE%97%E6%A3%A0. [EB/OL].

[2] 马啸. 国内五十年来左宗棠在西北活动研究述评[J]. 中国边疆史地研究，2008(02)：126-136+150.

[3] 王瑞成. “权力外移”与晚清权力结构的演变（1855－1875）[J]. 近代史研究，2012(02)：28-46+160.

[4] 朱东安. 太平天国与咸同政局[J]. 近代史研究，1999(02)：3-61+6.

[5] 陈理. 左宗棠与新疆建省[J]. 中央民族大学学报，2001(03)：23-30.

[6] 陈忠海. 左宗棠“衰年报国”收复新疆[J]. 文史天地，2021(02)：52-56.

[7] 王明前. 镇压回民起义的清军粮饷研究[J]. 军事历史研究，2020，34(04)：33-42.

[8] 邵纯. 左宗棠收复新疆的历史功绩[J]. 实事求是，2019(06)：108-112.

[9] 刘永强. 论左宗棠在晚清新疆水利开发中的作用[J]. 学术交流，2009(09)：183-187.

[10] 杨慧兰. 左宗棠的学术思想[D]. 长沙：湘潭大学，2002.

[11] 罗正钧. 左宗棠年谱[M]. 长沙：岳麓书社，1983.

[12] 陶用舒. 湘军人才群及经世致用之学[J]. 益阳师专学报，2000，21(4)：73-77.

[13] 秦翰才. 左文襄公在西北[M]. 长沙：岳麓书社，1984：161.

[14] 赵纪军. “绿化”概念的产生与演变[J]. 中国园林，2013，29(02)：57-59.

[15] 赵维玺. 左宗棠与近代甘肃社会[M]. 兰州：甘肃教育出版社，2016.

[16] 彭代彦. 农业基础设施投资与农业解困[J]. 经济学家，2002，5：79-82.

[17] 杨东梁. 左宗棠[M]. 北京：人民文学出版社，2015：171.

[18] 朱钧珍. 中国近代园林史[M]. 北京：中国建筑工业出版社，2012.

作者简介

王佳峰，1996年生，男，汉族，湖北宜昌人，华中科技大学建筑与城市规划学院风景园林专业硕士研究生在读。

（通信作者）戴菲，1974年生，女，汉族，湖北武汉人，博士，华中科技大学建筑与城市规划学院景观学系，教授，研究方向为城市绿色基础设施、绿地系统规划。电子邮箱：58801365@qq.com。

中国古代城市风景的挖掘及再利用研究[①]

——以陕西省凤翔县为例

Research on the Excavation and Reuse of Chinese Ancient City Landscape Construction

—Taking Fengxiang County in Shaanxi Province as an Example

杨毓婧

摘　要：中国古代城市规划有强烈的“风景意识”，无论是富裕还是贫弱，或是中原还是边疆，古人都能够对城市及周边山水环境进行风景的发掘、营造、保护和提升，形成多样化的地方风景，然而古代的风景营造理论在当代逐渐被忽视。因此，本文尝试以陕西省凤翔县作为研究对象，挖掘并梳理风景要素的演变进程，解析风景营造智慧，并探索在当代如何再利用。
关键词：风景；风景营造；风景要素

Abstract: China's ancient city planning has a strong "landscape consciousness", whether it is rich or poor, or the Central Plains or frontier, the ancients are able to the city and the surrounding landscape environment to explore, create, protect and enhance the formation of a variety of local scenery However, the ancient landscape construction theory is neglected in the contemporary era. Therefore, this paper tries to explore the evolution of the traditional landscape order, explore the current situation and problems of the traditional landscape order, and explore how the traditional landscape order is inherited in the contemporary era.
Keywords: Fengxiang County; Landscape Element; Landscape Construction

引言

我国古代城市规划有强烈的“风景意识”，古人能够对城市及周边山水环境进行风景的发掘、营造、保护和提升，形成多样化的地方风景。诚如王树声教授所言：“中国城市规划有重视风景营造的传统，会以风景的思维进行城市规划和建设，因此，城市也就成为风景的一个重要组成部分。”[1]然而近现代以来，我国城市建设忽略了古代城市规划中的“风景意识”，城市的风景“基因”也在逐渐消失。因此，如何挖掘、再利用历史城市的风景“基因”是当前的重要课题。

本文以陕西省凤翔县为研究对象，探讨历史城市风景的挖掘及再利用问题。凤翔县曾为先秦都城（雍城），是秦人在九都八迁中建都时间最长的正式都城；北魏为雍城镇；唐代为凤翔府（西京）；宋元明清为凤翔府；从都城到镇、县、府，再到县，在长达几千年的城市发展中，沉淀了独特的风景“基因”，值得挖掘与再利用。

1　风景的挖掘与梳理

1.1　风景的挖掘

1.1.1　风景的挖掘方法

第一，梳理古籍中关于凤翔历朝历代风景要素的文字记载以及图片资料。从《陕西通志》《雍胜略》《关中胜迹图志》《凤翔府志》《凤翔县志》等古籍中挖掘整理舆图、城池图、八景图等图文资料。第二，实地考察风景要素的位置和现状，对比古代图文资料，还原古代风景格局；并且确认现存的和已消失的风景。第三，访谈当地老年人，调查已消失但有迹可循的风景。

1.1.2　风景要素的选取

第一有文化性，即挖掘的风景要素在凤翔城市历史发展过程中，具有重要的文化意义。第二有公共性，是重要的公共空间，是群贤毕至之地，且有迹可循。第三有传承性，在城市历代发展过程中反复被维护、修建的要素。

1.1.3　风景要素的分类

将风景要素分为自然风景要素和人工风景要素。自

① 基金项目：南充市-西南石油大学市校科技战略合作专项资金（项目编号：SXQHJH041）资助。

然风景要素是城市风景营造的基础，包括山、岭、坡、原、水、河、池、泉等。人工风景要素是人为建设的，包括名刹古寺、人文建筑、会馆、城墙、城门、护城河等。

1.2 凤翔自然风景要素的梳理

1.2.1 山、岭、坡、原

凤翔县“山如犬牙，原如长蛇。陇关阻其西，益门扼其南，地形险阻，五水之会，三秦之一。”灵山雄峙于西，千山绵亘于北，有雍山、回龙山、方山、展诰山、元武山、杜阳山、宝玉山等。

1.2.2 水、河、池、泉

凤翔主要雍水、横水、千河3条河流；还有杜水、汧河、塔寺河、纸坊河、白鸡河、曲家河。有槖泉，“城内东南隅，注水不盈，有如槖然，故名”；凤凰泉，“城西北，水分二支，一自城北转东汇为东湖，一自城西折而南汇入塔寺河”。[2]还有灵泉、谦泉、玉泉、虎跑泉、淘麻泉、饮马池，在城东南五里，传为秦穆公饮马之地。

1.3 凤翔人工风景要素的发展脉络梳理

1.3.1 周秦时期（图1）

凤翔县城最早可追溯至先秦故都——雍城，据《史记·秦本纪》记载：“德公元年，初居雍城大郑宫，卜居雍，后子孙饮马于河。”[3]雍城城址位于今凤翔县城南，南垣之下雍水自西北向东南流去，雍水之南为国人墓地，再南便为秦公陵园，陵墓隔河与雍城相望。

雍城的离宫别馆，有棫阳宫、年宫、蕲年宫、橐泉宫等。城南有授经台、玉女台；东北有西伯受道台；东有风台；城东建“祀周公、太公、召公”三公祠。城东南有野人坞，相传“秦穆公失良马，野人殺而食之者三百人，公贯其罪，更赐之酒，后卒赖其力以脱晋园，又名野人坞，此其地也”[2]。

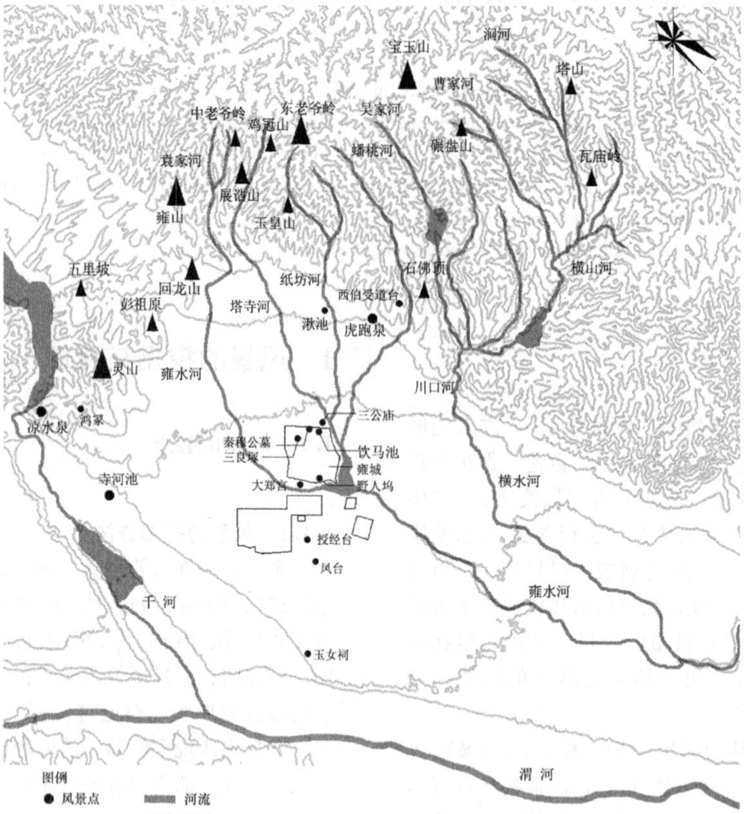

图1 周秦时期风景要素

1.3.2 汉魏时期（图2）

北魏在雍城之北修筑了雍城镇，又称魏城。城址北起太白巷北端，沿塔寺河南岸至塔寺桥西端；南折至纸坊中学南端（纸坊中学南墙内的春秋阁即建于此城基）；西折至粉巷，“到东湖东南角，由此折向正北至县城东关，城门有五：东门对准塔寺桥西端，北门一在太白庙东侧杨家场村南，一在财神庙巷北端；南门一在铁沟村正北，一在磻溪巷南”[4]。东西街道“为豫、晋、川、陇、陕商贾密集之地，集市繁茂，手工业作坊遍布。郡城东关，街长十里，巨商大贾，云集于此，为一郡精华之地”[4]。

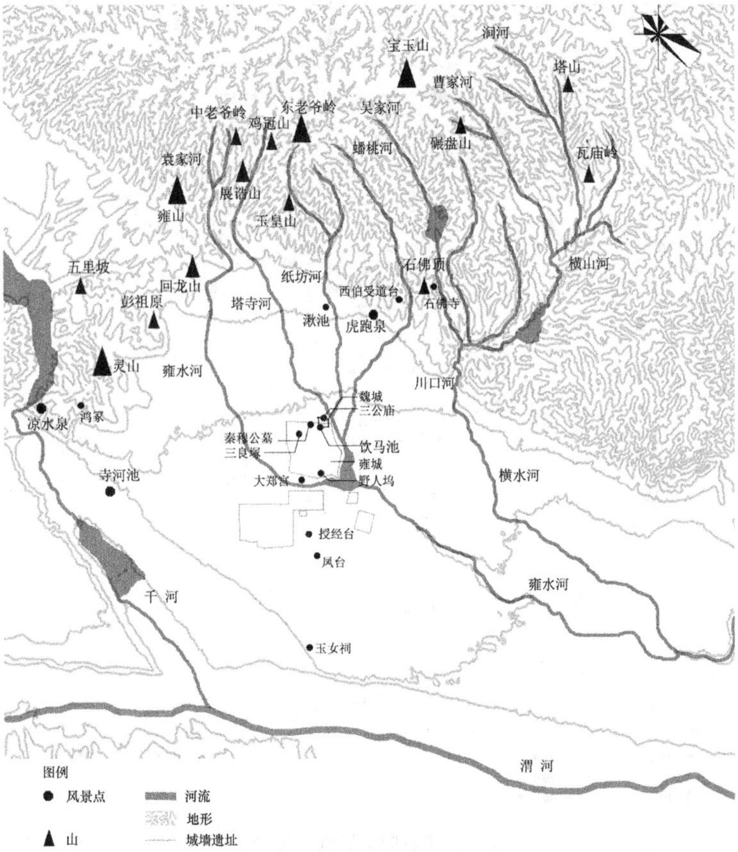

图 2　汉魏时期风景要素

1.3.3　隋唐时期（图 3）

唐代凤翔“军事地位及发达的经济与交通、悠久的文化传统，使之成为陕西西府重镇，兵家必争之地，后设节度使镇戍控边”[5]。魏城之西筑有唐城，“周一十二里三分”，有四座城门，东门名“迎恩”，南门名“景明”，西门名“金巩”，北门名“宁远”，都建有城门楼，东西城门正面直开，南北城门均转向东，呈“凤凰展翅”状。城墙北东呈曲线状，城墙内坡外陡，周城有 8 处窝铺，城壕深二丈五尺，阔三丈，有“卧牛城”之称。城中央建有真兴阁，高十丈，为城内重要标志物。

唐代建造了众多寺庙。城北街开元寺、城西南白莲寺、城北街宝莲寺、城东郭普门寺、城西南灵山净慧寺、城西南罗钵寺。城外还分布着天柱寺、会景亭、邓艾祠、玉皇阁、宝塔寺、孝恩寺、水池寺、青莲寺、地神寺、玉华观、长春观等众多寺庙。

1.3.4　宋元时期（图 4）

元代创建岐阳书院，“中为正殿六楹，祀周之三公。以横渠配东西，为庑各六楹，祀名宦乡贤。前为大门、仪门各四楹”[6]，其规制严壮，营缮坚致，像设器用，罔不精完。城东街建有大金佛寺；府后巷有关帝庙；城内东街有景福宫；城东街有肃政廉访司、关西道；西街有普觉寺；城东南隅有府学、县学、文昌祠；城东郭有太白庙、普门寺、金圣宫；城西北有府城隍庙。

苏轼在古饮凤池基础上挖掘疏浚，引城西北凤凰泉水注入，种莲植柳，建喜雨亭、宛在亭等建筑，遂成东湖；苏东坡还在凤翔府判厅舍修莲池亭，在城外南溪修会景亭。东门外太白巷有太白庙，宋建元重修；城东南七里建有石佛寺；城东北甫池村建有燕子祠。

1.3.5　明清时期（图 5）

明代是凤翔城内建设的高峰。重修城池、建凤翔县署、重修郡城隍庙、建儒学、重修文庙、重修文昌祠、重修尊经阁。清代是凤翔城市建设的完善期。重修文庙，创修奎星楼以“培文运，妥神明，光祀典”[2]。创修凤鸣书院，其“坐落郡公廨之左，一望幽静，绝远尘嚣。临街盖造牌楼大门，气象宏敞。内分东西两院，曲折而实爽垲，讲堂厢房以及斋舍一一布置得宜。”[2]

明清时期最大的建设是重修东湖。创修君子亭，增建苏公祠、东湖牌坊。增建凌虚台、丽于榭、不系舟、春风亭、鸳鸯亭、来雨轩、一览亭、外湖山庄；重修会景堂、喜雨亭、宛在亭、苏公祠、东湖牌坊、君子亭、春风亭。

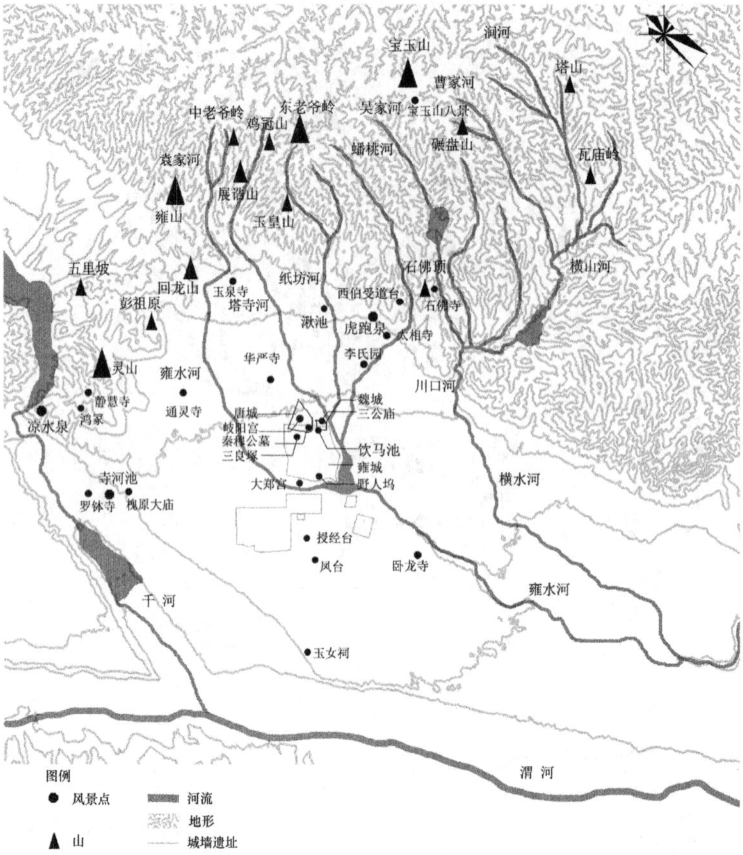

图 3　隋唐时期风景要素

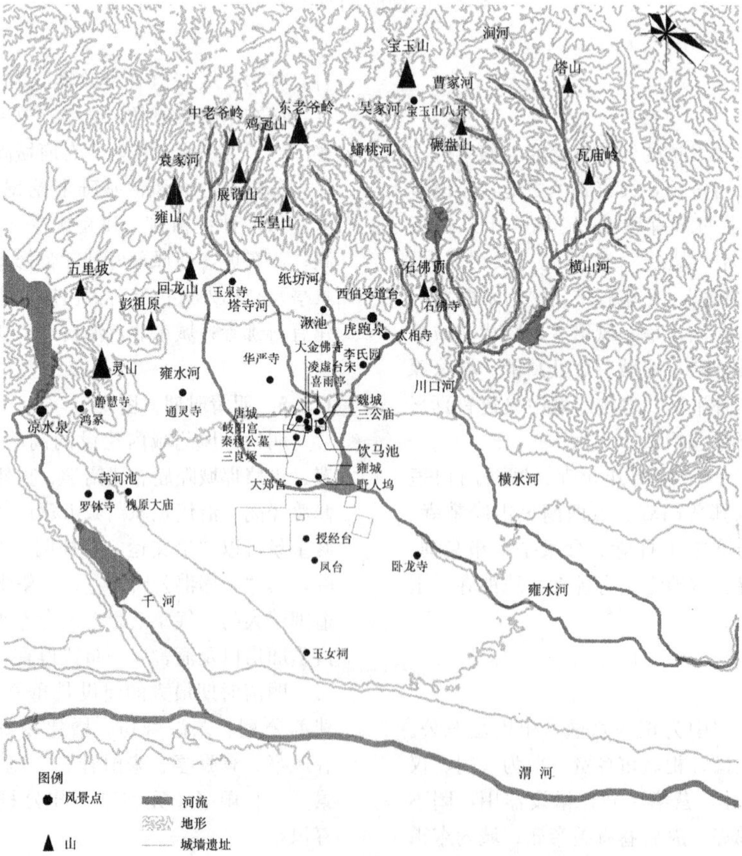

图 4　宋元时期风景要素

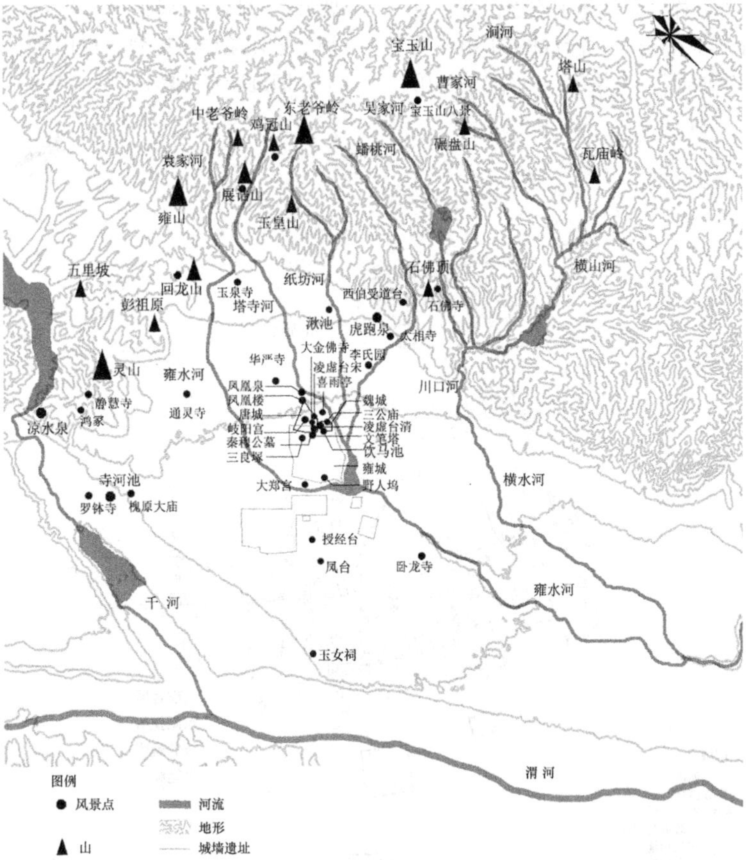

图 5　明清时期风景要素

2　凤翔风景营造传统

2.1　城、郊、野 3 个风景圈层

2.1.1　“城”圈层的风景结合自然

凤翔选址结合自然山水。构成了“横水东环，灵山西拱。汧河潆带于前，君坡倚屏于后”的自然形胜，形成了“南控褒斜，西达伊凉。岐雍高峙，汧渭争流。成周兴王之地，嬴秦创霸之区”[2]的险要格局。

“城”圈层风景是以城墙为界形成的。城内分布着风景，有城墙、护城河、学宫、文庙、文笔塔、府城隍庙、县城隍庙，或因泉水形成，或因历史古迹而成，或因人文空间而成。是与城内居民日常生活息息相关的风景圈层（图 6）。

2.1.2　“郊”圈层风景融于自然

“郊”圈层风景是以灵山、廻龙山、雍山、展诰山、宝玉山、横水等自然山水为界而形成的。风景要素主要集中分布在这个圈层，主要有灵山静慧寺、雍山八景、宝玉山八景、东湖揽胜、灵虚远眺、廻龙烟雨、展诰云霞、城鸦晚噪……它们构成了城内居民日常生活可达的风景圈层（图 7）。

2.1.3　“野”圈层风景依托自然

“野”圈层风景是以吴山、太白山上的古建筑群而形成的。吴山和太白山本身的优美的自然风光就形成了区域盛景，随山就势的古建筑群成为自然风景的点缀，完全依托自然的建设，古建筑因自然山水而吸引游客，山水风景也因古建筑更加声明远噪（图 7）。

2.2　结合自然山水的轴线关系

凤翔南北轴线是以元武山玄武庙为起点，经宝玉山、邓公泉、开元寺，再经古城、雍城遗迹、授经台、凤女台、五原，最后到达太白山。凤翔东西轴线是以西镇吴山吴岳庙为起点，经灵山净慧寺、雍水、大佛寺、通灵寺，再经古城、东湖、县城隍庙、凌虚台（明）、塔寺河、纸坊河，最终到达横水（图 8）。

凤翔的南北轴线、东西轴线，不仅局限于城墙内，而且兼纳了城墙外的关键性风景要素。这也是中国古代城市风景营造的特殊性。

2.3　大尺度范围内的视线关联

凤翔县南城墙是观景点，登南城墙，可远观太白高峰青天白雪之景象，气势宏博，意境高远，有诗云：“迩来汗漫游岐下，果见高峰蹴穹苍……绝顶崖嵌太古雪，界破青天白茫茫。此山不知何年始，势吞终南压渭水。”[2]

凌虚台是最重要的观景点。如苏东坡《凌虚台》云：“高多感激，道直无往还。不如此台上，举酒邀青山。青山虽云远，似亦识公颜。崩腾赴幽赏，披豁露天悭。落日衔翠壁，暮云点烟鬟。浩歌清兴发，放意末礼删。是时岁云暮，微雪洒袍斑。”又有诗云：“其东则秦穆之祈年、橐泉也，其南则汉武之长杨、五柞，而其北则隋之仁寿、唐之九成也。”[6]清迁凌虚台于苏公祠东，登台可望千山、吴山、太白山，形成了“灵虚远眺”，有诗云：“迢递层台俯路岐，登临无限触情思。秋风禾黍三良墓，古庙荆榛五畤祠。云外孤悬吴岳翠，树中远挂渭流澌。行人匹马周原上，旧迹摩挲抚断碑”[2]（图 8）。

图 6　“城”圈层风景要素

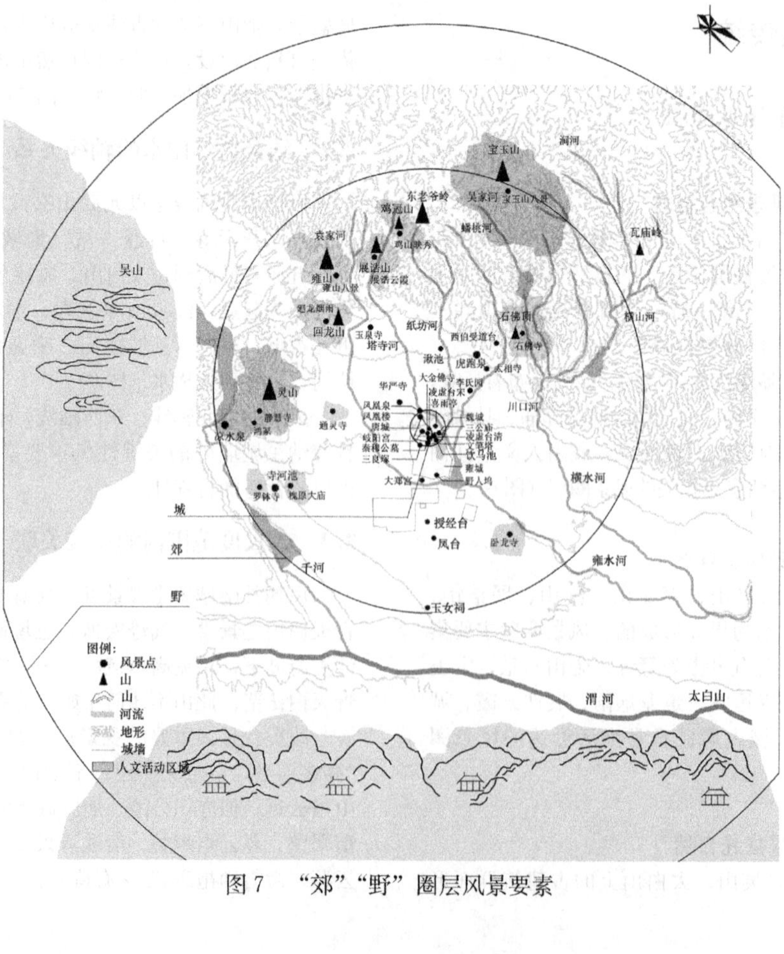

图 7　“郊”“野”圈层风景要素

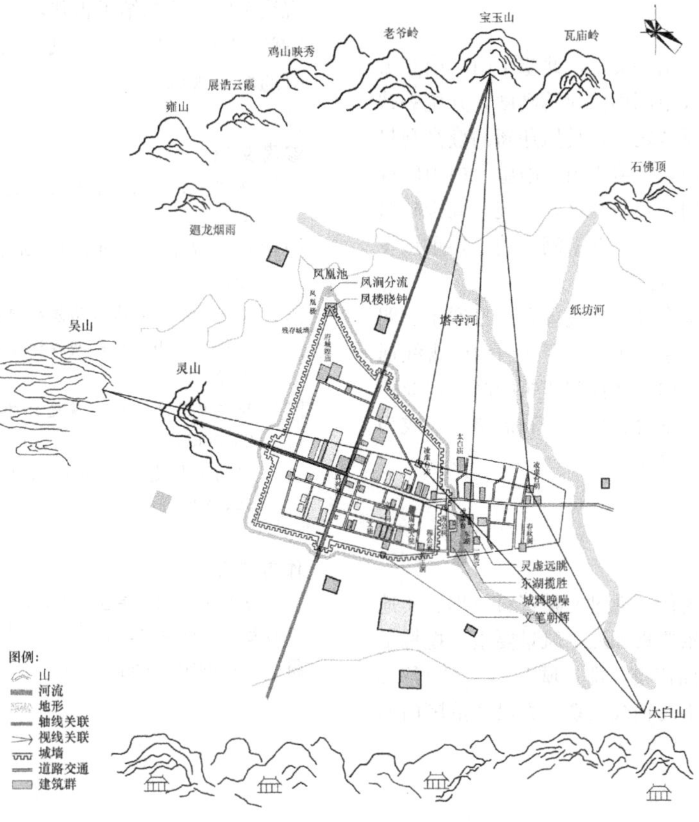

图 8　轴线关系、视线关联

3　凤翔风景营造传统的再利用

3.1　城、郊、野三个风景圈层的传承

古人在风景营造时，不局限于城墙之内，形成了“城”“郊”“野”3 个圈层。“城”圈层是居民日常生活息息相关的风景，“郊”圈层是与居民游览观光、民俗活动相关的风景，“野”圈层是通过观景点与自然的视线关系形成的风景。这是中国古代府城风景营造的智慧，也是与西方城市风景建设的不同之处，理应传承（图 9）。

3.2　延续城市轴线

凤翔南北轴线、东西轴线，是在历朝历代的城市发展中，不断被强调、建设而形成的，可以说凤翔最具代表性的风景点都集中在这两条轴线上，这就形成了城市格局，也形成了城市文化，更形成了城市特色。这两条经过千年积淀而形成的城市轴线，是必须要保护并延续的（图 9）。

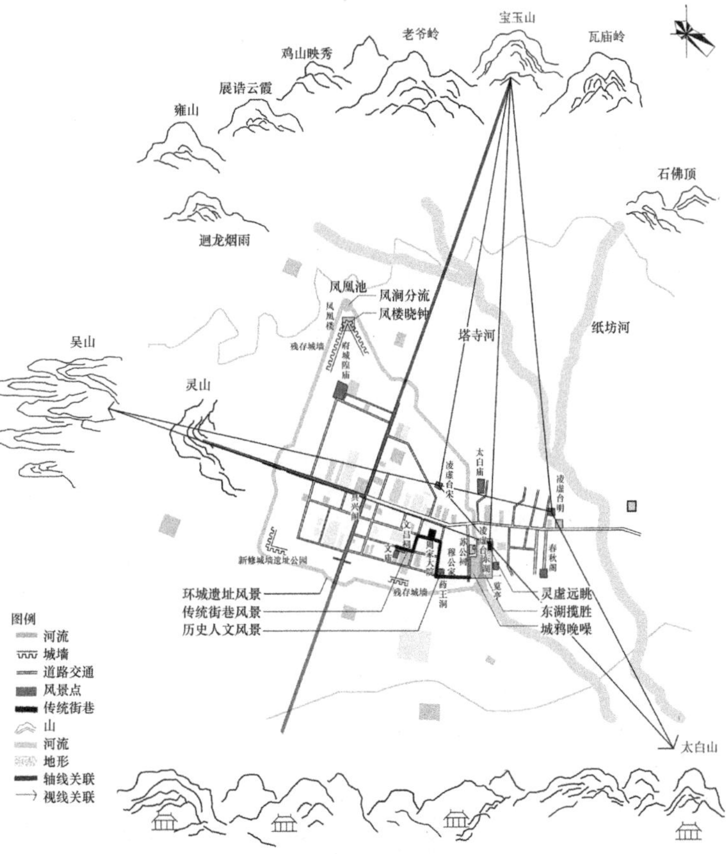

图 9　风景营造传统的再利用

3.3 打通城市视廊

打通清代凌虚台西望灵山、吴山，北望千山，南望太白山的视线通廊，控制视线范围内的建筑高度，并统一建筑风格。一览亭位于北魏城墙之上，是凤翔新的登高观景点，应打通西望灵山、吴山，北望千山，南望太白山的视线通廊，要控制视线范围内的建筑高度，并统一周围建筑风格。凌虚台在东湖北端，一览亭在东湖南端，要重点发展，使其成为凤翔重要的观景点。

在遗址上重建宋代凌虚台和明代凌虚台，打通宋、明凌虚台西望灵山、吴山，北望千山，南望太白山的视线通廊，划定保护区，在保护区内严格控制建筑的高度以及建筑的风格，使其与宋、明凌虚台成为一个和谐整体，成为凤翔风景营造传统的传承点（图 9）。

4 结语

本文以陕西省凤翔县为例，通过文献资料梳理、实地访谈调研，梳理了自然风景要素和人工风景要素；挖掘了古代城市风景营造的三方面传统，即“城”“郊”“野”3个风景圈层、结合自然山水的轴线关系、大尺度范围内的视线关联；并总结了古代城市风景营造传统的再利用，即“城”“郊”“野”3个风景圈层的传承、延续城市轴线、打通城市视廊。

参考文献

[1] 王树声．中国城市人居环境历史图典[M]．北京：科学出版社，2016.

[2] （清）罗鳌．凤翔县志[M]．宝鸡：凤翔县档案局整理影印，2014.

[3] 辜琳．秦都雍城布局复原研究[D]．陕西师范大学，2012.

[4] 郑航．陕西凤翔东湖园林空间营造研究[D]．西安建筑科技大学，2015.

[5] 凤翔县政协．凤凰展翅翔雍州[N]．中国文化报，2009-06-23(006).

[6] （清）达灵阿．凤翔府志[M]．西安：西安地图出版社，2002.

作者简介

杨毓婧，1991年生，女，汉族，陕西人，硕士研究生，西南石油大学工程学院，讲师，研究方向为风景园林历史。电子邮箱：3182560156@qq. com。

试论气候变迁和秋狝文化与木兰围场的兴衰

On the Rise and Fall of Climate Change，Qiuxian Culture and Mulan Paddock

周馨冉

摘　要：园林的发展始终受到自然要素和社会要素这两大要素的影响，其中自然要素会对园林的形态、样式、使用频次等等产生直接的影响，也会对社会的经济、政治、文化等社会因素产生间接影响，同时这些社会因素的变化又反作用于园林活动中去。清代气候历史资料留存相当丰富，木兰秋狝是清代用以肄武习劳与扶绥蒙古的重要大典，1683～1820年，木兰围场经历了从兴起到鼎盛到衰落再到终止的全过程，从中分析气候和政治因素对园林造园活动的影响。在梳理这一过程的时候将时间与华北地区的气候变化情况相对应，发现活动相对兴盛的时期正处于明清小冰期中相对温暖的时间，并且社会政治环境较为安定。而在其衰落的同时气温有所下降并且国内社会较为动荡，与周边国家摩擦不断。
关键词：园林；木兰围场；秋狝；清代气候

Abstract: The development of gardens has always been affected by the two major elements of natural and social elements. Among them, natural elements have a direct impact on the form, style, frequency of use, etc. At the same time, changes in these social factors have a negative effect on garden activities. The historical data of climate in the Qing Dynasty is quite abundant. Mulan Qiuzhen was an important ceremony used for military training and Fusui Mongolia in the Qing Dynasty. During the period of 1683－1820, Mulan Paddock experienced the whole process from its rise to its heyday to its decline to its end. Process, analyze the impact of climate and political factors on gardening activities. When sorting out this process, the time corresponded to the climate change in North China, and it was found that the period of relatively prosperous activities was in the relatively warm period of the Ming and Qing Xiao Ice Age, and the social and political environment was relatively stable. At the same time as its decline, the temperature has dropped and the domestic society is relatively turbulent, and frictions with neighboring countries continue.
Keywords: Garden; Mulan Paddock; Qiuxian; Qing Dynasty Climate

引言

自然环境是人类生产生活的重要条件，其中气候变化是自然地理中极为活跃的因素，过往学者的大量研究可以证明气候变化是导致区域文明兴衰的重要原因，我国拥有着极为丰富的文献资料，为众多学者展开历史气候变化影响与人类适应过程和机制方面的研究提供了有利条件，从历史中气候变化对人类社会发展的影响中获取经验来帮助更全面地看待全球气候问题，并且从中汲取经验教训来应对未来可能会遇到的挑战。其中方修琦基于语义差异的历史社会经济序列定量重建，总结出了冷抑暖扬的宏观规律[1]，章典认为气候变化是中国朝代更替、大乱以及大治的决定性因素之一[2]；cowie指出人类文明演进的过程与气候变化息息相关[3]；萧凌波认为气候系统变化对农业生产、经济、人口以及社会动乱均有影响[4]；汪灏以日记的形式记录了自康熙四十二年（1703年）五月二十五日至九月二十二日的116天内所有见闻，也包括了康熙皇帝在木兰围场行围的详细过程；刘桂林则对嘉庆皇帝的数次行围进行了较为全面的梳理[5]。木兰围场从修建到停围的百余年间，恰逢清代统治由盛转衰，而此时期的华北地区正处于小冰期，那么气候变迁是否与木兰围场的兴衰发展存在某种关系。

1　研究方法与资料来源

1.1　研究方法

从已经出版的古代气候史的书籍以及前人的研究中查找清代康熙二十年（1681年）至嘉庆二十二年（1817年）间华北地区的气候变化的状况与数据，将皇帝在木兰围场开展秋狝活动的频率与当年的时代背景以及温度相结合，通过对比分析来判断二者之间存在普遍规律抑或者特殊性。

1.2　资料来源

根据研究的需要，通过知网查询在木兰围场建设发展时期的华北地区气候变化的文献。在中国国家图书馆的中华古籍资源库中可以查阅清代自太祖时期就开始编撰的共计四千四百八十四卷的《大清历朝实录》。皇帝每年的出行安排在数字故宫的网站中可以快速查询到，可以从中快速查找出未举行秋狝活动的年份，其中有部分年份数据缺失，再与史料相结合总结其未举行的原因。

2 木兰围场概况与发展历程

2.1 概况

根据历史资料，木兰围场始建于康熙二十年（1681年），于康熙二十二年首次投入使用。在我国古代历史的长河之中，以骑射活动来增强国家内部团结和增进地区之间感情的活动并不少见，举办木兰秋狝大典最主要的目的是“肄武绥藩，行围射猎”，主要有娱乐、祭祀、政治、军事等功能。现今位于河北省承德市围场满族蒙古族自治县，北临巴林和克什克腾，东接翁牛特和喀喇沁，西至察哈尔，南以承德为界。围场内部地形错综复杂，有陡峭的悬崖、幽深的沟谷、密不透风的针叶林区，其间有纵横交错的河网。地形落差起伏大，范围广，局部小气候较为多变。

2.2 发展历程

康熙十二年（1673年）三藩之乱和布尼尔之乱（1675年）兴起，此后，康熙在平定战争的过程中愈发对满蒙八旗入关后的骄奢淫逸的作风倍感震怒，为了提高其作战能力，康熙二十年（1681年）在热河蒙地所管辖的邵乌达盟、卓索图盟与察哈尔东四旗寻得一处边地设立木兰围场。康熙皇帝于康熙二十二年（1683年）夏季首次率众臣入围至嘉庆二十二年（1817年）嘉庆皇帝最后一次出围的135年间，共计入围88次，《大清圣祖仁皇帝实录》中记载：“天时地气亦有转移，……从前黑龙江地方冰冻有厚至八尺者，今却暖和，不似从前”[6]，从片段记录于康熙五十六年丁酉下四月条下，即公历的1717年五月，“从前”指的是康熙十年，即1671年。我们可以从中窥探出华北片区18世纪初期气温要高于17世纪末期。即使是在小冰期，气温也有小范围的回升变化。据《大清高宗纯皇帝实录》记载：“向年粮艘由天津起拨回空，原因气候已近严寒，恐回空船只，中途冻阻……虽在八月二十五日以后，但本年气候较暖，现在木兰行围。”[7]可得知乾隆五十二年（1787年）的气温较前些年高。嘉庆年间气候转冷，水患等灾害接连不断，各地流民数量激增，社会动荡不安[8]。道光年间气候依然未能转暖，木兰围场的生态环境未能好转，且西方资本主义势力开始向东侵略，清政府应对不暇，对秋狝活动便不再重视，最终于道光四年（1824年）宣布停止木兰秋狝。

3 木兰围场发展与气候变化

3.1 华北地区气候变化特点

华北地区处于欧亚板块的东部。属于暖温带大陆性季风气候。清代华北地区气候可划分为清前期气候寒冷期、清中期相对温暖期和清后期漫长寒冷期3个阶段[9]。竺可桢依据华南和华东冬季资料得出近五百年内存在3个寒冷期的结论[10]，后来王绍武指出相比于华南地区，北方的第一个寒冷期较南方不明显，第二个寒冷期要提前70年，即1550年。第三个寒冷期则提前了40年，即1800年[11]。而木兰围场的建设与使用年份为1683～1820年，恰好处于王绍武提出的第二寒冷期以及第三寒冷期开始前，因此截取了华北地区1680～1820年的温度距平，如图1所示。

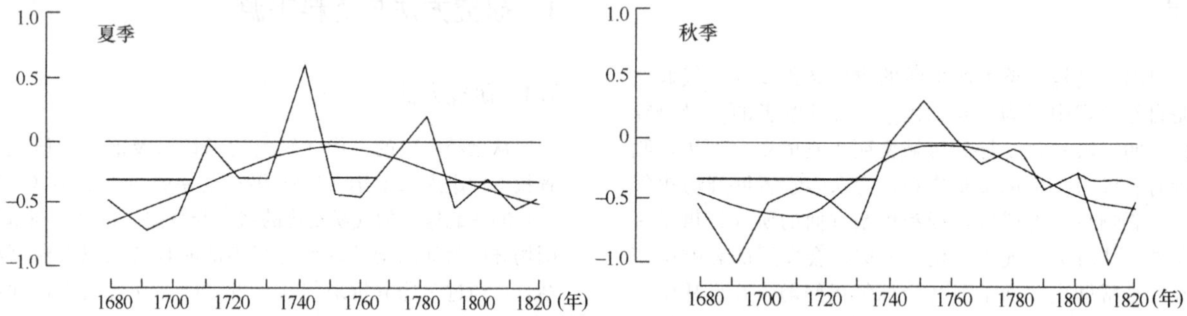

图1 华北地区1680～1820年十年间平均温度距平[11]

3.2 气候变化对木兰围场的影响

木兰围场于康熙二十年（1681年）设置，根据华北地区十年平均距平序列显示，该时期的气温较为温暖，塞外地区的动植物生态条件良好，在康熙五十八年（1719年）曾言：“朕自幼至今，凡用鸟枪弓矢获虎一百三十五，熊二十，豹二十五，猞猁狲十，麋鹿十四，狼九十六，野猪一百三十二，哨获之鹿凡数百，其余围场内随便射获诸兽不胜矣。”[12]但到了嘉庆年间气候转冷，华北地区多次发生极端旱涝灾害导致流民人数激增，大部分流民流向东北地区，对整个北方的生态环境都造成了不小的破坏，其中也包括对木兰围场的入侵与破坏，流民入围后对森林植被进行大规模的砍伐，并且偷猎牲畜。即便朝廷加大了管理与处罚力度，但还是屡禁不止，整体的生态环境急剧恶化。至于道光年间更是直接放弃对木兰围场的生态保护政策，给围场的护卫划地开垦来解决生计问题。嘉庆曾言：“朕此次巡幸木兰，举行秋狝。连日围场牲兽甚少。”嘉庆十八年（1813年）谕内阁：“近年哨内牲兽稀少，此皆由于偷砍树木及往来取便行走之人，惊逸兽群，致乏牲兽。”由上述可知，气候变迁对围场的生态状况有直接的影响，也存在间接影响，即气候变化影响灾害的发生频率，进而影响粮食耕作，并且对粮食产量和农业种植区域划分产生影响，继而造成区域间的供需不平衡，影响到人口饥荒程度和流民数量，而导致围场内生态环境急剧恶化的根本原因也在于人为的过度开发，因此可以说气候对生态环境的间接影响大于直接影响。

嘉庆皇帝在位25年间只举行了11次木兰秋狝活动，其余14个年头未举行[5]，其停围的原因大多是气候因素，如表1所示。王绍武重建了1380年至2000年以来中国华北气温序列，从中截取出1680～1820年的夏季和秋季的气温10年平均距平序列，与木兰秋狝的兴衰历史作对照，不难发现气候对园林活动的影响是存在的。

嘉庆年间秋狝取消的次数及其原因　　表1

年代		原因
嘉庆元年	1796年	八月四日木兰围场雨水过多，过于泥泞不便行走，遂停止行围
嘉庆二年	1797年	雨水较往年多，时气较早，八月末已入深秋，已经过了哨鹿的时期，只得作罢
嘉庆四年	1799年	为父亲乾隆服丧，遂停止行围
嘉庆六年	1801年	六月上旬京城附近多日降雨导致热河一带山水暴涨，路桥以及房屋大量坍塌，嘉庆不忍劳民伤财，停止巡幸口外
嘉庆八年	1803年	皇帝率众臣前往热河行宫，并派遣官员查看木兰围场情况，围场内草木干涸，野兽聊聊无所剩，一片荒凉，遂停止行围
嘉庆九年	1804年	提前数月探查围场情况，得到野兽甚少的反馈，又命御前大臣前往探查，结论同上，只得停止行围
嘉庆十年	1805年	东巡盛京谒陵
嘉庆十四年	1809年	哨内春夏雨多不便行围
嘉庆十九年	1814年	京师之变，围场内牲兽数量过少，决定亦应略为孳息，遂停止行围
嘉庆二十三年	1818年	谕军机大臣等，盛京奉祀陵寝诸宗室，向遇东巡恭谒祖陵，遂停止行围
嘉庆二十四年	1819年	秋季雨水过多，引发山洪冲垮了道路桥梁，遂停止行围
嘉庆二十五年	1820年	嘉庆帝于避暑山庄去世

4　木兰围场发展与秋狝文化

4.1　秋狝文化

秋狝这一活动起源于先秦时代，不同时节的围猎活动有着不同的称呼。以四季来为其命名，春季的围猎称之为春蒐，夏季的围猎称之为夏苗，秋季的围猎称之为秋狝，冬季的围猎则称之为冬狩[13]。随着时间的推移，秋狝这一活动的娱乐色彩逐渐被淡化，其政治意味逐渐加深。

主要由小猎、行围四部曲和哨鹿组成。小猎，是皇帝从热河行宫出发到达木兰围场后开展的一次小规模的围猎，主要是为后面举行大规模围猎活动做铺垫。行围四部曲即撒围、待围、合围、罢围。撒围、待围，在行围之前就会选择好收缩的中心点，在此地设看城，而皇帝只需要在撒围行动开始后抵达看城之中准备早饭并且等待包围圈的收拢。合围，在上午的9点到10点之间，两侧的包围逐渐收拢，当缩小至1km时，蒙古兵会以人肉之躯筑成最外层的第一道“围墙”，虎枪营和蒙古兵则组成第二道“围墙”并且对第一层包围圈的野兽进行捕杀。此时皇帝才会从看城出来指挥包围圈收缩的节奏，并且在合适的时机之下斩获猎物。罢围，皇帝在斩杀猎物之后便会退回看城之中，观看他人围猎。哨鹿，是满语的木兰。哨鹿人不仅模仿鹿的外形也模仿鹿的鸣叫声来吸引雌鹿，而雄鹿会随雌鹿而来，在雌雄争孕其间，哨鹿人群起而杀之，抑或者在鹿群稍稍呈现聚合之态，皇帝便发矢或鸣枪以示众人杀之。

4.2　秋狝文化对木兰围场的影响

秋狝文化的需求是木兰围场的兴衰的另一重要因素。起初，木兰秋狝是拉拢蒙古各部落重要活动，以满蒙共同擅长的骑射围猎来拉拢双方的感情[14]，并且秋狝的活动方式不似来朝觐见一般拘束，增加联系度和交流的广泛度。各藩属国受清朝皇帝之邀方可参与秋狝活动，并且以座次和礼品的不同待遇来划分远近亲疏关系，此举是在宣扬国威的同时震慑诸部落，宣示自己是东亚片区的主导政治体，在联络各方感情的同时辅以武力威慑，来达到稳定边疆的目的。

嘉庆皇帝试图采取了一系列的措施来挽回木兰围场的颓势，但偷砍偷伐等行为屡禁不止，更有甚者假借政府工程木料之名来谋求私利，抑或者偷猎鹿兽来获取鹿茸来获取私利，这些行为无疑加快了木兰围场生态退化的进度[15]。皇帝派人查看围场现状之时，偷猎与偷伐之人伙同徇私舞弊的官员为了掩盖自身犯下的罪恶选择放火烧山使得大片森林付之一炬，群兽四处逃散，对于本就脆弱的围场生态系统来说是一种雪上加霜的行为。

5　结语

重要历史事件的酝酿与发展是一系列因素综合作用的结果，既包括自然因素也包括人文因素。将木兰围场投入使用的183年内举行秋狝活动的频次与此时期的华北温度距平相结合，可以发现二者之间存在着高度吻合的关系，即小冰期内相对温暖的年间，政治环境较为宽松，木兰围场的使用频率高、生态环境良好。而寒冷季来临，社会动荡，生态环境急剧恶化，秋狝等活动被迫中断数次，可以说气候变化在人类文明的发展进程中扮演了相当重要的角色。清政府在一定程度上将木兰围场当作与周边地区政治交往的筹码，从自然中索取，加之气候转冷的双重压力之下，造成了木兰围场生态环境严重退化的悲剧。

参考文献

[1] 方修琦，萧凌波，苏筠，等．中国历史时期气候变化对社会发展的影响[J]．古地理学报，2017，19(04)：729-736.

[2] 章典，詹志勇，林初升，等．气候变化与中国的战争、社会动乱和朝代变迁[J]．科学通报，2004(23)：2468-2474.

[3] Cowie J. Climate and Humen Change[M]. Disaster or Opportunity New York：Parthenon Publishing，1998.

[4] 萧凌波．清代气候变化的社会影响研究：进展与展望[J]．中国历史地理论丛，2016，31(02)：27-39.

[5] 刘桂林．嘉庆行围[J]．紫禁城．1992(02).

[6] 清圣祖实录·卷285[M]．北京：中华书局影印，2008.

[7] 大清高宗纯皇帝实录[M]．北京：中华书局影印，2008.

[8] 大清仁宗睿皇帝实录[M]．北京：中华书局影印，2008.

[9] 闫军辉，葛胜全，郑景云．清代华北地区冬半年温度变化重建与分析[J]．地理科学进展，2012，31(11)：1426-1432.

[10] 竺可桢．中国近五千年来气候变迁的初步研究[J]．考古学报，1972(01)：15-38.

[11] 王绍武．公元1380年以来我国华北气温序列的重建[J]．中国科学（B辑 化学 生命科学 地学），1990(05)：553-560.

[12] 郑光祖．舟车所至[M]清道光二十三年琴川郑氏青玉山房刊本影印本．

[13] 王志伟．肄武习劳的王朝遗产——清帝木兰秋狝大典[J]．紫禁城，2015.

[14] 单嗣平．皇家猎场中的生态危机——试论清代政治环境观在木兰围场的实践与影响[J]．泰山学院学报，2018，40(02)：45-51.

[15] 胡汝波．木兰秋狝衰落及废止的原因[J]．承德民族师专学报，2003.

作者简介

周馨冉，1999年生，女，汉族，安徽人，桂林理工大学硕士研究生在读，研究方向为风景旅游规划与景观管理。电子邮箱：2225097631@qq. com。

山东省"八景"景名特征研究①

Study on the Scenery Name Characteristics of "Eight Scenes" in Shandong Province

马思洁　张　安*　陈　菲

摘　要： 为系统整理并分析山东省"八景"的景名特征，进而挖掘其景观价值，首先对山东省"八景"相关资料进行搜集，从空间分布和年代分布两方面对山东省"八景"的时空属性进行界定，归纳其基本特征，并引入语言学视角，从数量、字格、韵律三方面对景名文字特征进行描述与总结，研究其文学价值。最后归纳总结山东省"八景"在空间及年代分布上的特异性，点明景名特征研究对山东省"八景"特征与价值的深入挖掘具有指导意义。
关键词： 风景园林；山东省"八景"；题名景观；景名

Abstract: For systematically sorting and analyzing the scenery name characteristics of "Eight Scenes" in Shandong Province, and further excavate its landscape value, at first, the relevant data of "Eight Scenes" were collected, and next the spatial—temporal attributes of it were defined by the spatial distribution and chronological distribution, and then, their basic characteristics were summarized. The "Eight Scenes" belongs to the title landscape, and its characteristics are reflected through the scenery name. On the perspective of linguistics, this paper describes and summarizes the text-based features of the scenery name from the aspects of number, character pattern and rhythm, and studies its literary value. Finally, the report will induce and summarize the specificity in spatial and temporal distribution of "Eight Scenes" in Shandong Province, and point out the guiding significant by deeply excavating the characters and value of the "Eight Scenes".
Keywords: Landscape Architecture; Shandong Province "Eight Scenes"; Title Landscape; Scenery Name

引言

"八景"发源于中国的山水文化，最早见于记载的潇湘八景出自宋代沈括的《梦溪笔谈·书画》，描绘了湖南潇湘一带的八处胜景，即"平沙落雁、远浦归帆、山市晴岚、江天暮雪、洞庭秋月、潇湘夜雨、烟寺晚钟、渔村夕照"，后发展遍布于全国。而随着我国旅游业的兴起，"八景"也作为我国旅游资源的精华之一，逐渐被开发为极具旅游价值的观光地[1]。作为中华文化发祥地之一的山东省拥有泰山文化、儒家文化、海洋文化等独具齐鲁特色的文化资源与景观资源，而这些资源也在山东省"八景"中也有所体现，如山东省泰安市的泰安古八景中"泰岳朝云"一景对泰山景色的描绘；古邹城十八景中"尼丘毓圣"一景对孔子诞生之地尼丘山的描绘等。

"八景"属于题名景观，即以景名指代某处景观，对景观的空间与意境特征进行概括[2]，从景名角度入手以山东省"八景"为例进行研究，并从语言学角度入手分析其基本特征，不仅是对景名文学价值的研究，也是对山东省地域文化景观的积极探索，更能为文旅产业的发展提供新的思路与视角。

1　山东省"八景"概况及相关资料整理

1.1　山东省"八景"概况

山东省在中国文化分区中属于齐鲁文化核区[3]，地形以山地丘陵为主，东部半岛拥有丰富的海洋资源，而山东省作为齐鲁文化的发源地，不仅能够彰显山东地区地域文化的深厚价值，更在中国传统文化中占据着重要地位，多样的自然环境与深厚的文化底蕴为山东省"八景"的形成和发展带来了极大优势。

1.2　山东省"八景"相关资料整理

为对山东省"八景"相关资料进行系统整理，于2022年1月至3月在山东省图书馆、山东省方志馆以及青岛市图书馆对于馆藏地方文献进行查阅，以网络检索的方式进行辅助调查，结合线上线下两种方式进行基础资料的收集，资料收集的地域范围以当代山东省行政区划为限，凡明清以来曾属山东而今已划归外省的不予收录（如馆陶县），凡明清以来曾属外省而今已划归山东的（如东明县、庆云县）则予以收录[4]，截至2022年2月10日，共收集到山东省"八景"255组，"八景"景名2032个。

① 基金项目：教育部人文社会科学研究项目（编号20YJC760139）。

2 山东省“八景”空间分布及年代分布特征

本研究中山东省“八景”资料多来源于地方志。而地方志具有地域性、持续性等特点，是认识特定地域、区域最直接的历史资料，是反映地方整体性的记载[5]，故具有地域性；而持续性表现在当地方情况随社会发展而变化时，新方志与旧方志从记载内容到继承关系的形式也存在很大不同[6]，使特定地域空间建立起历史联系，因此有必要从空间分布和年代分布两方面对其时空属性进行把握，从而直观反映不同地区不同时期下山东省“八景”景名特征。

2.1 空间分布特征

“八景”的标题名称多冠以景观所在区域的行政区划名称，如历城八景、青岛十景等。行政区划是从行政管理角度出发而对区域进行划分的结果，而“八景”之所以能成为代表一方风景的特色名片，更是因为其所在区域所独有的风景特征，故除从行政区划角度上对山东省“八景”空间位置进行划分以外，地理位置因素以及区域范围因素也应被考虑到空间分布特征的分类标准中。

2.1.1 地理位置

丰富的地形地貌和自然资源使山东省的不同地域之间产生了一定差异，《大辞海：中国地理卷》中收录了“鲁中”“鲁北”“鲁南”“鲁西南”“胶东”5个词条，是以山东省域范围内的山体河流为界，将其划分为地貌类型相异的5个地区[7]，以此作为本文中地理位置的界定标准，统计每个景名所在的地理位置如表1所示，可见鲁中地区范围内“八景”数量最多，其次是鲁北地区，鲁南地区最少。

山东省地理位置分类表 表1

序号	地理位置	划分依据及地貌特征	包含行政区划	“八景”组数	“八景”景名数
1	鲁中	北以平阴、长清间黄河及小清河为界，南至蒙山山地，西以东平湖、南四湖湖带为界，东以潍河、沭河为界	济南市（除济阳县、商河县）；淄博市全域；潍坊市全域；泰安市全域；济宁市（任城区、汶上县、兖州区、曲阜市、泗水县、邹城市、微山县）；临沂市（平邑县、蒙阴县、沂南县、沂水县）	92	729
2	鲁北	泛指山东省北部黄河、小清河以北区域，北至省界，东北临渤海	东营市全域；滨州市全域；德州市全域；聊城市全域；济南市（济阳县、商河县）	81	590
3	鲁南	北界大致经尼山、蒙山山地南缘至日照市，西至南四湖，东至黄海，南至省界。北部为沂蒙山地，东、西两侧为丘陵，中、南部为沂、沭河中游冲积平原	枣庄市；临沂市（费县、兰陵县、罗庄区、郯城县、临沭县、河东区、莒南县）；日照市全域	14	115
4	鲁西南	东以京杭运河为界，西、南接河南、安徽、江苏三省。南、北、西三面临黄河故道与今黄河，东为南四湖、东平湖	菏泽市全域；济宁市（梁山县、嘉祥县、金乡县、鱼台县）	23	180
5	胶东	南、北、东三面环海，西临胶莱河，为一完整的半岛地域单元	烟台市全域；威海市全域；青岛市全域	45	409
			总计	255	2032

2.1.2 区域范围

山东省“八景”涉及的行政区划级别有地级行政区、县级行政区、乡级行政区3类，地理范围的划分同样以当代山东省行政区划为标准。此外，另有两类性质不同于行政区划范围的“八景”类别，即以山水风景为主体范围的“八景”及以具有私家园林、以小规模宅园为主体范围的“八景”。综合以上地理范围特点，可将山东省“八景”分为5类（表2）。可见以县级行政区划为范围的山东省“八景”数量最多，共161组，说明县级行政区划是“八景”现象产生最为普遍的区域范围；其次是以风景名胜区为范围的景点类“八景”，即在既成景点本身内再选出一组特色景观并赋予题名，这也是一类常见的“八景”形式。

山东省“八景”区域范围分类表　　表 2

类别名称	类别特点	“八景”组数	“八景”景名数	举例
城市类“八景”	以地级行政区划为范围的“八景”集合，地域范围最大	24	216	青岛十景（青岛市）、福山八景（烟台市）
区县类“八景”	以县级行政区划为范围的“八景”集合，地域范围大	161	1197	淄川八景（淄博市淄川区）、乐安八景（东营市广饶县）
村镇类“八景”	以乡级及以下行政区划为范围的“八景”集合，地域范围较大	25	173	鲁桥八景（济宁市微山县鲁桥镇）、石横八景（泰安市肥城市石横镇）
宅园类“八景”	以私人宅院或园林为范围的“八景”集合，地域范围小	6	52	行宫八景（济宁市泗水县泗水泉林行宫）、逍遥园八景（菏泽市东明县明代文学家穆文熙建园）
	总计	255	2032	

2.2 年代分布特征

“八景”之所以不同于其他景观，正是因其具有题名这一显著文学特点，纵观景观题名的起源与发展历程：宋代以前的景观题名处于雏形阶段，如唐代时重要的园林匾额往往由皇帝御笔书写；宋代时，景观题名开始广泛见于各类园林中，出现文人园林风格的题名如苏舜钦“沧浪亭”，又如公共园林典范，杭州“西湖十景”；到了元、明、清时期，尤其是园林艺术趋于成熟的清代，景观题名的运用蔚然成风[8]，描摹诗情画意的同时又彰显着地方景观的特色。“八景”作为一类题名景观，其景名正是对特定时期地方景观之精华的集中体现，具有一定时效性，故“八景”景名的产生时期可作为对其进行年代划分的依据。对于山东省“八景”的产生时期的确定方法，根据其资料记载完善度的差异，共有如表 3 所示的几种处理方式。经整理可知（表 4），明代与清代的山东省“八景”组数及景名数较多，而其中又以清代更甚，数量达到顶峰，中华民国时期景名数量急剧减少，到了新中国时期又数量逐渐回升。

确定“八景”产生时期的方式　　表 3

记载形式	处理方式	举例	说明
明确记载“八景”产生时期	直接确定产生时期	《道光济宁直隶州志·卷十·杂稽》[9]中记载：“旧志东岳春云、西湖夕照、青庙林泉、白楼风月、梵宫金塔、天井银涛、峄山耸翠、泗水涵清、灌塚晴烟、何坟古木并为十景，见万历志”	虽原志已佚，但可以确认最早见于记载的志书时期
未记载“八景”产生时期但对题名者生活时代有明确记载	参照题名者生活年代确定产生时期	《万历安丘县志·卷十一·艺文考》[10]中直接记载八景诗	八景诗作者为明代知县谢缜、刘希孟、何淮，其身份及履历均可查
未记载“八景”产生时期或题名者或题名者生活年代不可考，但明确记载景名及与景观特色相关信息	参照最早出现“八景”记载的地方志的修志年代确定产生时期	《康熙张秋志》及《民国东阿县志》中均有张秋八景相关记载，《康熙张秋志》[11]提到“旧称镇有八景”	依据年代更早的《康熙张秋志》确定张秋八景的产生时期为清代
记载中包含如“旧传”等模糊字眼	将其归类为时期尚不明确的“八景”	《龙口市志》[12]中对莱山院八景的描述“其周围曾有八景”	《龙口市志》为新中国成立后的新方志，此时凭修志年代确定“八景”产生时期可能会造成较大误差

山东省“八景”年代分布分类表　　表 4

	宋代	金代	元代	明代	清代	民国	新中国	时期不明	总计
“八景”组数	1	1	3	85	101	16	43	5	255
“八景”景名数	11	8	30	702	768	136	329	48	2032

3 山东省“八景”景名文字特征

题名景观是中国特有的景观审美体系中的重要内容[2]，景名通过将景观特色进行凝练概括，并以题名的形式集中表达，其简洁的文字构成更能成为代表一地景观特色的符号，而其朗朗上口的声调韵律也更容易为人们所熟知传诵。“景名”作为特定区域范围内景观的语言代号，属于语言学的范畴[13]，故本章从语言学角度入手分析题名景观的景名结构特征，从景名的表象结构出发，从数量、字格、韵律三方面归纳景名特征。

3.1 数量特征

“八景”是一类景观的统称，除八景外，十景、十二景、二十四景等组景均可统称为“八景”，对山东省“八景”标题中景名数量进行统计（表5），可知八景数量最多，共192组，远高于其他数量的组景。此外，“八景”标题中的景名数量与和实际景名数量并不一定相同，共有65组“八景”涉及此种情况，原因可概括为两类，其中5组受主观原因影响，一是在志书原文记载中，组景名称与实际景名数量不符，二是由于年代久远导致志书保存不完善致使的记载不全面（表6）；其余60组是出于客观原因，一是对于部分地区不同年代的“八景”，其中包含的景名会出现更改、增加或删减的情况，如济南市济阳区的济阳八景，民国时期济阳八景中“韶台远眺”等六景的景名与明代济阳八景完全相同，仅二景为新增，故将民国时期济阳八景实际景名数量记录为2，二是部分地区的城市类及区县类“八景”由于地理范围重合，也会产生组内景名重复现象，为避免重复记录，将这60组“八景”组中的重复景名进行删减，如济南市的泉城新八景和历城新八景中的“九如听瀑”一景均指九如山瀑布群风景区景观，故不予重复记录。

需要注意的是，有些景点虽景名相同，但却是代表不同区域的特色景观，如明代的平昌八景和蒙阴八景中均有“龙泉漱玉”一景，对于平昌八景的“龙泉漱玉”，《康熙德平县志·卷之二·古迹·八景附》[14]一节中记载“井泉宏邃，旧传有龙潜于井中，远近汲之，较他水稍重”，同时古迹部分有对“龙泉井”的记载，“在县治西南龙泉寺中”，可推断景名中的“龙泉”即指龙泉寺的龙泉井；而对于蒙阴八景中的“龙泉漱玉”，《康熙蒙阴县志·卷之二·八景》[15]一节记载，“在城西四十里汶南村，水势喷薄淙淙作碎玉声，夏月临之，冷然忘暑”，其古迹部分中同样有对“龙泉”的记载，“有二，一在龙泉社，世传昔有龙潜于此，因名即水经注之诸葛泉也；一在汶南社龙泉观，即八景之一所谓龙泉漱玉者是也”。可知作为蒙阴八景的“龙泉漱玉”位于汶南村的龙泉观。两景景名同为“龙泉漱玉”，但所处地理位置不同，景观特色也各有侧重，故无需去重。

山东省“八景”字格特征统计表 表5

“八景”标题中景名数量	四景	六景	八景	十景	十二景	十六景	十八景	二十四景	二十八景
组数	4	2	193	35	10	4	2	4	1

景名数量不对应情况统计表 表6

序号	“八景”标题	实际景名数量	原文记载	原因分析
1	华楼山十二景	14	“元尚书王思诚别为十二景，曰清风岭，曰王乔崮，曰聚仙台，曰翠屏岩，曰迎仙岘，曰高架崮，曰玉皇洞，曰凌烟崮，峭壁陡立，上有元使臣刘志坚遗蜕，曰玉女盆，巅窪处如盆，水盈不涸，曰虎啸峰，曰碧落岩，曰南天门，曰松风口，曰夕阳涧”[16]	前文概括为十二景，实际记录为十四景
2	即墨八景	9	志书目录记载“地理 形胜 八景附”，实际记载“华楼胜览、黄石仙踪、鹤山望海、狮峰观日、天井龙霖、灵山虎卫、马鞍覆锦、天柱凌云、崂山悬望”[17]	前文概括为八景，实际记录为九景
3	平原八景	16	“津期驻跸一曰云凝古渡；三义停骖一曰霞衬桃园；穀城怀古一曰仙桥阔野；马颊思功一曰禹鉴通天；曲陆耕云一曰鸠野春耕；青陵祷雨一曰龙湫响应；名城听角一曰墓堞连云；西寺闻钟一曰晓钟鸣梵”[18]	每处景观均包含两个景名
4	棣城八景	5	原志内容模糊[19]	原志字迹由于年代久远或印刷条件所限，八景相关内容记载模糊不清，仅能辨认出其中五景景名
5	清平八景	7	“旧志载清平八景而目又存其七，云其一已缺”[20]	现存旧方志对于清平八景的记载均只存七景

3.2 字格特征

“八景”标题的字格也具有其特征，且呈现出由随意向规范化演进的趋势[21]，对山东省“八景”各景名的字格特征进行统计（表 7），由统计结果可知，在山东省“八景”的 2032 个景名中，四字格景名数量最多，共 1837 个。纵观各个时期“八景”字格数量特征，可发现宋代仅有三字格景名；金代仅有四字格景名；元代同时具有三、四字格景名且数量较前代均有所增加；明代与清代“八景”的字格种类最多，二、三、四、五字格景名都有涉及；民国时期字格种类减少，仅有四字格景名；到新中国成立后，仅有一个三字格景名，其余均为四字格景名。且从可以确定产生时期的“八景”字格数量特征来看，字格特征逐渐呈现由多元向一元转化的趋势。可见，除宋代以外，四字格景名在各个时期中都是山东省“八景”景名的主流形式，也与“八景”的起源——潇湘八景的景名字格特征相同，说明四字景名是传承最好、应用最广泛的字格特征。

山东省“八景”字格特征统计表　　表 7

字格数量	产生时期								总计
	宋代	金代	元代	明代	清代	民国时期	新中国时期	时期不明	
二字格	—	—	—	13	19	—	—	—	32
三字格	11	—	14	41	85	—	1	8	160
四字格	—	8	16	647	662	136	328	40	1837
五字格	—	—	—	1	2	—	—	—	3
总计	11	8	30	702	768	136	329	48	2032

3.3 韵律特征

景名依托文字，而文字具有音的作用[13]，景名作为概括一方风景的凝练性语言，其韵律与语法必然遵循语言学的特征。语言是文化的符号，文化是语言的归属[22]，景名借助语言中的词汇对实际景观特色及其历史渊源、文化特征等进行描绘，同时能够表示其地理位置。本文从语言学视角下探讨景名的语言特点，从音节构成和平仄特点[23]两方面分析山东省“八景”景名的韵律特征。

3.3.1 音节构成

对收集到的山东省“八景”的 2032 个景名的音节构成进行统计（表 8），共有二音节景名 32 个、三音节景名 160 个、四音节景名 1837 个、五音节景名 3 个，可见四音节景名是山东省“八景”景名音节构成的主要形式，也是“八景”的起源——潇湘八景的景名音节构成形式，说明四音节景名是流传最广，应用最广泛的音节构成形式。

山东省“八景”韵律特征统计表　　表 8

景名音节	平仄分布		数量（个）		举例
二音节景名	平平		15		云堆（大泽山二十八景）、钟石（大泽山续增八景）
	一平一仄	平仄	16	2	般水、丰水（般阳二十四景）
		仄平		14	可亭（依绿园十二景）、柳塘（后乐轩八景）
	仄仄		1		孝水（般阳二十四景）
三音节景名	平平平		38		仙人台（五峰山内八景）、藏春坞（苫山八景）
	两平一仄	平平仄	85	25	摩云顶（华楼山十二景）、坤灵洞（尼山八景）
		平仄平		32	明孔山（灵岩寺八景）、松抱槐（莒州内八景）
		仄平平		28	锦屏岩（楼溪十景）、鲁源村（峄山二十四景）
	两仄一平	平仄仄	33	6	高架崮（华楼山十二景）、邀月步（依绿园十二景）
		仄平仄		7	玉皇洞（华楼山十二景）、在川处（行宫八景）
		仄仄平		20	米麋石（大泽山二十八景）、近圣居（行宫八景）
	仄仄仄		4		置寺殿（灵岩十二景）、宝塔寺（般阳二十四景）
四音节景名	平平平平		99		飞阁回澜（青岛十景）、仙阁凌空（蓬莱十景）
	三平一仄	平平平仄	742	314	昆仑叠翠（淄川八景）、之罘朝日（福山八景）
		平平仄平		92	明湖汇波（泉城新八景）、东园早春（潍州八景）
		平仄平平		233	洪范浮金（平阴新八景）、浮翠流丹（青岛新十景）
		仄平平平		103	蓼河清漪（曲阜新十景）、孝阁凌云（鱼台新八景）

续表

景名音节	平仄分布		数量（个）		举例
四音节景名	两平两仄	平平仄仄	816	301	池莲四面（蕃阳八景）、莱阴古畤（黄县八景）
		平仄平仄		41	新甫拥翠（新泰八景）、莱墓神柏（曹县续八景）
		平仄仄平		51	危岭酿霖（东平十景）、光岳晓晴（聊城八景）
		仄平平仄		166	范园春晓（宁海十景）、凤城烟雨（海阳十景）
		仄平仄平		34	望石踏青（莱阳八景）、赤眉斧痕（金乡八景）
		仄仄平平		223	济水澄波（济阳八景）、铁锁联钟（商河续增八景）
	三仄一平	平仄仄仄	164	27	文庙览胜（宁阳新八景）、八里揽秀（曹县新八景）
		仄平仄仄		92	郑祠老柏（高密八景）、隐城晓望（武城八景）
		仄仄平仄		24	漱玉流韵（趵突八景）、汉柏连理（岱庙八景）
		仄仄仄平		21	九水卧游（崂山二十四景）、岱岳耸瞻（肥城十六景）
	仄仄仄仄		16		岠嵎瀑布（海阳十景）、日岛海市（威城八景）
五音节景名	四平一仄	平平仄平平	2		白芽寺枯松（临朐八景）、刘章手植槐（莒州内八景）
	三平两仄	平仄平仄平	1		一步三孔桥（莒州内八景）
总计			2032		

3.3.2 平仄特点

古代诗词讲究“平仄”，这两种声调的交替使用可使诗词音调抑扬顿挫，使其产生音乐旋律般的美感[24]，按景名音节构成形式分别统计每个景名的平仄分布情况，可见四音节景名呈现出的平仄分布形式最为多样，共有5类16种韵律形式，其中又以“两平两仄”包括的形式和数量最多。而从各类景名内容来看，二音节、三音节景名代表的往往是单一景观，如依绿园十二景中的“可亭”、华楼山十二景中的“摩云顶”，景名中仅包含一类景观元素，属于此景观的专有名称；而四音节景名则是复合景观的概括反映，如聊城八景中的“光岳晓晴”包含两类景观元素，“光岳”指位于山东省聊城市东昌府区的光岳楼，现已被列为全国重点文物保护单位，属于建筑类景观，“晓晴”则是对观景时的气候与时辰进行了描绘，属于天象类景观，二者共同形成组景题名；五音节景名仅有3个，其中临朐八景的“白芽寺枯松”属于复合景观，莒州内八景的“刘章手植槐”和“一步三孔桥”则属于单一景观。

4 结语

对山东省“八景”的时空属性进行总结，从空间分布上看，鲁中及鲁北地区“八景”在地理位置上的分布较为广泛，而区县类“八景”在区域范围类别上占有极大的数量优势；从年代分布上看，以明清时期产生的景名数量最多，新中国时期次之，可见这3个时期的山东省“八景”更具普遍性。时空属性的界定明确了山东省“八景”在不同空间及时间层级上的分布情况，为后续研究提供了一定方向，而对于景名数量、字格、韵律特征的分析则从不同角度上反映了四字景名在山东省“八景”景名特征中的典型性，四字景名综合了不同类型的景观元素，且具有更为丰富的平仄韵律，在具有古典诗性特征的同时，也与作为其原型的“潇湘八景”景名特征最为接近。

景名是题名景观的代表特征，可以称为其画龙点睛之笔，在景观的诗意表达上也起到了以小见大的作用。山东省“八景”资源丰富，文化底蕴深厚，希望能够以景名的系统研究为引，为日后山东省“八景”历史价值的挖掘和文化内涵的探索做出更多努力。

参考文献

[1] 何林福．论中国地方八景的起源、发展和旅游文化开发[J]．地理学与国土研究，1994(02)：56-60.

[2] 赖平平，刘培蕾．现代题名景观的“立景相地”探讨[J]．规划师，2013，29(S2)：255-258.

[3] 吴必虎．中国文化区的形成与划分[J]．学术月刊，1996(03)：10-15.

[4] 赵炳武．山东省地方志联合目录[M]．中国文联出版社，2005.

[5] 常建华．试论中国地方志的社会史资料价值[J]．中国社会历史评论，2006(00)：61-73.

[6] 陈红彦，傅静，黄涛．地方志资源的聚合方法与实现[J]．国家图书馆学刊，2018，27(02)：8-13.

[7] 夏征农．大辞海：中国地理卷[M]．上海辞书出版社，2012.

[8] 王露．城市景观题名研究[J]．中国名城，2019(06)：58-65.

[9] (清)徐宗干修；(清)许瀚纂．道光济宁直隶州志．山东省历代方志集成·济宁卷(2)，2019：2016.

[10] (明)熊元修；(明)马文炜纂．万历安丘县志．山东省历代方志集成·潍坊卷(10)，2018：6500-6501.

[11] (清)林芃修；(清)马之骦纂．康熙张秋志．山东省历代方志集成·聊城卷(14)，2019：8176.

[12] 李继涛．龙口市志[M]．第1版．齐鲁书社，1995.

[13] 史英霞，赵丹青，孟祥彬．圆明园四十景景名的诗意表现[J]．中国园林，2020，36(03)：46-49.

[14] (清)戴王缙修；(清)刘胤德纂．康熙德平县志．山东省历代方志集成·德州卷(8)，2020：5314.

[15] (清)刘德芳修；(清)王运昇 王运晟纂．康熙蒙阴县志．山东省历代方志集成·临沂卷(5)，2018：2488.

[16] (清)林溥修；(清)周翕鐄纂．同治即墨县志．山东省历代方志集成·青岛卷(4)，2017：2161.

[17] (清)佚名纂．康熙纂修即墨县志．山东省历代方志集成·青岛卷(4)，2017：1889-1890.

[18] (明)高知止纂修．万历平原县志．山东省历代方志集成·德州卷(10)，2020：6754-6755.

[19] (明)柯一泉修；(明)杨羽埤纂．万历庆云县志．山东省历代方志集成·德州卷(6)，2020：3733-3735.

[20] (清)万承绍修；(清)周以勳纂．嘉庆清平县志．山东省历代方志集成·聊城卷(9)，2019：5341.

[21] 李正春．论唐代景观组诗对宋代八景诗定型化的影响[J]．苏州大学学报(哲学社会科学版)，2015，36(06)：167-172.

[22] 辛颖，唐欣．文化语言学视角下的兰州市辖区行政区划地名研究[J]．发展，2021(03)：64-73.

[23] 杨小宁．文化语言学视角下的西安地名研究[D]．重庆师范大学，2013.

[24] 黄伯荣，廖序东．现代汉语(增订版)[M]．高等教育出版社，1991.

作者简介

马思洁，1997年生，女，汉族，北京人，青岛理工大学建筑与城乡规划学院硕士研究生在读，研究方向为风景园林历史与理论。电子邮箱：masj001@126.com。

(通信作者)张安，1975年生，男，汉族，山东青岛人，博士，青岛理工大学建筑与城乡规划学院，副教授、硕士生导师，研究方向为风景园林理论历史与遗产保护、滨海山地域开放空间规划设计原理及空间治理。电子邮箱：zhangan@qut.edu.cn。

陈菲，1982年生，女，汉族，吉林白山人，博士，青岛理工大学建筑与城乡规划学院，副教授、硕士生导师，研究方向为风景园林规划设计及其理论。电子邮箱：chenfei3913@126.com。

基于物候学视角的杭州西湖植物类遗产时序美研究①

Study on Seasonal Landscape of Plant Heritage in West Lake of Hangzhou from the Perspective of Phenology

赵彩君　傅　凡*

摘　要：特色植物是杭州西湖文化景观的重要组成部分，也是构成西湖四时风景变迁的主要载体，具有重要遗产价值。采用当代物候季节划分方法与西湖古诗词传统季节认知相互验证、比对的方法，从季节划分、季节性物候特征、物候指示和特色物候组合等方面，归纳西湖植物类遗产的物候特色，解析当代物候季节与传统季节认知的异同点，为杭州西湖文化景观植物类遗产的保护提供理论支撑，探讨物候学方法在古代园林研究和当代风景园林实践中的学术价值和应用前景。

关键词：杭州西湖；物候季节；季节性物候指示；物候组合；互证

Abstract: Characteristic plants are not only an important part of the West Lake Cultural Landscape of Hangzhou, but also the main element of the seasonal landscape of the West Lake, which has important heritage value. Using the method of mutual verification and comparison between contemporary phenological season division and traditional season cognition of West Lake related ancient poetries, this paper summarizes the similarities and differences between contemporary phenological season and traditional season cognition in terms of season division, seasonal phenological characteristics, seasonal phenological indication and characteristic phenological combination, so as to refine the phenological characteristics of West Lake plant heritage. This study provides theoretical support for the protection and inheritance of plant heritage of West Lake Cultural Landscape of Hangzhou, discusses the academic value and application prospect of phenology method in ancient garden research and contemporary landscape architecture practice.

Keywords: West Lake in Hangzhou; Phenological Seasonal; Seasonal Phenological Indication; Phenological Combination; Mutual Evidence

引言

2011年，杭州西湖入列世界遗产名录，被认为是"天人合一"理想境界的最佳阐释。植物是杭州西湖文化景观的重要组成部分之一，其丰富性、历史性、文化性，及其能体现千年以来植物景观真实性和延续性的艺术手法，在我国风景名胜区和城市园林中具有杰出代表性[1]。在西湖关联诗文中，植物物候是指示季节变迁，展现时序之美的重要载体。物候在中国传统季节认知中的重要作用由此可见一斑。

当代物候学中有物候季节的概念，是以一年中各种物候现象出现为指标划分的季节，在揭示一个地方的景观时序美方面扮演不可替代的角色[2]，是季节划分重要方式之一。杨国栋首先提出单纯利用物候指标进行季节划分，以按候出现的乔灌木物候现象的累积频率作为定量指标划分季节[2]。陈效逑等提出频率分布型法，具有划分指标定量、综合，划分季段详细，季节内涵丰富等特点[3]。胡影等、邢小艺等利用该方法研究了民勤和北京的物候季节[4,5]。常兆丰等针对民勤荒漠区气温四季和物候四季的对比研究发现以物候划分四季更适合当地季节变化，适用范围更广泛，与农业关联更直接[6]。

本文拟借助物候季节划分方法，研究杭州西湖的物候季节特征，然后再通过与西湖关联性古诗词互证和比对，归纳当代物候季节与传统季节认知异同点，提炼西湖植物类遗产的物候特色，为遗产保护和传承提供理论支撑。研究目的还在于提升物候类遗产的关注度，尝试利用当代定量研究方法，探索如何在保证传统文化延续性的前提下，系统挖掘和梳理物候学对当代诗意、健康人居环境建设的意义。

1　研究方法

1.1　西湖代表性植物选择

物候研究应选择有代表性的、生长健康的植物[7]，且应以木本为主，因草本植物物候期受环境影响非常大[7]。施莫东先生根据西湖历史文献和现存古树归纳出历史植物80种，其中垂柳、枫香、梅、桃等15种是主要植物[1]。这些历史植物与西湖现存常见植物基本相同，具有代表性。其中木本植物70种，乔灌比和落叶、常绿比均为7：3。本研究以此为依据进行植物选择。

① 基金项目：教育部人文社科基金（编号21YJA760018）、北京市社科基金（编号16LSB004）、华侨大学科研基金资助项目（编号16BS805）、华侨大学新工科示范课程建设项目共同资助。

1.2 物候期混合样本库的构建

选择中国物候观测网杭州站点1979年的物候记录[8]，首先，1979年观测植物种类最多，样本量越大季节划分结果越客观[3]。其次，物候现象的顺序性、关联性不受观测年数和年代的影响。而且，一年物候数据在物候期时间分布特征、物候现象相对时序规律的研究中仍具有一定代表性[5]。再次，从气候学看，1979年的年均气温和年均相对湿度接近多年平均值，该年物候具有一定代表性（图1）。

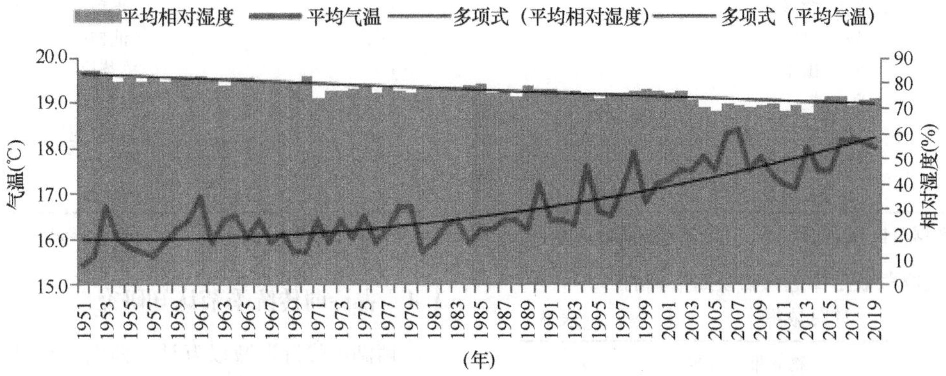

图1 1951～2019年杭州市年平均气温和年平均相对湿度变化趋势图

选择萌动（芽开始膨大期和芽开放期）、展叶（开始展叶期、展叶盛期）、开花（花序或花蕾出现期、开花始期、开花盛期、开花末期）、果熟（果实成熟期、果实脱落开始期、果实脱落末期）、叶秋季变色（叶开始变色期、叶全部变色期）和落叶（开始落叶期和落叶末期）6个发育期的15种物候期组建混合样本库，包括58种代表性植物的641条物候期记录（表1）。其中41种有物候记录，9种可用物候期相近物种替代，8种可用生物气候定律推算（表2），推算依据见表3[9]。乔灌比和落叶、常绿比仍是7∶3，基本延续西湖代表性植物的总体特征。为减少误差，在使用生物气候定律时，物候期推移日数控制在20以内。

应用于西湖物候季节划分的植物名录 表1

生活型		物种
常绿针叶种（5）		马尾松*、罗汉松、桧柏、龙柏、柳杉
常绿阔叶种（12）	乔木（7）	杨梅*、苦槠、枇杷、樟、广玉兰、冬青、青冈栎
	灌木（5）	木犀*、山茶*、海桐、女贞、栀子
落叶阔叶种（41）	乔木（29）	垂柳*、枫香*、梅*、桃*、杏*、沙梨、槐、银杏、梧桐、栗、楝、乌桕、榆树、柿、桔、桑、樱桃、枣、珊瑚朴、麻栎、皂荚、梓、糙叶树、玉兰、黄连木、黄山栾树、三角槭、七叶树、樱花
	灌木（11）	木芙蓉*、牡丹*、石榴*、紫薇*、垂丝海棠*、西府海棠*、贴梗海棠、紫玉兰、蜡梅、琼花、杜鹃
	藤本（1）	蔷薇

注：1. *为文献［1］中提出的西湖15种主要植物。
2. 文献［1］中的“梨”判断应为主产长江流域，在西湖栽培历史悠久的沙梨。

物候期由相近物种替代和生物气候定律推算的植物名录及其数据来源汇总表 表2

物候期推算方法	序号	物种	观测地点	纬度	经度（°）	海拔（m）	观测物种	观测时间（年）
利用生物气候定律推算	1	梅	安徽省歙县	30°	118	430	红梅	1979
	2	桃	安徽省铜陵市	31°	118	50～200	桃	1979
	3	杏	四川省仁寿县1	30°	104	500	杏	1979
	4	桑	四川省万州区	31°	108	180	桑	1979
	5	桔					桔	1979
	6	樱桃	四川省宜宾市	30°	105	300～380	樱桃	1979
	7	石榴	湖北省鄂州市	30°	115	60	石榴	1979
	8	梨					梨树	1979

续表

物候期推算方法	序号	物种	观测地点	纬度	经度(°)	海拔(m)	观测物种	观测时间(年)
由物候期相近物种替代	1	玉兰	浙江省杭州市	30°	120	20	二乔木兰	1979
	2	木樨					金桂	1979
	3	紫薇					银薇	1979
	4	柿					油柿	1979
	5	山茶					早茶梅	1979
	6	栀子					水栀子	1979
	7	琼花					天目琼花	1979
	8	杜鹃					满江红	1979
	9	蔷薇					野蔷薇	1979

资料来源：数据源自参考文献［8］和国家科技基础条件平台—国家地球系统科学数据中心（http：//www.geodata.cn）。

利用生物气候定律进行物候期推算的计算依据　　表 3

月份	物候推移日数		
	纬度（日/度）	经度（日/5度）	高度（日/100m）
1	5	5	1
2	4	4	1
3	4	4	1
4	4	4	1
5	3	3	1
6	2	2	1
7	0	0	0
8	3	3	1
9	4	4	1
10	4	4	1
11	4	4	1
12	5	5	1

注：物候期推移与季节变化有关，1～6月由南向北，或由低到高物候期逐渐推迟；8～12月物候期逐渐提早[14]。本表数据由参考文献［9］中的表4.5和图4.6简化而来。

资料来源：数据简化自参考文献［9］。

1.3　物候季节划分方法

采用频率分布型法进行物候季节划分。从1月1日到12月31日，一年被划分73候。使用Excel计算物候期混合样本按候出现的频率和累积频率，绘制曲线，根据曲线分布型的波动特征，找出累积频率曲线的3个拐点划分4季，参照频率曲线波动特征细分12季段。《中国自然历选编》将杭州分为4季9季段，春、夏、秋各3个季段，冬季未分季段。本研究为辨析冬季物候变迁的段落性特征，冬季也被划分3个季段。

1.4　古诗词传统季节认知研究

西湖历代诗词数以万计。西湖诗词类书籍收集诗词从十几到几百首不等，多以景点或时间为序编排[10-13]。斯尔螽的《西湖诗词新话》撷取诗词最多，达600首，并辑成时令、山水、景物、人物、花木、艺文6部分，详细介绍西湖四季风光、山水胜迹等。其中大量与时令、花木相关的诗词是西湖传统季节认知和植物景观研究的重要资料[14]。从该书中筛选同时拥有季节、季段和本研究相关植物发育期、物候期信息的诗词84首，析出物候信息106则，其中春季77则，秋季25则，冬季4则。没有发现涉及本研究58种植物的夏季诗文。对筛选出的古诗文进行统计分析，并与物候季节研究结果进行比对、互证，探讨当代物候季节研究与传统季节认知的符合度，提炼富有中国传统文化特色的西湖典型植物物候组合。

2　结果与讨论

2.1　物候季节、季段划分

2.1.1　季节划分

综合物候累积频率曲线的斜率变化、拐点位置和物候频率曲线的波动划分4季（图2、表4）。结果显示，西湖四季分明，物候主要集中在春、秋季。春季（9～25候）物候累积频率曲线的斜率最大，物候频率最高，占全年52.7%，持续85天；夏季（26～52候）物候累积频率曲线的斜率明显减小，持续135天，物候频率降至全年13.9%；秋季（53～67候）斜率再次增大，持续75天，物候占26.1%；冬季（68～次年8候）斜率再次减小，时长仅70天，物候频率最少仅为全年7.3%（图3）。

西湖物候季节划分结果　　表 4

季节 / 时间	春季			夏季			秋季			冬季		
	初春	仲春	晚春	初夏	仲夏	晚夏	初秋	仲秋	晚秋	初冬	隆冬	晚冬
开始日期	2月10日	3月27日	4月21日	5月6日	5月31日	9月3日	9月18日	10月13日	11月22日	12月2日	12月22日	1月31日、
候序	9～17	18～22	23～25	26～30	31～49	50～52	53～57	58～65	66～67	68～71	72～6*	7*～8*
持续时间	45	25	15	25	95	15	25	40	10	20	40	10
(d)	85			135			75			70		

注：*表示下一年，为季节划分的完整性，假设1980年1～9候的物候现象与1979年同。

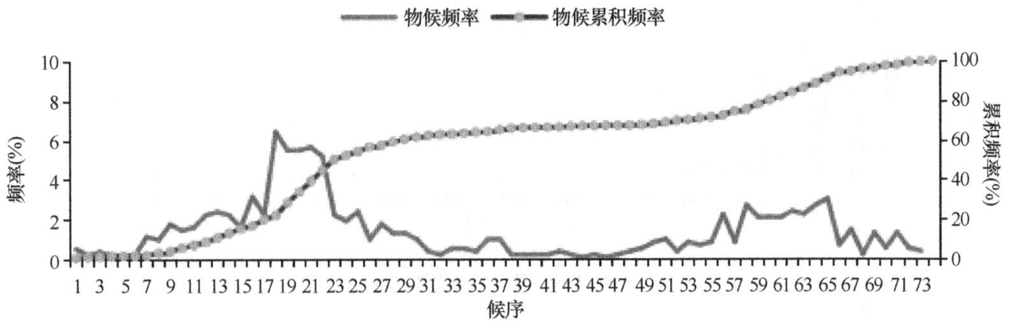

图 2　西湖植物物候频率和累积频率曲线

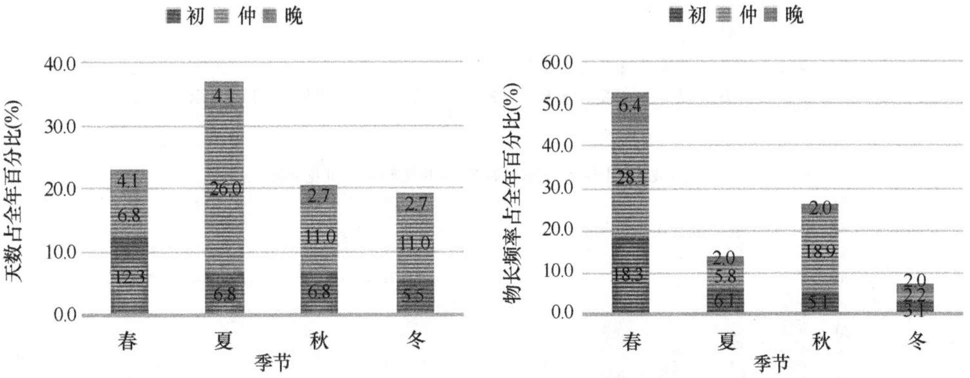

图 3　各季节和季段的持续天数和物候频数占全年百分比示意图

西湖“四时之景不同，而赏心乐事者亦与之无穷矣”（《西湖》)。西湖时序美在南宋“西湖十景”中已有所体现。十景蕴含春夏秋冬、朝昼夕夜、风云雪月等动态时空美景[15]。再如高濂的《四时幽赏录》将西湖四季气候、物候、活动融为一体，形成一幅四时幽赏闲居长卷[16]。四时虽各有特点，但游人规模并非相同。如周密《西湖游赏》所记，“西湖天下景，朝昏晴雨，四序总宜。杭人亦无时而不游，而春游特盛焉。”春季正是物候最丰富的季节，可推测物候对户外游赏的重要贡献。吴自牧的“春则花柳争妍，夏则荷榴竞放，秋则桂子飘香，冬则梅花破玉”（《西湖》）以及苏轼的“夏潦涨水深更幽，西风落木芙蓉秋。飞雪晴天云拂地，新蒲出水柳映洲”（《和蔡准郎中见邀游西湖》其一）则对西湖四时典型植物物候的高度提炼。由此可见，物候在西湖季节性风景特征和游赏中的重要作用。

2.1.2　季段划分

在中国传统历法中有季段之分，如《礼记·月令》将四时各分为孟、仲、季 3 个月。本研究依据物候累积频率曲线的斜率变化和物候频率曲线的波动将各季划分初、仲、晚 3 个季段。结果发现，各季节不同季段的时长和物候频率占比差异显著（图 3)。在物候频率呈现峰区的春、秋季中，仲段物候频率集中度高，分别占各季的 53.3% 和 72.5%。夏、冬各季段的物候频率则从早到暮逐渐降低。从时长分布来看，夏、秋、冬季的仲段占比最大，分别是 70.4%、53.3%、57.1%。春季则从早到暮，季段时长依次减少。

田汝成《西湖游览志馀》记载，“二月十五日为花朝节。盖‘花朝月夕’，世俗恒言，二、八两月为春、秋之中，故以二月半为‘花朝’，八月半为‘月夕’也”[17]。周处《风土记》提到，“浙间风俗言春序正中，百花竞放，乃游赏之时，花朝月夕，世所常言”。花朝和月夕这两个重要节日分别位于春、秋季中段，也恰是物候现象最丰富多变的时段，可见传统节俗与物候的密切关联。西湖诗文中有明确季段信息的诗词主要指向春季，而其中近 60% 指向早春，其次是晚春。可见，与万花如绣的仲春相比，文人更偏爱寻访春的消息，感怀春的归去。夏、秋、冬各季段的诗文则较鲜见。

2.2　四季植物物候特征解析

2.2.1　春季植物物候特征解析

春季植物发育以萌动、展叶和开花为主，分别占 30.5%、31.7% 和 35.5%，另有少量果物候仅占 2.4%。萌动期的 91.2% 发生在春季，并在初春达到峰值。68.4% 植物的叶芽在初春开始膨大（图 4*a*），传递万物生发的信息。展叶和开花期的 93.9%、59.7% 发生在春季，峰值均在仲春（图 4*b*、*c*）。在晚春，萌动和展叶物候减少，开花物候在仲春和初夏之间形成一个波谷（图 4*c*），呈现绿肥红瘦的景象。春季典型植物物候是花柳争妍和树色新丰。

垂柳的萌动、展叶和飞絮，伴随多种植物的开花物候，形成花柳争妍的盛景。这一点在古诗文中也得到验

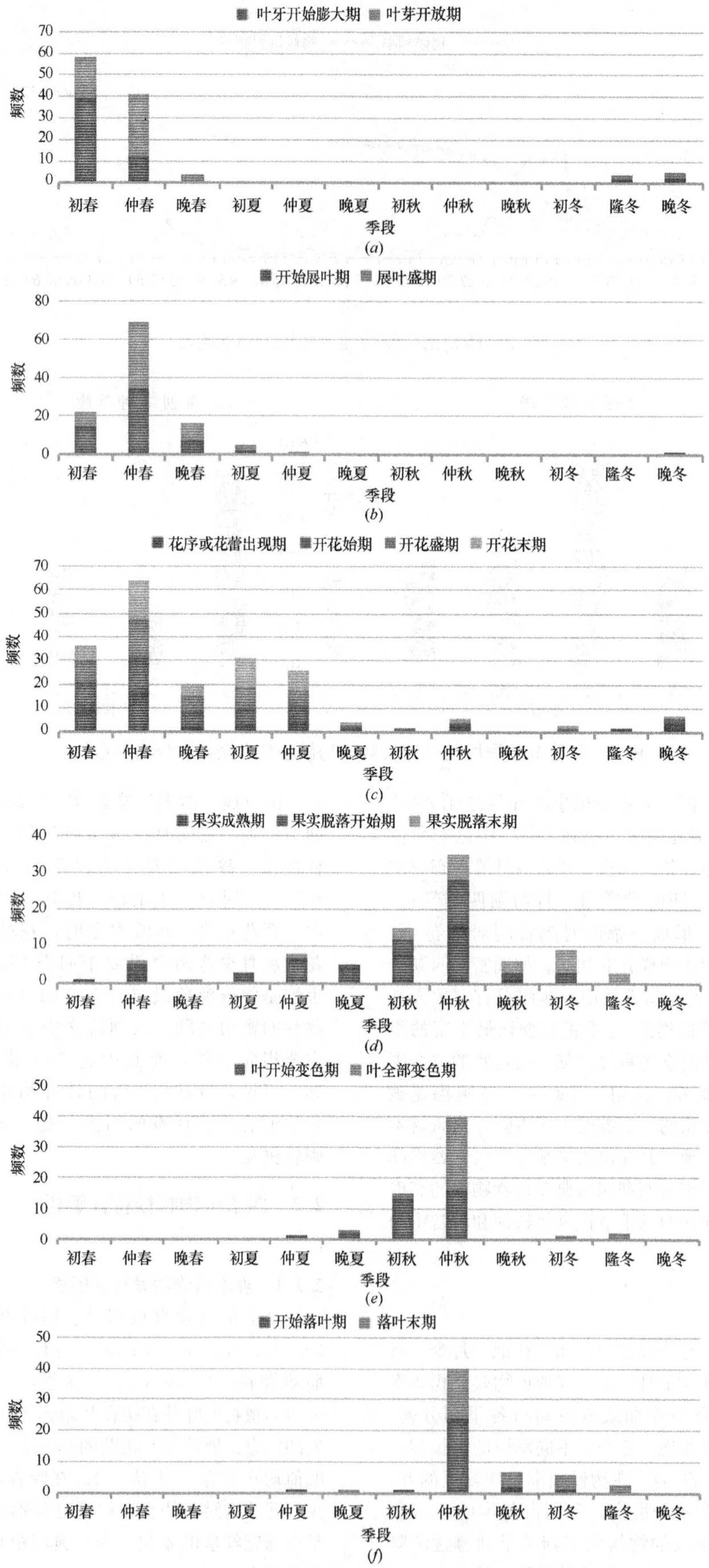

图4　各类物候现象的季段分布图

证。西湖堪称“柳湖”① 西湖春季 77 则植物物候中 29 则关于垂柳，其余 48 则是代表性观花植物梅、桃、杏等的开花期（图 5）。

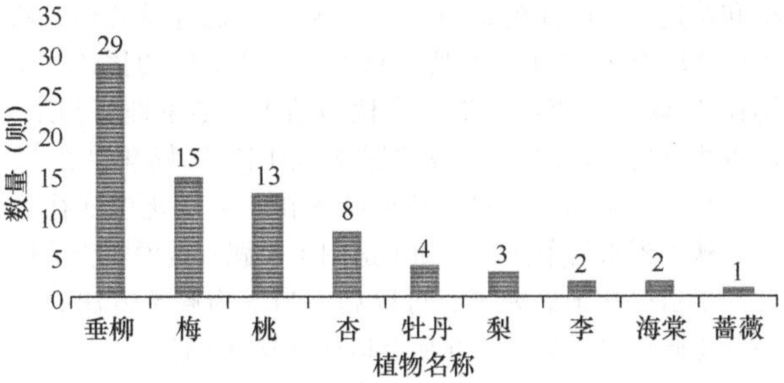

图 5　春季物候诗文涉及植物名称及数量示意图

在初春，垂柳在 9 候叶芽开始膨大，11 候叶芽开放，12 候开始展叶，15 候达到展叶盛期。“鹅黄鸭绿，一月二色”，初春的垂柳从发芽到展叶，树姿、叶形、叶色变化丰富且迅速，极富观赏性。开花物候始于梅，末于桃。在初春始花和盛花的植物依次有桑、柳杉、桧柏、龙柏、珊瑚朴、贴梗海棠、玉兰、樱花和桃。花期（从开花始期到开花末期）最长的是龙柏 56 天，其次是贴梗海棠 27 天，珊瑚朴花期最短仅 9 天，其余 13～17 天。

“柳暗花明春正好”（《苏堤春晓》）。展叶期之后的垂柳已然一树绿荫，“柳阴花影，芳意如织”（《曲游春·清明湖上》）的仲春正式开始。花物候 31.8%，开花始期、盛期、末期的峰值都出现在此季段。仲春盛花的植物，依次为垂丝海棠、西府海棠、枫香、杨梅、紫玉兰、满江红、橘、黄连木、青冈栎、麻栎、马尾松、牡丹、糙叶树、三角枫和梨。就花期来看，垂丝海棠、西府海棠和紫玉兰较长，22～24 天，其次是满江红和橘，14～15 天，其余均为 6～8 天。就候分布来看，除 19 候外，其他候都有 3～4 种植物同时进入盛花期。

“西湖湖上可怜春，烟柳风花最恼人”（《水东日记》）。落花和柳絮是晚春两种代表物候。垂柳果实成熟和脱落期，即柳絮飞发生在 22 候。仲春盛花的植物除牡丹、糙叶树、三角枫和梨开花末期在 23 候，其余都在仲春。西湖赏落花首推水中花，如高濂的“西泠桥玩落花”。柳絮美在空中飞舞的过程，“三眠舞足，雪滚花飞，上下随风，若絮浮万顷”[18]。除了落花，暮春也有植物开花，如蔷薇，始花于 22 候，盛于 23 候，末于初夏的 28 候，花期 30 天。可惜，蔷薇的芳馨也“无计留春住”（《蝶恋花·庭院深深深几许》），晚春的主调依旧是“红粉暗随流水去，园林渐觉清阴密”，（《满江红·暮春》）渐密的树荫为炎夏做好了准备。

西湖春季另一物候特点是树色新丰。展叶物候分布于 8～31 候，开始展叶期的 58.6%和展叶盛期的 62.5%均在仲春，且两者的候峰值（19 候和 21 候）也都在此季段（图 4*b*）。西湖植物的展叶持续期（从开始展叶期至展叶盛期）平均 9.6 天，众数是 5，中位数是 7.5。在展叶物候期，植物叶片数量、形态和色彩的变化极富观赏性。

① 语出白居易《西湖晚归回望孤山寺赠诸客》之“柳湖松岛莲花寺”。

2.2.2　夏季植物物候特征解析

大多数植物在夏季进入漫长生长期。开花物候占主体，约 68.5%，集中在初夏和仲夏。初夏是全年花物候次高峰（图 4*c*）。夏季花物候频数降至春季的 50.8%，但平均花期 19.1 天，较春季长 3.3 天，众数是 8 天，中位数是 12 天。在初夏，樟、七叶树、楝、柿、天目琼花、冬青、梓、枣依次进入盛花期。仲夏开花物候频数略降，广玉兰、水栀子、女贞、乌桕、梧桐、紫薇、槐依次盛花。展叶物候在夏季收尾，占 6.7%。“鸟啼千树绿阴成”（《西湖纳凉》），翠云蔽空的西湖成为夏日纳凉的佳选。春季开花植物的果实在夏季陆续成熟。果熟物候占夏季 18%，仲夏出现第一个果实成熟小高峰（图 4*d*），包括蜡梅、杨梅、梨、罗汉松、珊瑚朴和梧桐。叶秋季变色和落叶物候开始出现，分别占 4.5%、2.2%。

2.2.3　秋季植物物候特征解析

果熟、叶秋季变色和落叶构成秋季物候主体，各占 25.7%、32.9%、28.7%，峰值均在仲秋。叶秋季变色是西湖秋季代表性物候。秋色叶最佳观赏期，即叶全部变色期的 80%出现在仲秋。秋叶持叶期（从叶全部变色期到落叶末期）平均长 20.4 天，众数 16 天，中位数 21 天。叶全部变色期位于秋季的 26 种植物中的 20 种秋色叶呈黄色，包括梧桐、银杏、珊瑚朴等。以枫、柏为代表的红叶也是西湖重要秋色，如高濂“西泠桥畔醉红树”[16]。西湖秋季植物物候诗文共 22 篇，析出物候信息 25 则。其中 10 则关于垂柳叶秋季变色期和落叶期，可见垂柳不仅是春季物候的主体，在秋季也颇受关注；7 则是以枫和乌桕为代表的叶秋季变色期（图 6）。

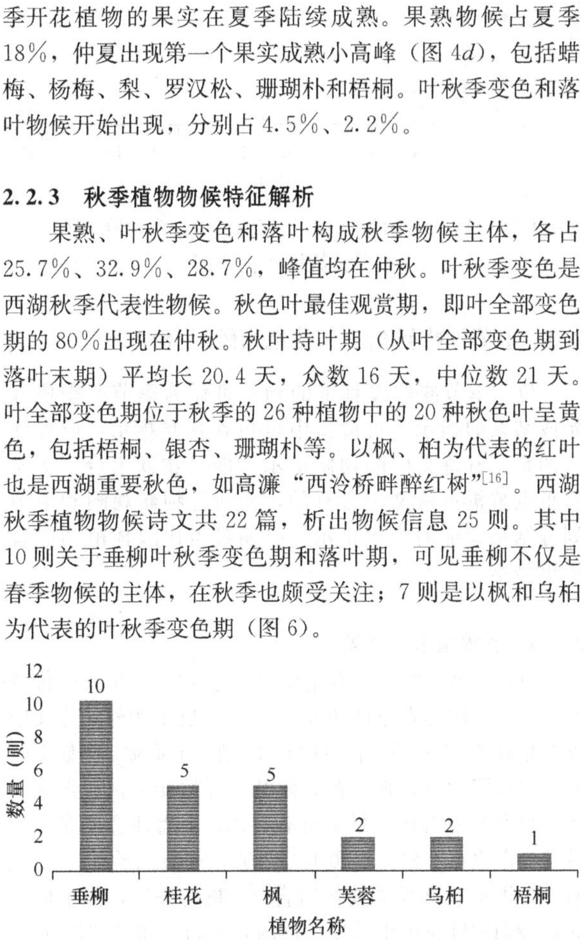

图 6　秋季物候诗文涉及植物名称及数量示意图

值得一提的是，秋季有少量花物候，仅占 4.8%，但却极具代表性，首先，桂花和木芙蓉是西湖主要植物；其次，其开花物候在秋季诗文中数量较多，也是 7 则。“芙蓉杨柳乱秋烟”（《和友人招游西湖》），木芙蓉开花始于 56 候，与垂柳叶开始变色同期。

2.2.4　冬季植物物候特征解析

冬季包括当年物候的收尾和次年的开始，如果熟、叶秋季变色和落叶物候的尾声，还有萌动、展叶物候的起始。古诗词研究发现的冬季物候代表菊凋残、梅始花[9]也具有类似特征，前者代表当年开花物候的尾声，而“斗雪先吐”的梅在3候始花，起到“梅破知春近”（《虞美人·宜州见梅作》）的作用。西湖冬季诗词中有4则物候信息均为梅开花期，其中3则是开花始期。诗文中多有“寒”和“雪”的表述。从杭州累年降雪记录来看，1月、2月有10天降雪（图7），从气候角度印证了梅在寒冷冬季始花的事实。

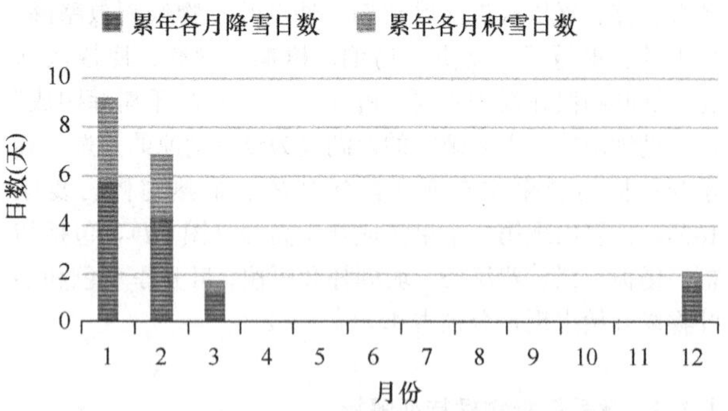

图7 杭州市累年（1971～2000年）各月降雪和积雪日数堆积柱形图

2.3 季节性物候指示和特色物候组合

位于季节或季段首尾的物候可作为季节或季段开始或结束的指示。古诗文中也包含物候指示，值得注意的是，古诗文中的物候指示可能是物候组合。下文将重点解析古诗文中含有的，并通过物候观测和季节划分结果验证的物候指示，以期对当代园林植物配置提供借鉴。

2.3.1 春季指示性物候

垂柳对浙江物候具有重要指示意义[19]，在我国传统文化中，杨柳抽青象征初春[20]。西湖也不例外，诗文中涉及早春的24则物候信息中有14则关于垂柳。物候学研究也验证了此点，垂柳在9候叶芽开始膨大，宣告春之始；11候叶芽开放，早于所有乔木。值得注意的是，梅开花盛期也在9候，梅柳组合可通报初春之始。12候也有一个极富观赏性的物候组合——桃柳齐发，即垂柳开始展叶期和桃花蕾出现期。桃的开花始期和盛期均在17候，相隔4天，花期13天。桃盛花是初春结束的指示。

牡丹、梨盛花和柳絮飞可作为仲春结束的物候指示。被认为“最好花教最后开”（《载酒过湖》）的牡丹在22候盛花。与此同时，垂柳达到果实脱落（即柳絮飞）的末期，绝大多数初春和仲春盛花的植物都已度过开花末期，正如“桃李移春点碧苔，柳绵飞尽小池台。凭君莫信啼鹃语，更有花王最后开”（《西湖春日壮游即事》）。22候盛花的还有梨，“柳絮风轻，梨花雨细”（《踏莎行·柳絮风轻》）是仲春特色物候组合。

2.3.2 夏季指示性物候

夏季代表性观花植物是石榴。石榴花蕾现于16候，始花于23候，盛花于25候，末于30候。可以说，石榴的盛花预示初夏来临，并把70%的花期献给夏季。石榴的开花末期指示初夏的结束。

2.3.3 秋季指示性物候

“木老识秋气”（《同诸韩及孙曼叔晚游西湖》）。叶秋季变色和落叶物候确实可用来指示季节。乌桕、山膀胱、槐和黄连木的叶变色始期均在58候，标志仲秋开始。秋季诗文中有10则关于垂柳叶秋季变色和落叶的描述。垂柳在67候开始落叶，指示晚秋的结束，冬季即将到来。值得注意的是，在西湖，梧桐在仲秋中段62候开始落叶，不具有季节指示性。尽管梧桐叶落在传统文化中往往被视为秋季到来的象征，但却不适用于西湖。这说明季节性物候指示存在地区差异。可以利用当代物候学方法验证一种物候现象在某一地方是否具有季节指示性。

秋季代表性开花植物桂和木芙蓉也可作为季段指示。桂盛花于53候，标志初秋之始。木芙蓉开花盛于58候，标志仲秋之始。

2.3.4 冬季指示性物候

春季诗文中有8则关于杏开花期。但物候划分研究则发现杏始花和盛花均位于晚冬，且具有一定指示性。古诗文和物候研究结果存在差异，原因可能是杏的物候期是通过生物气候定律推算而来，可能存在误差。

3 结论和展望

综上，当代物候季节和古诗文物候信息基本相符，这说明古诗文中的物候信息基本符合自然规律，具有重要研究价值。当代物候季节研究方法可以应用于古代季节研究。比较研究也发现两者可以相互补益。一方面，古诗文中的物候风景和物候组合往往是在传统文化中被广泛接受和喜爱的代表传统审美情境的经典模式，为当代诗意物候风景的营造提供借鉴；另一方面，利用当代物候学方法可以对古诗文中的物候信息进行科学校验，甄别其中由于创作背景、文学成分等人为原因导致的缺乏科学性的信息，提取其中符合自然规律的内容，还原时间序列，扩充物候组合，定量推导气候环境，为物候风景的塑造提供更全面的数据支撑。

物候与风景园林既有历史渊源又在当代密切相关。物候学方法在现代风景园林领域也具有重要研究价值和应用前景。物候季节较季相景观具备以下优点：首先，物候季节以候为单元，比四季更加精准；其次，利用物候划分的季节、季段更能反映季节的内涵，有助于保护、传承和发扬中国传统文化中蕴含的自然的文化性特征；再次，除了季节性，物候还具有周期性、顺序性、相关性、同步性、指标性等规律特征[18]，能够更加清晰的呈现植物物候序列的组合特征，为植物配置的时间序列营造提供数据支撑；最后，物候观测资料以定量为主，可利用统计学方法延长数据，或与其他观测资料建立定量校准关系，扩展研究的空间和时间尺度。

注：文中图、表数据来源于国家气象科学数据中心（http://data.cma.cn）。

致谢

感谢国家科技基础条件平台——国家地球系统科学数据中心(http://www.geodata.cn)提供数据支撑。

参考文献

[1] 施莫东. 西湖钩沉——西湖植物景观的历史特征及历史延续性[J]. 中国园林, 2009, 25(09): 1-6.

[2] 杨国栋, 陈效逑. 论自然景观的季节节奏[J]. 生态学报, 1998(03): 3-5.

[3] 陈效逑, 曹志萍. 植物物候期的频率分布型及其在季节划分中的应用[J]. 地理科学, 1999, (1): 22-28.

[4] 胡影, 李亚. 民勤绿洲物候季节划分及景观季相特征[J]. 干旱区资源与环境, 2005(02): 173-178.

[5] 邢小艺, 郝培尧, 李冠衡, 等. 北京植物物候的季节动态特征——以北京植物园为例[J]. 植物生态学报, 2018, 42(9): 906-916.

[6] 常兆丰, 韩富贵, 仲生年. 民勤荒漠区物候与四季划分[J]. 中国农业气象, 2009, 30(3): 308-312.

[7] 宛敏渭. 中国自然历选编[M]. 北京: 科学出版社. 1986: 10, 173.

[8] 中国科学院地理研究所编. 中国动植物物候观测年报(第7号)[M]. 北京: 地质出版社, 1988.

[9] 龚高法, 等. 历史时期气候变化研究方法[M]. 北京: 科学出版社, 1983.

[10] 吕小薇, 孙小昭选注. 西湖诗词[M]. 上海: 上海古籍出版社, 1982.

[11] 王荣初选注. 西湖诗词选[M]. 杭州: 浙江文艺出版社, 1985.

[12] "西湖天下"丛书编辑部. 西湖诗词[M]. 杭州: 浙江摄影出版社, 2011.

[13] 孟东生注. 西湖游船诗词曲文选[M]. 杭州: 杭州出版社, 2012.

[14] 斯尔鑫编著. 西湖诗词新话[M]. 杭州: 浙江文艺出版社, 1984.

[15] 刘华彬, 徐建三. 西湖风景区气象景观分析[J]. 安徽农业科学, 2010, 38(6): 3065-3068.

[16] 高濂著. 王大淳等整理. 尊生八笺[M]. 北京: 人民卫生出版社, 2017.

[17] 田汝成著. 陈志明编校. 西湖游览志馀[M]. 北京: 东方出版社, 2012.

[18] 王梨树. 中国古今物候学[M]. 成都: 四川大学出版社, 1990.

[19] 刘淑兰, 王秀珍, 滕卫平, 等. 浙江垂柳物候分析与气候因子关系研究[J]. 科技通报, 2011, 27(06): 837-843.

[20] 竺可桢, 宛敏渭. 物候学[M]. 长沙: 湖南教育出版社, 1999: 7.

作者简介

赵彩君, 1979年生, 女, 汉族, 山东淄博人, 博士, 华侨大学建筑学院, 副教授, 研究方向为园林历史与理论, 园林与气候、物候。电子邮箱: 652119300@qq.com。

(通信作者) 傅凡, 1974年生, 男, 汉族, 天津人, 博士, 北京建筑大学建筑与城乡规划学院, 教授, 研究方向为园林史、园林生态。电子邮箱: landscapeplanning@163.com。

Vernacular 与 Milieu 之内涵辨析

——风景“通态性”理论中的风土深意

Vernacular and Milieu's Connotation Analysis

—The Deep Meaning of Milieu in the Theory of Landscape "Mediance"

刘晓琳　杨豪中*

摘　要：国际上关涉“风土”的研究有着较为悠久的历史沿革，而“风土”的专业译词——“vernacular”也在我国本土研究中沿袭至今。但事实上，中国语境中的“vernacular”（乡土）与真正意义的“风土”概念并非完全对等，而是存在着内涵覆盖范围的间隙。从法国边留久《风景文化》理论中的“milieu”（风土）内涵出发，通过辨析两词间的内涵释义之别及背后差异化语境产生的原因，以期延展现有“风土”内涵释义的范围，诠释受“风土”制动的风景“通态性”的模型、公式、范畴及对未来风景遗产保护趋势的影响效应。

关键词：风土；风景；通态性；遗产保护

Abstract: International research on vernacular has a relatively long history, and China's local research has also followed the translation of vernacular to this day. But in fact, the concept of "vernacular" in the Chinese context and the concept of "vernacular" in the true sense is not completely equivalent, there is a gap in the connotation coverage. Therefore, starting from the connotation of "milieu" in 〈Thinking through landscape〉 written by Augustin Bernie, we can analyze the difference in connotation interpretation between the two words and the reasons for the differentiated context. To extend the scope of the connotation and interpretation of "vernacular", and to interpret the models, formulas, categories of the "mediance" affected by the "milieu" and the influence of future landscape heritage conservation trends.

Keywords: Vernacular; Milieu; Landscape; Mediance; Heritage Conservation

引言

我国关涉风土的研究有着普遍沿袭的专业译词——vernacular（乡土），但事实上携有中国本土意义的“乡土”一词与西方体系所指代的概念并不完全吻合，风土包含了乡土而乡土反之则不能涵盖更广义的风土内涵[1]。可见，我国本土语境中现有的风土译词——vernacular，与真正意义上的“风土”仍存在着内涵匹配的间隙。尤其，就风景遗产领域的“风土”而言，适配之身影更为模糊。本文鉴于对上述缺口的关注，引入了法国边留久（Augustin Berque，1942年～）① “风景文化”理论中的风土——milieu。那么从vernacular到milieu，两者之间到底有何关联与差异？此词到彼词间又隐藏着怎样的语境的变化？

本文将依托对风土内涵释义的辨析，转动解谜之匙，寻觅风景遗产保护语境中“milieu”一词背后隐含的风土内涵及风景“通态性”机制对遗产保护领域的潜在深意。

1　“风土”的内涵释义辨析

1.1　vernacular（乡土）一词的内涵发展

西方“vernacular”一词的内涵侧重于风土风格的发展留痕，如英国地方性哥特风及美国的现代风土研究（包括乡村、城郊、城市居所），大致对应了风土的范畴[1]。国内以语缘性风土研究为典范[1]，梳理了风土方言分区影响下的村落建筑体系，为该领域奠定了重要的研究基础。迄今为止，国内现有涉及风土的研究仍广泛沿袭着“vernacular”一词，但该词的内涵更切合沿袭宗法礼俗传统的中国乡村社会的“乡土”意义，而非完整包裹文化内核的“风土”内涵，如弄堂、胡同等风土区域显然并不隶属乡土的范畴[2]。鉴于本文是基于边留久“风景文化”理论下的“风土”研究，因而并未选择已有传统普及化的“vernacular”来指代于此语境下的“风土”内涵，而是相对陌生的“milieu”一词。

① 边留久，地理学家、东方学家、风景文化哲学家，其东方学研究对法国当代思想影响深远，《风景文化》中的“通态性”理论是对西方二元论禁锢下的风景观念的重生。

1.2 基于边留久风景语境下的 milieu（风土）内涵

若从字面含义而言 milieu 指代了某种环境，那么这到底是怎样的环境？与人们普遍认知中的物质环境有何关联及区别？又是如何从环境转化而成了“风土”呢？Milieu（风土）是风景哲学家边留久依据和哲辻郎《风土》（fûdo）一书中的“风土”① 内涵，在其“通态性”理论中所选用的照应之词。英语 milieu 一词最早从古法语中提炼借鉴而来，据柯林斯词典的诠释：其由词根 mi 和 lieu 共生而成，mi（同 middle）是拉丁语 medius（中间）的衍生体，而 lieu（同 place）则是 locus（地方）的衍生体（图 1）。通过对其古老词根的溯源，可见 milieu 指的正是地域性风土介入的环境，尤其指集历史性、文化性、社会性于一体的风土环境，而这个过程也正对应了本文所探讨的“通态性”机制中风土的隐藏意义。

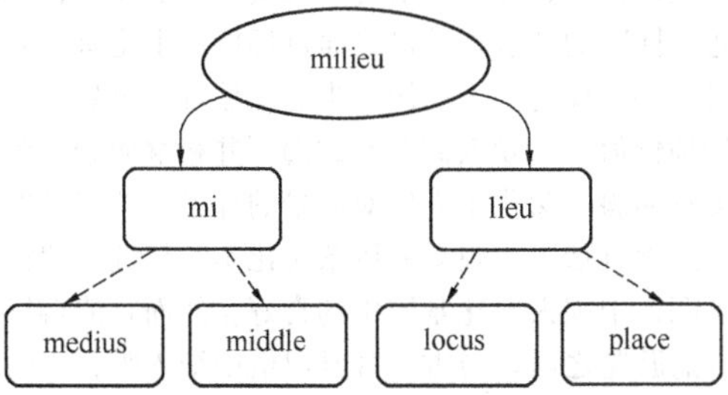

图 1 “milieu”词根结构及其内涵溯源

此外，需要特别指出的是“milieu”另一层延展的内涵——“媒介”。风土与媒介又有何关联？笔者以为，正是这一特殊的内涵层次使该词从“环境”转为了真正的“风土”意义，喻示着风土性的历史文化切入环境通态化为风景的重要环节。这些内涵的合体，完整地诠释了本文所要探讨的边留久风景文化理论中所定义的风土内涵（“通态性”转化中的风土媒介效应）[3]。“风土”为何有如此魔力？风土又到底起到怎样的介质载体的作用？这就要从深入剖析风土、风景与“通态性”的历史文化羁绊及“风景文化”诞生之地——中国的“风土”说起。

2 中国历史文化延续中的“风土”

中国自古便孕育着“风土”独特的意涵，于此土壤中深碾的风土留痕对风景“通态性”的理解具有重要的奠基意义。风和土原本有着各自分离的表层含义，而《国语·周语》中最早描述了关于古代中国籍礼活动中的“风土”。风土并非单纯自然物象的名词指代而是有着动词的深意，可形容为事物因风袭散逸之势，更可延展为文化的远播[4]，正如《毛诗序》载：“风，风也，教也。风以动之，教以化之。”此外，古人笃信“风”与“乐”间存在着关息阴阳生命相生天调的潜在逻辑，因而祭祀土壤的风土籍礼中的乐舞被认为可“开山川”“疏脉气”[4]②。这也证实了风土发展中，《诗经》“风、雅、颂”之“风”不仅指地域风土性的歌谣曲调，更具一定的媒介传播、教化、风化及伦理深意，亦映射出当时世风及民风。

鉴于上述如蒲公英般弥散的风土歌谣的流传及教化性质，笔者以为这是否可以理解深推为：“通态性”转化中，历史文化在一定地域群体内传播、流动、发酵后，所聚合出的风土氛围与环境相交织最终形成的风景气场呢？如此，边留久的“风景是环境未有改变，但风土已有变化的新风土[3]”这一理念便更加清晰起来。可见，风景的真正内涵正是由历史、文化、审美通态化后的风土环境。

3 风景遗产保护语境中的风土与“通态性”的藕丝相连

3.1 从风土看风景“通态性”理论的意义

Milieu 除了历史文化的环境意义外，其还隐含着动态的媒介转化属性，是通态性逻辑中的重要环节。在历史时间与风土气氛的沁润下，这种媒介性催生了风景、人、文化间的“通态性”转化体系的构建。如此，对风景主客体关系的认知切入就不应仅仅是二元论下视觉客体绝对存在，而是关涉人类社会、文化、自身命运发展的一个重要环节。边留久先生认为风景正是“通态性”的历史文化变迁影响下形成的风土环境[3]。在工业化对传统美学机械性割裂后呈的现代性及西方二元论风景是单向客体意义的固化认知的影响下，中国曾经辉煌延绵的“风景文化”如今却陷入全球同质化的困窘之境，急需一场鉴古指今的人文美学复兴[5]。“通态性”则使风景在转化流动中获得了新的身份和活力（集主客于一体的存在）[3]。

风景“通态性”的现实的实现公式是：r＝S/P（P 是 S 的谓语关系）[3]，也就是风景是环境经由历史文化、审美意识过滤风化后的呈现。这种理解是由风土文化内涵中的变量因素对生命个体属性影响后的审美呈现。“通态性”转化机制及其要素间多因相衡的逻辑关系，为风景文化的复兴及风景遗产的发展提供了新的研究视角。

3.2 风景遗产保护语境中“通态性”理解的从属及确立范畴

风景通态性公式的理解从属于“感觉、行动、思想、语言”（图 2），并依据“愉悦、资源、约束、危机”确立其现实[3]。这些因素的进阶效应，决定着人们将环境作为风景差异性理解的呈现及“通态性”影响下风景文化遗产保护的切入点。

① 哲学家和辻哲郎（Watsuji Tetsurô，1889～1960 年）是日本当代哲学的重要人物之一，其在《风土》（Fûdo）中指出：“风土是对某一地方的气候、气象、地质、地力、地形、景观等的总称”。

② 古人笃信风生乐，乐反哺于风，因而乐舞可“行八风”“开山川之风”[4]。

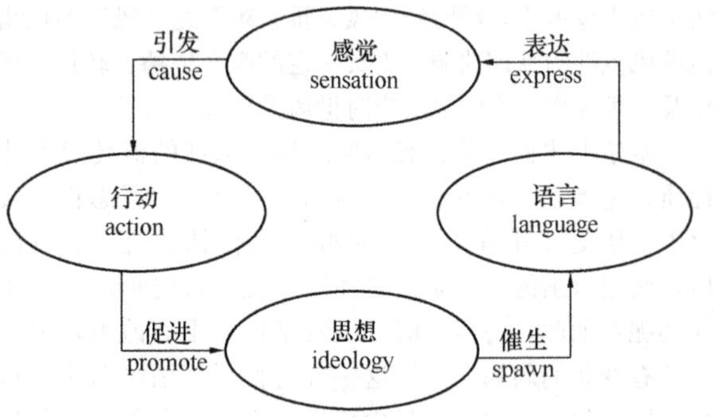

图 2 “通态性”公式的理解从属范畴之演化关系图

3.2.1 风景“通态性”公式的理解从属范畴

（1）感觉

感觉是人对环境最初级的心理反馈，涉及外在五感（视、听、味、嗅、触觉）及心理、历史、文化效应下综合性的内在潜感。感觉是生命个体对周遭环境的迥异性认知，但这种认知往往也伴随着群体共性化的感受，亦是记忆、思想等更复杂高阶认知的底托。因而当人之本体感觉介入不同的风土、文化、审美意识后，则会影响人们对环境做出深刻的差异化理解。

（2）行动

人对环境的反馈分为心理及行为活动。而对环境的初级感觉可引发后续的心理反应，继而影响人的行为走向。在中国风土文化影响下的风景审美体验中，对自然的审美感受引发了审美行为，伴随 4 个范畴往复的发展，则出现了审美文化导向的踏青赏花、吟诗颂景等观景实践的深入，进而推进了一系列造园活动的成熟，形成共性审美的风景行为方式及文化成果。

（3）思想

思想是较感觉、行为而言更高阶的人类文化精神产物。对地域性环境的感觉引发的行为催化了人类大脑的思考，并在 4 个范畴演化的反馈中，从原始思想发展为连续构建形成的不同区域群体之精神价值和思想体系。这种“集体无意识”不同于生理性的共性，而是基于地域、文化、传统、历史的共性情感记忆及集体人格的质变结果。例如：农耕文明下的中国形成了自然作物与天调象征二十四节气的节日及由此汩汩而出的传统文化思想，而西方则构筑沿袭了其创世论下具有浓郁宗教色彩的文化思想体系[6]。

（4）语言

思想体系辐射下的语言构成了对风景“通态性”理解的必要环节。不同的风土文化环境内有着各自独特的语言沟通表达体系，亦影响着地域性群体对风景的地方性理解、分享、交流、营建的不同面貌。中国是多民族的国家，除汉语外不同地域也有着因地方特质而衍生出的族群语言，同时亦存在着一个民族不同分支分别使用两种及多种语言的情况[7]，这也反映出区域民族交融碰撞中的变迁、融合的历史留痕。中国南、北方语言体系的整体差异及各局部地方的分支区别，都体现了风土化影响下的不同风景观念所在地的语言因素。可见，语言也是构成风土特质性传播及延续的重要环节。

3.2.2 风景“通态性”现实的确立范畴

风景的“通态性”公式的现实理解是依托图 3 所示的 4 个范畴得以确立。

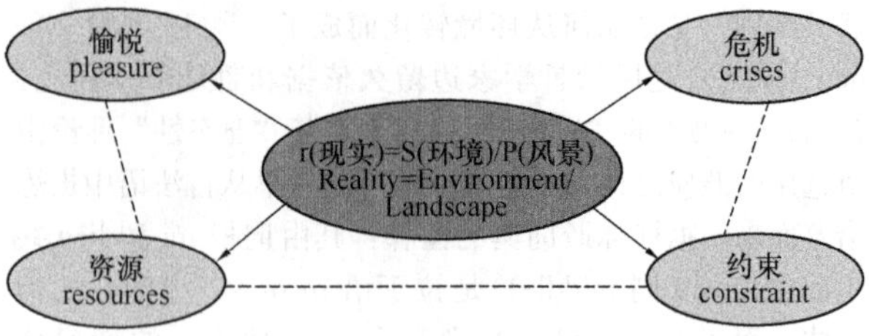

图 3 现实（r）= 环境（S）/ 风景（P）的理解现实确立的范畴

（1）愉悦

感觉、行动、思想、语言因素交织出多元整合后的风景“通态性”的理解，并最终通过环境风土化审美后形成的风景观感，反射出人们源自本心的愉悦。风景带来了愉悦的精神价值，引发人们对其的渴望并相继而赴。此种愉悦的美感体验，深化了人们对风景的探索、营建及保护行为。中国素有踏青、观景的风景文化实践传统。游览名胜大川是深入中国人文化基因中的喜好。然而，值得思索的是今日的游览之风，与古人观景习俗中纳入眼、心的“风景”真的是同样的感受吗？所形成的风景文化之风又有何异？追寻风景真实的本体意义，正是我们探讨风土人文变更影响下的风景是如何通过环境转化而生的原因，这对风土影响下的风景遗产保护及族群地域文化的生态可持续都具有重要意义。

（2）资源

伴随全球化及旅游业的兴盛，人类出现前所未有的短期迁移。人们离开自己熟悉的环境，去感受其他风土文明、风景遗迹带来的物质及精神享受。不同地域文化独特的风景遗产、非物质文化及风景实体也成为巨大的资源，这种资源性除了加速旅游业及地区经济的蓬勃发展，也促进了文化的传播和交流带来巨大的综合效益。

（3）危机

然而，全球一体化发展中上述地域性风景资源也因过度开发、受经济目标捆绑而逐步忽略了风景作为人文文化资源的传播、利用、延续及保护，掩盖了风景在历史文化转化循环中的真正内涵。对风景文化遗产的保护及未来生机而言，反而造成巨大的困境及挑战。人群大规模的短期地理移动带来了文化同化及地方经济效益的同时，流动而生的人为消极因素，影响甚至畸变了当地环境及原住民文化及生活，造成自然资源、传统文化秩序的危机及遗产保护的困境。

（4）约束

人群的涌入使得环境及文化面临新的挑战，为避免引发资源破坏、全球同质化以及风景遗产及文化传承的危机，更需积极有效的人口流动及观景行为的引导、约束机制及对地域环境、风土文化、风景的保护策略。因而，风土环境的动态走向及“通态性”理论及其范畴对风景的影响，对未来风景遗产保护的机制营建及规划策略可提供积极的意义。

4 结语

本文从 vernacular 和 milieu 的译词辨析出发，阐述了不同于传统“乡土”意义的风景遗产保护中的“风土”内涵；风景“通态性”转化系统中风土的媒介效应及“通态性”公式从属及实现的范畴，以期延展现有“风土”内涵的释义范围及风景遗产保护领域“通态性”的影响效应。鉴于“风土”辐射下的风景“通态性”的决定性变量及运作效应的研究是一个复杂的体系，需要更系统、深层的理论及实践的研究支撑，笔者借此契机，期待各位业界前辈及同仁的慷慨赐教及共同探讨。

参考文献

[1] 常青．风土观与建筑本土化　风土建筑谱系研究纲要[J]．时代建筑，2013(03)：10-15.

[2] 常青．常青谈营造与造景[J]．中国园林，2020，36(02)：41-44.

[3] 边留久．风景文化[M]．张春彦，胡莲，郑君，译．南京：江苏凤凰科学技术出版社，2017.

[4] 许兆昌，张亮．周代籍礼“风土”考[J]．吉林大学社会科学学报，2012，52(02)：87-94+160.

[5] 王向荣．回归土地，一场中国艺术美学的复兴[J]．中国园林，2022，38，313(01)：2-3.

[6] 萧放．二十四节气与民俗[J]．装饰，2015(04)：12-17.

[7] 中国社会科学院语言研究所．中国语言地图集：汉语方言卷[M]．商务印书馆，2012：6.

作者简介

刘晓琳，1982 年生，女，汉族，山东威海人，西安建筑科技大学建筑学院博士研究生在读，讲师，研究方向为风景园林历史与理论、风景文化遗产保护。电子邮箱：xiaolin@xauat. edu. cn。

（通信作者）杨豪中，1956 年生，男，博士，西安建筑科技大学建筑学院，教授、博士生导师，研究方向为风景园林历史与理论、文化遗产保护。电子邮箱：yanghaozhong0924@sina. com。

“嬗变”-“坚守”：西安现代园林发展的地域性特征浅析①

" Evolution "-" Persistence "：Study on the Regional Characteristics of the Development of Modern Landscape in Xi'an

吕　琳

摘　要：本文在对新中国成立后 70 年间现代园林发展的阶段划分基础上，揭示了西安不同时期园林营建活动的主要类型与特征，剖析了园林实践的时代影响因素和发展转变的动因；并总结分析出西安现代园林历程中具有“地域性特征”的思想、理念与手法。
关键词：现代园林；西安园林；地域景观

Abstract: Based on the stage division of modern landscape development in the 70 years after the founding of the People's Republic of China, this paper reveals the main types and characteristics of landscape construction activities in different periods of Xi'an, and analyzes the era influencing factors of landscape practice and the motivation of development and transformation; It also summarizes the thoughts, ideas and techniques of "regional characteristics" in the process of modern landscape in Xi'an.
Keywords: Modern Garden; Xi'an Gardens; Regional Landscape

引言

新中国的现代园林建设经历了 70 余年的发展，“由于对传统历史文化的保留和结合地域特色，使得我国现代主义园林的理论和实践具有自身的独特性。”[1] 我国幅员辽阔，人口众多，基于不同的地域特征，不同地区、省市在不同社会发展阶段，面对不同的影响因素下，呈现出了差异化的现代园林特征。近几年学者们对于“西安现代园林”的研究主要集中于：代表性类型及案例[2-4]、存在问题与发展思路[5,6]、绿地格局与形态[7,8]、地域文化传承[9,10]等方面，对其理论和实践特征的系统论述相对较少[11]，聚焦于整体发展脉络与地域性特色的深入研究成果尤其匮乏。基于此，本文试图通过研究不同时期影响园林发展的因素，剖析发展转变的动因，揭示阶段性发展特征。只有清晰地认知不同时期营建活动的类型以及具有“地域性特征”的思想、理念与手法，才能客观评价，总结与反思，使城市在面向未来的风景园林营建活动中更好地明确特色化的发展方向。

1　新中国成立初期（1949～1979 年）：响应国家方针的基础绿化建设阶段

1.1　影响因素

新中国成立初到第一个五年计划（1953～1957 年）期间，国家把经济建设的重点放在内地。西安是我国的后方，是西北地区的门户，其地理位置、自然条件以及较优于西北各省区的交通条件，使其成为第一个五年计划期间国家重点建设的八大城市之一。全国 156 项重点建设项目在西安地区就安排了 17 项。西安于 1950 年下半年编制出解放以来第一张城市规划蓝图（当时称都市发展计划），西安和兰州的“都市计划”是全国最早的城市总体规划，受到中央极大的关怀。[12]

这一时期的园林发展主要受到以下因素的影响：①苏联经验：20 世纪 50 年代“苏联经验”是各行各业效仿的对象，西安的绿地系统结构、绿地类型、公园建设、单位大院的绿化模式等都深受其影响。②传统造园思想：“中国新园林经历了由现代启蒙而导致的变革，博大精深的园林传统依然在发挥着作用，并融会到了新的园林体系之中。”[13] 西安如同我国很多其他城市一样，在行业实践中充分体现了周维权先生的这一说法。③行业政策：1958 年在北京召开的第一次全国城市园林绿化工作会议提出了当时的城市绿化方针，包括：放手发动群众，“普遍植树”“全面绿化”“城市绿化必须结合生产”，多快好省地进行城市绿化建设等……[14]。1958 年 8 月，毛泽东主席发出“大地园林化”的号召，并提出了“果化”的要求。[15] 1959 年在无锡召开的第二次全国城市园林绿化工作会议指出应进一步贯彻园林绿化和生产相结合的方针，……以及发展苗圃，为园林绿化准备苗木等涉及城市园林绿化方针的问题。[14]

1.2　普遍绿化的实施

这 30 年当中有 2 次城市绿化工作的高潮期：第一次

①　基金项目：住房和城乡建设部软科学研究项目“文化景观视角下西安‘历史遗址区域’整体性保护方法研究”（2020-R-016）；西部绿色建筑国家重点实验室自主研究课题（LSZZ202111）。

是1955～1958年，园林部门发动群众连续数年大量种植树木，但树种单调，质量不高且缺乏养护管理，成活率很低；第二次是1964～1966年，开展了有计划的城市绿化，尤其是道路绿化，基本实现了普遍绿化和重点地区点缀相结合，也提高了树木成活率。据统计1963～1966年栽的行道树，成活率平均达到95%。[12]它们当中有许多早已成为影响至今的特色林荫道（如友谊路的法桐）。

1.3 苏联模式的绿地系统骨架

苏联城市绿地系统理论在当时的引入，使中国传统造园的视野扩大到对城乡尺度的绿地体系的认识。程世抚先生在当时提出的《关于绿地系统的三个问题》基本反映了苏联经验：为发展工业设置卫生防护隔离绿带；公园大中小结合，均匀分布，方便居民就近利用；公园绿地用林荫道、绿色走廊连接，从四郊楔入城市并分隔居住区；设置环市林带，与楔形绿地系统连接起来等。[15]这些特征在西安第一版城市总体规划①中几乎都有所反应。

1.3.1 防护林带的设置

城市工业区安排在陇海铁路以南，浐河以西，皂河以东，各距旧城4～4.5km，铁路岔线由东郊编组站、西郊编组站分别引入东、西郊工业区，以利于工业生产运输。城市西南地区为工业发展备用地，工业区与旧城之间为生活区，工业区与生活区之间，设有宽100～200m的防护林带[12]，如大庆路林带、幸福路林带等，它们至今在西安的绿地体系中发挥着重要作用。

1.3.2 绿色空间的布局

依据规划，全市划为12个分区，城市公园绿地主要利用古代建筑、文物遗址、破碎地形，及不宜基建地区和村庄，分布10个大型公园、24个区公园、54个小游园和动植物园、体育公园等，各公园以绿带、林荫道相联结，向郊外延伸。市区外围环绕一条城市绿带；旧城周围将环城林、城墙、城河，组成一圈环城风景带。[12]

1.3.3 单位绿化的特色

大量的大专院校与居住区、工厂企业采取苏联的单位绿化模式，形式效仿法国古典主义园林的式样，几何式的绿篱"镶边"、对称的乔木、行道树、简单的草皮与花坛等手法使大部分单位绿地空间缺乏特色和辨识度。今天依然有很多单位大院保留了部分当年的种植模式，成为一个时代的记忆。

1.4 公园的早期实践

新中国成立后，重新整修了革命公园、莲湖公园、建国公园3个近代建成的公园，对原有的破损建筑进行翻建，新修了园路，增植了花木树种，也增添了很多设施和服务项目。在营建新的城市公园和景区方面呈现以下的特点。

1.4.1 "遗址—绿地"的雏形

在第一个总体规划期内，采取了古建筑和文物遗址与园林绿地相结合的方式，对汉城遗址、阿房宫遗址、大明宫遗址、兴庆宫遗址、明代城墙、大雁塔、小雁塔、明秦王府等，均被规划为公园、广场或绿地，既保护了它们，也充实了园林绿地的内容[12]。这为西安之后几十年结合遗址保护打造绿色空间的设计实践奠定了基础。

1.4.2 "苗圃—公园"的过渡

"十五"期间，针对西安苗圃土地太少，很不适应城市园林绿化大发展需要的实际情况，西安市首先抓了苗圃建设：除了扩建太液池苗圃外，又陆续新建了木塔寺、小雁塔、丈八沟、韩森寨、大雁塔、任家庄6个苗圃，以上7个苗圃有4个都是规划中的公园用地。决定土地征用后先作过渡性苗圃使用，待后逐步改建成公园的做法既解决了当时需要大量土地培育苗木的问题，又为以后修建公园落实了土地。1965年，将西郊任家庄苗圃改造成劳动公园；1966年将南郊的大兴善寺改建成新风公园；1976年把韩森寨苗圃改建为"动物园"。[12]

1.4.3 "唐风园林"的初创

这时期的公园设计深受中国传统造园思想的影响，同时结合西安古都文化的特色充分挖掘其内涵。1958年落成的"兴庆宫公园"根据现状地形和钻探出的古迹遗址进行山水空间布局，修复了沉香亭、花萼相辉楼、南熏阁等唐兴庆宫内建筑，发掘并保留了"勤政务本楼"遗址。另外，"扩建华清宫工程"（洪青主持）也是1950年代末在唐宫殿遗址上营建的景区，修建了沉香殿、九龙长廊、望河亭等建筑[16]，在园林建筑、景点设计、空间艺术构架方面阐释了盛唐的意蕴，成为"唐风园林"的早期探索。

1.4.4 文化休息公园理论的应用

"兴庆宫公园"作为新中国成立后西安新建的第一个公园，在总体规划上采取了山水空间居中，各功能活动区环绕的方式，在继承传统造园手法（"一池三山"模式）的同时，还借鉴了苏联文化休息公园理论②中"功能分区"的相关经验。从功能的角度进行片区划分在当时的园林建设是较为新鲜的事物，既合理有序地组织了空间，又满足了现代大众游憩生活的诉求。

2 改革开放后（1979～2000年）：历史文脉环境中的园林设计探索阶段

2.1 影响因素

20世纪80～90年代，西安执行了第二版（1980—2000年）和第三版（1995—2010年）城市总体规划。在第

---

① 《西安市一九五三年至一九七二年城市总体规划》于1954年11月得到了国家的正式批准。

② 文化休息公园设计理论是在莫斯科高尔基公园的实践中总结出来的，该公园的分区设置被总结为文化休息公园功能分区的设计方法，一般包括5个区，每个区都有相对固定的用地配额。[15]

一版城市总体规划中，虽然对古建筑、古遗址采取与园林绿地相结合的方式而达到有效保护的目标，但对文物环境的保护也还没有提高到应有的认识。这时期编制的第二轮城市总体规划在第一轮的基础之上，明确提出了“保持古都风貌”的规划基调和建设原则，对旧城区的建筑高度进行控制。第三版城市总体规划中定性西安为世界闻名的历史名城，我国重要的科研、高等教育及高新技术产业基地，提出“中心集团，外围组团，轴向布点，带状发展”的规划布局结构。在古城保护方面延续前两版的名城保护理念，提出了“保护古城，降低密度，控制规模，节约土地，优化环境，发展组团，基础先行，改善中心”的规划原则。[17]

除了城市发展的定位，这一时期的园林发展还受到以下因素的影响：①传统造园思想与地域文化：无论是城市公园、景区、历史建筑周边、还是遗址地空间环境营建，传统造园思想与手法依然是这一时期各类园林空间创作的源泉。②行业政策：“园林城市”“山水城市”等新的行业政策与号召促进了西安园林发展与人居环境建设结合，形成了自身独特的风貌特色。③日式园林文化：20 世纪 70 年代，西安与日本的京都、奈良成为友好城市，随着中日文化交流与学术往来，一些纪念性项目相继落成（如 1979 年兴庆宫公园内的阿倍仲麻吕纪念碑），在青龙寺等项目的实践中还有日本设计师的参与，此外盆景园（1983 年）中还专门设计了中日友好庭园，融入了红拱木桥、石灯笼、洗手钵等日本古典园林中常见的要素。

2.2　文物环境的保护与塑造

在这样前提下，西安于 20 世纪 80～90 年代进行了一系列历史建筑周边环境保护与更新的项目，在实践中探索与创新，从设计理念、手法与细节上贯彻了“保持古都风貌”的意图。许多项目从选址、立意、建筑布局的轴线关系、尺度的对比、形态的呼应等方面体现出了对历史环境的充分解读与尊重以及宾主关系的把握，孕育出了独具特色的园林思想与经验。

2.2.1　传统空间意识与手法

（1）“意境再现”

古代长安曾孕育出“象天法地”“天人合一”等营城思想，形成在处理城市与大尺度自然山水之间独特的价值理念与审美标准，在人工营造因借自然的过程中建立起了自然与人文景观和谐统一的空间秩序。如唐代将“长安六岗”的功能布局与易经“乾卦”六爻相互呼应；宫城殿宇的选址与秦岭各峰谷形成对应的轴线关系等。

基于此，西安在这一阶段的规划实践中注重传承古代营城思想，不仅保护自然山脉、河流、台原等历史地景空间；还提出了对视线通廊的保护（包括“南门至大雁塔、大雁塔至青龙寺遗址、青龙寺遗址至东门”这 3 条重点文物古迹通视走廊）……这些都为现代园林实践中能够再现古代登临、远眺、俯瞰、仰视等历史空间感受和文化意境在大尺度层面奠定了基础与条件。

在中小尺度层面，从古代诗词描述的场景中提取灵感，阐释古人园居生活的画境与意境是西安现代园林探索地域化特色的一个重要途径。1980 年代位于大雁塔东侧的春晓园就是其中最典型的代表。春晓园占地约 $4hm^2$，是三唐工程的组成部分，也是大雁塔风景区继长安盆景园、紫薇园、清流园之后的又一处园林风景区。“春晓园”一名取自唐代诗人孟浩然的五言绝句《春晓》：“春眠不觉晓，处处闻啼鸟。”造园思想来自王维的《鸟鸣涧》：“人闲桂花落，夜静春山空。月出惊山鸟，时鸣春涧中。”园中以春山春涧为整体造园背景，园内地形自然起伏，山水模拟自然界的溪涧、瀑布、跌水、石滩、湖泊，树木花草反映了自然界植物群落之美，有山地松林、竹园、草地、银杏林等。园内制高点柳浪亭取意刘禹锡的《柳枝词》：“清江一曲柳千条，二十年前旧板桥。”此外，王维著名的“辋川二十咏”中的“金屑泉”“白石滩”“竹里馆”等景点也通过巧妙地组景、构景得到了意境再现，并合理地被纳入整体的园林艺术构架之中。[18]

（2）“借景得景”

这一时期的造园师与建筑师大多深受传统造园思想与空间意识的影响，对历史建筑的“巧于因借”成为文物环境空间塑造的重要思路，在实际创作中结合具体项目因地制宜地应用与发挥，形成了具有创新性的手法。

“借景得景”源自张锦秋大师对青龙寺“空海纪念碑工程”的论述[19]：1982 年落成的青龙寺空海纪念碑工程①是为了纪念中日友好使者空海②而建的，工程选点在青龙寺遗址范围内，寺庙所在的乐游原地势高爽，极目终南，俯瞰城垣，是唐长安城最富吸引力的游览场所。由于纪念碑布置在青龙寺址东端高地上，站在碑坛之上又是居高临下的形势，视线越过屋脊、廊顶、墙头，远借雁塔影，悠然见南山。虽然从平面图上看似乎是被封闭在院墙之内，而实际上借助于地形的高差，扩大了视野。因塬就势不仅可以“得景”，同时也收到很好的成景效果：接待厅一组唐风建筑紧靠塬坎，从塬仰望，陡坎上有堂翼然，“自成一景”。[19]

另一个代表案例是在三唐工程的景观设计中，除了利用对景、框景、远借、邻借，使每组建筑都把大雁塔组织到各自的主景之中；还将“借景雁塔”组织到了唐华宾馆的“动态景观序列”中，把握起景、主景和结景，形成各自不同的意境：序列从唐华宾馆入口开始，一泓池水、仿唐敞轩与遥借的雁塔构成“起景”。进入大堂，透过迎面落地大玻璃窗映入庭院的波光绿影。宽阔的内庭院是唐华宾馆的“主景”，也是动态景观序列的高潮，清澈的池水、朴拙的终南石，游人漫步其间，遥见塔影。进入客房，当客人透过窗帷再次领略到古塔的风采时，这是一个意味深长的“尾声”。远借的塔影在视景中反复出现，犹如优美的主旋律在乐曲中悠然回荡。[19]

2.2.2　整体保护思想与实践

第二轮西安城市总体规划对明城保护和古都风貌保护，

① 纪念碑单体设计由日本名建筑师山本忠司负责。总体规划设计以及其他建筑设计由中国西北建筑设计院负责。

② 空海是日本四国香川县人，公元 804 年随遣唐使来中国留学，曾在长安青龙寺就惠果和尚学法，学成返日后，成为开创“东密”之大师。

做了明确规定和具体处理，提出“保存、保护、复原、改建与新建开发密切结合，把城市的各项建设与古城的传统特色和自然特色密切结合”的原则。并在总图中反映出“保护明城完整的格局，显示唐城的宏大规模，保护周、秦、汉城的伟大遗址”。以一环（唐长安城部分外廓）、一线（朱雀大街）为主要格局，将慈恩寺、大雁塔、青龙寺、兴善寺、小雁塔、大明宫、兴庆宫、西市、乐游原、曲江池、芙蓉园等联结起来，组成点线面整体，反映出唐长安城的历史风貌；对明城区则以保护与改造相结合的方针，构成一环（城墙）、二片（北院门及碑林地区）、三线（湘子庙街、书院门街、北院门）和十八点。[12]

在这样的大背景下，西安于1980年代展开了著名的环城建设。针对明清古城墙破坏严重，城河污染等问题，1983年4月开始的环城建设是规模宏大，具有历史意义的文物保护工程，也是改善生态环境的城市园林绿化工程。其基本规划思想是对“墙、河、林、路”一并治理，保护历史文物，完善雨水排蓄系统，开通环城北路，增加绿化面积，充实绿化内容，建成独具特色的环城公园。[20]之后，在1990年代完成了钟鼓楼广场这一综合性的古迹保护与旧城更新工程。广场以大片绿地为主，采取了地面与地下结合的开发方式。它为人们提供了观赏钟、鼓楼的开敞空间，两座古建交相辉映的风貌异常鲜明，它像一根纽带把书院门南大街、北院门和大清真寺连接了起来，形成古都文化旅游带。[20]不论是“四位一体”的环城公园，还是打通钟、鼓楼通视关系的中心广场，都将园林设计纳入古城保护的框架下，体现了注重“整体性”的遗产保护思想。

3 世纪之初（2000～2020年）：生态智慧与地域文化融合发展阶段

3.1 影响因素

2003年起，西安市编制了第四版城市总体规划（2004—2020），明确提出了九宫格的城市形制，以保护西安历史大环境，对周秦汉唐的都城脉络、隋唐长安城空间框架、秦岭与渭水的宏观格局等提出了明确的保护与传承要求，明确提出在高新区等城市新区保持隋唐长安城的棋盘路网格局，通过绿化廊道等显现唐长安城城墙等结构框架，提出了恢复“八水绕长安”的生态系统规划。总之，通过多种路径，形成了传承历史文化意蕴的城市形态主体风貌，并在此基础上进行了历史名城保护和总体城市设计等专项系统研究。[17]

这一时期的园林发展主要受到以下因素的影响：①行业政策与新的发展理念：2000后，随着城市发展骨架的拉大，园林绿地越来越多地涉及与自然山水空间的协调和过渡，在“生态文明”理念与“公园城市”等发展趋势的影响下，西安的绿化建设开始走向大水大绿的大尺度格局，强调生态屏障与绿色空间对城市的保护，强调河湖水系与湿地的保护和修复，并加强了“海绵城市”（西咸新区）及节约型绿地的建设，尤其是2005年之后，逐渐摒弃了1990年代流行的“大草坪”模式，而转向多种大树、少草坪，强调多层次种植结构的本土适宜模式。②传统造园思想：从小的社区公园到大的主题景区，从项目地选址到空间骨架的特色，依然处处可见新时代园林实践对本土历史文化的保护和传统园林思想的传承，并持续焕发着勃勃生机。③前沿景观思潮：进入21世纪后，在城市的高速发展的背景下，受到沿海等地发达城市及国际化景观思潮的影响，不同类型、尺度、特征的园林绿地都得到了快速的发展：诸如园林化单位建设、大学城景观规划、立体与屋顶绿化、文旅小镇等项目日益呈现。以最具代表性的城市公园为例，无论是项目数量还是规模都快速激增（图1）。

从图1*a*～*c*中可以看出，进入21世纪后，西安在城市公园建设数量与规模方面是前些年总和的数倍以上（不到20年间达到了92个）。并且在2011～2014年达到了建设的高峰：各种类型及规模的城市公园（新建及大规模改扩建）建设总数超过30余个，其中2011～2012年15个，2013～2014年18个；在规模方面，于这4年间公园总建设面积超过20km²，具体类型中以滨河公园、遗址公园、湿地公园和文化类景区为主。

3.2 遗址公园——遗产保护的新模式

早在第二轮城市总体规划中已经提出反映唐长安城历史风貌的规划思路。到2000年之后，随着木塔寺、大明宫、曲江池、唐城墙等大量“遗址公园”的落成，隋大兴、唐长安的历史格局才逐步凸显与清晰。从1950年代的苗圃，到之后的文化休息公园，再到多种形式的遗址公园和国家考古遗址公园，十几处遗址公园的相继建设不仅形成了特色化的空间体系，也体现出西安在遗产保护理念、土遗址展示与阐释技术手段等方面的进步。

3.3 主题景区——坚持山水空间模式

2011年的世界园艺博览会以“天人长安，创意自然——城市与自然和谐共生”为主题，会址选定在浐灞之滨的广运潭①。规划布局中依然延续中国传统风景园林山水营建模式，结合现代理念、风格的景点与建筑设计。99m高的长安塔采用了先进的内钢框架支撑结构，外观造型上展现唐长安古塔之神韵，并布局在中轴线上作为全园的地标，凸显了西安的地域特色与传统文化。

3.4 生态绿地——修复历史文化环境

西安在近些年编制了《八水润长安规划》，规划并建设了如浐灞国家湿地公园、灞桥滨河生态公园、皂河生态公园等众多的生态修复型绿地。从图1*d*中可以看出，在近二十年的城市公园实践中，绿地面积占公园总占地面积的比值在2001年、2005～2006年以及2013～2014年达到了较高的指标，均超过72%。在2014年之后这一比值出现了明显的比值下滑，这是因为大量的生态类公园，

① 广运潭在隋唐时期是长安城的漕运码头。

尤其是湿地公园的修建逐渐进入高潮阶段，水体占了总面积中非常大的比重，如沣河金湾湿地公园（绿地：总面积33%）、雁鸣湖公园（绿地：总面积39%）、广运潭公园（绿地：总面积43%）等项目，它们在改善生态环境质量的同时修复了古都的历史文化环境。

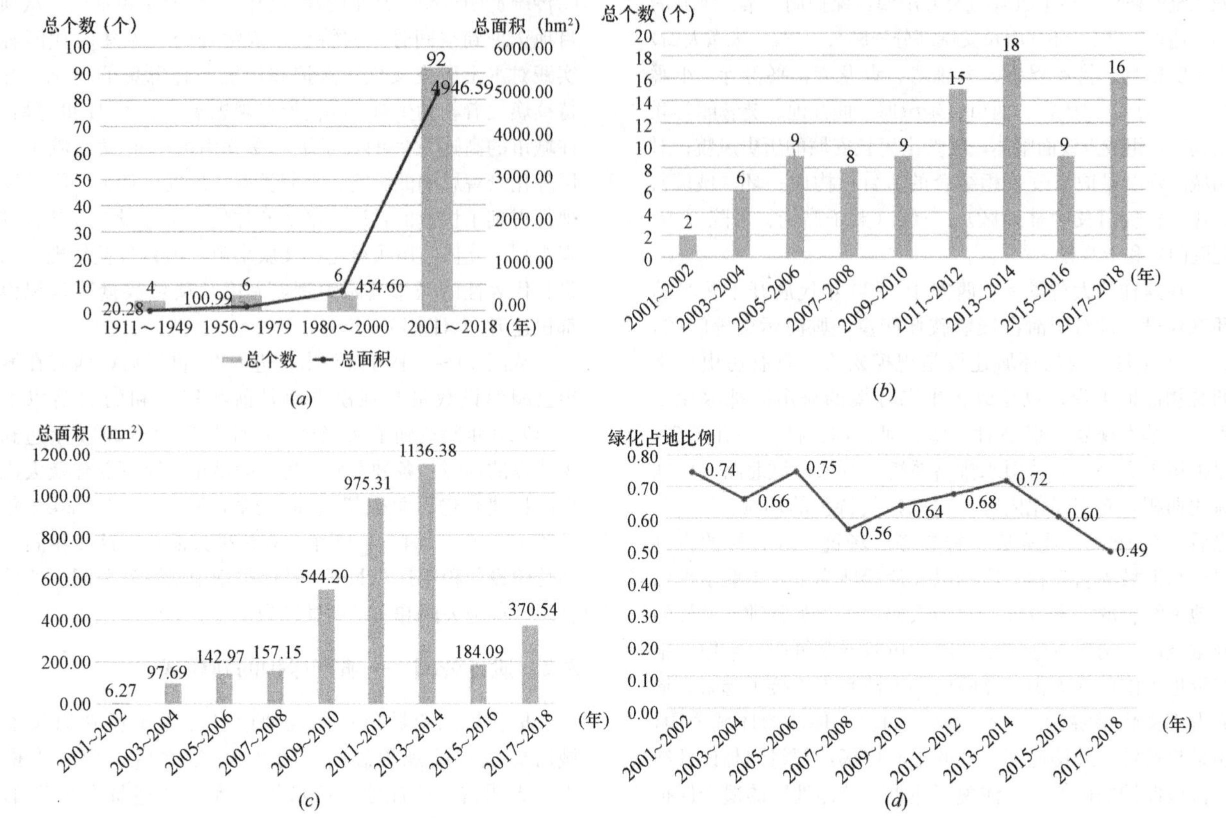

图1　西安城市公园发展统计图

（a）西安市城市公园数量及面积变化表（1911～2018年）；（b）西安市城市公园数量变化表（2001～2018年）；

（c）西安市城市公园总面积变化表（2001～2018年）；（d）西安市城市公园绿化占地比例变化表（2001～2018年）

［图片来源：作者绘制，研究生王娜协助，依据西安城市公园名册（吴雪萍女士提供）及网络资料绘制］

4　结语

西安虽然地处西部，但作为新中国成立初国家重点建设的八大城市之一，确是我国城市规划领域的先行者。尽管经济发展的速度相对滞后于发达的东部地区，但却长期围绕着文化遗产、历史遗址、古城风貌保护等问题展开了大量的设计探索，在变化中坚守，在传承中创新，在地域性实践的基础上形成了根植于这片土壤的园林思想与理论。在古城保护与现代化发展的博弈中，在地域特色与国际化趋势的融合中，持续传承、探索与创新是每一位园林工作者责无旁贷的责任。

（注：本文是《中国风景园林史》（西北卷）编写过程的阶段性成果）

参考文献

[1]　林广思．20世纪50—80年代的中国现代主义园林营造——以华东华南两地为例[J]．文艺研究，2016.11：122-131.

[2]　惠禹森．西安近现代山水型公园演变及设计模式类型化研究[D]．西安建筑科技大学，2019.

[3]　刘曼．西安唐风园林之传统与现代文化元素的运用与研究[J]．西安建筑科技大学学报(社会科学版)，2014，33(04)：71-75.

[4]　吕琳，周庆华，李榜晏．西安遗址公园空间演进与评述[J]．风景园林，2012，(02)：28-32.

[5]　吴雪萍，徐育红．西安城市园林建设发展思路探析[J]．园林，2019，(01)：18-23.

[6]　吴雪萍，冯伦，张秀云，等．西安城市公园发展存在的问题及对策[J]．绿色科技，2015，(09)：129-130.

[7]　刘晖，薛立尧，王芳．西安城市公园绿地形态演变 语境与模式[J]．风景园林，2012，(02)：22-27.

[8]　薛立尧，薛倩，张沛．西安城市绿地格局演进模式研究(1916-2017年)[J]．建筑与文化，2019，(02)：88-90.

[9]　李志强，王显明．历史主题公园的文化表达初探——以西安大唐芙蓉园为例[J]．广东园林，2009，31(02)：10-13.

[10]　吴雪萍，徐育红．中国传统园林意境的营造与西安市丰庆公园的创作[J]．农业科技与信息(现代园林)，2015，12(02)：113-118.

[11]　杨晓利．西安园林景观的地域性研究[D]．南京林业大学，2008.

[12]　当代西安城市建设编辑委员会编．当代西安城市建设[M]．西安：陕西人民出版社，1988：33.

[13]　周维权．中国古典园林史[M]．北京：清华大学出版社，2008：598.

[14]　柳尚华．中国风景园林当代五十年(1949-1999)[M]．北京：中国建筑工业出版社，1999：20.

[15] 赵纪军．中国现代园林：历史与理论研究[M]．南京：东南大学出版社，2014：109.
[16] 华清池管理处．华清池志[M]．西安：西安地图出版社，1992.12：342.
[17] 中华人民共和国住房和城乡建设部．中国传统建筑解析与传承——陕西卷[M]．北京：中国建筑工业出版社，2017：282.
[18] 王晓炜，张慧．隐秀曲折悠然恬淡——浅析春晓园与山水田园诗歌[J]．西安联合大学学报，2003，1：99-101.
[19] 张锦秋．从传统走向未来——一个建筑师的探索[M]．北京：中国建筑工业出版社，2016：147.
[20] 张富春．亲历西安的城市建设[M]．西安：陕西人民出版社，2002：131.

作者简介

吕琳，1979年生，女，回族，河南中牟人，博士，西安建筑科技大学，副教授，研究方向为风景园林遗产保护。电子邮箱：473825407@qq.com。

美学理论视角下风景园林美学的研究对象探析①

Discussion on the Research Object of Landscape Aesthetics

唐孝祥 冯惠城

摘 要：本文以美学理论的视角总结以往关于风景园林美学研究对象主要观点，并在借鉴实践存在论美学研究的理论新成果基础上，提出并论证风景园林审美活动是风景园林美学的研究对象和研究逻辑起点，以期推进风景园林美学的学科建构和深化研究。
关键词：风景园林美学；研究对象；审美活动

Abstract: This paper summarizes the main views of previous research objects on landscape aesthetics from the perspective of aesthetic theory, and proposes and argues that landscape garden aesthetic activities are the research objects and logical starting points of landscape aesthetics on the basis of the new theoretical achievements of survival value theory aesthetics research, with a view to promoting the disciplinary construction and deepening research of landscape aesthetics.
Keywords: Landscape Aesthetics; Research Object; Aesthetic Activities

引言

风景园林美学是风景园林学的基础理论，对于风景园林学科发展有至关重要的作用。2011 年《增设风景园林学为一级学科论证报告》中明确风景园林美学理论是以风景园林学基础理论之一，风景园林美学的理论核心是美学，是关于风景园林学价值观的基础理论，提供了风景园林学研究和实践的哲学基础[1]。目前风景园林美学研究涉及的内容纷繁多样，从学科定位而言，风景园林美学是风景园林学和美学交叉而生的新兴学科，有必要借鉴美学理论。而研究对象的确立是科学研究工作的前提，研究对象是风景园林美学研究的基本问题，与不同学科交叉综合研究也是风景园林基础理论研究重要趋势和突破方向[2]。文章着眼于风景园林学与美学的交叉研究，美学理论视角下探析风景园林美学的研究对象，以促进学科的发展。

1 风景园林美学的研究对象以往研究主要观点

直接把风景园林学实践对象当作风景园林美学研究对象难以形成统一共识且难以上升为基本理论问题。学界有关园林、风景、景观、Landscape Architecture 等概念的争论[3]，本质上是对于风景园林学研究和实践对象的讨论，相关的学术争鸣很大程度地推动了学科的发展，同时说明学科核心概念不明晰对于学科发展的不利。风景园林美学的研究对象并不能简单地理解为风景园林学中具体研究和实践对象。首先，这些对象罗列并未完全囊括风景园林审美对象。其次，相关的研究亦更偏向审美现象的研究。再者，分类思路会导致对象复杂化，难以上升到统一理论问题。当然，相关研究是探析风景园林美学对象重要的基础和内容。风景园林美学是以美学为核心，以理论研究为定位的学科[4]。本文主要以美学研究中对于研究对象的理论观点为观照。

从美学研究观照的角度，对于美是什么的言说主要基于 3 个维度：理念（形而上根据）、形式（客观事物）、快感（主体心理）。在某种意义上，这 3 个方向预构了美学展开的 3 个基本研究领域以及自我批判的基本立场[5]，风景园林美学的研究也不外乎此。学界关于风景园林美学的研究对象的讨论，主要有以下方面的研究范式和观点：

其一，以风景园林美为研究对象——基于传统哲学研究范式，探讨风景园林审美现象背后决定性的形而上学的理念，如风景园林审美对于“真”“善”“美”等基本理念的追求[6]。

其二，以风景园林的艺术性为研究对象——风景园林作为文化的载体和艺术的表现。园林本身就是一种综合艺术品，包含了众多传统艺术门类[7-9]。传统艺术博大精深，不少学者结合文化艺术研究理论，讨论分析园林艺术形式标准以及演变发展的历史过程，揭示其文化涵义及艺术观念，研究挖掘风景园林艺术性。

其三，以风景园林审美经验为研究对象——着眼于风景园林鉴赏或使用过程中的个体生理与心理感受，探索风景园林审美过程中的主体经验表征[10,11]。由个体扩展到群体，研究还关注社会群体层面审美偏好问题[12,13]。加上历史因素，研究转入历史文化范畴，开展不同时代审美思潮和文人造园家的审美思想的研究[14-16]。

以上风景园林学科中美学的相关研究中展现出美学问题的复杂性，相关研究亦开始主动地吸收美学理论研

① 基金项目：国家自然科学基金面上项目（编号：51978272）资助。

究成果。对象问题是学科研究视野下的问题，众多具体风景园林审美研究只有部分会直接提及。而审美是综合现象，各自研究自成一体，各有侧重，风景园林美学研究对象更是没有清晰的界定。作为交叉理论学科，风景园林美学亦应更加积极地吸收美学研究的理论成果。下文从美学研究发展和理论视角论述美学研究对风景园林美学研究的启示。

2 美学研究理论范式转变的启示

美学学科研究具有很强的哲学研究传统，哲学美学经历了本体论到认识论再到存在价值论的转变。哲学基础的根本性转变对风景园林美学研究对象的讨论和学科发展具有重要启示。古典哲学中美的本体追问预设了一种美的本体存在，如柏拉图的“美是理式”，黑格尔的“美是理念的感性显现”等观点。此时美学只是作为哲学内在逻辑论证的从属，忽略了事物的动态发展事实[17]。对于风景园林美学作为一门理论学科而言，逻辑论证的重要性不言而喻，但也要在研究中避免预设美作为客观实体的存在，把“审美”当作“审—美”的动宾结构，把风景园林美学研究当作就是研究风景园林美的简单论证。风景园林的审美不能脱离具体风景园林的审美活动，研究中应避免直接采用以从理论到理论的机械的逻辑推演论证去替代对具体的风景园林审美活动的考察和描述。

哲学美学的本体论向认识论转变，悬置了的美本质追问，转向如何认识美的问题，注重形而下的美感心理描述。笛卡尔的“我思故我在的”论断和理性主义思想开启近代哲学和科学，产生主客二元认知范式。认知论美学突出了人主体在审美中的作用，研究采用科学分析式思维模式，以获取关于美的知识为目标。标志性的研究是费希纳主张的心理学与美学的结合，尝试通过测量人的心理和特征的实证方式阐释美产生的原因。风景和环境审美研究中常借鉴“刺激-反应”结构、移情理论、描摹仿说、审美距离说等理论来阐发风景园林审美问题均存在知识论影子。认知论对审美问题产生一定束缚，康德晚期《判断力批判》中就意识到审美判断不同于认识判断，审美欣赏不是认识活动，其目的是获得审美体验而不是获得知识[18]。对于主客二元对立的认识论思维框架突破性已经成为中国当代美学发展重要方向[19]。当然，风景园林的审美离不开科学的认知前提，“关于自然的科学知识能够显示出各种自然事物和各种环境的实际的审美性质”[20]，风景园林学界对西方园林审美传统和中国传统风景审美研究中对主客二元审美结构亦有所批判和思考，中国传统文化与园林艺术中“意境”之人文体验描述具有鲜活的本质直观美学意味[21]。要强调的是，不同的哲学基础不仅决定了学科的价值取向，还决定不同的方法路基础。风景园林学是一门综合交叉学科，具有多元主义的价值取向，对于不同哲学基础美学理论和方法也应采用整合借鉴的方式[22]。

哲学美学存在价值论转向，基于海德格尔等哲学家的对古典哲学传统的反思，开始关注人的存在的状态，突出审美与人的生存活动的相关性。国内美学界基于马克思《巴黎手稿》中对于人的价值的思考提出实践美学，如“美是人的本质力量对象化或自然人化”的实践论美学观点[23]。价值论哲学观点认为“美学是研究审美价值的哲学学说”[24]。20世纪80年代价值论成为美学研究的热点，基于人类生存境况和全球环境危机意识的反思，生态和环境成为全球性的议题，因而环境美学和生态美学在我国成为美学研究的前沿性课题[25]，根本上讲，相关研究还是离不开基于人类生存实践去探讨审美问题的基本观点。关于美学原理的研究，国内美学界多数人都赞同把美学研究的对象设定为审美活动，审美活动是人类的一种基本的生存活动，反映了人性的一项基本的价值需求[26]。“审美活动是美学问题的起点，有关美的一切问题都在审美活动中产生，也应在具体审美活动中求得合理的解释。”[27]

对于美学研究转变的对风景园林美学启示问题需要进一步说明：一是由于风景园林审美现象的综合性和复杂性，从研究自身难以上升到研究对象问题的理论探讨；二是在学科报告中强调了美学理论核心和对美学与价值观的论述，表现出风景园林学科对形而上学的理论需求；三是美学无论是作为古老的哲学理论学科，还是一级学科哲学分支的二级学科，在学科理论发展和建设上都能为定位于风景园林历史与理论学科下的风景园林美学提供重要经验。当然，美学学科发展过程中呈现出理论批判和自我批判一种动态、变化的特征，对于景观审美而言更要注重根本范式转变的影响。哲学美学基础观点转变中，核心关注的是美学研究对象落脚于审美活动过程的历史逻辑的统一，以此启示我们反思以往认识论哲学为基础的风景园林美学研究，思考风景园林美学基本研究对象。

3 以实践存在论为理论基础的风景园林美学研究的对象

基于对以往观点的总结以及美学的哲学基础和研究对象转变的启示，以往以认识论哲学为基础的风景园林美学研究值得我们重新审视。任何对“理念（形而上根据）”“形式（客观事物）”“快感（主体心理）”进行单独考量的研究都难以解释丰繁的风景园林审美。风景园林美学研究的哲学基础的错位，导致目前风景园林美学研究主要局限于认识论的框架之中，热衷于追问美的客观性和绝对性、审美的共同性和普遍标准。回归于实践存在论的哲学基础，风景园林美学研究的创新有赖于走出相袭已久的认识论的哲学框架，审美（包括风景园林审美在内）作为人生存的一种表现方式，其秘密也只能从生存实践论的角度加以破解。

从生存价值论哲学观点看，风景园林审美活动是风景园林美学研究的逻辑起点。风景园林审美活动的各个方面构成风景园林美学的研究对象，以风景园林审美活动为逻辑起点，可充分联系客观事物与主体心理，并将形而上的理念探讨贯穿其中。有关风景园林美的生成机制、表现形态，对风景园林审美规律的探索以及一切风景园林审美现象的解释，只有通过对风景园林审美活动的具体分析来获得答案。风景园林美来源于客体的审美属性，取决于主体的审美需要，产生于审美活动之中。简言之，风景园林美学可以被称为研究风景园林审美活动的学科。因此，对风景园林审美活动的研究和分析自然成为探讨风景园林美的本质和根源的逻辑起点和关键所在。

4 结语

把风景园林美学研究对象归结为风景园林的审美活动，是基于风景园林美学研究哲学基础从认识论到存在论的根本转变，这有助于风景园林美学研究彻底摆脱对美本质追求的“死胡同”，回归到我们的生命活动风景园林审美上来。风景园林美是客体的审美属性和主体的审美需要在审美活动中契合而生的一种价值论美学观点，让我们从风景园林审美活动、审美关系这个角度更清楚地看到风景园林美的辩证本性（客观性和相对性的统一）和审美标准的辩证本性（既有差异性又有普遍性）。由此产生的作为风景园林美学研究对象的风景园林审美活动过程究竟是如何、风景园林美生成机制等等根本问题是有待学界进一步探讨的更深入的话题。

参考文献

[1] 增设风景园林学为一级学科论证报告[J]. 中国园林，2011，27(05)：4-8.

[2] 吴承照．加强风景园林学科基础理论研究[J]. 中国园林，2006(05)：12-15.

[3] 王绍增．园林、景观与中国风景园林的未来[J]. 中国园林，2005(03)：28-31.

[4] 刘滨谊．对于风景园林学 5 个二级学科的认识理解[J]. 风景园林，2011(02)：23-24.

[5] 张法，王旭晓．美学原理[M]. 人民大学，2005.

[6] 刘晓光．景观美学[M]. 中国林业出版社，2012.

[7] 宗白华．美学散步[M]. 上海人民出版社，1981.

[8] 陈从周．说园[M]. 书目文献出版社，1984.

[9] 金学智．中国园林美学[M]. 中国建工，2005.

[10] 俞孔坚．论风景美学质量评价的认知学派[J]. 中国园林，1988(01)：16-19.

[11] 冯纪忠，刘滨谊．理性化——风景资源普查方法研究[J]. 建筑学报，1991(05)：38-43.

[12] 布拉萨史蒂文．景观美学[M]. 彭锋译．北京大学出版社，2008.

[13] 孙筱祥．风景·园林美学[J]. 中国园林，1992：14-22.

[14] 冯纪忠．人与自然——从比较园林史看建筑发展趋势[J]. 建筑学报，1990(05)：39-46.

[15] 周维权．中国古典园林史[M]. 清华大学出版社，1999.

[16] 曹林娣．东方园林审美论[M]. 中国建筑工业出版社，2012.

[17] 唐孝祥，袁忠．美学基础教程[M]. 华南理工大学出版社，2002.

[18] 程相占．论生态审美的四个要点[J]. 天津社会科学，2013，5(05)：120-125.

[19] 朱立元．走向实践存在论美学——实践美学突破之途初探[J]. 湖南师范大学社会科学学报，2004(04)：41-47.

[20] 艾伦卡尔松．从自然到人文[M]. 薛富兴，译．广西师范大学出版社，2012.

[21] 刘滨谊，廖宇航．大象无形·意在笔先——中国风景园林美学的哲学精神[J]. 中国园林，2017：5-9.

[22] 沈洁，王向荣．风景园林价值观之思辨[J]. 中国园林，2015，31(06)：40-44.

[23] 李泽厚．华夏美学·美学四讲[M]. 生活·读书·新知三联书店，2008.

[24] 李连科．价值哲学引论[M]. 商务印书馆，2001.

[25] 杨庙平．《巴黎手稿》价值论美学思想探析[J]. 四川大学学报(哲学社会科学版)，2006(02)：46-50.

[26] 叶朗．美学原理[M]. 北京大学出版社，2009.

[27] 朱立元．简论实践存在论美学[J]. 人文杂志，2006(03)：76-86+162.

作者简介

唐孝祥，1965 年生，男，汉族，湖南邵阳人，华南理工大学建筑学院，教授、博士生导师，亚热带建筑科学国家重点实验室副主任，研究方向为建筑美学、风景园林美学。电子邮箱：ssxXtang@scut. edu. cn。

冯惠城，1992 年生，男，汉族，广东惠州人，华南理工大学建筑学院博士研究生在读，研究方向为风景园林历史与理论、风景园林美学。电子邮箱：fneocc@foxmail. com。

论文集

风景园林学科发展

中国风景园林学学科研究热点与趋势分析

——基于 2011～2020 年中国风景园林学会年会论文

Analysis of Research Hotspot and Trend of Chinese Landscape Architecture Discipline

—Based on the Annual Conference Papers of the Chinese Society of Landscape Architecture from 2011 to 2020

施海音　付彦荣*　韩燕敏　刘艳梅

摘　要：自 2011 年风景园林学成为一级学科以来，学科发展飞速、知识体系逐步完善，在生态文明建设的大背景下，许多新的研究领域和研究方向应运而生。学科研究热点是反映学科知识体系中的共现与联系的信息，是了解学科发展动向与演变趋势的重要基础和依据。基于引文空间分析软件（Citespace）对 2011～2020 年的中国风景园林学会年会论文进行文献计量分析，得出公园城市、生态修复、公共空间、文化景观和乡村振兴是近十年出现的 5 个新兴研究热点，进而分析学科研究热点反映出的学科研究的细化和深入、学科领域的拓宽、与多学科的交叉融合以及对于国家政策的积极响应。本文综合分析过去十年的研究热点并提出，未来学科的发展趋势具有以生态文明为主导，以文化底蕴为内核，与多学科融合发展的综合性的特点。

关键词：风景园林；学科研究；文献分析；研究热点；研究趋势

Abstract: Since landscape architecture became a first-level discipline in 2011, the discipline has developed rapidly and the knowledge system has been gradually improved. Under the background of ecological civilization construction, many new research fields and research directions have emerged. Disciplinary research hotspots are information reflecting the co-occurrence and connection in the subject knowledge system, and are an important basis for understanding the development and evolution trend of the subject. Based on the bibliometric analysis of the annual conference papers of the Chinese Society of Landscape Architecture from 2011 to 2020 by Citespace, it was concluded that park city, ecological restoration, public space, cultural landscape and rural revitalization were five emerging research hotspots in the past decade, and then analyzed the refinement and depth of disciplinary research, the broadening of disciplinary fields, the cross-integration with multiple disciplines, and the positive response to national policies reflected by the disciplinary research hotspots. This paper comprehensively analyzes the research hotspots in the past ten years and proposes that the development trend of future disciplines has the characteristics of being dominated by ecological civilization, with cultural heritage as the core, and integrated with multi—disciplinary development.

Keywords: Landscape Architecture; Discipline Research; Reference Analysis; Research Hotspot; Research Trend

引言

在生态文明和美丽中国建设的大背景下，中国风景园林学科发展迅速，学科外延不断拓展，新的研究热点和研究方向不断涌现。很多学者基于期刊论文或自然科学基金资助项目等，采用文献计量法对风景园林学科的研究热点进行了分析[1-4]。除期刊外，学术会议也是汇集研究成果、掌握研究动态和发现研究热点的重要平台。但是，基于会议论文对学科热点的研究还很少。

中国风景园林学会年会自 2009 年举办已来，已连续举办 12 届，成为风景园林行业内最富影响力的学术交流活动，为业界人士的交流与学习提供了重要的平台和机会。每届年会期间，通过征集论文并出版论文集，汇集并展示了风景园林学科各领域的最新研究成果，较为全面地反映了学科研究的前沿和热点，具有较高的研究价值。

本文以 2011 年风景园林学列入一级学科为节点，对 2011～2020 年间中国风景园林学会年会论文进行文献计量学分析，以期汇总 10 年间风景园林学的研究热点。通过分析学科研究内容和热点的变化，挖掘学科热点变化的潜在原因和规律，了解学科内核的深化和边界的扩展，预测学科的发展与演变趋势，为后续研究和学科建设提供参考。

1　研究对象与研究方法

1.1　研究对象

以中国风景园林学会年会论文为研究对象，选取 2011～2020 年会论文集收录的全部论文进行分析，聚焦 2011 年风景园林学成为一级学科后，风景园林学的研究热点、变化与发展趋势。

1.2　研究方法

在中国知网平台（CNKI）搜索2011～2020年的中国风景园林学会年会论文集，获得全部文献记录。运用引文空间分析软件（Citespace）进行关键词分析，提取高频研究词汇。删除不属于研究内容的词汇“风景园林”后，进行文献计量分析，绘制关键词突变信息图、关键词聚类图和关键词时间线演变图，进而探寻风景园林学研究热点、变化和发展趋势等。

2　结果与讨论

2.1　载文年度分析

2011～2020年，中国风景园林学会年会论文集共收录论文2384篇，平均每年约238.4篇。2016年最少，仅178篇；2019年最多，达374篇（表1）。每年会议结合国家重大战略、国内外学科和行业热点，设定主题和相关议题，对征文进行引导。10年间的选题一方面强调学科自身的传承创新与持续发展，另一方面，紧紧呼应城镇化、城市双修、美丽中国、公园城市等国家发展战略和社会热点，具有鲜明的时代性。同时，论文选题又有一定广度，涵盖了学科理论历史、规划设计、工程施工、园林植物、经济管理、风景遗产保护、教育等学科领域，并结合国家战略和最新政策设置的新型城镇化、生态修复、城市生物多样性等多个议题，范围广、综合性强。

中国风景园林学会2011～2020年会主题和论文集载文量　　表1

年份	主题	载文量（篇）
2011	巧于因借，传承创新	244
2012	风景园林让生活更美好	196
2013	凝聚风景园林，共筑中国美梦	254
2014	城镇化与风景园林	200
2015	全球化背景下的本土风景园林	180
2016	城市·生态·园林·人民	178
2017	风景园林与“城市双修”	198
2018	新时代的中国风景园林	221
2019	风景园林与美丽中国	374
2020	风景园林·公园城市·健康生活	339

2.2　学科研究热点

关键词概括了研究论文的主题内容，文献中关键词出现频度在某种程度上可以反映研究领域的热点。对年会论文关键词的频度分析发现，前10位高频关键词有公园城市、景观设计、生态修复等，词频均超过30，反映出很高的学科关注度（表2）。其中，关键词“公园城市”的词频最高，达88，反映出业界对其极高的关注度。在10个关键词中，“景观设计”“生态修复”属于学科的研究内容和方向，“城市公园”“植物景观”“城市绿地”和“公共空间”等属于学科的研究对象，“保护”属于学科的研究目的，这些构成了学科研究的基础与核心，研究热度持续较高。公园城市具有综合性，兼有方向和对象双重特征。

前10位高频关键词　　表2

关键词	词频	中介中心性	关键词	词频	中介中心性
公园城市	88	0.12	城市绿地	35	0.05
景观设计	65	0.12	保护	34	0.06
生态修复	57	0.08	公共空间	33	0.07
城市公园	52	0.07	景观	31	0.05
植物景观	35	0.07	文化景观	31	0.04

关键词的中介中心性在0～1间取值，中介中心性高说明关键词在学科研究网络中起到较强的联系作用，中介中心性超过0.1的节点被称为关键节点。风景园林学会年会论文高频关键词中，大于0.1的关键词仅有“公园城市”和“景观设计”两个（表2）。2011年后，已经没有中介中心性大于0.5的关键词，表明学科的研究内容与方向已趋向分散、多元。

突变值反映短期内变化较大的关键词，表现短时间内成为学者高度关注的研究方向。年会论文的关键词中，“乡村振兴”“设计方法”“规划编制”“海绵城市”“景观设计”“生态”“文化景观”等呈现较高的突变强度，反映它们在短时间引起业界关注（图1）。这些词较好地反映了风景园林学面向国家战略与城市发展特点的研究方向的调整与主动应对，包括对快速城市化引发的城市洪涝、城市空间匮乏，城市与乡村发展不平衡等一系列问题的解决策略的思考与实践。

图1　关键词突变强度前30位信息图

2.3　研究热点演变

将提取的关键词进行聚类分析，得出“植物景观”“景观设计”“公园城市”等13个聚落（图2）。选取聚落大小≥25的前9个聚落，以时间线为依据，进行关键词在聚落中的演变分析，获得关键词时间线演变情况如图3所示。

时间线演变图的横向分析显示，2011～2020年的学科研究热点呈现逐步细化的趋势。以城市公园聚落的时

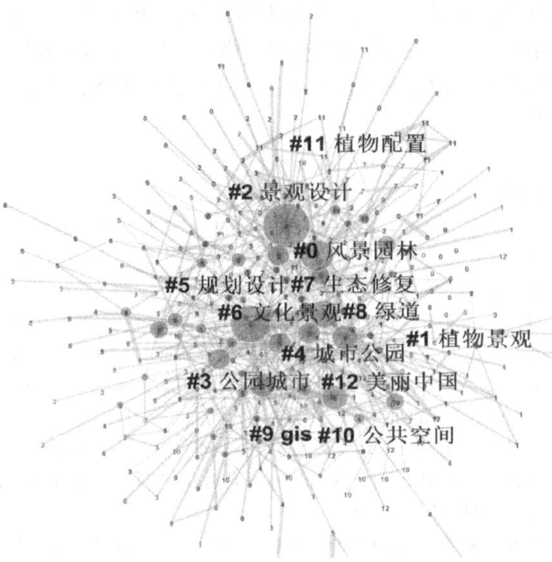

图 2 关键词聚类图

间线为例，以了解并利用植物资源的康养疗效，注重人的感知体验为目的，产生了园艺疗法[5-8]、康养景观等研究方向；以应对全球气候变化以及中国快速城镇化进程中的问题，产生了以海绵城市技术进行城市自然式雨洪管理的研究方向[9,10]，以及存量规划[11]、设计更新等针对城市空间改造与更新的实践方法。因重视风景园林与文化内涵的承载，产生了聚焦于文化传承[12]的研究主题。以回归以人为本，拉近人与自然的距离，关注不同人群的需求为背景，产生了关于社区公园[13,14]、老年人群体等方面的研究。这些在规划设计方向的细化研究从以公园为单位的规划设计出发，逐渐应对与解决多种因素带来的综合问题，反映了学科对于生态、文化和社会多方面的思考与实践以及基于时代性特征的发展模式，综合而立体的学科研究体系逐步形成。

时间线演变图的纵向分析显示，学科研究领域在细分的同时也伴随着学科间的融合和交叉。自 2012 年逐渐形成“文化景观”“生态修复”两个聚落，自 2018 年逐渐形成“公园城市”聚落。公园城市、国土风貌的研究是风景园林学向规划层面的进一步提升，体现了与城市规划学科的融合。同时，可持续技术、数字技术在风景园林规划设计、建造以及养护管理的应用，当代适宜科学技术引入、定量与定性研究的结合[15]，展现了学科与科学技术的进一步融合。

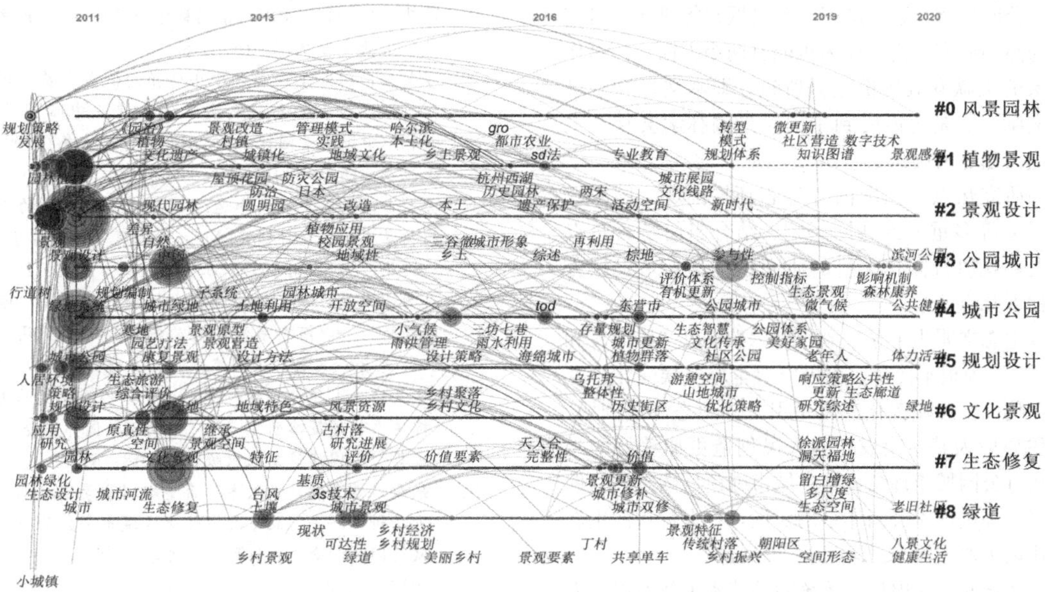

图 3 关键词时间线演变图

关键词聚类结果反映了风景园林学研究对国家发展战略和政策的积极响应。2012 年党的十八大以来，生态文明建设受到高度重视，成为中国特色社会主义“五位一体”总体布局和“四个全面”战略布局的重要内容。随后，建设美丽中国、建立国家公园以及新型城镇化的理念和战略相继提出。2017 年党的十九大提出实施乡村振兴战略，打造美丽乡村。2018 年，在新时代继续推进生态文明建设。同年，成都启动“公园城市”建设，探索城市发展新范式。在风景园林学的研究方向中，2012 年出现了以“美丽中国”为中心的新的研究聚落，2018 年，“公园城市”“乡村振兴”一举成为新的研究热点。可见，在生态文明建设的大背景下，国家政策和重大战略为学科的研究和发展指引方向，同时也为学科的理论和实践提供了丰富的机遇和广阔的平台，让学科在原有知识体系中延展出新的脉络。

国家政策推动学科发展，同时学科研究与实践也为国家重大战略提供支撑与服务。风景园林规划设计在公园城市的实践中从规划的层面布局全域公园体系，构建城市与自然和谐共融的公园城市空间格局[16,17]，促进城市生态、美学、生活、经济、人文和社会价值的融合。在推动新农村的建设中，保护乡村自然生态资源，挖掘并保留地域的历史文脉[18]，对风景名胜与古迹遗址进行保护与开发，为乡村振兴注入了活力。风景园林学在公园城市和乡村振兴领域的研究和实践并举，有力推动城市与乡村的平衡发展，实现更广区域的环境品质提升与生态修复。

3 结论与讨论

本文基于2011～2020年中国风景园林学会年会收录的论文，采用Citespace软件综合分析得出，“公园城市”“生态修复”“公共空间”“文化景观”“乡村振兴”等为风景园林学学科的研究热点。学科研究内容和方向呈现分散、多元的特征，研究热点变化则呈现学科细分和交叉融合同时并存的趋势。

风景园林学研究热点及其变化体现了对国家发展战略和政策的积极响应，反过来，后者也为风景园林学的外延拓展提供了机遇和空间。风景园林是一个综合性、交叉性的学科[19]，其与社会、经济、文化、生态和艺术等学科的紧密联系，反映为学科在庞大学科群中日趋基础和重要，成为推动国家建设和发展的坚实动力。

本研究发现的学科研究热点与近年相关研究不尽相同。在不同研究中，生态修复、文化景观和自然保护等通常被认定为研究热点，反映了业界对这些领域关注的持续性和广泛性，也表明不同研究对象情况下，结果的一致性。同时，公园城市、公共空间、乡村振兴等只在本研究中被确定为热门研究方向。原因可能有两个方面：一是作为研究对象的文献发表年份差异所致，即本文包含了最近两年的文献。二是可能受到中国风景园林学会年会主题议题对论文选题的影响。

学科的研究热点受到国内外生态环境问题、国家政策和发展形势等多重元素共同影响。结合当前学科热点和变化情况，就风景园林学科的研究趋势及未来发展方向展望为如下几点：

（1）以生态文明为主导。风景园林学科以“协调人和自然的关系”[19]为根本使命，积极应对全球气候变化以及我国在工业化、快速城镇化进程中引发的生态环境问题，以改善居住环境为基本出发，为人民创造更加美好的生活。努力践行公园城市理念，推进城市绿色低碳发展，助力乡村振兴，推进国家公园体系的建设，在保护自然生态的同时，建设美丽中国。

（2）以文化底蕴为内核。传统园林艺术承载着以文人为主的山水精神与深厚的历史文化，是人造自然最为生动的部分，也是协调人与自然关系方面中国智慧的典型代表之一。现代风景园林学应秉承精粹，让规划设计场地承载地域文化、民族文化，为自然环境注入特色与内涵，为文化传承、精神交流提供场所。将自然、文化与美学相结合，营造有“温度”、有“厚度”的风景园林。

（3）与多学科融合发展。风景园林本身就是一门科学与艺术融合的综合性学科，在研究和实践中与社会、经济、文化、生态等多学科产生交叉和联系。风景园林应继续发扬自身特色和优势，并注重与相关学科的融合借鉴，拓宽学科研究的视野和领域，进一步助力解决国家建设和发展中面临的一系列问题和挑战。

此外，应更加关注人的需求，在规划设计实践中加强公众参与，注重风景园林的公平共享。加强学科领域相关技术和产品的研发，为高品质风景园林建设提供“硬”支撑。最后，应进一步加强学科研究热点、潜在领域和发展方向的研究，做好学科发展规划，引导学科持续、健康、高质量发展。

参考文献

[1] 金荷仙，常晓菲，吴沁甜．国内外9本代表性风景园林期刊2008—2012年载文统计分析与研究[J]．中国园林，2014，30(07)：57-66.

[2] 丁璐，戴菲．国内外近五年风景园林学科研究热点与趋势——基于8种主流期刊的文献计量分析[M]//中国风景园林学会2019年会论文集(下册)．中国建筑工业出版社，2019：536-544.

[3] 祝浩翔，蒲旸，蔡卓霖．基于CiteSpace和Vosviewer可视化途径的我国近10年风景园林研究热点分析[J]．西南师范大学学报(自然科学版)，2020，45(11)：120-128.

[4] 刘娜，王劲．风景园林领域国家自然科学基金资助项目及研究热点探析[J]．中国基础科学，2016，18(06)：56-60+43.

[5] 雷艳华，金荷仙．园艺疗法在疗养院花园中的应用[M]//2012国际风景园林师联合会(IFLA)亚太区会议暨中国风景园林学会2012年会论文集(上册)．中国建筑工业出版社，2012：299-302.

[6] 刘立坤，张吉祥．养老地产的植物景观规划研究——以济南市为例[M]//中国风景园林学会2016年会论文集．中国建筑工业出版社，2016：548.

[7] 罗笑轩，付彦荣．面向中小城镇的低成本益康园林设计初探——以河北肥乡县残疾人康复就业中心园林设计为例[M]//中国风景园林学会2014年会论文集(下册)．中国建筑工业出版社，2014：277-282.

[8] 公蕾，时蕙，秦琦，李运远．基于五感疗法的森林康养型植物景观规划设计探究[M]//中国风景园林学会2020年会论文集(下册)．中国建筑工业出版社，2020：299-305.

[9] 孙力，王敏．基于低影响开发的缺水地区海绵城市雨洪管理探析——以河南省汤阴县为例[M]//中国风景园林学会2017年会论文集．中国建筑工业出版社，2017：181-186.

[10] 李景辉，毛华松，魏映彦．基于低影响开发的山地住区海绵体系构建策略研究[M]//中国风景园林学会2018年会论文集．中国建筑工业出版社，2018：676.

[11] 张希，姜雪琳，王思杰．存量规划背景下公园边界空间的更新研究——以北京北中轴地区城市公园为例[M]//中国风景园林学会2018年会论文集．中国建筑工业出版社，2018：52-59.

[12] 张颖，刘晖，惠禹森．西安近现代城市公园历史文化传承与创新研究[M]//中国风景园林学会2019年会论文集(下册)．中国建筑工业出版社，2019：658.

[13] 夏良驹，骆天庆．上海社区公园使用群体构成及到访特征的社会分异研究[M]//中国风景园林学会2015年会论文集．中国建筑工业出版社，2015：260-265.

[14] 曾子熙，朱逊，赵晓龙．深圳社区公园周边土地利用对老年人体力活动频率影响研究[M]//中国风景园林学会2020年会论文集(上册)．中国建筑工业出版社，2020：226-230.

[15] 成玉宁，袁旸洋．当代科学技术背景下的风景园林学[J]．风景园林，2015(07)：15-19.

[16] [1]张云路，高宇，李雄，等．习近平生态文明思想指引下公园城市建设唯物观与理性路径探讨[M]//中国风景园林学会2019年会论文集(下册)．中国建筑工业出版社，2019：659.

[17] 陈明坤，张清彦，朱梅安，等．成都公园城市三年创新探索

与风景园林重点实践[J]. 中国园林，2021，37(08)：18-23.
[18] 冯艺佳. 论旅游区内少数民族乡村的生态旅游建设——以新疆喀纳斯景区图瓦人乡村为例[C]//2012国际风景园林师联合会(IFLA)亚太区会议暨中国风景园林学会2012年会论文集(上册). 中国建筑工业出版社，2012：221-224.
[19] 张启翔. 关于风景园林一级学科建设的思考[J]. 中国园林，2011，27(05)：16-17.

作者简介

施海音，1999年生，女，汉族，北京人，学士，中国风景园林学会业务部秘书，研究方向风景园林学科理论与规划设计。

(通信作者)付彦荣，1975年生，男，汉族，河北人，博士，中国风景园林学会副秘书长，高级工程师，研究方向为风景园林学科理论、园林植物资源和应用。

韩燕敏，1973年生，女，汉族，河北人，学士，中国公园协会，研究方向为公园管理。

刘艳梅，1988年生，女，汉族，山东人，硕士，中国风景园林学会业务部副主任，工程师，研究方向为风景园林学科理论、园林植物应用。

风景园林植物色彩的研究热点与趋势可视化分析

Visual Analysis of Research Hotspots and Trends of Plant Color in Landscape Architecture

吴若丽　阳佩良　周建华

摘　要： 植物色彩的自然变化为景观空间赋予了生机与活力，随着城市景观的建设，植物色彩在景观中的应用越来越受到设计者的关注。为了解植物色彩领域近 20 年的研究现状，本文利用 CiteSpace 软件对 2002～2021 年间 1118 篇相关中文期刊及学位论文进行可视化分析。依照研究侧重点的不同近 20 年来植物色彩领域可大致划分为理论探索、实践运用、聚焦优化和创新发展 4 个阶段，推进学科交叉、加强交流协作、融合传统文化以及定性定量结合是未来植物色彩研究的发展方向。

关键词： 风景园林；植物色彩；知识图谱；研究热点与趋势

Abstract: The natural change of plant color gives vitality and vigor to the landscape space. With the construction of urban landscape, the application of plant color in the landscape has attracted more and more attention from designers. In order to understand the research status of the field of plant color in the past 20 years, this paper uses CiteSpace software to visually analyze 1118 related Chinese journals and academic dissertations from 2002 to 2021. In the past 20 years, the field of plant color can be roughly divided into four stages according to different research emphasis: theoretical exploration stage, practical application stage, focus optimization stage and innovation development stage. The future development direction of plant color research is to promote interdisciplinary, strengthen communication and cooperation, integrate traditional culture and combine qualitative and quantitative.

Keywords: Landscape Architecture; Plant Color; Knowledge Map; Research Hotspots and Trends

引言

色彩被称为人的“第一视觉”，人眼产生的映像主要来源于光作用于物体上的色彩[1]。植物是园林景观营造最基础的要素，其生长周期内抽芽、开花、结果、落叶等过程都会呈现不同的色彩，为园林景观空间赋予生机与活力。植物色彩是否鲜艳，色彩搭配是否和谐、美观，直接影响着景观质量的高低。为了解人们对景观的关注因素，笔者在西南大学校园内随机发放 100 份关于“植物景观视看因素”的调查问卷，选择植物色彩的人群占总人数的 63%。由此可见合理配置的植物群落色彩对于改善人居环境、营造符合人们心理需求的园林景观至关重要。

20 世纪以来，随着“色彩调和理论”“色彩地理学”“色彩四季理论”的陆续诞生，植物色彩的相关研究被广泛应用于城市规划、疗愈景观、色彩量化效应等方面，学者们开始借助相关理论及 Ostwald、NCS、Munsell 等色彩系统开展植物色彩的量化分析。但国内对于植物色彩的研究起步稍晚[2]，目前可大致分为两大类：一类是研究植物色彩的构成及其影响机制，另一类是研究植物色彩对人身心健康的影响。陈嘉婧[3]等采用色彩构成分类法、色彩频率表现法和色彩均一化法对 4 个植物群落的色彩构成进行量化分析，发现植物色彩亮度越高，植物群落美景度值越高，景观效果越好。张晶晶[4]对彩叶草叶片进行色素提取、纯化、鉴定以及稳定性研究，确立彩叶草叶片压花保色的工艺流程。李霞[5]等用调查问卷的形式分析大学生对植物色彩的喜好以及植物色彩引发的心理效应，得出不同绿化空间较为适宜的色彩配置方式。龚芷菲[6]通过分析植物色彩对儿童生理、心理的影响，探讨如何提升儿童景观的适宜性和趣味性。

鉴于植物色彩领域的相关文献数量庞大、研究重心分散、重复性大，本文利用 CiteSpace 软件分析相关文献，结合知识图谱回视 2002～2022 年我国植物色彩的学术研究历程，梳理植物色彩学科当前研究现状及发展趋势，为今后相关研究提供参考。

1　数据与方法

1.1　数据收集

以知网为来源数据库，采用高级检索功能，设置主题词为“植物色彩”，选取时间跨度为 2002～2021 年（检索时间截至 2021 年 12 月 31 日），选择中文期刊及博硕士学位论文为研究样本，共得到有效文献 1118 篇，全选后以“Refworks”格式导出。

1.2　研究工具与方法

CiteSpace 是在 Java 环境下运行的可视化文献计量与分析软件[7]，本文采用 CiteSpace5.8.R3 对文献数据进行可视化分析。Density$<$0.02 时，表示关联性较强。将筛选的 1118 篇文献导入 CiteSpace5.8.R3 软件并按以下参数进行设置：时间跨度为 2002～2021 年，时间切片设置

为 1 年，主题词来源选择“Title”“Abstract”“Author Keywords”“Keywords Plus”“TopN”，设定为 50，连线强度选择 Cosine 算法，网络裁剪方式选择 Pathfinder 及 Pruning sliced networks。其余参数均为默认数值。本研究分别对发文量、学科分布、研究作者、研究机构、关键词共现作可视化分析，形成直观的网络关系图谱。

2 研究现状

2.1 发文量

将所获得的文献分为期刊论文和学术论文两类，用 Excel 汇总数据，得到 2002～2022 年（由于 2022 年尚无法得到全年数据，故此处不作统计）植物色彩研究领域文献发表数量的年变化趋势图（图 1）。从图中看出，期刊、学位论文以及总发文量的年变化趋势几乎一致，均呈现整体上涨趋势，表明植物色彩越来越受到国内学者的关注。两次峰值分别出现在 2012 年和 2017 年，其中 2017 年发文量最多，达到 102 篇，2017～2018 年与 2020～2021 年发文量有明显下降，这可能与当时的社会背景有关。

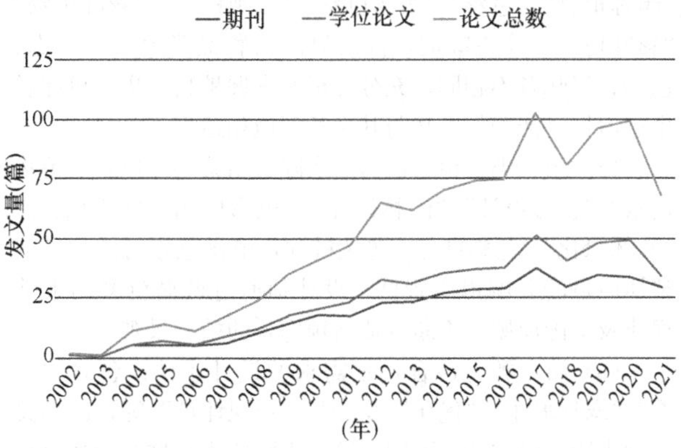

图 1 植物色彩研究领域发文量年际变化图

2.2 学科分布

用知网平台的可视化分析功能对检索所得文献进行学科分类，再用 Excel 绘制饼状图，得到植物色彩研究领域的学科分布情况（图 2），其中建筑科学与工程发文量为 734 篇，占比 56.59%；第二名是园艺，发文量 368 篇，占比 28.37%；排名第三的是林业，发文量 75 篇，占比

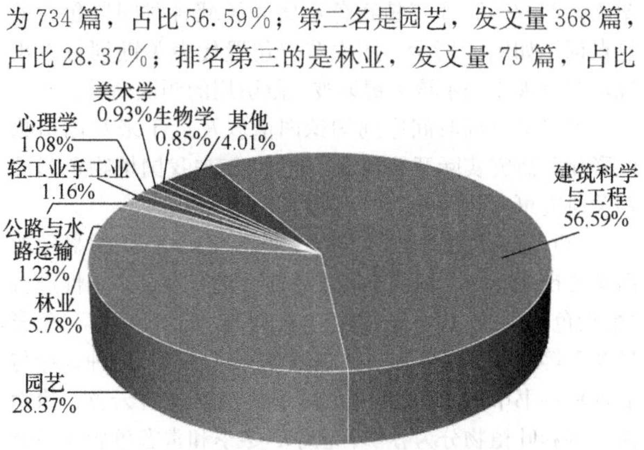

图 2 植物色彩研究领域学科分布

5.78%，除此之外，该领域研究还涉及公路与水路运输、轻工业与手工业、心理学、美术学、生物学及其他学科，由此可见，植物色彩研究领域有一定的学科交叉性。

2.3 研究作者分析

研究作者合作图谱反映出一个研究领域的突出贡献者及学者间的合作关系。节点类型选择“Author”，运行 CiteSpace 软件，得到作者合作图谱（图 3），图中出现 487 个节点，节点大小较为均匀，植物色彩研究学者间的发文量总体差距不大，图谱密度为 0.0016，节点间连线数为 190，作者间合作关系比较松散，大多作者都选择独立研究，仅部分作者存在关联，该领域没有明显的杰出代表和稳定的核心团队。

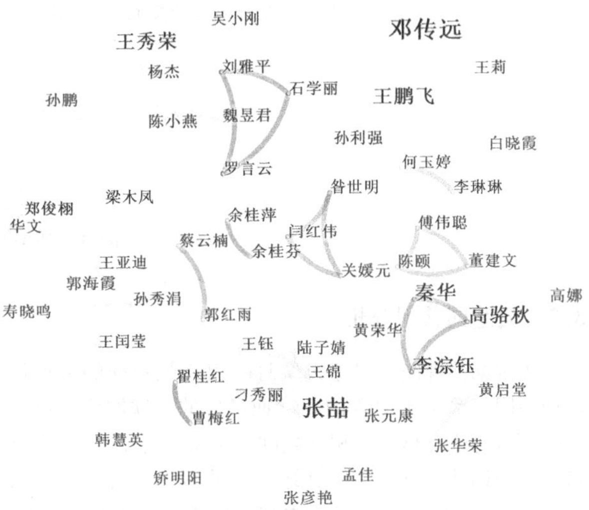

图 3 研究作者合作知识图谱

2.4 研究机构分析

研究机构合作图谱有助于探究植物色彩领域的前沿机构。节点类型选择“Institution”，获得研究机构合作图谱（图 4）。发文量排名前五的分别是福建农林大学园林学院（8 篇）、北京林业大学（7 篇）、北京林业大学园林学院（5 篇）、东北林业大学园林学院（4 篇）、河南农业大学林学院（4 篇），植物色彩领域的研究机构多为高等院校，且多集中在高校风景园林专业所属院系，学科交叉性较弱。节点间连线数为 0，表明各研究机构间往往各行其是，几乎无合作关系。

3 研究热点与趋势

3.1 图谱合理性检验

CiteSpace 软件用模块值（Q 值）和平均轮廓值（S 值）两个参数指标来判断图谱生成是否理想。Q 值>0.3 时，说明划分的社团结构显著；S 值>0.5 时，说明聚类结果合理；S 值>0.7 时，聚类可信度较高。本研究的图谱生成结果显示 $Q=0.5926$，$S=0.8711$，可视化运算结果合理有效。

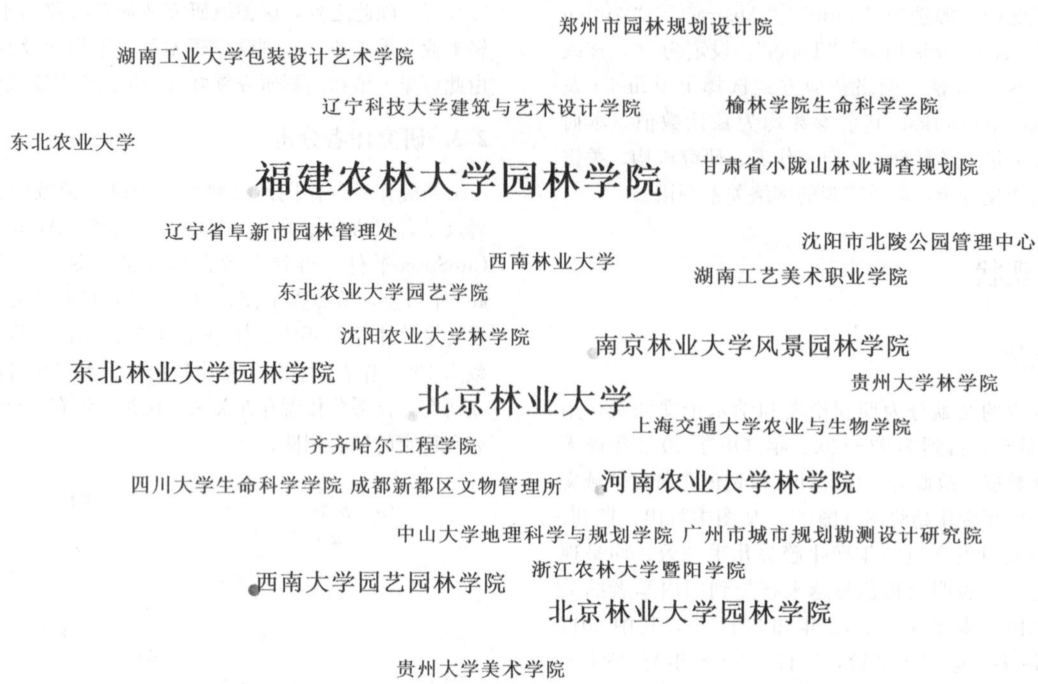

图 4　研究机构合作知识图谱

3.2　关键词共现分析

关键词共现图谱是通过统计一组文献数据的关键词两两在同一篇文献出现的频次而形成的关联网络，反映某一领域的研究热点及相互之间的关系。对 1114 篇文献进行关键词共现分析，运算结果显示 $N=503$、$E=956$、$Density=0.0076$，表明所有文献共生成 503 个主题节点、956 条连线、密度为 0.0076。生成的网络图谱（图 5）中节点及字体大小表示关键词出现的频次多少，节点越大表示出现频次越多，节点间连线代表节点间相关联，连线越粗表明关联性越强。

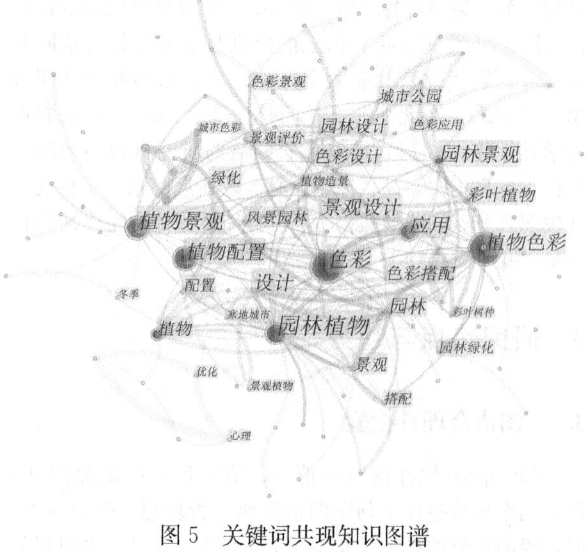

图 5　关键词共现知识图谱

根据关键词的内涵将排序前 33 的高频关键词归为三类：

（1）第一类为植物生物学特性的研究。包含“植物”“园林植物”“色彩”“植物色彩”“景观植物”“彩叶植物”“彩叶树种”等关键词，自然界的植物品类繁多，形态、色彩、气味各不相同，充分分析并掌握植物的生理机能和生态习性，能确保植物与其生长环境相适应。

（2）第二类为植物色彩的实际应用策略。包含“植物造景”“色彩设计”“园林设计”“色彩应用”“植物配置”“园林绿化”“色彩搭配”等关键词，植物色彩对园林景观整体质量的影响毋庸置疑，设计师通过遵循色彩的审美规律及搭配原则，不断营造新颖别致的植物景观。

（3）第三类为迎合特定需求的设计手法。包含“冬季”“寒地城市”“优化”“心理”“景观评价”等，此类关键词表明不同季节、不同地域、不同使用人群对植物色彩的搭配需求各不相同，采取针对性的设计手法、措施能使植物色彩的应用构成趋向多元化。

3.3　关键词时间序列分析

对 1118 篇文献进行关键词时间线分析，将筛选出的关键词按时间顺序平铺展开，生成关键词时间序列知识图谱，2002～2021 年植物色彩研究领域各时间段包含的热点词汇如图 6 所示。图中节点位置代表关键词首次出现，节点大小表示该关键词被文献引用的频次高低。

参考关键词时间序列知识图谱以及近年来我国植物色彩相关研究实际开展情况，近 20 年来我国植物色彩的相关研究可大致划分为 4 个阶段：

（1）理论探索阶段（2002～2008 年）：从图谱显示的高频关键词看出，国内学者主要就“色彩”这一属性进行“植物色彩”“园林绿化”“植物配置”“环境色彩”“色彩景观”等基础理论研究，如臧德奎[8]在《彩叶树种选择与造景》一书中探讨了彩叶植物的搭配技巧；曾云英、徐幸福[9]将彩叶植物分为春季、秋季、冬季和常态色彩 4 种类型；刘灿、张启翔[10]以三原色为基础，分析色彩调和及

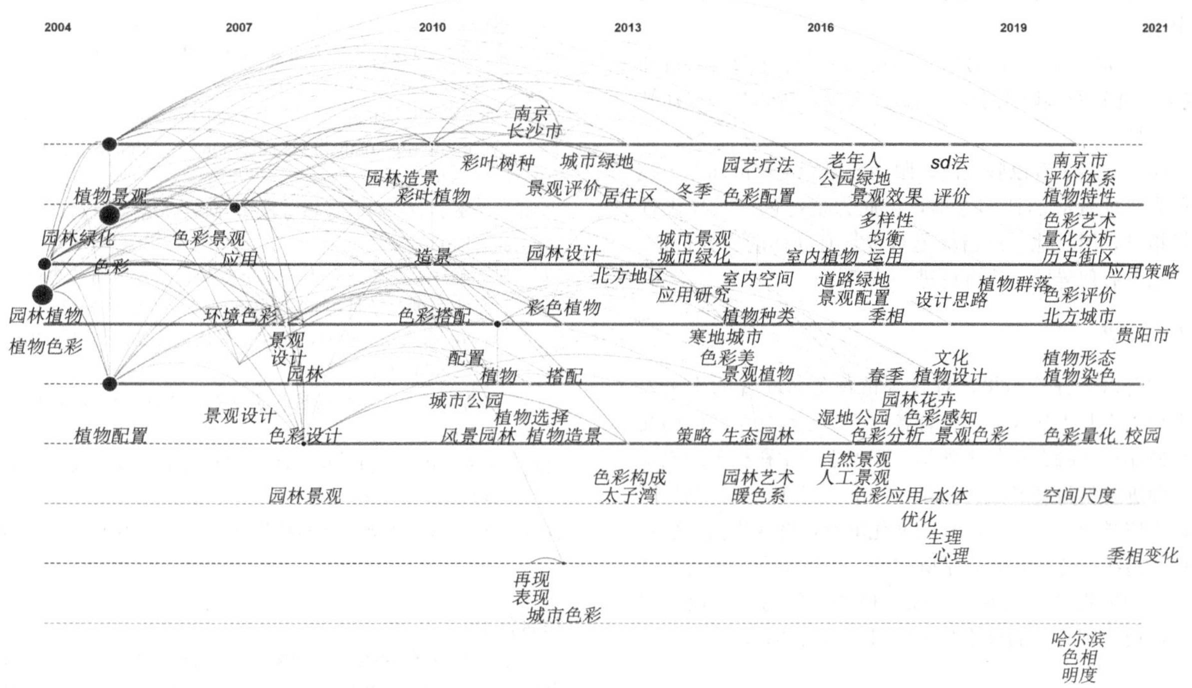

图 6 关键词时间序列知识图谱

色彩情感在园林植物景观中的应用，此阶段植物色彩的研究角度比较局限，研究范围尚待拓展。

(2) 实践运用阶段（2009～2013 年）：发文量变化趋势图显示，这一阶段植物色彩研究稳步推进，学者们基于上一阶段的理论成果对“城市公园”“居住区”“北方地区”“南京”“长沙市”等不同地域的植物景观色彩搭配实施针对性设计策略，致力于提升我国城市色彩的协调性和多样性。此阶段研究重点从基础理论转为实际应用，研究领域有所扩大，但研究指向性不明显。

(3) 聚焦优化阶段（2014～2016 年）：这一阶段的热门词汇主要集中于 3 方面内容：一是“寒地城市”“室内空间”“公园绿地”“道路绿地”“湿地公园”等特定植物栽植空间，学者在“生态园林”相关政策的引领下进行园林植物景观的研究和营造；二是“园艺疗法”“老年人”“色彩感知”等环境心理相关词汇，对不同类别人群的情绪体验及色彩偏好展开调查与分析，以求最大限度地发挥植物色彩的疗愈性；三是“园林艺术”“暖色系”“色彩配置”“多样性”“均衡”等色彩美学研究视角。此阶段学者不再是漫无目的地分散式研究，多聚焦于某一兴趣领域深入探究。

(4) 创新发展阶段（2017～2021 年）：随着科技的进步，这一阶段学者开始热衷对植物色彩进行量化研究，用测量设备计算色彩斑块比例，得到相应量化值，抑或者用医学、心理学仪器监测人在接受植物色彩刺激时的体征变化，形成客观评价体系，并结合主观评价进行相关性分析，提升研究结果的可靠性。熊晶[11]对花港观鱼公园内的植物组团色彩属性进行量化提取，从色系运用、层次对比、构图形式等方面研究色彩配置特征。王子梦秋[12]对预先实施情绪诱导后的大学生进行色彩恢复性实验，发现绿色、红色、黄色植物有助于恢复慌乱紧张情绪。周廷祯[13]通过观察被试者观看不同类型植物群落的脑波变化，发现群落颜色在 2～3 种时对人体放松效果最好。此阶段针对上一阶段的遗留问题继续深入探讨，学者逐渐打破学科边界，采用更先进的数值模拟技术，提出更优化的实施策略，建立更完善的植物色彩研究网络体系。

4 讨论与展望

4.1 总结与讨论

对知网收录的我国 2002～2021 年的 1118 篇植物色彩相关文献进行量化分析，发现国内植物色彩相关文献数量呈现整体上涨的趋势，从研究作者和机构来看，研究中坚力量大多分布在高等院校的风景园林学科所属院系，但作者和机构均呈现“整体分散、部分集群”的碎片式布局，相互之间学术联系较弱，缺乏跨区域、跨机构交流与合作，植物色彩研究领域没有形成明显的代表人物及核心团队。

从研究内容来看，植物色彩研究主题涉猎较广，研究规模持续扩大，研究范围和研究视角逐渐拓宽，主要在色彩构成、色彩量化、景观视觉评价、色彩对情绪恢复的影响等方面，综合分析目前仍存在以下几点欠缺：

(1) 无论是通过色彩量化分析还是视觉质量评价进行植物色彩配置的优化策略研究，学者们往往仅专注于色彩美学这一角度，忽视了植物本身的生物学特性及植物栽植的立地条件，如花叶物候期、光照、温度、人工干扰等对研究结果可能造成的影响。

(2) 植物色彩方面的生理心理试验虽然进行了比较全面的各项生理指标测定，但大多数试验仅针对二维层面的一种或几种植物品种或色彩，未考虑到立体维度的植物组团所含色彩相互间的影响，实际应用中或许会出现一定偏差。

(3) 研究所调查的被试者多集中于大学生及弱势群体（老人、儿童及残障人士），涵盖面较少，研究结果往往缺乏普适性。

(4) 许多学者以脑电波、眼动数据等生理指标作为植物色彩心理效应的评判标准，以此为植物色彩专项设计提供指导，但其他生理指标是否也具有同样的研究价值，试验结果有何异同，还有待进一步考证。

4.2 展望

综合以上分析结果，对我国植物色彩配置的未来发展提出以下几点建议：①整合各方资源，深化学者间的交流与协作；②融合植物生理学、心理学等学科相关理论知识，促进多学科交叉融合；③在注重功能性、观赏性的同时，也应继承中国古典园林的文化寓意，将现代植物色彩设计与传统文化相糅合，推陈出新，创造富含中国传统文化韵味的植物色彩景观；④探索植物色彩的定性定量研究，形成中国特色的理论与实践研究网络体系。

参考文献

[1] 刘毅娟．苏州古典园林色彩体系的研究[D]．北京林业大学，2014.

[2] 代维．园林植物色彩应用研究[D]．北京林业大学，2007.

[3] 陈嘉婧，刘保国，李睿，等．基于植物群落色彩构成量化分析的植物配置研究[J]．河南农业大学学报，2019，53(04)：550-556.

[4] 张晶晶．彩叶草叶片色素及压花保色研究[D]．河北农业大学，2020.

[5] 李霞，朱笑，吕英民，等．植物景观色彩对大学生视觉心理的影响[J]．中国园林，2013，29(07)：93-97.

[6] 龚芷菲．植物的色彩象征在儿童景观设计中的应用[J]．现代园艺，2016(02)：99-100.

[7] Chen C. Searching for intellectual turning points：Progressive knowledge domain visualization[J]. PNAS，2004，101(1)：5303-5310.

[8] 臧德奎．彩叶树种选择与造景[M]．北京：中国林业出版社，2003.

[9] 曾云英，徐幸福．彩叶植物分类及其在我国园林中的应用[J]．九江学院学报(自然科学版)，2005(02)：21-24.

[10] 刘灿，张启翔．色彩调和理论与植物景观设计[J]．风景园林，2005(02)：29-30.

[11] 熊晶．杭州花港观鱼植物景观色彩特征量化分析[D]．浙江农林大学，2019.

[12] 王子梦秋．校园植物色彩对大学生身心健康影响研究[D]．西北农林科技大学，2018.

[13] 周延祯．沈阳地区园林植物群落色彩对人体响应研究[D]．沈阳建筑大学，2020.

作者简介

吴若丽，1998年生，女，汉族，山西运城人，学士，西南大学园艺园林学院硕士研究生在读，研究方向为风景园林规划设计理论与实践。

阳佩良，1987年生，男，汉族，四川遂宁，博士，西南大学园艺园林学院博士后，研究方向为风景园林规划设计理论与实践。电子邮箱：Dr_yangpl@163.com。

周建华，1970年生，男，汉族，江西宜丰人，博士，西南大学园艺园林学院，教授，研究方向为风景园林规划设计理论与实践。

论文集

风景园林工程与技术

气候变化背景下国内外园林绿化工程标准对比思考

Comparative Reflection on Domestic and Foreign Landscaping Engineering Standards under the Background of Climate Change

王 钰 唐 敏

摘 要： 植物的生长发育受到气候的显著影响，随着全球气候变化的加剧，城市园林绿化应注重通过适当的工程措施促进园林植物健康生长。园林绿化工程施工标准的制定有益于从源头上保障施工流程、技术要点适应气候变化。本文对国内外园林绿化工程施工标准的主要内容、技术要点对比分析，从实践应用的角度提出应对气候变化的园林绿化工程标准化发展建议。

关键词： 风景园林；气候变化；园林绿化工程；植物栽植；标准化

Abstract: The growth and development of plants is significantly affected by climate, with the intensification of global climate change, urban landscaping should focus on promoting the healthy development of garden plants through appropriate engineering measures. The formulation of construction standards for landscaping projects is conducive to ensuring the construction process and technical points to adapt to climate change from the source. This paper compares and analyzes the main contents and technical points of construction standards of landscaping projects at home and abroad, and puts forward suggestions for the standardization and development of landscaping projects to cope with climate change from the perspective of practical application.

Keywords: Landscape Architecture; Climate Change; Landscaping Engineering; Plant Planting; Standardization

引言

全球气候变化对城市植被的生长状况、树种构成、物候特征、植物景观及生态功能等多方面产生了显著的影响[1,2]。中国地域辽阔，气候条件多样，植物资源分布广泛，植物生长受制于不同的气候条件，在园林绿化工程中需根据实际情况采取不同的工程措施，例如西北地区气候干旱、降水稀少、夏日高温、冬季寒冷，植物的降温保湿、防寒防晒与成活率息息相关；东北地区冬季漫长、寒冷干燥，冰雪、雷电、大风等极端天气对植物生长带来诸多不利影响，道路融雪剂的使用则对行道树生长造成威胁[3]；东南沿海地区受台风影响，园林绿化需要选择抗风性树种[4]，并进行合理的群落搭配和种植结构优化，等等。

园林绿化工程标准作为园林绿化工程施工开展的重要法律依据，通过规范施工流程、提出施工质量标准，保障城市园林绿化工程施工水平和质量。目前对气候变化对植物的影响研究多集中于植物个体或植物群落层面，对于实际工程项目中的应用研究尚少，对于相关标准规范的研究更是寥寥。在实际工程项目中重点关注如何结合自然环境特点对园林绿化工程施工技术进行改进和调整，针对性地提出气候变化适应性策略，促进园林植物健康发育，更好地发挥生态系统服务功能，亟待进行专题研究。通过对比国内外园林绿化工程施工标准的主要内容和技术要点，为国内园林绿化工程存在的问题提供解决思路，从实践应用的角度提出应对气候变化的园林绿化工程标准化发展建议。

1 国内园林绿化工程相关标准概述

1.1 标准概况

为建设高质量园林绿化工程项目，我国在国家层面先后出台了住房和城乡建设部规范性文件《园林绿化工程建设管理规定》（建城〔2007〕251号）和强制性国家标准《园林绿化工程项目规范》GB 55014—2021，对园林绿化工程的主要内容、工作流程、关键技术等内容做出了明确规定和基本要求，并出台了《园林绿化工程施工及验收规范》CJJ 82—2012、《园林绿化养护标准》CJJ/T 287—2018、《城市古树名木养护和复壮工程技术规范》GB/T 51168—2016、《园林绿化工程盐碱地改良技术标准》CJJ/T 283—2018、《园林绿化木本苗》CJ/T 24—2018、《园林植物筛选通用技术要求》CJ/T 512—2017等行业标准。

在国家标准和行业标准的指引下，各地结合实际情况制定了一系列地方标准，对园林绿化施工及验收、苗木选择、植物栽植和养护、土壤检测与改良等内容做出了更为详细的规定，主要分为以下几类，见表1。

园林绿化施工及验收类标准主要对园林绿化工程准备、苗木选择、植物栽植、养护及附属设施施工的全流程技术要点进行了规定；园林植物栽植类标准对树木、花卉地被、草坪、藤本、水生、湿生植物、竹类植物的栽植流程和要点进行了规定，天津市由于盐碱地较多，专门出台了针对盐碱地园林树木栽植的技术规程；植物养护类标准规定了园林植物的养护标准和技术要点，其中上海市针对草坪、鄂尔多斯市针对行道树还出台了专门的养护标准，甘肃省针对兰州新区特殊的气候条件和立地类型专门编制了《高原旱区园林绿化养护及验收标准》；土壤改良与检测类标准对园林绿化的土壤质量和检测方法做出了详细规定。以上各项标准规范为园林绿化工程的顺利开展提供了技术保障。

园林绿化工程标准中与植物栽植相关的地方标准总结 **表 1**

类 别	代表标准
施工及验收	北京市地方标准《园林绿化工程施工及验收规范》DB11/T 212—2017 《天津市园林绿化工程施工质量验收标准》DB/T 29-81—2010 河北省地方标准《盐碱地园林绿化施工规范》DB13/T 1487—2011 昆明市地方标准《园林绿化工程施工规范》DG5301/T 22—2017 《银川市城市园林绿化工程施工及验收标准（试行）》 《青岛市园林绿化工程施工及验收规范》DB3702/T 073—2005
苗木选择	青海省地方标准《园林绿化常用大规格苗木质量分级》DB63/T 1640—2018
植物栽植	上海市工程建设规范《园林绿化植物栽植技术规程》DG/TJ 08-18—2011 《天津市盐碱地园林树木栽植技术规程》DB/T 29-207—2010 福建省工程建设地方标准《城市园林植物种植技术规程》DBJ/T 13-148—2012 鄂尔多斯市地方标准《园林绿化植物栽植技术规程》DB1506/T 5—2019
植物养护	北京市地方标准《城镇绿地养护管理规范》DB11/T 213—2014 上海市工程建设规范《园林绿化养护技术规程》DG/TJ 08-19—2011 上海市工程建设规范《园林绿化养护技术等级标准》DG/TJ 08-702—2011 上海市工程建设规范《林绿化草坪建植和养护技术规程》DGT/J 08-67—2015 《天津市园林绿化养护管理技术规程》DB/T 29-67—2015 河北省地方标准《城市园林绿化养护管理规范》DB13/T 1168—2009 浙江省标准《园林绿化技术规程》DB33/T 1009—2001 甘肃省地方标准《高原旱区园林绿化养护及验收标准》DB62T 3161—2019 鄂尔多斯市地方标准《行道树养护技术规程》DB1506/T 6—2019 鄂尔多斯市地方标准《园林绿地养护管理分级标准》DB1506/T 7—2019
土壤改良与检测	上海市工程建设规范《园林绿化栽植土质量标准》DG/TJ 08-231—2021 上海市地方标准《园林绿化工程种植土壤质量验收规范》DB31/T 769—2013

通过对比国内各地园林绿化工程标准可以看出，植物栽植主要包括树木栽植、草坪栽植、花卉地被栽植、水生和湿生植物栽植，对于藤本栽植、竹类栽植和树木（苗）移植根据当地工程条件选择性进行规定（表 2）。

园林绿化工程相关的地方标准主要章节内容对比 **表 2**

主要内容	北京	上海	天津	昆明	银川	鄂尔多斯
总则/适用范围	√	√	√	√	√	√
术语	√	√	√	√	√	√
基本规定/施工准备	√	√	√	√	√	√
树木栽植	√	√	√	√	√	√
大树（苗）移植	√		√		√	
草坪栽植	√	√		√	√	√
花卉地被栽植	√	√		√	√	√
藤本植物栽植		√		√		√
水生、湿生植物栽植	√	√	√	√		√
竹类栽植		√				
土壤改良	√		√			
植物养护	√			√		

1.2 灾害类型

行业标准中主要对全国普遍存在的气候条件提出植物的防护要求，对于特殊的植物及生境提出应对自然灾害的措施，例如《城市古树名木养护和复壮工程技术规范》GB/T 51168—2016 中对于古树名木保护中可能遇到的水灾、风灾、冻害、雪灾、雷灾等各种情况提出了详细的防护要求，《园林绿化工程盐碱地改良技术标准》CJJ/T 283—2018 中对防止次生盐碱化、滨海地区盐碱地防风提出了具体的措施要求（表 3）。

园林绿化工程行业标准中与气候相关章节及要求总结 **表 3**

标准名称	相关章节	相关要求
《园林绿化工程施工及验收规范》CJJ 82—2012	4.6.4、4.6.5、4.8.2、4.13.3	防晒、保湿、防风、防寒
《园林绿化养护标准》CJJ/T 287—2018	5.2.7、5.2.8、5.2.13、5.3.2、5.3.6、5.4.2、5.7.1、5.7.2、6.6.2、6.6.3	保湿、排涝、防寒、防晒
《城市古树名木养护和复壮工程技术规范》GB/T 51168—2016	4.6.3、4.6.4、4.6.5、4.6.6	防水灾、风灾、冻害、雪灾、雷灾预防保护措施
《园林绿化工程盐碱地改良技术标准》CJJ/T 283—2018	6.0.4、6.0.5	防盐碱化、防风
《园林绿化木本苗》CJ/T 24—2018	7.3.1	保湿、防晒、防风

由于我国地域广阔，不同地区自然条件差异大，受气候变化影响的方式和程度有所不同，同时部分地区除常规的气候变化外，还要考虑自然灾害的影响，例如东南沿海地区主要自然灾害有台风、暴雨、洪涝等，华北和华中地区主要防旱涝，西北地区受风沙影响等，因此不同地区在制定园林绿化工程标准中对于自然条件的重点也有所不同（表 4）。

园林绿化工程地方标准中与气候相关章节及要求总结 **表 4**

区域	标准名称	相关章节	相关要求
华北地区	北京市《城镇绿地养护管理规范》DB11/T 213—2014	4.1.7.1、4.1.7.2、4.2.7	防寒、防风
	天津市《园林绿化工程施工质量验收标准》DB/T 29-81—2010	9.1.8、11.4.1、11.4.4	防强风、防干热、放沥涝、越冬防寒、排涝
	天津市《盐碱地园林树木栽植技术规程》（DB/T 29-207—2010）	6.2.3、7.5.1、7.5.2、7.5.3、7.5.4	防晒、防寒、防风
	天津市《园林绿化养护管理技术规程》DB/T 29-67—2015	3.6、3.7.10、3.8.7、4.3.2、5.1.8、5.2.7、5.3.8、7.3.1、9.5.3、9.9	防寒、防盐、防风、防寒
	河北省《盐碱地园林绿化施工规范》DB13/T 1487—2011	6.5.2.3	防晒、防寒、防盐碱
	河北省《城市园林绿化养护管理规范》DB13/T 1168—2009	8.2.1、8.2.2	防寒、防风
西南地区	昆明市《园林绿化工程施工规范》DG5301/T 22—2017	4.8.2	防旱、排涝
西北地区	鄂尔多斯市《园林绿化植物栽植技术规程》DB1506/T 5—2019	4.1.2.1、4.1.2.2、4.13.5、5.4.1.1、5.4.1.4、5.4.1.5、7.4.6	防晒、防寒、排涝
	鄂尔多斯市《行道树养护技术规程》DB1506/T 6—2019	11.2.1、11.3.3、14.2、14.3、14.4、14.5、14.6	保湿、排涝、防寒、防雪灾、防春旱和倒春寒、防日灼、防风
	《银川市城市园林绿化工程施工及验收标准（试行）》	10.7.4	防晒、防风、防寒
	甘肃省《高原旱区园林绿化养护及验收标准》DB62T 3161—2019	3.0.7、4.1、4.2	防寒、防盐渍
华东地区	《青岛市园林绿化工程施工及验收规范》DB3702/T 073—2005	5.3.3.1.4	防晒、防风、防寒
	上海市《园林绿化植物栽植技术规程》DG/TJ 08-18—2011	4.1.12、4.2.8	防晒、防寒、排涝
	上海市《园林绿化养护技术规程》DG/TJ 08-19—2011	3.7.1、3.7.2、3.7.3、3.7.4、3.7.5、3.7.6、6.5.1、7.1.4、8.5	防台风、防冻寒、防雪害、防光害
	上海市《园林绿化养护技术等级标准》DG/TJ 08-702—2011	3.0.1	排涝
华南地区	浙江省《园林绿化技术规程》DB33/T 1009—2001	4.5	防旱、防风、防寒
	福建省《城市园林植物种植技术规程》DBJ/T 13-148—2012	5.5.8、6.1.5、6.5.1、6.5.2、6.5.3	防晒、防寒、排涝、防旱、防风

1.3 防护方式

对于常见的气候变化，采取的基本措施比较类似，例如防旱，主要通过及时灌溉、适当疏枝，必要时应遮阴、增加喷水量和频率，大力推广抗蒸腾剂、防腐促根、免修剪、营养液滴注等新技术，采用土球苗、加强水分管理等方式；防盐碱主要通过应灌水压盐；暴雨季节应注意检查，如有积水应立即采用开沟、抽水等方式排水。而应对有些气候变化则根据所处的地区气温、降水等条件差异，在采取措施的时间上有所不同，例如防寒，主要通过搭设风障、防寒材料包裹树干、在根颈部培土或覆膜等方式，部分地区一般11月中下旬到12月上旬前完成，而有的地区则需要提前至11月上旬开始采取防寒措施。此外，除了常规的气候变化，应对极端天气要采取相应的补充措施，例如常规的防风，在大风来临前后通过加固或增设支撑、覆盖棚膜等方式，如遇台风则可能还需要对大树冠进行疏枝。

2 国外园林绿化工程标准中与气候变化相关的植物栽植技术研究

2.1 标准概况

通过收集美国、英国、德国等国家园林绿化工程施工相关的法规标准规范等，对其中与园林植物栽植养护相关的内容进行总结分析，可以看到其中与园林植物苗木及施工相关的内容分类和内容都比较细致（表5）。

国外园林绿化施工相关标准　　表5

中文名称	英文名称	标准号	发布单位	中国标准分类	国际标准分类
		美国标准			
确定景观植物需水量	*Determining Landscape Plant Water Demands*	ANSI/ASABE S623.1-2017	美国国家标准学会（ANSI）	B16（植物检疫、病虫害防治）	13.020（环境保护）
基于景观灌溉土壤湿度控制技术的测试协议	*Testing Protocol for Landscape Irrigation Soil Moisture-Based Control Technologies*	NSI/ASABE S633-2020	美国国家标准学会（ANSI）	B10（土壤、肥料综合）	65.060.35（灌溉和排放设备）
景观灌溉系统均匀性与应用率测试	*Landscape Irrigation System Uniformity and Application Rate Testing*	ANSI/ASABE S626-2016	美国国家标准学会（ANSI）	N00/09（仪器、仪表综合）	93.080（道路工程）
		英国标准			
农林机械·行间割草设备·安全性	*Agricultural and forestry machinery. Inter-row mowing units. Safety*	BS EN 13448-2001+A1-2009	英国标准学会(BSI)	B91（农机具）	65.060.50（收获设备）
灌溉技术·自动草坪灌溉系统·设备安装和验收	*Irrigation techniques. Automatic turf irrigation systems. Installation and acceptance*	BS EN 12484-4-2002	英国标准学会(BSI)	B91（农机具）	65.060.35（灌溉和排放设备）
一般园林经营管理的实用规程（不包括硬质地面）	*Code of practice for general landscape operations (excluding hard surfaces)*	BS 4428-1989	英国标准学会(BSI)	P53（园林绿化与市容卫生）	65.020.40（绿化和造林）
地面保养·柔和景观保养推荐标准（舒适型草地除外）	*Grounds maintenance. Recommendations for maintenance of soft landscape (other than amenity turf)*	BS 7370-4-1993	英国标准学会(BSI)	P53（园林绿化与市容卫生）	65.020.40（绿化和造林）
地面保养·地面保养组织的建立和管理以及与保养有关的设计考虑的推荐规范	*Grounds maintenance. Recommendations for establishing and managing grounds maintenance organizations and for design considerations related to maintenance*	BS 7370-1-1991	英国标准学会(BSI)	P53（园林绿化与市容卫生）	65.020.40（绿化和造林）

续表

中文名称	英文名称	标准号	发布单位	中国标准分类	国际标准分类
		英国标准			
地面保养・坚硬区域保养推荐方法（不包括运动场地面）	*Grounds maintenance. Recommendations for the maintenance of hard areas (excluding sports surfaces)*	BS7370-2-1994	英国标准学会（BSI）	P53（园林绿化与市容卫生）	65.020.40（绿化和造林）
树木周围设计，拆除和施工・推荐性操作规范	*Trees in relation to design, demolition and construction. Recommendations*	BS 5837-2012	英国标准学会（BSI）	P50（城乡规划）；P53（园林绿化与市容卫生）	65.020.40（绿化和造林）；91.020（自然规划、城市规划）
树木：自苗圃至独立景观・建议	*Trees: from nursery to independence in the landscape. Recommendations*	BS 8545-2014	英国标准学会（BSI）	B61（种子、苗木、苗圃）	65.020.40（绿化和造林）
灌溉技术・自动草坪灌溉系统・设备安装和验收	*Irrigation techniques. Automatic turf irrigation systems. Installation and acceptance*	BS EN 12484-4-2002	英国标准学会（BSI）	B91（农机具）	65.060.35（灌溉和排放设备）
		德国标准			
风景设计中的植被技术・植物和植物保护	*Vegetation technology in landscaping-Plants and plant care*	DIN 18916-2016	德国标准化学会（DIN）	P53（园林绿化与市容卫生）	65.020.20（植物栽培）
风景设计中的植被技术・绿化带的开发和护理过程中植物的护理	*Vegetation technology in landscaping-Care of vegetation during development and maintenance in green areas*	DIN 18919-2016	德国标准化学会（DIN）	P53（园林绿化与市容卫生）	65.020.20（植物栽培）
风景设计中的植被技术・草坪和植草	*Vegetation technology in landscaping-Turf and seeding*	DIN 18917-2018	德国标准化学会（DIN）	P53（园林绿化与市容卫生）	65.020.20（植物栽培）
风景设计中的植被技术・施工过程中树木、人造林和植被区域的保护	*Vegetation technology in landscaping-Protection of trees, plantations and vegetation areas during construction work*	DIN 18920-2014	德国标准化学会（DIN）	P53（园林绿化与市容卫生）	65.020.40（绿化和造林）；91.200（施工技术）
风景设计中的植被技术・稳定土壤的生物方法・植草和种植稳定法・活的植物材料和无生命材料及建筑构件、组合施工方法的土壤稳定	*Vegetation technology in landscaping-Biological methods of site stabilization-Stabilization by seeding and planting, stabilization by means of living plant material, dead material and building elements, combined construction methods*	DIN 18918-2002	德国标准化学会（DIN）	P53（园林绿化与市容卫生）	65.020.40（绿化和造林）；93.020（土方工程、挖掘、地基构造、地下工程）
景观培植工作用生态数据的采集	*Collection of ecological data for tasks in the field of landscape culture*	DIN 19686-2013	德国标准化学会（DIN）	P53（园林绿化与市容卫生）	13.080.01（土质和土壤学综合）；65.020.01（农业和林业综合）

2.2 相关内容

国外标准中对于场地的气候条件在植物栽植前就要求进行全方位的资料收集和评估，例如美国 SITES 评估体系提出植物选择必须基于对场地现状条件的深入分析，通过收集场地土壤和水文条件、植物和植物群落、地理位置和气候条件、文化条件和建筑环境等数据，全面了解基址情况，从而确保因地制宜、适地适树。其中对于气候条件主要从区位、相邻场地、光照强度、日照时长、场地高程、降水量、温度等方面进行评估（图1）。

英国标准化学会（BSI）发布的一系列农林业标准中，其中与园林植物栽植关系最密切的是《树木：自苗圃至独立景观指导》BS 8545—2014。该标准采用指导和建议的形式详细解释了苗木栽植工程的一般流程和关键技术方法。苗木栽植工程的大体流程与中国类似，但不同的是在树种选择之前要求对场地进行评估。该标准提倡的原则是通过精心设计、苗圃生产和种植现场管理的一体化，从而使树木在低维护的前提下在园林中能够茁壮生长（图2）。

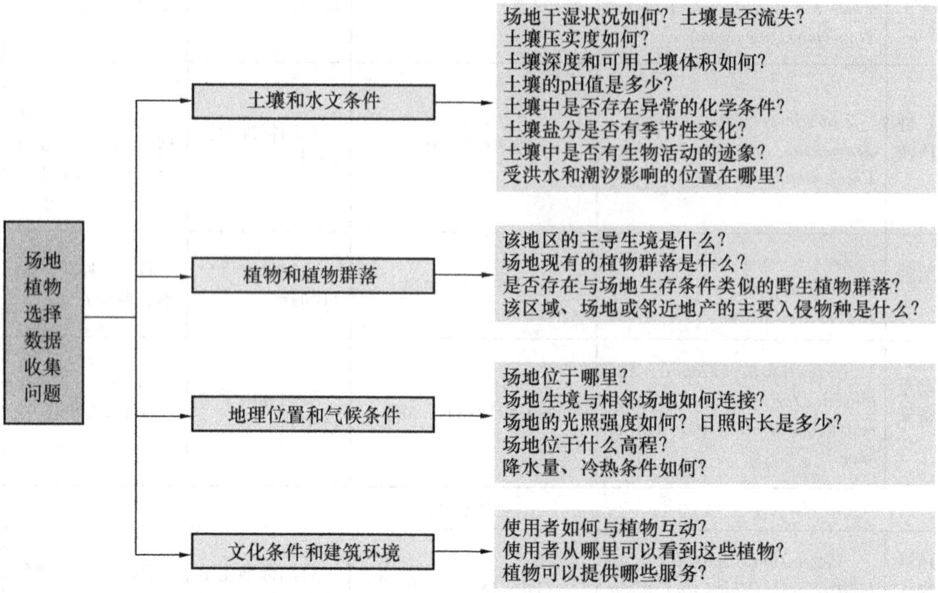

图1 美国SITES评估体系针对园林绿化工程植物选择数据收集问题

图2 英国苗木栽植工程一般流程

“政策与策略”一章中的“环境因素”中提出“种植工程应考虑当地的土壤和气候条件，这是影响景观特征的因素。可以选择在存在明显变化或干扰的环境（如城市建设用地或废弃地）中生长的树木，或专门设计或改善环境条件以适应树木生长。”该标准认为每个场地的差异性，提出要从栽植场地的土壤条件、气候条件和周边环境设施3方面进行评估，并强调场地评估的深度和完整性直接影响到种植的效果，其中对于气候主要从光照强度、温度、空气流动、建成环境几方面进行评估（图3）。

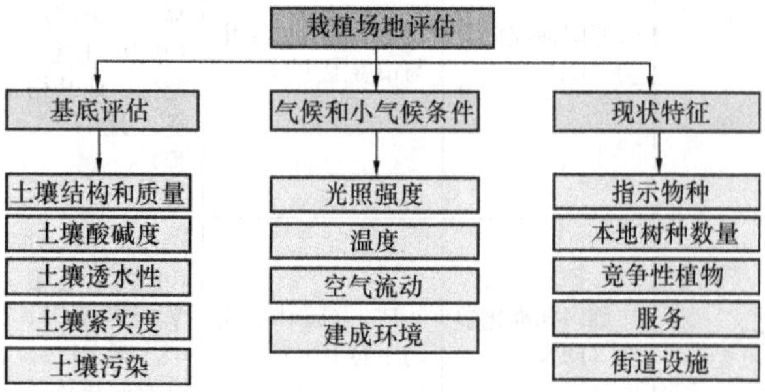

图3 英国标准中栽植场地评估流程

德国标准化学会（DIN）发布了一系列园林绿化工程相关标准。《风景园林植被技术——稳定土壤的生物方法·植草和种植稳定法》（DIN 18918—2002）规定要从土壤、气候、灾害3方面对栽植场地条件进行评估，其中对于气候主要从高程、平均降水量、空气湿度、干旱期周期、温度变化等几方面进行评估，对于灾害针对地震、暴雨或冰雹、洪水、风力风速、霜冻变化周期等进行评估（图4）。

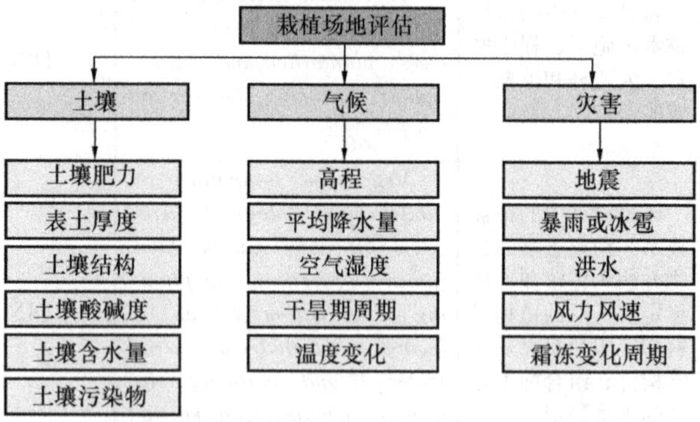

图4 德国标准中施工现场条件评估

对于栽植的细节，也通过图示的方式进行了表达，如植物的正常生长需要水分的保障，而水分的有效与土壤质地、土壤密度、土壤有机质、共生生物、化学成分等多种因素有关。图5清晰地表达出土壤有效水分与土质、土壤含水量之间的关系。当土壤含水量过低时，植物容易枯萎、死亡；而当水量过多也会降低土壤中的空气含量，影响植物的呼吸作用从而导致植物窒息死之。了解土壤质地和含水量之间的关系可以帮助设计师和施工人员优化土壤中的有效水含量从而既能保证植物健康生长又能节约用水。

在标准的附录中还绘制了大量示意图帮助使用者理解。国内标准对于种植穴的规格是根据苗木本身的胸径和土球直径确定，但英国标准中对于种植穴的规格并未做出具体的数值要求，而是以多幅示意图的形式表达种植穴设计要因地制宜，根据不同的基底条件挖掘不同的种植穴，并且可结合不同情况对种植穴进行修改调整（图 6）。并且提出种植穴的挖掘要充分考虑为树木提供健康生长的条件，而不是复杂的装饰性设计。挖掘的土壤要分离为底土和表土用于回填。

整形修剪是栽后养护的重要步骤，通过及时去除茎上生长位置较低、下垂或太长易折断的枝条保障树木健康生长，提升树木的成活率，标准中也以图示形式清晰地标注出修剪位置（图 7）。

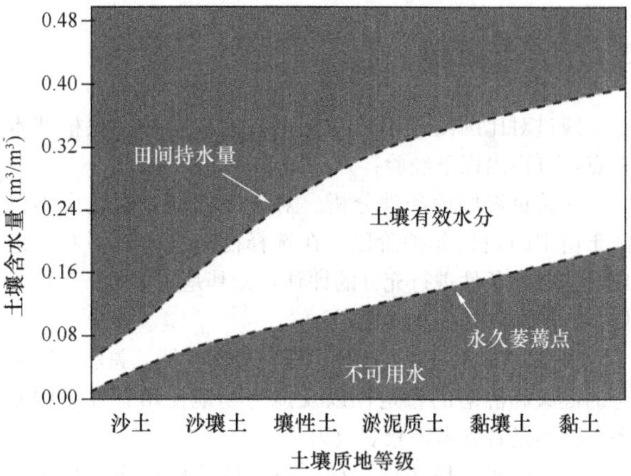

图 5　土壤有效水分与土质、土壤含水量之间的关系

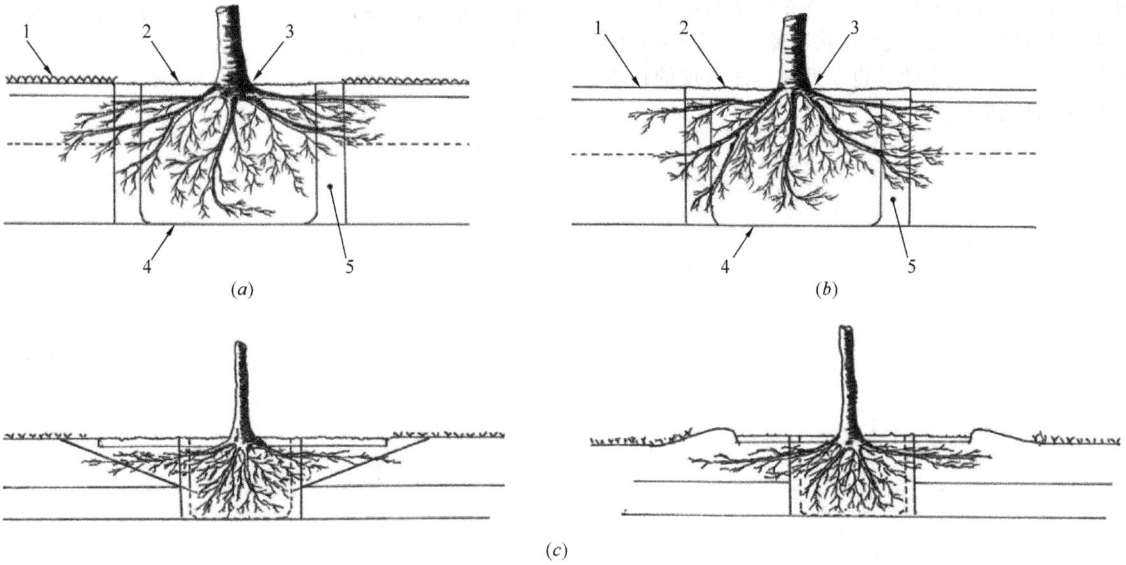

图 6　不同地表条件下的种植穴设计示意图

（a）植草地面的种植穴设计；（b）坚硬表面的种植穴设计；（c）地面无限制条件或限制条件少的种植穴设计

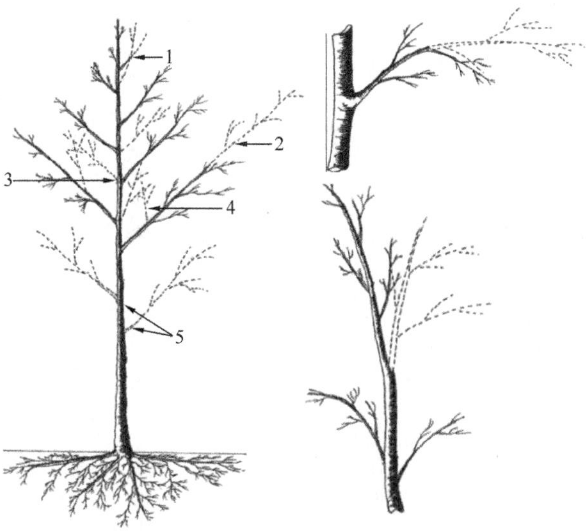

图 7　树木栽后整形修剪示意图

3　启示与展望

通过对比国内外园林绿化工程标准中植物栽植技术要点，可得出以下经验：

一是重视场地条件分析。对于气候变化的适应不仅限于苗木的栽植养护阶段，在选择树种之前就要对场地现状的自然条件进行充分的评估，尤其是将土壤、气候条件作为场地评估的重要因素。

二是优先考虑生态功能。强调生态功能，关注植物本身的健康和群落的稳定性以及能为场地使用者提供的服务，而不是首先考虑景观效果。

三是注重可操作性。对于施工技术标准除了规定具体的数值，更多的是强调原则和方法，并配以直观的图表方便施工人员阅读和操作。

四是统筹考虑施工流程不仅关注植物本身，也和其他施工条件进行统筹考虑。气候变化，极端天气增多，标准除了应对常规的天气变化，也要针对可能出现的自然灾害提出预防性的措施。

参考文献

[1]　董丽，邢小艺．气候变化对城市植被的影响研究综述[J]．风景园林，2021，28(11)：61-67.

[2]　王娜，于滢，王群，等．哈尔滨市古树名木资源现状及分析[J]．浙江林业科技，2018，38(03)：77-84.

[3]　刘长松．气候变化背景下风景园林的功能定位及应对策略[J]．风景园林，2020，27(12)：75-79.

[4]　张德顺，刘鸣，姚驰远，等．气候变化背景下滨海地区园林树种抗风性研究进展[J]．风景园林，2021，28(11)：68-73.

作者简介

王钰，1993年生，女，汉族，河南郑州人，硕士，中国城市建设研究院有限公司，助理工程师，研究方向为风景园林规划设计与标准规范。电子邮箱：wangyu@cucd.cn。

唐敏，1995年生，女，彝族，四川人，硕士，成都市青白江区公园城市建设中心，研究方向为园林绿化管理。电子邮箱：294017018@qq.com。

《夏热冬暖地区立体绿化技术规程》的编制与思考

Compilation and Thinking of "Technical Regulations for Stereo Greening in Hot Summer and Warm Winter Areas"

杨富程　张樱楠　王　珂

摘　要：立体绿化有优化城市形态、净化城市环境、提升城市形象、拓展绿色空间的生态功能。中国城市科学研究会联合北京中建工程顾问有限公司合作，为指导夏热冬暖地区立体绿化建设，编制了《夏热冬暖地区立体绿化技术规程》，构建立体绿化的设计、施工、管理、运维4个阶段技术规程，阐述编制的背景、意义、思路，特别从生态视角详细解读屋顶绿化、架空绿化层、阳台绿化、墙面绿化4个方面技术规程，为夏热冬暖地区立体绿化设计、建设和管理提供参考。

关键词：立体绿化；夏热冬暖地区；生态视角；技术规程

Abstract: Three-dimensional greening has the ecological functions of optimizing urban form, purifying urban environment, enhancing urban image and expanding green space. In order to guide the construction of three-dimensional greening in hot summer and warm winter areas, the China Urban Science Research Association and Beijing China Construction Engineering Consulting Co., Ltd. compiled the "Technical Regulations for Three-dimensional Greening in Hot Summer and Warm Winter Areas" to build the design, construction, management, operation and maintenance of three-dimensional greening. 4-stage technical regulations, expounding the background, meaning and ideas of the compilation, especially from the ecological perspective, interpreting the technical regulations in four aspects: roof greening, overhead greening layer, balcony greening, and wall greening. Provide reference for construction and management..

Keywords: Three-dimensional Greening; Hot Summer and Warm Winter Area; Ecological Perspective; Technical Regulations

引言

立体绿化是当今城市生态建设的热点。高质量的立体绿化建设是形成良好城市生态景观的必然要求之一，立体绿化作为城市新型且重要的一种绿化形式还在摸索阶段，针对夏热冬暖地区的立体绿化如何有效的建设，需要全面的规范指引。

关于立体绿化的规程有《种植屋面工程技术规程》JGJ 155—2013编写了屋面种植绿化的设计、施工、验收、管理技术规程；《垂直绿化工程技术规程》CJJT 236—2015编写了垂直绿化的相关内容；《民用建筑立体绿化应用技术标准》DBJ50T-313—2019标准编写了关于重庆地区的设计、施工、验收、管理内容。但尚无从生态视角入手、面向夏热冬暖地区的立体绿化详细设计的规范章程，提出相应的规范章程尤为重要。

1　背景

中国城市科学研究会绿建委与新加坡建设局自2018年起就立体绿化产业发展、科学研究开始相关合作研发，对夏热冬暖地区立体绿化工程进行规范和引导成为两国科研合作的重要目标之一。规程编制组经实际案例调查研究、总结实践经验、参考相关国外标准，在广泛征求意见的基础上，编制《夏热冬暖地区立体绿化技术规程》（以下简称《规程》），由中国城市科学研究会联合北京中建工程顾问有限公司，配合院校、机构，经过资料梳理和实践经验总结，构建包括技术内容：适用范围、规范性引用文件、术语和定义、立体绿化类型、基本规定、材料、设计、施工、验收、运维，构成完善的规范体系。《规程》作为中国城市科学研究会的团体标准，同时也作为中新合作成果之一，指导夏热冬暖地区立体绿化项目的实施[1]。

2　目的意义

2.1　响应国家政策号召

国家要求合理规划建设各类城市绿地，推广立体绿化、屋顶绿化[2]。2016年，在国家园林城市系列标准中增加“立体绿化推广”指标[3]。2020年自然资源部提出屋顶绿地等立体绿化形式有助于促进城市绿地均衡布局、提高碳汇能力，指出建筑屋顶是城市整体风貌的重要组成部分。提出“鼓励发展屋顶绿化、立体绿化”[4]。鼓励各地开展屋顶绿化实践探索，不断完善相关标准规范，积极推进屋顶绿化工作[5]。

2.2　推动立体绿化发挥功能

立体绿化是城市绿化的重要形式之一，有助于增加城市可视绿量，固碳释氧，实现碳汇；植物蒸腾作用帮助降低城市热岛效应，吸尘、减少噪声和有害气体，营造和改善城市生态环境、保护生物多样性；同时可以保温隔热，节约能源，缓解城市雨洪压力。建筑立体绿化对于夏热冬暖地区的建筑隔热降温优势明显，进而成为实现我国碳达峰、碳中和目标的潜在积极因素[6]。与普通屋面相比，有立体绿化屋面内外表面温度更稳定[7]。通过资料整理、实际案例经验、现场调研，得出夏热冬冷地区立体绿化规程，促进区域立体绿化充分发挥其优势功能。

2.3 引领立体绿化行业创新，指导高质量推进建设

规程编制融合了设计、材料、施工、生物养护、维护管理，通过全面协调多阶段协同地管控，创新设计施工、管理发展模式，形成可持续的立体绿化景观。通过《规程》引导立体绿化的设计、实施和后期维护，实现高质量立体绿化建设，营造良好的生活环境。

3 《规程》的出发点和创新性

3.1 从生物多样性的生态视角编制立体绿化规程

从安全、美观、生态、节约、可持续、低碳、环保多方面进行考量，遵守生态优先，保障安全，提升可持续性，在有限的立体空间内布置立体绿化，满足绿色生态、健康安全、环境美化的要求，营造宜人的生活和交往空间，促进城市绿地和谐发展。

3.2 夏热冬暖地区的普适性

目前，国内立体绿化已得到较大发展，而夏热冬暖地区尤其适合进行立体绿化，需要夏热冬暖地区完善的立体绿化规程。夏热冬暖地区是指最冷月平均温度 10℃以上，高温月平均温度为 25～29℃，日平均温度≥25℃的天数为 100～200 天的地区，分布在北纬 27°之南，东经 97°之东，我国范围内的夏热冬暖地区有海南、广东、广西、福建、云南、贵州、港澳台，国外有新加坡等东南亚国家的大部分地区。标准主要适用于夏热冬暖地区新建建（构）筑物和既有建（构）筑物改造的建筑屋面、架空层、阳台、墙面等绿化工程的设计、施工、质量验收和运维管理[1]。规程针对夏热冬暖地区具有普适性、全面性和实用性。

3.3 介入阶段的完整性

规程从材料、施工、设计、维护多个方面开展，实现多位一体不同专业的协同管理，实现立体绿化的生态、高质量建设。从前期的设计、材料、施工到后期的维护运营管理，全流程参与规范，引导高质量的立体绿化。针对地区制定适宜的规范，在范围内划分为屋顶、墙面、架空、阳台等不同的种植空间开展绿化种植规范，提升绿化效果，保证景观生态质量（图 1)。

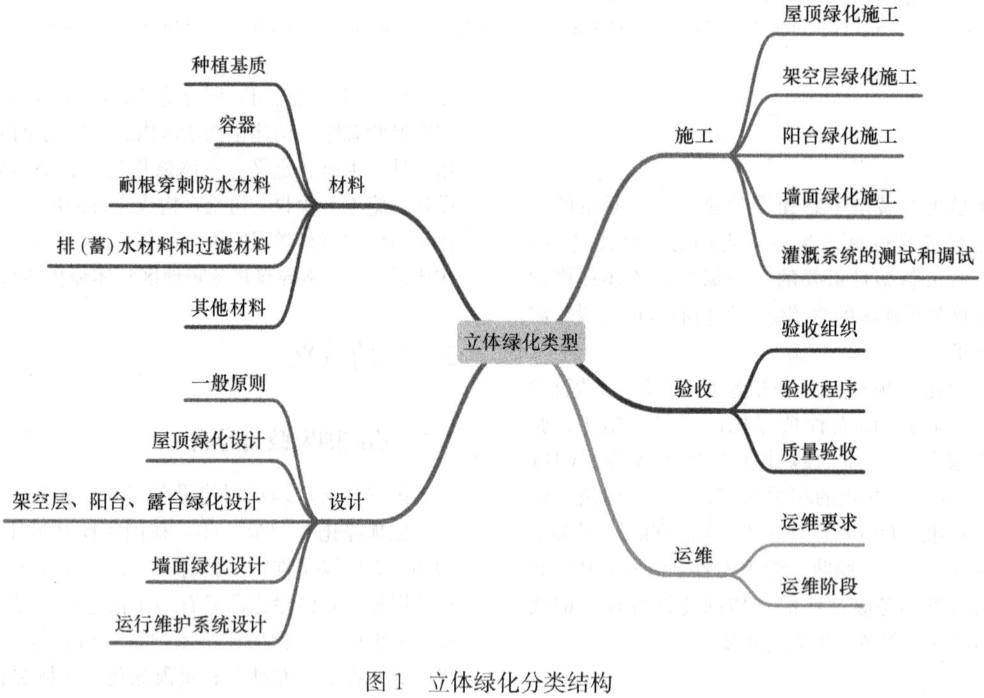

图 1　立体绿化分类结构

4 《规程》的编制与思考

4.1 立体绿化类型划分

收集夏热冬暖地区的立体绿化资料，结合实践经验对立体绿化整合归纳，将立体绿化划分为 4 种类型，即屋顶绿化、架空绿化层、阳台绿化、墙面绿化。

屋顶绿化中，简单式屋顶绿化覆土厚度小于 30cm，种植植物较少、需要的维护较少；花园式屋顶绿化覆土厚度大于 30cm，搭配座椅、步道等景观设施，需要较多的人工管理和维护。架空绿化是以架空层为载体、以植物为主进行配置，与自然土壤分离。墙面绿化利用植物材料沿建筑物立面或其他构筑物室内外表面攀附、固定、贴植、垂吊形成立面的绿化。

立体绿化应用的部位对能效的影响 　　　　**表 1**

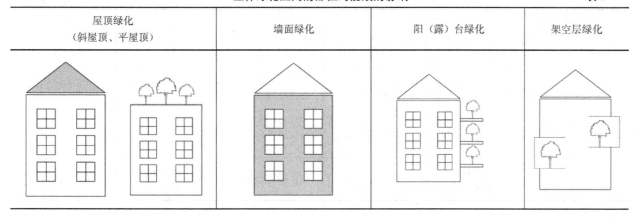

屋顶绿化 （斜屋顶、平屋顶）	墙面绿化	阳（露）台绿化	架空层绿化
			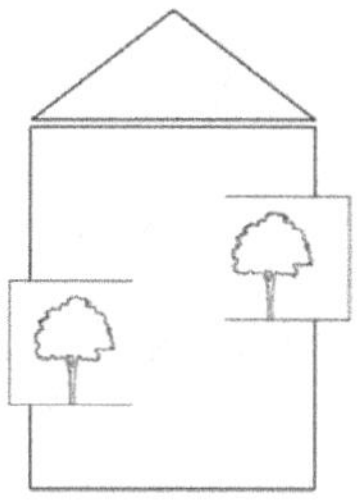

4.2 材料要求

立体绿化种植基质应符合规范要求，包括阻燃性、基质降解率、沉降系数、环保型、酸碱度、含盐量、有害物质量等。种植基质要求透气性强，轻质、抗风、抗漂浮、抗水侵蚀、无杂草和病虫害，具有良好的植物锚固、保水、保肥功能。

容器的质量、物理机械性能、承载能力、排水能力、耐久性能等应符合产品标准的要求，材质环保无毒、无污染，耐老化，阻燃，材质应满足防火要求，可再生利用率及原材料本地化率宜≥90％。高层建筑墙体绿化容器应具备环保无毒、防虫、防鼠等特点；防火等级不低于 B1；使用寿命不应低于 30 年；可进行集成装配、可进行有组织给排水及自动化运维；应具备防坠落结构。

不同的耐根穿刺防水材料符合规范要求。排水、蓄水材料和过滤材料符合规范要求。

用于辅助植物攀缘或生长的材料应坚固、耐腐蚀、耐老化，辅助金属网、金属丝上应设置突起或做成波纹状。

4.3 设计

立体绿化应根据环境条件、景观和功能需要，本着适用、美观、经济的原则进行设计。对所依附的载体进行荷载、支撑能力验算，不得影响依附载体的安全及使用功能。注重防潮、防水、防火、防腐等功能的要求。宜采用喷灌、滴灌、微灌、渗灌等自动灌溉形式，以人工浇灌作为辅助，雨水收集、太阳能发电技术可同步设计应用。应以植物造景为主，改善生态环境，并根据植物生物学特性选择栽种地点，综合考虑后期运维管理等各种因素。

4.3.1 设计原则

设计师在进行立体绿化项目的材料选择、技术选择、方案设计时，应从安全、美观、生态、节约、可持续、低碳、环保等多方面进行考量。设计应对所依附的载体进行荷载、支撑能力验算，不得影响依附载体的安全及使用功能。设计不得破坏建筑物的结构、防水和排水等设施。设计要充分考虑施工人员的健康和安全；施工安装及维护不得损害施工人员及使用者的人身安全。

应与建筑物一体化设计，合理选择位置，并与建筑采光、通风、控制和降低室内噪声相结合，降低建筑能耗（表 2）。

基于生物多样性考虑，立体绿化宜设计在离地面小于 25m 处，并与周边绿化形成连贯性。生物多样性设计示意及影响因子见图 2 与表 3。

立体绿化应用的部位对能效的影响 　　　　**表 2**

立体绿化位置分类 / 能效影响				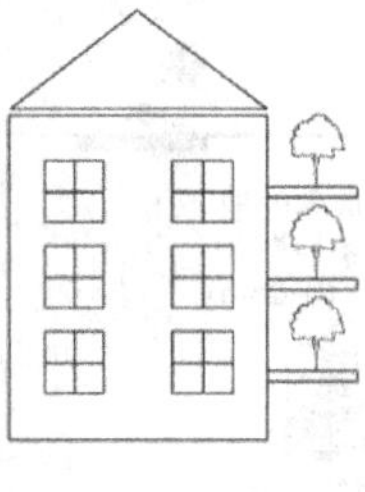	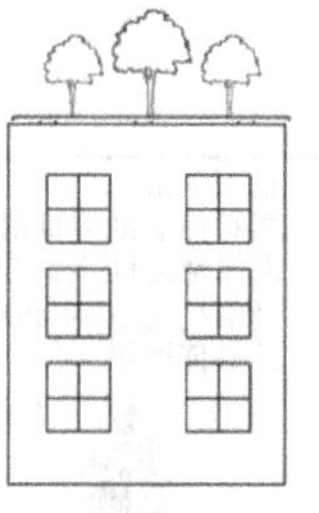	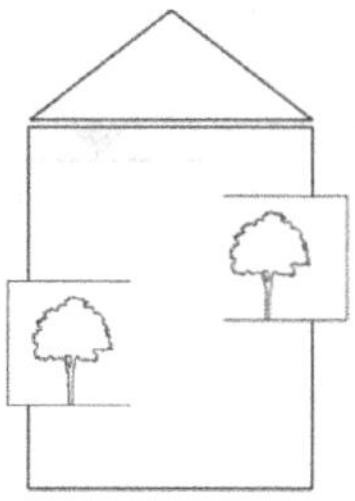
		屋顶绿化 （斜屋顶）	墙面绿化	阳（露）台绿化	屋顶绿化 （平屋顶）	架空层绿化
夏季	土壤水分蒸发蒸腾损失总量效果改善	[+]叶面积指数 [+]基质水分含量	[+]叶面积指数 [+]基质水分含量	[+]叶面积指数		[+]叶片大小 [+]灌溉

立体绿化位置分类 / 能效影响					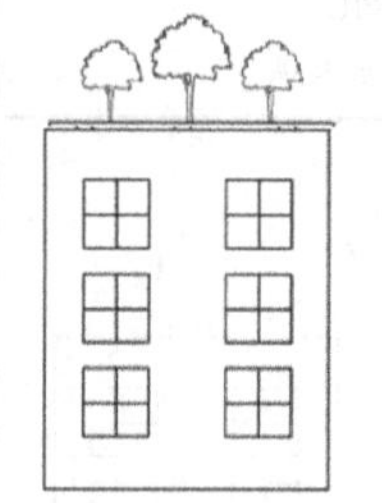	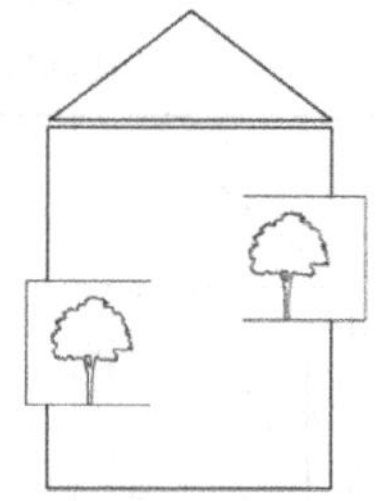
		屋顶绿化（斜屋顶）	墙面绿化	阳(露)台绿化	屋顶绿化（平屋顶）	架空层绿化
夏季	遮阳效果改善	[+]覆盖率 [+]植物冠幅大小 [+]同一水平叶角分布规律	[+]覆盖率 [+]叶面积指数 [+]采用生态墙系统与种植箱配套使用	[+]植物遮阳率 [+]遮阳密度 [−]墙与植被的距离 [+]树的高度 [+]西面遮阳		不适用
冬季	土壤水分蒸发蒸腾损失总量效果减弱	[−]基质水分含量	[−]基质水分含量	[−]基质水分含量		不适用
冬季	遮阳效果减弱	[−]遮阳系数（落叶植物）	[−]遮阳系数（落叶植物）	[−]南面和东面遮阳		不适用
冬季	保温效果改善	[+]基质厚度 [−]基质水分含量 [+]植物多样性 [−]基质密度	[−]墙与植被的距离	[+]冬季冷风方向高覆盖率 [−]基质水分含量		不适用

注：[+]表示增加数值或数量；[−]表示降低数值或数量。

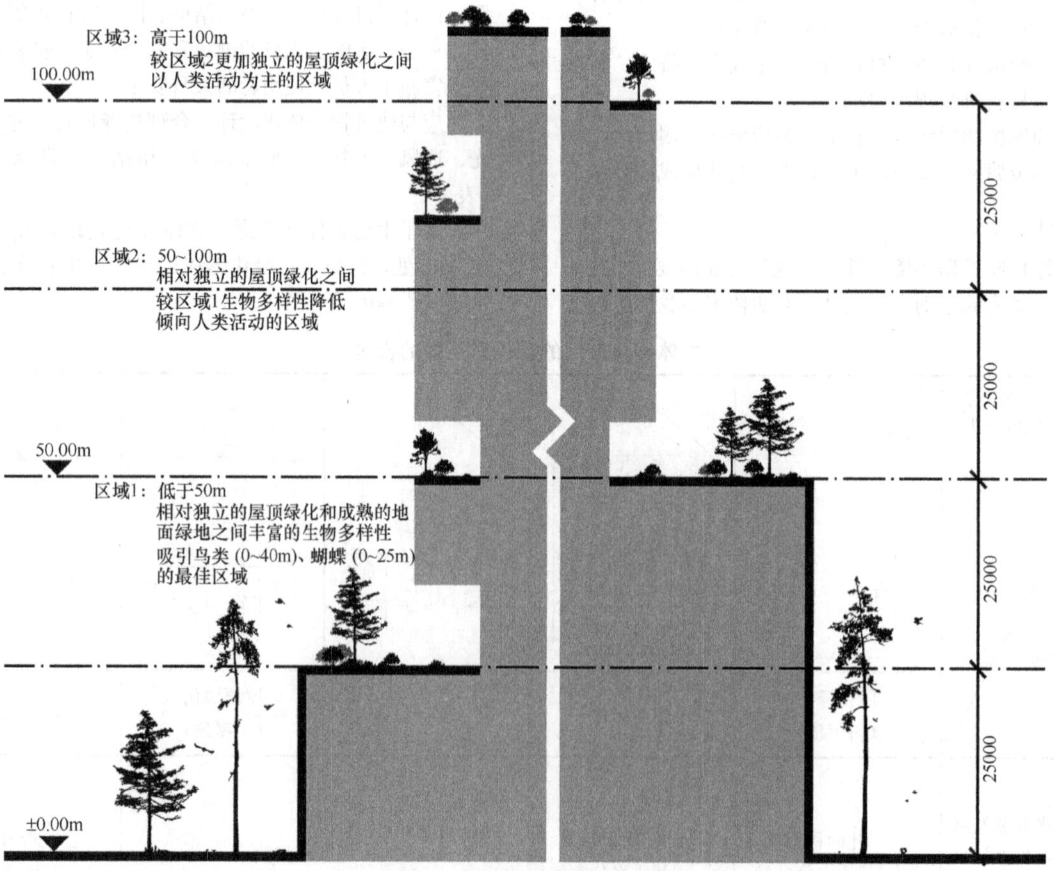

图 2　生物多样性示意图

生物多样性设计 **表 3**

序号	影响因子类别		特性描述	设计考虑
1	离地面高度	<20m	吸引蝴蝶的最佳区域	应以生态性的考虑为中心
		<40m	吸引鸟类的最佳区域	
		≤50m	可吸引蝴蝶及鸟类物种	
		>50m	对生物的吸引力逐渐减弱	重点考虑人为活动
2	种植面积	$>1100m^2$	可吸引多种鸟类	1. 总种植面积比总占地面积更重要； 2. 种植鸟类蜜源/果源、蝴蝶蜜源植物； 3. 种植各种灌木及蝴蝶宿主植物
		$>1300m^2$	吸引更多种类的鸟类和蝴蝶	
3	植被裸露程度	立体绿化裸露程度越大越吸引更多的鸟类和蝴蝶等生物		
4	植被	1. 增加树木和附生植物物种丰富度，鸟类物种也会增加； 2. 复杂的植被结构影响无脊椎动物物种的丰富度		1. 种植各种树种，并允许附生植物生长； 2. 种植鸟类蜜源/果源、蝴蝶蜜源植物； 3. 种植各种灌木及蝴蝶宿主植物； 4. 创造植被(乔木树冠、灌木丛树冠、植被生根带)的连续性
5	维护	合理维护		1. 允许特定区域自然化，如“野花野草”区，避免过度除草； 2. 不过度修剪，避免使用噪声大、产生烟雾的机械设备； 3. 减少使用杀虫剂
6	人为干扰	人类的访问会增加噪声和扰乱植被，直接造成干扰		设计上划分人活动区及生物生态保护区
7	噪声影响	噪声水平与物种丰富度呈负相关		1. 在城市规划层面，营造减少用车、方便行人的环境； 2. 在建筑层面，建筑材料的设计来降低噪声，选择噪声较低的区域布置立体绿化； 3. 空间规划上，噪声大的人活动区域远离安静的生物生态区域
8	水体	亲生物水体影响生物与水的互动，增强生物多样性		1. 划分非亲生物水体(如氯化游泳池、儿童氯化水池、喷泉等)和亲生物水体(如含有鱼类、水生植物和水生无脊椎动物的非氯化水体)； 2. 亲生物水体设计成自然池塘(或类似水体)，设置生物过渡到水边的梯度，水中引进鱼类； 3. 亲生物水体的周长越长越好

立体绿化设计宜包括计算并复核结构荷载、确定立体绿化相关构造层次、确定材料的品种规格和性能、进行种植设计、确定种植基质类型、种植形式和植物种类、灌溉及排水系统、电气照明系统、园林小品、细部构造、工程预算书。应与建筑物一体化设计，合理选择位置，并与建筑采光、通风、控制和降低室内噪声相结合，降低建筑能耗。基于生物多样性考虑，立体绿化宜与周边绿化形成连贯性。

4.3.2 屋顶绿化设计

尽量将屋顶绿化布置在场地内噪声较低的区域，或通过建筑女儿墙或反向退台式设计来降低屋顶花园的噪声（图 3）。

大面积的屋顶绿化，需在树木或棕榈上安装防雷设施（图 4）。

植物高度、冠径大小应根据土层厚度、女儿墙高低等周边环境因素确定，植物一般高度不宜超过 3m，超过 2m 高的植物必须进行防风支护，例如缆索、桩柱、锚栓等。植物应与屋顶边缘保持适当的水平距离，距离大于植物生长的高度，防止植物被风刮倒掉落而发生危险。植物选择方面，屋顶绿化所处位置一般具有风力大、土层薄、光照不均匀、昼夜温差大等特点，植物选用以低矮小乔木、灌木、草坪、地被植物和攀缘植物等为主；应有选择地种植蜜源植物等诱鸟和与昆虫共生的植物；选用的植物宜为易定植、养分摄取和维修要求低、生长缓慢的品种；不宜选择树冠迎风面大的植物。

承重安全设计符合规范要求。屋顶绿化的小品和树木布局，应与屋面结构相适应，荷载分布要均匀，宜将亭、水体、小品等设置在承重墙或柱的位置，乔灌木应种植在承重的柱或梁的位置，且不应随意变动位置。

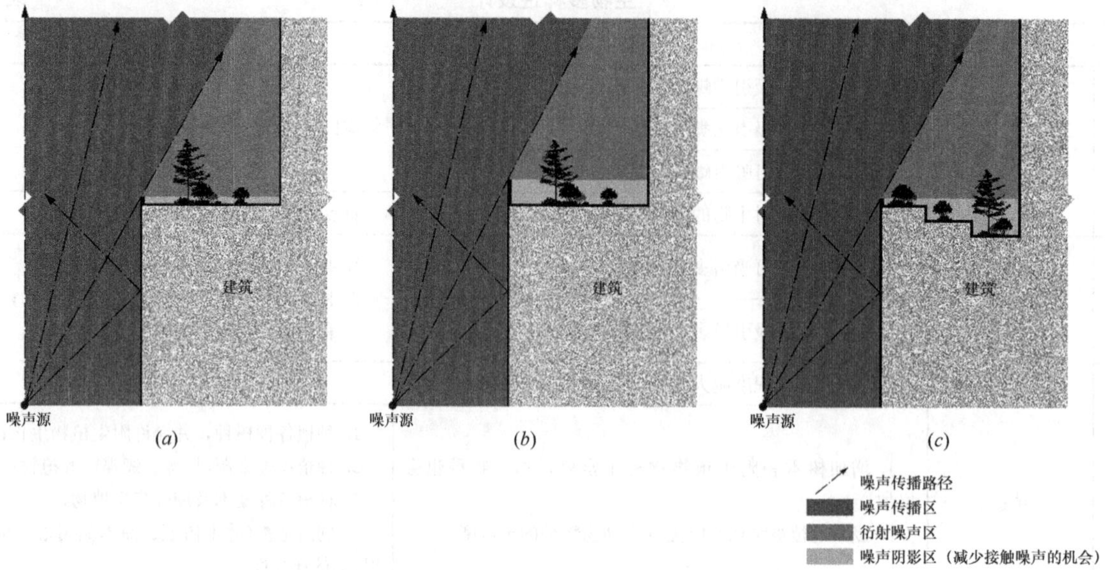

图 3　屋顶绿化建造设计示意图

(*a*) 传统的屋顶花园；(*b*) 女儿墙作为隔声屏障的屋顶花园；(*c*) 退台式的屋顶花园

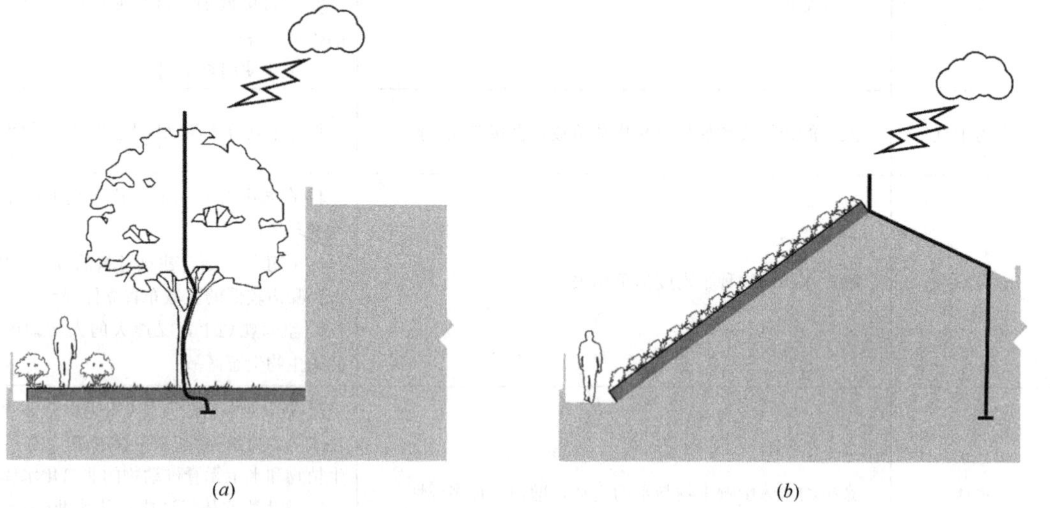

图 4　防雷设计示意图

(*a*) 树木为最高点时须安装防雷设施；(*b*) 大面积绿化为最高点时须安装防雷设施

屋顶防护安全设计。屋顶应设置独立出入口、安全通道和安全保护措施。

屋顶维护时应进行区域划分。屋顶上应设置导引标识牌，标注警示标志、进出口、紧急疏散口、取水点、雨水观察井、消防设施、水电警示等（图 5）。

防水设计符合规范要求。屋顶防水层应满足一级防水设防要求，屋顶绿化必须要求进行防水检测。应在建筑设计时进行各种管线、亭台、花架、立柱等设施的基础预埋件和固定桩的预设。伸出屋面的管道、设备或预埋件等也应在防水层施工前安设完毕。屋顶绿化中设置游泳池和景观水池时，应单独设计防水和排水构造。

屋顶绿化给排水设计符合规范要求。

屋顶绿化设计应考虑防火和辐射热。屋顶照明系统宜采用节能灯或太阳能灯具。屋顶照明系统应采取防水、防漏电措施，照明灯具和金属装置应接到防雷的接地装置上。屋顶绿化构造设计符合规范要求。

4.3.3　架空层、阳台、露台绿化设计

架空层是《规程》的创新点之一。引入架空层概念，架空层与建筑一体化及周边景观相融合设计。宜通风、透气，避免设备排风口正对绿化区域。选择在安全护栏高度之上设置至少两个相对侧的开口，以提供自然交叉通风。架空层、阳台、露台的朝向应置于采光度高的建筑面，高度与深度之比宜为 3∶1（图 6）。

架空层净高应在 4.5m 以上，同时以满足适合植物生长的通风、日照需求及保证绿化景观效果。架空层安全护栏不应低于 1.1m，且如果在栏杆的内侧设置有花盆或座椅，栏杆宜采取镂空类型，以免阻碍自然通风和照明（图 7、图 8）。

架空层的开放周长宜为总周长的 50%，促进空气流通。增加日照穿透力，以促进植物的生长并吸引途经生物（图 9）。

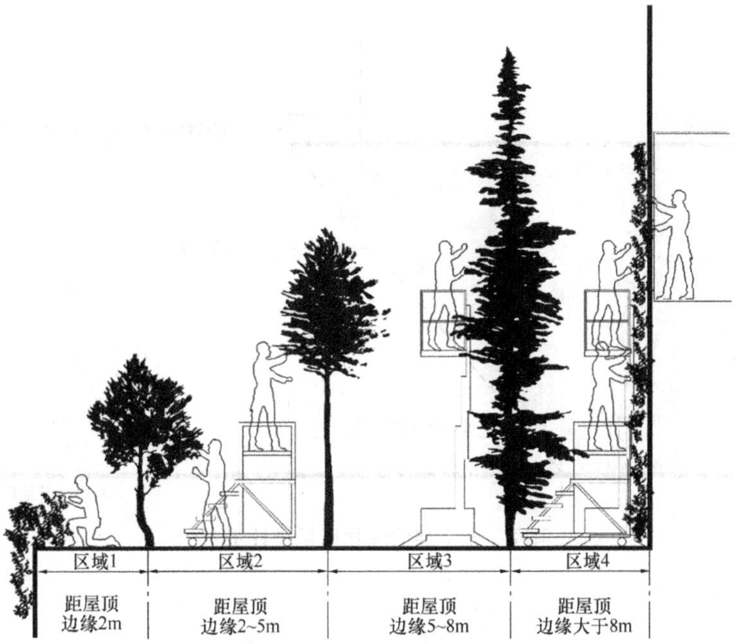

图 5　屋顶绿化区域划分

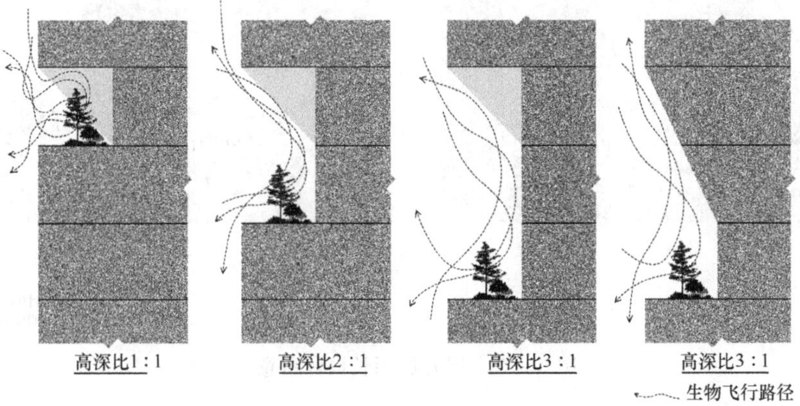

图 6　架空层、阳台、露台高深比设计示意

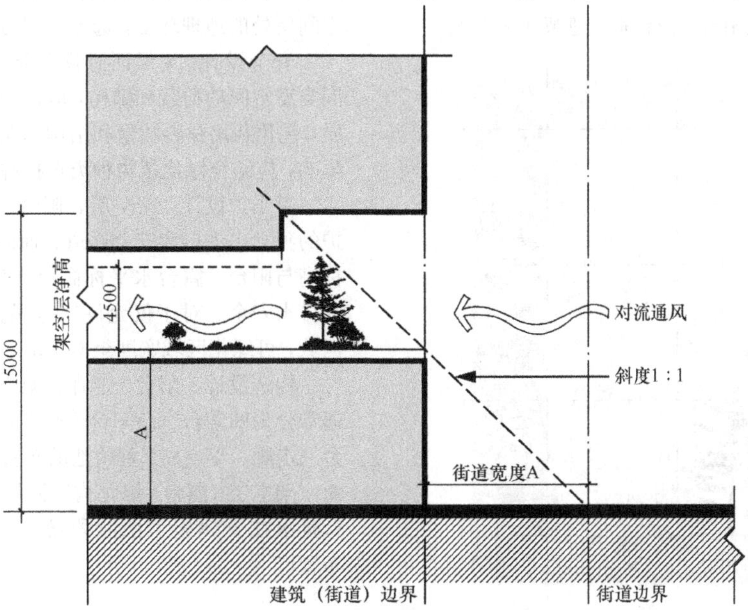

图 7　架空层净高设计

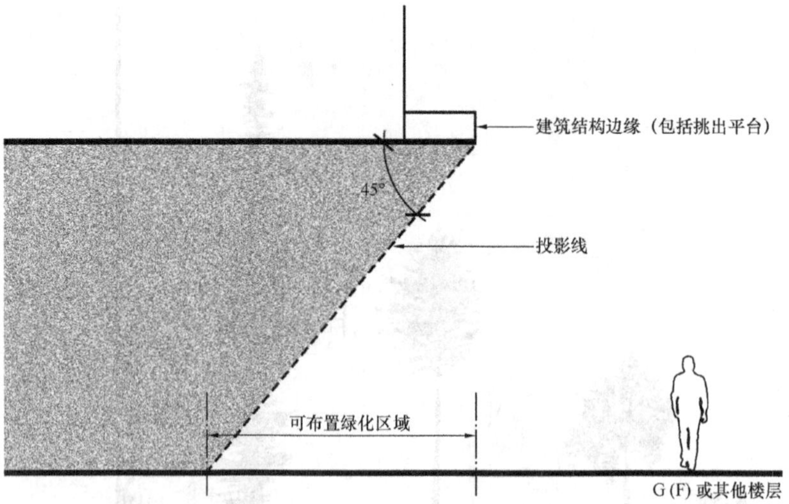

图 8　架空层的绿化区域设计示意

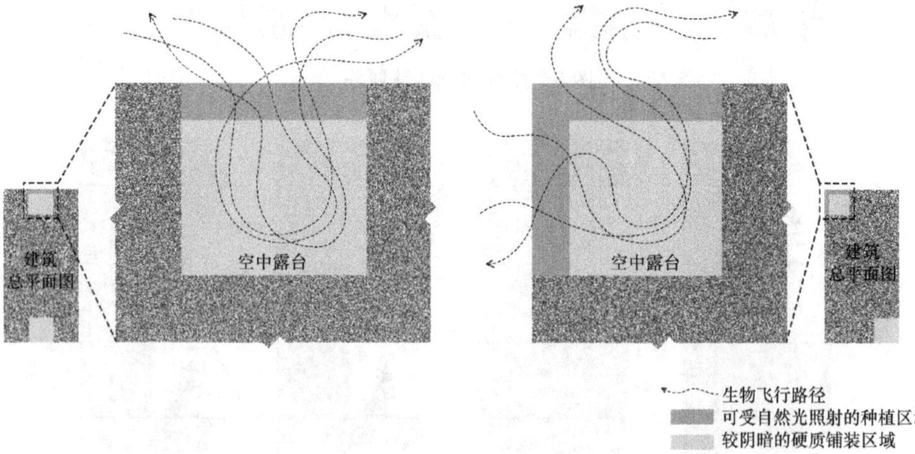

图 9　架空层开放周长设计示意图

架空层的开放周长百分比宜与其高度深度比协同应用，以有效增加日光穿透，支持植物生长。阳台、露台种植槽的绿化区域可被其他挑出阳台、露台垂直遮蔽（图 10）。

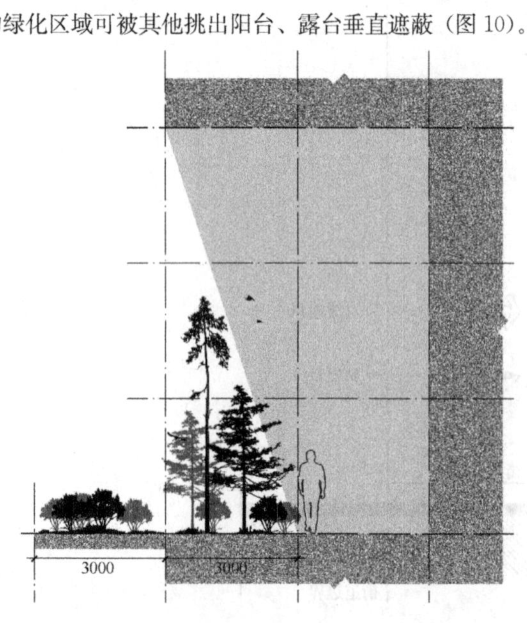

图 10　架空层开放周长设计示意图

植物选择。对架空层、阳台、露台进行日照分析，日照不同区域选择不同植物；根据不同地区气候条件与绿化空间所处的地理环境，选择不同习性、抗性的植物。

安全设计。为保证荷载安全，减轻绿化荷载，根据不同类型空间的荷载和结构，应选择轻质容器、轻型种植基质，优化栽培材料数量和结构。充分考虑当地极端天气的影响，应结合绿化植物种类选择种植方式和技术措施。

易维护设计。架空层、阳台、露台绿化宜设置用于维护的独立出入口和安全通道。通向阳台、露台绿化的房间标高与阳台、露台水平标高至少保留 150mm 的落差，保证排水安全。对于仅允许通过吊篮或蜘蛛人维护的阳台区域，可绿化区域宽度至多 1m。

构造设计。阳台（走廊、架空层）种植池构造。阳台通常分为凹阳台、凸阳台等类型，需根据阳台结构确定阳台（走廊、架空层）种植池的布置种植池通常位于东、西面。架空层（露台）绿化构造同屋顶绿化。花池排水与阳台排水在土建施工图阶段统一设计，因此花池宜集中布置。

4.3.4 墙面绿化设计

应与建筑及周边景观进行一体化相融合的设计。应充分考虑建筑物墙面的朝向、日照、采光等天然因素。墙面绿化金属龙骨应与防雷装置连接（图 11）。

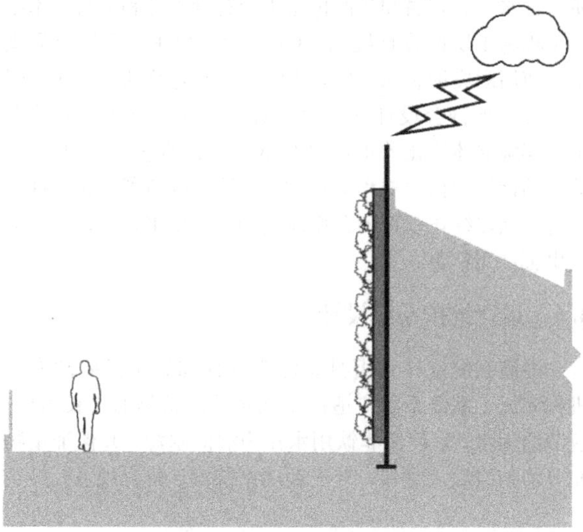

注：垂直绿化为最高点时须安装防雷设施

图 11 墙面绿化防雷设计

植物选择及种植设计。植物选择应考虑植物的生长形式、光照、遮阳方式、风力及所用的安装技术等，亦取决于气候、场地、基质和维护水平等因素。选择和布置墙体植物时，要考虑墙体由上往下的水量渐变。若有水回收利用系统，植物的选择需考虑较高的盐分水平和 pH 值。室外墙面绿化不宜选择易遭到鼠类或鸟类破坏的植物。模块式和种植毯式植物墙宜选择枝条柔韧、耐修剪植物。室内墙体绿化应选择无毒无害的植物。

建筑物立面应考虑墙体防潮及防震等因素，满足绿化对荷载、防水、防火、防腐等功能的要求。

墙面绿化设计应预先调查建筑结构等相关指标和技术资料，准确核算各项施工材料的质量，并通过结构及风荷载的验算。

墙面绿化的抗风安全设计。应针对植物墙风荷载分别进行验算（图 12）。

风向的变化、建筑形式与绿墙表面的不同会直接影响阻力系数，应由注册结构工程师或相关工程专家估算风荷载，必要时应进行针对性的风洞试验来确定风荷载。对于立体绿化对建筑物表面粗糙度和建筑外形改变较大的情况，还应考虑主体结构风荷载的变化。在风荷载较大地区的墙面绿化结构设计中，应验算风吸力和自重共同作用工况下的锚固件、牵引件等结构承载力。

不同的绿墙类型，荷载不同。建筑物的墙、绿墙（含支撑框架）的全部综合荷载不宜超过规范建议的总荷载的10%。植物墙应进行植物及容器的防坠落设计（图 13）。

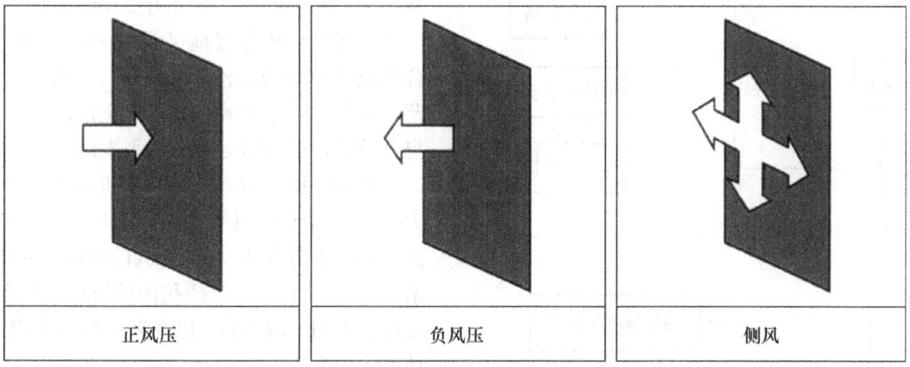

图 12 墙面绿化风荷载示意图

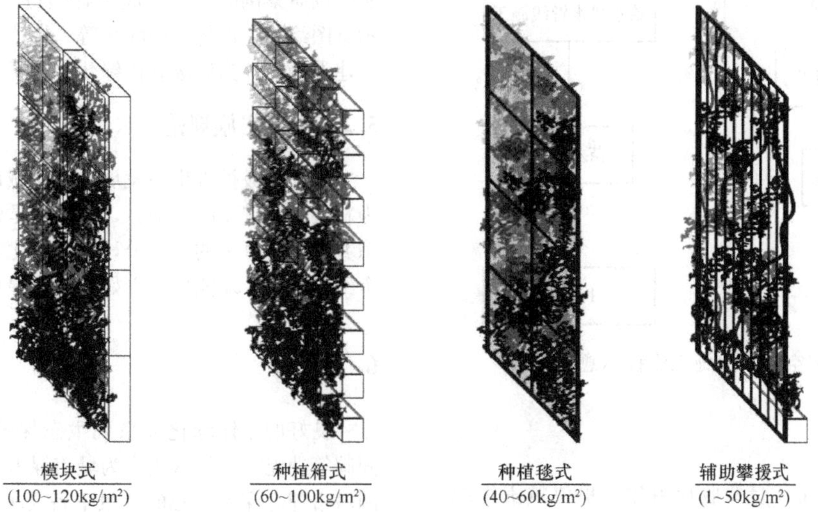

图 13 不同类型墙面绿化承载力

高层建筑的立体绿化容器应具备集成装配、有组织给水排水、自动化营养供给能力，应对绿墙系统进行定期检查及规范的运维，维护通道宜设置独立出入口和安全通道。绿墙植物后期维护的安全便捷措施。

墙面绿化的防火设计。建筑立面绿化应避免遮挡建筑的窗户，并保证窗户的排烟面积。当立面绿化与建筑窗户有遮挡关系时，设计上应预留出排烟通道，排烟通道面积≥窗户开启面积。

构造设计。模块式墙面绿化。典型模块式植物墙构造层次包括：墙体、钢架、种植盒（箱、槽）、基质、植物。铺贴式墙面绿化。

4.4 施工

施工符合施工规范要求，见图 14、图 15。

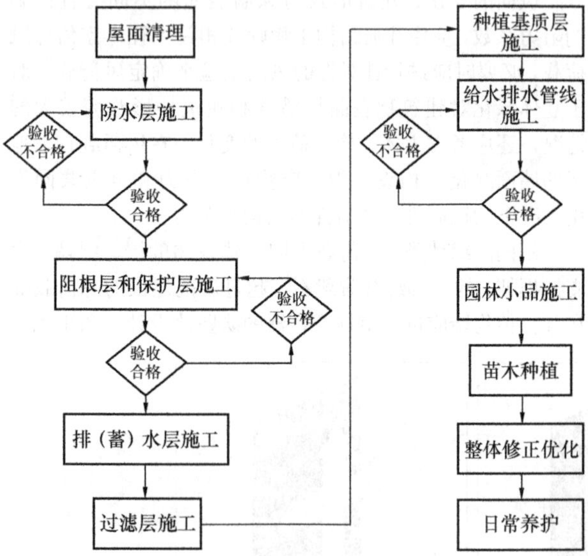

图 14　屋顶绿化施工流程

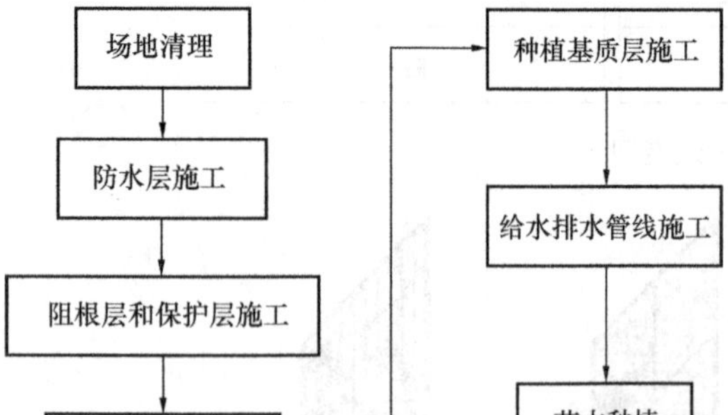

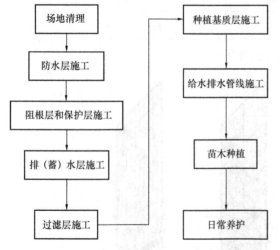

图 15　架空层绿化施工流程示意

4.5 验收

立体绿化工程施工质量验收应由建设单位负责组织竣工验收小组，验收程序按照规范合理开展。质量验收符合设计要求。灌溉系统应能够达到设计所要求的扬程和流量，智能控制系统应能按时浇水，排水系统能够将多余的水分及时排出。竹质、木质结构应采取有效的防腐、防裂、防火、防虫处理，木材的品种、材质、含水率、防腐和各部位施工应符合设计和现行《木结构工程施工质量验收规范》GB 50206 要求。金属材质支架须使用耐腐蚀金属材料，并做有效的防锈处理，支架焊接与安装须符合设计和国家、省现行相关标准、规范要求。实施立体绿化的重量要在承重设施的安全范围之内，荷载的计算应按该规程规定和《建筑结构荷载规范》规定执行。立体绿化植物覆盖率应达到业主要求，无杂草、无病虫害、无枯黄。

4.6 运行维护系统设计

灌溉系统设计宜由具备灌溉设计和施工经验的专业机构完成。灌溉系统应适用不同种属的植物的生长需要，应节约用水，宜使用非饮用水作为灌溉水源，并保证植物充分均匀浇灌。另外，补光照明系统设计符合规范。

5 规程细化与实施分析

5.1 细化要求

规范内容针对地区 4 种立体绿化类型展开细化分解，从实用、绿色生态、安全出发详细展开。

规程对夏热冬暖地区具有普遍指导作用，充分调研各个地区城市的自然环境条件、发展水平，设置基本规范，对条件较好区域，设置优化建议，引导立体绿化全面提升质量，引领向更高的水平发展。

关于区域范围，夏热冬暖地区是指最冷月平均温度大于 10℃，最热月平均温度满足 25～29℃，日平均温度≥25℃的天数为 100～200 天的地区，主要是指北纬 27°以南，东经 97°以东，包括我国的海南、广东、广西、福建、云南、贵州、港澳台，以及新加坡等东南亚国家的大部分地区。

关于具体内容，参照已有的相关立体绿化规程、结合实际调研案例的方式完成内容编写。内容包括资料收集、示意图绘制、植物选中收集等。规范为夏热冬暖区域提供了建设标准，为后续立体绿化奠定了基础。

5.2 科学实施规范

国家积极推进生态发展、公园城市建设，立体绿化作为新兴的、重要的一部分，高品质是建设目标，是良好生态城市必不可少的一部分，立体绿化需要脚踏实地，从每个细节做起，才能构建良好的立体绿化成果。

6 结语

良好的立体绿化关系到生态保障、城市健康发展和固碳等功能。立体绿化作为城市绿地系统新兴部分，在公园城市理念深入人心的背景下备受关注。《夏热冬暖地区立体绿化技术规程》的编制，在已有的研究基础上，从生态视角出发，制定规程，响应国家生态发展、公园城市建设的号召，为夏热冬暖地区的立体绿化建设提供依据和参考。

立体绿化还在基础建设阶段，还需继续摸索前进，《夏热冬暖地区立体绿化技术规程》将继续补充完善，为更多立体绿化建设提供依据和指导。

参考文献

[1] 夏热冬暖地区立体绿化技术规程.

[2] 国家重点专项规划之——“十三五”生态环境保护规划(国发〔2016〕65 号).

[3] “十四五”推动长江经济带发展城乡建设行动方案.

[4] 对十三届全国人大四次会议第 6207 号建议的答复.

[5] 关于政协第十三届全国委员会第四次会议第 2309 号(城乡建设类 087 号)提案答复的函.

[6] 李以通，成雄蕾，陈晨. 夏热冬暖地区建筑立体绿化节能效果的实验研究——以海南地区为例.

[7] 刘晓勤，刘龙斌，丁云飞，等. 夏热冬暖地区乡村建筑立体绿化节能改造性能研究.

作者简介

杨富程，1991 年生，男，汉族，山西人，北京林业大学硕士，中国中建设计研究院，工程技术研究院，设计工程师。电子邮箱：1009314761@qq. com。

张樱楠，1991 年生，男，汉族，北京人，硕士，中国中建设计研究院，工程技术研究院，研究方向为景观建筑与立体绿化。电子邮箱：sheepzpn@hotmail. com。

王珂，1981 年生，男，汉族，河北人，博士，中国中建设计研究院，工程技术研究院，研究方向为立体绿化。电子邮箱：14406045@qq. com。

论文集

风景园林与城市生物多样性

协同鸟类生境营建与游憩服务供给的郊野公园规划设计策略研究

——以三岔湖郊野公园为例

Research on Country Park Planning and Design Strategy Coordinated with Bird Habitat Construction and Recreational Service Supply: Take Sancha Lake Country Park as an Example

卢紫薇　陈泓宇　王振坤　李　雄*

摘　要：郊野公园是提供郊野游憩服务与维护城市生物多样性的重要载体，于郊野公园中建设鸟类栖息地对提升区域生物多样性具有重要意义。本文从人鸟协同的视角出发，构建一套耦合鸟类栖息需求和人类游憩需求的空间评估方法体系，并以成都三岔湖郊野公园为例，运用评价体系识别了研究对象鸟类栖息和人类游憩的关键区域、矛盾空间，从而对性制定规划设计策略，形成了规划设计方案以实现高效协同栖息地营建和郊野公园游憩服务供给。研究结果能够为郊野公园生物多样性提升和高质量建设提供参考。

关键词：郊野公园；鸟类栖息地；游憩服务；空间评估体系；规划设计策略

Abstract: Country parks are an important carrier for providing rural recreational services and maintaining urban biodiversity. Building bird habitats in country parks is of great significance to enhancing regional biodiversity. From the perspective of human-bird coordination, this paper constructs a spatial evaluation method system that couples bird habitat needs and human recreational needs. Taking Chengdu Sancha Lake Country Park as an example, the evaluation system is used to identify the research objects of bird habitat and human beings. The key areas and contradictory spaces for recreation, so as to formulate planning and design strategies for nature, and form a planning and design scheme to achieve efficient collaborative habitat construction and country park recreational service supply. The research results can provide reference for the improvement of biodiversity and high-quality construction of country parks.

Keywords: Country Park; Bird Habitat; Recreation Service; Space Evaluation System; Planning Design Strategy

1　研究背景

2020年9月30日联合国生物多样性峰会上，习近平主席指出应促进发展与保护协调统一，探索人与自然和谐共生之路。郊野公园是近郊绿色空间，不仅是郊野游憩的重要载体，更是衔接城市内部生境与外部生态空间、支持城市生态安全格局的区域公园系统核心组成之一，对维护与提升区域生物多样性具有重要意义[1,2]。

在自然生态系统中，鸟类能迅速感受到环境条件的变化并产生响应，是生物多样性的关键组成部分和重要指示物种[3,4]，因此被广泛作为目标物种应用于郊野公园生物多样性提升的有关研究与规划设计实践中。目前有关郊野公园鸟类生境营建的研究与实践，体现出宏观建设原则、定性设计策略与公园空间布局、空间功能定位脱节的问题，片面关注鸟类栖息地营建而忽视郊野公园游憩功能的局限，以及鸟类栖息与游客活动时空交叠、冲突。因此，研究一套耦合鸟类栖息需求关键空间，以及和人类游憩需求的空间评估方法体系，识别郊野公园鸟类栖息和游憩的矛盾空间，并针对性制定规划设计策略，以实现高效协同栖息地营建和郊野公园游憩服务供给，具有必要性和重要性。

2　研究数据与方法

2.1　研究区域概况

本文研究对象三岔湖郊野公园位于成都市天府空港新城西部、龙泉山东麓与三岔湖交界处，距成都中心约45.2km，距新城中心约8.2km，总面积为5.91hm²（图1）。公园北临成都第二绕城高速（SA2），周围各市市民驱车一小时内可到达，交通便捷，景观类型多样，具有游憩服务供给优势。

同时，研究对象内部森林资源与湿地资源丰富，且位于中亚-印度半岛鸟类迁徙路线穿越四川省的主要廊道——龙泉山区域，研究对象具有建设鸟类栖息地的优势性、重要性和必要性。

2.2　研究数据

本研究使用的主要数据有：包含研究对象所在区域的空间分辨率为30m的DEM高程影像数据，2019年东进区国土三调数据以及林业二调数据等。同时结合野外采样数据、高清卫星影像及相关文献资料对已有数据资料进行误差修正。

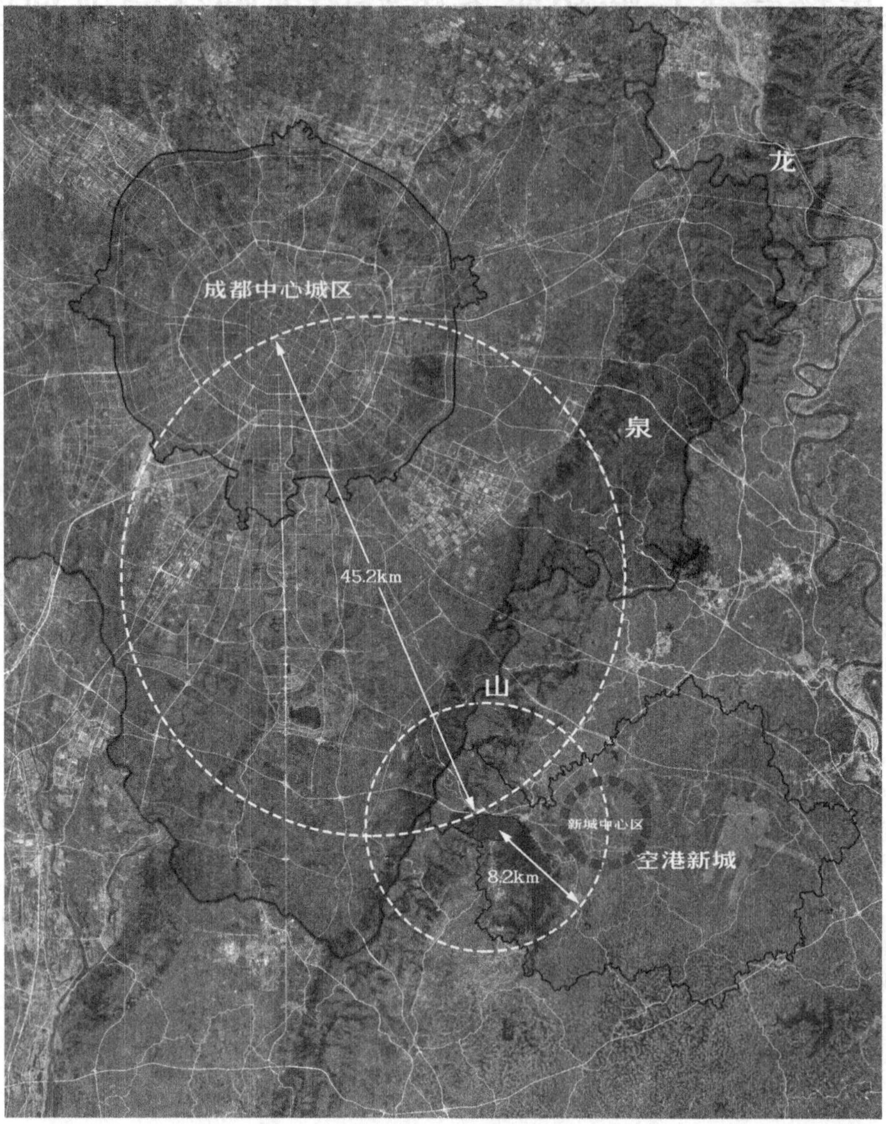

图 1　本文研究对象：三岔湖公园区位示意

2.3　研究框架

本研究基于 SRP 模型构建生态脆弱性评价指标体系，分析人工干预手段在空间中的落位与可实施强度，识别鸟类栖息地潜在建设空间，以及游憩建设适宜空间；耦合区域目标种鸟类习性与人类游憩活动特征因子，构建耦合鸟类栖息与人类游憩的空间评估模型，分别分析鸟类栖息适宜空间、人类活动适宜空间，并对比人鸟活动的矛盾空间，从而依据现状条件提出针对性建设策略，进而形成协同鸟类栖息与游憩服务供给的郊野公园规划设计方案（图 2）。

2.3.1　构建生态脆弱性评价指标体系

生态环境脆弱性是指在特定区域条件下，生态环境受外力干扰所表现出的敏感反应和自我恢复能力，是生态系统的固有属性，具有区域性和客观性，是系统内部演替、自然因素和人类活动共同作用的结果。

研究基于 SRP 模型，从生态敏感性、生态恢复力、生态压力 3 方面，综合区域环境脆弱性表征与成因确定评价指标[5,6]，其中生态敏感层面主要考虑自然地形与土地利用程度等，生态恢复力主要考虑植被覆盖度与物种丰富度等，生态压力主要考虑人口密度与经济活动影响等，咨询有关专家依据 AHP 层次分析法设置指标权重，构建生态脆弱性评价指标体系（表 1）。

参照已有研究与实际情况，基于自然断点法将生态脆弱性指数划分成 5 个等级，分别为微度脆弱、轻度脆弱、中度脆弱、重度脆弱和极度脆弱。依据区域脆弱程度限制人工可干预范围和强度，分级管控，维护区域的生态安全。分析得出的人工可干预范围，即为人工优化鸟类栖息地与人类游憩空间的潜在范围。

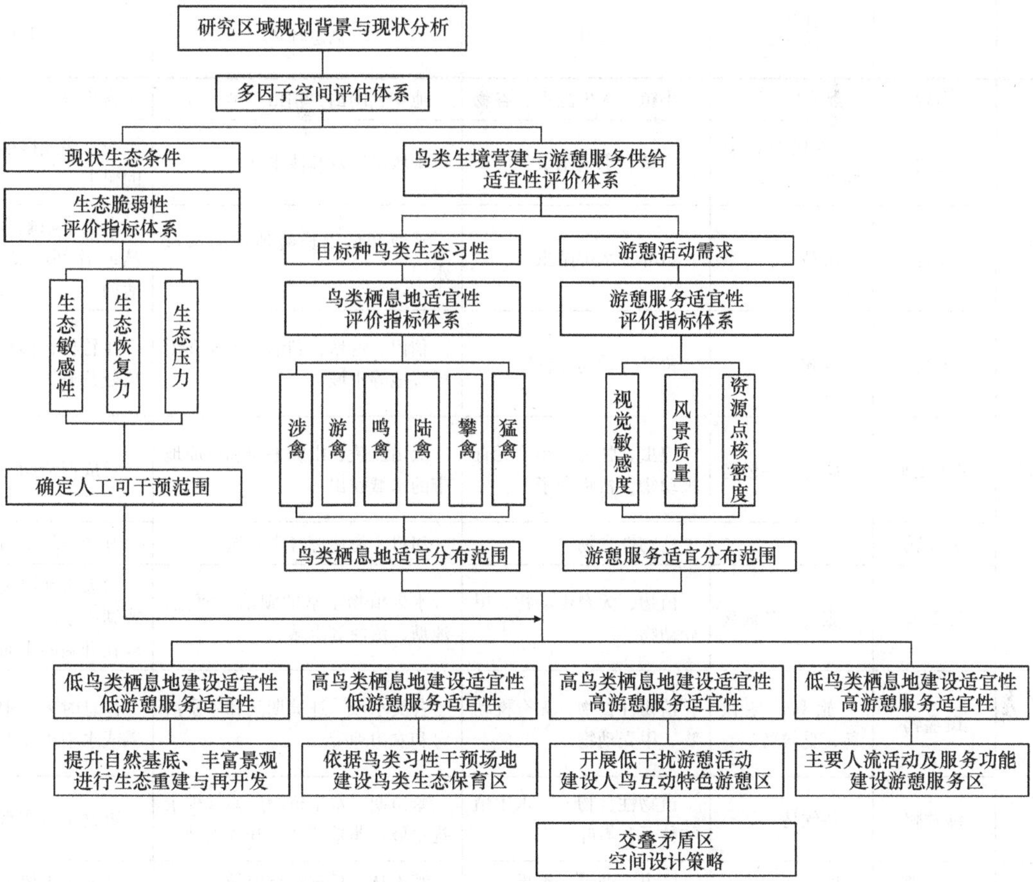

图 2　规划框架与路线

环境生态脆弱性评价指标体系　　　　表 1

总目标层	分目标层		指标层	
	指标	权重	指标	权重
生态脆弱性	生态敏感性	0.5	地理高程	0.08
			地形坡度	0.06
			地形坡向	0.03
			土壤类型	0.1
			土壤厚度	0.03
			降水侵蚀力	0.07
			缓冲区	0.09
			植被类型	0.1
			植物覆盖度	0.12
			土地利用性质	0.3
			道路交通	0.04
	生态恢复力	0.25	土壤腐殖质厚度	0.1
			制备覆盖度	0.45
			物种丰富度	0.2
			水域缓冲区	0.25
	生态压力指数	0.25	人口密度	0.3
			产业模式	0.4
			垦殖坡度	0.3

2.3.2　构建人鸟协同的适宜性评价体系

(1) 鸟类栖息地适宜性评价指标体系

鸟类是生物多样性的重要组成部分和生态环境的指示物种，能够维护生态平衡，保护区域生态安全。研究结合对场地周边鸟类调查研究[7,8]，依据鸟类生态类群及种群数量确定优势种鸟类共 6 类 29 种（表 2），分别为涉禽、游禽、鸣禽、攀禽、陆禽、猛禽，并依据生态位及习性特点确定 9 种目标种鸟类作为研究对象，分别为白鹭、赤颈鸭、黄腹山雀、白鹡鸰、棕腹啄木鸟、蓝翡翠、红腹锦鸡、红隼、游隼。归纳目标种的生活习性，从空间角度入手，将鸟类对环境的反应因子归纳为水平空间适宜性指标与垂直空间适宜性指标（表 3）[9]。应用分级赋值法将指标对应数据进行量化计算，依据相关研究资料将结果划分，得出适宜建设目标种鸟类栖息地的潜在范围。

(2) 构建游憩服务适宜性评价指标体系

郊野公园具有多元的游憩潜力，通过构建游憩服务适宜性评价指标体系，可以针对性制定郊野公园游憩空间与游憩类型，优化郊野公园的整体游憩价值。研究针对森林及湿地环境下的生态旅游活动建立森林湿地环境游憩图谱，筛选出游憩活动共 3 大类 13 小类（图 3）。

鸟类优势种名录及生态习性 **表 2**

生态习性分类	目	种	迁徙性质分类	食性	栖息环境	习性
涉禽	鹳形目	白鹭	留鸟	小鱼、水生昆虫、谷物	池塘、湖泊、稻田	喜集群
		苍鹭	冬候鸟、夏候鸟	小鱼、水生昆虫	水域岸边及其浅水处	晚上多成群栖息于高大的树上
		夜鹭	留鸟	鱼虾、水生昆虫	平原和低山丘陵地区的水域水田	白天常隐蔽在沼泽、灌丛或林间，晨昏和夜间活动
		池鹭	夏候鸟	鱼类等动物性食物	稻田、池塘、湖泊、水库和沼泽湿地等水域	在竹林、杉林等林木的顶处营巢
	鸻形目	凤头麦鸡	旅鸟、冬候鸟	蝗虫、蛙类、小型无脊椎动物、植物种子	低山丘陵、山脚平原和草原地带的水域农田	常成群活动
游禽	雁形目	赤颈鸭	旅鸟	植物性食物	河口、海湾等各类水域	开阔水域中活动
		绿头鸭	旅鸟、冬候鸟	植物、无脊椎动物、甲壳动物	水生植物丰富的湖泊、河流、池塘、沼泽等水域	白天常在河湖岸边沙滩或湖心沙洲和小岛上休息或在开阔的水面上游泳
		斑嘴鸭	旅鸟、冬候鸟、夏候鸟	植物性食物、无脊椎动物、甲壳动物	各类水域，迁徙期间和冬季沿海和农田地带	休息时多集中在岸边沙滩或水中小岛上
		绿翅鸭	冬候鸟	植物性食物——水生植物种子和嫩叶	繁殖期：水生植物茂盛且少干扰水域；非繁殖期：开阔水域	觅食主要在水边浅水处
鸣禽	雀形目	白头鹎	留鸟	昆虫、种子、水果	灌木丛、丘陵树林地带	结群于果树上活动
		白颊噪鹛	留鸟	昆虫、种子、植物果实	矮树灌丛、竹丛	
		红头长尾山雀	留鸟	昆虫	森林、灌木林间、果园	
		白鹡鸰	冬候鸟、夏候鸟	昆虫	河流、湖泊、水库、水塘等水域岸边	多栖于地上或岩石上，有时也栖于小灌木或树上
		白腰文鸟	留鸟	植物种子、尤稻谷	低山、丘陵和山脚平原地	以溪流、苇塘、农田耕地和村落附近较常见
		黄腹山雀	留鸟	昆虫、种子、植物果实	山林、山脚平原地带、林缘疏林灌丛地带	多栖于高大的阔叶树或针叶树
		灰椋鸟	留鸟	昆虫	平原、山区的稀树地带	草甸、河谷、农田等觅食
		金翅雀	留鸟	植物果实、种子、草籽、谷粒等农作物	低山、丘陵、山脚、平原疏林	喜欢在乔木上栖息和活动
		棕头鸦雀	留鸟	甲虫等昆虫、植物果实、种子	中海拔的灌丛、林缘地带	常在灌木或小树枝叶间攀缘跳跃
攀禽	佛法僧目	三宝鸟	旅鸟	绿色金龟子等甲虫、蝗虫	针阔叶混交林、阔叶林林缘，山地、平原林	喜欢在林区边缘空旷处或林区里的开垦地上活动
		蓝翡翠	旅鸟	小鱼、虾蟹、水生昆虫等水栖动物	林中溪流、山脚与平原地带的水域	多停息在河边树桩和岩石上
	䴕形目	棕腹啄木鸟	旅鸟、冬候鸟	昆虫，尤其是蚂蚁	次生阔叶林、针阔混交林、冷杉苔藓林	喜针叶林或混交林

续表

生态习性分类	目	种	迁徙性质分类	食性	栖息环境	习性
陆禽	鸡形目	斑尾榛鸡	留鸟	柳、榛的鳞芽、叶，云杉种子，其他植物的花、花序、叶、嫩枝梢	山地、森林、草原以及金蜡梅、山柳、杜鹃灌丛、云杉林和赤杨林、林缘灌丛地带	清晨和傍晚是觅食集中时间
		红腹锦鸡	留鸟	植物的叶、芽、花、果实和种子农作物、甲虫	海拔500～2500m的阔叶林、针阔叶混交林和林缘疏林灌丛地带	早晚到林缘和耕地中觅食
		灰胸竹鸡	留鸟	植物幼芽、农作物、昆虫幼虫	山区、平原、灌丛、竹林以及草丛	多在地面草丛中活动
猛禽	隼形目	游隼	旅鸟、冬候鸟	野鸭、鸥、鸠鸽类、乌鸦和鸡类等中小型鸟类、野兔、鼠类	山地、丘陵、半荒漠、沼泽与湖泊沿岸地带	
		凤头蜂鹰	旅鸟	蜂类、昆虫、昆虫幼虫	阔叶林、针叶林、混交林和林缘地带	通常栖息于密林中，一般筑巢于大而多叶的树上
		普通鵟	留鸟、旅鸟	森林鼠类	山地森林、林缘地带	常见在开阔平原、荒漠、旷野、开垦的耕作区、林缘草地和村庄上空
		红隼	旅鸟、冬候鸟	大型昆虫、鸟和小哺乳动物	山地、旷野	栖息时多栖于空旷地区孤立的高树梢上
		雀鹰	旅鸟、冬候鸟	雀形目小鸟、昆虫和鼠类	针叶林、混交林、阔叶林等山地森林和林缘地带	喜欢在林缘、河谷以及采伐迹地的次生林和农田附近的小块丛林地带活动
		黑鸢	留鸟	小鸟、鼠类、蛇、蛙、鱼、野兔、蜥蜴和昆虫等动物性食物	开阔平原、草地、荒原和低山丘陵地带	常在城郊、村屯、田野、港湾、湖泊上空活动

鸟类栖息地适宜性评价指标体系　　表3

准则层	指标层
水平空间适宜性指标	生境类型
	用地类型
	水岸类型
	水体类型
	水域面积
	滨水缓冲带
	植物覆盖度
	惊飞距离
垂直空间适宜性指标	水深
	植物高度

游憩图谱所需环境空间因子，分为视觉敏感度、风景质量以及资源点核密度3个方面[10]，分别构建评价体系，输出结果并进行叠图分析，得出适合进行游憩活动的潜在范围（表4）。

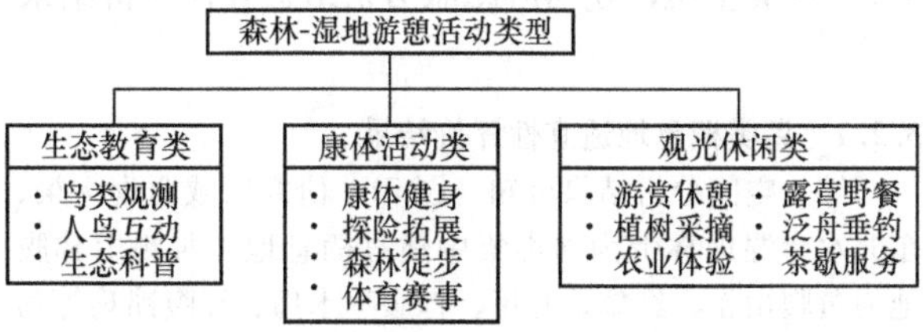

图3　森林-湿地游憩活动主要类型

游憩服务适宜性评价指标体系　　表4

目标层	指标层
视觉敏感度	道路视域
	资源点视域
	制高点视域
风景质量	地形
	植被覆盖度
	植被类型
	水域缓冲距离
资源点核密度	现状基础设施
	文化资源点

3 结果与分析

3.1 公园整体生态脆弱性评价及规划策略

从整体特征出发（图4），研究区域内生态脆弱性呈现西高东低的态势，其中极度与重度脆弱区域相对集中分布在西部山谷区与东部湖滨滩涂区域，宜保留现有生态特征与鸟类栖息地格局，并禁止游憩开发等建设活动。山谷区基于郁闭度、林种及林分结构进行营林抚育，优化群落结构，提升区域生物多样性；湖滨区以生态手段修复湿地，结合湖泊消落带与缓冲区恢复稳定生境。

中度脆弱地区零散分布于山区坡地及湖区边缘。该区域可适度进行人工干预，需要限制开发建设强度，对于自然生态系统遭到破坏的区域，主要在通过恢复自然植物群落，修复自然基底。

轻度与微度脆弱区在全园分布最广，包括部分林灌草地、农田、村庄及现有人工设施，生态系统较为稳定，抗干扰性强，能够结合现状条件承担适当强度的开发建设。

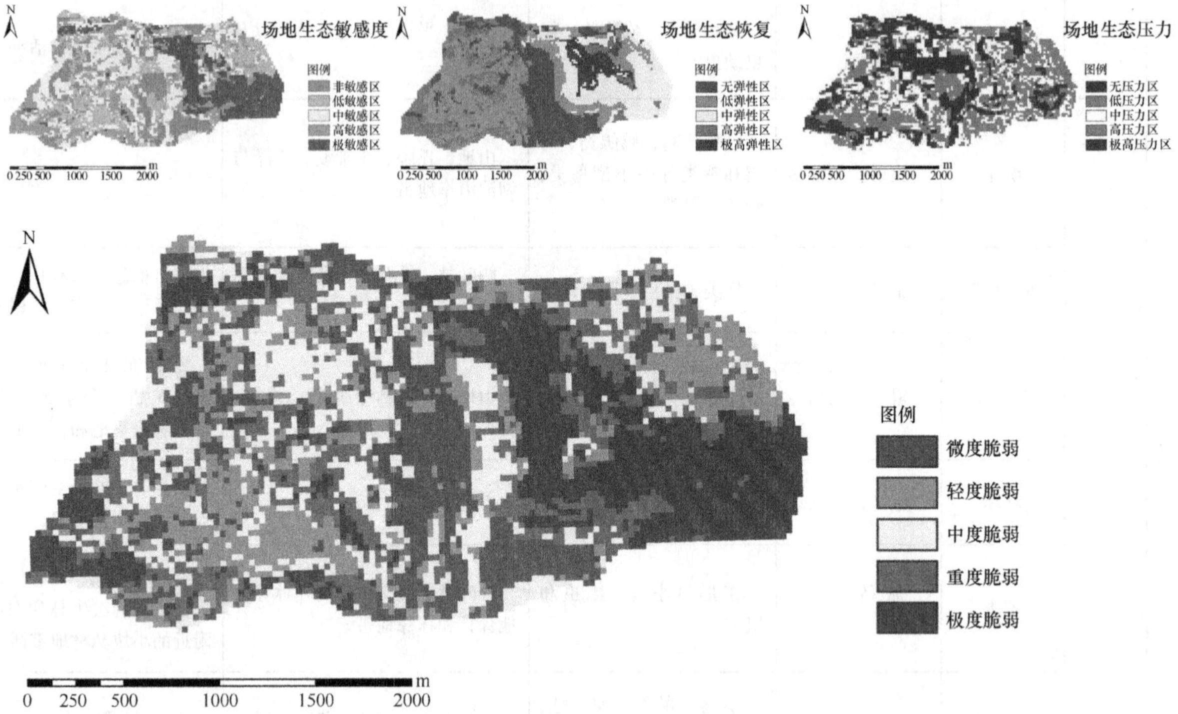

图4 生态脆弱性评价结果

3.2 鸟类生境营建与游憩服务供给适宜性评价结果

3.2.1 鸟类栖息地适宜性评价结果

综合空间分析结果可知（图5），研究区域西南沟渠、东北水岸湿地林带为鸟类集中适宜栖息地；西侧山林腹地为黄腹山雀、红隼、游隼、棕腹啄木鸟、红腹锦鸡等鸟类的适宜栖息地；东南水域及水岸为赤颈鸭、白鹭、蓝翡翠、白鹡鸰等鸟类的适宜栖息地。在可承受人工干扰的范围内，以目标种鸟类习性为依据对自然基底进行适当调整与改造。

3.2.2 游憩服务适宜性评价结果

从整体特征出发（图6），研究区域内游憩服务适宜性呈现中部高、东西低的态势，其中极适宜区与适宜区主要分布在中部平原区、西部缓坡区与东部水岸区，适宜作为公园主要服务区域承担人流量较大、停留时间较长、强度较大的活动。西部谷地与东部水域由于可达性低、视觉敏感度与景观异质性较低，不适合承担聚集性及环境交互性强、对环境干扰性高的活动，应依据场地特性规划特色游憩服务。

3.2.3 评价结果

将人工可干预范围、鸟类栖息地适宜建设范围与游憩服务适宜建设范围进行空间叠加分析，得出区域“鸟类栖息-人类活动”关系的空间分布（图7）。

低鸟类栖息地适宜性-低游憩适宜性区域零散分布于山区，应以生态重建手段提升自然基底、提升景观品质为主，并结合现状进行游憩价值再开发；高鸟类栖息地适宜性-低游憩适宜性区域分布于西部山林自然恢复区周围以及东部水域西岸，应依据鸟类习性对场地进行干预与引导，建设鸟类保育区；低鸟类栖息地适宜性-高游憩适宜性区域分布于场地中部及北部，与现状道路联系紧密，能够承担主要人流活动及服务功能，可建设成为主要的游憩服务区。

其中，高鸟类栖息地适宜性-高游憩适宜性区域是郊野公园鸟类栖息和人类游憩的主要冲突空间，如何基于现状特征，通过“人-鸟协同”的空间设计策略，因地制

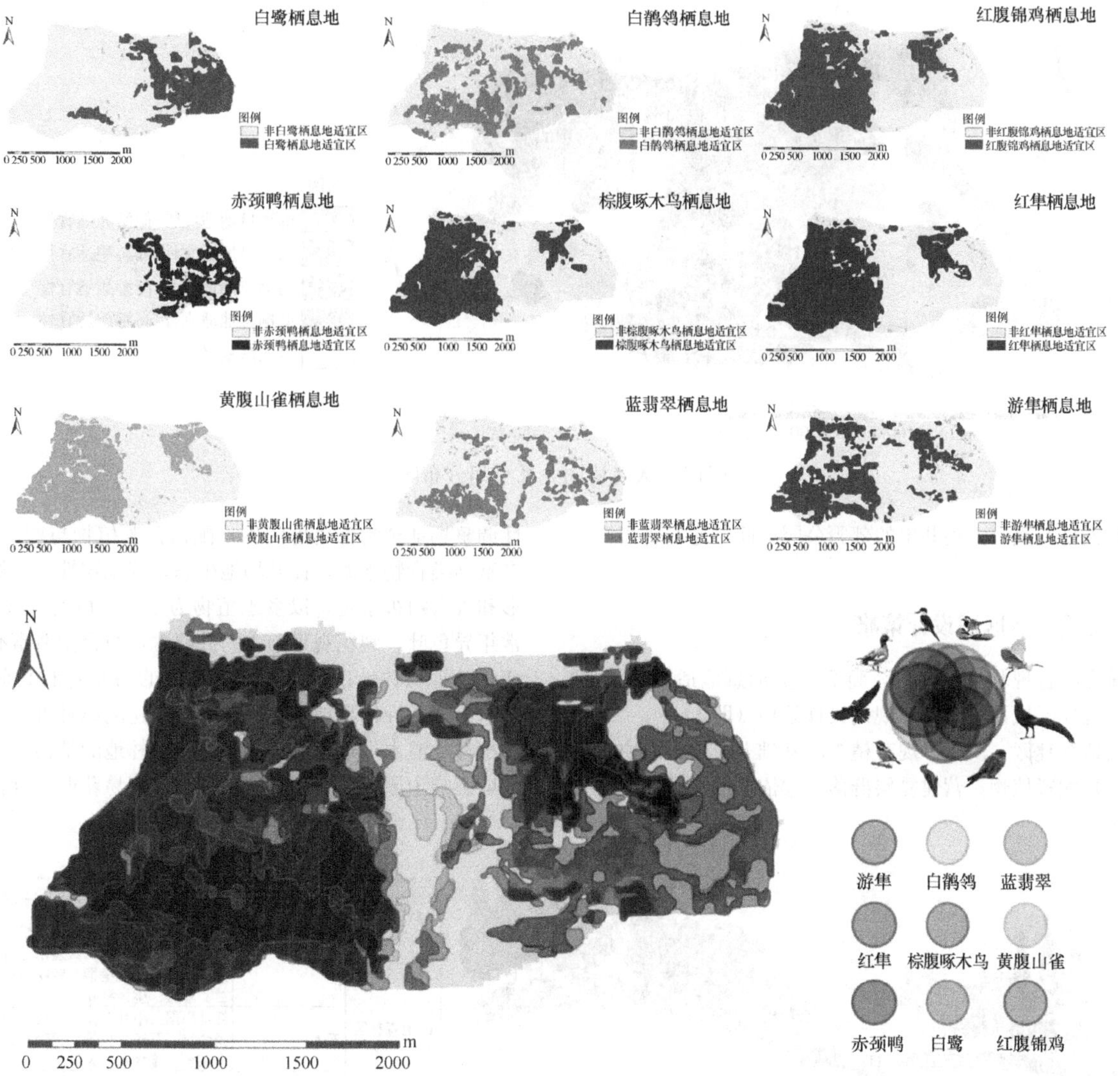

图 5　鸟类栖息地适宜性评价结果

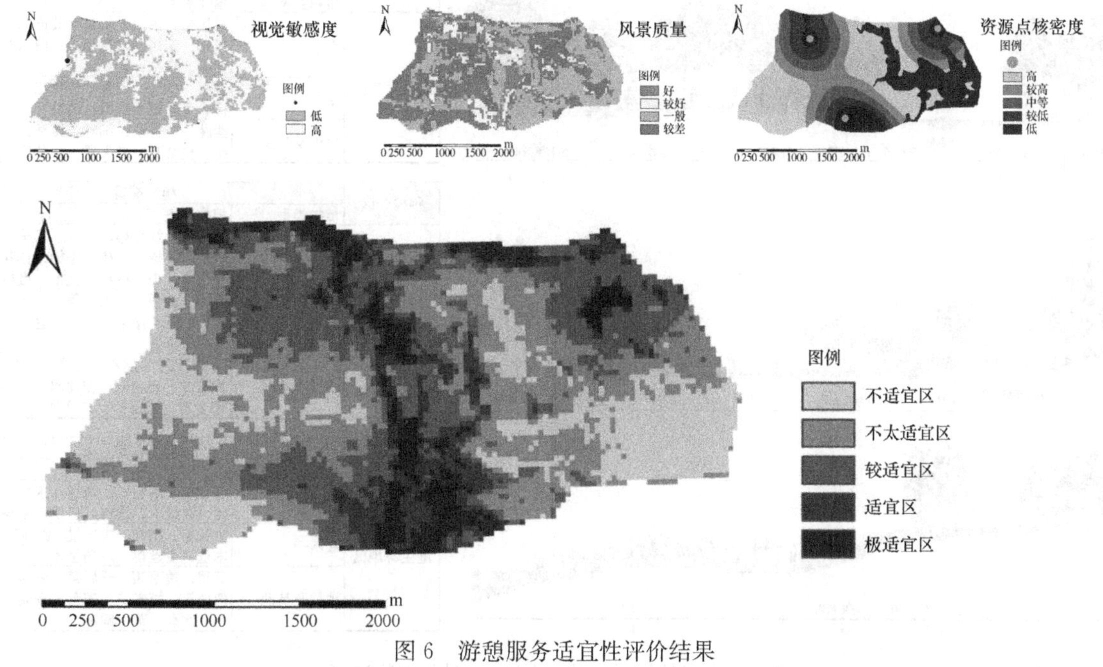

图 6　游憩服务适宜性评价结果

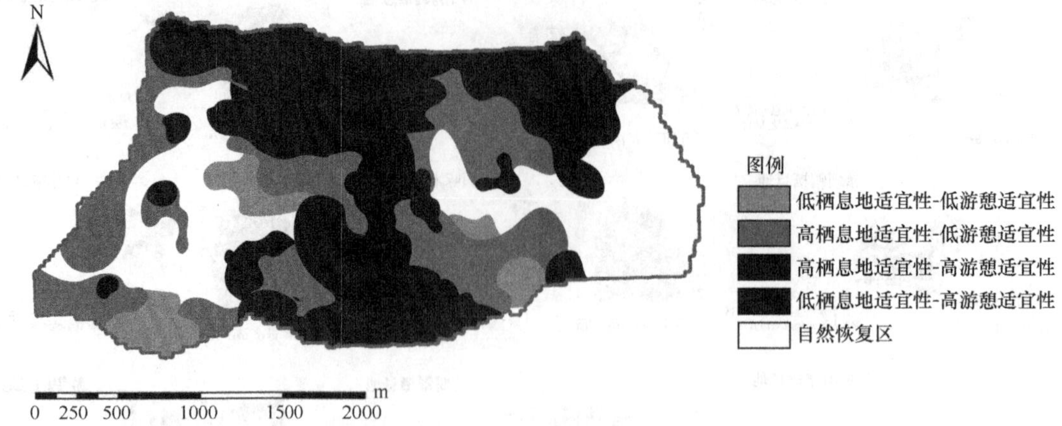

图 7　人鸟协同关系空间分布图

宜建设人鸟互惠、人鸟共生的郊野公园空间，是本研究的重点。

3.3　交叠矛盾区域设计策略

研究综合现状土地性质，将高鸟类栖息地适宜性-高游憩适宜性区域进行归类并规划设计策略（图 8）。

山地森林区：①保护现有植被的基础上，根据山地的坡度变化配置植物，营建复层群落；②依据目标种鸟类习性调整场地植物群落郁闭度，配植食源植物与蜜源植物，丰富鸟类食物来源，提升场地生态系统稳定性；③结合地形和现有植被景观，以乡土植物为主，选取有春秋色叶、常年异色叶、观花观果为主的乔灌木，组合塑造富有季相变化的景观林带；④建立无人进入的岛状林和林间开阔地作为保护性栖息地，在区域边缘构建隔离林带，形成构建小乔、灌木林辅以地被包围高树冠林地的结构；⑤以低环境影响为原则，在山林区制高点利用易获取、近自然的

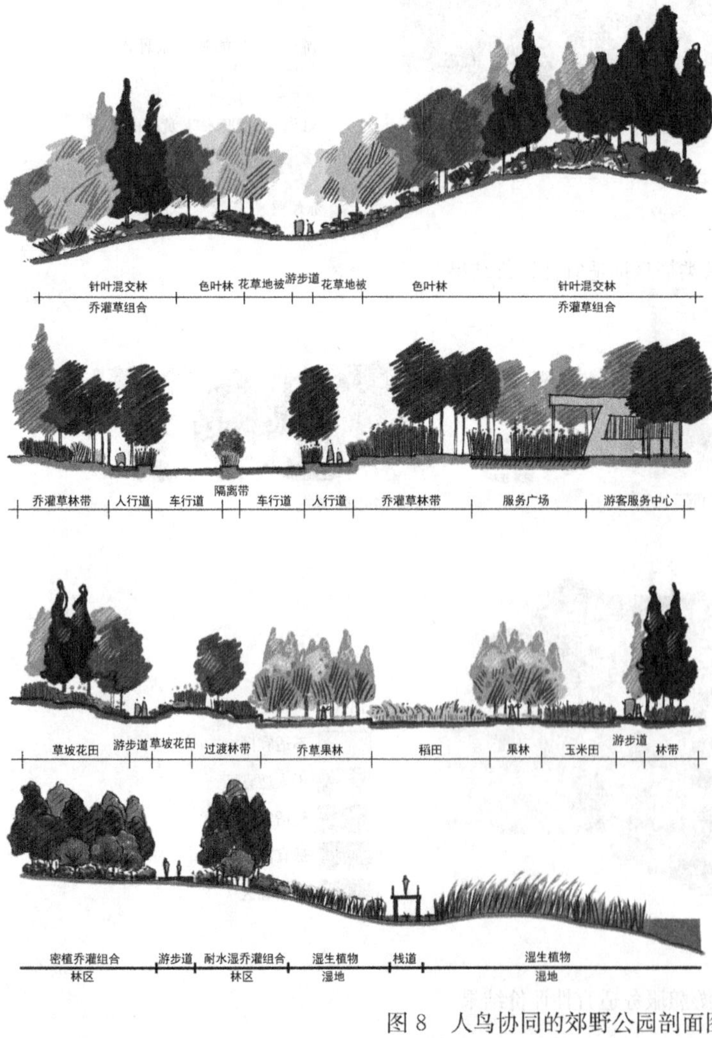

种植分区	植物配置	
	植物类型	植物种类
山地森林区	乔木	柏木、杉木、马尾松、火炬松、罗汉松、银杏、青冈、楠木、黄连木、香樟、无患子、构树、梧桐、紫花泡桐、白玉兰、紫薇、桃、桂花
	灌木	红叶小檗、小叶女贞、黄杨、海桐、八角金盘、石楠、枸骨、锦带花、山茶、山茱萸、接骨木、火棘
	地被及其他	慈竹、斑竹、大花美人蕉、紫藤、地锦、常春藤、扶芳藤、吉祥草、麦冬、狗牙根

种植分区	植物配置	
	植物类型	植物种类
疏林草甸区	乔木	马尾松、雪松、银杏、黄连木、香樟、乌桕、栾树、紫花泡桐、白玉兰、桃、紫薇、桂花、合欢
	灌木	迎春、杜鹃、枸骨、金钟花、火棘、木槿、金丝桃、月季、山茶
	地被及其他	紫藤、地毯草、细叶结缕草、麦冬、玉簪、格桑花、满天星、兰花三七

种植分区	植物配置	
	植物类型	植物种类
农田果园区	乔木	马尾松、红豆杉、香樟、乌桕、栾树、合欢、柿树、桑树、枣树、桂花、桃、梨、李、杏、核桃、枇杷、樱桃、芭蕉
	灌木	石榴、金银木、山茱萸、接骨木、小叶女贞、红花檵木、八角金盘、金丝桃、石楠、枸骨
	地被及其他	慈竹、斑竹、水稻、小麦、玉米、红苕、蝴蝶兰、格桑花、鼠尾草、德国鸢尾、郁金香、蜀葵、大花萱草

种植分区	植物配置	
	植物类型	植物种类
湿生林地区	乔木	湿地松、落羽杉、池杉、水杉、柳、喜树、黄连木、香樟、乌桕、栾树、国槐
	灌木	木芙蓉、枸骨、夹竹桃、金钟花、火棘、木槿、金丝桃、八角金盘
	地被及其他	鸢尾、黄菖蒲、千屈菜、海芋、石蒜、忽地笑、蝴蝶花、芦苇、香蒲、花叶芦竹、水葱、菰、睡莲

图 8　人鸟协同的郊野公园剖面图及植物选择

本地材料，如竹材、石料、夯土等建造登高观鸟塔，进行科研学习、观鸟摄影等低强度活动；⑥尽量采用影响较小的铺路方式，避免对脆弱的土壤以及野生动植物生境造成影响。

农田果园区：①以现状条件好且当地特色的果树及农作物作为基调树种，配合乡土乔木林、竹林逐步对树种和群落结构进行优化，营造稳定生态系统，形成地域性的植物群落；②对现有梯田景观进行保护和提升，注意固坡植物的搭配，配合鸣禽、猛禽营建大地景观；③以本地农业、种植业为主题进行整体设计，将保留性生产场所与休闲旅游场所结合，创造集农作、采摘、手工、教育科普等活动于一体的体验空间。

滩涂湿地区：①岸线曲折丰富，增大水陆交界面，开辟内向型、隐蔽性较强的裸地滩涂和浅水水塘，为小型动物提供栖息环境；②满足安全前提下，驳岸坡度尽量控制在10：1或更小，扩大涉禽、游禽栖息的滩涂地面积；③驳岸的护坡材料则应选择天然石材、木材、植物、多孔隙材料等，将水体与陆地组构成一个水陆联通的生态系统；④靠近水岸边缘处不宜栽植高大乔木，为水鸟活动留出一定空间，选择栽植耐水湿的草本及灌木，形成水陆交界带的动物栖息环境；⑤结合微地形建设30～60m滨水植被带作为水鸟的保护廊道，连接现状斑块栖息地，为水鸟活动、营巢提供环境；⑥沿岸设置木栈道、水面栖台游览体系，确保与鸟类栖息地距离大于10m，能够近距离观鸟的同时降低对鸟类的影响；⑦丰富沿岸景观的层次，提升游客沿水而行的视觉体验，并径沿完善科普标识牌体系。

水域：①水深小于0.5m的区域为重点保育区，降低人为干扰，种植水生植物用于净化水质、降低环境脆弱度；②根据湿地游禽常利用水面漂浮物作为休息场所这一习性，设置游禽停歇台便于水鸟栖息；③将水域中岛屿设置为不可上人的生态岛。

4 结语

通过研究发现，鸟类栖息与人类活动在郊野公园空间中存在重叠，合理解决该区域的人、鸟冲突，是实现郊野公园协同鸟类栖息、游憩活动的关键问题；通过构建空间评价体系，能够有效、精确识别矛盾空间，为相关规划设计策略的制定提供科学、准确的空间依据。研究建立协同鸟类生境营建与游憩服务供给的多因子空间评估体系，并依据评价结果，针对“鸟类栖息-人类活动”关系的差异空间提出相应规划设计策略，形成三岔湖郊野公园规划设计方案（图9）。

由于数据精度有限，部分数据的来源基于前人研究结果，因此评价分析结果与实际情况存在一定的误差；本研究以鸟类为生物多样性的指示物种，未来可进一步结合其他生物数据，拓展评价体系，为郊野公园生物多样性提升提供更为精确的技术手段。

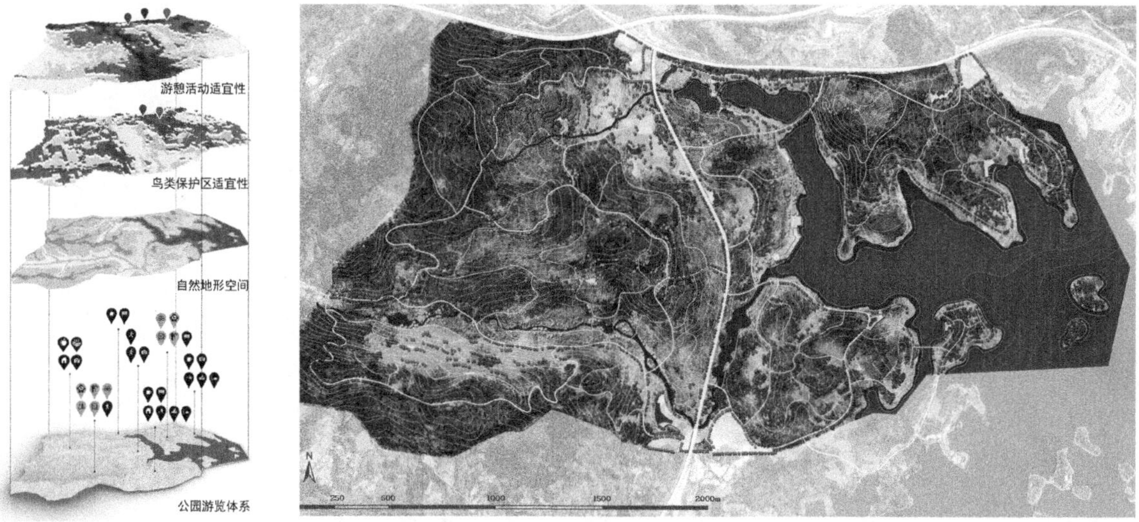

图9　公园总平面图

参考文献

[1] 吴承照，吴志强，张尚武，等．公园城市的公园形态类型与规划特征[J]. 城乡规划，2019(01)：47-54.

[2] 尚凤标，周武忠．基于游憩者需求的郊野公园发展分析和体系构建[J]. 西北林学院学报，2009，24(01)：199-203.

[3] Mistry J，Berardi A，Simpson M. Birds as indicators of wetland status and change in the North Rupununi，Guyana [J]. Biodiversity and Conservation，2008，17(10)：2383-2409.

[4] Smith A C，Fahrig L，Francis C M. Landscape size affects the relative importance of habitat amount，habitat fragmentation，and matrix quality on forest birds[J]. Ecography，2011，34(1)：103-113.

[5] 常溢华，蔡海生．基于SRP模型的多尺度生态脆弱性动态评价——以江西省鄱阳县为例[J]. 江西农业大学学报，2022，44(01)：245-260.

[6] 鲁敏，穆回港，谭蕾，伊泽坤，等．基于GIS的济西国家湿地公园生态敏感性评价[J/OL]. 中国海洋大学学报(自然科学版)：1-9[2022-03-29].

[7] 阙品甲，朱磊，张俊，等．四川省鸟类名录的修订与更新[J]. 四川动物，2020，39(03)：332-360.

[8] 徐雨，冉江洪，岳碧松．四川省鸟类种数的最新统计[J].

四川动物，2008(03)：429-431.

[9] 闫佳伦，董宇翔，叶可陌，等．基于鸟类栖息地营建的郊野公园规划设计研究——以石家庄龙泉湖公园东区为例[J]. 北京林业大学学报，2019，41(12)：153-166.

[10] 王宏达，李方正，李雄，等．公园城市视角下的城市自然系统整体修复策略研究——以成都市东进区域为例[J]. 中国园林，2021，37(12)：32-37

作者简介

卢紫薇，1998年生，女，汉族，江西九江人，北京林业大学园林学院硕士研究生在读，研究方向为风景园林规划设计与理论。电子邮箱：447848575@qq. com。

陈泓宇，1994年生，男，汉族，福建霞浦人，北京林业大学园林学院博士研究生在读，研究方向为风景园林规划设计与理论。电子邮箱：297511736@qq. com。

王振坤，1998年生，男，汉族，河南新乡人，北京林业大学园林学院硕士研究生在读，研究方向为风景园林规划与设计。电子邮箱：wangzhenkun666@126. com。

（通信作者）李雄，1964年生，男，汉族，山西人，博士，北京林业大学副校长、园林学院教授，研究方向为风景园林规划设计与理论。电子邮箱：bearlixiong@sina. com。

交通影响下的城市绿地生物多样性初期研究
——以京广高铁马鞍山森林公园段为例

Preliminary Study on Biodiversity of Urban Green Space Under Traffic Influence: A Case Study of Maanshan Forest Park Section of Beijing-Guangzhou High-speed Railway

杜慧敏　殷利华*

摘　要：城市生物多样性是衡量城市环境生态友好的重要指标，但城市交通对城市生物多样性保护和建设冲突明显。为了探究其具体反应，选择武汉市马鞍山森林公园内，京广高铁和三环线快速高架穿越段开展在地研究。研究利用 8 台红外相机，监测距离高铁线垂直 100m、200m 和 500m 距离段，区域陆地野生动物多样性及行为活动情况。结果表明：①在 2021 年 9 月至 2022 年 3 月期间，红外相机共拍摄有效独立照片 112 张，共 7 个物种，隶属 3 目 5 科；其中有 2 种生物（花面狸和黄鼬）只出现在 100m 外的区域，表明高铁对沿线部分生物产生了一定的回避效应。②野猪和鼬獾在沿线区域相对多度最高，花面狸相对多度最低；野猪为近距离内相对多度指数最高的物种，表明高铁对野猪的影响最弱。③拍摄率在 100m 和 200m 处均表现出差异性，距高铁越远拍摄率越高。④7 种物种在夜间的拍摄率都高于昼间，且花面狸只在夜间被拍摄到，具有典型的夜行性。⑤花面狸活动范围小，受高铁影响明显，适宜生境固定，应更多关注其生境变化状况；野猪活动范围大，适宜生境较多，且几乎不受高铁等高架交通因素影响，应制定有针对性的管理方案，避免产生负面影响。本研究初步证明高铁和快速路的高架段交通，也对陆地野生动物产生了一定程度的活动和多度影响。城市生物多样性脆弱，且受各种人类活动干扰多，应积极开展城市生物多样性有效监测和保护措施。

关键词：城市生物多样性；高速铁路；红外相机；野生动物；相对多度

Abstract: Urban biodiversity is an important indicator to measure the ecological friendliness of urban environment. However, urban traffic has obvious conflicts on the protection and construction of urban biodiversity. In order to explore its specific response, the study was carried out on the Beijing-Guangzhou High-speed railway and the rapid viaduct crossing section of the Three-Ring Road in Wuhan Maanshan Forest Park. Eight infrared cameras were used to monitor the diversity and behavior of terrestrial wildlife at 100m, 200m and 500m vertical distances from the high-speed railway line. The results showed as follows: (1) From September 2021 to March 2022, a total of 112 effective independent images were taken by infrared cameras, including 7 species belonging to 3 orders and 5 families; Among them, two species (civet cat and weasel) only appeared in the area beyond 100m, indicating that the high-speed railway had a certain avoidance effect on some species along the line. (2) The relative abundance of wild boar and ferret badger was the highest, and the relative abundance of civet cat was the lowest. Wild boar was the species with the highest relative abundance index in the near distance, indicating that the effect of high-speed railway on wild boar was the weakest. (3) The shooting rate is different at 100m and 200m, and the farther away from high-speed railway, the higher the shooting rate. (4) The shooting rates of all 7 species were higher at night than in the day, and the civets were only photographed at night, showing a typical nocturnal nature. (5) The range of activity of civet is small, which is obviously affected by high-speed rail, and its suitable habitat is fixed. More attention should be paid to the habitat change of civet. Wild boar has a large range and many suitable habitats, and is almost not affected by elevated transportation factors such as high-speed rail. Therefore, targeted management plans should be formulated to avoid negative impacts. This study preliminarily proves that the elevated sections of high-speed railway and expressway also affect the activity and abundance of terrestrial wildlife to a certain extent. Urban biodiversity is fragile and disturbed by various human activities, so effective monitoring and protection measures for urban biodiversity should be actively carried out.

Keywords: Urban Biodiversity; High-speed Railway; Infrared Camera; Wild Animals; The Relative Abundance

引言

交通建设和运营已经对野生动物造成多种复杂而深刻的负面影响，主要体现在 3 个方面：①对动物种群数量的影响[1]；②对动物行为的影响，阻碍动物移动路线[2]，造成动物在道路和铁路两侧的回避和阻隔效应[3,4]；③对动物栖息地的影响，如栖息地损失、栖息地质量下降和栖息地破碎化[5]。城市化对生物多样性持续造成影响[6]，很少有物种能够适应城市环境[7]，这导致城市生物多样性显著减少[8]，因此城市生物多样性保护意义重大。对物种多样性进行调查与监测，掌握生物群落中物种组成等基础数据，对城市生态改善具有重要意义。陆生哺乳动物活动范围与人类高度重叠，生境要求高且对环境变化敏感，是生物多样性保护和评价的关键指示类群[9]。

现有研究多关注道路和重要铁路工程对沿线区域生态环境及生物多样性的影响，但对快速发展的高铁建设所造成的影响研究不足；且国外对道路影响阈值的研究较为成熟，但国内研究以综述类型为主，尚缺少实地研究。因此本文选取京广高铁途径的马鞍山森林公园片区为研究区域，使用红外相机监测区域内野生哺乳动物，分析高铁两侧不同距离下野生动物多样性及活动特征，选取物种相对多度和拍摄率作为主要指标，拟研究的具体问题有：①高铁两侧不同距离下野生动物组成有何区别；②高铁是否对野生动物产生了回避效应；③高铁对野生动物的影响距离有多远。本研究将有助于城市生物多样性保护及重大工程建设后沿线生态评估提供支持。

1　研究区域概况

马鞍山森林公园位于武汉市洪山区，总面积 713hm²，属于东湖风景区的部分（图 1*a*），其中山林、湖塘、农田、苗圃、村庄错落分布，园内有大小山峰 17 座，森林覆盖率达 80%，植被主要是以马尾松为主的针叶林和以樟树、枫香、女贞为主的阔叶林混交而成，滨湖湿地区还有大片池杉林，为野生动物提供了良好的栖息环境。

马鞍山森林公园东部大片绿地区域被南北走向的京广高铁、城市三环线快速路（图 1*b*）穿过，交通运营中噪声、振动对周围环境干扰明显，但多为高架段，不阻碍陆地野生生物的物理空间穿行，作为探究交通物理干扰对沿线城市生物多样性影响的理想区域，为进一步拓展沿线其他区域多样性研究提供基础。本试验所选择区段，包含 4 座山峰且地势变化较大，高铁有通过隧道部分，野生动物监测位点均位于人为干扰极弱的林地。

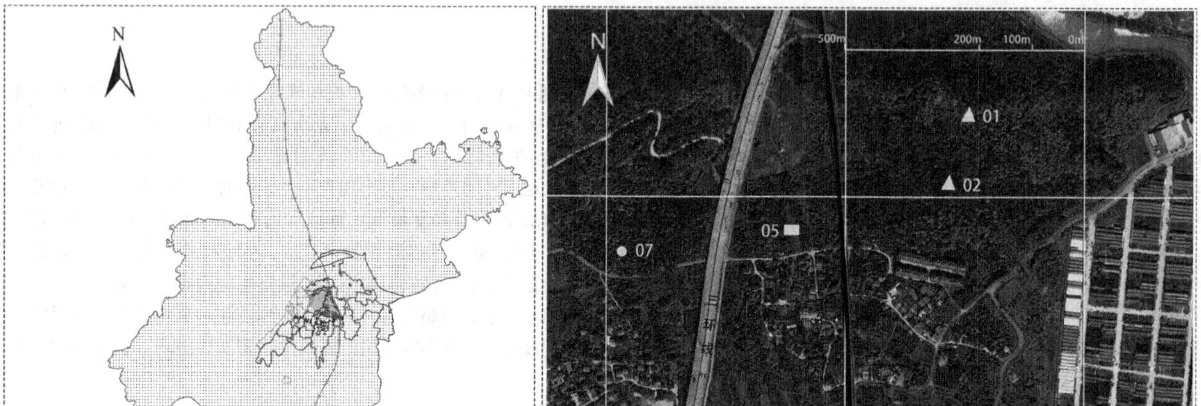

图 1　研究区域概况

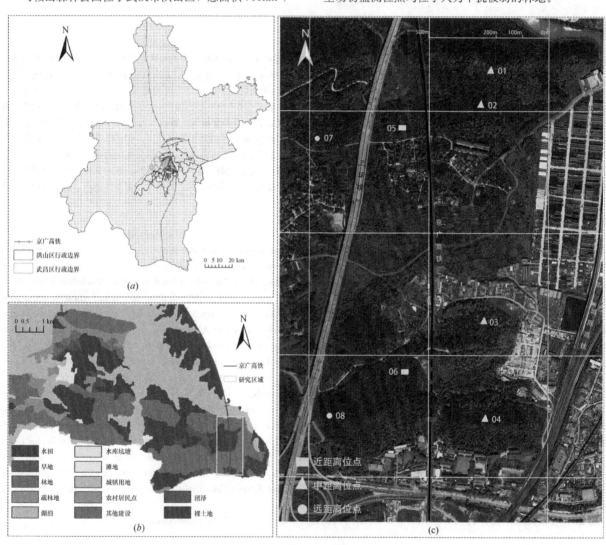

（*a*）区位：武汉市东湖风景区马鞍山森林公园；（*b*）京广高铁沿线区域及其用地类型（研究区域）；（*c*）京广高铁沿线红外相机布设位点

2　研究方法

2.1　红外相机监测

试验进行时间为 2021 年 9 月至 2022 年 3 月，沿京广高铁线路走向，在城市区域选择一处监测范围。充分考虑植被类型、海拔、野生动物分布特点及相机的安全性等因素，将 8 台红外相机监测位点布于合适位置（图 1*c*）。相机主要布设在动物活动较多的区域，相机捆绑固定在离地面 0.3～0.8m 高度的树干上，相机镜头与地面平行，避免阳光直射镜头（图 2）。相机设置为 24h 工作模式，拍摄模式为 3 张照片＋1 个视频，拍摄时间间隔为 10s，灵敏度设为“中”。记录每个相机位点的 GPS 信息，如经度、纬度、海拔（表 1）和其他小生境信息（动物痕迹、乔木、灌木和草本的种类、覆盖度等）。电池每 3 个月更换 1 次，存储卡每月换取一次，并下载回收数据；如果发现不工作或存储卡已写满的相机，立即更换，同时清理相机视场内的杂草、枯枝等。

图 2 相机监测现场图

研究区域面积较小，选择 500m×500m 网格作为图底参考，根据京广高铁线路两侧垂直距离 100m、200m、500m 布设 3 列，按照植被类型，地形条件及实际隐蔽性布设，布设位点尽可能分布于不同网格且在 500m 缓冲区内（图 1c）。第一列相机（中距离）安装在高铁东侧，临近城市建设区，与东湖紧邻，跨越居民和工业建设区域，共放置 4 台相机，总长 1.3km；第二列相机（近距离）安装在高铁西侧，三环线外，共放置 2 台相机，北高南低；第三列相机（远距离）安装在高铁西侧，北部相机位于三环线内，南部相机位于三环线外且地势最高，共放置 2 台相机。

红外相机坐标位点　　表 1

距离	相机编号	纬度（N）	经度（E）	海拔（m）
中距离（200m）	01	30.52619°	114.4561°	49.501
	02	30.52504°	114.4559°	44.983
	03	30.51850°	114.456°	49.729
	04	30.51486°	114.4559°	80.224
近距离（100m）	05	30.52472°	114.4528°	33.910
	06	30.51673°	114.4532°	66.562
远距离（500m）	07	30.52443°	114.4491°	51.366
	08	30.51512°	114.4508°	83.992

2.2 数据整理与分析

2.2.1 数据整理

（1）有效相机日

每台红外相机持续工作 24h 计为 1 个有效相机日。

（2）独立照片数

同一种群动物在同一相机位点间隔 30 分钟内连续拍摄的照片作为 1 张独立有效照片。

（3）哺乳动物保护等级及保护价值

整理红外相机所拍摄到的哺乳动物照片并进行物种鉴定。哺乳动物的分类体系参考《中国哺乳动物多样性（第 2 版）》[10]，哺乳动物保护等级参考《国家重点保护野生动物名录》[11]，世界自然保护联盟（IUCN）濒危物种红色名录[12]和《国家保护的有益的或者有重要经济、科学研究价值的陆生野生动物名录》[13]。

2.2.2 野生哺乳动物多样性分析方法

（1）相对多度指数

为评估研究区域的相对种群数量及多样性水平，根据独立有效照片分别计算每个物种的相对多度指数（Relative Abundance Index，RAI）[14]：

$$RAI = (A_i/N) \times 1000 \tag{1}$$

式中，A_i代表第 i 类（i=1，2，…）动物出现的独立有效照片数；N 为总有效相机工作日。探讨每个位点和每种距离下相对多度指数时，将 A_i 代表在该位点或该距离下第 i 类动物出现的独立有效照片数；N 为该位点或该距离下总有效相机工作日。

（2）拍摄率

拍摄率（Capture Rate，CR）通常被作为评估动物相对数量的指标，结合本文主要研究目的[15]，拍摄率计算公式如下：

$$CR = N/T \times 100\% \tag{2}$$

式中，N 为各距离内或各时间段内拍摄到的哺乳动物个体独立照片总数；T 为该距离下或该时间段内总有效相机日。

3 结果与分析

研究区域共安放红外相机 8 台，相机安放时间存在差异，累计获得 1176 个相机工作日，共获得哺乳类夜野生动物独立有效照片 112 张，有 1 台相机至今未监测到有效独立照片。

3.1 高铁两侧不同位点哺乳动物监测情况

京广高铁两侧 500m 内不同位点监测情况均不同（表 2），监测物种数量最多 5 种。04 号位点无有效数据，表明 04 号位点不适宜物种生存或生境条件最差，可能与其海拔高度较高有关（表 1）；05 号只监测到野猪，可能与有效相机日较少有关。野猪被拍摄到的相机位点最多，表明野猪在研究区域内活动范围最广，适宜生境最多；其次为鼬獾、黄鼬和貉；狐狸为监测位点最少的物种，表明其活动范围最小，适宜生境较少。该研究区域内，优势种为野猪和鼬獾。研究区域内有较多农田和苗圃，因此应该提高对该区域的安全防护，减少野猪带来的损害。

红外相机不同位点监测哺乳动物情况　　表 2

	野猪	貉	花面狸	鼬獾	黄鼬	野兔	狐狸	有效相机日（天）
01	√	√	√					157
02	√			√				192
03	√	√		√	√	√		192
04								124
05	√							52
06	√	√		√		√	√	157
07	√			√	√			110
08			√	√	√	√	√	192

3.2 高铁沿线两侧野生哺乳动物组成分析

在京广高铁两侧共监测到 7 类哺乳动物（图 3），隶属 3 目 5 科（表 3）。其中，偶蹄目 1 种，兔形目 1 种，食肉目 5 种。国家二级保护动物有 1 种，“三有”保护动物 6 种，濒危等级均为无危。

距高铁垂直距离 100m 内红外相机监测到 5 种哺乳动物，与中距离和远距离相比没有出现花面狸和黄鼬，表明这两种物种对高铁的反应最敏感；100～200m 内监测到 6 中哺乳动物，与近距离和远距离相比没有狐狸，表明在该距离段内没有狐狸最适宜的生境区；200～500m 内监测到 6 种野生哺乳动物，与近距离和中距离相比没有貉，表明貉对高铁的反应不敏感，且距离高铁越近越有可能存在貉的适宜生境区。根据不同距离内监测到野生动物的种群数量，推测 100m 可能是阈值距离。

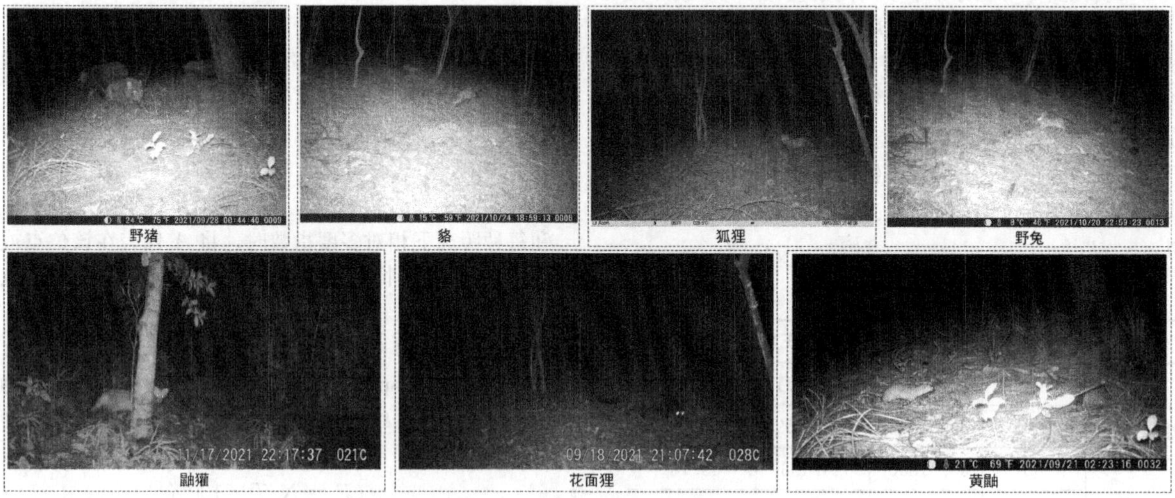

图 3　野生动物红外相机监测照片

研究区域内距高铁不同距离下哺乳动物组成　　表 3

近距离	中距离	远距离	保护等级	濒危等级	目	属
野猪	野猪	野猪	“三有”保护	无危（LC）	偶蹄目	猪科
野兔	野兔	野兔	“三有”保护	无危（LC）	兔形目	兔科
鼬獾	鼬獾	鼬獾	“三有”保护	无危（LC）	食肉目	鼬科
貉	貉	*	二级保护	无危（LC）	食肉目	犬科
*	花面狸	花面狸	“三有”保护	无危（LC）	食肉目	灵猫科
*	黄鼬	黄鼬	“三有”保护	无危（LC）	食肉目	鼬科
狐狸	*	狐狸	“三有”保护	无危（LC）	食肉目	犬科

注：* 表示在每种距离下没有出现过的物种。

3.3 陆地野生哺乳动物相对多度分析

3.3.1 监测区域哺乳动物相对多度分析

在该研究区域内，鼬獾和野猪为拍摄到有效照片最多的物种，两者相对多度几乎相等；其次为貉，相对多度约为鼬獾的 1/2；黄鼬和野兔相对多度几乎相等，约为貉相对多度的 1/2；相对多度最小的物种为狐狸和花面狸，表明两者在该研究区内适宜生境较少，受高铁及周边交通影响最大。与上述不同物种拍摄到的位点分析结论基本一致，表明鼬獾和野猪对于该研究区域空间利用度高，花面狸和狐狸在区域空间内活动受限，生境条件相对较不适宜（表 4）。

不同哺乳动物相对多度　　表 4

物种	有效独立照片数(张)	有效相机日(天)	相对多度
狐狸	7	1176	5.952380952
貉	17	1176	14.45578231
花面狸	3	1176	2.551020408
黄鼬	9	1176	7.653061224
野兔	9	1176	7.653061224
野猪	33	1176	28.06122449
鼬獾	34	1176	28.91156463

3.3.2 高铁沿线不同距离哺乳动物相对多度分析

近、中、远 3 种距离内的有效相机日分别为 209 天、665 天、302 天。

京广高铁沿线不同物种在各距离内相对多度都有显著特点（图 4）。野猪和野兔的相对多度随高铁距离增加而减小，表明高铁对其影响较小，甚至为其提供更多适宜生境区域；鼬獾、黄鼬、花面狸和狐狸的相对多度随高铁距离增加而增加，表明其受高铁影响较大，其中，鼬獾和黄鼬最为敏感，这也与上述沿线物种组成分析结论一致；貉的相对丰度在近距离和中距离几乎没有差异，表明对高铁的影响较为不敏感。野猪、鼬獾、野兔和花面狸的影响阈值最有可能在 100m 附近；貉与黄鼬的影响阈值最有可能在 200m 附近；狐狸的影响阈值存在不明显性，有待于进一步监测分析。

3.4 高铁沿线两侧野生哺乳动物拍摄率分析

3.4.1 远近距离下的拍摄率分析

京广高铁沿线近距离范围内，哺乳动物种群拍摄率低于远距离内的拍摄率，中距离拍摄率最低（图 5），这可能是中距离内 04 位点未拍摄到有效照片导致整理拍摄率低，距离高铁最近的区域可能给部分哺乳动物提供了更多适宜生境，如提供穿越路径、食源等；距离高铁较远的区域受高铁影响最小，大多数物种会更适宜生存，因此中距离反而成为拍摄率较低的区段。根据 3 种距离而生成的线性预测结果表明随着距离变远，拍摄率会持续增高，因此高铁具有一定的回避效应。

3.4.2 昼夜拍摄率分析

定义 06：00～20：00 为昼间，20：00～次日 06：00 为夜间[16]，有效相机工作日均为 1176 天。通过红外相机对昼夜监测数据的统计分析发现，夜间拍摄率明显高于昼间（图 6）。夜间拍摄到的物种包括 7 种，而昼间拍摄到的只有 6 种，花面狸为典型的夜行物种。所有物种夜间拍摄率均高于昼间，夜间和昼间拍摄率最高的物种均为鼬獾和野猪，这与上述相对多度的分析结论一致，表明两者为群落内的优势种。

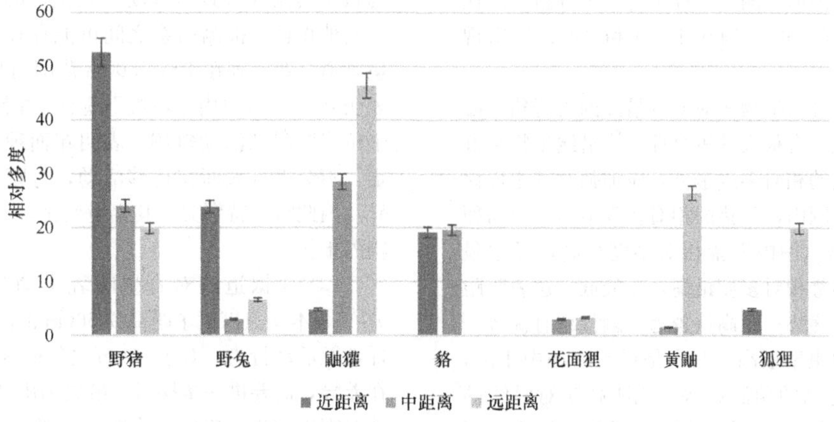

图 4　不同距离下同种物种相对多度比较分析

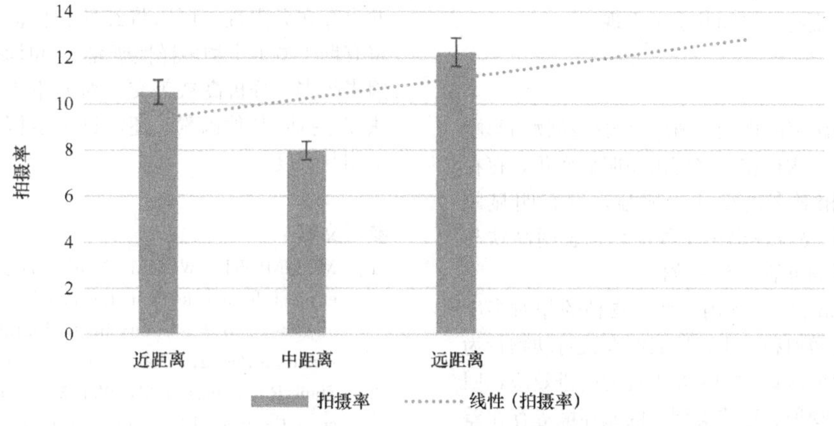

图 5　不同距离下哺乳动物拍摄率比较分析

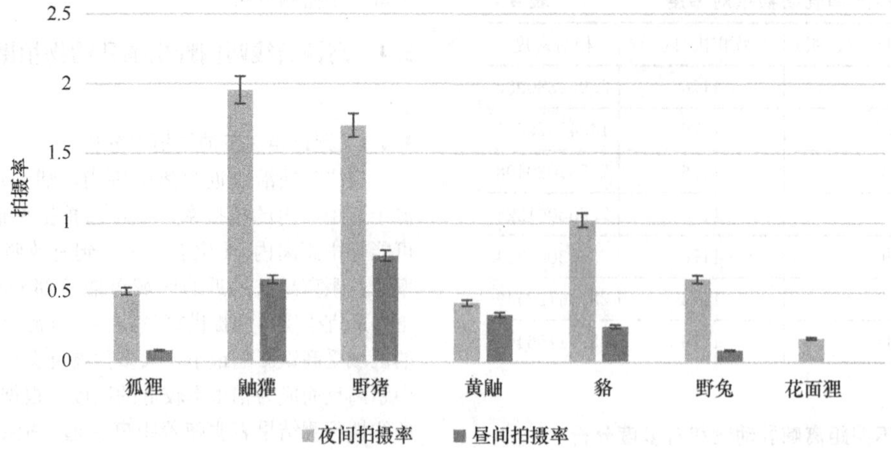

图 6 不同时间内哺乳动物拍摄率比较分析

4 结论与讨论

4.1 结论

（1）在马鞍山森林公园，京广高铁两侧沿线区域共监测到 7 种野生哺乳动物，野猪和鼬獾被拍摄到的位点较多，其次是貉、黄鼬和野兔，狐狸和花面狸被监测到的位点最少。100m 范围内只有 5 种生物被监测到，没有出现花面狸和黄鼬；100～200m 范围内监测到 6 种生物，没有狐狸；200～500m 范围内监测到 6 种生物，没有貉。高铁对沿线生物种群多样性的影响在 100m 和 200m 处出现差异。

（2）沿线区域哺乳类生物相对多度最高的为野猪和鼬獾，两者的活动区域也有很大的重合性，为沿线生物种群中的优势种。花面狸的相对多度最低，应加强对其生境保护。距高铁近距离范围内，野猪的相对多度最高，花面狸和黄鼬最低；中距离范围内鼬獾相对多度最高，狐狸最低；远距离范围内鼬獾相对多度最高，貉最低，这表明距高铁越近，野猪越有优势；距高铁越远，鼬獾越有优势。

（3）远距离内拍摄率最高，其次是近距离和中距离，且具有越远拍摄率越高的预测趋势，说明高铁对沿线的生物多样性有影响。沿线监测到的所有野生动物均表现出夜间拍摄率高于昼间，鼬獾在两个时间段内差别最大，花面狸是典型的夜行生物，昼间几乎不出现。

4.2 讨论

（1）随着与道路距离的增加，道路对野生动物的影响主要呈现两种变化：①物种相对多度出现明显变化，存在明显阈值；②物种相对多度变化不明显，没有明显阈值[17]。本研究结果主要表现出第 1 种变化，表明高铁与道路对野生动物的影响可能具有一致性。

在距离高铁 100m 和 200m 内，部分物种的相对多度发生显著变化，包括增加和减少，这表明高铁对动物行为活动产生的影响有两种形式：①主要表现为回避效应，回避距离和影响阈值因物种、道路类型、区域环境等存在差别[18]，从几十米到几千米不等[19]。②正向促进作用，为部分动物扩散提供通道[20]或食物源等。其中，野猪相对多度在 100m 之后急剧下降，表明高铁对野猪存在正向影响，该结论与青藏公路和铁路沿线部分有蹄类物种不会受到阻隔和回避[21]一致。因此可以推测，部分野生动物尤其是有蹄类已基本适应了交通干扰[22]。

（2）野猪和鼬獾被监测到的位点数量最多，这在一定程度上反映出这两种动物活动范围较大，适宜生境较多。在距高铁 100m 范围内，海拔相对较低，散布有人类居住地和农田，为野猪提供了稳定的食物来源[23]，因自然繁殖能力较强，在远离人群的山林中食物缺少，这可能吸引马鞍山其他区域野猪移动和聚集，因此相对多度明显高于其他物种，推测山系之间可能存在适合野猪通过的生境廊道。花面狸在 100～500m 范围内相对多度几乎相等，表明 0～100m 以内生境极不适宜，中距离和远距离各有 1 个位点监测到活动轨迹，表明花面狸活动范围较小且固定，不会进行大面积迁移活动，与野猪行为存在明显差异，因此需要特别关注其生境变化，避免活动范围内受到剧烈干扰。

（3）根据道路对野生哺乳类动物的影响域相关研究[24]，本文只探讨了距高铁 500m 范围内野生哺乳动物多样性及活动行为，对于 500m 之外的区域可能影响程度存在差异，需要进一步探讨。虽然利用红外相机技术调查高铁对野生动物的影响最有效[25]，但红外相机拍摄范围有限[26]，且红外感应在夜间会使部分动物产生警觉[27]，因此也存在局限性，可以将红外相机监测与样线法等结合将有助于城市生物多样性研究。同时城市环境复杂，干扰因素较多，分析高铁等交通对城市生物多样性的影响无法完全排除其他因素，还需进一步探讨多种因素的影响机制与程度。

参考文献

[1] MUMME RL，WOOLFENDEN GW，FITZPATRICK JW，et al. Life and death in the fast lane：Demographic consequences of road mortality in the Florida Scrub-Jay[J]. Conservation Biology，2000，14(2)：501-512.

[2] Shine R，Lemaster M，Wall M，et al. Why did the snake cross the road? Effects of roads on movement and location of mates by garter snakes (Thamnophis sirtalis parietalis)[J].

Ecology and Society，2004，9(1)：243-252.
[3] W. I. BOARMAN，M. SAZAKI. A highway's road-effect zone for desert tortoises (Gopherus agassizii)[J]. Journal of arid environments，2006，65(1)：94-101.
[4] 王云，朴正吉，关磊，等. 公路路域动物生态学研究方法综述. 四川动物[J]. 2014，33(5)：778-784.
[5] 顾明臣，高美真，李麒麟. 公路建设对动物资源的影响分析[J]. 交通建设与管理，2009，(9)：125-129.
[6] 钟乐，杨锐，薛飞. 城市生物多样性保护研究述评[J]. 中国园林，2021，37(05)：25-30.
[7] Adams，L. W. Urban Wildlife Habitats[J]. Minneapolis：University of Minnesota Press，1994.
[8] McKinney，M. L. Urbanization，biodiversity，and conservation[J]. Bioscience，2002，52(10)：883-890.
[9] 张文涵，迟瑶，钱天陆，等. 地理信息技术在陆生哺乳动物栖息地研究中的应用：回顾与展望[J]. 生态学杂志，2019，38(12)：3839-3846.
[10] 蒋志刚，刘少英，吴毅，等. 中国哺乳动物多样性(第2版)[J]. 生物多样性，2017，25(08)：886-895.
[11] 国家林业和草原局，农业农村部. 国家重点保护野生动物名录[EB/OL]. 2021[2021-02-05]. http：//www. forestry. gov. cn/main/5461/20210205/122418860831352. html.
[12] IUCN. The IUCN red list of threatened species[EB/OL]. 2020[2020-03-30]. https：// www. iucnredlist. org.
[13] 国家林业和草原局. 国家保护的有益的或者有重要经济、科学研究价值的陆生野生动物名录[EB/OL]. 2017[2017-03-15]. https：//www. forestry. gov. cn/main/3954/20170315/959027. html.
[14] 李晟，王大军，肖治术，等. 红外相机技术在我国野生动物研究与保护中的应用与前景[J]. 生物多样性，2014，22(06)：685-695.
[15] 邓玥，彭科，杨旭，等. 基于红外相机监测四川白水河国家级自然保护区林下鸟兽多样性及其变化[J]. 四川动物，2022，41(02)：185-195.
[16] 武鹏峰，刘雪华，蔡琼，等. 红外相机技术在陕西观音山自然保护区兽类监测研究中的应用[J]. 兽类学报，2012，32(01)：67-71.
[17] Eigenbrod，F Hecnar，SJ，Fahrig，L. Quantifying the road-effect zone：Threshold effects of a motorway on anuran populations in Ontario，Canada[J]. ECOLOGY AND SOCIETY，2009，14(1)：24.
[18] RICHARD T. T. FORMAN，LAUREN E. ALEXANDER. Roads and their major ecological effects[J]. Annual Review of Ecology and Systematics，1998，29 (0)：207-231.
[19] Hanley，CS，Pyare，S. Evaluating the road-effect zone on wildlife distribution in a rural landscape[J]. ECOSPHERE，2011，2(2)：16.
[20] 丁宏，金永焕，崔建国，等. 道路的生态学影响域范围研究进展. 浙江林学院学报，2008(06)：810-816.
[21] 王云，关磊，杜丽侠，等. 青藏公路和铁路对青藏高原四种典型有蹄类动物的叠加阻隔和回避影响[J]. 生态学杂志，2021，40(04)：1091-1097.
[22] 李佳，丛静，刘晓，等. 基于红外相机技术调查神农架旅游公路对兽类活动的影响[J]. 生态学杂志，2015，34(08)：2195-2200.
[23] 叶丽敏，李文华，李成，等. 利用红外相机调查深圳梧桐山兽类群落组成及野猪的空间利用[J]. 动物学杂志，2020，55(06)：702-711.
[24] 孔亚平，王云，张峰. 道路建设对野生动物的影响域研究进展[J]. 四川动物，2011，30(06)：986-991+1021.
[25] Wang Y，Wand YD，Tao SC，et al. Using infrared camera trapping technology to monitor mammals along Karakorum Highway in Khunjerab National Park，Pakistan[J]. Pakistan Journal of Zoology，2014，46(3)：725-731.
[26] 李晟. 岷山及邛崃山大中型兽类和雉类多样性——现状评估，影响因子分析，及保护管理应用[D]. 北京：北京大学，2008.
[27] Xu AC，Jiang GZ，Li CW，et al. Status and conservation of the snow leopard Panthera uncial in the Gouli Region，Kunlun Mountains，China[J]. Oryx，2008，42：460-463.

作者简介

杜慧敏，1998年生，女，汉族，河南新乡人，华中科技大学建筑与城市规划学院景观系硕士研究生在读，研究方向为工程景观学。电子邮箱：2587719952@qq. com。

（通信作者）殷利华，1977年生，女，汉族，湖南宁乡人，博士，华中科技大学建筑与城市规划学院，湖北省城镇化工程技术研究中心，副教授，研究方向为工程景观学、景观绩效、场地生态设计、植景营造。电子邮箱：yinlihua2012@hust. edu. cn。

基于生物多样性提升的栖息地生态修复

——以黎里章湾荡湿地为例

Habitat Ecological Restoration Based on Biodiversity Enhancement: A Case Study of Lili Zhangwandang Wetland

周昕宇　朱　颖　孙一鸣　许媛媛　刘琳琳

摘　要：湿地是生物多样性最丰富的区域，恢复和提升湿地生物多样性，是湿地生态修复的主要目标和重要任务。本文基于生物多样性提升目标，结合基于自然的解决方案理念（NbS），提出了“保留—打破—整合”的设计概念，构建了湿地生态修复的5项基本策略：①自然导向修复设计；②多维空间设计；③柔性驳岸设计；④水位调控设计；⑤多功能生境设计。以位于苏州市吴江区黎里章湾荡湿地为研究对象，根据章湾荡湿地的现状问题和生物多样性本底状况，从宏观、中观和微观3个层面提出了6项针对性的坑塘湿地生态修复与生物多样性提升的策略。本项目基于生物多样性提升目标，从栖息地生态修复的角度，探索“退塘还湿”工程的创新路径和模式，以期为坑塘湿地生态修复提供参考，为“退塘还湿”工程的开展提供思路与借鉴。

关键词：风景园林；生物多样性；基于自然的解决方案；坑塘湿地生态修复；退塘还湿

Abstract: Wetlands are the areas with the most abundant biodiversity. Restoring and enhancing wetland biodiversity is the main goal and important task of wetland ecological restoration. Based on the goal of biodiversity improvement, combined with the concept of nature-based solutions (NbS), this paper proposes a design concept of "retain-break-integration", and constructs five basic strategies for wetland ecological restoration: 1) Nature-oriented restoration design; 2) Multi-dimensional space design; 3) Flexible revetment design; 4) Water level regulation design; 5) Multifunctional habitat design. Taking Zhangwandang Wetland in Lili, Wujiang District, Suzhou City as the research object, according to the current situation of Zhangwandang Wetland and the background status of biodiversity, 6 targeted strategies for ecological restoration and biodiversity enhancement of pit pond wetlands are proposed from the macro, meso and micro levels. Based on the goal of improving biodiversity, this project explores the innovative path and model of the project of shifting fishponds to wetlands from the perspective of habitat ecological restoration, in order to provide a reference for the ecological restoration of pit pond wetlands, and for the project of shifting fishponds to wetlands. Provide ideas and reference for development.

Keywords: Landscape Architecture; Biodiversity; Nature-based Solutions; Ecological Restoration of Pit Pond Wetlands; Shifting Fishponds to Wetlands

引言

湿地是许多生物的栖息生境，其间的生物物种多种多样。然而，自20世纪以来随着经济快速发展，对湿地不合理的开发利用导致其面积日益减少，生物多样性逐渐降低，生态功能严重受损。2018年国家林业局审议通过的《湿地保护管理规定》，提出国家对湿地实行全面保护、科学修复、合理利用、持续发展的方针[1]。湿地生态修复成为保护湿地的重要方法，也成为提升湿地生物多样性的重要手段。

2021年联合国《生物多样性公约》缔约方大会第十五次会议（COP15）强调了人与自然是生命共同体，尊重自然、顺应自然和保护自然是实现生物多样性可持续利用目标的基础和支柱。湿地作为栖息地类型之一，在维护生物多样性方面具有非常重要的地位和作用。生物多样性提升目标下的栖息地生态修复并不是一个纯粹的“回归自然”的过程，而是一种基于生物视角的现代循证设计方法[2]，这意味着栖息地生态修复是根据地带性规律、生态演替及生态位原理选择适宜的湿地指示生物[3]，构建种群适宜的栖息地，对湿地水文、植被与生物进行同步修复，最终将栖息地修复到一定的生态功能水平。

坑塘湿地所处位置多为原城市建成区外围的农业用地，或毗邻城区，或与城区相距一段距离[4]。由于缺乏对坑塘的维护管理，导致湿地生物多样性丧失、水体富营养化等生态问题。江南水网地区坑塘湿地作为重要的生产资源，为当地渔业生产带来了巨大效益，但是围塘养鱼使坑塘湿地面积锐减，以往荡滩开阔、水鸟丰富的湿地景观难以再现，湿地生物多样性下降，以湿地为主要觅食地和栖息地的鸟类生存受到严重威胁。

“退塘还湿”工程自2009年起为修复常熟南湖湿地生态环境而实施，近12年来在基于自然的解决方案理念下，湿地生态功能不断恢复，生物多样性也随之提升。黎里章湾荡是太浦河重要的支流湖荡，处于长三角生态绿色一体化示范区的先行启动区内。在长三角生态绿色一体化的背景下，探索示范区、先行区内栖息地生态修复对长三角地区栖息地修复具有重要的示范作用。因此，本文将

"退塘还湿"工程应用于章湾荡湿地生态修复中，探究一种基于自然解决方案理念的栖息地生态修复途径，恢复湿地生态服务功能，改善生态环境质量，以期为坑塘湿地生态修复和生物多样性提升提供参考。

1 研究区概况

1.1 地理区位与场地概况

章湾荡湿地位于苏州市吴江区黎里镇东南部 11.8km。地理坐标：东经 120°43′35″～120°45′43″，北纬 30°58′30″～30°59′33″。章湾荡湿地是太湖国家重要湿地区域的组成部分，是太浦河的入河湿地，是长三角生态绿色一体化示范区先导区典型的湖荡湿地。湿地总面积约 79.2hm²，栖息地内土地利用类型以内陆滩涂、湖泊水面、河流水面为主（图 1）。

图 1　鸟类栖息地建设范围

1.2 生物多样性本底状况

栖息地内植物的生态类型可区分为陆生、水生、湿生和中生等类型。陆生植被为人工营造的柑橘树林和乡土树种构树、苦楝等。湿地水生植物共计 25 种（表 1）。挺水植物 15 种，种类尚丰富，且在四类水生植物中种数最多。其中，优势种为芦（*Phragmites australis*）和荷花（*Nelumbo nucifera*）。浮叶植物种类贫乏，仅欧菱（*Trapa natans*）1 种。漂浮植物 6 种，种类尚丰富，其中优势种为水鳖（*Hydrocharis dubia*）、槐叶萍（*Salvinia natans*）等。沉水植物 3 种，种类较贫乏，其中优势种为金鱼藻（*Ceratophyllum demersum*）。

根据 2021 年 9 月份鸟类调查报告，共记录到鸟类 6 目 20 科 47 种。留鸟 22 种，夏候鸟 6 种，过境鸟 11 种，冬候鸟 8 种。场地内，鸻鹬种类较少，仅观察到林鹬、泽鹬、扇尾沙锥、金斑鸻等 4 种鸻鹬；芦苇湿地中有黑水鸡、大白鹭、苍鹭、池鹭、中白鹭等栖息；湖荡中有骨顶鸡、凤头䴙䴘、小䴙䴘等活动，此外，还有红隼、夜鹭等飞过。由于场地内浅滩生境较少，导致栖息地内整体鸟类种类数量较少，水鸟多样性需要进一步提升。

章湾荡湿地水生植物生态类型统计　　表 1

类型	种数	种名
挺水植物	15	芦苇、水烛、慈姑、梭鱼草、菰、荷花、黄菖蒲、荻、千屈菜、黄花水龙、水花生、假稻、双穗雀稗、假柳叶菜、细果草龙
浮叶植物	1	欧菱
漂浮植物	6	槐叶萍、满江红、浮萍、紫萍、水鳖、凤眼蓝
沉水植物	3	黑藻、金鱼藻、大茨藻
合计	25	

注：以 2021 年 8 月、9 月调查记录为主。

1.3 场地现状及存在问题

太湖国家重要湿地区域是各类水鸟栖息停留的重要场所。当前章湾荡湿地以草本沼泽、小型湖泊为主，缺乏水鸟栖息需求的浅滩湿地。章湾荡内高密度的水生植物的生长阻滞水流和风浪，形成静水环境，大量植物凋落物的积累导致水底淤积持续升高，容易造成富营养化，影响水质。章湾荡淤浅和沼泽化严峻，进一步导致依赖湿地生境的动植物生存空间被压缩，生物多样性降低。

栖息地内的河、渠、沟、塘等通过前期的建设已经有一定的连通性，但是无法有效地实现水位的独立调控，无法满足鸻鹬类及雁鸭类水鸟对栖息地环境的需求，因而生物多样性丰富度不高。

2 基于自然的解决方案理念的坑塘湿地生态修复

基于自然的解决方案理念的生态修复路径以综合的方式为减轻和恢复退化受损的生态并同时为应对多个问题提供了一个综合的解决方案[5]。与传统生态修复工程相比，基于自然的解决方案的生态修复具有更低的成本，能充分利用自然规律促进湿地生态恢复与生物多样性提升。

2.1 基于自然的解决方案理念的坑塘湿地生态修复内涵

基于自然的解决方案代表了耦合自然-生态系统综合生物多样性提升目标下坑塘湿地生态修复的新方法。方法强调了 NbS 通过利用生态系统过程为自然和人类提供若干共同利益以应对多重问题[6]，反映出 NbS 具有实现生态修复与提升生物多样性的潜力。

基于 NbS 理念，结合"退塘还湿"工程的特点，提出了"保留-打破-整合"的设计概念，希望能通过最小干预来最大限度地提升坑塘湿地的生物多样性。其中，"保留"是指保留坑塘湿地整体的横纵肌理以及作为隔断的部分塘埂；"打破"是基于不同鸟类栖息环境的需求，对水系进行改造，构建形状、深度不同的水体，达到水位调控的目的，以满足不同季节的水鸟栖息；"整合"则是指基于地形整理，形成大片泥滩缓坡，为鸻鹬类、雁鸭类水鸟提供觅食场所。此项目没有选择通过大量填方重新塑造新的“自然肌理”，而是期望维护和利用坑塘湿地的生态本底与自然智慧，将栖息地嵌入坑塘湿地之中，通过建立不同生物栖息生境来修复坑塘湿地生态。

2.2 基于自然的解决方案理念的坑塘湿地生态修复策略

在基于自然解决方案的理念下，坑塘湿地生态修复的目标愿景是，恢复湿地生境。在整体空间形态控制上，基于场地特征及鸟类栖息需求进行生境营造，构建形状、深度不同的水体，增加鸟类栖息生境类型多样性，使湿地生物多样性提升，实现栖息地的生态修复。围绕“坑塘湿地生态修复——提升栖息地生物多样性”目标，提出NMFWM策略。

2.2.1 自然导向修复设计（nature directed restoration design）

基于NbS理念的生态修复，强调坑塘湿地生态系统的自我调节与自我修复，并辅以人工修复措施，从零开始的自然修复一般需要相对较长的时间，在预留的自然修复空间中，辅以人工措施，可以加快自然做功效率[7]。自然导向修复设计策略旨在以坑塘湿地生态系统为导向，采取人工修复和自然修复相结合的措施。预留自然修复空间，修复先行区以人工种植为主、自然修复为辅；在以生态栖息功能为主的生态修复区，则以自然修复为主、人工种植为辅。

2.2.2 多维空间设计（multi-dimensional space design）

强调从驳岸到湖泊区纵向空间维度的生态连通性，遵循从湖泊区—深水区—浅水区—过渡高地—驳岸侧向空间上的生态梯度变化，加强从水面—中流层—坑塘底质的竖向生态交换，重建多生境类型、多景观层次、多生态梯度的坑塘湿地景观。

2.2.3 柔性驳岸设计（flexible revetment design）

针对提高生物多样性的目标，坑塘的驳岸设计应注意平面线性和生态材料的使用。岸际浅滩是鸟类栖息、觅食的重要场所，考虑到边缘效应，驳岸线避免过于平直，应适当自然曲折，局部可以设计闭合的浅水湾，确保鸟类栖息隐蔽、安全，也提高了景观效果[8]。

为提高驳岸的生态效应，护坡材料可以选择砾石、木材、多孔隙材料等[9]，并结合水生植物种植，将连续驳岸构成一个比较完整、水陆交接的生态系统，进而提高驳岸的植物多样性。

2.2.4 水位调控设计（water level control design）

基于不同生物栖息环境的需求，对水系进行改造，构建形状、深度不同的水体，目的是达到水位独立调控，以满足不同季节的水鸟栖息需求。在合适位置设置水闸进行人工调节水位，形成开阔水面、浅滩、生态岛等丰富的栖息生境。

2.2.5 多功能生境设计（multi-functional habitat design）

生境设计对于栖息地生物多样性提升非常重要，尤其是具有栖居、庇护、觅食等多功能的生境设计[10]，是坑塘湿地生态修复的重要策略。如鸟类生命活动包括觅食、筑巢、繁殖、夜栖等内容，鸟类栖息地营建机制的三大要素为食物、水和隐蔽[11]。坑塘湿地中鸟类栖息地的营建也应围绕三大要素展开。

3 坑塘湿地生态修复设计与实践

面对章湾荡湿地水环境的沼泽化趋势明显、水体功能退化、水系空间网络化程度低、浅滩生境贫乏等现实问题，依据影响栖息地生态修复过程的潜在景观因素，从宏观、中观和微观3个层面[12]提出了整体景观格局确立、地形生态设计、水系生态管理、植被生态规划、水岸边际设计和科研监测设施建设等有针对性的坑塘湿地生态修复与生物多样性提升策略。

3.1 宏观——整体景观格局确立

湿地是城市中的富水斑块，斑块面积越大，竖向空间越丰富，联系越紧密，鸟类的种类和数量就会越多[13]。因此，栖息地中林地、水系的布局整合度要高，生态岛、林地、水体等各类栖息地需联系紧密，保持生态廊道的通达。基于面积效应和隔离效应[13]，章湾荡湿地的景观格局应通过林地、大面积水体、带状水系等生态廊道加强栖息地之间的联系。基于场地现状和生态本底，将章湾荡湿地分为水位调控区、湖泊区和林鸟栖息区（图2）。

图2 章湾荡湿地规划分区

规划将湿地中心的9个坑塘水面进行保留并划分为水位调控区，整体结构上保留了坑塘的原始肌理，通过地形整理、生态岛构建以及水位调控，形成水位稳定、可控的浅水泥滩生境，增加浅滩水域面积，为水鸟栖息创造有利条件。规划基于NbS，将湿地南部及东部河流、湖泊进行梳理整治，增设拦水闸、涵管等，实现栖息地水位独立调控；同时协调栖息地与外围水系的连通，促进栖息地内外水系既独立又连通。由于边缘效应，植被群落边缘区域组成结构越复杂鸟类多样性越高[14]，因此根据土地利用类型、植物郁闭度与鸟类栖息需求分析生境质量，将坑塘湿地中的东部小岛划分为林鸟栖息区，同时丰富植被群落层次，形成疏林、密林、岛状林的多种栖息地植被群落类型。

3.2 中观——地形生态设计

场地内地形整体呈南高北低走势，中心9个坑塘水面标高高差为10～30cm。基于场地特征及鸟类栖息需求进行地形整理，适当改造场地内原有坑塘，主要包括生态岛建设、深挖部分地形、营造开敞水面及浅滩、确保水位调控畅通。

根据鸻鹬类及雁鸭类水鸟栖息环境需求，设计更适合鸟类觅食、活动及繁殖的生态岛。整理原有地形，清理乔灌和草本植被，开挖浅滩，形成大面积泥滩缓坡。场地9个塘基底原有标高－2.30m，进行竖向设计后，生态岛高度最大高差不超过15cm，便于水位调控时尽可能露出大面积泥滩供水鸟觅食（图3）。

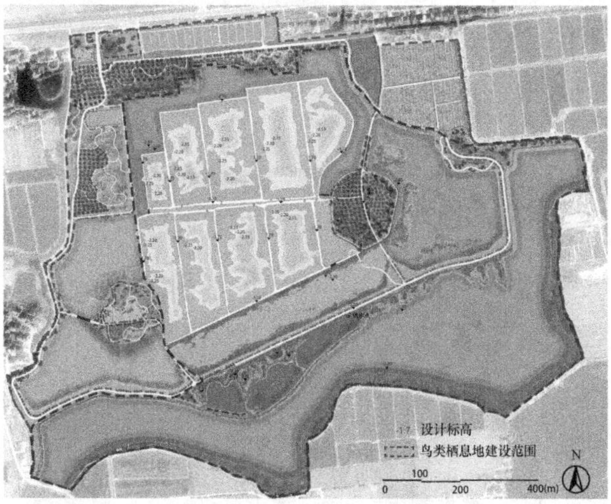

图3 生态岛竖向设计

图4 生态岛形态设计

在形态方面，根据场地现状及塘底结构对9个坑塘内生态岛进行形态设计。通过保留四周沟渠并进行地形处理，对生态岛部分边缘与塘梗进行相连（图4），保证后期管理机械正常作业。不同形态的生态岛有利于形成多样化的鸟类栖息生境，进而提高栖息地的生物多样性。

图5 水量调控设计

3.3 中观——水系生态管理

面对章湾荡湿地水系不畅、水位无法调控、水质不断下降等问题，结合雁鸭类、鸻鹬类水鸟对于栖息地生境需求，从连通水域、水量和水位调控方面提出有针对性的水系生态管理策略。

3.3.1 连通散点水域，激活区域水网

依据栖息地的地形和水系现状，增设水闸，连通坑塘区和湖泊区。在塘梗处增设涵管，促进南、北水系的水体流动，增强与外围塔荡、普陀荡的联系，协助章湾荡湿地水系与外部生态网络的能量与信息交换[15]。以此构建稳定的流通机制，激活湿地水网，实现章湾荡水系的网络化、连通化。

3.3.2 水量调控设计

根据水位调控需要，对9个生态塘水体进行水系梳理。排水时，根据现有水深，9个塘水体全部排干需173601.5m^3水量，如排至a、b、c、d水塘中，水深需2.1m，可选择a、b、c、d水塘作为承载水循环的水塘。灌水时，根据水位调控需要，夏季4、5月所需最高水位为50cm（季节性淹没时），则9个塘所需水量共100031.5m^3，排至a、b、c、d中需1.23m高。由于雁鸭类水鸟栖息所需水位＞20cm，则冬季9个塘所需水量至少为40012.6m^3，排至a、b、c、d中需0.50m高。而鸻鹬类水鸟栖息所需水位＜5cm，鸟类迁徙季（5、6、9、10月）9个塘所需水量至多为10003.15m^3，所以排至a、b、d中需0.12m高（图5）。

3.3.3 水位调控设计

在水位调控方面，场地重点考虑了排灌水量和季节性水位变化。结合场地标高将坑塘区域水位控制在一定范围，使其能够随季节性水位波动满足不同鸟类栖息需

求，协调景观与栖息地生境营造的矛盾。

根据不同季节人工调控9个生态塘水位。鸟类迁徙季（5、6、9、10月份）降低生态塘水位，供鸻鹬类水鸟进行觅食停留，可采取轮流降低水位的方式，如5、6月降低1、2、4、6、7、9号塘水位，以确保生态塘的可持续发展；而在非迁徙季节将水位升高，供雁鸭类等鸟类进行栖息停留。此外，相关资料表明，冬季有部分雁鸭类、鸻鹬类水鸟在苏州过冬，因此，11月降低5号塘水位，保证冬季至少有一个低水位的鱼塘供雁鸭类、鸻鹬类水鸟觅食停留。

常水位时水深控制在5～10cm，为留鸟提供适宜的栖息环境，同时也为大量昆虫、鱼类、蛙类、虾类提供生存场所，并为鸟类提供动物性食源（图6）。当针对鸻鹬类水鸟栖息环境特点进行水位调控时，在迁徙季（5、6、9、10月份）将水深控制在5cm以下，通过严格控制植被生长和人工调控水位，为大量鸻鹬类水鸟提供植被稀疏、环境开阔的栖息地（图7）。当针对雁鸭类水鸟栖息环境特点进行水位调控时，在冬季（11、12、1、2月份）将水深控制在20cm以上，此时生态岛大部分区域被淹没，露出了开阔明水面及芦苇、矮草草滩，为大量雁鸭类水鸟提供躲避、休息及繁殖的场所，岛上生长的植被也可作为雁鸭类水鸟的食物来源（图8）。为控制草本植物在开阔的浅水区域蔓延，夏季适当提升水位，进行漫草处理。将水深控制在50cm以上，控制植被疯长（图9）。

图6　常水位（5～10cm）

图7　低水位（<5cm）

图8　中高水位（>20cm）

图9　高水位（>50cm）

3.4　中观——植被生态规划

为修复沼泽化的湿地植物群落，计划通过工程措施和地带性植被规划，结合“退塘还湿”工程，以原有草本沼泽为天然参照物[16]，选取苏州乡土树种，构建完整稳定的湿地植物生态群落。

3.4.1　植被生境规划

根据章湾荡湿地现有植被基础，结合鸟类栖息需求，将湿地植被生境规划为“一湖两区”。“一湖”为湖泊区；“两区”为湿地滩涂区、生态林岛区，在构建鸟类栖息地的同时，突出场地的在地性，丰富景观多样性。

3.4.2 植被管理

芦苇及草本灌木是章湾荡湿地植物群落的优势种，为多种生物提供栖息条件，芦苇的清理与保留对栖息动物有着双重作用：过多保留虽可以为鸟类提供充分的食源，但不利于形成浅滩水面为鸟类提供栖息环境；过少保留虽可以提高土壤中的生物多样性，但会大大削减鸟类的食源与藏身之所[17]。因此，对芦苇进行科学管理，可以同时兼顾鸟类对栖息地的需求，最小限度减少对生物多样性的影响。

图 10　芦苇管理范围

基于对鸟类季节性栖息条件考虑，第一年对一定范围内芦苇进行收割管理，保留部分区域芦苇生境，为鸟类营造栖息空间。此后进行周期性分片区轮番收割，2 年为一个周期，芦苇收割季为当年 10 月至次年 4 月之间，其中 10 月是鸟类迁徙高峰期，12 月至 1 月是冬候鸟越冬的稳定期，所以选在每年 11 月或 2 月进行芦苇收割（图 10）。

3.5 微观——水岸边际设计

坑塘区域水位较浅，水生植物容易泛滥。塘梗若采用缓坡入水形式，会给水生植物营造极易泛滥的环境。为避免这种情况，规划采用土方堆筑的垂直塘梗，并对水岸外缘 5m 左右的植物进行保护，营造适合鸟类的栖息空间（图 11）。

促进水陆交界地带生物多样性的基础在于营造多空隙环境保持水陆物质交换[18]。岸际土壤需要松软而多孔隙才能容纳水分、空气以滋养细菌和微生物，并为栖息区的鱼类、鸟类和两栖类等动物提供觅食、栖息和避难的场所，促进章湾荡湿地生态系统的食物链循环，对生物多样性提升大有功效。

3.6 微观——科研监测设施建设

栖息地的水质及小气候环境对鸟类栖息活动具有重要的影响，而现代科技设施可以为水位调控、栖息地管理以及科研科普提供技术支持。例如设置紫外-可见光全光谱水质监测系统，可有效地监测章湾荡栖息地与外部水系的水质状况；建设湿地自动气象站，可掌握栖息地降水、水分蒸发等信息；建设鸟类监控系统（图 12），达到监控鸟类栖息地环境、鸟类生物多样性以及鸟类种类动态变化情况等的目的。

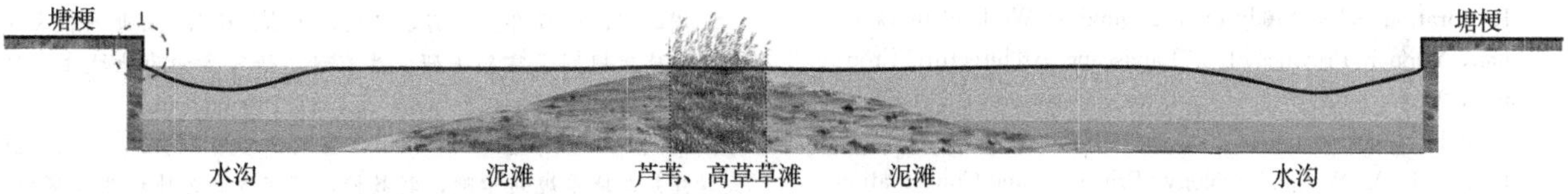

图 11　水鸟栖息塘塘梗

图 12　科研监测设施布局图

4 结语

本文探索了栖息地生态修复的综合策略，从基于自然的解决方案的理念思考了章湾荡湿地生物多样性提升的设计和实践，提出了 NMFWM 策略：①自然导向设计；②多维空间设计；③柔性驳岸设计；④水位调控设计；⑤多功能生境设计。基于 NbS 提出了"保留—打破—整合"的设计概念，结合章湾荡湿地特有的环境特点和问题，从宏观、中观和微观 3 个层面提出了整体景观格局确立、地形生态设计、水系生态管理、植被生态规划、水岸边际设计和科研监测设施建设等有针对性的坑塘湿地生态修复与生物多样性提升策略，回应章湾荡湿地沼泽化趋势明显、缺少浅滩生境、水系疏通不畅、无法实现水位调控等问题，这些有针对性的栖息地生态修复和生物多样性提升策略研究，为章湾荡湿地后期的规划设计提供了参考依据，同时也可为坑塘湿地的生态修复与生物多样性提升提供一定的参考。

目前"退塘还湿"工程尚处于研究发展阶段，对于坑塘湿地生态修复和栖息地生物多样性提升亟需科学指导和技术支持。在未来的设计研究中，我们还需要进一步了解坑塘湿地生态修复的影响因素和过程阶段，研究在不同层面下，如何通过基于自然的解决方案的理念，提升栖息地的生物多样性。

参考文献

[1] 国家林业局．国家林业局关于修改《湿地保护管理规定》的决定［EB/OL］．（2017-12-05）．［2018-01-01］. http：//www. gov. cn/xinwen/2017-12/13/content _ 5246590. htm

[2] Zhang，L.，& Zhang，J. Wetland Park Design for Habitat Restoration—Case Study on the Qinghua Wetland in Baoshan，Yunnan Province［J］. Landscape Architecture Frontiers. 2020，8（3），90-101. https：//doi. org/10. 15302/J-LAF-1-030016

[3] Keddy，P. A. Wetland Ecology：Principles and Conservation（Second Edition）［J］. New York：Cambridge University Press，2010.

[4] 钟嘉伟，吴韩，陈永生．基于协同发展为导向的城市新区湿地生态修复策略研究——以铜陵西湖城市湿地公园为例［J］. 中国园林，2020，36(7)：93-98.

[5] Ordóñez，C. Polycentric Governance in Nature-Based Solutions：Insights from Melbourne Urban Forest Managers［J］. Landscape Architecture Frontiers，2019，7(3)，46-61.

[6] 刘文平，宋子亮，李岩，等．基于自然的解决方案的流域生态修复路径：以长江经济带为例［J］. 风景园林，2021，28(12)：23-28.

[7] 罗明，周旭，周妍．"基于自然的解决方案"在中国的本土化实践［J］. 中国土地，2021(1)：12-15.

[8] 杨勇，温俊宝，胡德夫．鸟类栖息地研究进展［J］. 林业科学，2011，47(11)：172-180.

[9] 康丹东．基于鸟类栖息地保护的城市湿地公园规划设计研究［D］. 长沙：湖南农业大学，2011.

[10] 袁兴中，贾恩睿，刘杨靖，等．河流生命的回归：基于生物多样性提升的城市河流生态系统修复［J］. 风景园林，2020，27(8)：29-34.

[11] 孙嘉徽，张秦英，彭士涛，等．湿地景观鸟类栖息地规划设计与管理研究进展［J］. 湿地科学与管理，2019，15(4)：7-11.

[12] 苟翡翠，王雪原，田亮，等．郊野湖泊型湿地水环境修复与保育策略研究——以荆州崇湖湿地公园规划为例［J］. 中国园林，2019，35(4)：107-111.

[13] 陈水华，丁平，郑光美，等. 岛屿栖息地鸟类群落的丰富度及其影响因子［J］. 生态学报，2002，22(2)：141-149.

[14] 陈水华，丁平，范忠勇，等. 城市鸟类对斑块状园林栖息地的选择性［J］. 动物学研究，2002，23(1)：31-38.

[15] 崔丽娟，张岩，张曼胤，等．湿地水文过程效应及其调控技术［J］. 世界林业研究，2011，24(2)：10-14.

[16] 彭高卓，黄谦，朱丹丹．洞庭湖湿地生态修复技术研究进展［J］. 环境与发展，2019，31(10)：198-199.

[17] Quan，R.，Wen，X.，Yang，X.，et al. Habitat use by wintering ruddy shelduck at Lashihai Lake，Lijiang，China［J］. Waterbirds：The International Journal of Waterbird Biology，2001，24(3)，402-406.

[18] 朱颖，杜健，张影宏，等. 基于微介入理念的湿地生态保护规划方法——以张家港通洲沙江心岛生态湿地为例［J］. 规划师，2021(1)：37-43.

作者简介

周昕宇，1997 年生，男，汉族，江苏宿迁人，苏州科技大学建筑与城市规划学院硕士研究生在读，研究方向为地域生态环境、风景园林规划。电子邮箱：827387218@qq. com。

朱颖，1973 年生，女，汉族，安徽宿州人，博士，苏州科技大学建筑与城市规划学院，副教授，研究方向为地域生态环境、风景园林规划。

孙一鸣，1997 年生，女，汉族，苏州科技大学建筑与城市规划学院硕士研究生在读，研究方向为地域生态环境、风景园林规划。

许媛媛，1997 年生，女，汉族，苏州科技大学建筑与城市规划学院硕士研究生在读，研究方向为地域生态环境、风景园林规划。

刘琳琳，1997 年生，女，汉族，苏州科技大学建筑与城市规划学院硕士研究生在读，研究方向为地域生态环境、风景园林规划。

北京温榆河河流廊道不同植被类型大型土壤动物群落特征①

Characteristics of Macrofaunal Communities of Different Vegetation Types in the Wenyu River Corridor, Beijing

赵 琳 张浩然 董 丽*

摘 要：温榆河水系是北京五大水系之一，是发源于北京市唯一河流，是北京市最主要的排水河道。本研究开始于2021年9月，在北京市温榆河河流廊道内选取6个常见植被类型，对其进行大型土壤动物群落进行调查，共采集到大型土壤动物257只，隶属于3门6纲17个类群，优势类群为鞘翅目幼虫和蚁科，常见类群为后孔寡毛目，稀有类群共14类。在大型壤动物个体数、类群数上不同植被类型之间存在显著差异（$p<0.05$），其中草本最高，油松最低。土壤动物个体数量和多样性指数除个别植被类型外，均表现为混交林大于单一植被林，Jaccard指数表明，各样地大型土壤动物群落大部分为中等不相似，说明植被类型对大型土壤动物的物种组成影响显著。研究结果表明，不同植被类型的大型土壤动物群落组成和多样性有所差异。

关键词：温榆河河流廊道；大型土壤动物；不同植被类型

Abstract: The Wenyu River system is one of the five major water systems in Beijing. It is the only river originating in Beijing and the most important drainage channel in Beijing. This study started in September 2021. Six common vegetation types were selected in the Wenyu River Corridor of Beijing, and the macro soil fauna community was investigated. A total of 257 macro soil animals were collected, belonging to 17 species of 3 phyla and 6 classes. The predominant groups are Coleoptera larvae and Formicidae, the common group is Opisthopora, and there are 14 rare groups in total. There were significant differences in the number of individuals and groups of macrofauna among different vegetation types ($P<0.05$), among which herbs were the highest and Pinus tabulaeformis the lowest. The individual number and diversity index of soil animals, except for a few vegetation types, showed that mixed forests were larger than single vegetation forests. The Jaccard index showed that most of the large soil animal communities in various plots were moderately dissimilar, indicating that vegetation types had a significant impact on macro soil animals. The results showed that the composition and diversity of macrofauna in different vegetation types were different

Keywords: Wenyu River Corridor; Soil Macrofaunal; Different Vegetation Types

引言

土壤动物指的是生活史中有一段时间定期在土壤中度过，且会对土壤产生一定影响的动物，其中大型土壤动物是指平均体宽大于2mm的土壤动物，比如蚯蚓和多足类土壤动物[1,2]。大型土壤动物既可以通过非取食作用改变土壤理化性质进而影响植物生产，也可以通过取食作用来影响生态系统功能[2]，因而，关于大型土壤动物的群落特征、生态功能及多样性特征等受到广泛研究，而河流廊道作为生态廊道的一种，可以有效地打破孤岛效应，增加景观的连通性，为物种的交流和贮存提供渠道[3,4]，目前，关于土壤动物的研究多聚焦于不同干扰状态下及不同地区环境条件[5-9]，近年来，有学者开始逐渐关注不同生境条件下的土壤动物，如不同用地类型[10-12]、不同海拔[13]，相比而言，关于河流廊道内不同植被类型下的土壤动物特征的报道则相对缺乏。

基于此，本文根据北京市温榆河河流廊道植被类型选取6种不同植被类型，对其大型土壤动物群落特征进行深入研究，旨在深入了解不同植被类型的大型土壤动物类群的分布特征，为北京市温榆河土壤动物多样性提供基础资料，从而为河流廊道植物景观建设提供发展依据。

1 研究区概况

试验地设置于北京市温榆河，北京（39°54′20″ N、116°25′29″ E）地处中纬度地带，属于典型的暖温带半湿润大陆性季风气候。温榆河生态廊道位于北京市东北部平原，由西北向东流经昌平、顺义、朝阳、通州4个区，全长88.27km，河流沿岸建设或留存的城市公园、郊野公园、防护林地、农田和城市荒野地等构成了连续的绿色空间，发挥着城市生态廊道的功能。

2 研究方法

2.1 试验设计

于2021年9月，选取在温榆河河流廊道内出现频次较高的6个不同植被类型进行大型土壤动物采样（表1），其中大型土壤动物在样地内以“品字形采样法”选取3个

① 基金项目：北京市科技计划项目，北京城市生态廊道植物景观营建技术（D171100007217003）。

20cm×20cm 的样方，采集 0～15cm 土层的土壤动物样品，每个样方间距 5m 以上。采样地一般选在较平坦、人为活动较少的地方，并避开斜坡地、洼地、坟地、岩石等特殊土壤条件。

研究样地的植被类型及群落组成　　表 1

样地	经纬度	植被类型	林下主要草本种类
1	40°01′46.5441″N 116°60′23.6834″E	油松碧桃混交林	地黄（*Rehmannia glutinosa*）、苦苣菜（*Sonchus oleraceus*）、附地菜（*Trigonotis peduncularis*）
2	40°01′49.2897″N 116°60′30.0232″E	油松林	地黄（*Rehmannia glutinosa*）、苦苣菜（*Sonchus oleraceus*）、附地菜（*Trigonotis peduncularis*）、马唐（*Digitaria sanguinali*）
3	40°05′91.5919″N 116°54′25.2218″E	旱柳林	青蒿（*Artemisia caruifolia*）、苦苣菜（*Sonchus oleraceus*）、附地菜（*Trigonotis peduncularis*）、地黄（*Rehmannia glutinosa*）、活血丹（*Glechoma longitub*）
4	40°01′29.1613″N 116°60′06.8943″E	国槐林	苦苣菜（*Sonchus oleraceus*）、蒲公英（*Taraxacum mongolicum*）、地黄（*Rehmannia glutinosa*）、附地菜（*Trigonotis peduncularis*）
5	40°05′88.3256″N 116°54′21.1903″E	白蜡林	附地菜（*Trigonotis peduncularis*）、地黄（*Rehmannia glutinosa*）、苦苣菜（*Sonchus oleraceus*）、蒲公英（*Taraxacum mongolicum*）
6	40°05′90.1909″N 116°54′47.2235″E	草本	圆叶牵牛（*Ipomoea purpurea*）、马唐（*Digitaria sanguinali*）、黄花蒿（*Artemisia annua*）、苍耳（*Xanthium strumarium*）

2.2 调查取样

用手捡法取得大型土壤动物进行鉴定与计数，用体积浓度为 75%的乙醇固定后带回实验室进行鉴定。利用体视显微镜对大型土壤动物进行分类鉴定和数量统计，大型土壤动物鉴定参考《中国土壤动物检索图鉴》，多数统计到科；部分大型土壤动物幼虫统计到目，并统计个体数量。依据大型土壤动物食性特征，分为植食性 Ph（phytophage）、捕食性 Pr（predators）、腐食性 S（saprozoic）、杂食性 O（omnivores）。

2.3 数据分析

基于外业调查的原始数据，对大型土壤动物进行分层计数，划分功能群及类群数量等级：个体数量占捕获大型土壤动物总量 10%以上的类群划分为优势类群（+++），占 1%～10%的类群划分为常见类群（++），不足 1%的划分为稀有类群（+）。运用 EXCEL2010 软件进行合理的统计和计算，进而得到 Shannon-Wiener 多样性指数（H）、Margalef 丰富度指数（D）、Pielou 均匀度指数（J）和 Simpson 优势度指数（C）等相关指标，从而真实反映北京河流廊道植物与土壤动物的数量性及多样性特征。运用 SPSS19.0 软件进行单因素方差（one-way ANOVA）分析，用 LSD 方法进行多重比较。

（1）Shannon-Wiener 多样性指数（H）：

$$H=-\sum\frac{n_i}{N}\times\ln\left(\frac{n_i}{N}\right)$$

（2）Margalef 丰富度指数（D）：

$$D=\frac{S-1}{\ln N}$$

（3）Pielou 均匀度指数（E）：

$$E=\frac{H}{\ln(S)}$$

（4）Simpson 优势度指数（C）：

$$C=\sum\left(\frac{n_i}{N}\right)^2$$

（5）Jaccard 相似性系数（J）：

$$J=\frac{c}{a+b-c}$$

式中，n_i 为第 i 种的个体数；N 为总个体数；S 为类群数；c 为两个样地之间共同拥有的类群数；a 和 b 分别为 a 的类群数和 b 的类群数；J 为相似性系数，其值在 0～0.25 为极不相似，在 0.25～0.5 为中等不相似，在 0.5～0.75 为中等相似，在 0.75～1 为极相似。

3 结果与分析

3.1 不同植被类型下的大型土壤动物群落组成

本次试验共捕获大型土壤动物 257 只，隶属于 3 门 6 纲 11 目 17 个类群，优势类群为鞘翅目幼虫和蚁科，分别占捕获总量 26.07%和 20.23%，常见类群为后孔寡毛目，占总捕获量 19.46%，稀有类群共 14 类，共占捕获总量的 33.44%。纲分类水平上，昆虫纲的类群数量和个体数最多，有 6 目 11 个类群，个体数占捕获总量 65.34%，因此，从大型土壤动物种群数量和个数来看，昆虫纲为北京市温榆河大型土壤动物的主要组成部分。6 个样地中草地植被类型的大型土壤动物类群数最高，为 13 个；其次是白蜡林；再次的为油松碧桃混交林、旱柳林、国槐林；最低的为油松林，仅为 5 类（表 2）。

结果表明，大型土壤动物个体数、类群数在不同植被类型之间存在显著差异（$p<0.05$），草本样地显著高于其他样地（$p<0.05$）。

温榆河流廊道大型土壤动物群落组成 **表 2**

类群	乔草					草本	占比（%）	优势度
	油松碧桃	油松	旱柳	国槐	白蜡			
柄眼目	1	0	1	1	0	0	1.17	+
后孔寡毛目	5	2	13	22	6	2	19.46	++
卷甲虫科	0	0	0	0	0	1	0.39	+
奇马陆科	0	1	0	2	2	11	6.22	+
地蜈蚣目	1	0	1	0	0	2	1.57	+
蜘蛛目	4	4	0	2	3	1	5.56	+
步甲科	2	0	0	0	1	11	5.56	+
金龟甲科	0	0	1	0	0	0	0.39	+
隐翅甲科	0	0	0	0	1	1	0.78	+
叶甲科	0	0	0	0	0	1	0.39	+
土蝽科	0	0	0	0	0	4	1.56	+
半翅目若虫	0	0	0	0	0	4	1.56	+
蚁科	3	6	2	11	5	25	20.23	+++
虫齿目	0	0	0	1	1	0	0.78	+
鞘翅目幼虫	16	8	6	2	1	34	26.07	+++
双翅目幼虫	0	0	0	0	0	16	6.23	+
鳞翅目幼虫	0	0	3	0	3	0	2.33	+

3.2 不同植被类型下的大型土壤动物功能类群

温榆河河流廊道大型土壤动物以植食性动物（Ph）和腐食性动物为主（S），分别占总捕获量的 34.65%和 33.46%，杂食性动物（O）占总捕获量的 20.47%，捕食性动物（Pr）占比最少，占总捕获量的 12.60%（图 1）。其中草本群落各个功能类群的占比最为平均。油松碧桃混交林、油松林和草本以植食性大型土壤动物为主，其余植被类型均以腐食性大型土壤动物为主。

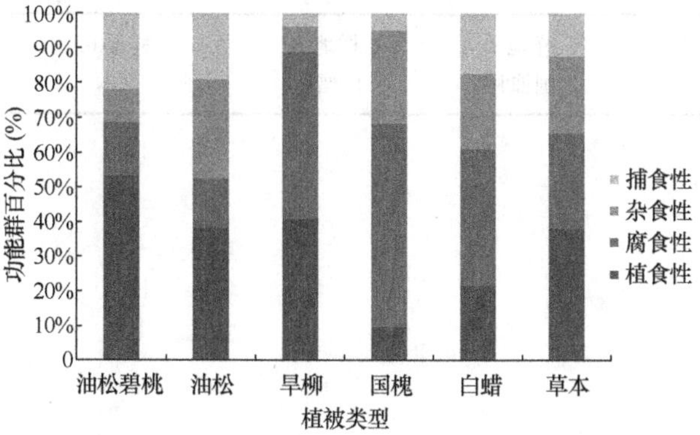

图 1 温榆河河流廊道大型土壤动功能群个体数百分比

3.3 不同植被类型下的大型土壤动物类群多样性

结果表明 6 个生境间的 Shannon-Wiener、Pielou、Simpson 和 Margalef 指数均存在显著差异（$p<0.05$）（图 2）。草本样地的 Shannon-wiener 指数最高，意味着其群落物种丰富，类群数分布均匀，油松林的 Shannon-wiener 指数最低，Margalef 指数也为最低，说明其大型土壤动物群落物种丰富程度较低，白蜡林的 Simpson 指数最低，但其 Pielou 指数最高，说明其大型土壤动物类群分布最均匀，优势类群不明显。除了白蜡林和草本外，油松碧桃混交林的 Shannon-wiener 指数及 Margalef 指数均大于纯林，由此可以得出大型土壤动物多样性指数和丰富度指数为混交大于纯林。

3.4 温榆河河流廊道不同植被类型下的大型土壤动物群落相似性

Jaccard 指数处于 0.25 与 0.71 之间，说明温榆河河流廊道的大型土壤动物群落的相似性处在中等不相似或者中等相似（表 3）。Jaccard 指数处于 0.25 与 0.50 之间，从大到小的排序为 $J_{1\text{-}2}$、$J_{5\text{-}6}$、$J_{1\text{-}5}$、$J_{1\text{-}6}$、$J_{3\text{-}4}$、$J_{2\text{-}6}$、$J_{2\text{-}3}$、$J_{3\text{-}5}$、$J_{4\text{-}6}$、$J_{3\text{-}6}$；Jaccard 指数处于 0.50～0.75，从大到小的排序为 $J_{2\text{-}4}$、$J_{4\text{-}5}$、$J_{1\text{-}3}$、$J_{1\text{-}4}$、$J_{2\text{-}5}$。整体上看，各样地大型土壤动物群落除了部分样地为中等相似外，大部分为中等不相似，说明植被类型对大型土壤动物的物种组成有一定的影响。

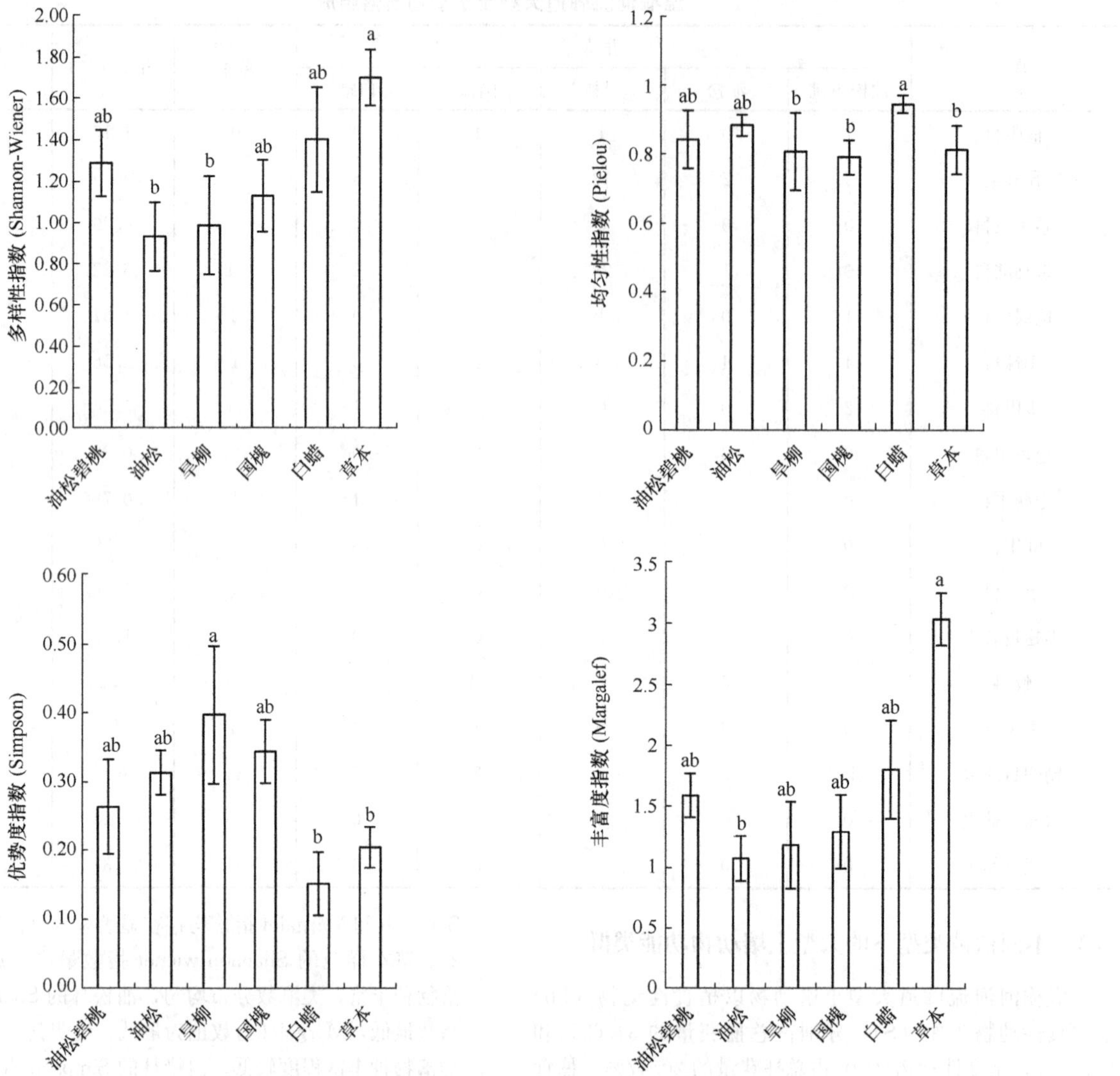

图 2　不同植被类型对温榆河河流廊道大型土壤动物类群多样性的影响

[注：图中不同小写字母表示不同植被类型在 $p=0.05$ 水平上差异显著（通过 LSD 法比较）]

温榆河河流廊道不同植被类型下的大型土壤动物群落相似性　　**表 3**

	样地 1 油松碧桃混交林	样地 2 油松林	样地 3 旱柳林	样地 4 国槐林	样地 5 白蜡林	样地 6 草本
样地 1 油松碧桃混交林	1.00					
样地 2 油松林	0.50	1.00				
样地 3 旱柳林	0.56	0.33	1.00			
样地 4 国槐林	0.56	0.71	0.40	1.00		
样地 5 白蜡林	0.45	0.56	0.33	0.60	1.00	
样地 6 草本	0.43	0.38	0.25	0.33	0.47	1.00

4 结论与讨论

在本研究中温榆河河流廊道内共采集到大型土壤动物257只，隶属于3门6纲17个类群，优势类群为鞘翅目幼虫和蚁科，常见类群为后孔寡毛目，稀有类群共14类。这一研究结果与众多北京市的土壤动物研究相同[14-17]。其中，蚯蚓是土壤质量变化的重要指示生物，它的呼吸严重依赖水分并十分喜欢有机质丰富的环境，这一类群的占比较高一方面的原因可能是温榆河的土壤含水量高，一方面也反映了北京市温榆河的土壤质量较高。

本研究中油松碧桃混交林、油松林及草本的植食性大型土壤动物占比最高，其余皆为腐食性大型土壤动物占比最高，其原因可能是本试验开展于北京的秋天且腐食性大型土壤动物主要是以凋落物为主的生物残体为食，因而植被中的落叶乔木可以增加腐食性大型土壤动物的数量。

植被覆盖对于土壤动物的栖息也有极高的重要性[18-20]，在本研究中大型土壤动物个体数、类群数上在不同植被类型之间同样存在显著差异（$p<0.05$），草本样地的大型土壤动物个体数、类群数、Shannon-Wiener指数和Margalef指数均为最高。这可能是因为草本覆盖度高、分布均匀、相对于乔木而言更低矮易形成温暖潮湿的小环境、受外界环境干扰较少，所以为土壤动物生长提供了稳定良好的生存环境，更利于大型土壤动物的聚集，此外，油松林的大型土壤动物个体数，类群数、Shannon-wiener指数和Margalef指数均为最低，原因可能是相比草本及乔草样地的多种植物凋落物的混合给大型土壤动物提供了更丰富的食物来源，油松林的针叶凋落物多为厚革质，且含有很多大型土壤动物难以短时间分解利用的物质，导致其大型土壤动物多样性较低。

植被群落越复杂的大型土壤动物群落在整体数量、类群数及多样性方面越有优势[21]，这也佐证了本研究中大型土壤动物Shannon-Wiener指数和Margalef指数除个别植被类型外，混交林均大于单一植被林。

研究证明，植被为土壤动物提供活动场所和食物来源，自然状态下植被类型可以显著影响土壤动物密度、类群数及多样性[22,23]，本研究中通过Jaccard指数可以反映各样地大型土壤动物群落大部分为中等不相似，说明植被类型对大型土壤动物的物种组成有一定的影响。

由此可知，在未来河流廊道植物景观建设中，为了提高大型土壤动物多样性需要增加草本植物的覆盖度，尽量减少针叶树纯林的营建，合理保留凋落物并营建植物群落结构复杂的植物景观。但大型土壤动物群落分布与河流距离及土壤性质的关系，暂不明确，需进行进一步研究。

参考文献

[1] 尹文英．中国土壤动物[M]. 2000.

[2] 邵元虎，张卫信，刘胜杰，等．土壤动物多样性及其生态功能[J]. 生态学报，2015，35(20)：6614-6625.

[3] 吕海燕，李政海，李建东，等．廊道研究进展与主要研究方法[J]. 安徽农业科学，2007，(15)：4480-4482.

[4] 李玉强，邢韶华，崔国发．生物廊道的研究进展[J]. 世界林业研究，2010，23(02)：49-54.

[5] 叶国辉，楚彬，胡桂馨，等．高原鼢鼠干扰强度对祁连山东段高寒草甸大型土壤动物功能群特征及空间分布的影响[J]. 生态学报，2022，(03)：1-10.

[6] Wang，Olatunji，Guo，et al. Response of the soil macrofauna abundance and community structure to drought stress under agroforestry system in southeastern Qinghai-Tibet Plateau[J]. Archives of Agronomy and Soil Science，2020.

[7] Xia L，Dong Z，Cheng J W，et al. Effects of grazing and mowing on macrofauna communities in a typical steppe of Inner Mongolia，China[J]. The journal of applied ecology 2017，28(6)：1869-1878.

[8] 王振海，殷秀琴，蒋云峰．长白山苔原带土壤动物群落结构及多样性[J]. 生态学报，2014，34(03)：755-765.

[9] 颜绍馗，张伟东，刘燕新，等．雨雪冰冻灾害干扰对杉木人工林土壤动物的影响[J]. 应用生态学报，2009，20(01)：65-70.

[10] 吴东辉，张柏，陈鹏．吉林省中西部平原区大型土壤动物群落组成与生态分布[J]. 动物学研究，2005，(04)：365-372.

[11] 刘扬，张岸，严莹，等．崇明岛不同土地利用类型下土壤动物群落多样性研究[J]. 复旦学报(自然科学版)，2011，50(03)：288-295.

[12] 王壮壮，刘洋，贺凯，等．西藏年楚河流域大型土壤动物群落特征与生态位[J]. 生态学杂志，2021：1-13.

[13] 王邵军，阮宏华，汪家社，等．武夷山典型植被类型土壤动物群落的结构特征[J]. 生态学报，2010，30(19)：5174-5184.

[14] 陈国孝，宋大祥．暖温带北京小龙门林区土壤动物的研究[J]. 生物多样性，2000，(01)：88-94.

[15] 林英华，杨德付，张夫道，等．栎林凋落层土壤动物群落结构及其在凋落物分解中的变化[J]. 林业科学研究，2006，(03)：331-336.

[16] 林英华，宋百敏，韩茜，等．北京门头沟废弃采石矿区地表土壤动物群落多样性[J]. 生态学报，2007，(11)：4832-4839.

[17] 莫晨，王志良，李猷，等．北京近郊深土层动物群落结构特征[J]. 生物多样性，2018，26(03)：248-257.

[18] 黄玉梅，黄胜岚，张健，等．成都市温江区城市绿地不同植物配置下中小型土壤动物群落特征[J]. 中国科学院大学学报，2018，35(01)：33-41.

[19] Mathieu J，Rossi J P，Grimaldi M，et al. A multi-scale study of soil macrofauna biodiversity in Amazonian pastures[J]. Biology & Fertility of Soils，2004，40(5)：300-305.

[20] 宋英石，李晓文，李锋，等．北京市奥林匹克公园不同地表类型对土壤动物多样性的影响[J]. 应用生态学报，2015，26(04)：1130-1136.

[21] 靳士科，王娟娟，朱莎，等．上海市不同类型城市森林中小型土壤动物群落结构特征[J]. 应用生态学报，2016，27(07)：2363-2371.

[22] 黄旭，文维全，张健，等．川西高山典型自然植被土壤动物多样性[J]. 应用生态学报，2010，21(01)：181-190.

[23] 刘姣，曹四平，高荣，等．退耕还林区不同植被类型土壤动物多样性特征研究[J]. 西北林学院学报，2022，37(01)：60-66.

作者简介

赵琳，1998年生，女，汉族，黑龙江人，北京林业大学风景园林植物硕士研究生在读，研究方向为园林植物与生物多样性。电子邮箱：305606592@qq.com。

张浩然，1997年生，女，汉族，山东人，北京林业大学风景园林植物硕士研究生在读。

（通信作者）董丽，1965年生，女，博士，北京林业大学园林学院教授，博士生导师。Email：dongli@bjfu.edu.cn。

绿地生物多样性对身心健康促进效益研究

Study on the Physical and Mental Health Promoting Effects of Biodiversity in Green Space

孟令爽　李树华*

摘　要：在高复合的城市空间中，如何在满足生态可持续发展的基础上，最大化发挥城市绿地对身心健康促进作用是未来城市高质量发展面临的挑战。生物多样性是维持生态系统稳定和应对气候变化的基础，同时也是绿地对身心健康研究领域中评估绿地质量的重要因素。本文梳理了最新文献中的重要发现，总结了直接、间接、感知3条生物多样性对身心健康的影响路径，以及生物多样性对身心健康的影响变量和作用机制。未来研究可关注环境健康、动物健康和人类健康方面的重点交叉领域，将多学科的研究引介到风景园林规划设计行为中，进一步推动多学科融贯，为城市绿地可持续发展提供科学依据。

关键词：生物多样性；身心健康；绿地质量；感知生物多样性

Abstract: In the high compound urban space, how to maximize the role of urban green space in promoting physical and mental health on the basis of meeting the ecological sustainable development is the challenge of high-quality urban development in the future. Biodiversity is the basis of maintaining ecosystem stability and coping with climate change. At the same time, it is also an important factor to evaluate the quality of green space in the field of physical and mental health research. This paper combs the important findings in the latest literature, and summarizes the direct, indirect and perceived impact paths of biodiversity on physical and mental health, as well as the impact variables and mechanism of biodiversity on physical and mental health. Future research can focus on the key cross fields of environmental health, animal health and human health, introduce multidisciplinary research into landscape architecture planning and design behavior, further promote the integration of multiple disciplines, and provide a scientific basis for the sustainable development of urban green space.

Keywords: Biodiversity; Physical and Mental Health; Green Space Quality; Perceived Biodiversity

引言

随着城镇化的快速发展，城市已成为现代人最重要的栖居空间。城市发展的可持续性不仅对生态质量提出了严格的要求，也对城市空间的公共健康功能提出了更高的标准。现有对自然与公共健康的研究中，较多从人类的偏好和恢复性出发，而未把自然作为整体生态系统看待，常忽略了生态系统服务的功能性。生态系统服务包括供给、调节、文化以及支持[1]。现有研究较多从生态系统服务的文化功能出发，即精神、娱乐和文化方面，对其他生态系统服务健康促进功能关注较少。绿色空间与居民身心健康研究主要体现在绿色空间的空间分布上，例如，可达性、可得性、可接触的绿量等，对绿色空间内部质量关注不足，例如对生态系统服务和人类的健康均有关联的生物多样性[2]。

生物多样性是绿地与公共健康研究领域中评估绿地质量的重要因素，同时也是维持生态系统稳定的基本条件及应对气候的基础。在高复合的城市空间中，探索城市绿地生态价值和公共健康功能达到最优的途径，对当今城市存量化发展具有重要意义。

1　生物多样性对身心健康效益实证研究

现有研究中，衡量生物多样性的指标有以下5种：多样性（diversity）、丰富度（richness）、均匀度（evenness）、丰度（abundance）和感知生物多样性（perceived biodiversity）。衡量健康的指标包括3类：生理健康、心理健康和心理福祉。关注的绿地类型划分标准可分为4类：不同栖息地、不同自然度、城市和城郊绿地、居住区绿地和特定植物群落。生物多样性尺度可分为栖息地、生境、群落两类，研究尺度以群落研究居多。试验方法有直接接触自然和非直接接触两类，场地调研以获取生物多样性数据是此类方法最常用的方法。研究获取数据的途径有场地调研，对于间接接触自然的研究，获取数据的途径有次级生物多样性数据、土地类型数据，实验室试验观看照片或视频。

1.1　生物多样性对身心健康影响途径

通过对现有文献的分析与总结，梳理其影响身心健康及福祉的中介因子和影响机制，把生物多样性对健康的影响划分为直接、间接、感知3种途径。直接途径即通过暴露在微生物中或更高的环境质量中进而影响健康；间接途径是指生物多样性通过增加游憩，引发体力活动等行为间接影响健康；感知路径即通过对环境的感知对心理健康和福祉产生影响（图1）。

1.1.1　直接暴露途径——绿地微生物与身心健康

直接暴露途径是指环境中的微生物作用于人的免疫

系统，从而影响人的生理健康。较早关于微生物暴露与免疫系统的关系的“卫生假说（Hygiene）”提出，因为生命早期的细菌暴露对免疫系统的形成有关键作用，“在儿童早期得到的感染越少，则日后得过敏性疾病的机会愈大[3]”。实证研究表明，在农场中长大的儿童，由于长时间接触空气中依靠灰尘传播的多种细菌和真菌，得哮喘（asthma）和特异反应（atopy）的概率更小[4]。另外稀释效应假说[5]提出，脊椎动物丰富度高的地方会降低人类感染疾病的风险，因为病原体被更多数量的物种所稀释，感染性疾病的传播在动物物种丰富的自然环境中更低。Civitello通过荟萃分析发现，寄主多样性与人体寄生虫丰度呈极显著负相关[6]。非雀形目鸟多样性和人类、蚊子感染西尼罗病毒（West Nile Virus，WNV）的概率呈负相关[7]。但由于研究影响致病因子的复杂性，当前由于不一致的研究结论，此假说仍具有较大争议。

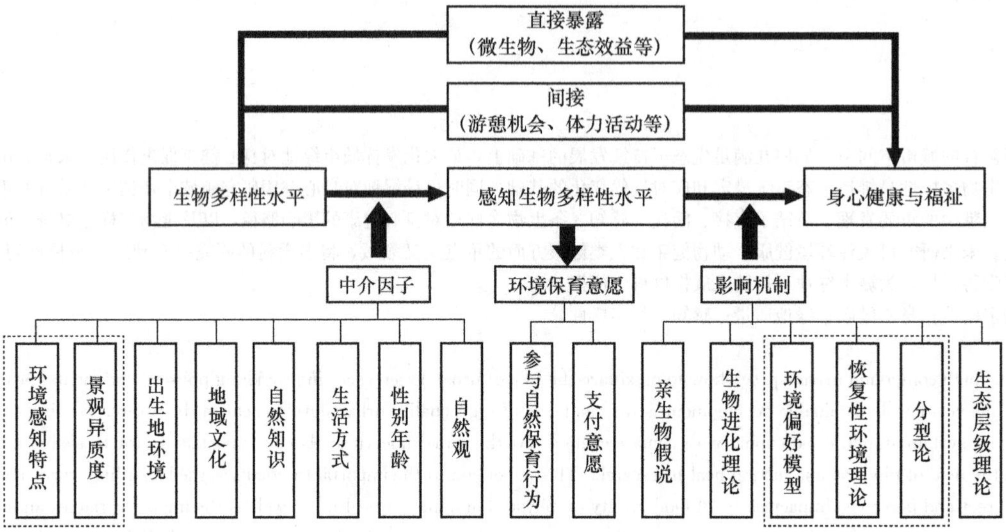

图1　生物多样性对身心健康效益影响路径

1.1.2　间接路径——健康促进行为与身心健康

间接路径是指通过感知生物多样性，从而引发一些有益健康的行为。例如增加游憩机会和促进体力锻炼等可通过间接的途径对健康产生影响。研究发现生物多样性水平高的区域更能引发体力锻炼和增加游憩活动的机会[8]。

1.1.3　感知路径——压力减低效益与身心健康

对生物多样性感知的研究属于景观评价和景观感知范畴，文献中解释关于感知生物多样性影响健康的机制可划分为3类：生物进化理论、恢复性环境与偏好模型。Wilson提出的亲生物假说（Biophilia Hypothesis）指出，在人类进化过程中，具有亲自然的基因，表现为对特定物种的偏好或特定自然度水平的偏好[9]。注意力恢复理论（Attention Restoration Theory）和压力恢复理论（Stress Recovery Theory）常从恢复性方面阐释自然对人的健康影响。注意力恢复理论提出，自然引发软吸引力“soft fascination”，即非定向注意力，让定向注意力得以恢复[10]。压力恢复理论[11]提出自然环境引发“自主正向积极情绪反应”，阻止了负面情绪。然而，在假说与理论中，对环境质量特征的描述较为宽泛。

对生物多样性测量的指示物种包括鸟类、植物（乔木、灌木、草本）、蝴蝶、蜜蜂等，也有研究将多项指示物种合并成为平均数值以代表生物多样性水平。对此领域的相关实证研究主要集中在生物多样性对心理健康和福祉方面的影响，但结论并不一致。有的研究发现心理福祉和植物实际丰富度、鸟类实际数量有关[12]。但也有研究发现实际的生物多样性和心理福祉并无联系，但和感知到的生物多样性相关。但其研究同时也发现感知生物多样性是非常不准确的，可能与发达国家缺少生态教育知识有关。因此增强绿地使用者识别自然环境元素的能力对于提升绿地的健康促进作用非常重要[13]。

1.1.4　其他相关调节因素

另外，城镇化发展到中等程度时物种丰富度达到巅峰，可能与栖息地的异质性有关[14]。栖息地种类的数量对身心健康也有显著正向促进作用，以此提出景观的异质性是影响感知的重要因素[12]。之后此领域的研究也常把栖息地种类的数量作为研究指标。2020年，Meyer-grandbastien就感知景观异质度、实际景观异质度和心理恢复性的研究表明，心理恢复和结构异质性（土地覆盖的空间分布）相关，但和组成异质性（土地覆盖的多样性）无关，说明心理恢复和土地覆盖类型的混合性紧密相关。此研究也说明了心理福祉和景观的整体有关而不是与某一个景观要素或某一物种的多少相关[15]。增强景观结构的复杂性比单纯增加环境中物种的多样性，能够更加有效地增强使用者的多样性感知[16]。小型绿地若有较高的连接性和栖息地质量，生物会非常多样，大型开敞性的草坪却具有很小的生态价值。这说明绿地的面积、栖息地的种类是不可互相补偿的元素。绿地的内部生物结构差异对居民的身心健康福祉影响较大，这种影响无法靠仅提供绿地来解决。

除环境特点外，影响感知生物多样性的中介因子还包括被访者出生地环境、自然观、生物多样性知识等。出生在乡村的受访者相比城市居民，和自然的连接感（emotional connection to nature）更加强烈[16]。研究发现和自然的连接程度越高，越珍视自然的人，更容易从自然中获得的身心福祉效益。同样的，若自然质量退化也对这部分人影响较大，有较高地方认同感和地方依恋感的居民对当地礁石的退化感到更加痛心[17]。对生物多样性的看法也和地域文化有关，Cameron 发现鸟类多样性比鸟类的丰度更相关，其相关性研究在排除群居鸟类后，鸟类多样性和正向情绪相关性显著提升，这可能与当地居民不愿意一次接近很多数量的鸟类有关[18]。

生物多样性的研究中也涉及水平与建成环境，在对城市绿色空间的研究表明，营建生物多样性丰富的绿色空间与完善的场地设施间并不矛盾。2020 年，首次有研究者在进行生物多样性和人的恢复性研究时加入对建成环境的评估，试图验证是否生物多样性质量和场地建成环境质量相互矛盾。Wood 使用场地设施评价工具场地设施评价（Natural Environment Scoring Tool，NEST）对场地整洁和设施提供、可及性、娱乐设施、场地设施、自然特征、不文明行为等方面进行评价，结果表明场地设施质量和生物多样性呈正相关[19]。

生物多样性价值认识和民众生态保育意愿也紧密相关。生物多样性的质量被看作是影响公众是否愿意加入到生态保育中的环境特征。Johansson 对高、中、低 3 种生物多样性水平的生境研究发现，受访者对中等生境产生的正向情感与偏爱程度均高于高和低两中生物多样性水平的生境，对其生态保育的意愿也最强烈[20]。若人们对自然的情感联系较低，则不太可能将自然场景或环境视为具有吸引力的[21]。Soga 调查了日本东京的 255 名学生对自然环境、鸟类和蝴蝶的看法，结果显示，学生对自然价值的判断有许多不同的原因，例如放松，对邻近自然环境、鸟类和蝴蝶的重视，自然风光之美，季节性的指标以及受教育的机会。与自然接触的频率与学生对自然的情感连接程度紧密相关[22]。

2 研究展望

随着新冠肺炎等传染性病的出现和大范围传播，流行病带来的健康风险日益全球化。如何科学地实现环境健康、动物健康和人类健康是风景园林学科的重大研究议题。以往各学科的研究多以单一目标导向为主，忽略了各项研究的相互关系，各学科处于割裂的状态以导致跨学科研究面临较多挑战。在过去几十年中，人类健康受到抗生素耐药及慢性病的威胁。人畜共患病、流行病的出现和快速传播让各领域研究者逐渐意识到各学科紧密相关以及学科交融发展的必要性。面对影响健康的多因素复杂问题，聚焦环境健康、动物健康和人类健康，风景园林学具有强整合性和落地性，可识别重点的交叉领域，抓住跨学科研究的“痛点”，有较大潜力从整体性视角统筹各交叉学科，丰富生态文明思想中“人与自然生命共同体”理念的内涵。从科学研究角度，建立影响健康的因果框架关系十分复杂，需要进行从分子到生态和社会文化背景的各个尺度的研究，确定影响生态环境、动物健康和人类健康的决定因素，探究其复杂的影响机制。风景园林学与生态学、公共健康的结合，有较大形成新科学研究范式或学科增长点的潜力。生态学的理工思维，公共健康的社会学思维，与城市规划、风景园林学的设计思维相结合，将多学科的研究引介到风景园林规划设计行为中，进一步推动多学科融贯。

3 结语

城市绿地对身心健康福祉的促进功能越来越受到关注，发挥城市绿色空间的生态价值与卫生健康功能，是未来城市建设中重点关注的问题。本文通过对生物多样性水平与身心健康效益文献的系统梳理，提出了直接、间接、感知 3 条影响身心健康的路径，对调节变量和影响机制的分析有助于城市管理者与设计者更加明晰绿地质量和公共健康之间的关系，共同推进绿色健康城市的构建。

参考文献

[1] 殷楠，王帅，刘焱序．生态系统服务价值评估：研究进展与展望[J]．生态学杂志，2021，40(1)：12.

[2] Collins R M，Spake R，Brown K A，et al. A systematic map of research exploring the effect of greenspace on mental health [J]. Landscape and Urban Planning，2020，201：103823.

[3] Strachan D P. Hay fever，hygiene，and household size[J]. BMJ Clinical Research，1989，299(6710)：1259-1260.

[4] Ege M J，Mutius E，Mayer M，et al. Exposure to Environmental Microorganisms and its Inverse Relation to Childhood Asthma[J]. New England Journal of Medicine，2011，364(8)：701-709.

[5] Schmidt，Kenneth A Ostfeld，et al. BIODIVERSITY AND THE DILUTION EFFECT IN DISEASE ECOLOGY [J]. Ecology，2001.

[6] DJCivitello. Biodiversity inhibits natural enemies：Broad evidence for the dilution effect. 2015.

[7] Ezenwa V O，Godsey M S，King R J，et al. Avian diversity and West Nile virus：testing associations between biodiversity and infectious disease risk[J]. Proceedings Biological Sciences，2006，273(1582)：109-117.

[8] Gao，Zhu L，Zhang T，et al. Is an Environment with High Biodiversity the Most Attractive for Human Recreation? A Case Study in Baoji，China[J]. Sustainability，2019，11(15)：4086.

[9] Wilson，E. and U. Massachusetts，Biophilia. Harvard University Press，1984.

[10] Kaplan S. The Restorative Benefits of Nature：Toward an Integrative Framework[J]. Journal of Environmental Psychology，1995，15(3)：169-182.

[11] Roger S. Ulrich and Robert F. Simons and Barbara D. Losito and Evelyn Fiorito and Mark A. Miles and Michael Zelson. Stress recovery during exposure to natural and urban environments[J]. Journal of Environmental Psychology，1991.

[12] Fuller R. A.，et al. Psychological benefits of greenspace increase with biodiversity[J]. BIOLOGY LETTERS，2007.

3(4): p. 390-394.

[13] Dallimer M., et al. Biodiversity and the feel-good factor: Understanding associations between self-reported human well-being and species richness[J]. BioScience, 2012. 62(1): 47-55.

[14] Mckinney M L. Effects of urbanization on species richness: A review of plants and animals[J]. Urban Ecosystems, 2008, 11(2): 161-176.

[15] Meyer-GrAndbastien A, Burel F, Hellier E, et al. A step towards understanding the relationship between species diversity and psychological restoration of visitors in urban green spaces using landscape heterogeneity[J]. Landscape and Urban Planning, 2020: 195.

[16] Shwartz A, A Turbé, Simon L, et al. Enhancing urban biodiversity and its influence on city-dwellers: An experiment[J]. Biological Conservation, 2014, 171(10): 82-90.

[17] Marshall N, Adger W N, Benham C, et al. Reef Grief: investigating the relationship between place meanings and place change on the Great Barrier Reef, Australia[J]. Sustainability Science, 2019, 14(3): 579-587.

[18] Where the wild things are! Do urban green spaces with greater avian biodiversity promote more positive emotions in humans? [J]. Urban Ecosystems, 2020.

[19] Emma, Wood, Alice, et al. Not All Green Space Is Created Equal: Biodiversity Predicts Psychological Restorative Benefits from Urban Green Space[J]. Frontiers in Psychology, 2018.

[20] Johansson M, Gyllin M, Witzell J, et al. Does biological quality matter? Direct and reflected appraisal of biodiversity in temperate deciduous broad-leaf forest[J]. Urban Forestry & Urban Greening, 2014, 13(1): 28-37.

[21] Shanahan D F, Lin B B, Gaston K J, et al. What is the role of trees and remnant vegetation in attracting people to urban parks? [J]. Landscape Ecology, 2015, 30(1): 153-165.

[22] Soga M, Gaston K J, Koyanagi T, et al. Urban residents' perceptions of neighbourhood nature: Does the extinction of experience matter? [J]. Biological Conservation, 2016, 203: 143-150.

作者简介

孟令爽，1991年生，女，汉族，重庆人，清华大学建筑学院景观学系博士研究生在读，研究方向为绿色空间与公共健康、园林康养。电子邮箱：Lingshuangmeng@163.com。

（通信作者）李树华，1968年生，男，汉族，陕西蒲城人，博士，清华大学建筑学院景观学系，教授、博士生导师，研究方向为园艺疗法与康复景观、植物景观与生态修复等。

基于植物多样性保护的中国植物园空间特性分析

Spatial Characteristics of Botanical Gardens in China Based on Plant Diversity Protection

孙艳芝　王　钰　蔡文婷　王香春*

摘　要：植物多样性对维持城市生态平衡意义重大。采用数理统计与GIS空间分析，研究中国229个植物园时空分布特征及其植物多样性保护能力建设，为构建植物园体系提供基础支撑。研究结果表明：①中国植物多样性保护率为41.2%，存在南北地区空间差异性，东北、京津冀等北方地区保护率高于江苏、湖南等南方地区。②植物园是城市开发边界内植物多样性保护的主阵地，收集保存了约2万个物种，初步形成迁地和就地保护格局。③约90%的植物园集中分布在中国东南部地区，东、西部分布差异显著，整体空间特性表现为数量上西疏东密，面积规模上西阔东微。④植物园空间布局与植物多样性保护需求之间不平衡，应统筹规划植物园建设，在生物多样性热点地区、西北部地区增加植物园布局，建立植物就地和迁地保护体系，强化科学研究，以完善国家种质资源库信息，健全植物园体系建设。

关键词：植物园；植物多样性；就地保护；迁地保护；空间分布

Abstract: Plant diversity is of great significance to maintain urban ecological balance. Using mathematical statistics and GIS spatial analysis, the spatiotemporal distribution of botanical gardens (BGs) and plant diversity conservation are summarized in this paper, so as to provide basic support for the construction of BGs system. The results show that: (1) the conservation rate of plant diversity in China is 41.2%, which exists spatial differences between the north and the south. The conservation rate in the north of Northeast China, Beijing, Tianjin and Hebei is higher than that in the south of Jiangsu and Hunan. (2) BGs are the main positions for the plant diversity conservation within the boundary of urban development. 20000 species are collected and preserved. (3) 90% of BGs are concentrated in the southeast. The quantity distribution is sparse in the west and dense in the east. The average area scale in the west is larger than the ones in the east. (4) There is a mismatch between the spatial layout and the needs of plant diversity conservation. In order to improve the information platform of National Germplasm Resource Bank, the layout of BGs in biodiversity hot spots and northwest regions should be increased, in-situ and ex-situ conservation systems are needed, and scientific research ought to be strengthened.

Keywords: Botanical Garden; Plant Diversity; In-situ Conservation; Ex-situ Conservation; Space Distribution

引言

植物园是对活植物进行收集和记录管理，使之用于保护、展示、科研、科普、推广利用，并供观赏、游憩的公园绿地，是城市生态系统服务功能发挥的引擎[1]。植物园最早的雏形是古代皇家园囿，包括古巴比伦的空中花园、中国西汉时代的上林苑等，以木本植物栽培居多，重视有应用价值经济作物的引种驯化。现代植物园发展约500年历史，成为开展植物多样性研究、物种保育及资源利用的重要基地，植物园学也已发展成为植物学的一个重要分支[2,5]。植物多样性是评价城市生态系统服务功能的重要指标，在生物多样性保护理念逐渐成为社会共识背景下，从植物园空间布局角度出发，解析城市植物多样性保护的空间需求，提出有效保护和提升植物多样性的植物园体系建设策略，对我国生物多样性保护具有重大意义。

对于植物园的相关研究，主要内容涵盖植物园规划设计与建设[6,8]、植物保育[9,10]、植物园功能分区[1,11]、植物园植物档案管理[12]、植物园科普教育[13,14]、植物园病虫害综合治理[15]、国内外植物园建设实践[16,17]、生物多样性及生态功能分析[18,19]与成果转化研究[20]等方面，研究多是针对单个具体植物园开展规划设计与景观营造研究，关于植物园的整体布局与系统研究相对较少。

笔者基于实地调研与统计分析，对植物园的发展、时空分布及生物多样性保护能力等作了系统研究，总结了中国植物园空间布局与建设内容中存在的问题与不足，提出有效提升植物园植物多样性保护、科学研究等能力的策略，以期推动中国植物园体系建设。

1　数据来源与处理

(1) 本土植物物种数据来源于中国植物园联盟(CUBG) 统计的本土植物保护现状信息，共收集数据信息8万条。以省或地区为单位，参考IUCN物种红色名录濒危等级评估方法，216位专家对8万条本土植物野外生存状况信息进行评估，确定保护物种所属地区、类型、数量以及已经采取保护的物种数。基于评价结果，对受威胁等级较高的物种优先采取保护措施，指导各地区植物园的迁地保护工作。

(2) 35个生物多样性优先保护区数据来源于原环境保护部发布的《中国生物多样性保护优先区域范围》(http://www.mee.gov.cn/gkml/hbb/bgg/201601/t20160105_321061.htm)。

（3）229个植物园名录数据来源于中国植物园联盟官方网站，利用百度地图坐标拾取器获取229个植物园地理经纬度坐标，将其导入GIS中，进行空间位置表达；并采用核密度分析工具对229个植物园作密度分析，展示植物园空间分布情况。

（4）采用抽样调查方式，对中国有代表性的40所植物园进行问卷调研，并参考《中国植物园标准体系》选取部分指标对植物园现状进行评分量化，探讨中国植物园在生物多样性保护方面的进展。选取最有代表性的40个植物园，其中城建和园林系统15个（37.5%），科研系统（含中科院和其他科研院所）11个（27.5%），林业和农业系统9个（22.5%），教育系统5个（12.5%）。调研内容包括植物园的基本信息、植物收集、植物迁地保护、城市生物多样性保护和设施建设现状、植物应用和成果转化以及科研科普、社会活动等。

2 结果分析

2.1 中国植物多样性保护格局

2.1.1 本土植物保护类型

基于可获得的数据，经专家评估确定的本土植物物种共计64001种，主要覆盖14个地区，物种类型为地区绝灭（RE）、极危（CR）、濒危（EN）、易危（VU）、近危（NE）及无危（LC），物种数分别为1298、2269、3994、4402、45081和6893种。64001种不同受威胁等级的物种中，已保护的物种有26351种，保护率为41.2%；RE、CR、EN、VU、NE、LC物种保护覆盖率分别为34.4%、53.4%、53.8%、49.7%、40.6%和41.2%，极危、濒危物种保护率超过50%，地区绝灭物种保护率最低，保护效果有待进一步提高（图1）。

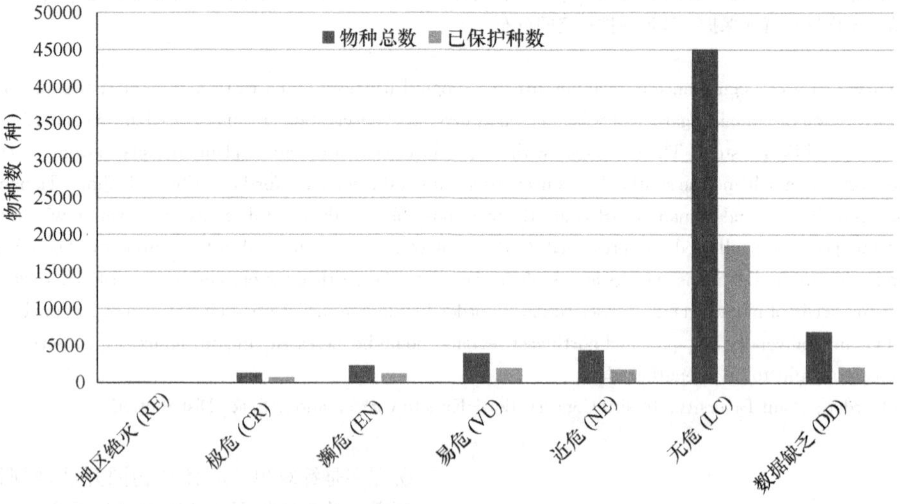

图1 植物保护物种类型

2.1.2 本土植物保护空间分布

植物多样性保护措施主要有影像记录、野外坐标、迁地保护、就地保护、标本、种子库保存、有分子材料、离体保存等8种，对于64001种植物物种，每种措施物种保护覆盖率均低于40%（表1）。14个重点地区中，调查记录物种数较多的是广西、滇西北、广东等地区，但物种保护率不高，超过50%的物种没有得到有效保护。保护物种覆盖率较高的是江西、京津冀、辽宁等地区，均高于70%，江苏、湖南、湖北地区的保护覆盖率最低，都在10%以下（表1、图2）。植物物种受威胁因素主要有生境丧失和碎片化、过度开发利用、土壤污染、水和大气污染。

主要地区本土植物物种保护情况（种） 表1

地区	物种总数	有影像记录物种数	有野外坐标物种数	迁地保护物种数	就地保护物种数	有标本物种数	种子库保存物种数	有分子材料物种数	离体保存物种数	已采取保护措施的物种数	保护覆盖率（%）
广西	8948	3243	323	2113	1321	392	259	386	1	2898	32.39
滇西北	8132	233	233	859	0	233	4050	0	0	4271	52.52
广东	6025	1198	1189	1888	1680	5	0	0	0	2710	44.98
湖南	5094	2423	2414	274	2	680	14	0	14	292	5.73
湖北	4670	1521	345	407	0	136	0	0	0	407	8.72
重庆	4487	1367	1366	1212	0	0	0	1	0	1212	27.01

续表

地区	物种总数	有影像记录物种数	有野外坐标物种数	迁地保护物种数	就地保护物种数	有标本物种数	种子库保存物种数	有分子材料物种数	离体保存物种数	已采取保护措施的物种数	保护覆盖率（%）
陕西	4301	2303	1675	528	1334	450	9	0	0	1568	36.46
江西	4257	2442	2214	1358	4198	2207	4	5	1	4202	98.71
西双版纳	4010	2040	752	2050	255	2038	530	0	0	2151	53.64
福建	3880	2302	995	374	1842	0	29	0	0	1958	50.46
新疆	3506	1336	2573	401	201	2575	709	0	0	963	27.47
辽宁	2542	2048	1943	970	1892	0	0	0	0	1918	75.45
江苏	2152	854	550	38	66	2091	0	1	0	85	3.95
京津冀	1997	1731	1731	853	1660	1985	478	1109	0	1716	85.93
合计	64001	25041	18303	13325	14451	12792	6082	1502	16	26351	41.17
保护覆盖率（%）	—	39.13	28.60	20.82	22.58	19.99	9.50	2.35	0.02	41.17	—

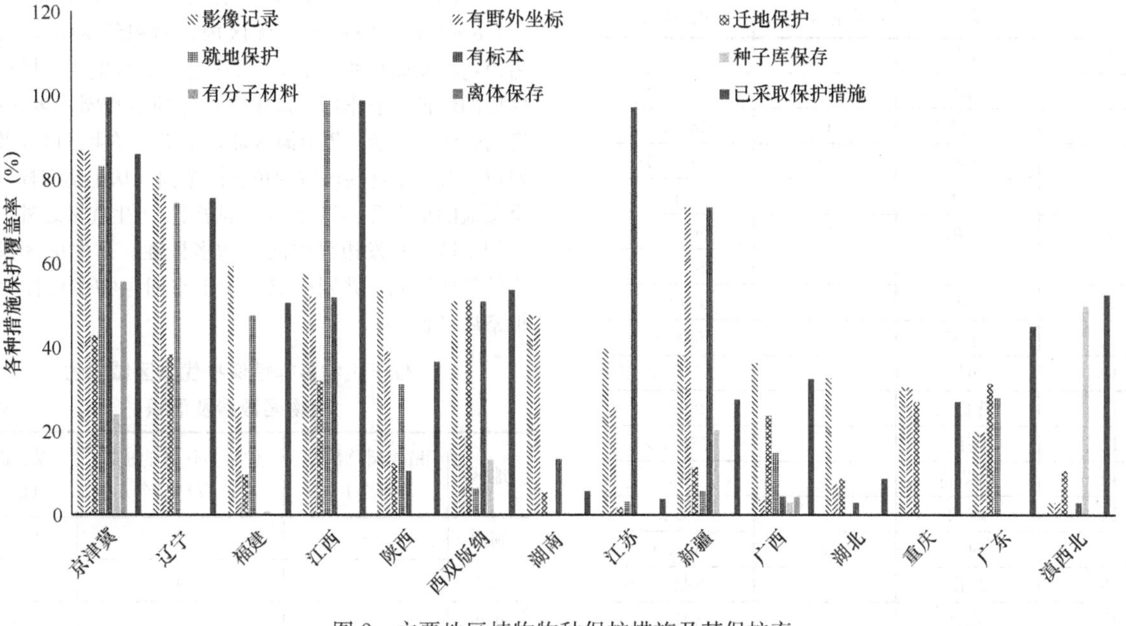

图 2　主要地区植物物种保护措施及其保护率

2.2　中国植物园时空分布特征

截至 2020 年，CUBG 数据统计全球范围内植物园数量 3639 个，美国 960 个，中国 229 个，居世界第二位。中国植物园是对活植物进行收集和记录管理，使之用于保护、展示、科研、科普、推广利用，并供观赏、游憩的公园绿地，主要行政隶属管理单位有科技部门（含中国科学院）、教育部门、住房和城乡建设部门、林业部门、园林部门、农业部门和医药部门[5]，基于植物园初建年代，中国植物园建设呈阶段性波动变化，1950～1960 年、1981～1990 年、2001～2010 年 3 个时期是植物园建设的高峰期，均超过 40 个。1950 年之前，以外来殖民者建设的植物园为主，约占 67%，如香港动植物公园（1871 年）、台北植物园（1895 年）、恒春热带植物园（1906 年）等；植物园第一个建设高潮在 1950～1960 年，建成植物园 45 座，这一时期是以中国科学院为龙头开始了现代植物园建设，先后建了植物研究所北京植物园（1955 年）、武汉植物园（1956 年）和桂林植物园（1958 年）等；20 世纪六七十年代，因“文化大革命”等原因，植物园建设相对停滞；随着国际社会对生物多样性保护的重视与我国的改革开放，1980 年代进入第二次植物园建园高峰，各行业和系统不断建设新的植物园；发展至今，我国共建成植物园 229 座，企业开发管理的植物园呈增长趋势。

在空间分布上，江苏、山东、浙江、广东等地区植物园数量相对多，数量均超过 10 座，西藏、新疆、青海等西部地区数量较少。从区域尺度上看，东部季风区，长三角、珠三角、京津冀等沿海区域植物园分布较密集，集中了我国约 90%的植物园；而干旱和青藏高寒区域的植物园数量仅占全国数量的 10%（表 2）。虽沿海季风区域植物园数量多，在规模面积上，陕西、内蒙古等西北地区的

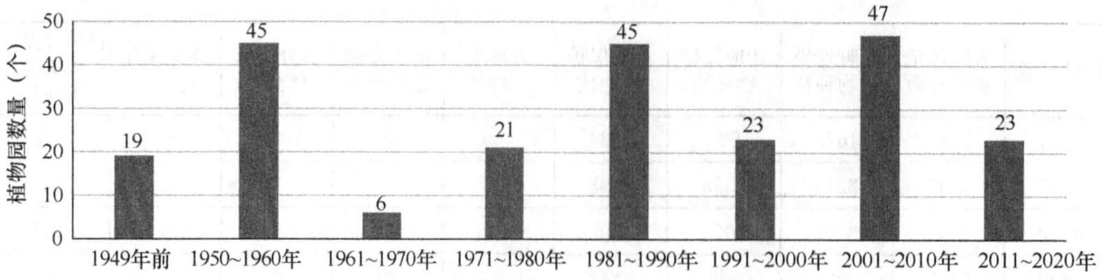

图 3　我国植物园建设阶段变化

植物园面积较大。综合而言，东部、南部地区植物园数量多，平均面积小；西北、西南地区植物园数量少，但植物园平均面积相对大。植物园整体的空间特性表现为数量分布上西疏东密，面积规模上西阔东微，这也反映了东西部的地区差异性，西部地区地广人稀，植物园规划建设受用地限制约束小。

我国各地植物园数量与面积　　表 2

序号	地区	数量（个）	面积（hm^2）
1	江苏	16	1503.6
2	山东	15	1469.0
3	台湾	14	1800.4
4	云南	13	3194.2
5	浙江	13	954.0
6	广东	12	5069.7
7	福建	9	6443.1
8	广西	9	6242.3
9	辽宁	9	618.1
10	四川	9	545.3
11	黑龙江	8	2899.9
12	湖南	8	4383.6
13	内蒙古	8	20168.5
14	陕西	8	64892.4
15	河南	7	692.9
16	海南	7	593.4
17	北京	6	305.7
18	贵州	6	309.7
19	山西	6	1820.9
20	湖北	5	667.6
21	安徽	4	102.0
22	甘肃	4	487.5
23	河北	4	360.6
24	吉林	4	150.0
25	江西	4	1568.9
26	新疆	4	254.0
27	重庆	4	1617.7
28	宁夏	3	360.0
29	上海	3	289.2
30	香港	3	157.6
31	澳门	1	20.0
32	青海	1	66.7
33	天津	1	33.3
34	西藏	1	1.3

2.3　植物园植物多样性保护特征

2.3.1　植物园是国土空间生物多样性整体保护的重要补充

中国已划定 35 个生物多样性保护优先区域（生优区），主要保护了城市开发边界外的生物多样性热点区，共 399万m^3。将植物园与生优区空间叠加，50 个（21.8%）植物园位于生优区内，面积约为 8077.1hm^2，占植物园总面积的 6.2%，直接发挥了对生物多样性热点区域的保护功能作用。位于生优区的植物园较多在福建、海南、江苏、浙江等沿海区域，由于海洋生优区涉及沿海城市，覆盖了这些区域的植物园范围。从生物多样性保护全覆盖的角度看，78.2%的植物园位于生优区之外，极大维护了城市开发边界内的生物多样性，是生优区保护战略的重要补充，共同构成了国土空间生物多样性整体保护格局（表 3）。

位于生物多样性保护优先区域内的植物园数量及面积　　表 3

地区	植物园总数量（个）	位于生优区的植物园数量（个）	保护面积（hm^2）
湖南	8	2	1853.4
云南	13	5	1600.5
江西	4	2	1289.7
广东	12	1	549.2
海南	7	4	497.3
甘肃	4	1	372.1
浙江	13	5	372.0
上海	3	3	289.2
广西	9	2	286.9
江苏	16	4	238.7
香港	3	3	157.6
湖北	5	1	112.5
福建	9	5	87.5
内蒙古	8	1	87.0
河南	7	1	66.7
陕西	8	1	57.5
天津	1	1	33.3

续表

地区	植物园总数量（个）	位于生优区的植物园数量（个）	保护面积（hm²）
山东	15	2	31.7
四川	9	2	30.0
山西	6	1	22.1
重庆	4	1	20.0
澳门	1	1	20.0
安徽	4	1	2.0
北京	6	0	—
贵州	6	0	—
河北	4	0	—
黑龙江	8	0	—
吉林	4	0	—
辽宁	9	0	—
宁夏	3	0	—
青海	1	0	—
台湾	14	0	—
西藏	1	0	—
新疆	4	0	—
合计	229	50	8077.1

2.3.2 植物园植物多样性保护能力

中国植物园建设与发展在总体上达到一定水平，初步形成了就地保护与迁地保护格局。截止 2019 年末，中国植物园收集保存约 2 万个物种，占植物区系的 66.7%，基本完成苏铁、棕榈种质资源以及原产中国的重点兰科、木兰科植物的收集保存；其中，有效保护了 2620 种严重受威胁本土植物，占中国受威胁植物总数的 42%。但在植物园空间分布上，还存在重要区域和重要植物种类的保护空缺，与植物多样性保护需求之间存在空间不匹配的现象（表 4）。江西、京津冀、辽宁等地区植物物种保护覆盖率最高，与植物园建设有着紧密关系，植物园在植物物种保护方面发挥了主要作用。但在江苏、湖南、湖北等地区，植物物种保护覆盖率低，植物园数量并不少，表明植物园在空间分布和建设方面有待优化，加强植物园空间均衡布局研究，统筹优化植物园空间体系建设，提升植物多样性保护能力。

主要地区植物多样性保护现状　　表 4

地区	植物多样性保护现状	植物园数量（个）
江西	优良	4
京津冀	优良	11
辽宁	优良	9
西双版纳	一般	3
滇西北	一般	1
福建	一般	9
广东	一般	12
陕西	低	8
广西	低	9
新疆	低	4
重庆	低	4
湖北	低	5
湖南	低	8
江苏	低	16

在植物园建设内容方面，中国植物园迁地保护实验设施已具备一定规模，科普能力建设水平较高。植物园中具备较完备的基础设施以及植物收集和保育能力的约为 162 个；54 个植物园有树木标本园，面积达 51783m²；49 个植物园有组培繁育设施，面积达到 36745m²；45 个植物园建有植物标本馆，面积达 51783 m²，馆藏标本 104846 万号；26 个植物园有种子库或种子标本库，面积达 11962m²（图 4）。抽样调查结果显示，84%的植物园已建成或在建专用的科普场馆，平均面积达到 1408.4m²；园内重点植物名牌平均悬挂率达到 55%；75%的植物园每年制作并向游客发放科普宣传材料；60%的植物园每年举办至少一次季节性花展；90%的植物园设有专职或兼职科普工作者，85%的植物园定期开展多种科普教育活动，已形成良好的品牌效应。

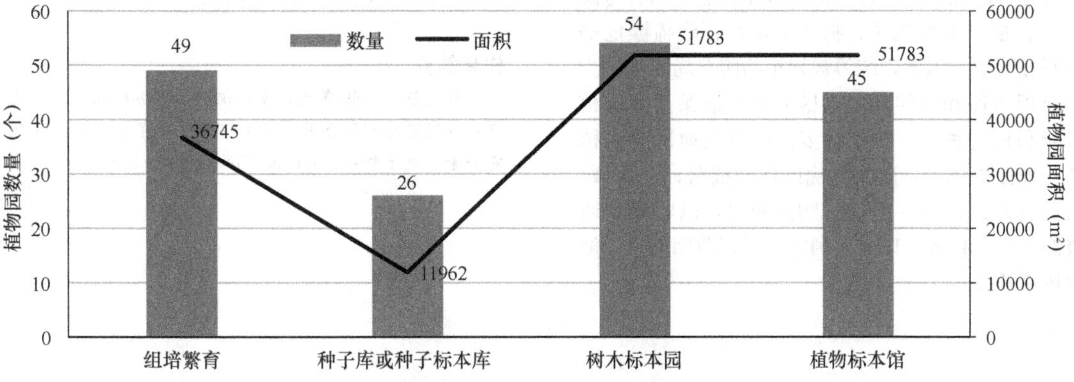

图 4　我国植物园迁地保护实验设施建设

植物园拥有丰富的物种资源，是开展植物多样性保护研究的重要平台，但目前植物园科学研究整体能力还不足。我国从事植物资源发掘利用的植物园比例不高，开展植物分类学、园艺学、民族植物学和保护生物学研究的植物园分别为68个、77个、32个和58个，从事迁地保护项目和野外回归项目的植物园数量则更少[14]。在抽样调查的40个代表性植物园中，拥有保育温室或保育苗圃、组培和微繁设施、种子库或繁殖实验室的植物园占比分别为87.5%、55%和20%；在科研系统所属植物园中，拥有上述设施的植物园占比分别为100%、64%和82%，园林和城建系统植物园则为80%、40%和46%。可见，我国科研系统所属的植物园与非科研系统所属植物园在植物保育研究的基础设施建设方面存在较大差异，植物园植物多样性保护研究能力需进一步加强。

3 结语

基于统计与GIS空间分布，分析中国植物多样性保护现状特征，揭示植物园在植物多样性保护方面存在的问题与不足，为植物园体系建设提供基础数据支撑。

（1）中国植物多样性保护水平低、空间差异性显著。有统计的本土植物保护物种共有64001种，已保护的有26351种，保护率仅为41.2%；其中，RE、CR、EN、VU、NE、LC物种保护率分别为34.4%、53.4%、53.8%、49.7%、40.6%和41.2%，整体保护水平有待进一步提高。14个植物物种分布重点地区中，江西、京津冀、辽宁等地区，植物物种保护率高，均高于70%；江苏、湖南、湖北等地区的植物物种保护率低，在10%以下，植物物种多样性保护存在南北空间差异性。

（2）植物园是城镇开发边界内植物多样性保护的主阵地，空间布局与保护需求之间不平衡。中国植物园是35个生物多样性保护优先区域的重要补充，极大维护了城市植物多样性，是国土空间生物多样性保护的重要组成部分。同时，植物园建设也存在空间分布不均衡、植物保护研究不足等问题，东部季风区域集中了约90%的植物园，西北地区植物园数量仅占10%，导致植物园分布与植物多样性保护需求之间存在不匹配现象。要在分析现有植物园建设与发展现状基础上，根据自然条件、社会经济状况、自然资源以及主要保护对象分布特点，综合考虑代表性的生态系统类型地区、物种丰富性、珍稀濒危等级、科学研究价值等因素，统筹规划植物园布局，进一步覆盖不同地理条件和气候环境，尽可能多地保存我国植物区系成分和植物种类。在生物多样性热点地区建立植物就地和迁地保护体系，落实生优区保护战略；在西藏、新疆等西部及西北部地区增加植物园布局，以收集和研究种质资源为重点任务，以完善国家种质资源库信息，健全植物园体系建设。

参考文献

[1] 张德顺，陈陆琪瑶，李科科，等．植物园——城市的地标和专用绿地[J]. 华中建筑，2021(2)：99-103.

[2] 贺善安，顾姻，褚瑞芝，等. 植物园与植物园学[J]. 植物资源与环境学报，2001，10(4)：48-51.

[3] HE Shan-An. Fifty of Botanical Gardens in China [J]. Acta Botanica Sinica，2002，44(9)：1123-1133.

[4] 任海，段子渊. 科学植物园建设的理论与实践[M]. 北京：科学出版社，2017：1-8.

[5] 焦阳，邵云云，廖景平，等. 中国植物园现状及未来发展策略[J]. 中国科学院院刊，2019，34(12)：1351-1358.

[6] 张云璐. 当代植物园规划设计与发展趋势研究[D]. 北京林业大学，2015.

[7] 熊田慧子. 新时期中国植物园规划建设的发展趋势探究[D]. 北京：北京林业大学，2016.

[8] 董斌，赖巧晖，李荣喜，等. 科普型植物园规划、设计及建造[J]. 热带农业科学，2020，40(12)：103-110.

[9] 胡绍庆，张后勇. 试论城市生物多样性保育规划的规范[J]. 浙江林学院学报，2005，22(2)：207-210.

[10] 胡永红. 华东植物区系生物多样性保护的新措施——上海辰山植物园规划初议[C]//第六届生物多样性保护与利用高新科学技术国际研讨会论文集，2006.

[11] 郭亚男，王刚涛，梁丹，等. 广州市植物多样性现状调查与分析[J]. 热带亚热带植物学报，2021，29(3)：229-243.

[12] 赵文媛，徐秀源，岳国忠. 植物园植物档案科学记录与管理探讨[J]. 绿色科技，2021，23(15)：109-111，114.

[13] 曾荣，郭蓉. RMP视角下永州森林植物园研学旅行育人价值研究[J]. 中国集体经济，2021(19)：127-128.

[14] 郭丽娟，王计平. 基于人工智能技术的上海植物园科普服务研究[J]. 绿色科技，2019(15)：10-12+15.

[15] 张肖肖. 西双版纳热带植物园病虫害综合治理实践[J]. 中国植保导刊，2020，40(9)：114-116，95.

[16] 黄宏文. 中国植物园[M] 中国林业出版社，2018

[17] 孔令娜. 植物园发展体系及案例分析[J]. 安徽农学通报，2021，27(13)：92-94.

[18] 刘川华. 生物多样性保护与城市园林建设[C]//中国风景园林学会第四次全国会员代表大会论文集，2008：113-115.

[19] 彭琳玉，胡希军. 基于GIS的湖南省植物园生态敏感性分析[J]. 绿色科技，2021，23(18)：9-14.

[20] 魏来，王学良，赵溪竹，等. 科技支撑产业融合发展模式探索与实践——以兴隆热带植物园为例[J]. 热带农业科学，2020，40(2)：129-133.

作者简介

孙艳芝，1989年生，女，汉族，江苏徐州人，博士，中国城市建设研究院有限公司高级工程师，研究方向为风景园林、生态安全等。电子邮箱：sunyz. 15b@igsnrr. ac. cn。

论文集

风景园林与绿色低碳发展

园林绿地碳中和相关计算工具汇总分析与应用研究①

The Summary Analysis and Application Research of Related Calculation Tools for Carbon Neutrality of Green Spaces

汪文清　吴佳鸣　李　倞*

摘　要：中国"双碳"目标的提出引发国内各行业的广泛回应。为在风景园林相关研究和实践中帮助潜在用户选择最合适的计算工具，本文通过对国内外相关研究论文的汇总分析，整理出目前在园林绿地碳中和计算中使用的主要工具共 10 个，从计算范围、计算因子、计算工具的地区适应性和计算工具的使用 4 个方面进行总结对比，提出工具汇总表。从目前研究来看，针对风景园林的碳计算的不确定性非常高，而且国内开发的用于风景园林的碳计算工具较少，由于数据库的地区适用性原因，国际上的计算工具在我国的使用仍受到较多限制，需要加快开发适用于我国的园林绿地碳计算工具。

关键词：风景园林；绿地；碳中和；碳计算工具；景观绩效

Abstract: The proposal of Chinese carbon peaking and carbon neutrality goals have triggered a wide range of responses from various industries in China. In order to help potential users choose the most suitable calculation tools in the research and practice of landscape architecture, through the summary and analysis of relevant domestic and foreign research papers, a total of 10 main tools currently used in the calculation of carbon neutrality in green spaces have been sorted out. The calculation scope, calculation factor, regional adaptability of calculation tools and the use of them are summarized and compared, putting forward a summary table of tools. From the current research, the uncertainty of carbon calculation for landscape architecture is very high, and there are only a handful of carbon calculation tools for landscape architecture developed in China. Due to the regional applicability of the database, the use of international calculation tools in China are still limited. It is necessary to accelerate the development of carbon calculation tools for green spaces in China.

Keywords: Landscape; Green Space; Carbon Neutrality; Carbon Calculation Tool; Landscape Performance

引言

"双碳"背景下，气候变化及其后果被认为是 21 世纪的主要环境挑战之一[1-3]。如何实现碳中和成为国际社会广泛关注的全球性问题，也为风景园林学科提供了全新的机遇和挑战。风景园林作为城市生态系统的重要组成部分，具有重要的碳汇[4]和减源潜力，在实现国家碳中和目标中具有重要意义。但风景园林碳中和的表现相对不直观，需要运用相关工具进行量化。

园林绿地碳汇的原理和碳计算工具的应用是以往研究的主要内容。张青云[5]、鲁敏[6]等针对城市绿地植物固碳能力展开研究；冀媛媛[7]等对植物固碳计算系统进行总结并探讨其对营造低碳景观的意义；马宁[8]、熊金鑫[9]、占珊[10]、薛兴燕[11]等针对 i-tree 和 citygreen 等碳汇计算工具的应用展开研究；鞠颖[12]等对建筑的全生命周期碳排放计算方法和工具进行了梳理。但是，随着碳中和计算需求的不断增加，目前尚缺乏基于园林绿地全生命周期碳排与碳汇计算工具的系统比较和研究总结。

研究以中文、英文、法文和西班牙文进行网页和文献检索，其中中文文献来自于中国知网，英文文献来自于 Web of Science 数据库，网页检索采用谷歌搜索。在检索过程中，除去部分私人公司为内部使用而开发、用于特定产品计算的工具，最终筛选出目前可以在园林绿地中使用的碳计算工具主要有 10 个[13-22]（表 1）。研究重点将可以用于园林绿地全生命周期的碳计算工具进行分类整理，提出工具汇总表和工具选择流程，并分析现有计算工具的局限性，以期为潜在用户选择最适合其目标和要求的计算工具提供指导，为进一步开发中国本土园林绿地碳计算工具提供思路，推动中国风景园林碳中和计算的理论和实践研究。

园林绿地碳计算工具简介　　表 1

名称	计算类别	计算目标	下载地址（使用地址）	付费/免费
Embodied Carbon in Construction Calculator/EC3（隐含碳建造计算器）	碳排	计算不同类型建筑材料的碳排放量	https://buildingtransparency.org/ec3/infographics	免费
东南大学东禾建筑碳排放计算分析软件		计算建筑的碳排放量	http://seuicc.com:8080/#/	免费

① 基金项目：国家自然科学基金面上项目（32071833）；住房和城乡建设部项目：典型城市园林绿化碳汇研究（12020210276）。

续表

名称	计算类别	计算目标	下载地址(使用地址)	付费/免费
citygreen	碳汇	计算植物的碳汇量	—	免费
i-Tree-Eco		计算森林结构和树木的碳汇量	https://www.itreetools.org/i-tree-tools-download	免费
National tree benefit calculator(国家树木效益计算器)		计算单棵树的碳汇量	http://www.treebenefits.com/calculator/index.cfm	免费
Construction Carbon Calculator(施工碳排放计算器)	碳排和碳汇	计算建筑的碳排放和其中园林绿地的碳汇量	http://www.buildcarbonneutral.org/	免费
Landscape carbon calculator		计算园林绿地项目的碳排放和碳汇量,最终确定项目需达到碳中和的时间	https://calccarbon.com/membership-account/membership-levels/	免费
pathfinder("探路者"景观碳计算器)		计算园林绿地项目的碳排放和碳汇量,最终确定项目需达到碳中和的时间	https://app.climatepositivedesign.com/	免费
CURB(城市可持续发展气候行动)		演示一些特定的成功情景作为实现城市减排和减源的目标	https://datacatalog.worldbank.org/search/dataset/0042029	免费
CarboScen		估算生态系统中的碳	https://www2.cifor.org/gcs/toolboxes/carboscen/	免费

1 计算工具介绍

1.1 计算范围

碳计算工具主要涉及3个计算类别：碳排计算、碳汇计算和碳中和（含碳排碳汇）计算。不同类别的计算工具在计算范围上差异较大，同一计算类别的计算工具由于输入数据、计算的重点和计算方法的不同，在计算范围上仍有所差别（表2）。碳排放的计算工具主要均为针对风景园林建筑的碳排放进行计算，重点计算建筑材料的碳排放，缺乏对建筑施工及运行过程中碳排放的考虑，仅东禾建筑碳排放计算软件计算了建筑的运行碳排放。在碳汇的计算中，研究的3个计算工具都考虑到了园林绿地中重要的植物碳汇，但对土壤碳汇、水体碳汇和湿地碳汇的计算均未提及。与此同时，植物碳汇量的计算范围也有不同，如National tree benefit calculator和i-Tree-Eco均计算了乔木、灌木、草本的碳汇量，而citygreen仅涉及乔木碳汇量。此外，citygreen和i-Tree-Eco对植物从大气中吸收的碳吸收量和植物材料中长期储存的碳储存量两个方面都进行了计算，National tree benefit calculator仅计算了碳吸收量。在碳中和计算的4个工具中，计算内容相比单独计算碳排和碳汇的工具更为全面，计算了景观材料、植物养护、土方使用等方面的碳排，碳汇量中Construction Carbon Calculator和Landscape carbon calculator计算了土壤碳汇，pathfinder涵盖了湿地碳汇。其中较为特殊的是CarbonScen，这一工具能够计算土地性质利用变化带来的碳排和碳汇量。

计算范围汇总分析 **表2**

名称	碳排								碳汇						
	建筑工程				园林植物			土地利用碳排	植物碳汇			水体碳汇	土壤碳汇	湿地碳汇	土地利用碳汇
	材料	施工	运行	运输	植物养护	灌溉排水	园林废弃物		乔木碳汇	灌木碳汇	草本碳汇				
Embodied Carbon in Construction Calculator (EC3)	*	/	/	/	/	/	/	/	/	/	/	/	/	/	/
东南大学东禾建筑碳排放计算分析软件	*	*	*	/	/	/	/	/	/	/	/	/	/	/	/
citygreen	/	/	/	/	/	/	/	/	*	/	/	/	/	/	/
i-Tree-Eco	/	/	/	/	/	/	/	/	*	*	*	/	/	/	/
National tree benefit calculator	/	/	/	/	/	/	/	/	*	*	*	/	/	/	/

续表

名称	碳排								碳汇						
	建筑工程				园林植物			土地利用碳排	植物碳汇			水体碳汇	土壤碳汇	湿地碳汇	土地利用碳汇
	材料	施工	运行	运输	植物养护	灌溉排水	园林废弃物		乔木碳汇	灌木碳汇	草本碳汇				
Construction Carbon Calculator	*	/	/	/	/	/	/	/	/	/	/	/	*	/	/
Landscape carbon calculator	*	/	*	*	*	*	/	/	*	*	*	*	*	/	/
pathfinder	*	/	*	*	*	/	*	/	*	*	*	*	*	*	/
CURB	/	/	/	*	/	/	*	*	/	/	/	/	/	/	/
CarboScen	/	/	/	/	/	/	/	*	/	/	/	/	/	/	*

注：/ 表示未计算，* 表示已计算。

1.2 计算因子

计算因子对计算结果准确性影响很大。计算工具内各个因子的来源有多种途径，包括研究论文或官方出版物中的数据，也有少部分是官方机构凭经验确定的数据。以 pathfinder 为例，湿地的年单位面积碳封存率来源于荷兰人工湿地的研究报告[23]，草地碳排或碳汇的排放或封存因子来源于美国环境保护署[24]，乔木的成熟碳封存率和生存因子等数据是美国农业部研究产生的经验数据。此外，由于计算因子数据来源的不完善，在实际运用中，也存在对已有数据处理后使用的现象，在 pathfinder 工具中，由于仅有材料产品阶段的全球变暖潜能值，而运输、建设、使用和拆除阶段的全球变暖潜能值，则按照产品阶段数据的 30%进行估算。

基于上述来源的不同，计算因子会呈现出地区适应的特征，大致可以分为两类，包括普遍适用的平均计算因子和适用于特殊地区的地区性计算因子。但具有地区适应性特征的计算因子在具体研究中也会有本土化处理，如 citygreen 中使用的碳储存系数就是依据植物生长阶段分类的幼龄、中龄、混合、平均 4 个类型[25]。在北美以外地区常通过获取属性特征数据进行碳储存系数的选择和调整。杜钦[26]等人对 citygreen 碳储量模型在国内应用的准确性进行了验证，结果显示该模型的计算结果较为准确。

1.3 计算工具的地区适应性

10 个碳计算工具由于开发机构和数据支持单位的不同，地区适应性差异较大。按照计算工具的地区适用性大致可以分为 3 类：仅某个地区适用；针对某个地区适用，其余地区替代性使用；全球适用（表 3）。

计算工具的地区适应性分类　　表 3

名称	开发地区	主要开发和数据支持机构	是否可以自定义数据	适用地区
Embodied Carbon in Construction Calculator（EC3）	全球合作	C Change Labs of Coquitlam	是	全球适用
东南大学东禾建筑碳排放计算分析软件	中国	东南大学	是	仅中国适用
citygreen	北美	美国农业部林务局	是	针对北美适用，其余地区替代性使用
i-Tree-Eco	加拿大、澳大利亚、墨西哥、韩国、哥伦比亚、欧洲大部分城市	美国农业部林务局	是	针对加拿大、澳大利亚、墨西哥、韩国、哥伦比亚、欧洲大部分城市适用，其余地区替代性使用
National tree benefit calculator	北美	Casey Trees、Davey Tree Expert Co、i-Tree、美国农业部林务局城市森林研究中心	否	仅北美适用
Construction Carbon Calculator	美国	Mithun、德克萨斯大学奥斯汀分校、华盛顿大学	否	仅美国适用
Landscape carbon calculator	北美	环境保护署、气候变化资源中心(CRCC)、美国农业部自然资源保护局（NRCS）等	否	仅北美适用

续表

名称	开发地区	主要开发和数据支持机构	是否可以自定义数据	适用地区
pathfinder	北美	美国农业部林务局	是	针对北美适用，其余地区替代性使用
CURB	全球	世界银行（WB）联合C40城市集团、全球市长联盟（Compact of Mayors）	是	全球适用
CarboScen	全球	国际林业研究中心（CIFOR）、University of Helsinki	是	全球适用

大多数计算工具都是为了区域使用而设计，如National tree carbon calculator和Landscape carbon calculator。它们都是基于北美地区的数据进行开发，不可以自定义数据，在适用地区上也仅限于北美地区。

但在一些计算工具的实际使用过程中，常使用一些替代数据在设计区域以外的地区进行使用，如i-Tree-Eco、pathfinder和citygreen。这些工具通常以自定义数据来解决地区适应性的问题，如在不受支持的地区使用i-tree时可通过邮箱发送数据集至美国林务局进行格式化矫正[27]；pathfinder则可以自定义材料和植物部分的数据，材料部分可以自定义输入具体材料的名称、类别和每单位的碳排量，植物部分可以自定义输入具体植物的名称、类别和植物的年碳汇率；citygreen则提供了300多种树木信息的基础数据库，通过对模型中基本参数的修正和对树种数据库的更新解决地区适应性问题[28, 29]。但是由于计算工具中的部分计算因子的限制性和计算方法的局限性，使用自定义数据的计算结果也存在一定的不确定性。

最后，仅有少量计算工具可以在全球范围内通用，如EC3、CURB和CarboScen。EC3中的材料检索范围覆盖七大洲，虽然部分地区环保产品声明（Environmental Product Declaration，EPD）数据不全，但在分类标准中将其归类为全球通用。CURB通过输入当地城市数据提供量身定制的分析，帮助城市评估低碳行动，如果一个城市缺少数据或其他特定信息，它允许使用可比性的城市或国家的数据。因此，CURB具有全球通用性，它也是第一个可以在各类城市中的一系列部门中全面应用的免费工具[30]。CarboScen则是通过自定义输入计算碳密度来估算生态系统中的碳，不具有地区限制性。

1.4 计算工具的使用

1.4.1 输入输出数据

计算工具在输入阶段需要的信息可以主要概括为所属地区、研究范围的面积和计算内容的类型；输出的结果是以数值和图表展示为主，主要可以分为质量、经济价值和时间（表4）。

质量数值的输出主要是针对二氧化碳量，其中包括碳排放量和碳汇量，单位有千克二氧化碳当量（$kgCO_2e$）、吨、磅。计算工具中有经济价值输出的仅有National tree carbon calculator，它针对单棵植物的年收益进行了以美元为单位的估算。Landscape carbon calculator和pathfinder在结果中对于达到碳中和的时间进行了展示。CURB、CarboScen等计算工具的输出结果以图示化的形式为主。

1.4.2 不同阶段风景园林碳计算工具的使用

计算工具由于计算范围和输出结果的不同，主要适用于3个不同的使用阶段，包括园林绿地全生命周期，绩效报告和生活科普（表5）。

计算工具的输入及输出汇总 **表4**

名称	输入数据	输出数据
Embodied Carbon in Construction Calculator（EC3）	具体材料类型、尺寸、碳排放量区间、地理区域	每单位材料包含的二氧化碳量
东南大学东禾建筑碳排放计算分析软件	建筑类型、计算阶段、气候带；施工所需能源类型及用量、施工机械类型及台班用量计算；建材类型、用量、运输距离；运行阶段热水、空调、电梯及照明、可再生能源利用等	项目各阶段碳排放量、单位面积排放量和总碳排放量
citygreen	研究区面积、森林覆盖率、碳储存因子、碳吸收因子	碳储存量、碳吸收量
i-Tree-Eco	位置、树种、树木生长信息、预计植物生长年限等	碳储存量（有图片、表格和书面报告等形式）

续表

名称	输入数据	输出数据
National tree carbon calculator	区域、树种、树木直径、附近用地类型	树木碳汇量
Construction Carbon Calculator	园林绿地部分输入植被受干扰的面积、新引入植被的类型、面积和所属地区；建筑部分输入建筑面积、地上层数、地下层数和主要结构系统材料	整个项目的净隐含 CO_2
Landscape carbon calculator	硬质景观、土地整理、引流、灌溉和中水、雨水、灯光、水景、植物材料、土壤和覆盖、运输、交货、设备等12个分类的内容	碳排放总量、12个分类的碳排放量、初始碳封存、年度碳封存、碳中和时间表（有概要与报告两种形式）
pathfinder	碳源阶段的铺路材料和场地特征，墙壁、路缘和集流管，栅栏和大门，场地设施，排水和灌溉，地下设施，覆盖物和土壤情况；碳汇阶段的湿地、树木、草坪和灌木等情况；维护阶段的燃气、电力设备以及肥料等内容	碳中和设计记分卡，其中包括碳源、碳汇和维护各阶段的数据、项目实现碳中和的预计年数、碳封存量和长达100年的净影响以及隐含碳概况
CURB	城市环境的基本信息，建筑物、废物和运输等温室气体排放清单等	行动对城市温室气体排放、当地能源的综合影响需求和支出水平
CarboScen	时间跨度、土地性质面积、平衡时的生物质碳密度、生物质转化速度、平衡时的土壤碳密度、土壤碳转化速度等土地利用情况	时间变化下的土地利用分级、生物质碳密度、土壤碳密度、整个景观中的生物质碳密度、整个景观中的土壤碳密度、总的景观中的碳密度

计算工具使用阶段汇总 **表5**

名称	计算类别	使用阶段					
		园林绿地全生命周期				绩效报告	生活及科普
		规划	设计更新	施工建造	维护管理		
Embodied Carbon in Construction Calculator (EC3)	碳排	/	**	**	/	/	/
东南大学东禾建筑碳排放计算分析软件		/	**	**	**	**	*
citygreen	碳汇	/	**	/	/	/	/
i-Tree-Eco		/	**	/	/	**	/
National tree benifit calculator		/	/	/	/	/	**
Construction Carbon Calculator	碳排和碳汇	/	**	/	/	/	*
Landscape carbon calculator		/	**	**	*	**	*
pathfinder		/	**	*	*	**	*
CURB		**	/	/	/	/	/
CarboScen		**	/	/	/	/	/

注：/表示完全不适宜，*表示较适宜，**表示适宜。

在园林绿地全生命周期的阶段中，适用于规划的工具较少，仅有CURB和CarboScen。适用于设计部分的工具较为丰富，通过输入碳排、碳汇相关数据，能够较为全面的计算出设计方案中的碳足迹。如王昕歌利用pathfinder对西安市小雁塔设计方案进行碳汇计算[31]。适用于施工建造和维护管理部分的工具相对较少。对于维护管理部分的碳排放，东禾建筑计算工具涉及项目中热水、空调、照明、电梯的使用所造成的碳排放，其他工具仅有少量指标涉及维护部分，如pathfinder计算了植物维护的碳排放量。

一些计算工具输出的结果以绩效报告的图表形式展现，有助于管理者和政府人员进行操作，并得到直观的分析结果。东禾建筑碳排放计算分析软件能够得到概算报告和精算报告，i-Tree-Eco能够得到不同树种的碳储存量的数据表，pathfinder和Landscape carbon calculator能够得到实现园林绿地碳中和的时间。由于部分计算工具的操作较为简单，同样适用于日常生活和科普展示，以提高公众对减碳增汇的理解，引导居民开展低碳生活，降低城市能耗。

1.4.3 不同尺度风景园林碳计算工具的使用

计算工具不仅在使用阶段上有所侧重，在使用尺度上也有很大的区别。根据目前计算工具应用的情况，按照使用的尺度可以划分为公园内部要素、公园、城市开放空间、城市公园绿地系统和区域绿地系统（表 6）。

公园内部要素的碳计算多以单个材料、单体建筑的碳排量计算和单棵或小面积的植物碳汇量计算为主，大部分计算工具都可以适用，如刘朋朋[32]运用 i-tree 模型对杭州西湖景区行道树的固碳释氧效益进行估算；Fox，W[33]等人使用 i-Tree-Eco 对佐治亚大学主校区存活树木的地上和地下部分的碳储量进行估算。

计算工具使用尺度汇总　　表 6

名称	计算类别	使用尺度				
		公园内部要素	公园	城市开放空间	城市公园绿地系统	区域绿地系统
Embodied Carbon in Construction Calculator（EC3）	碳排	*	*	*	/	/
东南大学东禾建筑碳排放计算分析软件		*	/	/	/	/
citygreen	碳汇	/	*	*	*	*
i-Tree-Eco		*	*	*	*	*
National tree benifit calculator		*	*	*	/	/
Construction Carbon Calculator	碳排和碳汇	*	*	*	/	/
Landscape carbon calculator		*	*	*	/	/
pathfinder		*	*	*	/	/
CURB		/	/	*	*	*
CarboScen		/	/	/	/	*

注：/表示不适宜，*表示适宜。

公园和城市开放空间的碳计算是针对城市中某个公园或一片区域展开计算，两者在计算工具的选择上基本一致，除了 CarboScen 以外其余工具均可使用，但 CURB 是仅针对城市尺度的计算工具，不适用于公园的碳计算。

目前针对城市公园绿地系统和区域绿地系统的碳计算工具主要都是对碳汇量进行计算，也有部分是碳排量和碳汇量一起计算，仅针对碳排量的计算工具较少。其中，citygreen 和 i-Tree-Eco 在绿地系统尺度下已经有较多地使用。如彭丽华[34]等人应用 citygreen 模型对南京主城区绿地的固碳效益进行了评估；Song P[35]等人基于 i-Tree-Eco 对河南省漯河市各类绿地的生态效益进行评估；陈莉[36]等人应用 citygreen 模型对计算了深圳市不同功能区绿地系统净化空气与固碳释氧的效益。

CURB 由于输入的数据主要针对城市建成区内，因此不适用于区域绿地系统；而 CarboScen 适用于土地利用变化下的碳影响估算，目前的版本中仅包括耕地和森林两种土地用途，因此在区域绿地系统中的使用价值更高，如 Ravikumar A[37]等人使用 CarboScen 计算秘鲁、印度尼西亚、坦桑尼亚和墨西哥的 8 个景观中开发不同的土地利用情景的园林绿地减碳情况。

1.4.4 计算工具的使用难度

各个计算工具使用难度存在差异（表 7）。部分计算工具在官方网站中给出了用户使用指南，但有一些计算工具需要用户进行测试使用后才能熟悉操作。与此同时，计算工具的使用依赖于用户输入数据的可用性和获取数据的难度，因此，很难评估每个计算工具的使用时间。本研究基于计算工具输入数据的数量和操作步骤的复杂程度，将计算工具的使用难度由高到低分为难、中等、易 3 个等级。

计算工具使用难度汇总　　表 7

名称	计算类别	使用难度
Embodied Carbon in Construction Calculator（EC3）	碳排	中等
东南大学东禾建筑碳排放计算分析软件		中等
citygreen	碳汇	易
i-Tree-Eco		难
National tree benifit calculator		易
Construction Carbon Calculator	碳排和碳汇	易
Landscape carbon calculator		中等
pathfinder		易
CURB		难
CarboScen		难

2 结论与讨论

双碳背景下，园林绿地碳中和计算以定量化的方法和全生命周期的角度评价园林绿地减源增汇的效益，具有重要的现实意义。通过对园林绿地碳中和相关计算工具的总结，系统介绍了计算工具的计算范围、计算因子、地区适应性和使用问题，为潜在用户提供了一个全周期园林绿地碳中和相关计算工具的选择框架，笔者认为未来园林绿地碳中和计算工具的研究应从以下几个方面开展。

（1）现有园林绿地的碳计算工具多集中于景观的设计更新和施工建造阶段，对规划和维护管理阶段的研究甚少。与此同时，碳计算工具的研究多集中于绿地部分，对园林建筑工程的碳问题鲜有提及。然而，景观维护阶段的碳排放是景观全生命周期碳计算时重要的一环，从规划开始考虑碳问题则更有必要，所以日后应着力从全景观角度出发，综合考虑和计算园林绿地的减源增汇效益。

（2）目前针对园林绿地的碳计算工具的不确定性非常高。10个计算工具中仅有4个明确表达了对不确定性的说明，但很少提供对于不确定性的估计。针对计算工具的不确定性主要来源于两个方面——输入数据的不确定性和计算因子的不确定性。

风景园林不同使用阶段和使用尺度下数据获取的难度有所不同，而且目前针对园林绿地的碳计算工具，没有统一标准的数据来源和公认方法。

由于地区数据的差异性，计算因子也存在很大的不确定性。在实际情况中，园林绿地碳计算由于受外界变化的影响也经常引发一系列的不确定性，例如场地特殊气候影响下的植物栽植成活率、经济环境变化下电力排放因子的不同、场地本身水资源情况影响水体碳汇等，这些问题带来的不确定性是显而易见的，因此要加快统一碳计算工具的数据来源和计算方法以及对不确定性的评估工作。

（3）目前国内官方用于风景园林的碳计算工具较少，国际上的计算工具在我国的使用仍受到较多的限制，应从数据的本土化开始，加快研究开发适用于我国的碳计算工具。

参考文献

[1] 乔纳森·巴奈特. 气候变化如何改变城市设计[J]. 风景园林，2021，28(08)：10-17.

[2] 沈清基，洪治中，安纳. 论设计气候效应：兼论气候变化下的设计应对策略[J]. 风景园林，2020，27(12)：26-31.

[3] 刘丹，华晨. 气候弹性城市和规划研究进展[J]. 南方建筑，2016(01)：108-114.

[4] 刘长松. 气候变化背景下风景园林的功能定位及应对策略[J]. 风景园林，2020，27(12)：75-79.

[5] 张青云，吕伟娅，徐炳乾. 华北地区城市绿地固碳能力测算研究[J]. 环境保护科学，2021，47(01)：41-48.

[6] 鲁敏，秦碧莲，牛朝阳，等. 城市植物与绿地固碳释氧能力研究进展[J]. 山东建筑大学学报，2015，30(04)：363-369.

[7] 冀媛媛，罗杰威，王婷. 建立城市绿地植物固碳量计算系统对于营造低碳景观的意义[J]. 中国园林，2016，32(08)：31-35.

[8] 马宁，何兴元，石险峰，等. 基于i-Tree模型的城市森林经济效益评估[J]. 生态学杂志，2011，30(04)：810-817.

[9] 熊金鑫，祁慧君，王倩茹，等. 基于i-Tree模型的城市小区行道树生态效益评价[J]. 南京林业大学学报(自然科学版)，2019，43(02)：128-136.

[10] 占珊. CITYgreen模型对长沙市城市森林生态系统的效益评价研究[D]. 中南林业科技大学，2008.

[11] 薛兴燕. 基于TM影像和i-Tree模型的郑州市景观格局与城市森林生态效益分析[D]. 河南农业大学，2015.

[12] 鞠颖，陈易. 全生命周期理论下的建筑碳排放计算方法研究——基于1997～2013年间CNKI的国内文献统计分析[J]. 住宅科技，2014，34(05)：32-37.

[13] MYCARBONCURE. Embodied Carbon in Construction Calculator (EC3)-CarbonCure[EB/OL]. [2021/12/20]. https://www. carboncure. com/concrete-corner/embodied-carbon-in-construction-calculator-ec3/.

[14] 新华日报. 建筑物碳排放 东大有款软件帮你算[EB/OL]. [2021/12/19]. https://news. seu. edu. cn/2021/0904/c5485a383540/page. htm.

[15] American Forests. Sustainable Landscape Products and Urban Design Solutions | Citygreen[EB/OL]. [2021/12/19]. https://citygreen. com/.

[16] USDA Forest Service. i-Tree Eco | i-Tree[EB/OL]. [2021/12/19]. https://www. itreetools. org/tools/i-tree-eco.

[17] DAVEY. National Tree Benefit Calculator | Davey Tree[EB/OL]. [2021/12/19]. https://www. davey. com/arborist-advice/articles/national-tree-benefit-calculator/.

[18] MITHUN. Construction Carbon Calculator | | BuildCarbonNeutral. org-A CO_2 calculator for your whole building project. [EB/OL]. [2021/12/19]. http://www. buildcarbonneutral. org/.

[19] Rick Taylor. Landscape Carbon Calculation[EB/OL]. [2021/12/19]. https://www. landfx. com/videos/webinars/item/6266-landscape-carbon-calculation. html.

[20] Pamela Conrad. Pathfinder-Improve Our Carbon Impact-Climate Positive Design[EB/OL]. [2021/12/19]. https://climatepositivedesign. com/pathfinder/.

[21] The World Bank. The CURB Tool: Climate Action for Urban Sustainability[EB/OL]. [2021/12/19]. https://www. worldbank. org/en/topic/urbandevelopment/brief/the-curb-tool-climate-action-for-urban-sustainability.

[22] LARJAVAARA M，KANNINEN M，ALAM S A，et al. CarboScen: a tool to estimate carbon implications of land-use scenarios[J]. ECOGRAPHY，2017，40(7)：894-900.

[23] Jamie L Banks Robert McConnell. National Emissions from Lawn and Garden Equipment[EB/OL]. [2021/12/20]. https://www. epa. gov/sites/default/files/2015-09/documents/banks. pdf.

[24] Megan Beardsley"Christian E. Lindhjem"Craig Harvey. Document Display | NEPIS | US EPA[EB/OL]. [2021/12/19]. https://nepis. epa. gov/Exe/ZyNET. exe/P100069B. txt? ZyActionD=ZyDocument&Client=EPA&Index=1995%20Thru%201999&Docs=&Query=&Time=&EndTime=&SearchMethod=1&TocRestrict=n&Toc=&TocEntry=&QField=&QFieldYear=&QFieldMonth=&QFieldDay=&UseQField=&IntQFieldOp=0&ExtQFieldOp=0&XmlQuery=&File=D%3A%5CZYFILES%5CINDEX%20DATA%5C95THRU99%5CTXT%5C00000020%

5CP100069B. txt&User = ANONYMOUS&Password = anonymous&SortMethod=h%7C-&MaximumDocuments=1&FuzzyDegree=0&ImageQuality=r75g8/r75g8/x150y150g16/i425&Display=hpfr&DefSeekPage=x&SearchBack=ZyActionL&Back=ZyActionS&BackDesc=Results%20page&MaximumPages=1&ZyEntry=4&slide.

[25] 张陆平，吴永波，郑中华，等. 基于CITYgreen模型的苏州市森林生态效益评价[J]. 南京林业大学学报(自然科学版)，2012，36(01)：59-62.

[26] 杜钦，段文军，罗盛锋. CITYgreen模型在人工林碳储量核算中的应用研究[J]. 中南林业科技大学学报，2016，36(11)：103-107.

[27] 王茜，杜万光，王晓磊. I-Trees模型在城市绿地生态服务功能评估中的应用探索研究[J]. 山东林业科技，2018，48(06)：77-81.

[28] 于洋，王昕歌. 面向生态系统服务功能的城市绿地碳汇量估算研究[J]. 西安建筑科技大学学报(自然科学版)，2021，53(01)：95-102.

[29] 胡志斌，何兴元，李月辉，等. 基于CITYgreen模型的城市森林管理信息系统的构建与应用[J]. 生态学杂志，2003(06)：181-185.

[30] The World Bank. New Data-Driven Planning Tool Helps Cities Advance Climate Action[EB/OL]. [2021/12/19]. https://www.worldbank.org/en/news/feature/2016/09/22/new-data-driven-planning-tool-helps-cities-advance-climate-action.

[31] 王昕歌，尹正. 基于Pathfinder的城市绿地碳汇效益估算及优化——以西安市小雁塔改建前景区为例[J]. 城市建筑，2021，18(17)：166-168.

[32] 刘朋朋. 基于i-Tree模型杭州西湖景区行道树生态效益分析[D]. 浙江农林大学，2018.

[33] FOX W，DWIVEDI P，LOWE R C I，et al. Estimating Carbon Stock of Live Trees Located on the Main Campus of the University of Georgia[J]. JOURNAL OF FORESTRY，2020，118(5)：457-465.

[34] 彭立华，陈爽，刘云霞，等. Citygreen模型在南京城市绿地固碳与削减径流效益评估中的应用[J]. 应用生态学报，2007(06)：1293-1298.

[35] SONG P，KIM G，MAYER A，et al. Assessing the Ecosystem Services of Various Types of Urban Green Spaces Based on i-Tree Eco[J]. SUSTAINABILITY，2020，12(16304).

[36] 陈莉，李佩武，李贵才，等. 应用CITYGREEN模型评估深圳市绿地净化空气与固碳释氧效益[J]. 生态学报，2009，29(01)：272-282.

[37] RAVIKUMAR A，LARJAVAARA M，LARSON A，et al. Can conservation funding be left to carbon finance? Evidence from participatory future land use scenarios in Peru，Indonesia，Tanzania，and Mexico[J]. ENVIRONMENTAL RESEARCH LETTERS，2017，12(0140151).

作者简介

汪文清，1999年生，女，汉族，安徽黄山人，北京林业大学硕士研究生在读，研究方向为风景园林规划与设计、碳中和园林。电子邮箱：295543458@qq.com。

吴佳鸣，1999年生，女，汉族，浙江永嘉人，北京林业大学硕士研究生在读，研究方向为风景园林规划与设计、碳中和园林。电子邮箱：15811326778@163.com。

（通信作者）李倞，1984年生，男，汉族，河北人，博士，北京林业大学，教授、博士生导师，研究方向为绿色基础设施、绿道和生态网络规划和设计、社区营造和公共健康。电子邮箱：Liliang@bjfu.edu.cn。

碳中和背景下城市社区碳代谢核算与优化策略初探
——以北京市学院路街道为例

Study on Accounting and Optimization Strategy of Community Carbon Metabolism in the Context of Carbon Neutralization
—A Case Study of Beijing Xueyuanlu Sub-district

赵凯茜　李　翅*

摘　要：碳中和背景下，城市是实现绿色低碳发展的核心场所，社区作为城市的基本单元，是践行低碳理念的重要空间载体。本文尝试引入碳代谢的概念，构建社区碳排放、碳吸收路径，核算发现：学院路街道碳排放总量为 2.41E+13kg，而碳吸收总量仅为 2.95E+04kg。基于此量化结果，提出发展低碳建筑、调节空间形态、提升绿地碳汇 3 大优化策略，并落位于社区具体空间，以期为后续制定绿色低碳的相关政策提供理论基础和思路。

关键词：碳中和；碳代谢；城市社区；学院路街道；碳排放

Abstract: In the context of carbon neutrality, cities are the core places to achieve green and low-carbon development. Community, as the basic unit of a city, is an important space carrier to practice the concept of low carbon. This paper tries to introduce the concept of carbon metabolism to construct the metabolic pathway of carbon emission and carbon absorption in community. According to the calculation, the total carbon emission of xueyuan road street is 2.41E+13kg, while the total carbon absorption is only 2.95E+04kg. Based on the results, three optimization strategies of developing low-carbon buildings, adjusting spatial form and improving green space carbon sink were proposed. Then it is located in the specific space of the community in order to provide theoretical basis and development ideas for the subsequent formulation of green and low-carbon policies.

Keywords: Carbon Neutrality; Carbon Metabolism; Urban Community; Xueyuanlu Sub-district; Carbon Emission

引言

过去 170 年来地球表面温度已升高 1.09℃[1]，极端气候、温室效应等环境问题严重影响着城市人居环境与安全，近年来，随着世界范围的城市扩张，现有的城市社区空间质量差、能耗高。2016 年签署实施的《巴黎协定》形成了 2020 年后的全球气候治理格局，绿色、低碳、可持续的城市理念已成为世界各国城市发展的核心问题。许多国家和跨国企业已经承诺在 2050 年或更早实现碳净零排放，这对提高居民生活质量、降低能源消耗、促进全球城市可持续发展具有重要意义。作为世界最大碳排放国之一，中国承诺在 2060 年前实现净零排放，提出资源节约型、环境友好型城市模式建设应以节能减排为重点，让良好生态环境成为全球经济社会可持续发展的重要支撑。与此同时，北京市也在积极应对气候变化，编制碳中和行动纲要，切实控制温室气体排放[2]，努力建设绿色低碳城市。

工业、建筑、交通是资源消耗和碳排放的主要领域，这 3 项活动都主要集中在城市，城市是实现绿色低碳发展的核心场所。社区作为城市的基本单元，是人们工作、生活、居住的主要场所，是城市践行低碳理念的重要空间载体。因此，既有城市社区的绿色低碳发展已成为一个越来越重要的研究课题。本文尝试引入碳代谢的概念，关注碳排放、碳吸收的重要代谢路径，从人居环境学领域量化社区碳代谢水平，为后续开展社区绿色更新提供工作思路，为未来政策制定提供依据。

1　碳代谢理论

代谢代表了生物体与其环境之间物质和能量交换的过程，城市碳代谢涉及城市与其环境之间的碳流动，即碳的输入、转换和输出[3]。量化城市系统的碳代谢，可以为由于城市资源不断开发所带来的生态环境问题提供解决思路，实现城市可持续发展。

碳代谢过程的研究很大程度上依赖于准确的碳核算。目前，碳排放与吸收核算体系相对成熟，国内外学者尝试开发研究新陈代谢的工具来模拟城市碳输入和输出的过程[3]，利用生态网络模型[4,5]、超效率模型的松弛测度[6]、物质流分析[7]、八节点网络模型[8]等方法定量探索城市或城市群系统结构的优化路径，为未来碳代谢发展提供更加准确的预测，引导政府制定城市碳代谢方面的政策[9]。然而，通过梳理文献发现，现有关于碳代谢的研究领域多集中在经济管理、能源资源等方面，研究内容也多聚焦单体建筑规模或城市区域规模，对中尺度社区的研究还比较缺乏。虽然社区的绿色更新提高了建筑节能的效率，但仍主要侧重于单一技术的应用，而没有对单一措施的整合进行有效的考虑。因此，随着全球能源短缺的逐步升级和对气候变化的日益关注，对现有城市社区的绿色更新已成为降低能源消耗、建设生态城市的关键。本文试图加强对社区碳代谢的认识，聚焦风景园林学科，建立社区碳代谢概念体系，以北京市学院路街道为研究对象，核算社区碳排放与碳吸收能力，努力弥补现阶段碳代谢研究内容层面的缺陷，科学拓展其应用场景，为北京制定碳中和相关政策提供工作思路和数据支撑。

2 研究方法

2.1 社区碳代谢体系构建

社区碳代谢是城市社区含碳物质和能量的排放和吸收的过程[10]，社区不同资源类型紧密联系，无法将其中任何一种资源从整个系统中隔离开来以衡量其流动情况对环境的影响，而是需要建立一个指标体系进行整体评价，如图1所示。城市社区碳排放主要来自对不可再生资源的消耗（建筑运营、交通运输等），社区居民购买食物以及各类活动所产生的垃圾，碳吸收则主要依靠社区内部不同类型的绿地来完成（本研究的体系构建以不可再生资源、食物、垃圾、绿地为主要核算指标，也可以根据每个社区的具体情况进行增减）。不同活动的碳排放及绿地的碳吸收计算方式及碳排放因子见表1、表2。

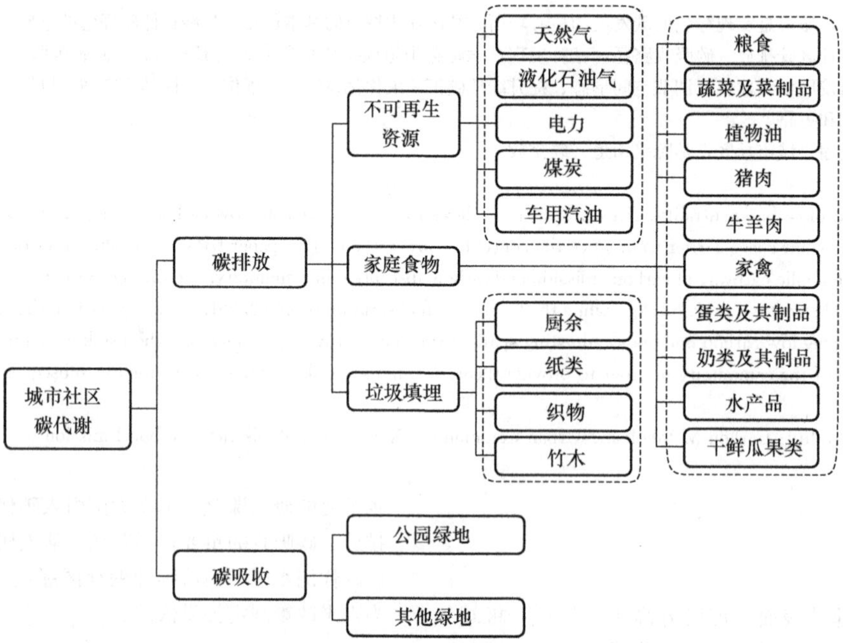

图1 城市社区碳代谢体系

社区碳排放及碳吸收计算方式 表1

类型		计算公式	参考文献
碳排放	不可再生资源	$E_{f,i}=F_{C,i}\times eF_i$ (1) $E_f=\sum_{f}^{i}E_{f,i}$ (2)	[11]
		$E_{f,i}$ 表示第 i 种不可再生资源的碳排放量；$F_{C,i}$ 表示第 i 种不可再生资源的消耗量；eF_i 表示第 i 种不可再生资源的碳排放因子；E_f 表示不可再生资源总的碳排放量	
	家庭食物	$E_{H,k}=C_{H,k}\times eH_k$ (3)	[10]
		$E_{H,k}$ 表示第 k 种食物的碳排放量；$C_{H,k}$ 表示第 k 种食物的消耗量；eH_k 表示第 k 种食物的碳排放因子	
	垃圾填埋	$E_{CH_4}=(W\times L_0-R)\times(1-OX)/W$ (4) $L_0=MCF_s\times DOC\times DOC_f\times(16/12)F$ (5) $DOC=\sum_{q=1}^{4}DOC_q\times P_q$ (6)	[11，12]
		E_{CH_4} 为 CH_4 排放量；W 为生活垃圾填埋量；L_0 为 CH_4 产生潜力；R 为 CH_4 回收量；OX 为氧化因子，缺省值为0；MCF_s 为 CH_4 修正因子（固废处理领域），取1；DOC 为卫生填埋垃圾中的可降解有机碳含量；DOC_f 为可降解有机碳实际降解比例，缺省值取0.5；DOC_q 为生活垃圾组分 q 的可降解有机碳含量；F 为 CH_4 在填埋气体中的比例，取0.5；16/12为 CH_4 与C的分子量比率；P_q 为生活垃圾 q 所占的比例	

续表

类型		计算公式	参考文献
碳吸收	绿地	$$E_G = 1.63 \times R_{CO_2} \times A \times A_c \times P \quad (7)$$ E_G 为绿地植物年固碳能值；1.63 为植物生长每形成 1t 干物质，需吸收 1.63tCO_2；R_{CO_2} 为 CO_2 中碳的含量；A 为城市绿地面积；A_c 为绿地的绿化面积转换系数（其中公园绿地转换系数为 87%，其他绿地转换系数为 96%）；P 为植物年净生产力	[13，14]

各指标碳排放因子　　　　表 2

类型		碳排放因子（kg CO_2/TJ）	数据来源
不可再生资源	天然气	56100	[11]
	液化石油气	63100	
	电力	98800	
	煤炭	98300	
	车用汽油	69300	
家庭食物	粮食	1.1983	[10]
	蔬菜及菜制品	0.1005	
	植物油	2.8109	
	猪肉	0.9335	
	牛羊肉	0.9335	
	家禽	0.9335	
	蛋类及其制品	0.5537	
	奶类及其制品	0.2306	
	水产品	0.5254	
	干鲜瓜果类	0.1826	

续表

类型		碳排放因子（kg CO_2/TJ）	数据来源
垃圾填埋	厨余	0.5684	[12] [15，16]
	纸类	0.1833	
	织物	0.0100	
	竹木	0.0061	

2.2　研究区域与数据来源

学院路街道位于北京中心城区海淀区。辖区东至京藏高速公路，与朝阳区接壤；西至原京包线铁路和地铁 13 号线，与中关村街道、东升街道为邻；南至北四环中路，与花园路街道相邻；北至学院路科技园，与清河街道接界。地铁 15 号线横贯东西，小月河连接南北，总用地面积 8.45hm²，目前有社区 30 个（图 2）。本研究中使用的基本数据来自《北京统计年鉴 2021 年》、《2021 北京海淀统计年鉴》。

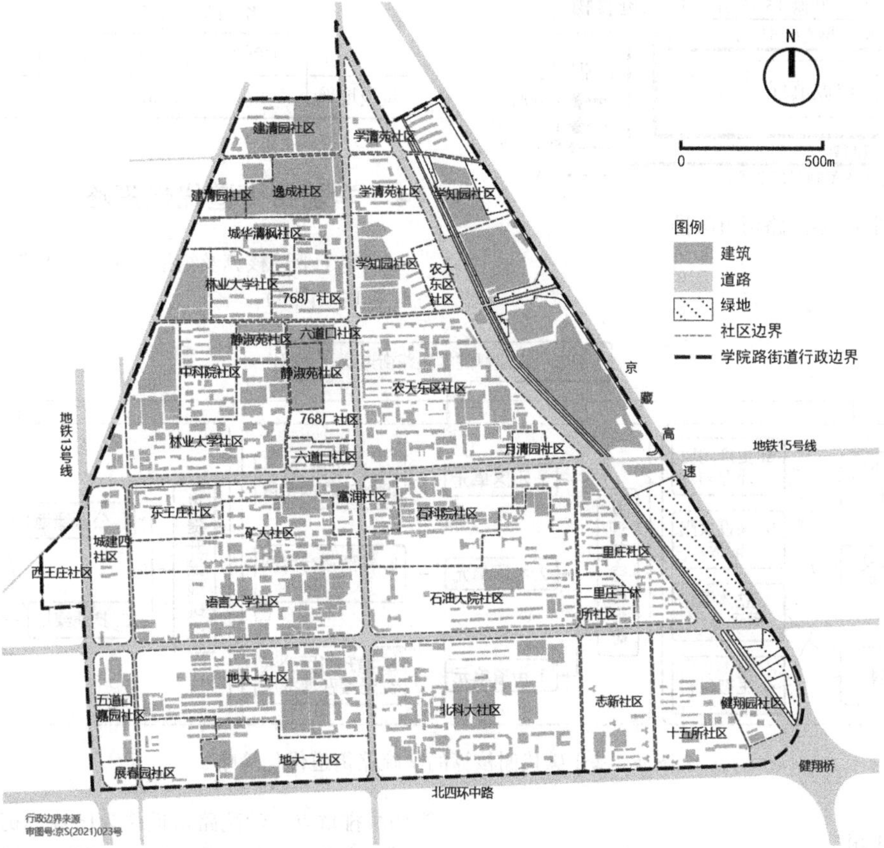

图 2　学院路街道

3 结果分析

在城市碳代谢理论的视角下，城市环境被看作一个不断与外界进行资源交换的系统，在消耗着不可再生资源、食物的同时，排出废气和其他固体垃圾。从表3可以看出，学院路街道碳排放总量为2.41E+13kg，其中不可再生资源的碳排放占比最大（2.19E+13kg），其次为家庭食物（3.43E+07kg），碳排放量最少的是垃圾填埋，仅为1.06E-01kg，这也说明了学院路街道垃圾处理工作完成度较高，其工作流程、相关政策值得肯定与推广学习。然而，学院路街道对不可再生资源的消耗较大，导致了其碳排放强度较高，通过图3可以发现，电力资源的碳排放（1.89E+13kg）占据了不可再生资源整体碳排放的86.17%，远高于其他资源的碳排放，其次是车用汽油（9.76%）；另外，家庭食物中粮食的碳排放（1.97E+07kg）远高于其他食物，占比57.51%，一方面与其较高的碳排放因子有关，另一方面也与北京居民的北方饮食习惯有关，除粮食外，植物油（9.08%）、干鲜瓜果类（6.51%）、猪肉（6.22%）、蔬菜及菜制品（5.37%）的碳排放占比也相对较高。

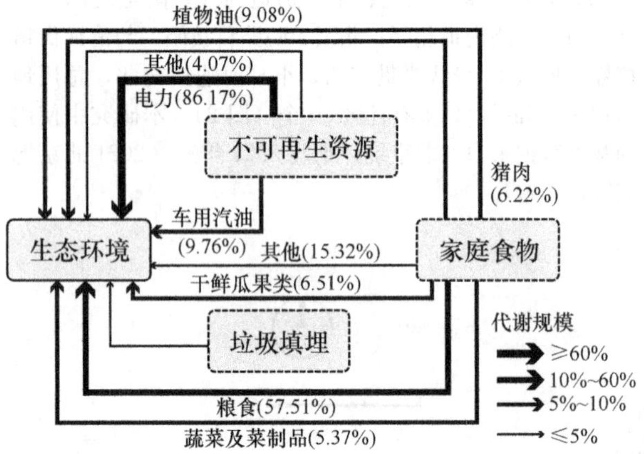

图3 学院路街道碳排放

经过公式（7）的计算，学院路街道公园绿地的碳排放量为4.08E+03kg，其他绿地的碳排放量为2.54E+04kg，总量2.95E+04kg，街道有限的绿地空间对碳的吸收量远低于总体的碳排放量。通过对社区的碳代谢核算结果分析，可以将学院路街道社区人居环境可持续发展面临的问题总结为三点：①建筑能耗大；②街道空间形态松散；③绿色空间数量面积较少。

碳排放结果 表3

类型		碳排放量（kg）	总量（kg）	
不可再生资源	天然气	6.07E+11	2.19E+13	2.41E+13
	液化石油气	4.62E+10		
	电力	1.89E+13		
	煤炭	2.41E+11		
	车用汽油	2.14E+12		
家庭食物	粮食	1.97E+07	3.43E+07	
	蔬菜及菜制品	1.84E+06		
	植物油	3.11E+06		
	猪肉	2.13E+06		
	牛羊肉	9.62E+05		
	家禽	1.10E+06		
	蛋类及菜制品	1.40E+06		
	奶类及其制品	1.04E+06		
	水产品	7.45E+05		
	干鲜瓜果类	2.23E+06		
垃圾填埋	1.06E-01			

4 学院路街道优化策略

基于上述核算及结果分析，提出学院路街道的3大优化策略（图4）。

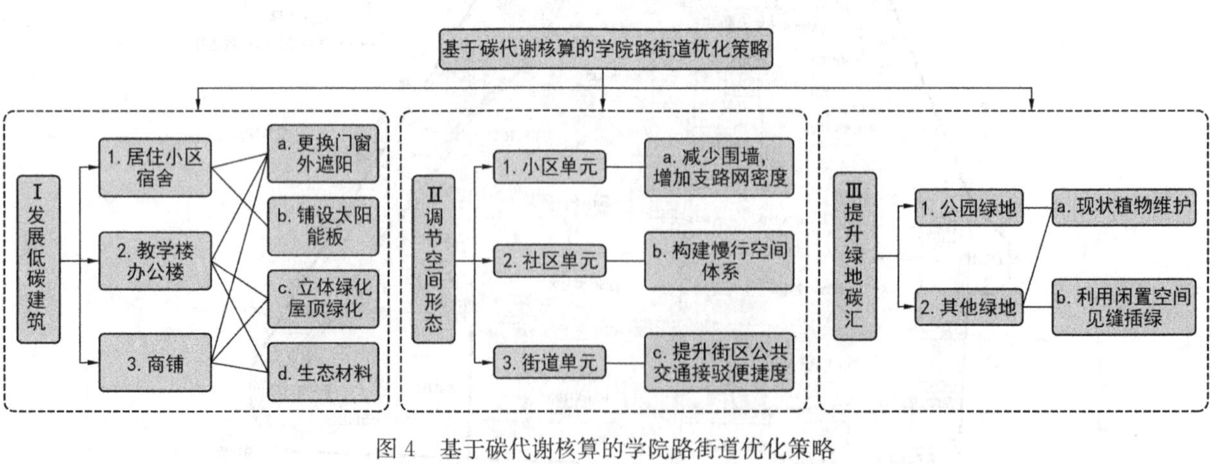

图4 基于碳代谢核算的学院路街道优化策略

4.1 发展低碳建筑

商铺、居民住宅类及办公建筑是学院路街道各社区的减排重点。学院路街道作为已建成街道，建筑闲置率低。为此，应在社区层面引入可以提高能效的新技术以及寻找可再生能源替代，减少与不可再生资源消耗相关的碳排放；重视对老旧建筑的能效提升改造技术，通过更换门窗、外遮阳等投入少见效快的技术手段；在进行建筑改造时，严格采用绿色建造技术，大量铺设太阳能板，充分利用屋顶空间；在公共建筑中积极推广建筑立体绿化技术，发展地下建筑。此外，通过监控能源消耗构建社区建筑能耗及碳排放数据库，以有效地分析居住建筑碳排放效率现状，制定合理政策。

4.2 调节空间形态

打破封闭的社区道路，贯通各个小区，提高社区空间的开放性和渗透性，增加支路的路网密度，提高街道的互联互通性，有助于营造更为舒适、便捷的步行环境，控制私家车使用率，引导居民出行选择绿色交通，降低交通碳排放。此外，在提升街道慢行环境品质的同时，结合公交导向的开发，提升街区公共交通接驳便捷度，形成公交—地铁—地下停车场高效且低碳的出行模式。优化城市布局，在 5min、10min、15min 的时间范围内与生活圈内的高密度居住区、商业、医疗、街旁绿地、口袋花园、公园等要素联动，引导社区服务设施围绕轨道或公交站点布局，促进交通和生活场景的空间融合，保持绿色化的交通出行结构，在改善居民生活环境的同时降低社区的碳排放量。

4.3 提升绿地碳汇

绿色空间是城市建设不可或缺的一部分，在碳中和背景下，城市绿地作为城市区域内最主要的近自然生态空间，同时具有绿色自然碳汇及降低碳排放的作用。应充分挖掘社区现有空间的潜力，优化学院路街道绿地的碳汇布局，促进自然系统自我循环和净化能力的提升，改善区域生态环境和城市人居环境，通过道路附属绿地将城市公园与防护绿地相串联，构建一张城市和自然相互作用的城市开放空间网络。同时，要注重城市绿地的游憩功能，并将其与城市慢行系统相结合，为居民提供便捷可达的休憩空间，形成多个绿色空间组团，减少机动车出行的碳排放，实现生活圈网络的集约化发展，营造高质量的城市环境。

城市碳代谢是一个复杂的系统，需要多尺度、多专业的科学方法来量化、分析和干预可能对生态环境产生的影响。本文通过碳代谢核算，评估了学院路街道的碳排放与碳吸收水平，探索绿色低碳的社区可持续发展策略，并将 3 大策略落位于街道空间（图 5），为城市的高质量发展提供决策支持。

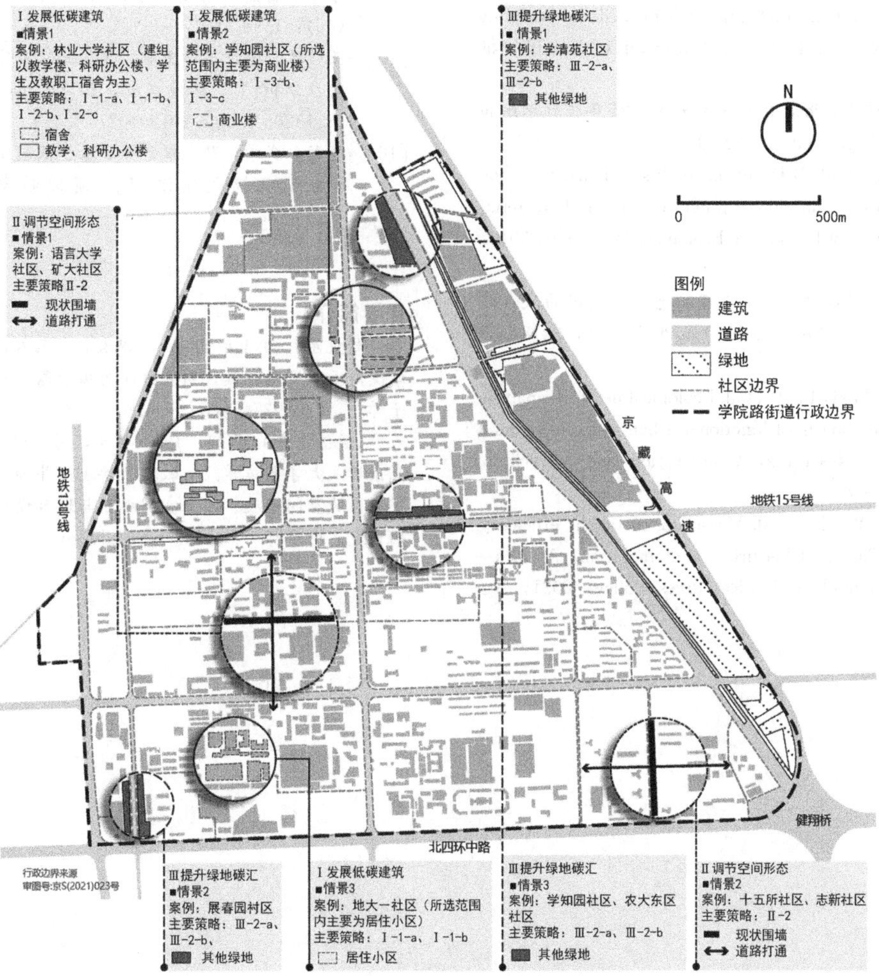

图 5　学院路街道社区优化策略空间落位

5 结论与讨论

本文响应国家双碳建设发展，从社区尺度进行研究，建立一个以社区为主体的碳代谢核算体系，并且通过实际案例研究，提出合理、可操作的优化策略，提高社区碳代谢水平，实现可持续发展，为我国社区绿色低碳奠定理论基础。为实现更高效的减排管理，目前仍需要开发和健全经济社会碳代谢数据库，克服社区尺度资源碳流动等数据不完备的问题。同时，要积极利用新技术特别是移动互联网等的作用，促进低碳社区的发展，增强居民对低碳治理的参与意识。

然而，本研究中存在的一些不足还有待于未来进一步完善。首先，可以针对不同时期、不同城市绿地类型的碳吸收能力展开相对精细化地动态分类评估；其次，目前的分析仅针对学院路一年的碳代谢展开核算，没有考虑不同年份的碳代谢变化，后续可以探讨不同年份的碳代谢水平，预估未来发展变化趋势，更加科学地制定绿色低碳的相关政策。绿色低碳的城市建设是一个复杂的系统工程，未来的研究应该不断弥补现有不足，促进绿色繁荣、低碳集约、循环利用的美丽社区建设，为世界可持续发展提供“中国样本”。

参考文献

[1] Intergovernmental Panel on Climate Change. Global Warming of 1.5℃ . IPCC，2018. https://www.ipcc.ch/sr15/(报告).

[2] 北京市生态环境局．北京市生态环境局2021年工作总结和2022年工作安排[EB/OL]. 2022-03-08.

[3] Zhang Y，Li J，Fath B D，et al. Analysis of urban carbon metabolic processes and a description of sectoral characteristics：A case study of Beijing[J]. Ecological Modelling，2015，316：144-154.

[4] 夏楚瑜，李艳，叶艳妹，等．基于生态网络效用的城市碳代谢空间分析——以杭州为例[J]．生态学报，2018，38(01)：73-85.

[5] Tan L M，Arbabi H，Li Q，et al. Ecological network analysis on intra-city metabolism of functional urban areas in England and Wales [J]. Resources，Conservation and Recycling，2018，138：172-182.

[6] Liu X，Guo P，Yue X，et al. Measuring metabolic efficiency of the Beijing-Tianjin-Hebei urban agglomeration：A slacks-based measures method [J]. Resources Policy，2021，70：1-9.

[7] García-Guaita F，González-García S，Villanueva-Rey P，et al. Integrating urban metabolism，material flow analysis and life cycle assessment in the environmental evaluation of Santiago de Compostela[J]. Sustainable cities and society，2018，40：569-580.

[8] Xia L，Zhang Y，Wu Q，et al. Analysis of the ecological relationships of urban carbon metabolism based on the eight nodes spatial network model[J]. Journal of Cleaner Production，2017，140：1644-1651.

[9] Wang X，Zhang Y，Zhang J，et al. Progress in urban metabolism research and hotspot analysis based on CiteSpace analysis[J]. Journal of Cleaner Production，2021，281：1-12.

[10] Lu Y，Chen B，Hayat T，et al. Communal carbon metabolism：methodology and case study[J]. Journal of Cleaner Production，2017，163：S315-S321.

[11] Intergovernmental Panel on Climate Change. 2006 IPCC Guidelines for National Greenhouse Gas Inventories. Japan：IPCC，2006.

[12] 李颖，武学，孙成双，等．基于低碳发展的北京城市生活垃圾处理模式优化[J]．资源科学，2021，43(08)：1574-1588.

[13] 武文婷，夏国元，包志毅．杭州市城市绿地固碳释氧价值量评估[J]．中国园林，2016，32(03)：117-121.

[14] 王金杰，赵安周，胡小枫．京津冀植被净初级生产力时空分布及自然驱动因子分析[J]．生态环境学报，2021，30(06)：1158-1167.

[15] 王桂琴，张红玉，王典，等．北京市城区生活垃圾组成及特性分析[J]．环境工程，2018，36(04)：132-136. DOI：10.13205/j.hjgc.201804027.

[16] 李颖，武学，孙成双，等．基于低碳发展的北京城市生活垃圾处理模式优化[J]．资源科学，2021，43(08)：1574-1588.

作者简介

赵凯茜，1994年生，女，汉族，山西人，北京林业大学园林学院博士研究生在读，研究方向为风景园林规划设计与理论。电子邮箱：510892743@qq.com。

（通信作者）李翅，1971年生，男，汉族，四川人，博士，北京林业大学园林学院，教授、博士生导师。研究方向：韧性城市与区域空间发展、国土空间规划与城市设计、绿色社区与低影响开发。电子邮箱：lichi@bjfu.edu.cn。

双碳目标下区县级尺度绿色空间形态演化的碳效应探究①

——以上海市郊为例

Research on the Carbon Effect of the Evolution of County-level Urban and Rural Green Space Form under the "Dual Carbon Goal"

—A Case Study of Shanghai

崔钰晗　金云峰*　梁引馨

摘　要：城乡建设是我国实现双碳目标的重要领域，探究绿色空间与城乡建设用地形态对碳平衡的影响关系可以为区县级落实双碳目标提供发展指引。本文以上海市郊区县为研究对象，通过Fragstats4.2软件计算空间形态特征并构建其与碳平衡指数的面板模型，研究绿色空间形态演化的碳效应特征与规律，并动态分析作为源汇类型的城乡建设用地与其绿色空间的耦合关系。结果表明：绿色空间形态的总量、复杂度和破碎化程度均与碳平衡指数密切相关；相对低的形态复杂度和斑块数量，以及相对大的绿色空间面积和最大斑块面积对碳平衡均具有积极的促进作用，且相对低的形态复杂度和相对大的最大斑块面积的促进作用最为显著。因此，增加破碎绿色空间斑块之间的连通性和积极推动三区四线建设对碳平衡指数提升具有重要意义，未来应加强对碳汇用地的规划管控，考虑增汇的同时对用地边界尽量规整化设计。

关键词：双碳目标；绿色空间；空间形态；碳源碳汇；面板数据模型

Abstract: Urban and rural construction is an important area for my country to achieve the dual-carbon goal. Exploring the relationship between green space and the form of urban and rural construction land on the carbon balance can provide development guidance for the implementation of the dual-carbon goal at the district and county level. This paper takes the suburban counties of Shanghai as the research object, uses the Fragstats4.2 software to calculate the spatial morphological characteristics and builds a panel model between them and the carbon balance index, studies the characteristics and laws of carbon effects in the evolution of green space morphological evolution, and dynamically analyzes the source-sink type. The coupling relationship between urban and rural construction land and its green space. The results show that: the total amount, complexity and fragmentation degree of green space morphology are closely related to the carbon balance index; relatively low morphological complexity and number of patches, as well as relatively large green space area and maximum patch area have a significant impact on carbon balance. Both had positive promoting effects, and the relatively low morphological complexity and relatively large maximum plaque area had the most significant promoting effects. Therefore, increasing the connectivity between the broken green space patches and actively promoting the construction of the three districts and four lines are of great significance to the improvement of the carbon balance index. In the future, the planning and control of carbon sink land should be strengthened, and the land boundary should be considered as much as possible while considering the increase of sinks. Regular design.

Keywords: Duel Carbon Goal; Green Space; Spatial Form; Carbon Source and Carbon Sink; Panel Data Model

1　研究背景

随着2020年双碳目标的提出，我国正以前所未有的力度加快形成绿色发展方式，推动各行各业技术革新。2021年底，中共中央国务院印发的"双碳工作意见"中，城乡建设被列为绿色低碳发展的四大核心领域之一。绿色空间作为城乡建设用地碳汇的主要空间，其合理的规划与布局对于地区碳平衡具有不可小觑的作用，并有助于我国目前正在逐步建立完善的国土空间规划体系[1]。

国内外关于绿色空间碳效应的研究主要基于两种视角：生态系统视角和土地利用视角。前者中，有大量研究聚焦于某一类型的生态系统进行其单独的碳储量[2]、碳交换[3]、碳循环[4]研究，也有将碳氧平衡作为生态系统所提供的服务之一进行研究，聚焦于整体绿色基础设施对于城市气候的调节作用[5]。土地利用视角的绿色空间碳效应涵盖土地利用类型转化的碳效应研究[6]、基于土地利用数据的城市碳代谢机制研究[7]以及城市形态变化与碳排放的关系研究[8-11]。现有的研究不足主要体现在3个方面。首先，各类研究对于碳中和目标下，碳源和碳汇之间的供需关系关注不足，大多聚焦于其中的某一个方面，而忽视两者之间的动态关系。其次，随着研究的深入，已有大量研究着眼于国家、区域等宏观尺度，而对于实际落实落位双碳指标的区县级尺度尚显研究不足[12]。再者，

① 基金项目：国家自然科学基金项目（编号51978480）资助。

针对城市形态和碳排放关系的研究以及绿色空间和固碳效应关系的研究相互分离，少有研究综合考虑不同碳代谢方式的土地利用形态与碳排放量和碳汇量供需比之间的相关关系，而这一点对于碳中和目标导向下的绿色空间形态具有重要意义。因此，本文对于绿色空间形态的研究将兼顾碳中和动态演化的过程，并聚焦于区县级尺度，试图据此对绿色空间形态规划给出指导意见。

2 研究目的

探究碳代谢视角下碳源碳汇各自的土地利用形态与实际碳源碳汇量的影响规律。以基于遥感反演的碳源和碳汇数据作为碳供需平衡指标，利用空间格局分析测度空间形态指数，通过构建面板模型数据分析 2000～2015 年上海市各区县城乡碳源碳汇空间形态关系对碳源碳汇实际供需平衡关系的影响规律，以期研究结果为区县级尺度绿色空间规划提供指引[13]。

3 研究对象与数据来源

3.1 研究对象

上海市的城镇化率在我国常年位居榜首，其市郊各区县基本是在 1950 年前后通过行政区划从江浙两省划入到上海市的，本身就有着较为完整的城镇体系和空间格局。2000 年以后，上海市开始关注郊区在全市发展格局中的地位，这些区县的城镇化发展呈现快速扩张特征[14]，空间形态转变明显，地区碳源碳汇数量分布也发生变化[11]。因此，以 2010 年上海市区县划分为标准，选取上海市含城乡范围的 9 个区县：闵行区、宝山区、嘉定区、浦东新区、金山区、松江区、青浦区、奉贤区和崇明县为研究对象。这些区县聚集着上海市大量的流动人口，总体上都由工业主导转为“二三一”产业均衡的结构。各市郊区县还是未来上海“2035”规划发展的重点，这一研究对象的选取对于上海市未来市郊建设、区县级国土空间规划都具有参考意义。

另外，研究对象聚焦的重点在于绿色空间形态，这一概念定义学术界尚未有定论[15]。本文所研究的绿色空间是以土地利用类型为基础的表现为碳汇特征的绿色空间。

3.2 数据来源

本研究需要的核心数据包括 2000～2015 年上海市城乡 9 个区县的空间形态数据、碳排放数据以及碳汇数据。其中，空间形态数据采用中国科学院资源环境科学数据中心（CNLUCC，http：//www.resdc.cn）提供的 4 期 Landsat MSS、TM/ETM 和 Landsat 8 的遥感影像解译后的 30m 空间分辨率的栅格数据，分别是 2000 年、2005 年、2010 年和 2015 年，经过按掩膜提取裁剪、重分类等处理后在 Fragstats 4.2 软件中计算获得。碳排放数据和碳汇数据来源于 Chen[16] 等公开发表的开源数据，其中碳排放量通过与能源消耗相关的夜间灯光数据 DMSP/OLS 和 NPP/VIIRS 图像反演得到，碳汇量以遥感卫星获得的植被净初级生产力（MODIS NPP）通过 Chen[17] 在论文中所述的方法转化计算得到，数据通过 PSO-BP 算法相互统一校准量纲。

4 研究方法

4.1 城市碳代谢视角的土地利用分类

城市碳代谢通过类比生物体新陈代谢过程而描述碳元素在城市中的吞吐、消纳过程[18]。通过城市碳代谢与土地利用/覆被变化的关联研究，可赋予碳代谢过程以土地空间变化属性，为规划设计提供支持。因此，根据城市碳代谢自然分室和人工分室的主要碳源与碳汇类型[19]，将林地、草地、未利用土地、水域和耕地归为碳汇土地利用类型，而城乡、工矿、居民用地、水域和耕地为碳源土地利用类型。其中耕地类型中的二级分类水田和旱地均既是碳源类型也是碳汇类型，水域二级分类中的河渠为碳源类型，而其他湖泊湿地则为碳汇类型，这一区别在国土空间规划土地利用分类体系中已有体现[20]，但由于目前所采用的 LUCC 数据按照原有的土地利用分类考虑，因此此处未将耕地和水域进一步细分其碳代谢类型（表 1）。另外，在后期数据使用过程中，将水域的城市形态排除在外，而耕地归为碳汇类型进行计算，一是由于现有数据精度不足以细致计算同一耕地类型的源汇属性，二是因为作物本身生长可以吸收 CO_2，在城乡碳循环这一尺度上总体起到了“汇”景观作用[21]。

土地利用一级分类与碳代谢计算类型的对应关系　　表 1

原土地利用一级分类	碳代谢计算
林地	碳汇
草地	碳汇
未利用地	碳汇
耕地	碳源、碳汇
水域	碳源、碳汇
城乡、工矿、居民用地	碳源

4.2 空间形态量化

目前已有大量研究证明城市形态与碳排放之间存在相关关系[9,10,22-25]，其中也不乏一些从碳代谢角度进行的研究[7,26]，基本都是采用景观格局指数的方式来描述城市空间形态。Fragstats 4.2 软件将格局指数分为 3 种尺度，分别为斑块水平指数（patch metric）、斑块类型水平指数（class metric）、景观水平指数（landscape metric）[27]。本研究主要探求作为碳汇的绿色空间形态与碳源区域的形态关系，即研究的是绿色空间形态相对外部性的特征，以碳源和碳汇土地利用空间形态作为不同的斑块类型研究而对于其内部景观异质性不予考虑，故而选择斑块类型尺度的水平指数描述空间形态关系。参考相关城市形态和碳排放相关性的研究[8,10,23,27-29]，从景观格局的测度指标的 6 个方向中，选取面积-边缘指标（area and edge metrics）中的斑块占景观面积比例（PLAND）、最大斑块指数（LPI），形状指标（shape metrics）中的周长面积分形维数（PAFRAC），聚散性指标（aggregation metrics）中的斑块数量（NP）、斑块结合度（COHESION）、景观形状指数（LSI）共 6 个指标对其进行计算（表 2），主要通过表征形态的聚集程度、复杂程度和结构特征描述碳源汇区域的相互关系。指数的计算通过 Fragstats4.2 软件完成。

选取的空间形态指数及其描述 表 2

指标类别	指数名称	缩写	描述	取值范围	单位
面积-边缘指标 area and edge metrics	斑块占景观面积比例	PLAND	描述不同景观类型占整个景观的面积比例，值越大表明景观类型对整个景观的贡献率越大	(0，100]	%
	最大斑块指数	LPI	描述景观类型中最大斑块面积在景观总面积中的占比，值越大表明连续完整的斑块面积越大，在区域中的主导程度也越大	(0，100]	%
形状指标 shape metrics	周长面积分形维数	PAFRAC	描述不同空间尺度性状的复杂性，值越接近于 2，表明斑块形状越复杂，越无规律，受人为干扰程度越小	(1，2)	—
聚散性指标 aggregation metrics	斑块数量	NP	描述景观中斑块的总数，值越大表明景观类型中斑块数目越大，景观破碎化程度越高	[1，+∞)	个
	斑块结合度	COHESION	描述景观类型的自然连接性程度，值越大表示此类型斑块聚集程度越高	(0，100]	%
	景观形状指数	LSI	描述某一斑块形状与相同面积某一种规则图形之间的偏离程度（本文选择圆形），值越大表示空间形态越复杂	[1，+∞)	—

4.3 碳源碳汇平衡关系

本文所研究的碳源碳汇平衡关系指的是城乡绿色空间上的碳汇量与城市碳源空间上的排放量之间的供需关系，定义两者之间的比例关系为碳平衡指数，与狭义的碳补偿率概念相似[30]。可以表示为：

碳平衡指数＝碳汇量/碳源排放量

所使用的碳源碳汇数据已在上文充分描述，均统一量纲，故不存在单位，且无负值。以 1 为界限，若碳平衡指数小于 1，则表明碳源排放量大于碳汇量，仍需减源增汇。若碳平衡指数大于等于 1，则表明已达成碳中和目标。

4.4 碳源碳汇土地利用空间形态对碳平衡影响的判定

通过分析碳源碳汇土地利用选取的空间形态指标，归纳描述两者形态关系的比例关系指标，将这些指标作为解释变量，碳平衡指数作为被解释变量构建模型。首先，对选取的形态比例指标进行多重共线性检验，采用方差膨胀因子法（VIF）对解释变量进行筛选，以判断变量间是否存在多重共线性。然后，通过 F 检验、BP 检验和 Hausman 检验确定面板数据模型具体形式，再针对模型结果给出结论。相关统计分析过程采用 SPSSAU（Version22.0）完成。

5 结果与分析

5.1 空间形态指数与碳平衡指数历年变化特征分析

上海市郊区县绿色空间形态指数变化如图 1 所示。在 2000 年以后，各区县总体上斑块占景观面积比例（PLAND）、最大斑块指数（LPI）、斑块结合度（COHESION）都逐渐下降，斑块数量（NP）和景观形状指数（LSI）逐渐上升，均表明随着这些市郊区县城镇化扩张，绿色空间不仅面积不同程度的减少，形态也逐渐破碎化和复杂化。空间周长面积分形维数（PAFRAC）则呈现出多样化的表现，总体上宝山区、奉贤区、金山区、闵行区、浦东新区都呈现出绿色空间形态由不规则向规则转变，再转为不规则，即人为对于绿色空间形态的干预由强到弱，而青浦区、松江区则向不规则稍微转变之后，随即转为较规则，即这些区县人为对于绿色空间形态的干预滞后于上述区县。崇明县则一直朝着形态复杂化和不规则化转变，表明人为对于绿色空间自然形态的干预度持续降低。嘉定区朝着形态规则化转变，即人为对于绿色空间自然形态干预程度逐渐增加。可能是由于 2002 年开始上海进行了《上海市城市绿地系统规划（2002—2020）》，推动退耕还林，一些零散的空地进行了集中造林，才会表现为景观斑块逐渐破碎化的特征[31]。另外，随后的《上海市基本生态网络》倡导“生态优先”理念，将上海西部青浦区、松江区定位为上海绿肺[32]，这对其周长面积分形维数的变化具有解释作用[31,33]。绿色空间碳汇用地形态指数与城乡建设碳源用地空间形态比变化如图 2 所示，由 2000 年开始，斑块面积比、最大斑块比、斑块结合度比总体都呈现出下降趋势，斑块数量比和景观形状指数比呈现出上升趋势，这表明绿色空间面积相较城乡建设用地面积总体上呈现逐渐减少趋势，破碎化速率也大于城乡建设用地，形态越来越复杂。

碳源排放量、碳汇量与碳平衡指数变化如图 3 所示。总体碳汇量由 2000～2010 年呈现下降趋势，而 2010～2015 年有所增加，碳源排放量则相反。总的碳平衡指数也以 2010 年为分界点，先呈下降趋势再上升。其中，崇明县的碳平衡指数位居上海市郊第一位，其次为金山区和奉贤区，其余各市郊差别不大。这表明，上海市郊碳汇量逐渐上升、碳排放量逐渐降低，碳平衡发展向好趋势明显。

5.2 面板模型回归分析

首先，需要对所有形态指标比的自变量做多重共线性分析，以确定模型类型，本文采用方差膨胀因子法（VIF）对解释变量进行筛选[28]。检验后发现，斑块结合度指数比（D _ COHESION）、景观形状指数比（D _ LSI）、斑块面积比（D _ PLAND）的 VIF 值均大于 10，3 者之间存在多重共线性。考虑到比较不同种类空间形态之间相对聚散性的实际意义较弱，因此，选取面积-边缘指标和形状指标比例共 4 项指数比进行描述。如表 3 所示，各变量之间 VIF 值均小于 5，不存在多重共线性，进而构建面板数据模型。

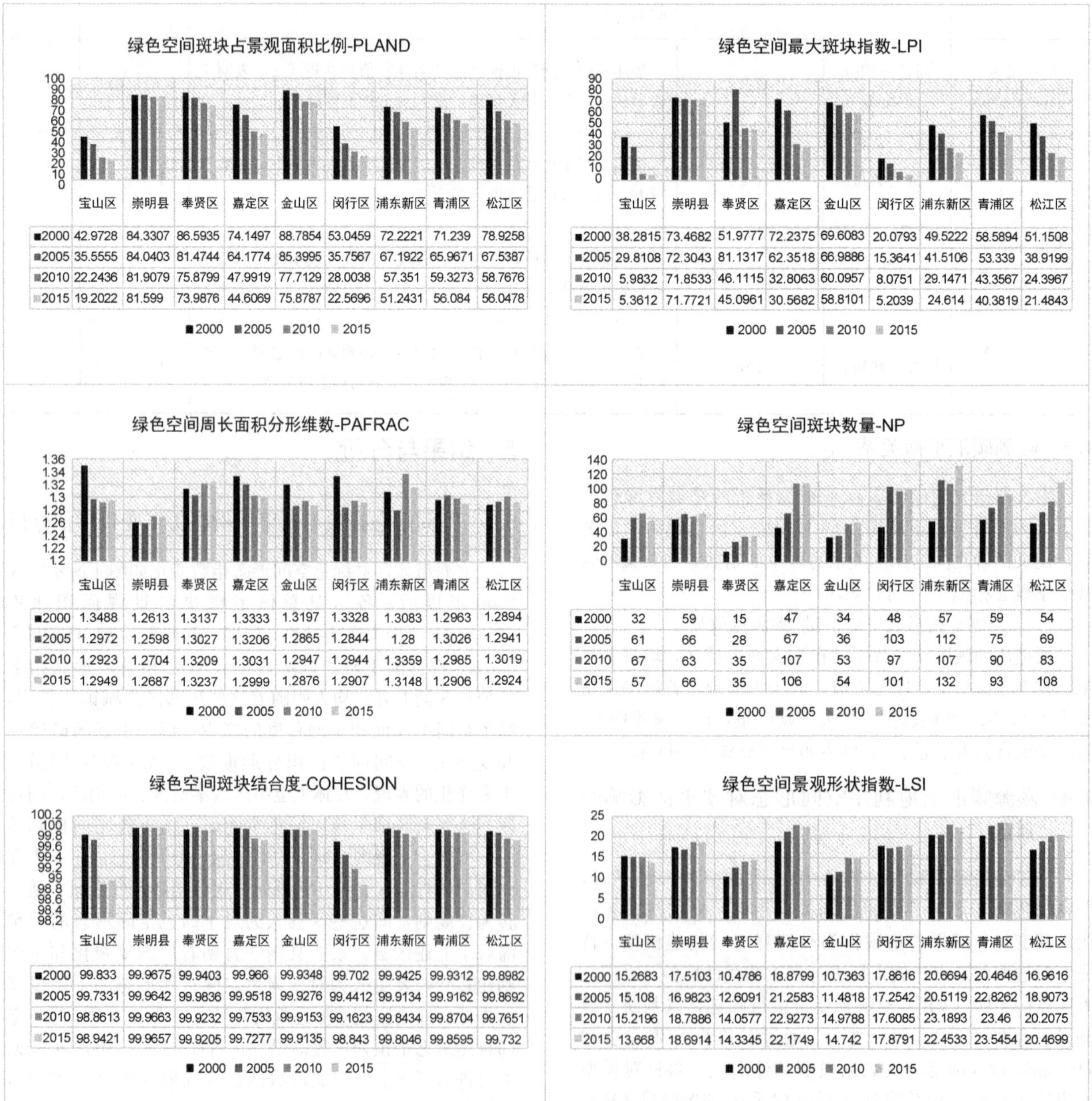

图 1 2000～2015 年上海市郊各区县绿色空间形态指数变化

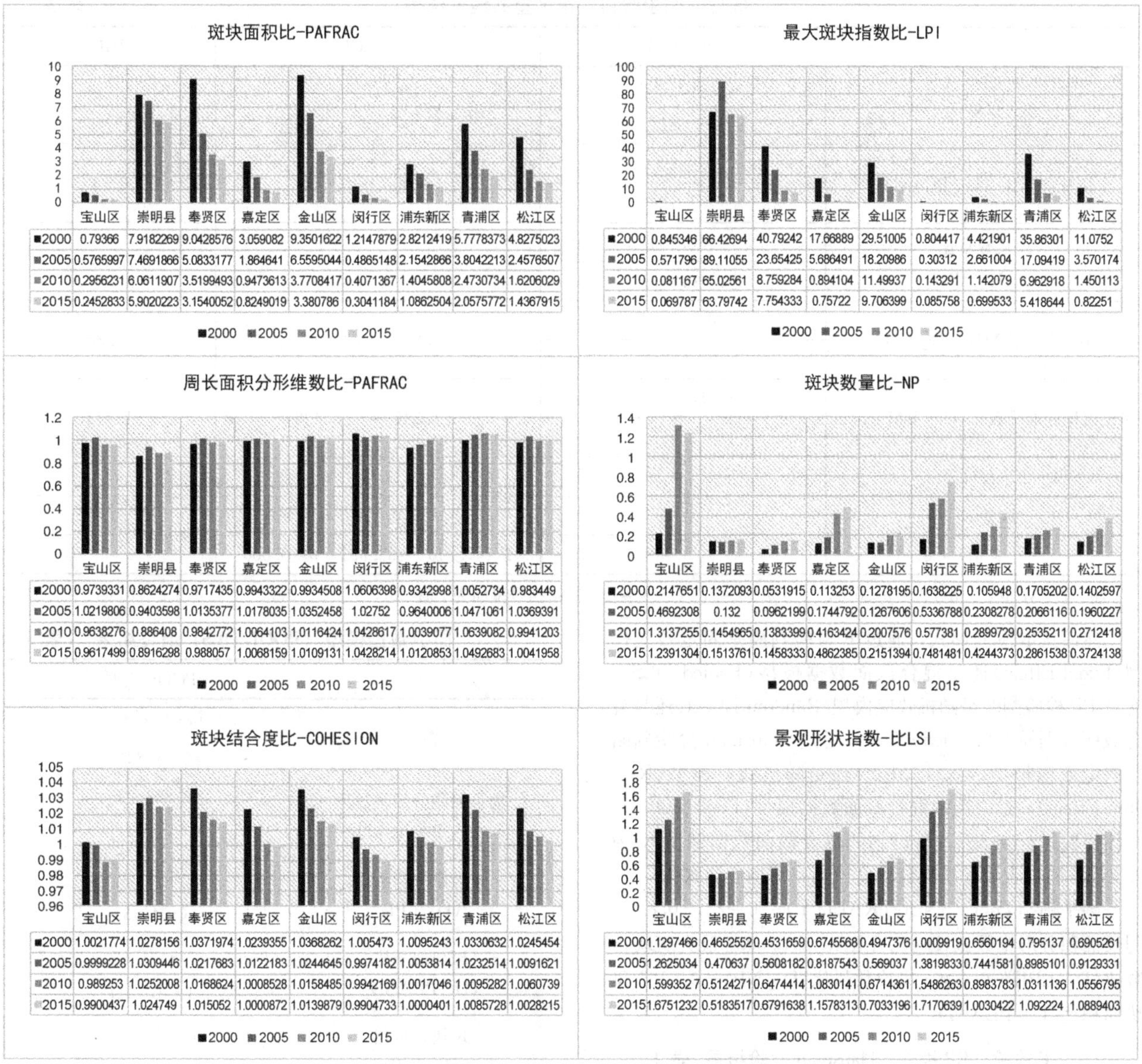
斑块面积比-PAFRAC
宝山区 崇明县 奉贤区 嘉定区 金山区 闵行区 浦东新区 青浦区 松江区
2000 0.79366 7.9182269 9.0428576 3.059082 9.3501622 1.2147879 2.8212419 5.7778373 4.8275023
2005 0.5765997 7.4691866 5.0833177 1.864641 6.5595044 0.4865148 2.1542866 3.8042213 2.4576507
2010 0.2956231 6.0611907 3.5199493 0.9473613 3.7708417 0.4071367 1.4045808 2.4730734 1.6206029
2015 0.2452833 5.9020223 3.1540052 0.8249019 3.380786 0.3041184 1.0862504 2.0575772 1.4367915
最大斑块指数比-LPI
宝山区 崇明县 奉贤区 嘉定区 金山区 闵行区 浦东新区 青浦区 松江区
2000 0.845346 66.42694 40.79242 17.66889 29.51005 0.804417 4.421901 35.86301 11.0752
2005 0.571796 89.11055 23.65425 5.686491 18.20986 0.30312 2.661004 17.09419 3.570174
2010 0.081167 65.02561 8.759284 0.894104 11.49937 0.143291 1.142079 6.962918 1.450113
2015 0.069787 63.79742 7.754333 0.75722 9.706399 0.085758 0.699533 5.418644 0.82251
周长面积分形维数比-PAFRAC
宝山区 崇明县 奉贤区 嘉定区 金山区 闵行区 浦东新区 青浦区 松江区
2000 0.9739331 0.8624274 0.9717435 0.9943322 0.9934508 1.0606398 0.9342998 1.0052734 0.983449
2005 1.0219806 0.9403598 1.0135377 1.0178035 1.0352458 1.02752 0.9640006 1.0471061 1.0369391
2010 0.9638276 0.886408 0.9842772 1.0064103 1.0116424 1.0428617 1.0039077 1.0639082 0.9941203
2015 0.9617499 0.8916298 0.988057 1.0068159 1.0109131 1.0428214 1.0120853 1.0492683 1.0041958
斑块数量比-NP
宝山区 崇明县 奉贤区 嘉定区 金山区 闵行区 浦东新区 青浦区 松江区
2000 0.2147651 0.1372093 0.0531915 0.113253 0.1278195 0.1638225 0.105948 0.1705202 0.1402597
2005 0.4692308 0.132 0.0962199 0.1744792 0.1267606 0.5336788 0.2308278 0.2066116 0.1960227
2010 1.3137255 0.1454965 0.1383399 0.4163424 0.2007576 0.577381 0.2899729 0.2535211 0.2712418
2015 1.2391304 0.1513761 0.1458333 0.4862385 0.2151394 0.7481481 0.4244373 0.2861538 0.3724138
斑块结合度比-COHESION
宝山区 崇明县 奉贤区 嘉定区 金山区 闵行区 浦东新区 青浦区 松江区
2000 1.0021774 1.0278156 1.0371974 1.0239355 1.0368262 1.005473 1.0095243 1.0330632 1.0245454
2005 0.9999228 1.0309446 1.0217683 1.0122183 1.0244645 0.9974182 1.0053814 1.0232514 1.0091621
2010 0.989253 1.0252008 1.0168624 1.0008528 1.0158485 0.9942169 1.0017046 1.0095282 1.0060739
2015 0.9900437 1.024749 1.015052 1.0000872 1.0139879 0.9904733 1.0000401 1.0085728 1.0028215
景观形状指数-比LSI
宝山区 崇明县 奉贤区 嘉定区 金山区 闵行区 浦东新区 青浦区 松江区
2000 1.1297466 0.4652552 0.4531659 0.6745568 0.4947376 1.0009919 0.6560194 0.795137 0.6905261
2005 1.2625034 0.470637 0.5608182 0.8187543 0.569037 1.3819833 0.7441581 0.8985101 0.9129331
2010 1.599352 7 0.5124271 0.6474414 1.0830141 0.6714361 1.5486263 0.8983783 1.0311136 1.0556795
2015 1.6751232 0.5183517 0.6791638 1.1578313 0.7033196 1.7170639 1.0030422 1.092224 1.0889403
2000 2005 2010 2015

图 2　2000～2015 年上海市郊各区县绿色空间形态与城乡建设用地空间形态指数比

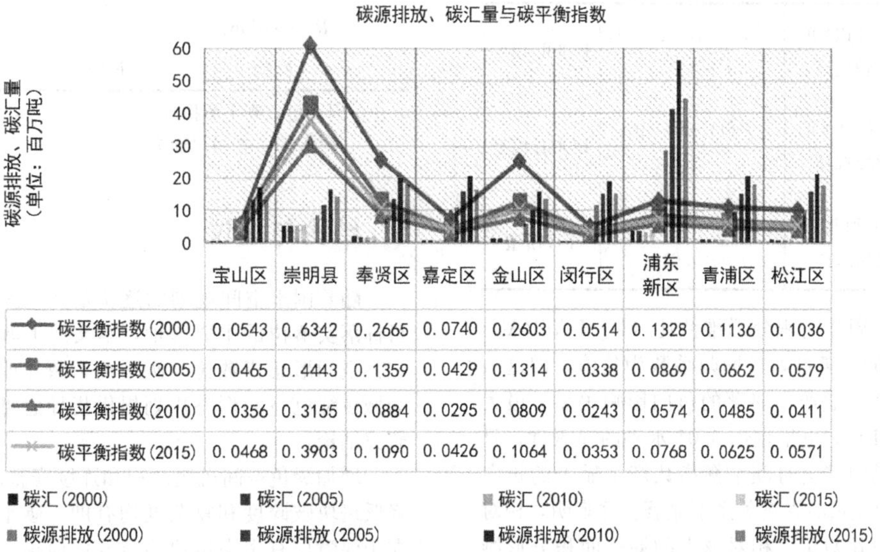
碳源排放、碳汇量与碳平衡指数
碳源排放、碳汇量（单位：百万吨）
宝山区 崇明县 奉贤区 嘉定区 金山区 闵行区 浦东新区 青浦区 松江区
碳平衡指数(2000) 0.0543 0.6342 0.2665 0.0740 0.2603 0.0514 0.1328 0.1136 0.1036
碳平衡指数(2005) 0.0465 0.4443 0.1359 0.0429 0.1314 0.0338 0.0869 0.0662 0.0579
碳平衡指数(2010) 0.0356 0.3155 0.0884 0.0295 0.0809 0.0243 0.0574 0.0485 0.0411
碳平衡指数(2015) 0.0468 0.3903 0.1090 0.0426 0.1064 0.0353 0.0768 0.0625 0.0571
碳汇(2000) 碳汇(2005) 碳汇(2010) 碳汇(2015)
碳源排放(2000) 碳源排放(2005) 碳源排放(2010) 碳源排放(2015)

图 3　2000～2015 年上海市郊各区县碳源排放、碳汇量与碳平衡指数变化

（注：碳平衡指数无单位，图中碳平衡指数折线图纵坐标放大 100 倍表达）

线性回归检验自变量多重共线性结果　　表 3

	回归系数	95% CI	VIF
常数	0.923＊＊＊ (−3.821)	0.449～1.396	—
斑块面积比（D _ PLAND）	0.010＊ (−1.724)	−0.001～0.022	3.84
斑块数量比（D _ NP）	−0.004 (−0.099)	−0.074～0.067	1.65
最大斑块指数比（D _ LPI）	0.003＊＊＊ (−4.43)	0.002～0.005	4.228
周长面积分形维数比（D _ PAFRAC）	−0.886＊＊＊ (−3.775)	−1.347～−0.426	1.923
R^2		0.89	
调整 R^2		0.876	
F 值		F (4, 31) =62.991, p=0.000	

注：D−W 值：1.827；＊$p<0.1$，＊＊$p<0.05$，＊＊＊$p<0.01$；括号里面为 t 值。

然后选取模型形式，通过 F 检验判断是固定效应模型(Fixed Effect)还是混合截面数据模型(Pooled OLS)，通过 BP 检验判断是随机效应模型(Random Effect)还是混合截面数据模型(Pooled OLS)，通过 Hausman 检验判断是固定效应模型(Fixed Effect)还是随机效应模型(Random Effect)，最终选取混合截面数据模型(Pooled OLS)，具体检验过程如表 4。所得到的混合截面数据模型 R^2 为 0.89(表 5)，表明模型拟合程度较高，模型表达式为：

碳平衡指数(C _ NEUTRALITY)＝0.923－0.886* 周长面积分形维数比(D _ PAFRAC)＋0.003* 最大斑块指数比(D _ LPI)－0.004＊斑块数量比(D _ NP)＋0.010* 斑块面积比(D _ PLAND)

F 检验、BP 检验、Hausman 检验结果　表 4

检验类型	检验目的	检验值	检验结论
F 检验	FE 模型和 POOL 模型比较选择	F (8, 23)=2.131, p=0.075	POOL 模型
BP 检验	RE 模型和 POOL 模型比较选择	$\chi^2(1)=1.059$, p=0.152	POOL 模型
Hausman 检验	FE 模型和 RE 模型比较选择	$\chi^2(4)=12.446$, p=0.014	FE 模型

由结果可知，周长面积分形维数比（D _ PAFRAC）呈现出 0.01 水平的显著性，且回归系数为负值，即这一自变量会对碳平衡指数产生显著的负向影响关系。最大斑块指数比（D _ LPI）也呈现出 0.01 水平的显著性，且回归系数为正，说明其会对碳平衡指数产生显著的正向影响关系，剩余两变量的影响关系不显著。这表明，相对越多的绿色空间斑块数量、相对越大的周长面积分形维数比，越不利于碳平衡目标，而相对越大的绿色空间面积和最大斑块面积，越利于碳平衡目标。

面板数据模型（POOL OLS）最终结果　表 5

项	POOL 模型
截距	0.923＊＊＊ (−3.821)
周长面积分形维数比（D _ PAFRAC）	−0.886＊＊＊ (−3.775)
最大斑块指数比（D _ LPI）	0.003＊＊＊ (−4.43)
斑块面积比（D _ PLAND）	0.010＊ (−1.724)
斑块数量比（D _ NP）	−0.004 (−0.099)
R^2	0.89
R^2 (within)	0.427
检验	F (4, 31) =62.991, p=0.000

注：因变量：碳平衡指数；＊ $p<0.1$，＊＊ $p<0.05$，＊＊＊ $p<0.01$；括号里面为 t 值。

6　结论与建议

随着国土空间规划的逐步落实，区县级是我国双碳目标落实落位的主要阵地，本文以上海市郊区县为例研究其空间形态指数比与碳平衡指数比的影响关系，以期为城乡绿色空间形态规划提供指导意见，具体得到如下研究结论：

增加绿色空间斑块面积和连续完整的优势斑块面积，降低斑块破碎度和复杂度均有助于碳平衡。其根本措施在于保障现有生态斑块稳定发展前提下，连通破碎的绿色空间斑块，增加优势斑块连续度。这表明，需积极保护并严禁破坏绿色生态空间本底[34]，并根据土地适宜性适当增汇，落实成片碳汇空间网络。

另外，相较于提高绿色空间斑块面积和降低斑块破碎度，降低绿色空间斑块的复杂度和增加连续完整的优势斑块面积，更有助于碳平衡。2010年以后，上海市区县城乡绿色空间斑块的周长面积分形维数下降，意味着绿色空间形态受人为干扰程度变大，而整体碳平衡指数却上升，回归模型表示两者之间高度相关。这一结论表明城乡之间人为划定的绿色空间边界线有助于简化其形态边界，对于碳平衡也有正向作用。因此，必须严格限制城市建设用地无序扩张，保障生态空间，这同时补充论证落实上海市三区四线建设的重要意义[35]。

目前的研究不足主要体现在数据源精准度方面。一方面是对碳汇用地类型的划分，另一方面是对城市建设用地内的绿色空间考虑不足。前者由于数据源不包括水域碳汇数据，因此研究碳汇用地时以绿色空间为主而忽视潜在的水域碳汇能力。后者由于是基于土地利用数据进行的源汇用地分类，未将城市建设用地中的绿地空间考虑进来。虽然选取研究对象时已尽量避免城市建成区内大片绿色空间对试验分析结果的影响，转而研究市郊区县，但仍不可避免存在误差，这些数据精度误差都有待后续深化。

参考文献

[1] 金云峰，陶楠．国土空间规划体系下风景园林规划研究[J]．风景园林，2020，27(01)：19-24.

[2] 周玉荣，于振良，赵士洞．我国主要森林生态系统碳贮量和碳平衡[J]．植物生态学报，2000(05)：518-522.

[3] 韩智献，仝川，刘白贵，等．干旱叠加海平面上升、氮负荷增加对河口潮汐沼泽生态系统净 CO_2 交换的影响[J]．生态学报，2022(11)：1-11.

[4] 周广胜，王玉辉，蒋延玲，等．陆地生态系统类型转变与碳循环[J]．植物生态学报，2002(02)：250-254.

[5] 赵文斐．气候变化背景下生态系统服务功能特征研究[D]．南京信息工程大学，2021.

[6] 周翔．上海市土地利用/覆被变化及其碳排放效应研究[D]．华东师范大学，2015.

[7] Xia C，Li Y，Xu T，et al. Analyzing spatial patterns of urban carbon metabolism and its response to change of urban size：A case of the Yangtze River Delta，China[J]．Ecological Indicators，2019，104：615-625.

[8] 孙瑜．城市空间形态与碳排放的关系研究[D]．浙江大学，2021.

[9] 陈珍启，林雄斌，李莉，等．城市空间形态影响碳排放吗？——基于全国110个地级市数据的分析[J]．生态经济，2016，32(10)：22-26.

[10] 舒心，夏楚瑜，李艳，等．长三角城市群碳排放与城市用地增长及形态的关系[J]．生态学报，2018，38(17)：6302-6313.

[11] 袁青，郭冉，冷红，等．长三角地区县域中小城市空间形态对碳排放效率影响研究[J]．西部人居环境学刊，2021，36(06)：8-15.

[12] 张赫，王睿，于丁一，等．基于差异化控碳思路的县级国土空间低碳规划方法探索[J]．城市规划学刊，2021(05)：58-65.

[13] 周艳，金云峰．市县级绿地系统空间规划编制——以上海奉贤区为例[J]．规划师，2021，37(04)：36-43.

[14] 朱金．特大城市郊区"半城镇化"的悖论解释及应对策略——对上海市郊的初步研究[J]．城市规划学刊，2014(06)：13-21.

[15] 叶林．城市规划区绿色空间规划研究[D]．重庆大学，2016.

[16] Chen J，Gao M，Cheng S，et al. County-level CO_2 emissions and sequestration in China during 1997-2017[J]．Scientific Data，2020，7(1)：391.

[17] Chen J，Fan W，Li D，et al. Driving factors of global carbon footprint pressure：Based on vegetation carbon sequestration[J]. Applied Energy，2020，267：114914.

[18] 夏琳琳，张妍，李名镜．城市碳代谢过程研究进展[J]．生态学报，2017，37(12)：4268-4277.

[19] 夏楚瑜，李艳，叶艳妹，等．基于生态网络效用的城市碳代谢空间分析——以杭州为例[J]．生态学报，2018，38(01)：73-85.

[20] 杜金霜，付晶莹，郝蒙蒙．基于生态网络效用的昭通市"三生空间"碳代谢分析[J]．自然资源学报，2021，36(05)：1208-1223.

[21] 陈利顶，傅伯杰，赵文武．"源""汇"景观理论及其生态学意义[J]．生态学报，2006(05)：1444-1449.

[22] Ou J，Liu X，Li X，et al. Quantifying the relationship between urban forms and carbon emissions using panel data analysis[J]. Landscape Ecology，Dordrecht：Springer，2013，28(10)：1889-1907.

[23] 佘倩楠，贾文晓，潘晨，等．长三角地区城市形态对区域碳排放影响的时空分异研究[J]．中国人口·资源与环境，2015，25(11)：44-51.

[24] 丛建辉．碳中和愿景下中国城市形态的碳排放影响效应研究——基于289个地级市的数据分析[J]．贵州社会科学，2021(09)：125-134.

[25] 赵华．碳减排视角下城市空间形态优化研究[D]．华东理工大学，2020.

[26] Xia L，Zhang Y，Sun X，et al. Analyzing the spatial pattern of carbon metabolism and its response to change of urban form[J]. Ecological Modelling，2017，355：105-115.

[27] 张玉．基于景观格局演变的合肥市绿色空间生态效益研究[D]．安徽农业大学，2017.

[28] 宫文康．基于夜间灯光数据的中国地级市尺度城市形态与二氧化碳排放关系研究[D]．华东师范大学，2020.

[29] 龙燕．武汉城市边缘区景观格局动态演变及特征分析[M]//中国风景园林学会，中国风景园林学会2018年会论文集．中国建筑工业出版社，2018：311-314.

[30] 赵荣钦．城市生态经济系统碳循环及其土地调控机制研究[D]．南京大学，2011.

[31] 张咄．大都市郊区新城绿地系统规划研究[D]．上海交通大学，2014.

[32] 金云峰，杜伊，陈光．新型城镇化进程中新区规划建设"生态转型"研究[J]．中国城市林业，2015，13(03)：1-5.

[33] 郭淳彬，徐闻闻．上海市基本生态网络规划及实施研究[J]．上海城市规划，2012(06)：55-59.

[34] 金云峰．系统性地保护生态[J]．城乡规划，2018(01)：114.

[35] 袁轶男，金云峰，聂晓嘉，等．基于Fragstats4的上海市城市景观格局指数动态研究[J]．山东农业大学学报(自然科学版)，2020，51(06)：1157-1162.

作者简介

崔钰晗，1999年生，女，汉族，陕西西安人，同济大学建筑与城市规划学院景观学系硕士研究生在读。研究方向为风景园林规划设计方法与技术、绿地系统与公共空间。电子邮箱：cuiyuhan9936@163.com。

（通信作者）金云峰，男，1961年生，上海人，硕士，同济大学建筑与城市规划学院景观学系、高密度人居环境生态与节能教育部重点实验室、生态化城市设计国际合作联合实验室、上海市城市更新及其空间优化技术重点实验室，教授、博士生导师，研究方向为风景园林规划设计方法与技术、景观更新与公共空间、绿地系统与公园城市、自然保护地与文化旅游规划、中外园林与现代景观。电子邮箱：jinyf79@163.com。

梁引馨，1999年生，汉，广西玉林人，女，同济大学建筑与城市规划学院景观学系硕士研究生在读。研究方向为风景园林规划设计方法与技术、绿地系统与公共空间、城市更新与景观治理、自然保护地与文化旅游规划。

城市林荫停车场的生态效益模拟研究

Simulation on the Ecological Benefits of Urban Shade Parking Lots

徐宁漫　陈　菲*

摘　要： 林荫停车场对缓解城市化带来的社会、生态等问题具有一定作用。因此，以青岛市市南区地面停车场为例，构建林荫停车场树种评价体系，采用 i-Tree 工具进行土地利用分析，并模拟筛选树种建设后的生态效益和树冠覆盖目标实现可能性。结果表明，林荫停车场建设后总生态效益上涨至少 24.9 万元。另外，采用 10 年连续种植 350 棵胸径为 18cm 树木的种植计划最优。有关研究结果，对城市停车场的生态效益提升和未来建设有一定参考价值。

关键词： i-Tree；林荫停车场；生态效益；树种选择；模拟评价

Abstract: Shade parking lots are useful for alleviating social and ecological problems brought by urbanization. Therefore, taking the surface parking lot in the south of Qingdao city as an example, we construct an evaluation system of tree species for shade parking lots, use the i-Tree tool for land use analysis, and simulate the ecological benefits and the possibility of achieving the canopy cover target after the construction of screened tree species. The results showed that the total ecological benefits rose about ￥249000 after the construction of the wooded parking lot. In addition, a planting plan of 350 trees with a diameter at breast height of 18 cm was optimal using 10 years of continuous planting. The relevant research results have some reference value for the ecological benefit enhancement and future construction of urban parking lots.

Keywords: i-Tree; Shade Parking Lots; Ecological Bnefit; Tree Selection; Simulation Evaluation

引言

自我国改革开放以来，城市化的加快使各城市机动车保有量稳步上升[1]。目前机动车的爆炸性增长导致公共停车场基础设施建设不完善、规划管理混乱等问题严重[2]。而城市人居缓解较难改善的问题的实质在于高密度城市内的生态服务供给不足，可知当今密集城市中所有的公共空间都是非常珍贵的。公共停车空间是能够促进社会、生态和经济全面发展的空间之一，应重视其规划、设计和管理，避免空间资源的浪费[3]。

世界经济论坛指出，基于自然的解决方案比灰色基础设施方案便宜 50%，并能直接在环境效益方面提供 28%的附加值，包括增加树木数量和提高城市树冠覆盖率[4,5]。但许多研究均表明，公众很大程度上低估了树木带给生活环境的益处，政府决策人员也常因掌握树木产生效益的信息有限，使之对公众的政策引导和树木的管理缺乏依据。

目前，城市小尺度绿地生态效益的相关核算模型有 i-Tree、CITYgreen 等。CITYgreen 不能为不同的树种设置参数，而 i-Tree 工具可以根据不同情况下的单个植物进行计算[6]。2009 年起，我国对 i-Tree 的应用逐渐增多，包括周贝宁[7]、张玉阳[8]、王颖[9]等分别对绿道和行道树、公园绿地的生态效益研究，但至今还未有用 i-Tree 模型模拟量化停车场树木生态效益的研究。

针对上述的不足，本研究以青岛市市南区为例，基于层次分析法构建林荫停车场树种筛选评价体系，其次采用 i-Tree 对现状停车场的土地利用进行分析，并模拟筛选树种建设后的生态效益和树冠覆盖目标实现可能性，有利于城市林荫停车场的生态效益的定量化与最优化，推进未来人居环境的建设和管理。

1　材料与方法

1.1　研究区概况

青岛市市南区处于市区的南部、中心位置，地貌形态以山地、丘陵、滨海低地为主，并具有显著海洋性气候特点。青岛市 2020 年全市平均年降水量较历年偏多 41.9%，并且降雨时空分布不均匀，总体呈现“连续偏多或连续偏少”特点[10]。另外，青岛易受外部污染物影响造成本地静稳不利气象。

根据 2021 年 6 月青岛市公安局交警支队向社会进行公示的 156 个市南区停车场，经排除地下、立体、桥下停车场后，研究区选定为 110 个地面停车场，共划分为 192 个面。

1.2　i-Tree 模型

i-Tree 是美国林务局在 2006 年开发的城市林业分析和生态效益评价模型，本文主要使用 i-Tree canopy 和 eco 工具。该工具既可以使用随机抽样过程估计给定区域的树木覆盖和树木效益，也可使用数据定量评估绿地树木的年生态服务效益，揭示植物个体与群落发挥生态服务效益间的关系。本文主要选取树木的雨水截留、空气净化、储碳固碳效益之和作为总生态效益。

2 评价体系构建

2.1 指标体系构建

在对市南区地面停车场实地调研的基础上，借鉴前人研究成果并结合专家意见，并整理近10年相关的文献和规范，如姚俊秀[11]、陈明明[12]、王伟力[13]等对停车场植物选择的研究，以及城市交通绿化设计标准等规范，最终确定从生态和景观两方面作为评价体系的准则层，指标层则由10项评价因子构成（表1）。

2.2 指标权重计算及一致性检验

其次，采用专家打分法，邀请风景园林专业教师共10人，将打分结果计算平均分，再创建矩阵模型，通过SPSSpro计算其权重值和CR值，并进行一致性检验。若矩阵中CR值小于0.1，则表明通过一致性检验。最后，综合前人的评价标准，将评价因子分定量与定性2种。

其中定量指标C1～C8的分值通过相关规范、书籍、文献等得到，为确保研究结果的民主性，两项定性指标邀请风景园林专业硕士研究生20名，普通市民30名，共计50名人员进行评分。评分以现场和照片相结合的方式进行，根据表1中各指标得分标准0～5分来进行评分，然后取平均值。

2.3 林荫停车场树种选择

首先，通过查阅青岛市道路交通绿化相关文件与实地调研，选出24种道路或停车场常用植物，根据林荫停车场树种选择评价体系筛选出得分前6的树种（表2），分别是朴树、白蜡、榉树、女贞、黄连木、五角枫。

城市林荫停车场树种选择评价体系　表1

准则层	指标层	判断标准	得分标准
B1生态性 0.6667	C1乡土树种 0.0759	乡土树种为宜	乡土树种：5分 非乡土树种：0分
	C2树龄/生长速度 0.0459	树龄长，生长速度较快为宜	较快/快，寿命长：5分 较快/快，寿命中等；慢/较慢，寿命很长：3分 慢/较慢/较快/快，寿命短；慢/较慢，寿命中等：1分
	C3常见病虫害 0.1912	常见病虫害少为宜	病虫害≤5种：5分 5<病虫害≤10种：3分 病虫害>10种：1分
	C4抗污染性 0.1517	对有害气体污染的适应性强为宜	抗污染性强：5分 抗污染性一般：3分 抗污染性弱：1分
	C5抗风性 0.0893	抗风性强为宜	抗风性强：5分 抗风性一般：3分 抗风性弱：1分
	C6耐水湿性 0.1126	耐水湿性强为宜	十分耐水湿：5分 较耐水湿：3分 不太耐水湿：1分
B2景观性 0.3333	C7安全性 0.1378	无毒，无异香，无恶臭，无刺，无飞毛飞粉，无树皮脱落，少根蘖，少树脂分泌，不招昆虫鸟类	均符合：5分 1项不符合：3分 2项以上不符合：1分
	C8绿色期 0.0622	常绿或落叶树种中发芽早、落叶晚为宜	常绿/绿色期≥270天：5分 240天≤绿色期<270天：3分 绿色期<240天：1分
	C9遮阴性 0.0974	冠大荫浓为宜	前8名的树种：5分 8～16名的树种：3分 16名以后的树种：1分
	C10观赏性 0.0359	喜爱度	前8名的树种：5分 8～16名的树种：3分 16名以后的树种：1分

树种综合等级划分　表2

树种	得分	树种	得分	树种	得分	树种	得分
朴树	2.092	垂柳	1.871	悬铃木	1.815	杜仲	1.628

续表

树种	得分	树种	得分	树种	得分	树种	得分
白蜡	2.055	苦楝	1.866	七叶树	1.788	广玉兰	1.548
榉树	2.010	构树	1.866	楸树	1.755	黑松	1.435
女贞	1.917	栾树	1.858	臭椿	1.753	马褂木	1.319
黄连木	1.906	国槐	1.833	元宝枫	1.701	雪松	1.292
五角枫	1.887	银杏	1.831	合欢	1.681	白皮松	1.258

3 i-Tree 模型建立

由于软件开发者非我国，仅可使用提交的气候数据但缺乏相关污染物数据，因此选择了与青岛市在纬度、气候特征等相似的大连市 2013 年污染物数据。基于青岛市相关城市信息，修正经济参数界面，包括用于计算植物节能效益的居民生活电费和天然气价格 0.54/kW·h 和 2.65 元/m^3；以及计算树木雨水截留采用的居民生活水费 4.65/m^3；计算树木在碳吸收方面的经济价值采用瑞典碳税率固碳价格，CO_2 为 1200 元/t[14]；计算树木在吸收有害气体、改善大气质量方面的经济价值中，NO_2 和 SO_2 为 3600 元/t、$PM_{2.5}$ 和 O_3 为 5700 元/t、CO 为 10020 元/t。

在树种模拟方面，根据青岛市《园林绿化苗木质量标准》[15]，假定种植苗木冠幅规格都为Ⅰ级及比例为 4m (25%)、6m (70%)、8m (5%)；为接近现实情况，分别将 5%和 1%的树冠透光率和树冠枯损率均设置为 1%～5%和 5%～10%；分枝点均大于 2.5m，树高均在 7～10m。

4 结果与分析

4.1 现状停车场土地覆盖与生态效益

通过采用 i-Tree canopy 对市南区的 110 个地面停车场进行土地利用类型的面积进行估计，为保证准确性，人工释译了 2000 个点，将均数抽样误差大小降至 1%以内，得到现状地面停车场总面积为 55.12hm^2，树木覆盖面积为 9.53hm^2，不透水铺装面积为 44.2hm^2，草本覆盖面积为 1.38hm^2，分别占总面积的 17.3%、80.2%、2.5%。

根据计算出的不同土地覆盖类型的百分比，可模拟估算空气污染去除、雨水截留以及树木覆盖提供的碳储存与固碳的程度与价值（表 3、表 4）。因此，现状停车场树冠覆盖所带来的固碳量为 19.7t、碳储存量为 238.37t、去除污染物 618.45kg、减少径流 572.09m^3，总生态效益为 30.6 万元。

停车场现状碳储存和固碳总量及价值　　表 3

类型	碳(t)±SE	等量 CO_2(t)±SE	价值±SE
固在树上的	19.07±0.93	69.92±3.42	22645±1107
储存在树上的	238.37±11.65	874.04±42.73	283082±13840

停车场现状污染物去除与雨水截留总量及价值　　表 4

类型	总量(kg/m^3)±SE	价值±SE
CO	13.29±0.65	133±7
NO_2	72.38±3.54	261±13
O_3	436.15±21.32	2486±122
$PM_{2.5}$	41.90±2.05	239±12
SO_2	54.74±2.68	197±10
截留雨水	572.09±27.97	2660±130

4.2 不同树种方案的生态效益模拟

参考美国威斯康星州植树量估算方法[16]，根据树冠覆盖目标推算需要种植的树木量，公式为：

$$W=\frac{40000\times S\times C}{\pi\times(P+n\times A)^2}\times\frac{1}{(1-a)^n}$$

式中，S(km^2)为研究区面积；C(%)为树冠覆盖率增加量；p 为种植树木的平均冠幅；a 为树木年均死亡率；A 为树木冠幅的平均生长速率；n 为树冠覆盖目标完成年限。

因此，根据绿荫停车场评价标准中绿化遮阴面积不小于停车场面积的 60%的基本要求[17]，以现状研究区域为例，基于对树冠覆盖的估算结果，得到需种植约 4533 棵树。最后，将筛选出的 6 个树种以 3 个为一组进行组合，每类树在各组里种植数量相同，共得到 20 个方案。以下为 20 个方案模拟所带来的径流减少价值、固碳价值、碳储存价值、去除污染物价值、生态总效益等(表 5)。

不同方案的生态服务总量及价值　　表 5

方案	碳储存(t)	价值(万元)	固碳量(t)	价值(万元)	雨水截留(m^3)	价值(万元)	空气净化(t)	价值(万元)	生态总效益(万元)
A-B-C	181.30	21.76	17.54	2.10	1127.39	0.52	0.96	0.51	24.90
A-B-D	262.35	31.48	27.94	3.35	1172.75	0.55	1.02	0.54	35.92
A-B-E	257.60	30.91	22.32	2.68	1144.20	0.53	0.99	0.53	34.65
A-B-F	188.23	22.59	18.32	2.20	1206.49	0.56	1.05	0.56	25.90

续表

方案	碳储存（t）	价值（万元）	固碳量（t）	价值（万元）	雨水截留（m^3）	价值（万元）	空气净化（t）	价值（万元）	生态总效益（万元）
A-C-D	230.76	27.69	22.92	2.75	1170.17	0.54	1.01	0.54	31.52
A-C-E	226.01	27.12	17.30	2.08	1141.62	0.53	0.98	0.52	30.25
A-C-F	156.64	18.80	13.30	1.60	1203.91	0.56	1.04	0.55	21.51
A-D-E	307.06	36.85	27.70	3.32	1186.98	0.55	1.04	0.55	41.28
A-D-F	237.69	28.52	23.70	2.84	1249.27	0.58	1.10	0.58	32.53
A-E-F	232.94	27.95	18.08	2.17	1220.72	0.57	1.07	0.57	31.26
B-C-D	289.82	34.78	30.18	3.62	1157.37	0.54	1.00	0.53	39.47
B-C-E	285.07	34.21	24.56	2.95	1128.82	0.52	0.97	0.52	38.20
B-C-F	215.70	25.88	20.56	2.47	1191.11	0.55	1.03	0.55	29.45
B-D-E	366.12	43.93	34.96	4.20	1174.18	0.55	1.03	0.55	49.22
B-D-F	296.75	35.61	30.96	3.72	1236.47	0.57	1.09	0.58	40.48
B-E-F	292.00	35.04	25.34	3.04	1207.92	0.56	1.06	0.56	39.20
C-D-E	334.53	40.14	29.94	3.59	1171.60	0.54	1.02	0.55	44.83
C-D-F	265.16	31.82	25.94	3.11	1233.89	0.57	1.08	0.57	36.08
C-E-F	260.41	31.25	20.32	2.44	1205.34	0.56	1.05	0.56	34.81
D-E-F	341.46	40.97	30.72	3.69	1250.70	0.58	1.11	0.59	45.83

注：A：朴树、B：白蜡、C：榉树、D：女贞、E：黄连木、F：五角枫。

从各方案来看，不同树种的组合结果差异较大，白蜡-女贞-黄连木组各方面最佳，绿化带来了碳储存 366.12t、固碳量 34.96t、径流减少 1174.18m^3、去除总污染物 1.03t，总价值为 49.22 万元；而表现最差的朴树-榉树-五角枫组对比最佳组合相差了 27.71 万元的价值。其次，排名前五的组合中，均有女贞和黄连木，可知两类树的综合生态效益最好，而位于末尾的组合都包含朴树，得知其综合效益最差。

从污染物去除和雨水截留来看，在总量上所有组合均有较好的表现，整体相差仅 0.14t 污染物和 121.88 m^3 雨水。方案排名前四名的分别是女贞、五角枫分别与其他四种树的组合，平均能去除 1.09t 污染物和 1242.58m^3 雨水，说明女贞和五角枫在净化污染物和径流减少方面有良好的表现；方案排名靠后的组合均有榉树，未来应避免在空气质量较差和易积水的停车场地种植。其次，在去除污染物所带来的价值与去除总量上整体基本呈现一致性，而朴树-女贞-黄连木组虽然去除了更多的污染物，但由于具体污染物征收费用标准的不同，反而白蜡-榉树-黄连木组创造的经济价值更高。

从固碳量和碳储存来看，各方案间固碳总量相差约 2.6 倍，优势组合（白蜡-女贞-黄连木组）每年可固碳 34.96t，产生 41963.06 元的价值，且单株树木固碳平均效益为 9.26 元；各方案间总碳储存量也相差 2.3 倍，较好的方案可储存碳大于 307.06t，产生至少 368468.09 元的效益。

从与现状对比来看，由于现状生态效益是通过树冠覆盖面积计算，其污染物去除率、碳封存率等均采用美国树木的平均速率，使整体效益偏高。而模拟方案中接近青岛市真实的新植苗木质量状况，树木平均冠幅仅 5.6m，胸径仅 16.8cm，以至种植后的生态效益提升未呈现大幅增长，但未来随着树木冠幅、胸径、树高的增长，其效益则会大大提升。因此，在模拟方案中树冠覆盖率增加了约 2.5 倍，若与较好的方案相比，固碳量、污染物去除量提高了约 2 倍、雨水截留量则提高 2.2 倍，生态总效益上涨 18.05 万元。

4.3 树冠覆盖与未来多状况目标可行性模拟

未来树木带来的好处是显而易见的，但也充分质疑林荫停车场目标的可行性，在气候变化复杂的情况下，2022～2027 年期间需要长期管理投资种植多少棵树才能保持和实现林荫停车场的目标是十分重要的。

为了使预测准确，模型指定了几个基本参数的一致性，包括每年平均霜冻天数为 101 天；基本年死亡率采用默认值，为健康树木的枯死率为 0～49%（年死亡率为 3.0%），病树的枯死率为 50%～74%（年死亡率为 13.1%），垂死树木的枯死率为 75%～99%（年死亡率为 50.0%）；极端天气时间设置为一年一次特大暴雨且树木的损伤率为 5%；预测年数为 10 年。图 1～图 3 为预测结果。

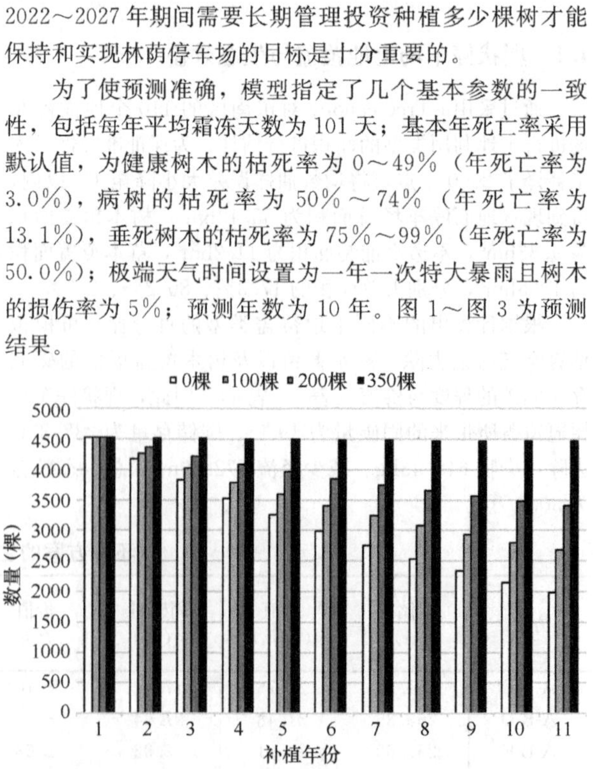

图 1 十年内连续补植不同棵数的树木数量变化

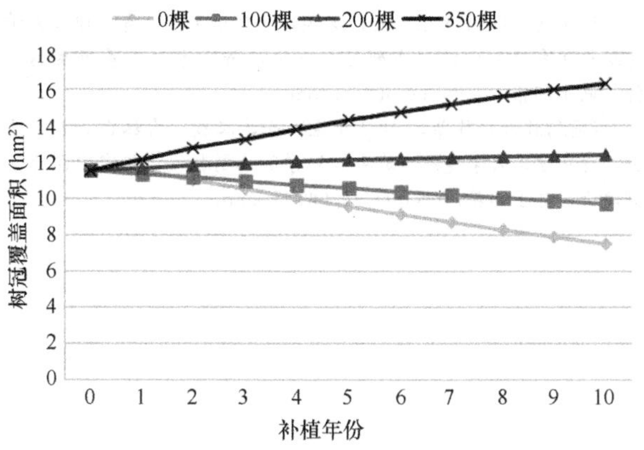

图 2　十年内连续补植不同棵数的树冠覆盖率变化

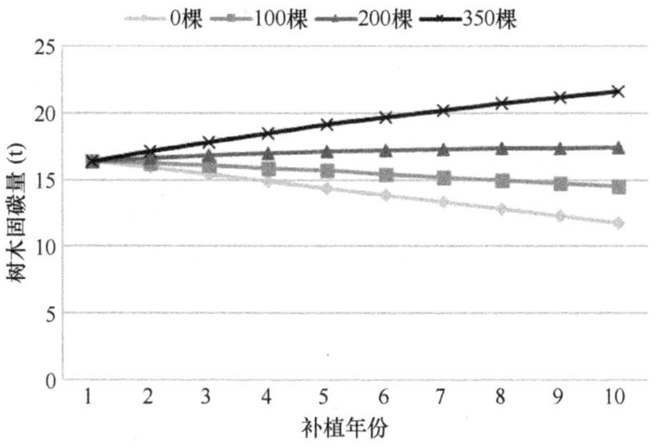

图 3　十年内连续补植不同棵数的固碳量变化

根据模拟结果可知，若十年内不再种植任何树木或连续种 100 植树，2032 年会剩下不超过 2682 棵树；若十年内连续种植 200 棵树，虽然树木总量在减少，但由于逐年生长，使得树冠覆盖面积较最初仍然有较多增长；若十年内连续种植 350 棵树可保持林荫停车场所需的树木量，并将树冠覆盖提升了 4.81hm^2，以及固碳量提高了 5.21t。因此，采用 10 年连续种植 350 棵胸径为 18cm 树木的种植制度，并进行良好的管理下实现林荫停车场的目标是可行的。

5　讨论与结论

根据前文的分析，本文得出以下结论。第一，以上 20 种方案在碳储存、固碳、径流减少、污染物去除、总生态效益价值等方面存在显著差异，这对未来青岛市在不同场地的停车场选择树种具有很好的参考价值。例如，若停车场所在地点具有显著环境矛盾，应采用以上单项最佳组合方案，包括径流减少和空气净化最佳组合（女贞—黄连木—五角枫）、减轻碳最佳组合（白蜡—女贞—黄连木），若停车场所在地点无突出生态矛盾，则优先选择总生态效益价值较高的树种方案（白蜡—女贞—黄连木、女贞—黄连木—五角枫、榉树—女贞—黄连木），助力解决高密度城市内部的生态服务供给不足的问题。第二，未来不同的种植制度会导致树冠覆盖率、固碳量产生较大变化，市南区林荫停车场在十年建设目标下需采用连续种植 350 棵胸径为 18cm 树木的种植制度。

因此，根据本文研究结论对政府建设林荫停车场提出以下建议。第一，注重停车场树种资源的合理分配与布局。从停车场场地具体环境问题为出发点，以适地适树的原则种植，促进城市人居环境质量的提升。第二，加强停车场绿地的生态效益价值核算。通过将树木的生态效益定量货币化，促进公众对停车场植树的理解和政府对城市绿化管理依据。第三，提升停车场树冠覆盖目标制定的完成性和投资回报的最大化。政府相关决策人员应及时模拟未来树木种植状况，了解植树规模与进展，提高停车场绿化目标制定的合理性。

参考文献

[1] Li Jieping, Joan L , Sumeeta S, et al. Modeling Private Car Ownership in China: Investigation of Urban Form Impact Across Megacities [J]. Journal of the Transportation Research Board, 2010, 2193(1): 76-84.

[2] GuoYu. Evaluation on Optimization of Traffic Organization of Xiangfang Wanda Parking Lot[J]. Earth and Environmental Science, 2020, 587.

[3] Jim C. Green-space preservation and allocation for sustainable greening of compact cities [J]. Cities, 2004, 21 (4): 311-320.

[4] World Economic Forum. Making the economic case for Biodiver Cities 2022[R]. Switzerland: WEF, 2022.

[5] Charity N, Charles N, David J. Present and future ecosystem services of trees in the Bronx, NY[J]. Urban Forestry & Urban Greening, 2019, 42: 10-20.

[6] 于洋，王昕歌．面向生态系统服务功能的城市绿地碳汇量估算研究[J]. 西安建筑科技大学学报(自然科学版), 2021, 53(01): 95-102.

[7] 周贝宁，芦建国，花壮壮．基于 i-Tree 模型的城市绿道生态服务效益研究[J]. 浙江农业学报, 2020, 32(12): 2201-2210.

[8] 张玉阳，周春玲，董运斋，等．基于 i-Tree 模型的青岛市南区行道树组成及生态效益分析[J]. 生态学杂志, 2013, 32(07): 1739-1747.

[9] 王颖，蔡建国，张哲琪，等．临安钱王陵公园植物群落结构及生态效益分析[J]. 浙江农林大学学报, 2020, 37(04): 729-736.

[10] 青岛市水文局．2020 年水情年报[EB/OL]. (2021-01-04) [2022-03-23]. http: //qdswj. sdwr. org. cn/gbjb/fxkhxx/index_2. html.

[11] 姚俊秀，张玉霞，贺肖飞，等．呼和浩特市地面停车场绿化初步分析[J]. 南方农业, 2016, 10(27): 68-79.

[12] 陈明明，邱尔发，曹冰冰．基于绿荫停车场树种选择的夏季林荫生态环境指标研究[J]. 中国城市林业, 2016, 14(02): 17-21.

[13] 王伟力．露天停车场树种选择配置与节能效应分析[D]. 苏州大学, 2016.

[14] 国家市场监督管理总局．森林生态系统服务功能评估规范 GB/T 38582—2020[S]. 2020.

[15] 青岛市质量技术监督局．园林绿化苗木质量标准．DB 3702/T 277—2018[S]. 2018.

[16] Wisconsin Department of Natural Resources. Urban Forestry Assessment (Wis UFA) Program. [EB/OL]. [2022-03-

23]. https://dnr. wisconsin. gov/topic/urbanforests/ufia/canopygoals.
[17] 山东省人民政府. 山东省城市林荫停车场评价标准(试行)[EB/OL]. (2013-11-05)[2022-03-23]. http://zjt. shandong. gov. cn/art/2013/11/5/art_102884_8841663. html.

作者简介

徐宁漫，1998年生，女，汉族，四川乐山人，青岛理工大学建筑与城乡规划学院硕士研究生在读，研究方向为景观生态评价。电子邮箱：279631286@qq. com。

（通信作者）陈菲，1982年生，女，汉族，吉林白山人，博士，青岛理工大学建筑与城乡规划学院，副教授，研究方向为景观评价。电子邮箱：chenfei3913@126. com。

展览花园对低碳理念的表达

——2022粤港澳大湾区深圳花展大学生花园“水到花开”为例

Exhibition Garden to Express the Concept of Low-carbon living

—A Case Study of “Blossom Waiting for Stream” Garden in College Students' Garden of Shenzhen Flower Show 2022 in Guangdong-Hong Kong-Macao Greater Bay Area

贾文贞　贾绿媛　苗晨松　邱天琦　曹旭卿　林　箐*

摘　要：展览花园以其低限制、建设周期短等特点，能够快速呈现设计师的前沿理念，对新理念、新技术的应用与推广有着示范和启发作用。借助2022粤港澳大湾区深圳花展大学生花园设计竞赛与建造的契机，针对深圳市节水与低碳发展的目标，方案从设计、选材、建造、效果与体验等方面探讨低碳理念下的展览花园设计策略，并通过展示、科普、参与体验等方式增强人们对水资源的认知与保护意识，引导群众生活态度，促进人与自然环境和谐共生。

关键词：低碳；展览花园；节水；互动参与；设计策略

Abstract: The exhibition garden, with its low restriction and short construction period, is able to reflect the cutting-edge thinking of designers and has a demonstrative and inspiring effect on the application and promotion of new ideas and technologies. With the opportunity of the Shenzhen Flower Show 2022 in Guangdong-Hong Kong-Macao Greater Bay Area design competition and construction, aiming at the goal of water-saving and low-carbon development in Shenzhen, the scheme explores the design strategy of the exhibition garden under the low-carbon concept from the aspects of design, material selection, construction, effect and experience. In addition, the garden also enhances people's awareness and protection of water resources through exhibition, popularization and leading people to participate in experiences, guiding the public's low-carbon lifestyle and promoting a harmonious co-existence between human beings and the natural environment.

Keywords: Low-carbon; Exhibition Garden; Water-saving; Interactive Participation; Design Strategy

引言

在全球经济产业迅速发展的背景下，人口的快速增长与相应的土地建设加速扩张使得资源的需求量大幅增长，水资源的保护、能源开发成为现今巨大挑战，面对全球气候危机与能源问题，各国相继提出了低碳减排的发展目标[1]。低碳是一种自然的生活理念，包含低影响开发、生态发展、节能、节水以及对资源的充分利用等方方面面。在此社会背景下，低碳生活已然成为人们重要的生活模式乃至生活态度。

博览会通过前沿的设计探索与技术应用，展示了人们对未来的展望与构想[2]。展览花园伴随着博览会应运而生，不同于大尺度园林设计，展示性、创新性、灵活性、独立性等特点使得展览花园对其主体的表达更加纯粹。我国的花园展通常以政府单位主导，自上而下推进，因此，展览花园也肩负有全方位表达地区特征、时代精神与会议主题等重任[3]。相较于欧美等国，我国展览花园的形成与发展较晚，且形式单一、植物景观欠缺，多呈现出对城市标志性特征进行缩写或者集锦式城市展园的设计模式，缺乏设计的创新性以及设计内涵的时代前瞻性。

因而，针对深圳市水资源短缺与节水的城市发展目标，本文以粤港澳大湾区深圳花展为契机，通过一个展览花园的设计，探讨低碳理念下的展览花园设计与推广模式，有助于引领新的花园建造模式并以此激发人们的低碳生活意识。

1　展览花园与花园展

1.1　展览花园的形成与发展

展览花园在理论、技术、材料、装置等方面具有创新性[4]，是一类有助于促进园林理论与实践创新，并向大众普及园林前沿思想与技术手段的时效性花园[5]。1809年，第一次大型园艺展在比利时举办，形成了“花园展”的雏形[6]，此后近百年间，德国先后在德累斯顿、汉堡、曼海姆、埃森、斯图加特等城市举办多场国际花园展，花园展对城市环境和绿色空间的积极作用逐渐显现。1970年代起，大地艺术、波普艺术、极简艺术等思潮相继出现，促进了花园展对于文化、社会以及环境、艺术和科技发展的展现[5]。随着博览会的快速发展及功能多样化呈现，行业发展动向逐渐成为参展者关注的焦点，产品展示氛围及艺术成果的交流活动亦逐渐显现，艺术潮流及前沿技术逐渐获得公众关注[7]。从最初代表园林园艺等相关行业前沿思想出现在综合博览会[8]，展览花园逐渐发展成为园林博览会的重要展览形式。20世纪中后期，展览花园形成了较为稳定的发展模式，涌现出德国联邦花园展(bundesgartenschau，简称 BUGA)、法国肖蒙城堡花园节、新加坡花园展等一系列园林博览会。自 1992，每年 4～10 月，法国卢瓦尔河畔肖蒙城堡的园林定期举办国际花园展，场地固定，展示临时，会后拆除；展会往往对社会热点及园林园艺发展前沿思想把控及时，并以此确定展会主题，来自世界各地的设计师受邀参与设计建造[6]。法国肖蒙城堡花园节新颖的形式为花园展探索出新的道路，带动了园林艺术创新及探索。随着公众纪念与城市文化的兴起，展览花园至今亦伴随着大型城市展览而存在。

1.2 展览花园的特征

1.2.1 建设周期短

因单个花园占地面积不大，且一般具有临时性，希望搭建和拆除都比较快速、便捷，因而对材料与施工有一定的要求，此外，因开展及展期需要，展览花园一般工期较短，建设经费到位迅速，建成效果品质较高，是一个比较快速落地、较好展现设计师创新理念的途径。

1.2.2 设计限制性低

展览花园所提供的场地限制因素较少，除展览主题之外，花园对功能的需求较为单一，设计师能够充分发挥设计的自主性，探索对新问题的创新性的思考方式与表达途径[2]，在展览花园的不断发展以及公众关注的不断提高过程中，互动性与参与性逐渐崭露头角并成为花园设计中的策略。不过，不同展览需求或不同展览地区的花园设计应具有差异性，能够展现地域特色与展览的主题。

1.2.3 易受广泛关注

展览花园多受相关的展览、会议的影响，相较于普通的花园更具有人群吸引力而聚集大量人群，且面向的人群包含市民、游客、政府从业者、学者、各行业专家等，因而，展览花园中的理念与方法的应用更具有推广性。

2 “水到花开”——基于湾区废弃材料再利用的低碳节水花园

2.1 设计背景

本次花展位于深圳市仙湖植物园。深圳是大湾区中的引擎城市与核心城市，然而近两年连续的干旱，东江流域经历着 60 年以来最为严峻的旱情，2021 年 11 月 17 日，深圳市三防指挥部启动水利抗旱Ⅳ级应急响应[9]，2021 年 12 月 7 日，市节水办发布《节水倡议书》，强调公众节水的重要责任，呼吁市民增强节水意识。低碳节水将成为群众日常生活模式，低碳理念与节水生活态度已然成为生活必不可少的部分。

2.2 设计理念

针对大湾区节水的时代需求，方案以“水”为出发点，提取水落下后荡起的涟漪和波纹的形态，通过空间演变形成“水循环”骨架，选取朱顶红为主要植物材料，以“水”为脉络，生成《水到花开》花园（图 1）。

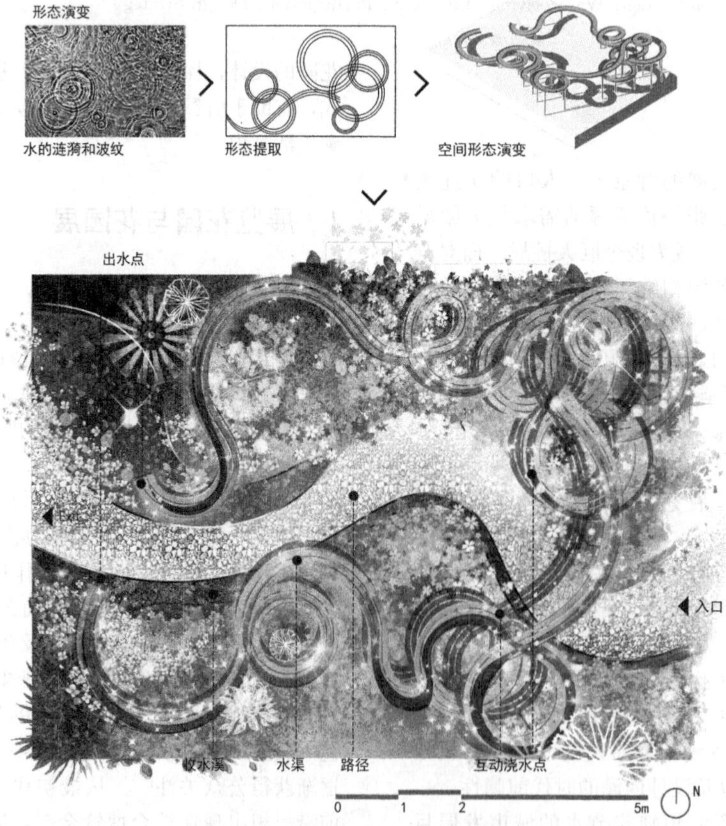

图 1 设计构思与方案生成

2.3 低碳与节水策略

2.3.1 材料选择

考虑花园的设计理念与建造成本，聚焦当地居民日常生活和城市环境中常见的废弃物，选用廉价、易得的废弃钢丝、塑料管、碎石等作为本次花园的搭建材料（图2）。在植物材料的选择上，以本次花展所要求的主题花卉朱顶红为主要花材，并根据展览时间、周期和种植效果，选择当地春季特色观赏植物，如美人蕉、鹤望兰、花叶万年青等，既有助于形成良好的花园景观，又能够展现植物适地适时栽植的低碳。

2.3.2 花园搭建

因本次花展建造周期和展览周期均较短，因而，在花园的搭建过程中，本方案几乎不依靠大型的施工设施进行建造。在简单整地的基础上，利用回收铁丝与塑料管制成的“水循环”骨架，通过铁架搭建高低起伏环绕的循环结构，上下交错，再将横切取半的软质塑料管开口向上放在铁架上，3个并排用铁丝固定，以此形成立体水路及绿植生长槽，塑料管过水，可以栽植小型水培植物，地面层采用土壤栽植形式，并利用碎石设置花园路径（图3）。

2.3.3 水利用与水循环

“水循环”骨架包含水渠、水盘、水塘和水溪等多种水连通方式，不同水形态之间的高差形成小型叠水，兼具景观与曝氧功能，可以增加水气接触，为水体充氧。最底层为地面防水布与废弃碎石设置的小型水塘，通过游人互动的方式将下层水再次输送到最顶端水盘，实现对水的可持续利用。此外，螺旋圆环形态上下错落的布置以及透明塑料管良好透光性的特点，能够实现花园对光的充分利用（图4）。

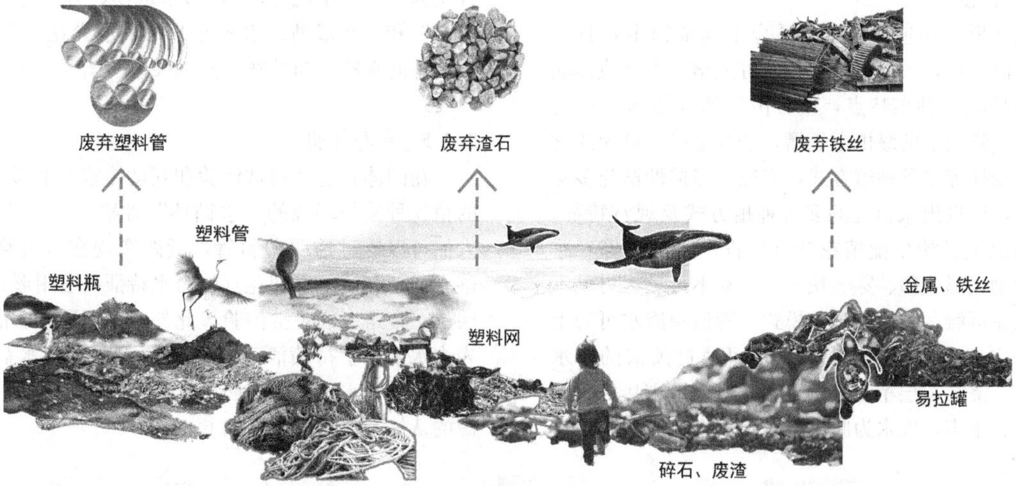

图2 材料来源

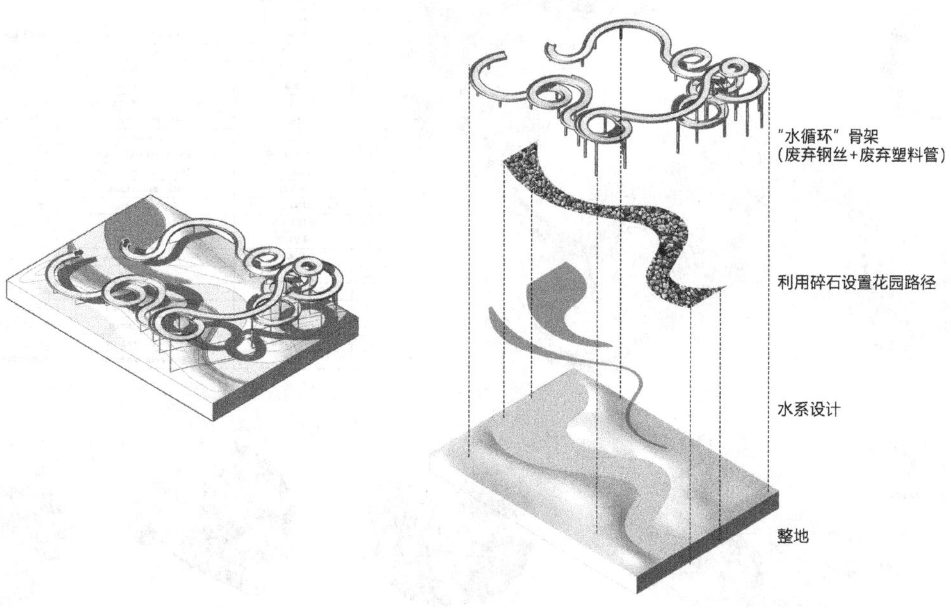

图3 花园搭建流程

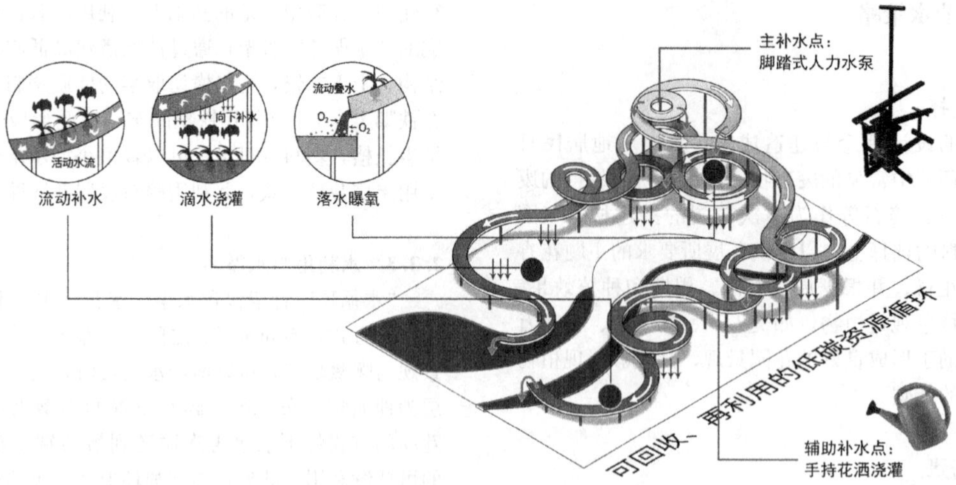

图 4 “水循环”骨架

2.3.4 植物种植

通过微地形的塑造，营造出适合不同植物生长且排水良好的地面生境，根据朱顶红种球可土培、水培或湿润环境中短期悬挂的种植特点，结合由铁架及塑料管搭建的“水循环”骨架上的绿植生长槽，采取地栽、自吸式盆栽、水培、悬挂等多种种植方式，实现低养护种植与多层次植物景观，展现出朱顶红的多种种植方式及观赏特征。在花园及绿植生长槽中配植花叶万年青、风信子等春季特色观赏植物，形成望、穿、扶——轻易不可见、可见不可触、可见亦可触 3 种植物观赏模式。管道中流水可为上层盆栽进行定向补水，管道内的水流可通过预留的渗水口向下补水，浇灌下层植物，结合生长槽上下交接等关系形成的水景、水声，以水为脉络形成水渠上自吸盆和水培种植为主的“水绕花间”，落水成溪、芳香种植的“水惹花香”和汇水成塘、水漫花开的“水弄花笑”3 大节点，展现不同水特征与植物之间的关系（图 5）。

2.3.5 参与体验

花园体验包括观赏体验和互动体验 2 个部分。多层次的植物种植与环绕的“水循环”骨架，丰富了观赏界面，人们可以透过透明塑料管，近距离观察水流路径和水跌落方式，并了解不同花卉的需水特征与应用形式，增强多层次、多角度的观赏体验。此外，人们还可以借助脚踏式人力水泵和手持喷洒壶将水重新引至上层水盘或对花园进行外界补水，参与花园的水循环，以此增强人们对水资源的认知与保护意识（图 6）。

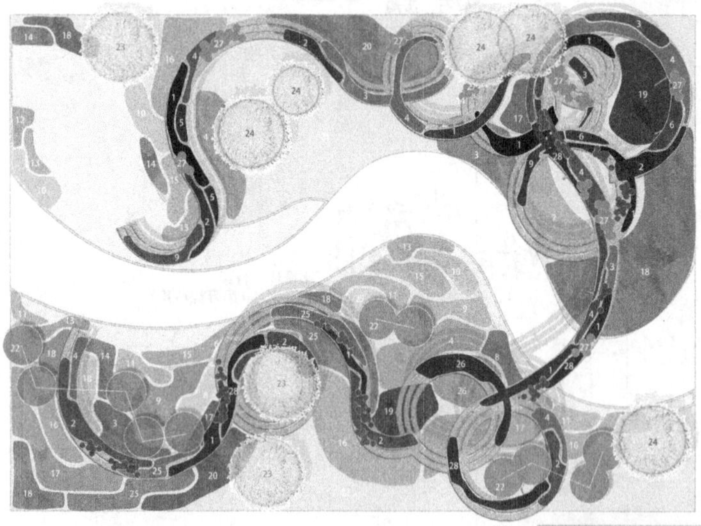

序号	种名	拉丁名	色彩	株高（cm）	冠幅（cm）
1	"双娃"朱顶红	*Hippeastrum rutilum*		40-60	20-30
2	"安瑞雅"朱顶红				
3	鬼魅朱顶红				
4	"桃花源"朱顶红				
5	"莓果螺旋"朱顶红				
6	"仙女米德"朱顶红				
7	"佛罗伦斯" 朱顶红				
8	"白春风"朱顶红				
9	风信子	*Hyacinthus orientalis*		25-35	18-25
10	花菖蒲	*Iris ensata*		35-45	20-30
11	香根鸢尾	*Iris pallida*		25	20-30
12	香蒲	*Zoysia matrella*		100-150	30-40
13	'落紫'千屈菜	*Lythrum salicaria* 'Dropmore Purple'		60-70	30-40
14	梭鱼草	*Pontederia cordata*		45-55	25-35
15	灯芯草	*Juncus effusus*		40-50	20-30
16	小兔子狼尾草	*Pennisetum alopecuroides* 'Little Bunny'		100-120	60-70
17	粉黛乱子草	*Muhlenbergia capillaris*		30-90	60-90
18	龟背竹	*Monstera deliciosa*		60-70	60-70
19	"考德塔鹤望兰"鹤望兰	*Strelitzia reginae*		130-150	70-80
20	金脉美人蕉	*Canna generalis* 'Striatus'		120-150	90-100
21	马尼拉草	*Zoysia matrella*		12-20	10-15
22	长春花	*Catharanthus roseus*		50-60	45-60
23	含笑	*Michelia figo*		120-160	100-120
24	杜鹃	*Rhododendron simsii*		150-250	90-120
25	'拉瑟斯'铁线莲	*Clematis* 'Lasurtsern'		藤本	40
26	常春藤	*Hedera nepalensis*		藤本	50-60
27	花叶万年青	*Dieffenbachia picta*		20-25	30-35
28	绿萝	*Epipremnum aureum*		藤本	30-40

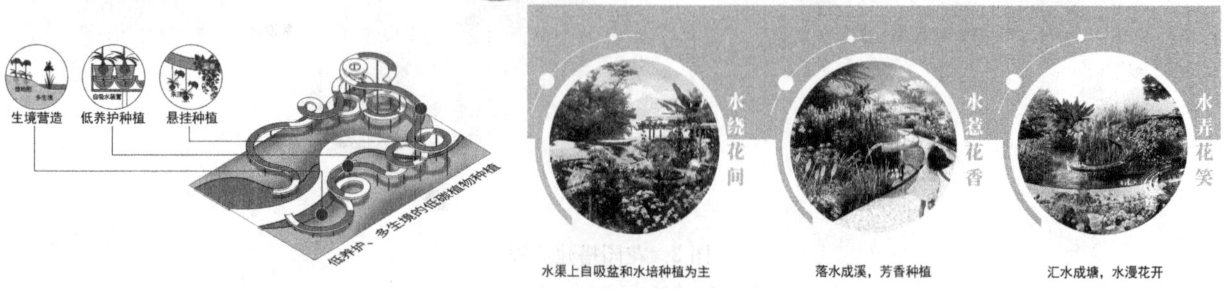

图 5 花园种植

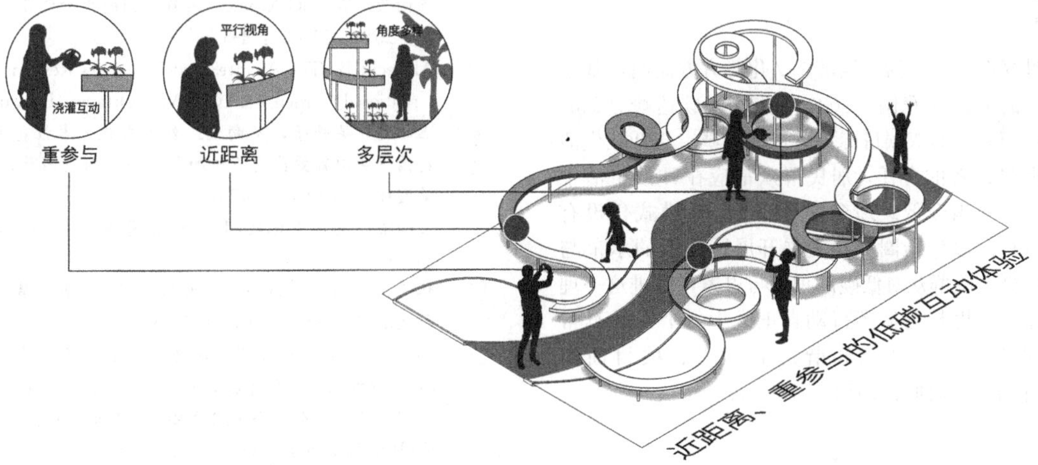

图 6　花园的参与体验途径

2.4　意义

展示花园小巧而精致，浓缩了当下及未来园林、生活模式的探索，然而，许多展示花园创新性的理念仅仅停留在设计师的表达，游客在观赏时感受有限。在本次展示中，通过观赏的过程体验节水循环，在互动模式中感受低碳态度，从搭建材料、营建方式到花园展示，游客可以充分感受当下以及未来低碳生活理念（图 7）。

一次短期的展示花园规模有限，我们希望以展示花园为契机，在社区、街角、公园等位置以生活圈为单元建造多个创新理念小花园，利用展示花园前沿性，带动广泛群众低碳生活态度，使低碳理念更加深刻。

图 7　花园理念与效果展示

3 结语

低碳贯穿在日常生活、经济、文化等方方面面，基于全球范围内的低碳与我国“2030年前实现碳达峰、2060年前实现碳中和”的双碳目标，营建低碳城市与低碳生活不只是城市建设者的责任，居民群众都应在日常生活中注重低碳，然而当今低碳理念以及低碳生活模式仍没有走进家家户户。以生活圈为单元展开展览花园的示范与推广，引导更广泛群众对低碳的理解与思考，促进这一理念强化，让低碳思想与低碳行动真正成为每个人的日常生活，促进人与自然环境和谐共生。（注：项目面积 $70m^2$，设计与建造时间：2022年1～3月）

致谢

感谢由深圳市人民政府主办，深圳市城市管理和综合执法局、深圳市人民政府外事办公室、罗湖区人民政府、深圳市农科集团有限公司承办的2022粤港澳大湾区深圳花展，以及深圳市城市管理和综合执法局、深圳大学美丽中国研究院等主办方发起的2022粤港澳大湾区深圳花展大学生花园设计竞赛和对本团队方案的评审与认可。

参考文献

[1] 刘志林，戴亦欣，董长贵，等. 低碳城市理念与国际经验[J]. 城市发展研究，2009，16(06)：1-7+12.

[2] 林箐，王向荣，南楠. 艺术与创新——百年展览花园的生命之源[J]. 中国园林，2007(09)：14-20.

[3] 王向荣，WANG Xi-yue. 展览花园的生命之源[J]. 风景园林，2018，25(02)：4-5.

[4] Albrecht B. The Avante-gardeDesigners'Response to the International Garden Festival [M]. Ottawa：ProQuest，2006.

[5] 王晞月，吴丹子，王向荣. 外国当代艺术性花园展与展览花园以法国肖蒙花园节与加拿大梅蒂斯花园节为例[J]. 风景园林，2016(04)：47-53.

[6] 王向荣. 关于园林展[J]. 中国园林，2006(01)：19-24+26-29.

[7] 林箐，王向荣，南楠. 艺术与创新——百年展览花园的生命之源[J]. 中国园林，2007(09)：14-20.

[8] 韩蓉. 世界展览花园发展概况及中国展览花园现状分析[J]. 甘肃农业大学学报，2014，49(03)：101-106.

[9] 深圳市节约用水领导小组办公室. 市节约用水领导小组办公室[R]. 深圳市水务局，2021.

作者简介

贾文贞，1998年生，女，汉族，内蒙古人，北京林业大学风景园林学硕士研究生在读。电子邮箱：shibei1273@163. com。

贾绿媛，1996年生，女，汉族，内蒙古人，北京林业大学风景园林学博士研究生在读。电子邮箱：snow20001996@qq. com。

苗晨松，1998年生，女，汉族，内蒙古人，北京林业大学风景园林硕士研究生在读。电子邮箱：miaomcs@qq. com。

邱天琦，1999年生，男，汉族，北京人，北京林业大学风景园林学硕士研究生在读。电子邮箱：qiutianqi@bjfu. edu. cn。

曹旭卿，1999年生，女，汉族，山西人，北京林业大学风景园林学硕士研究生在读。电子邮箱：577316825@qq. com。

（通信作者）林箐，1971年生，女，汉族，浙江人，北京林业大学，教授、博士生导师。电子邮箱：lindyla@126. com。

碳中和目标下景观系统碳汇的设计策略研究①

Design Strategies for Carbon Sinks in Landscape Systems Under Carbon Neutrality Goals

于梦晴　翟　俊

摘　要： 工业文明以来，人类活动向大气中直接排放的过量 CO_2，打破了地球生态系统中的碳循环平衡，引发了气候变化和全球变暖。长期以来气候变化一直在影响着我们城市的生态系统和环境，景观作为既能吸收大气 CO_2 又能碳汇的行业，在未来有潜力通过将绿地景观系统作为新的碳汇为减缓气候变化作出贡献。然而当下很多城市中被称为低碳、汇碳的景观项目，大部分只是通过植物光合作用进行固碳。然而要提高景观碳汇效果不能单纯依靠植物，而是要综合考虑植物群落对于土壤固碳、蓝碳系统固碳乃至整个景观生态系统碳汇的整体效益。但是如何在具体的设计项目中提升景观碳汇效率仍缺乏一个可操作的整体思路及设计模式。为此，本文在对景观碳汇发展历程、机制进行梳理，结合实证研究提出综合性景观系统碳汇的设计策略，以期为实现碳中和目标提供新思路与可操作方法。

关键词： 景观固碳；土壤固碳；生物多样性；植物功能多样性；风景园林理论研究；设计策略

Abstract: Since industrial civilization, excessive CO_2 emissions directly into the atmosphere from human activities have disrupted the balance of the carbon cycle in the earth's ecosystem, triggering climate change and global warming. Climate change has long been affecting the ecosystem and environment of our cities. As an industry that can both absorb atmospheric CO_2 and sink carbon, landscape has the potential to contribute to climate change mitigation in the future by using green space landscape systems as a new carbon sink. However, most of the landscape projects that appear in many cities today for the purpose of low carbon and carbon sequestration are only carbon sequestration through plant photosynthesis. However, to improve the effect of landscape carbon sink cannot rely on plants alone, but we need to consider the overall benefits of plant communities for soil carbon sequestration, blue carbon, and even carbon sink of the whole landscape ecosystem. However, there is still a lack of an operable overall idea and design model on how to improve the efficiency of landscape carbon sink in specific design projects. To this end, this paper compares the development history and mechanism of landscape carbon sinks and proposes a comprehensive landscape system carbon sink design strategy with empirical research, in order to provide new ideas and operational methods for achieving the goal of carbon neutrality.

Keywords: Landscape Carbon Sequestration; Soil Carbon Sequestration; Biodiversity; Plant Functional Diversity; Theoretical Research of Landscape Architecture; Design Strategies

引言

人类活动导致 CO_2 排放量不断增加，进而引发全球范围内的气候变化和全球变暖[1]，减碳已成为全球普遍关注的话题。实施碳达峰、碳中和是一次广泛而深远的经济系统性改革，必须将碳达峰、碳中和融入国家生态文明建设的总体布局[2]。针对“双碳”目标实施的紧迫性，需要社会各行业进行创新与变革[3]，同时更需要更加密切的多学科融合以及政产学研良性互动[4]。城市景观将有望通过景观生态系统（landscape ecosystem）作为新的碳汇手段，融合自然景观与城市建成景观为碳中和作出贡献。

虽然很多景观项目，如绿色屋顶和城市森林，都以低碳或增加城市韧性为初衷[5]，但由于这些项目在建造和维护的过程中都难以避免会造成一些碳排放，其隔离的碳甚至并不能抵消自身排放的碳[6]。另有研究表明，植树造林对吸收碳的影响也被夸大了，因为树木吸收的碳是动态的，不能抵消化石燃料燃烧释放的碳[7]。而城市化和全球人口将在未来几十年内持续增长，从而引发更复杂的挑战，低碳景观（low-carbon landscape architecture）对于缓解碳排放的方案已显得捉襟见肘，在未来我们应更加专注于通过景观系统碳汇增加城市固碳能力以及基于自然的解决办法（NBS）提升城市应对气候变化的适应力[8]，从缓解性（mitigative）向适应性（adaptive）设计转型。

城市常用的天然碳汇形态有草原碳汇、林木碳汇、湖泊湿地碳汇、耕地碳汇等[9]。城市建成景观通常被视为城市生态系统的重要组成部分，如公园绿地、防护绿地、道路绿化等也是城市重要的直接碳汇途径，是有效的人工碳汇[10]。根据研究的范围不同，景观的范围可以是点状的绿地或者公园，也可以是一个系统[11]。景观系统是一个具有多功能的、复杂的多尺度系统[12]，融合了人工与自然碳汇[13]。

因此，未来的景观设计应更加关注于提升景观系统

① 基金项目：苏州大学风景园林教学团队资助项目（5831502219）。

的固碳能力，低碳景观也应逐渐向景观系统碳汇转变，其设计策略需要进一步明确并且论证其有效性。当下景观行业迫切需要回答以下几个问题：

(1) 种树不等于固碳。在景观园林绿化中，如何降低碳足迹，并通过合理的绿化布局，增加城市绿化的固碳效率？

(2) 土壤中的碳比大气和所有植物的碳总和还要多，未来如何利用植物来滋养、保护土壤，增强土壤固碳作用？

(3) 湿地、林地等的自然碳汇长期受到人类活动的干扰，如何对现存的自然碳汇系统进行有效的保护、改造与修复，从而增加生态系统服务的长效固碳作用？

(4) 已实施的景观项目如何通过有效的途径验证其碳汇作用的有效性？

针对以上问题，本文通过梳理景观碳汇的发展历程，并就景观系统碳汇的概念及机制进行阐述，为景观系统碳汇的设计策略的提出提供借鉴。

1 景观碳汇发展历程

1.1 植物固碳

植物光合固碳作用及其理论最开始应用于林业。早在1979年美国加州大学生态学家乔治·布鲁尔就提出通过大规模重新造林来抵消由化石燃料排放的CO_2[14]。加拿大多伦多大学的柯比·凯瑟琳及其团队发现不同类型的树种如阔叶树、棕榈类、藤本类会影响碳储量[15]。随着城市化的发展，城市当中不同绿地的固碳作用开始被纳入考虑，如，绿色屋顶[16]、观赏园艺[17]、城市森林等[18]，研究证实了城市绿色空间能够通过植物光合作用隔离和储存大气中的CO_2实现直接固碳，为城市提供了直接增汇途径[19]。

1.2 植物与土壤协同固碳

景观植物虽然对固碳却有其效，但从维护和管理的成本考虑，并不能带来很好的固碳效益[6]，因为植物固碳效率会随着树木成熟及自身的代谢而下降[20]（图1），当其呼吸作用开始等于甚至超过初级生产值[21]时，景观的固碳作用也随之下降。所以有不少学者开始研究地下土壤部分对于大气中碳的固着[22]，当植物吸收的碳转化为土壤有机碳（SOC）才能够实现碳的“固着”。有研究表明，土壤中的含碳量是大气或全球植被中碳量的3倍，并提出了固碳景观设计应优先考虑土壤生态健康的倡议[23]。

1.3 低碳景观

2003年的英国能源白皮书《创建低碳经济》中第一次提出了“低碳经济”的概念[24]，而随着人类危机和社会环境保护意识的日益增强，低碳社会、低碳生活方式、低碳景观等低碳观念也逐渐引起人们重视。越来越多的学者开始考虑将景观的碳足迹纳入景观固碳效率的体系

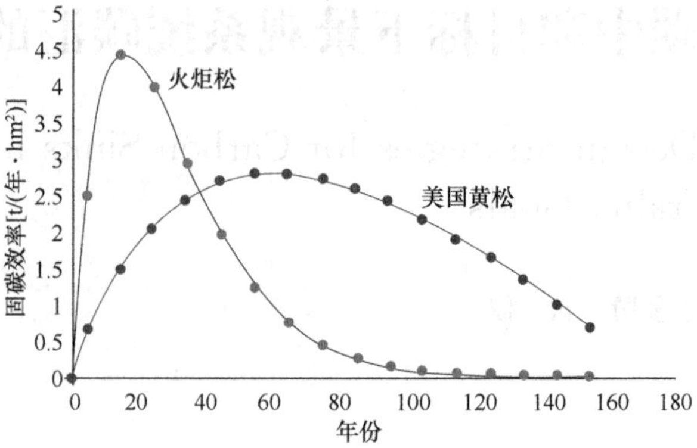

图1 火炬松和黄松固碳效率图[20]

当中[6]。因此，仅仅认为通过绿地规划并且多种树，就能帮助缓解温室效应，是不全面的。合理的固碳景观设计应当综合考虑景观在建设、维护、运输过程中所释放的碳，由此低碳景观应运而生。在我国也形成了种植上采取生命周期长的树种及乡土树种来减少运输与营建过程碳排放、水景设计上结合再生水推行低碳减排、工程材料上选用低碳、负碳材料（如竹木等）低碳景观的基本设计原则。

1.4 蓝碳系统固碳

随着城市的扩张，人们愈加认识到城市公园、绿地等景观项目的固碳效率相比森林[25]、湿地蓝碳系统[26]、海洋[27]等自然碳汇的局限性。这里的蓝碳系统，一般是指沼泽地、红树林、盐沼泽、河岸带等滨水空间作为碳汇为城市固碳[28]。蓝碳生态系统吸收的碳能够达到以森林为代表的传统“绿碳”的10倍甚至更高[29]。其中，湿地蓝碳系统被认为是全球固碳量最高的碳库之一[30]，因为湿地复杂的生态系统提供了用以长期储存大气中CO_2的最佳自然环境[31]。有研究表明，不只是自然湿地，经人工恢复、精心维护的湿地甚至能够比天然沼泽湿地吸收更多的碳[32]。

综上所述，从景观对于城市碳汇的发展来看，国内外对景观碳汇的研究历经了植物固碳、植物与土壤协同固碳、低碳景观设计、蓝碳系统固碳4个主要发展阶段（图2），但如何从整体上探索景观碳汇的设计策略，并发展出结合规划及管理过程的定量分析和设计手法，这些都还有待进一步研究与实践。生态系统碳储量是消耗大气CO_2的一个重要来源，减少陆地排放和维持土地碳储量有助于减缓气候变化。正向的气候变化又会增加某些地区的潜在碳储量[33]：一个更有弹性、更具功能多样性的生态系统能更好地保护有机质和土壤中储存的碳，防止其重新释放到大气中[34]。因此，未来城市碳汇应以景观系统碳汇为发展方向，改善现有生境，提升城市生物多样性以及景观的功能多样性[35]，从而协同提升城市生态系统各要素的稳定性，走向生态系统服务长效固碳的阶段。

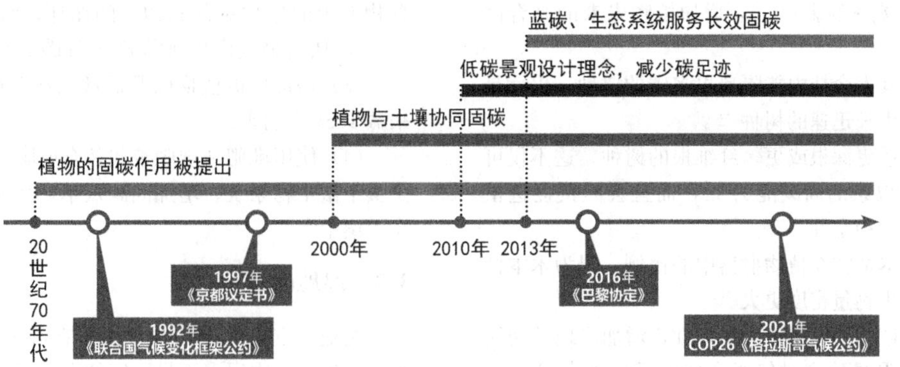

图 2　景观碳汇发展历程

2　景观系统碳汇概念及机制

2.1　景观系统碳汇概念

景观系统碳汇不同于我们熟知的低碳景观。低碳景观主要是指在景观的规划设计、材料与设备、制造与建造、日常管理以及使用的整个生命周期内，尽量减少化石能源的使用，提高能效、降低 CO_2 排放量，形成以低能耗、低污染为特征的“绿色”景观[36]。

而碳汇（carbon sink）是指将无机碳即大气中的 CO_2 转化为有机碳即碳水化合物后，再固定在植物体或土壤中[37]。通过对国内外景观碳汇的研究进展梳理发现，景观碳汇应该是一个系统，实施正确的土地管理措施，合理地协调植物固碳、土壤固碳，水陆生态系统所提供的碳缓冲就可以提供有价值、有效益的长期固碳服务[33]。

2.2　景观系统碳汇机制

未来的景观碳汇，应综合考虑地上的植物固碳、地下的土壤固碳以及湿地和滨水地带的固碳作用，同时还应考虑景观对于整个水陆生态系统的碳循环的重要作用，综合提升未来景观项目的固碳效率。

以上三者并非独立存在，而是相互依存、相互作用，并共同提升了城市的生态系统服务功能（图 3）。土壤固碳与植物光合固碳具有耦合关系[38]，首先植物对土壤健康、湿地生态系统至关重要，其多样性对于地下生物食物网、微生物群落紧密关联，这对于土壤的固碳效率有促进作用[39]。植物通过根系输送碳，并支持微生物生态系统，保护土壤免受侵蚀[40]。植物还在维持 SOC 的稳定中起着核心作用，而 SOC 的形成则对于长期将碳储存在地下至关重要[41]。第二，土壤生态健康和土壤碳封存对整个景观体系的植物和生态健康具有重要的共同效益，因为 SOC 对于生态系统功能、保留营养物质、捕获污染物、保护水质和支持植物生产力至关重要[42]。最后，植物种类及其多样化的空间布局会提升场地的生物多样性，从而带来功能多样性的增加，以及生态系统适应力的增强[43]。这一过程又会促进整个系统的资源利用效率以及生态系统服务能力，如减缓气候变化、促进长效碳汇等[44]。

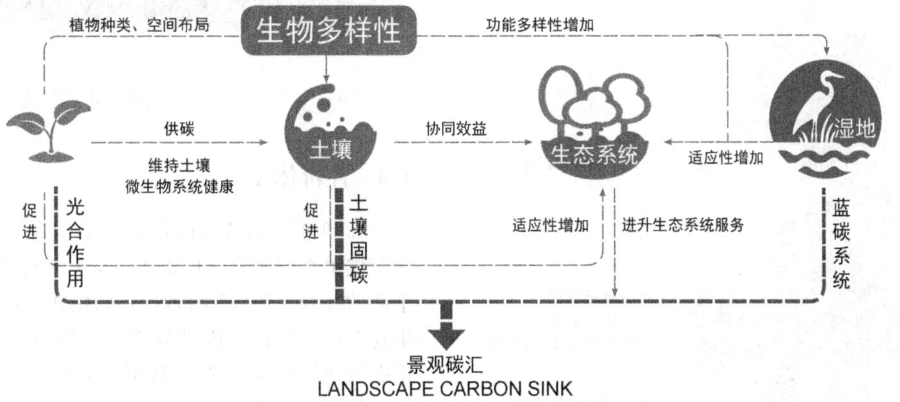

图 3　景观碳汇机制示意图

3　景观系统碳汇的设计策略

以下将分别从植物配置、土壤保护、湿地改造以及固碳效率评价展开，综合探讨景观系统碳汇的设计策略，以期为未来可持续的景观设计提供可操作的方法。

3.1　植物配置

树木通过在光合作用期间固定碳并将其作为生物质储存，实现生物碳汇[45]，但考虑到随着树木成熟，植物的呼吸作用对固碳率的影响[21]，增加植物未来的光合固碳能力，还需要：

（1）选择在其寿命期内能隔离更多碳的树种，也就是大型、寿命长、生长迅速的树种[46]。

（2）选择根系更深根或更多纤维根的树种，这不仅可以直接增加植物根系的固碳能力[47]，而且会间接促进植物群落的生态系统稳定性[48]。

（3）增加木本植物在植物群落中的比例，因为木本植物比草本植物的生物量密度更大[4]。

（4）重视种植结构及树种的多样性，增加绿地的功能多样性，从而增强绿地应对气候变化的适应性及植物群落的固碳效率[43]（图 4）。

图 4 促进植物固碳效率增加的植物组团

（图片来源：改绘自参考文献[5]）

3.2 土壤保护

未来的固碳景观设计应优先考虑如何维护土壤生态健康，保护土壤微生物系统的平衡。本文梳理出以下几个方面作为景观提升土壤固碳能力的途径（图 5）：

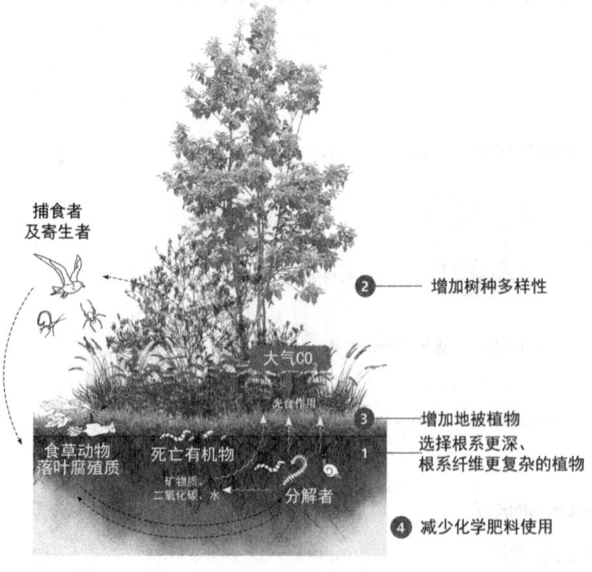

图 5 土壤固碳机制

（1）选择根系更复杂的植物，减缓土壤有机质的丧失[40]。

（2）增加植物物种多样性以及种植层次，促进土壤食物网中的生物对营养物质的循环，将碳长期储存于地下[41]，从而最大限度地提高土壤碳储存量[49,50]。

（3）增加地被植物以及低矮匍匐型地被植物的比例，来减少 SOC 的丧失[51]。

（4）使用堆肥和堆肥茶代替合成肥料，此举即保护了土壤中微生物系统、增加固碳效率，又可以将碳长期封存在土壤中[52]。

3.3 湿地改造

湿地是重要的碳汇源，由于在湿地中的植物细胞凋亡后，生物体中很多不易溶解的碳会以木质素、纤维素等形态封存于湿泥土中，而湿地自身的周期性淹水状态导致土地一直处于厌氧制状态，进而抑制了碳的溶解[53]（图 6）。未来河湖滨水岸带景观及人工湿地改造可采用以下措施：

（1）依场地气候条件选取柽柳、红树等耐涝且根系发达的乔木树种，增加固碳效率。

（2）通过扩大水生植物种植区来增加滨水湿地固碳面积[54]。

（3）多选择低矮耐水湿环境的木本常绿灌木，因为这样既降低了养护成本也给湿地鸟类提供了浆果食物来源[55]；利用自然生态驳岸、增加湿地公园及滨水岸带的生态多样性，以增加生态系统稳定性，提升长期固碳效率。

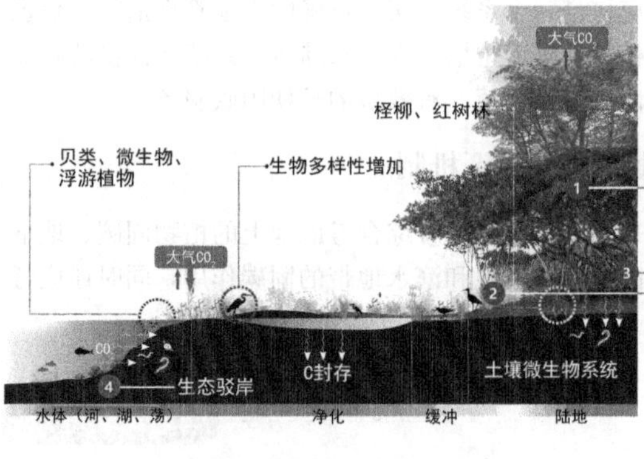

图 6 湿地固碳系统

3.4 评价体系

2009 年，加拿大杨百翰大学生命科学学院公共卫生学院埃里克纳尔逊（Erik Nelson）教授团队用生态服务和平衡的综合评估（INVEST）的模式来评估生态服务，如生物多样性保护、固碳效率、水质净化等[56]。研究团队根据该地区历史上土地利用、土地覆盖变化值和生物量年龄的分布函数，估算该地区的地上和地下生物碳储量和土壤碳储量，进而得出相应的固碳效率。

除此之外，在评估景观树木的实际固碳效率时，“碳足迹”分析是不可或缺的。当前可供景观设计师使用的工具有美国林业局 i-Tree 和 CMG 景观设计公司的“探路者”（Pathfinder）应用程序。然而这些工具仅包含对植物生物量潜在固碳能力的估算，并没有将土壤固碳包含在内。因此未来的评价体系应将碳足迹与地上植物部分与地下土壤部分的固碳效率协同考虑。

4 景观系统碳汇实证研究

4.1 沃勒河岸景观走廊

该项目位于美国得克萨斯州首府奥斯汀，通过景观设计来促进可持续发展。首先，项目恢复了沃勒河岸走廊100%的原生植物群落（图7），并在此过程中最大限度地保存并利用了本地植物，所有来自场地的绿色废料将由附件大学堆肥在校园以便再使用，此举减少了植物维护、运输过程中可能产生的碳消耗成本。其次，注重材料的回收与再利用，项目回收的材料占总材料成本的28%，减少了运输成本。最后，修复了2537m^3的土壤，并对土壤的有机质含量、化学特性和体积密度进行了全面的测试，为土壤固碳打下坚实的基础。项目通过在实施过程中减少碳足迹与土壤修复的结合，从植物种植、土壤保护、材料应用等角度改善了河岸走廊的生态功能，促进原生植物多样性的增加以及生境的恢复，综合践行了低碳景观与景观系统碳汇的统一，从而发挥生态系统服务长效碳汇的功能。

图7 被修复的植物群落

（图片来源：http：//www.sustainablesites.org/dell-medical-district）

4.2 哥本哈根指状公园系统

2009年，也就是哥本哈根提出碳中和目标后的10年间，其城市人口增加近20%，然而碳排放量却从230万t减少至140万t，这与政府推行的“绿手”计划（指状公园系统）有着密不可分的关系（图8）。“绿手”计划促进了碳排放与碳补偿的融合，助力城市产业转型，做到了在人口增加的同时碳排放不升反降。该项目充分验证了景观系统在城市碳汇方面的有效性，对全球景观碳汇的实践提供了积极的参考价值。首先掌心绿道依托老城区绿廊体系，为构建低碳生活网奠定了基础（图9）。其次“绿手”公园体系在城市中保留了自然湿地、河道，以促进生物多样性的发展，并最终有效减少了碳排放量。此外“退路还林”运动减少9000m^2的沥青路，新增了3000m^2的城市绿地。其间滨河道被改造为线性公园，并逐步在哥本哈根“蓝网绿环”的城市肌理上形成了景观系统碳汇。

图8 哥本哈根指状公园系统示意图

（图片来源：https：//www.scandinaviastandard.com/a-brief-look-at-urban-planning-in-copenhagen/）

4.3 鹦鹉洲湿地蓝碳

最近十多年，由于对湿地保护的加强，我国已在国家和区域层面上实施了大量的湿地恢复工程建设，其中就包括上海金山的鹦鹉洲湿地（图9）。该项目由华东师范大学生态与环境科技学院和上海崇明生态研究院共同推动，在积极恢复自然湿地的同时，还率先完成了对自然湿地内碳封存功能的同步提升，以抵御人为活动所形成的温室废气，帮助达到了碳中和的目标。在鹦鹉洲自然湿地正常工作时，每亩自然湿地的年均吸入CO_2量最高可达到100万t以上。而与此同时，由于自然湿地内适宜的水流条件导致了大气中的CO_2更快地扩散到了表层水体和泥土中，这就造成了不利于甲烷产生的好氧条件，也因此有效降低了甲烷排放量。与邻近地区的天然湿地相比，鹦鹉洲沼泽地的全球暖化势为负值而且更低，表明了其具备着更强的温室气体减排潜力。此项目也意味着在未来的

图9 鹦鹉洲湿地鸟瞰

（图片来源：https：//mp.weixin.qq.com/s/pvRaYu20GGrmAkAIdkhI2g）

沼泽地修复工程中能够利用技术手段，显著提升沼泽地固碳能力速率[29]。

5 结语

景观对于碳汇的作用自20世纪70年代发展至今，经过不同领域的专家学者的探索，已经慢慢形成体系，由最初减少碳足迹的低碳景观逐步转向为促进城市碳中和的景观系统碳汇，未来将继续就如何响应气候变化以及结合实践对我们的城市生态健康作出持久的贡献。

景观碳汇应该是一个系统，而非点状分布的独立绿地，因为城市中单一且分散的绿地对于碳汇的作用其实很小，只有通过增加绿地间合理的联系才会产生间接而巨大的综合减碳作用。此外景观碳汇的实现还需要多学科的整体规划。景观系统碳汇有助于促进正确的土地管理措施，合理的协同植物固碳、土壤固碳以及湿地蓝碳，发挥城市生态系统的整体固碳作用[33]，在吸收大气中的CO_2的同时减缓人为导致的气候变化的速度，为城市生物多样性和可持续发展带来共同效益。但我们也应该清楚地认识到景观碳汇的作用是有限的，并不能扭转化石燃料的排放，因此“节能减排”仍是重中之重。尽管如此，可持续的城市景观设计策略将促进景观碳汇固碳效率的提升，并最终将为中国向低碳经济的转型争取更多时间，以此助力我国“双碳”战略目标的实现。

参考文献

[1] IPCC. Climate change 2014: synthesis report. In: Pachauri, R. K., Meyer, L. A. (Eds.), Contribution of Working Groups Ⅰ, Ⅱ and Ⅲ to the Fifth Assessment Report of the Intergovernmental Panel on Climate Change. IPCC, Geneva, Switzerland, 2014.

[2] 黄承梁. 把碳达峰碳中和作为生态文明建设的历史性任务[N]. 中国环境报, 2021-03-25 (003).

[3] 仇保兴. 城市碳中和与绿色建筑[J]. 城市发展研究, 2021, 28(07): 1-8+49.

[4] 王灿, 张雅欣. 碳中和愿景的实现路径与政策体系[J]. 中国环境管理, 2020, 12(06): 58-64.

[5] Yi J. A carbon-sequestration landscape primer: adapting neighborhoods to anthropogenic climate change[J]. 2020.

[6] McPherson E G, Kendall A. A life cycle carbon dioxide inventory of the Million Trees Los Angeles program[J]. The International Journal of Life Cycle Assessment, 2014, 19 (9): 1653-1665.

[7] Thompson A. What is a carbon sink[J]. Live Science, 2012.

[8] Keesstra S, Nunes J, Novara A, et al. The superior effect of nature based solutions in land management for enhancing ecosystem services[J]. Science of the Total Environment, 2018, 610: 997-1009.

[9] 方精云, 郭兆迪, 朴世龙, 等. 1981～2000年中国陆地植被碳汇的估算[J]. 中国科学(D辑: 地球科学), 2007 (06): 804-812.

[10] 于洋, 王昕歌. 面向生态系统服务功能的城市绿地碳汇量估算研究[J]. 西安建筑科技大学学报(自然科学版), 2021, 53(01): 95-102.

[11] Farina A. Ecology, cognition and landscape: linking natural and social systems[M]. Springer Science & Business Media, 2009.

[12] 翟俊. 走向人工自然的新范式——从生态设计到设计生态[J]. 新建筑, 2013(04): 16-19.

[13] Sayer J, Sunderland T, Ghazoul J, et al. Ten principles for a landscape approach to reconciling agriculture, conservation, and other competing land uses[J]. Proceedings of the national academy of sciences, 2013, 110 (21): 8349-8356.

[14] Breuer G. Can forest policy contribute to solving the CO_2 problem? [J]. Environment International, 1979, 2(4-6): 449-451.

[15] Kirby K R, Potvin C. Variation in carbon storage among tree species: implications for the management of a small-scale carbon sink project[J]. Forest Ecology and Management, 2007, 246(2-3): 208-221.

[16] Getter K L, Rowe D B, Robertson G P, et al. Carbon sequestration potential of extensive green roofs[J]. Environmental science & technology, 2009, 43(19): 7564-7570.

[17] Marble S C, Prior S A, Runion G B, et al. The importance of determining carbon sequestration and greenhouse gas mitigation potential in ornamental horticulture [J]. HortScience, 2011, 46(2): 240-244.

[18] Nowak D J, Stevens J C, Sisinni S M, et al. Effects of urban tree management and species selection on atmospheric carbon dioxide [J]. Journal of Arboriculture. 28 (3): 113-122.

[19] Masoudi, M., Tan, P. Y. Multi-year comparison of the effects of spatial pattern of urban green spaces on urban land surface temperature[J]. Landscape and Urban Planning, 2019, 184: 44-58.

[20] Feng H. The dynamics of carbon sequestration and alternative carbon accounting, with an application to the upper Mississippi River Basin[J]. Ecological Economics, 2005, 54(1): 23-35.

[21] Baral A, Guha G S. Trees for carbon sequestration or fossil fuel substitution: the issue of cost vs. carbon benefit[J]. Biomass and Bioenergy, 2004, 27(1): 41-55.

[22] Soil carbon storage: modulators, mechanisms and modeling[M]. Academic Press, 2018.

[23] Sayer E J, Lopez-Sangil L, Crawford J A, et al. Tropical forest soil carbon stocks do not increase despite 15 years of doubled litter inputs[J]. Scientific reports, 2019, 9(1): 1-9.

[24] Britain G. Our energy future: creating a low carbon economy[M]. Stationery Office, 2003.

[25] Birdsey R A. Carbon storage and accumulation in United States forest ecosystems[M]. US Department of Agriculture, Forest Service, 1992.

[26] Chmura G L. What do we need to assess the sustainability of the tidal salt marsh carbon sink? [J]. Ocean & Coastal Management, 2013, 83: 25-31.

[27] Landschützer P, Gruber N, Bakker D C E, et al. Recent variability of the global ocean carbon sink[J]. Global Biogeochemical Cycles, 2014, 28(9): 927-949.

[28] Iacoviello S. Parks and W [rec]k: Ecosystem Services of Urban Parks[J]. 2016.

[29] Hualei Yang, Xuechu Chen, Jianwu Tang, et al. External carbon addition increases nitrate removal and decreases ni-

trous oxide emission in a restored wetland[J]. Ecological Engineering, 2019, 100: 194-198; 138: 200-208.
[30] Frolking S, Roulet N T, Moore T R, et al. 2001. Modeling Northern Peatland decomposition and peat accumulation[J]. Ecosystems, 4(5): 479-498.
[31] Mitsch W J, Bernal B, Nahlik A M, et al. Wetlands, carbon, and climate change[J]. Landscape Ecology, 2013, 28(4): 583-597.
[32] Yang H, Tang J, Zhang C, et al. Enhanced carbon uptake and reduced methane emissions in a newly restored wetland[J]. Journal of Geophysical Research: Biogeosciences, 2020, 125(1).
[33] Mackey B, Prentice I C, Steffen W, et al. Untangling the confusion around land carbon science and climate change mitigation policy[J]. Nature climate change, 2013, 3(6): 552-557.
[34] Trumper K. The natural fix: the role of ecosystems in climate mitigation: a UNEP rapid response assessment[M]. UNEP/Earthprint, 2009.
[35] 陈波，包志毅. 景观生态规划途径在生物多样性保护中的综合应用[J]. 中国园林，2003(05)：52-54.
[36] 王贞，万敏. 低碳风景园林营造的功能特点及要则探讨[J]. 中国园林，2010，26(06)：35-38.
[37] 周健民. 土壤学大辞典[M]. 科学出版社，2013.
[38] Gleixner G, Kramer C, Hahn V, et al. The effect of biodiversity on carbon storage in soils[M]//Forest Diversity and Function. Springer, Berlin, Heidelberg, 2005: 165-183.
[39] Kowalchuk G A, Buma D S, de Boer W, et al. Effects of above-ground plant species composition and diversity on the diversity of soil-borne microorganisms[J]. Antonie van leeuwenhoek, 2002, 81(1): 509-520.
[40] Dignac, et al. Increasing soil carbon storage: mechanisms, effects of agricultural practices and proxies. A review. Agronomy for Sustainable Development, 2017, 37(2).
[41] Kallenbach Cynthia M., Frey Serita D., Grandy A. Stuart. Direct evidence for microbial-derived soil organic matter formation and its ecophysiological controls[J]. Nature Communications, 2016.
[42] Lehmann J, Kleber M. The contentious nature of soil organic matter[J]. Nature, 2015, 528(7580): 60-68.
[43] Garnier E, Grigulis K. Plant functional diversity: organism traits, community structure, and ecosystem properties [M]. Oxford University Press, 2016.
[44] Conti G, Díaz S. Plant functional diversity and carbon storage-an empirical test in semi - arid forest ecosystems[J]. Journal of Ecology, 2013, 101(1): 18-28.
[45] Abdollahi K K, Ning Z H, Appeaning A. Global climate change & the urban forest[M]. Franklin Press, 2000.
[46] Pouyat R V, Yesilonis I D, Nowak D J. Carbon storage by urban soils in the United States[J]. 2006.
[47] Demenois J, Rey F, Ibanez T, et al. Linkages between root traits, soil fungi and aggregate stability in tropical plant communities along a successional vegetation gradient [J]. Plant and Soil, 2018, 424(1): 319-334.
[48] Rillig M C, Aguilar - Trigueros C A, Bergmann J, et al. Plant root and mycorrhizal fungal traits for understanding soil aggregation[J]. New Phytologist, 2015, 205(4): 1385-1388.
[49] Beck T. Principles of ecological landscape design[M]. Island Press, 2013.
[50] Yang Y, Tilman D, Furey G, et al. Soil carbon sequestration accelerated by restoration of grassland biodiversity [J]. Nature communications, 2019, 10(1): 1-7.
[51] Rainer T, West C. Planting in a post-wild world: Designing plant communities for resilient landscapes[M]. Timber Press, 2015.
[52] Simard S W, Beiler K J, Bingham M A, et al. Mycorrhizal networks: mechanisms, ecology and modelling[J]. Fungal Biology Reviews, 2012, 26(1): 39-60.
[53] 唐剑武，叶属峰，陈雪初，等. 海岸带蓝碳的科学概念，研究方法以及在生态恢复中的应用[J]. 中国科学：地球科学. 2018
[54] Ahmed N, Bunting S W, Glaser M, et al. Can greening of aquaculture sequester blue carbon? [J]. Ambio, 2017, 46 (4): 468-477.
[55] Zhang W, Ma J, Liu M, et al. Impact of Urban Expansion on Forest Carbon Sequestration: a Study in Northeastern China[J]. Polish Journal of Environmental Studies, 2020, 29(1).
[56] Nelson E, Mendoza G, Regetz J, et al. Modeling multiple ecosystem services, biodiversity conservation, commodity production, and tradeoffs at landscape scales[J]. Frontiers in Ecology and the Environment, 2009, 7(1): 4-11.

作者简介

于梦晴，2000年生，女，汉族，山东省济南人，苏州大学金螳螂建筑学院硕士研究生在读，主要研究方向为风景园林规划与设计、景观生态学。电子邮箱：mengqingyu70@gmail. com。

翟俊，1962年生，男，汉族，江苏南京人，苏州大学建筑学院风景园林系，主任、教授，研究方向为景观都市主义、景观基础设施、风景园林规划与设计、景观生态学。电子邮箱：info@eastscape. com。

耦合 InVEST 与 MCE-CA-Markov 模型的黄河三角洲碳储量时空变化和预测研究

Temporal and Spatial Variation and Prediction of Carbon Storage in the Yellow River Delta Coupled with InVEST and MCE-CA-Markov Model

张雅茹　梅子钰　郑　曦*

摘　要： 生态系统的碳储存功能对维持全球碳平衡与调节气候有着重要意义。本文以黄河三角洲为例，耦合 InVEST 模型与 MCE-CA-Markov 模型对黄河三角洲 2010～2025 年土地利用变化和碳储存量进行估算和预测。结果表明：黄河三角洲 2010～2025 年土地利用变化主要表现为耕地、建设用地等向水库坑塘转移；2010～2025 年碳储存量先减后增，预计到 2025 年碳储存量达到 1.676×10^7t；水库坑塘面积的增加是黄河三角洲地区总碳储量增加的主要原因，未来应继续注重滨海湿地的保护与修复。

关键词： 土地利用；碳储存；InVEST 模型；MCE-CA-Markov 模型；黄河三角洲

Abstract: The carbon storage function of ecosystem plays an important role in maintaining global carbon balance and regulating climate. Based on InVEST model and MCE-CA-Markov model, land use change and carbon storage in the Yellow River Delta from 2010 to 2025 were estimated and predicted. The results show that: The land use change in the Yellow River Delta from 2010 to 2025 is mainly manifested by the transfer of cultivated land and construction land to reservoirs and pits. From 2010 to 2025, the carbon storage will decrease first and then increase, and it is expected that the carbon storage will reach 1.676×10^7 t by 2025. The increase of reservoir area is the main reason for the increase of total carbon storage in the Yellow River Delta. In the future, more attention should be paid to the protection and restoration of coastal wetlands.

Keywords: Land Use; Carbon Storage; InVEST Model; MCE-CA-Markov Model; Yellow River Delta

引言

全球气候变暖是国际社会广泛关注的重要环境问题，关系到生态系统的稳定与人类的可持续发展。碳储存是生态系统的重要服务功能之一，在维持全球碳平衡及调节气候方面有着不可替代的作用[1]。因此科学评估生态系统碳储存能力，对区域提升碳储存、保护生态环境具有重要意义，成为国内外学者研究的热点和难点[2]。

近年来，众多专家学者从不同尺度对生态系统碳储存及其影响因素展开大量研究。Foley（2005）[3]等研究认为土地利用变化对二氧化碳排放的贡献度仅次于化石燃料燃烧，是影响生态系统碳储存的重要因素之一。Gao J（2019）[4]等通过研究长三角城市群碳储量发现，造成碳储存损失的主要原因是自然用地和耕地向建设用地的转变。赫晓慧（2022）[5]等动态评估了中原城市群的碳储量，发现碳储量的变化与土地利用面积变化密切相关，耕地和草地面积与总碳储量呈较弱的负相关关系，林地、水域、建设用地和未利用地面积与总碳储量呈较强的正相关关系。这些研究表明土地利用变化是碳储存变化的主要驱动因素，通过影响植被和土壤碳储存量，改变生态系统碳循环过程，进而影响区域总碳储存量的变化。

黄河三角洲是世界范围内河口湿地生态系统中极具代表性的河口湿地之一[6]，自然资源丰富，地理位置优越，是我国黄河流域生态保护和高质量发展战略的终点站。然而近年来，随着工业化和城镇化进程的不断加快，黄河三角洲地区城市扩张、港口建设、水产养殖、油田开发等人类活动加剧了脆弱生态系统的退化[7]，使生态系统固碳能力受到严重破坏，生态环境恶化，对区域生态系统稳定和经济社会可持续发展产生了威胁。因此，综合评估区域土地利用与碳储存的时空变化特征，能够为制定土地利用政策、协调经济发展与生态保护之间的矛盾提供决策参考。

结合现有研究发现，对黄河三角洲未来土地利用变化影响下碳储存的模拟预测研究相对缺乏。鉴于此，本文耦合 InVEST 模型与 MCE-CA-Markov 模型，科学计算黄河三角洲 2010～2020 年碳储存的时空变化，并预测了 2025 年土地利用格局与碳储存的空间分布。此方法以土地利用转移概率及适宜性图集为基础，能有效提高模拟精度[8]，从而为提出土地利用规划方案与城市扩张应对措施提供更加科学可靠的决策依据，有利于实现黄河三角洲地区生态系统的可持续发展。

1　区域概况与数据来源

1.1　研究区域概况

黄河三角洲（37°09′～38°12′N、118°07′～119°18′E）

位于山东省北部渤海湾与莱州湾之间（图 1），是中国最年轻、规模最大的河口湿地生态系统[9]。属温带季风性气候，夏季盛行西南风冬季盛行西北风，四季分明雨热同期，年均气温 12.8℃，年均降水量 555.9mm。由于黄河携带着大量淤泥，三角洲正以 30 km²/年的速度延伸入海，滨海湿地的侵蚀和增长交替发生，使其成为中国最脆弱的生态系统之一[10]；同时，人类活动导致的湿地生态系统退化、环境质量下降等问题也严重影响了黄河三角洲生态系统的健康与可持续发展[11]。基于研究目的与数据可获取性，本文使用覆盖黄河三角洲 96%的行政区划作为研究区域，即河口区、利津县、垦利区和东营区，总面积约为 5997.12km²。

1.2 数据来源

研究用到的 2010、2015、2020 年土地利用数据来源于中国科学院资源环境科学与数据中心（https：//www.resdc.cn/），并根据研究目的进行裁剪和重分类，空间分辨率为 30m；数字高程模型 DEM 来源于美国航空航天局（https：//www.nasa.gov/）；铁路和道路数据来源于 OpenStreet Map（https：//www.openhistoricalmap.org/）。

2 研究方法

2.1 InVEST 模型

InVEST（Integrated Valuation of Ecosystem Service and Tradeoff）是美国自然资本项目组开发的、用于评估生态系统服务功能量及其经济价值、支持生态系统管理和决策的一套模型[12]，能够定量分析、图示表达生态系统的服务功能。

本文采用 InVEST 模型碳储存模块（Carbon Storage and Sequestration）估算研究区域的碳储存能力，基于土地利用/覆盖类型地图，分别估算 4 个碳库（地上生物量、地下生物量、土壤、死亡有机物）的碳储存，得到相应时间下研究区的碳储存量。其计算公式为：

$$C_{total} = C_{above} + C_{below} + C_{soil} + C_{dead} \quad (1)$$

式中，C_{total}为总碳储量，单位为 t/hm²；C_{above}为储存在地上生物量中的碳量；C_{below}为储存在地下生物量中的碳量；C_{soil}为储存在土壤中的碳量；C_{dead}为储存在死亡有机物中的碳量。

碳密度数据从前人研究中获得，具体来源如表 1 所示。尽量选取同一作者数据以避免相差过大，选取与研究区域相同或相近的研究，并针对本文土地利用类型划分进行修正。

2.2 MCE-CA-Markov 模型

元胞自动机模型（Cellular Automata，CA）具有模拟包括土地利用在内各种自然过程的时空演变的能力，其特点是时空状态是离散的，状态变化的规则在时间和空间上均为局部特征[16]。计算公式如下：

研究区土地利用类型各部分碳密度　　表 1

土地利用类型	地上碳密度（t/hm²）	地下碳密度（t/hm²）	土壤碳密度（t/hm²）	死亡有机物碳密度（t/hm²）	参考文献
水田	8.5	5.0	26.3	0.3	隋玉正[13]
旱地	11.0	3.0	17.8	0.4	隋玉正[13]
林地	34.2	7.4	19.1	2.8	隋玉正[13]
草地	12.6	5.6	15.8	1.4	隋玉正[13]
河渠	1.5	0.5	16.0	0.0	周方文[14]
湖泊	2.0	1.0	27.0	0.0	周方文[14]
水库坑塘	0.6	0.5	26.7	0.0	隋玉正[13]
滩涂	0.5	0.0	15.0	0.0	周方文[14]，赵宁[15]
滩地	1.5	0.5	15.0	0.0	周方文[14]，赵宁[15]
建设用地	0.0	0.0	14.0	0.0	隋玉正[13]
盐碱地	0.0	0.0	14.4	0.0	隋玉正[13]
沼泽地	7.0	2.5	20.0	0.5	隋玉正[13]
裸地	0.1	0.0	13.0	0.0	周方文[14]
海洋	2.0	1.0	26.0	0.0	隋玉正[13]

$$S_{t+1} = f(S_t, N) \quad (2)$$

式中，S 为元胞有限且离散的集合；t、$t+1$、为两个不同时刻；f 为局部映射元胞的转换规则；N 为元胞的邻域。

马尔柯夫模型（Markov）能够通过分析系统里每个状态的转移概率预测对象的未来状态，常用于无后效性特征地理事件的预测。目前，Markov 模型已被广泛应用于模拟土地利用演变的研究中。计算公式如下：

$$S_{t+1} = P_{ij} \times S_t \tag{3}$$

$$P_{ij} = \begin{bmatrix} P_{11} & P_{12} & \cdots & P_{1n} \\ P_{21} & P_{22} & \cdots & P_{2n} \\ \cdots & \cdots & \cdots & \cdots \\ P_{n1} & P_{n2} & \cdots & P_{nn} \end{bmatrix} \tag{4}$$

式中，S_t、S_{t+1} 分别为 t、$t+1$ 时期土地利用状态；P_{ij} 为土地利用类型转移概率矩阵，$0 \leqslant P_{ij} \leqslant 1$ 且 $\sum_{j=1}^{n} P_{ij} = 1(i,j=1,2,\cdots,n)$；$n$ 为土地利用类型。

多标准评价模块（Multi-criteria Evaluation，MCE）用于生成土地利用转移适宜性图集，确定元胞在下一时刻的状态，从而定义演化的规则或标准，包括约束条件和适宜性因子两部分。本文根据黄河三角洲地区独特的自然地理条件与土地利用特点，将河渠、湖泊、城镇用地、农村居民点设为约束条件，将坡度、高程、与铁路距离和与道路距离设为适宜性因子。

本文基于 IDRISI Selva 17.0 软件平台，以研究区 2020 年土地利用现状为基础，采用 5×5 邻接滤波器，CA 迭代次数为 10，结合 2015～2020 年土地利用适宜性图集与转移概率矩阵，预测研究区 2025 年土地利用情况。为保证模拟结果的可靠性，采用 Kappa 指数来检验模拟和观测的土地利用图之间的一致性水平。计算公式如下：

$$Kappa = (P_0 - P_c)/(P_p - P_c) \tag{5}$$

式中，$Kappa$ 为模拟精度指标；P_0 为实际模拟精度；P_c 为随机状态下的预期模拟精度；P_p 为理想模拟精度。利用 CROSSTAB 模块对 2020 年实际土地利用图与预测土地利用图进行精度检验，$Kappa$ 系数为 0.87，表明预测效果良好，证明对 2025 年土地利用预测的结果可靠。

3 研究结果

3.1 2010～2020 年黄河三角洲土地利用变化

黄河三角洲地区 2010、2015、2020 年土地利用类型分布情况如图 1 所示，利用 Arcgis10.6 软件统计出各类土地利用转移面积，如图 2 所示。

研究时段内，黄河三角洲地区土地利用以旱地为主，面积占比约为 52%，其次是建设用地，占比约为 22%，沿海岸线区域以建设用地和水库坑塘为主。2010～2015 年土地利用变化不明显，部分旱地面积有所减小，由 3167.64km² 缩减至 3138.45km²。其中大量转移为建设用地，集中在现有城镇的周围，面积由 1504.66km² 增加至 1528.09km²；少部分转移为水库坑塘，面积由 538.83km² 增加至 544.48km²。2015～2020 年土地利用变化主要表现为沿海地区水库坑塘面积的急剧增加，由 544.48km² 增加至 1272.49km²。这是由于黄河三角洲生态保护工作的不断推进，原有过度开采和建设的工矿用地逐渐转型，使油田、盐场等的生产空间逐步转变为生态空间。相应的，建设用地面积由 1528.09km² 缩减至 983.82km²，滩涂面积由 202.96km² 缩减至 132.92km²，旱地面积由 3138.45km² 缩减至 3096.26km²，此外盐碱地、沼泽地的面积均有所减小。

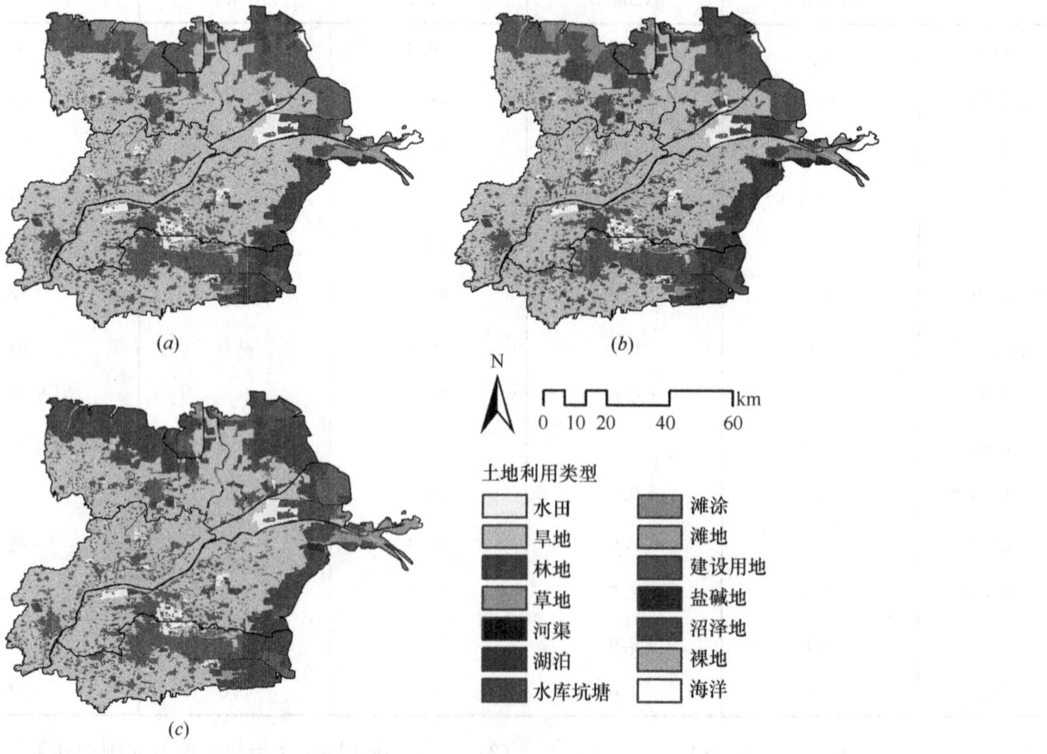

图 1 2010～2020 年土地利用格局对比

(a) 2010 年；(b) 2015 年；(c) 2020 年

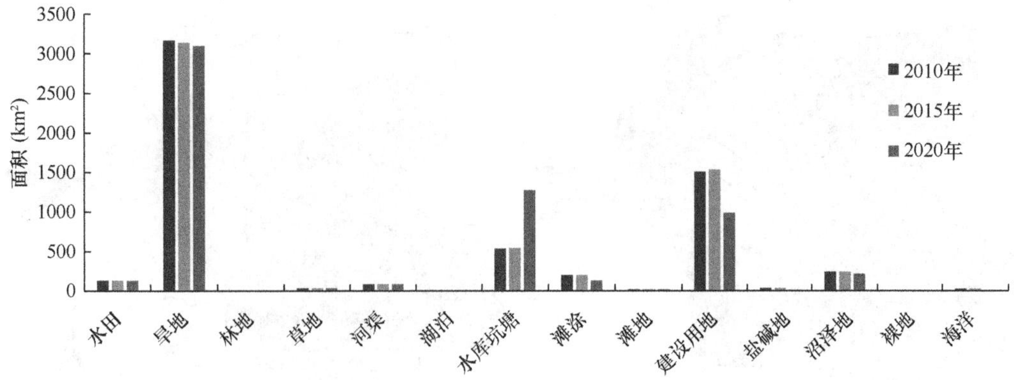

图 2　2010～2020 年土地利用转移面积

3.2　2010～2020 年黄河三角洲碳储量变化

利用 InVEST 模型碳储存模块分别计算黄河三角洲地区 2010、2015、2020 年的碳储存量，计算结果如图 3 所示。

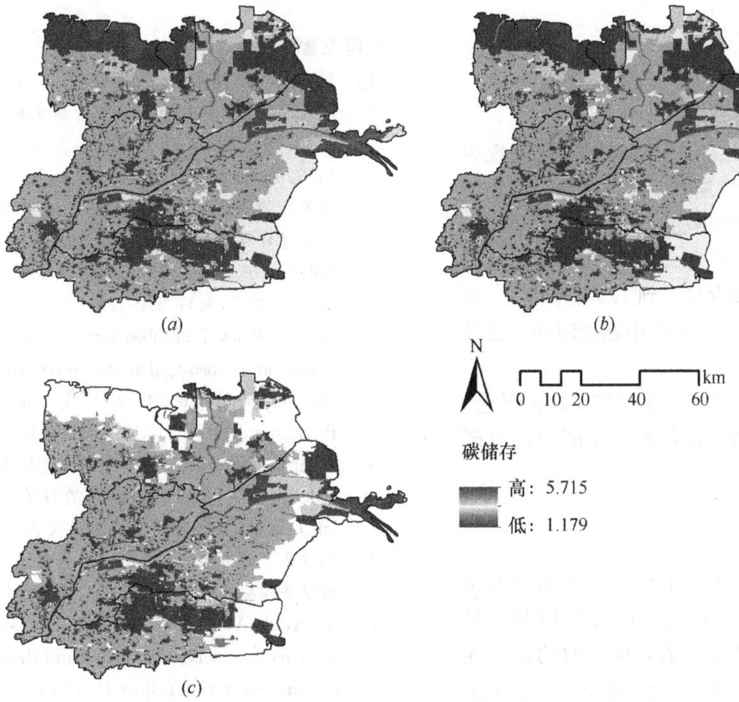

图 3　2010～2020 年碳储存空间分布对比
(*a*) 2010 年；(*b*) 2015 年；(*c*) 2020 年

黄河三角洲 2010 年、2015 年和 2020 年碳储存总量分别为 1.587×10^7 t、1.582×10^7 t、1.666×10^7 t，呈现"先减后增"的趋势，总体增加了 7.9×10^5 t。其中，2010～2015 年碳储存量减少 0.5×10^5 t，减幅为 0.28%；2015～2020 年碳储存量增加 8.4×10^5 t，增幅为 5.28%。

从土地利用来看，碳储存的高值区主要集中在林地和水田；低值区主要集中在盐碱地、建设用地和裸地；水库坑塘的碳储存能力处于平均水平。2010～2015 年，三角洲地区建设用地不断扩张，挤占了耕地面积，导致总碳储量下降；2015～2020 年，由于生态保护工作的开展，大量建设用地转移为水库坑塘，因此区域总碳储量迅速增加。

3.3　2025 年黄河三角洲土地利用与碳储量预测

基于 IDRISI Selva 17.0 软件预测 2025 年土地利用情况，并在 InVEST 模型中计算 2025 年的碳储存量空间分布，其结果如图 4 所示。

模拟结果显示，相比于 2020 年，2025 年水库坑塘面积进一步增长，由 1272.49km^2 增加至 1694.21km^2；旱地面积相应减少，由 3096.26km^2 缩减至 2900.86km^2，建设用地面积由 983.82km^2 缩减至 889.61km^2，滩涂面积由 132.92km^2 缩减至 73.9km^2，沼泽地面积由 219.85km^2 缩减至 179.21km^2。基于预测结果，计算得到黄河三角洲 2025 年碳储存总量为 1.676×10^7 t，比 2020 年碳储量有所增长，增幅为 0.58%。

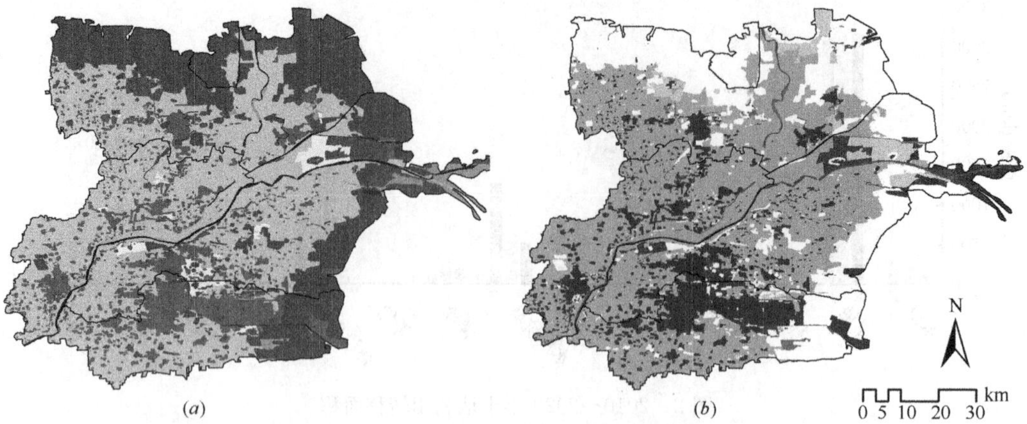

图 4　2025 年土地利用与碳储存空间分布

（a）2025 年土地利用格局；（b）2025 年碳储存量空间分布

4　结论与讨论

4.1　结论

（1）黄河三角洲 2010～2025 年土地利用变化表现为耕地、盐碱地和沼泽地面积持续缩减，建设用地面积先增后减，水库坑塘和滩涂面积持续增加。

（2）黄河三角洲 2010～2025 年碳储存总量呈先减后增的趋势，预计到 2025 年碳储存量达到 1.676×10^7 t；高值区集中分布在林地和水田，低值区集中在盐碱地、建设用地和裸地。

（3）自 2015～2020 年起，由于生态保护工作的推进，大量建设用地转化为水库坑塘，是黄河三角洲地区总碳储量增加的主要原因。

4.2　讨论

研究结果可为黄河三角洲未来土地利用规划与城市扩张应对措施提供决策参考。首先，在沿海区域，从 2010～2025 年土地利用变化特征来看，所采取的退养还滩、退盐还湿措施已产生了较好的结果，对进一步恢复滨海湿地、完善三角洲湿地生态系统打下良好的基础；未来应继续注重生物多样性的恢复，丰富湿地植被、改善土壤结构，从而增强区域的碳储能力。其次，林地、草地碳储能力较强，但现状占地比例较小，未来可以在植被稀疏地区培育适宜的植被类型，加强林草地的保护与修复，以提升区域碳储量；与旱地相比，水田的碳储能力较强，因此可以在保障耕地红线的基础上选择适宜的地区发展水生农作物种植，包括实行水稻和旱地作物轮种的耕作方式。

本文耦合 InVEST 模型与 MCE-CA-Markov 模型对黄河三角洲碳储存量进行估算和预测，依据研究区的实际情况对二级土地利用分类进行整合重分类，与直接采用一级分类的研究相比，提高了计算结果的精度。在 MCE-CA-Markov 模型预测时，将土地利用转移适宜性图集作为依据，使模拟结果更为可靠；但同时，由于限制性因素设定受复杂条件影响，在后续研究中应当考虑模拟多种特定情景下的土地利用类型变化，进一步增强结果的可靠性。

参考文献

[1]　张凯琪，陈建军，侯建坤，等．耦合 InVEST 与 GeoSOS-FLUS 模型的桂林市碳储可持续发展研究[J/OL]. 中国环境科学. [2022-03-31]. https://kns.cnki.net/kcms/detail/11.2201.X.20220216.1705.008.html.

[2]　张燕，师学义，唐倩．不同土地利用情景下汾河上游地区碳储量评估[J]. 生态学报，2021，41(01)：360-373.

[3]　Foley J. A. Global Consequences of Land Use[J]. Science，2005，309(5734)：570-574.

[4]　Gao J，Wang L. Embedding spatiotemporal changes in carbon storage into urban agglomeration ecosystem management -A case study of the Yangtze River Delta，China[J]. Journal of Cleaner Production，2019，237，10：117764.1-117764.12.

[5]　赫晓慧，徐雅婷，范学峰，等．中原城市群区域碳储量的时空变化和预测研究[J/OL]. 中国环境科学．[2022-03-31]. https://kns.cnki.net/kcms/detail/11.2201.x.20220209.0859.004.html.

[6]　周方文，马田田，李晓文，等．黄河三角洲滨海湿地生态系统服务模拟及评估[J]. 湿地科学，2015，13(06)：667-674.

[7]　Tz A，Sz A，Qian C B，et al. The spatiotemporal dynamics of ecosystem services bundles and the social-economic-ecological drivers in the Yellow River Delta region-ScienceDirect.

[8]　史名杰，武红旗，贾宏涛，等．基于 MCE-CA-Markov 和 InVEST 模型的伊犁谷地碳储量时空演变及预测[J]. 农业资源与环境学报，2021，38(06)：1010-1019.

[9]　Fang H，Liu G，Kearney M. Georelational Analysis of Soil Type，Soil Salt Content，Landform，and Land Use in the Yellow River Delta，China[J]. Environmental Management，2005，35(1)：72-83.

[10]　朱纹君，韩美，魏丹妮，等．黄河三角洲人地关系协调度时空演变及其驱动机制[J/OL]. 水土保持研究．[2022-03-31]. https://kns.cnki.net/kcms/detail/61.1272.p.20220301.2318.002.html.

[11]　隋玉正，孙大鹏，李淑娟，等．碳储存变化背景下东营市海岸带生态系统保护修复．生态学报 2021，41(20)：8112-8123.

[12]　赵宁．基于 InVEST 模型的渤海湾沿岸土地系统碳储量及生境质量评估[D]. 河北农业大学，2020.

[13]　Zhao M，He Z，J Du，et al. Assessing the effects of ecological engineering on carbon storage by linking the CA-Markov andInVEST models [J]. Ecological Indicators，

2018, 98(MAR.): 29-38.
[14] 陈佳楠，唐代生，贾剑波．基于MCE-CA-Markov模型的森林景观格局演变和模拟预测——以宁乡市为例[J]. 中南林业科技大学学报，2021，41(09)：127-137.
[15] 张晓娟，周启刚，王兆林，等．基于MCE-CA-Markov的三峡库区土地利用演变模拟及预测[J]. 农业工程学报，2017，33(19)：268-277.
[16] 曲衍波，王世磊，朱伟亚，等．黄河三角洲国土空间演变的时空分异特征与驱动力分析[J]. 农业工程学报，2021，37(06)：252-263+309.

作者简介

张雅茹，1997年生，女，汉族，山东淄博人，北京林业大学园林学院硕士研究生在读，研究方向为风景园林规划与设计。电子邮箱：751449647@qq. com。

梅子钰，1997年生，女，汉族，湖北黄梅人，北京林业大学园林学院硕士研究生在读，研究方向为风景园林规划与设计。电子邮箱：652210933@qq. com。

（通信作者）郑曦，1978年，男，汉族，北京人，博士，北京林业大学园林学院院长，教授、博士生导师，研究方向为风景园林规划与设计。电子邮箱：zhengxi@bjfu. edu. cn。

基于 Fluent 碳流情景模拟的高碳汇导向郊野公园营建研究

——以北京亦庄新城边缘绿色空间规划为例

High Carbon Efficiency Country Park Construction Based on Fluent Carbon Flow Scenario Simulation: An Example of Country Park Planning at the Edge of Yizhuang New Town, Beijing

张　驰　王楚真　黄心言　李　雄*

摘　要： 碳失衡问题日益严重、双碳战略积极实践背景下，城市绿色空间建设需考虑碳汇效益。郊野公园作为具显著碳汇能力的城市绿色空间，其研究与规划日益受到关注。目前风景园林对于碳汇的研究多集中于计算与评价，鲜有对于空间营建的探讨，本研究利用 CFD（计算流体力学）软件 Fluent 对城市边缘的研究场地进行不同情景下的碳流仿真模拟，针对可视化结果探讨包含植物群落及地形的高碳汇效益生态空间营建，进一步布局游憩类型、耦合活动场地，提出本场地作为高碳汇效益郊野公园的规划建设模式。

关键词： 碳汇；CFD；Fluent；碳流模拟；郊野公园

Abstract: Against the background of the growing carbon imbalance problem and the active practice of dual carbon strategy, the construction of urban green space needs to consider carbon sink benefits. As an urban green space with significant carbon sink capacity, the research and planning of country parks have received increasing attention. In this study, the CFD(Computational Fluid Dynamics) software Fluent is used to simulate carbon flow in different scenarios for the study site at the edge of the city, and the visualization results are used to discuss the construction of ecological space with high carbon sink benefits including plant communities and topography, further layout of recreation types and coupled activity sites, and to propose the site as The study site is proposed as the planning and construction model of a high carbon efficiency country park.

Keywords: Carbon Sink; CFD; Fluent; Carbon Flow Simulation; Country Park

1　研究背景

1.1　碳失衡及“双碳”战略目标

近一个世纪以来，随着全球现代化进程的快速发展与能源的广泛开发，人类活动产生的二氧化碳等温室气体量逐年攀升。碳失衡导致的世界气候变暖正威胁人类的生存，未来气候前景严峻。

为应对气候变化，我国提出了“双碳”战略目标：二氧化碳排放力争于 2030 年达到峰值，努力争取 2060 年实现碳中和。在战略引领下，含风景园林在内的各学科围绕碳汇等核心内容开展研究具有必要性。

1.2　郊野公园作为碳汇服务的有效载体

碳源指自然界和人类生产生活产生碳的过程，碳汇是指绿地植被吸收二氧化碳的过程，通过减少“碳源”和增加“碳汇”这两个主要途径可降低大气中温室气体的浓度。植物光合固碳对人类身体健康及生活环境产生的有益效应，称为固碳效应。相比减少碳源，利用植物增汇是控制二氧化碳在空气中的含量最直接有效且生态的方法。而增加碳汇可以通过增加绿量、调整种植结构等多种途径实现[1]。以郊野公园为碳汇服务载体，充分利用郊野公园的大量植被固碳增汇，是减少城市碳排、实现市民低碳生活的有效手段。本研究着重探讨植物增汇，对碳汇导向的郊野公园规划研究具有一定意义。

1.3　风景园林视角下碳汇导向规划研究拓展

现有的风景园林视角的碳汇研究在内容上主要是碳汇计量核算、碳汇功能影响因素及碳汇功能评价与优化，在研究尺度上大多集中在宏观的国土空间和微观的植物本身特性，缺乏中观尺度的碳汇研究和规划设计应用，在研究方法上主要涉及林学、土壤学、生态学等，鲜少涉及流体力学。综上，本研究在内容、尺度和方法上都具备一定创新性，是风景园林视角下碳汇导向规划研究拓展。

2　研究方法

2.1　研究场地概述

场地位于北京市大兴区北部、二道绿隔郊野公园环兼南中轴森林公园东区范围内。“十二五”时期大兴确立了“北京经济新区，生态宜居新城”的发展战略，“生态化”是场地未来发展的上位指导。场地北接南海子郊野公园，南至南六环与新凤河，东接亦庄新城西边缘、紧靠大量居住用地。场地主要服务于亦庄新城居民，有较高的城市碳流捕获、反应、过滤的生态需求和市民景观游憩的需求，具备本问题研究的典型性。场地南北长约 3749.5m，东西宽约 368.2m，总面积为 106hm²，整体呈带状，西边缘有南北贯穿的青年渠（图 1、图 2）。

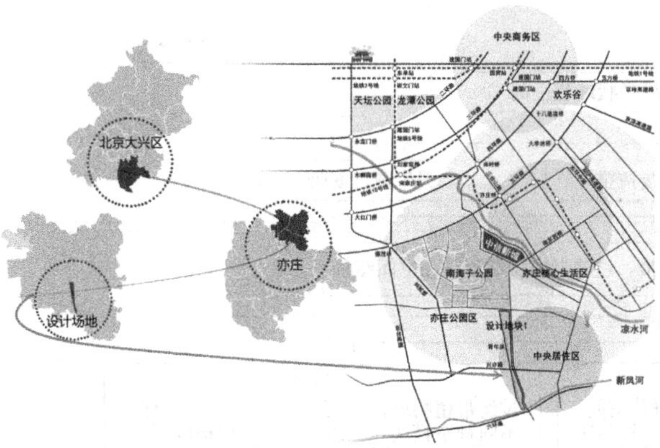

图 1　研究场地区位示意

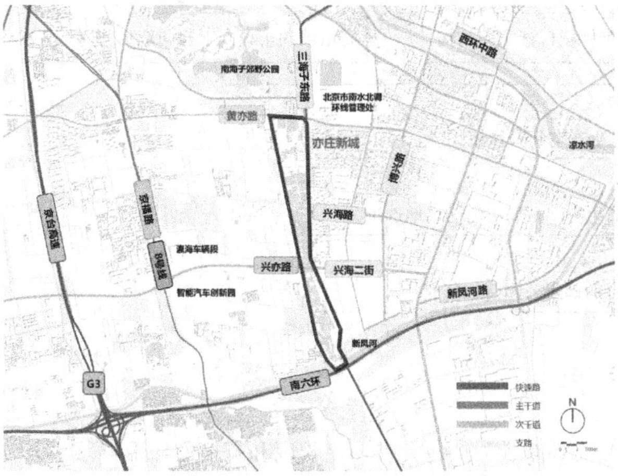

图 2　研究场地及周边现状

2.2 Fluent 软件原理及本研究碳流模拟介绍

Fluent 是现有成熟 CFD（计算流体动力学）软件，具备适用面广、高效、稳定、精度高等特点，通常用来模拟从不可压缩到高度可压缩范围内的复杂流动，具有含计算流体流动在内的多种优化物理模型，可应用几乎所有与流体相关的领域。Fluent 流体仿真模拟主要包含前处理、计算求解、后处理 3 个模块（图 3）[2]。

前处理包含流体域模型建立及界面设定。本研究中将亦庄新城视作稳定碳源，用 Rhino 简单构建流体域空间、植物群落、竖向地形的物理模型（图 4）并置入 Design Modeler 进行界面设定，定义场地东边缘的亦庄新城街道界面为二氧化碳流入面、场地西边缘界面为流出面、植物群落树冠界面为吸收面、竖直方向向大气的界面为自然逸散面等。计算求解包含流体空间分析网格建立和流体赋值、模拟运算：将经前处理的流体域模型在 Fluent 中设置合适的精度，在树冠形态的流体吸收面添加细分，形成仿真计算三维网格（图 5）；接着参考北京市实际气象要素设置温度、流入空气速度、二氧化碳浓度、重力加速度等仿真模拟参数[3]（图 6、表 1）并进行运算，求解碳源二氧化碳流体作用于研究场地的多种情景。后处理得到可视化模拟结果可分析流体域空间不同简单情景下的二氧化碳流动吸收情况，进而分析空间碳汇能力[1,4-7]。

图 4　流体域物理模型建立步骤示意

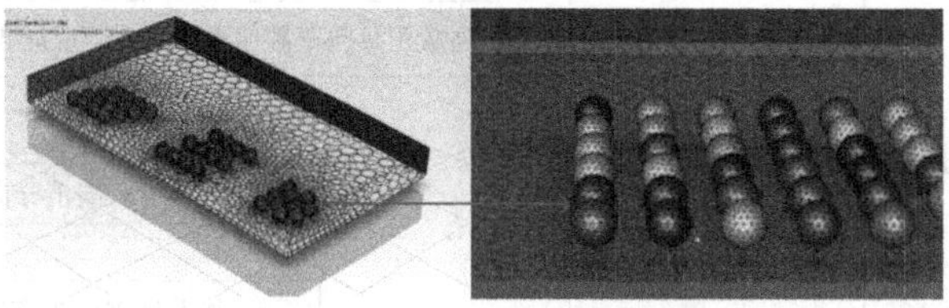

图 5　流体域三维计算网格建立

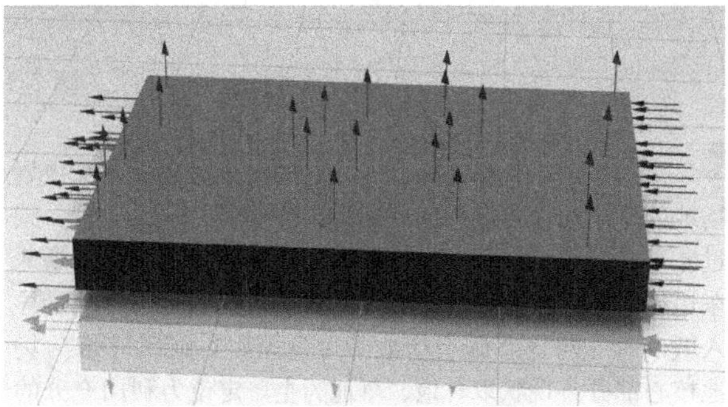

图 6　界面界定和流体赋值后的模型

仿真模拟参数表　　表 1

仿真模拟参数	数值
平均温度	13.5℃
平均风速	2.4m/s
二氧化碳浓度	753.6mg/m³
重力加速度	9.81m/s²

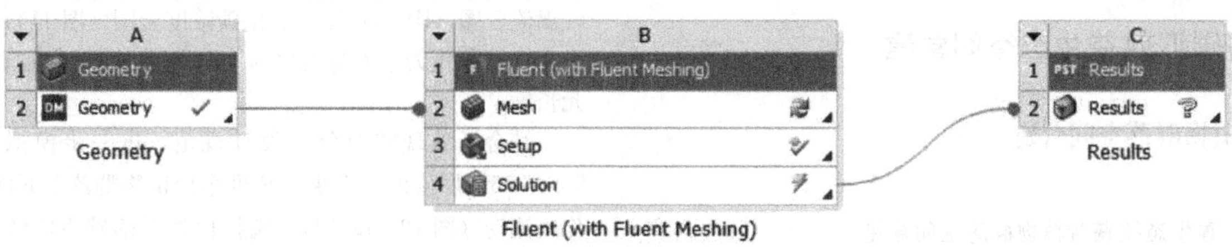

图 3　仿真模拟逻辑构建

2.3 研究框架

研究从景观手段提升碳汇效益出发，提出基于Fluent碳流情景模拟的高碳汇效益郊野公园营建研究，具体包括“碳流模拟空间划分——碳流情景仿真模拟——最优营建模式——碳汇-游憩功能复合”4个步骤（图7）。

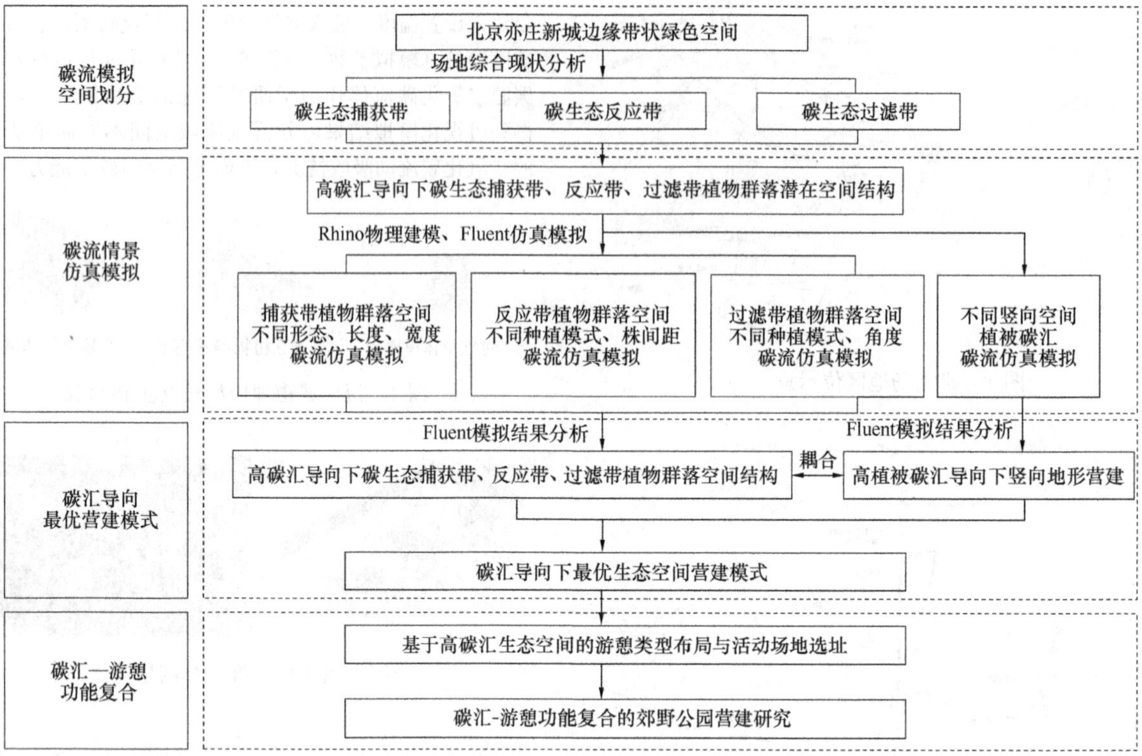

图7 研究框架图

第一步，结合场地综合现状，按碳流对城市边缘规划场地的作用顺序将其空间规划为碳捕获带、碳反应带、碳过滤带3个碳汇空间层次进行讨论：碳捕获带位于本场地东边缘，与亦庄新城大量居住区相接，功能定位为大量导入城市产生的气态碳至场地并少量固碳；碳反应带为场地核心部分，现状以林地、草地为主，定位为利用充分的空间，缓慢反应，固定大量的碳；碳过滤带位于场地西边缘，现状有南北向贯穿的青年渠，和沿渠的列植乔木，定位为利用集约空间对剩余碳进行高效滞留与消纳。第二步，结合文献研究，确认3个碳汇空间大致空间结构，并进行不同情景下的Fluent仿真模拟；第三步，分析仿真模拟可视化结果，选择包含植物群落空间和竖向地形空间的碳汇导向下最优生态空间营建模式；最后，基于高碳汇生态空间进行活动场地布局与游憩类型布局，形成具备游憩功能的高碳汇郊野公园规划[1,8-11]。

3 高碳汇效益生态空间营建

3.1 植物群落空间营建

3.1.1 碳生态捕获带植物群落空间营建

基于文献研究，预测适合本规划场地边界空间的碳生态捕获带为一些具有一定长度和宽度的扇形群落单元，且长度与街区长度相关[12,13]。

为确认此空间植物群落之间具体间隔形式，模拟3种植物群落单元形态下的碳流情景，矩形植物群落（间隔与气体逸散方向平行）、平行四边形植物群落（间隔单向倾斜）、扇形植物群落（间隔双向倾斜）[1]，比对分析空气涡流云图（图8）及二氧化碳浓度云图（图9）。扇形树群单元周边出现湍流小，树群单元之间湍流大形成通道，有较大的低二氧化碳浓度范围；平行四边形树群单元周边及单元之间湍流都很大且几乎没有低二氧化碳浓度范围；矩形树群单元周边和之间均湍流小，有低的二氧化碳浓度范围。综上，选择扇形植物群落单元作为碳生态捕获带的形态结构能够满足二氧化碳的少量吸收兼导入。

结合文献，模拟1个、0.5个、1.5个规划场地东侧街区长度（400m）扇形群落单元碳流情况，同样分析空气涡流云图（图10）和二氧化碳浓度云图（图11），选择更利于二氧化碳导入与吸收的1个街区长度为植物群落单元长度。

结合场地现状及公园设计规范，进一步模拟25m、50m、75m厚度的1个街区长度扇形植物群落单元的二氧化碳流动（图12、图13），选择植物群落碳吸收效率高、空间集约的50m条件作为树群单元厚度。

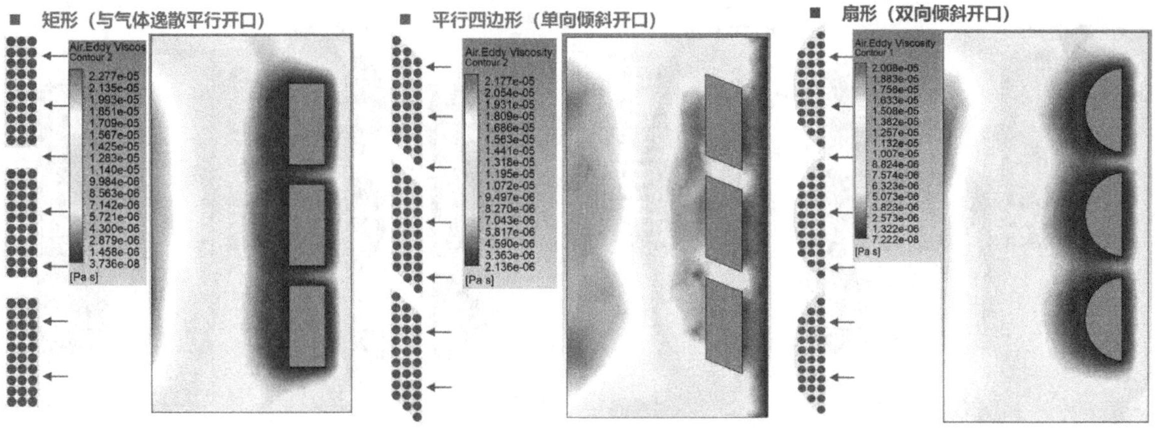

图 8　不同形态植物群落单元碳流模拟空气涡流云图

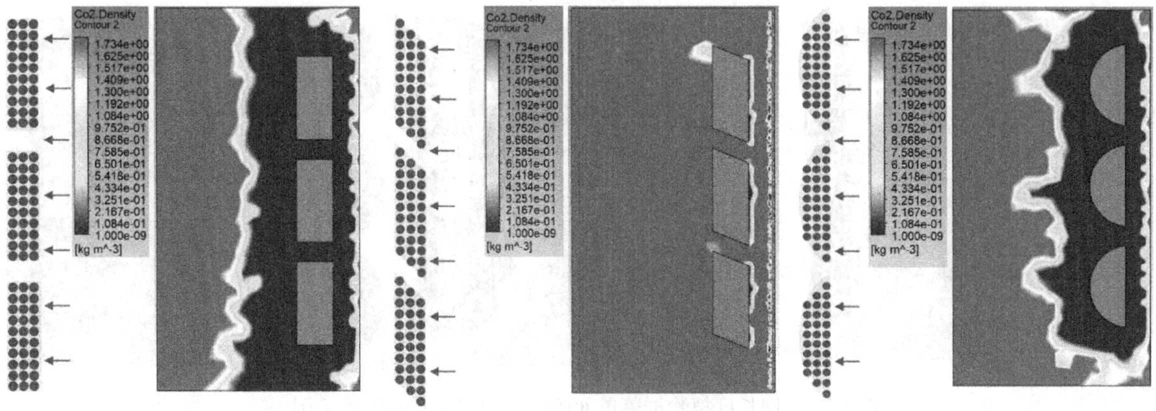

图 9　不同形态植物群落单元碳流模拟二氧化碳浓度云图

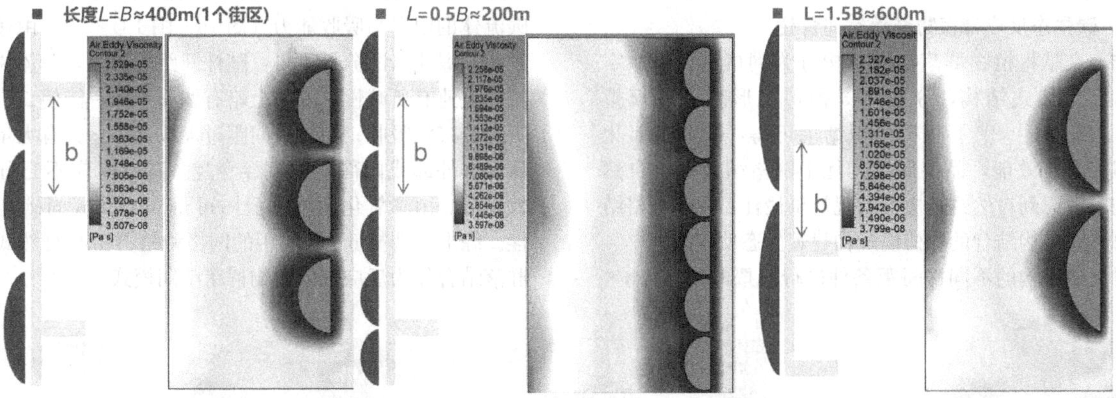

图 10　不同长度植物群落单元碳流模拟空气涡流云图

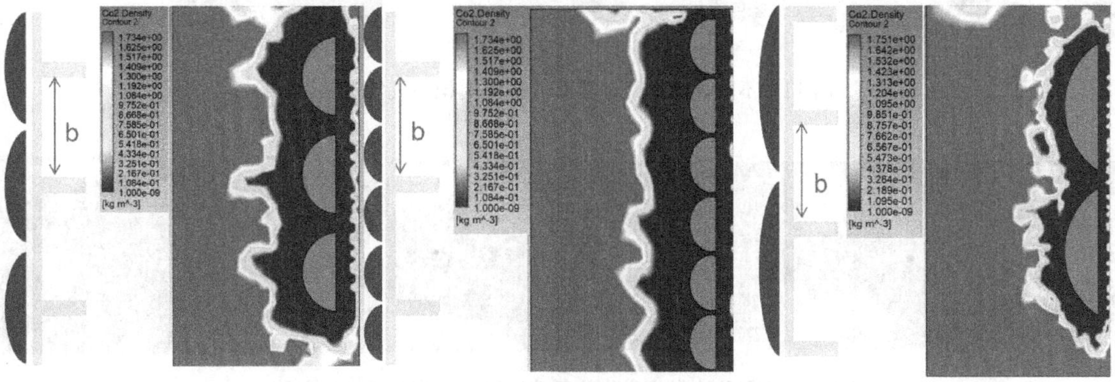

图 11　不同长度植物群落单元碳流模拟二氧化碳浓度云图

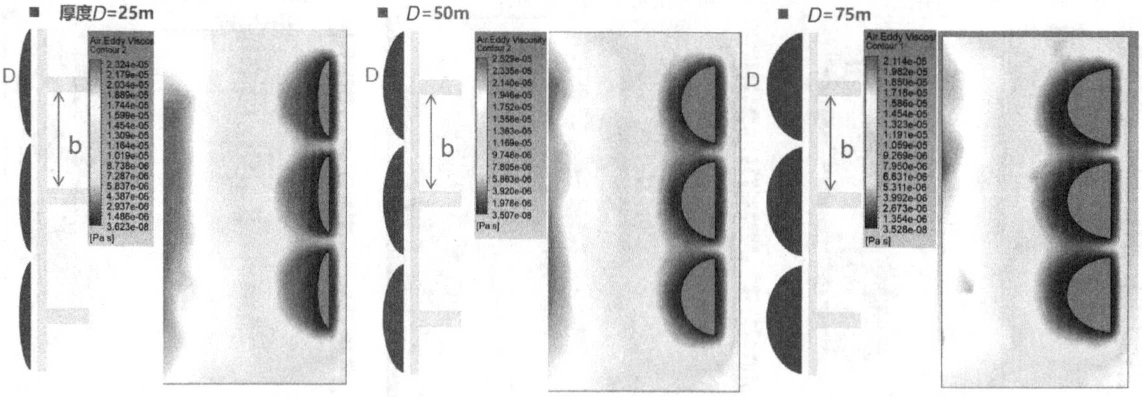

图 12　不同厚度植物群落单元碳流模拟空气涡流云图

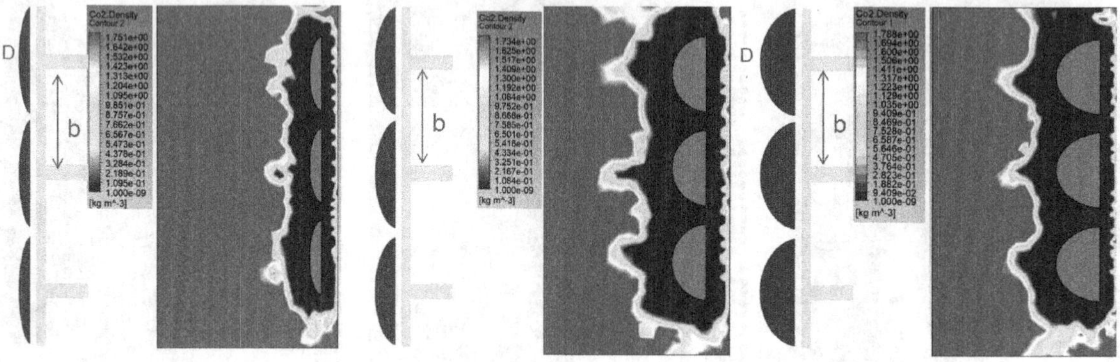

图 13　不同长度植物群落单元碳流模拟二氧化碳浓度云图

3.1.2　碳生态反应带植物群落空间营建

结合文献将植物群落空间结构分为网格结构、品字形结构、自然式结构，分别对 3 种种植形态进行模拟（图 14、图 15）[1,12,13]。分析模拟结果可得，针对二氧化碳的阻滞反应效能，品字形结构优于网格结构优于自然式结构，考虑到自然式结构下景观效果最佳，采取网格结构与自然式结构结合的种植模式构建碳生态反应带。

对网格结构的不同株间距条件进行模拟，判断 8m×8m、6m×6m、4m×4m 三种不同株间距的群落对二氧化碳流体的阻滞与吸收能力（图 16～图 18）[14-16]。由速度矢量图和涡流云图分析可得：随株间距的扩大，单体树间的流体流速有所减慢，方向上略有偏移盘旋，能使二氧化碳更充分接触吸收；但是株间距过大或过小，会有大量气流从树群外部或内部间隙直接穿越，造成反应不充分固碳效率低。由二氧化碳浓度云图可得 6m×6m 固碳能力最佳。综上，选择 6m 株间距的网格种植群落与自然式植物群落结合作为反应带的植物群落空间模式。

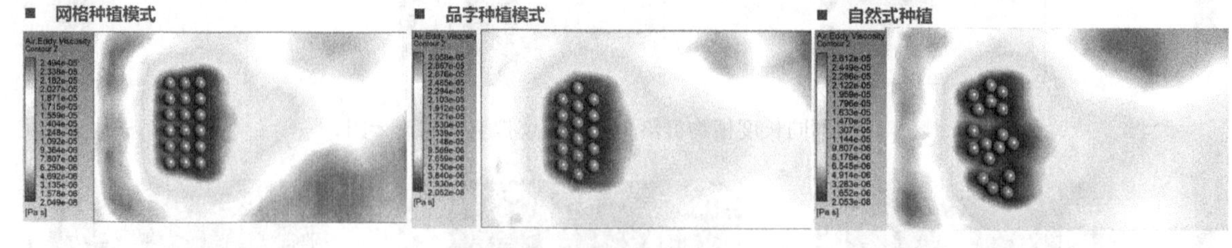

图 14　不同种植形式群落单元碳流模拟空气涡流云图

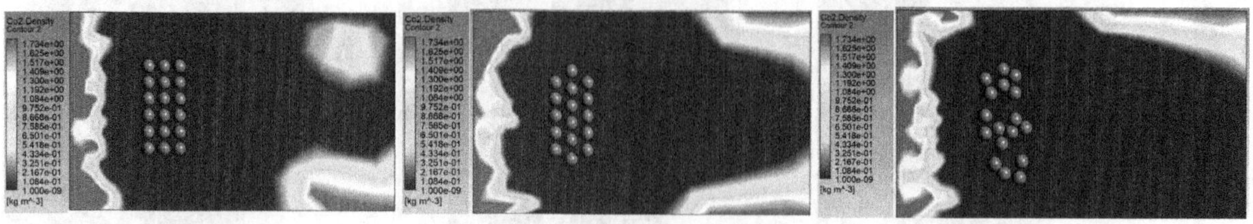

图 15　不同种植形式群落单元碳流模拟二氧化碳浓度云图

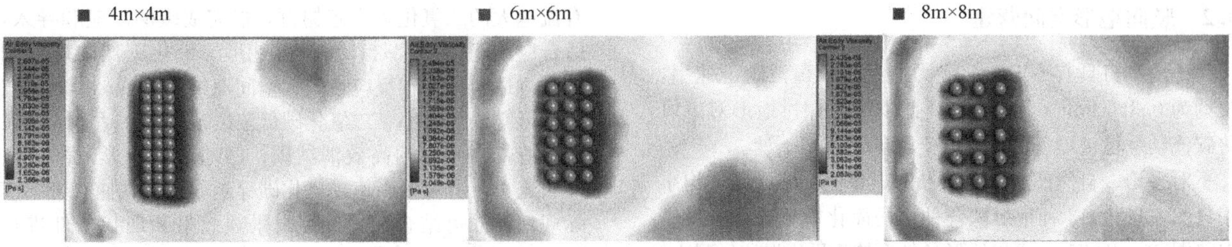

图 16　不同株间距群落单元碳流模拟空气涡流云图

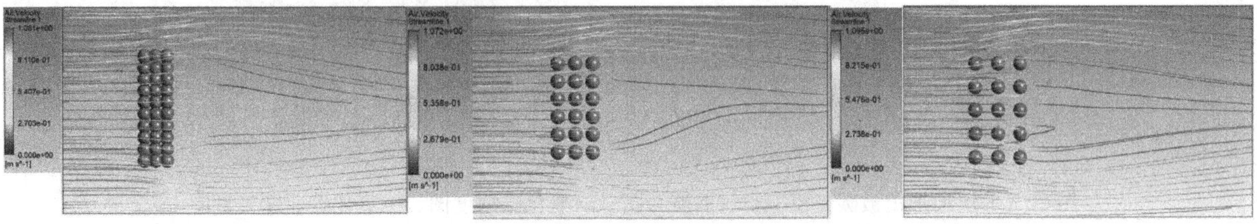

图 17　不同株间距群落单元碳流模拟速度矢量图

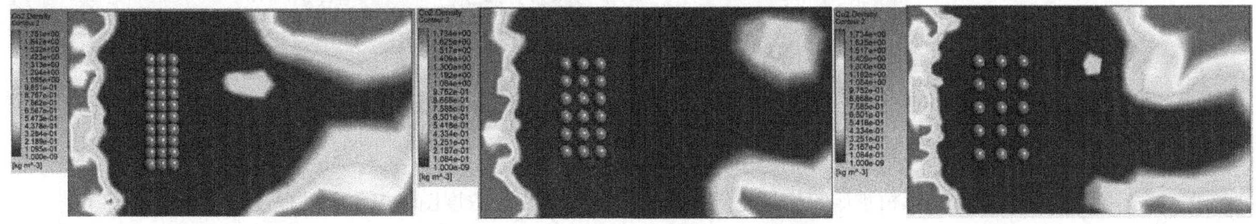

图 18　不同株间距群落单元碳流模拟二氧化碳浓度云图

3.1.3　碳生态过滤带植物群落空间营建

据文献研究，确定 50m 左右厚度的林带具有较好的碳阻滞过滤作用[17]。据 3.1.2 中 3 种林带形态结构碳流模拟，得到品字形结构对二氧化碳流体阻滞效能最佳，适合作为本过滤带的基本结构。分别以底角30°、60°、75°为基本品字形种植单位进行植物群落碳流情景模拟（图 19～图 21）。底角 60°品字形种植形式贯穿树群的二氧化碳流线最少、阻滞能力最强；二氧化碳低浓度范围最大、吸收能力最强。最终确定 50m 总宽度、底角 60°品字形种植为碳过滤带栽植模式。

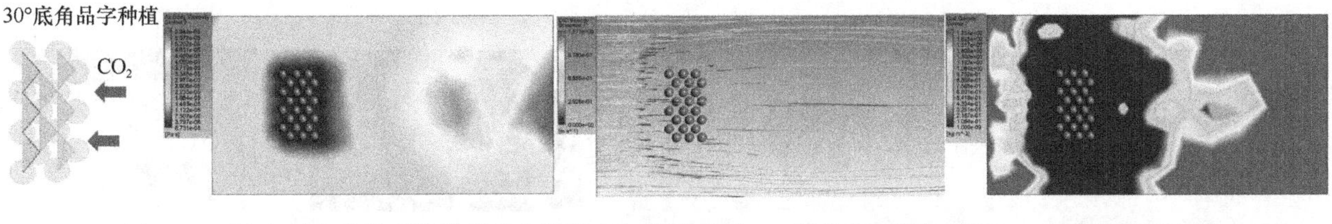

图 19　30°底角品字种植群落单元碳流模拟空气涡流云图、二氧化碳速度矢量图、二氧化碳浓度云图

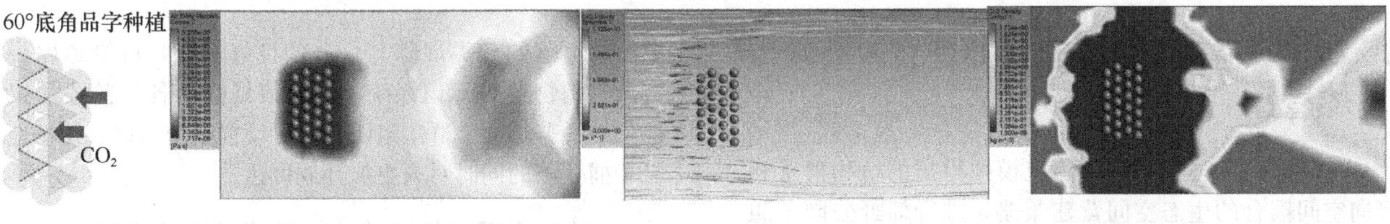

图 20　60°底角品字种植群落单元碳流模拟空气涡流云图、二氧化碳速度矢量图、二氧化碳浓度云图

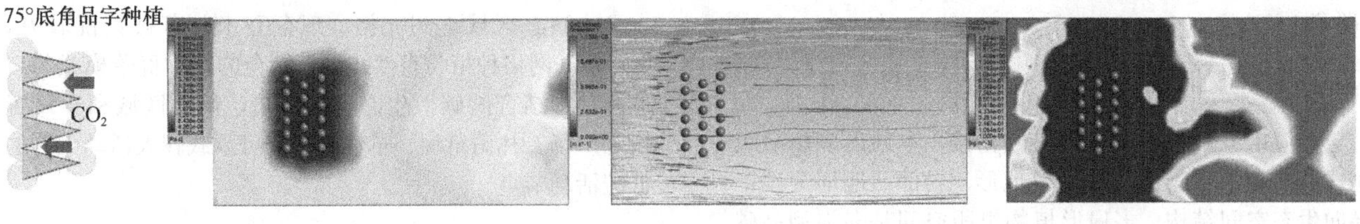

图 21　75°底角品字种植群落单元碳流模拟空气涡流云图、二氧化碳速度矢量图、二氧化碳浓度云图

3.2 竖向地形空间营建

土壤本身具有一定碳汇能力但远小于植被碳汇速率，仅约为 0.3t/(hm^2·年)[18]，因此本节只探讨地形对二氧化碳流动、植被增汇的影响，土壤碳汇忽略不计。

对平坦、自然凹陷、自然凸起、单侧陡坡（坡度均小于自然安息角）4 种地形耦合种植的简化模型进行碳流模拟（图 22～图 25）。平坦地形条件下植物周边涡流压强小、有流速大的二氧化碳穿越树群，能完成碳的反应和导入，适合应用于碳捕获带；均匀凸地形二氧化碳低浓度范围最大，适合应用碳反应带较大空间消纳大量碳；单侧陡坡凸地形空气涡流小、二氧化碳低浓度范围大，适合应用在碳过滤带空间集约高效消纳碳；凹地形仅地形范围内空气涡流小，有大量高速二氧化碳穿越，适合碳捕获带。实际规划设计可结合模拟结果、景观效果和现状条件进行竖向设计。

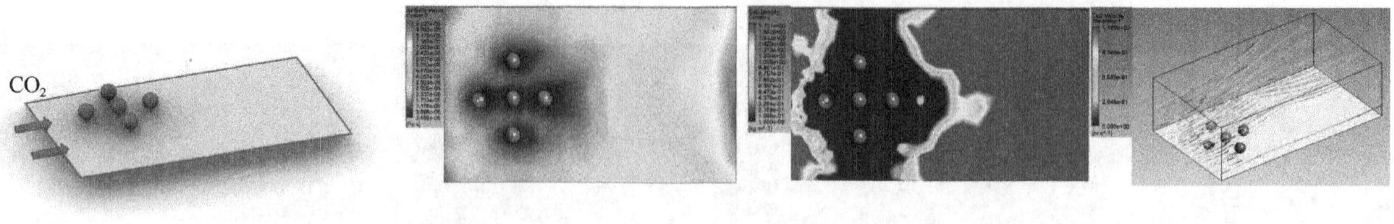

图 22　平坦地形植被碳流模拟空气涡流云图、二氧化碳浓度图、二氧化碳速度矢量图

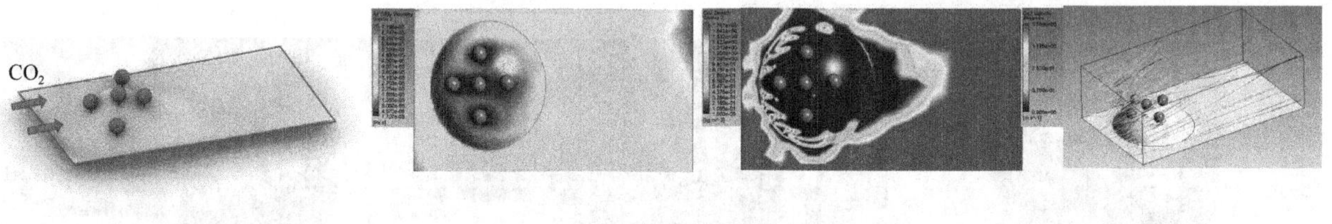

图 23　自然凸地形植被碳流模拟空气涡流云图、二氧化碳浓度图、二氧化碳速度矢量图

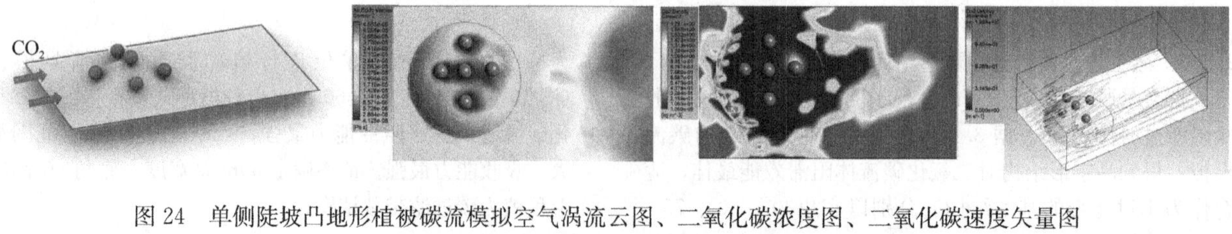

图 24　单侧陡坡凸地形植被碳流模拟空气涡流云图、二氧化碳浓度图、二氧化碳速度矢量图

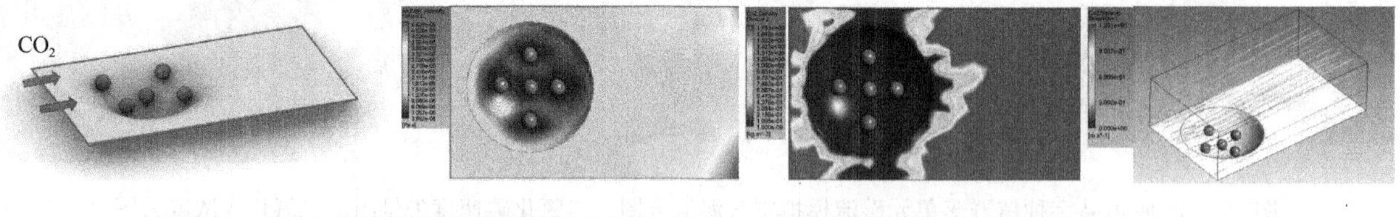

图 25　自然凹地形植被碳流模拟空气涡流云图、二氧化碳浓度图、二氧化碳速度矢量图

4　碳汇—游憩功能复合的郊野公园景观体系营建

基于碳汇导向下 Fluent 碳流模拟得出的植物群落和竖向空间耦合的生态空间营建策略，进行郊野公园游憩层面的探讨，完成游憩类型布局与活动场地选址规划（图 26）。

4.1　碳生态捕获带区域——碳汇植物科普型

与城市道路及高密度居住区相接，本区以多扇形组团式的高碳汇植物群落和平坦地形、局部凹地形为碳汇导向生态空间结构。多扇形植物组团空间是多类型高碳汇植物群落的分类展陈与科普的良好场所，可沿道路设置低碳植物科普标识系统，定期策划面向各年龄段居民的户外科普活动。群落组团之间可设置多个入口，使场地易于捕获碳的同时对人更加开放可达。

4.2　碳生态反应带区域——低碳群体活动型

本核心区域空间充裕、现存乔木与草被情况较好，6m×6m 网格种植与自然式种植结合的植物群落模式与自然凸地形结合的碳汇生态空间打造，使此区域利于设置树阵广场、林荫草坪、草坡剧场等可承载较大活动人群的低碳活动节点。

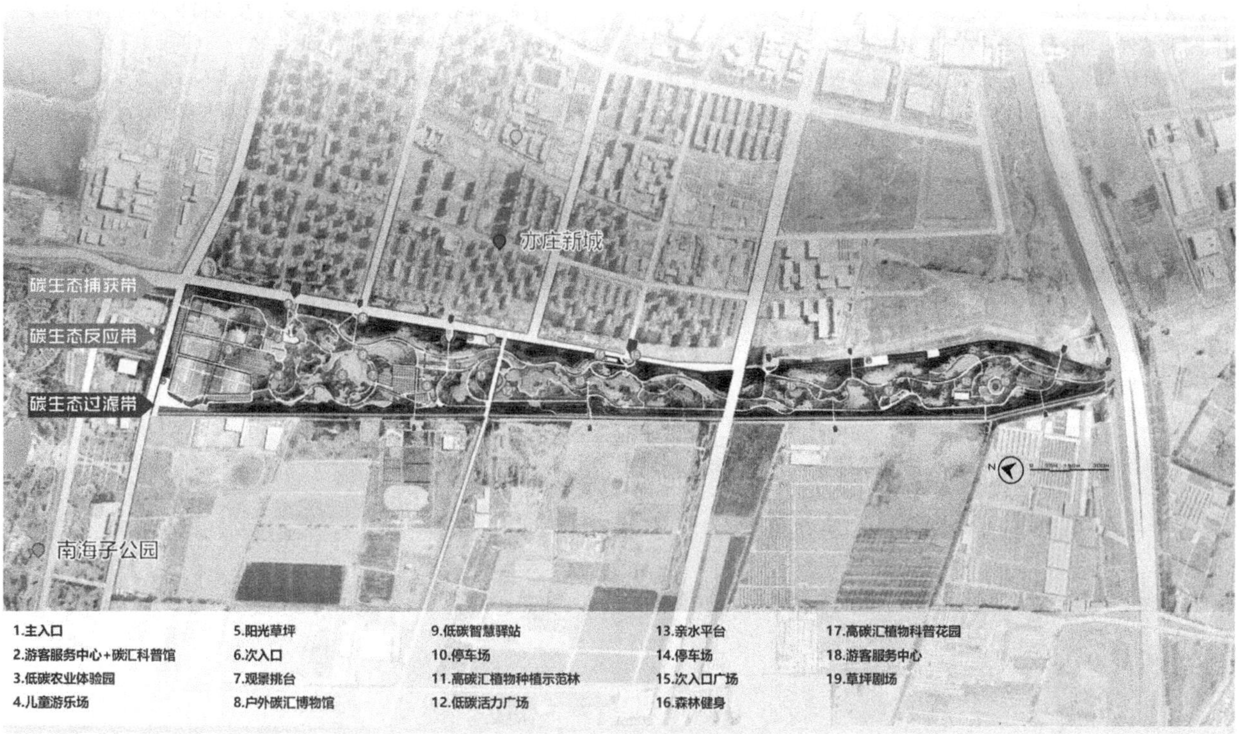

图 26　规划方案平面

4.3　碳生态过滤带区域——碳汇休闲森林型

单侧陡坡地形与致密品字林带结合形成的植被碳汇空间，使此区域适合作为林中散步、休憩等人数较少、人群活动强度较低的休闲活动场所。现有青年渠生态化改造形成的滨水空间不仅丰富了景观类型与人群活动，也通过水生植物与水体进行一定量的碳汇。

5　结语

本研究对高碳汇效益导向下的郊野公园营建进行探讨，关注碳流体对于场地的整个作用过程，用 CFD 软件进行碳流多情景模拟，模拟结果指导高碳汇效益郊野公园植被碳汇自然生态空间的营建，最后耦合以游憩功能为主的景观营建，提出空间营建策略，为规划设计尺度下的碳汇导向绿色空间营建提供较新方法与思路。但存在场地具备特异性，碳汇过程设想、碳汇空间层次划分较理想，场地碳汇因素考量较简单，模拟情景数量有限、与实际存在误差等局限，研究有待扩充与完善。

参考文献

[1]　时泳. 基于 CO_2 扩散模拟的沈北新区绿地空间布局优化研究[D]. 沈阳建筑大学，2017.

[2]　王福军. 计算流体动力学分析——CFD 软件原理与应用[M]. 北京：清华大学出版社，2004.

[3]　刘晓曼，程雪玲，胡非. 北京城区二氧化碳浓度和通量的梯度变化特征——Ⅰ浓度与虚温. 地球物理学报，2015，58(5)：1502-1512.

[4]　郭佳. 基于碳平衡理念的沈阳建筑大学低碳校园规划研究[D]. 沈阳建筑大学，2015.

[5]　Amorim J. H., Rodrigues V., Tavares R., et al. CFD modelling of the aerodynamic effect of trees on urban air pollution dispersion. Science of the Total Environment，2013，461，541-551.

[6]　祖笑艳，张颖，李冠衡. 基于 Fluent 对风环境模拟的厦门岛道路植物景观种植策略[J]. 中国城市林业，2021，19(03)：78-84.

[7]　王庆，邱智豪，赵月溪，等. 基于 CFD 模拟的台风“山竹”对深圳市园林树木影响研究[J]. 中国园林，2021，37(02)：118-123.

[8]　Moradpour，M.，Hosseini V. An investigation into the effects of green space on air quality of an urban area using CFD modeling. Urban Climate，2020.

[9]　李浩达. 基于 CFD 及《绿色校园评价标准》优化景观要素格局——以“2013 全国大学生绿色校园概念设计大赛”一等奖作品为例[J]. 建筑节能，2014，42(09)：68-72.

[10]　刘滨谊，司润泽. 基于数据实测与 CFD 模拟的住区风环境景观适应性策略——以同济大学彰武路宿舍区为例[J]. 中国园林，2018，34(02)：24-28.

[11]　张洁. 基于 CFD 模拟的居住区景观绿化设计研究[D]. 河南科技大学，2019.

[12]　黄远东，王梦洁，钱丽冰，等. T 型街道内空气流动与污染物扩散特性研究[J]. 环境污染与防治，2019，41(03)：257-260+265.

[13]　Xiaoyue Wang，Fang Liu，Zhen Xu. Analysis of urban public spaces' wind environment by applying the CFD simulation method：a case study in Nanjing[J]. Geographica Pannonica，2019，23(4).

[14]　李晓烨，王克俭，谷建才，等. 不同结构林带防风效能风洞模拟[J]. 中国沙漠，2019，39(06)：118-125.

[15]　韩静，吴雪燕，刘芳辉，等. 安阳太行山区生物防火林带

营造[J]. 林业科技通讯，2021(09)：90-91.

[16] 章银柯，马婕婷，王恩，等. 城市公园绿地长期固碳效益评价研究——以杭州花港观鱼公园为例[C]//中国观赏园艺研究进展，2012：598-602.

[17] 刘萌萌. 林带对阻滞吸附 $PM_{2.5}$ 等颗粒物的影响研究[D]. 北京林业大学，2014.

[18] 郭然，王效科，逯非，等. 中国草地土壤生态系统固碳现状和潜力[J]. 生态学报，2008(02)：862-867.

作者简介

张驰，1997 年生，女，汉族，江西南昌人，北京林业大学园林学院硕士研究生在读。研究方向为风景园林规划设计与理论。电子邮箱：454139243@ qq. com。

王楚真，1997 年生，女，满族，北京人，北京林业大学园林学院硕士研究生在读。研究方向为风景园林规划设计与理论。电子邮箱：wangchuzhen@sina. com。

黄心言，1997 年生，女，汉族，浙江杭州人，北京林业大学园林学院硕士研究生在读。研究方向为风景园林规划设计与理论。电子邮箱：15168232088@163. com。

(通信作者)李雄，1964 年生，男，汉族，山西人，博士，北京林业大学副校长、园林学院教授、博士生导师，研究方向为风景园林规划设计与理论。

低成本理念下自生草本在古典园林中的应用策略

——以拙政园地被景观修复为例

The Application Strategy of Spontaneous Plants in Classical Gardens under the Idea of Low Cost

—Taking the Humble Administrator's Garden Ground Cover Restoration as an Example

王颖洁　郑期栋　薛志坚　奚　洋　程洪福*

摘　要： 长期以来，古典园林人工建植草坪草一直存在成活率低、养护成本高、管理要求高、园林景观效果欠佳等一系列管理难题。为探寻低成本理念下古典园林自然地被景观修复方法，笔者选取拙政园东部花园18块开放绿地为调研对象，通过文献调研以及田野调研调查了该区域自生草本分布现状、植物种类、高度、密度、均度，并统计分析其表型结构、生态习性以及景观特征。研究结果表明，拙政园东部调查绿地共有自生草本植物25科36属38种；爵床科（Acanthaceae）重要值为26.8%，在所有科中占据绝对优势，天胡荽（*Hydrocotyle sibthorpioides*）重要值为22.9%，在所有物种中占据绝对优势，其次为爵床（*Rostellularia procumbens*）、马唐（*Digitaria sanguinalis*）、酢浆草（*Oxalis corniculata*）、马兰（*Kalimeris indica*）与马蹄金（*Dichondra micrantha*）；根据低成本理念及遗产原真性保护原则，最终得出以天胡荽、马兰、马蹄金为主要构成的古典园林地被修复方案并提出应用策略，以期为中国古典园林生态可持续发展管理工作提供借鉴意义。

关键词： 自生草本；古典园林；自然地被；拙政园；养护成本

Abstract: There have long been a series of management problems in artificially planted lawn grass in classical gardens, such as low survival rate, high maintenance cost, high management requirements, poor landscape effect and so on. In order to investigate the restoration method of natural ground cover landscape of classical gardens under the idea of low cost, the author selected 18 open green spaces in the East Garden of Humble Administrator's Garden as the research objects, made an in-depth investigation on the current distribution status, plant species, height, density and evenness of the spontaneous herbs, and analysed the phenotypic structure, ecological habits and landscape characteristics. According to the investigation results, a total of 25 families, 36 genera and 38 species of autochthonous herbs are recorded. Among them, the importance value of Acanthaceae (26.8%) was absolutely dominant among all families, while *Hydrocotyle sibthorpioides* (22.9%) was absolutely dominant among all species. followed by *Rostellularia procumbens*, Digitaria sanguinalis, Oxalis corniculata, Kalimeris indica, and *Dichondra micrantha*. According to the concept of low cost and the principle of heritage authenticity protection, the restoration scheme of classical garden ground cover was finally come up with, which mainly composed of *Hydrocotyle sibthorpioides, Kalimeris indica* and Dichondra micrantha. Hopefully, this study can provide a reference for the ecological sustainable development and management of Chinese classical gardens.

Keywords: Spontaneous Herbs; Classical Gardens; Natural Ground Cover; The Humble Administrator's Garden; Maintenance Cost

1　研究背景

1.1　概念阐释

参考国外学者的理论研究，自生植物指未经人工栽培便可在城市环境中自发定居生长的植物群体[1]。这个概念与野生植物的概念在内容、内涵上有一定重合性和相似性。吴征溢在充分分析植物资源的概念之后，提出野生植被的概念，同时将植物资源划分为野生和栽培两大类型[2]。但自生草本是对该类植物群体的生态特征进行了客观描述，更强调其在自然环境下的主动生长状态。本研究中的自生植物，特指在园林绿地中的未经人工栽培养护，自发形成并定居生长的草本植被。

1.2　国内外相关理论与应用研究进展

从园林应用层面上来看，野生植物相关研究应用同样具有参考价值。通过研读解析国外被引次数较多的文献资料，可以从中发现，目前国外学者主要的研究点集中于大型生态保护地下自生草本群落的生态恢复潜力以及生态演替模式方面，其研究地尺度格局通常较大[3-5]。国内在自生草本与野生植物研究应用集中于在物种引种驯化、观赏性野生植物资源开发利用以及应用效果评价方面。刘英[6]、冷大勇[7]、金丽莎[8]、马雪梅[9]等人在野生观赏植物资源利用研究方面通过实地调研分析不同景观空间下野生草本植物应用意义以及应用原则和策略；武旭霞[10]、马洁[11]、黄清平[12]等人则将具有优良观赏性的野生植物作为研究对象，通过保留及强化野生植物的观赏特性，引种驯化实现植物的栽培应用的目的。在园林应用实践中，上海后滩公园、北京市园林绿化部门等通过补植野花等自生草本形成低成本、低养护的天然景观区域[13-15]。但目前自生草本植物在中国古典园林地被景观修复中的方案策略以及古典园林低成本管理模式的研究还未进行深入展开，因此古典园林中自生草本美学效益、生态效益以及在管理维护的经济支出与之间取得平衡的策略值得进一步探讨。

2　调查研究方法

2.1　调查地概况与现状

抽政园处于江苏省苏州市中心老城区，年平均气温16℃，年降水量达 1160mm，年无霜期在 230 天左右[16,17]。拙政园东花园面积约 31 亩，整体格局开阔疏朗，风格近于城市田园风貌，以花木为盛，高大乔木林立形成大片的林下草坪区域（图 1、图 2）。

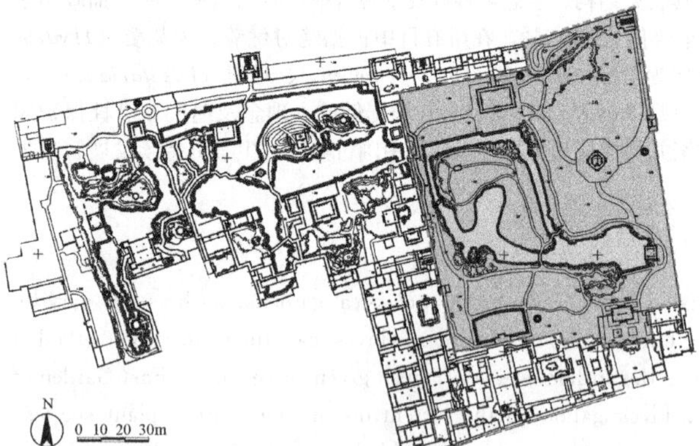

图 1　拙政园东花园平面

图 2　拙政园东花园鸟瞰实景平面（夏季）

近几年，拙政园东花园大面绿地上种植以结缕草、高羊茅为主的草坪草，但由于大片上层高大乔木的遮阴和地形地势造成的旱涝情况，使该区域林下人工建植草坪因得不到充足光照和水分适宜的生长环境而循环死亡，形成大面积的黄土裸露和板结现状（图 3、图 4）。立地环境和人为影响等各方面因素致使人工草坪整体长势衰弱进而退化。伴随草坪草凋亡的同时作者发现一些区域的自生草本生长旺盛正在替代草坪草，随着自生草本的强势生长，客观上增加了拙政园东花园地被景观的绿量，改善了一部分黄土板结裸露的景观问题，同时也改变了拙政园地被管理纯人工形态的草皮铺设和人工建植方法，丰富了植物多样性同时提升了地被群落稳定性，而自生草本的优良自然属性也影响了拙政园植被景观的整体模式与氛围，增加东花园自然野趣之感。

图 3　拙政园东花园大面黄土裸露现象

图 4　拙政园东花园黄土板结现象

2.2　调查取样与统计方法

为调查拙政园东花园不同草坪区域生境下自生草本植物的种类、分布情况、形态特征、观赏特性，调查人员于 2021 年 8～10 月对各区域草坪自生草本进行田间取样、图像采集以及标本制作。

2.2.1　取样方法

基于全面踏查了解的拙政园东花园绿地现状，并选取自生草本植物较多覆盖度较高的典型地块进行自生草本调研，根据地块几何类型和地被分布特征采取不同田间取样方法，对规整绿地区域采用 5 点取样法及等距取样法，非规整绿地区域采用倒置“W”取样法，每个样方 $0.25m^2$（0.5m×0.5m）[18]，调查记录自生草本种类、株数（以自生草本茎秆数表示）、平均高度以及形态特征等，同时图像采集记录样方所处生境特点和自生草本长势特征。通过筛选与排查，最终共划分出 18 个调查田块，得到有效样方 100 个，总面积涵盖约 $4000m^2$ 开放绿地（图 5）。

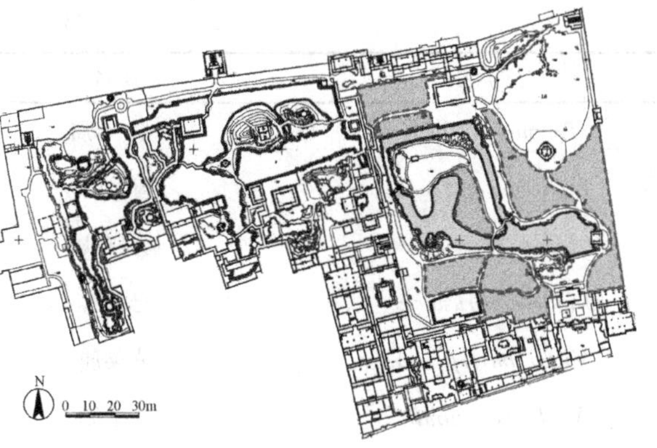

图 5　拙政园东花园调查绿地范围

2.2.2　数据处理

根据以上绿地田块划分图和调查数据，其中的优势自生草本草种根据植物种重要植来确定，统计出各自生草本种类的田间均度（U）、田间密度（MD）、田间频率（F）以及相对多度（RA），然后统一计算重要值，并对其进行排序，排名前 5 确定为优势种。

计算公式如下：某种自生草本的田间均度（%）为这种自生草本在调查田块中出现的样方次数占总调查样方数的百分比；某种自生草本的田间密度（株数/m²）为这种自生草本在各调查田块样方中的平均密度之和与调查田块数之比；某种自生草本的田间频率（%）为这种自生草本出现的田块数占总调查田块数的百分比；相对多度（%）$Dr=RF+RD+RU$[19]；物种重要度 $Iv=(Dr+RF)/2$[20]。

3　结果与分析

3.1　自生草本物种组成与结构分析

3.1.1　科属构成

调查结果表明，拙政园东花园内自生草本植物共有 25 科 36 属 38 种。其中阔叶草本 35 种，占 92%；禾本科杂草 2 种，占 6%；莎草科杂草 1 种，占 2%（表 1）。根据各科所含种数数量，将 25 科划分为 2 个等级：多种科（2 种以上）和单种科（1 种），具体内容如表 2 所示，结果显示多种科一共有 10 科，其科下物种种数占比达到 60%，其余则为单种科共 15 种。多种科中以玄参科下种数为 4 种，其次是菊科 3 种，其余例如伞形科、大戟科等均为 2 种。再对各科自生草本植物进行重要值计算和排序，排序分布规律可以大致归纳为 3 个区间段，爵床科和伞形科以绝对优势明显高于其他科位于第一区段；第二区段内各科重要值呈现梯度变化，整体高于第三区段，共计 11 科；剩余 12 科位于第三区段，重要值都低于 0.05，最低值为紫金牛科 0.0055（图 6）。将科的重要值排序结果与科属物种重要值排序结果进行比对，结果发现像玄参科、堇菜科、大戟科等这些物种数较多的科，其重要值排序反而被酢浆草科、旋花科、车前科等单种科反超，可以说明在该调查研究区域内这些单种科下的物种具备更为强盛的生存能力（表 3）。

拙政园东花园自生草本种类组成　　**表 1**

科序号	科名	种序号	学名	拉丁名	属名
1	旋花科	1	马蹄金	*Dichondra micrantha*	马蹄金属
2	伞形科	2	积雪草	*Centella asiatica*	积雪草属
		3	天胡荽	*Hydrocotyle sibthorpioides*	天胡荽属
3	酢浆草科	4	酢浆草	*Oxalis corniculata*	酢浆草属
4	菊科	5	马兰	*Kalimeris indica*	马兰属
		6	一年蓬	*Erigeron annuus*	飞蓬属
		7	蒲公英	*Taraxacum mongolicum*	蒲公英属
5	蔷薇科	8	蛇莓	*Duchesnea indica*	蛇莓属
6	爵床科	9	爵床	*Rostellularia procumbens*	爵床属
		10	狗肝菜	*Dicliptera chinensis*	狗肝菜属
7	车前科	11	车前草	*Plantago depressa*	车前属
8	豆科	12	车轴草	*Trifolium* spp.	车轴草属
9	唇形科	13	风轮菜	*Clinopodium chinense*	风轮菜属
		14	活血丹	*Glechoma longituba*	活血丹属
10	景天科	15	凹叶景天	*Sedum emarginatum*	景天属
11	蓼科	16	蓼	*Polygonum hydropiper*	蓼属
12	鸭跖草科	17	鸭跖草	*Commelina communis*	鸭跖草属

续表

科序号	科名	种序号	学名	拉丁名	属名
13	玄参科	18	蓝猪耳	*Torenia fournieri*	蝴蝶草属
		19	泥花草	*Lindernia antipoda*	母草属
		20	通泉草	*Mazus japonicus*	通泉草属
		21	母草	*Lindernia crustacea*	母草属
14	堇菜科	22	紫花地丁	*Viola philippica*	堇菜属
		23	堇菜	*Viola verecunda*	堇菜属
15	大戟科	24	铁苋菜	*Acalypha australis*	铁苋菜属
		25	地锦	*Asplenium nidus*	大戟属
16	苋科	26	莲子草	*Alternanthera sessilis*	莲子草属
17	莎草科	27	水蜈蚣	*Kyllinga brevifolia*	飘拂草属
18	天南星科	28	半夏	*Pinellia ternata*	半夏属
19	茜草科	29	四叶葎	*Galium bungei*	拉拉藤属
		30	臭鸡矢藤	*Paederia foetida*	鸡矢藤属
20	禾本科	31	马唐	*Digitaria sanguinalis*	马唐属
		32	狗牙根	*Cynodon dactylon*	狗牙根属
21	十字花科	33	蔊菜	*Rorippa indica*	蔊菜属
22	荨麻科	34	苎麻	*Boehmeria nivea*	苎麻属
		35	毛花点草	*Nanocnide lobata*	花点草属
23	紫金牛科	36	紫金牛	*Ardisia japonica*	紫金牛属
24	报春花科	37	过路黄	*Lysimachia christinae*	珍珠菜属
25	石竹科	38	繁缕	*Stellaria media*	繁缕属

自生草本植物科属数量统计 **表 2**

等级	科数	占总科数比例	种数	占总种数比例
多种科	10	40.00%	23	60.53%
单种科	15	60.00%	15	39.47%
合计	25	100.00%	38	100.00%

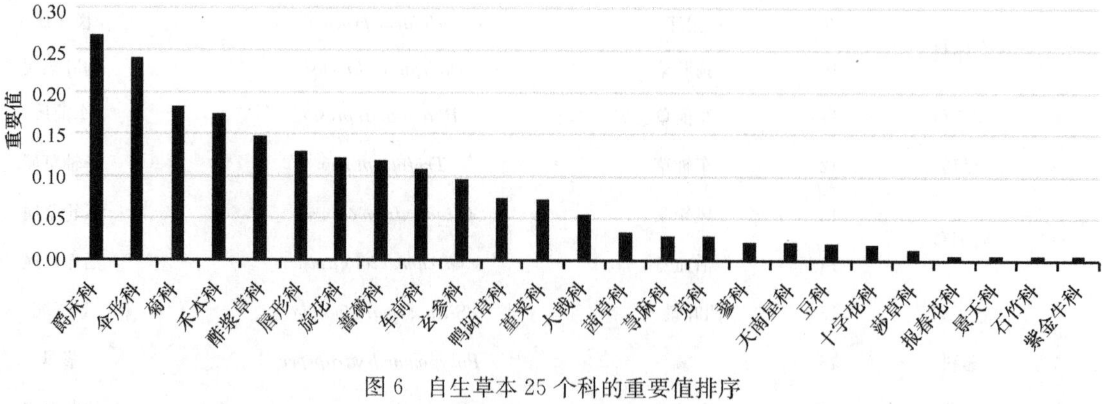

图 6 自生草本 25 个科的重要值排序

重要值与种数排序对照　　　表 3

科名	科重要值	种数
爵床科	0.267739279	2
伞形科	0.240756836	2
菊科	0.182745737	3
禾本科	0.174459839	2
酢浆草科	0.147063344	1
唇形科	0.129146014	2
旋花科	0.12131369	1
蔷薇科	0.118340386	1
车前科	0.108635197	1
玄参科	0.096594482	4
鸭跖草科	0.074028475	1
堇菜科	0.07274107	2
大戟科	0.054733313	2
茜草科	0.034619156	2
荨麻科	0.029708178	2
苋科	0.029662591	1
蓼科	0.021527359	1
天南星科	0.021444105	1
豆科	0.01987038	1
十字花科	0.019148906	1
莎草科	0.012672123	1
报春花科	0.00619534	1
景天科	0.005830642	1
石竹科	0.005648294	1
紫金牛科	0.005557119	1

3.1.2　优势种与物种来源分析

结合物种重要值大小排序结果，对排在前 20%的确定为优势种（表 4）。拙政园东花园开放绿地自生群落的优势种为天胡荽、爵床、马唐、酢浆草、马兰。根据《中国入侵植物名录》[21] 在调查到的 38 种自生植物中，外来物种数量为 5 种，分别为酢浆草、空心莲子草、车轴草、臭鸡矢藤以及一年蓬，总体比例的 13%，外来物种中的外来入侵物种数量为 4 种，其中酢浆草作为外来入侵物种具有很强的入侵性，成为自生草本中的优势种。其中乡土植物 33 种，占总体比例的 87%。

自生草本优势种及其重要值　　　表 4

排序	种名	相对密度	相对频率	重要值
1	天胡荽	19.17%	7.73%	0.229141138
2	爵床	18.45%	7.27%	0.223889224
3	马唐	8.52%	7.73%	0.168173325

续表

排序	种名	相对密度	相对频率	重要值
4	酢浆草 *	11.55%	5.46%	0.147063344
5	马兰	9.12%	5.91%	0.143298856

注：* 为外来入侵物种。

3.1.3　表型结构分析

整体来看，重要值排名前 20%的自生草本植物中均为 1 属 1 种。调查到的 38 种自生植物中，分析其生活型构成，其中多年生草本植物 21 种，占总体的 55.26%，包括 1 种草质藤本；一年生草本植物 10 种，占 26.32%；一年生或二年生植物 5 种，占 13.16%（图 7）。从生长型构成来看，匍匐型草本植被占据主要优势，占比为 63.16%，5 个优势种中天胡荽、爵床、酢浆草 3 种为矮生匍匐型（图 8）。

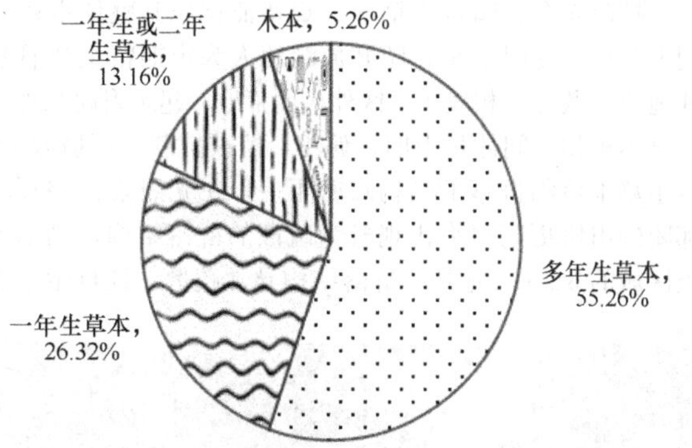

图 7　自生草本生活型构成比例

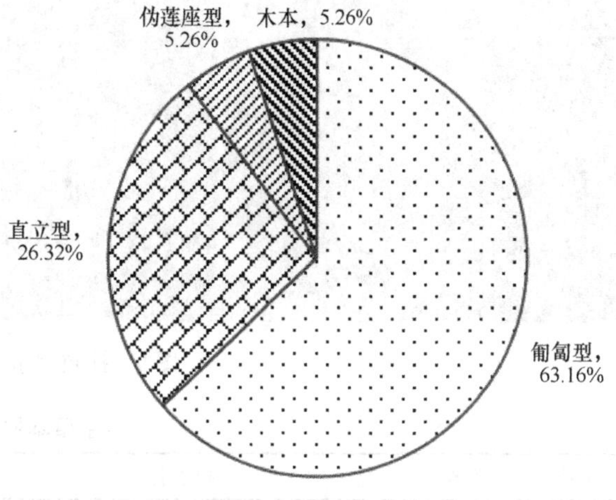

图 8　自生草本生长型构成比例

3.2　自生草本的生态习性分析

筛选东花园自生草本物种重要值排名前 10 的草种，大部分物种具有喜阴耐阴特性且具备一定抗性，对光照土壤要求不严格。这是由于所调查的东花园开放绿地地块基本都属于林下旷地，上层乔木遮阴率高，形成较为荫蔽潮湿的空间环境，且拙政园东花园绿地都由竹篱笆围栏隔离人群踩踏等人为影响，天胡荽这类不耐踩踏但喜阴湿物种成为绝对优势种（表 5）。

自生草本生长习性描述（部分） **表 5**

序号	学名	拉丁名	科属	生长习性	重要值
1	天胡荽	*Hydrocotyle sibthorpioides*	伞形科天胡荽属	喜阴湿环境，但不耐踩踏	0.229141138
2	爵床	*Rostellularia procumbens*	爵床科爵床属	喜阴凉环境	0.223889224
3	马唐	*Digitaria sanguinalis*	禾本科马唐属	喜阳耐阴，抗性强	0.168173325
4	酢浆草	*Oxalis corniculata*	酢浆草科酢浆草属	喜湿润环境	0.147063344
5	马兰	*Kalimeris indica*	菊科马兰属	喜温较耐阴，对光照要求不严	0.143298856
6	马蹄金	*Dichondra micrantha*	旋花科马蹄金属	既喜光照又耐荫蔽，具有一定的耐践踏能力	0.12131369
7	蛇莓	*Duchesnea indica*	蔷薇科蛇莓属	适应性广，抗性强，对环境和土壤要求不严格，喜荫凉	0.118340386
8	车前草	*Plantago depressa*	车前科车前属	喜光耐阴，对光照要求不严格	0.108635197
9	鸭跖草	*Commelina communis*	鸭跖草科鸭跖草属	喜弱光，忌阳光曝晒	0.074028475
10	活血丹	*Glechoma longituba*	唇形科活血丹属	不耐强光直射，喜微潮湿土壤	0.069746969

3.3 自生草本的景观特征分析

拙政园东花园自生草本景观特征首先其整体群落外貌上分析，受限于东花园开放绿地人为定期精细化管理和地块分散性，相较于景区外大面荒地、建筑附属绿地等在草本植物空间体量上明显偏小，植被扩散受环境限制。自生草本植物群落的结构疏密不一，在光照条件差环境郁闭的田块更高概率出现较为疏散的群落结构，例如调查区域的3、4号地块，群落结构异常疏散，且自生草本植株间距较大，植株个体矮小且长势较弱（图9），而这些地块共同的一个环境特征就是光线少基本处于全荫蔽状态下。其次再从单体物种景观特性上分析，在单株质感方面，像天胡荽、酢浆草、马兰、马蹄金等几种明显优势种，它们通常形态整洁，叶片精致娇小，植株质感细腻，使得东花园绿地地被景观质感整洁细腻。单株物种高度情况来看，排名靠前的优势种大多高度低矮贴地，与中层灌木能形成清晰的植物层次。花期可横跨春夏秋，但从季相角度出发可以创造丰富的季相景观（表6）。

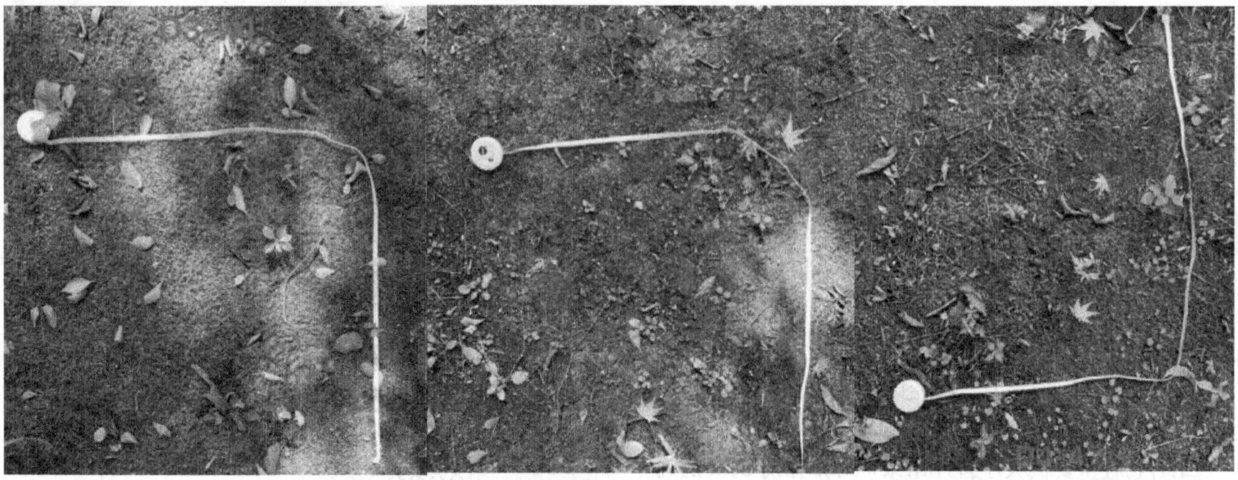

图9 拙政园东花园 D3、D4 号调查地块

自生草本景观特性描述（部分） **表 6**

序号	学名	拉丁名	生活型	质感	观赏特性	花期果期
1	天胡荽	*Hydrocotyle sibthorpioides*	多年生草本	细腻	叶	—
2	爵床	*Rostellularia procumbens*	一年生草本	细腻	花	8～11月
3	马唐	*Digitaria sanguinalis*	一年生草本	中等	花	6～9月
4	酢浆草	*Oxalis corniculata*	多年生草本	中等	花	2～9月
5	马兰	*Kalimeris indica*	多年生草本	中等	花	5～10月
6	马蹄金	*Dichondra micrantha*	多年生草本	细腻	叶	—
7	蛇莓	*Duchesnea indica*	多年生草本	细腻	花、果	6～10月
8	车前草	*Plantago depressa*	一年生或二年生草本	粗糙	花	4～9月
9	鸭跖草	*Commelina communis*	一年生草本	粗糙	花	6～10月
10	活血丹	*Glechoma longituba*	多年生草本	细腻	花	4～6月

4　古典园林中自生草本景观营造策略

4.1　生物多样性保护角度

4.1.1　发挥优势物种优势

科学的古典园林地被景观修复可以预防性解决后期可能产生的一系列问题。根据当下环境中地被群落的相对多度、相对频度、相对均度、重要值等来反映其分布状态的相关指标来筛选该环境下的优势草本物种，再结合自生草本植物自身的入侵性、生活型等属性，合理地选择应用方式及场地。

4.1.2　优先选择乡土物种

在科学筛选优势自生草本物种中，将发散速度快、入侵性强、发生量大的一些不适合应用物种剔除，这些物种特性往往会对其他草本植物造成危害导致形成单一的地被种群结构。拙政园绿化团队从前期自生草本调研分析筛选的5种优势草本物种中剔除具有强入侵性的外来入侵物种酢浆草，优选马兰、天胡荽、爵床等乡土地被优势自生草种，并采取相应措施限制此类强入侵性物种继续向其他绿地扩散的能力，这对园林内其他地被景观的维护及良性自生草本的生存都起到了间接的保护作用。

4.2　园林景观营造角度

4.2.1　根据物种生态习性合理应对环境

中国古典园林哲学理念“天人合一”在精神理念上是对自然的尊重，落实到造园实践上是“师法自然”手法。尊重场地，尊重草本植物自然生长的规律是古典园林地被景观营造的首要原则。拙政园东花园密林草地区域面积大，高大乔木枝繁叶茂削弱了林下绿地空间的透风性和光照强度，并且由于土壤结构和地形地势等因素，林下绿地草本生长环境通常荫蔽潮湿，因此应对环境特点需要选择喜阴湿、耐阴习性的草本植物。而先期调查研究结果也表明，筛选出的天胡荽、马兰、爵床等优势自生草本大部分自身具有喜阴湿、喜阴凉、喜湿润、耐阴等生态习性特点，这合理的解释了物竞天择、顺应环境的自然选择。选择适应环境的自生草本物种对草本层较为单一的结构现状做出改善，有利于提高景观持续性以及草本层群落稳定性。

4.2.2　根据物种景观特征优化空间配植

古典园林中地被景观营造还需要保证合适的景观效果，要在尊重古典园林场所历史风貌原真性与完整性基础上，通过自生草本与现有草本植物合理的层次搭配并针对性利用自生草本植物物种本身及其群落的景观特性，使古典园林风貌与意境得到艺术化的表达呈现。在调查研究统计中显示，拙政园自生草本优势物种间，天胡素、马蹄金、爵床具有花叶小巧、匍匐贴地的细腻质感，马兰花叶和植株高度相对大和高一些，并且到春夏季马兰和爵床都会形成细腻的观花景观，这种低矮细腻的自生草本美学特性与高大乔木的层次配置，使得林下空间更为开阔舒朗，植物层次更加清晰明了，巧妙的营造出拙政园东部花园“林木茂密，石藓苍然”的历史园林风貌(图10、图11)。

图10　拙政园东花园地被景观阶段性修复成效

图11　拙政园东花园地被景观阶段性修复样方成效

4.2.3　根据园林文化内涵营造景观意境

中国古典园林营造是由“美在意境”的美学精神所主导的，意境的表达实则是文化的沉淀。拙政园东花园历史溯源于御史及刑部侍郎的王心一营建的归田园居，王心一自撰《归田园居记》，取意陶渊明告别官场的宣言诗《归园田居》守拙归园田，东花园整体“林木茂密，石藓苍然”景观风貌，以及春天的“遮映落霞迷涧壑”、秋天的“遍莍黄花，璀璨千丛”，都体现了其文人闲适、归隐田园的生命意趣和审美情趣。因此在当代拙政园东花园地被景观营造时，不适合选用多彩华丽、质感粗糙的自生草本物种，更偏向于运用自然、精巧、含蓄的形态特征以及具有乡土植物文化、传统文化特色的地被植物来烘托整体园林氛围。

4.3 园林管理维护角度

在当下生态文明建设新时期古典园林的生态可持续发展的重要性更为突出，古典园林的持续性景观维护也尤为重要。花木植物作为古典园林四大要素中的构成材料，因其具有生命特征而需较大的养护投入，从日常性养护工作的浇水施肥到季节性防护工作的修剪、病虫害防治、极端天气预防等，再到补植与移植等偶发性养护工作，期间都需要管理部门投入较大的人力、物力与财力[22]。那么在进行地被景观营造时，选用乡土自生草本优势种，并筛选二年生及多年生草本植物，其生命力强、自维护、长周期的生长特性使得植物生命周期内维护成本和环境成本大大降低并减缓资源的损耗。因此，在拙政园东花园地被景观优势草本物种中，爵床作为一年生乡土自生草本地被，尽管其拥有优秀的花叶形态特性和适生的生态习性，从成本意识角度出发依然不能作为优良的选用草种。而像天胡荽、马兰、马蹄金这些多年生乡土自生草本优势种，将最终筛选成为适合拙政园东花园地被景观营造的植物材料。

5 结语

中国古典园林作为人类美好生活的向往和人居环境的典范，正是以尊重自然、顺应自然、保护自然的生态文明理念引领绿色发展来回应人民群众美好生活向往。在当前生态文明建设时代背景下，拙政园传承中国“天人合一”哲学精髓，在古典园林地被景观营造工作中倡导低成本园林遗产精细化管理理念，以研究性思维探索并指导日常实践工作，以低干预营造作为工作方针，以研究性手段科学选取低维护的乡土自生草本优势物种，并结合拙政园提升区域景观文化内涵，优化自生草本配置利用，为古典园林内普遍发生的绿地退化、黄土大面裸露板结现象提供了可行的解决办法，同时为古典园林管理中被动应对地被植物维护方式提供了更为主动的营造策略[23]，在中国古典园林生态可持续发展管理工作方面具有积极的探索意义。

当然，由于本研究实践人为选择了拙政园东部花园部分区域作为研究范围，且调查集中于夏季，受到时间季节的限制使本研究存在自生草本物种调查统计上的欠缺，不能完全代表拙政园内各个绿地内全部的自生草本植物情况，另外，古典园林植物修复要求具备深厚的文史理论、法律法规知识储备，本文在上述方面仍存在研究局限性，有待进一步深化研究。

参考文献

[1] 李竹君. 南京高校绿地自生草本植物物种组成与生态位结构研究[D]. 南京：南京农业大学，2019.

[2] 张楠. 北京城市生态廊道植物景观研究[D]. 北京：北京林业大学，2014.

[3] Prach K. Spontaneous succession versus technical reclamation in the restoration of disturbed sites[J]. Restoration Ecology，2008，16(03)：363-365.

[4] Tropek R. Spontaneous succession in limestone quarries as an effective restoration tool for endangered arthropods and plants[J]. Journal of Applied Ecology，2010，47(01)：139-147.

[5] Steiner F. Landscape ecological urbanism：Origins and trajectories[J]. Landscape and Urban Planning，2011，100(04)：333-337.

[6] 刘英. 野草在园林绿化中的应用[J]. 中国高新区，2018(11)：220.

[7] 冷大勇. 野草在园林绿化中的应用[J]. 民营科技，2018(04)：79.

[8] 金丽莎. 观赏草在西安市开元公园种植设计中的应用研究[D]. 西安：西安建筑科技大学，2017.

[9] 马雪梅，牛丹薇. 自然之风吹进校园——沈阳建筑大学野草景观调查与研究[J]. 华中建筑，2015，33(02)：113-117.

[10] 武旭霞，游捷，林启美. 观赏植物野生资源开发利用价值评价体系的建立及应用[J]. 中国农学通报，2006(08)：464-469.

[11] 马洁，韩烈保. 北京地区野生草本地被植物引种、筛选与利用[J]. 四川草原，2006(02)：30-33.

[12] 黄清平. 利用层次分析法评价三明市野生观赏植物的引种驯化效果[J]. 中国园林，2009，25(12)：93-96.

[13] 庄伟. 上海世博公园景观绿化植栽设计特色[J]. 上海建设科技，2010(01)：19-22.

[14] 苑广阔. 北京容得下野草了，别的地方呢？[J]. 中国生态文明，2018(03)：98.

[15] 黄建华，何建勇. 陈吉宁市长批示推广利用乡土植物要用生态的办法解决生态的问题 北京乡土野花野草不再姓“野”[J]. 绿化与生活，2018(06)：5-9.

[16] 向少石，洪杰. 苏州传统民居建筑的地域气候适应原则研究[J]. 苏州科技大学学报(工程技术版)，2020，33(03)：27-33.

[17] 霍尧. 苏州市东山蔬菜园杂草种类调查研究[J]. 现代农业科技，2014(01)：160-161.

[18] 林伟. 倒置“W”九点取样法在杂草群落结构调查上的应用[J]. 上海农业科技，2002(03)：13-14.

[19] 张朝贤，张跃进，倪汉文. 农田杂草防除手册[M]. 中国农业出版社，2000.

[20] 姚丹阳，董雪婷. 塞罕坝国家级自然保护区不同森林类型植物物种多样性比较[J]. 林业与生态科学，2018，33(01)：44-49.

[21] 马金双. 中国入侵植物名录[M]. 高等教育出版社，2013.

[22] 董丽，王向荣. 低干预·低消耗·低维护·低排放——低成本风景园林的设计策略研究[J]. 中国园林，2013，29(05)：61-65.

[23] 王阔. 北京城市化环境下自生草本植物现状及园林应用研究[D]. 北京：北京林业大学，2014.

作者简介

王颖洁，1994年生，女，汉族，江苏常州人，硕士，苏州市拙政园管理处(苏州园林博物馆)，助理工程师，研究方向为历史园林景观保护与园林绿化管理。电子邮箱：193295718@qq.com。

(通信作者)程洪福，1980年生，男，汉族，四川达县人，硕士研究生，苏州市拙政园管理处(苏州园林博物馆)，副主任、副馆长，研究方向为遗产监测、遗产保护管理、博物馆。电子邮箱：chf00021062@163.com。

论文集

风景园林与乡村振兴

基于自然地质灾害危险性评价的湘西州传统村落保护策略探讨①

Discussion on Protection Strategies of Traditional Villages in Xiangxi Prefecture Based on Risk Assessment of Natural Geological Disasters

焦一卓　王　玉　沈守云　李　果*

摘　要：传统村落保护利用是当下乡村振兴建设进程中共同关注的重大课题，但自然地质灾害严重影响着传统村落的保护，尤其是地质构造复杂、地质灾害频发的山区。选取以岩溶山地为主的湘西州为研究区域开展自然地质灾害危险性评价，探讨传统村落保护策略具有代表性。研究结果表明湘西州自然地质灾害高危险性地区在全境北部和中部呈西南往东北方向分布，高危险性县市有龙山县、保靖县和古丈县，位于高危险区的传统村落共计38个，主要影响因素由高到低依次为地形地貌、水文条件、地质构造和植被条件。最后，对湘西州自然地质灾害分布成因、灾害危险性与传统村落分布关系以及不同危险性等级县市的传统村落防护策略进行了探讨。

关键词：乡村振兴；传统村落；自然地质灾害；湘西州；保护策略

Abstract: The protection and utilization of traditional villages is a major subject of common concern in the process of rural revitalization construction. However, natural geological disasters seriously affect the protection of traditional villages, especially in mountainous areas with complex geological structures and frequent geological disasters. In this study, Xiangxi Tujia and Miao Autonomous Prefecture, which is characterized by karst mountains, is selected as the research area to carry out the risk assessment of natural geological disasters and explore the protection strategies of traditional villages, which is representative. The results show that the areas with high risk of natural geological disasters in Xiangxi Prefecture are distributed from southwest to northeast in the northern and central parts of the whole study area. Longshan County, Baojing County and Guzhang County are the counties with high risk, and 38 traditional villages are located in the high risk areas. The main influencing factors are topography, hydrologic conditions, geological structure and vegetation conditions in descending order. Finally, this study discusses the distribution causes of natural geological disasters, the relationship between disaster risk and distribution of traditional villages, and the protection strategies of traditional villages in different risk levels.

Keywords: Rural Revitalization; Traditional Villages; Natural Geological Disasters; Xiangxi Prefecture; Protection Strategy

引言

中国作为农业大国，农村发展问题是全面建设小康社会进程中关键问题，党的十九大提出实施乡村振兴战略的重大历史任务，其中保护和利用传统村落是新时代乡村振兴建设进程中共同关注的重大课题。乡村自然地质灾害影响着生态、生产和生活空间[1]，破坏传统村落中不可再生的历史文化遗产，也会导致贫困和返贫现象，严重阻碍乡村振兴进程。自然灾害包括地质灾害、气象水文灾害、海洋灾害、生物灾害和生态环境灾害5大类，其中被自然或人为因素影响而使人类生命财产损失和环境造成破坏的地质作用或现象称为地质灾害，常发的地质灾害有地震、滑坡、泥石流、崩塌等[2]。目前针对自然地质灾害的研究区域集中在山地丘陵[3,4]、河谷[3,5]、公路[6,7]，研究内容多关注于灾害的易发性[4]、危险性分区评价[5]、研究区保护对策分析[8]、灾害危险性评价方法的改进[9]等。由于山地地质构造复杂，综合水系、海拔高度及强降水等作用与影响，导致山地区域地质灾害种类多、发生频率高、破坏性大和突发性强[4]，目前对山地区域自然地质灾害评价研究以评估体系构建[4]、综合危险性评价[10,11]、单一自然地质灾害危险性评价[12,13]等为主，基于自然地质灾害危险性评价指导山地村落保护的研究尚存不足。

湘西土家族苗族自治州（简称“湘西州”）位于云贵岩溶高原东部边缘，地貌特征以褶皱断裂山地为主，以土家族、苗族为主体少数民族[14]，2020年11月《湘西自治州传统村落保护利用工作实施方案》中明确打造全国传统村落保护利用示范样板，同时实现传统村落可持续发展。据湘西州人民政府官网和《湘西州地质灾害防治规划（2010—2020年）》的不完全统计数据，截至2020年，湘西州共发生过431次地质灾害，其中以滑坡、崩塌、泥石流、地面塌陷为主。目前针对湘西州自然地质灾害的研究主要集中在单一灾害易发性研究[15]、灾害特征[16]及防灾对策[17]，对湘西州自然地质灾害与区域传统村落保护的相关性研究尚存不足。本研究选取湘西州为研究对象开展自然地质灾害危险性评价，探讨不同等级防治区传统村落的针对性保护策略，可指导湘西州传统村落自然地

① 基金项目：国家自然科学基金青年基金项目“基于景观特征识别的传统村落集聚区旅游环境承载力研究”（编号：32001363）。

质灾害防范政策的制定依据，同时对其他山地自然地质灾害危险性评价研究具有借鉴及参考价值。

1 研究区域和方法

1.1 研究区域

湘西州坐落在湖南省西北部、云贵高原东侧的武陵片区，处于湘、鄂、渝、黔交界地区，面积约 1.55 万 km^2，其中山地面积占全州总面积的 81.5%，丘陵占 10.3%。州内列入五批中国传统村落名录的村落共计 172 个，主要建于元、明、清时期，使用 Arcmap10.6 核密度分析功能分析传统村落的分布，可以得到空间分布格局在整体上集中在中部、西北部和西南部，较多地分布在花垣县、吉首市、凤凰县与龙山县，且大多分布在水系附近（图 1）。

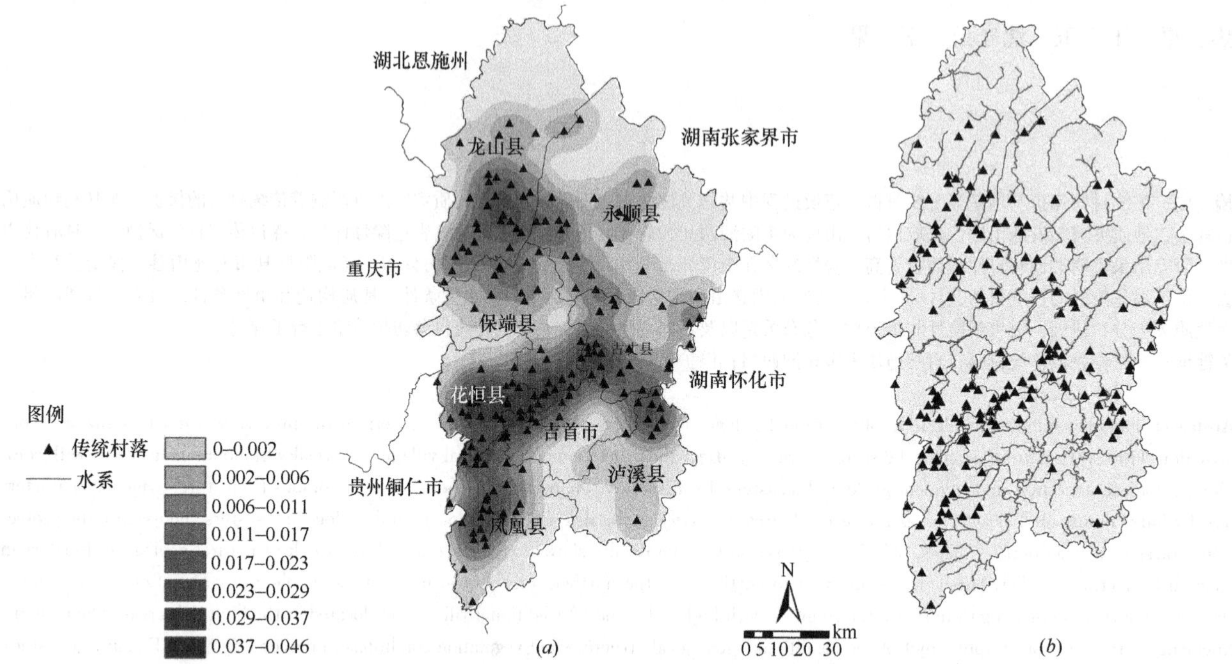

图 1 湘西州区位与传统村落核密度分布示意图

(a) 传统村落分布核密度；(b) 传统村落与水系分布

1.2 研究方法

首先明确湘西州自然地质灾害的主要影响因素，构建评价指标体系，并进行单因子危险性分级，然后由单因子危险性分级数据结合权重，获取综合危险性评价结果，并以县市行政区域为单元进一步分析危险性等级，最后叠加传统村落的空间分布数据，对不同危险性等级灾害隐患县市与高危险性传统村落进行保护对策的分类讨论。

1.2.1 指标体系的构建

依据湘西州最常发生的滑坡、崩塌、泥石流、地面塌陷等地质灾害类型，综合文献与地质灾害危险性评价规范，确定了湘西州自然地质灾害的主要影响因素。其中，诱发崩塌、滑坡的因素有地形坡度、植被条件、岩土类型、降雨强度、灾害点规模等，诱发泥石流的因素有沟岸山坡、坡度、降雨强度、岩土构造、植被条件、水土流失、灾害点规模等，诱发地面塌陷的因素有降雨强度、地质构造、岩土类型、灾害点规模等[2,4,18,19]。将以上因素整理归类为地形地貌、水文条件、地质构造、植被条件、其他因素 5 类，结合湘西州地域特征，构建以目标层 A—准则层 B—指标层 C 为结构的评价指标体系，选取了高程、坡度、地形起伏度、距水系距离、距断层距离、岩溶、植被覆盖度、距灾害隐患点距离作为评价指标（表 1）。

自然地质灾害指标危险性分级及权重 表 1

指标层次			危险性分级					权重
			低危险性	中低危险性	中危险性	中高危险性	高危险性	
自然地质灾害危险性评价 A	地形地貌 B_1	高程（m）C_1	0～300	300～600	600～900	900～1200	＞1200	0.164
		坡度（°）C_2	0～5	5～8	8～15	15～25	≥25	0.168
		地形起伏度（m）C_3	0～30	30～70	70～150	150～250	≥250	0.168
	水文条件 B_2	距水系距离（m）C_4	≥800	500～800	300～500	100～300	0～100	0.061

续表

指标层次			危险性分级					权重
			低危险性	中低危险性	中危险性	中高危险性	高危险性	
自然地质灾害危险性评价 A	地质构造 B_3	距断层距离（m）C_5	≥1200	900～1200	600～900	300～600	0～300	0.083
		岩溶 C_6	非岩溶地貌	岩溶地貌，降雨量 1300～1360mm	岩溶地貌，降雨量 1360～1420mm	岩溶地貌，降雨量 1420～1480mm	岩溶地貌，降雨量 1480～1540mm	0.089
	植被条件 B_4	植被覆盖度 C_7	0.8～1	0.6～0.8	0.4～0.6	0.2～0.4	0～0.2	0.132
	其他因素 B_5	距灾害隐患点距离（m）C_8	≥800	500～800	300～500	100～300	0～100	0.165

高程、坡度、地形起伏度和水系数据使用数字高程模型（Digital Elevation Model，DEM，30m×30m，2009年）在 Arcmap10.6 软件中处理获取，DEM 数据来源于中国科学院计算机网络信息中心地理空间数据云平台（http：//www.gscloud.cn），其中，地形起伏度结合场地高程特点与文献[14]，确定计算单元范围为 $1km^2$，断层数据来源于地震活动断层探察数据中心（http：//www.activefault-datacenter.cn），岩溶数据来源于湘西州人民政府官网与地质科学数据出版系统[20]（http：//dcc.ngac.org.cn/），植被覆盖度 FVC _ modis 数据（500m，2018 年）来源于国家科技基础条件平台——国家地球系统科学数据中心（http：//www.geodata.cn），灾害隐患点数据来源于《湘西自治州地质灾害防治规划（2010—2020 年）》。湘西州高程区间为［80m，1755m］，坡度区间为［0°，－75°］，地形起伏度区间为［0m，871m］，水系在州内均匀分布，有花垣—张家界、沅江断裂两大断层，岩溶地貌以强岩溶化为主的丛丘洼地型与强、中岩溶化为主的岭谷状洼地形为主，植被覆盖度区间为［0，1］，灾害隐患点共计 70 个，在湘西州境内皆有分布。指标危险性分级根据文献[21-24]，结合每个指标的属性特点，确定相应分级标准。其中，岩溶指标的分级考虑到碳酸岩与水动力为主要诱发影响，因此依据降雨程度和岩溶类型分为 5 级。

1.2.2 危险性评价

首先，利用 Arcmap10.6 软件的空间分析功能，将指标数据进行栅格分析，单元大小为 30m×30m，依据表 1 中各项指标的分级标准对指标数据重分类，分别得到各评价指标的危险性分级结果。然后，基于 SPSS 25 软件，采用主成分分析法计算评价指标权重，权重结果见表 1，该方法可消除评价指标间的相互影响，较为客观合理。在上述各指标危险性分级结果的基础上，叠加权重值运算获取综合危险性评价结果，利用自然间断点法对危险性评价结果重新分类，将湘西州的自然地质灾害危险性划分为高危险性、中危险性、低危险性 3 级。同时将危险性评价结果分区统计与自然间断点分级法得到湘西州各县市危险性等级。最后，将评价结果与传统村落分布情况结合，探讨不同灾害等级的县市与隐患的传统村落保护对策。

2 研究结果

2.1 单因子灾害危险性

根据湘西州自然地质灾害危险性分级标准，得到各单因子危险性评价图（图 2）。高程整体危险性偏低，低危险性和中低危险性地区占总面积 78%，主要集中在湘西州南部和中部，高危险性地区主要分布在湘西州的西北部，仅占湘西州总面积 0.01%，最高点 1755m 位于龙山县最北部。坡度整体危险性偏高，中高危险性和高危险性地区占总面积 59%，高危险性地区在湘西州全境皆有分布，占湘西州总面积 27%，湘西州境内最大坡度为 75°。地形起伏度整体危险性偏低，低危险性和中低危险性地区占总面积 58%，高危险性地区分布在湘西州西北部、中东部，占湘西州总面积 3%，最大值为 871m。水系在湘西州全境皆有分布，距离水系越近，越易受灾，境内距离水系 100m 内的高危险性地区占总面积 3%。断层共 4 条，距离断层越近越易受灾，境内距断层 300m 内的高危险性地区占总面积 1%。植被覆盖度高危险性在湘西州全境皆有分布，该区仅占湘西州总面积 0.06%，大部分地区植被覆盖度为低危险性，低危险性和中低危险性地区占总面积 95%。岩溶高危险性地区分布在湘西州北部和东部，该区占湘西州总面积 2.5%，大部分地区岩溶危险性较低，低危险性和中低危险性地区占总面积 67%。灾害隐患点在湘西州全境皆有分布，距离灾害隐患点越近越易受灾，境内距灾害隐患点 100m 内的高危险性地区占总面积 0.01%。

2.2 自然地质灾害综合危险性

根据权重进行综合危险性评价，将湘西州自然地质灾害危险性分为低、中、高 3 级，结果见图 3。低危险区位于湘西州中部和南部较多，占地面积为 $5620km^2$，占全州的 36.39%。中危险区在全境分布较为零散，面积最大，约为 $6336km^2$，占全州的 41.01%。高危险区分布在湘西州北部和中部呈西南往东北方向，面积约占 $3494km^2$，占全州的 22.6%。

将综合危险性分级图与传统村落的分布图空间叠加，统计传统村落的自然地质灾害危险性等级，结果表明坐落于高、中、低危险性区域的传统村落数量分别是 38、

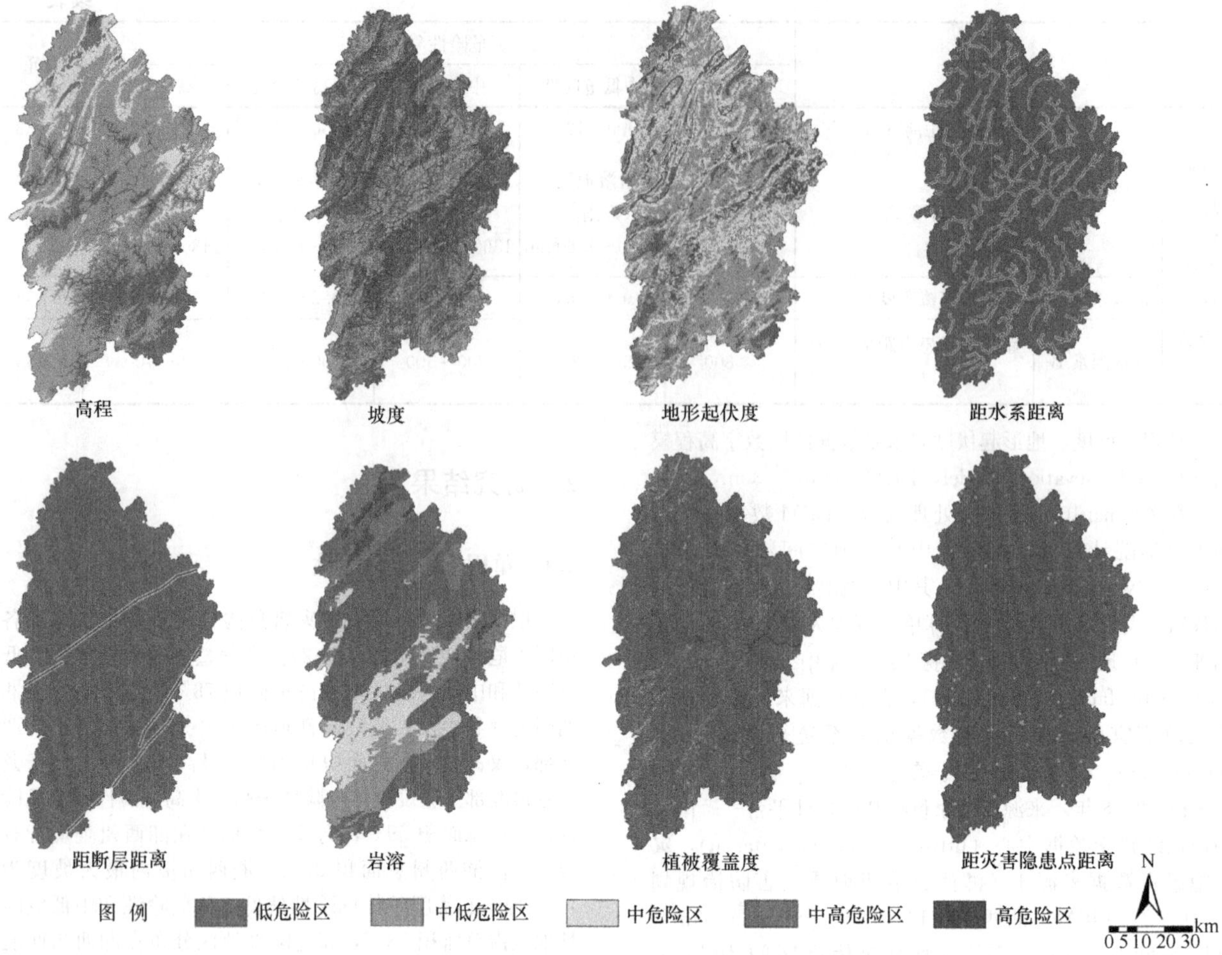

图 2 单因子指标危险性分级图

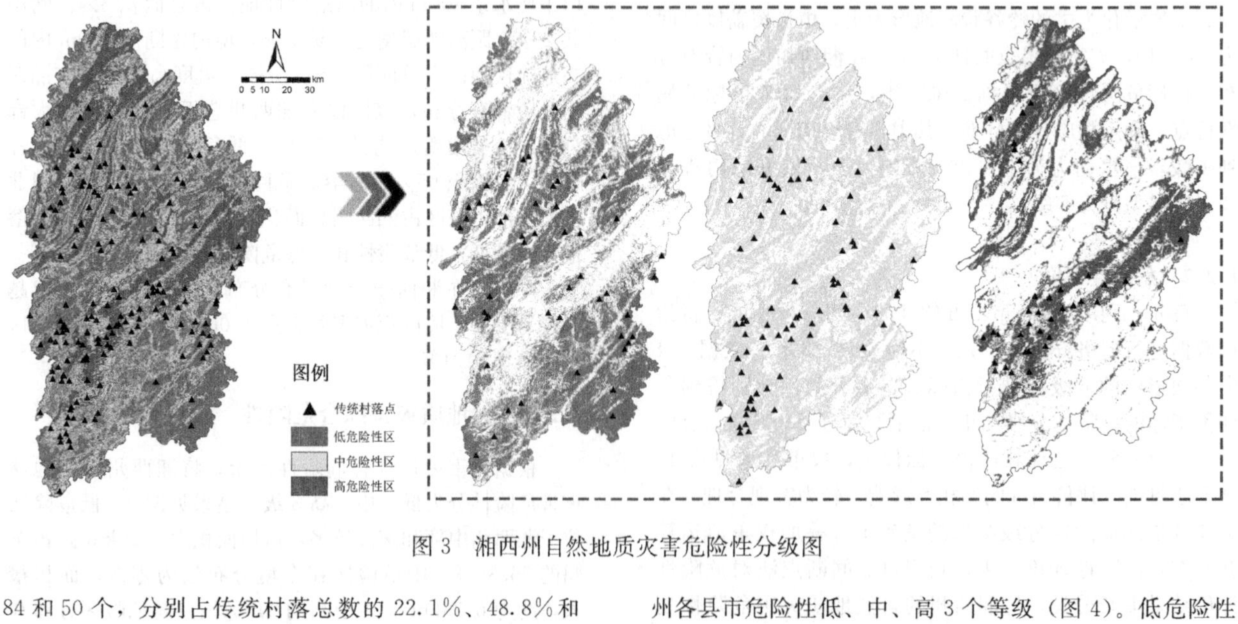

图 3 湘西州自然地质灾害危险性分级图

84 和 50 个，分别占传统村落总数的 22.1%、48.8%和 29.1%。可见，湘西州传统村落大部分位于中、低危险性区域。

2.3 湘西州各县市危险性分级

基于自然地质灾害综合危险性评价结果，得到湘西州各县市危险性低、中、高 3 个等级（图 4）。低危险性县市仅有泸溪县，中危险性县市有吉首市、永顺县、凤凰县、花垣县，高危险性县市有保靖县、古丈县、龙山县。与传统村落危险性叠加后，位于低、中、高危险性县市的高危传统村落数量分别是 2、20 和 16 个。

将高危险性传统村落叠加单因子危险性分级图后可

得到各村落的主要危险因素（表 2），主要影响因素有地形地貌、水文条件、地质构造、植被条件。其中受地形地貌影响的高危村落共计 25 个，占高危村落总数的 65.8%；受水文条件影响的高危村落共计 5 个，占高危村落总数的 13.1%；受地质构造影响的高危村落共计 6 个，占高危村落总数的 15.8%；受植被条件影响的高危村落共计 2 个，占高危村落总数的 5.3%。

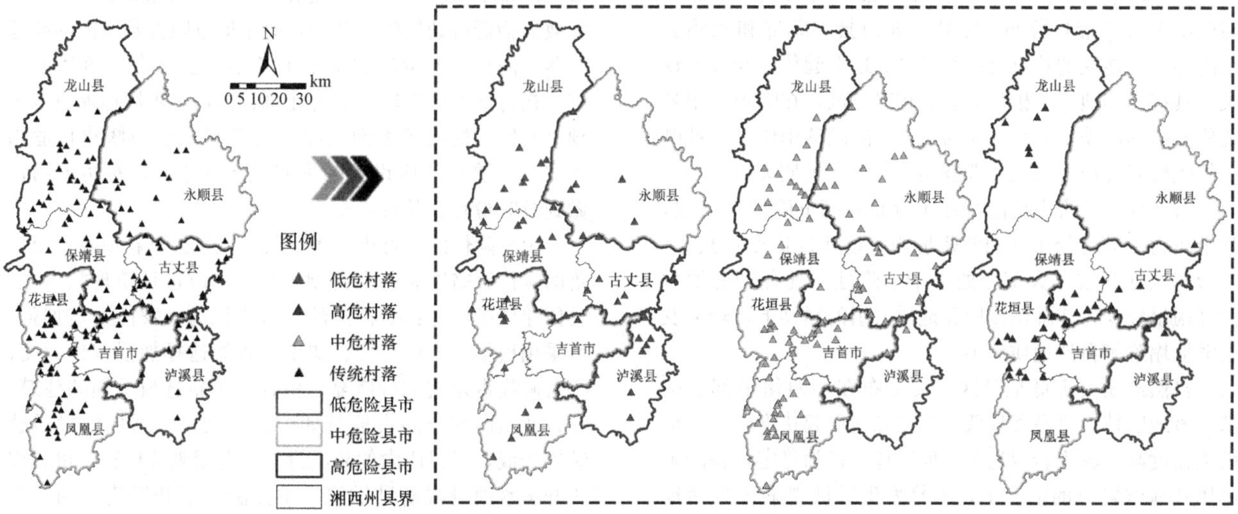

图 4　湘西州各县市危险性分级示意图

湘西州各县市危险性等级与高危传统村落统计表　　　　**表 2**

危险性等级	行政区	传统村落数量（个）	高危村落数量（个）	高危村落占比	高危村落名称	少数民族组成	主要危险因素
低	泸溪县	11	2	18.2%	梁家潭乡芭蕉坪村	苗族	植被条件
					洗谭镇三角潭	苗族	地质构造
中	吉首市	13	4	30.7%	矮寨镇家庭村、矮寨镇连团村、社塘坡乡齐心村	苗族	地形地貌
					寨阳乡坪朗村	苗族	水文条件
	永顺县	19	1	5.2%	小溪乡小溪村	苗族	水文条件
	凤凰县	22	2	9.1%	禾库镇米坨村、米良乡米良村	苗族	地形地貌
	花垣县	31	13	41.9%	长乐乡谷坡村、双龙镇鸡坡岭村、双龙镇鼓戎湖村、排料乡金龙村、排料乡芷耳村、石栏镇磨子村、吉卫镇大夯来村、排碧乡张刀村、民乐镇土屯村、雅酉镇排腊村、雅酉镇扪岱村	苗族	地形地貌
					雅酉镇坡脚村	苗族	植被条件
高	保靖县	23	7	30.4%	阳朝乡米溪村 葫芦镇傍海村、夯沙乡吕洞村	苗族、土家族	地形地貌
	古丈县	24	3	12.5%	水田河镇金落河村	苗族	水文条件
					葫芦镇新印村、葫芦镇木芽村	苗族	地质构造
					默戎镇毛坪村	苗族	地形地貌
					默戎镇龙鼻村	苗族	水文条件
					岩头寨镇梓木村	苗族、土家族	地质构造
	龙山县	29	6	20.7%	桂塘镇前丰村、洛塔乡烈坝村、洛塔乡泽果村	土家族	地形地貌
					洗车河镇天井村	土家族	水文条件
					茅坪乡长兴村、召市镇马洛沟	土家族	地质构造

3 讨论

3.1 湘西州自然地质灾害分布成因探讨

自然地质灾害高危险区主要分布在两大区域：北部与西南至东呈带状分布，尤其是龙山县中北部和永顺县东南部。该地区的特点是高程较高、地形起伏度和坡度较大、具有岩溶地貌、植被覆盖度相对较低，在降雨作用和地质岩组的活动下，较裸露的地貌、陡峭的山体、易被腐蚀的碳酸岩环境更易发生滑坡塌陷等自然地质灾害。

自然地质灾害中危险区除了分布在高危险地区周边，其余较为零散地分布在湘西州境内。该地区特点是高程、地形起伏度和坡度大部分处于中危险性，具有岩溶地貌但降雨量较少，在降雨作用和地质岩组的活动下，较易发生滑坡塌陷等自然地质灾害。

自然地质灾害低危险区主要分布在湘西州中部和南部。该地区特点是高程较低、坡度和地形起伏度较小、植被覆盖度高、较少岩溶地貌，地质环境较为稳定，在降雨作用和地质岩组的活动下，不易发生滑坡塌陷等自然地质灾害。

3.2 湘西州自然地质灾害与传统村落分布关系

由表2得知仍有部分传统村落位于高危险区域，从传统村落的选址角度考虑，地形地貌和水文条件是影响村落选址的重要因素，封闭的环境、险要的地形、不便的交通有利于阻止外来文化入侵，使传统村落在一定程度上得到了保护，且少数民族在发展过程中为了躲避战乱与压迫，在迁徙中形成了防卫思想[25]，而背山面水也是土家族在村落选址信奉的风水条件之一。例如龙山县洛塔乡烈坝村、花垣县民乐镇土屯村皆位于山谷中，高程虽较低，但四周坡度和地形起伏度较大，有利于村落的防卫与传统文化的保护，因此在高危险性的区域仍有传统村落分布。此外，高危险村落多由苗族聚居，历史上苗族人具有斗争、反抗精神，受统治阶级的镇压和驱赶，经历了5次大迁徙，选址多位于易守难攻的高山地区。

中危险性区域传统村落数量占总数近1/2，相较于坐落在高危险性区域传统村落的地理环境而言，中危险区半封闭的地理环境可以一定程度防止外来文化入侵与传统文化的保护，同时交通上较为便利。如吉首市矮寨镇德夯村、花垣县双龙镇板栗村与主要交通道路距离较近，毗邻吉首市与花垣县，交通可达性较好，可满足村落居民的日常生活与出行需求，故中危险性区域传统村落数量最多。低危险性村落分布倾向于较低的高程、较少岩溶地貌和较平坦的地形，此类地理环境更适宜居住和生产，但在湘西山地中面积占比少，影响了低危险性村落数量。

3.3 湘西州各县市传统村落自然地质灾害防护策略

以县市为单元探讨传统村落自然地质灾害防护策略，可以为湘西州县市预防自然灾害、保护传统村落提供参照。

低危险性的泸溪县传统村落保护策略以预防为主。具体建议措施有：①树立村民的文化遗产保护意识，自发保护村落内的古建筑、古树名木、遗址等；②检查并更新选材易损的建筑，定期检修与维护；③提高降水监控意识，对于致灾因素进行专业检测，实施预测灾害，在村落外围规划修建多条环状截水沟渠或排水沟渠，组成分流形式的排水系统；④增强经济发展与资源保障能力，使防灾救灾物资得到保障。其中，对于低危险性县市内的高危村落，需在以上策略的基础上特别加强重点村落环境巡查，在村落内价值较高的古建筑、古树名木周边加设电子预警装置，村内排水沟渠配合街巷建筑空间修建且适当拓宽[26]，在核心区设置防灾安全指挥中心，对防灾物资做到及时检查、及时补充。

中危险性的吉首市、永顺县、凤凰县与花垣县传统村落的保护策略以完善灾害预警体系、改进环境现状为主。具体建议措施有：①村民的灾害意识与救灾能力需加强，可采用板报、入户科普、知识竞赛等途径加强宣传力度；②对破损古建筑进行修复，检查并更新选材易损的建筑，在古建筑内配备防灾器具如防洪沙袋；③增加雨量遥感装置警戒，对村庄内的防洪设施进行规划或修整，可在周边开凿水塘设置蓄洪措施；④控制村落开发建设的工程规模，加强生态环境的保育措施，补充植被，改善环境状态，对村内古树名木加固处理。其中，对于中危险性县市内的高危险村落，需在以上策略的基础上重点检查村落的生态环境，例如植被覆盖、河流流量，增强重点村落的排洪系统能力，在靠近山体一侧修建防洪堤坝，对房屋进行加固，村民除培训预防地质灾害知识外还需储备逃生技能，调动村民积极性，轮流义务参与防灾队伍，保证防灾队伍人数。

高危险性的保靖县、古丈县与龙山县传统村落的保护策略以完善灾害预警体系、应急救援机制、加强工程措施为主。具体建议措施有：①对破损建筑进行抢救性保护，将户内基址抬高，并依据价值实施分类分级保护措施，指派专人负责；②结合村落的街巷空间走向情况设置紧急逃生路线，将祠堂、古树名木周边规划为公共避难空间，将对传统村落整体风貌影响较小的道路作为疏散道路进行最大宽度改造[27]；③工程加固村落周边山体，控制地表径流，清理排洪系统，建立地下排水系统；④增加雨量警报器和红外线雨量遥感装置进行警戒；⑤由专业人员对灾害隐患点附近的传统村落进行摸排、走访、记录，加强防灾减灾知识宣传，时刻补充救灾物资，训练专业救灾团队，制定通俗易懂的村庄防灾减灾计划。其中，对于高危险性县市内的高危险村落，需在以上策略的基础上对周围山体进行进一步加固，设置防灾安全指挥中心与多个避难场所，村民需对灾害疏散路线熟记于心，家中需统一配备专业性防灾救灾设备，建议与周边村落共同打造防灾抗灾联盟，共享救灾设施与人员，提高救灾效率。

4 结语

本研究运用GIS技术结合层次分析法构建了湘西州自然灾害危险性评价体系，并以此为基础分别深入讨论了湘西州传统村落空间分布与影响自然灾害的单因子指标及自然地质灾害综合危险性之间的关联性，进而以县市为单元对于湘西州传统村落的保护策略进行了探讨。首次对湘西地区结合传统村落的分布进行了灾害评价，为湘西州传统村落保护策略的制定提供了数据支撑，对其他山地地区灾害危险性评价具有参考意义。

本研究重点关注的是自然因素影响下的地质灾害危险性，虽在灾害危险性评价下对传统村落的保护进行了初步探讨，但在传统村落保护方面也存在人为因素造成的灾害，因此在下一步工作中，可以将人为因素纳入地质灾害危险性研究中，对不同类型和地区的传统乡村聚落进行有针对性的灾害防治策略的研究。随后，可将在不同类型、不同地区的传统村落发生的灾害进行信息整合，建立一个系统的传统村落灾害防治体系数据库，并形成具体的防灾策略和方法，完善湘西州传统村落保护机制。

参考文献

[1] 刘益明. 乡村振兴战略下传统村落保护研究[J]. 核农学报，2021，35(09)：2207-2208.

[2] 谈树成，赵晓燕，李永平，等. 基于GIS与信息量模型的地质灾害危险性评价——以云南省丘北县为例[J]. 西北师范大学学报(自然科学版)，2018，54(01)：67-76.

[3] Khatakho R，Gautam D，Aryal K R，et al. Multi-hazard risk assessment of Kathmandu Valley，Nepal[J]. Sustainability，2021，13(10)：1-27.

[4] 倪晓娇，南颖. 基于GIS的长白山地区地质灾害风险综合评估[J]. 自然灾害学报，2014，23(01)：112-120.

[5] 贯贵义，全永庆，黎志恒，等. 基于组合赋权法的白龙江流域甘肃段地质灾害危险性评价[J]. 冰川冻土，2014，36(05)：1227-1236.

[6] 齐洪亮，尹超，田伟平，等. 基于ArcGIS的中国公路地质灾害危险性区划[J]. 长安大学学报(自然科学版)，2015，35(05)：22-27.

[7] 徐涛，张峰，张桂林，等. 基于GIS的玉林-铁山港公路地质灾害危险性评价[J]. 桂林理工大学学报，2012，32(01)：55-62.

[8] 朱霞，郑越. 山岳型风景名胜区生态敏感性评价及保护对策研究——以武汉市木兰山风景名胜区规划为例[J]. 华中建筑，2021，39(02)：80-85.

[9] 李丽敏，魏雄伟，温宗周，等. 基于改进AHP-FCE的滑坡地质灾害危险性评价[J]. 国外电子测量技术，2021，40(10)：53-59.

[10] 邓辉，何政伟，陈晔，等. 信息量模型在山地环境地质灾害危险性评价中的应用——以四川泸定县为例[J]. 自然灾害学报，2014，23(02)：67-76.

[11] 刘红耀，温利华. 太行山区地质灾害风险性评价——以河北省涉县为例[J]. 河北农业科学，2019，23(04)：63-68.

[12] 李益敏，袁静，蒋德明，等. 基于GIS的西南高山峡谷区滑坡风险性评价——以怒江州泸水市为例[J]. 西北师范大学学报(自然科学版)，2021，57(06)：94-102.

[13] 王磊，常鸣，邢月龙. 基于信息量法模型与GIS的滑坡地质灾害风险性评价[J]. 地质灾害与环境保护，2021，32(02)：14-20.

[14] 李果，王艺颖. 湘西州传统村落景观类型与关键特征识别研究[J]. 中国名城，2021，35(03)：90-96.

[15] 施紫越，朱海燕，王晶菁，等. 耦合模型视角下的湘西州土质滑坡易发性探讨[J]. 水土保持研究，2021，28(03)：377-383.

[16] 肖瑶，王新奎. 湘西自治州山洪灾害浅析[J]. 湖南水利水电，2017，(03)：42-44.

[17] 彭洁，张丹丹，王本质. 湘西州旱涝灾害特征及防灾减灾对策[J]. 内蒙古气象，2007，(05)：20-22.

[18] 曹璞源，胡胜，邱海军，等. 基于模糊层次分析的西安市地质灾害危险性评价[J]. 干旱区资源与环境，2017，31(08)：136-142.

[19] 张春山，韩金良，孙炜锋，等. 陕西陇县地质灾害危险性分区评价[J]. 地质通报，2008，(11)：1795-1801.

[20] 高萌萌，李瑞敏，徐慧珍，等. 基于MapGIS建立的中国地质环境图系数据库[J]. 中国地质，2019，46(S2)：130-156.

[21] 曾雅婕，傅红，刘勇，等. 基于灾害危险性评价的乐山大佛风景区游览路线[J]. 生态学杂志，2021，40(10)：3304-3313.

[22] 冯卫，唐亚明，马红娜，等. 基于层次分析法的咸阳市多灾种自然灾害综合风险评价[J]. 西北地质，2021，54(02)：282-288.

[23] 王磊，张春山，杨为民，等. 基于GIS的甘肃省甘谷县地质灾害危险性评价[J]. 地质力学学报，2011，17(04)：388-401.

[24] 张晓东，刘湘南，赵志鹏，等. 基于层次分析法的盐池县地质灾害危险性评价[J]. 国土资源遥感，2019，31(03)：183-192.

[25] 曾慧子，鲍梦涵，赵鸣. 湖南沅水流域传统村落选址及村落景观研究[J]. 中国城市林业，2019，17(05)：48-51.

[26] 柴琳，王江波，苟爱萍. 中国传统村落防洪方法研究[J]. 小城镇建设，2017，(01)：75-82.

[27] 王懿珣，万艳华. 乡村振兴下湖北山地传统村落整体防灾策略[C]//中国城市规划学会，杭州市人民政府. 共享与品质——2018中国城市规划年会论文集(01城市安全与防灾规划)，2018：205-212.

作者简介

焦一卓，1998年生，女，汉族，河南濮阳人，硕士，中南林业科技大学风景园林学院，研究方向为风景园林遗产保护。电子邮箱：819563000@qq. com。

(通信作者)李果，1987年生，女，博士，中南林业科技大学风景园林学院，副教授，研究方向：风景园林遗产保护。电子邮箱：liguohg@qq. com。

边疆少数民族乡村地名文化景观特征解析及保护策略

——以云南省昆明市为例

Analysis of Cultural Landscape Characteristics and Protection Strategies of Frontier Minority Villages Place Names

—A Case Study of Kunming, Yunnan Province

颜文碧

摘　要：文化景观是文化地理学领域的时空表达，而地名是记录文化景观演变特征的标本。乡村地名作为文化景观的重要组成部分，记录多元文化信息，承载集体记忆。本研究以云南省昆明市 9385 个少数民族乡村作为研究对象，借助数理统计法及 GIS 分析工具构建地名类型体系，从文化景观视角出发解析边疆少数民族乡村地名空间分布特征及形成机制。提出以文化传统重塑、地名文化景观传承为抓手，探索乡村振兴的途径与方式，以期为认识边疆少数民族地名文化景观内涵、乡土文化景观保护利用及传承提供支撑。
关键词：边疆少数民族；乡村地名；文化景观；空间分布

Abstract: Cultural landscape as a spatio-temporal expression in the field of cultural geography, and place names are specimens that record the evolutionary characteristics of cultural landscape. As an important part of cultural landscape, village place names record multiple cultural information and carry collective memory. This study takes 9,385 ethnic minority villages in Kunming, Yunnan Province as the research object, constructs a toponym type system by using mathematical and statistical methods and GIS analysis tools, analyzes the spatial pattern, cultural characteristics and formation mechanism of geographical names of border minority villages from the perspective of cultural landscape. The study proposes to explore the ways and means of rural revitalization by reshaping cultural traditions and inheriting toponymic cultural landscape, in order to provide support for understanding the connotation of toponymic cultural landscape of ethnic minorities in the border area, protecting and utilizing the local cultural landscape and inheriting it.
Keywords: Frontier Minorities; Country Place Names; Cultural Landscape; Spatial Distribution

引言

地名是人们赋予特定空间位置上自然与人文地理实体的专有名称，其体现了当地的自然地理特征或历史文化与内涵[1]。地名文化景观具有时代性、空间地域性和社会性的特征，其记录民族兴衰、社会变迁、军事活动等纷繁复杂的历史文化景观，同时也是集体记忆的重要符号化载体[2]。因此，其对于研究地域性的人文历史景观发展过程具有重要的参考价值。

传统地名景观研究主要基于统计分类、记述等方法，研究地名起源、类型划分及其折射的地域文化景观。近年来依托文化景观，通过结合数量统计与地理学 3S 技术，定量分析地名景观特征及演变规律的研究成为主流[3]。如 Stephen C. Jett 从居住理念视角出发，探讨地名与人地关系的内在联系[4]；孙百生基于 GIS 技术、分类统计法分析研究地名文化景观的空间格局[5]；陈晨运用 GIS 中的核密度分析法，研究明清时期北京地区地名文化景观分布特征及演变规律[6]。在研究过程中，少数民族语言体系下的地名文化景观作为地理学和历史文化遗产保护研究重要议题，收到国内外学者的长期关注。王法辉等基于空间可视化技术研究壮语地名文化景观的集中分布特征[7]；王彬从不同维度探讨广东壮族地名景观特征及其蕴含的历史记忆[8]；郑佳佳从人类学视角考察云南哈尼族及黎族地名，探索少数民族语言在乡村发源、分布、演变中的价值寓意[9]；李巍通过 GIS 核密度法刻画藏族乡村地名的空间格局，并构建藏族乡村地名类型体系及探索其生成机制[10]。

党的十九大提出乡村振兴战略，表明乡村文化振兴作为乡村振兴战略的重要内容，乡村文化振兴要通过文化景观作为抓手来实现。地名景观是乡村文化的重要载体，对乡村地名特征的研究不仅有助于认识地名景观的生成机制，对考证地名与民族交融历史也有一定参考价值。基于云南省民族多样性及发展起源的独特性，研究该区域地名文化利于乡村文化建设、乡村环境及经济建设，有效发挥地名文化遗产社会价值。因此，本研究以云南省昆明市 9385 个乡村地名为研究对象，乡村振兴为研究目标，分析其景观类型及地名空间分布特征、形成机制，旨在挖掘边疆少数民族乡村地名的文化景观内涵，传承和延续乡土文化。

1　昆明市边疆少数民族传统乡村地名文化景观解析

1.1　地名类型体系

本次研究以昆明市 9385 个乡村地名为主要数据源，

构建昆明市乡村地名文化景观的空间格网。借助数理统计法对昆明市乡村地名分类，联合昆明市地形坡度坡向分析少数民族地名文化景观的分布差异特征。

根据昆明市独特的自然地理特征及乡村地名来源，地形地貌、水文、少数民族语言、寓托、姓氏命名等类乡村地名出现频率较高。以沟、水、树等命名的乡村反映了高原边疆地带的自然景观及生态环境；以姓氏、少数民族语言等命名的乡村反映少数民族的文化景观特征。因此，宏观层面将乡村地名划分为“自然景观”“文化景观”两大类，微观层面将其分为“动物类、地形地貌、水文、植物、自然资源、少数民族语言、寓托、物品物体、姓氏、建筑工程、称呼、军事、经济、方位、形状、数字、颜色、身体器官”18类（表1）。

昆明市少数民族地区乡村地名用词分类表示例 表1

类型		主要用字	数量（个）	占比（%）
自然景观类	动物类	马、龙、羊、牛、鸡、燕、鱼、凤、象	836	8.91
	地形地貌类	沟、岭、梁、岩、台、窝、坡、山、坝	1864	19.86
	水文类	河、湾、湖、塘、泥、口、水、潭、溪	1264	13.47
	植物类	菁、麦、树、木、草、柳、林、核桃	931	9.92
	自然资源类	雨、火、云、月、阳、雪、沙、星、风	568	6.05
文化景观类	少数民族语言类	嘎、鲁、咪、莫、多、纳、恩、腊、阿、	291	3.10
	寓托类	新、德、旧、和、安乐、发、兴隆、富	333	3.55
	物品物体类	玉、宝、衣、槽、门、米、布、灯、笼	392	4.18
	姓氏命名类	梁、保、王、张、杨、李、刘、赵、韩	633	6.74
	建筑工程类	房、桥、甸、城、邑、寺、碑、塔、堤	459	4.89
	称呼类	姑、母、郎、哥、史、仙、咱、子	626	6.67
	军事相关类	营、寨、屯、铺、关、堡、卫、佐、垛	167	1.78
	经济活动类	店、场、厂、窑、租、街、务、庄	115	1.23
	方位类	南、中、东、北、右、里、上、下、西	100	1.07
	形状类	大、小、长、凹	118	1.26
	数字类	一、二、三、四、五、六、七、八、万	45	0.48
	颜色类	白、黑、绿、彩、碧、乌	618	6.58
	身体器官类	耳、脚、足、头、尾、腰、脑、腮、嘴	25	0.27

1.1.1 自然景观类地名

自然景观类地名是少数民族认识探索自然的结果，直接反映乡村地理区位及其自然环境特征。昆明市所有乡村地名中自然景观类占比65.42%（图1），其中地形地貌和水文为自然景观类地名主体。①地形地貌类乡村地名，多以“沟、岭、坡、山”等命名，其映射乡村地貌特征及居住环境，同时也反映了乡村选址的传统观念。②水文类乡村地名多以“河、水、溪”为主，其传承古代临溪而建的思想，体现居民生活和自然水系的紧密联系。③动植物类景观地名反映当植物及动物的特有种、动植物生境，诸如“槐、柏、栗、象、麒麟”等。④其余方位、形状、颜色及自然特征类都从不同视角展示昆明市少数民族乡村的来源及发展演化过程。总之，自然景观类地名是少数民族适应当地自然环境的结果，其记述着边疆少数民族乡村与自然景观、地形地貌及水文水系的关联含义。

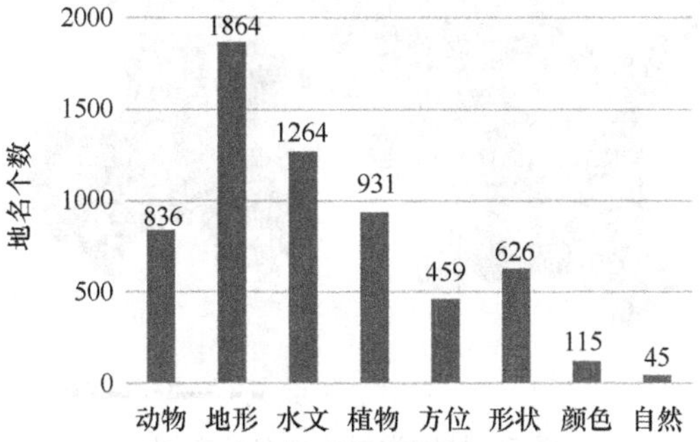

图1 自然景观类乡村地名统计

1.1.2 文化景观类地名

城市经济活动及社会发展、多民族融合为人文景观类地名形成提供必要条件，其占乡村地名文化景观的34.58%（图2）。其中民族及寓托类地名为文化景观地名的主体。①寓托类地名，包括“德、平安、兴隆”等，其表征乡村居民将希望寄托于此。②少数民族语言类文化景观，云南省昆明市属于多民族融合区，民族多样化对乡村命名具有深厚广泛的影响，乡村往往以“嘎、鲁、咪”等少数民族语言命名。③姓氏类乡村地名，是后移聚落传

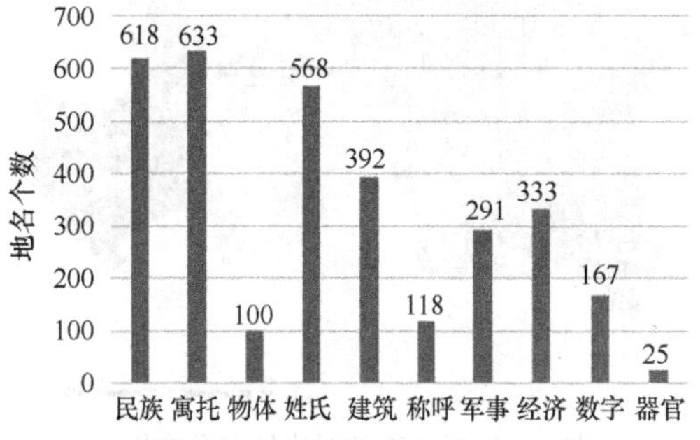

图2 人文景观类乡村地名统计

统命名习俗，折射出云南边疆地区人口发展及流动过程。④其余建筑、军事、经济、物体、称呼、数字及器官类地名，通过细节记述相关事件及文化特征。总之，文化景观类地名刻画云南边疆少数民族区多元文化的演进；体现少数民族乡村文化、民俗文化及高原农牧文化。

2 乡村地名景观的空间分布特征

2.1 自然景观类地名的空间格局

自然景观类地名是对自然环境及地形地貌的直观反映，云南省昆明市地处云贵高原中部，南濒滇池，三面环山。昆明市自然地理特征决定乡村的空间分布：地形地貌类乡村均衡分布于全市，东北角分布密度最高，此分布特征与坡度、坡向有紧密联系（图 3）。东北部山地丘陵区较中南部平原区的自然地理特征复杂，聚落选址过程中受自然环境地形影响更为明显，地名更倾向于以自然地理实体命名，如低山丘陵区以“坡、台、冈”等命名的乡村数量显著多余其他地区。

水文相关类地名在中部与东部湖积区比较密集（图 4），与低洼地形对应，乡村地名多以“河、口、水”等命名；动植物类地名空间分布较均衡，但具体用词有明显得空间分异特点。植物类地名中，中西部多以“松、杨、荆”等词命名（图 5）。动物类地名分布也有相似的空间分异特征（图 6），东北部山区多以“狼、虎” 等野

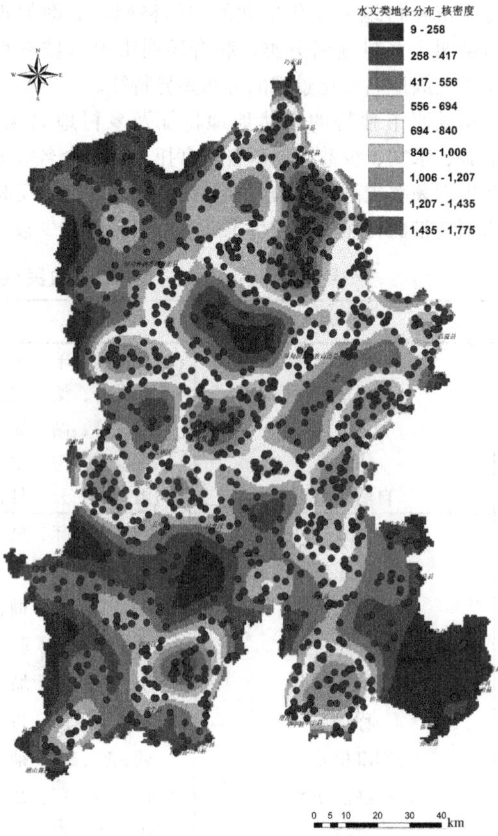

图 4 水文类村庄地名分布图

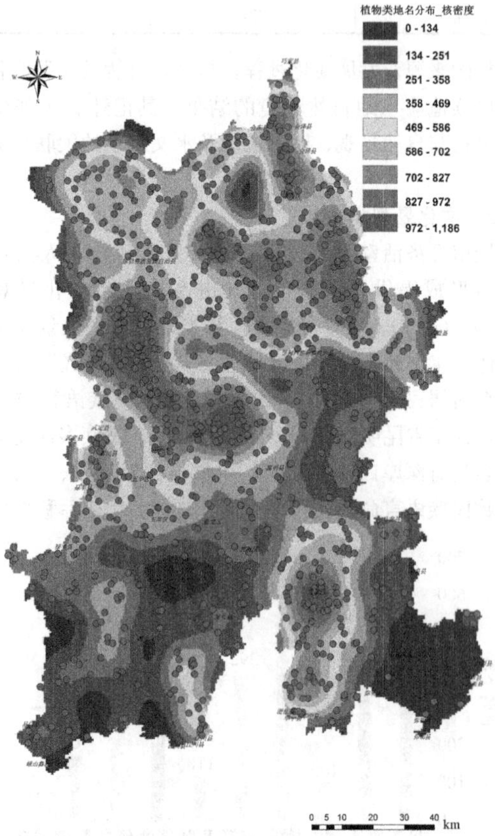

图 3 地形地貌类村庄地名分布图

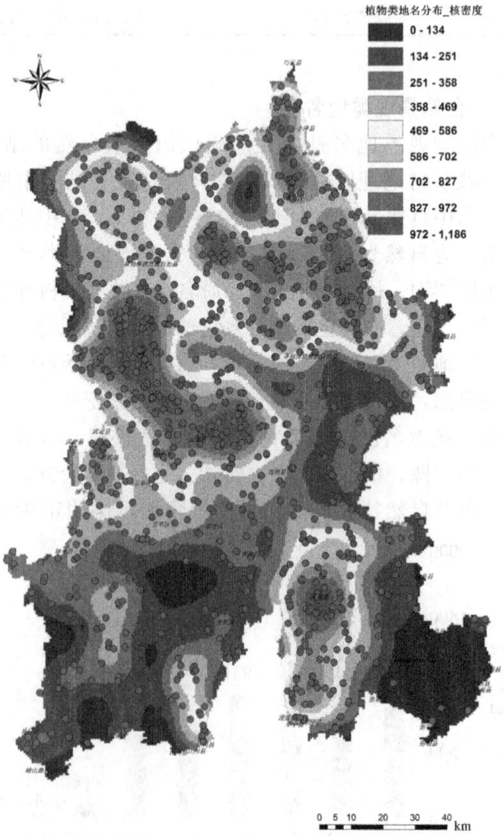

图 5 植物类村庄地名分布图

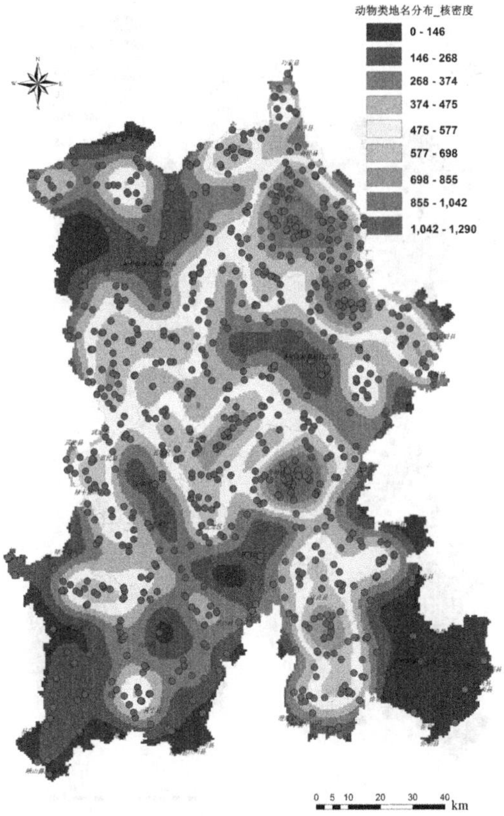

图 6 动物类村庄地名分布图

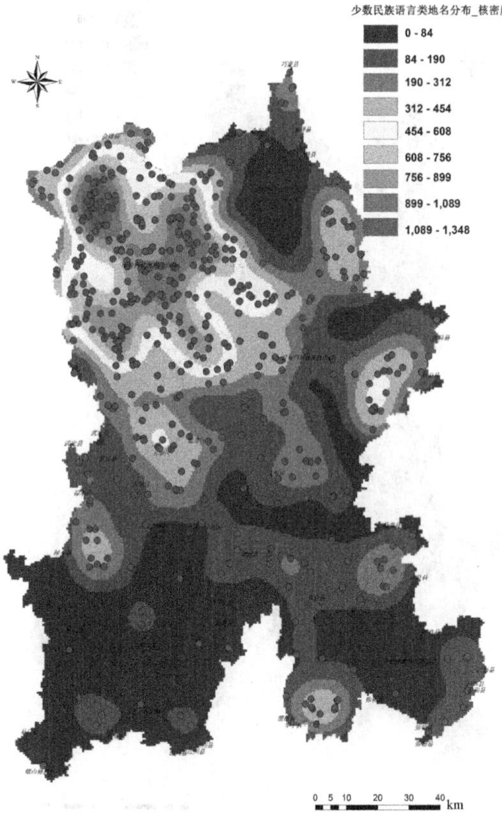

图 7 少数民族语言类村庄地名分布图

生动物命名，中部冲洪积扇区多以“牛、马、羊”等常见家畜命名。

2.2 文化景观类地名的空间分布特征

文化景观类地名直接反映云南边疆少数民族改造利用自然、发展传播文化的结果，同经济活动、生产生活、民族融合发展等密切关联。云南省作为全国少数民族聚居最多的地区，少数民族乡村文化景观整体在南部和西北部，然而，不同类型的文化景观地名空间分布也存在较大差异。由于昆明市西北部邻楚雄彝族自治州，少数民族聚集，因此少数民族语言类乡村地名主要集中分布于昆明市西北侧（图 7）。

军事类乡村地名分布集中于南侧（图 8），昆明市南部极高的军事历史价值及其导致的历史战乱，引起居民祈求太平、安宁的心态，并将此心态寄托于居住地，形成特殊寓托类地名。寓托类地名与军事活动类乡村地名空间匹配度较高（图 9），突显战乱的残酷与人们对美好生活的向往。

建筑工程类地名来源复杂，集中分布于昆明市东北及西南地区（图 10）。基于当地悠久的历史及建筑，多数乡村以“旧城、古城、集城”等命名。宗教文化盛行地区，多以“寺、庙”命名；姓氏地名空间格局与人口分布息息相关，主要集中在中东部及南部滇池周边适宜农耕和居住的地区（图 11）。

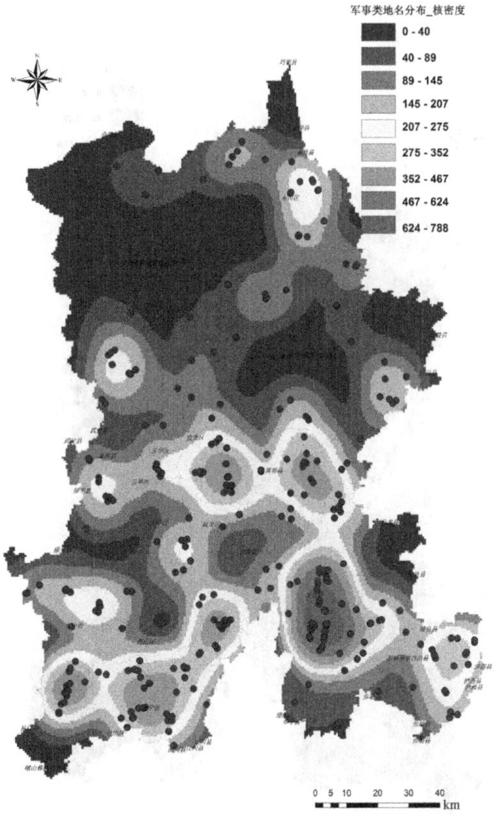

图 8 军事类村庄地名分布图

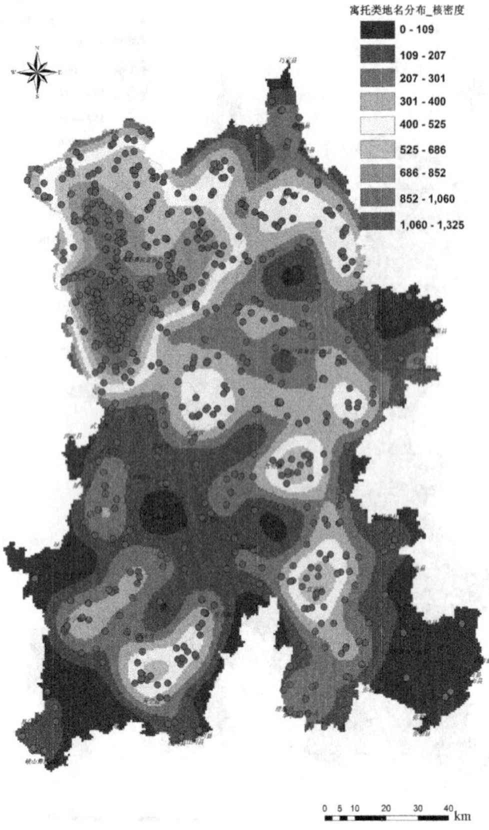

图 9　寓托类村庄地名分布图

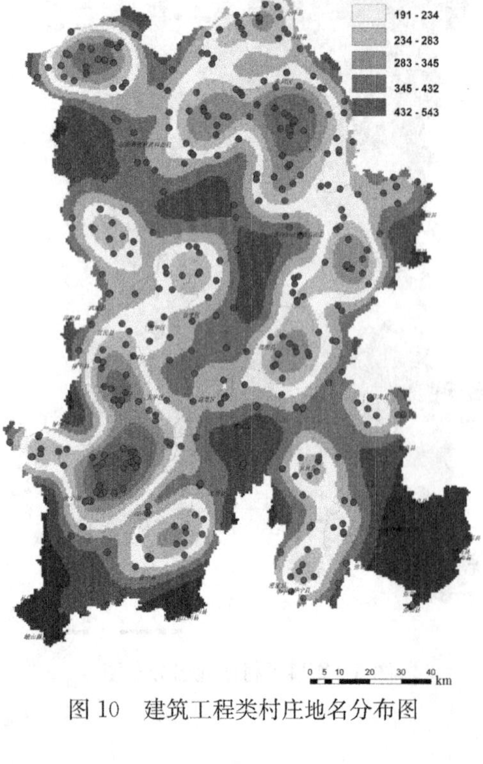

图 10　建筑工程类村庄地名分布图

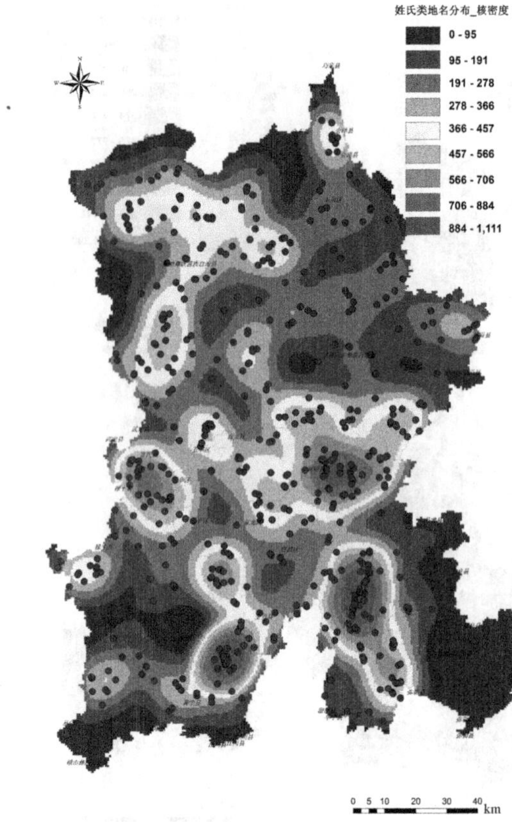

图 11　姓氏类村庄地名分布图

3　乡村地名的生成机制

文化是环境的产物，环境是文化的载体和媒介[8]。昆明市少数民族乡村地名文化景观伴随地域自然环境变迁，高度关联人文活动及民族交融。

3.1　区域自然环境指向机制

昆明市地处低纬高原，地貌复杂多样，地形高差较大。其地形起伏度决定地形地貌类乡村地名空间分异；河流分布及河距变化是影响水文类乡村地名分布的主导因子；植物覆盖及生态环境等与动植物类地名空间分异高度关联。乡村选址建设体现人类对山地环境的敬畏，乡村地名中山水溪流草木的嵌入表明区域自然环境的指向机制。地理景观转向文化景观的过程中，乡村地名文化景观逐渐与山水环境相生相衍。

3.2　悠久文化底蕴沿袭机制

昆明市为国家历史文化名城之一，其悠久深厚的文化底蕴，记录着当地的历史发展及民生民俗、经济发展。楚国时期滇国的建立促进滇池地区的经济发展[11]；东汉初滇人创造独具特色的滇文化；往后的发展推动昆明成为大西南经济发展和东南亚国际交往的重要角色。滇池深厚的文明史致使周边乡村分布较密集，尤其是水文类及军事类，如“龙池村、螺蛳湾”等乡村分布在滇池西侧南岸；“西中营、孙家嘴”等是革命时期农民驻地，反映当地的历史事件。乡村地名的多样性发展揭示了区域农牧、河湖运输、历史及经济文化等独具特色的文化底蕴。

3.3 多元民族文化交融机制

昆明市是多民族聚集区，聚居有26个民族，各民族因所处的自然环境和历史发展不同而呈现不同的社会文化形态[12]。民族文化的互融性及独特性并存，致使昆明市形成多民族文化地域综合体。元代蒙古族、汉族、回族等民族迁至昆明；明清后，汉族与少数民族交流强化，形成以汉、彝、白、傈僳、哈尼等多民族“大杂居、小聚居”的分布格局，昆明乡村地名文化景观呈现多元化发展。乡村地名多以少数语言命名，如“撒嘎拉、租嘎、鲁纳村、撒里祝”等，也有部分将汉语与少数民族语言结合，如“大波村”，彝语中的“波”为“坡”之意，大波村意指大坡地[13]。

4 乡村地名文化景观保护策略

地名是每个城市不可缺的元素，其背后具有强大文化及知识潜力。其承载民族历史文化记忆，凸显地域特色文化。然而，随着中国经济快速发展，新思想和新事物不断冲击地名文化景观发展演变，极大改变乡村地名的完整性、系统性及辨识度。乡土文化保护与传承、乡村振兴成为地区共性议题。因此需重视地名文化保护，梳理整合地名文化景观资源，建立层次分明的地名系统。以文化景观传承为抓手实现乡村振兴。

4.1 乡村地名层次目录完善，加强文化景观管理及保护

2007年第九届联合国地名标准化大会上，地名被正式确定为非物质文化遗产[14]。昆明市乡村地名反映城市历史事件、社会经济发展，因此，应在乡村建设和地名衍变基础上，以乡村地名景观目录为索引，构建地名类型体系，整合地名文化景观资料，集中营造具有地域特色的村庄群落，并建立地名文化遗产保护地图。

4.2 以文化景观传承为抓手，推进乡村振兴

地名文化景观充分表达自然环境、景观形态以及多关联的地域特色及文化活动。乡村振兴要以乡村文化振兴为路径及抓手，加强乡村民族文化与文化景观联系、地理环境与文化景观关联度，促进乡村文化有序演变传承。复兴乡村景观文化，传播乡土文化记忆，挖掘地名文化分布特征，扩展以自然为背景的文化遗产网，实现乡土文化的保护利用。

5 结语

云南省边疆少数民族乡村地名文化景观特征反映出地名类型空间分布表征具有典型的区域特征，是自然环境及文化发展长期作用的结果，是当地历史环境变迁的时空表达，是区域文化传承、改造利用自然的印证。地名文化景观的挖掘利于发现乡村地名分布差异与地理空间的联系，对深入理解认识地域自然及人文地理环境有重要意义。在智慧时代，应注意协调地名文化景观保护与发展建设的关系，防止地域文化底蕴的流失，保护地名遗产、延续地名文脉、体现边疆少数民族乡村地名文化的地域特色。

参考文献

[1] 陈晨，修春亮，陈伟，等. 基于GIS的北京地名文化景观空间分布特征及其成因[J]. 地理科学，2014，34(4)：420-429.

[2] 蔡镇钰. 城市设计理论研究的跨学科新探索——评《城市·记忆·形态：心理学与社会学视维中的历史文化保护与发展》[J]. 创意与设计，2014(02)：101.

[3] 张春菊，张雪英，吉蕾静，等. 地名通名与地理要素类型的关系映射[J]. 武汉大学学报(信息科学版)，2011，36(07)：857-861.

[4] Jett S C. Place-naming, environment, and perception among the Canyon de Chelly Navajo of Arizona[J]. The Professional Geographer, 1997, 49(4): 481-493.

[5] 孙百生，郭翠恩，杨依天，等. 基于GIS的承德乡村地名文化景观空间分布特征[J]. 地理科学，2017，37(2)：244-251.

[6] 陈晨，修春亮，陈伟，等. 基于GIS的北京地名文化景观空间分布特征及其成因[J]. 地理科学，2014，34(4)：420-429.

[7] 王法辉，王冠雄，李小娟. 广西壮语地名分布与演化的GIS分析[J]. 地理研究，2013，3.

[8] 王彬，黄秀莲，司徒尚纪. 广东政区地名文化景观研究[J]. 热带地理，2011，31(5)：507-513.

[9] 郑佳佳. 通往文化空间消费的地名——云南红河哈尼梯田核心区地名标识的人类学考察[J]. 北方民族大学学报(哲学社会科学版)，2017(03)：49-54.

[10] 李巍，杨斌. 藏族乡村地名的空间格局、生成机制与保护策略——以甘南藏族自治州夏河县为例[J]. 地理研究，2019，38(04)：784-793.

[11] 张烈琴. 环滇池地区城市文化空间演变格局及影响因素研究[D]. 云南师范大学，2020.

[12] 杨林兴. 云南民族关系的历史形成与现实发展[D]. 云南大学，2015.

[13] 王涛，李君，陈长瑶，等. 高原湖泊平坝区乡村“涉水”地名文化景观分析——以环滇池地区为例[J]. 经济地理，2020，40(12)：231239.

[14] 严永孝. 甘南藏区藏传佛教的寺院文化研究[D]. 西北民族大学，2007.

作者简介

颜文碧，重庆大学建筑城规学院。

退耕还林对区域乡村景观格局的影响
——以黄陵县为例①

Effects of Returning Farmland to the Forest on Regional Rural Landscape Pattern: A Case Study of Huangling County

熊 杰 魏 巍 张凯莉*

摘 要：退耕还林政策对陕北地区区域环境的景观格局影响亟待研究。本文以黄陵县为研究对象，通过遥感及地理信息技术，将研究区土地用地类型划分为耕地、林地、草地、建设用地、水体。定量分析黄陵县在退耕还林前（1992年）、还林初期（2002～2013年）及还林后期（2013～2021年）3个时期区域景观格局及其空间集聚程度。结果表明：一、景观类型方面：①黄陵县主要的景观类型为林地，还林初期主要来源于耕地和草地的转移。政策有效推进了林地发展与保护。②还林中期伴随着乡村产业转型，建设用地迅速增长，林地、草地、耕地景观类型趋向于大斑块聚集和斑块边缘破碎化，退耕还林不能很好适应乡村发展。景观格局方面：东部塬区的景观多样性下降明显。表明退耕还林政策对乡镇区域的景观格局干扰较大，生态系统格局呈现单一化破碎化加剧的趋势，受影响程度最大的为耕地。二、景观类型破碎度聚集程度方面：①景观破碎“高-高”类型与“低-低”类型呈显著两级分布。②“高-高”类型空间分布逐渐向西部扩张。人类活动和建设用地类型的迅速发展加剧了景观破碎程度。

关键词：退耕还林；乡村景观；景观格局；空间自相关；黄陵县

Abstract: It is important to study the impact of the reforestation policy on northern Shaanxi Province. This paper treats Huangling County as a research object and focuses on farmland, Forest land; Pastureland Construction land and aquatic species are identified using remote sensing and geographic information technology. This paper was written before the return of agricultural lands to the forest (1992); Before the early reforestation period (2002-2013); The results of the Huangling County Consolidation are as follows: The landscape of Huangling County is largely forested, replacing farmland and pastures as the main source of early vegetation. The policy effectively promotes the development and conservation of forest lands. Deforestation is increasing rapidly, with forest landscapes, As grazing and farmland attitudes tend to be more cohesive and divisive, changing forest landscapes can better accommodate rural development. Landscaping: Differences in the Eastern Hemisphere are significantly reduced. As a result, reforestation policies are creating significant problems for the landscape and ecosystems, and the ecosystem is showing signs of growth. The combination of visual differences is as follows: The "high" and "low" visual differences have two important levels of distribution. It gradually spread to the west. Rapid advances in human movement and land construction have exacerbated the level of diversity.

Keywords: Cropland Retirement for Af-forestation; Rural Landscape; Landscape Pattern; Spatial Autocorrelation; Huangling County

引言

退耕还林（还草）是我国有效治理水土流失、土壤侵蚀的一项重大工程[1]，它大大改善生态环境，修复区域环境脆弱，有效推动了乡村经济可持续发展[2]。但同时也对区域环境产生了一定影响。如水源涵养量不足，景观斑块分布破碎，农作物产量、植被多样性降低等。致使乡村土地利用格局发生变化，引发新的人地环境矛盾问题。

国内对于乡村景观格局的研究主要集中在城市边缘区域，围绕城市的破碎化影响展开，对县域的乡村景观格局及其影响研究较少，主要集中在乡村景观的现状生态评价、预测未来发展变化影响方面，较少针对土地格局的破碎化进行深入研究，且缺乏视角针对性。本研究尝试选取陕西省黄陵县作为研究对象，通过遥感及GIS技术，定量分析黄陵县的土地利用及景观格局在退耕还林政策前（1992年）、还林初期（2002～2013年）及后期（2013～2021年）4个典型时间节点的景观类型时空变化，借助Geoda平台定量研究乡村景观破碎集聚程度，为优化乡村景观土地格局和乡村振兴发展提供理论依据。

1 研究区域概况

退耕还林工程于1999年在陕西省进行试点，主要目的是治理水土流失与洪涝灾害，将容易造成水土流失的坡耕地有步骤地退耕，按照适地原则在荒地坡地上种植树木的工程。本次研究对象黄陵县位于陕西省延安市西南部，总面积2291.51km²。区域内黄土覆盖，土壤侵蚀、

① 基金项目：北京林业大学建设世界一流学科和特色发展引导专项：传统人居视野下城-湖系统的结果与格局及其转化研究（编号：2019XKJS0315）。

水土流失问题严重，是陕西省生态脆弱区的代表地区之一。研究区塬、峁、沟、台、河谷阶地并存[1]，地形地貌具有代表性。2005 年以来黄陵县开始产业转型，从农林牧渔转向以煤电、采矿、制造为支柱产业，退耕还林中后期环境保护与经济发展的矛盾十分突出。

2 研究方法

2.1 数据来源及处理

本文选取黄陵县 1992 年、2002 年、2013 年、2021 年 4 期夏季遥感影像为基础数据源，如表 1 所示。4 期影像均采用 WGS-84-UTM-49N 投影坐标系，主要应用地理信息（GIS）平台下的 Arcmap10.7、Fragstats4.1 及 Geoda1.18 进行数据计算分析与可视化表达。

2.2 景观类型信息提取

依据土地利用分类标准[3]，参考研究区实际情况，将研究区划分为耕地、林地、草地、建设用地、水体 5 种景观类型。

通过使用 ENVI5.3 对研究区实验影像进行初步处理后，将研究区划分为 5 种景观类型。采用最大似然法进行人工监督分类并进行斑块拟合。混淆矩阵验证解译精度，经过历史数据的对比验证[4-6]，结合实地调研，运用 classic5.3 进行数据人工矫正。最终分类总体精度达到 95%以上，符合研究需要（表 1）。

遥感信息影像处理信息　　表 1

地点	采集时间	云量	数据获取设备	传感器	分辨精度	Overall Accuracy	Kappa Coefficient
陕西省延安市黄陵县	1986	1.43	LANDSAT_5	TM	30m	95.71%	0.91
	1992	2.67	LANDSAT_5	TM	30m	94.10%	0.93
	2002	0	LANDSAT_5	TM	30m	98.21%	0.92
	2013	0	LANDSAT_8	OLI_TIRS	15m	97.52%	0.94
	2021	0.17	LANDSAT_8	OLI_TIRS	15m	98.33%	0.93

2.3 景观格局指数

本研究将研究区 5 期遥感图解译的景观类型用地转化为栅格图层，利用 Fragstats4.2 中移动窗口法进行类型水平和景观水平格局指数计算。移动窗口大小，根据实际调研区情况尽量拟合景观类型，黄陵县的林地面积占比较大，为客观衡量研究区的景观类型变化，所选取指标类型见表 2。

Fragstats 指标选取及生态学意义　　表 2

指标选择	水平选择	生态学意义
PLAND	类型	斑块所占景观面积比例
PD	类型、景观	斑块密度
NP	类型、景观	斑块数量，其值的大小与景观的破碎度有正相关性
ED	景观	边缘密度，表示景观类型被分割的程度。 边界密度，表示某景观类型被分割的程度
LPI	类型	最大斑块占景观面积比例
AREA-MN	类型、景观	斑块平均大小，反映景观异质性
LSI	类型、景观	景观形状指数
IJI	类型	散布与并列指数，反映受到某种自然条件严重制约的生态系统的分布特征
AI	类型	聚集指数
PARA-MN	景观	平均斑块周长面积比
CONTAG	景观	蔓延度指数，表示给定景观丰富度的景观最大可能多样性

续表

指标选择	水平选择	生态学意义
SHDI	景观	香浓多样性指数，反映景观异质性
SHEI	景观	香浓均匀度指数，表示给定景观丰富度的景观最大可能多样性

注：生态学意义式参考文献[7]～[10]。

2.4 局部空间自相关

自相关能较好地反映空间变量的分布特征及对邻域的影响程度，局部空间自相关在土地利用研究领域具有较好的适用性，且随着研究基本地理单元尺度的变小，空间自相关性逐渐增加，因此适宜于乡镇级别的研究尺度[11]（表 3）。

空间自相关选取及意义　　表 3

指标选择	指标意义
PD	反映景观破碎程度，是衡量景观异质性
Moran's I	指标评价了不同样本之间的空间聚集程度

注：指标选取参考见文献[10]～[15]。

局部自相关指标评价了相似和不相似样本的空间聚集程度。本文采用 Moran's I 系数衡量斑块密度（PD）的局部自相关性。PD 用来反映景观破碎程度，是衡量景观异质性的重要指标。PD 越大，景观破碎化程度越高。综合考虑研究尺度、范围、数据类型、数据量、数据精度等因素，本文采用网格作为评价单元，对比不同大小网格 200、300、500、800、1000m，确定 500m×500m 网格能较好地反映出研究区空间主要特征。研究区共划分 9523 个空间单元，其中研究区边界斑块不满一个单元的，按完整单元计算平均 PD 值。以此将 1992～2021 年 4 期 PD 计算结果量化。结果导入 Geoda1.18 计算局部莫兰指数及 LISA 聚类分布。邻接空间权重以 Queen 邻接，邻接秩为 1，平均邻居数为 7.82。PD 网格分布图均经过随机 999 次置换，p 值均小于 0.01，Z 值均大于 100，符合研究需要。

3 结果与分析

3.1 景观格局动态演化分析

3.1.1 景观类型转移分析

黄陵县各景观类型空间分布特征较为明显（图 1），西部山区主要景观类型为林地类型。黄陵县东部和南部的塬区，海拔高，地势平坦，主要景观类型为农田。草地主要分布在塬边地区和部分林地边缘。贯穿东西的沮河冲刷成河谷阶地，水资源丰富适合农田和建设用地发展。但受到两侧塬峁及丘陵的限制，发展空间较为受限。

由 4 期景观类型解译结果，分别计算景观类型面积及比重，得到表 4、表 5。由表 4 可知：①黄陵县主要景观类型是林地，林地景观面积非常稳定，面积所占比例在 1992～2021 年间维持在 80%以上。②建设用地扩张，侵蚀其他景观类型，主要影响了耕地和草地类型，三者之间相互转移，转入转出较为明显，导致景观稳定性变差。

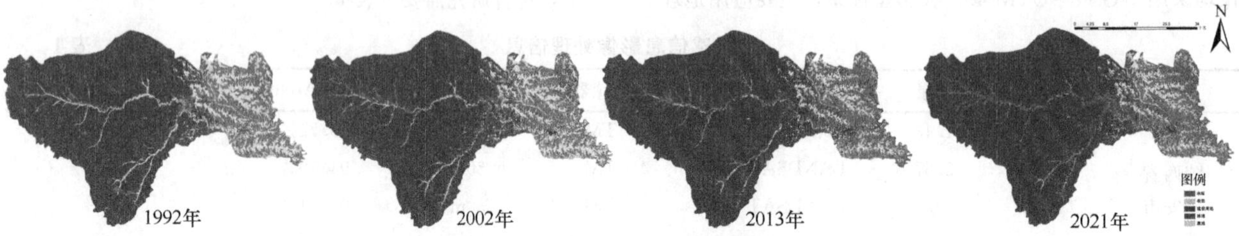

图 1 1992～2021 年景观类型演变图

景观类型转移矩阵（斑块数，个） 表 4

景观类型	建设用地	水域	农地	林地	草地
建设用地	7330	1739	47817	430	8732
水域	2596	5739	11043	3019	8254
农地	7797	1497	168354	1550	19358
林地	380	487	3144	1677639	139300
草地	11180	8590	49576	50610	309544

景观类型转移矩阵（百分比，%） 表 5

景观类型	建设用地	水域	农地	林地	草地
建设用地	25.032	9.633	17.082	0.025	1.802
水域	8.865	31.515	3.945	0.174	1.704
农地	26.626	8.293	60.14	0.089	3.996
林地	1.298	2.698	1.123	96.792	28.755
草地	38.179	47.861	17.71	2.92	63.743

3.1.2 景观类型分析

通过 Fragstates4.1 计算景观类型、景观水平的指标特征，得出表 6、表 7。由表 6 可知，退耕还林工程下，耕地主要转移为林地和草地，林地和草地均趋向于核心斑块、大斑块集聚模式，但邻接其他类型斑块增加，景观散布指数增加，斑块边缘逐渐破碎化。该结论表明，退耕还林政策初期保证了林地面积，中后期随着乡村建设发展，建设用地类型增加，进而侵蚀农田类型，加剧了耕地流失。

1992～2021 年研究区景观类型指标特征 表 6

类型	年份	PLAND	NP	PD	LPI	LSI	AREA_MN	IJI	AI
林地	1992	74.50	2505	1.09	71.60	28.35	68.11	68.98	98.01
	2002	71.72	2155	0.94	68.74	26.63	76.22	41.78	98.10
	2013	71.14	1238	0.54	69.27	22.49	131.60	59.60	98.40
	2021	68.10	1415	0.62	67.17	25.53	110.22	28.12	98.13
草地	1992	12.37	4312	1.88	2.31	76.11	6.57	67.09	86.59
	2002	16.17	4107	1.79	4.41	85.30	9.01	58.98	86.83
	2013	14.31	3835	1.67	2.95	73.21	8.55	64.54	88.01
	2021	19.04	5311	2.32	11.30	78.30	8.21	79.55	88.87

续表

类型	年份	PLAND	NP	PD	LPI	LSI	AREA _ MN	IJI	AI
耕地	1992	8.80	4045	1.77	1.10	72.54	4.98	75.89	84.84
	2002	10.28	2433	1.06	2.10	62.19	9.67	62.23	88.01
	2013	12.76	4868	2.13	3.07	72.36	6.00	69.11	87.45
	2021	11.00	2197	0.96	2.45	52.34	11.46	76.89	90.27
水域	1992	0.74	1375	0.60	0.03	45.47	1.23	86.36	67.20
	2002	0.82	2229	0.97	0.02	49.99	0.84	88.87	65.62
	2013	0.13	401	0.18	0.02	21.98	0.73	74.73	62.50
	2021	0.71	1662	0.73	0.03	46.77	0.98	70.20	65.59
建设用地	1992	3.59	3802	1.66	0.31	67.48	2.16	82.58	77.93
	2002	1.02	711	0.31	0.31	29.46	3.30	66.39	82.24
	2013	1.67	3567	1.56	0.09	65.04	1.07	62.35	68.73
	2021	1.15	3479	1.52	0.03	66.97	0.76	68.24	61.14

3.1.3 景观水平分析

在景观水平上（表 7），黄陵县的整体生态系统不稳定，景观破碎度持续增加。整体景观水平倾向于同质性发展，破碎度增加，连通性差。耕地、林地边缘逐年破碎化，而斑块形状则趋于规则化。这说明：①林地、耕地、建设用地 3 种景观类型在互相挤占乡村建设有限的空间。生态系统的整体格局呈现破碎化和不稳定的状态。②在1992～2021 年持续加剧，其景观同质性程度逐渐上升。结论说明退耕还林中后期随着黄陵县的产业转型，从农林牧渔转向以煤电、采矿、制造为支柱产业，建设用地迅速扩张，对村落点邻近的农地和塬边沟壑部分草地进行侵蚀，造成农地面积显著减少。退耕还林后期（2013～2021 年），国家对耕地保有量进行严格管控。在基本农田保有的基础上将一般农田转化为林地，林地与耕地邻接的斑块会转化为草地。

1992～2021 年研究区景观水平指标特征 **表 7**

年份	NP	PD	ED	LSI	AREA _ MN	PARA _ MN	CONTAG	SHDI	SHEI
1992	13909	6.0734	34.9649	41.8265	16.4651	846.0914	69.6843	0.8599	0.5343
2002	11635	5.0805	36.0496	43.1239	19.6832	796.8747	69.793	0.8529	0.5299
2013	16039	7.0035	38.2159	45.7151	14.2785	805.9526	69.3464	0.8474	0.5265
2021	33923	14.8127	57.2689	68.5153	6.751	1377.6796	69.916	0.8868	0.551

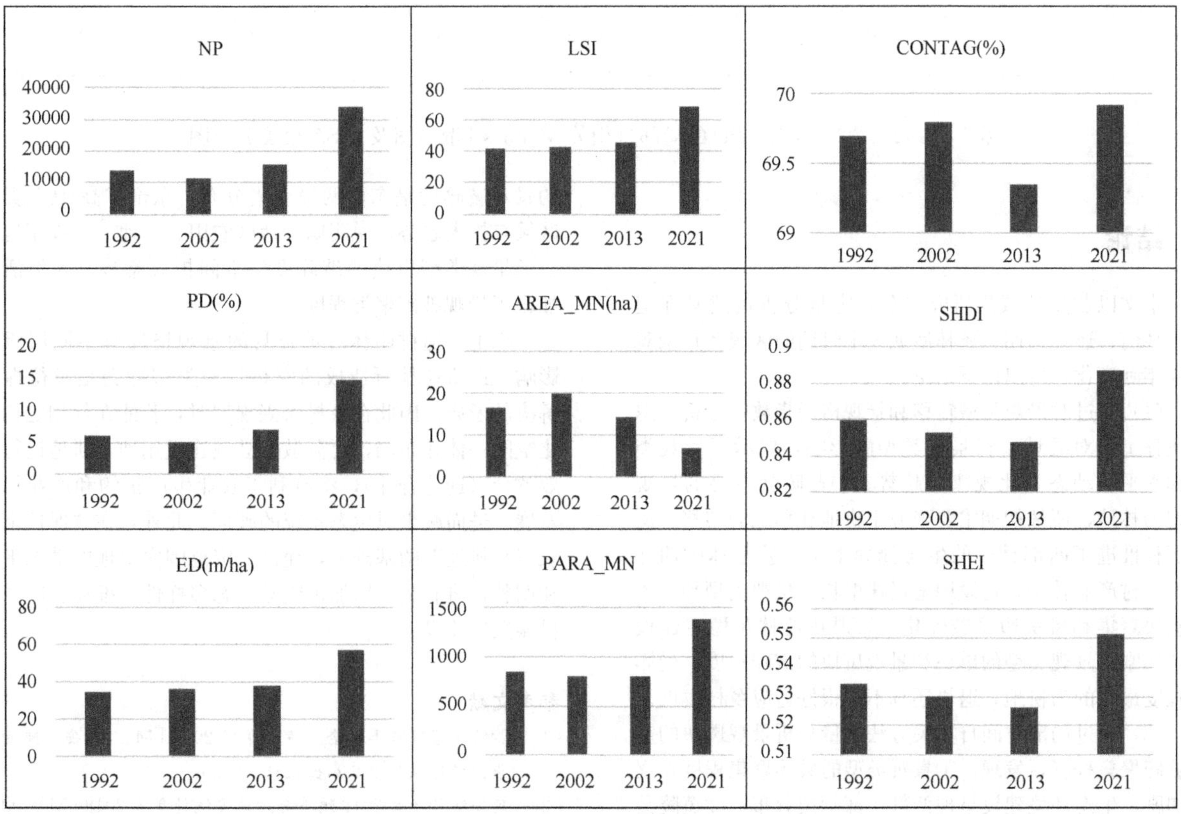

3.2 局部空间自相关演化分析

3.2.1 莫兰指数分析

通过 Geoda 软件，计算 1992～2021 年 Moran's I 指数，可以看出黄陵县的空间分布在整体上表现出显著的正相关关联性，景观破碎度 PD 在空间上呈明显高-高聚集和低-低聚集状态。其中 2021 年 Moran's I =0.740 显著高于 1992 年 Moran's I =0.702。表明黄陵县的景观类型破碎度空间集聚分布越来越强。“高-高”类型区表示高破碎度的区域临近斑块破碎度也高，“低-低”类型区表示低破碎度的区域临近斑块区域破碎度也低。结果表明：①景观类型破碎度高的区域显著集中于塬区，景观类型破碎度低的区域显著集中于林区，呈两极分化态势。整体景观连通性差，破碎度高。②位于东部塬区的河谷处的“不相关”类型逐渐转化为“高-高”类型区；位于西部林区的沟壑处的“不相关”类型逐渐转化为“低-低”类型区。说明退耕还林加剧了黄陵县西部和东部的生态环境割裂，对东部的景观格局干扰较大，加剧了塬区的农林景观冲突。

3.2.2 LISA 聚类分析

通过 Geoda 软件计算生成 LISA 聚类空间分布结果，“高-高”类型区面积约占 40%，主要分布在黄陵县的东部台塬地区，主要景观类型为农田、草地、建设用地。1992～2021 年，高-高类型区域有扩大趋势，说明塬上地区农田、草地、建设用地这 3 类景观类型斑块的破碎度呈空间扩大趋势。“低-低”类型区面积约占 50%，主要景观类型为林地、草地，“低-低”类型覆盖区域逐渐增加，结果表明作为生态保护重点区域的西部山区正逐渐将耕地、建设用地等向塬区迁移。退耕还林在稳定建设后期，加剧了景观类型的单一和景观斑块的破碎程度，受影响程度最大的为耕地。

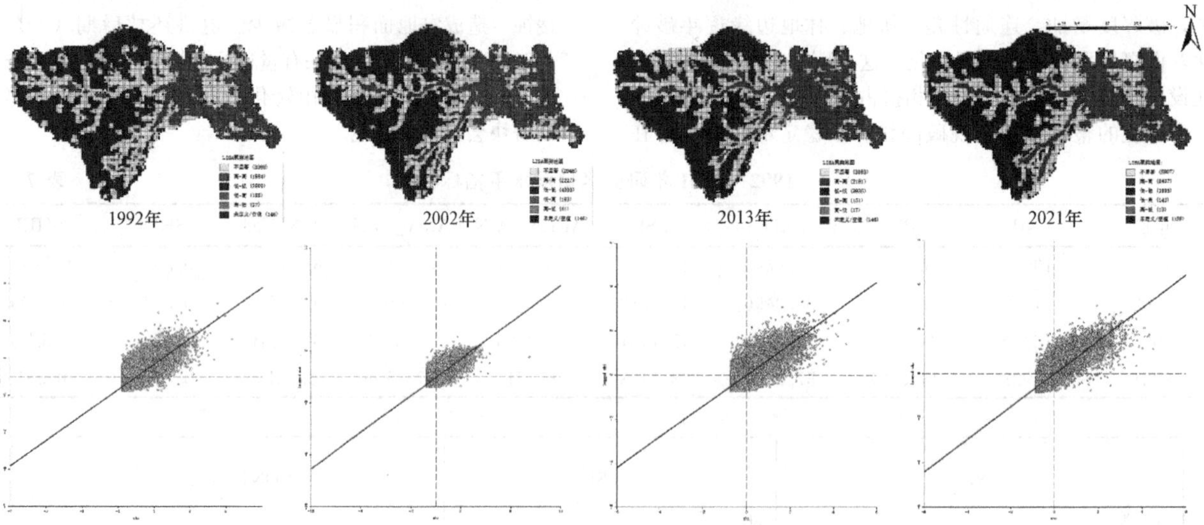

图 2　1992～2021 年基于 PD 的局部自相关 Moran's I 散点图及 LISA 聚类分布图

4 结论

本文以黄陵县域为研究对象，定量分析黄陵县在退耕还林前、还林初期、还林后期 3 个时期的区域乡村景观格局年际变化，得出以下结论：

（1）通过对景观类型转移和景观格局指数，分析了退耕还林工程对县域乡村景观类型的影响，揭示了景观类型和水平的动态变化规律及趋势。①黄陵县主要的景观类型为林地，还林初期主要来源于耕地和草地的转移。退耕还林推进了西部林区的生态涵养水平。②还林中期伴随着乡村产业转型，建设用地迅速增长，景观类型趋向于大板块聚集和斑块边缘破碎化。③退耕还林在稳定建设后，加剧了景观类型的单一和景观斑块的破碎程度，受影响程度最大的为耕地，退耕还林不能很好适应乡村发展。

（2）通过局部空间自相关方法定量分析景观斑块的空间破碎聚集程度，发现：①景观类型的破碎聚集程度在逐年加剧，生态环境建设呈现西部东部割裂分布。②黄陵县的景观破碎度呈东西两级聚集分布，东部“高-高”类型区域有扩大趋势，说明塬上地区农田、草地、建设用地这三类景观类型斑块的破碎度呈空间扩大态势，人类活动加剧了景观破碎聚类程度。

综上，退耕还林对黄陵县的景观格局有不同层级的影响，退耕还林所造成的农林景观类型冲突是亟待探讨解决的矛盾。因此在乡村振兴规划时，若能在规划之初强化空间一体化布局，对分散的县域建设用地、耕地进行有效整合（迁建合并），将有利于农业生产集约和产业集聚发展，进而减少对生态系统的破坏。此外，在“保护永久农田和耕地”的基础上，允许一定范围内草地的动态平衡和调整，将有利于增加黄陵县生态多样性，推动我国“乡村振兴”建设。

参考文献

[1] 黄陵年鉴编纂委员会. 黄陵年鉴 2020 [M]. 西安：陕西新华出版传媒集团三秦出版社，2020.

[2] 延安统计年鉴 2018 编委会. 延安统计年鉴 2018 [M]. 中国

统计出版社，2018，3.
[3] 土地利用现状分类 GB/T 21010—2017，[S].
[4] 黄陵县志编纂委员会. 黄陵县志 1995 [M]. 西安：西安地图出版社，1995.
[5] 黄陵县志编纂委员会. 黄陵县志 1990-2009 [M]. 北京：中国文史出版社，2016.
[6] 黄陵县志编纂委员会. 黄陵县志 2020 [M]. 北京：中国文史出版社，2016.
[7] 薛嵩嵩，高凡，何兵，等. 1989—2017 年乌伦古河流域景观格局及驱动力分析[J]. 生态科学，2021，40(03)：33-41.
[8] 焦庚英，杨效忠，黄志强，等. 县域"三生空间"格局与功能演变特征及可能影响因素分析——以江西婺源县为例[J]. 自然资源学报，2021，36(05)：1252-1267.
[9] 杨阳，唐晓岚，李哲惠，等. 长江流域土地利用景观格局时空演变及驱动因子——以 2008-2018 年为例[J]. 西北林学院学报，2021，36(02)：220-230.
[10] 董玉红，刘世梁，安南南，等. 基于景观指数和空间自相关的吉林大安市景观格局动态研究[J]. 自然资源学报，2015，30(11)：1860-1871.
[11] 李志刚，王梦雨，牛继强，等. 基于空间自相关分析的市域耕地空间格局演变分析——以洛阳市为例[J/OL]. 信阳师范学院学报(自然科学版)：1-7[2021-06-24]. http://kns.cnki.net/kcms/detail/41.1107.N.20210510.0900.002.html.
[12] 周露，王让会，彭擎，等. 基于遥感影像的区域景观格局分析[J]. 地球物理学进展，2020，35(03)：925-931.
[13] 张婷，侍昊，徐雁南，等. 退耕还林对喀斯特地区土地利用景观格局影响的定量化评价[J]. 北京林业大学学报，2015，37(03)：34-43.
[14] 张起鹏，王建，张志刚，等. 高寒草甸草原景观格局动态演变及其驱动机制[J]. 生态学报，2019，39(17)：6510-6521.
[15] 徐梦林，李冠衡，鞠鲤懋. 基于ENVI技术下的蒙山风景区景观格局动态评估与分析[J]. 北京林业大学学报，2019，41(10)：107-120.

作者简介

熊杰，1996 年生，女，汉族，山东青岛人，北京林业大学园林学员硕士研究生在读，研究方向为风景园林规划理论与实践。电子邮箱：728333900@qq.com。

魏巍，1981 年生，男，汉族，河北沧州人，硕士，中国城市规划设计研究院高级工程师，研究方向为城市规划设计。

(通信作者)张凯莉，1971 年生，女，汉族，江苏常州人，博士，北京林业大学园林学院，副教授，硕士生导师，研究方向为风景园林规划与设计。电子邮箱：zhangkl71@126. com。

千年程洋冈
——潮汕传统村落景观基因分析

Thousands of Years of Chengyanggang
—A Landscape Genetic Analysis of Traditional Villages in Chaoshan

胡苗芬* 吴 勇

摘 要：广东潮汕地区传统村落景观的特殊性是由其基因决定的，本文选择具有潮汕特色的传统村落程洋冈为研究对象。景观基因是将一聚落区别于其他聚落的基因，目前几乎没有对广东潮汕地区传统村落景观基因的研究，因此本文选取程洋冈村作为研究对象。首先以景观基因理论为基础，运用特征解构法识别基因，构建景观信息图谱，从景观信息元、景观信息点、景观信息廊、景观信息网 4 个维度进行分析，并结合 ArcGIS 和 DepthMap 等空间分析工具进行定量分析，从空间分布情况和空间拓扑关系两个方面分析其形成原因和存在问题。通过剖析景观基因、构建完整的景观信息网络和优化景观基因空间系统结构，加强对程洋冈村文脉的传承、恢复历史记忆、发挥经济效益、保育文化生态、彰显地方特色。
关键词：景观基因；千年程洋冈；潮汕传统村落；空间特征；保护与传承

Abstract: Landscape genes are the genes that distinguish a settlement from other settlements. There is almost no research on the landscape genes of traditional villages in Chaoshan, Guangdong, so this paper selects Chengyanggang village as the research object. Firstly, based on the theory of landscape genes, the gene is identified by using the feature deconstruction method, and a landscape information map is constructed, analysed in four dimensions: landscape information elements, landscape information points, landscape information corridors and landscape information networks, and quantitatively analysed by combining spatial analysis tools such as ArcGIS and DepthMap to analyse the causes and problems of its formation in terms of both spatial distribution and spatial topological relationships. By analyzing the landscape genes, constructing a complete landscape information network and optimizing the spatial system structure of the landscape genes, the heritage of Chengyanggang Village is strengthened, historical memory is restored, economic benefits are brought into play, cultural ecology is preserved and local characteristics are highlighted.
Keywords: Landscape Genetics; Millennium Chengyanggang; Chaoshan Traditional Village; Spatial Characteristics; Conservation and Heritage

引言

潮汕地区背山面海，气候温和且土地肥沃，较易生存。潮汕聚落人口密度大，从中原大规模移民而聚居于此，习惯同宗同族聚居，一个村落中仅一个姓氏或少数几个姓氏占据主导地位。潮汕文化源于中原的儒家文化，在村落选址、环境营造和布局上追求“天人合一”，由于同宗同族意识较强，村落布局常以祠堂为中心。建筑布局追求与自然相融，建筑风格华美精致，重视装饰。潮汕地区具有独特艺术风格和浓郁地方色彩的潮剧、英歌、舞狮等民俗文化，拥有中秋烧塔、“人节”食七样羹、营老爷等独特社会风俗及潮绣、嵌瓷、彩绘等手工技能。

潮汕传统村落风貌构成较复杂，需要对其先进行景观基因的识别和分类。景观基因理论就是对景观基因进行识别提取、分类和形成可视化景观信息图谱。运用景观基因理论，对潮汕传统村落进行特征分析，提炼出物质风貌具体价值，如山水格局、布局规律和建筑特征等，也可以对非物质风貌进行可视化分析，如宗教信仰、文化习俗和民俗文化等，有利于村落特色的挖掘及传承保护。[1]

本文运用文献研究和田野调查等研究方法，通过查阅资料、调查走访和勘察测绘等方式获取基础资料，按照环境特征、形态布局、建筑特征和文化特征 4 个方面对程洋冈村的景观基因进行梳理分类和定性分析，形成景观基因指标体系。结合 ArcGIS 和 DepthMap 等空间分析工具进行定量分析，从空间分布情况和空间拓扑关系这两个方面分析其形成的原因和存在的问题，提出相应保护措施及发展策略。[2]

1 景观基因分析逻辑与方法

景观基因是运用形态学、类型学、聚落学等方法，将一聚落所具有的区别于其他聚落的文化基因提取出来作为遗传基因，将其进行有序排列，对聚落景观的识别和构建起重要作用。景观基因分析的逻辑流程为传统聚落景观信息识别、提取、景观信息链构建及核心元素风貌特征解构。传统聚落景观信息识别主要遵循内在唯一性原则、外在唯一性原则、局部唯一性原则和总体优势性原则。[3]

景观基因信息链是景观基因的进一步总结及发展，由景观信息元、景观信息点、景观信息廊道、景观信息网络构成，使景观基因更具体、可视、整体。基于此，将程洋冈村按其物质形态分为物质景观基因和非物质景观基因进行识别和提取，构建程洋冈村景观基因信息图谱，分析景观基因的空间分布规律并为程洋冈村的保护利用提供规划策略。[4]

景观基因空间特征分析包含空间分布特征和空间拓扑关系特征等。景观基因空间分布特征是在空间上对地理要素进行分布位置及疏密关系的描述。景观基因以点状形式存在，点状形式的空间分布特征主要包含类型和密度等。空间分布类型是描述村域范围内的景观基因聚集类型，包含随机、凝聚和均匀 3 种。空间分布密度是描述村域范围内不同区域的景观基因聚集程度。空间拓扑关系是描述地理要素间的包含、关联、衔接和毗邻等关系，反映地理要素间彼此联系却不直接相连的相邻性、连通性和区域性，描述的角度包含协同度、可达性和选择度等。空间协同度即空间全局整合度和局部整合度之间的协同关系程度，协同度越高表明景观基因数量和路径可达性之间的关系越合理。空间可达性表示从一个景观基因到达另一个景观基因的容易程度，可达性越高表示景观基因间相影响的潜力越高。空间选择度表示所有景观基因相连接形成穿越路径在同一段轨迹出现的可能性，空间选择度高则代表路径所吸引的穿越交通潜力越高。

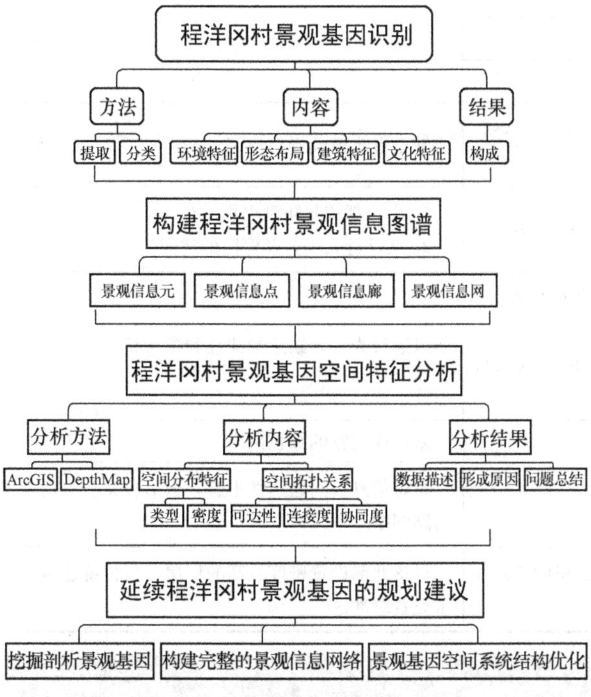

图 1　程洋冈村景观基因研究图

2　程洋冈村景观基因

2.1　程洋冈村概况

本文研究对象程洋岗村位于潮汕中东部，隶属汕头市澄海区莲下镇，位于韩江干流之江海交汇处。此处上古时期已有人类居住，自唐朝起有典籍记载有姓氏族群定居，现全村人口 6880 人，面积 256hm^2。村内空间形态与地形地貌相结合，轴线明显，巷道层次丰富，房屋错落有致。建筑与山相融，修建工艺精湛，用材讲究，装饰奢华。作为潮汕建筑群的典范，程洋冈村在村落选址、空间形态、建筑特征和文化习俗等方面独具特色，于 2019 年入选第七批中国历史文化名村和第五批中国传统村落。[5]

选取程洋冈村作为研究对象，一方面因村内山清水秀，古建筑、古寺庙、古街、古寨、古榕远近闻名，历史悠久，素有“千年程洋冈”之称，是潮汕地区历史文化古迹和民俗文化的浓缩点，拥有丰富的文化景观沉淀且具有鲜明特色，景观体系较成熟。一方面是因村落包含宗祠、宫庙、商业街和港口等潮汕传统空间形态，形成宗族性潮汕传统村落空间结构，具有代表性。[6]

2.2　景观基因提取

按物质形态将程洋冈村景观基因分为物质景观基因和非物质景观基因两大类，结合村落现状，运用特征解构法分别从环境特征、形态布局、建筑特征、文化特征等方面进行提取。[7]

程洋冈村风貌景观基因提取　　表 1

景观特征	类别	特征释义
环境特征	风水格局	呈现山环水抱、藏风聚气[8]
	选址布局	选址于山包内凹缓坡处，呈三面环抱之势
	水系特征	1. 东溪呈弓形绕村 2. 水势形态与《水龙经》的“一水横栏格”相似
形态布局	布局思想	1. 昭穆制度、长房继承制 2. 方位的尊卑秩序：上尊下卑、左贵右轻、长幼尊卑 3. 程朱理学：建屋先建祠，百善孝为先 4. 尊重自然、与自然相融
	结构体系	以宗祠为全村中心，房祠作为节点，支祠作为次级节点的递进式、圈层式空间结构体系
建筑特征	平面形制	竹竿厝、下山虎、四点金、单背剑、双背剑等
	山墙样式	金式、木式、土式等潮汕民居特色山墙
	建筑材料	贝壳、花岗岩等
	屋顶样式	悬山式、硬山式等
	局部装饰	石雕、壁画、嵌瓷等
文化特征	宗祠文化	1. 建屋先建祠 2. 完整的宗族组织：设有族长及理事等多个职位，负责统筹宗族内的事务及资金
	宗教文化	1. 道教文化、佛教文化和民间杂神（土地公、招财爷、三山国王、妈祖等） 2. 宗教建筑成为村落最多最靓丽的人文景点及地标性建筑，如丹砂古寺[9]
	码头文化	1. 唐宋时期起被称为凤岭古港 2. 广东省海上丝绸之路的历史遗迹 3. 现存古码头：山尾渡口和石板下渡
	侨乡文化	1. 全村海外华侨亦有近 7000 人 2. 成立海外程洋冈同乡会并募集款项，对程洋冈村的祠堂、学校等公共建筑进行维修和保护
	民俗文化	1. 表演艺术：潮剧、英歌、舞狮 2. 口头传承与表达：潮汕歌册、潮语“讲古” 3. 社会风俗：中秋烧塔、“人节”食七样羹、营老爷 4. 节庆活动：妈祖生、王爷生、七圣夫人生 5. 手工技能：木雕、潮绣、嵌瓷、彩绘

2.3 程洋岗传统村落景观基因信息链的构成

景观信息链由景观信息元、景观信息点、景观信息廊、景观信息网构成，因此，从这4方面总结归纳出其独具特色潮汕村落的景观信息链特征及现存问题。

程洋冈村景观信息链构成分析 **表2**

景观信息链构成	类别	特征分析	现存问题
景观信息元	自然	溪、山、田	不注重保护原有地形地貌格局，没有很好地平衡人与自然的关系，特别是对虎丘山等直接进行人工开发
	文化	宗族尊崇、码头文化、侨乡文化	1. 开发利用不足，知名度和普及度不够 2. 村民保护的主动性不高 3. 传统民俗文化缺乏社会认可
景观信息点（主要位于永兴街、新兴街、源兴街和詹埠头组成的商业型聚落，其余沿着鸡翁山列山脊线走向散落分布）	古建筑	现存古民居33座、书斋31座、祠堂19座、寺庙13座	1. 没有及时修缮，导致历史文化层的残缺 2. 不注重原真性和整体性保护 3. 水井及古树没有被有效保护和开发，失去其提供交谈活动的场所功能
	古井	1. 多数位于宅邸庭院角落、广场或街巷旁 2. 用于生活和消防用水 3. 村民公共活动场地	
	古榕树	寓意事业有成	
	更楼	用于防御	
	牌坊	展示村落形象和界定村界	
	码头	用于水陆交通转换	
景观信息廊	山脊	虎丘山山脊线型较直，呈南北走向。鸡翁山、列山脊线分散错落	缺乏慢步道及慢行空间
	河流岸线	岸线厚重但不显单调，岸上视野开阔	1. 岸边都筑起防洪堤坝 2. 缺乏行人步行及停留的空间
	街巷道路	1. 街巷跟随地形走势建设，曲折有致 2. 充满内凹空间、灰空间 3. 常在交叉路口处靠近房屋的后墙设石狮，寓意辟邪和抵挡路口煞气	以通行为主，缺乏趣味性和参与感
景观信息网	山水格局	建筑与山体相融共生	未形成完整的绿色网络
	街巷	曲折蜿蜒，保存较为完好	景观信息点间通达性不够，未形成完整的街巷道路网络
	建筑风貌	保存较好的建筑占建筑总面积的75%，大部分还在使用	村落北部设置密度较高的厂房，与传统建筑间未设置缓冲区

图2 蔡氏宗祠图

图3 丹砂古寺图

图 4　绿绕更楼图

图 5　许乃秋故居图

图 6　杏林书院图

图 7　古榕图

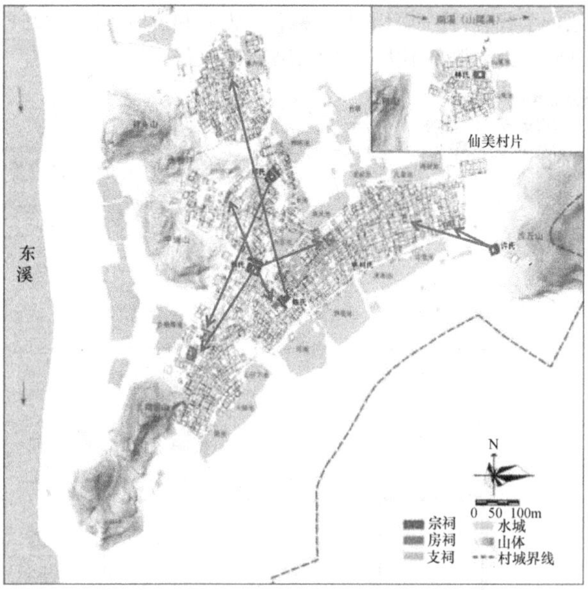

图 8　程洋冈村宗祠空间分布图

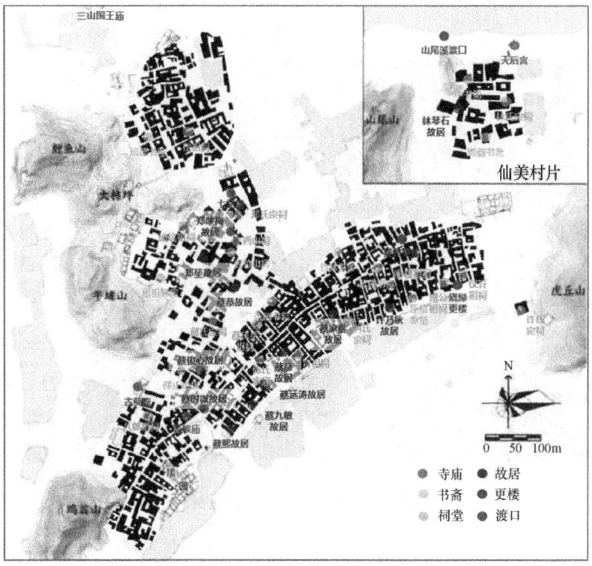

图 9　程洋冈村景观信息点分布图

2.4　程洋岗村传统村落景观基因空间特征分析

2.4.1　空间分布类型分析

通过平均最邻近法可分析得到程洋冈村景观基因最近邻比率小于 1，综合 z 得分及其平均最近邻指数，因此空间分布类型为强聚集型。自然环境是影响程洋冈村分布类型的重要原因，由于其位于丘陵地带，周边有虎丘山等山列，用地相对局促，因此分布类型趋于强聚集型。

2.4.2　空间分布密度分析

通过分析程洋冈景观基因的核密度可得：存有 4 个景观基因集中分布区域，分别为晏候庙组团、丹砂古寺组团、松祖祠组团、林氏宗祠组团。程洋冈村景观基因的分布点主要位于历史建筑、名人故居或宗祠组团，密度等级较高，因为这些地方是村落历史事件及地理时间的发生地，承载着村民集体记忆。码头、古井和古树等区域视野开阔，聚集概率不大，空间密度等级较低。

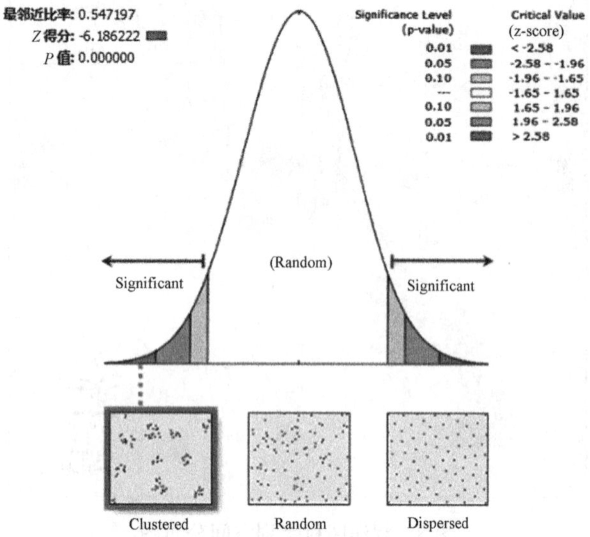

图 10　平均最邻近法计算结果

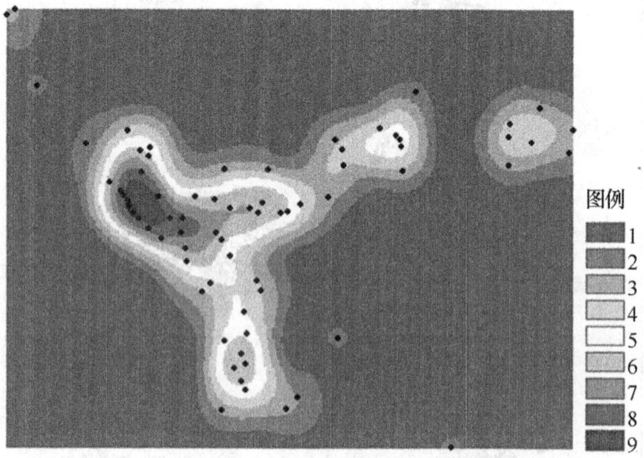

图 11　核密度计算结果

2.5　程洋岗传统村落景观基因空间拓扑关系特征

2.5.1　空间可达性分析

整个村落空间可达性呈现由中心向四周扩散的状态，沿新兴街、永兴街和源兴街方向的景观基因连接路径的全局整合度较高，集中有丰富的景观基因，也是村落发展的主要脉络。程洋冈村景观基因聚集密度较高的组团，其可达性较高，说明现有景观基因连接路径能够较好地承担景观基因连通及到达的功能。

2.5.2　空间选择度分析

程洋冈村空间选择度高的景观基因连接路径是顺兴街、新兴街和永兴街，其连接晏候庙、丹砂古寺和松祖祠3个组团的景观基因，占全部景观基因数量80%左右，具有较大的交通潜力，同时也具有较高空间可达性，其承担着景观基因载体及连接纽带的功能，应得到较高的保护及利用。

2.5.3　空间协同度分析

程洋冈村的局部整合度和全局整合度的相关性 $R^2=0.4686$，说明局部整合度和全局整合度不具有相关性，原因在于樸祖祠区域具有极高的局部整合度，但全局整合度较低，说明该区域聚集有较多景观基因和连接路径，局部小空间的组织关系也较好，但可达性较弱。连接度和局部整合度相关性 $R^2=0.7439$，连接度和局部整合度具有显著相关性。[10]

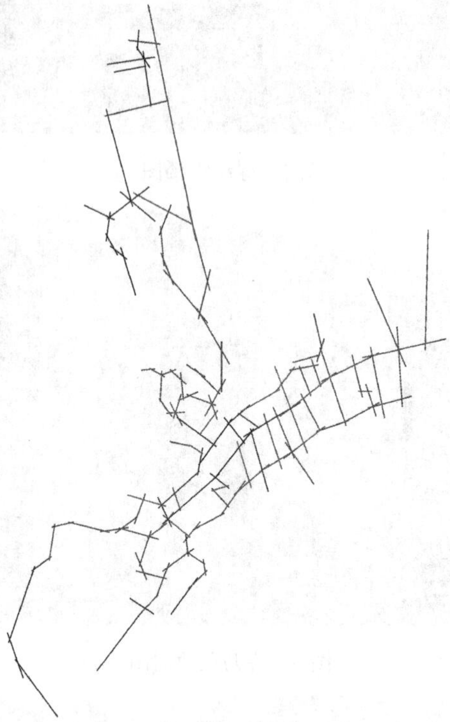

图 12　全局整合度

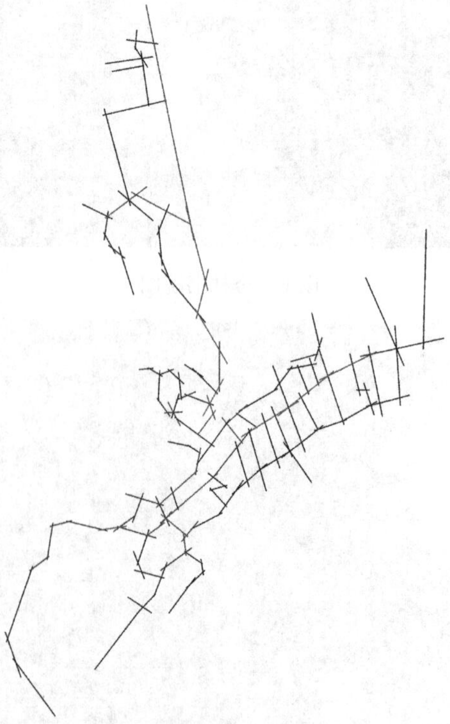

图 13　选择度

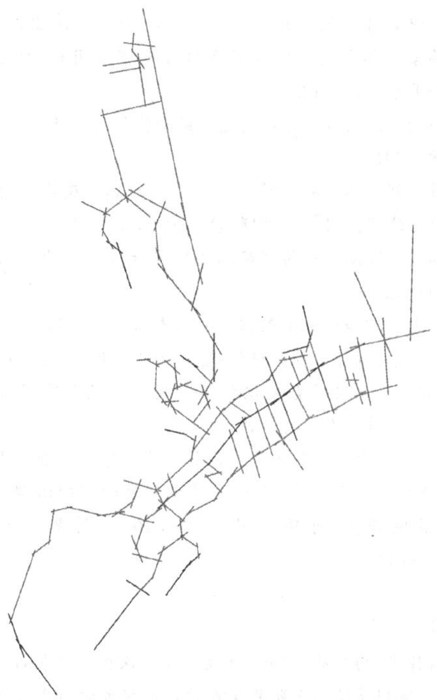

图 14　局部整合度

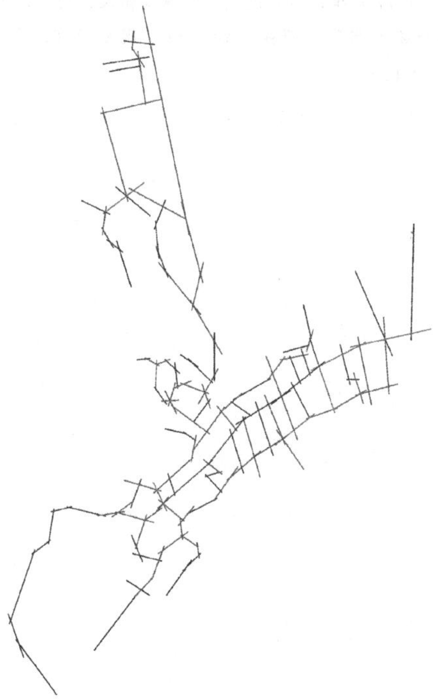

图 15　连接度

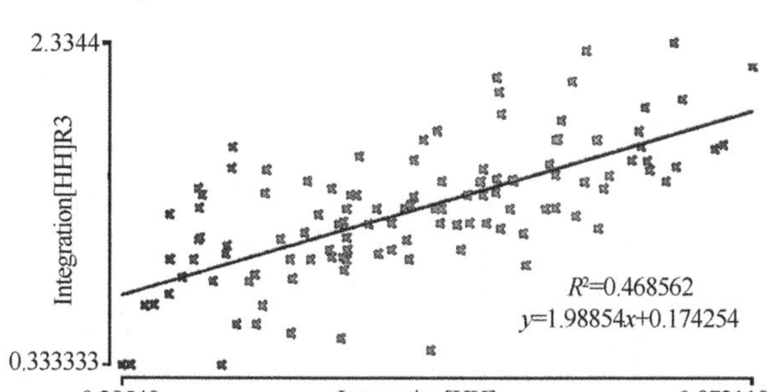

图 16　全局整合度与局部整合度相关性

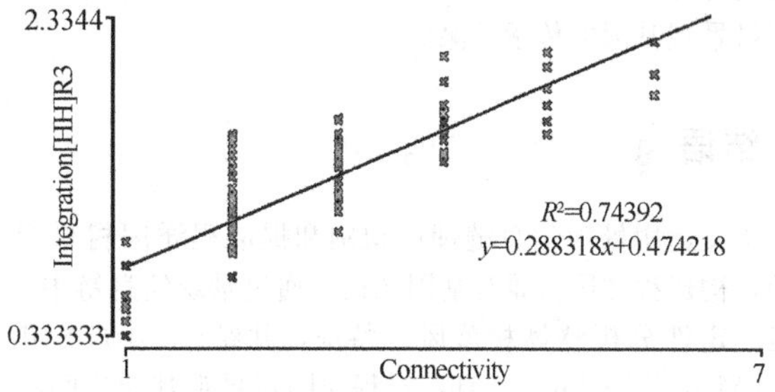

图 17　连接度与局部整合度相关性

3　延续景观基因的规划建议

3.1　挖掘剖析程洋冈村景观基因

景观基因是整个村落的遗传因子，挖掘剖析景观基因才能把握村落基本特征，通过景观信息点物化和表达，承载村落的历史记忆和修复历史文化。程洋冈村依山傍水，具有良好的自然景观，应保护现有山水格局。保护好虎丘山及鸡翁山列山脊线，严格控制人为建设数量，防止水土流失及地质灾害。加强水域保护，防止水体污染，并对滨水岸线及景观空间进行优化。凸显水塘、古井和古树围塘，建立古树名木档案，包含与古树相关的传说及历史文化，对衰老古树在专家指导下进行修复。

对景观信息元进行分级分类梳理，对重点建筑进行修缮保护，对传统民居进行更新改造及功能植入。例如，对丹砂古寺、晏候庙等具有较大保存价值及历史意义的建筑，采取地理隔离的方式，通过人为划定隔离线对其进行保护与传承。对宗祠文化等景观信息元采取多宣传等方式，增强文化自信。通过文化局、当地村民和社会文化团体三者相配合，提升游神赛会节庆活动、特色表演艺术和手工技能的影响力。[11]

3.2　构建完整的程洋冈村景观信息网络

在恢复景观基因的基础上，串联有代表性的关键景观信息点，构建景观信息廊道及景观信息网。结合滨水河岸、虎丘山等山列、古码头及古树等景观信息点，打造慢行步道，形成自然景观廊。结合古寺庙、书斋、名人故居等景观信息点和街巷的内凹空间、小广场等，通过街巷串联，形成人文景观廊。

3.3　景观基因空间系统结构优化

提高高聚集度区域的空间可达性。在不改变原有程洋冈村的院落式建筑布局及藤蔓式路网结构的前提下，对晏候村组团、丹砂古寺组团和蔡氏宗祠组团等较高聚集度区域及对顺兴街、新兴街和永兴街方向的空间选择度较高区域，进行空间结构修补，对连接杂乱及路径残缺街巷进行梳理及修补，使得道路通达，提高可达性。

提高程洋冈村景观基因的空间协调度。通过丰富楪祖祠区域等局部整合度较高但全局整合度较低区域的景观基因连接路径方式，提高空间协同度，从而提高空间自然使用行为的可预测程度，提高空间组织关系，有利于程洋冈村景观基因的传承及保护。

4 结语

本文运用景观信息链理论识别和提取程洋冈村景观基因，构建程洋冈村景观基因图谱，通过景观信息链中4个维度定性分析整体村落风貌特征，并结合ArcGIS和DepthMap等空间分析工具，对程洋冈村景观基因空间特征进行空间分布情况和空间拓扑关系这两方面的定量分析。总结归纳出程洋冈村的风貌特征及存在的问题，通过挖掘剖析程洋冈村景观基因、构建完整的程洋冈村景观信息网络和优化景观基因空间系统结构，以此更好地传承历史文脉，发挥经济效益，彰显地方特色。

参考文献

[1] 胡最，刘沛林. 中国传统聚落景观基因组图谱特征[J]. 地理学报，2015，70(10)：1592-1605.

[2] 张宛玉，刘保国，卫红. 景观基因视角下传统村落特征分析及图谱构建——以平顶山市前谢湾村为例[J]. 湖北农业科学，2021，60(11)：93-98+106.

[3] 李伯华，刘敏，刘沛林，等. 景观基因信息链视角的传统村落风貌特征研究——以上甘棠村为例[J]. 人文地理，2020，35(04)：40-47.

[4] 胡慧，胡最，王帆，等. 传统聚落景观基因信息链的特征及其识别[J]. 经济地理，2019，39(08)：216-223.

[5] 蔡英豪，蔡立周. 广东省古村落·程洋冈村[M]. 广州：岭南美术社，2013.

[6] 杜与德. 汕头市程洋冈村空间结构特色研究[D]. 广东工业大学，2014.

[7] 胡最，刘沛林，邓运员，等. 传统聚落景观基因的识别与提取方法研究[J]. 地理科学，2015，35(12)：1518-1524.

[8] 蔡勋武. 潮汕民居易经风水文化赏析[J]. 中华建设，2013(07)：32-37.

[9] 陈占山. 潮汕传统宗教信仰的基本格局与作用[J]. 闽南师范大学学报(哲学社会科学版)，2018，32(01)：80-88.

[10] 尹智毅. 黄陂历史文化村镇景观基因及其空间特征研究[D]. 华中科技大学，2020.

[11] 龙彬，熊梦琦，彭一男. 基于景观信息链理论的传统村落整体特征研究[C]//面向高质量发展的空间治理——2021中国城市规划年会论文集(16乡村规划)，2021：1373-1382.

作者简介

(通信作者)胡苗芬，1997年生，女，汉族，广东汕头人，重庆大学建筑城规学院硕士研究生在读，研究方向为生态规划。电子邮箱：1229641344@qq.com。

吴勇，1977年生，男，汉族，福建福州人，博士，重庆师范大学地理与旅游学院，研究方向为城市规划研究。电子邮箱：120448287@qq.com。

基于通用型元胞自动机模型的传统村落形①

Exploring and Comparing the Morphological Evolution of Traditional Villages Based on a Universal Cellular Automaton Model

杨　希

摘　要：为对照性地探讨集中式村落与散点式村落的动态发展特点，本文设计多类型通用性的元胞自动机模型，应用于村落的空间过程模拟分析。通过比较模型参数值以及模型变量发现，集中式与散点式村落在发展初始阶段一般均呈现散落形态，均采用相同的"飞地式跳跃"伴生"边缘式扩张"的空间发展秩序进行空间拓展，可能基于民系内部的共同的空间意识而产生。基于相似的空间发展程序，村落最终的构形方向主要取决于其内部经济模式：农业主导性村落相对更注重控制建筑单体规模以及经济单元内人地比例，同时，村落生长更加依附于自然要素，易于发展为散点式村落；半农半商性的村落空间发展更依附于聚落本体的空间结构骨架，易于发展为集中式村落。
关键词：传统村落；集中式与散点式；元胞自动机；动态空间模拟与分析

Abstract: In order to explore and compare the spatial evolutional characteristics of clustered and dispersed village patterns, a universal Cellular Automaton (CA) model was built and applied in different spatial simulation. Through model comparison on the model attributes and parameters, it was found that: both of the two types of village pattern were dispersed at the early stage, and then developed in the same mode of "outlying + edge expansion", which was probably rooted in the inherent spatial sense of the ethnic group; Based on the similar spatial development program, the final pattern of a village mainly depends on its economic mode. In the agriculture-oriented village, the development of every economic unit was restricted more strictly on the building area and the proportion of population to farmland area. In addition to that, the spatial sprawl was more connected to external natural elements. These factors steered the village development in the direction of decentralization. By contrast, spatial sprawl of the village based on agro-business was more relevant to the distribution structure of pre-existing buildings, which clustered the village into a relatively compacted one.
Keywords: Traditional Villages; Clustered and Dispersed; Cellular Automaton; Dynamic Spatial Simulation and Analysis

引言

作为乡村文化、经济与生态的重要载体，传统村落形态通常在无规划行为介入下自组织生成，那么一旦规划介入乡村，规划者最为关心的是：村落建筑斑块是怎样生长的，驱动这种生长的因素又有哪些[1]，不同因素所起到的驱动强度可有差异。只有了解村落的平面形态的结构过程及其动力机制，规划者与决策者才能掌握空间过程基本规律，理解村落的文明属性与精神内核，根据各类驱动因素的情况与变动，对村落空间的宏观发展方向做出可靠的预期[2]。事实上，这一目标的实现需要可视化的模型进行辅助。为了完成模型的创建，我们需要解答以下问题：首先，如何描述村落的平面形态及其扩张模式；其次，如何判定村落空间过程的驱动因子；其三，什么样的模型可通用于不同类型村落空间的模拟与分析。

从静态眼光出发，既往研究者曾用欧氏几何性的描述来定义村落的形态，如条带状、团状、散点状等等。这种定义纷繁众多，未有统一规范的形态分类法则。不过从村落分布性质的视角来看，无外乎两大类型，即集中式与散点式[3]，其中散点式又可进一步细分为随机散点式与均匀散点式[4]。以较低的时间分辨率（起点—中间阶段—现状）观察村落生长，如果空间的生长分为边缘式（edge-expansion growth）和飞地式（outlying growth）两类[5, 6]，那么，集村的生长近似于边缘式（包括向外蔓延与向内填充），散村的生长近似于飞地式。但是，如果以较高的时间分辨率将集村与散村的发展过程分步还原，可以发现两类村落均表现出"边缘式"复合"飞地式"的生长逻辑。集村与散村空间发展的本质区别在于飞地跳跃的距离尺度，以及边缘扩张的规模。在该逻辑下，村子可以看作由众多经济组团构成，每个经济组团以其创始建筑为核心建筑（亦可视为村落结构中的节点性建筑），在空间上形成集聚，村落空间的生长就是小经济组团进行飞地式增殖，同时各个组团进行边缘式扩张的过程。

解释村落的形态布局规则，阐明其动力机制是传统村落历史形态演化研究的核心问题，也是针对这类村落进行空间保护性规划的必要前提。传统村落作为一种容纳于自然环境中的人工环境，它既反映出历史上人类社会的组织形态，也受制于自然环境所提供的经济发展潜能。因而驱动村落形态发展的因子兼具文化组织个性与

① 基金项目：国家自然科学基金（51908160）、广东省自然科学基金（2020A1515010681）、深圳市自然科学基金（JCYJ20190806143403472）共同资助。

地理环境个性。挖掘因子、解释机制，这项工作在早期主要通过定性的背景条件分析来完成，1990年代以来，研究者更倾向于以定量的模型来辅助判断[2,7]。实际上，这两种方法不可割裂，绝对的定性或定量分析都存在较大缺陷。一方面，定性分析难以清楚地衡量各种因子对于空间作用的权重，也难以推断多因子综合性复杂性的作用效果。另一方面，如果脱离定性分析直接进入定量研究，通过因子的相关性计算或者信息增益计算来筛选影响因子，则既需要处理大量无关信息，又可能遗漏重要条件信息，此外，计算很容易受到干扰性实例的迷惑而产生误判[8]。因此，将定性分析与量化模型相结合，是解释、论证空间动力机制并予以空间演绎的有效手段。

由村落形态演化过程可知，村落的空间发展是大小不等的建筑斑块以大小不等的间距进行空间拓展的过程。如果我们通过模型探讨村落的形态，那么该模型首先需要可以模拟出空间跳跃式的发展。另一方面，如果我们需要模型传达出可以理解的空间发展逻辑特征，辅助我们分析村落形态发展的动力机制，而不是仅仅展示一个貌似良好的拟合结果，那么我们所创建的模型需要具有清晰的物理意义，而不是一个黑盒子。元胞自动机（Cellular Automaton，CA）模型在空间发展研究领域已有广泛应用，尤其是在模拟城市土地利用方面。该模型是一种网格动力模型。CA模型将地理空间模拟为元胞阵列，其中每个元胞根据其自身以及相邻元胞的当前的状态，通过一组转换规则来确定其下一步的状态变化[9]。该模型具有规则定义控制下的空间明确性，并可借助人工智能来获得强大的计算能力[10]。但是，CA模型在村落空间研究方面尚未广泛应用，主要原因在于村落布局形态比城市要分散得多[11]，很大程度上增加了模拟的难度。既往提出的城市CA模型在空间状态转换规则可嵌入的算法方面做出广泛尝试，也做过多种算法模拟准确度的比较[12]。虽然目前大多数CA模型可以较好地模拟边缘式增长，但对用地飞地式的发展过程难以有效地呈现[11]。

为了探讨不同形态传统村落的空间发展特征及其驱动机制，寻找其共性与差异，我们基于空间逻辑框架的相似性假设，构建设计一个通用性的CA模型。其中，通过定性分析来预设空间约束条件，并制定可解释的参数化空间状态转换规则。为保证模型的灵活应用性和可解释性，我们未采用无须定义转换规则的全智能的黑箱类算法规则[13]，而在空间状态转换规则中嵌入可模拟多元素非线性综合作用的概率性算法模型，通过机器学习历史数据以及空间过程模拟校核，进行约束条件的降维以及参数的调整，验证模型规则的有效性。最后，基于模拟结果，我们在模型属性变量与模型参数两个层面对集村和散村的空间动态发展特点进行比较分析。

1 研究方法

1.1 数据处理

本研究选取同源文化体系下处于不同地域的两个传统村落——梅州市大埔县侯南村与惠州市惠阳区周田村——作为研究对象。侯南村与周田村均为中国广东省内的客家村落，从客家在广东省内的时空迁徙过程来看，侯南村位于迁徙路径上游，即梅潭河岸边高山环抱的一小盆地上，地形较为平坦。梅潭河交运繁忙，逆流而上向西通往梅州客家文化腹地，顺流而下向东可通往福建省以及广东省沿海的潮汕地区。该村目前呈现集村形态。历史上，村居人口主营烟叶种植与贩卖。周田村位于珠江三角洲东北边缘的丘陵谷地区域，是客家民系迁徙路径下游地带，该村现呈现散村形态，历史上村居人口主营水稻种植（图1）。

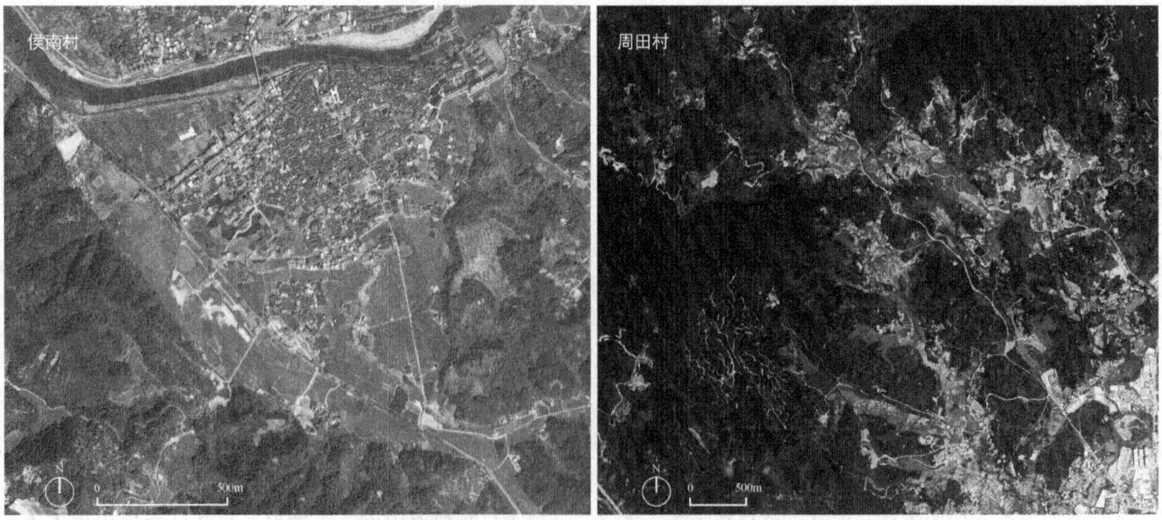

图1 侯南村与周田村在2021年的卫星影像

针对这两个村落，首先，我们从卫星影像数据中提取栅格化的建筑、河流、水渠水塘、道路等地物信息，利用ArcMap计算环境要素距离关系相关数据；而后，我们从DEM（Digital Elevation Model，数字高程模型）数据中获取高程信息，并利用其推演场地地形坡度数据（图2）。最后，基于村志中的建筑建设年代记载，推演多时相的村落空间形态（图3），提取建筑所在栅格的环境数据，并通过编程计算建筑之间的距离关系数据以及建筑耕作半

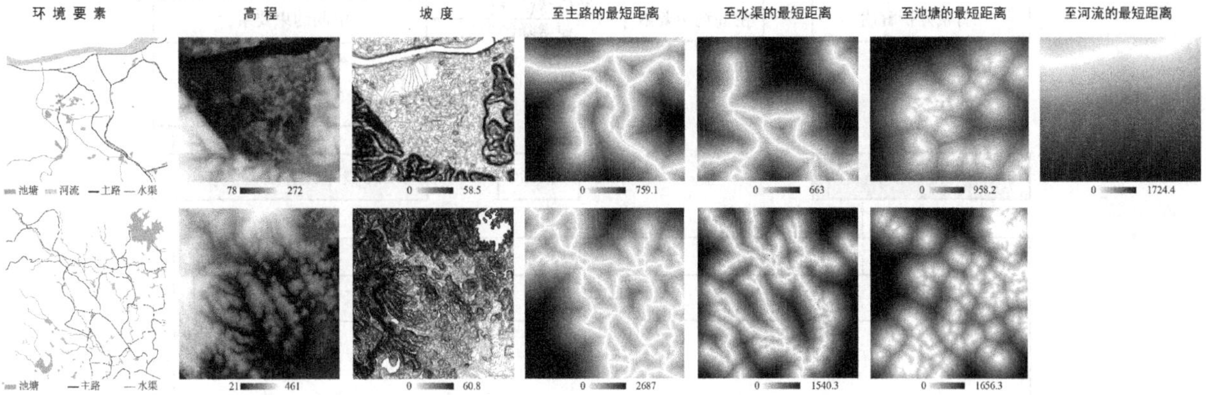

图 2　基于 ArcMap 平台分析所得环境数据

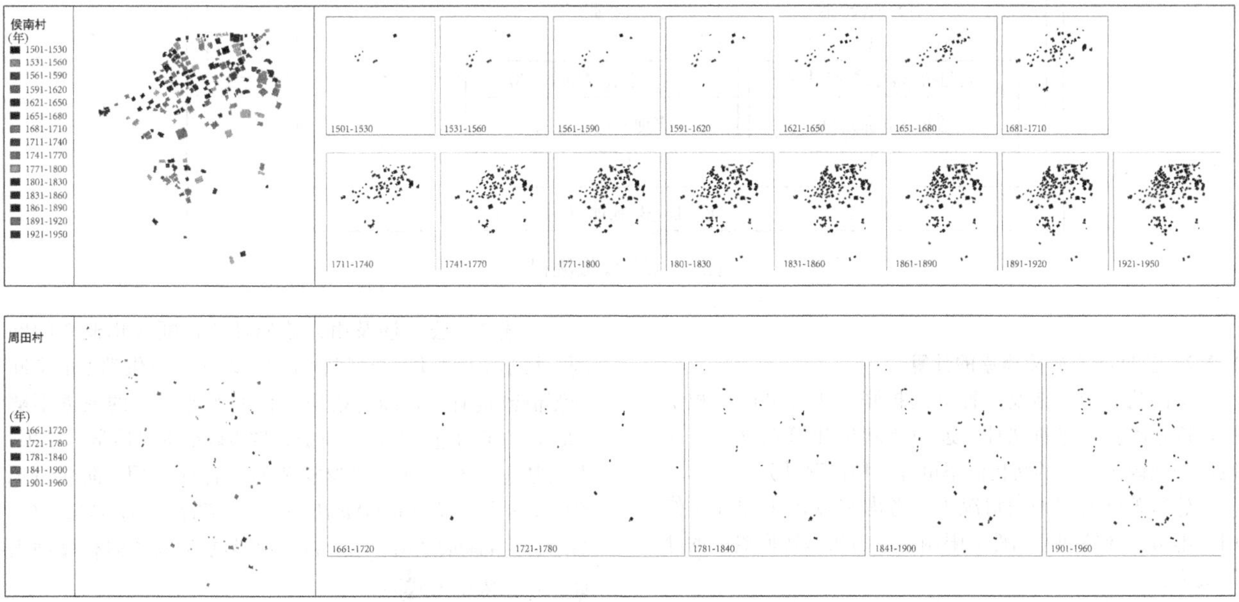

图 3　侯南村与周田村的多时相空间形态

径范围内的宜耕地面积数据。以上数据为机器学习的基础数据。

1.2　CA 模拟流程

元胞状态包括主路、河流、自然水渠、池塘、建筑、待开发用地，其中交通类、水源类和建筑用地状态为固定状态，规定状态转换只存在一种情况，即由待开发用地转换为建筑用地。基于集村和散村相似的“飞地式+边缘式”时空过程逻辑框架，创建 CA 模拟流程（图 4）。其中，各世代以飞地式生成的建筑被标记为空间扩张的节点建筑，以边缘式生成的建筑被标记为非节点建筑。

1.2.1　影响因子的筛选

限制性属性过多会影响模型的模拟效率[14]，过少会影响模型的模拟准确率，因此平衡元胞属性的合理数量以及模型的解释能力较为重要。为确保模型的解释力，我们首先通过地区历史和社会背景的分析来尽量全面地选择元胞属性，并排除无关属性。然后，通过数据分布概率密度曲线分析（单变量高斯混合模型，公式 1）来进行属性的验证与降维。

$$UniGMMEval(x) = \sum_{j=1}^{k} \omega_j N(x \mid \mu_j, \sigma_j^2),\ \sum_{j=1}^{k} \omega_j = 1 \quad (1)$$

式中有 k 个分量。每个分量都是由 μ_j 和 σ_j^2 参数化的高斯分布，ω_j 是分量 j 的权值。模型曲线的峰值表示建筑单元空间属性的特征值，也可以被认为是村落增长的空间偏好。属性值分布的离散程度用 γ 表示，表示聚落布局对各空间属性的敏感性，见公式 2。

$$\gamma = \frac{\sum_{i=1}^{k} \omega_i \sigma_i}{x_{\max} - x_{\min}},\ \sum_{i=1}^{k} \omega_i = 1 \quad (2)$$

式中，$\sum_{i=1}^{k} \omega_i \sigma_i$ 为标准差；$x_{\max} - x_{\min}$ 是建筑元胞属性值的值域。γ 值越低，数据分布越集中，说明该属性对聚落分布的影响越大。

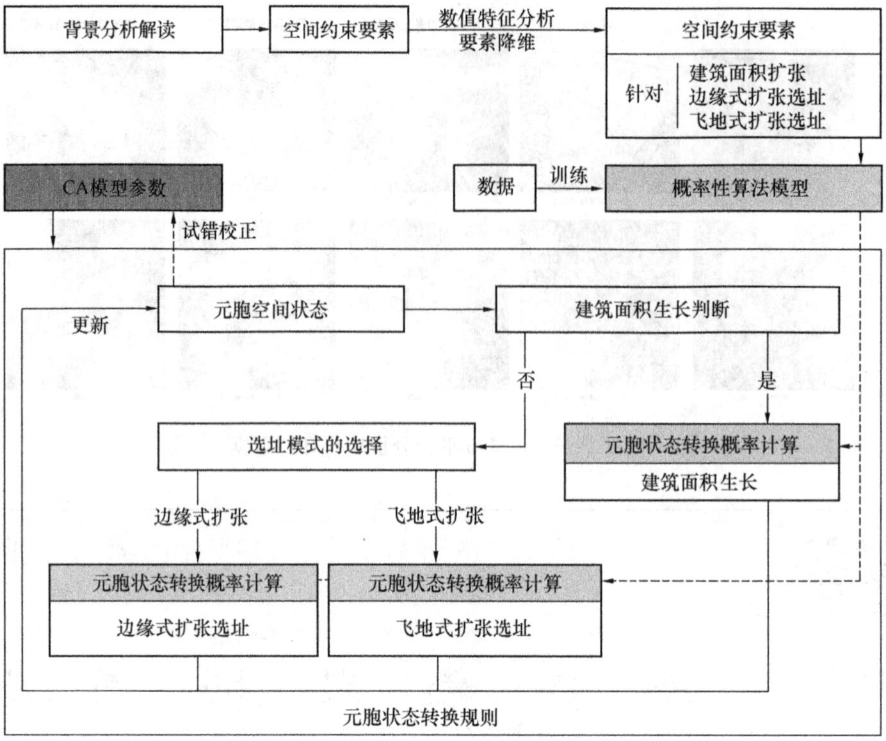

图 4 CA 模拟流程

1.2.2 空间状态转换概率的计算

空间状态转化涉及 3 种空间扩张：建筑单体面积增长，近距离新生建筑选址，远距离新生建筑选址。相应地，场地候选元胞的转化概率也分 3 种情况计算。

建筑单体面积增长情况下，考虑邻域作用和环境作用，不考虑建筑间距属性的限制。空间状态转换概率的计算式为：

$$Blocks\_prob(i) = GMMEval\_ATTRI(i) \cdot NeighborEval(i) \tag{3}$$

边缘式扩张模式下的普通新生建筑选址，不考虑邻域作用，考虑自然环境作用和近距生长模式下社会环境的作用，空间状态转换概率的计算式为：

$$Blocks\_prob(i) = GMMEval\_ATTRI(i) \cdot GMMEval\_Ordi(i) \tag{4}$$

飞地式扩张模式下的节点性新生建筑选址，不考虑邻域作用，考虑环境作用和远距生长模式下社会环境的作用，空间状态转换概率的计算式为：

$$Blocks\_prob(i) = GMMEval\_ATTRI(i) \cdot GMMEval\_Nod(i) \tag{5}$$

上述公式 3～5 中，$Blocks\_prob(i)$ 为候选元胞的状态转化概率；$GMMEval\_ATTRI(i)$ 为候选元胞自然环境属性（包括高程、坡度、与交通设施水源的最近距离等）对其状态转化的概率贡献；$GMMEval\_Norm(i)$ 为候选元胞作为非节点，其社会属性（包括与最近建筑的距离、与最近两个节点性建筑的平均距离等）对其状态转化的概率贡献；$GMMEval\_Pivot(i)$ 为候选元胞作为节点，其社会属性对其状态转化的概率贡献；$NeighborEval(i)$ 为邻域对中心元胞状态转化的概率贡献。

上述 3 个公式涉及由元胞属性值推断转化概率的问题。村落空间与城市空间相比尺度较小，可供学习的空间观测值数量有限，即村落空间模型所能学习的数据不够"大"，为了通过较少的训练数据取得较好的机器学习结果，并清楚地描述多因子较为复杂的综合性作用，防止过拟合[15]，3 个公式中的 $GMMEval\_ATTRI(i)$、$GMMEval\_Ordi(i)$、$GMMEval\_Joi(i)$ 采用多变量高斯混合模型来计算，该模型公式为：

$$MultiGMMEval(\vec{\boldsymbol{X}}) = \sum_{j=1}^{k}\omega_j N(\vec{\boldsymbol{X}} \mid \vec{\boldsymbol{\mu}}_j, \textstyle\sum_j), \sum_{j=1}^{k}\omega_j = 1 \tag{6}$$

一个 Multi-GMM 模型由 k 个多高斯分布组成，其中每个多高斯分布被认为是带有混合权重 ω_j 和平均矢量 $\vec{\mu}_j$ 的分量 j。$\sum_j$ 为分量 j 的 $d \times d$ 协方差矩阵，表示不同变量之间的相关性。$\vec{X}$ 是元胞多个属性形成的载体矢量。

CA 模型的邻域由 Moore(8) 邻居配置模式定义。假设中心细胞 i（用 $NeighborEval(i)$ 表示）的邻域效应与其相邻细胞数（用 NEI_i 表示）有关，则邻域效应可定义为：

$$NeighborEval(i) = \frac{1}{8} \mid NEI_i \mid \tag{7}$$

1.3 模型校正

村落建筑斑块属于离散型斑块，斑块之间间距明显。此外，村落建筑斑块尺度偏小。因此，与城市 CA 模型相比，村落模型的模拟结果很难精准地重合于真实情况[16]。对于村落建筑斑块模拟而言，重要的是模拟与实际的具体位置以及斑块间的整体位置关系是相似的[17]。对于 CA 模型模拟效果的评估应基于模拟的合理性，而不是模拟与现实斑块之间绝对的一一覆盖对应关系[18]。我们认为，如果模拟结果与真实情况的几何距离偏差在合理的范围内，那么可认定模拟有效。因此，我们采用有容差的模拟匹配指数[19]（表示为 I_T）进行模型评估。我们认为，容许偏移误差应与经济单元尺度相关，则取经济单元半径 R 为模拟的最大容许偏移误差，以真实建筑斑块几何中心为圆心，R 为半径，划定容许偏移范围，落在范围内的模拟点为有效模拟点。通过计算位于现实房屋质心容差半径内的模拟元胞数量的模拟占比，得到模拟正确率。

1.4 模型比较

采用相同的模拟逻辑便于我们对集村与散村的模型进行比较，从而发现两者的区别与联系。模型比较从元胞的属性变量与模型参数两个层面进行。

在模型属性变量层面，我们可以获取两方面重要信息：一为聚落分布对各空间属性的敏感性，用以辅助判断约束条件的有效性；一为属性特征值，用以辅助分析村落分布的属性倾向。

在模型参数层面，一些重要参数，如区分飞地式-边缘式扩张的距离临界值 D_{Thres}，经济单元范围半径 R，经济单元内的建筑面积阈值 A_{Ex}、经济单元拓展周期 T_{Inter}、新生建筑为节点建筑的概率 P，需要通过分析初步设定，并经过多次试错来最终确定。

2 模拟结果

2.1 空间约束性属性

2.1.1 社会历史背景分析与空间约束属性初选

集村侯南村近似为单姓村落，村内绝大多数人为杨姓。村落在明代中期开始发展。东、南、西三面群山高耸，北侧为梅潭河，盆地内可耕地资源较为集中但面积有限，人口主要依靠烟叶种植进行土地开发，并依托梅潭河及河畔街市开展本地与外地的商业经营。康乾时期，有村民开始外出经商，主要集中于潮州、苏杭等地，清道光以后主要集中于上海、汕头和南洋。此外，该村历史上有大量的家庭世代以读书、教书、为官为主业。

散村周田村亦为单姓村落，村内绝大多数人为叶姓。由于该村处于客家迁徙路径的下游地带，建村时间比侯南村晚 150 年左右，大约清康熙年间开始起步发展。周田村所处的丘陵区域无大河过境，其中可耕地资源面积相对较广却布局分散，高低起伏而不规整，山间多沟壑，输送山泉作为生产生活的水源。历史上该村为纯农业村，村民以种植水稻、番薯、花生、豆类农作物为生。清朝后期，该村村民亦开始到海外谋生，侨资回流成为村落建设、土地开发的资本。

从以上社会自然环境背景可知，集村侯南村为农商经济社会，散村周田村为农业经济社会。前者的空间布局应对商业经营相关的市场条件、交通条件相对敏感。后者则需要考虑农业经营相关的地形、耕作半径、耕地、水源、人口等因素。另外，通过观察两村的形态发展过程，发现在进行飞地式或边缘式生成过程中，新生建筑与既存建筑的位置关系不仅限于单一对应关系。事物的发展都是先有结构，然后基于结构进行扩张，村落的生长也是如此。如果把在各发展周期内新生的远离所有既存建筑的建筑标记为节点建筑，将各时期新生节点建筑与既往生成的距其最近的节点建筑相连线，形成空间发展结构骨架（图 5），那么可以发现，新生建筑点的位置似乎还与这个骨架相关，边缘式生长似乎较为靠近既存骨架，飞地式生长似乎较为远离既存骨架。

根据以上分析，为两个村落初步设定表 1 所示空间约束属性。

元胞的空间属性预设　　　表 1

共有属性	个性属性	
	侯南村（集村）	周田村（散村）
高程 E	距河流的最短距离 Dv	耕作半径范围内宜耕地面积 A
坡度 S		
距主路最短距离 Dr		
距水渠的最短距离 Dc		
距池塘的最短距离 Dp		
新生结构点到既往两个最近结构点的平均距离 Dmj		
新生结构点到既往非结构点的最短距离 Dnj		
新生非结构点到既往两个最近结构点的平均距离 Dmc		
新生非结构点到既往非结构点的最短距离 Dnc		

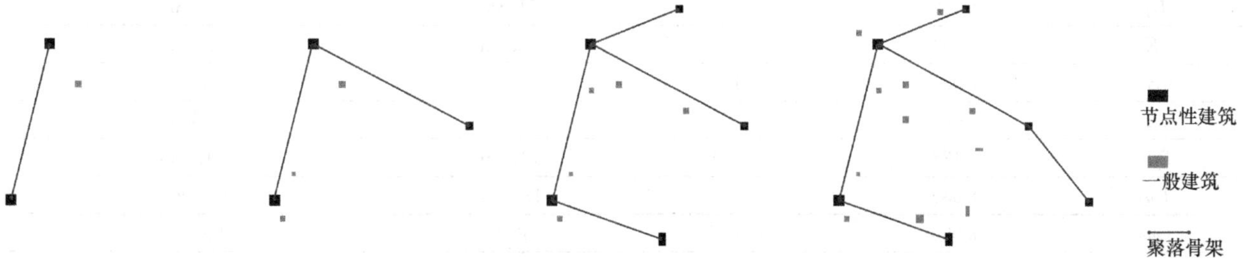

图 5　空间发展结构骨架的生成方式

2.1.2 空间属性的比较

提取现实情况中建筑斑块内元胞所在位点的空间约束属性变量值，并用单变量高斯混合模型拟合各种属性变量的观测值的概率密度分布，如图 6、图 7 所示，相应的特征值 F 和敏感度值 γ 如表 2 所示。

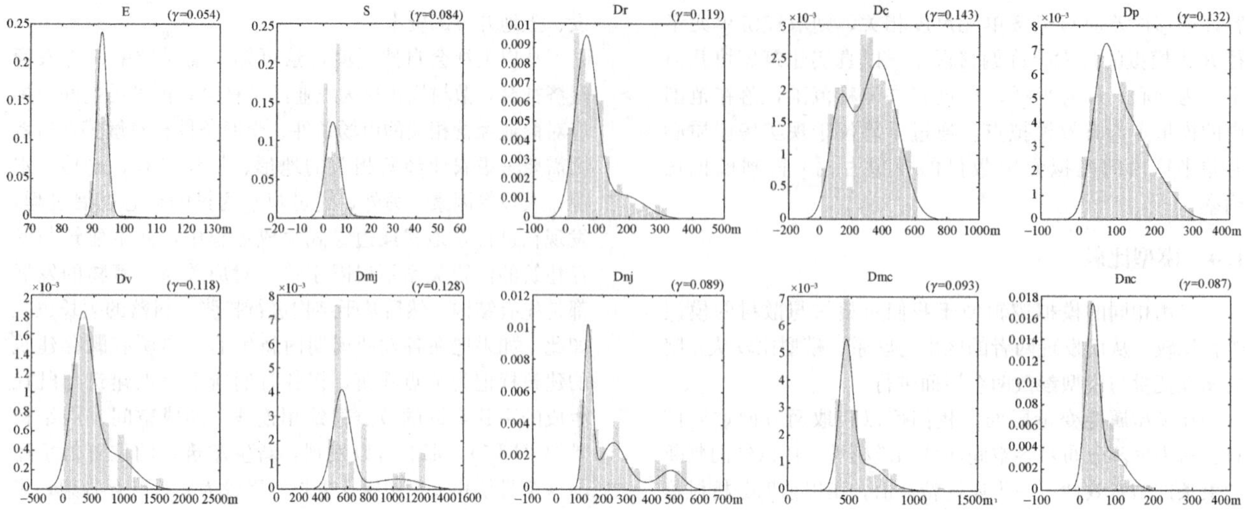

图 6　侯南村聚落空间属性分析

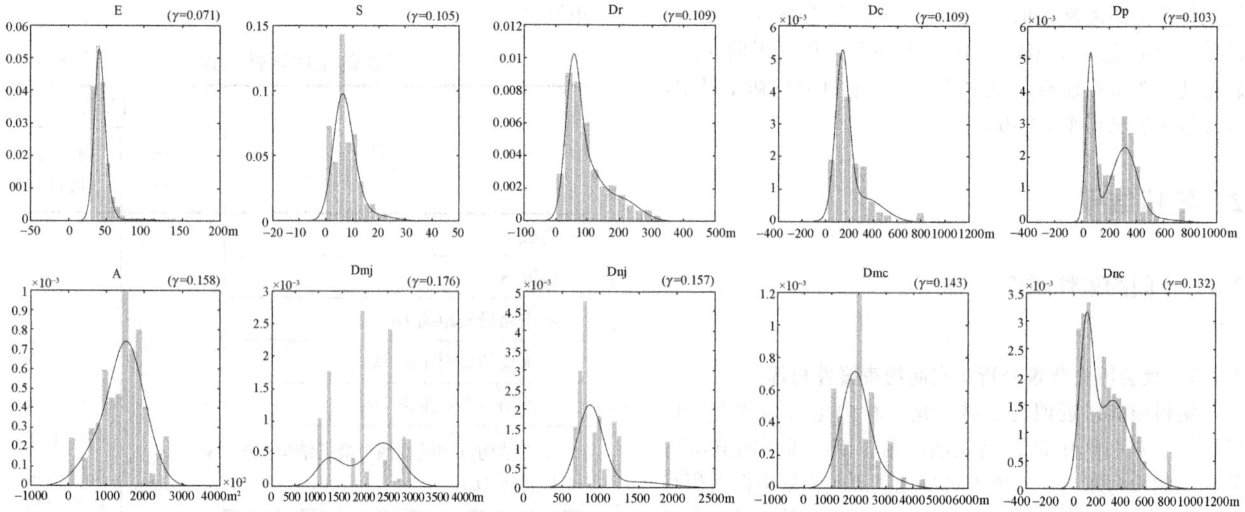

图 7　周田村聚落空间属性分析

各村聚落分布的空间属性敏感度值和特征值　　**表 2**

空间属性	敏感度值 γ		特征值 F	
	侯南	周田	侯南	周田
Dr	0.119	0.109	67.3 m	58.2 m
Dv	0.118	—	331.1m	—
Dc	0.143	0.109	369.9m	140.6m
Dp	0.132	0.103	71.8m	62.4m
E	0.054	0.071	92.7m	41.0m
S	0.084	0.105	4.0°	6.3°
A	—	0.158	—	153050m²
Dmj	0.128	0.179	551.2m	2404.1m
Dnj	0.089	0.157	134.5m	875.0m
Dmc	0.093	0.143	463.6m	1867m
Dnc	0.087	0.132	34.1m	110.3m

注：属性表意参见表 1。

在属性敏感度值指示方面，本研究针对两村所选的空间属性大多可以对村落形变产生较强的约束力，相对而言，周田村村落肌理发展对水源因素（至水渠、水塘的最短距离）相对更为敏感，侯南村的村落肌理发展对既存建设状态因素（至结构点或至非结构点的最短距离）相对更为敏感，两村村落肌理发展对交通因素（至主路的最短距离）的敏感度较为相似。只有属性“新生结构点到既往结构点的最短距离”对于周田村的发展约束甚微，在该村的空间模拟时对于该属性予以剪除。

属性特征值指示，在环境属性方面，周田村建筑布局更趋向于靠近水源和主路的位点，可容忍的坡度更大。在形态几何属性方面，周田村的飞地式结构性扩张尺度较大，约为侯南村扩张尺度的5倍。

2.2 模型参数比较

为了取得较好的模拟效果，我们先基于多时相村落形态的历史变迁过程预设各参数值，然后通过数值微调、模拟试错，提取相对较优的模拟结果（图8）及其模型参数（表3）。

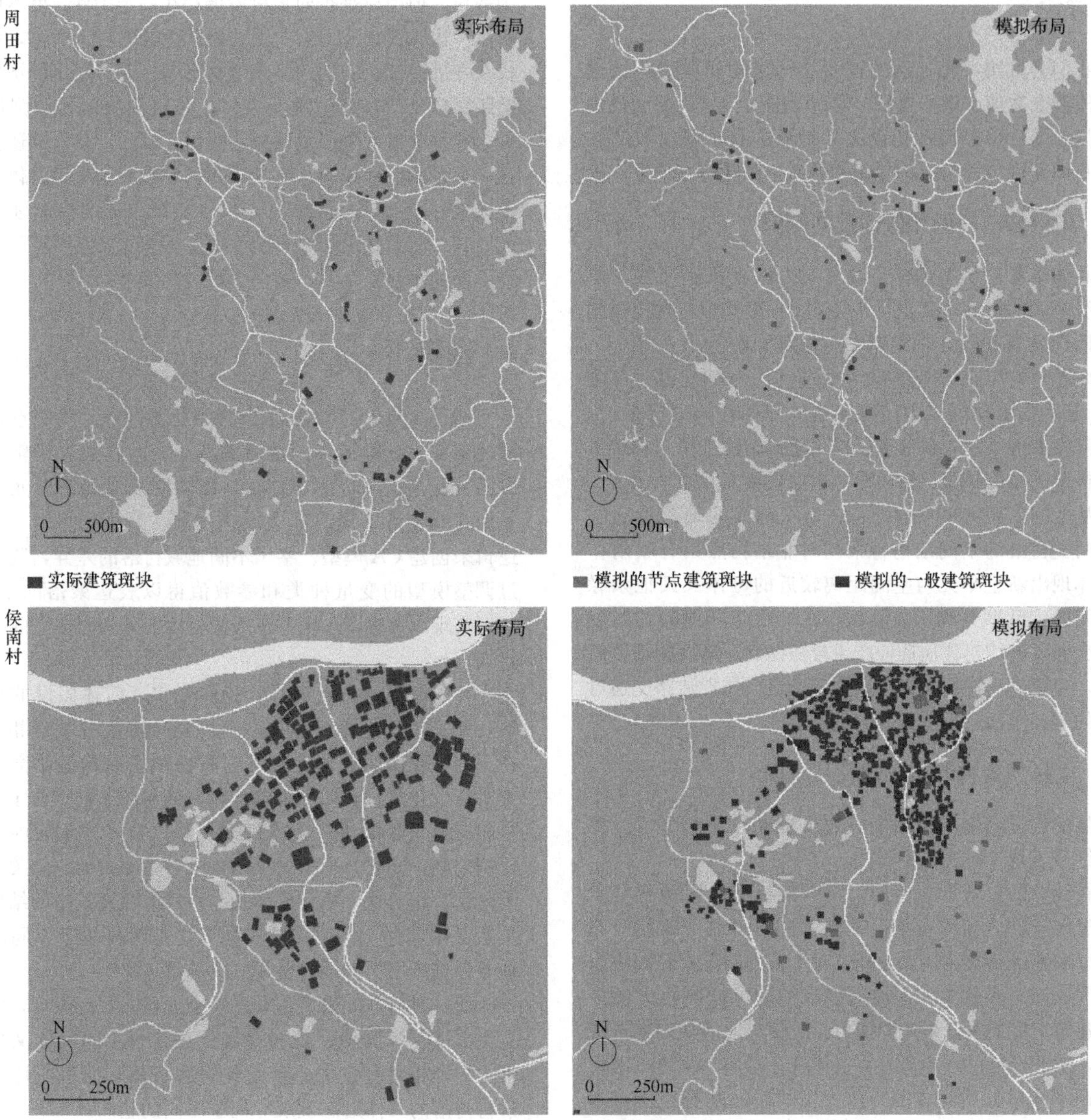

图8 模拟图像与现实图像的对比

取得较好模拟结果时的模型参数值 表3

参数名	意义	侯南村数据	周田村数据
D_{Thres}	飞地式与边缘式扩张距离的临界值	120m	600m
R	经济单元半径	60m	300m
A_{Ex}	经济单元内的建筑面积阈值	4750m^2	12800m^2
T_{Inter}	经济单元拓展周期	30年	60年
P（P_{pro} | P_{ana}）	新生建筑为节点建筑的概率（前期概率 | 后期概率）	5% | 10%	63% | 32%

在表3参数控制下，两村模拟的正确率分别为：侯南村80.54%、周田村74.19%。

需要说明的是，一般城市用地空间发展模拟，如果从发展中期以后开始，绝对的匹配指数，或者带有容差的匹配指数达到70%～90%，即可认为模拟有效[12, 19, 20]。本研究所模拟的村落对象属于更为微观的尺度层级，且模拟的几百年的时间尺度较大。我们认为有容差的模拟匹配指数达到60%可以接受，达到70%以上，即为较为理想的模拟结果。

3 讨论

我们尝试用一种通用的逻辑结构来构建模型，通过调整模型参数值、增减变量，实现不同类型村落空间过程的模拟。通过模型属性变量的分析筛选和模型参数的校正，我们发现集村与散村空间发展的相似性与差异性。

3.1 集村与散村的相似性及其原因

总体来看，案例集村与散村均为以客家血缘性关系为组织基础的村落，其空间发展逻辑框架相似，均遵循同一周期性发展逻辑，即定基——划定经济势力范围——范围内新建筑填充（小分家）——饱和——再定基（大分家），其主要驱动因素为传统家族的周期性的分家析产。在村落发展前半期，村落多呈现飞地式结构扩张；在后半期，村落的结构扩张逐渐放缓，边缘式填充开始增多。

从空间发展细节来看，首先，在纯粹的聚落形态层面，两类村落的空间结构骨架均对非结构点具有吸附作用，体现出新生单元与空间距离较近的母体及其他亲缘体之间的生活联系需求。其次，在聚落与环境的关系层面，交通要素均对住居选址产生较强控制，属性特征数值显示，建筑的布局均较为接近主要道路，体现陆路交通对人们的生产生活产生着普遍的重要影响。

3.2 集村与散村的差异性及其原因

虽然集村与散村空间发展逻辑框架较为相似，但在具体细节表现上有明显不同。

在纯粹的聚落形态层面，案例集村土地资源相对紧缺，经济支柱为商业资本，案例散村的土地资源相对充裕，以农业经济为主。农业经营对于人力的需求较商业为多，因而同一家族单元团体所能吸纳的家庭协作劳力更多，建筑尺度更大，析产周期更长。受农业活动的在地性影响，农业经济的资本势力直接体现在家族小团体（由几个近距家族单元所组成的）所占用的耕地空间范围，因此，各家族子团体为保有资本势力并有机会寻求拓展，则有意识地控制经济单元人地比例。那么，与商业经济村落相比，农耕经济村落的飞地式生长多于边缘式生长，且建筑之间，以及建筑组团之间的疏散距离相对较大。正是较高的飞地式生长频率和较大的疏散距离，使得农耕经济村落各个经济单元保有较强的独立性，经济单元之间的生长关联性要明显弱于商业经济村落，因此，散村的空间骨架和建筑布局对新生建筑的影响程度要明显弱于集村。

在聚落与环境的关系层面，两类村落亦基于不同的经济类型有不同的表现。散村在农业经济的基础上发展，其聚落的空间属性合乎情理地展现着对大地环境的强烈依附。首先，耕地条件是其选址的根本条件，为了节约耕地，散村可以在相对陡的坡地上发展建设空间而集村一般较为回避此类空间。同样为了节约耕地，散村的路网密度非常小，为提高交通便利度，散村比集村更接近主路；其次，水源因素成为散村聚落选址的另一主导因素，模型数据显示，散村相对更加在意水源并且相对更加趋近水源进行建筑选址。

通过以上对比研究发现，集村与散村的起点可能均为散村，但散村是否向集村发展存在一定条件。就本研究所示“边缘式+飞地式”混合模式生长的村落而言，侯南村在发展前期、中期还呈现散村形态。由于新生经济体疏散距离较短，且经济单元人口生长极限值的控制强度不大，这种散村才慢慢发展成为集村，当然，其外围还会存在一定量的散居单元；反观周田村，因其新生经济体疏散距离较长，且对经济单元人口生长极限值的控制强度较大，其“散”状形态则较为稳定，只要发展边界不封闭，经济模式不改变，其不会向集村方向发展。

4 结语

通过复原集村与散村的空间发展过程，我们意识到同民系文化影响下不同地域的两个村落在发展逻辑框架方面可能存在一定的相似性，即均明显以经济单元之间飞地式兼经济单元内部边缘式发展，因此我们用一通用逻辑来创建CA模型。鉴于不同地域村落的差异，我们通过调整模型的变量种类和参数值得以表达聚落的个性，从而实现以一套CA模型在两类村落上分别完成空间过程模拟。

基于模型的有效演绎，我们证实了前述假设的合理性，并认知两类村落空间发展性质的异同。主要的相似点在于两宗族血缘村落在拓展过程中由主路构造的交通骨架对新生建筑具有明显控制作用。两村的不同点在于，散村相对地更注重建筑单体规模控制以及经济单元内人地比例控制，同时，聚落发展与外部自然要素的空间关系更为紧密。相对地，集村的生长与村落既存建筑空间结构的关系更显紧密。这种差异实际上这是两村基于不同的立地条件选择了不同的经济模式的结果。

通过村落空间发展过程的特点比较，我们发现，同一文化群体在不同地区的村落经营中，内生的民族文化因素主导了相对稳定的空间结构过程逻辑，而地域环境因素将村落的具体形态发展导向了不同的趋向。

参考文献

[1] Dachuan Z, Xiaoping L, Xiaoyu W, et al. Multiple intra-urban land use simulations and driving factors analysis: a case study in Huicheng, China[J]. GIScience & Remote Sensing, 2019, 56(2): 282-308.

[2] Berling-Wolff S, Wu J. Modeling urban landscape dynamics: A review[J]. Ecological Research, 2004, 19(1): 119-129.

[3] 鲁西奇. 散村与集村：传统中国的乡村聚落形态及其演变

[J]. 华中师范大学学报(人文社会科学版), 2013, 52(4): 113-130.
[4] Yang R, Xu Q, Long H. Spatial distribution characteristics and optimized reconstruction analysis of China's rural settlements during the process of rapid urbanization[J]. Journal of Rural Studies, 2016, 47(5): 413-424.
[5] Liu X, Li X, Chen Y, et al. A new landscape index for quantifying urban expansion using multi-temporal remotely sensed data[J]. Landscape Ecology, 2010, 25(5): 671-682.
[6] Andrés M G, Inés S, Marcos B, et al. A comparative analysis of cellular automata models for simulation of small urban areas in Galicia, NW Spain[J]. Computers Environment & Urban Systems, 2012, 36(4): 291-301.
[7] Wu F. An empirical model of intrametropolitan land-use changes in a Chinese city[J]. Environment and Planning B: Planning and Design, 1998, 25(2): 245-263.
[8] Domingos, Pedro. The master algorithm : how the quest for the ultimate learning machine will remake our world[M]. Basic Books, a member of the Perseus Books Group, 2015.
[9] Santé I, García A M, Miranda D, et al. Cellular automata models for the simulation of real-world urban processes: A review and analysis[J]. Landscape and Urban Planning, 2010, 96(2): 108-122.
[10] Liu Y, Feng Y, Pontius R. Spatially-Explicit Simulation of Urban Growth through Self-Adaptive Genetic Algorithm and Cellular Automata Modelling[J]. Land, 2014, 3(3): 719-738.
[11] Liu Y, Kong X, Liu Y, et al. Simulating the Conversion of Rural Settlements to Town Land Based on Multi-Agent Systems and Cellular Automata[J]. Plos One, 2013, 8 (11): e79300.
[12] Berberoglu S, Akın A, Clarke K C. Cellular automata modeling approaches to forecast urban growth for adana, Turkey: A comparative approach[J]. Landscape and Urban Planning, 2016, 153(09): 11-27.
[13] Li X, Yeh A G. Calibration of cellular automata by using neural networks for the simulation of complex urban systems[J]. Environment & Planning A, 2001, 33(8): 1445-1462.
[14] Clarke K C. The limits of simplicity: toward geocomputational honesty in urban modeling[C]. Florida: CRC Press, 2004.
[15] Tuggle K, Zanetti R. Automated Splitting Gaussian Mixture Nonlinear Measurement Update[J]. Journal of guidance, control, and dynamics, 2018, 41(3): 725-734.
[16] Gao X, Liu Y, Liu L, et al. Is Big Good or Bad?: Testing the Performance of Urban Growth Cellular Automata Simulation at Different Spatial Extents[J]. Sustainability, 2018, 10(12): 4758.
[17] White R, Engelen G, Uljee I, et al. Developing an Urban Land Use Simulator for European Cities[Z]. Stresa: European Commission, Joint Research Centre, 2000179-190.
[18] Wu F. Calibration of stochastic cellular automata: the application to rural-urban land conversions[J]. International Journal of Geographical Information Science, 2002, 16(8): 795-818.
[19] Lagarias A. Urban sprawl simulation linking macro-scale processes to micro-dynamics through cellular automata, an application in Thessaloniki, Greece[J]. Applied Geography, 2012, 34(05): 146-160.
[20] Liu D, Zheng X, Zhang C, et al. A new temporal - spatial dynamics method of simulating land-use change[J]. Ecological Modelling, 2017, 350(2): 1-10.

作者简介

杨希，1985年生，女，汉族，辽宁人，博士，哈尔滨工业大学，副教授，研究方向为传统村落空间演化。电子邮箱：xiyang12@tsinghua.org.cn。

从风景美学到诗歌语境[①]
——浙江苍岭古道景观特质初探

From Landscape Aesthetics to Poetry Context: A Preliminary Study on the Landscape Features of Cangling Ancient Road

王梦琦　沈实现

摘　要：本文是在诗歌语境下对浙江苍岭古道的风景美学进行探究，由点及线，充分挖掘苍岭古道的景观特征以及文化特质。具体研究内容包括苍岭古道的景象序列、诗境构建以及美学意境。研究一方面是对于物质空间与抽象语境，即“景”与“境”之间互文性的一种探讨，另一方面，丰富了苍岭古道在人文历史层面的研究成果。希望在倡导乡村振兴的当下，对于乡村历史文化遗产和自然景观廊道的保护和开发提供一定的参考。

关键词：诗歌；苍岭古道；风景；美学

Abstract: At the moment when the linear corridor with historical and cultural nature has become the focus of academic research, this article explores the landscape aesthetics of the Cangling Ancient Road in Zhejiang in the context of poetry, and fully excavates the landscape features of the Cangling Ancient Road from points and axes. Cultural traits. The specific research content includes the scene sequence of the Cangling Ancient Road, the construction of the poetic conception and the aesthetic conception. On the one hand, the research is a discussion of the intertextuality between abstract context and material space, that is, "scene" and "environment". On the other hand, it enriches the systematic research results of Cangling Ancient Road and is beneficial to Cangling Ancient Road. Protection and development. It is hoped that at the time of advocating rural revitalization, it can provide a certain reference for the protection of rural heritage, the construction of rural greenways and the construction of large rural gardens.

Keywords: Poetry; Cangling Ancient Road; Landscape; Aesthetics

1　从风景到诗歌

自古以来文人以诗歌的形式来记录游历山川后的所见所感，于是诗歌成为表达风景意象的载体。读者再通过解读诗咏来获得身临其境的感受。孙筱祥先生认为，文人写意山水园林的3层境界分别为生境、画境与意境，其中意境解释为诗境，是一种理想美的境界。因而，诗境可以理解为风景美学的最高境界，是生境与画境互相渗透、情景交融的结果[1]（图1）。

风景通过景象存在于我们的脑海之中，那么在古道风景这种线性的景象以及山水诗之间是否可以建立起某种特殊的关联？韦羲曾在《照夜白》一书中指出游观式山水画具有历时性与共时性[2]，历时性是指一幅画中不同

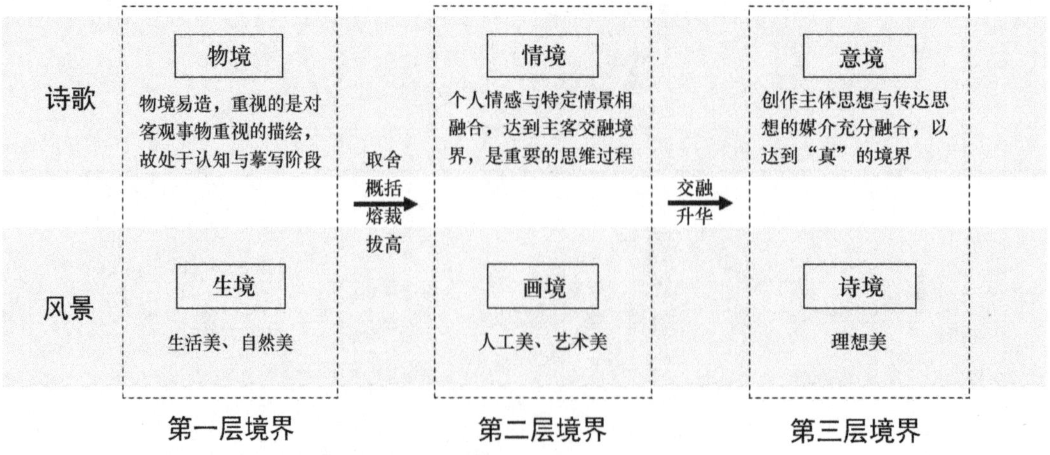

图1　风景与诗歌关系示意

① 基金项目：国家社科基金艺术学项目（18BG133）资助。

时空依次序展开，有着事件发生的脉络；共时性则是指利用散点透视将多个时空场景聚于同一画面之中，这是传统山水画叙事性的奥妙所在。所谓“诗画一律”，山水诗与山水画在表达上有着一定的相似性，因此对于诗歌我们也可以从历时性和共时性两方面来探讨。诗文是有着时间脉络以及空间转换的，这是它的历时性，而有时同一首诗中会出现多个不同空间的场景，赋予了人无尽的想象空间，体现了它的共时性。

若我们将景象的串联理解为诗文的历时性，将景象的转换理解为诗文的共时性，或许会对诗歌与景象的关系更为明晰。景的串联，即在结构上景象有着自己的发生路径，人通过行为上的观看获得图像的感知。景的转换，即人脑中同时出现多个不同时空的场景，再组织成同一画面，形成完整的脑海景象。这与诗歌为读者营造出的想象空间有着极大的共通性。

这种诗歌的解读方式或许对于我们了解线性的风景美学以及还原山水诗中创作者所表达的情感意境有所帮助。

由于本文的研究对象——浙江苍岭古道，缺乏图像与文字上的记录，我们要想还原古道昔日图景便只能从诗文中窥见一二，这也是研究从风景美学到诗歌语境的源起。

2 苍岭古道概况

苍岭古道全长约50里[3]，地处丽水缙云壶镇与台州仙居横溪镇的交界地带（图2），括苍山脉之中[4]。古为婺州与台州间交通要道，史称“婺（金华）括（台州）孔道”，是一条军事战略的要道、繁华热闹的商道、历史文化的长廊。

根据资料查询以及笔者实地调研[5]，苍岭古道自缙云壶镇至仙居横溪目前保存较完整的共有6段，分别是：青山水库段、青山水库南段、黄秧树村段、山口村至岭中村段、岭中至冷水村段、南田村至龙王殿段。如平面所示（图3），古道与壶南公路相穿插连接，能明显看出古道被切断的段落为公路所取代，许多被破坏的片段因缺乏历史资料而不可考，只可从村落与古道的相交之处寻到一些存在过的痕迹。[6]

现存的6段古道，基本处于山林之中或毗邻村落，体现了山林景、田园景、村庄景，即使类型相同古道之景同样富有变化，因此人在行走途中不至于觉得千篇一律，并且常会有获得意外之景的惊喜感受（表1）。

图2 苍岭古道路线示意图

图3 苍岭古道现存路段示意图（图版来源：改绘自《苍岭古道保护范围和建设控制带示意图》）

现存古道典型风貌 **表 1**

古道段落	典型风貌	
	道路	主要环境
青山水库段	 	
青山水库南段	  	
黄秧树村段	 	
山口村至岭中村段	  	
岭中村至冷水村段	  	
南田村至龙王殿段	  	

3 苍岭古道景象序列

3.1 “景”的串联

刘禹昭在《括苍山》描绘了他途经苍岭古道时的所见所感：“尽日行方半，诸山直下看。白云随步起，危径直天盘。瀑顶桥形小，溪边钓影寒。注成空叹息，玄鬓改非难。”他在行走过程中视点在不断变化，所见之景也是不断转换的，从而构成了一系列连续的画面，这也就是古道景观的系列性。

3.1.1 行走中的观看

“观，是一种结构性的看，它是由文化预设的。……观是带有一种强烈的前经验图式的想象、观察、体验与表达（或显示）。”[7]因而在园林中的“观”并非简单意义上的“看”。

田芃对于园林的“观法体系”总结为模件化的景、置景器、连景器、观景器（图4）。[8]最终再由这些元素共同实现了园林意境的表达。笔者以为这个理论也同样适用于古道风景观看的分析：景是古道之景，视觉中或片段或连续的图景表达，置景器是古道庞大的自然体系，连景器是串联景的古道本体，观景器则是观看之法，古道园景的叙事性表达。

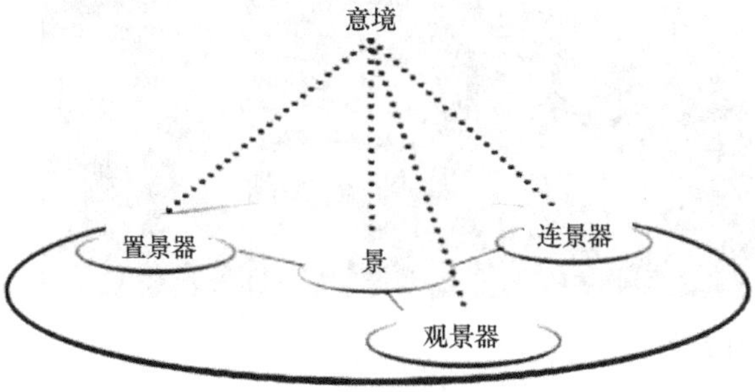

图4 中国传统园林的构园要素及媾和关系—精神的意境
（图片来源：田芃绘）

笔者通过在行走过程中对于观看的记录，有了一些连续的画面，在这种观看中，线性特征则尤为强烈。除了对于空间的记录，行走中的观看还有时间性的特征，人在其中行走时，或静或动，或游走环视或边走边看，都是时间与空间交错的过程，产生了景物的更替。

试以龙王殿至南田村的东苍岭古道精华段落来进行关于古道观法的分析，可将其从起点到终点划分为起始——引导——高潮——尾声4个片段，类比诗歌中起、承、转、合的行文手法（图5）。

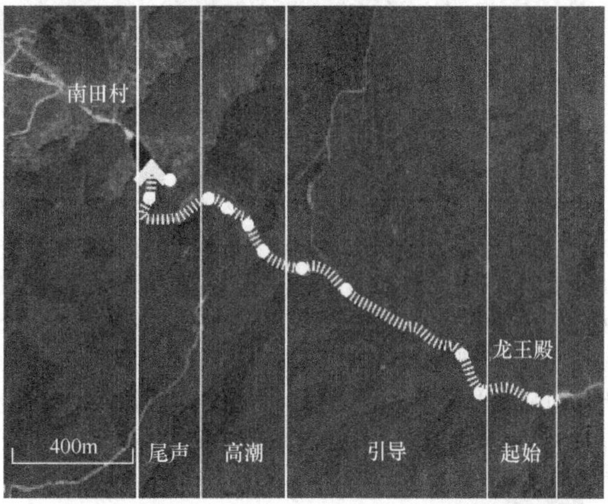

图5 东苍岭古道龙王殿至南田村段序列图

（1）起始

龙王殿是此段现存苍岭古道的起点，且颇具人工趣味的段落。从卵石铺地、直板桥、台阶路径上高差的变化，暗示了古道的入口位置。建筑在茂密植物的遮挡下露出一角，同时遮蔽了身后的古道，体现了藏与露的园林意趣。走进山林再回望，狭长的古道和庙宇有着“深山藏古寺”的意境氛围（图6）。

（2）引导

此段为引导段，因为整体道路较悠长舒缓，人主要置身于山林，可作为过渡。在由外界向山林行进的转折处，有一破损的凉亭残墙分隔了连续的画面，由石桥连接了两侧山路，形成了丰富的空间变化。到达一定高度，俯瞰身后是绵延的山体及茂密荫蔽的层层树林，人行走其中甚至不辨方位。忽听闻水声，只遥见有瀑布隐匿林间，只露出一点，令人试图一探究竟。循着水声，得见有瀑布顺着山石向山下奔涌而去，清凉的水汽加上大树遮阴，此处是行人歇脚的绝好位置（图7）。

图6 起始段序列变化

图7　引导段序列变化

（3）高潮

逐渐向山顶走去，因为陡峭狭窄的山路以及沿途的旷远景致，古道景色显得格外壮观。道路随山势蜿蜒曲折，沿路或为杂草，或为乱石，或为土坡，偶然有延伸出去的岩石平台，供人暂歇，在此可一览山峦景致。在临近村庄的段落，路上有较多巨石散落，和山体相接，看来是开山时从山上滚落，巨石在空旷的两山之间成为视线的遮挡，阻隔了画面，与古道结合也别有一番趣味（图8）。

（4）尾声

随着愈靠近村落，道路愈发趋于平坦、宽敞。一条小溪沿路潺潺流淌，一侧是茂密的竹林。经过村庄外的水坝，到达点将台，两侧植被阵列排布，登上数十级台阶，到达了古道的最高点，可俯瞰括苍山景致，云雾缭绕间，人仿佛置于仙境（图9）。

图8　高潮段序列变化

图9　尾声段序列变化

这4个片段，处于同一片山林生境之中，由共同的路径贯穿始终，但古道自身材质、尺度均在变化，不同季节，不同时间，所见之景也截然不同，带给行人不同的感受。

3.1.2 “点—轴”景观结构

苍岭古道的外部环境以括苍山脉为大背景，其依山而建，山是主要的景观容器。在古道生境中，最为显著的特点便是它的轴线系统，古道上的各节点均遵循着“点—轴”的结构体系，诸多丰富的节点，其空间变化都是置于道路轴线系统下讨论。轴线上的景观大致可分为3种类型：村庄景、田园景、山林景，而前文提到的诸多理景要素，如瀑布、溪流、水渠、驿站、桥、植被等散布在各景象之中，构成了一个个完整的景观斑块[9]（图10）。

3.2 “景”的转换——从村落到古道

村落与古道的平面关系中，存在着穿越与依靠两种状态。由于部分古道随着公路的修建而缺失，笔者在村落行走的过程中还需有“寻找”古道的过程，这其中往往能发现有趣的景观变化。在不同村落内，村落到古道的转换形式不尽然相同，那么“点”与“线”间是如何发生转换的，人在位移中又产生了怎样不同的视觉感受。在这里以

图 10　苍岭古道景观结构图

西苍岭古道中的 3 个古道保留相对完整的村落黄秧树村、山口村、冷水村为例，黄秧树村沿公路分布，是典型的线型村落，景象转换呈现“村庄景—田园景—山林景”的格局；山口村因为村落规模较小，古道与村庄直接相连，因此呈现“村庄景—山林景”的格局（图 11）；岭中村因村落规模较大，高差较大，村落两端古道保存完整，因此呈现“田园景—村庄景—山林景”的格局（图 12～图 15）。在这里以黄秧树村进行具体分析。

图 11　山口村平面点位图（左图）与序列变化

图 12　岭中村平面点位图

图 13　岭中村田园景序列变化

图 14　岭中村村庄景序列变化

图 15　岭中村山林景序列变化

“村庄景—田园景—山林景”。在村庄向古道转换的过程中，经历了田园景观的过渡，这种形式常见于线状格局特征尤其明显的村庄，村庄进深空间较长，道路沿线景观更富于变化。黄秧树村呈现的是建筑在道路一旁现状延伸的基本格局，人在公路向古道行走的过程中随着视点移动所见画面也产生了变化（图 16）。

在公路上行走时，由于透视角度相似，前方视野没有遮蔽，画面构图也不会显著改变，主要是建筑形制以及沿途植被的变化（图 17）。

在公路的转弯口，产生了田园向古道转换过程中，“隔而未断”的效果。站在村庄建筑结束的端口，随着植被的遮挡，还不能看见古道的入口。在行走过程中，视点产生两个方向的位移，一边是向前寻找古道的入口，一边是向左右两侧转换，左侧是水渠—农田—树林—远山的序列，梯田层层抬高，竖向变化丰富，右侧是农田—村径—水塘—树林—远山的序列，视野范围更广阔开敞，画面构图变化显著（图 18）。

公路向古道转换的过程中，古道空间开始出现开合变化。人站在古道向村庄回望，从入口开始，近景是农田，中景是建筑，远景是远山，随着视点的抬高，道路一侧是低矮茶树，一侧是高层植被，呈现半包围的视觉感受，村庄成为远景，再向高处走去，两侧更加郁闭，直至完全呈山林状态（图 19）。

图 16　黄秧树村平面点位图

图 17　黄秧树村村庄景序列变化

图 18　黄秧树村田园景序列变化

图 19　黄秧树村山林景序列变化

4　苍岭古道诗歌语境的形成

在苍岭古道漫长的历史发展中，这里不仅见证了烽火连天的战事、往来不息的商贸、奔波跋涉的货运[10]，更留下了文人墨客在此游山玩水，感时伤怀的足迹，也因此造就了一条文化气息浓郁的诗词古道的形成。对于诗境，王昌龄引入了文学理论，将诗歌的意境总结为“物境、情境、意境”三境界[11]，分析物境与情境是讨论诗歌意境的前提。

4.1　物境：诗歌中的意象描绘

在对文献的查阅以及网络相关资料的搜集中，笔者将现存能找到的苍岭古道相关诗歌共 22 首汇总如下(表 2)，时间跨度从唐代到民国，题材包括山水诗、田园诗等。[12]

在此，对诗中明显出现的意象进行分类整理，主要有自然景观意象类与人工景观意象类两大类别，各种意象类型丰富，自然景观是主要的意象类型，诗人常以自然现象作为环境渲染，再以人工类景象作为情感烘托(图 20、表 2)。

苍岭古道诗歌总览　　**表 2**

朝代	作者	诗名	诗句
唐	孟浩然	寻天台山	吾友太乙子，餐霞卧赤诚。欲寻华顶去，不惮恶溪名。 歇马凭云宿，扬帆截海行。高高翠微里，遥见石梁横。
	张文伏	苍岭	绝壁不可攀，悬崖不可下。路险心自平，由来无取舍。稳稳须教着步行，前途荆棘胡从生。

续表

朝代	作者	诗名	诗句
五代	刘禹昭	括苍山	尽日行方半，诸山直下看。白云随步起，危径直天盘。 瀑顶桥形小，溪边钓影寒。往来空太息，玄鬓改非难。
宋	楼钥	过苍岭（其一）	崇朝辛苦上孱颜，泥径初平意暂闲。苍岭东头移野步，眼前便是处州山。
	楼钥	过苍岭（其二）	黄云满坞沙田稻，白雪漫山荠菜花。路人缗云频借问，碧香酒好是谁家？
	楼钥	自柯山归再过苍岭	雨后过苍岭，平生行路难。危层惊步滑，绝涧觉心寒。 就岭山逾险，趋平谷更盘。年来经世故，不作险途看。
	翁卷	处州苍岭	步步蹑飞云，初疑梦里身。村鸡数声远，山舍几家邻。 不雨溪长急，非春树亦新。自从开此岭，便有客行人。
	陈公辅	苍岭	行到危山仆已痛，此身强健不须扶。回头指望重冈处，得似人心险也无。
	杜师旦	苍岭	休嗟道险未堪行，却到层峦足较轻。山险还如心险否，心平履险险仍平。
	徐似道	题苍岭	看山每恨眼不饱，上马岂知程可贪。还我一筇双不借，缓从云北过云南。
	朱熹	度苍岭过雁门	出岫孤云意自闲，不妨王事任连环。解鞍盘礴忘归去，碧涧修筠似故山。
	陈伯固	送考亭朱夫子赴天台	羸马踏残月，荷策登泮宫。入门见先生，先生何从容。
	吕声之	括苍山行	微风吹雨入阑干，薄雾笼晴带浅寒。一树红梅墙外发，谁家美丽倩人看。
	李辅	真空寺	括苍山上云，山好云亦好。 可怜山下僧，看云不知老。
元末明初	刘基	壬辰岁八月自台州之永嘉度苍岭	昨暮辞赤城，今朝度苍岭。山峻路屈盘，峡束迷晷景。 谽谺出风门，坎窗入天井。冥行九地底，高瞰群木顶。 瀑泉流其中，却若泄溟涬。哀猿啸无外，去鸟飞更永。仆夫怨跋涉，瘦马悲项领。
明	赵大祐	括苍进岭	披襟入深雾，四山乱鸣泉。人疑来异界，身似向重天。犬吠云中舍，农烧涧底田。
	王一宁	北上过苍岭赋寄诸亲友	五月趋燕蓟，盘旋出故关。萍踪今日远，梓里几时还？ 暑雨侵行旅，羁愁上老颜。亲朋回首望，已隔万重山。
清	李绥祺	括苍岭上行	名山列障好溪东，古洞深幽未可穷。陟岭初如人面壁，登峰遂若马行空。遥遥一水成衣带，历历千家隔彩虹。信是石梁仙路近，遥闻笙鹤过云中。
	端木国瑚	苍岭	登天有路不须翮，天梯直上三千尺。前行渐渐入云中，后来蚁缘犹络绎。 夙闻苍岭高于天，果然矗天星可摘。绝壑谽谺有龙吟，悬崕嵂崒多虎迹。 羊肠仿佛似蚕丛，鸟道何年五丁辟。天为吾邑置天关，岂意粤兵来不隔。 大队窜入抄乡村，火光竟夕天为赤。通衢累月断人行，况此峻岭谁于役。 始知天险守在人，勿谓关隘扼其嗌。迩来欃枪扫太白，天河倒泻洗兵革。 依然负担出兹途，摩肩往来双不借。槐黄初届束行装，观潮有约我将适。 始从断涧度小桥，旋蹑危磴据盘石。穷陟再上二里半，冒暑汗流不自惜。 帝座相违咫尺间，此身自疑真羽客。俯视下界若蚍蜉，埃壒之中空跳踯。
	端木国瑚	括苍山雨	天入括苍天欲低，翠微直上云与齐。盘空触破云中壁，万丈芙蓉散马蹄。 轩皇仙去空烟雾，灵异独叱真龙护。苍然鳞甲不可撄，蛰雷震起蟠髯怒。 势薄光景寒森森，湿气冱结千林素。倒吸银河作雨飞，珠玑喷薄光无数。 阴阳开阖荡层冥，奇变杂沓来仙灵。丹气冲虹鼎火赤，剑光跃电炉烟青。 岚疏翠密竞欲滴，高空洗出山容醒。忽开霁景数蜂外，丹霞一道凌紫庭。 行人路出桃源中，衣上雨点桃花红。足下走云如走马，扑面爽气堆清空。 山灵有意弄奇谲，千岩一日开鸿濛。清光叠叠雨际出，不数劖刻夸鬼工。 百载高风揖隐吏，烟霞饱眼心如醉。长疑此境隔人间，谁识仙山在平地。
民国	干人俊	丁丑过苍岭诗	括苍何耸拔，随步起流霞。野果红山径，秋花白岭家。 有缘桃洞客，空志五云茶。回首钱塘路，愁云漠漠斜。
	王镜澜	无题	崔巍苍岭若天高，著履行来意气豪。两岸烟迷红树杳，一肩风送白云飘。悬崖复磴重重锁，盘石横山叠叠牢。放眼直看天地小，教人一步一忘劳。

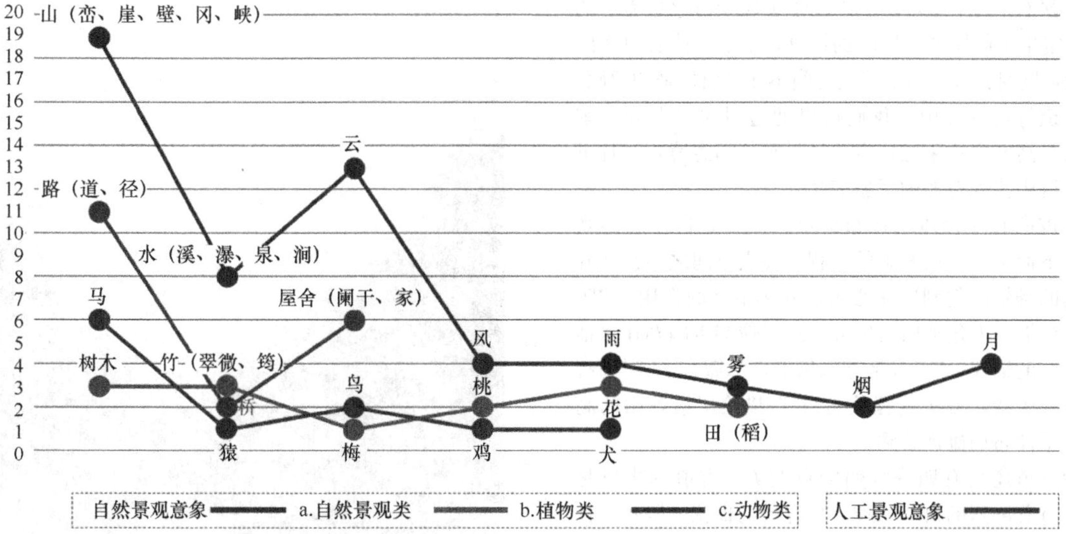

图 20 苍岭古道诗歌意象汇总

4.2 情境：创作者的情感介入

4.2.1 古道诗歌情境类型

（1）豁达之境

这类描绘对象以自然山水为主，主要是创作者面对浩瀚山岭的直观体悟，主要观照对象就是山林，不受外界干扰，真正达到了"物我两忘、物我合一"的境界。苍岭古道山势险峻，道路蜿蜒曲折，历来有众多诗人在这里基于山水游历留下著名诗篇。例如宋朝杜师旦的《苍岭》："休嗟道险未堪行，却到层峦足较轻。山险还如心险否，心平履险险仍平。"诗人在历经崇山峻岭后发出这样的感慨，认为心平就可攻克山险，一切难题将变得坦然无碍。

（2）安逸之境

这类描绘对象以田园生活为主，表达了诗人对于隐匿山林、田园牧歌式生活的向往，不同于山水体验式中主要对于苍岭之"险"的直观表达，诗人更多的是对于安逸生活的吟咏。楼钥《过苍岭》诗云："黄云满坞沙田稻，白雪漫山荠菜花。路人缙云频借问，碧香酒好是谁家?"诗人是朝廷政要而喜山乐水，诗中描绘了苍岭沿途层层稻田、荠菜花如霜似雪的景象，又借路人之口发问"碧香酒好是谁家?"抒发了诗人对于山水田园生活的向往以及积极乐观的心态。

（3）惜别之境

这类诗篇以送别题材为主。朱熹曾任浙东常平茶盐公事，巡历婺州等地后经苍岭到台州，后又从台州到缙云。在他去台州之际，他的弟子陈伯固书《送考亭朱夫子赴天台》送别师傅，诗云："羸马踏残月，荷策登泮宫。入门见先生，先生何从容。"题名与诗中并未出现古道二字，但分析可得朱熹当时走的正是苍岭古道。创作者以简单四句叙述了自己为了向朱夫子求学而历经艰辛路途，如今却要就此道别的依依情境。"羸马"暗示了诗人为求良师长途跋涉，"残月"则映照出其内心的孤寂，"荷策"即诗人原本作为谋臣却依然渴望求道，终于来到"泮宫"，朱夫子的学府。当进门终于得见夫子本尊，诗人被夫子的从容气度深深感染。从题名看来，诗人要表达的是对恩师的惜别之情，全诗却在描述过往经历，看似跑题，却是对朱夫子深厚情谊的交代，渲染了悲伤的离别气氛，引人共情。

（4）孤寂之境

这类诗篇以言志题材为主。作者在写景的同时另有深意，表达出自己不与世俗同流合污的高贵品质。楼钥在《自柯山归再过苍岭》中诗云："就岭山逾险，趋平谷更盘。年来经世故，不作险途看。"诗人描绘了攀登苍岭的艰难困苦，但又表示这和他经历过的人情世故，官场尔虞我诈相比又不算艰辛，抒发了自己当朝为官，历经宦海沉浮的不易，实际表达了自己正直清廉，超脱世俗的珍贵品质。

通过对苍岭古道诗歌情境类型的梳理我们可以发现，在相近环境下随着心境的变化，不同时间，不同语境下，创作者表达的情境都是不同的。通过不同诗歌意象的塑造，创作者可以表达的情境也是广阔的。这样，我们对于苍岭古道基于现实的认知又可以上升到情感的角度，也更能理解古人在游历此地时的情感体验。

苍岭古道诗歌情境类型汇总　　　　表 3

情境类型	诗名及作者	诗句
豁达之境	《苍岭》 杜诗旦	休嗟道险未堪行，却到层峦足较轻。 山险还如心险否，心平履险险仍平。
安逸之境	《过苍岭》 楼钥	黄云满坞沙田稻，白雪漫山荠菜花。 路人缙云频借问，碧香酒好是谁家?
惜别之境	《送考亭朱夫子赴天台》 陈伯固	羸马踏残月，荷策登泮宫。 入门见先生，先生何从容。

5 "景""诗"互生——苍岭古道的美学意境

风景与山水诗二者之间有着相互促成、交融的关系。

风景是诗歌创作的来源，诗歌则赋予了风景情感意境上的表达，它定格了创作者在场时的情景，给予了读者更大的想象空间，同时弥补因某个特定时间不在场而带来的缺憾。

在古道行走过程中，我们可以通过景象的开合、季相、层次与高低变化来感知古道风景独特的意境，并且可以从山水诗中找到对照的意象表达。

苍岭古道的开合体现在布局形式之中，古道之游观经历了自下而上、由奥及旷的过程。在大空间之中往往开阔、辽远的场景能起到净化心灵、升华精神的作用，"旷如"之景更能令人包揽山河境界。这就像端木国湖在《括苍山雨》中的描述："天入括苍天欲低，翠微直上云与齐。盘空触破云中壁，万丈芙蓉散马蹄。"描绘了括苍山的高远之势，整体布局雄浑壮阔。

苍岭古道还具有四季鲜明的自然美。古道的生机是野意的，有着浓烈的自然意趣。如春天的梅花、樱花、杜鹃争奇斗艳；夏天的乔木郁闭；秋天的苍岭丹枫；冬天的翠竹耸立，枯木萧瑟。在诗歌中，诗人常通过设色，即色彩明暗、深浅、浓淡的变化来表现丰富的场景。干人俊在《丁丑过苍岭诗》中如是描绘："括苍何耸拔，随步起流霞。野果红山径，秋花白岭家。""流霞""野果红""秋花白"，画面中绿色的山脉、黄色的流霞、红色的山径、白色的岭家，设色缤纷，令人目不暇接。

苍岭古道的层次体现在路径的幽远曲折与虚实相生之中。前文分析过的东苍岭古道龙王殿到南田村段，是路径中最为曲折险峻的段落，道路随山脉蜿蜒，从高处向远方看去，山路回环萦绕，若隐若现（图 21）。再看道路旁瀑布跌落汇成的溪流掩掩隐隐，没有边界，山脉绵延，远山于氤氲雾气间朦胧不辨，山水意蕴就此显现（图 22）。在刘基的《壬辰岁八月自台州之永嘉度苍岭》中就表现了山峻路曲，峡峙迷蒙，山石险峻，视点不断从高低间转换，实现了景致从闭塞到旷远的变化。

图 21　古道委曲

图 22　山水虚实

苍岭古道的高低变化则最为显著，古道之险在高程的不断变化中感受最为深刻。在前文提到的《无题》一诗中，诗人从山脚向山顶攀爬古道，将所见的不同时空场景连续描写。当终于登顶，俯瞰苍茫山野，先前的劳顿已经抛到了脑后。此时投影在读者脑海中的情景，大抵是诗人站在山顶，背景是曲折无尽的蹬道以及绵延不绝的山岭。然而，画面的表达远不及文字带来的震撼力，这就是诗歌高于图像所在。

无论是诗人或画家均已淡墨轻岚还原古道景致，达到"境若与诗文相融洽"，当读者以古人心境再走古道，会赋予古道更深一层次的情感体验，这就是诗词的境界。

6　结语

通过对于苍岭古道风景与诗歌关系的构建，或许可以提供抽象语境与物质空间之间互文性的某种启示。诗歌给读者带来情感上的共鸣也就是意境的体悟，而意境的空间与层次取决于实体的呈现与读者的理解，这是需要物质载体作为前提来实现的，苍岭古道则作为物质实体为意境的研究提供基础。这便是本文讨论的"景"与"诗"的互生关系，即"景"与"境"的互相促成。

从风景美学到诗歌语境的角度来探究浙江苍岭古道的景观特质，是对于当前古道开发面临文化美学上的缺失等问题而进行的有益探索。苍岭古道有着重要的历史文化价值和风景资源，若能发挥它的价值，必然可以活化和振兴古道所在区域的经济、文化和生态建设。同时，本文也希望为类似线型廊道的研究提供一定的借鉴，即从更深层次的文化意蕴和实体物质的互文关系入手，而不仅浮于历史文化的表象，或者拘泥于廊道的形式本身。

参考文献

[1] 孙筱祥. 生境·画境·意境——文人写意山水园林的艺术境界及其表现手法[J]. 风景园林，2013(06)：26-33.

[2] 韦羲. 照夜白[M]. 台海出版社，2017：74.

[3] 赵锡光. 缙云县交通志[M]. 1989.

[4] 潘绍诒修. 周荣椿纂. 清光绪版《处州府志》卷之二.

[5] 王敏霞. 县博物馆前往苍岭古道进行考古调研. 缙云新闻网[EB/OL]. [2016-05-27]. http://jynews.zjol.com.cn/jynews/system/2016/05/27/020466189.shtml.

[6] 金兆法. 缙云县志[M]. 浙江人民出版社，1996.

[7] 王欣. 乌有园[M]. 上海：同济大学出版社，2015.

[8] 田芃. 中国传统园林可否如此的观法[J]. 南方建筑，2017.3.

[9] 储金龙，李瑶，李久林. 基于"斑块—廊道—基质"的线性文化遗产现状特征及其保护路径——以徽州古道为例[J]. 小城镇建设，2019，37(12)：46-52+60.

[10] 刘朝晖. 文化景观带再生产：浙江古道休闲文化旅游研究[J]. 广西民族大学学报(哲学社会科学版)，2018，40(03)：50-56.

[11] 佚名. 王昌龄 诗有三境. 瑞文网[EB/OL]. [2017-09-05]. http://www.ruiwen.com/wenxue/wangchangling/166992.html.

[12] 赵治中. 走进苍岭古道[J]. 丽水学院学报，2013(06).

作者简介

王梦琦，1995年生，女，汉族，浙江人，中国美术学院建筑艺术学院景观设计系硕士研究生在读，研究方向为风景园林。

沈实现，1980年生，男，汉族，浙江人，中国美术学院建筑艺术学院景观设计系，副教授，研究方向为风景园林。

乡村振兴背景下的乡村环境品质提升规划研究

——以新疆阿克苏地区乌什县托万克库曲麦村乡村环境品质提升规划为例

Study on Rural Environmental Quality Improvement Planning under the Background of Rural Revitalization

—Take the rural Environmental Quality Improvement Plan of Tuowanke Kuqumai Village, Wushi County, Aksu Prefecture, Xinjiang as an Example

张　斌　高　飞　陈凯翔

摘　要：随着乡村振兴战略的实施，乡村环境品质在迎来历史发展机遇的同时也将面临更大的挑战，现有的乡村环境品质提升的规划理念和方法已经不能完全符合新时代乡村建设的要求，现阶段乡村建设所存在的问题也逐渐显现。如何呼应生态文明理念、承载乡土文化、助力乡村产业发展升级，如何体现村民的幸福感与获得感成为新时代乡村环境品质规划建设重要内容。
关键词：乡村振兴；环境品质；乡村景观

Abstract: With the implementation of the rural revitalization strategy, the rural environmental quality will face greater challenges while ushering in historical development opportunities. The existing planning concepts and methods for improving rural environmental quality can no longer fully meet the needs of rural construction in the new era. Requirements, the problems existing in rural construction at this stage are gradually emerging. How to respond to the concept of ecological civilization, how to carry local culture, how to help the development and upgrading of rural industries, and how to reflect the sense of happiness and gain of villagers have become important contents of the planning and construction of rural environmental quality in the new era.
Keywords: Rural Revitalization; Environmental Quality; Rural Landscape

引言

乡村振兴是党的十九大提出的一项重大战略，是关系全面建设社会主义现代化国家的全局性、历史性任务。要求实现农村振兴、农业发展、农民富裕，开创农业农村现代化建设新局面。尤其是脱贫攻坚取得胜利后，全面推进乡村振兴，是“三农”工作重心的历史性转移和新时代“三农”工作总抓手[1]。乡村振兴战略也从生态和文化两方面对村庄环境品质提出了更高的要求，为提升乡村环境品质带来了新的契机[2]。“产业兴旺、生态宜居、乡风文明、治理有效、生活富裕”，是乡村振兴战略的总要求，良好的环境品质是乡村振兴的重要保障和实现乡村生态宜居的重要抓手，也是乡村的最大优势和宝贵财富[3]。

1　良好的乡村环境品质是乡村振兴的空间基础

乡村环境主要由自然环境、村落环境和农家环境共同组成，自然环境包括山、水、林、草等自然要素；村落环境则包括村庄道路、村庄公共服务管理及耕地农田等公共空间要素所组成；农家环境则是村民的院落空间，虽然是属于私人空间却也是体现乡村环境品质的重要元素。因此，乡村环境既具有生态环境的价值体系又具有宜居生活的功能体系，同时还具有乡土文化、休闲游憩、旅游休闲及发展经济等的使用价值，属于可开发利用的综合性资源[4]。良好的乡村环境既是生态宜居的体现也是支撑乡村产业发展基石，同时也是强化文化引领、推进乡风文明、体现人民群众的幸福感与获得感的物质保障。因此，良好的乡村环境作为乡村经济、社会和文化发展的宝贵财产，具有多重价值属性，是乡村振兴的空间基础（图1）。

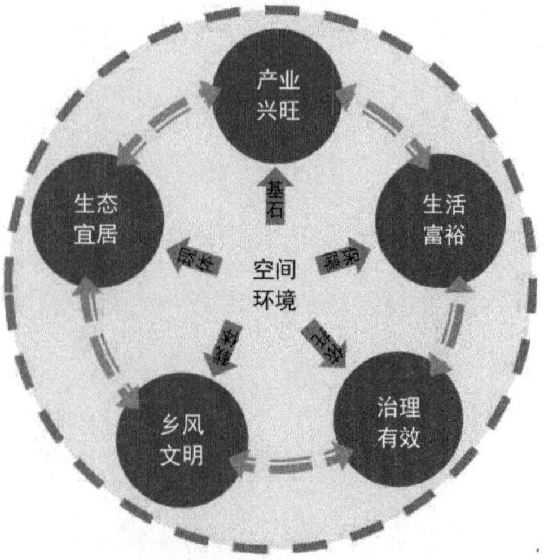

图1　空间环境与乡村振兴五要求关系图

2 乡村环境现阶段问题

2.1 质量不高与乡土文化不符

目前我国乡村正处在快速发展期，从以往来看处在社会快速发展的乡村地区，乡村建设出现了偏差，大量的乡村原生态景观被改造，而新建设的村落景观没有带来村落文化的景观感，反而出现了“城不是城，村不是村”的乡村都市景观[2]。具体包括盲目照搬建设粗糙；对乡村自然基地缺乏整体梳理，随意规划路网、填坑平山、驳岸硬化；乡村植被的种植体系大量运用城市化的植物配置模式；乡村建筑样式随意修改、道路及公共空间全部硬化等。这些简单化、模式化的环境建设打破了乡村景观形成的区域界限，破坏了原有的和谐，缺少对地域文化的保护与展现[5]。

2.2 就环境论环境缺少整体统筹

从目前来看，大多数乡村还是以第一产业为主，而当前的村庄环境品质提升大多仍停留在单一的村庄环境改善层面，近些年也有一些向更综合的整体宜居品质提升的探索，但仍缺少对环境和村庄发展的总体统筹使得新村发展无法持续。在乡村振兴战略背景下提出了环境、宜居、产业、文化、治理多维融合发展的要求，环境品质的提升不能停留在物质空间好看、好用的层面。尤其是环境作为其他方面的支撑系统，需要与其他方面综合考虑，这也对从业者提出了新的要求。

2.3 专业人员与村民缺少有效对接

由于乡村振兴战略是自上而下的政策传导，在地方政府高度重视的情况下，专业人员的高调介入有时无意识地取代了村民在乡村建设中的主角地位，出现了角色错位现象。而乡村建设更多的是一种自下而上的实践，村民的经验意见、传统的技术技艺都很重要，而村民也存在认识的局限性，如何有效结合专业人员与村民经验是当前乡村规划建设的重点和难点。

3 乡村环境品质提升规划策略

3.1 发掘乡村环境特色，彰显原乡特色风貌

乡村环境是当地村民在长期的生活实践中与本地特定的地形地貌、河流水系和自然环境的互动中留存至今的人类生活场所[2]，从而形成了各具特色的景观生态格局、乡村肌理和乡土文化，在规划中需要充分保护、梳理和彰显。

整体层面保护村庄生态格局。需要在更大的空间尺度保护和优化乡村与周边山水林田的生态关系，注重乡村与周边生态要素的互生互融，同时注重对视线等景观格局的把控。确定生态红线，并划分保护等级和保护范围，构建生态安全格局和文化景观保护体系[2]。

村庄层面延续传统格局及空间尺度。梳理和延续村落布局形态肌理，梳理道路、建筑布局，并结合农田、水系等特色资源整体形成特色独具的原乡村落风貌。

节点层面发掘和传承乡土文化场所。结合交通流线，梳理以庙宇、场、村巷、风水林、古树等为载体形成的乡村公共空间，营造出突出地域文脉、融合自然环境的乡土文化场所，为村民提供生活休憩场所的同时彰显原乡特色风貌。

3.2 融合产业发展需求，助力村庄振兴发展

在当前乡村振兴战略下的乡村环境品质提升规划需要迫切转变思路，要从单纯提高生活质量的宜居功能转变为以环境促进乡村发展振兴的功能。产业兴旺是乡村振兴的关键，因此乡村环境规划要综合布局和融入产业发展。首先，提前谋划产业布局，从整体层面布点和预留产业发展空间，同时营造出具有原乡风貌、自然生态的乡村景观，在改善村民生活品质的同时为发展乡村旅游奠定基础。其次以环境促进产业升级，提高农产品附加值，引入农产品加工企业，通过农商文旅融合发展实现乡村振兴。

3.3 贯彻共同缔造理念，共同推进乡村建设

2019 年住房和城乡建设部提出了城乡人居环境建设和整治，开展美好环境与幸福生活共同缔造活动，提出了通过决策共谋、发展共建、建设共管、效果共评、成果共享，推进人居环境建设和整治由政府为主向社会多方参与转变。乡村规划也要深入贯彻共同缔造理念，通过走访、座谈、现场解说等方式充分与当地居民沟通，深入了解村民意愿。并结合规划要求完善乡村公共服务设施，满足村民生产、生活需求。同时加强和创新农村社会治理、完善村庄管理体系，制定民约民则，加强基层民主和法制建设，让村民在享受到环境品质提升成果的同时充分发挥主人翁精神共同推进乡村建设。

3.4 远近结合实施见效，有序实现品质提升

在整体规划的基础上，要远近结合有序落实规划目标，按照重要性、示范性和可行性的原则选择重要区域、节点形成近期示范，让村民能实实在在地享受到提升效果。其中，重要性原则是指通过这些节点的提升，不管是对村容村貌、宜居建设还是宣传形象都能起到以点带面的作用；示范性原则是指通过这些节点的景观提升，从选取类型、优化方法、提升效果等方面能够为村庄以后的环境品质提升提供借鉴经验；可行性原则是指在近期是具有一定的建设基础和条件，能做到落地实施。

4 托万克库曲麦村乡村环境品质提升规划

4.1 项目背景

托万克库曲麦村位于新疆阿克苏地区乌什县阿合雅镇，南侧毗邻省道，距乌什县城 51km、阿克苏市区 60km，交通便利。全村维吾尔族占 99.76%，是典型的南疆少数民族聚居村，全村面积约 414.6hm^2，场地集中、形状较为规整，以一产为主。从现状来看，村庄有以下的特点与问题。

从整体环境来看，村庄紧邻托什干河，托什干河河道宽阔景观优美，滨河稻田连绵、近村果木成片，整体具有良好的生态本底。从村庄向北可远眺托木尔峰，托木尔峰终年积雪山体垂直景观丰富、景观效果良好，整体具有景观格局优越。产业来看，村内实训基地建设初具规模，同时也建设了县级创业园、夜市，村办企业等，具有一定的产业基础（图 2）。

图 2　村庄景观格局图

从村庄现状环境来看，虽然整体干净整洁，但仍有很大提升空间。存在缺少特色门户空间，如作为全村示范区域的实训基地片区，并未起到应有的窗口展示效果。还存在对现状水系、空地等资源利用不足、特色打造不突出、村庄现状用地布局与村庄产业布局耦合度不高等问题。

4.2　策略思路

结合现状来看，村内实训基地的建设具有先发优势，需要抓住实训基地建设的机会，并通过环境品质的提升把实训基地塑造成为村庄特色。因此规划提出了强实训、优环境、融旅游、促升级的规划策略，即在第一阶段以实训基地建设为核心，打造设施完备、环境良好的实训产业园区，做强实训基地。同时大力推动美丽乡村建设，整体提升村庄环境品质，一是可以让村庄更好地服务实训基地，也为下一阶段全面发展乡村旅游做好准备。最后，结合实训产业、乡村旅游的发展，推动产业的整体升级，最终实现农商文旅融合发展，有序实现村庄的全面振兴。

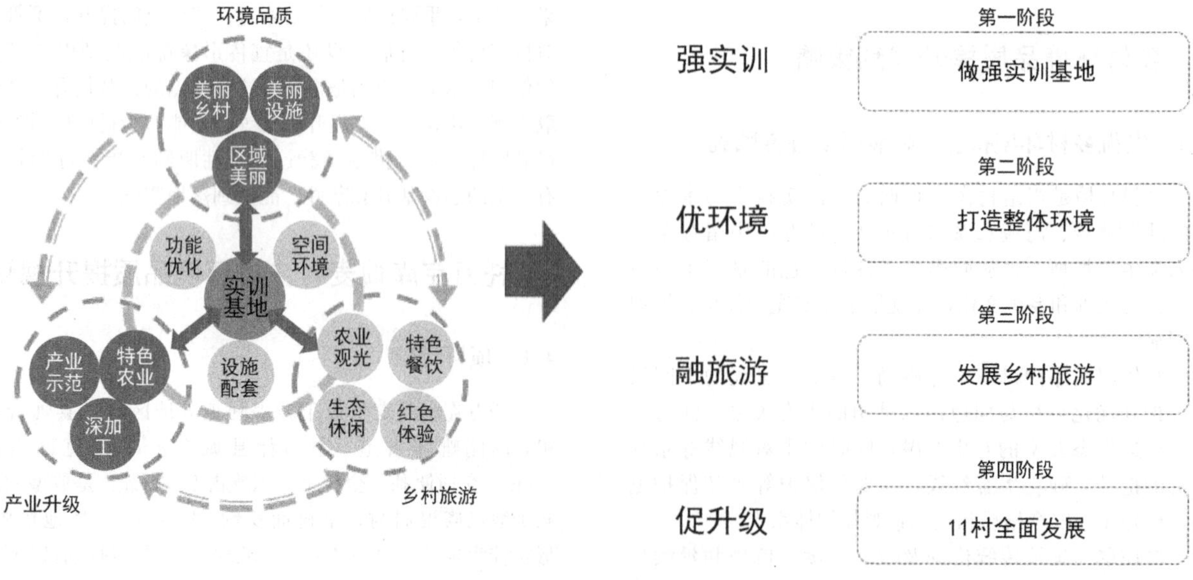

图 3　规划理念及思路

4.3 环境品质规划

4.3.1 提升实训基地环境品质、推进实训产业规模发展

实训基地的建设是村庄发展的契机和动力。因此，首先应该完善实训基地功能，打造功能齐全、设施完备、环境优美的书院式实训园区，充分发挥实训基地的带动作用。通过对比现代大学空间、功能的构成模式，实训基地应满足教学需求、生活需求、实践需求，同时具有良好的园区环境。规配置教学、生活、活动等相关设施。其中，集中新建报告厅、教室、办公楼、宿舍楼、食堂以及活动操场等设施，并对现有宿舍、绿化等进行升级，规划整体绿地率不低于 30%（图 4）。

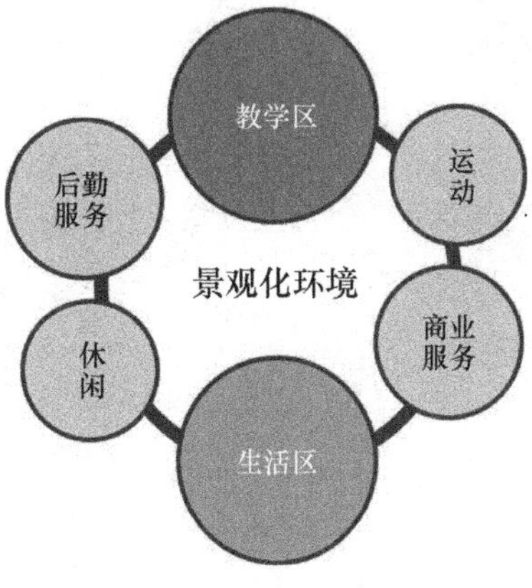

图 4 现代实训基地空间模式

4.3.2 优化生态宜居环境，打造美丽原乡宜居新示范

通过对区域范围内村庄生态格局的关系的梳理，整体塑造沃田为底、水网为脉、林带环绕的村落基底环境，践行绿水青山理念，保护好村庄的生态本底，塑造村庄的优美生态环境（图 5）。同时，在延续传统“三区分离”的院落布局模式的基础上，通过对葡萄架、果园的景观化改造，打造花木掩映、户美庭净的农家院落（图 6）。

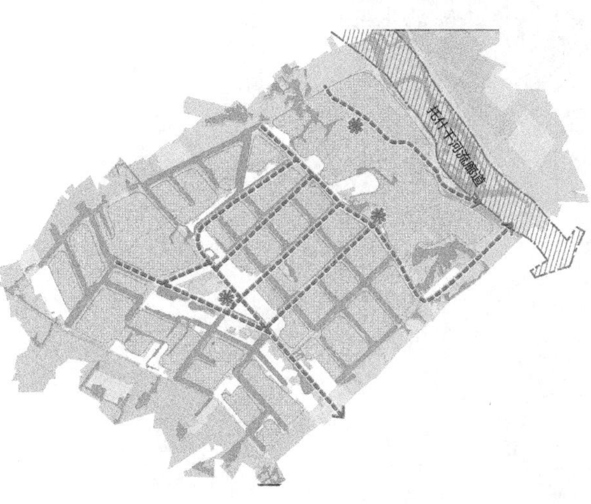

图 5 村庄蓝绿空间系统规划图

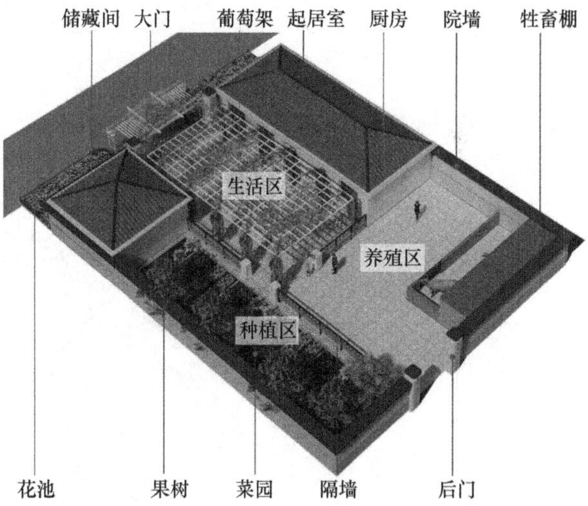

图 6 “三区分离”庭院鸟瞰图

4.3.3 塑造特色原乡风貌，推动旅游发展

结合近年来乡村旅游迅猛发展的态势，依托村庄地区党性教育基地、村庄环境品质提升形成以红色旅游为带动，集特色乡村体验、农业观光、生态休闲等于一体的乡村综合旅游村。并通过多类型、多时段特色游线的组织，满足多类人群的游憩需求，全面推动托万克库曲麦村的乡村旅游发展（图 7）。

4.3.4 联动产业布局、促进农商文旅融合发展

一是打造产业示范基地，包括教育实训、特农业等。二是打造特色品牌，通过建设绿色有机种植基地，做强做优绿色产品，并注册相应商标品牌，结合实训基地开发主题产品，在扩大宣传的同时创造经济收入。三是提高农产品附加值，引入农产品加工企业，提升农业附加值。

通过“强实训、优环境、融旅游、促升级”等措施，补充完善实训功能，提升村庄环境品质，推动乡村旅游发展在空间上形成了“一核一带，五区联动”的总体空间结构。

4.4 重要节点

在规划的基础上，选取了主题展馆广场节点、农家乐节点、特色农业节点、滨河湿地节点、南侧门户节点等重要节点进行深化设计，落实提升效果。

4.4.1 主题广场节点

该节点紧邻省道，现状包括实训基地、村委会、夜市等功能整体条件较好。通过对现有资源的梳理，优化功能空间布局，集中打造主题展馆、主题广场、演艺大厅、游客中心等设施，补充完善休闲游憩和旅游功能，把该片区打造为村庄核心功能的集中承载区和向外界的展示窗口。规划重点对主题广场进行了设计，结合主题展馆打造以红色文化为主题的展馆前广场，融入休闲休憩、旅游服务等功能。

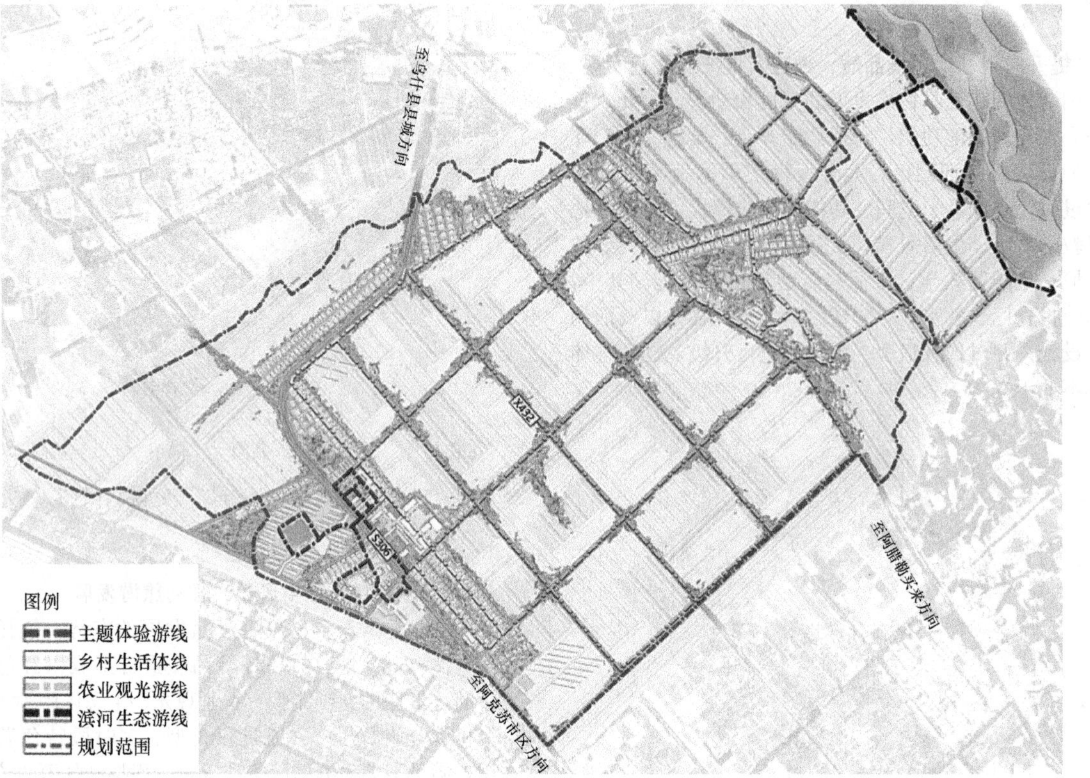

图 7　旅游体验线路分布图

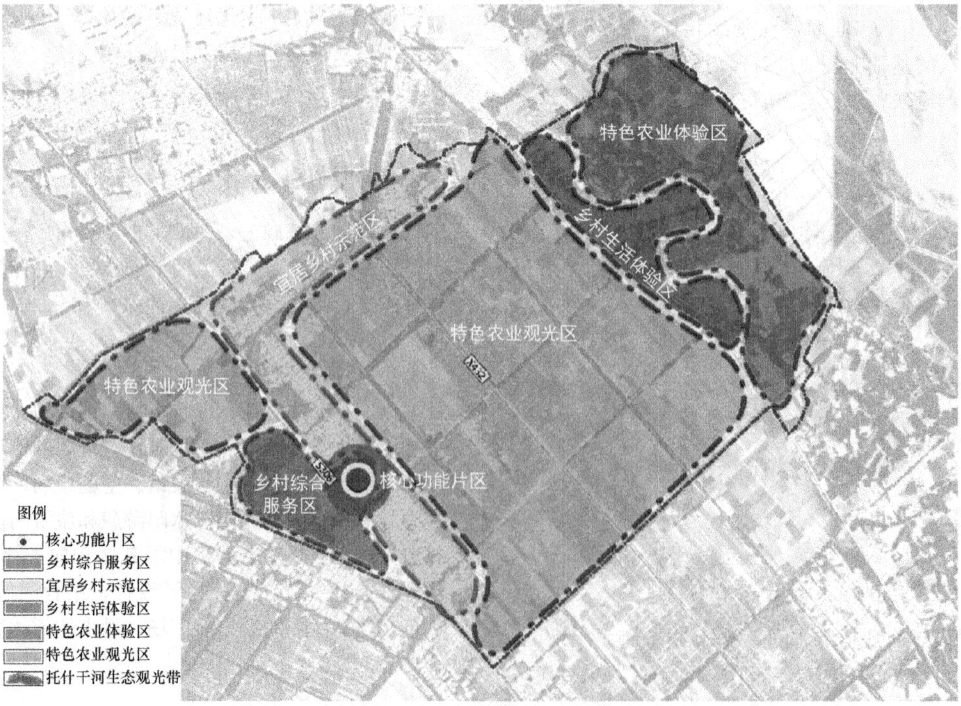

图 8　总体空间结构图

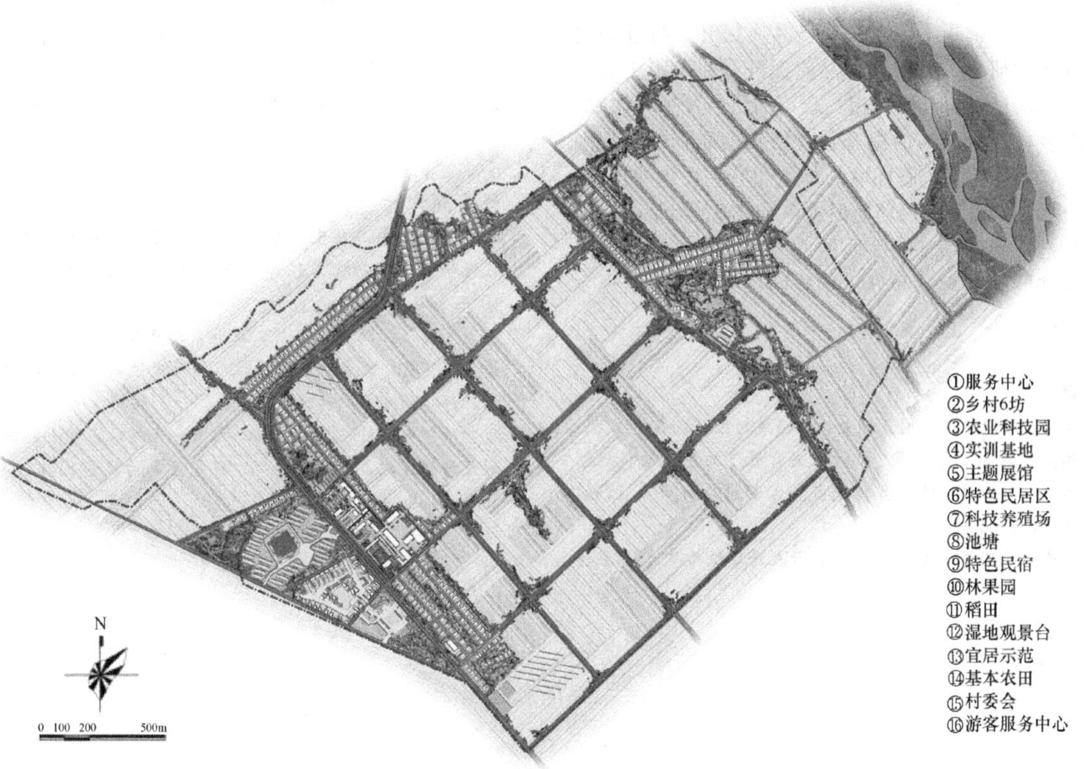

图 9　总平面图

图 10　总体鸟瞰图

4.4.2　滨河湿地节点

该片区在严格保护的基础上，在滨河区域适度开展与生态展示、生态教育相关的游憩活动，依托现有稻田、水渠、林地、坑塘开展与农业观光、农耕体验相关的旅游活动。规划在严格保护托什干河河流生态空间的基础上，适当设置游步道等休闲游憩设施，并依托现有稻田、水渠、林地、坑塘开展相关旅游活动。在滨河湿地区域，加入湿地认知、观鸟等景观休闲游憩活动。在滨河稻田区域，融入田园教育、农耕体验等旅游游憩活动、并策划稻田丰收节等艺术活动，促进旅游发展。

5 结语

在乡村振兴背景下，乡村环境品质提升必将迎来更广泛和深入的研究，乡村环境品质提升将迎来历史的机遇和挑战。通过对乡村振兴相关政策的研究及项目实践，笔者认为乡村环境品质的提升首先要转变原有的规划理念和方法，首先强调生态环境的保护和乡土文化的传承。其次要全局统筹谋划，以环境促进乡村产业的发展，以产业的发展进一步带动环境品质的升级。同时乡村环境规划要遵循共同缔造理念和分步实施的思想，有序实现乡村振兴。

参考文献

[1] 新华网. 中共中央、国务院关于实施乡村振兴战略的意见.

[2] 王瑞，严国泰，傅大伟. 乡村振兴背景下的乡村景观规划策略——以山西省陵川县马圪当乡古石村为例[J]. 园林，2019(07)：82-86.

[3] 苟小玲，黄巧灵. 重庆石柱县 提升人居环境品质 擦亮乡村振兴底色[J]. 农村工作通讯，2021(16)：10-11.

[4] Zube E H，Brush F R，Fabos J G. Landscape assessment：values，perceptions and resources[J]. Geographical Review，1976，66(3)：368.

[5] 徐清. 论乡村旅游开发中的景观危机[J]. 中国园林，2007(06)：83-87.

作者简介

张斌，1989年生，男，汉族，天水人，硕士，中国城市规划设计研究院，中级工程师，研究方向为风景园林。电子邮箱：1029858702@qq. com。

高飞，1978年生，男，汉族，北京人，硕士，中国城市规划设计研究院，风景分院园林城市与景观规划研究所，所长、高级工程师，研究方向为城市规划。

陈凯翔，1992年生，男，汉族，天津人，硕士，中国城市规划设计研究院，中级工程师，研究方向为风景园林。电子邮箱：605948488@qq. com。

论文集

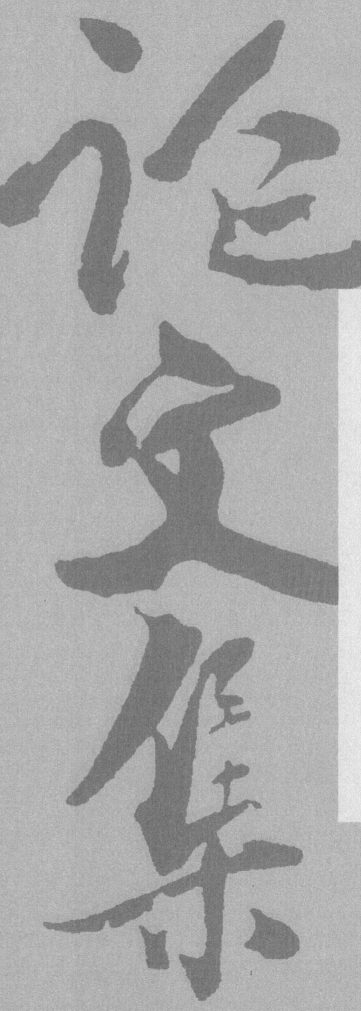

生态基础设施

韧性城市视角下城市生态基础设施网络构建研究

——以深圳南山区西丽水库为例

Research on the Construction of Urban Ecological Infrastructure Network from the Perspective of Resilient City

—Taking Xi Li Reservoir in Nanshan District, Shenzhen as an Example

张文鑫

摘　要：西丽水库是深圳市重要的供水水源水库，在城市更新、用地转型的背景下，以西丽水库为核心，建立具有韧性的生态基础设施网络更有助于提升城市自然灾害的应对能力。因而，在城市韧性理论下，选取西丽水库周边蓝绿空间为研究对象，基于场地调研及大数据分析，针对现状面临的沟、涵、污、滞、汹、溃、渴、涸等问题，通过整合蓝绿灰基础设施体系、整治流域生态环境、促进生产生活生态功能演替等策略，以构建城市蓝绿色空间网络与市政基础设施相互耦合的生态基础设施网络，提升城市韧性和应对自然灾害的能力。

关键词：韧性城市；蓝绿网络；基础设施；西丽水库

Abstract: Xi Li Reservoir is an important water supply source reservoir in Shenzhen. Under the background of urban renewal and land use transformation, building a resilient ecological infrastructure network with Xi Li Reservoir as the core will help improve the city's ability to cope with natural disasters. Therefore, under the theory of urban resilience, the blue-green space around the Xi Li Reservoir is selected as the research object. Based on site survey and big data analysis. In response to the current problems such as ditches, culverts, pollution, stagnation, turbulence, collapse, thirst, and dryness. Through strategies such as rectifying the ecological environment of the river basin, promoting the interactive succession of production and living ecology, and dealing with the relationship between blue and green facilities, we can build an ecological infrastructure network in which the urban blue-green space network and municipal infrastructure are coupled with each other. So as to improve urban resilience and the ability to respond to natural disasters.

Keywords: Resilient City; Blue-green Network; Infrastructure; Xi Li Reservoir

引言

在自然灾害、公共卫生事件等风险突发的背景下，人们日益关注城市的安全与健康问题。《中共中央关于制定国民经济和社会发展第十四个五年规划和二〇三五年远景目标的建议》提出了“增强城市防洪排涝能力，建设海绵城市、韧性城市”。随着当代城市化发展迅速，人们越发注意城市内部生态基础设施的规划在城市绿地总体规划中的重要意义[1]。随着工业文明时代的褪去，硬质化、污染化、疏远化等环境问题却被暴露出来。因此，重塑城市人口与河流的互动关系，就需要韧性景观设计介入。在提供人群活动场所的同时，构建富有韧性的生态基础设施网络，让城市空间适应环境变化。

文章选取深圳西丽水库及其周边地区进行场地研究与实践探讨，以期通过建立社会-生态韧性，构建区域安全、健康且具有公众休闲功能的城市生态基础设施网络，探索城市河流廊道生态基础设施的韧性规划设计方法。

1　生态基础设施的概念及内涵

生态基础设施（Ecological Infrastructure，EI）一词最早见于联合国教科文组织的“人与生物圈计划”（MAB），是MAB年度报告中提出的生态城市规划的五项原则之一，被描述为“作为城市空间组织框架的自然景观和区域”，主要强调自然景观和腹地对城市的持久支持能力。

在我国，生态基础设施的内涵得到了不断地拓展与推广。李峰等[1]认为城市“生态基础设施”是将无生命的“灰色基础设施”与有生命的“绿色基础设施”有机整合，形成的协同共生、循环再生的基础设施支撑体系，以维持城市生态服务功能的完整性及生命活力。

本文提出的生态基础设施网络是指城市蓝绿色空间网络与市政基础设施相互耦合的韧性基础设施网络。

2　生态基础设施与城市韧性的关联

城市韧性，一方面关注于城市在面对自然灾害时的生态抵御与恢复能力。另一方面，强调城市在面对干扰时维系其自身社会、经济正常运转，保障居民生存品质等的社会韧性。水作为生命之源，在供给动植物生存繁衍、提供运输、灌溉、能源、生产原料供给以及调节气候、美化环境等方面均展现出积极效益[2]。城市绿地以其具有生命力的特征，是城市中改善生态环境、提供市民日常休憩活动的重要空间。因而，在城市建筑及人口高密度聚集的特征下，由城市中各类水体和绿地所构成的生态基础设施网络，起到调节城市生态系统服务的关键作用。此外，水体和绿地还能为城市提供应急灾害躲避、日常游憩休闲等场所，在增强城市的生态和社会韧性、提升城市在应对突发灾害时的抵抗与修复能力等方面发挥着重要作用[3]。

3 场地概况

3.1 场地区位

场地位于深圳市南山区西丽街道西丽水库周边。南山区位于广东省深圳市中西部，地处深圳市西南部的南头半岛，南北长、东西窄，东起侨城东路与福田区相邻，西至南头安乐村、赤尾村与宝安区毗连，北背阳台山与龙华光明接壤，南临蛇口港、大铲岛和内伶仃岛。全区总面积 510.95km²，截至 2019 年，辖区常住人口 142.46 万人。南山区已经成为深圳市的经济大区、科技强区、创新高地。

3.2 地貌及气候特征

南山区地势北高南低，平地、台地、山丘相间，由北向南逐级下降，主要山峰有阳台山、塘朗山、大南山等。湖库有 8 座，河流主要有 21 条，整个南山区林业用地 5894hm²，森林覆盖率44%。

南山区地处亚热带，濒临南海，属亚热带海洋性季风气候，四季温暖湿润，雨水充沛，日照充足。南山区每年 5～9 月为雨季，一年中有两次多雨期，一次为五六月份的锋面雨，受海洋季风和低压槽影响，是我国汛期最早的地区。全年平均降水量 1948mm，平均降水天数 150 天。常年主导风为东南风，秋冬寒露风对南山区影响较大，夏秋季台风较大，年平均 1～3 次，阵风最大 12 级。

3.3 河流体系

南山区主要河流有 21 条，总长为 54.21km，其中正在综合整治的河流有 6 条，正在施工开挖河道有 2 条。河道暗涵率较高，一些暗涵复明的河道生态本底较差。

3.4 场地现状特征

西丽湖国际科教城片区城市风貌由南部城区向北部生态过渡（图 1）。南部为都市区城市肌理，拥有现代建筑风貌，较大的组团规模和建筑体量；北部为生态区和城中村风貌，存在少量历史村落，较为分散的组团和小体量建筑。

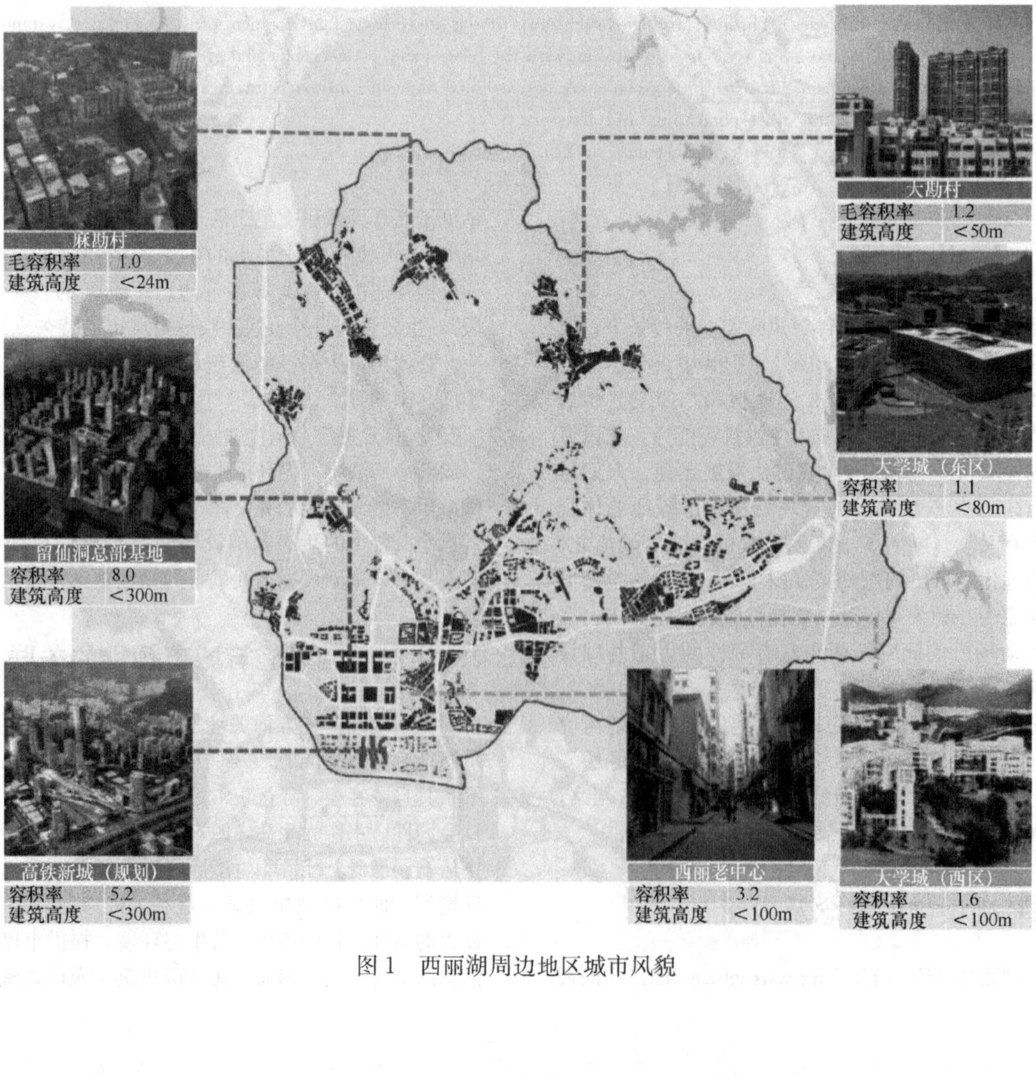

图 1 西丽湖周边地区城市风貌

3.5 场地问题

研究范围内蓝绿空间较为破碎，除依西丽水库形成的河流沿岸绿色空间外，其他绿地多呈散乱的斑块状布局，服务于市民生活的各级城市绿地面积较少，缺乏可达性及游赏性。并且河流暗渠化严重，主要体现在以下几个方面（图2）：

（1）沟：水库周边河道被多快好省的钢筋混凝土工程建设成了灰色基础设施，沿线的生境被摧毁和阻隔，重要的生息之脉沦为只是通水的沟渠/管道。河流的多样性功能被严重地单一化了，人类的一种美好生活系统就此被破坏了。

（2）涵：在西丽，有些河段更像涵洞/阴沟，缺乏阳光，生机凋落，藏污纳垢，空气污浊，人过掩鼻。

（3）污：沟渠化与涵洞化使得沿河生态多样性受到压制甚至摧毁，河流因此缺乏自净能力，只能依靠污水处理厂等人工设施。动物无从生衍，河流与两侧钢筋混凝土挡墙则构成了灰扑扑的景象，人们无心向往。

（4）滞：在某些建筑密集区，河道被严重压缩，断面狭窄逼仄。水流被阻滞而流通不畅，留下了很多的安全隐患。其沿线的场地更是动辄积水，生产品质受损，生活品质低下。

（5）汹：河流被沟渠化和灰色化之后，其下垫面丧失了蓄水和滞洪能力，在雨洪时节，只能任由洪水肆虐。

（6）溃：如果河流与其沿线的生境（土地、植被、动物等）无法进行生态交互，那么河流只会沿着硬化的沟渠冲荡，一旦雨洪暴发，就会在水利工程的薄弱处爆发，造成巨大的生命财产损失、社会负担和政府信誉大滑坡。

（7）渴：硬化和灰色的下垫面切断了河流与其沿岸土地之间的联系，植被的根系无法获取来自河流的水源和营养，生长不良，动物种群也会因此受到影响，鸟语花香成为记忆中的显现。

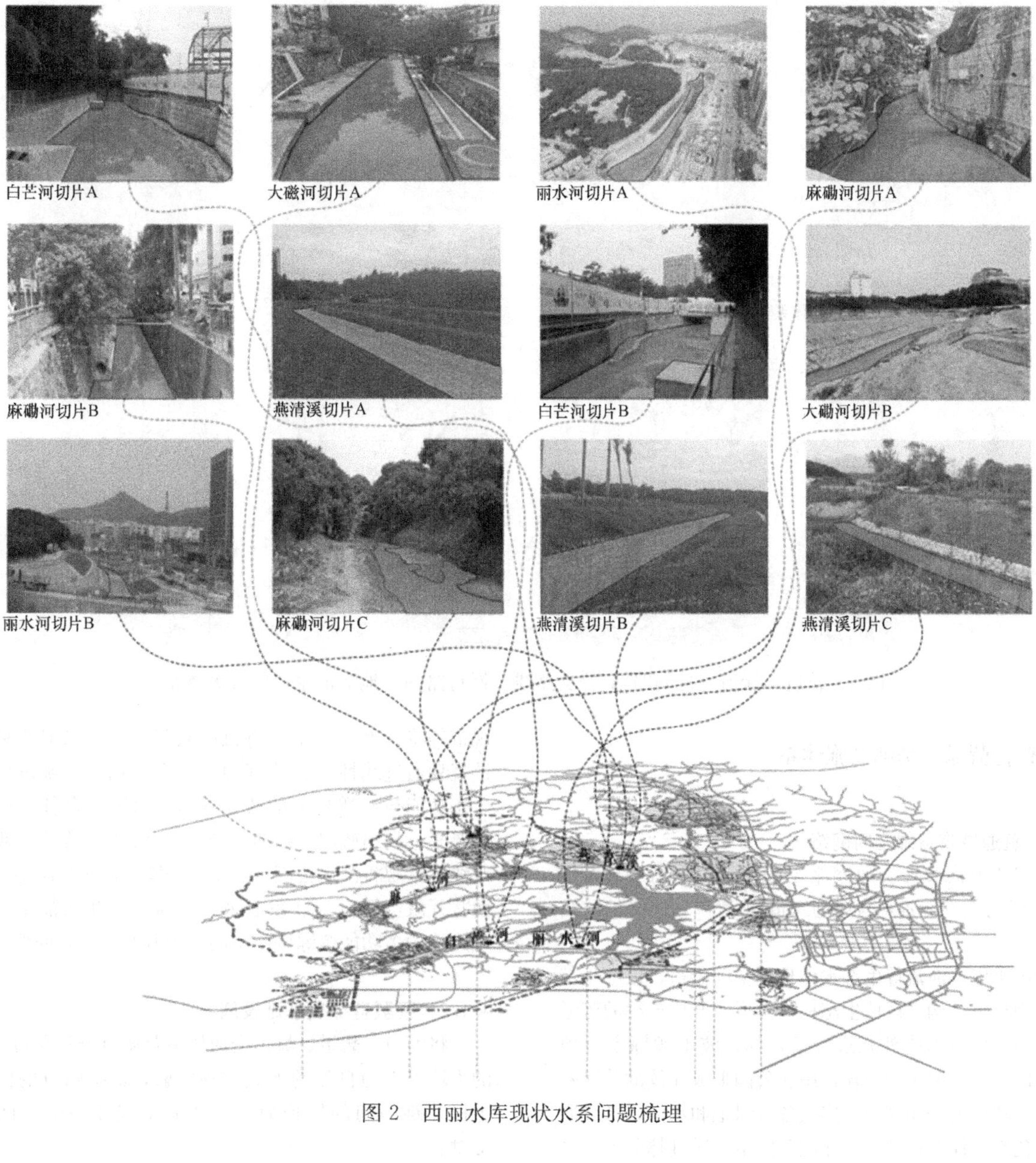

图2 西丽水库现状水系问题梳理

（8）涸：旱季，生态群落很快会因为缺水而干涸甚至消亡。生境衰竭，何以为家。

4 西丽水库韧性生态基础设施网络构建策略

单纯去谈论韧性的生态基础设施网络，或者生态基础设施的韧性比较抽象，因为城市或者蓝绿网络的韧性需要时间和突发事件去印证，而在生活中，我们直接得到的物质范畴是三维信息，我们感受的属性范畴是有时间轴线的四维世界。

因此笔者认为生态基础设施网络的构建并不是“做出物体”，而是“处理关系”。随着时间的流逝，场地自己会发生变化，进行迭代式的发展。生态基础网络的内涵包括不断变化的时间和物质，生态基础设施网络的形式是持续流动的，“生成”特性的网络过程，场地本身视作一个具有时间线的系统，内部各个设计元类的作用便是在不断调整这个网络在自然发展过程中的方向[4]。

时间流逝中伴随着事件变化，随机事件的发生。不仅是水位开降、昼夜更替、晴雨变化、四季轮回等等这些自然气候的变化，还有工作节假日、人口老龄化、现代交往方式等等社会状态，具有韧性的生态基础设施网络为日后的场地在时间上的可持续性和自组织性提供了充足的保障。

因此，应源于自然水系，将碧道—绿道—机动路网/公交路线—慢行路网—地形汇水线等五大体系（图 3）进行融合与设计优化，整合市政基础设施和蓝绿基础设施，构建起人类社会与自然生境正向交互、互生共荣的韧性安全网络。主要有整合蓝绿灰基础设施体系、整治流域生态环境、促进生产生活生态功能演替等方式。

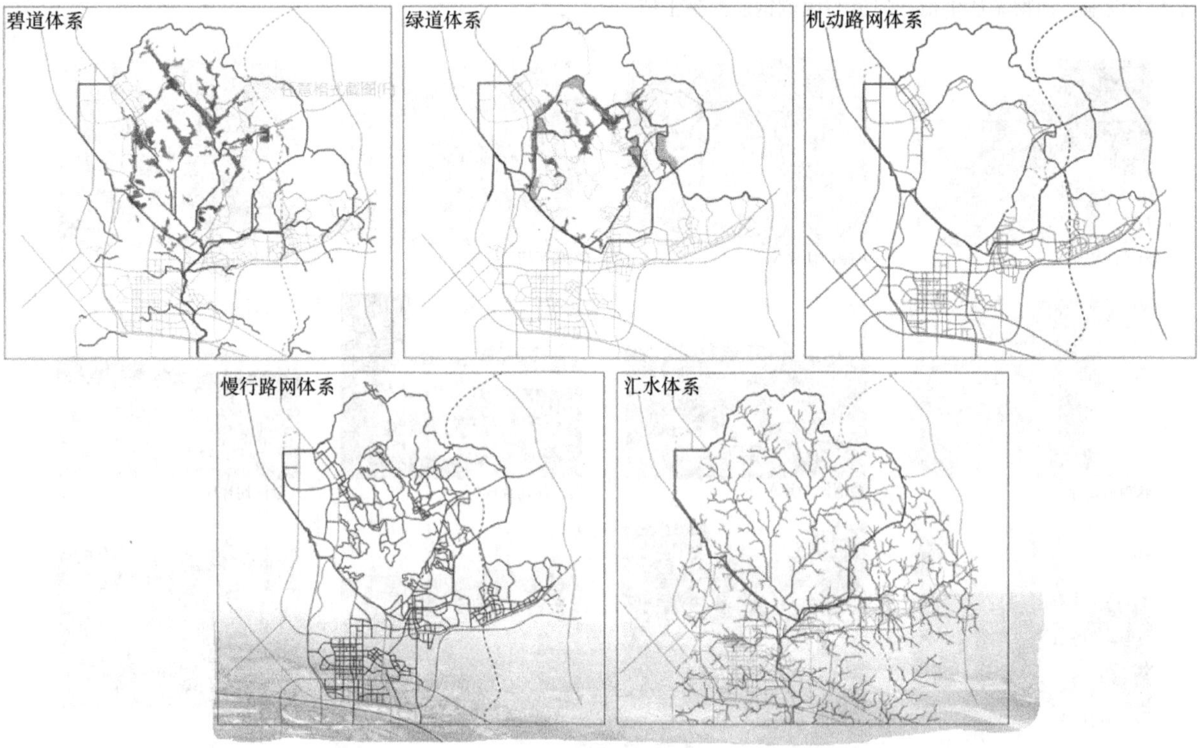

图 3　碧道—绿道—机动路网/公交路线—慢行路网—地形汇水线等五大体系

4.1 整合蓝绿灰基础设施体系

4.1.1 疏通城市蓝绿空间网络

构建“现状水系-交通网络-公交站点-慢行路线-人气活力点-潜力型农业景观与规划绿道-碧道”贯连交织的结构体系（图 4）。

突出水库、河流等生态水体环境空间渗透，以绿化带和水系为纽带，构建区域生态格局，形成开放连续的蓝绿网络体系。借鉴国内外先进经验，如：波士顿绿宝石项链[5]，以河流等因子为触媒，串联公园形成连续的蓝绿网络系统；新加坡公园网络，连接各级绿地和水体，形成通畅的绿色空间体系；伦敦“绿链”网络，通过林荫道、景观带等将大型开放空间有机串联起来。明尼阿波利斯湖链规划通过线性+斑块资源的整合利用，为城市提供集生态功能与游憩功能的蓝绿网络。通过整合各类蓝绿网络要素，利用蓝网、绿网、景观大道、自行车道、步行道等线性景观将滨水公园区、城市公园、社区公园等点状及面状开敞空间有效联系起来并与城市游憩功能结合，形成连续的多功能蓝绿网络空间，提升城市生态韧性。

4.1.2 接驳蓝绿灰基础设施

将河道、碧道、城市交通体系及城市公共空间与沿线的生境以更为自然的方式实现接驳，衔接断点的同时注重提升路网间的转换效率，从而实现蓝绿空间的无界交融。

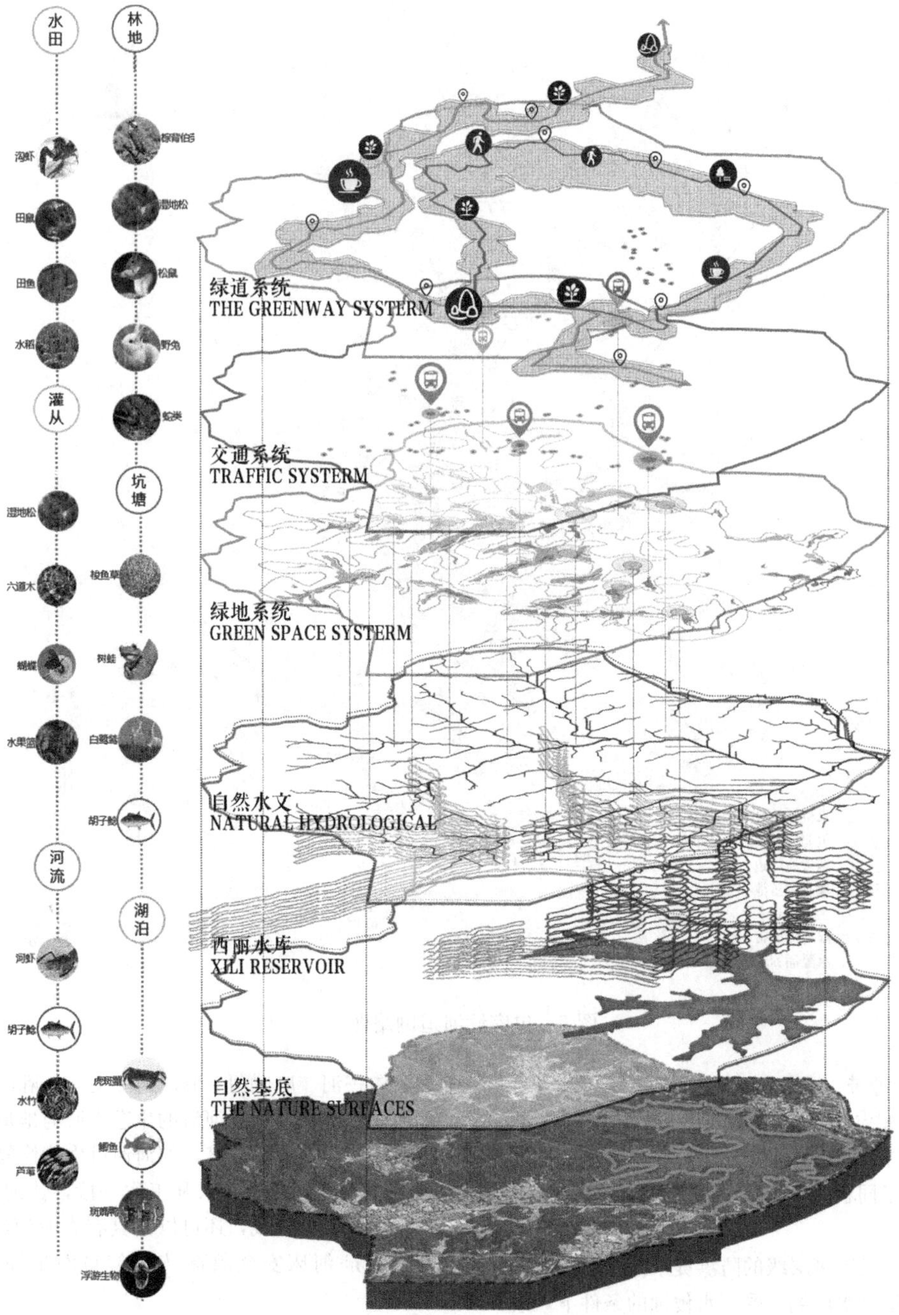

图 4　蓝绿灰基础设施网络

4.1.3　复合生态基础设施

以蓝绿基础设施网络串联生态功能、经济功能、文化功能、空间功能脉络，关注时间维度下的未来功能复合的可能性，整合周边衍生的潜力节点枢纽，从而实现西丽片区整体的有机进化。

4.2　整治流域及周边生态环境

4.2.1　河流进行生态修复

依据河流更偏向自我设计的特性，直接或间接干预河道的形态生成，创造出一个包容河道不确定性的复杂网络（图 5）。

（1）结合现状河道及放水后水量特征，在自然驳岸的控制水位高度上设置溢流管道，结合多级水坝、水闸，连通河道及周边水渠、水系，保障区域水网的动态水安全。

（2）建立具有弹性调蓄的河道淹没缓冲区，增强暴雨时对雨水及城市径流的滞纳、消解作用，提升河道的雨洪韧性。此外，为适应补水后的河道常水位，对现有易被淹没的跨河桥梁、道路进行抬高和加长，保证游人在常水位时的东西向通行，并合理调整建筑物、景观构筑物、植被等的设置与栽植范围，保障设施的使用安全及植被生长安全。

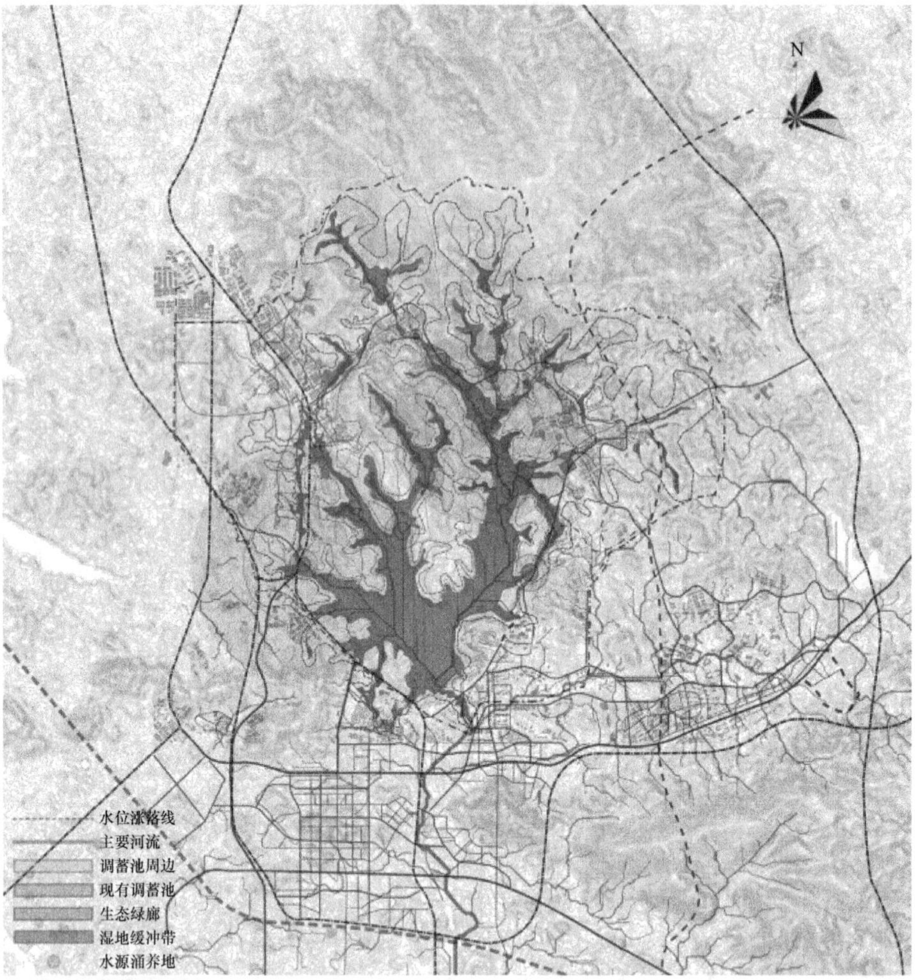

图 5 包容性河道网络图

4.2.2 构建流域缓冲带

创造蓝绿带过渡空间与湿地空间，并对修复过程制定周期性计划，关注时间进程带水的级冲带效益增长。

根据驳岸间的不同状况，设计了以下 3 种生态蓝绿空间过渡形式（图 6）。

（1）多层防洪。设置多层级的防洪堤来模拟自然河岸河床的状态，在保证滨水广场不受河水侵蚀的条件下，最大限度地使人群能够亲近水体，从而形成自然与人工环境平衡共生的状态[6]。

（2）草木夹堤。此类型驳岸周边以车辆通行为主，而聚集性人群活动较少，因此采用自然式高低起伏的缓坡作运河水体与车行道的过渡，其间种植树木花草隔绝噪声、缓解视觉疲劳、丰富岸线景观。

（3）韧性缓坡。对于郊野原有的破碎河岸进行整合，增加组团式的景观带，一改从前荒草丛生、无人问津的驳岸状态。植被的重新规划使得该区域进行了新一轮的次生演替，生机与活力在此尤为明显。

4.2.3 联系水处理设施与绿色基础设施

以更为自然生态的方式选择水处理设施的形态，提升水处理的效率。一是，设计中应围绕西丽水库的丽水河、白芒河、麻磡河、麻磡河左支一、麻磡河左支二、大磡河、燕清溪这 7 条河流的生态本底与地形地势等自然形态特征；二是，在未来，如何通过生境修复和恰当的人工轻干预等形态设计和水利工程手段，让河流及其沿线不再只是水流的路线，还可以是具有农业灌溉-防洪排涝-动植物生养-河床安全漂移-人们健身漫步等多功能的复合系统。

4.3 促进生产生活生态功能演替

4.3.1 重构区域三生格局

整合场地生态本底资源，恢复与重建区域生态格局，使自然的物质能量运输过程得以良性循环。以自然引导生产生活的新方式有助于城市健康发展，呈现复杂多样且灵活变化的城市生命体系（图 7）。

4.3.2 构建蓝绿产业链条

联动区域内的“农业-工业-科技-教育-智慧流域信息服务网络”产业体系（图 8），以碧道水系的新模式驱动产业升级转型，实现动力能效的进化[7]。

实施具有自然公共属性的生态基础设施的构建。①对场地中旧有工业用地、物流仓储用地及未利用地等

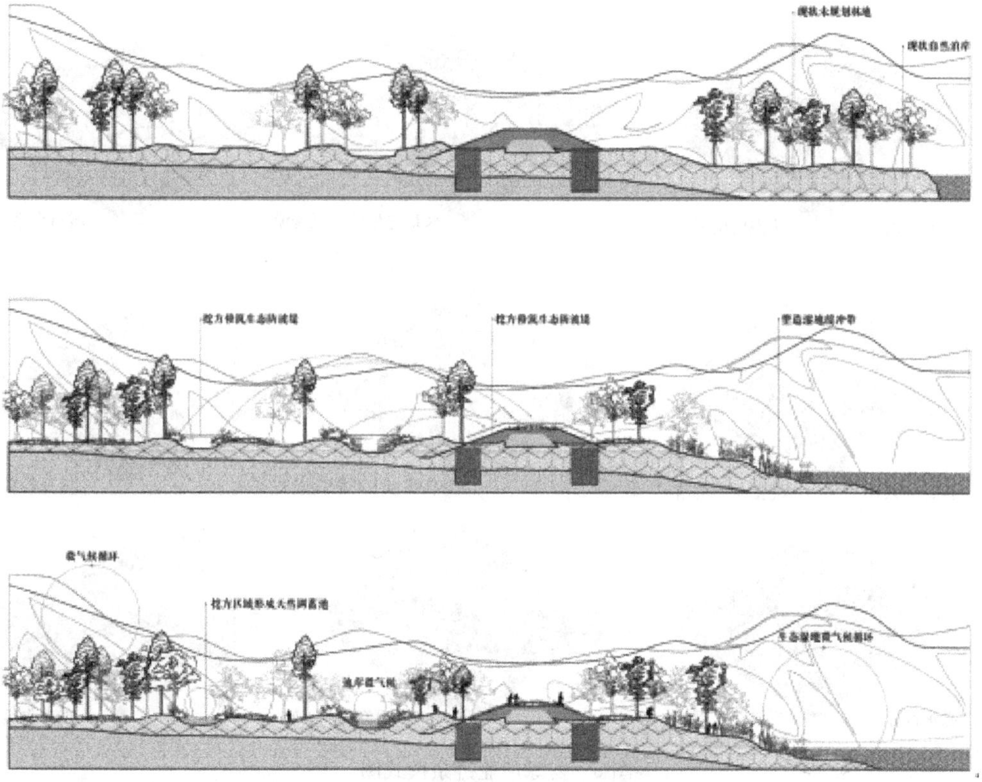

图 6　蓝绿过度空间模式图

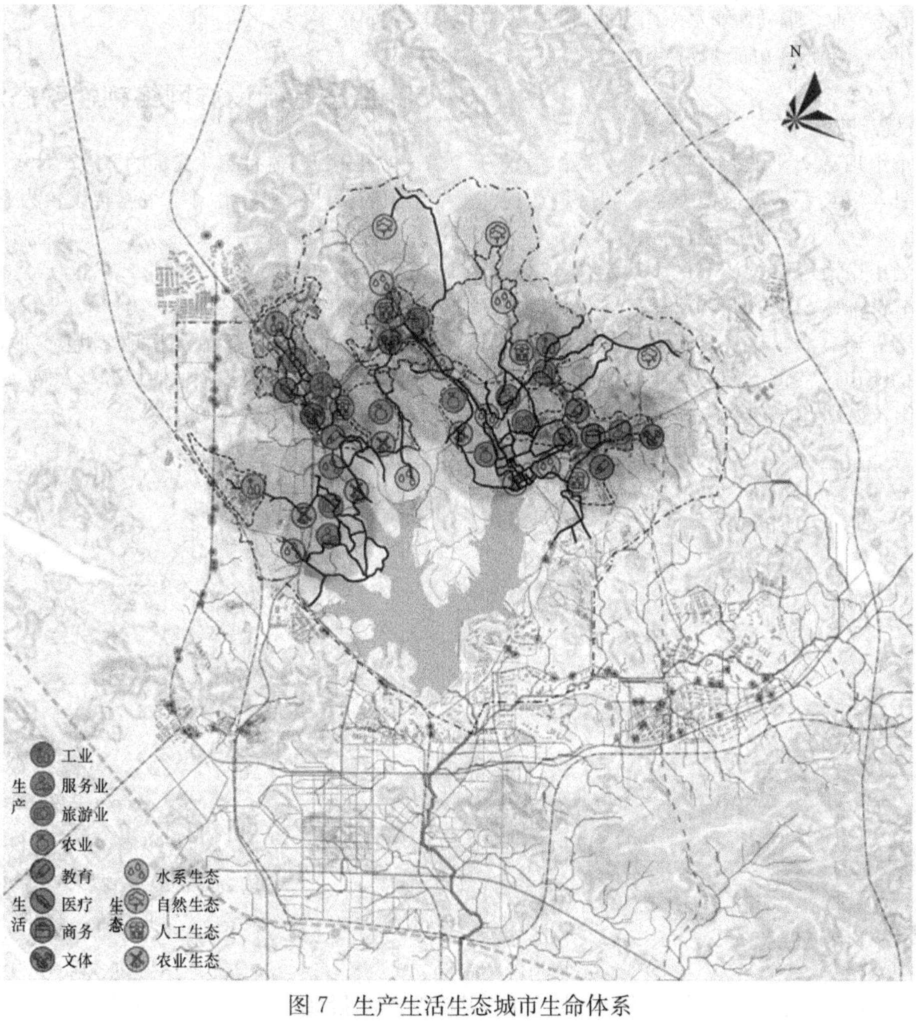

图 7　生产生活生态城市生命体系

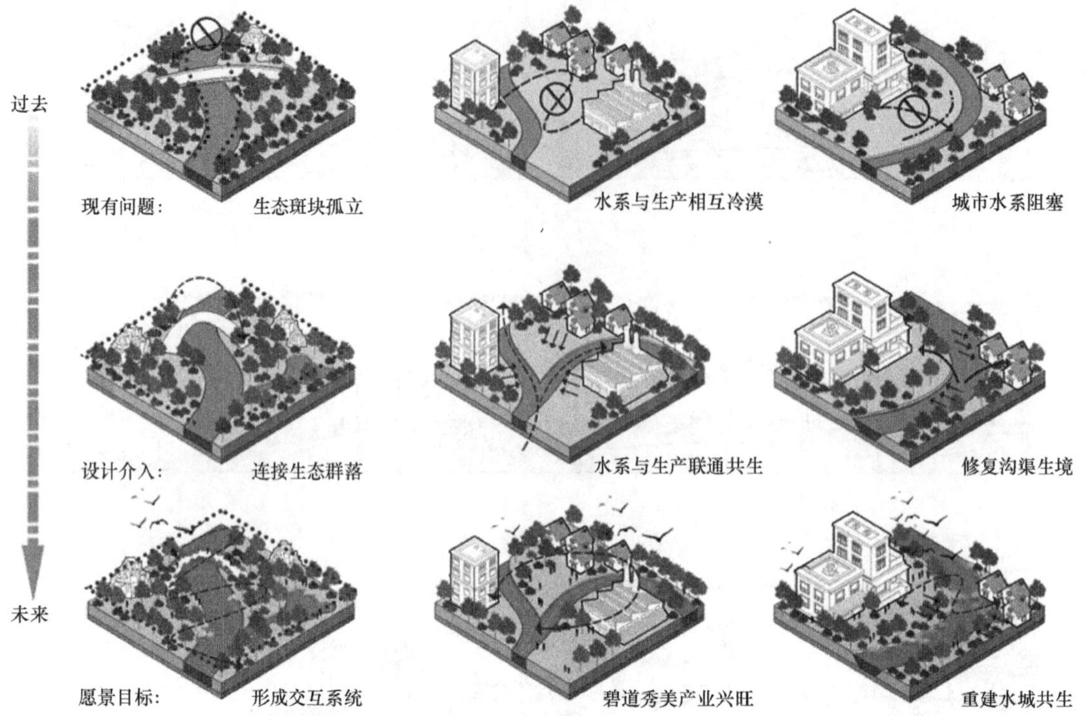

图 8　蓝绿产业链条模式图

进行整合转型。②在西丽水库周边用地的发展建设中注入商业、科创等活力产业，带动西丽水库周边的协同与发展，增强城市在社会、经济等方面的韧性。

4.3.3　重塑城市生活风貌

充分解构和重组现有文化资源，将碧道水系作为整个变化过程的指针，以及一条可能使人了解到区域改造前后的参考线，引导形成丰富的娱乐休闲脉络。

依托上位规划中南山区科学城等的发展定位，以蓝绿空间为支撑，串联场地及周边的商道、香道、铁路等历史古道，以及文物寺庙、工业建筑等历史文化资源密集区，展现新时代的南山区特色风貌。以此激活的历史遗迹，将原有场地中较为封闭的厂区、遗产点转化为公共空间，成为承载公共生活及文化事件的场所，增强居民的社会认同感[8]。

5　生态基础设施网络韧性动态演替设想

图 9 为河流自然段交汇的节点设计示意，设计遵循轻干预的设计原则，沿河岸两侧架设较为密集的步行路线并栽种乡土植被。路线在易被水淹处进行架空处理，既不阻碍水流的汇聚与湿地的形成，也便于人们游走到小冲积岛处欣赏植被和鸟类等优美景象。随着时间流逝，河流本身在自然迭代，支流、草甸等相继成形，树木植被等也在不断生长，鸟类安全地栖息着，人们也可以在日常生活中轻易地受益于这一切。

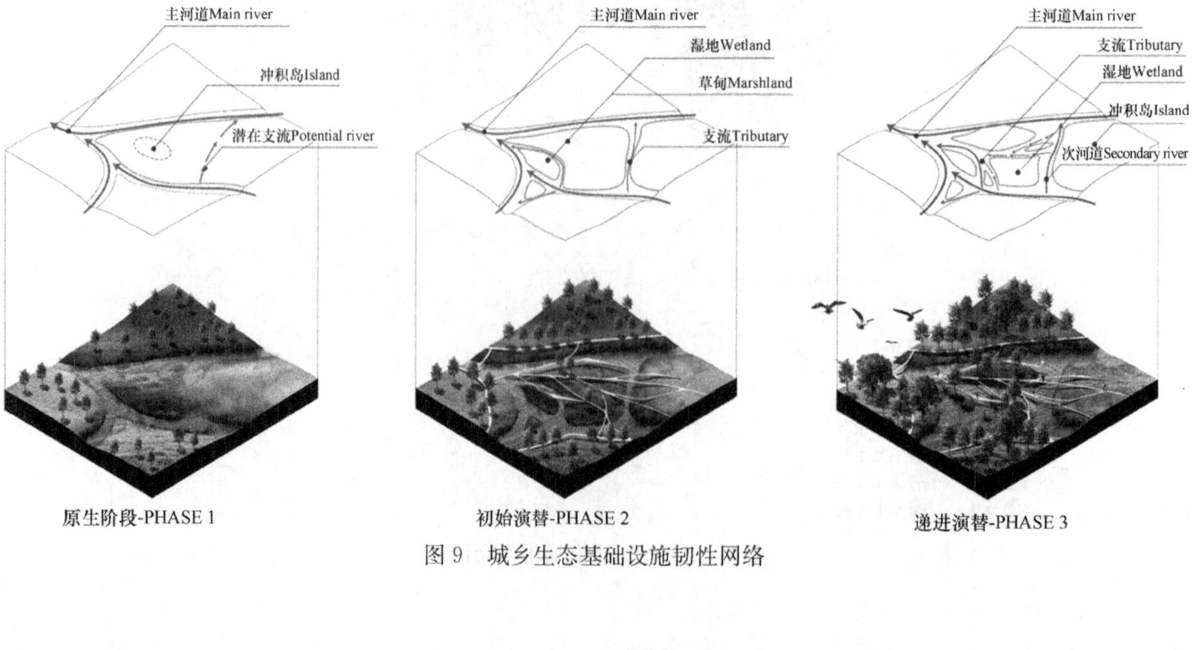

图 9　城乡生态基础设施韧性网络

以此类推，以人工正向轻干预的方式因地制宜地处理西丽水库周边河流的各节点与各段，让人工漫游路线与生态多样性的河流生境逐渐融为一体，使城市一直处于动态地适应环境的演替之中，城市因此而韧性。

6 结语

韧性，是当今城市发展中的热点议题及城市未来的重要发展方向[9]，是增强城市在面对外界不利因素干扰时的灵活应对能力、推进城市可持续发展的新的思路与途径。

河流作为孕育城市繁荣发展的关键要素[10]，因水动态变化的不确定特征及城市面临的气候变化、地质状态变迁的影响，本研究以西丽水库为核心，提出基于城市韧性的动态蓝绿网络区域规划策略，通过建立安全、生态、可供游憩的蓝绿空间网络，维系城市生态、生产、生活等方面的可持续发展。以动态的思维来思考城市的韧性，通过碧道—绿道—机动路网/公交路线—慢行路网—地形汇水线等5大体系，以生态基础设施网络为基础编织一张城市韧性网络，使城市能够动态适应自然的变化。

参考文献

[1] 李锋，王如松，赵丹．基于生态系统服务的城市生态基础设施：现状、问题与展望[J]．生态学报，2014，34(01)：190-200.

[2] 陈利，朱喜钢，孙洁．韧性城市的基本理念、作用机制及规划愿景[J]．现代城市研究，2017(09)：18-24.

[3] 李荷，杨培峰，张竹昕，等．"设计生态"视角下山地城市水系空间韧性提升规划策略[J]．规划师，2019，35(15)：53-59.

[4] 周艺南，李保炜．循水造形——雨洪韧性城市设计研究[J]．规划师，2017，33(02)：90-97.

[5] 袁嘉，陈炼，罗嘉琪，等．立体生态景观的适应性重构——山地城市河流护岸草本植物群落生态种植[J]．景观设计学，2020，8(03)：44-57.

[6] 李军，罗维洋，张娅薇．基础设施景观化视角下堤防岸线空间设计策略研究——以武汉市武金堤为例[J]．园林，2020(12)：70-76.

[7] 刘可欣．基于可持续理念的滨水旧工业区景观更新设计研究——以上海杨浦滨江公园为例[J]．园林，2020(08)：74-80.

[8] 金云峰，徐振．苏州河滨水景观研究[J]．城市规划汇刊，2004(02)：76-80+96.

[9] 杨青娟，梅瑞狄斯·弗朗西丝·多比．雨洪管理多功能景观文化生态系统服务的重要性-满意度研究[J]．景观设计学，2019，7(01)：52-67.

[10] 郭怡婷，金雅萍．空间再生产视角下的上海黄浦江工业水岸转型研究[J]．风景园林，2020，27(07)：30-35.

作者简介

张文鑫，1998年生，男，汉族，重庆人，重庆大学硕士研究生在读，研究方向为城市设计。电子邮箱：963295699@qq.com。

基于雨洪调节服务供需测度的广州琶洲岛绿色基础设施格局优化研究

Spatial Pattern Optimization of Green Infrastructure in Pazhou Island in Guangzhou Based on Water Regulation Services Supply and Demand Measurement

朱雪蓓　翁奕城*

摘　要： 绿色基础设施（GI）能够城市提供雨洪调节服务，但服务供需空间错配情况普遍存在。基于雨洪调节服务供需测度的 GI 格局优化方法的研究较为薄弱。以广州琶洲岛为例，采用 SWMM 模型结合数据叠置法的雨洪调节服务供需测度方法，构建中观城区尺度的 GI 格局优化策略。针对琶洲岛在规划前后均存在雨洪调节服务数值供不应求与空间供需失衡的情况，以供需平衡为目标，从结构、规模、类型、布局 4 个方面构建 GI 格局优化方案。验证结果显示该优化方案基本达到目标，能有效改善供需错配问题，从而为今后城市 GI 雨洪安全格局优化提供参考。

关键词： 绿色基础设施；雨洪调节服务；供需测度；景观格局；琶洲岛

Abstract: Green infrastructure (GI) can provide urban water regulation services, but the spatial mismatch between supply and demand of services is widespread. The research on spatial pattern optimization of GI based on water regulation services supply and demand is relatively weak. Taking Pazhou island of Guangzhou as an example, uses SWMM model combined with data overlay method to measure the supply and demand of water regulation services, then constructs a pattern optimization strategy on mesoscale urban GI based on the measurement of supply and demand of water regulation services. In view of the shortage of water regulation services and the imbalance of spatial supply and demand before and after the planning of Pazhou Island, aiming at the goal of supply and demand balance, the GI pattern optimization scheme is constructed by integrating the strategy of "structure-scale-type-layout". The verification results show that the optimization scheme basically achieves the goal, which can provide reference for urban GI pattern optimization in future.

Keywords: Green Infrastructure(GI); Water Regulation Service; Supply and Demand Measurement; Landscape Pattern; Pazhou Island

引言

在气候变化与城市扩张背景下，城市雨洪灾害频发，已成为各大城市亟待解决的生态问题。绿色基础设施（GI）作为截留、下渗、填洼等自然水文过程的空间载体，被认为是城市地表径流控制、缩短积水时间等雨洪调节服务的主要供给者，其雨洪管理能力在许多研究中得到验证[1]。但在实践中，由于服务供给地区与需求地区普遍存在供需总量失衡与供需时空分异情况，大大限制 GI 服务潜力的充分发挥。因此，针对 GI 雨洪调节服务供需测度及其格局优化方法的研究具有重要意义。

生态系统服务供需理论揭示了服务从产生到消费的动态过程，是连接生态系统服务与人类福祉的有效工具[2]，生态系统服务供需理论能够通过供需动态过程精准揭示 GI 发挥调节作用的过程与空间关系，成为指导 GI 规划的有效工具。目前，雨洪调节服务供需测度方法包括矩阵评估法、数据叠置法、公式估算法、水文模型法、生态系统模型法与实际调查法等，这些方法具有各自优缺点与适用性（表 1）。其中刘颂等[3]采用矩阵评估法分析嘉兴市 2005～2015 年间水文调节服务供给与需求水平的时空分异特征，指出大部分地区服务存在供需矛盾。于冰沁等[4]利用群落降雨截流公式与土壤蓄水公式估算了上海市绿地雨水调蓄能力。Nedkov 等[5]通过 KINEROS 和 SWAT 模型计算入渗速率等水文因子，从而空间化生态系统服务供给；Stürck 等[6]采用水文模型 STREAM 计算 50 年一遇降雨情景下欧洲洪水调节服务的实际供给；朱文彬等[7]利用 SCS-CN 水文模型法定量评估了厦门市绿地雨洪减排效应。叶阳等[8]采用 SWMM 水文模型法得出武汉港西汇水系统绿地平均调蓄效率与雨洪风险评估图。目前雨洪调节服务供需测度研究主要集中于数据分析环节，测度结果如何导向 GI 格局优化的路径尚不明晰。

生态系统供需服务测度方法分类与特点　　表 1

方法	具体操作	基础数据	优点	缺点	适用尺度
矩阵评估法	构建以土地利用类型为纵列，生态系统服务功能评价因子为横列的评估矩阵，组织专家快速评价	土地利用类型	操作简单	1. 主观性 2. 测度结果缺乏详细数值信息	宏观

续表

方法	具体操作	基础数据	优点	缺点	适用尺度
数据叠置法	收集服务供需影响因素指标，利用空间叠加方法对指标进行综合评估，以阈值范围限定供需等级	供需水平影响因素空间信息	供需等级测度结果精度高	1. 测度结果缺乏详细数值信息 2. 数据要求高	宏观、中观
公式估算法	收集参数带入既有量化公式，以数学计算方法获取GI调节量指标	土地利用、植被覆盖、土壤等	明确揭示供需数值	1. 水平过程难计算 2. 数据要求高	宏观、中观、微观
水文模型法	建立水文模型模拟仿真暴雨过程中地表水文环境的变化	土地利用、DEM、土壤、气象数据、蒸散系数、管道网络等	明确揭示供需数值	数据要求高	宏观、中观、微观
生态系统模型法	利用生态系统服务综合评估模型 InVEST、ARIES等的水文模块	土地利用、DEM、土壤、气象数据、蒸散系数、根系深度等	明确揭示供需数值	1. 综合性强，针对性较弱 2. 测度结果精度不高	宏观
实际调查法	通过实际环境试验测算或规律统计，获取实际供需水平	植被样本、实验数据、历史灾情等	1. 准确反映实际 2. 明确揭示供需数值	1. 操作麻烦 2. 数据获取不易 3. 时间动态性弱	微观

因此，本研究试图构建基于雨洪调节服务供需测度的GI格局优化路径，旨在解决城市GI雨洪调节服务供需错配情况，有效缓解城市雨洪灾害。

1 研究方法

1.1 研究对象

琶洲岛位于广东省广州市海珠区，是广州中心城区金融服务体系和东部沿江发展带的重要组成，也是广州面向粤港澳大湾区的重要发展节点，用地面积约10.4km^2（图1）。琶洲岛四面环水，同时面临着外洪与内涝的双重威胁[9]。根据广州市水务局要求，琶洲岛未来将设置坝顶标高8.68m的防洪堤，高于岛内的平均海拔7.69m，彼时琶洲岛将成为一个外部高、中间低的凹型盆地。从内部水文环境来看，琶洲岛的雨洪调蓄系统由绿地、河涌等GI与市政雨水管道、排涝闸泵构成。岛内地表径流汇集至雨水管道与河涌，通过闸门排向外

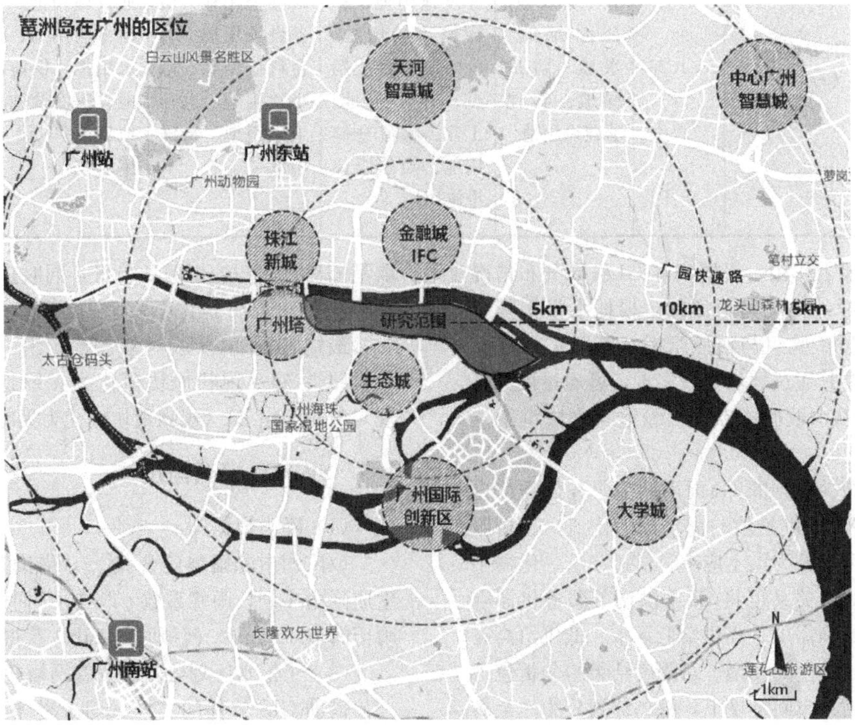

图1　广州琶洲岛区位示意图

江。但在台风及暴雨期间，外江水位上升高于内部水位，闸门需被关闭以防止江水倒灌，需要通过水泵将雨水强排。由于水泵效率有限，过量雨水若不能被及时储蓄，就会产生内涝。未来海平面上升可能会导致这种偶发情况成为常态。

1.2 GI 雨洪调节服务供需测度方法

通过对比现有雨洪调节服务供需多种测度方法优缺点（表 1），本研究采用暴雨洪水管理模型（Storm Water Management Model，SWMM）模拟与数据叠置法结合的供需测度方法。首先，通过地表产流总量（即无绿地对照组径流总量）与海绵城市所提出的年净流量控制率的乘积计算期望需求数值。然后通过数据叠置法校正 GI 雨洪调节服务需求等级。参考相关文献[8，10，11]，选取“致灾因子危险性、孕灾环境暴露性与受灾体防灾效益”3 个方面、7 项指标测度服务需求等级，其中指标权重采取研究经验（参考相关文献[8，10，11]中对权重的赋值）与层次分析法（AHP）结合的方式确定（表 2）。

琶洲岛 GI 雨洪调节服务需求测度指标表　　表 2

指标	因子	权重	划分标准				
			1	2	3	4	5
致灾因子危险性	暴雨流量（m^3）	0.1957	<10000	10000～16000	16000～24000	24000～35000	>35000
	淹没面积（m^2）	0.2349	0～5000	5000～18000	18000～40000	40000～62000	>62000
孕灾环境暴露性	径流系数	0.2079	<0.4	0.4～0.6	0.6～0.8	0.8～0.9	0.9～1
	管网密度（m/h m^2）	0.1386	>100	75～100	50～75	5～50	<5
承载体防灾效益	建筑密度（m^2/ m^2）	0.0493	>0.4	0.3～0.4	0.2～0.3	0.1～0.2	<0.1
	道路密度（m/h m^2）	0.0711	>140	105～140	70～105	35～70	0～35
	用地社会效益	0.1026	生态设施：公园绿地、水域、防护绿地、其他非建设用地	经济设施：广场用地、商业商务设施用地、社会停车场用地、公共设施营业网点、农林用地、工业、物流仓储用地、娱乐康体设施用地	公共设施：行政办公用地、服务设施用地、教育科研用地、中小学用地、医疗卫生用地、特殊用地	基础设施：交通设施用地、交通枢纽用地、供水用地、供电用地、环境设施用地、安全设施用地	居住设施：文物古迹、文化设施用地、二类居住、村庄建设用地

为排除不透水地表作用，设置实际 GI 格局分布情况为试验组，地块无绿地情况为对照组。根据水量平衡原理，绿地供给量通过试验组与对照组的径流差值计算获得。水域供给量主要是通过填洼过程实现，可通过最高水位与常水位差值乘以水域面积获得。绿地与水域供给量之和即为供给总量。

通过数值与等级关系判断 GI 雨洪调节服务供需综合情况。以供需比（X）（供给值与需求值的比值）分析服务供需数值关系，可划分为供不应求、供过于求、供需平衡 3 种类型，根据等级关系可将 GI 雨洪调节服务供需空间关系归纳为高供给高需求、高供给低需求、低供给高需求、低供给低需求 4 种空间类型。对测度结果的分析包含空间与时间两个维度。空间维度上，将岛屿划分为“全岛—分区—子汇水区”3 个空间尺度层级；时间维度上，选取琶洲岛现状与控规两种情景，同时探讨 1、5、10、20、50 年降雨重现期下供需动态变化情况。

最终 SWMM 实验对象包含 4 组：试验组 A（现状）与对照组 A1（现状地块概化为无绿地）、试验组 B（控规）与对照组 B1（规划地块概化为无绿地）。

1.3 SWMM 模型构建

（1）降雨数据

取广州市暴雨强度公式[12]，借助芝加哥雨型生成器生成降雨序列，雨峰系数 r 取 0.4，时间间隔为 1min，降雨历时取 120min，模拟时间 24h，获得模型降雨数据。

（2）子汇水区划分与雨水管网概化

借助 GIS 软件的“Hydrology”模块划分雨水分区，现状岛屿被划分为 85 个子汇水区，面积在 0.51～

38.08hm² 不等。规划后岛屿包括 101 个子汇水区，面积在 0.72～44.66hm² 间不等。对雨水管网进行概化，现状雨水管网有管段 32 条，雨水节点 32 个，排出水口 13 个，规划后雨水管网包括管段 116 条，雨水节点 116 个，排出水口 73 个。

（3）模型参数率定

研究区地面特征参数参考 SWMM 模型用户手册（5.1 版）[13] 和相关文献[14] 设定，下渗模型选取霍顿（Horton）模型。运行模型连续型误差为 0.01%～0.32%，属于合理范围内，说明模型结果可靠。

2 琶洲岛 GI 雨洪调节服务水量供需测度分析

2.1 雨洪调节服务供需数值分析

通过运行 SWMM 模型，计算 GI 雨洪调节服务供需数值，如表 3 所示。可见规划后供给总量与供需比明显提高，且随降雨重现期增加呈现提高趋势，但出现明显供不应求的情况。

琶洲岛 GI 雨洪调节服务供需数值测度结果 表 3

重现期		P=1a	P=5a	P=10a	P=20a	P=50a
现状	对照组径流量（m³）	680400	891910	1037330	1074060	1194460
	实验组径流量（m³）	441631	634231	772401	807691	923881
	绿地供给效率（m³/m²）	0.065	0.074	0.077	0.078	0.080
	供给量（m³）	238768.9	257678.9	264928.9	266368.9	270578.9
	需求量（m³）	500135	655609	762501	789500	878001
	供需比	47.74%	39.30%	34.74%	33.74%	30.82%
控规	对照组径流量（m³）	679910	891470	1036890	1073550	1193980
	实验组径流量（m³）	362798	551718	688218	723068	838418
	绿地供给效率（m³/m²）	0.065	0.075	0.079	0.08	0.082
	供给量（m³）	317112	339752	348672	350482	355562
	需求量（m³）	499862.4	655399.8	762311	789263	877801.4
	供需比	63.44%	51.84%	45.74%	44.41%	40.51%

2.2 琶洲岛 GI 雨洪调节服务供需空间分析

选取琶洲岛 50 年一遇降水重现期作为典型情境，分别从 GI 雨洪调节服务供给、需求空间情况以及供需空间匹配状况进行分析。

2.2.1 琶洲岛 GI 雨洪调节服务供给空间分析

按数值大小将汇水区划分为低供给区（0～500）、较低供给区（500～2000）、中供给区（2500～5000）、较高供给区（5000～10000）、高供给区（10000＋），获得 GI 供给能力的空间分布（图 2），可见现状情境下的 GI 分布集中，雨洪调节服务供给能力的空间差异明显，高及较高供给区仅占全区 19.76%，主要分布于会展公园、琶洲塔公园与中东部农田等大型斑块附近，低及较低供给区高达全区 51.77%。相对而言，控规 GI 分散式布局使其雨洪调节服务供给能力的空间分布更加均衡，低供给区面积由 219.17hm² 减至 89.06hm²。总体而言，规划后琶洲岛 GI 雨洪调节服务供给能力有所提升，空间分异的程度消减。

2.2.2 琶洲岛 GI 雨洪调节服务需求空间分析

将表 2 各项指标进行加权计算后，按等级值大小将汇水区重分类为低需求区（得分 0～2）、较低需求区（得分 2～2.5）、中需求区（得分 2.5～3）、较高需求区（得分 3～4）、高需求区（得分 4～5），获得 GI 雨洪调节服务综合需求等级的空间分布（图 3）。结果显示，现状与控规都对 GI 雨洪调节服务呈现高需求。现状情境下需求水平较高的区域占比最大（53.63%）。控规情境下，高密度路网与雨水管道网络的建设使某些地段需求程度明显下降，较高需求水平的区域仍然占比最高（42.77%），但比现状减少了 111.19hm²，中需求区域由 123.36hm² 增加至 338.89hm²。总体而言，琶洲岛对 GI 雨洪调节服务的需求程度较大，规划后需求程度下降但依旧偏高，且空间分异更加明显。

2.2.3 琶洲岛 GI 雨洪调节服务供需空间分析

根据服务供需等级关系将 GI 雨洪调节服务供需空间关系归纳为高供给高需求、高供给低需求、低供给高需求、低供给低需求 4 类，用以表征琶洲岛需求等级及其供给满足情况的空间分布。由图 4 可知，低供给高需求是现状与控规的主导空间供需关系类型，这意味着琶洲岛的大部分地区都面临着雨洪威胁。控规较现状情景供需情况有所改善，低供给高需求空间由 669.32hm² 减少至 412.62hm²，主要需求水平下降改善了供需情况，但低供给高需求区域仍占全区 40.29%。总体而言，现状与控规情景下的琶洲岛均呈现供需失衡的状况，控规相对现状有所改善，但全岛乃至分区内的供需分异性提高。

综合供需数值与空间分析结果可知，规划前后的琶洲岛 GI 雨洪调节服务均呈现数值供不应求与空间供需失衡的情况，规划后略有改善，但空间分异情况加剧。

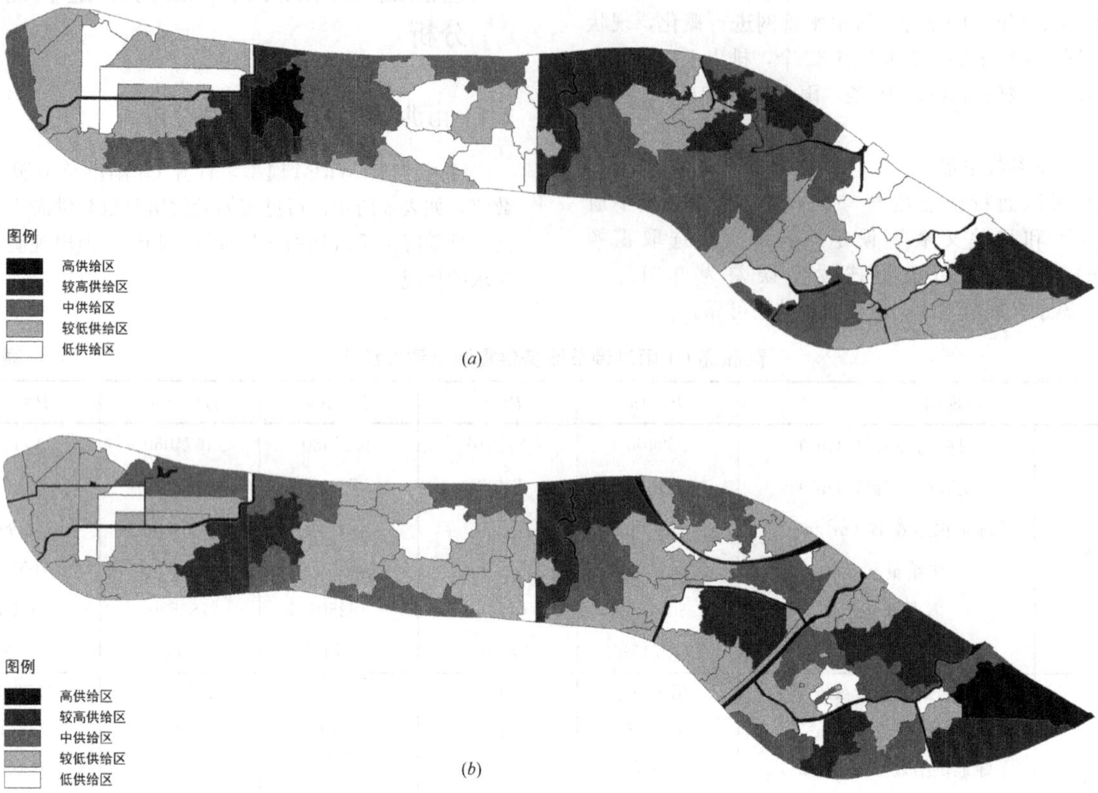

图 2 琶洲岛现状（a）与控规方案（b）GI 供给空间分布图

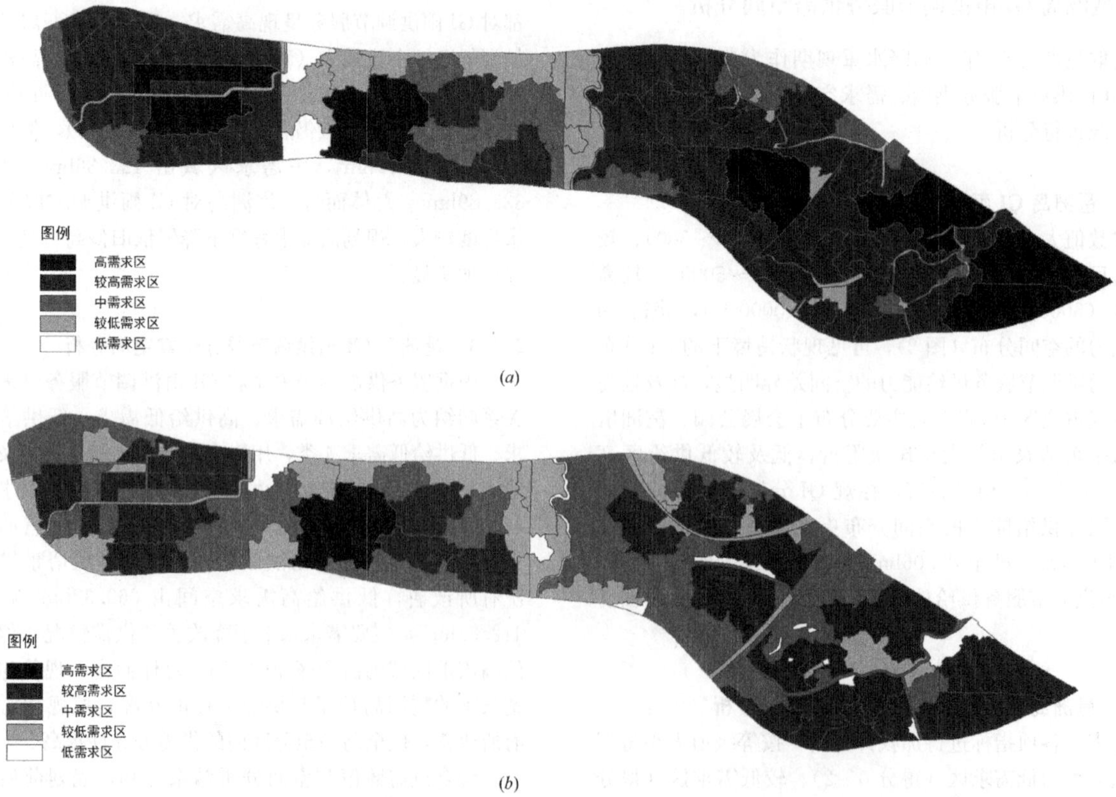

图 3 琶洲岛现状（a）与控规方案（b）GI 需求空间分布图

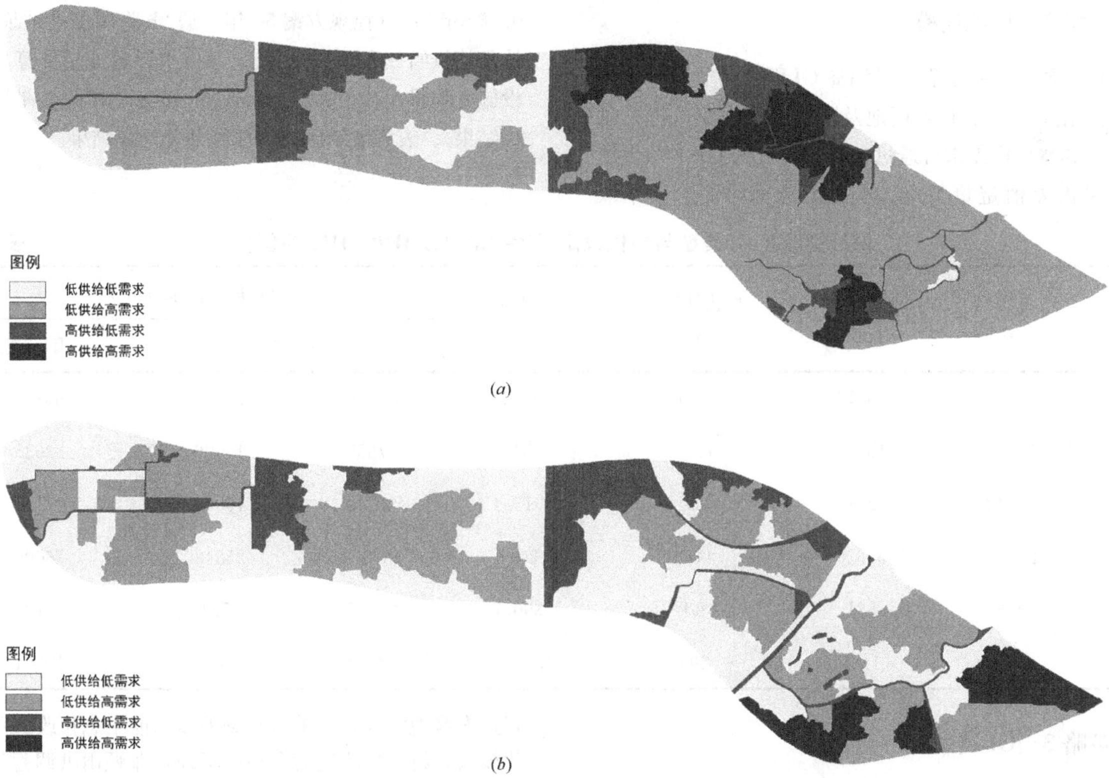

图 4　琶洲岛现状（a）与控规方案（b）GI供需空间分布图

3　GI格局优化策略与方案

根据《广州市海绵城市专项规划（2016—2030）》规定，广州中心城区的防洪排涝标准为有效应对不低于50年一遇暴雨。本研究以50年一遇2小时降雨情境下的GI雨洪调节服务供需平衡为目标，以供需测度结果为优化依据提出GI格局的优化策略。具体是从GI格局构建要素——结构、规模、类型与布局依次确定GI网络结构形态、实施规模需求、功能类型定位与优先布局地段，构建琶洲岛GI格局优化策略。

3.1　策略1：空间结构

城市环境中GI雨洪调节服务实现空间完全耦合难以实现，应采取分级管控的策略，将研究区划分为多个尺度嵌套的供需单元，明确各级供需控制目标，各级目标通过不同层级GI配置实现，同时应建立连通廊道促进地区协同管理，通过服务流动实现整体区域的动态调节，从而构建“自下而上，层层管控”的GI格局结构优化模式。依据建设情况将琶洲岛划分为“岛屿-分区—排水分区—子汇水区”4个层次的雨洪管理区，分别以1、5、20、50年一遇2h降雨情境下雨洪调节服务供需平衡为控制目标。一级管理区为岛屿整体；二级管理区包括西区、中一区、中二区和东区；三级管理区按照分区被水域切割情况划分，编号P1～P17；四级管理区为测度环节划分的子汇水区，编号H1～H101。构建琶洲岛的GI分区结构如图5所示。

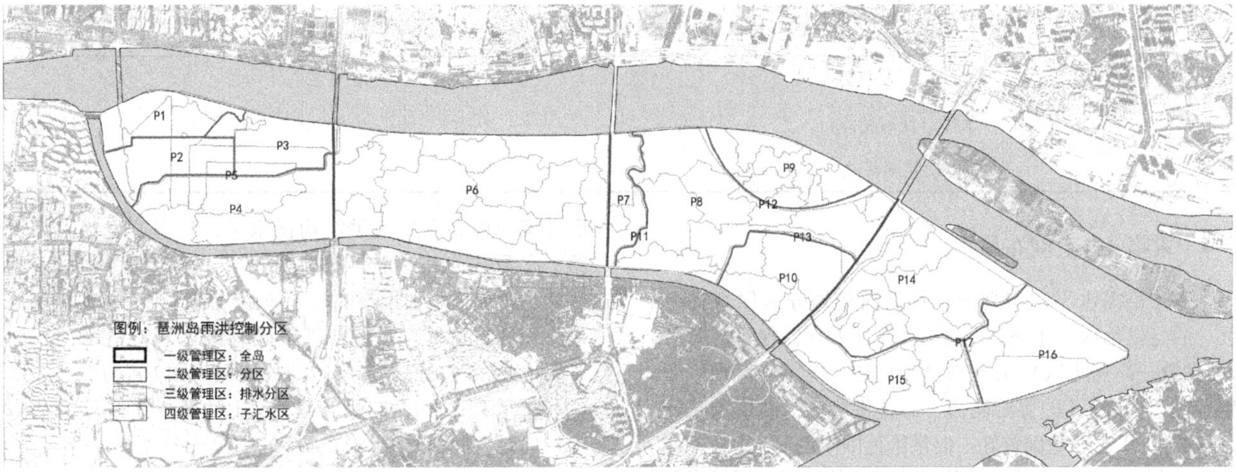

图 5　琶洲岛GI分区示意图

3.2 策略2：用地规模

从供需数值关系上看，琶洲岛GI雨洪调节服务供不应求，需增加G类、E类用地及附属绿地规模以提升供给总量。具体规模需求可通过各级管理区的GI平均供给效率与供需差值定量拟定。本文绿地平均供给效率取0.082m³/m²（控规方案50年一遇2h降雨测度结果），水体平均供给效率取0.5m³/m²（按水体填注量推算），LID设施平均供给效率取0.17m³/m²（参考相关文献[15]模拟结果）。表4展示四级管理区部分推算结果。

四级管理区GI类型与规模设定（P=1a）（以H10～H15为例）　　表4

子汇水区	总面积（m²）	绿地面积（m²）	现状供给量（m³）	需求量（m³）	GI规模需求（m²）		
					绿地	水体	LID设施
H10	223922	15074	970	10847.8	132290	21696	63811
H11	114525	18044	1170	5548	67659	11096	32635
H12	165425	12575	800	8015.4	97749	16031	47149
H13	266594	68620	4490	12921	157573	25842	76006
H14	39058	831	50	1890.7	23057	3781	11122
H15	38176	4483	290	1846.9	22523	3694	10864

3.3 策略3：GI类型

仅增加GI规模往往并不足以达成控制目标，还应增加水面率与应用低影响开发设施（LID），提升服务供给效率。首先根据城市空间格局、环境风貌与发展定位，针对性地提出各分区供需优化模式。西区拟打造“小街区、密路网、总部高楼林立”的高密度街区，宜采取“高效雨水管理垂直网络构建”的优化模式，营造雨水循环顺畅的绿色街区环境。中一区会展期须疏散大量人流而不宜设置过多绿地空间，宜采取“场地多功能生态化改造”的优化模式，将广场改造为多功能场地，兼顾雨洪调蓄与场地服务。琶洲塔公园与3条河道是中二区的主要生态资源，宜采取“城水交融”的优化模式，打造健康、宜居的生态社区。东区规划建设尚未落实，土地利用与空间布局的灵活性最高，宜采取“生态用地预留”的优化模式，营造具有岭南水乡风格的生态城区。根据模式对应选择适用GI类型（表5），提高优化方案可实施性。

琶洲岛分区GI类型选择　　表5

功能	类型	西区	中一区	中二区	东区
源头削减（源景观）	绿色屋顶	√			
	雨水桶	√			
	透水性铺装		√		
	下凹式绿地	√		√	√
	雨水花园	√		√	
中途传输（流景观）	生态沟渠	√	√	√	√
	江河廊道	√		√	√
末端调蓄（汇景观）	雨洪公园/人工湿地		√	√	√
	水体（江河湖海）	√		√	√
	多功能调蓄池		√		

3.4 策略4：空间布局

基于供需水平象限划分，将琶洲岛划分为保育提升区、后备供给区、生态开发区、生态重塑区。保育提升区（高供给—高需求区）GI建设基础良好，应充分保护区域生态环境保障GI的供给能力。后备供给区（高供给—低需求区）GI建设基础较好，但供给范围限制了GI服务能力的充分发挥，可作为连通终端协调其他区域，通过强化服务流动提高大尺度供需均衡水平。生态开发区（低供给—高需求区）是城市雨洪脆弱性最高且建设基础较差的区域，是规模增加策略的优先应用区域。生态重塑区（低供给—低需求区）属于雨洪不敏感的区域，适当调控即可。依此原理，逐级布局琶洲岛一级（图6）与二、三级（表6）管理区GI，四级管理区GI可视规模需求灵活拟定，构建琶洲岛GI布局（图7）。

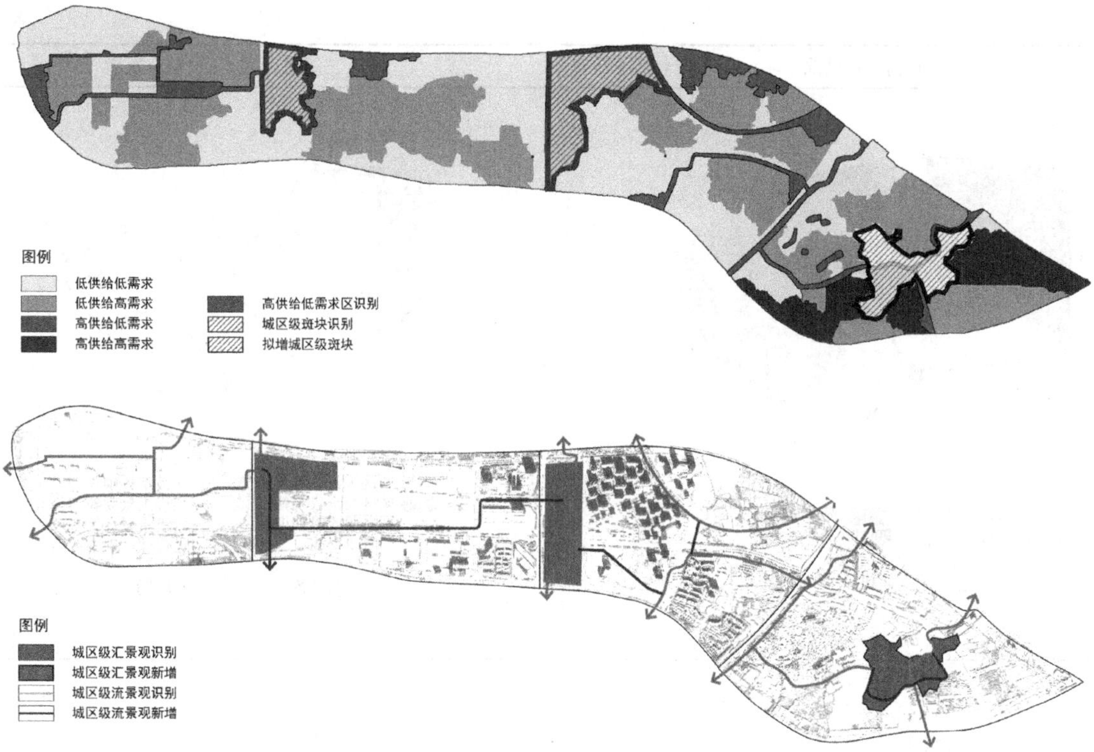

图 6　琶洲岛一级管理区城区级 GI 布局调整

琶洲岛二、三级管理区 GI 布局构建示意图　　　　**表 6**

<table>
<tr><th>供需等级情况</th><th>二、三级管理区 GI 识别与新增</th></tr>
<tr><td>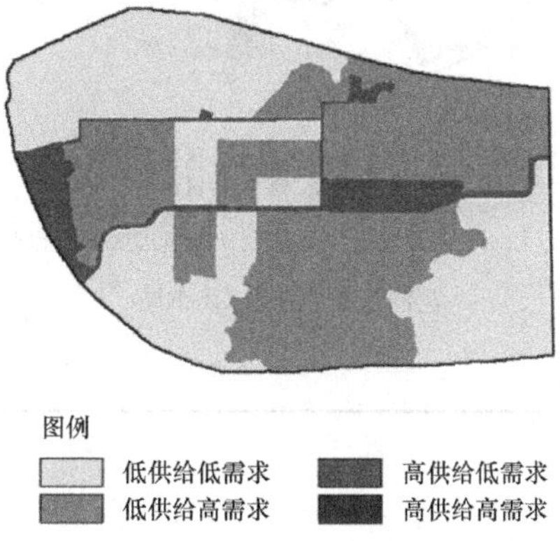

琶洲岛 GI 供需空间分布</td><td>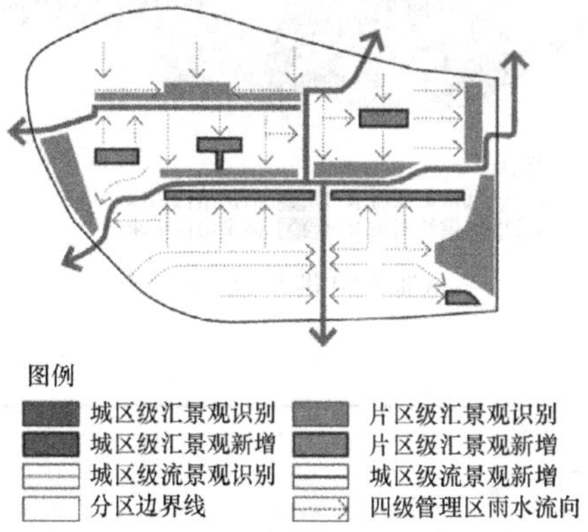

琶洲岛二、三级 GI 布局</td></tr>
<tr><td>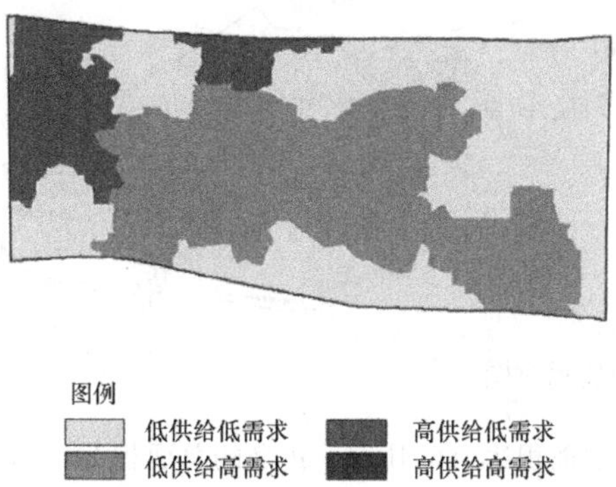

琶洲岛 GI 供需空间分布</td><td>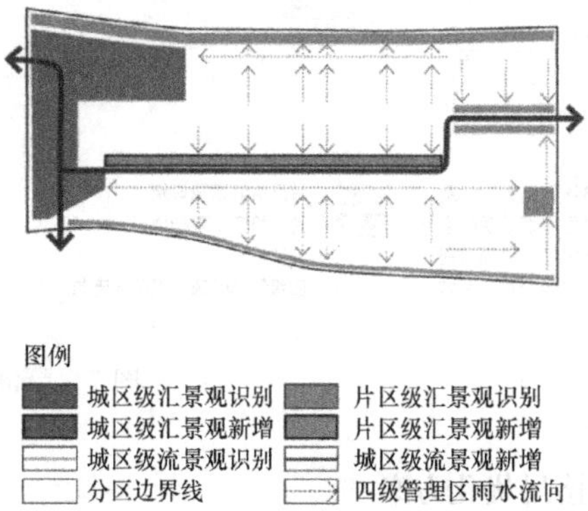

琶洲岛二、三级 GI 布局</td></tr>
</table>

续表

<table>
<tr><th>供需等级情况</th><th>二、三级管理区 GI 识别与新增</th></tr>
<tr><td>
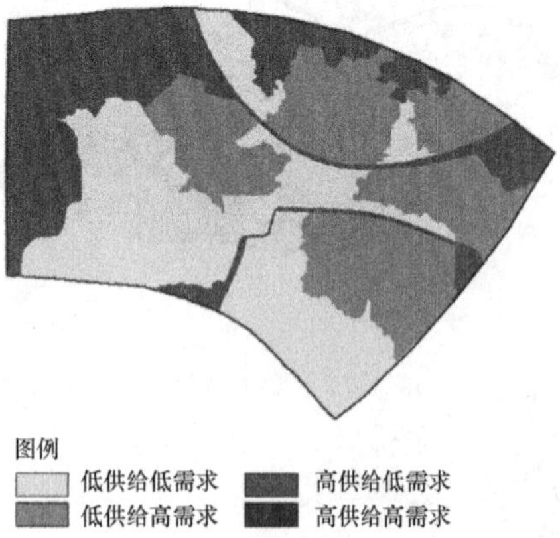

琶洲岛 GI 供需空间分布
</td><td>
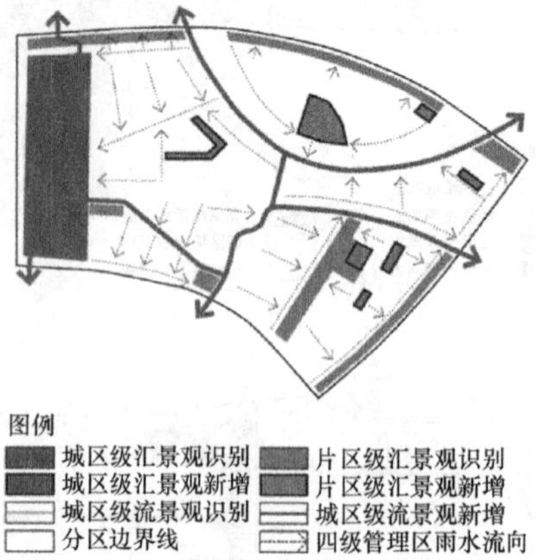

琶洲岛二、三级 GI 布局
</td></tr>
<tr><td>
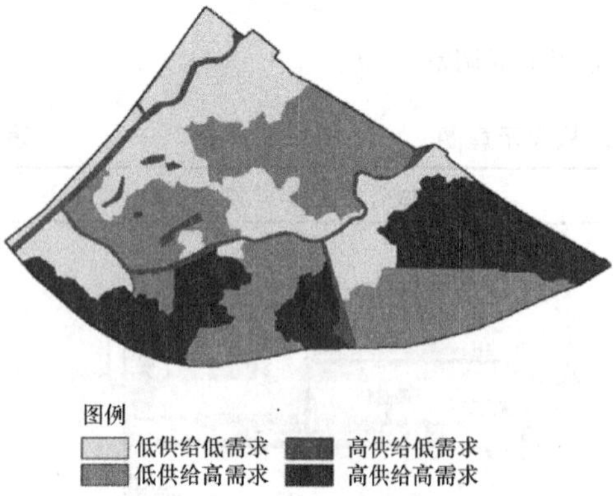

琶洲岛 GI 供需空间分布
</td><td>
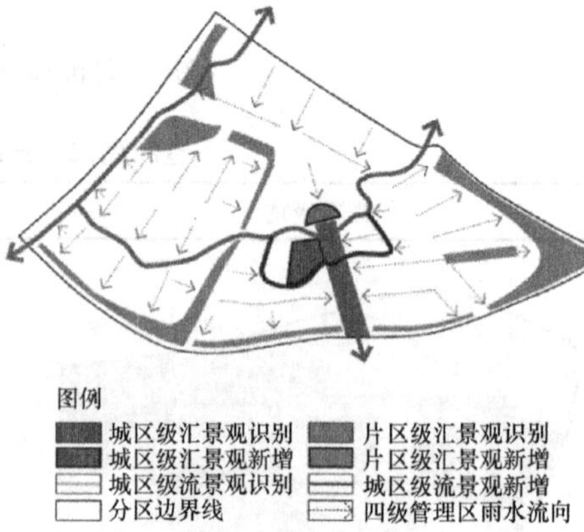

琶洲岛二、三级 GI 布局
</td></tr>
</table>

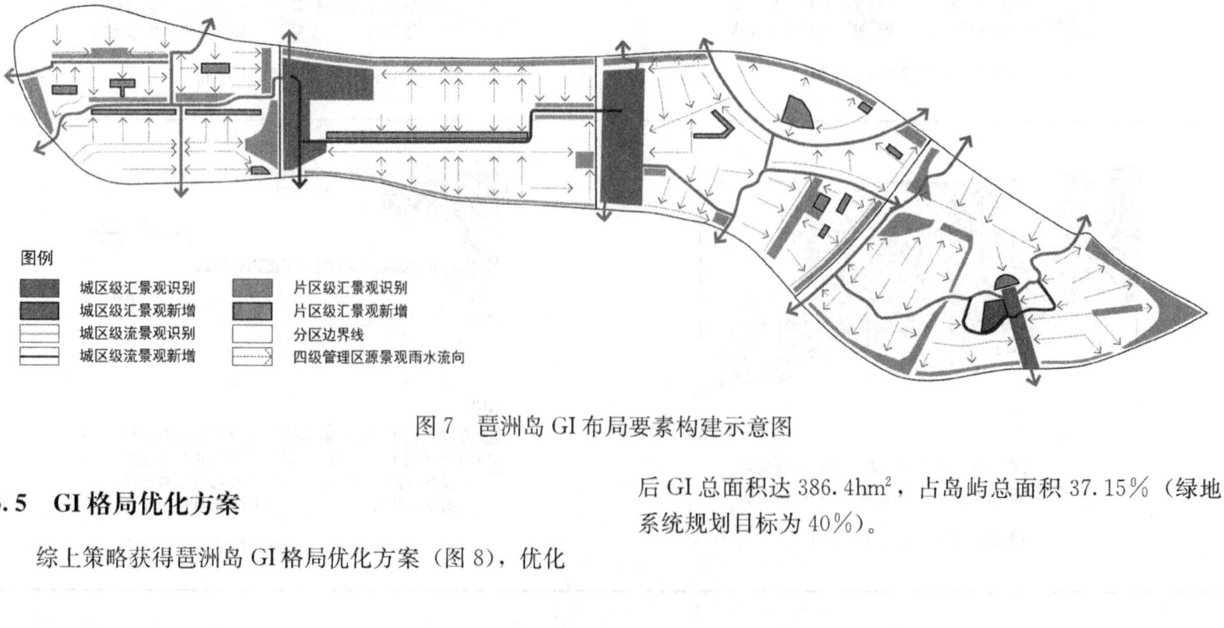

图7　琶洲岛 GI 布局要素构建示意图

3.5　GI 格局优化方案

综上策略获得琶洲岛 GI 格局优化方案（图 8），优化后 GI 总面积达 386.4hm²，占岛屿总面积 37.15%（绿地系统规划目标为 40%）。

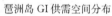

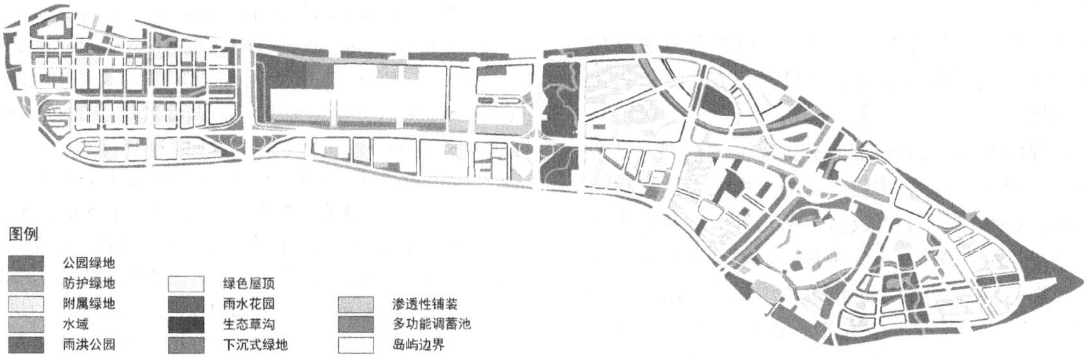

图 8　琶洲岛 GI 格局优化方案

3.6　优化方案有效性验证

GI 格局优化方案雨洪调节服务供需数值测度结果　表 7

降雨重现期	供给量（m³）	需求量（m³）	供需比
1 年一遇	725605.62	494237.7	146.81%
5 年一遇	814925.62	647861.7	125.79%
20 年一遇	872435.62	780136.4	111.83%
50 年一遇	901285.625	867579.8	103.88%

1 年一遇、5 年一遇降雨重现期下供需空间分布情况如图 9 所示，各级管理区内 GI 雨洪调节服务数值已实现供过于求，受建设面积限制仍有部分区域未能满足空间耦合，但四级管理区供需比达 80%以上的区域已占据全岛 78.9%，三级管理区供需比均达到 70%以上；二级管理区供需比分别达到 104.1%（西区）、114.18%（中一区）、109.37%（中二区）、129.04%（东区），可视为供需平衡目标基本达成，规划路径与策略有效性得到验证。

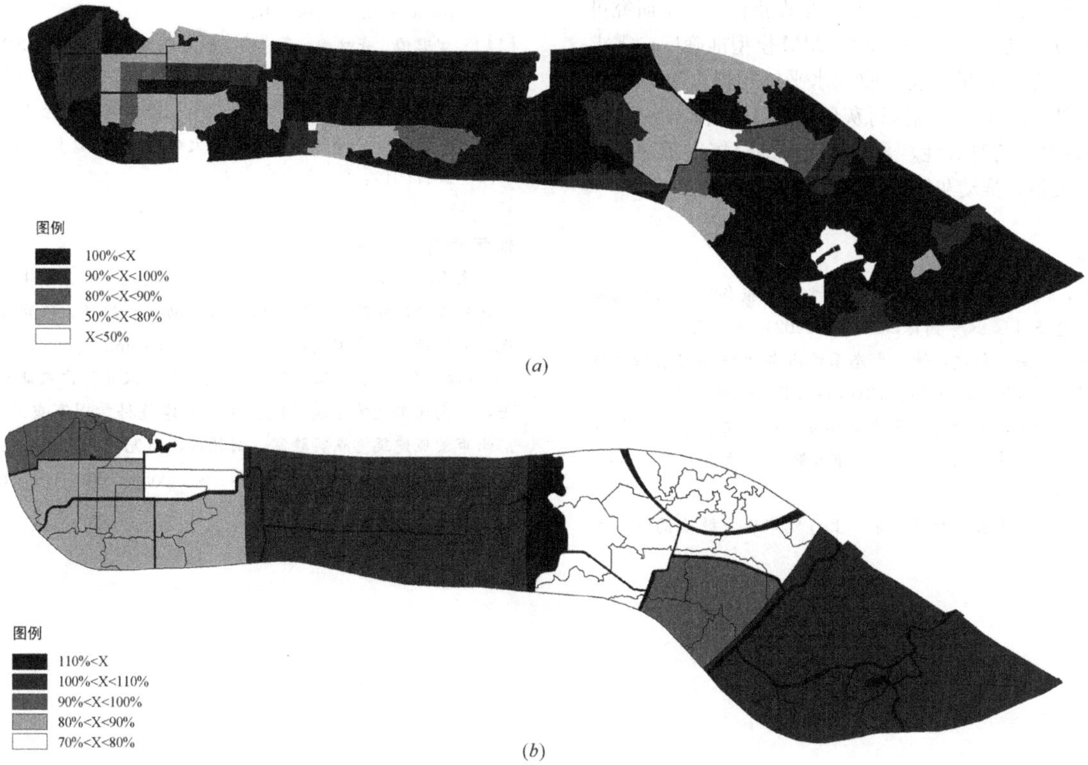

图 9　1 年一遇（*a*）与 5 年一遇（*b*）降雨情境下琶洲岛 GI 优化方案供需分布图

4 总结与讨论

本文以广州琶洲岛为例，探讨基于雨洪调节服务供需测度的中观城区尺度雨洪安全格局优化方法，取得以下两方面成果：

(1) 中观尺度 GI 雨洪调节服务供需测度框架：结合 SWMM 模型与数据叠置法构建供需测度框架，旨在揭示琶洲岛 GI 雨洪调节服务供需数值关系与等级空间分布情况。测度结果显示：现状 GI 分布集中，供给水平空间分异明显，控规 GI 均匀分散，供给数值增加且供给空间分异情况改善，需求水平降低但需求空间分异加剧。综合而言，规划前后均呈现数值供不应求与空间供需失衡，规划后略有改善，但空间分异情况加剧。

(2) 基于供需测度结果的 GI 格局优化路径与策略：针对供需平衡目标，依据供需单元构建 GI 网络结构形态，依据供需差值确定 GI 实施规模需求；依据用地特征确定 GI 功能类型定位；依据供需水平空间分异确定 GI 优先布局地段；形成综合"结构—规模—类型—布局"策略，构建琶洲岛 GI 格局优化方案。

以上研究成果能为 GI 雨洪安全格局定量优化提供路径参考，作为城市控制性详细规划、城市设计等的参考依据，弥补海绵城市中观尺度技术体系的缺失，促进海绵城市的更好发展。

本研究尚存一定不足之处。首先，参考 SWMM 指导手册与文献确定的 SWMM 模型参数可能与实际存在差距，需求测度指标缺少人群结构易损性指标。未来研究可结合实测方法确定参数，提高 SWMM 模型准确度，需求测度指标应考虑年龄结构、收入水平结构等人群易损性指标。另外，本文未精确探讨灰色基础设施供需情况，也未明确 GI 服务的时效性，未来研究将综合探讨灰绿基础设施供需关系，推动灰绿格局耦合模式研究。

参考文献

[1] 刘颂，谌诺君. 绿色基础设施水文调节服务的供给机制及提升途径[J]. 风景园林，2019，26(02)：82-87.

[2] 马琳，刘浩，彭建，等. 生态系统服务供给和需求研究进展[J]. 地理学报，2017，72(07)：1277-1289.

[3] 刘颂，杨莹，王云才. 基于矩阵分析的水文调节服务供需关系时空分异研究——以嘉兴市为例[J]. 生态学报，2019，39(04)：1189-1202.

[4] 于冰沁，车生泉，严巍，等. 上海城市现状绿地雨洪调蓄能力评估研究[J]. 中国园林，2017，33(03)：62-66.

[5] Nedkov S，Burkhard B. Flood regulating ecosystem services—Mapping supply and demand，in the Etropole municipality，Bulgaria[J]. Ecological Indicators，2012，21：67-79.

[6] Stürck J，Poortinga A，Verburg P H. Mapping ecosystem services：The supply and demand of flood regulation services in Europe[J]. Ecological Indicators，2014，38(3)：198-211.

[7] 朱文彬，孙倩莹，李付杰，等. 厦门市城市绿地雨洪减排效应评价[J]. 环境科学研究，2019，32(01)：74-84.

[8] 叶阳，裘鸿菲. 汇水系统绿地雨洪调蓄研究——以武汉港西汇水系统为例[J]. 中国园林，2020，36(04)：55-60.

[9] 彼得·鲍斯文，马蒂亚斯·康道夫，帕特里克·韦伯. 变迁中的岛屿——韧性城市形态[J]. 风景园林，2019，26(09)：45-56.

[10] Li L. Y，Pieter U，Eetvelde V. V. Planning green infrastructure to mitigate urban surface water flooding risk-A methodology to identify priority areas applied in the city of Ghent [J]. Landscape & Urban Planning，2020，194：103703.

[11] 张会，张继权，韩俊山. 基于 GIS 技术的洪涝灾害风险评估与区划研究——以辽河中下游地区为例[J]. 自然灾害学报，2005(06)：141-146.

[12] 广东省气候中心. 广州市中心城区暴雨公式及计算图表编制技术报告[R]. 2011.

[13] United States Enviromental Protection Agency. Storm Water Management Model Application Manual [R/OL]. http://www.epa.gov/water-research/stormwatermanagement-model-swmm，2009-07.

[14] 曾家俊，麦叶鹏，李志威，等. 广州天河智慧城 SWMM 参数敏感性分析[J]. 水资源保护，2020，36(03)：15-21.

[15] 刘颂，毛家怡，沈洁. 基于 SWMM 的场地绿色雨水基础设施水文效应评估——以同济大学校园为例[J]. 风景园林，2017(01)：60-65.

作者简介

朱雪蓓，1999 年生，女，汉族，安徽池州人，硕士，同济大学建筑设计研究院(集团)有限公司，助理工程师，研究方向为景观规划设计。电子邮箱：814628951@qq.com。

(通信作者)翁奕城，1974 年生，男，汉族，广东汕头人，博士，华南理工大学建筑学院、亚热带建筑科学国家重点实验室、广州市景观建筑重点实验室，副教授，研究方向为景观生态规划设计、公共景观设计。电子邮箱：wengych@scut.edu.cn。

论文集

风景园林与绿色公平

非正规与非正义

——浅谈空间正义视角下对公园内非正规种植的思考

Informality and Injustice

—Reflections on Informal Planting in Parks from the Perspective of Spatial Justice

兰雪儿

摘　要：当前中国城市中存在着许多由居民自发开垦形成的非正规种植空间，体现出城市发展过程中人们日益增长的需求与城市用地功能之间的矛盾。然而非正规就一定意味着非正义吗？空间正义的理念由来已久，旨在保障空间生产及其资源配置的公民空间权益的公平和公正。以空间正义为价值导向的城市公园建设应兼顾不同群体的绿地使用权和话语权，公平共享和多样包容本应就是城市公园建设的题中之意。本文在空间正义的价值引导下，对城市公园内非正规种植现象及特征进行深入分析，挖掘公园非种植空间的潜在价值，试图从决策正义、过程正义和结果正义三方面对公园非正规种植进行空间引导。

关键词：非正规；空间正义；城市公园；种植空间

Abstract: There are currently many informal planting spaces in Chinese cities reclaimed by residents which reflects the contradiction between the growing needs of people and the function of urban land in the process of urban development. But does informality necessarily mean injustice? The concept of spatial justice aims to guarantee the fairness and justice of citizens' spatial rights and interests. With this regard, the construction of urban parks should consider the rights and voice of different groups. Fair sharing and diversity should be the essence of urban park construction. From the Perspective of Spatial Justice, this paper analyses the phenomenon and characteristics of informal planting in urban parks, explores the potential value of non-planting spaces in parks, and attempts to guide informal planting in parks from three aspects: decision justice, process justice and outcome justice.

Keywords: Informality; Spatial Justice; Urban Park; Planting Space

1　空间正义的概念及价值导向

1.1　空间正义的概念

空间正义理论起源于西方学者对城市化进程以来对空间剥夺、隔离等城市空间问题的反思。大卫·哈维探讨了“社会正义”，以资本逻辑为起点研究社会主义社会的空间不平等，为空间正义进行了多维的阐释[1]。目前空间正义理念已经渗透到领地正义、不正义的城市化、环境正义、地区公平等相关概念中，指的是将空间视为物质性的存在，在空间的生产和生活中注重维护不同阶层、不同群体公平占有、利用空间来进行生产、生活的权利[2]。

1.2　城市公园与空间正义价值导向

差异加剧的城市化发展模式导致公园绿地在数量变化、配置情况和内部环境资源的使用中存在着非正义现象，空间正义导向下的城市公园建设应兼顾弱势群体和边缘化群体的绿地使用权和话语权，包含着公平共享和多样包容两大价值导向[3]：

（1）公平共享，即公园绿地作为城市公共物品，在资源和机会的空间分配中应满足不同群体的基本诉求，保障多元空间群体平等参与公园空间资源的生产和分配的权利。

（2）多样包容，即强调以人为本，尊重不同群体差异，通过在公园中创造包容的多样空间以避免空间剥夺和隔离，消除空间的文化歧视，防止弱势群体空间边缘化。

2　公园非正规种植空间的正义缺失

2.1　相关概念：非正规空间与非正规种植空间

目前国内学者从城市规划与公共管理、非正规空间的组织形式及空间是否被正规利用等不同的视角把握认知非正规空间的内涵。其具有两大特征：①非正规空间是一种暂时跳出制度框架和正规性管制之外的空间形式；②这是一种自发的，可以满足社会发展和一部分居民需求的空间形式[4]。

现有研究中城市非正规空间目标对象主要集中在城中村、城乡接合部、老城区等非正规实体空间，以及流动摊贩等从事非正规经济活动或进行日常交往所形成的非正规符号空间[5]。往往易忽视城市建设用地内，居民在管理薄弱的绿地自发开垦形成的非正规种植空间。此类空间分散在城市各类绿地内，规模虽小，总量却大。具备城市非正规空间的两大本质特征，但多作为社区非正规空间研究的一种类型，缺乏对不同尺度不同类型的非正规种植空间的系统和深入研究（图 1）。

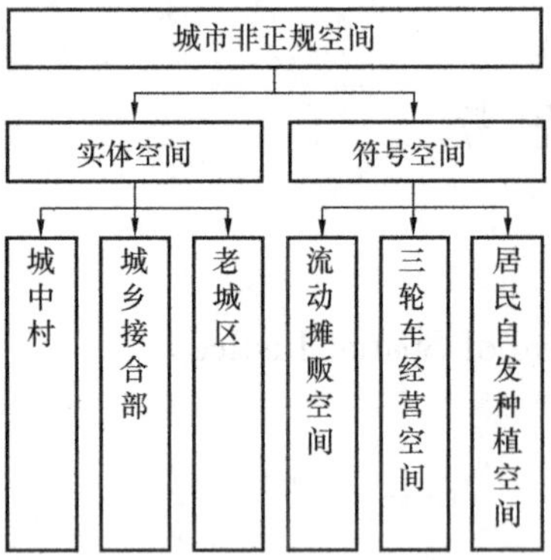

图 1　城市非正规空间研究类型

2.2　公园非正规种植空间的正义缺失

城市居民非正规种植行为多以城市绿地为空间载体，包括公园绿地、防护绿地、广场绿地和附属绿地。公园内的非正规种植空间指的是在城市公园绿地内，居民未经授权进行自发开垦种植的非正规空间。非正规种植与公园城市景观冲突，在规划和管理过程中出现一些不公不正的现象，根据公园规划建设的阶段可分为 3 类：

一是受复杂的地形地貌、传统地域农耕生活方式及城市开发多方影响，城市内原本就存留着的、后续因规划建设被纳入公园绿地内的种植地。此类种植空间多为居民点附近的自垦地，形成时间较长，空间分布和规模类型多样，多具有地域手工种植和农耕文化的价值特点，但在公园规划建设时忽略不同主体的多元诉求，往往由城市公园景观直接取缔，存在公园内部环境资源配置非正义现象。

二是规划或建设中的城市公园，由于工程建设等多种原因导致土地暂时处于无人监管的闲置状态，为有种植需求的居民提供“契机”。此类种植空间分布集中连片，易形成较大的规模，在城市中形成独具特色的田园景观（图 2）。鉴于其具有巨大的潜在游憩服务价值，部分公园在后期建设中考虑将种植空间公园化保留。但正规化后的公园农业空间服务人群变更，出现“公园绅士化”现象，对弱势群体在使用上造成了非正义的空间隔离和阻碍。

三是在城市公园建成后，居民利用公园绿地监管薄弱地带自行开垦的种植空间。此类空间规模小，零散分布于规模较大的综合公园和附近居民点边缘，相关部门屡禁不止，是居民使用需求与单一功能导向下公园绿地规划的矛盾体现（图 3）。相关部门对此现象直接进行“一刀切”式取缔管理，而忽视不同人群对空间使用的多种诉求，这是在规划决策过程中公民话语权微弱的非正义的结果。

图 2　重庆永川望城公园非正规种植空间照片

图 3　从左到右分别为：重庆鸿恩寺公园、平顶山公园和黄桷湖体育公园内的非正规种植空间照片

3 公园非正规种植空间的正义批判

公园非正规种植空间的非正义是规划设计单位、公园管控部门和参与群众三方利益主体矛盾共同导致的结果，溯其本源分别为空间规划设计局限、公园部门管控失位和居民参与方法不当。

3.1 决策不正义：空间规划设计局限

规划设计主体关注效率和发展利益，未真正将民众意愿投入顶层设计中，导致公共价值缺位和动力机制的非正义。

规范法规层面：现行绿地规划编制局限。现行绿地系统规划仅着重城区内部绿地布局及处于保护名目的生态用地保护，忽略与城市紧密联系且具有高服务价值的城市内小规模农地[6]。相关法规的缺失容易导致规划者、管理者和使用者对城市公园内非正规种植的概念认知和内涵把握模糊，使下位传导实施缺乏依据，造成管控盲区。

空间设计层面：公园设计着重于空间布局及景观配置，忽略居民对绿地功能的多元诉求。缺乏将非正规种植空间公平的公园化路径，应在充分衡量现状土地价值效益的同时，兼顾弱势群体的平等诉求，对尚未完善的城市空间提出合理化空间引导。

3.2 过程不正义：公园部门管控失位

部门管控主体在管理运营过程中对空间资源的不合理分配造成对弱势群体在使用上的空间隔离和阻碍。

一方面，公园运营无法满足其高品质维护要求，对公园内部环境资源管理不善，使城市公园绿地的角落里存留“荒地”，为居民“提供”可耕种空间。另一方面，由于法规依据的缺漏、概念认知模糊、相关部门求快求便等原因，公园部门对非正规种植空间管理手段暴力单一，导致多利益主体的矛盾激化。

公园非正规种植矛盾的解决是在多方诉求充分认识基础上加以有效回应、引导，落实于实践，最终实现多方效益的过程。但多数部门在管控过程中未认识到公园绿地的多元性和包容性价值，公园中也缺乏多元和无障碍的绿地空间。

3.3 结果不正义：居民参与方法不当

参与主体由于缺乏相关科学种植的教育引导，环境保护意识薄弱和不科学的粗放耕种方式可能对公园造成一系列生态问题，进而影响周围的城市环境和其他居民的权益。

农药、化肥、地膜等农业工具的不合理使用导致城市土壤污染，残余的化学物品又随地表径流进入邻近水体，造成水体非点源污染。农业固体垃圾露天堆放，脏乱差现象严重，带来整个环境的污染，影响周边居民和自身的生活环境（图 4）。农产品中残留的农产品也直接危害到人们的健康。同时，在生态敏感地区，过渡开垦和破坏植被导致水土流失，甚至在雨季汛期容易引发滑坡、泥石流、洪涝等灾害问题。

图 4　农业工具、设施及肥料垃圾照片

正义是相对的概念，弱势群体并非就代表正义，居民种植方式不当，未考虑环境保护与生态系统维护诉求，也是对其他利益主体权力侵犯，是群众参与过程中的非正义表现。

4 公园非正规种植的空间正义重塑

4.1 空间正义视角下公园非正规种植价值的再认识

非正规是否就非正义？非正规是否就应被直接取缔？城市公园的区位特征赋予了非正规种植空间重要的社会、经济和生态的复合潜能。对待公园非正规种植空间，需要在空间正义的视角下对其内在价值潜能进行再认识，从而探求空间引导的正确价值取向。

4.1.1 社会服务潜能

公园内的非正规种植空间具有原生的农田景观且承载着丰富的民俗与农耕文化，与城市公园功能相结合，可满足部分群体的种植需求，发展为多元主体共享的劳作空间、娱乐空间、体验农业与环保知识实验宣传场所，具有巨大的游憩服务价值。

同时，利用城市公园空间进行小规模特色农业生产，可为城市提供品种多样、绿色有机的新鲜瓜果蔬菜等农产品，保护食物物种多样性。而就近种植农产品，可降低运输距离和运输成本，减少食物耗损浪费，提高城市食物供应可持续能力，以构建有弹性的城市食物系统，增强城市自我服务的功能和城市抗风险能力。

4.1.2 经济提升潜能

合理保留和开发公园内非正规种植空间，可在协调多方利益主体诉求的同时，提升公园用地的土地经济效益。

一方面，依托现有非正规种植空间开发小规模高品质的城市农业，不仅能为城市居民提供特色多样的有机农产品，还能提供一些创收机会以缓解部分劳动力群体的生活保障问题。另一方面，发展城市公园游憩产业如城市体验农业和观光农业，可在居民享受公园游憩服务功能的同时，将游憩价值转化为经济效益，提升公园土地利用的经济效益，为公园提供多渠道资金来源。

4.1.3 生态维护潜能

科学引导居民的耕种方式，不但可以减少对周围城市环境和居民健康的影响，还能发挥公园种植空间的生态服务潜能。

首先，在公园中引入半人工田园景观，有利于提升城市公园景观多样性及合理配置高价值景观资源，打破空间隔离和阻碍，创造具有包容性的、无障碍的、多元的公园绿地空间。其次，耕地生态系统提供了一种新的生物生存环境，结合公园内的林地构建农林共生系统，形成其特有的生物种群结构和食物链，可提供多样化的动植物生境，维护区域生物多样性[7]。这一功能使耕地生态系统呈现与城市生态系统完全不同的环境质量和景观效果，成为城市居民向往的休闲环境。

4.2 空间正义认知下公园非正规种植的空间引导

4.2.1 决策正义：公园设计兼顾主体需求与用地潜能

首先，公园规划主体要转变传统自上而下的设计思维，结合公平共享和包容多样的空间正义价值内涵，将对公园绿地的正义需求纳入考量体系。以问题为导向充分尊重居民公共生活的多元利益需求，尤其要考虑弱势群体的特定使用诉求，保障公民话语权在规划决策过程中的正义实现。

同时，空间设计需深度挖掘公园非正规种植空间的社会、经济和生态潜能，基于供需关系和土地评价考虑对其予以保留利用、保护修复或取缔恢复。针对公园建设不同阶段内的不同问题对非正规种植空间进行分类、分阶段、分模式设计和引导，缓解公园建设和管理过程内的非正义现象，实现包含社会—经济—生态的综合效益。

4.2.2 过程正义：公园管理以双导向协同打破空间隔离

一方面，自上而下的规划与管理无法彻底实现居民的参与权和决策权，公园管理部门应积极引导唤醒公民的参与意识和公共意识，发挥利用社会组织的力量对参与主体进行科学教育和引导，推动协调构建自上而下和自下而上相协调的空间管理模式。通过公众参与与规划管控的有机结合，协调上下利益冲突，以多主体共治共享促进公园的良性发展。

另一方面，管理主体要转变传统角色和行为方式，转单一执法为弹性引导，避免不同利益主体矛盾的二次激化。公园管理过程中需考虑公园绿地在使用过程中的多元性和包容性，全面关照个体和社会群体诉求和存在价值，从而缓解不同群体空间隔离等非正义现象，以创造多元、无障碍的绿地空间。

4.2.3 结果正义：公众科学参与促进城市整体效益提升

公众参与既是一种注重成果的建设模式，也是一种强调过程的发展行为。公园建设和管理的过程中，公众在树立正确的价值认知的基础上，可通过正规途径表达合理诉求和保障合法权益。同时在相关部门和社会组织的专业引导下，以科学的方式参与规划决策和公园管理。

同时，多主体、多形式的公众参与不仅是公民行使合法话语权和决定权的体现，也是规划管理中协调各种利益关系的重要方式，合理高效的多方参与可有效促进公园社会-经济-生态整体效益的提升。

5 结语

城市高质量发展背景下，城市化过程中产生的空间正义需求将成为无可避免的问题。公园中的非正规种植空间是特定群体的需求与城市空间功能矛盾的产物，其具有内部环境资源配置不合理、弱势群体空间隔离和公民话语权微弱等非正义问题。溯其本源，是由于空间规划设计局限的决策不正义、公园部门管控失位的过程不正义和居民参与方法不当的结果不正义。对此问题，本文基于空间正义视角对公园非正规种植空间的价值进行深度挖掘和再认识，并以此提出空间引导策略，具体包括：①决策正义：公园设计兼顾主体需求与用地潜能；②过程正义：公园管理以双导向协同打破空间隔离；③结果正义：公众科学参与促进城市整体效益提升。

参考文献

[1] 华苗. 城市空间正义研究综述[J]. 丽水学院学报，2014，36(04)：50-55.

[2] 黄文圣. 空间正义视角下老旧社区公园更新设计研究——以重庆市南岸区后堡公园更新设计为例[J]. 2018城市发展与规划论文集，2018：1208-1215.

[3] 文军. 空间正义：城市空间分配与再生产的要义——"小区拆墙政策"的空间社会学[J]. 武汉大学学报(人文科学版)，

2016，69(03)：16-18.
[4] 宁一瑄，章征涛．我国城市非正规空间研究综述和展望[C]．城乡治理与规划改革——2014中国城市规划年会论文集(12—居住区规划)，2014：361-371.
[5] 叶丹，张京祥．日常生活实践视角下的非正规空间生产研究——以宁波市孔浦街区为例[J]．人文地理，2015，30(05)：57-64.
[6] 汤西子．“农业—自然公园”规划[D/OL]．重庆大学，2018[2022-03-31].
[7] 王宇，欧名豪．耕地生态价值与保护研究[J]．国土资源科技管理，2006(01)：104-108.

作者简介

兰雪儿，1996年生，女，畲族，福建福鼎人，重庆大学建筑与城市规划学院硕士研究生在读，研究方向为城市生态规划与空间设计。电子邮箱：601460816@qq.com。

绿色绅士化背景下城市公园规划公平性提升策略[①]

Strategies to Improve the Equity of Urban Parks in the Context of Green Gentrification

严易琳

摘　要：在绿色增长模式导向下，城市快速更新过程经常通过大型绿色基础设施建设来改善环境质量，也随之引发诸如绿色绅士化的环境非正义现象。本文结合案例分析，探讨绿色绅士化现象的形成机制，总结该过程中引发的环境非正义现象特征，并基于绿色公平的多维度目标内涵提出程序公平、体系优化、资源均置、空间补偿的城市公园规划提升策略，从而消解环境非正义现象对社会分异、资源不均的消极效应。

关键词：绿色公平；绿色绅士化；城市公园；环境非正义

Abstract: Under the rapid green growth model, urban regeneration often improves environmental quality through the construction of large-scale green infrastructure, which also leads to environmental injustice phenomena such as green gentrification. This paper discusses the formation mechanism of green gentrification, summarizes the characteristics of environmental injustice caused by this process, and proposes urban park planning enhancement strategies based on the construction of a framework of green equity objectives of procedural equity, system optimization, resource equalization, and spatial compensation, so as to eliminate the negative effects of environmental injustice on social differentiation and resource injustice.

Keywords: Green Justice; Green Gentrification; Urban Parks; Environmental Injustice

引言

城市快速更新进程往往伴随着绅士化（gentrification）现象，表现为区域内人口动迁，低收入群体与中高收入群体置换从而引发区域人口结构的变化。绿色绅士化通常指借由城市绿道、公园、生态走廊等绿色基础设施建设和棕地修复（brown field clean up）而加剧城市社会空间不公平的过程。该过程会对城市空间品质、生态环境、经济发展、文化存续等方面会产生一定的积极作用，但其背后所蕴含的社会资本和阶级力量对于城市或乡村空间环境资源的重构[1]，尤其是对城市绿色空间资源的再分配机制，往往会对绿色公平提出挑战，即城市中不同社会群体在享有城市绿地资源上表现出差异[2]。

2021年4月，国家主席习近平出席领导人气候峰会并指出应在绿色转型过程中努力实现社会公平正义，增加人民获得感、幸福感、安全感。实现绿色公平是城市可持续发展的组成部分，更是实现社会公平主义的重要路径，该目标对于建设具有包容性的人居环境具有深刻意义。鉴于此，本文以实践案例为分析蓝本，梳理绿色绅士化现象的形成机制和不公平效应，并在此基础上以绿色公平为目标提出城市公园规划公平性提升策略，旨在新时代发展转型当下的国内人居环境建设提供启示和参考。

1　绿色绅士化的形成

绿色绅士化由政府、社会资本和绅士化群体等多方面因素共同作用。在西方国家绅士化的显著特征之一就是绅士化与公共政策、政府行为有了明显关联，我国的城乡发展背景虽然与西方大不相同，但城市更新中政府力的强干预作用也使得国内的绿色绅士化现象与西方具有一定的相似性[3]。纽约高线公园作为绿色绅士化的全球典型案例，其形成机制都体现了大多数绿色绅士化现象发展演化的共性特征。

1.1　案例概况

高线公园（High Line Park）位于纽约曼哈顿切尔西地区，公园毗邻哈德逊河，总长度2.33km，沿途穿过22个街区（图1）。高线铁路自1930年代开始运行近半个世纪，在20世纪末非营利性组织高线之友基于社区发展意愿呼吁将高线改造为公园，项目于2014年建设完成并开始运营。高线公园通过绿色更新手法改造废弃工业铁轨打造高品质公共空间，催化城市发展，带动区域经济发展，同时也引发了绿色绅士现象。

① 基金项目：重庆市自然科学基金（编号 cstc2021jcyj-msxmX1055）。

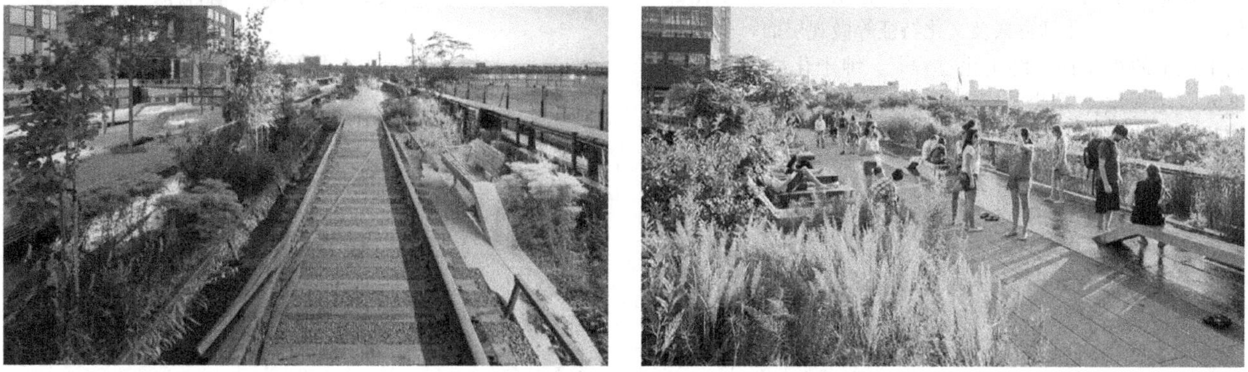

图 1 纽约高线公园（图片来源：网络）

1.2 形成机制

1.2.1 政策推动城市功能更替

绿色增长强调“生态”的空间营造理念，注重对闲置或环境污染的用地进行改造，运用景观媒介实现土地功能置换和修复，从而焕活低效空间。为了有效利用环境品质提升带来巨大的经济潜力，政府会对大型绿色基础设施建设项目进行大力度干预扶持。高线公园的转型也受到了政府力作用，纽约规划局重新对切尔西地区进行土地区划（图 2），政府提出建筑面积奖励政策，将高线的部分土地出售给开发商用于居住和商业，而后者须承诺每获取 1m² 的建筑面积就要支付相应额度的高线公园发展资金[4]。容积率奖励政策使得开发商可通过承诺建设保障性住房置换开发权比重（图 3）[5]。区划政策为地区发展提供了大量商业用地（图 4），吸引众多地产公司进驻，为片区的资本发展提供了政策保障。

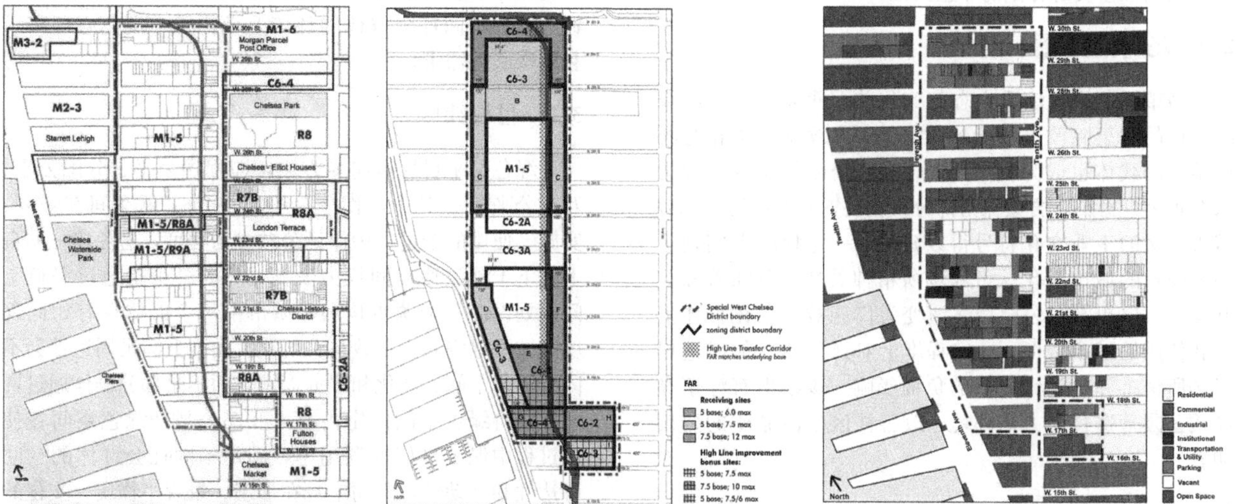

图 2 切尔西高线公园沿线区划图　　图 3 高线公园片区容积奖励指标图　　图 4 高线公园片区土地利用

（图片来源：图 2～图 4 均引自纽约市规划局官网，https://www1.nyc.gov）

1.2.2 新城市地标引发资源集聚

大型公园的建设会为区域提供城市新地标，从而产生品牌效应使得沿线周边升级为投资者争相抢夺进驻的新高地。以高线公园为核心的切尔西地区成为极具吸引力的社区，引发了人口和产业资源的集聚效应。2006 年高架公园改建开始后，周边建设项目增加了 1 倍，约 29 个大型开发项目动工。高线的成功使得周边 0.5km 范围内的房价上涨了 10%[6]。从 2000 年到 2010 年，切尔西地区区域人口增长了 60%，其年访客数量约 700 万，周末访客数量可达 6 万人次/天，游客的大量涌入也增大了该地区的拥堵程度[7]。

1.2.3 绅士化群体驱化隔离

绅士化群体的聚集往往引发特定的群体行为，如文化消费。高品质公园成为文化活动的空间载体和文化消费场所，受到绅士化群体青睐。高线公园在工业文脉、空间品质、形态设计、活动营造上具有丰富的文化显像，强化了文化消费群体的住房选择动机。1960 年代德波（Debord）曾在《景观社会》中使用“景观”一词来描述消费资本主义社会，阐明了当代社会中消费与被动审美凝视之间的联系[8]。消费端学说作为绅士化解释论的另一阵营，强调绅士化过程中“人”的能动作用，关注绅士化群体、个人喜好、生活方式及文化特征等微观层面，强调用由下至上的视角诠释绅士化过程[3]。绅士化群体的大量涌入一定程度上异化了部分低收入原住民的群体行为，驱化了社区群体隔离。

2　绿色绅士化的不公平效应

不同国家地区的绿色绅士化现象存在差异，但该现象所带来的社会不公平效应往往呈现相同特征，具体表现为社会阶层置换、空间分配不公平和场所精神遗失。

2.1　社会阶层置换

人口的动迁存在主动和被动两种形式，在绅士化现象中居民的动迁行为往往是因为收入水平与区域发展之间的割裂。绅士化过程中区域经济发展带来地产增值，部分低收入社区原住民无法再承担该片区的生活成本，最终大量迁出。高线公园附近原住民多为工人阶层和少数族裔，其迁出行为以被动为主。原住民迁出过程伴随着中高收入群体的迁入，社区居民结构更替过程中绅士化群体与原住民之间生活方式、收入差异引发社会分异与隔离，加剧社会资源分配的非正义性。

2.2　场所精神遗失

城市绿色增长注重生态与文化的双重效应，公园设施建设的初衷除改善环境品质之外，存续城市文化与场所精神的载体也成为目标之一。高线公园的建设过程力求尊重公众意愿，方案保留部分铁轨装置和旧厂房，承载城市记忆的工业文化符号得以延续，一定程度上实现了当地民众的城市文化认可和场所精神共情。但随着商业开发和人口更替，公园最终演变为仅能被绅士化群体消费和使用的城市资源，一定程度上对迁出的原住民造成了场所情感和生活记忆上的负面影响。该结果有悖于高品质公园营造良好人居环境、改善社区生活品质的建设初衷。

2.3　空间分配不公平

绿色实践过程的目标和结果之间存在一定的悖论，被称作“绿色空间悖论”，该概念揭示了绿色绅士化过程的表面正义性[9]。城市中原本属于所有群体的绿色空间因政策引导和资本追逐的失控而成为高收入群体或精英阶层的专属资源，而伴随着空间资源分配不公平将会引发不同群体之间的社会冲突现象，加剧城市中不同群体的隔离，加剧了绿色空间对于被隔离和异化的社会群体的不公平性。

3　绿色公平目标内涵

针对绿色绅士化现象所表现出的不公平效应，提出绿色空间的公平性评价维度和目标维度，构成绿色公平的目标内涵框架（图 5）。

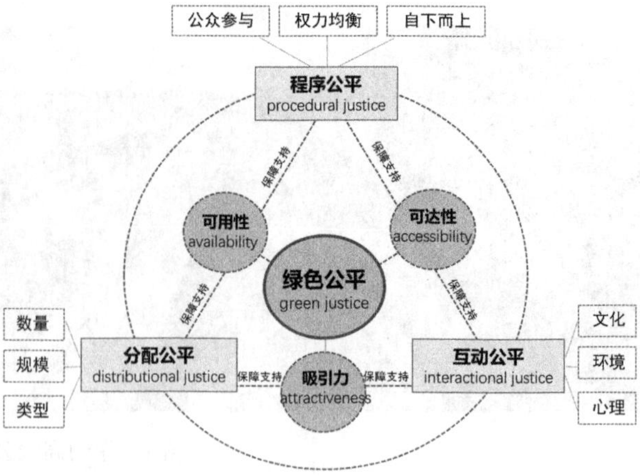

图 5　绿色公平目标内涵框架

3.1　评价维度

城市公园是否具有绿色公平性可以从 3 个方面进行评价，即可用性、可达性和吸引力[10]。可用性指绿色空间可否被所有群体使用，通常群体隔离、空间闲置等因素会加剧空间的不可使用性；可达性指绿色空间能否自由地被周边城市居民访问，绿色空间的规模划定、形态设计、出入口选址、环境融合、周边开发等方面都会影响空间的可达性；吸引力指绿色空间是否满足使用者的需求，包括针对周边不同社会群体的环境互动需求、文化心理需求和特殊服务需求。

3.2　目标纬度

绿色公平目标指向 3 方面，即程序公平、分配公平、互动公平[10]。其中，程序公平指城市绿色空间在规划、实施、使用的全过程中保证公共参与程度，避免单一的自上而下干预致使空间权力失衡；分配公平指通过绿色空间规划设计和资源重构后，城市中每个群体享有相同程度的城市绿空间，在数量、规模、类型上满足周边社会不同群体的空间、文化和服务需求，而不是部分群体通过资本手段将绿色空间固定占有；互动公平即绿色空间在使用过程中保证良好的利用率，满足不同社会群体的空间可达性和互动性，空间本身在形态、景观、物质、文化的设计上满足不同社会人群的环境心理需求和互动需求。

4　公平性提升策略

城市绿色增长存在一种发展悖论，即环境品质欠佳的地区需要更多的绿色设施，但后者又会来引发绅士化现象。城市发展需保留绿色增长带来的积极影响，又要避免绅士化阶层在物质和意识形态上对城市资源的统治，构建具有公平性的城市绿色空间体系。实现绿色公平的城市公园体系规划可以通过以下路径：程序正义、体系优化、资源均置、空间补偿。

4.1　程序正义：全过程公众参与平台

绿色绅士化需经历一段时间的复合作用机制形成，在时间维度上具有“自上而下”属性的政府力、社会力往往贯穿全过程，而具有“自下而上”属性的社区力则在全过程中存在一定的缺位现象，该作用机制体现了城市更新过程在程序上的非正义性。虽然在部分案例的规划和建设初期能看到公众参与的身影，但是当绿色增长演变到一定阶段，政府和社会资本的强干预作用以及社区力的阶段性缺位往往使得发展失控，公众参与逐渐走向力量被消解的困境，最终产生与公众意愿背道而驰的绿色不公平现象。公众参与机制应在以下方面进行优化：①增加公众参与重视度；②拓宽公众参与渠道；③强化公众参与机制全过程性；④提高公众反馈及时性。

4.2 体系优化：能级分明的多样化公园

城市大型公园的建设通常蕴含着社会或生态目标，如城市绿地建设指标需求、区域转型开发重点、生态环境韧性调节等复杂目的。大型城市公园在社区居民生活中存在尴尬的定位，部分大型公园可达性较差，服务能级与建设投入并不匹配；另一部分大型公园因为吸引大量的地产投资和旅游人群形成绅士化现象，也无形中降低了对原始社区居民的服务能效。城市公园应建设功能多样、能级分层、服务健全的体系，找准不同区域社区人群的异质化需求特征，精准供给与之匹配的公园。

4.3 资源均置：规划结合社区生活圈

社区生活圈中的公共开放空间在合理构建城市公共开放空间布局和体系的过程中具有重要作用[11]。城市公园规划基于社区生活圈进行选址和尺度划定，将公园的空间服务绩效与社区人群需求进行匹配，保证城市每个社区组团享有相同水平的城市绿色空间设施资源，避免供需失衡导致绿色空间不足或过剩现象（图 6、图 7）。同时依据社区人群空间活动特征，有效把握社区人群活动和公共空间的关联性特征，合理规划公园形态和出入口位置，保证公园对于社区生活圈内部所有居民可达，从而

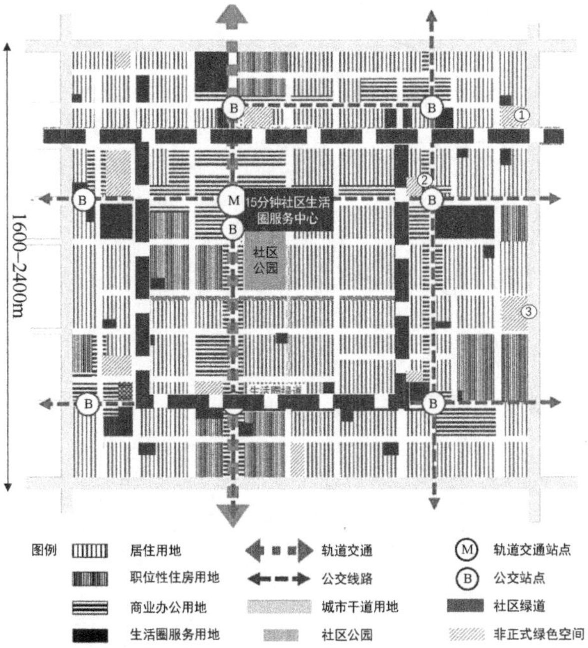

图 6 15 分钟生活圈空间模式

（图片来源：改绘自参考文献［12］）

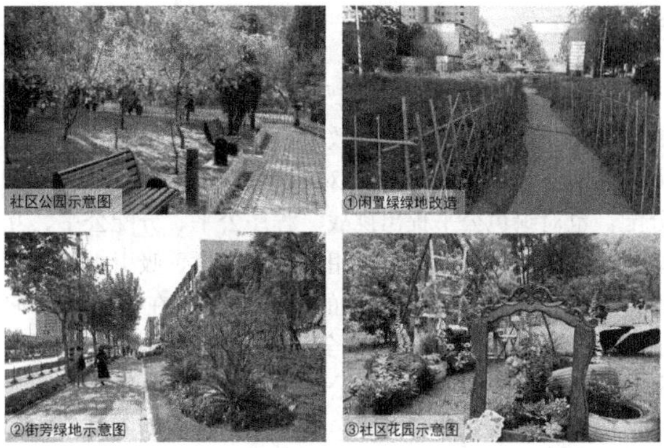

图 7 社区公共绿地示意图

（图片来源：网络）

实现城市公园的资源均置。

4.4 空间补偿：网络化的非正式绿色空间

为应对绅士化对城市中心区发展带来的难题，纽约市规划部门尝试了多种措施，并提出“刚好够绿（just green enough）”的发展理念[13]，指出过度的绿化会加速城市绅士化进程。为实现这样的目标需聚焦社区当下真问题，由规划师与社区和居民进行持续协商，建设满足社区实际需求目标与服务量级的非正式绿色空间（informal green spaces）。非正式绿色空间网络策略指对社区闲置用地进行改造，建设为社区服务的小型绿色空间，如路边绿道和社区花园[14]，利用分散的小型绿地代替城市级别的公园。社区中大量非正式绿色空间通常具有良好的可达性和使用率，体现了空间的日常性价值，也能够规避过度商业开发和环境积极效应间的矛盾困境，实现绿色发展与非正义现象的分离（图 8、图 9）。

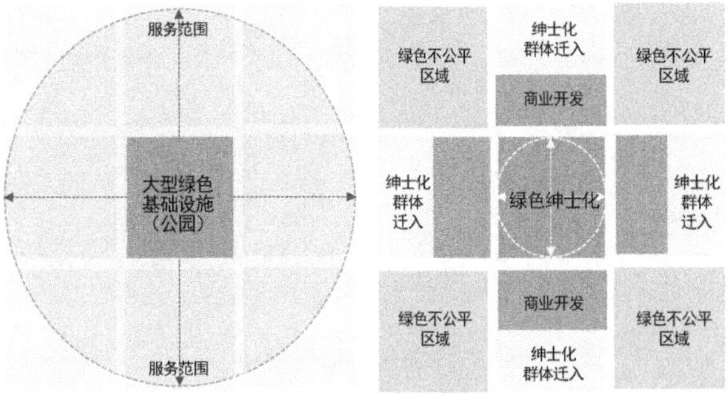

图 8 大型绿色基础设施（公园）绿色绅士化

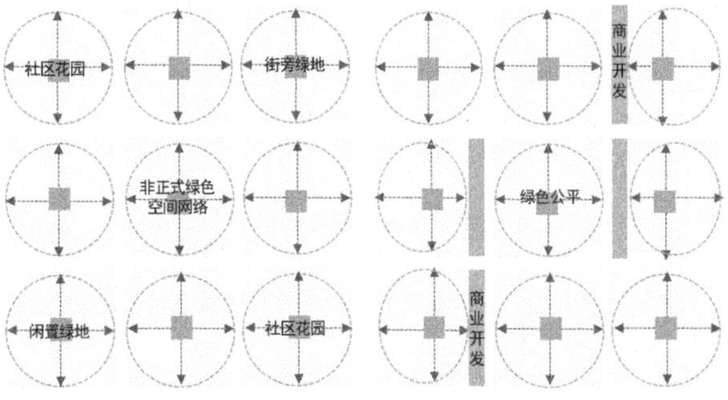

图 9 非正式绿色空间网络绿色公平

5 结语

大型城市公园的修建在改善城市环境的同时会引发绿色绅士化现象。该现象由政府、开发商、绅士化群体多方面共同作用形成，过程中对城市绿色空间资源进行再分配，也对绿色公平提出挑战。程序公平、分配公平、互动公平的3个目标维度与可用性、可达性、吸引力的3个评价维度共同构成绿色公平的目标内涵。在该目标导向下，本文总结性地提出倡导全过程公众参与提升程序正义、构建能级分明的多样化公园体系、结合社区生活圈强化资源均置、填充非正式绿色空间网络形成空间补偿4种路径来实现城市公园的公平性提升。

构建具有包容性公平性的人居环境作为前沿议题，越来越受到国际社会的关注。我国正处于新时代发展转型的重要阶段，如何立足于国家生态文明建设需求，通过在地性的路径将绿色公平目标融入国土空间规划体系构建的宏大行动也是未来亟须解决的难题。

参考文献

[1] 姚娜，李诚固，王梁. 基于绿色消费观下的生态绅士化及其效应研究——以长春南溪湿地公园周边社区为例［J］. 现代城市研究，2019，(03)：19-27.

[2] 吴佳雨，梅陈子. 城市绿色公平——国际研究进展与规划反思［M］. 2021.

[3] 黄幸，刘玉亭. 中国绅士化研究的本土实践：特征、议题与展望［J］. 人文地理，2021，36(03)：5-14+36.

[4] New York City Department of City Planning：Special West Chelsea District Rezoning and High Line Open Space EIS.［Z］. 2004.

[5] 甘欣悦. 公共空间复兴背后的故事——记纽约高线公园转型始末［J］. 上海城市规划，2015，(01)：43-8.

[6] BLACK K J，RICHARDS M. Eco-gentrification and who benefits from urban green amenities：NYC's high Line［J］. Landscape and Urban Planning，2020，204.

[7] 李凌月，李雯，王兰. 都市企业主义视角下工业遗产绿色更新路径及其影响——废弃铁路蜕变高线公园［J］. 风景园林，2021，28(01)：87-92.

[8] ROTHENBERG J，LANG S. Repurposing the High Line：Aesthetic experience and contradiction in West Chelsea［J］. City，Culture and Society，2017，9.

[9] 刘彬. 西方绿色绅士化研究进展与启示——《绿色绅士化：城市可持续发展与为环境正义而战》述评［J］. 国际城市规划：1-13.

[10] KOPROWSKA K. Environmental justice in the context of urban green space availability，accessibility，and attractiveness in postsocialist cities［J］. Acta Universitatis Lodziensis Folia Oeconomica，2019，6(345)：141-61.

[11] 杜伊，金云峰. 重庆中央公园：一个城市公共空间的演变及其机制研究；李珊珊. 社区生活圈的公共开放空间绩效研究——以上海市中心城区为例［M］. 2018.

[12] 全国国土资源标准化委员会. 社区生活圈规划技术指南(征求意见稿)［EB/OL］. (2020-10)［2020-11-20］.

[13] CURRAN W，HAMILTON T. Just green enough：Urban development and environmental gentrification［M］. Routledge，2017.

[14] CHEN Y，XU Z，BYRNE J，et al. Can smaller parks limit green gentrification? Insights from Hangzhou，China，［J］. Urban Forestry & Urban Greening，2021.

作者简介

严易琳，1994年生，女，土家族，湖北恩施人，重庆大学城乡规划硕士研究生在读，研究方向为社区发展与城市更新。电子邮箱：1520055970@qq.com。

居民社会经济地位影响下的社区公共绿地公平性研究①

A Study on Equity of Community Public Green Space under the Influence of Residents' Socioeconomic Status

邹可人　金云峰*　丛楷昕

摘　要：随着我国经济的快速发展与城镇化进程加快，社会阶层分化和社会利益结构变动显著，社会公平议题日渐成为研究的焦点。社区公共绿地因所在空间——社区生活圈，其附加的社会属性更为突出。据此，本文从居民的社会经济地位情况切入，以社区生活圈的层次结构为依托开展"双尺度"评价，构建社区公平绿地的公平性研究模型，以上海市长宁区为例开展实证研究。结果表明，长宁区社区公共绿地一定程度上保障了公平，居住分异造成了居民服务水平负相关结果；针对低 SES 群体的公平性仍需加强，尤其是低学历群体。最后，从认知、技术与规划建设层面归纳社区公共绿地公平性的提升路径。

关键词：公平；社区；公共绿地；社区生活圈；社会经济地位；风景园林

Abstract: With the rapid development of China's economy and the acceleration of the urbanization, social class differentiation and social interest structure changes significantly, while social equity issues increasingly become the focus of research. The additional social attribute of community public green space is quite prominent because it is located in the community life circle. Therefore, starting from the socioeconomic status of residents and relying on the hierarchy of the community life circle, this paper carries out a "double-scale" evaluation, builds a fairness research model of community fair green space, and takes Changning District as an example to carry out an empirical study. The results show that the community public green in Changning District guarantees the fairness to a certain extent, and residential differentiation causes the negative correlation of residents' service level. The fairness of low SES groups needs to be strengthened, especially those with low educational background. Finally, the paper summarizes the ways to improve the fairness of community public green space from the aspects of cognition, technology and planning and construction.

Keywords: Justice; Community; Public Green Space; Community Life Circle; Socioeconomic Status; Landscape Architecture

引言

改革开放以来，我国进入了经济和城镇化的快速发展阶段，这在大幅提升居民生活水平的同时，无形中也引发了社会阶层的分化和城市空间的分异[1]。大量农村劳动力迁往城市区域，2017 年约有 8.13 亿人口居住在城市，其中 2.7 亿为常住在城镇的外来务工者[2]，打破了原本相对固化的社会人口格局；住房由政府分配转向市场主导，居住地选择由被动转向主动，居住空间也某种程度上出现社会性集聚和分异。在此背景下，社区公共绿地因其生态性和开敞性带来的健康效益，日趋成为一种稀缺资源。各类社区公共绿地由此成为不同阶层、不同需求的居民选择居住社区的重要影响因素之一[3, 4]。同时，社会公平的议题已经引起各级政府和社会各界的广泛关注。中央政府曾多次强调社会公平正义是发展和谐社会的基础，应当逐步构建包括权利公平、机会公平、规则公平在内的社会公平保障体系[5]。

在此背景下，本文以居民的社会分异特征为切入点，聚焦社区生活圈范畴内的社区公共绿地公平性。依据社会学的观点，社会经济地位（Socio-Economic Status, SES）相同的人从社会中获取的需求物品大体相等，SES 可通过个人教育程度、收入水平及等变量进行度量[6, 7]，本文选取居民的社会经济地位作为其社会分异的衡量标尺，探究不同 SES 的人群享有社区公共绿地服务的差异性，优化规划管理与提升城市公平性。

1　概念界定

1.1　绿地公平性

绿地公平性是对绿地公平的评价，当前相关研究主要分为四种视角，源自不同的理论背景："供给—需求"视角、"整体—局部"视角、"格局—过程"视角、"人—地"视角[8]。本研究中的公平观基于"人—地"视角，它来源于社会学与地理学，也可称之为"社会—空间"导向下的公平观，其研究思路是从空间公平到社会公平再到正义的递进[9]，强调在人人平等的基础上适当向社会弱势群体倾斜，这也是目前研究数量最多的一种思路[10]。

1.2　社区生活圈视角下的社区公共绿地

近年来，在我国的社区规划实践中提出了分级、分圈

① 基金项目：国家自然科学基金项目（编号 51978480）资助。

层控制的生活圈理念：上海市在《上海市城市总体规划（2017—2035）》和《上海市15分钟社区生活圈规划导则（试行）》中提出构建“15分钟社区生活圈”作为打造社区生活的基本单元，配备包含公共绿地在内的生活基本服务功能与公共活动空间。社区生活圈虽不具备法定性，但它作为社区规划的研究载体，能够在城市空间中照顾居民实际的、差异化的需求，有助于指导规划设计与实施的行动计划的制定，为社区相关的研究提供依据[11]。

本文中社区公共绿地指居住区各级生活圈配套建设的、向全体居民开放的绿地[12]，除了在用地上属于城市用地分类标准的“绿地与广场用地”（G），也考虑其他具有公共性的附属绿地，包含：绿地与广场用地、部分公共管理与公共服务用地、商业服务业设施用地、非封闭式居住区或居民大厦的附属绿地、由城市道路围合而成的街区中多个居住小区共享的集中绿地。并根据现行规划文件对公共绿地的要求及社区生活圈的层级划分，将社区公共绿地分级（表1）。

社区公共绿地分级　　表1

分级	规模（hm^2）	服务半径（m）	步行时间（min）	主要服务对象
社区级以下社区公共绿地	0.04～0.3	300	5	5分钟社区生活圈
社区级社区公共绿地	0.3～4	500	10	10分钟社区生活圈

2　研究模型构建

本文将公平性的研究分为3步：①选取合理指标界定居民社会经济地位情况；②构建社区公共绿地服务水平评价模型并开展度量；③选取合适的公平性分析方法开展人、地关系耦合研究。

2.1　居民社会经济地位测算

目前具有广泛影响力的社会经济地位评测方式是1967年Blau和Duncan提出的社会经济地位指数（SEI），即将各类职业群体所具有的社会和经济特征相加的一个结果函数[13]。本文参考SEI，选取教育水平和收入水平的相应指标，测算居民的社会经济地位状况。使用SPSS pro选取熵值法（EWN）的处理方式对两组数据进行权重赋值。

教育收入指标权重　　表2

指标	类别	含义	权重
E_1	教育	15岁及以上人口的平均受教育年限，数值越高代表居民社会经济地位越高	0.364
E_2		大学（指大专及以上）人口比重，数值越高代表居民社会经济地位越高	0.190
I_1	收入	小区房价，数值越高代表居民社会经济地位越高	0.141
I_2		小区物业费，数值越高代表居民社会经济地位越高	0.306

在划定低SES群体时，同样选取教育、收入作为变量。使用文盲人口（15岁及以上不识字的人）数量指代低学历群体数量。低收入群体使用低房价和低物业费人口指代，依据居住小区房价数据对房价和物业费进行相对性层次划分，使用自然间断点分级法划分为低、中低、中、中高、高5个层级。选取房价和物业费都位于“低”层级的小区表征低收入小区，避免单一数值判断带来的偶然性。

2.2　社区公共绿地服务水平评价

社区公共绿地服务水平的评价基于构建科学合理的评价指标体系。指标构成方式采用近年来较多学者使用的多指标评价方式；指标内容从绿地的供给侧，到空间联系的测算，再到与人群的需求侧，并将其分别概括为：绿地供给、空间联通、人口服务3个准则层。一方面可以更加综合全面地评估总体绿地服务水平，另一方面也可对总体水平进行分解，分析造成绿地服务水平高低浮动的内在原因。同时，考虑到评价所处的社区生活圈，提取指标时与生活圈层级相适应，分为街道尺度（对应总体社区生活圈）、小区尺度（对应5～10分钟生活圈），提升研究的精度与实效性（图1）。使用专家打分法结合AHP层次分析法确定指标权重（表3），指标对应的计算方式如表4所示。

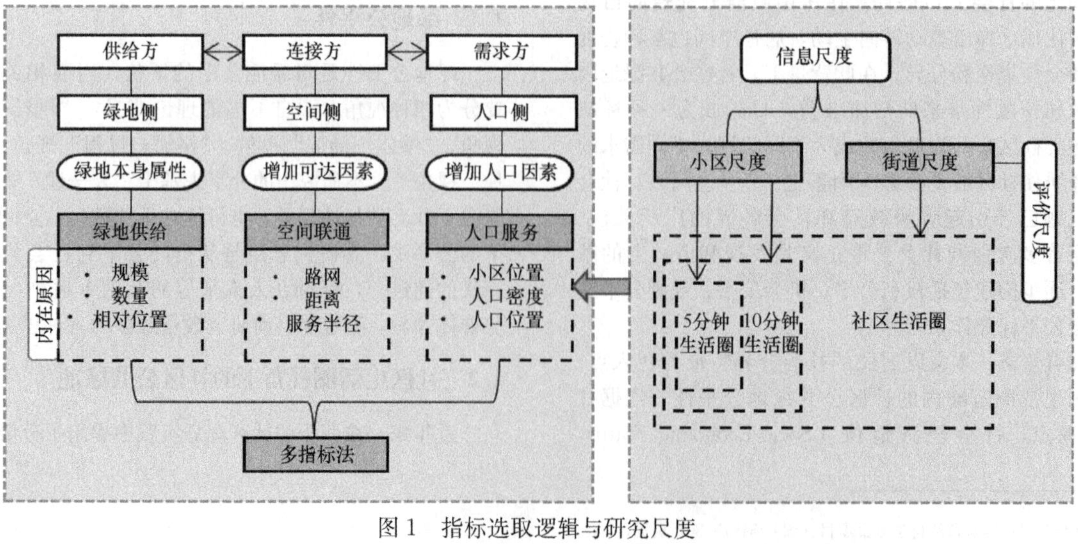

图1　指标选取逻辑与研究尺度

社区公共绿地服务水平绝对权重 **表 3**

准则层 B	权重	指标层 C	权重	信息尺度
绿地供给 B1	0.5396	街道 0.04～0.3hm^2 社区公共绿地数量 C1	0.0270	街道
		街道 0.3～4hm^2 社区公共绿地数量 C2	0.0873	
		小区 300m 范围内面积 0.04～4hm^2 社区公共绿地数量 C3	0.0628	小区
		小区 500m 范围内面积 0.3～4hm^2 社区公共绿地数量 C4	0.0396	
		街道 0.04～0.3hm^2 社区公共绿地面积 C5	0.0522	街道
		街道 0.3～4hm^2 社区公共绿地面积 C6	0.1024	
		小区 300m 范围内面积 0.04～4hm^2 社区公共绿地面积 C7	0.0907	小区
		小区 500m 范围内面积 0.3～4hm^2 社区公共绿地面积 C8	0.0775	
空间联通 B2	0.1634	社区公共绿地的居住用地覆盖率 C9	0.1226	街道
		小区与社区公共绿地的最短距离 C10	0.0409	
人口服务 B3	0.2970	人均社区公共绿地面积 C11	0.0990	小区
		小区人均社区公共绿地面积 C12	0.1980	

各指标计算方式 **表 4**

指标层	计算方式
C1	街道 0.04～0.3hm^2 社区公共绿地数量总和
C2	街道 0.3～4hm^2 社区公共绿地数量总和
C3	基于网络分析法，计算小区 300m 范围内面积 0.04～4hm^2 社区公共绿地数量总和
C4	基于网络分析法，小区 500m 范围内面积 0.3～4hm^2 社区公共绿地数量总和
C5	街道 0.04～0.3hm^2 社区公共绿地面积总和
C6	街道 0.3～4hm^2 社区公共绿地面积总和
C7	基于网络分析法，计算小区 300m 范围内面积 0.04～4hm^2 社区公共绿地面积总和
C8	基于网络分析法，计算小区 500m 范围内面积 0.3～4hm^2 社区公共绿地面积总和
C9	社区公共绿地服务范围内的居住小区面积与总面积的比值
C10	基于网络分析法，计算小区与社区公共绿地的最短距离
C11	街道单元内的人均社区公共绿地面积
C12	基于两步移动搜索法，计算街道单元内居住小区实际可达的人均社区公共绿地面积

2.3 公平性评价模型

本文依据研究目标构建公平性研究模型，步骤如下（图 2）：

步骤一，使用 SPSS23.0 中的相关性模块判别两组变量间是否存在关联性，各 SES 群体与社区公共绿地服务水平是否产生联系及存在怎样的公平关系。

步骤二，使用份额指数法判断所有低 SES 群体获取社区公共绿地的份额是否达到平均水平，计算分为两步[14]：

（1）测算低 SES 群体享有的社区公共绿地服务占总

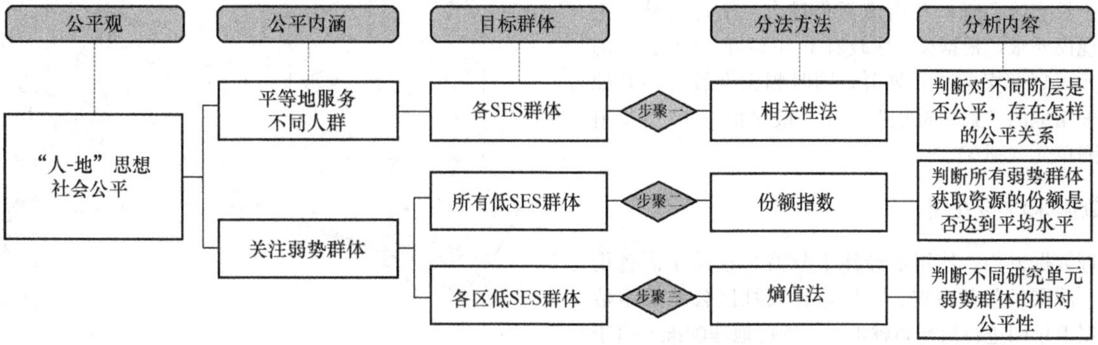

图 2　公平性研究步骤与方法

量的比重：

$$R = \sum_{i=1}^{n} P_i \times T_i \times 100\%$$

式中，P_i 表示研究单元 i 中某一低 SES 群体占常住人口的比重；T_i 表示研究单元 i 中社区公共绿地服务水平与全区社区公共绿地服务水平之和的比值。

（2）根据低 SES 群体享有的社区公共绿地服务占全体居民的比例，计算份额指数 F：

$$F = R/P$$

式中，F 代表研究区基于某一弱势群体的社区公共绿地份额指数；R 代表研究范围内低 SES 群体享有的社区公共绿地比例；P 表示某一低 SES 群体与常住人口数的百分比。当份额指数 F 大于 1 时，意味着研究区低 SES 群体享有的社区公共绿地份额低于平均份额；反之，则高于平均份额。

步骤三，使用区位熵法评价不同研究单元低 SES 群体的相对公平[14]，将研究落实到具体片区，其计算公式如下：

$$LQ_i = \left(\frac{T_i}{D_i}\right) \Big/ \left(\frac{T}{D}\right)$$

式中，LQ_i 为研究单元 i 的区位熵；T_i 为研究单元 i 的社区公共绿地服务水平；D_i 为研究单元 i 的低 SES 群体人口数量；T 为研究区域所有研究单元社区公共绿地服务水平之和；D 为研究区内低 SES 群体的人口总和。当 $LQ_i > 1$ 时，意味着该研究单元低 SES 群体享有的社区公共绿地服务水平高于研究区内低 SES 群体享有的水平，反映了对弱势群体的关注；当 $LQ_i < 1$ 时，情况则反之，表明该研究单元的社区公共绿地服务水平有优化的必要性。

3 实证研究——以上海市长宁区为例

3.1 研究区选择及研究单元划分

长宁区地处上海中心城区西部，地处沪宁、沪杭发展轴的重要门户交汇点，被冠以“上海西大门”的称号，境域横跨内环、中环及外环，下辖 9 个街道及 1 个镇，185 个居委会，其街道（镇）类型多样、情况多元，因此可以结合其不同类型的空间及人口特征展开讨论，在上海市各区中具有一定的代表性。

由于长宁区西部一些街道面积过大，不符合社区生活圈的规模要求，根据长宁区政府于 2020 年 11 月公布的最新单元规划草案的单元划分，同时删去全域均为其他交通设施用地的“虹桥机场”单元，最终得到 14 个街道级生活圈单元（图 3）。

3.2 数据来源与处理

地理数据方面，使用水经注下载器采集长宁区各街道边界、路网的矢量数据、社区边界及社区公共绿地数据，根据卫星图进行增补和矫正，并进行地理配准。由于本文是基于社区生活圈内居民日常步行出行的研究，研究中不区分路网级别。值得注意的是，考虑到居民跨行政边界到访其他临近社区公共绿地的实际情况，按照 15 分钟步行活动范围（500m）将研究区外扩，将 500m 缓冲区范围内的社区公共绿地纳入研究范畴，并提取社区公共绿地几何质心代表绿地地理位置（图 3～图 6）。

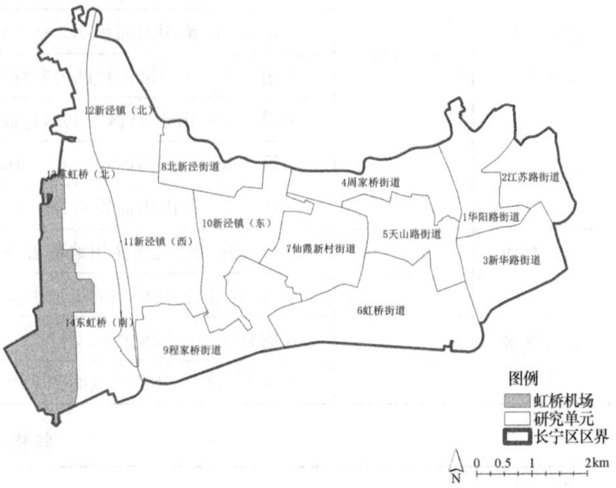

图 3 研究单元划分

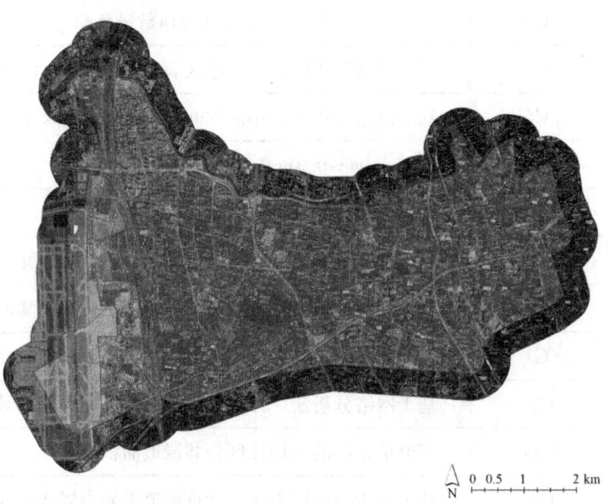

图 4 长宁区行政区划及 500m 缓冲区边界

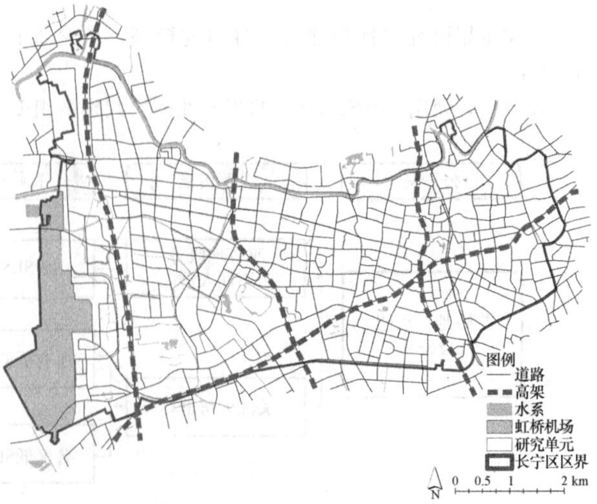

图 5 研究区路网现状图

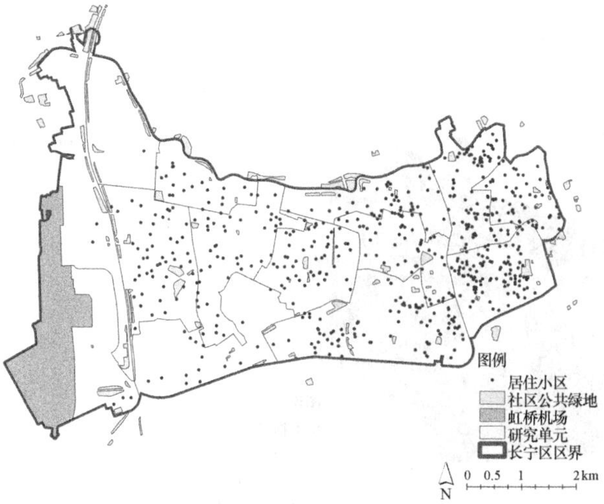

图 6　研究区公共绿地及小区分布

小区及人口数据方面，通过二手房交易平台获取2020年末长宁区居住小区数据，包含小区名称、经纬度、地址、居民户数、建成年代、房价、物业费等。对小区经纬度数据进行清洗与坐标纠偏，最终获取了长宁区的673个有效小区点，共计266598户（表5）。比对第七次人口的人口户数——268009户，两者差异不大，证实数据的可靠性。对于人口数据、社会属性的获取，来源于长宁区统计局公示的第七次全国人口普查各街道主要数据公报。以各研究单元内的户数为权重，分别估算新划分研究单元内的各类人口数量。

长宁区各街道级研究单元户数　　　　表 5

编号	研究单元	户数（户）
1	华阳路街道	29050
2	江苏路街道	15167
3	新华路街道	24958
4	周家桥街道	25992
5	天山路街道	18577
6	虹桥街道	29129
7	仙霞新村街道	35985
8	北新泾街道	19934
9	程家桥街道	7149
10	新泾镇（东）	22470
11	新泾镇（西）	30221
12	新泾镇（北）	1657
13	东虹桥（北）	3563
14	东虹桥（南）	2746
合计		266598

3.3 研究结果

3.3.1 居民社会经济地位情况

根据上文中对居民社会经济地位的测算，得到长宁区各研究单元居民SES指数分布情况如图7所示，低学历、低收入群体分布情况如图8所示。

3.3.2 社区公共绿地总体服务水平

在对12个指标项进行识别与计算后，由于各项指标原始数据的单位和数量级不同，本文对数据进行归一化处理，将不同单位和数量级的原始数据进行统一。将归一化处理后的指标加权叠加后，最终的社区公共绿地服务水平情况如图9所示。

结果表明，长宁区社区公共绿地服务水平分值较高的区域主要分布在研究区西侧的4个研究单元，分别为新泾镇（北）、新泾镇（西）、北虹桥（北）和北虹桥（南）。其显著特征可以概括为地广人稀，“地广”是指社区公共绿地规模大且分布广泛，“人稀”是指这些区块的人口密

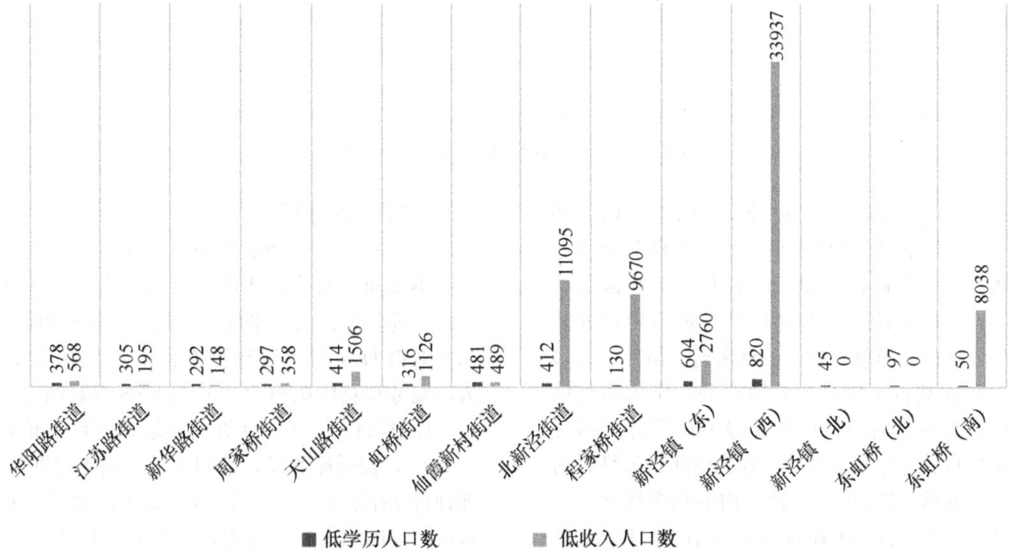

图 7　研究区居民SES指数结果

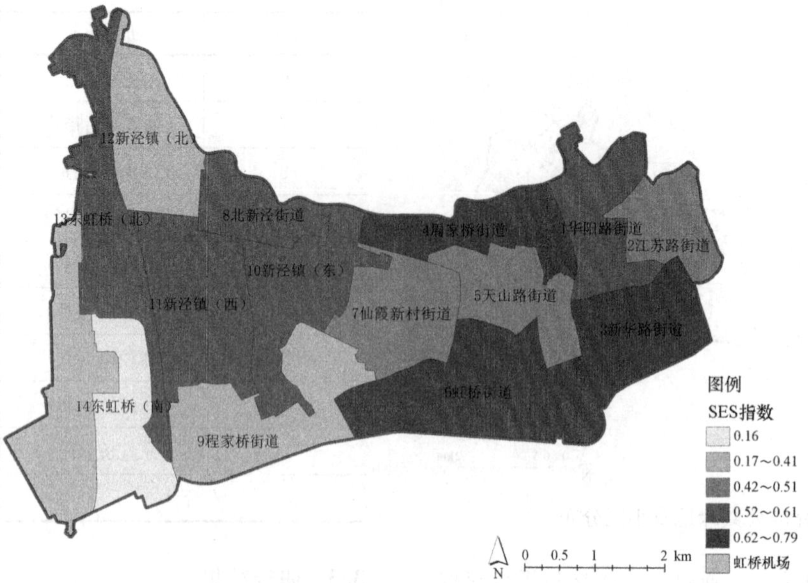

图 8　各研究单元低学历、低收入人数

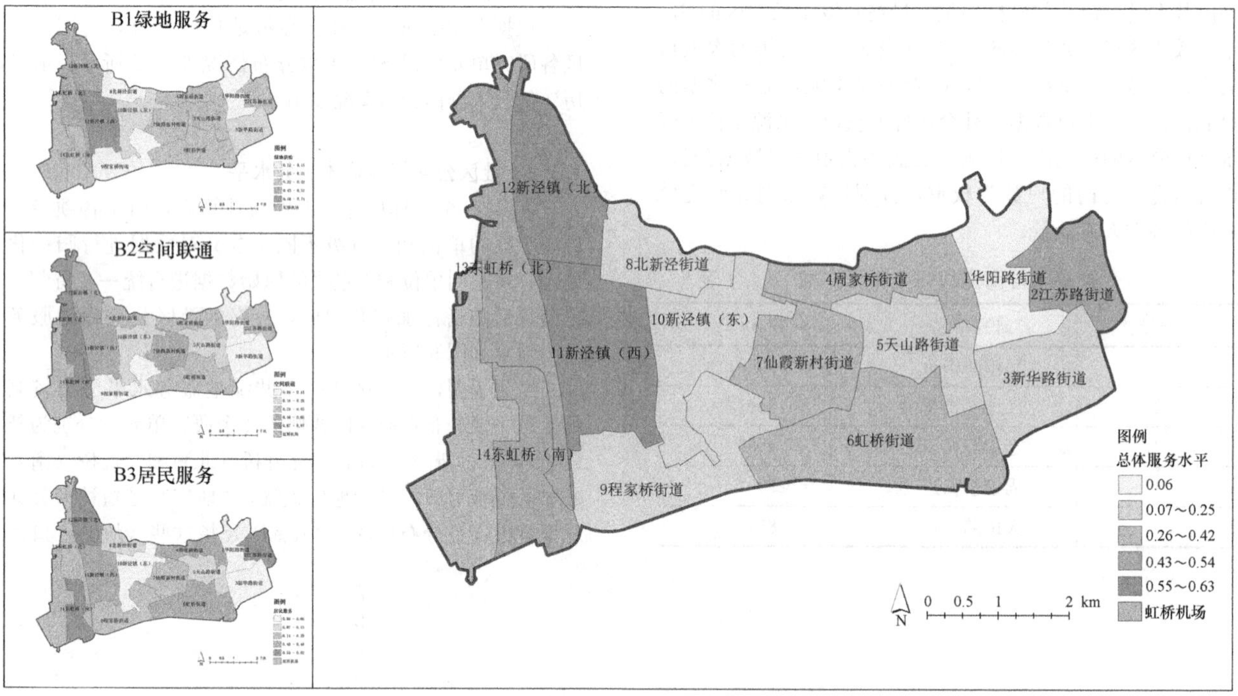

图 9　社区公共绿地服务水平分布

度低且居住区少，这些特征大大提升了“绿地供给”和“人口服务”两个准则层的评价水平，从而将高分值传导到总体服务水平上。但此情况也意味着有大量社区公共绿地处于闲置，空间资源的过剩同样是一种不均衡的状态。总体评分较高的特异单元是江苏路街道，虽然其人口密度很高但也同样获得了较高的总体评分，作为高密度的城市建成区，其区域内的社区公共绿地规模并不占优势，但其绿地分布较为分散，具有良好的空间联通性；另一方面，位于江苏路街道500m缓冲区内的众多绿地为其提供了良好的外部补给，弥补自身资源在数与量上的不足。

3.3.3　公平性分析

（1）基于SES指数的公平性分析

本文通过相关性法研究社区公共绿地服务水平与居民社会经济地位的公平性。根据相关性分析原理，本文提出原假设 H_1：社区绿地服务水平（绿地供给、空间联通、人口服务和总体服务水平）与SES指数两者不存在相关性，即显著性 $p=0$。计算后获取显著性 p 值，若 p 值大于0.05，接受原假设，证明变量之间不存在显著相关性，即评价结果相对公平；若小于显著性水平0.05，拒绝原假设，证明相关关系显著，呈现不公平状态。

1）绿地供给、空间联通、人口服务与SES指数的相关性见表 6～表 8。

绿地供给与 SES 指数的相关性结果　　表 6

			SES 指数	绿地供给
绿地供给与 SES 指数相关性	SES 指数	相关系数	1	－0.037
		显著性（双尾）		0.899
		个案数	14	14
	绿地供给	皮尔逊相关性	－0.037	1
		显著性（双尾）	0.899	
		个案数	14	14

空间联通与 SES 指数的相关性结果　　表 7

			SES 指数	空间联通
空间联通与 SES 指数相关性	SES 指数	相关系数	1	－0.416
		显著性（双尾）		0.139
		个案数	14	14
	空间联通	相关系数	－0.416	1
		显著性（双尾）	0.139	
		个案数	14	14

人口服务与 SES 指数的相关性结果　　表 8

			SES 指数	人口服务
人口服务与 SES 指数相关性	SES 指数	相关系数	1	－0.546*
		显著性（双尾）		0.043
		个案数	14	14
	人口服务	相关系数	－0.546*	1
		显著性（双尾）	0.043	
		个案数	14	14

注：*表示在 0.05 级别（双尾），相关性显著。

结果表明，绿地供给、空间联通与 SES 系数的显著性 $p>0.05$，接受原假设，变量间不存在显著相关性。因此，长宁区社区公共绿地的绿地供给及空间联通在不同社会经济地位群体之间并未产生显著差异，呈现相对公平的状态。

人口服务与 SES 指数的相关性为－0.546，显著性 $p=0.043<0.05$，拒绝原假设，表明变量间存在显著相关性。基于研究中得到的负相关结果，通过文献检索，这种现象在国内外的研究中也有所涉及。Rigolon 在对城市公园邻近度与社会群体的综述研究中也发现，不同研究中的正相关和负相关结论同时出现，负相关现象的数量甚至超过了正相关的数量，而这一现象可能源于不同社会经济地位者的居住空间分异。Wen 等学者发现在美国城市区域的低 SES 人群的住所往往靠近内城和郊区[15]；这与长宁区的情况类似，长宁区的低 SES 指数片区主要分布于外环附近地区，拥有较大的社区公共绿地规模和较多的数量，且区域内的人口密度相对低，意味着在相同情况下，这些区域的居民所获取的人均社区公共绿地份额会多于人口稠密的区域。对于高 SES 指数片区而言，其获得的社区公共绿地人口服务普遍有所欠缺，典型代表是 SES 指数位居第一的新华路街道，该街道人口密度较高，高密度老城区的建设对社区公共绿地的发展空间造成了挤占，大量老旧小区也割裂了城市空间结构，增加了居民获取社区公共绿地时的难度。

2）社区公共绿地总体服务水平与 SES 指数的相关性见表 9。

社区公共绿地服务水平与 SES 指数的相关性结果　　表 9

			SES 指数	总体
总体服务水平与 SES 指数相关性	SES 指数	相关系数	1	－0.367
		显著性（双尾）		0.197
		个案数	14	14
	总体	相关系数	－0.367	1
		显著性（双尾）	0.197	
		个案数	14	14

经过测算，社区公共绿地总体服务水平与 SES 指数的显著性 $P=0.197>0.05$，由此两者不存在显著相关性。换句话说，综合绿地供给、空间联通和人口服务综合得出的总体水平不受居民社会经济地位因素的影响，进一步表明在居民社会经济视角下，长宁区的社区公共绿地处于相对公平的状态。

综合上述分析，可以发现相关性与公平性的联系是复杂的，通过线性相关的方式量化的结果具备一定的参考价值，但并不恒定。首先，两者的内在联系在于相关性的方法和社会公平具有相似的本底，两者都具有时空的相对性，处于不断的动态变化中，这种特性也导致公平性研究不是一蹴而就的，需要根据实时情况不断调整。两者的不同之处在于，社会公平的形成和判定更具复杂性，正如社区公共绿地的空间格局是多种要素杂糅的结果，譬如土地利用历史、休闲游憩观念、人口流动变迁、人群的支付意愿等社会历史因素都可能产生影响。因此在进行公平的判断或决策时，在相关性分析的基础上仍需要更多具体信息支撑，结合现实因素的具体分析有利于因地制宜地合理调控。

（2）基于地 SES 群体的公平性分析

本文采用份额指数评估研究区内低 SES 群体的整体社区公共绿地获取情况，再采用区位熵对社区公共绿地服务水平和两类低 SES 群体在研究单元的空间格局开展进一步分析。在区位熵的测算结束后，参考唐子来等[14]的划分方法，按百分位数法将区位熵的高低取值划分为 5 个层级，分别为：极低、较低、一般、较高、极高，其中极低和较低的单元是需重点关注的不公平对象。

1）基于低学历群体的公平性分析

根据测算，长宁区低学历群体的社区公共绿地份额指数为 0.92<1，即低收入居民获取的绿地份额低于全区人口的一般水平，反映了对低收入群体而言，其享受社区公共绿地服务的不足，公平性有所欠缺。

根据表 10，长宁区低学历群体区位熵值极高的研究单元有 2 个，新泾镇（北）和东虹桥（南），表明这两个片区的低学历群体能够享有较高水平的社区公共绿地服务；区位熵值极低的研究单元为华阳路街道和新泾镇（东），区位熵较低则为新华路街道、天山路街道和北新泾街道，这5个研究单元的低学历群体区位熵均低于0.59，表明低学历群体享有的社区公共绿地水平显著低于研究区域内的平均水平，呈现出对弱势群体的不公平。

长宁区低学历群体的社区公共绿地区位熵情况　　表10

层级	区位熵范围	研究单元名称	研究单元数量	所占比例
低	0～0.23	华阳路街道、新泾镇（东）	2	14.29%
中低	0.24～0.58	新华路街道、天山路街道、北新泾街道	3	21.43%
中等	0.59～1.27	周家桥街道、虹桥街道、仙霞新村街道、新泾镇（西）	4	28.57%
中高	1.28～5.30	江苏路街道、程家桥街道、北虹桥（北）	3	21.43%
高	5.31～13.34	新泾镇（北）、东虹桥（南）	2	14.29%

2）基于低收入群体的公平性分析

研究结果表明，长宁区低收入群体的社区公共绿地份额指数为1.38>1，即低收入群体获取的绿地份额超出了全区的一般水平，体现了长宁区的社区公共绿地在全区层面已经有向低收入群体倾斜的趋向，这在社会公平正义角度是相对公平的局面。

根据表11，长宁区2个低收入群体区位熵值极高的研究单元分别为：江苏路街道和新华路街道，反映出这两个街道的低收入群体在社区公共绿地的获取上较之全区一般水平有一定优势，这两个街道的共同特征是均位于高密度老城区，且总体绿地服务水平较低，因此可以推断较高的区位熵数值主要由于这两个区域低收入人口数量少导致的。区位熵值极低的研究单元出现在北新泾街道和新泾镇（西），区位熵较低则分布于程家桥街道和新泾镇（东）两个研究单元。这些区域在地域分布上也呈现较为显著的集聚特征，即位于长宁区西部片区，且4个研究单元的低收入群体区位熵均低于0.75，反映了这些区域对低收入群体的关注欠缺，社区公共绿地基于低收入群体的公平正义性有待提升。

长宁区低收入群体的社区公共绿地区位熵情况　　表11

层级	区位熵取值	研究单元名称	研究单元数量	所占比例
低	0～0.26	北新泾街道、新泾镇（西）	2	14.29%
中低	0.27～0.74	程家桥街道、新泾镇（东）	2	14.29%
中等	0.75～5.34	华阳路街道、天山路街道、虹桥街道、东虹桥（南）	4	28.57%
中高	5.35～14.08	周家桥街道、仙霞新村街道	2	14.29%
高	14.09～33.49	江苏路街道、新华路街道	2	14.29%

3）研究结果与提升策略

公平性分析结果表明的社区公共绿地规划一定程度上保证了公平，但实际传统城市绿地系统规划中对公共绿地的规划仍是平均分配的思维。从分析各个要素与社会经济地位的显著相关性以及分析低SES群体的公平性情况可知，仅依靠传统的“底限控制”具有局限性，加强“精细化”规划是减少不公平状况的有效途径。

据此，本文在人人平等的公平理念上对弱势群体进一步研究，首先份额指数显示，低学历人群未能达到社区公共绿地的平均水准，针对该人群的公平性欠缺。再使用区位熵方法则将对弱势群体的分析落位到具体单元，按照区位熵是否大于1的标准，可以将研究区的区位熵情况分为四象限（图10），其中，区位熵双低值的“低低”象限是亟需提升社会公平性的重点区域，位于该区间的研究单元有3个，分别为：北新泾街道、新泾镇（东）和新泾镇（西）。

针对不公平区域的优化策略需要参考上文对社区公共绿地服务水平的评估。由表12可知，北新泾街道和新泾镇（东）的社区公共绿地现状情况较为类似，其总体服务水平偏低，且绿地供给、空间联通及人口服务方面均显著低于中值水平，应在3个方面进行综合提质改进。其中，由于居民服务分值与中值水平的差值最大，应以提升社区公共绿地的居民服务为重点，充分考虑人口分布因素，如在北新泾街道中部新泾一村附近和新泾镇（东）东北部的居住小区密集、居住人口稠密区域，充分挖掘闲置空间（如街角空间、建筑间距空间、桥下空间等）增设便捷可达的小型公共绿地。

区位熵双低单元社区公共绿地服务水平对比　表12

研究单元	总体服务水平	绿地供给	空间联通	居民服务
北新泾街道	0.16	0.15	0.39	0.09
新泾镇（东）	0.14	0.18	0.24	0.06
新泾镇（西）	0.61	0.74	0.54	0.48
所有研究单元中位数	0.36	0.31	0.43	0.36

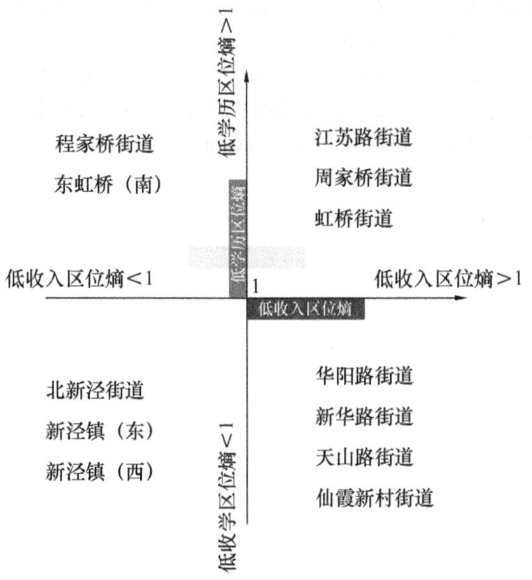

图 10　区位熵象限图

新泾镇（西）的社区公共绿地总体水平以及各分项分值均超过中位数水平，可以推断新泾镇（西）低 SES 人群区位熵较低主要源自其区域内地社会经济地位者的数量较多，超出了社区公共绿地的负荷，应寻找绿地服务的相对弱项开展针对性的提升，即以提升空间联通为导向。调查研究显示，新泾镇（西）的社区公共绿地资源丰富，但其西部滨河地带的路网联通不足，存在一些封闭管理单位，如养老院、高尔夫球场、会议中心等，打断了联通的顺畅性，据此应当打通路网连接断点，并倡导封闭单元附属绿地分时分阶段对外打开。

4　结语

基于对社会公平视角下的社区公共绿地研究，本文从公平的认知、技术和规划建设方面，归纳公平性提升路径：

公平的认知需把握社会视角下的公平内涵，即社区公共绿地在平等服务不同群体的情况下，保障弱势群体利益；这也要求研究将公平的研究群体从人人群体扩展到弱势群体[16]。

公平的技术路径方面，应当①构建合理的公平性评价尺度，以社区生活圈为指引分别从街道尺度（宏观）和小区尺度（微观）开展综合评价[17]，前者整体统筹，后者精细化调控，两者相辅相成；②完善基于大数据平台的公平评价模块，通过不同方式采集不同精度的研究数据是研究公平性的基础，数据的来源和指标的选取极有可能影响分析结果，建议有效提升社会调查、开放数据的广度、信度及可获取度；③利用 GIS 技术实现各类数据的存储及可视化，通过绿地侧、空间侧、居民侧信息的直观呈现能够提升研究效率，为后续决策提供依据。

公平的规划建设路径中，在传统规划底线控制的基础上，因地制宜地进行精细化调控是提升公平性的有效方式，具体可从下列方面开展：①等级配套，合理开发城市边缘区居住用地；②加强社会聚焦，开展针对低 SES 区域特征的精细化控制；③存量优化，开展高密度城区的空间挖掘，如利用城市小微空间建设口袋公园[18]，将慢行系统植入社区以及鼓励封闭的附属绿地分时对外开放[19, 20]。

参考文献

[1]　郑会霞. 城镇化进程中的社会利益分化及化解机制 [J]. 学习论坛，2016，32(12)：72-6.

[2]　郈正，蔡禾，洪大用，等. "转型与发展：中国社会建设四十年"笔谈 [J]. 社会，2018，38(06)：1-90.

[3]　江海燕，肖荣波，周春山. 广州中心城区公园绿地消费的社会分异特征及供给对策 [J]. 规划师，2010，26(02)：66-72.

[4]　金云峰，陈丽花，陶楠，等. 社区公共绿地研究视角分析及展望 [J]. 住宅科技，2021，41(12)：42-7.

[5]　唐子来，顾姝. 上海市中心城区公共绿地分布的社会绩效评价：从地域公平到社会公平 [J]. 城市规划学刊，2015，02)：48-56.

[6]　王肖云. 基于 CFPS 数据的社会经济地位对健康水平的影响分析 [J]. 滨州学院学报，2020，36(03)：62-7.

[7]　许金红. 社会经济地位与健康的关系研究 [D]；深圳大学，2015.

[8]　邢忠，朱嘉伊. 基于耦合协调发展理论的绿地公平绩效评估 [J]. 城市规划，2017，41(11)：89-96.

[9]　金云峰，钱翀，崔钰晗，等. 基于社会正义的社区公共绿地管控 [J]. 中国城市林业，2021，19(06)：1-7.

[10]　葛晓丹，李咏华. 城市绿地公平性评价研究综述；[C]. 2018 中国城市规划年会，杭州，2018.

[11]　金云峰，邹可人，陈栋菲，等. 城市社区生活圈视角下公共开放空间规划控制 [J]. 中国城市林业，2020，18(03)：13-8.

[12]　杜伊，金云峰. 社区生活圈的公共开放空间绩效研究——以上海市中心城区为例 [J]. 现代城市研究，2018(05)：101-8.

[13]　李春玲. 当代中国社会的声望分层——职业声望与社会经济地位指数测量 [J]. 社会学研究，2005，

[14]　唐子来，顾姝. 再议上海市中心城区公共绿地分布的社会绩效评价：从社会公平到社会正义 [J]. 城市规划学刊，2016(01)：15-21.

[15]　WEN M，ZHANG X，HARRIS C D，et al. Spatial Disparities in the Distribution of Parks and Green Spaces in the USA [J]. Annals of Behavioral Medicine A Publication of the Society of Behavioral Medicine，2013，suppl _ 1：S18-S27.

[16]　柯嘉，金云峰. 适宜老年人需求的城市社区公园规划设计研究——以上海为例 [J]. 广东园林，2017，39(05)：62-6.

[17]　金云峰，周艳，吴钰宾. 上海老旧社区公共空间微更新路径探究 [J]. 住宅科技，2019，39(06)：58-63.

[18]　吴巧. 口袋公园(Pocket Park)——高密度城市的绿色解药 [J]. 园林，2015，(02)：45-9.

[19]　金云峰，张新然. 基于公共性视角的城市附属绿地景观设计策略 [J]. 中国城市林业，2017，15(05)：12-5.

[20]　金云峰，钱翀，吴钰宾，等. 高密度城市建设下基于国标《城市绿地规划标准》的附属绿地优化 [J]. 中国城市林业，2020，18(01)：20-5.

作者简介

邹可人，1997 年生，女，汉族，江苏人，同济大学建筑与城市规划学院硕士研究生在读，研究方向为风景园林规划设计方法

与技术。电子邮箱：384349219@qq.com。

（通信作者）金云峰，男，1961年生，上海人，硕士，同济大学建筑与城市规划学院景观学系、高密度人居环境生态与节能教育部重点实验室、生态化城市设计国际合作联合实验室、上海市城市更新及其空间优化技术重点实验室，教授、博士生导师，研究方向为风景园林规划设计方法与技术、景观更新与公共空间、绿地系统与公园城市、自然保护地与文化旅游规划、中外园林与现代景观。电子邮箱：jinyf79@163.com。

丛楷昕，1997年生，女，汉族，上海人，同济大学建筑与城市规划学院硕士研究生在读，研究方向为风景园林规划设计方法与技术。电子邮箱：454150576@qq.com。

论文集

风景名胜区与自然保护地

自贡梯级运盐水道遗产景观的保护与利用研究

Study on Protection and Utilization of Heritage Landscape of Zigong Stepped Salt Canal

罗　航　兰　馨

摘　要： 运盐水道遗产是一种文化记忆、历史符号和精神寄托，自贡盐业的繁荣发展与运盐水道有着密切关系。旭水河、釜溪河文化底蕴深厚，盐运文化遗产数量多、类型丰富，研究、保护和利用这些梯级运盐水道，无论是对我国盐运史，对文化遗产的保护，还是对自贡经济文化的研究，对经济社会发展都具有极其重要的意义。本文聚焦梯级运盐水道遗产景观的历史沿革和当代价值，提出该文化遗产的保护和利用策略，以期为更多运河遗址保护提供参考。
关键词： 运盐水道；文化遗产；大遗址公园；保护

Abstract: Salt canal heritage is a kind of cultural symbol, historical memory and spiritual sustenance. The prosperity and development of Zigong salt industry is closely related to salt water canal. Xushui River and Fuxi River have profound cultural deposits and abundant salt transport cultural heritages. The study, protection and utilization of these salt transport channels are of great significance to the history of Salt transport in China and the protection of cultural heritages, as well as to the study of zigong's economic culture and economic and social development. This paper focuses on the historical evolution and contemporary value of the heritage landscape of the saltwater canal, and puts forward the protection and utilization strategy of the cultural heritage, in order to provide reference for the protection of more canal sites.
Keywords: Salt Canal; Cultural Heritage; Great Site Park; Protection

引言

盐运文化是盐文化的重要组成部分。自贡梯级运盐水道以其科学的规划、巧妙的布局、完善的工程体系闻名于世，多年来发挥了巨大的经济、社会、生态等综合效益，具有极高的历史文化、科学研究与社会价值。文化遗产首要的是要做好全面保护，在当下高质量发展的背景下，推进传统与现代生活的有效融合与介入，实现优秀传统文化当代价值的创新表达，做好该文化遗产景观的保护和利用研究，具有深远意义。

1　川盐与水运

川盐是西南诸区域数千年来经济发展、区域繁荣民生富足的引擎。事实上，在我国西南盐不仅仅是一种调味品，而且是一种以货易货的“硬通货”，是数千年来经济发展、区域繁荣、民生富足的引擎。千年盐都自贡屹立在长江上游的釜溪河畔，自东汉章帝时期这个地区开凿出第一口盐井，现已有近两千年的井盐开采历史。千百年来，川、康、滇、黔各地的边民和少数民族赖以生存的“巴盐”便是从此源源不断地运出（图 1）。

图 1　川盐古道分布图

自贡盐运古道以水路为主、陆路为辅，水道运量占自贡运盐量的 80%。自贡的盐运水道由沱江流域的旭水河、威远河、釜溪河的主要河段构成。[1]自贡盐业千年的产销历史促成了盐运水道的形成，它持续时间长、空间范围广、文化影响力大，是一条极具特色的文化遗产线路，对自贡地区的盐业生产和运销、民居聚落的产生与发展起了重要的作用。

多年来，水路形成了码头、堰、桥、槽、闸等多样化的水运系统遗址和一系列因盐而兴的古镇。截至目前，旭水河、釜溪河，是同一条河的上下游，共有 29 处典型的历史建（构）筑物，包括 18 座古堰闸、7 座古桥（其中有 2 处为桥、闸合一）和 6 座古盐码头（图 2）。这些遗（现）址历史悠久、形制宏大、历史清晰、功用独具，自成完整的系列，是自贡先辈利用和改造自然河道为井盐运输服务的历史见证，具有极高的历史文化和人文景观价值。

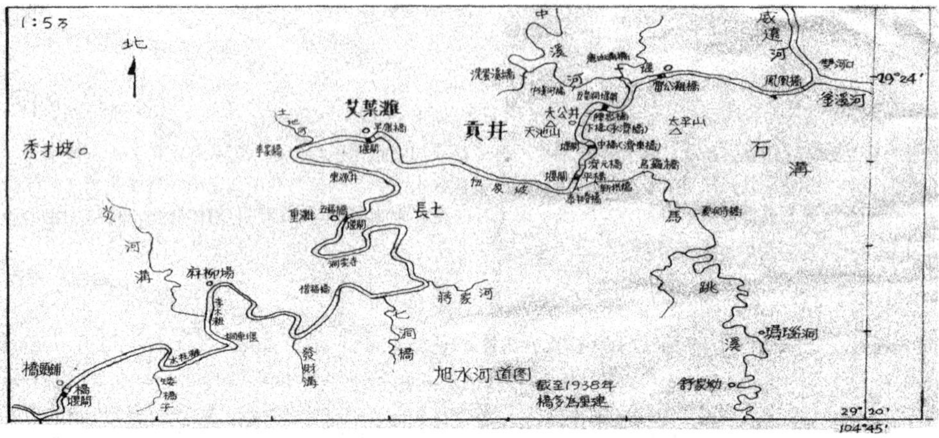

图 2　旭水河建构筑物遗迹分布示意图

2　自贡梯级运盐水道的历史沿革

“一条水道通四方，万担井盐达天下。”釜溪盐运水道是自贡井盐生产运输的主动脉。依靠着发达的水运交通，通过过闸、过漕、转堰、盘滩等盐运形式[2]，自贡的盐可以以船载的方式运往川、滇、黔、湘、鄂的水运航道(图 3)。

釜溪河是沱江的小支流，流程短、水量小、河岸窄、河床浅、河滩多、河道坡度陡峻、季节性变化大，尤以贡井一段，有重滩、艾叶、长腰滩等 6 个断岩式滩碛，基本不可能适用大规模航运。近千年来，特别是近三百年，由于盐业生产运输的需要，自贡河道不断得到改造、改建，历经 5 个历史阶段，终于形成布于旭水河、威远河、釜溪河沿线共计 18 座堰闸为主体的梯级水路盐业生产运输系

图 3　自贡水路盐运形式（过闸—过漕—转堰—盘滩）

列水利工程，包括古船槽及辅之以沿水道的数十个大小码头，加上旭水河段的重滩古桥、艾叶平康古桥等14座桥龄大多在百年以上的古桥，共同构成古自贡盐场水、陆路交通运输网状脉络。[3]

这些水运系统遗址最早修建于明代，多数为清代和民国时期所建，时间跨度长达300余年，迄今保存完好。18座堰闸具体的形成与迭进叙述如下：

(1) 明中叶前，局部短途断续运载，以生活和生产、农产物资及客运为主。较重要者为从宋代开始，荣煤下运至艾叶滩转岸，供公井盐场制盐。

(2) 明嘉靖后至清初，旭水、釜溪（当时统称荣溪）开启较原始的水路改造，可季节性勉強舟船载运，盘滩过坳，筑砂堰、滑竿堰等运货。

(3) 清初至康熙三十二年（1693年）大规模整治河道，正式开启水运：清滩除淤炸除礁石，旭水河开凿船槽，釜溪河修筑石板堰、砂堰等。自流井至邓井关可勉強通航，开展盐运，但极为艰难，年往返大至二十来趟（约一月两趟，枯水和洪水期停航）；贡井通过船槽加之翻滩断续船运，费力甚巨而效微。以平康桥及堰闸为例，是清代康熙、光绪时期陆续建造的一系列的水运枢纽工程，工程由桥、堰闸、码头、船槽等构成。清康熙三十五年（1696年）在石滩西面开凿船槽行船。为连接东西两岸陆路交通，清光绪二十八年（1902年）修建平康桥。为提高水位以畅船行，清光绪三十年（1904年）又修筑平康堰闸。

(4) 清咸丰、同治时期，川盐济楚，自贡井盐引起朝廷更高关注。光绪年间成立堰工局，改造旭水河，连续修筑重滩、艾叶、平桥、中桥、五皇洞、雷公滩、老新桥7个堰闸，至光绪三十年（1904年）完工。同期，釜溪河再次进行大规模的清淤除礁，炸除滩碛整理河道，重建石板堰等工程。旭水—釜溪航道运送能力得到极大提升。

(5) 抗日战争期间，为适应战时经济需要，满足自贡井盐增产赶运的要求，中央财政直接拨款，在釜溪河金子凼处修筑离堆闸，沿滩镇处修建庸公闸，邓井关处修建济运闸。同期，为满足自贡井盐对燃煤急剧增长的需要，又于威远河上修筑8个双堰闸，亦节节梯级化威远河道。

随着时代的变迁，这些堰闸也经历了由筑沙堰、石堰、板堰拦水到修筑堰闸行船的历史岁月，这段岁月不仅见证了自贡盐业经济的发展，同时，也是我国向近代化、现代化演进的缩影之一。

3 自贡梯级运盐水道遗产的当代价值

盐运水、陆路通道，其中尤其是水路通道，历变久远，构成复杂，配套工程繁复多样，工程浩大，是自贡先民勤劳智慧的物化体现，有极高的历史、科学、文化及生态旅游价值。

3.1 历史价值

自贡盐运历史悠久，水运方式不断丰富，不断促进当地经济、社会的进步与演变。众所周知，巴拿马运河是世界运河史上的典范，是举世公认的梯级堰闸经典之作。自贡旭水河和釜溪河是因盐生产运输而形成，以梯级堰闸和码头组成的内河航道。其中，构成该梯级盐运系列工程主体的旭水河重滩至老新桥的7个堰闸，早于巴拿马运河梯级堰闸建成并投入使用，是世界上最早的梯级运输水利工程。[4]

3.2 科学价值

3.2.1 充分利用了地势地貌，降低工程量

这18座运盐堰闸基本选址于阶梯式丘陵、岗地、平原变势地势，海拔高度一般为150～200m，河水较浅且下方有巨石滩坝，建造时充分利用当地特有的地势地貌及海拔落差，不但节省了大量的人力物力，打下的基础也最为牢固，使其经历了上百年流水的冲击至今仍屹立不倒。每一个堰闸又因其所处位置的地形、河水流径以及盐运需求不同，造型各异，景观环境要素也各不相同。

3.2.2 体现了古代系统规划思想和水利技术的创新

旭水河上的7座堰闸筑成于清光绪三十年（1904年），釜溪河上的3座堰闸和威远河上的8座堰闸修建于抗日战争时期，各具功能，不可或缺，共同构成了自贡盐运的一个梯级水道系统，实现了盐运与灌溉的功能，体现了现代科学规划思想。系统建成后，大大提升了釜溪河的通航能力，使自贡水路盐运通道直达沱江更为通畅。这18座堰闸，是世界上规模最宏大、体系最完备、专业性最突出、转堰开闸方式最多样化，历变时间最长久的梯级水利运输工程，弥足珍贵，具有极大的科研价值。

旭水河7座运盐堰闸也体现了水利技术的高超。首先，梯形运盐水道依山就势，拦截河水，提高水位，淹没滩碛，使旭水至釜溪河上段形成8段梯级河道，在流量有限的情况下提高通航能力；再次，该系统分别采用翻堰接力、漫坡绞车提升、盐包翻堰、船闸过船等方式接续航运，因势而为，一闸一式，极尽机巧，生动地体现了古人的科学智慧。

3.3 文化价值

自贡盐运水路是一条生动的纪录盐业历史的文化遗产廊道，包含了盐运文化、盐商文化等。国稷民生的盐通过釜溪河运送出去，周边的财富也通过釜溪河输送进来，河畔集聚大量的商贾族群，产业社群，盐商大院、各地会馆、祭祀庙宇、重镇码头、水利节点鳞次栉比。

3.4 生态与旅游价值

运盐水道生态资源丰富，文化底蕴深厚，两岸气候、文化、习俗趋同，形成了协调和谐的有机生态系统。如五皇洞堰闸“藏”于深谷鲜为人知，但因有飞瀑加持，风景也是最幽美得；平桥堰闸位于闹市，“桥”“堰”合一，工匠们在桥上开槽装上木板以提高并调节水位，水头可一直上溯到艾叶的坨湾，又因两岸风光秀丽，被誉为“八里秦淮”；这些线状的文化遗产都具有很高的生态和旅游价值（图4）。

图4　五皇洞堰闸实景图

4　自贡梯级运盐水道的保护与利用对策

盐运水路通道，缘起为盐运，但其效益却远不止于盐，它集河道改造、储水、节制洪水、交通运输、农业灌溉及城市景观提升为一体，益及子孙世世代代。做好梯级盐运水路遗产的保护与利用，有效维护该文化遗产的重要价值、真实性和完整性，对于传承优秀传统文化，促进自贡区域经济、社会、文化、旅游的可持续发展，具有十分重要的意义。

4.1　保护层面

在自贡建设高品质生活宜居现代化历史文化名城的背景下，应尽快加强自贡梯级运盐水道遗产文化内涵的深入挖掘工作，强化基础研究，确认其历史文化价值，从而有效地传承和弘扬盐运文化。

4.1.1　厘清保护利用思路

梯级水运遗产保护利用应遵循可持续发展原则，做到保护与利用并重，社会效益与经济效益相统一，科学规划、特色鲜明。按照自贡梯级水运遗产组成要素及区域分布情况，以盐运文化及井盐相关的地域文化为线索，以18座堰闸为保护对象，在保护好文化遗产景观的前提下，做好遗产景观的活化利用文章。以文塑旅、以旅彰文，宜融则融、能融尽融，围绕产业链、价值链，做好"文旅体＋"文章，做好文化、旅游、体育及相关产业互动融合，培育新业态，打造具有浓厚盐都特色的文化旅游带，建成国内一流，地域文化特色鲜明的国际文化旅游目的地。

4.1.2　科学编制保护规划

应突出保护为主、活化利用、生态科学、融合共生，制定较为完善的梯级运盐水道保护规划。系统数量遗迹遗存和水利设施，堰闸等单个遗址、遗迹及配套建设项目也应编制出具体详细的实施规划，并与国土空间规划、历史文化名城保护规划、文化旅游规划等协调衔接，一体推进，使盐运水道文化遗产的保护与利用更为科学，更加切合实际并能最大限度地服务经济和社会发展（图5）。

4.1.3　系统做好维修保护

按照不改变文物原状的原则，精准实施维修保护工程，以消除文物安全隐患，是实施文物本体保护的核心手段。釜溪河流域的堰闸多修建于20世纪六七十年代，存在病险问题，不利于行洪。规划对釜溪河及其重要支流上的5座病险堰闸进行整治改造（表1），在改造过程中尊重原始风貌，强化其文化内涵。

整治堰闸一览表　　　　表1

所在流域	堰闸名称	主要功能	存在问题	整治措施
威远河	高硐堰	灌溉、工业用水、航运	存在病险，闸门功能缺失	除险加固改造
威远河	观音滩堰	灌溉、航运	存在病险，闸门功能缺失	除险加固改造
釜溪河	老新桥堰	灌溉、航运	存在病险，闸门功能缺失	除险加固改造
釜溪河	金子凼堰	灌溉、工业用水	2004年已拆除重建，现无船闸，为满足通航要求需要增设船闸	新建五级通航船闸
釜溪河	沿滩堰	灌溉、工业用水、航运	存在病险，闸门功能缺失	除险加固改造

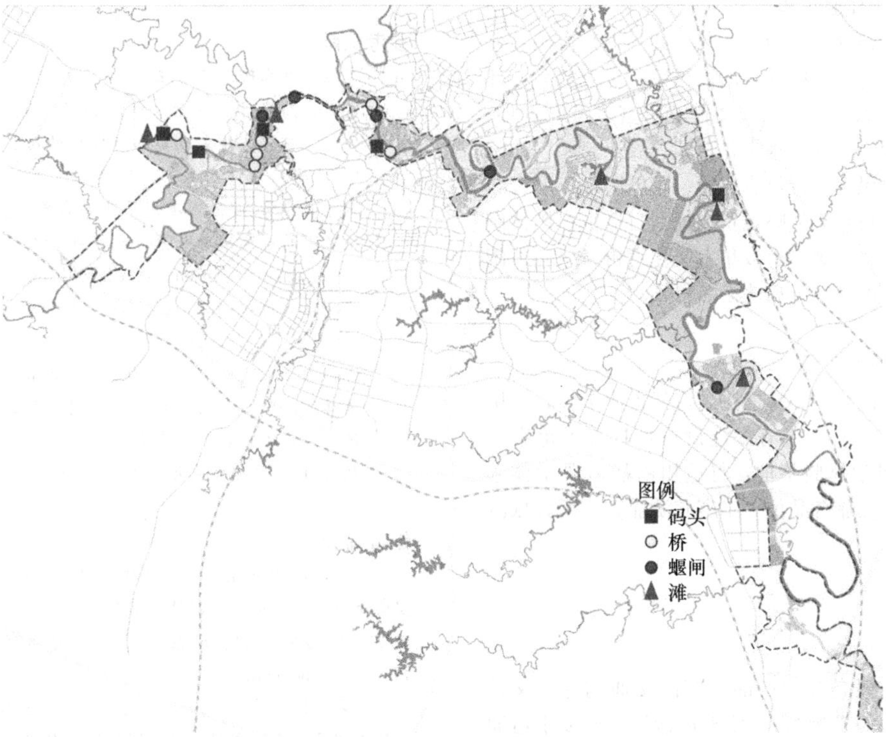

图5　旭水河、釜溪河重要遗迹遗存分布示意图

4.2　利用层面

虽然旭水河、釜溪河文化遗迹和遗址众多，但空间分散，缺乏有效保护，也没有对文化展示路线进行设计，缺乏统一的交通连接、布局规划，没有有效地展示方案，且文物与周边生态环境和景观极不协调，所以应加强对运盐水路文化遗产保护、传承和利用的统一规划，划定文化遗产保护范围，确立遗产保护核心区、缓冲区和周边环境的一体性规划，实现遗产廊道串联，分别建立大遗址公园旅游工程、古村镇悠闲体验工程和水利设施研学工程。[5]

4.2.1　大遗址公园旅游工程

将流域内18个堰闸统筹规划，连珠成串，如：自贡十堰游；夏季旭水河五瀑游——艾叶扑滩瀑、平桥断崖瀑、中桥翻堰瀑、五皇洞深峡瀑、雷公滩冲闸瀑；船闸彩灯夜游这3条线路，水文景观宏伟，与周边山川城市风貌相契合，形成自贡独具特色的大遗址公园文化旅游精品线路（图6）。设计通过精准丰富的解说系统、历史环境的现代模拟和文物的有效展示，实现盐运文化的展示和利用，从而增强其在文化弘扬和传承中的作用。

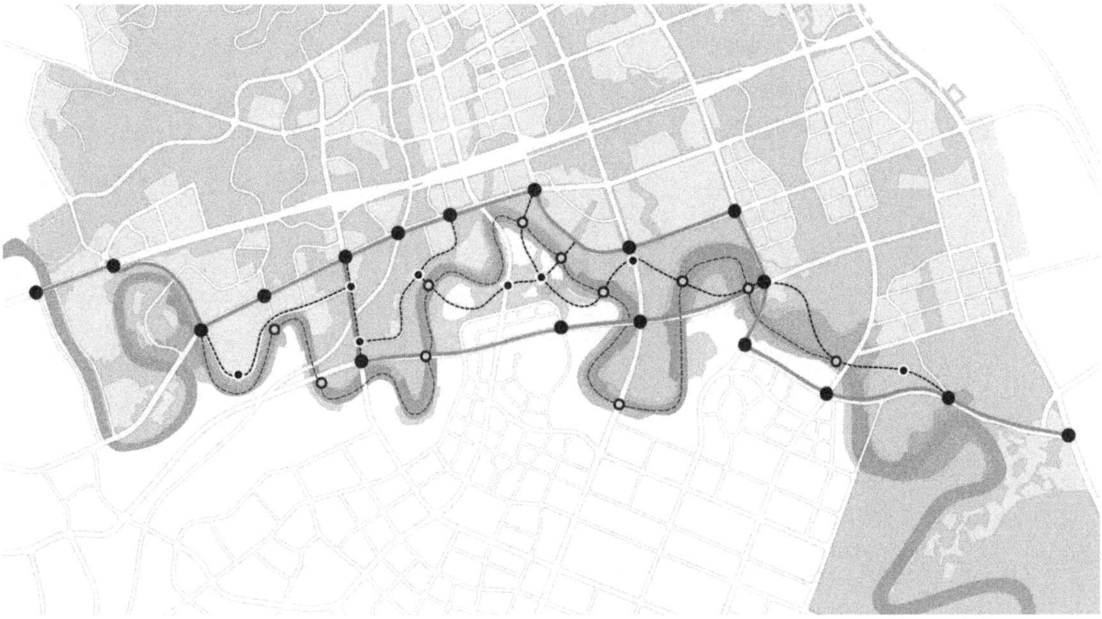

图6　堰闸遗址公园规划图

4.2.2 古村镇休闲体验工程

流域沿岸古村镇众多且历史悠久。如：贡井古镇、公井古城、仙市古镇等。这些众多的古村镇，历史悠久，环境优美，文化底蕴深厚，山水人文资源丰富，民风古朴、醇厚。可发展田园综合体、水文化公园、农业公园、休闲农业示范点、乡村民宿、特色农家乐、康养医疗等融合新业态。配合实施乡村振兴战略，重点规划打造古村镇休闲体验工程项目，将古村镇打造成集古文化赏析、旅游休闲和消费体验于一体的特色经典旅游名村镇。

4.2.3 水利设施研学工程

自贡盐运水路区域，人文遗迹及自然资源丰富，是历史的瑰宝和科学的结晶。应有序建设一批具有示范带动作用的盐运水路研学体验基地，打造川南盐运研学体验样板工程，提升自贡旅游品位、丰富旅游业态、增强旅游吸引力。

5 结语

盐运水路通道既是井盐产品外销的交通构建，又是盐产业发展的拉动要素。“古今沧桑运盐河，梯级水道通天下。”梯级运盐水道作为自贡重要的盐运文化遗产，应加强保护，合理利用。通过科学持续的传承和弘扬盐运文化，既能守住自贡这座历史文化名城的根与魂，又能为更多运河遗产景观的保护和利用提供参考。

参考文献

[1] 李飞，刘真珍，王彦玉，等．四川自贡井盐遗址及盐运古道考察简报[J]．南方文物，2016，01：132-137.

[2] 侯虹．自贡井盐文化与城市发展的历史研究．中国盐文化（第十辑），2018.

[3] 张才，缪静．“行万里走千年的自贡之咸”触摸梯级盐运水路之下的盐都城市根脉．自贡网．[2022-03-01]．https：//www.zgm.cn/content/621e2ac4397ac.

[4] 单晓冰．自贡梯级“盐运水道”比巴拿马运河早两百年．四川新闻网［2010-07-02］．http：//scnews.newssc.org/system/2010/07/02/012792308.shtml.

[5] 陈喜波，贾濛．漂来的繁华：明清北运河水系变迁与通州张家湾码头兴衰——兼论张家湾运河文化遗产保护传承和利用[J]．首都师范大学学报（社会科学版），2021，05.

作者简介

罗航，1989 年生，男，汉族，四川遂宁人，硕士，自贡市公园城市建设发展中心，园林研究科副科长（工程师），研究方向为历史文化名城保护、风景名胜区与自然保护地。电子邮箱：48508632@qq.com。

兰馨，1991 年生，女，汉族，陕西延安人，硕士，四川远建建筑工程设计有限公司，风景园林所主任工程师，研究方向为风景园林植物、生态基础设施规划。电子邮箱：547922708@qq.com。

世界自然遗产地乡村景观的可持续旅游①

——以武陵源龙尾巴村介入式示范为例

Sustainable Tourism in Rural Landscape of World Natural Heritage Site: An Case of Community Intervention in Longweiba Village, Wulingyuan

李 婧 韩 锋* 朱怡晨 赵晨思 陈昱萌

摘 要：乡村景观是动态发展的"活的遗产"，其演变源自于乡村地区人与自然互动关系的演进。如今，旅游业在促进地方经济发展的同时，正在替代农业成为世界自然遗产地乡村的主要产业。传统的人地关系随之发生改变，面临着过度商业化的威胁，亟需活态保护措施以促进乡村地区的可持续发展。本文基于乡村景观和世界遗产可持续旅游理论发展发展框架，应用于中国湖南武陵源世界自然遗产地龙尾巴村，以探索世界自然遗产地乡村景观的可持续旅游发展，建构旅游业背景下的世界自然遗产地乡村新型人地关系。本文的框架和实践具有推广意义，期待对世界自然遗产地乡村景观的可持续旅游开发予以启发。

关键词：乡村遗产保护；乡村旅游；可持续发展；社区介入；社区发展；保护与发展

Abstract: Rural landscapes are dynamic "living heritage" that evolve from the interaction between people and nature in rural areas. While boosting local economies, tourism is now replacing agriculture as the main industry in rural World Natural Heritage Sites. The traditional human-land relationship has changed and it is threatened by over-commercialization, thus requiring living conservation to promote sustainable development of rural areas. This paper develops a methodological framework based on theories of World Heritage sustainable tourism and rural landscape, and applies it to Longweiba Village of World Natural Heritage Wulingyuan, Hunan, China, in order to explore sustainable tourism methods in rural landscapes of World Natural Heritage Sites and to construct a new human-land relationship in the context of tourism. The framework and practice of this paper have a significance for replication and are expected to inspire sustainable tourism in the rural landscape of World Natural Heritage Site.

Keywords: Rural Heritage Conservation; Rural Tourism; Sustainable Development; Community Intervention; Community Development; Conservation and Development

引言

作为世界上最古老的农耕文明国家之一，中国拥有延续几千年的乡土文化。如今，快速推进的工业化和城镇化中大量自然村正经历着经济基础和社会组织方式的双重变革。延续千百年的小农经济基础、家族式的社会组织面临着根本性的动摇[1]这种现象在世界自然遗产地内的乡村极为突出，旅游业在促进地方经济发展的同时，正在替代农业成为主要生产生活方式[2]，传统的人地关系随之发生改变，景观表现出极大的商业化倾向，亟需有效的乡村景观保护措施以促进乡村地区的可持续发展。

龙尾巴村是世居于中国湖南武陵源世界自然遗产的乡村之一，这些村落最初产生于当地人对山地自然环境的适应和农业生产资料的需求[3]。由于聚落布局依赖山间和山坡上的细碎农田，又顺应山势水系，因此早期的武陵源乡村聚落与环境自然融合在一起，成为张家界地貌山地沟谷地区特色的人与自然相互依存、农业发展的范例，形成人与自然和谐相处的聚落景观，体现了人们的传统智慧。改革开放后，旅游业逐渐成为武陵源地方经济繁荣的主要动力，旅游开发建设和游客所带来的生活方式的影响，使武陵源的乡村建设、生产生活、文化审美等愈来愈趋近于现代城市生活，乡村的传统地域文化、风俗习惯、传统智慧、少数民族语言和文化受到了巨大的侵蚀[4]，乡村景观的保护和传续迫在眉睫。本文基于乡村景观和世界遗产可持续旅游理论发展方法框架，将其应用于中国湖南武陵源世界自然遗产龙尾巴村，以探索世界自然遗产地乡村景观的活态保护与可持续发展方法。

1 理论架构

1.1 活态演进的乡村景观

乡村景观，作为典型的有机演进类的文化景观遗产，是乡村居民日常农业生产生活的场地[5]。《关于乡村景观遗产的准则》提出一切乡村地区皆是遗产，都可以被当作遗产解读。可见乡村景观关注更普遍的一般乡村，大众的、平民的价值也得到认可，也体现了对人的基本生存权

① 基金项目：联合国教科文组织世界遗产与可持续旅游项目中国试点（WHST-0014）。

利、公平发展和民主思想的重视[6]。乡村地区自然和人互动关系的演进促成了景观的演变，所以乡村景观富于"变化"，改变并不等同于其真实性和完整性受损[7,8]。保护乡村景观并不要求村民们必须保持传统生活，而是要按照其自身文化逻辑和生态智慧的规律发展，实现其价值的延续和丰富。乡村景观保护与发展的核心是人与自然关系和谐演化，世界自然遗产地乡村景观的活态保护与可持续发展，本质上是在汲取传统智慧的基础上，重塑旅游背景下乡村人地关系。

乡村景观的内涵超越了物质性的建成环境[9]。《关于乡村景观遗产的准则》提出乡村景观是人与自然共同的作品，涵盖乡村地区有形的或无形的遗产[6]，包括"相关的文化知识、传统、习俗、当地社区身份及归属感的表达、过去和现代族群和社区赋予景观的文化价值和含义，包含涉及人与自然关系的技术、科学及实践知识"①，这是从概念上将非物质遗产与乡村景观联系在一起，强调了无形的景观要素对于乡村景观遗产的演变过程和可持续性的重要性，还强调了人与文化在乡村景观中的地位[10]。乡村景观遗产的文化内涵与美学意蕴应该被给予足够重视，乡村景观带给人们的感知是一种与体验、记忆、事件乃至与人相关的文化体验[11]。

1.2 世界遗产可持续旅游

可持续旅游并不是一个新的概念，从 1990 年代开始它就受到遗产保护从业者和研究人员的关注[12]。著名的《我们共同的未来》指出，"可持续发展是既满足当代人的需求又不损害后代人满足其自身需求的能力的发展"[13]。如今，全球认识到旅游业对联合国可持续发展议程的变革性贡献，并认为占世界 GDP 10% 的旅游业可能有助于实现所有 17 个可持续发展目标（SDGs）[14]。可持续旅游是可持续发展和旅游政策的一个交集，根据联合国世界旅游组织（UNWTO）的定义，可持续旅游是"满足当前游客和东道国人口需求的旅游发展，同时增加未来的机会"[15]。遗产领域相信可持续旅游有希望应对遗产保护与旅游业之间的矛盾[16,17]，因为它致力于世界遗产的新范式：旅游以遗产价值保护、传播和遗产地可持续发展为前提，以减轻旅游业对遗产地构成的风险和威胁[18]。

为了促进世界遗产可持续旅游的实施，近年来许多研究与实践关注遗产的社会价值[18]。UNESCO 和 UNWTO 于 2012 年就遗产和旅游业界在资源保护方面的长期分歧展开合作和使用，并建立了世界遗产与可持续旅游项目（WH+ST）[19]。该项目通过认识到旅游业对世界遗产保护和社会经济发展的重要贡献，建立了遗产保护和旅游发展之间的桥梁，将遗产价值保护作为两个阵营合作的基石[20]。WH+ST 建议通过所有利益相关者的意识、能力和平衡参与来促进世界自然遗产的旅游管理和发展，鼓励加强利益相关者对可持续旅游的规划、开发和管理的广泛参与，以及加强能力建设以增强在当地社区背景下旅游业有效管理的可能性。当地人对突出普遍价值（OUV）的了解和传播是世界遗产可持续旅游的核心[21]，利益相关者伙伴关系对于遗产旅游营销和目的地的长期成功至关重要[22]。总而言之，可持续旅游方法要求世界遗产利益相关者关注遗址的社会价值，促进多利益相关者参与 OUV 传播，并支持将旅游业与其他经济部门相结合的负责任的发展方法[23]。

1.3 世界自然遗产乡村景观的可持续旅游框架

可持续旅游为遗产地乡村的发展提供理论基础和路径指导。与一般乡村相比，世界自然遗产的村庄面临着更为复杂的情况。除了保留乡村景观本身的价值外，他们还涉及对世界遗产价值的保护。遗产地的旅游发展可能会引起剧烈的经济和社会变化，这些变化是普通村庄无法比拟的。因此，世界自然遗产乡村景观的演进和变革需要更全面的价值认同、更深层次的产业变革和更多利益相关者的协调。在文献回顾的基础上，本文构建了世界自然遗产乡村景观的可持续旅游框架（图 1）。

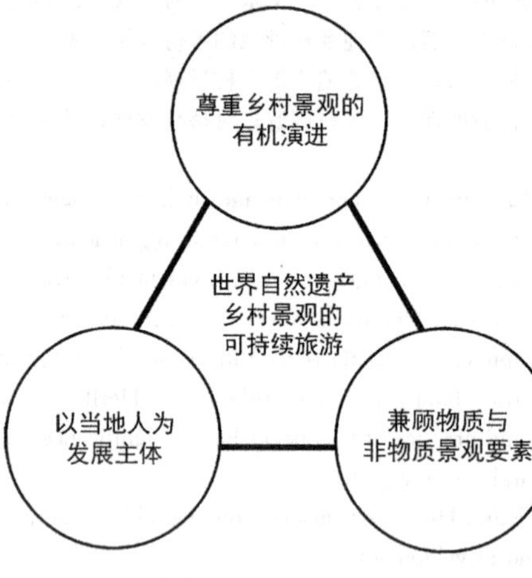

图 1 世界自然遗产乡村景观的可持续旅游框架

2 研究区背景

世界自然遗产武陵源风景名胜区是著名旅游目的地，区内的龙尾巴村近 20 年来经历了高强度旅游发展，面临着保护与发展的矛盾。龙尾巴村总面积约 926.6hm²，2021 年户籍人口 650 人，常住人口约为半数。龙尾巴村有 5 个居民小组，即南张、南院、庙塔、李家和邓家（图 2）。武陵源风景名胜区门票站位于龙尾巴村中部，北部有武陵源著名的水绕四门景区，独特的区位优势带动了龙尾巴村的产业向旅游服务业转型。目前龙尾巴村年旅游接待 7 万～10 万人次，旅游收入大于 2200 万元，主要来自酒店民宿，2020 年被评为中国乡村旅游重点村。旅游业态主要位于门票站外，门票村民小组不能进行商业活动，只能以传统农业维持基本生计。简而言之，经过 20 多年的旅游业发展，以传统农业为补充的旅游服务业是目前龙尾巴村的经济格局。

龙尾巴村的茶园、水稻梯田与聚落形成了独特的山地乡村景观（图 3）。大部分农田景观保持着传统山地农业

① https://www.icomos.org/images/DOCUMENTS/Secretariat/2019/18_April/2019_ICOMOS_18April_Rural_Landscapes_EN.pdf。

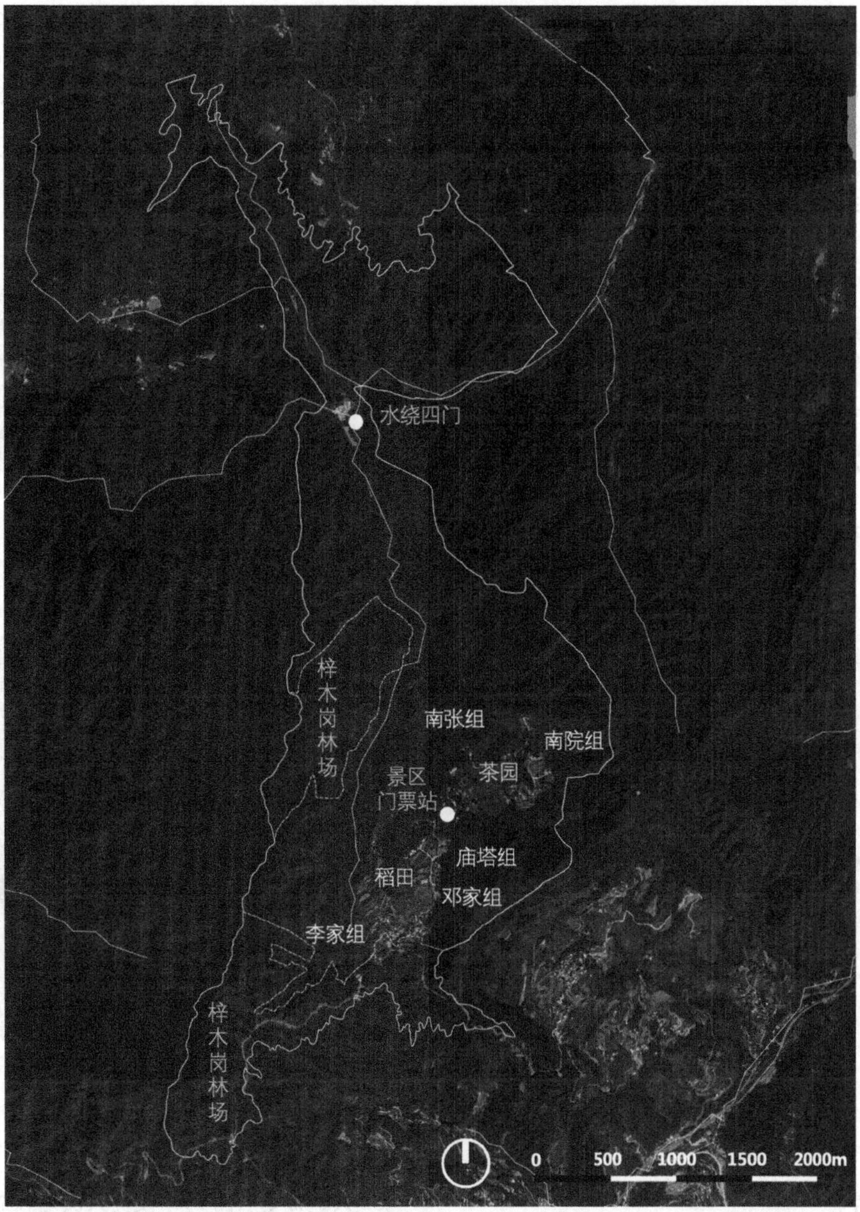

图 2 武陵源风景名胜区龙尾巴村（图片来源：改绘自谷歌地球卫星图）

图 3 龙尾巴村鸟瞰（图片来源：杨晨摄，2021 年）

的面貌，水流从山上引下，祭祀构筑物穿插在梯田之间。瓦顶木结构的传统建筑仅存“李家院子”和“四号院子”两座，新建筑中的许多元素与当地文化无关（图 4）。龙尾巴村是一个典型的少数民族聚居地，以土家族为主的少数民族有 634 人。该村保留了传统的农业生产和生活方式。许多村民制作乡土产品，如木桌椅、竹篾笆和灯罩，还传承了利用自然物产根据季节生产食物的技能，如养蜂、熏腊肉、制作葛粉和糍粑。根据 2009 年的非物质文化遗产统计资料，龙尾巴村涉及 6 种类别共 12 个非物质文化遗产，传承情况普遍不佳（图 5）。针对龙尾坝村有形和无形景观要素的特点，我们通过介入的方式在该村进行可持续旅游示范。

(*a*)　(*b*)　(*c*)

图 4　曾位于水绕四门的土家吊脚楼（*a*）、“李家院子”（*b*）与带欧式栏杆的新建筑（*c*）
（图片来源：*a* 政府提供，1999 年；*b*、*c* 自摄）

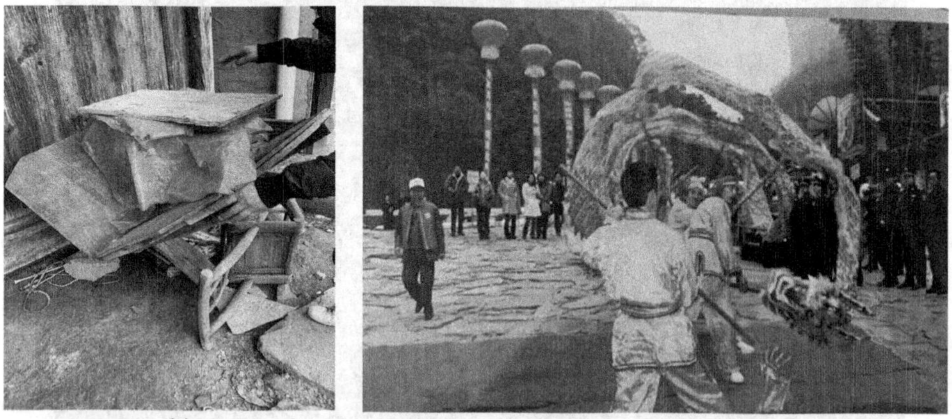

(*a*)　(*b*)

图 5　闲置的传统农业用具（*a*）与仅存于照片中的舞龙活动（*b*）

3　介入式示范

3.1　物质性乡村景观要素设计

3.1.1　外来投资商经营场所改造

目前民宿和特产的经营方式主要为资本引入，但是存在资本准入条件不明、资本出局程序缺失的历史遗留问题。工作组与投资商和村委多次座谈，指出建筑尺度需适当，层高与建筑面积都要避免过大；提倡尊重村庄传统肌理，采用分散式布局，并顺应自然地形；在老建筑、传统公共空间的修缮中，可以尝试植入新的现代功能，从而实现保护与发展的协调，使被废弃的传统建筑或空间焕发新的生机。

龙尾巴村外来投资商不当建设的一个典型是 L 民宿的表演场地。表演噪声大、表演内容有悖遗产真实性，损害游客在遗产地乡村的旅游体验。村委会对此颇为重视，投资人在村委会的多次劝说下，终于虚心请教表演场地的空间改造和活动整改建议。于是，工作组介入了 L 民宿表演场地的设计和改造，制定了材料、材质、景观面与家具改造计划（图 6）。投资人决定在旅游旺季后续租场地并实施重建。

3.1.2　村民自主经营店面设计

龙尾巴村村委会对村民自发经营商铺和民宿基本持支持态度，认为村民用自家房子经营，建筑淳朴，尺度小，符合游客预期的村落传统工坊的空间体验，改造成本较低。但是村民不懂得如何发挥乡村特色，容易引发过度设计，而且缺乏产品创意与包装设计能力。对此，工作组提倡在各家各户、商铺、民宿的院子内种植本土花草树木。村落建筑建造要考虑与周边其他建筑和自然景观的协调性，在遵循村落整体建造要求的基础上，可以进行适当的个人发挥与创新。避免使用象征外来文化的要素进行装饰，尽可能采用当地材料。

一位李家组居民主动来村委会找到工作组，提出利用“李家院子”旁边自家的一间十几平方米的房间和一个院子开个豆腐铺。在对场地和现有资源进行沟通后，工作组提出了一个考虑空间使用、装饰意象和产品风格的设计。装修主要使用木板、木门、木桌凳等，食品餐盘使用

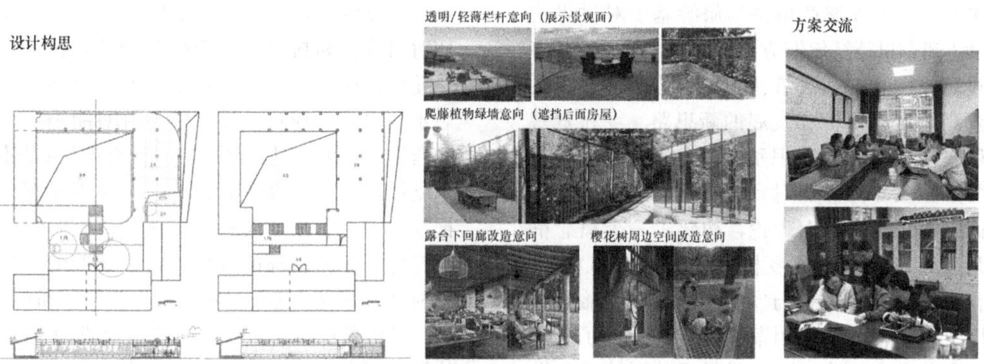

图6　L民宿表演场地介入式设计

本地的柱子和木材。屋里陈设灶子、米缸、石磨等传统做豆腐用具，游客可以亲自体验。屋内窗边做成操作台，加强豆腐铺老板与游客的交流。充分利用院子的空间布置木桌椅，让游客在桂花树下的木头桌椅品尝豆制品（图7）。由于家具和石磨都可以自己动手做，该村民认为该方案完全在预算之内，打算慢慢按方案装修。

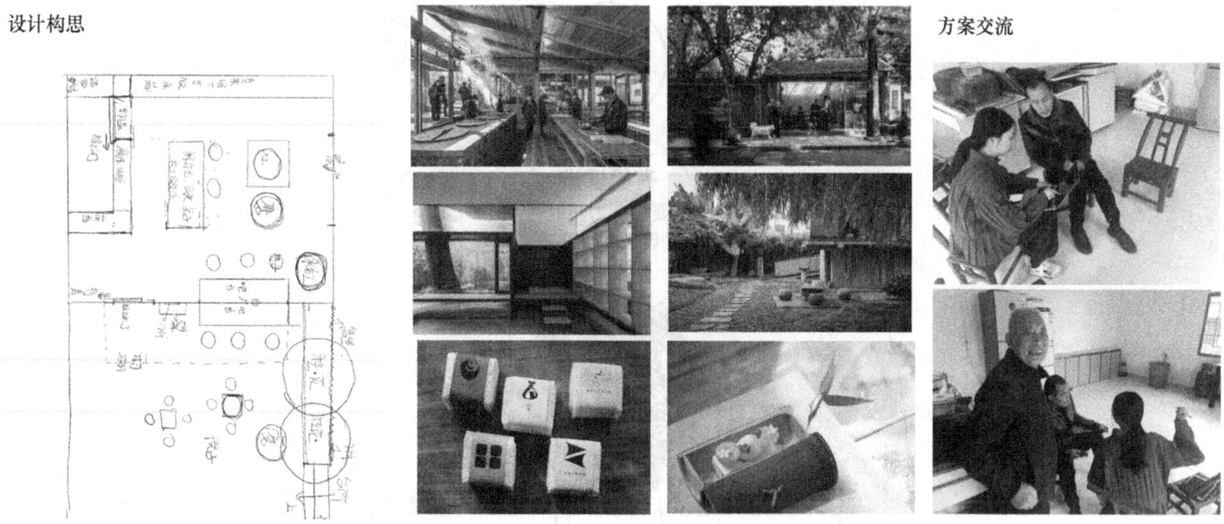

图7　村民豆腐铺介入式设计

3.2　非物质性乡村景观要素整合

龙尾巴村集体产业只有黄金茶田，缺乏村集体品牌与产业链，村落资源没有得到有效整合。因此，工作组介入村委、村民和投资商之间，帮助当地促进对乡村景观自然和文化要素的智慧利用，提高对非物质文化要素的认同感和荣誉感，加强社区自组织和乡村产业内循环。

3.2.1　村落整体旅游品牌的打造

通过村委会召集投资商和有经营意愿的村民，开展集体宣贯和一对一沟通，帮助村集体形成“乡村联合体”经营理念，打造村集体品牌。鼓励村委会开发村落解说与导览系统，帮助村委会落实村落吉祥物LOGO设计、村旅游地图设计、村导览系统设计与布置。督促村委与业态商形成良好的营商环境，加强对各类业态品质的控制与引导，围绕增强体验感与本土性来进行引商入资的品质控制，对不符合本村未来发展方向的业态进行适当的引导。鼓励创新创意，鼓励村民与投资者对当地特产进行具有创新性的再研发，使其更符合遗产地游客市场的需求。

3.2.2　乡村特色产业内循环的形成

与村委和投资商展开沟通，鼓励村委形成村民合作社，由村集体统一采购、包装与出售村内的农副产品与手工艺品，鼓励民宿和商铺投资者从村民合作社采购村内产品，并制定相应的村规民约，以规范投资商的采购和村民的供应，形成稳定的村内产业内循环。建议村委会优化社区空间布局，未来注重将商业活力从主干道两侧引入各社区组团内部，增加游客进入组团参观与消费的机会。鼓励村民开设体验工坊，帮助有手艺的村民制作创意美食产品，并向游客提供体验服务。开发传统土家乡村体验项目，如农产品与茶叶采摘、土家美食制作、织锦制作、烙铁画制作等。

4　讨论与结论

可持续旅游作为解决世界自然遗产乡村景观保护与旅游发展之间矛盾的方法库，受到了全球从业人员和研究人员的关注[2,17]。世界遗产可持续旅游基于对世界遗产价值的全面认知、可持续旅游方法的社区普及、社区多元产业经济的引导和利益相关者协作平台的搭建，提供了世界自然遗产地乡村保护和发展的新思路。乡村景观理论从物质和非物质景观要素识别、活态保护方法和社区居民保护主体性认知等方面对乡村景观演进的促进方法提供了洞见。本文基于以上理论，构建了一个概念框架，用于协调世界自然遗产地乡村景观的保护和发展。2021年，工作组在武陵源保护与发展矛盾突出的旅游村龙尾坝村进行干预示范。该应用案例遵照并延伸了上述概念框架，并为世界自然遗产地乡村景观的可持续旅游提出了可推广的操作途径（图8）。

龙尾巴村的介入式示范是一个循序渐进的适应性过程，物质性要素的营造过程穿插着对非物质性景观要素的协调整合工作[24]。表演场地的改造过程中介入者与投资商反复沟通，联合村委会进行引导与控制；以介入者前期对村委会和村民的宣教作为铺垫，村民豆腐铺的设计是龙尾巴村带动村民打造乡村旅游整体氛围的构思形成后水到渠成的项目。设计作为核心能力成为有形景观要素营造的重要工具，是产生“针灸式”示范作品的重要技术支撑，学习和协调能力对这一过程发挥了不可或缺的推动作用。通过介入者对村落整体旅游氛围的打造和乡村特色产业内循环的促成，一种新型的人地关系在龙尾巴村开始建立：传统景观要素得到保留和再利用，村民通过自然的新型产业，来适应旅游业成为主导产业。如今，旅游业正在替代农业成为世界自然遗产地乡村的主要生产与生活方式，乡村景观是否可持续发展取决于乡村地区新的人地关系的建立，本文的框架和实践具有推广意义，期待对世界自然遗产地龙尾巴村乡村景观的可持续旅游予以启发。

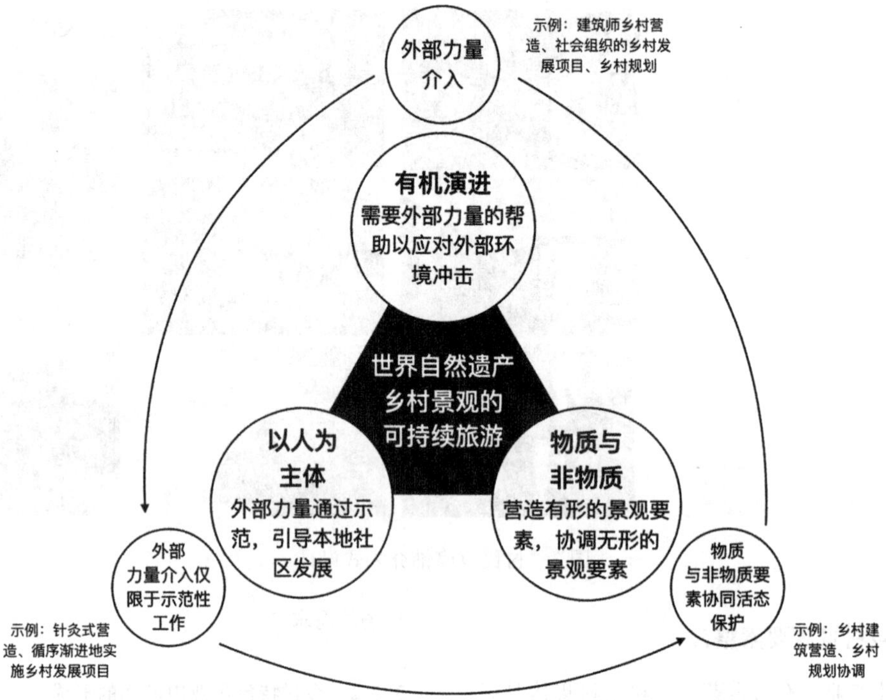

图8　武陵源世界自然遗产地龙尾巴村乡村景观的可持续旅游途径

参考文献

[1] 富兰克林H.，程存旺，石嫣．四千年农夫[M]．东方出版社，2011.

[2] Zhang，L，Stewart，W. Sustainable Tourism Development of Landscape Heritage in a Rural Community：A Case Study of Azheke Village at China Hani Rice Terraces [J]. Built Heritage，2017，1(4)：37-51.

[3] 黄一如，罗兰．武陵源及其周边农村居住空间结构发展演变研究[J]．住宅科技，2015，35：38-42.

[4] 张雨琦．武陵源自然遗产保护与社区发展协同策略研究——以龙尾巴村为例[D]．同济大学，2020.

[5] 珍妮·列依，韩锋．乡村景观[J]．中国园林，2012，05：19-21.

[6] 莱奥内拉·斯卡佐西，王溪，李璟昱．国际古迹遗址理事会《关于乡村景观遗产的准则》(2017)产生的语境与概念解读[J]．中国园林，2018，34(11)：5-9.

[7] 韩锋．文化景观——填补自然和文化之间的空白[J]．中国园林，2010，26(9)：7-11.

[8] Taylor K，Lennon J. Cultural landscapes：a bridge between culture and nature? [J]. International Journal of Heritage Studies，2011，17(6)：537-54.

[9] 珍妮·列依，韩锋．乡村景观[J]．中国园林，2012，28(05)：19-21.

[10] Stupariu I P，Pascu M，Bürgi M. Exploring Tangible and Intangible Heritage and its Resilience as a Basis to Understand the Cultural Landscapes of Saxon Communities in Southern Transylvania（Romania）[J]. Sustainability，2019，11(11)：1-18.

[11] Fazio S D，Modica G. Historic Rural Landscapes：Sustainable Planning Strategies and Action Criteria. The Italian Experience in the Global and European Context [J]. Sus-

tainability, 2018, 10(11): 3834.
[12] Drost A. Developing sustainable tourism for world heritage sites [J]. Annals of Tourism Research, 1996, 23(2): 479-84.
[13] Brundtland G. Our Common Future [M]: Oxford University Press, 1987.
[14] UNWTO. UNWTO Annual Report 2017 [Z]. 2017.
[15] IISD-UNWTO. Indicator for the sustainable management of tourism: report of the international working group on indicators of sustainable tourism to the environment committee wold tourism organization [M]. 2ed. Manitoba(Canada): IISD-UNWTO, 1993.
[16] Borges M A, Carbone G, Bushell R, et al. Sustainable tourism and natural World Heritage: Priorities for action [M]. Gland (Switzerland): IUCN, 2011.
[17] Rasoolimanesh S M, Jaafar M. Sustainable tourism development and residents' perceptions in World Heritage Site destinations [J]. Asia Pacific Journal of Tourism Research, 2017, 22(1): 34-48.
[18] Dans E P, González P A. Sustainable tourism and social value at World Heritage Sites: Towards a conservation plan for Altamira, Spain [J]. Annals of Tourism Research, 2019, 74: 68-80.
[19] 韩锋，杨晨，李泓. 国际趋势与地方应对 亚太遗产中心将在中国开展"世界遗产可持续旅游"试点项目 [J]. 世界遗产，2015，07.
[20] 韩锋. 世界遗产武陵源风景名胜区 [M]. 上海：同济大学出版社，2020.
[21] Duval M, Smith B. Rock art tourism in the uKhahlamba/Drakensberg World Heritage Site: obstacles to the development of sustainable tourism [J]. Journal of Sustainable Tourism, 2013, 21(1): 134-53.
[22] Landorf C. Managing for sustainable tourism: a review of six cultural World Heritage Sites [J]. Journal of Sustainable Tourism, 2009, 17(1): 53-71.
[23] Olya H G T, Alipour H, Gavilyan Y. Different voices from community groups to support sustainable tourism development at Iranian World Heritage Sites: evidence from Bisotun [J]. Journal of Sustainable Tourism, 2018, 47: 1728-48.
[24] 李京生，张昕欣，刘天竹. 组织多元主体介入乡村建设的规划实践 [J]. 时代建筑，2019，(01)：14-9.

作者简介

李婧，1993 年生，女，汉族，河南人，同济大学建筑与城市规划学院景观学系博士研究生在读，研究方向为世界自然遗产与社区协同。电子邮箱：tju_lijing@126. com。

(通信作者)韩锋，1966 年生，女，汉族，浙江人，博士，同济大学建筑与城市规划学院景观学系，教授、博导，研究方向为世界遗产、文化景观。电子邮箱：franhanf@qq. com

朱怡晨，1989 年生，女，汉族，湖南人，博士，同济大学建筑与城市规划学院景观学系在站博士后，研究方向为景观遗产保护。

赵晨思，1995 年生，女，汉族，福建人，同济大学建筑与城市规划学院景观学系硕士研究生在读，研究方向为乡村景观保护。

陈昱萌，1997 年生，女，汉族，北京人，同济大学建筑与城市规划学院景观学系硕士研究生在读，研究方向为乡村景观保护。